Neuro-Psychopharmaka
Ein Therapie-Handbuch

Herausgegeben von
P. Riederer   G. Laux   W. Pöldinger

Band 4

SpringerWienNewYork

Neuroleptika
Zweite, neu bearbeitete Auflage

Mit Beiträgen von
M. Bagli B. Bandelow K. Broich O. Dietmaier
M. Dose W. W. Fleischhacker J. Fritze, W. Gaebel
B. Gallhofer C. Haring K. Heininger H. Hinterhuber
S. Kasper H. Katschnig E. Klieser A. Klimke P. König
J. Kornhuber M. Lanczik G. Laux W. Lemmer
A. Meyer-Lindenberg H.-J. Möller W. E. Müller
F. Müller-Spahn D. Naber W. Pöldinger M. L. Rao
P. Riederer H. Rittmannsberger E. Rüther L. G. Schmidt
W. Schöny J. Thome J. Windhaber C. Wurthmann

SpringerWienNewYork

Prof. Dr. PETER RIEDERER
Psychiatrische Universitätsklinik, Würzburg, Bundesrepublik Deutschland

Prof. Dr. GERD LAUX
Bezirkskrankenhaus Gabersee, Wasserburg/Inn, Bundesrepublik Deutschland

Prof. Dr. WALTER PÖLDINGER
Wien, Österreich

© 1998 Springer-Verlag/Wien
Printed in Austria

Die Wiedergabe von Gebrauchsnamen, Handelsnamen, Warenbezeichnungen usw. in diesem Buch
berechtigt auch ohne besondere Kennzeichnung nicht zu der Annahme, daß solche Namen im Sinne
der Warenzeichen- und Markenschutz-Gesetzgebung als frei zu betrachten wären und daher von
jedermann benutzt werden dürften. Produkthaftung: Für Angaben über Dosierungsanweisungen und
Applikationsformen kann vom Verlag keine Gewähr übernommen werden. Derartige Angaben
müssen vom jeweiligen Anwender im Einzelfall anhand anderer Literaturstellen auf ihre Richtigkeit
überprüft werden.

Druck: A. Holzhausens Nfg., A-1070 Wien
Graphisches Konzept: Ecke Bonk
Gedruckt auf säurefreiem, chlorfrei gebleichtem Papier – TCF

Mit 135 Abbildungen

ISSN 0937-9401
ISBN 3-211-82943-1 Springer Verlag Wien New York
ISBN 3-211-82212-7 Springer Verlag Wien New York (1. Auflage)

Geleitwort zur 2. Auflage

Der von uns vorgelegten sechsbändigen Handbuchreihe wurde eine überaus gute Akzeptanz und eine erfreulich positive Resonanz zuteil. Vier Jahre nach Erscheinen des ersten Bandes ist nun die zweite vollständig überarbeitete und aktualisierte Neuauflage erforderlich geworden. Dies gilt insbesondere für den vorliegenden, ersterschienenen Band „Neuroleptika". Kaum eine andere Psychopharmaka-Substanzklasse hat innerhalb weniger Jahre eine derartige Wissenserweiterung erfahren. Von seiten der Grundlagenforschung konnten wichtige neue Erkenntnisse durch zum Teil bahnbrechende experimentelle Ansätze gewonnen werden (z.B. Dopamin-Rezeptor-Subtypisierung mittels molekularbiologischer Methoden, Erforschung von Neuroleptika-Effekten auf die Genexpression; Dopamin-Rezeptor-Quantifizierung mittels Positronen-Emissions-Tomographie am Patienten). Ausgehend von dem „klassischen atypischen" Neuroleptikum Clozapin wurde versucht, die zunehmend häufig als Antipsychotika bezeichnete Gruppe sogenannter atypischer Neuroleptika theoretisch ebenso wie praktisch-klinisch näher zu charakterisieren. Mit der Einführung innovativer Substanzen wie zum Beispiel Risperidon wurden neue theoretische Ansätze hinsichtlich des für die klinische Wirkung als entscheidend angesehenen neurobiochemisch-pharmakologischen Wirkmechanismus umgesetzt. Erfahrungen und Befunde könnten dafür sprechen, daß für die therapeutische Wirkung von Neuroleptika/Antipsychotika (insbesondere auf die sogenannte Negativ-Symptomatik schizophrener Psychosen) neben der Beeinflussung des Dopamin auch die des Serotonin-Stoffwechsels von Bedeutung ist. Mit der Entwicklung weiterer neuer Substanzen wie zum Beispiel Remoxiprid, Zotepin und Amisulprid stellte sich die Frage nach der Bedeutung anderer Wirkmechanismen bzw. Wirkorte. Aus klinischer Sicht bleibt die Problematik extrapyramidal-motorischer Nebenwirkungen im Zentrum wissenschaftlicher Forschungsbemühungen.

Ein bislang ungelöstes Problem stellt die Frage einer adäquaten Einteilung der Neuroleptika dar. Unseres Erachtens führt eine neurobiochemische Klassifikation auch zu keiner schlüssigeren Einteilung als diejenige nach strukturchemischen Merkmalen. Wir haben deshalb letztere im Sinne einer Orientierung beibehalten und aufgrund ihrer Etablierung als einzelne Substanzklassen Phenothiazine, Thioxanthene, Butyrophenone – jeweils mit strukturanalogen Verbindungen – sowie sogenannte atyptische Neuroleptika/Antipsychotika unterschieden.

Um Wiederholungen und Überschneidungen zu vermeiden, werden nach den zwei einführenden Kapiteln die allgemeinen Grundlagen zur Pharmakologie und Klinik der Neuroleptika abgehandelt. Im sich anschließenden speziellen Teil werden die hiervon abweichenden pharmakologisch-neurobiochemischen Besonderheiten einzelner Substanzklassen mit ihren klinischen Implikationen dargestellt.

Exkurse sollen zur Abrundung insbesondere klinischer Aspekte beitragen.

Wir danken den Autoren und dem Springer-Verlag Wien für die gute Kooperation, insbesondere den Fachkollegen Prof. Dr. J. Fritze und PD Dr. A. Delini-Stula für ihre Anregungen zum revidierten Buchaufbau und zur Einteilung/Klassifikation der Neuroleptika.

Möge die zweite Auflage die Erwartungen des fachkundig-interessierten Leserkreises erfüllen und dem Facharzt ein nützliches Nachschlagewerk sein.

Würzburg, Wasserburg/München, Wien,   P. RIEDERER, G. LAUX, W. PÖLDINGER
im Frühjahr 1998

Inhaltsverzeichnis

Autorenverzeichnis

M. Bagli, Dr., Psychiatrische Universitätsklinik, Sigmund-Freud-Straße 25, D-53105 Bonn

B. Bandelow, Priv.-Doz. Dr., Psychiatrische Universitätsklinik, von-Siebold-Straße 5,
D-37075 Göttingen

K. Broich, Dr. med., Psychiatrische Universitätsklinik, Julius-Kühn-Straße 7,
D-06097 Halle

O. Dietmaier, Dr., Zentrum für Psychiatrie, D-74189 Weinsberg

M. Dose, Priv.-Doz. Dr. med., Bezirkskrankenhaus, Bräuhausstraße 5,
D-84416 Taufkirchen

W. W. Fleischhacker, Prof. Dr. med., Psychiatrische Universitätsklinik, Anichstraße 35,
A-6020 Innsbruck

J. Fritze, Prof. Dr. med., Asternweg 65, D-50259 Pulheim

W. Gaebel, Prof. Dr. med., Psychiatrische Universitätsklinik, Universitätsstraße 1,
D-40225 Düsseldorf

B. Gallhofer, Prof. Dr. med., Psychiatrische Universitätsklinik, Am Steeg 22,
D-35385 Gießen

C. Haring, Univ.-Doz. Dr. med., Psychiatrisches Krankenhaus, Thurnfeldgasse 14,
A-6060 Hall/Tirol

K. Heininger, Prof. Dr. med., Bayer AG, PH/FE/ME/KFI, Gebäude 431, Raum 421,
Aprather Weg, D-42096 Wuppertal

H. Hinterhuber, Univ.-Prof. Dr. med., Universitätsklinik für Psychiatrie, Anichstraße 35,
A-6020 Innsbruck

S. Kasper, Univ.-Prof. Dr. med., Psychiatrische Universitätsklinik, Währinger Gürtel 18–20,
A-1090 Wien

H. Katschnig, Univ.-Prof. Dr. med., Psychiatrische Universitätsklinik,
Währinger Gürtel 18–20, A-1090 Wien

E. Klieser, Prof. Dr., Universitätsklinik für Psychiatrie und Psychotherapie,
Munckelstraße 27, D-45879 Gelsenkirchen

A. Klimke, Dr., Psychiatrische Universitätsklinik, Universitätsstraße 1, D-40225 Düsseldorf

P. König, Univ.-Prof. Prim. Dr. med., Landes-Nervenkrankenhaus Valduna, Psychiatrie I,
A-6830 Rankweil

J. Kornhuber, Prof. Dr. med., Psychiatrische Universitätsklinik, von-Siebold-Straße 5, D-37075 Göttingen

M. Lanczik, Dr. med., Department of Psychiatry, University of Birmingham, Queen Elizabeth Hospital, Mindelsohn Way, Edgbaston, Birmingham, West Midlands B15 2QZ

G. Laux, Prof. Dr. med. Dipl.-Psych., Bezirkskrankenhaus Gabersee, Fachkrankenhaus für Psychiatrie, Psychotherapie und Neurologie, D-83512 Wasserburg/Inn

W. Lemmer, Dr. med., Universitätsklinik für Psychiatrie und Psychotherapie, Munckelstraße 27, D-45879 Gelsenkirchen

A. Meyer-Lindenberg, Dr. med., Psychiatrische Universitätsklinik, Am Steeg 22, D-35385 Gießen

H.-J. Möller, Prof. Dr. med., Psychiatrische Universitätsklinik, Nußbaumstraße 7, D-80336 München

W. E. Müller, Prof. Dr., Pharmakologisches Institut, Biozentrum Niederursel, Universität Frankfurt, Marie-Curie-Straße 9, D-60439 Frankfurt

F. Müller-Spahn, Prof. Dr. med., Psychiatrische Universitätsklinik, Wilhelm-Klein-Straße 27, CH-4025 Basel

D. Naber, Prof. Dr. med., Psychiatrische Universitätsklinik, Martinistraße 52, D-20251 Hamburg

W. Pöldinger, Prof. Dr. med., Leebgasse 30, A-2344 Maria Enzersdorf

M. L. Rao, Prof. Dr. med., Psychiatrische Universitätsklinik, Sigmund-Freud-Straße 25, D-53105 Bonn

P. Riederer, Prof. Dr., Klinische Neurochemie, Psychiatrische Universitätsklinik, Füchsleinstraße 15, D-97080 Würzburg

H. Rittmannsberger, Univ.-Doz. Prim. Dr., Psychiatrie 5, Landes-Nervenklinik Wagner Jauregg, Wagner-Jauregg-Weg 14, A-4020 Linz

E. Rüther, Prof. Dr. med., Psychiatrische Universitätsklinik, von-Siebold-Straße 5, D-37075 Göttingen

L. G. Schmidt, Priv.-Doz. Dr. med., Psychiatrische Klinik, FU Berlin, Eschenallee 3, D-14050 Berlin

W. Schöny, Univ.-Doz. Prim. Dr., Landes-Nervenklinik Wagner Jauregg, Wagner-Jauregg-Weg 14, A-4020 Linz

J. Thome, DDr., Division of Molecular Psychiatry, Yale University School of Medicine, Connecticut Mental Health Center, 34 Park Street, New Haven, CT 06508, U.S.A.

J. Windhaber, Dr., Psychiatrische Universitätsklinik, Währinger Gürtel 18–20, A-1090 Wien

C. Wurthmann, Priv.-Doz. Dr. med., Abteilung für Psychiatrie und Psychotherapie, Philippusstift Kath. Krankenhaus, Hülsmannstraße 17, D-45355 Essen

I
Allgemeine Grundlagen

Neuro-Psychopharmaka, Bd. 4, 2. Aufl.
Riederer P. / Laux G. / Pöldinger W. (Hrsg.)
© Springer-Verlag Wien 1998

1
Modellvorstellungen zur Ätiopathogenese der Schizophrenien

J. Kornhuber, J. Thome und P. Riederer

Einführung

Die Ätiopathogenese schizophrener Psychosen ist bislang nur in Ansätzen verstanden. Die Symptome dieser Erkrankungen sind sehr unterschiedlich und beinhalten Halluzinationen, Wahn und Auffälligkeiten in Verhalten und Motorik. Dazu kommen Veränderungen von Emotion, Kognition und Willensbildung. Kein einzelnes Symptom erlaubt eine sichere Diagnose, und kein einzelnes Symptom ist bei allen Patienten einheitlich vorhanden. Bei vielen Patienten wird ein remittierender und exazerbierender Verlauf beobachtet. Die Aufklärung der Krankheitsursachen gehört seit fast einem Jahrhundert zu den großen Aufgaben der Medizin und besteht darin, einen pathophysiologischen Prozeß zu identifizieren, der für die Vielfalt der Symptome verantwortlich sein könnte.

Es gibt viele Hypothesen zur Ätiopathogenese dieser Erkrankungen. Nach der ersten Beschreibung durch EMIL KRAEPELIN (1909) und später EUGEN BLEULER (1911) gab es eine anhaltende Auseinandersetzung darüber, ob sich hinter dem in Verlauf und Symptomatik sehr heterogenen Krankheitsbild eine einzelne Krankheit oder mehrere Erkrankungen verbergen. Das Modell der Krankheitseinheit postuliert, daß ein einzelner ursächlicher Mechanismus verschiedene klinische Ausprägungen zur Folge hat. Damit wäre die Schizophrenie analog zu anderen Erkrankungen des zentralen Nervensystems, wie der multiplen Sklerose, bei denen ein einzelner Mechanismus wahrscheinlich gemacht werden konnte und die ein Spektrum von klinischen Symptomen sowie einen remittierenden und exazerbierenden Verlauf zeigen. Im Falle der Schizophrenie ist es unter Annahme dieses Modells möglich, daß eine einzelne Ursache wie eine Virusinfektion oder eine Schwangerschaftskomplikation den Feten zu unterschiedlichen Zeitpunkten der Hirnentwicklung und auch in unterschiedlichen Hirnregionen schädigt. Dies würde die Vielfalt der Symptome erklären.

Viele Kliniker und Forscher favorisieren heute das Modell multipler Krankheitseinheiten, die früher lediglich aufgrund von Ähnlichkeiten in Symptomatik und Krankheitsverlauf zusammengefaßt worden sind. Epidemiologische, genetische und bildgebende Untersuchungen unterstützen das Modell multipler Krankheitseinheiten. Dieses Modell wird auch häufig als Erklärung dafür herangezogen, daß es bisher nicht gelungen ist, die Ätiopathogenese der Schizophrenien weiter zu entschlüsseln. Beim Vergleich eines heterogenen Patientenkollektives mit einer Kontrollgruppe lassen sich nämlich Unterschiede in biologischen Parametern nur schwer herausarbeiten. Das Modell multipler Krankheitseinheiten könnte auch erklären, warum die Varianz der erhobenen biologischen Parameter bei schizophrenen Patienten meist größer ist als bei den entsprechenden Kontrollpersonen. Aus diesem Modell folgt auch, daß in zukünftigen Untersuchungen gut definierte Subgruppen von Patienten eingeschlossen werden sollten. Unklar ist jedoch, nach welchen Kriterien die Subtypisierung erfolgen soll. Wegen der heute vorherrschenden Ansicht einer Krankheitsvielfalt wird in diesem Beitrag von „den schizophrenen Psychosen" gesprochen.

Beide generellen Modelle lassen viele Hypothesen zur Ätiopathogenese schizophrener Psychosen zu (Tabelle 1.1). Die gegenwärtige Forschung konzentriert sich auf genetische Faktoren, auf eine pathologisch ablaufende Hirnentwicklung, auf Veränderungen der Neurotransmission und auf Änderungen von neuronalen Regelkreisen. Diese unterschiedlichen Perspektiven sollten in einem zukünftigen Modell zur Pathogenese der Schizophrenien integriert sein.

Genetische Veränderungen

Schizophrene Psychosen treten familiär gehäuft auf. Das Lebenszeitrisiko, eine schizophrene Psychose zu entwickeln, beträgt in der Allgemeinbevölkerung etwa 1% und ist bei Geschwistern oder Kindern von betroffenen Patienten etwa 10fach erhöht (GOTTESMAN 1991). Aus der familiären Häufung allein kann nicht geschlossen werden, ob genetische Mechanismen oder gemeinsame Umwelteinflüsse, z. B. sozialer, biologischer oder physikalischer Art, wirksam werden. Um genetische von Umwelteffekten zu trennen, wurden Adoptions- und Zwillingsstudien durchgeführt. In Zwillingsstudien zeigten sich konsistent höhere Konkordanzraten bei eineiigen verglichen mit zweieiigen Zwillingen (z. B. FARMER et al. 1987, McGUFFIN et al. 1995). Hohe Konkordanzraten wurden auch bei getrennt voneinander aufgewachsenen eineiigen Zwillingen gefunden (GOTTESMAN und SHIELDS 1982). In Adoptionsstudien zeigten sich erhöhte Erkrankungsraten für schizophrene Psychosen bei biologischen Verwandten von Patienten mit schizophrenen Psychosen, nicht aber bei adoptierten Verwandten oder Kontrollen (McGUFFIN et al. 1995). So wurde gefunden, daß Kinder von Müttern mit schizophrenen Psychosen, die getrennt von ihren biologischen Müttern aufgewachsen sind, ein erhöhtes Schizophrenierisiko zeigten, welches nicht durch Umwelteinflüsse oder psychosoziale Einflüsse erklärt werden konnte. Dem erhöhten Risiko für schizophrene Psychosen bei Verwandten betroffener Patienten liegen offenbar überwiegend gemeinsame Gene zugrunde (KENDLER und DIEHL 1993, McGUFFIN et al. 1995).

Unklar ist bislang, ob lediglich eine Prädisposition im Sinne einer Vulnerabilität, ob ein einzelnes Gen mit inkompletter Penetranz, oder ob verschiedene Gene übertragen werden. Auch ist unklar, ob eine einzelne Erkrankung oder eine Gruppe verschiedener Erkrankungen übertragen werden. Die Unterteilung schizophrener Psychosen in **genetische** und **nicht genetische** Formen erklärt viele Befunde der genetischen Forschung (BECKMANN et al. 1996, FRANZEK

Tabelle 1.1. Auswahl von Hypothesen zur Ätiopathogenese der Schizophrenien

- Genetische Veränderungen
- Gestörte Hirnentwicklung
- Veränderte neurochemische Transmission
- Gestörte neuronale Regelkreise
- Virale Infektion
- Autoimmunhypothese

und Beckmann 1996). Aber auch damit bliebe z. B. offen, warum die Nachkommen von diskordanten eineiigen Zwillingen ein gleichermaßen erhöhtes Risiko tragen, unabhängig davon, ob sie vom erkrankten oder gesunden Zwillingspartner abstammen (Gottesman und Bertelsen 1989).

Neben den überwiegend epidemiologisch ausgerichteten klassischen Methoden der Familien-, Zwillings- und Adoptionsstudien wurden in den letzten Jahren zunehmend molekulargenetische Methoden eingesetzt. Dabei fanden sich zunächst Assoziationen mit einzelnen Genorten, z. B. auf dem langen Arm von Chromosom 5 (Sherrington et al. 1988). In anderen Studien konnte die Assoziationen mit Chromosom 5 nicht bestätigt werden (McGuffin et al. 1996). Vor kurzem wurde jedoch einheitlich von verschiedenen Arbeitsgruppen die Assoziation einer Region auf dem kurzen Arm von Chromosom 6 mit schizophrenen Psychosen beschrieben (Straub et al. 1995, Moises et al. 1995, Schwab et al. 1995a). Andere Genorte, die möglicherweise mit schizophrenen Psychosen assoziiert sind, liegen auf Chromosom 8 (Pulver et al. 1995) und 22 (Schwab et al. 1995b). In den letzten Jahren wird auch vermehrt darüber diskutiert, mit welchen genetischen Methoden komplexe Erkrankungen, wie die schizophrenen Psychosen, untersucht werden sollen (Hodge 1994, Thomson 1994, Kruglyak und Lander 1995). Instabile DNA-Sequenzen in Form von expandierten Trinukleotidrepeats können eine Reihe von neuropsychiatrischen Er-

krankungen mit komplizierter genetischer Transmission und phänotypischer Variabilität hervorrufen (Warren 1996). Trinukleotidrepeats können dabei dynamische Mutationen darstellen, die sich von Generation zu Generation verändern und zu einer jeweils schwereren Form bzw. früheren Manifestation der Erkrankung führen. Eine solche „Antizipation" wurde auch für schizophrene Psychosen beschrieben (Bassett und Honer 1994, Stöber et al. 1995), muß jedoch in weiteren Untersuchungen sorgfältig von Artefakten abgegrenzt werden (Hodge und Wickramaratne 1995). Bislang konnte keine Assoziation zwischen Trinukleotidrepeats und schizophrenen Psychosen nachgewiesen werden (Lesch et al. 1994).

Es wurde auch die Strategie verfolgt, genetisch einheitliche, jedoch bzgl. der Erkrankung uneinheitliche Individuen, also diskordante eineiige Zwillinge, mit bildgebenden Verfahren zu untersuchen. Dabei wurde gefunden, daß sich die erkrankten Individuen häufig von ihren gesunden, genetisch identischen Zwillingspartnern z. B. in der Hirnstruktur unterscheiden (s.u.).

Entwicklungsstörungen von Hirnstrukturen

Über viele Jahre wurde vermutet, daß die Schizophrenien das Resultat pathologischer Prozesse sind, die ihre Wirkung kurz vor Ausbruch der Erkrankung entfalten. Kontrastierend dazu wird heute vielfach angenommen, daß die Ursache der Schizophrenien in einer Störung der frühen Hirnentwicklung liegt. Aus dieser Perspektive werden die Schizophrenien als aus der Hirnentwicklung resultierende Enzephelopathien betrachtet (Scheibel und Kovelman 1981, Jakob und Beckmann 1986, Weinberger 1987, Murray und Lewis 1987, Waddington 1993, Beckmann und Jakob 1994). Die Hinweise für die Hypothese einer pathologischen

Hirnentwicklung als Ursache der Schizophrenien sind in Tabelle 1.2 zusammengefaßt.

Schon lange bevor moderne bildgebende Verfahren zur Verfügung standen, wurde nach strukturellen Veränderungen in den Gehirnen von Patienten mit schizophrenen Psychosen gesucht (JACOBI und WINKLER 1927, HUBER 1957b). Zusammen mit den modernen bildgebenden Verfahren zeigen diese Studien, daß sich Patienten mit schizophrenen Psychosen in verschiedenen Hirnregionen in ihrer Struktur von normalen Kontrollpersonen unterscheiden, und daß diese Befunde weder Artefakt der Behandlung noch Hospitalisierung darstellen. Der in diesem Zusammenhang am häufigsten bestätigte Befund stellt eine **Erweiterung der Ventrikelräume** bei Patienten mit schizophrenen Psychosen dar. Alle Bereiche des ventrikulären Systems scheinen betroffen zu sein, wenngleich die Zunahme des Liquorvolumens nur relativ geringfügig ist (10–20%). In Studien an diskordanten eineiigen Zwillingen wurde gefunden, daß selbst diejenigen erkrankten Zwillinge, deren Ventrikelräume vergleichsweise klein waren, im Vergleich zu ihrem nicht erkrankten Zwillingspartner größere Ventrikel hatten (REVELEY et al. 1982, SUDDATH et al. 1990). Die Vergrößerung der Liquorräume scheint von einer Reduktion des Hirnvolumens bei Patienten mit schizophrenen Psychosen herzurühren. Diese Annahme wurde durch direkte Messungen der Volumina verschiedener

Hirnstrukturen mit hochauflösender Kernspintomographie bestätigt. Am konsistentesten wurde dabei eine Abnahme des gesamten Hirnvolumens sowie der kortikalen grauen Substanz gefunden (ANDREASEN et al. 1994b, ZIPURSKY et al. 1994). Es ist nicht geklärt, welche Hirnregion bzw. welche Hemisphäre differentiell am stärksten betroffen sind. Volumenreduktionen von temporalen und hippokampalen Strukturen wurden wiederholt beschrieben (BOGERTS et al. 1990, SHENTON et al. 1992). Auch im frontalen und parietalen Kortex wurden Veränderungen gefunden, wenn auch nicht mit ähnlicher Regelmäßigkeit.

Überaschenderweise wurden bei Quer- und Längsschnittuntersuchungen des Liquorund Hirnvolumens mit bildgebenden Verfahren **keine Korrelationen mit der Krankheitsdauer** beobachtet (VITA et al. 1988, JASKIW et al. 1994). Veränderungen der Hirnstrukturen wurden auch bei jungen Patienten mit Erstmanifestation vor einer chronischen Behandlung gefunden (DELISI et al. 1991, DEGREEF et al. 1992). Diese Resultate zeigen, daß die anatomischen Befunde bei vielen schizophrenen Patienten nicht mit einer progressiven, neurodegenerativen Erkrankung in Übereinstimmung gebracht werden können.

Die ventrikulären Erweiterungen und milden Reduktionen des kortikalen Volumens, die mit modernen bildgebenden Verfahren *in vivo* erhoben werden konnten, fanden sich ebenfalls in postmortem Studien wieder

Tabelle 1.2. Hinweise für gestörte Hirnentwicklung bei Patienten mit schizophrenen Psychosen

---

– Morphologische Auffälligkeiten in bildgebenden Verfahren nicht progredient
– Morphometrische Abweichungen ohne Gliose in postmortem Studien
– Cytoarchitektonische Auffälligkeiten
– Prämorbide Auffälligkeiten in der sozialen Anpassung
– Assoziation mit pränataler Virenexposition
– Erhöhte Zahl von Schwangerschafts- und Geburtskomplikationen
– Erhöhte Zahl „leichter anatomischer Mißbildungen"

(Bogerts et al. 1985, Pakkenberg 1987, Bruton et al. 1990). Bei den mikroskopischen Untersuchungen an postmortem Hirngewebe von Patienten mit schizophrenen Psychosen wurde **keine Gliose** gefunden. Veränderungen der Glia werden bei vielen Hirnerkrankungen des Erwachsenenalters gefunden, kaum jedoch bei neuropathologischen Vorgängen, die früh in der Hirnentwicklung auftreten. Daher liegt es nahe, die kortikalen Veränderungen ohne Gliose bei Patienten mit schizophrenen Psychosen als Folge einer frühen, während der Hirnentwicklung auftretenden Schädigung zu betrachten.

Weitere Hinweise für einen früh in der Hirnentwicklung einsetzenden ätiopathogenetischen Faktor ergeben sich aus **Auffälligkeiten der kortikalen Zytoarchitektur**. In verschiedenen postmortem Studien (Scheibel und Kovelman 1981, Jakob und Beckmann 1986, Arnold et al. 1991, Benes et al. 1991, Akbarian et al. 1996) wurde jeweils ein Defekt der kortikalen Organisation gefunden, der mit einer gestörten Migration derjenigen Neurone erklärt werden kann, die während des 2. Trimenons der Schwangerschaft von der periventrikulären Zone zur äußeren kortikalen Oberfläche wandern. Aus der mißgestalteten Zytoarchitektur folgt, daß die neuronalen Verbindungen ebenfalls nicht normal aufgebaut sind.

In Übereinstimmung mit einer früh einsetzenden Schädigung finden sich verschiedene **prämorbide Auffälligkeiten** bei Patienten mit schizophrenen Psychosen (Hoff et al. 1992, Fish et al. 1992, Saykin et al. 1994). Schon im Alter von sieben Jahren zeigten diejenigen Kinder, die später wegen schizophrenen Psychosen stationär aufgenommen worden sind, mehr soziale Auffälligkeiten, insbesondere soziale Ängste, als normale Kinder oder Kinder, die wegen anderer psychiatrischer Erkrankungen hospitalisiert werden mußten (Done et al. 1994). Die Geburtstage der an schizophrenen Psychosen erkrankten Personen liegen nicht zufällig über das Jahr verteilt, sondern haben in der nördlichen Hemisphäre eine leichte Häufung während des Winters und beginnenden Frühjahrs (Bradbury und Miller 1985). Der gefundene **Geburtenüberschuß** scheint großteils durch die nicht familiären Formen bedingt zu sein (O'Callaghan et al. 1991a, Franzek und Beckmann 1992). Dieser jahreszeitliche Geburtenüberschuß wird häufig als Beleg für eine pathologische Hirnentwicklung während der Schwangerschaft angesehen. Aus der Verteilung der Geburtstermine wurde zurückgeschlossen, daß das eigentliche pathogenetische Agens etwa im 2. Trimenon der Schwangerschaft wirksam sein sollte. Ähnlich dem jahreszeitlichen Geburtenüberschuß deutet auch der Effekt von Virusinfektionen auf eine mögliche Schädigung während der Schwangerschaft hin. Nach der ersten Mitteilung (Mednick et al. 1988) eines erhöhten Risikos schizophrener Psychosen bei solchen Kindern, deren Mütter während des 2. Trimenons an einer **Influenza** erkrankt waren, haben verschiedene nachfolgende Studien diesen moderaten Effekt bestätigt (Adams et al. 1993, Stöber et al. 1994); allerdings wurden auch negative Studien publiziert (Crow und Done 1992).

Seit vielen Jahren gibt es Hinweise, daß Patienten mit schizophrenen Psychosen eine größere Wahrscheinlichkeit haben, nach einer komplizierten Schwangerschaft oder Geburt aufgewachsen zu sein (Lewis und Murray 1987, McNeil 1991, Stöber et al. 1993, Geddes und Lawrie 1995). Hierbei ist jedoch zu beachten, daß der Begriff **„Schwangerschaftskomplikationen"** ein Sammelbegriff darstellt, worunter sich prä- und perinatale Komplikationen verbergen. Bislang konnte kein einzelner zuverlässiger Risikofaktor aus diesem Bereich identifiziert werden. Weiterhin ist die Frage ungeklärt, warum Schwangerschafts- oder Geburtskomplikationen ein gewisses Risiko für die Entwicklung einer späteren schizophrenen Psychose darstellen. Es könnte z. B. sein, daß bestimmte Komplikationen wie niedriges Geburtsgewicht oder eine vorzeitige Geburt ihre Ursache in Vorgängen haben, die den Fetus schon sehr viel früher während der Schwangerschaft geschädigt haben. Auch abnorme Geburtslagen könnten die Folge eines suboptimalen motorischen Verhaltens des Feten sein, das wiederum ihre Ursache in früh erfolgten Schädigungen auf das motorische System hat.

Ein weiterer Hinweis auf eine sehr frühe Dysmorphogenese ist die erhöhte Zahl von **leichten anatomischen Mißbildungen** in denjenigen Körperregionen, die sich wie das Gehirn von ektodermalem Gewebe ableiten und in ihrer Struktur während des ersten und frühen zweiten Trimenons gebildet werden. Der kraniofaziale Komplex, insbesondere der Gaumen, ist bei Patienten mit schizophrenen Psychosen eher dysmorph als bei Kontrollpersonen (GREEN et al. 1989, O'CALLAGHAN et al. 1991b, LOHR und FLYNN 1993). Auch Anomalien der Hand sind gelegentlich zu finden und legen einen schädigenden Einfluß auf die Entwicklung des Feten während des 2. Trimenons nahe (BRACHA et al. 1991). Wahrscheinlich spielen frühe

Schwangerschaftskomplikationen eine ursächliche Rolle für leichte anatomische Mißbildungen (CANTOR-GRAAE et al. 1994).

Neurotransmission

Zumindest einer Teilgruppe schizophrener Erkrankungen scheinen biochemische Veränderungen im Gehirn zugrundezuliegen. Die vermuteten biochemischen Grundlagen sind trotz erheblicher Forschungsbemühungen nicht endgültig aufgeklärt worden (KORNHUBER und WELLER 1994). Die Gründe für die unzureichenden Fortschritte liegen in einer ganze Reihe von Problemen (Tabelle 1.3).

Heute ist bekannt, daß die Neuroleptika ihre Wirkung über das dopaminerge System entfalten. Dopamin hat in verschiedenen Hirngebieten sehr unterschiedliche Funktionen. Wahrscheinlich sind nur die dopaminergen Strukturen im Bereich der meso-limbischen und meso-kortikalen Systeme für die antipsychotische Wirksamkeit verantwortlich, während die Dopaminrezeptorblockade im Striatum für die extrapyramidal-motori-

Tabelle 1.3. Auswahl von Problemen bei der Untersuchung biochemischer Veränderungen bei Patienten mit schizophrenen Psychosen

---

– Es handelt sich wahrscheinlich um eine Gruppe unterschiedlicher Erkrankungen mit wahrscheinlich unterschiedlichen biochemischen und morphologischen Grundlagen

---

– Es ist unklar, nach welchen Kriterien eine homogene Patientengruppe zusammengestellt werden soll

– Bislang existiert kein allgemein anerkanntes Tiermodell für schizophrene Psychosen

– Was kann am Menschen untersucht werden?
  • Biochemische Veränderungen des Gehirns spiegeln sich nur indirekt im Blut oder Urin wider
  • Liquoruntersuchungen lassen sich aus rein wissenschaftlicher Indikation nicht rechtfertigen
  • Mit bildgebenden Verfahren lassen sich derzeit nur wenige Parameter in vivo untersuchen
  • Postmortem Hirngewebe ist wegen störender Einflußfaktoren, wie unterschiedlicher postmortem Zeit, nur für ausgewählte biochemische Parameter geeignet

– Die Aufklärung der Wirkungsmechanismen antipsychotischer Medikamente war bislang sehr erfolgreich. Die Wirkungsmechanismen lassen aber nur sehr begrenzt Rückschlüsse auf Pathophysiologie und Pathogenese der Schizophrenien zu

---

schen Wirkungen der Neuroleptika verantwortlich gemacht wird. Die Wirkung der Neuroleptika auf das dopaminerge System schließt man im wesentlichen aus der exzellenten Korrelation zwischen der durchschnittlichen täglichen Dosis eines Neuroleptikums in der Schizophreniebehandlung und der Affinität dieses Neuroleptikums zum Dopaminrezeptor (CREESE et al. 1976, SEEMAN et al. 1976). In den letzten Jahren wurden verschiedene Dopaminrezeptoren kloniert (D_1-D_5-Rezeptor), von denen zum Teil auch verschiedene Varianten bekannt geworden sind. Obwohl die Dopaminrezeptoren strukturell sehr ähnlich sind, können sie aufgrund biochemischer und pharmakologischer Eigenschaften in zwei Familien eingeteilt werden, in die D_1- und die D_2-Familie. Zur D_1-Familie gehören der D_1- und D_5-Rezeptor, zur D_2-Familie der D_2-, D_3- und D_4-Rezeptor (KORNHUBER und WELLER 1994). Es wurden umfangreiche genetische Untersuchungen durchgeführt, die jedoch keine strukturellen Veränderungen dieser Rezeptoren bei Patienten mit schizophrenen Psychosen aufzeigen konnten.

Der D_2-Rezeptor wird üblicherweise als der Hauptzielort für antipsychotische Substanzen angesehen. Die Entwicklungen der letzten Jahre zeigen jedoch, daß es keine Substanz mit selektiver Wirkung an einen der drei Rezeptoren der D_2-Familie gibt (MALMBERG et al. 1993). Aus diesen Gründen gibt es auch derzeit keinen selektiven D_2-Rezeptorantagonisten für klinische Untersuchungen. Solche Antagonisten wären erforderlich, um die Rolle der D_2-Rezeptoren für die antipsychotische Wirkung der Neuroleptika zu prüfen. Antipsychotika aus der Gruppe der Phenothiazine und Butyrophenone haben jeweils hohe Affinitäten zu den D_2-, D_3- und D_4-Rezeptoren und führen deshalb unter klinischen Bedingungen zu einer hohen Rezeptorbesetzung bei jedem dieser drei Rezeptorsubtypen. Substituierte Benzamide wie Sulpirid haben eine hohe Affinität zu D_2- und D_3-, jedoch eine niedrige Affinität für D_4-Rezeptoren. Dies könnte bedeuten, daß eine antipsychotische Wirkung auch ohne Blockade des D_4-Rezeptors möglich ist.

Der D_3-Rezeptor ist hauptsächlich in limbischen Gebieten lokalisiert und stellt einen interessanten Kandidaten für die antipsychotische Wirkung der Neuroleptika dar (GRIFFON et al. 1995, SCHWARTZ et al. 1995). Der D_4-Rezeptor scheint in 10–100fach niedrigeren Konzentrationen als die D_1- und D_2-Rezeptoren im Striatum aufzutreten. SEEMAN und Mitarbeiter (1993) haben festgestellt, daß der D_4-Rezeptor in den Basalganglien von Patienten mit schizophrenen Psychosen 6fach erhöht ist. Für diese postmortem Hirnuntersuchungen mußte jedoch ein indirekter Weg gewählt werden. In anderen Bindungsstudien (REYNOLDS und MASON 1994, REYNOLDS 1996), oder auch in bildgebenden Untersuchungen, konnten keine weiteren Hinweise für erhöhte D_4-Rezeptoren bei schizophrenen Patienten gefunden werden. Dennoch ist es möglich, daß die antipsychotische Wirkung von Clozapin über den D_4-Rezeptor bewirkt wird. Clozapin hat eine relativ hohe Affinität zu den D_4-Rezeptoren, und es wurde vermutet, daß dies ein Grund für die besondere Stellung von Clozapin sein könnte. Die Überprüfung dieser Hypothese bedarf jedoch selektiver D_4-Rezeptorliganden.

Eine primäre Veränderung der dopaminergen Transmission ist bislang bei Patienten mit schizophrenen Psychosen nicht zweifelsfrei nachgewiesen worden (z. B. KORNHUBER et al. 1989c). Trotz Einwände gegen die Dopamin-Hypothese (siehe KORNHUBER und WELLER 1994) ist nicht zu übersehen, daß sie zum Rahmen der sogenannten Gleichgewichtshypothese einen rationalen Stellenwert einnimmt. Auch die gute antipsychotische Wirkung von Clozapin, einer Substanz mit breitem pharmakologischem Wirkspektrum bei niederer dopaminerger Affinität für Dopamin-Rezeptoren, hat mit dazu beigetragen, nach Alternativhypothesen zur Dopamin-Hypothese zu suchen.

Aus diesen Gründen hat sich die Forschung zunehmend nichtdopaminergen Mechanismen zugewendet. Tabelle 1.4 zeigt neben der Dopaminhypothese einige auf das dopaminerge System bezogene Gleichgewichtshypothesen sowie neuere Hypothesen, die vom dopaminergen System weitgehend unabhängig sind. Hier soll nur die Glutamathypothese angesprochen werden; kürzlich erschienene Übersichtsarbeiten nehmen zu anderen Hypothesen Stellung (REYNOLDS 1989, LIEBERMAN und KOREEN 1993, KORNHUBER und WELLER 1994).

Die erste Untersuchung, die einen Zusammenhang zwischen Glutamat und den Schizophrenien herstellt, wurde von KIM und Mitarbeitern publiziert (1980). In der damaligen Untersuchung wurden deutlich erniedrigte Liquorglutamatspiegel bei schizophrenen Patienten im Vergleich zu Kontrollen gefunden, und es wurde die Hypothese einer glutamatergen Unterfunktion bei diesen Patienten formuliert. Die damaligen Liquordaten konnten in der Folgezeit nicht in dieser Deutlichkeit repliziert werden, doch die aufgestellte Hypothese wird inzwischen durch andere Daten gestützt und ist weiterhin eine der interessanten biochemischen Hypothesen zur Schizophreniepathogenese. Vereinfachend gesprochen besteht diese Hypothese in der Annahme eines Gleichgewichtes zwischen dopaminerger und glutamaterger Neurotransmission (Abb. 1.1), wobei Dopaminrezeptorantagonisten antipsychotisch wirken und partielle Glutamatagonisten möglicherweise ebenfalls eine antipsychotische Wirkung haben.

Glutamat wirkt auf verschiedene membranständige Rezeptorsubtypen, die in metabotrope und ionotrope Rezeptoren unterteilt werden. In dem hier diskutierten Zusammenhang ist der ionotrope N-Methyl-D-Aspartat (NMDA)-Rezeptor von besonderer Bedeutung. Bei Aktivierung

Tabelle 1.4. Gliederung und Kurzübersicht der biochemischen Hypothesen zur Pathogenese und Pathophysiologie schizophrener Psychosen (nach KORNHUBER und WELLER 1994)

Hypothesen	Weiterführende Literatur
Dopaminhypothese	CARLSSON und LINDQUIST (1963), CARLSSON (1988)
Auf das dopaminerge System bezogene Gleichgewichtshypothesen	
Glutamathypothese	KIM et al. (1980), KORNHUBER et al. (1984, 1989b)
Cholinerge Hypothese	TANDON und GREDEN (1989), KARSON et al. (1993)
GABA-Hypothese	GARBUTT und VAN KAMMEN (1983)
Serotoninhypothese	MELTZER (1989)
Adenosinhypothese	DECKERT und GLEITER (1990)
CCK-Hypothese	NAIR et al. (1994)
Neurotensinhypothese	BISSETTE und NEMEROFF (1988)
Opioidhypothese	WIEGANT et al. (1992)
Vom dopaminergen System nicht direkt abhängige Hypothesen	
Toxische Wirkung von NMDA-Antagonisten	OLNEY et al. (1989)
Sigmahypothese	LARGENT et al. (1988), WALKER et al. (1990)
Veränderungen der Signaltransduktion	HUDSON et al. (1993)

durch NMDA oder Glutamat öffnet sich der daran gekoppelte Ionenkanal und läßt Na$^+$- und Ca^{2+}-Ionen in das Zellinnere passieren. Substanzen wie Phenzyklidin (PCP) oder MK-801 binden an den inneren Teil dieses Ionenkanals und blockieren den Ionenstrom. Damit wirkt PCP als nicht-kompetitiver Glutamatrezeptorantagonist. Neben der PCP-Bindungsstelle gibt es noch andere Bindungsstellen am NMDA Rezeptor (KORNHUBER und WELLER 1996a,b), die hier aber nicht weiter besprochen werden sollen.

Eine der Hauptstützen für die Glutamathypothese leitet sich aus der Wirkung der Substanz PCP ab. Diese Substanz wurde in den 20er Jahren in Deutschland erstmals synthetisiert und später als Allgemeinanästhetikum eingesetzt. Allerdings kam PCP wegen unerwünschter Nebenwirkungen nie auf den Markt. Interessant ist nun, daß bei mißbräuchlicher Einnahme von PCP häufig eine Psychose auftritt, die kaum von einer Schizophrenie zu unterscheiden ist und als das zur Zeit beste pharmakologische Modell für die Schizophrenien angesehen wird (KORNHUBER et al. 1986, JAVITT und ZUKIN 1991, KORNHUBER und WELLER 1995). Die psychotomimetische Wirkung von PCP ist nicht nur schneller und stärker als die des Amphetamins, PCP verursacht zusätzlich zu den produktiv-psychotischen Symptomen auch Negativsymptome. Auch kann eine schon vorbestehende Schizophrenie unter PCP-Einnahme exazerbieren. In den niedrigen Konzentrationen, in denen PCP diese Effekte auslöst, interagiert diese Substanz selektiv mit dem NMDA-Rezeptor (JAVITT und ZUKIN 1991). Inzwischen gibt es auch verschiedene direkte Untersuchungen, die eine glutamaterge Unterfunktion in kortikalen und striatalen Gebieten bei Patienten mit schizophrenen Psychosen nahelegen (KORNHUBER et al. 1989b, KORNHUBER und WELLER 1994). Die therapeutische Konsequenz liegt in der Entwicklung von partiellen Glutamatagonisten als Antipsychotika.

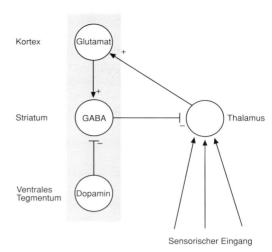

Abb. 1.1. Die Glutamathypothese (KIM et al. 1980, KORNHUBER et al. 1984, KORNHUBER und WELLER 1994) ist unterlegt dargestellt. Diese Hypothese postuliert ein Gleichgewicht zwischen hemmenden dopaminergen und aktivierenden glutamatergen Neuronen. Das von CARLSSON (1988) entwickelte Modell der kortiko-striato-thalamo-kortikalen Rückkoppelungsschleife integriert die Glutamathypothese mit regional-anatomischen Hypothesen zur Pathophysiologie schizophrener Psychosen. Eine Unterfunktion des glutamatergen kortiko-striatalen Weges würde indirekt den thalamischen Filter öffnen, zu ungesteuertem Zufluß sensorischer Information zum Kortex und so zu psychotischem Erleben führen

In den letzten Jahren sind Substanzen bekannt geworden, die wie PCP im Inneren des Ionenkanals des NMDA-Rezeptors binden, im Gegensatz zu PCP jedoch kaum psychotomimetisch wirken. Zu dieser Substanzgruppe gehören Memantin, Amantadin, Orphenadrin und Budipin (KORNHUBER et al. 1989a, 1991b, 1995a, b). Die Ursache der unterschiedlichen klinischen Wirkungen wurde erst in den letzten Jahren besser verstanden (KORNHUBER und WELLER 1996, 1997). Die bessere klinische Verträglichkeit niederaffiner NMDA-Antagonisten hängt wahrscheinlich mit einer geringeren Beeinflussung der physiologischen Transmission am NMDA-Rezeptor zusammen (CHEN et al.

1992, PARSONS et al. 1993, 1995). Affinität, Bindungskinetik und Spannungsabhängigkeit nichtkompetitiver NMDA-Rezeptorantagonisten sind offensichtlich eng miteinander korreliert; hohe Affinität bedeutet langsame „off"-Konstanten und geringe Spannungsabhängigkeit (PARSONS et al. 1995). Unter therapeutischen Bedingungen sind nichtkompetitive NMDA-Rezeptorantagonisten ständig im synaptischen Spalt vorhanden und können auch unter Ruhebedingungen langsam in den Ionenkanal des NMDA-Rezeptors eindringen. Eine hohe Affinität zur PCP-Bindungsstelle und damit korrelierte langsame Kinetik ist nicht erstrebenswert für den klinischen Einsatz z. B. im Bereich der Neuroprotektion. Die Affinität solcher Substanzen sollte einerseits so niedrig sein,

daß sie nach physiologischer Aktivierung des NMDA-Rezeptors den Ionenkanal schnell wieder verlassen und andererseits so hoch sein, daß sie bei geringerer Depolarisation und Glutamatkonzentrationen im mikromolaren Bereich wie bei Ischämie und Hypoxie den Ionenkanal noch nicht verlassen (Abb. 1.2).

Veränderte neuronale Regelkreise und Systemtheorie

In den letzten Jahren werden zunehmend Änderungen in neuronalen Verknüpfungen und Regelkreisen als Ursache schizophrener Psychosen verantwortlich gemacht. Beispiele für solche Regionen sind einerseits

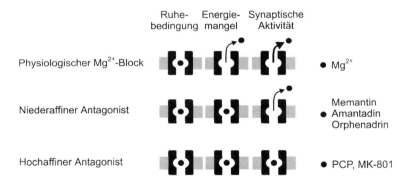

Abb. 1.2. Schematische Darstellung der Vorgänge am NMDA-Rezeptor während Ruhebedingungen, synaptischer Aktivität und unter Bedingungen der Hypoxie bzw. Ischämie. Unter den Bedingungen des Ruhemembranpotentials von etwa −70 mV ist der Ionenkanal des NMDA-Rezeptors durch Mg^{2+}-Ionen blockiert. Auch wenn Glutamat an den NMDA-Rezeptor bindet, verhindert der Mg^{2+}-Block den Ionenfluß. Der Mg^{2+}-Block wird bei Depolarisation der Zellmembran aufgehoben. Das heißt, daß der NMDA-Rezeptor nur dann Ca^{2+}-Ionen ins Zellinnere passieren läßt, wenn zwei Bedingungen erfüllt sind: Der Rezeptor muß durch Liganden aktiviert werden, *und* das Neuron muß depolarisiert sein. Von Bedeutung ist, daß auch schon bei leichter Depolarisation der Zellmembran auf etwa −50 mV der Mg^{2+}-Block reduziert wird. Schon bei leichter Depolarisation oder niedrigen extrazellulären Glutamatkonzentrationen gelangt Ca^{2+} in das Zellinnere und wirkt neurotoxisch. Hochaffine NMDA-Rezeptorantagonisten wie PCP können aufgrund ihrer hohen Affinität und damit verbundenen langsamen off-Konstanten den Ionenkanal während der kurzfristigen physiologischen Transmission nicht schnell genug verlassen, hemmen also physiologische Transmission und wirken so psychotomimetisch. Niederaffine NMDA-Rezeptorantagonisten wie Memantin oder Orphenadrin können den Ionenkanal während der kurzfristigen physiologischen Transmission mit starker Depolarisation der Zellmembran schnell genug verlassen, erlauben physiologische Transmission und wirken nicht psychotomimetisch. Im Gegensatz zum Mg^{2+}-Block verbleiben diese Substanzen bei leichter Membrandepolarisation im Ionenkanal und wirken so neuroprotektiv. Abbildung modifiziert nach KORNHUBER und WELLER (1997)

der **präfrontale Kortex**, der mit vielen anderen Hirnregionen anatomisch und funktionell verbunden ist. Diese Region hat sich erst spät während der Phylogenese zum Menschen entwickelt. Eine Erkrankung des präfrontalen Kortex könnte so erklären, warum schizophrene Psychosen offenbar nur beim Menschen auftreten. Aus tierexperimentellen Untersuchungen ist bekannt, daß Läsionen des präfrontalen Kortex solche Funktionen beeinträchtigen, die auch bei Patienten mit schizophrenen Psychosen verändert sind. Viele Befunde, die unter Verwendung neuropsychologischer Tests sowie von postmortem und in vivo bildgebenden Verfahren erhoben worden sind, sprechen für eine anatomische oder auch physiologische Dysfunktion des präfrontalen Kortex bei Patienten mit schizophrenen Psychosen (WEINBERGER 1988, DEAKIN et al. 1989, READING 1991, BENES et al. 1992, LIDDLE et al. 1992, GOLDMAN-RAKIC 1994a, b, WINN 1994, AKBARIAN et al. 1996).

Der **Thalamus** wird wegen seiner Generator- und Filterfunktion und wegen seiner weitreichenden anatomischen Verbindungen ebenfalls als Schlüsselregion bei der Suche nach den pathophysiologischen Grundlagen der Schizophrenien betrachtet (HUBER 1957a, GROSS und HUBER 1972, CARLSSON 1988, ANDREASEN et al. 1994a). Eine Störung der thalamischen Filterfunktion würde zu veränderter sensorischer Integration und gestörtem Informationsfluß zum Kortex führen. Da der präfrontale Kortex und der Thalamus funktionell und anatomisch eng verbunden sind, könnten Störungen in diesen beiden Regionen zu den fundamentalen Veränderungen bei Patienten mit schizophrenen Psychosen zählen (Abb. 1.1). Auch limbische Gebiete, wie die **Regio entorhinalis** und der **Hippokampus**, wurden in den letzten Jahren intensiv untersucht. Daneben wurden Veränderungen von **anderen kortikalen und subkortikalen Hirnregionen** innerhalb von komplexen Regelkreisen untersucht bzw. vermutet

(BARTA et al. 1990, LIDDLE et al. 1992, SHENTON et al. 1992, BENES 1995, ROSS und PEARLSON 1996). Hier sind weitere neuropsychologische, bildgebende sowie postmortem-morphologische und -neurochemische Untersuchungen notwendig.

Die beeindruckende Wirksamkeit der Neuroleptika und die Entdeckung, daß diese Substanzen über einen Dopaminrezeptorantagonismus wirken, führte über viele Jahre zur Dominanz der Dopaminhypothese. Nach dem wiedererwachenden Interesse an anatomischen Veränderungen lassen sich heute zwei grundlegende Konzepte mit einem dazwischenliegenden Kontinuum unterscheiden; **chemische und anatomische Mechanismen** als Ursache schizophrener Psychosen. Auf der einen Seite könnte die grundlegende Störung ausschließlich in einer veränderten Neurotransmission bei vollständig intakter Anatomie liegen. Andererseits könnte die Pathologie lediglich in einer veränderten Anatomie bzw. in defekten Regelkreisen bei intakter Neurotransmission bestehen. In den letzten zwei Dekaden hat sich gezeigt, daß Anatomie und Neurochemie eng verknüpft sind, daß Neurotransmittersysteme regional begrenzt sind, und daß die Konzentration bestimmter Rezeptorsubtypen bzw. Neurotransmitter regionale Unterschiede aufweisen. Diese Erkenntnisse haben dazu geführt, daß die Schizophrenien heute nicht mehr als ein „zuviel oder zuwenig dieses oder jenes Neurotransmitters" betrachtet wird, sondern daß zunehmend komplexere Modelle, von Gleichgewichtsmodellen bis zu komplizierten neuronalen Regelkreisen mit Interaktionen zwischen multiplen Neurotransmittern, entwickelt werden.

In ganzheitliche, systemische Modelle (Tabelle 1.5) können neurochemische, anatomische, genetische und auch psychosoziale Effekte integriert werden. Ein biochemisch ausgerichtetes Beispiel ist das Modell der **Waage mit multiplen Gleichgewichten** zwischen verschiedenen Transmittern (BIRK-

Tabelle 1.5. Kennzeichen der systemischen Betrachtungsweise (nach TRETTER 1993)

─ Die Betrachtung der Wechselwirkungen zwischen Elementen ist bedeutsamer als die isolierende Betrachtung

─ Die Ganzheit wird betont

─ Gruppen von Variablen werden gleichzeitig verändert

─ Zeitverläufe werden in die Untersuchung mit einbezogen

─ Modelle sollen für Entscheidungen und Handlungen brauchbar sein

MAYER et al. 1972, FRITZE 1989) (Abb. 1.3). Dabei können unterschiedliche Konstellationen zu gleichen Nettoeffekten führen. Unser derzeitiger Kenntnisstand ist jedoch weit davon enffernt, diese multiplen Konstellationen erfassen zu können. Das Problem besteht nicht nur darin, das Zusammenspiel zwischen den einzelnen Transmittern unter physiologischen Bedingungen genau zu kennen, sondern viele Parameter unter physiologischen und pathologischen Bedingungen gleichzeitig zu erheben, große Datenmengen sinnvoll zu reduzieren und Muster herauszuarbeiten, die eine Unterscheidung zwischen Kontrollen und schizophrenen Patienten zulassen. Es gibt erste Ansätze zur Bestimmung von biochemischen Mustern zur Unterscheidung schizophrener und gesunder Probanden (GATTAZ et al. 1985, HANSSON et al. 1994, CARLSSON et al. 1995). Mit modernen multivariaten statistischen Methoden lassen sich Daten so reduzieren, daß aus vielen gemessenen Parametern wenige neue Parameter generiert werden, die in sinnvoller Beziehung zu den ursprünglichen Variablen stehen. Dadurch lassen sich Patienten und Kontrollen treffsicher unterscheiden (GATTAZ et al. 1985, HANSSON et al. 1994, CARLSSON et al. 1995). Ein Beispiel für die Integration biochemischer und anatomischer Modelle in einem Regelkreis bietet das Modell von CARLSSON (1988), in dem die Glutamathypothese (KIM et al. 1980, KORNHUBER et al. 1984, 1991a, KORNHUBER und WELLER 1994) durch das thalamische Filtermodell (HUBER 1957a, GROSS

und HUBER 1972) ergänzt wurde (Abb 1.1). In diesem Modell verschmelzen biochemische (Glutamat, Dopamin) und anatomische (frontaler Kortex, Thalamus) Hypothesen zu einem **kortiko-striato-thalamo-kortikalen Regelkreis**. Eine glutamaterge Unterfunktion würde den thalamischen Filter öffnen, und zu einem ungesteuerten Informationsfluß zum Kortex und damit zu psychotischem Erleben führen. Dieses Modell wurde in den letzten Jahren im wesentlichen aufgrund tierpharmakologischer Verhaltensbeobachtungen erweitert, um neben glutamatergen, GABAergen und dopaminergen auch noradrenerge Mechanismen einzuschließen (CARLSSON und CARLSSON 1989, 1990, CARLSSON 1995, CARLSSON et al. 1991, SVENSSON et al. 1992).

Bei den gezeigten Beispielen ist jedoch der statische Charakter, also der fehlende Zeitverlauf, unbefriedigend. So bleiben die Gründe für das akute unvermittelte Auftreten von Psychosen oder die Besserung auf Medikation unbeantwortet. Wie zeitliche Abläufe in komplizierten Systemen prinzipiell untersucht werden können, soll an der vom *Club of Rome* in Auftrag gegebenen und vom MIT durchgeführten Studie „Die Grenzen des Wachstums" (MEADOWS et al. 1973) erläutert werden. In dieser Studie wurde das gegenseitige Bedingungsgefüge von Bevölkerung, Umweltverschmutzung, Rohstoffen, Industrieproduktion usw. in einem „Weltmodell" analysiert. So beeinflussen Investitionen beispielsweise das Industriekapital und darüber die Industrieproduktion. Diese ver-

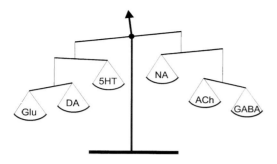

Abb. 1.3. Das Modell der Waage mit multiplen Gleichgewichten zwischen multiplen Transmittern und Modulatoren (modifiziert nach FRITZE 1989). Ganz unterschiedliche Einzeleffekte können zu gleichen Nettoeffekten führen. In diesem fiktiven Modell könnte also eine Zunahme von Glutamat oder eine Abnahme von GABA identische Folgen haben. Dieses Modell ist relativ statisch; zeitliche Abläufe können nur bedingt eingebaut werden. Die hier dargestellten Zusammenhänge zwischen den Neurotransmittern sind frei gewählt und entsprechen nicht den realen Verhältnissen. *ACh* Azetylcholin, *DA* Dopamin, *GABA* Gamma-Aminobuttersäure, *Glu* Glutamat, *NA* Noradrenalin, *5HT* Serotonin

stärkt Umweltverschmutzung, was die Nahrungsmittelmenge beeinflußt. Darüber werden wiederum die Nahrungsmittel pro Kopf der Weltbevölkerung beeinflußt. Aus solchen Zusammenhängen wurde schließlich das Weltmodell mit 99 Einzelkomponenten entwickelt (MEADOWS et al. 1973). Dieses System wurde dann mathematisch modelliert und das Verhalten des Modells im Zeitverlauf berechnet. Je nach Anfangsvoraussetzungen lassen sich damit Voraussagen zur Umweltverschmutzung oder Weltbevölkerung machen. Die Übertragung solcher Methoden auf psychiatrische oder neurologische Fragestellungen steckt noch in den Kinderschuhen. Aber es gelang beispielsweise ein einfaches neuronales Modell der Parkinsonkrankheit mit einer Rückkoppelungsschleife von der Substantia nigra zum Striatum und zurück zur Substantia nigra zu simulieren (PORENTA und RIEDERER 1986).

Zusammenfassung

Schizophrene Psychosen sind häufig sehr schwere Erkrankungen von denen etwa 1% der Bevölkerung betroffen ist. In den letzten Jahren wurden mit epidemiologischen, genetischen, histopathologischen und bildgebenden Untersuchungen deutliche Fortschritte in der Aufklärung der Krankheitsursachen erreicht und es wurden zunehmend integrative Modelle zur Pathogenese und Pathophysiologie schizophrener Psychosen entwickelt. Dabei werden nicht mehr nur Veränderungen beispielsweise eines einzelnen Neurotransmitters in einer einzelnen Hirnregion betrachtet, sondern komplexe Veränderungen während der Hirnentwicklung oder komplexe neuronale Verschaltungen. Aus Familienuntersuchungen, Adoptionsstudien und Zwillingsuntersuchungen ist klar, daß den Schizophrenien zumindest teilweise eine genetische Komponente zugrunde liegt. Andere Befunde weisen auf Hirnentwicklungsstörungen als ätiopathogenetische Ursache der Schizophrenien hin. Viele der dargestellten Befunde lassen sich damit erklären, daß neben genetischen Faktoren auch Noxen wie Virusinfektionen der Mutter, Hirnentwicklungsstörungen beim Feten bewirken können. Diese bilden Vulnerabilitätsfaktoren, die durch später dazu kommende Stressoren zur Manifestation einer schizophrenen Psychose führen können.

Literatur

ADAMS W, KENDELL RE, HARE EH, MUNK-JORGENSEN P (1993) Epidemiological evidence that maternal influenza contributes to the aetiology of schizophrenia. Br J Psychiatry 163: 522–534

AKBARIAN S, BUNNEY WE, POTKIN SG, WIGAL SB, HAGMAN JO, SANDMAN CA (1996) Altered distribution of nicotamide-adenine dinucleotide phosphate-diaphorase cells in frontal lobe of schizophrenics implies disturbances of cortical development. Arch Gen Psychiatry 50: 169–177

ANDREASEN NC, ARNDT S, SWAYZE V, CIZADLO T, FLAUM M, O'LEARY D, EHRHARDT JC, YUH WT (1994a) Thalamic abnormalities in schizophrenia visualized through magnetic resonance image averaging. Science 266: 294–298

ANDREASEN NC, FLASHMAN L, FLAUM M, ARNDT S, SWAYZE V, O'LEARY DS, EHRHARDT JC, YUH WTC (1994b) Regional brain abnormalities in schizophrenia measured with magnetic resonance imaging. JAMA 272: 1763–1769

ARNOLD SE, HYMAN BT, VAN HOESEN GW, DAMASIO AR (1991) Some cytoarchitectural abnormalities of the entorhinal cortex in schizophrenia. Arch Gen Psychiatry 48: 625–632

BARTA PE, PEARLSON GD, POWERS RE, RICHARDS SS, TUNE LE (1990) Auditory hallucinations and smaller superior temporal gyral volume in schizophrenia. Am J Psychiatry 147: 1457–1462

BASSETT AS, HONER GH (1994) Evidence for anticipation in schizophrenia. Am J Genet 54: 314–324

BECKMANN H, JAKOB H (1994) Pränatale Entwicklungsstörungen von Hirnstrukturen bei schizophrenen Psychosen. Nervenarzt 65: 454–463

BECKMANN H, FRANZEK E, STÖBER G (1996) Genetic heterogeneity in catatonic schizophrenia: a family study. Am J Med Genet 67: 289–300

BENES FM (1995) Altered glutamatergic and GABAergic mechanisms in the cingulate cortex of the schizophrenic brain. Arch Gen Psychiatry 52: 1015–1018

BENES FM, MCSPARRAN J, BIRD ED, SANGIOVANNI JP, VINCENT SL (1991) Deficits in small interneurons in prefrontal and cingulate cortices of schizophrenic and schizoaffective patients. Arch Gen Psychiatry 48: 990–1001

BENES FM, SORENSEN I, VINCENT SL, BIRD ED, SATHI M (1992) Increased density of glutamate-immunoreactive vertical processes in superficial laminae in cingulate cortex of schizophrenic brain. Cereb Cortex 2: 503–512

BIRKMAYER W, DANIELCZYK W, NEUMAYER E, RIEDERER P (1972) The balance of biogenic amines as condition for normal behaviour. J Neural Transm 33: 163–178

BISSETTE G, NEMEROFF CB (1988) Neurotensin and the mesocorticolimbic dopamine system. In: KALIVAS PW, NEMEROFF CB (eds) The mesocorticolimbic system. Ann NY Acad Sci 537: 397–404

BLEULER E (1911) Dementia praecox oder Gruppe der Schizophrenien. In: ASCHAFFENBURG G (Hrsg) Handbuch der Psychiatrie. Spez. Teil, 4. Abtlg. Deuticke, Leipzig Wien

BOGERTS B, MEERTZ E, SCHÖNFELDT-BAUSCH R (1985) Basal ganglia and limbic system pathology in schizophrenia: a morphometric study of brain volume and shrinkage. Arch Gen Psychiatry 42: 784–791

BOGERTS B, ASHTARI M, DEGREEF G, ALVIR JM, BILDER RM, LIEBERMAN JA (1990) Reduced temporal limbic structure volumes on magnetic resonance images in first episode schizophrenia. Psychiatry Res Neuroimaging 35: 1–13

BRACHA HS, TORREY EF, BIGELOW LB, LOHR JB, LININGTON BB (1991) Subtle signs of prenatal maldevelopment of the hand ectoderm in schizophrenia: a preliminary monozygotic twin study. Biol Psychiatry 30: 719–725

BRADBURY TN, MILLER GA (1985) Season of birth in schizophrenia: a review of evidence, methodology, and etiology. Psychol Bull 98: 569–594

BRUTON CJ, CROW TJ, FRITH CD, JOHNSTONE EC, OWENS DGC, ROBERTS GW (1990) Schizophrenia and the brain: a prospective clinico-neuropathological study. Psychol Med 20: 285–304

CANTOR-GRAAE E, MCNEIL TF, TORREY EF, QUINN P, BOWLER A, SJÖSTRÖM K, RAWLINGS R (1994) Link between pregnancy complications and minor physical anomalies in monozygotic twins discordant for schizophrenia. Am J Psychiatry 151: 1188–1193

CARLSSON A (1988) The current status of the dopamine hypothesis of schizophrenia. Neuropsychopharmacology 1: 179–186

CARLSSON A, LINDQUIST M (1963) Effect of chlorpromazine or haloperidol on formation of 3-methoxytyramine and normetanephrine in mouse brain. Acta Pharmacol Toxicol 20: 140–144

CARLSSON A, WATERS N, HANSSON LO (1995) Neurotransmitter aberrations in schizophrenia: new findings. In: FOG R, GERLACH J, HEMMINGSEN R (eds) Schizophrenia. An integrated view. Munksgaard, Copenhagen, pp 332–340

CARLSSON M, CARLSSON A (1989) Dramatic synergism between MK-801 and clonidine with respect to locomotor stimulatory effect in monoamine-depleted mice. J Neural Transm 77: 65–71

CARLSSON M, CARLSSON A (1990) Interactions between glutamatergic and monoaminergic systems within the basal ganglia – implications for schizophrenia and Parkinson's disease. Trends Neurosci 13: 272–276

CARLSSON M, SVENSSON A, CARLSSON A (1991) Synergistic interactions between muscarinic antagonists, adrenergic agonists and NMDA antagonists with respect to locomotor stimulatory effects in monoamine-depleted mice. Naunyn Schmiedebergs Arch Pharmacol 343: 568–573

CARLSSON ML (1995) The selective 5-HT$_{2A}$ receptor antagonist MDL 100,907 counteracts the psychomotor stimulation ensuing manipulations with monoaminergic, glutamatergic or muscarinic neurotransmission in the mouse – implications for psychosis. J Neural Transm [Gen Sect] 100: 225–237

CHEN HS, PELLEGRINI JW, AGGARWAL SK, LEI SZ, WARACH S, JENSEN FE, LIPTON SA (1992) Open-channel block of N-methyl-D-aspartate (NMDA) responses by memantine: therapeutic advantage against NMDA receptor-mediated neurotoxicity. J Neurosci 12: 4427–4436

CREESE I, BURT DR, SNYDER SH (1976) Dopamine receptor binding predicts clinical and pharmacological potencies of antischizophrenic drugs. Science 192: 481–483

CROW TJ, DONE DJ (1992) Prenatal exposure to influenza does not cause schizophrenia. Br J Psychiatry 161: 390–393

DEAKIN JF, SLATER P, SIMPSON MD, GILCHRIST AC, SKAN WJ, ROYSTON MC, REYNOLDS GP, CROSS AJ (1989) Frontal cortical and left temporal glutamatergic dysfunction in schizophrenia. J Neurochem 52: 1781–1786

DECKERT J, GLEITER CH (1990) Adenosinergic psychopharmaceuticals: just an extra cup of coffee? J Psychopharmacol 4: 183–187

DEGREEF G, ASHTARI M, BOGERTS B, BILDER RM, JODY DN, ALVIR JM, LIEBERMAN JA (1992) Volumes of ventricular system subdivisions measured from magnetic resonance images in first-episode schizophrenic patients. Arch Gen Psychiatry 49: 531–537

DELISI LE, HOFF AL, SCHWARTZ JE, SHIELDS GW, HALTHORE SN, GUPTA SM, HENN FA, ANAND AK (1991) Brain morphology in first-episode schizophrenic-like psychotic patients: a quantitative magnetic resonance imaging study [published erratum: Biol Psychiatry (1991) 29: 519]. Biol Psychiatry 29: 159–175

DONE DJ, CROW TJ, JOHNSTONE EC, SACKER A (1994) Childhood antecendents of schizophrenia and affective illness: social adjustment at ages 7 and 11. Br Med J 309: 699–703

FARMER AE, McGUFFIN P, GOTTESMAN II (1987) Twin concordance and DSM lll schizophrenia: scrutinizing the validity of the definition. Arch Gen Psychiatry 44: 634–640

FISH B, MARCUS J, HANS SL, AUERBACH JG, PERDUE S (1992) Infants at risk for schizophrenia: sequelae of a genetic neurointegrative defect. A review and replication analysis of pandysmaturation in the Jerusalem Infant Development Study. Arch Gen Psychiatry 49: 221–235

FRANZEK E, BECKMANN H (1992) Season-of-birth effect reveals the existence of etiologically different groups of schizophrenia. Biol Psychiatry 32: 375–378

FRANZEK E, BECKMANN H (1996) Die genetische Heterogenität der Schizophrenie. Ergebnisse einer systematischen Zwillingsstudie. Nervenarzt 67: 583–594

FRITZE J (1989) Einführung in die biologische Psychiatrie. Fischer, Stuttgart New York

GARBUTT JC, VAN KAMMEN DP (1983) The interaction between GABA and dopamine: implications for schizophrenia. Schizophr Bull 9: 336–353

GATTAZ WF, GASSER T, BECKMANN H (1985) Multidimensional analysis of the concentrations of 17 substances in the CSF of schizophrenics and controls. Biol Psychiatry 20: 360–366

GEDDES JR, LAWRIE SM (1995) Obstetric complications and schizophrenia: a meta-analysis. Br J Psychiatry 167: 786–793

GOLDMAN-RAKIC PS (1994a) Glutamate and dopamine interaction in the primate cortex: implications for frontal lobe function and schizophrenia. Neuropsychopharmacology 10: 229

GOLDMAN-RAKIC PS (1994b) Working memory dysfunction in schizophrenia. J Neuropsychiatr Clin Neurosci 6: 348–357

GOTTESMAN II (1991) Schizophrenia genesis. Freeman, New York

GOTTESMAN II, SHIELDS J (1982) Schizophrenia, the epigenetic puzzle. Cambridge University Press, Cambridge

GOTTESMAN II, BERTELSEN A (1989) Confirming unexpressed genotypes for schizophrenia:

risks in the offspring of Fischer's Danish identical and fraternal discordant twins. Arch Gen Psychiatry 46: 867–872

GREEN MF, SATZ P, GAIER DJ, GANZELL S, KHARABI F (1989) Minor physical abnormalies in schizophrenia. Schizophr Bull 15: 91–99

GRIFFON N, SOKOLOFF P, DIAZ J, LÉVESQUE D, SAUTEL F, SCHWARTZ JC, SIMON P, COSTENTIN J, GARRIDO F, MANN A, WERMUTH C (1995) The dopamine D3 receptor and schizophrenia: pharmacological, anatomical and genetic approaches. Eur Neuropsychopharmacol [Suppl] 5: 3–9

GROSS G, HUBER G (1972) Sensorische Störungen bei Schizophrenien. Arch Psychiatr Nervenkr 216: 119–130

HANSSON LO, WATERS N, WINBLAD B, GOTTFRIES C-G, CARLSSON A (1994) Evidence for biochemical heterogeneity in schizophrenia: a multivariate study of monoaminergic indices in human post-mortal brain tissue. J Neural Transm [Gen Sect] 98: 217–235

HODGE SE (1994) What association analysis can and cannot tell us about the genetics of complex disease. Am J Med Genet 54: 318–323

HODGE SE, WICKRAMARATNE P (1995) Statistical piffalls in detecting age-of-onset anticipation: the role of correlation in studying anticipation and detecting ascertainment. Psychiatr Genet 5: 43–47

HOFF AL, RIORDAN H, O'DONNELL DW, MORRIS L, DELISI LE (1992) Neuropsychological functioning of first-episode schizophreniform patients. Am J Psychiatry 149: 898–903

HUBER G (1957a) Die coenästhetische Schizophrenie. Fortschr Neurol Psychiatrie 25: 491–520

HUBER G (1957b) Pneumencephalographische und psychopathologische Bilder bei endogenen Psychosen. Springer, Berlin Göttingen Heidelberg

HUDSON CJ, YOUNG LT, LI PP, WARSH JJ (1993) CNS signal transduction in the pathophysiology and pharmacotherapy of affective disorders and schizophrenia. Synapse 13: 278–293

INNIS RB, SEIBYL JP, SCANLEY BE, LARUELLE M, ABI-DARGHAM A, WALLACE E, BALDWIN RM, ZEA-PONCE Y, ZOGHBI S, WANG S, GAO Y, NEUMEYER JL, CHARNEY DS, HOFFER PB, MAREK KL (1993) Single photon emission computed tomographic imaging demonstrates loss of striatal dopamine transporters in Parkinson disease. Proc Natl Acad Sci USA 90: 11965–11969

JACOBI W, WINKLER H (1927) Encephalographische Studien an chronischen Schizophrenen. Arch Psychiatr Nervenkr 81: 299–332

JAKOB H, BECKMANN H (1986) Prenatal developmental disturbances in the limbic allocortex in schizophrenics. J Neural Transm 65: 303–326

JASKIW GE, JULIANO DM, GOLDBERG TE, HERTZMAN M, UROW-HAMELL E, WEINBERGER DR (1994) Cerebral ventricular enlargement in schizophreniform disorder does not progress – a seven year follow-up study. Schizophr Res 14: 23–28

JAVITT DC, ZUKIN SR (1991) Recent advances in the phencyclidine model of schizophrenia. Am J Psychiatry 148: 1301–1308

KARSON CN, CASANOVA MF, KLEINMAN JE, GRIFFIN WST (1993) Choline acetyltransferase in schizophrenia. Am J Psychiatry 150: 454–459

KENDLER KS, DIEHL SR (1993) The genetics of schizophrenia: a current, genetic-epidemiologic perspective. Schizophr Bull 19: 261–285

KIM JS, KORNHUBER HH, SCHMID-BURGK W, HOLZMÜLLER B (1980) Low cerebrospinal fluid glutamate in schizophrenic patients and a new hypothesis on schizophrenia. Neurosci Lett 20: 379–382

KORNHUBER HH, KORNHUBER J, KIM JS, KORNHUBER ME (1984) Zur biochemischen Theorie der Schizophrenie. Nervenarzt 55: 602–606

KORNHUBER J, WELLER M (1994) Aktueller Stand der biochemischen Hypothesen zur Pathogenese der Schizophrenien. Nervenarzt 65: 741–754

KORNHUBER J, WELLER M (1995) Predicting psychotomimetic properties of PCP-like NMDA receptor antagonists. In: FOG R, GERLACH J, HEMMINGSEN R, KROGSGAARD-LARSEN P, THAYSEN JH (eds) Schizophrenia – An integrated view. Alfred Benzon Symposium 38. Munksgaard, Copenhagen, pp 314–325

KORNHUBER J, WELLER M (1996) Neue therapeutische Möglichkeiten mit niederaffinen NMDA-Rezeptorantagonisten. Nervenarzt 67: 77–82

KORNHUBER J, WELLER M (1997) Psychotogenicity and NMDA receptor antagonism: implications for neuroprotective pharmacotherapy. Biol Psychiatry 41: 135–144

KORNHUBER J, BORMANN J, RETZ W, HÜBERS M, RIEDERER P (1989a) Memantine displaces [3H]MK-801 at therapeutic concentrations in postmortem human frontal cortex. Eur J Pharmacol 166: 589–590

KORNHUBER J, MACK-BURKHARDT F, RIEDERER P, HEBENSTREIT GF, REYNOLDS GP, ANDREWS HB, BECKMANN H (1989b) [3H]MK-801 binding sites in postmortem brain regions of schizophrenic patients. J Neural Transm 77: 231–236

KORNHUBER J, RIEDERER P, REYNOLDS GP, BECKMANN H, JELLINGER K, GABRIEL E (1989c) 3H-Spiperone binding sites in post-mortem brains from schizophrenic patients: relationship to neuroleptic drug treatment, abnormal movements, and positive symptoms. J Neural Transm 75: 1–10

KORNHUBER J, BECKMANN H, RIEDERER P (1991a) Die glutamatergen und sigmaergen Systeme bei den Schizophrenien. In: BECKMANN H, OSTERHEIDER M (Hrsg) Neurotransmitter und psychische Erkrankungen. Springer, Berlin Heidelberg New York Tokyo, S 147–157

KORNHUBER J, BORMANN J, HÜBERS M, RUSCHE K, RIEDERER P (1991b) Effects of the 1-aminoadamantanes at the MK-801-binding site of the NMDA-receptor-gated ion channel: a human postmortem brain study. Eur J Pharmacol Mol Pharmacol Sect 206: 297–300

KORNHUBER J, HERR B, THOME J, RIEDERER P (1995a) The antiparkinsonian drug budipine binds to NMDA and sigma receptors in postmortem human brain tissue. J Neural Transm [Suppl] 46: 131–137

KORNHUBER J, PARSONS CG, HARTMANN S, RETZ W, KAMOLZ S, THOME J, RIEDERER P (1995b) Orphenadrine is an uncompetitive N-methyl-D-aspartate (NMDA) receptor antagonist: binding and patch clamp studies. J Neural Transm [Gen Sect] 102: 237–246

KORNHUBER ME, KORNHUBER J, ZETTLMEISSL H, KORNHUBER HH (1986) Phencyclidin und das glutamaterge System. In: KEUPP W (Hrsg) Biologische Psychiatrie, Forschungsergebnisse. Springer, Berlin Heidelberg New York Tokyo, S 176–180

KRAEPELIN E (1909–1915) Psychiatrie. Ein Lehrbuch für Studierende und Ärzte, Bd 1–4. Barth, Leipzig

KRUGLYAK L, LANDER ES (1995) High-resolution genetic mapping of complex traits. Am J Hum Genet 56: 1212–1223

LARGENT BL, WIKSTRÖM H, SNOWMAN AM, SNYDER SH (1988) Novel antipsychotic drugs share high affinity for σ receptors. Eur J Pharmacol 155: 345–347

LESCH KP, STÖBER G, BALLING U, FRANZEK E, LI SH, ROSS CA, NEWMAN M, BECKMANN H, RIEDERER P (1994) Triplet repeats in clinical subtypes of schizophrenia: variation at the DRPLA (B37 CAG repeat) locus is not associated with periodic catatonia. J Neural Transm [Gen Sect] 98: 153–157

LEWIS SW, MURRAY RM (1987) Obstetric complications, neurodevelopmental deviance, and risk of schizophrenia. J Psychiat Res 21: 413–421

LIDDLE PF, FRISTON KJ, FRITH CD, HIRSCH SR, JONES T, FRACKOWIAK RS (1992) Patterns of cerebral blood flow in schizophrenia. Br J Psychiatry 160: 179–186

LIEBERMAN JA, KOREEN AR (1993) Neurochemistry and neuroendocrinology of schizophrenia: a selective review. Schizophr Bull 19: 371–429

LOHR JB, FLYNN K (1993) Minor physical anomalies in schizophrenia and mood disorders. Schizophr Bull 19: 551–556

MALMBERG A, JACKSON DM, ERIKSSON A, MOHELL N (1993) Unique binding characterisitcs of antipsychotic agents interacting with human dopamine D2A, D2B and D3 receptors. Mol Pharmacol 43: 749–754

McGUFFIN P, OWEN MJ, FARMER AE (1995) Genetic basis of schizophrenia. Lancet 346: 678–682

McGUFFIN P, SARGEANT M, HETT G, TIDMARSH S, WHATLEY S, MARCHBANKS RM (1996) Exclusion of a schizophrenia susceptibility gene from the chromosome 5q11–q13 region: new data and a re-analysis of previous reports. Am J Hum Genet 47: 524–535

McNEIL TF (1991) Obstetric complications in schizophrenic parents. Schizophr Res 5: 89–101

MEADOWS D, MEADOWS D, ZAHN E, MILLING P (1973) Die Grenzen des Wachstums. Bericht des Club of Rome zur Lage der Menschheit. Rowohlt, Reinbek

MEDNICK SA, MACHON RA, HUTTUNEN MO, BONETT D (1988) Adult schizophrenia following prenatal exposure to an influenza epidemic. Arch Gen Psychiatry 45: 189–192

MELTZER HY (1989) Clinical studies on the mechanism of action of clozapine: the dopamine-serotonin hypothesis of schizophrenia. Psychopharmacology 99: S18–S27

MOISES HW, YANG L, KRISTBJARNARSON H, WIESE C, BYERLEY W, MACCIARDI F, AROLT V, BLACKWOOD D, LIU X, SJOGREN B, et al (1995) An international two-stage genome-wide search for schizophrenia susceptibility genes. Nature Genet 11: 321–324

MURRAY RM, LEWIS SW (1987) Is schizophrenia a neurodevelopmental disorder? Br Med J 296: 681–682

NAIR NPV, LAL S, BLOOM DM (1994) Cholecystokinin and schizophrenia. In: VAN REE JM, MATTHYSSE S (eds) Progress in brain research, vol 65. Elsevier, Amsterdam, pp 237–258

O'CALLAGHAN E, GIBSON T, COLOHAN HA, WALSHE D, BUCKLEY P, LARKIN C, WADDINGTON JL (1991a) Season of birth in schizophrenia. Evidence for confinement of an excess of winter births to patients without a family history of mental disorder. Br J Psychiatry 158: 764–769

O'CALLAGHAN E, LARKIN C, KINSELLA A, WADDINGTON JL (1991b) Familial, obstetric, and other clinical correlates of minor physical anomalies in schizophrenia. Am J Psychiatry 148: 479–483

OLNEY JW, LABRUYERE J, PRICE MT (1989) Patholo-gical changes induced in cerebrocortical neu-rons by phencyclidine and related drugs. Sci-ence 244: 1360–1362

PAKKENBERG B (1987) Post-mortem study of chro-nic schizophrenic brains. Br J Psychiatry 151: 744–752

PARSONS CG, GRUNER R, ROZENTAL J, MILLAR J, LODGE D (1993) Patch clamp studies on the kinetic and selectivity of N-methyl-D-aspartate recep-tor antagonism by memantine (1-amino-3,5-dimethyladamantan). Neuropharmacology 32: 1337–1350

PARSONS CG, QUACK G, BRESINK I, BARAN L, PRZE-GALINSKI E, KOSTOWSKI W, KRZASCIK P, HART-MANN S, DANYSZ W (1995) Comparison of the potency, kinetics and voltage-dependency of open channel blockade for a series of uncom-petitive NMDA antagonists in vitro with anti-convulsive and motor impairment activity in vivo. Neuropharmacology 34: 1239–1258

PORENTA G, RIEDERER P (1986) Some aspects of modeling neuronal interactions in the basal ganglia. In: TRAPPL R (ed) Cybernetics and systems '86. Reidel, Dordrecht, pp 351–358

PULVER AE, LASSETER VK, KASCH L, WOLYNIEC P, NESTADT G, BLOVIN JL, KIMBERLAND M, BABB R, VOURLIS S, CHEN H, et al (1995) Schizophrenia: a genome scan targets chromosomes 3p and 8p as potential sites of susceptibility. Am J Med Genet 60: 252–260

READING PJ (1991) Frontal lobe dysfunction in schizophrenia and Parkinson's disease – a meeting point of neurology, psychology and psychiatry: a discussion paper. J Roy Soc Med 84: 349–353

REVELEY AM, REVELEY MA, CLIFFORD CA, MURRAY RM (1982) Cerebral ventricular size in twins dis-cordant for schizophrenia. Lancet ii: 540–541

REYNOLDS GP (1989) Beyond the dopamine hypo-thesis. The neurochemical pathology of schi-zophrenia. Br J Psychiatry 155: 305–316

REYNOLDS GP (1996) Dopamine D4 receptors in schizophrenia? J Neurochem 66: 881–883

REYNOLDS GP, MASON SL (1994) Are striatal dopa-mine D4 receptors increased in schizophre-nia? J Neurochem 63: 1576–1577

ROSS CA, PEARLSON GD (1996) Schizophrenia, the heteromodal association neocortex and de-velopment: potential for a neurogenetic ap-proach. Trends Neurosci 19: 171–176

SAYKIN AJ, SHTASEL DL, GUR RE, KESTER DB, MOZLEY LH, STAFINIAK P, GUR RC (1994) Neuropsycho-logical deficits in neuroleptic naive patients with first-episode schizophrenia. Arch Gen Psychiatry 51: 124–131

SCHEIBEL AB, KOVELMAN JA (1981) Disorientation of the hippocampal pyramidal cell and its processes in the schizophrenic patient. Biol Psychiatry 16: 101–102

SCHWAB SG, ALBUS M, HALLMAYER J, HONIG S, BORR-MANN M, LICHTERMANN D, EBSTEIN RP, ACKENHEIL M, LERER B, RISCH N, et al (1995a) Evaluation of a susceptibility gene for schizophrenia on chromosome 6p by multipoint affected sib-pair linkage analysis. Nature Genet 11: 325–327

SCHWAB SG, LERER B, ALBUS M, MAIER W, HALLMAYER J, FIMMERS R, LICHTERMANN D, MINGES J, BONDY B, ACKENHEIL M, ALTMARK D, HASIB D, GUR E, EBSTEIN RP, WILDENAUER DB (1995b) Potential linkage for schizophrenia on chromosome 22q12–q13: a replication study. Am J Med Genet 60: 436–443

SCHWARTZ JC, DIAZ J, LEVESQUE D, PILON C, DIMITRI-ADOU V, GRIFFON N, LAMMERS C, MARTRES MP, SOKOLOFF P (1995) The D2-like subfamily of dopamine receptors. In: FOG R, GERLACH J, HEMMINGSEN R (eds) Schizophrenia. An inte-grated view. Munksgaard, Copenhagen, pp 251–262 (Alfred Benzon Symposium 38)

SEEMAN P, LEE T, CHAU-WONG M, WONG K (1976) Antipsychotic drug doses and neuroleptic/dopamine receptors. Nature 261: 717–719

SEEMAN P, GUAN H-G, VAN TOL HHM (1993) Dopa-mine D4 receptors elevated in schizophrenia. Nature 365: 441–445

SHENTON ME, KIKINIS R, JOLESZ FA, POLLAK SD, LE-MAY M, WIBLE CG, HOKAMA H, MARTIN J, MET-CALF D, COLEMAN M, et al (1992) Abnormalities of the left temporal lobe and thought disorder in schizophrenia. A quantitative magnetic re-sonance imaging study. N Engl J Med 327: 604–612

SHERRINGTON R, BRYNJOLFSSON B, PETURSSON H, POTTER M, DUDLESTON K, BARRACLOUGH B, WAS-MUTH J, DOBBS M, GURLING H (1988) Localiza-tion of a susceptibility locus for schizophrenia on chromosome 5. Nature 336: 164–167

STÖBER G, FRANZEK E, BECKMANN H (1993) Obste-tric complications in distinct schizophrenic subgroups. Eur Psychiatry 8: 293–299

STÖBER G, FRANZEK E, BECKMANN H (1994) Schwan-gerschaftsinfektionen bei Müttern von chro-nisch Schizophrenen. Die Bedeutung einer differenzierten Nosologie. Nervenarzt 65: 175–182

STÖBER G, FRANZEK E, LESCH KP, BECKMANN H (1995) Periodic catatonia: a schizophrenic subtype with major gene effect and anticipa-tion. Eur Arch Psychiatry Clin Neurosci 245: 135–141

STRAUB RE, MACLEAN CJ, O'NEILL FA, BURKE J, MURPHY B, DUKE F, SHINKWIN R, WEBB BT, ZHANG J, WALSH D, et al (1995) A potential vulnerability locus for schizophrenia on chromosome 6p24–22: evidence for genetic heterogeneity. Nature Genet 11: 287–293

SUDDATH RL, CHRISTISON GW, TORREY EF, WEINBERGER DR (1990) Cerebral anatomical abnormalities in monozygotic twins discordant for schizophrenia. N Engl J Med 322: 789–794

SVENSSON A, CARLSSON ML, CARLSSON A (1992) Interaction between glutamatergic and dopaminergic tone in the nulcleus accumbens of mice: evidence for a dual glutamatergic function with respect to psychomotor control. J Neural Transm 88: 235–240

TANDON R, GREDEN JF (1989) Cholinergic hyperactivity and negative schizophrenic symptoms. A model of cholinergic/dopaminergic interactions in schizophrenia. Arch Gen Psychiatry 46: 745–753

THOMSON G (1994) Identifying complex disease genes: progress and paradigms. Nature Genet 8: 108–110

TRETTER F (1993) Skizze einer systemischen Psychopathologie. In: TRETTER F, GOLDHORN F (Hrsg) Computer in der Psychiatrie. Diagnostik, Therapie, Rehabilitation. Asanger, Heidelberg, S 355–392

VITA A, SACCHETTI E, VALVASSORI G, CAZZULLO CL (1988) Brain morphology in schizophrenia: a 2- to 5-year follow-up study. Acta Psychiatr Scand 78: 618–621

WADDINGTON JL (1993) Schizophrenia: developmental neuroscience and pathobiology. Lancet 341: 531–536

WALKER JM, BOWEN WD, WALKER FO, MATSUMOTO RR, DE COSTA B, RICE KC (1990) Sigma receptors: biology and function. Pharmacol Rev 42: 355–402

WARREN ST (1996) The expanding world of trinucleotide repeats. Science 271: 1374–1375

WEINBERGER DR (1987) Implications of normal brain development for the pathogenesis of schizophrenia. Arch Gen Psychiatry 44: 660–669

WEINBERGER DR (1988) Schizophrenia and the frontal lobe. Trends Neurosci 11: 367–370

WIEGANT VM, RONKEN E, KOVÁCS G, DE WIED D (1992) Endorphins and schizophrenia. Prog Brain Res 93: 433–453

WINN P (1994) Schizophrenia search moves to the prefrontal cortex. Trends Neurosci 17: 265–268

ZIPURSKY RB, MARSH L, LIM KO, DEMENT S, SHEAR PK, SULLIVAN EV, MURPHY GM, CSERNANSKY JG, PFEFFERBAUM A (1994) Volumetric MRI assessment of temporal lobe structures in schizophrenia. Biol Psychiatry 35: 501–516

Neuro-Psychopharmaka, Bd. 4, 2. Aufl.
Riederer P. / Laux G. / Pöldinger W. (Hrsg.)
© Springer-Verlag Wien 1998

2

Definition, Einteilung, Chemie

P. König

2.1 Einleitung

Wenige medizinische Entdeckungen haben zu solch tiefgreifenden Veränderungen geführt wie die Entdeckung der Neuroleptika: Damit haben Psychiatrie und Psychopharmakologie in benachbarten Gebieten wie der Neurologie, aber auch in entfernten medizinischen Disziplinen z. B. der Gynäkologie, der Anästhesie, der Pädiatrie oder der Inneren Medizin in Form von nuklearmedizinischen oder bildgebenden Verfahren, sowie in der Verfeinerung elektrophysiologischer Techniken, der Rezeptor-, Neurotransmitter- und Neuropeptidforschung, neue Impulse gesetzt und Entwicklungen nachhaltig beeinflußt.

Die praktisch bedeutsamsten Konsequenzen der Neuroleptikaentwicklung, nämlich jene für die Patienten und deren Angehörige, haben sich nicht nur individuell, sondern auch im sozialen Feld manifestiert. Insgesamt haben wir es also mit medizinisch-psychiatrisch-sozial interdependenten Effekten der Psychopharmaka bzw. der Neuroleptika zu tun.

Es ist erwiesen, daß vor der Anwendung der ersten Neuroleptika foudroyante schizophrene Erkrankungen viele Monate dauer-

ten, während heute durch den routinemäßigen Einsatz dieser Psychopharmaka in einem hohen Prozentsatz der Fälle rasche und deutliche Besserungen und Remissionen eintreten. Es ist nachweisbar, daß sich Aufenthaltsdauer, Belegung und Aufenthaltsbedingungen in den psychiatrischen Kliniken weltweit durch die Einführung der Neuroleptika (später auch anderer Psychopharmaka) drastisch veränderten und sich u. a. dadurch die Behandlungsbedingungen in diesen Krankenhäusern deutlich verbessern ließen (eine Literaturübersicht dazu findet sich im Kapitel von KATSCHNIG und WINDHABER; siehe Abb. 2.1). Nur durch die breite Anwendung und die günstigen Therapieeffekte der Psychopharmaka, besonders der Neuroleptika, konnten die Grundlagen zu Reformen der „Anstaltspsychiatrie" und sozialpsychiatrischen Strategien geschaffen werden (MÜLLER 1989, WESTON 1990, BADL et al. 1995).

Die besondere Stellung der Neuroleptika, nämlich die durch sie mitbegründete Öffnung und damit Umstrukturierung psychiatrischer Einrichtungen, sowie die durch ihre

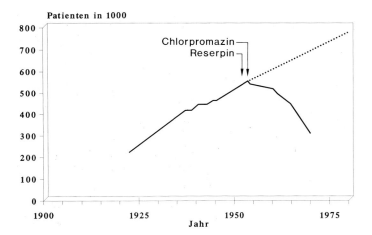

Abb. 2.1. Eine Darstellung der amerikanischen Bundesgesundheitsbehörde veranschaulicht den dramatischen Rückgang (…) stationärer psychiatrischer Patienten in öffentlichen Krankenhäusern der USA vor und nach der breiten klinischen Anwendung der Neuroleptika (nach DAVIS und CASPER 1978)

therapeutische Wirkung ermöglichte Neu-entwicklung psychiatrischer Dienste (teil-stationäre und ambulante Einrichtungen, Sozio- und Milieutherapie und deren Struk-turen) hat schon bald zur Erarbeitung kom-plexer, differenzierter Behandlungsstrategi-en geführt (VAUGHN und LEFF 1976, GOTTFRIES und RÜDEBERG 1981). Heute sind kognitive Therapien, familientherapeutische Ansätze, Miteinbeziehung des Arbeitgebers und Nut-zung der Möglichkeiten des „sozialen Net-zes" Selbstverständlichkeiten der Behand-lung (KATSCHNIG 1989, BRADLEY und HIRSCH 1986, SCHOOLER und KEITH 1993, LADER 1994).

Kranke, die früher von jahrelangen Kranken-hausaufenthalten abhängig und gezeichnet wa-ren, sind heute entweder nach kurzer Krank-heitsdauer für immer oder lange Zeit hindurch beschwerdefrei oder außerhalb des Kranken-hauses wieder arbeits- und lebensfähig sowie in jenem Maß sozial integriert, wie es die Gesell-schaft, in der sie leben, zuläßt. Sie sind meist auf die stabilisierende Wirkung der Neurolepti-ka angewiesen und bedürfen in wechselnder Häufigkeit und Dauer stationärer Wieder-aufnahmen. Ihr Zustand kann mit jenem von Diabetikern verglichen werden, welche ebenso der Medikamente und zeitweiser stationärer Kontrollen bedürfen, aber bei entsprechender

Lebensführung ohne allzugroße Einschränkung ihrer Lebensqualität mit einer Erkrankung, die vor mehreren Jahrzehnten noch tödlich war, tä-tig sein können.

Das bisher gezeichnete positive Bild der Auswirkungen der Neuroleptika-Entdek-kung ist allerdings kritisch zu relativieren: Aus bisher nicht näher bekannten Gründen sprechen nicht alle Patienten ausreichend auf Neuroleptika an. Es verbleibt ein Grup-pe von ca. 25% „therapieresistenter psycho-tischer Patienten" (GERLACH 1988, SCHIED 1990, RHODE und MARNEROS 1993), welchen medikamentös auch heute noch nur unzu-reichend geholfen werden kann. Die Prä-diktorforschung (MÖLLER et al. 1983, WOG-GON 1983, CARPENTER et al. 1987) hat bezüg-lich dem optimalen Ansprechen auf Neuro-leptika in den letzten Jahren Fortschritte gemacht (MÖLLER 1993), sodaß allgemeine Voraussagen möglich sind, welcher Patient von welchem Neuroleptikum am meisten profitiert (s. auch Bd. 1 dieser Handbuch-reihe). Die Neuroleptika-Nonresponse stellt aber noch immer eine der großen psycho-pharmakologischen Herausforderungen dar (TEGELER 1993).

Großes Gewicht in der Evaluation der Neuroleptika nehmen ihre unerwünschten Nebenwirkungen ein (s. Kap. 4.3). Qualitativ wie quantitativ zeigen sie die ganze Palette des Möglichen: von tödlich (z. B. dem malignen neuroleptischen Syndrom, Agranulozytosen oder kardialen Reizleitungsstörungen) bis nur irritierend (z. B. Akkommodationsstörungen, Mundtrockenheit oder Obstipation), von selten bis häufig auftretend. Bei der Prädiktion der neuroleptischen Nebenwirkungen stehen wir im Einzelfall vor ähnlichen Problemen wie bei jener der therapeutischen Effektivität: Außer in ganz groben Umrissen läßt sich a priori nichts darüber aussagen, welcher einzelne Patient auf welches Neuroleptikum welche Nebenwirkungen in welchem Ausmaß und ab welchem Behandlungszeitpunkt bekommen könnte.

Nun sind bedrohliche neuroleptische Nebenwirkungen, bezogen auf die Anwendungshäufigkeiten der Substanzen, extrem selten und daher kaum von klinischer Relevanz. Häufiger, dafür umso bedeutungsvoller für Arzt, Patienten und Umwelt sind jene Nebenwirkungen „mittlerer bis geringer Intensität", die entweder subjektiv oder sozial behindernd (Speichelfluß, Akathisie, Tremor, oculo-bucco-faciale Krisen etc.) oder „nur subjektiv irritierend" sind. Sie führen zu mannigfachen individuellen Reaktions- und Copingstrategien, beeinflussen das individuelle Sozialverhalten oft in allen Lebensbereichen und können manchmal drastische soziale wie existentielle Auswirkungen haben (z. B. Verlust des Arbeitsplatzes eines Feinmechanikers durch extrapyramidale Nebenwirkungen eines Neuroleptikums). Ein weiterer Effekt der Neuroleptikabehandlung, über welchen die gegenwärtige Therapie der Psychosen manchmal allzu leichtfertig hinweggeht, ist der stark verkürzte stationäre Aufenthalt mit stärkerer Inanspruchnahme von teilstationären und ambulanten Behandlungssettings. Daß diese therapeutischen Strategien für manche der beteiligten Angehörigen zu großen, ja kaum tragbaren Belastungen oder gar Überforderungen werden, ist auch heute noch nicht allen ärztlichen und vor allem paramedizinischen Therapeuten bewußt. Ebenso wie das Zusammenleben mit einem chronisch psychisch Kranken eine ungeheure Anforderung darstellt, die seitens einzelner Therapeuten zu wenig berücksichtigt wird. Auch die unglückliche Rolle mancher Psychiater, die sich in Schuldzuweisungen statt Reflexion ihrer Behandlungskonzepte erschöpfen, kann nur mühsam durch ihre mangelnde Erfahrung gerechtfertigt werden. Ähnliche Katastrophen für den Patienten, wie jene durch die eben beschriebene psychotherapeutische und soziale Ignoranz, werden durch medizinische und psychopharmakologische Unwissenheit verursacht: Unzureichende ärztliche Kontrollen, ungenügende oder überhöhte Dosierungen, Auswahl des ungeeigneten Medikamentes oder zu frühes Absetzen, rücksichtsloses Hinnehmen von Nebenwirkungen, stellen die gravierendsten Mängel schlechter neuroleptisch-medizinischer Therapiekonzepte dar. Eingangs wurde auf die multidimensionale Interdependenz der optimalen Neuroleptikatherapie (eigentlich jeder Therapie!) hingewiesen; der gut ausgebildete Arzt sollte sich dieser Zusammenhänge stets bewußt sein.

2.2 Definition der Neuroleptika

Die Neuroleptika sind relativ einfache chemische Strukturen, sie alle besitzen folgende grundsätzliche, gemeinsame biochemische bzw. pharmakologische Eigenschaften: alle wirken auf dopaminerge Neurone hemmend, obwohl sie in anderen pharmakologischen Wirkungen durchaus unterschiedlich sein mögen. Dieser antidopaminerge Effekt, die Bindung an den Dopamin (D2) Rezeptor (Rezeptorblockade). Dieser antidopaminerge Effekt, die Bindung an den Dopamin (D2) Rezeptor (Rezeptorblockade), entsprach nach früherer Interpretation einer Komponente der „antipsychotischen Wirkung" der Neuroleptika (CREESE et al. 1976, PEROUTKA und SNYDER 1980, WIESEL et al. 1990). In den letzten Jahren wurden multiple Formen von Dopamin-

Rezeptoren gefunden und erforscht; es scheint die Bindung an den D4 Rezeptor bzw. dessen Blockade für die antipsychotische Wirkung wesentlich zu sein, während die D2-Rezeptorbindung eher für extrapyramidale Nebenwirkungen verantwortlich gemacht wird (SEEMAN 1992). Es ist heute noch nicht geklärt, welchen Stellenwert die neuroleptische Affinität zum alpha-1 Adrenoceptor insbesonders aber zu Serotonin Rezeptoren (5HT2 und 5HT3) (COHEN 1988, KAHN und DAVIS 1995, ROTH und MELTZER 1995) für die Therapie der Schizophrenien besitzt. Bemerkenswert ist, daß alle atypischen Antipsychotika deutlich in serotonerge Mechanismen des ZNS eingreifen (MELTZER 1995).

Bei den Neuroleptika handelt es sich um Substanzen, die sich besonders zur Behandlung psychotischer Zustände eignen. Schon am Beginn der neuroleptischen Ära (COLE und DAVIS 1969), aber auch in der Folgezeit (Zusammenfassung bei DAVIS und CASPER 1978) haben eine Reihe von Untersuchungen eindeutig klarstellen können, daß Neuroleptika tatsächlich eine „antipsychotische Wirkung" besitzen (BALDESSARINI 1985): Diese Wirkung betrifft in erster Linie die sogenannte „produktive" oder „Plussymptomatik" schizophrener Psychosen (entsprechend etwa dem „Typ I" nach CROW 1980 bzw. ANDREASEN und OLSEN 1982 s. u.). Des weiteren sind Neuroleptika in manischen Phasen, bei manchen akuten exogenen Reaktionstypen, Wahnsyndromen oder Halluzinationen hirnorganischer Genese, ängstlich-agitierten Depressionen, bei manchen Zwangssyndromen oder anderen Verhaltensstörungen indiziert. Bei den zuletzt genannten Indikationen steht für den Kliniker meist der Dämpfungseffekt, also eigentlich eine Nebenwirkung, im Vordergrund; dieser Effekt hat im angelsächsischen Sprachraum zur Bezeichnung „major-tranquilizer" geführt (vgl. Exkurs S 273 ff).

Die sogenannte „Defizienz- oder Minussymptomatik" schizophrener Patienten (CROW Typ II), die paradigmatisch am deutlichsten im sogenannten schizophrenen Residualzustand beobachtet werden kann, spricht auf konventionelle Neuroleptika hingegen nur in geringerem Ausmaß an. Etwas erfolgreicher scheinen die „atypischen" Neuroleptika, vermutlich wegen ihrer 5HT2 Blockade zu sein (ROTH und MELTZER 1995).

Die heuristische Bedeutung der Neuroleptika ist weiterhin ungebrochen, wie aus der andauernden Diskussion der Dopamin-Hypothese der Schizophrenie hervorgeht: Aus Rezeptorbindungsstudien wissen wir, daß die Dopaminrezeptoraffinität gut mit klinisch effektiven Dosen verschiedener Neuroleptika korreliert (WIESEL et al. 1990).

Trotzdem ist diese Diskussion noch nicht abgeschlossen, denn die Verschiedenheiten der Rezeptoren innerhalb einer Gruppe und ihre spezifischen Funktionen, die Bindung an andere Rezeptoren (z.B. die 5HT2), die mögliche Beteiligung völlig anderer Transmitter/Rezeptor Systeme (z.B. exzitatorischer Aminosäuren) oder die Rolle der Neuropeptide im Zustandekommen und in der Behandlung von Psychosen sind noch weitgehend ungeklärt.

Diese und andere Einwände führten schon früh zu mehreren Modifikationen der Dopaminhypothese, zu welchen die Zweifaktorenhypothese nach DAVIS (1974), die Zweitypenhypothese von CROW (1980) und die Tatsache der fortschreitenden Differenzierung der Dopaminrezeptoren in diverse Unterformen (KEBABIAN und CALNE 1979, SEEMAN 1992) gehören, wie FRITZE im Kap. 3 des Handbuches ausführt.

In seiner Zweitypenhypothese schlug CROW (1980) vor, schizophrene Erkrankungen in 2 Typen zu klassifizieren: Typ I entsprechend der akuten Schizophrenie, charakterisiert durch „positive Symptome" (produktive oder Plussymptome), Typ II entsprechend der chronischen Schizophrenie mit den sogenannten „Negativsymptomen" (Defizienz- oder Minussymptomatik, entsprechend paradigmatisch dem schizophrenen Residualzustand). Ähnliche typologische Schlüsse zogen ANDREASEN und OLSEN (1982) aus ihren Beobachtungen.

Beide genannten Hypothesen erklären die eigentliche Ätiopathogenese nicht, obwohl neuropathologische Befunde und solche aus neueren bildgebenden Verfahren des ZNS deutliche Hinweise für ein morphologisches Substrat als mögliche Ursache des Typs CROW II geben (SHELTON und WEINBERGER 1987, ANDREASEN 1987, BOGERTS

1985, 1990, GUR 1995, WEINBERGER 1995). Zudem wird die Operationalisierung der CROW'schen Typologie weder weltweit identisch durchgeführt, noch sind ihre Implikationen unumstritten (MORTIMER et al. 1990).

Außer ihrer antipsychotischen Wirksamkeit vermögen die Neuroleptika innere Spannungen, psychomotorische Agitiertheit und schwere Schlafstörungen zu beeinflussen („major-tranquilizer"), was eher mit der alpha-1 Adrenoceptor-Blockade zusammen-

hängen dürfte (PEROUTKA et al. 1977). Subjektiv werden die Effekte als beruhigend empfunden, im Gegensatz zu (minor) Tranquilizern sind Neuroleptika nicht eigentlich hypnotisch bzw. in hohen Dosen nicht narkotisch wirksam. Mehrere Neuroleptika wirken deutlich antihistaminisch oder antiemetisch, einzelne deutlich analgetisch. Fast alle haben eine anticholinerge Wirkungskomponente (SNYDER et al. 1974).

2.3 Einteilung der Neuroleptika

2.3.1 Einteilung nach strukturchemischen Merkmalen

Diese Einteilung geht von den wesentlichen Strukturanteilen des Moleküls aus, sie wird hier nicht weiter ausgeführt, da sie im Detail Gegenstand des nächsten Abschnittes (2.4) bildet. – (Möglich wäre auch eine Einteilung nach der Rezeptorspezifität, die dzt. allerdings nur unvollkommen feststellbar und in der klinischen Relevanz noch zu wenig aussagekräftig wäre.)

2.3.2 Einteilung nach „neuroleptischer Potenz"

In der klinischen Praxis bewährt sich seit langem eine grundsätzliche Einteilung, unabhängig von der chemischen Klassifikation, in nieder-, (mittel-) und hochpotente Neuroleptika. Als Kriterium für die Wirksamkeit wird in diesem Zusammenhang die antipsychotische Potenz verstanden (HAASE und JANSSEN 1965). Die niedrigpotenten Neuroleptika werden auch als Basis- oder Breitbandneuroleptika bezeichnet.
Bei der **„neuroleptischen Potenz"** eines Neuroleptikums handelt es sich um einen arbiträren Wert, der dazu beitragen soll, die Wirksamkeit verschiedener Neuroleptika

untereinander vergleichbar auszudrücken. Gleiche Applikationsart und Grundbedingungen werden vorausgesetzt, zentrale Referenzsubstanz ist das Chlorpromazin. HAASE (1965) definiert die neuroleptische Potenz eines Neuroleptikums als jene Dosis, die notwendig ist, um mit diesem Medikament die neuroleptische Schwelle zu überschreiten. Die neuroleptische Schwelle wiederum wurde definiert durch das Auftreten der (feinmotorisch in einer Handschriftprobe festgestellten) extrapyramidalen Bewegungsstörungen. – Je stärker die neuroleptische Potenz eines Medikamentes, desto niedriger wäre damit die Dosis, durch welche extrapyramidale Nebenwirkungen hervorgerufen werden. (Das Konzept von HAASE wurde vor einiger Zeit von MCEVOY et al. [1991] im Rahmen einer Dosisfindungsstudie wieder aufgegriffen.) Eine andere Technik des Vergleiches ist die Feststellung von **„Äquivalenzdosen"** (REY et al. 1989). Ausgehend von den theoretischen und praktischen Problemen, die der zuerst angeführte Versuch einer Einteilung der Neuroleptika nach ihrer Wirksamkeit (neuroleptischen Potenz) mit sich brachte, haben einige Autoren versucht „Äquivalenzdosen", bezogen auf 100 mg Chlorpromazin als Referenzgröße zu bestimmen. Die gegenwärtig günstigste Erfassungstechnik scheint die

Durchführung doppelblinder Vergleichsuntersuchungen (Davis 1974) zu sein.

Niedrigpotente Neuroleptika haben eine deutlich sedierende Wirkung und werden vor allem bei Akutkranken mit hochgradiger Erregung, Angst und Schlafstörungen eingesetzt. Auf die typisch „produktiven, psychotischen Symptome" wirken sie nur wenig, eine mögliche Distanzierung des Patienten von seinen psychotischen Symptomen wird primär über die Dämpfung erzielt.

Die **hochpotenten Neuroleptika** wirken fast alle – wenn überhaupt – nur zu Behandlungsbeginn sedierend, aber sehr deutlich und spezifisch „antipsychotisch", nämlich gegen inhaltliche und auch formale Denkstörungen, zum Teil auch gegen Rückzugstendenzen und Autismus.

Wie durch die Bezeichnung ausgedrückt, nehmen **mittelpotente Neuroleptika** zwischen diesen beiden Extremvarianten eine intermediäre Position ein, wobei in den letzten Jahren eine Reihe „atypischer" Neuroleptika, die nicht in dieses Einteilungssystem passen, entwickelt wurden.

Ein charakteristisches Beispiel stellt das Clozapin dar, welches trotz einer anfänglich deutlich sedierenden Komponente eine relativ starke antipsychotische Wirkung aufweist. Sogenannte **atypische Neuroleptika** (z. B. Clozapin, Melperon, Olanzapin, Sulpirid, Risperidon oder Zotepin) unterscheiden sich von den „typischen Neuroleptika" durch ein geringere Affinität für nigrostriatäre D2-Rezeptoren bei verbesserter Affinität für mesolimbische dopaminerge Rezeptoren und eine vergleichsweise große 5-HT$_2$-Rezeptor-Affinität. Clozapin zeigt im Unterschied zu den „typischen" Neuroleptika übrigens eine deutliche D1 Rezeptor-Affinität. Dieser Rezeptortyp wiederum ist in limbischen (und cortikalen) Bereichen stärker vertreten (Markstein et al. 1993). Es wird angenommen, daß diese Tatsache für das vorteilhafte klinische Wirkungsspektrum von wesentlicher Bedeutung ist (Meltzer et al. 1989). Es gibt derzeit noch keine allge-

meingültige, stringente Definition für die „atypischen Antipsychotika"; allen dürfte jedoch die antipsychotische Wirksamkeit bei Dosierungen, die praktisch keine akuten oder subakuten extrapyramidalen Nebenwirkungen wie Parkinsonismus oder Akathisie hervorrufen, gemeinsam sein – aber auch dieser Faktor ist unterschiedlich, z. T. dosisabhängig zu bewerten. Weitere Kriterien sind ebenfalls nicht bei allen atypischen Substanzen gleich deutlich nachzuweisen: weder das Ausbleiben der Serum-Prolactin Erhöhung, noch eine deutliche und sichere Wirkung sowohl auf positive, negative wie auf Disorganisations-Symptome.

Clozapin kann paradigmatisch als eine Substanz vorgestellt werden, welche dazu beitrug, eine Reihe klassischer Kriterien, die für Neuroleptika als unabdingbar galten, in ihren Grundfesten zu erschüttern (Stille und Hippius 1971, Meltzer et al. 1989). So ging man ursprünglich aufgrund hypothetischer Überlegungen davon aus, die neuroleptische Potenz korreliere mit der Intensität der extrapyramidalen Nebenwirkungen eines Medikamentes, ähnlich wie die Intensität der sedierenden Wirkung als typisch für die niedrige neuroleptische Potenz gesehen wurde, oder die Intensität anticholinerger Nebenwirkungen als negativ korrelierend zur antipsychotischen Potenz eingeschätzt wurde (Haase und Janssen 1965).

Clozapin kann besser als manche andere typische Neuroleptika positive wie negative schizophrene Symptome auch bei Patienten beeinflussen, die sonst neuroleptikarefraktär sind (Kane et al. 1986, 1992, Meltzer et al. 1989). Die Substanz ruft praktisch keine extrapyramidale Syndrome hervor.

2.3.3 Einteilung nach Wirkungsprofilen

Ein grundsätzliches Unterscheidungsmerkmal der Neuroleptika untereinander könnte das Ausmaß der jeweiligen sedierenden (Neben-) Wirkung in Relation zur antipsychotischen Wirksamkeit sein. So wird von den eher sedierenden Neuroleptika (z. B. Thioridazin) im Gegensatz zu praktisch nicht dämpfenden (z. B. Fluphenazin, Haloperidol) in Einzelfällen sogar antriebssteigernden (z. B. Flupentixol) gesprochen. Diese Unterscheidungsmerkmale münden in die vorherige Systematik der Basis- bzw. Breitbandneuroleptika mit deutlich sedierender, der mittelpotenten Neuroleptika mit gering sedierender und der hochpotenten Neuroleptika praktisch ohne sedierende Komponente. Um treffendere Unterscheidungsmerkmale darstellen zu können, ist eine genauere Differenzierung des Wirkprofiles der verschiedenen Neuroleptika notwendig.

Dies wurde von BOBON et al. (1966, 1990) versucht, graphisch dargestellt als „Lütticher-Stern". Hierbei werden 4 therapeutisch erwünschte (ataraktisch, antimanisch, antiautistisch, antihalluzinatorisch) und 2 unerwünschte (extrapyramidal, adrenolytisch) Effekte semiquantitativ dargestellt. Diese strikte Form der Zuordnung ist allerdings aufgrund der von RIFKIN und SIRIS (1987) zusammengefaßten Untersuchungen zu relativieren.

Zwischen den einzelnen Kategorien herrschen allerdings fließende Übergänge, bezogen auf den einzelnen Patienten ist die Substanzwirkung nicht nur von der Dosis (BALDESSARINI et al. 1984), sondern auch von individuellen Patientenvariablen abhängig. Strukturchemisch werden die dargestellten qualitativen Unterschiede zum Teil von den Seitenketten der Moleküle bedingt.

Ein anderes praktikables Einteilungsprinzip, das klinische Realitäten berücksichtigt, wurde bis jetzt allerdings noch nicht erarbeitet, wobei die grundsätzlichen Probleme in 3 Gruppen zusammengefaßt werden können:

* Pharmakodynamik der Neuroleptika – es sind bisher nur einzelne auf einen Rezeptor-Subtyp affine Neuroleptika entwickelt worden, sodaß außer dem

eigentlichen Zielrezeptor noch eine Reihe anderer Systeme tangiert werden.
* Individuell unterschiedliche Gewichtung neuronaler Systeme und Subsysteme, abhängig von genetischen und entwicklungsgeschichtlichen Faktoren des Patienten, welche die Art der Psychose bestimmen.
* Methodologisch nicht immer klar faßbare subjektive bzw. beobachtbare Medikamentenwirkungen. (Gerade hohe Hirnleistungsfunktionen wie Abstraktionsfähigkeit, logisches Denkvermögen, integrative Funktionen, Erleben, Gefühl und Verhalten und deren Veränderungen im Laufe einer Psychopharmakotherapie sind schwer operationalisierbar.)

Derzeit gibt es noch keine Studien, welche eine wirklich stringente Zuordnung der Neuroleptika zu den vorgenannten Gruppen dokumentieren und deutliche Unterschiede ihrer klinischen Wirkung über die Zeit nachweisen (CARPENTER et al. 1987). Wegen ihrer unterschiedlichen neuroleptischen Potenzen und unterschiedlich verwendeten Dosisbereichen sind Vergleichsstudien verschiedener Neuroleptika und ihrer Therapieeffekte bei vergleichbaren Patientengruppen zum Teil nur schwer zu evaluieren.

2.3.4 Derzeitige Differenzierungskriterien typischer vs. atypischer Neuroleptika

Ursprünglich wurde angenommen, die extrapyramidalen Wirkungen einer Substanz, somit ihre D2-Rezeptor Aktivität, unter anderem auch in den Stammganglien, wären der wesentliche Indikator ihrer neuroleptischen/antipsychotischen Potenz. Die Entwicklung des Clozapin und seine geringen extrapyramidalen Begleitwirkungen (EPS) haben diese Annahme relativiert. Da die Intensität der EPS nicht nur die Compliance, die Lebensqualität, die Erwebsfähigkeit und das Sozialleben der Betroffenen nachhaltig beeinflussen, war und ist die Suche nach nebenwirkungsfreien Neuroleptika eine wichtige Aufgabe. Die Entwicklung extrapyramidal (aber auch z. B. cholinerg) möglichst inaktiver Antipsychotika hat zu einer Reihe von Substanzklassen geführt, die ein geringes Nebenwirkungsprofil bei deutlich vorhandener antipsychotischer Potenz aufweisen. Die „klassischen" oder „typischen"

Neuroleptika werden nach verschiedenen Kriterien von den „atypischen" Neuroleptika, wie man diese neuen Medikamente bezeichnet, abgegrenzt. Solche Differenzierungsmerkmale sind unter anderem die unterschiedliche klinische Wirksamkeit, das Nebenwirkungsprofil und damit im Zusammenhang stehend die Rezeptorbindungsprofile, die Rezeptoraffinität etc. In Tabelle 2.1 sind diese Unterschiede paradigmatisch mit Haloperidol für die „klassischen" und Clozapin für die „atypischen" Neuroleptika zusammengefaßt.

Tabelle 2.1. Wesentliche Unterscheidungsmerkmale typischer zu atypischer Neuroleptika (modifiziert nach PATEL 1996)

Merkmal	typisch (Haloperidol)	atypisch (Clozapin)
Klinische Wirksamkeit		
positive Symptome	ja	ja
negative Symptome	gering	mäßig
Non-Responder	nein	ja
Nebenwirkungsprofil		
EPS	ja	gering
Hyperprolaktinämie	ja	nein
Agranulozytose	nein	ja (1–2%)
Pharmakolog. Wirkung		
(hauptsächlich)	DA Rezeptor Antagonismus	multipel
Rezeptor Bindungsprofile		
(wichtigste, bei nM Konzentrationen 1 bis 300)	D2, D3, D4 Alpha 1 abc,	m1, m5, D4, 5HT2, m 2,3,4, H1, D2, Alpha 2, Alpha 1, D3, div. 5HT, D1
Rezeptoraffinität		
(therapeutische Dosen)	D2: 50–70% D3: 50–70% D4: 50–70%	30–50% ca. 15% 50–70%

2.4 Chemische Klassifikation und Eigenschaften

Das molekulare Grundgerüst der Neurolep- tika ist immer eine relativ einfache Struktur: ein Anteil wird durch ein Ringsystem gebil- det, das durch weitere lipophile bzw. hydro- phile Gruppen ergänzt wird. Der Position einzelner substituierter Atome des Ringsy- stems sowie der Art der Substituenten kommt besondere Bedeutung bezüglich des pharmakologischen Wirkprofils des Neuro- leptikums zu. Ähnliches gilt für die Seiten-

ketten, deren Zusammensetzung, Position und Länge charakteristische Effekte, z. B. Sedierung, hervorrufen können. Nach ei- nem Vorschlag von DELAY und DENIKER wer- den Neuroleptika entsprechend ihren che- mischen Struktureigenschaften klassifiziert (MULLER 1988). Der wesentliche Molekülbe- standteil, allfällige zusätzliche Seitenketten oder Ringsysteme sowie zusätzliche Grup- pen bilden die hauptsächlichen Unterschei-

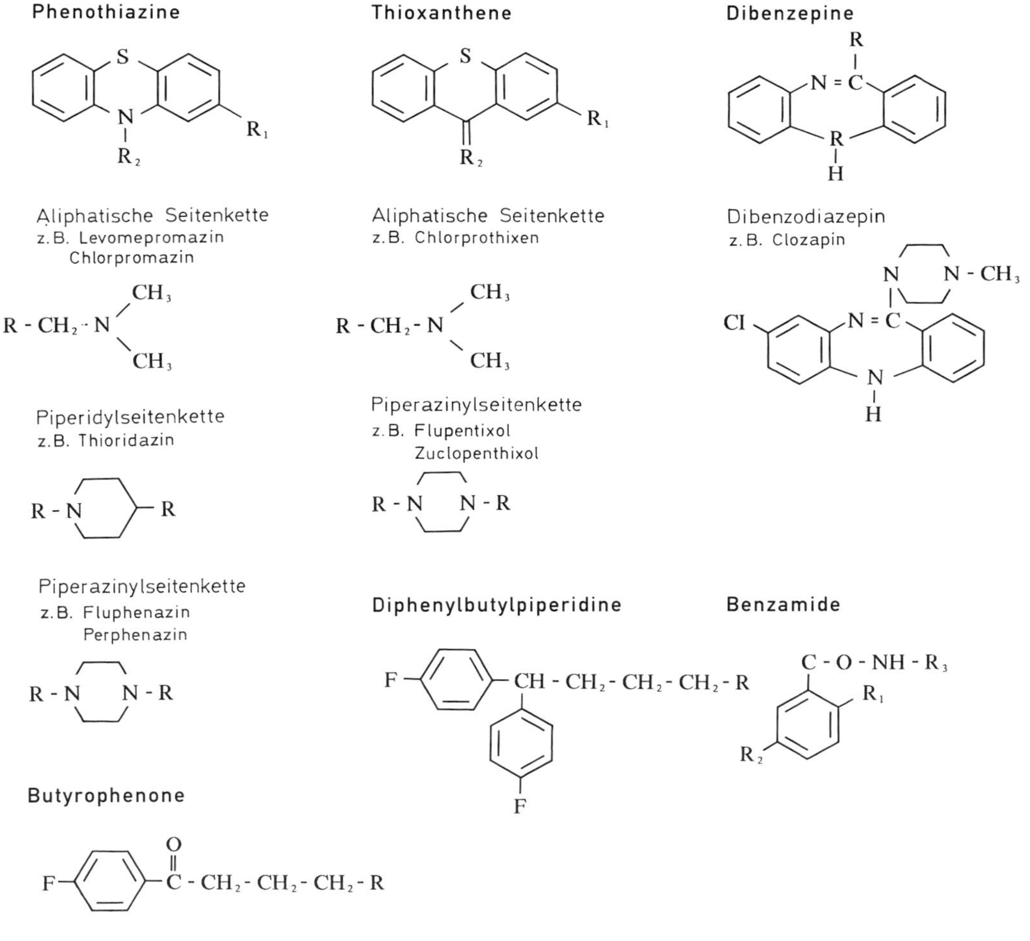

Phenothiazine

Thioxanthene

Dibenzepine

Aliphatische Seitenkette
z.B. Levomepromazin
   Chlorpromazin

Aliphatische Seitenkette
z.B. Chlorprothixen

Dibenzodiazepin
z.B. Clozapin

Piperidylseitenkette
z.B. Thioridazin

Piperazinylseitenkette
z.B. Flupentixol
   Zuclopenthixol

Piperazinylseitenkette
z.B. Fluphenazin
   Perphenazin

Diphenylbutylpiperidine

Benzamide

Butyrophenone

Abb. 2.2. Grundgerüste der Moleküle der wichtigsten Neuroleptika, die den Substanzgruppen den Namen geben

dungsmerkmale. Dementsprechend werden die Neuroleptika nach einem Überein-
kommen der internationalen Vereinigung
der Chemiker in folgende Gruppen eingeteilt (IUPAC-Nomenklatur) (s. Abb. 2.2):

- **Phenothiazine:** mit aliphatischer Seitenkette (z. B. Chlorpromazin, Levomepromazin), mit Methylpiperazinseiten-
  kette (z. B. Perazin, Trifluoperazin), mit
  Piperazinäthanolseitenkette (z. B. Fluphenazin, Dixyrazin), mit Biperidinsei-
  tenkette (z. B. Thioridazin), Azaphenothiazine (z. B. Prothipendyl)
- **Xanthene** und Thioxanthenderivate
  (z. B. Chlorprothixen, Clopenthixol, Flupentixol)
- **Andere Trizyklika** (z. B. Clothiapin,
  Clozapin, Loxapin, Zotepin)
- **Butyrophenone** (z. B. Haloperidol,
  Benperidol, Pipamperon, Melperon,
  Droperidol) und **Diphenylbutylpipe-
  ridene** (z. B. Fluspirilen, Pimozid, Pen-
  fluridol)
- **Benzamide** (Ortho-Anisamide): (z. B.
  Sulpirid, Amisulprid, Remoxiprid, Sulto-
  prid, Racloprid, Tiaprid)
- **Indole und Indanderivate** (z. B. Oxi-
  pertin, Molindon).
- **Tetra- und pentazyklische Neurolep-
  tika** (Eserepin, Savoxepin; Butaclamol)
- **Benzisoxazole** (Risperidon)
- **Thienobenzodiazepine** (Olanzapin)
- **Imidazolidinone** (Sertindol)

Die wesentlichsten Neuroleptika können
drei Substanzklassen zugeordnet werden:

- **trizyklische Neuroleptika:** Phenothiazine, Thioxanthene und Dibenzoepin-
  derivate
- **Butyrophenone und Diphenylbutyl-
  piperidinabkömmlinge**
- **Benzamide** (Ortho-Anisamide)

Über die Molekülstruktur haben in den letzten
Jahren verfeinerte Berechnungstechniken und
Computersimulationsmodelle, die sich auf neue
Erkenntnisse der Molekülstrukturen, der elektri-
schen Ladungsverteilung auf Molekülen, kristal-

lographische Zusammenhänge etc. stützen,
wichtige Erkenntnisse gebracht. So handelt es
sich bei den Neuroleptika-Molekülen um dreidi-
mensionale räumliche Gebilde, die eine gewisse
Flexibilität besitzen und deren Oberflächenkon-
figuration durch die Elektronenwolken der Atome bestimmt wird. Ähnliche Computersimulatio-
nen können für Rezeptorstrukturen gemacht
werden, beides zusammen läßt mit hochwahr-
scheinlicher Annäherung optisch erkennen, wie
sich der jeweilige Ligand (Neuroleptikum) zum
Rezeptor verhält (DAHL 1990). Diese Verfahrens-
technik des „Molekül-Modellierens" hat in der
Entwicklung von Pharmaka einen großen Fortschritt ermöglicht (MARSHALL 1987).

2.4.1 Phenothiazine

Es handelt sich um trizyklische Verbindungen, deren zentraler Ring sechsgliedrig ist
und in Position 5 und 10 ein Schwefel- bzw.
ein Stickstoffatom aufweist. Im wesentlichen gibt es 3 Stellen, an welchen das Ringsystem im hier vorliegenden Zusammenhang sinnvoll substituiert werden kann,
nämlich: 1. die Seitenkette, 2. die basische
Aminogruppe und 3. die Ringsubstitution.
Die Seitenkette in Position 10 sollte über 3
Kohlenstoffatome und anschließend die
basische Aminogruppe verfügen, um ausreichende neuroleptische Wirksamkeit zu
gewährleisten. – Das Stickstoffatom der Seitenkette muß als tertiärer Stickstoff (eine
Bindung an die Seitenkette zum Ringmole-
kül) mit zwei weiteren Bindungen an Me-
thylgruppen (aliphatisch) oder in Ringsysteme inkorporiert vorliegen (Piperidintyp,
Piperazintyp), sodaß sich für die Phenothiazine: 1. die aliphatischen (z. B. Chlorpromazin), 2. die Piperidine (z. B. Thioridazin) und
3. die Piperazinderivate (z.B. Fluphenazin)
entsprechend der Seitenkettenstruktur als
Untereinteilungen ergeben (Abb. 2.3).

2.4.2 Thioxanthene

Sie unterscheiden sich von den Phenothiazinen primär durch die Doppelbindung

Phenothiazinkern   Beispiel

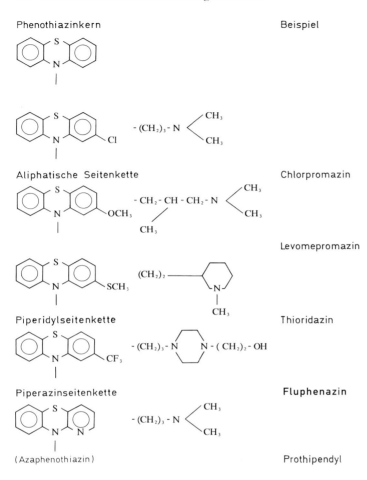

Aliphatische Seitenkette   Chlorpromazin

Levomepromazin

Piperidylseitenkette   Thioridazin

Piperazinseitenkette   **Fluphenazin**

(Azaphenothiazin)   Prothipendyl

Abb. 2.3. Phenothiazine: Die wichtigsten Positionen sind die Substitutionen in Position 2, das Schwefelatom in Position 5, das Stickstoffatom in Position 10 mit der Kohlenstoffkette und dem tertiären Stickstoff, welcher als aliphatischer Typ oder zyklisiert eingebaut (Piperidin, Piperazin) vorliegt. Die wichtigsten aliphatischen, Piperidyl- oder Piperazinseitenketten und die Azaphenothiazine sind ebenfalls angeführt

zwischen 2 Kohlenstoffatomen in Position 10 (gegenüber dem Schwefelatom des zentralen Ringes), statt des für die vorhergehende Gruppe charakteristischen Stickstoffatoms. Die ungesättigte Bindung an dieser Stelle ist für die pharmakologische Wirkung wesentlich. Ähnlich wie bei den Phenothiazinen ist bei den Thioxanthenen eine Modifikation in Position 2 des Ringsystems durch Substituenten wie -Cl, -CF$_3$ etc. möglich. Die Seitenkette, die ebenfalls wieder drei Koh-

lenstoffatome enthalten muß, um eine günstige Wirksamkeit zu ermöglichen, enthält wie bei den Phenothiazinen einen tertiären Stickstoff, der abermals als aliphatischer Typ (z. B. Chlorprothixen) oder in zyklischer Inkorporation als Piperidin, besser als Piperazin, vorliegen kann (z. B. Clopenthixol, Flupentixol). Die Doppelbindung auf Position 10 führt in der dreidimensionalen Molekularstruktur zu sterischen Isomeren, der Cis- und Transform, wobei die Auftrennung

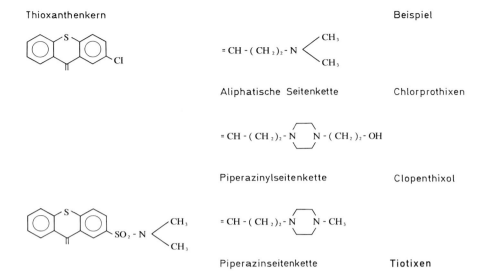

Thioxanthenkern   Beispiel

Aliphatische Seitenkette   Chlorprothixen

Piperazinylseitenkette   Clopenthixol

Piperazinseitenkette   Tiotixen

Abb. 2.4. Xanthene (Thioxanthene): Wichtig wiederum der Substituent in Position 2, das Schwefelatom auf Position 5; die Doppelbindung in Position 10 verursacht die Stereoisomere, am tertiären Stickstoff an der Seitenkette ergeben sich aliphatische oder zyklische Formen. Angabe der wichtigsten Seitenketten

der Razemate nur bei manchen Neuroleptika möglich ist (z. B. Cis(Z)Clopenthixol). Dieser Auftrennungsschritt ist klinisch bedeutungsvoll, da die Cisformen wesentlich größere neuroleptische Potenz und Wirkung besitzen als die Transformen der Moleküle (Abb. 2.4). – Die computergestützte Moleküldarstellung von Neuroleptika zeigt die bedeutenden Unterschiede zwischen den Cis- und Transisomeren und ihrer Beziehung zum Rezeptor deutlich auf (DAHL 1989).

2.4.3 Dibenzoepine

Sie weisen zentral einen Siebenerring auf, mit einer N=C-Bindung, einem Piperazinring mit einer Methyl- oder Aethylgruppe als Seitenkette. Andere wichtige Strukturmerkmale sind: Position 2 und 5 sowie 8. Position 5, das „Brückenatom", ist im günstigen Fall mit Sauerstoff- oder Schwefelatomen bestückt, andere Substituenten führen zu ge-

ringerer neuroleptischer Wirksamkeit (Abb. 2.5). Allerdings besitzt die derzeit klinisch bedeutsamste Substanz aus dieser Gruppe, Clozapin, als Brückenatom eine N-H-Verbindung.

2.4.4 Butyrophenone

Es handelt sich bei dem Molekül im wesentlichen um einen Phenylring, der in Position 1 an eine Carbonylgruppe ange-

Dibenzepine   Beispiel
(Dibenzo-epine)

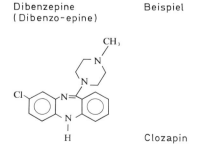

Clozapin

Abb. 2.5. Dibenzoepingerüst

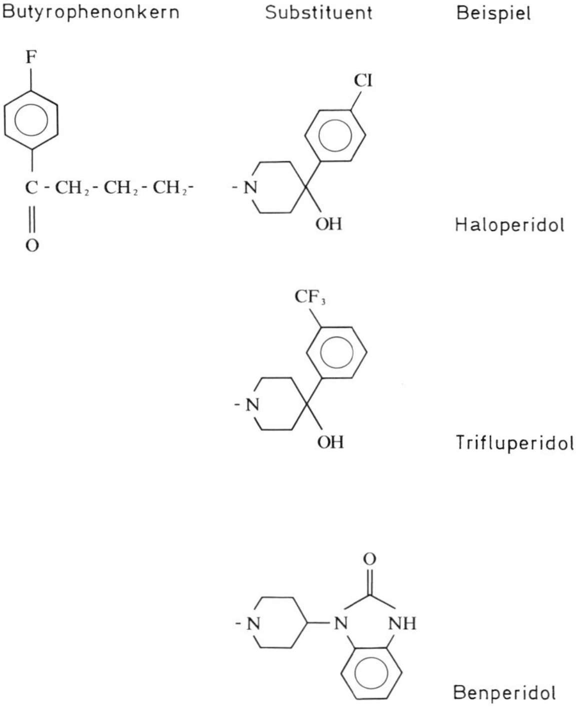

Butyrophenonkern   Substituent   Beispiel

Abb. 2.6. Butyrophenone: In Position 4 ein Fluoratom, das C1-Atom der Seitenkette als Carbonyl-gruppe, der tertiäre Stickstoff zyklisiert mit Substituenten in Position 4. Der Substituent als Phenyl- und Hydroxylrest oder Aminorest

schlossen ist, welche wiederum durch eine dreigliedrige Kohlenstoffkette mit einer basischen, tertiären Aminogruppe verbunden ist, die üblicherweise in einen sechsgliedrigen Ring (Piperidinring) eingebaut ist. An der para-Position (4) sind üblicherweise Substituenten zu finden. In Position 4 des Phenylringes ist ein Fluoratom eingefügt. Die Substituenten am Piperidinring bestimmen die neuroleptische Potenz dieser Substanzen (Abb. 2.6).

para-Position eingebaut. Es findet sich die Kohlenstoffkette, der tertiäre Stickstoff im Piperidinring und die Substituenten in Position 4 dieses Ringes, so wie in den vorher genannten Butyrophenonen. Die Substituenten dort und die im Vergleich zu den Butyrophenonen veränderte Molekülstruktur sind für die relativ lange Halbwertszeit bzw. Wirksamkeit dieser Neuroleptika verantwortlich (z. B. Pimozid, Fluspirilen) (Abb. 2.7).

2.4.5 Diphenylbutylpiperidine

Die grundsätzliche Struktur ist jener der Butyrophenone relativ ähnlich, jedoch haben sie statt der Carbonylgruppe einen Phenylring mit einem weiteren Fluoratom in

2.4.6 Benzamide

Es sind relativ einfach strukturierte Moleküle, deren zentraler Anteil aus einem Phenylring besteht, an welchem in Position 1 und 2 sowie 4 und 5 Substituenten vorliegen. In

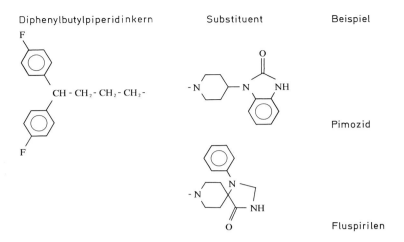

Abb. 2.7. Diphenylbutylpiperidingerüst

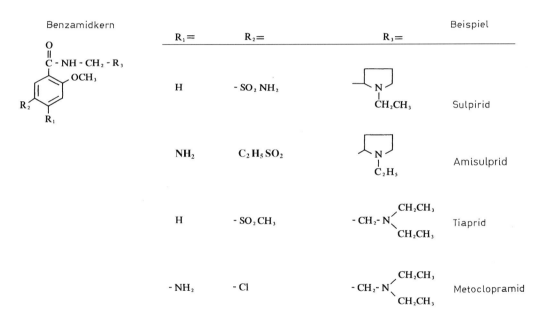

Abb. 2.8. Benzamidstrukturen

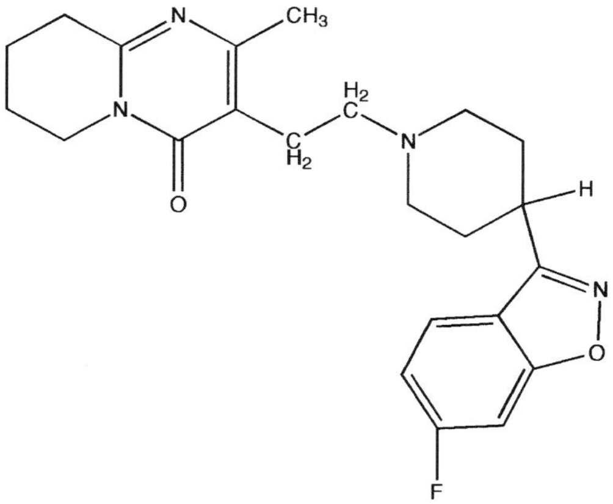

Abb. 2.9. Chemische Struktur des Benzisoxazols Risperidon

molekülen verknüpft und mit Halogenatomen an unterschiedlichen Stellen substituiert; zum Beispiel besitzt Sertindol in 5-Position am dazugehörigen Indolring ein Cl-Atom und ein F-Atom in para-Stellung an einem Phenylring. Sertindol weist einen lang wirksamen 5-HT$_2$-Antagonismus auf (HYTTEL et al. 1992).

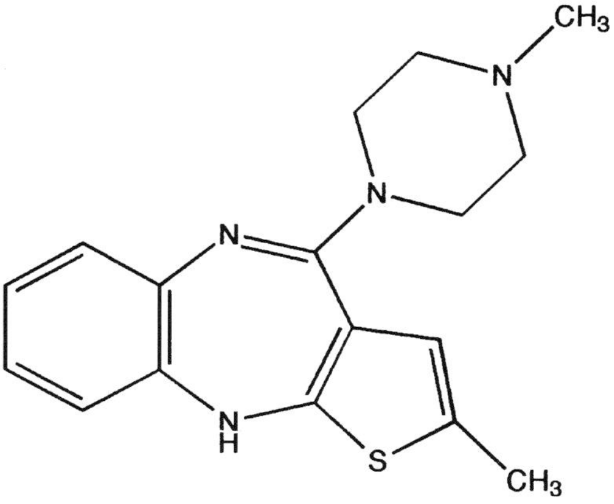

Position 1 ist dies üblicherweise eine Amidseitenkette, in Position 2 ein Methoxyrest (Abb. 2.8). Einzelne Benzamide weisen eine hohe und deutliche Dopamin D2-Rezeptorspezifität auf.

2.4.7 Benzisoxazole

Aus dieser Gruppe ist bislang Risperidon, ein kombinierter 5-HT$_2$-/D$_2$-Antagonist verfügbar (siehe Abb. 2.9). Strukturchemische Ähnlichkeit weist der 5-HT$_{2A/C}$-Antagonist Ritanserin auf, dem aber eine nur geringe antipsychotische Wirksamkeit zukommt.

2.4.8 Thienobenzodiazepine

Erster Vertreter dieser Gruppe ist Olanzapin. Strukturchemisch besteht eine relativ große Ähnlichkeit zum Dibenzodiazepin Clozapin (Abb. 2.10).

2.4.9 Imidazolidinone

Sie sind über Äthylbrücken von ihren Imidazolringen aus mit unterschiedlichen Rest-

Abb. 2.10. Chemische Struktur des Thienobenzodiazepins Olanzapin

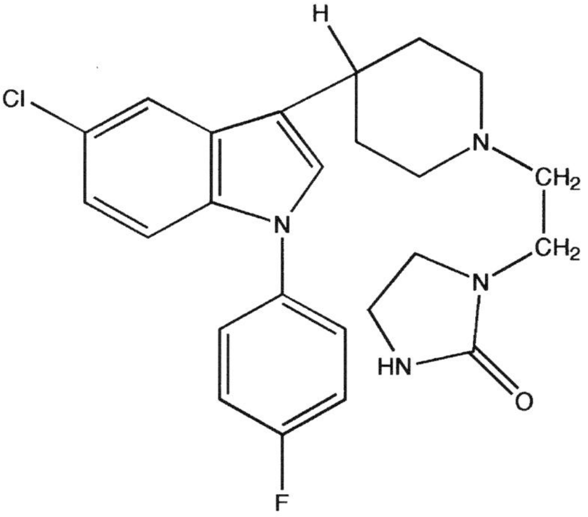

Abb. 2.11. Chemische Struktur des Imidazolidinons Sertindol

Literatur

ANDREASEN NC (1987) Schizophrenia: diagnosis and assessement. In: MELTZER HY (ed) Psychopharmacology: the third generation of progress. Raven Press, New York, pp 1087–1094

ANDREASEN NC, OLSEN S (1982) Negative versus positive schizophrenia: definition and validation. Arch Gen Psychiatry 38: 789–794

BADL A, KÜNZ A, MÜLLER W, NIEDERHOFER H, KÖNIG P (1995) Zuwendung ersetzt das Schloß – Öffnung der letzten noch geschlossenen Bereiche einer akutpsychiatrischen Abteilung – Erfahrungen nach dem ersten Jahr. Krankenhauspsychiatrie 6: 53–58

BAKER GB, GREENSHAW AJ (1989) Effects of long term administration of antidepressives and neuroleptics on receptors in the central nervous system. Cell Mol Neurobiol 9: 1–44

BALDESSARINI RJ (1985) Chemotherapy in psychiatry, principles and practice. Harvard University Press, Cambridge

BALDESSARINI RJ, KATZ B, COTTON P (1984) Dissimilar dosing with high potency and low potency neuroleptics. Am J Psychiatry 141: 748–752

BOBON D (1990) Klinische Wirkungsprofile der Thioxanthene. In: MÜLLER-OERLINGHAUSEN B, MÖLLER HJ, RÜTHER E (Hrsg) Thioxanthene in der neuroleptischen Behandlung. Springer, Berlin Heidelberg New York Tokyo, S 55–58

BOBON J, KOLLARD J, PINCHARD A (1966) Comparative physiognomies of the main known neuroleptics. Department of Psychiatry, University of Liege

BOGERTS E (1990) Die Hirnstruktur Schizophrener und ihre Bedeutung für Pathophysiologie und Psychopathologie der Erkrankung. Thieme, Stuttgart

BOGERTS E, MEERZ E, SCHÖNFELD-BAUSCH R (1985) Basal ganglia and limbic system pathology in schizophrenia. Arch Gen Psychiatry 42: 784–791

BRADLEY PB, HIRSCH SR (1986) The psychopharmacolial and somatic treatment of schizophrenia. Oxford University Press, Oxford

CARPENTER WT, HEINRICHS DW, HANLON THE (1987) A comparative trial of pharmacologic strategies in schizophrenia. Am J Psychiatry 144: 1466–1470

COHEN BM (1988) Neuroleptic drugs in the treatment of acute psychosis: how much do we really know? Psychopharmacol Ser 5: 47–61

COLE JO, DAVIS JM (1969) Antipsychotic drugs. In: BELLAK L, LOEB F (eds) The schizophrenic syndrome. Grune and Stratton, New York, pp 478–568

CREESE I, BURT DR, SYNDER SH (1976) Dopamine receptor binding predicts clinical and pharmacological potencies of antischizophrenic drugs. Science 192: 481–483

CROW TJ (1980) Positive and negative symptoms of schizophrenia and the role of dopamine. Br J Psychiatry 137: 83–386

DAHL S (1988) Pharmacokinetics of neuroleptic drugs and the utility of plasma level monitoring. Psychopharmacol Ser 5: 34–46

DAHL S (1989) Pharmakokinetik der Neuroleptika. In: MÜLLER-OERLINGHAUSEN B, MÖLLER HJ, RÜTHER E (Hrsg) Thioxanthene in der neuroleptischen Behandlung. Springer, Berlin Heidelberg New York Tokyo, S 25–33

DAHL S (1990) Molekularstruktur von Rezeptoren und Transmittern. In: KÖNIG P, PLATZ T, SCHUBERT H (Hrsg) Schizophrene erkennen, verstehen, behandeln. Springer, Wien New York

DAVIS JM (1974) A two-factor theory of schizophrenia. J Psychiatr Res 11: 25–29

DAVIS JM, CASPER RC (1978) General principles of the clinical use of neuroleptics. In: CLARK WG, DEL GUIDICE J (eds) Principles of psychopharmacology, 2nd ed. Academic Press, New York San Francisco London, pp 511–536

DELGADO JMR (1979) Inhibitory functions in the neostriatum. In: DIVAC I, GUNILLA R, OBERG E (eds) The neostriatum. Pergamon Press, Oxford New York, pp 241–261

GERLACH J (1988) Future treatment of schizophrenia. Psychopharmacol Ser 5: 94–104

GOTTFRIES I, RÜDEBERG K (1981) The role of neuroleptics in an integrated treatment program for chronic schizophrenia. In: GOTTFRIES CG (ed) Long-term neuroleptic treatment benefits and risks. Acta Psychiatr Scand [Suppl 291] 63: 44–53

GUR RE (1995) Functional brain imaging studies in schizophrenia. In: BLOOM FE, KUPFER DJ (eds) Psychopharmacology, the fourth generation of progress. Raven Press, New York, pp 118–1192

HAASE HJ, JANSSEN PAJ (1965) Clinical observations on the action of neuroleptics. In: HAASE HJ, JANSSEN PAJ (eds) The action of neuroleptic drugs. North-Holland, Amsterdam, pp 57–69

HYTTEL J, ARNT J, COSTALL B (1992) Pharmacological profile of the atypical neuroleptic Sertindole. 18 CINP Congr Nice, Abstracts S-56–179

KAHN RS, DAVIS KL (1995) New developments in dopamine and schizophrenia. In: BLOOM FE, KUPFER DJ (eds) Psychopharmacology, the fourth generation of progress. Raven Press, New York, pp 1193–1203

KANE JM (1992) Clinical efficacy of Clozapine in treatment-refractory schizophrenia: an overview. Br J Psychiatry 160 [Suppl]17: 41–45

KANE JM, RIFKIN A, WOERNER M (1986) Die Reduktion von Nebenwirkungen durch die Verwendung von extrem niedrigen Dosen von Fluphenazindecanoat zur Rezidivprophylaxe bei schizophrenen Patienten. In: HINTERHUBER H, SCHUBERT H, KULHANEK F (Hrsg) Seiteneffekte und Störwirkungen der Psychopharmaka. Schattauer, Stuttgart New York, S 129–136

KATSCHNIG H (1989) Die andere Seite der Schizophrenie: Patienten zu Hause, 3. Aufl. Psychologie Verlags Union, München

KEBABIAN JW, CALNE DB (1979) Multiple receptors for dopamine. Nature 277: 93–96

LADER M (1994) Treatment models. Eur Psychiatry 10 [Suppl] 1: 33–38

MARKSTEIN R, URWYLER ST, RÜEDEBERG C (1993) Sind Dopaminrezeptoren für die Wirkung atypischer Neuroleptika wichtig? In: BAUMANN P (Hrsg) Biologische Psychiatrie der Gegenwart. Springer, Wien New York, S 13–17

MARSHALL GR (1987) Molecular modeling in drug design. In: DAHL GS GRAM LF, PAUL SM, POTTER WZ (eds) Clinical pharmacology in psychiatry. Springer, Berlin Heidelberg New York Tokyo, pp 3–11

McEVOY JP, HOGARTY GE, STEINGARD S (1991) Optimal dose of neuroleptic in acute schizophrenia. Arch Gen Psychiatry 48: 739–745

MELTZER Y (1995) Atypical antipsychotic drugs. In: BLOOM FE, KUPFER DJ (eds) Psychopharmacology, the fourth generation of progress. Raven Press, New York, pp 1277–1286

MELTZER HY, BASTIANI B, RAMIREZ L, MATSUBARA S (1989) Clozapine: new research on efficacy and mechanisms of action. Eur Arch Psychiatry Neurol Sci 238: 32–339

MÖLLER HJ (1993) Vorhersage des Therapieerfolges schizophrener Patienten unter neuroleptischer Akutbehandlung. In: MÖLLER HJ (Hrsg) Therapieresistenz unter Neuroleptikabehandlung. Springer, Wien New York, S 1–12

MÖLLER HJ, KISSLING W, VON ZERSSEN D (1983) Die prognostische Bedeutung des frühen Ansprechens schizophrener Patienten auf Neuroleptika für den weiteren Behandlungsverlauf. Pharmacopsychiatry 16: 46–49

MORTIMER AM, LUND CE, MCKENNA (1990) The positive: negative dichotomy in schizophrenia. Br J Psychiatry 157: 41–49

MULLER B (1988) Psychotropics 88/89. Lundbeck, Nederland BV, Amsterdam

MÜLLER C (1989) Wandlungen der psychiatrischen Institutionen. In: KISKER KP, LAUTER H, MEYER JE, MÜLLER C, STRÖMGREN E (Hrsg) Psychiatrie der Gegenwart, Bd 9. Brennpunkte der Psychiatrie. Springer, Berlin Heidelberg New York Tokyo, S 339–368

PATEL S (1996) The dopamine D4 receptor: a target for antipsychotic therapy. In: IBC TECHNICAL SERVICES (eds) Schizophrenia, clinical aspects and new therapeutic targets. London

PEROUTKA StJ, SNYDER SH (1980) Relationship of neuroleptic drug effects at brain dopamine, serotonin, a-adrenergic and histamine receptors to clinical potency. Am J Psychiatry 137: 518–522

PEROUTKA SJ, U'PRITCHARD D, GREENBERG DA (1977) Neuroleptic drug interactions with norepinephrineal alpha-receptor binding sites in the rat brain. Neuropharmacology 16: 549–556

REY MJ, SCHULZ P, COSTA C, DICK P, TISSOT R (1989) Guidelines for the dosage of neuroleptics. I. Chlorpromazine-equivalents of orally administered neuroleptics. Int Clin Psychopharmacol 4: 95–104

RIFKIN A, SIRIS S (1987) Drug treatment of acute schizophrenia. In: MELTZER HY (ed) Psychopharmacology: the third generation of progress. Raven Press, New York, pp 1095–1102

ROHDE A, MARNEROS A (1993) „Therapieresistenz" schizophrener Erkrankungen im Licht der Langzeitkatamnese: die persisitierenden Alterationen. In: MÖLLER HJ (Hrsg) Therapieresistenz unter Neuroleptikabehandlung. Springer, Wien New York, S 25–36

ROTH BL, MELTZER Y (1995) The role of serotonin in schizophrenia. In: BLOOM FE, KUPFER DJ (eds) Psychopharmacology, the fourth generation of progress. Raven Press, New York, pp 1215–1228

SCHIED HW (1990) Psychiatric concepts and therapy. In: STRAUBE E, HAHLWEG K (eds) Schizophrenia. Springer, Berlin Heidelberg New York Tokyo, pp 9–43

SCHOOLER NR, KEITH SJ (1993) The clinical research base for the treatment of schizophrenia. Psychopharmacol Bull 29/4: 431–446

SEEMAN P (1992) Dopamine receptor sequences. Neuropsychopharmacology 7/4: 261–284

SHELTON RC, WEINBERGER DR (1987) Brain morphology in schizophrenia. In: MELTZER HY (ed)

Psychopharmacology: the third generation of progress. Raven Press, New York, pp 773–782

SNYDER SH, GREENBERG D, YAMAMURA HI (1974) Antischizophrenic drugs and brain cholinergic receptors. Arch Gen Psychiatry 71: 58–61

STILLE G, HIPPIUS H (1971) Kritische Stellungnahme zum Begriff der Neuroleptika (anhand von pharmakologischen und klinischen Befunden mit Clozapin). Pharmakopsychiat Neurol Psychopharmacol 4: 182–191

TEGELER J (1993) Die Bedeutung der verschiedenen Neuroleptikagruppen unter dem Aspekt von Neuroleptika-Nonresponse. In: MÖLLER HJ (Hrsg) Therapieresistenz unter Neuroleptikabehandlung. Springer, Wien New York, S 115–130

VAUGHN CE, LEFF JP (1976) The influence of family and social factors on the course of psychiatric illness: a comparison of schizophrenic and depressed neurotic patients. Br J Psychiatry 129: 125–137

WEINBERGER DR (1995) Neurodevelopmental perspectives in schizophrenia. In: BLOOM FE, KUPFER DJ (eds) Psychopharmacology, the fourth generation of progress. Raven Press, New York, pp 1171–1184

WESTON D (1990) Konzepte der Gemeindepsychiatrie. In: FREEDMAN AM, KAPLAN HI, SADDOCK BI, PETERS UH (Hrsg) Psychiatrie in Praxis und Klinik, Bd 5. Psychiatrische Probleme der Gegenwart I. Thieme, Stuttgart New York, S 150–170

WIESEL FA, FARDE L, NORDSTRÖM AL, SEDVALL G (1990) Die Bedeutung der D1- und D2-Dopaminrezeptor-Blockade für die antipsychotische Wirkung von Neuroleptika. Eine PET-Studie an schizophrenen Patienten. In: MÜLLER-OERLINGHAUSEN B, MÖLLER HJ, RÜTHER E (Hrsg) Thioxanthene in der neuroleptischen Behandlung. Springer, Berlin Heidelberg New York Tokyo, S 13–19

WOGGON B (1983) Prognose der Psychopharmakotherapie. Enke, Stuttgart

Neuro-Psychopharmaka, Bd. 4, 2. Aufl.
Riederer P. / Laux G. / Pöldinger W. (Hrsg.)
© Springer-Verlag Wien 1998

3
Pharmakologie

3.1 Pharmakokinetische Grundlagen

K. Heininger

3.1.1 Einleitung

Die pharmakokinetischen Einflußgrößen
der Neuroleptikawirkung sind in Abb. 3.1.1
dargestellt. Während stark polare oder hydrophile Substanzen einem Ein-Kompart-
ment-Modell folgen, sind zur Beschreibung
der pharmakokinetischen Verhältnisse lipo-
philer Substanzen wie der Neuroleptika
Multi-Kompartment-Modelle notwendig.
Nach Resorption eines oral gegebenen Neuroleptikums kommt es zu einer teilweisen
präsystemischen Verstoffwechselung, die
bei parenteraler Gabe z. B. eines Depot-
neuroleptikums umgangen werden kann.
Aus dem Plasma wird das Pharmakon in die
verschiedenen Kompartimente verteilt und
dort gebunden, in der Leber metabolisiert
und renal sowie biliär ausgeschieden. Nur
der Anteil des Neuroleptikums, der nicht an
Plasmaproteine gebunden ist, also in freier
Form vorliegt, kann mit dem Hirngewebe
und dem Liquorraum im Gleichgewicht stehen. An einem idealisierten Plasmaspiegel-
Kurvenverlauf (Abb. 3.1.2) lassen sich eine
initiale Absorptionsphase, die Verteilung
und Äquilibrierung mit den einzelnen Kör-

perkompartimenten, die Elimination sowie
das Zurückfluten aus den äquilibrierenden
Kompartimenten unterscheiden.

3.1.2 Methoden

(vgl. Band 1, Kap. 11 und 12)

Das Studium der Pharmakokinetik einzelner
Neuroleptika hängt naturgemäß eng mit den
technischen Möglichkeiten zusammen, die
oft äußerst geringen Wirkstoffkonzentrationen in den Körperflüssigkeiten zuverlässig
bestimmen zu können. Die Konzentrationen von Neuroleptika können mittels Gaschromatographie (GC), Hochdruckflüssigkeitschromatographie (HPLC), Radioim-
muntest (RIA) und Radiorezeptortest (RRA)
gemessen werden. Die Wahl des jeweiligen
Testsystems hängt dabei meist von der Fragestellung ab. Sollen der Metabolismus der
Substanzen, die klinischen Konsequenzen
unterschiedlicher Metabolitenmuster (wie
z. B. von Haloperidol und Hydroxyhaloperidol) oder Plasmaspiegel-Wirkungs-Korrelationen untersucht werden, werden chromatographische Verfahren angewendet, die

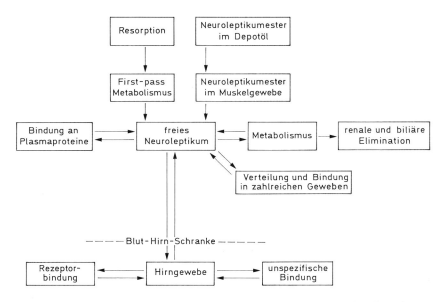

Abb. 3.1.1. Zusammenspiel der pharmakokinetischen Variablen (mod. nach ERESHEFSKY et al. 1984)

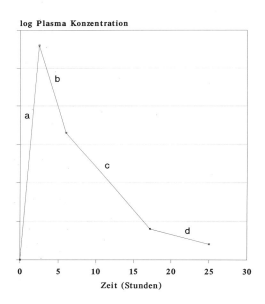

Abb. 3.1.2. Idealisierter Zeitverlauf eines Plasmaspiegels nach Einzeldosis eines Neuroleptikums mit Absorptionsphase (a), Verteilung und Äquilibrierung in einzelne Körperkompartimente (b), Elimination (c) und Zurückfluten aus den äquilibrierenden Kompartimenten (d) (nach ERESHEFSKY et al. 1984)

die einzelnen Substanzen sensitiv und spezifisch auftrennen und identifizieren können (GC und HPLC). Die HPLC hat sich in letzter Zeit mehr und mehr zum Routineverfahren auch bei klinischen Verlaufsuntersuchungen entwickelt. Der RIA ist weniger spezifisch (Kreuzreaktivität der Antikörper zwischen Ausgangssubstanz und Metaboliten ungeachtet ihrer unterschiedlichen pharmakologischen Aktivitäten), bietet sich aber an wegen seiner hohen Sensitivität, seines geringen erforderlichen Probenvolumens und bei Untersuchungen mit einem hohen Probendurchsatz. Der RRA erfaßt die pharmakologisch aktiven Substanzen in den Körperflüssigkeiten durch ihre Fähigkeit, radioaktiv markierte Neuroleptika aus ihrer Bindung an Gehirngewebe in vitro kompetitiv zu verdrängen. Dabei werden Ausgangssubstanz und Metaboliten in ihrer Gesamtheit aufgrund ihrer pharmakodynamischen Affinität zu Rezeptoren gemessen, weshalb dieses Verfahren oft bei Untersuchungen zur Korrelation zwischen Wirkspiegel und klinischer Wirkung angewendet

Tabelle 3.1.1. Vergleich der Fluphenazin-Serumspiegel bei der Bestimmung durch HPLC und RIA nach Applikation von Fluphenazindecanoat

No. des Patienten	Dosis in mg/Woche	Serumkonzentration in ng/ml		Faktor RIA/HPLC
		HPLC	RIA	
1	0	0,2	0,8	4
2	25	0,2	1,3	7
3	25	0,3	1,5	5
4	25	2,0	4,7	2
5	50	0,2	1,1	6
6	50	0,6	3,7	6
7	50	0,7	4,6	7
8	100	0,6	2,0	3
9	100	1,0	11,6	12
10	100	2,7	7,8	3

HPLC High pressure liquid chromatography (Hochdruckflüssigkeitschromatographie), *RIA* Radio immunoassay (nach GOLDSTEIN und VAN-VUNAKIS 1981)

wird. Limitierend für die Anwendung des Verfahrens ist seine relativ geringe Sensitivität.

Wegen der unterschiedlichen Meßprinzipien können die mit HPLC und GC erhaltenen Ergebnisse deutlich von den mit RIA und RRA gemessenen abweichen (Tabelle 3.1.1).

Nachdem in den ersten Jahren der Neuroleptikaära bei pharmakokinetischen Untersuchungen die Bestimmung, Identifizierung und Verteilung der Metabolitenmuster im Vordergrund des Interesses stand, wurde in den letzten Jahren vor allem versucht, eine Korrelation zwischen Wirkspiegelkonzentrationen und klinischer Wirksamkeit der Neuroleptika herzustellen. Ähnlich wie bei der Wahl der optimalen Bestimmungsmethode herrschte wenig Einigkeit hinsichtlich der Frage, ob die Wirkspiegelbestimmungen dabei zweckdienlicherweise aus Plasma, Serum, Erythrozyten, Vollblut oder gar aus Liquor vorzunehmen sind. Entsprechend unterschiedlich sind die Schlußfolgerungen zu denen die einzelnen Untersucher

kamen (MIDHA et al. 1987, GARVER 1989, MARTENSSON und NYBERG 1989).

Angesichts der Tatsache, daß Neuroleptika seit mehr als 30 Jahren klinisch angewendet werden, ist ihre Pharmakokinetik noch relativ wenig erforscht. Zudem sind die vorliegenden Daten widersprüchlich und teilweise wenig verläßlich. Die Ursachen dieser Umstände liegen zum einen in den niedrigen Wirkspiegeln begründet, die erhebliche methodische Probleme aufwerfen, zum anderen aber auch im mangelhaften Design vieler Pharmakokinetikstudien (KNUDSEN 1985).

3.1.3 Pharmakokinetische Variable

Applikation und Resorption

Neuroleptika werden überwiegend oral verabreicht. Im Akutbereich spielt aber auch die intramuskuläre und intravenöse Gabe, in der Langzeitanwendung die intramuskuläre Verabreichung eine wichtige Rolle. Aufgrund ihrer Lipophilie werden die Neuroleptika meist vollständig aus dem Darm resorbiert. Faeces von Patienten unter oraler Chlorpromazin-Therapie enthielten weniger als 1% der Menge des zugeführten Medikaments (GEORGOTAS et al. 1979). Wie für Haloperidol, Chlorpromazin, Fluphenazin und Levomepromazin gezeigt, können sich die Plasmaspiegel nach gleicher oraler Dosierung von Patient zu Patient um einen Faktor 10 bis 30 unterscheiden (Abb. 3.1.3) (DAHL 1990). Deutlich geringere interindividuelle Variabilitäten des Dosis/Plasmaspiegel-Verhältnisses wurde bei intramuskulärer Gabe von Phenothiazinen gefunden (etwa Faktor 2–3). Dies deutet darauf hin, daß die hohen interindividuellen Unterschiede unter oraler Gabe auf Unterschiede im Ausmaß der präsystemischen Verstoffwechselung zurückzuführen sind (DAHL 1986). Durch die präsystemische Metaboli-

sierung (First-pass effect) wird ein Teil der Pharmaka vor Erreichen des systemischen Kreislaufs verstoffwechselt und somit ihre Bioverfügbarkeit im Vergleich mit parenteraler Applikation erniedrigt. Die first-pass Metabolisierung scheint neben der Leber auch in der Darmwand stattzufinden (s. unten) und unter chronischer Gabe induzierbar zu sein (DAHL und STRANDJORD 1977). Bei den Thioxanthenen und Benzamiden scheinen die interindividuellen Unterschiede der Plasmaspiegel nach oraler Gabe im allgemeinen geringer zu sein, bei Flupentixol, Zuclopenthixol und Sulpirid variierten die Plasmaspiegel um den Faktor 2,5–5 (JØRGENSEN und AAES-JØRGENSEN 1988, ALFREDSSON et al. 1985). Die orale Bioverfügbarkeit beträgt für alle Neuroleptika meist zwischen 30 und 60%, unterliegt aber einer erheblichen interindividuellen Variabilität (Tabelle 3.1.2). Die relativ geringe Bioverfügbarkeit von Sulpirid ist möglicherweise auf eine schlechtere Resorption zurückzuführen (WIESEL et al. 1980).

Maximale Neuroleptika-Plasmakonzentrationen werden nach oraler Gabe meist nach 2–5 Stunden, nach intramuskulärer Injektion von Salzen trizyklischer Neuroleptika bereits nach 1/2–1 Stunde erreicht (Tabelle 3.1.2). Diphenylbutylpiperidine als hoch lipophile Substanzen werden im gastrointestinalen System nur langsam emulgiert und erreichen dementsprechend nach oraler Dosierung erst relativ spät (nach etwa 6–8 Stunden) maximale Plasmaspiegel. Die langsame Resorption dieser Substanzgruppe ist mit einem extensiven first-pass Metabolismus verbunden, so daß nur 10% der gesamten Radioaktivität der maximalen Plasmakonzentration nach oraler 3H-Penfluridol-Gabe der Ausgangssubstanz zuzuordnen war (MIGDALOF et al. 1979).

In der Langzeittherapie bieten intramuskulär zu applizierende Depotneuroleptika Vorteile (Übersicht bei JANN et al. 1985, KAPFHAMMER 1990). Dabei handelt es sich um an ihren alkoholischen OH-Gruppen

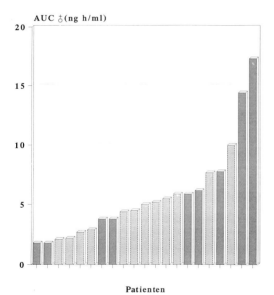

Abb. 3.1.3. Flächen unter den Plasmaspiegelkurven (AUC^{to}) von Fluphenazin für 12 schwarze ○ und 9 weiße ● psychiatrische Patienten nach oralen Einzeldosen von 10 mg (nach MIDHA et al. 1988)

Tabelle 3.1.2. Pharmakokinetische Grunddaten der Neuroleptika (mod. nach JØRGENSEN 1986)

Substanz	Max. Konz. nach oraler Gabe (h)	t ½ h	orale Bioverfügbarkeit (%)	Verteilungs-volumen l/kg	Syst. Clearance l/min.	Eiweißbin-dung %	Literatur
Chlorpromazin	2–4	30	32	21	0,6		DAHL und STRANDJORD (1977)
Levomepromazin	1–2	21	53	30	1,0		DAHL (1976)
Perazin	1–3	10					BREYER-PFAFF et al. (1988)
Fluphenazin	2–5	16		25	1,3	> 99	CURRY et al. (1979)
Perphenazin	2–5	9	39	20	1,8	91–92	EGGERT HANSEN et al. (1976)
Thioridazin	2	24				> 99	SHVARTSBURD et al. (1984)
Promethazin	1,5–3	6–12	25		1,1	90	SCHWINGHAMMER et al. (1984)
Chlorprothixen	4	9	41	11–23	1,0–1,5		RAAFLAUB (1975)
Zuclopenthixol	4	20	44	12–24	0,9		AAES-JØRGENSEN (1981)
Flupentixol	4	35	40	13–17	0,5		JØRGENSEN et al. (1982)
Thiothixen	1–3	34				> 99	HOBBS et al. (1974)
Haloperidol	3–6	14–20	60	18	1,0	91–92	CRESSMANN et al. (1974) FORSMAN und ÖHMANN (1976)
Benperidol	2,5–3	7	65	5			FURLANUT et al. (1988)
Bromperidol	4–5	22					TISCHIO et al. (1982)
Droperidol		2,2		15–18			CRESSMANN et al. (1973)
Melperon	2	3–4	60	8	2		BORGSTÖM et al. (1982)
Sulpirid	2–6	8–10	27–50	2,7	0,4	40	WIESEL et al. (1980)
Tiaprid	1	3–4	100				STROLIN-BENEDETTI et al. (1978)
Clozapin	3	16	60	4–8		92–95	SAYERS und AMSLER (1977)

veresterte Neuroleptika (Zuclopenthixol, Flupentixol, Fluphenazin, Haloperidol, Perphenazin), die in Pflanzenölen (Sesam-öl, Viscoleo) gelöst vorliegen (Tabelle 3.1.3). Veresterung mit langkettigen Fettsäu-ren (Decanoat, Önanthat) und Inkorporie-rung der Ester in Öl stellen ein hochwirksa-mes Retardierungsprinzip dar (Abb. 3.1.4). Nach der Injektion ins Muskelgewebe wird das veresterte Neuroleptikum langsam aus dem Depot freigesetzt und sofort durch Esterasen gespalten, so daß im Blut allen-falls Spuren des Esters nachweisbar sind.

Die Freisetzungskinetik ist sowohl vom Trä-geröl als auch von der Fettsäure abhängig. Viscoleo ist weniger viskös und lipophil als Sesamöl mit der Folge einer kürzeren De-potwirkung und initial höheren Plasmaspie-geln, sowie leichteren Injizierbarkeit und leichteren Verteilung am Injektionsort. Das lipophilere Fluphenazindecanoat löst sich besser im Sesamöl und wird deshalb protra-

hierter freigesetzt als das Önanthat (CURRY et al. 1979). Die Veresterung von Zuclopenthi-xol mit Essigsäure erbrachte ein ultraschnell freisetzendes Depotpräparat, das innerhalb von 24 bis 48 Stunden maximale Plasma-spiegel erreicht und im Akutbereich einge-setzt wird (AMDISEN et al. 1986). Während die gebräuchlichen Depotpräparate inner-halb von Tagen Maximalspiegel erreichen (Tabelle 3.1.3), zeigt vor allem Fluphenazin-decanoat ein „Early peak"-Phänomen, ein schnelles Anfluten des Neuroleptikums in-nerhalb von wenigen Stunden, dessen Ur-sache weitgehend unklar ist (Abb. 3.1.5) (KAPFHAMMER 1990).

Fluspirilen weist ein anderes Retardierungs-prinzip auf. Die hoch lipophile Substanz aus der Gruppe der Diphenylbutylpiperidine wird als Kristallsuspension intramuskulär injiziert. Aus dem Depot wird Fluspirilen langsam freigesetzt und erreicht innerhalb von 4–8 Stunden maximale Plasmaspiegel (VRANCKX-HAENEN et al. 1979).

Bindung und Verteilung

Das Verteilungsverhalten eines Medika-ments im Organismus ist eine Funktion sei-ner Bindung an Plasmaproteine und Ge-websbestandteile. Die Neuroleptika, mit Ausnahme der Benzamide, sind zu einem hohen Prozentsatz an Plasmaproteine ge-bunden (Tabelle 3.1.2). Die mittels Gleich-gewichtsdialyse gemessenen Daten lassen darauf schließen, daß die Neuroleptika im Plasma nur zu etwa 1–10% als freie Sub-stanzen vorliegen, dagegen zu mehr als 90% an Albumin oder α1-saures Glykopro-tein gebunden sind, wobei die Bindung wohl durch hydrophobe Bindungsvalen-zen der Plasmaproteine vermittelt wird (BEVILACQUA et al. 1979). Der freie Anteil variiert interindividuell zwar weniger als die Gesamtkonzentration des Pharmakons (s. oben), kann sich aber auch um den Fak-tor 3 (für Haloperidol) bis 7 (für Chlorpro-mazin) unterscheiden (TANG et al. 1984).

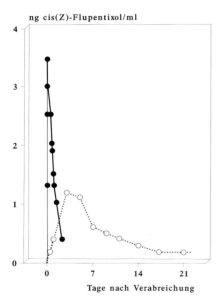

Abb. 3.1.4. Serumkonzentrationen von cis(Z)-Flupentixol nach Gabe einer Tablette zu 8 mg (volle Kreise) bzw. intramuskulärer Injektion von 10 mg cis(Z)-Flupentixoldecanoat (offene Kreise) bei einer Versuchsperson (nach JØRGENSEN 1980)

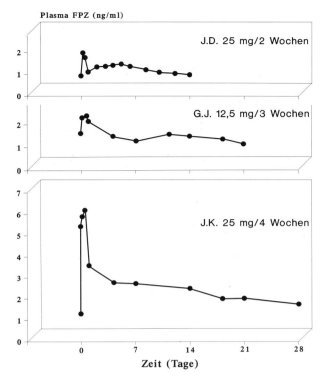

Abb. 3.1.5. Plasma-Fluphenazinspiegel (FPZ) nach Injektion von Fluphenazindecanoat in Sesamöl bei 3 Patienten (aus Wiles und Gelder 1979)

Der Anteil des freien Pharmakons im Plasma ist von großer pharmakologischer und pharmakokinetischer Relevanz, da nur freie Substanz in das Hirngewebe übertreten kann und verstoffwechselt sowie ausgeschieden werden kann. Das freie Pharmakon kann leicht in Erythrozyten eindringen und steht mit dem Erythrozyten-Substanzspiegel im Gleichgewicht. Deshalb werden Spiegelmessungen aus Erythrozyten zunehmend für Verlaufsuntersuchungen herangezogen. Die Gewebeverteilung der Neuroleptika wird durch ihre hohe Lipophilie bestimmt. Dadurch sind sie in der Lage, Lipidmembranen leicht zu penetrieren und aus dem Plasma in die parenchymatösen Organe überzutreten. Dies bedingt ein hohes scheinbares Verteilungsvolumen von meist um 20 Liter/kg Körpergewicht (Ta-

belle 3.1.2). Lediglich Sulpirid unterscheidet sich mit seiner größeren Hydrophilie und seinem entsprechend geringeren Verteilungsvolumen von den übrigen Neuroleptika. Die höchsten Neuroleptika-Konzentrationen werden in Leber und Lunge erreicht, in das Gehirn kommt nur etwa 1% der Wirkstoffmenge.

Naturgemäß ist die Verteilung der Neuroleptika über die Blut-Hirn-Schranke hinweg ins Hirnparenchym von besonderem Interesse. Da sich beim Menschen die tatsächliche Wirkstoffkonzentration am Wirkort bis vor kurzem der direkten Messung entzog, versuchte man dem Hirnkompartiment durch Messungen aus dem Liquor möglichst nahe zu kommen. Bezogen auf die Radioaktivität erreichte Tritium-markiertes Flupentixol im Liquor 29 bis 55%

der Serumkonzentration (JØRGENSEN und GOTTFRIES 1972). Liquorkonzentrationen von Fluphenazin betrugen 38% der Plasmakonzentrationen, angesichts eines freien Anteils im Plasma von < 1%, bedeutet dies eine erhebliche intrathekale Anreicherung (WILES und GELDER 1979). Sulpirid wurde im Liquor mit 14%, Chlorpromazin mit 2–3% der jeweiligen Serumkonzentration gemessen (ALFREDSSON et al. 1984). Diese Studie verdeutlicht, daß die Blut-Hirn-Verteilung eines Neuroleptikums nicht nur von seiner Lipophilie, sondern auch von seiner Proteinbindung (40% für Sulpirid, 98,9% für Chlorpromazin) bestimmt wird. Entstehen bei der Metabolisierung des Neuroleptikums pharmakologisch aktive Substanzen, ist auch eine unterschiedliche ZNS-Gängigkeit der Metaboliten zu bedenken. So sind bei Thioridazin die aktiven Metaboliten 2-Sulphoxid und 2-Sulphon weniger hoch-

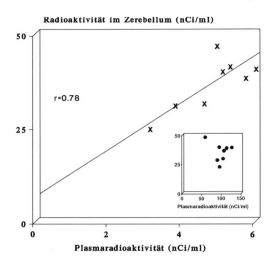

Abb. 3.1.7. Lineare Beziehung zwischen der Radioaktivität in einem Hirnareal (weiße Substanz) und der nicht-Protein-gebundenen (freien) Radioaktivität im Plasma nach der Injektion von [¹¹C] Raclopride bei 8 Schizophrenen. Insert: Beziehung zwischen der Radioaktivität im Gehirn und der gesamten Radioaktivität im Plasma (aus FARDE et al. 1989)

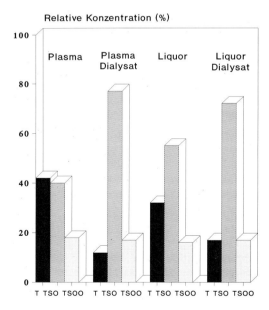

Abb. 3.1.6. Mittlere relative Konzentration von Thioridazin (T), Thioridazin-2-sulphoxid (TS0) und Thioridazin-2-sulphon (TS00) in Plasma, Plasma-Dialysat, Liquor und Liquor-Dialysat von Thioridazin-behandelten Patienten (aus MÅRTENSSON und NYBERG 1989)

gradig an Plasmaproteine gebunden und treten bevorzugt ins zentrale Kompartment über (Abb. 3.1.6) (MÅRTENSSON und NYBERG 1989). Bei Untersuchungen an Ratten ließ sich der Verteilungsquotient der Konzentrationen zwischen Gehirn und Plasma mit der neuroleptischen Potenz korrelieren, hochpotente Neuroleptika traten dementsprechend leichter ins Hirngewebe über als niederpotente (SUNDERLAND und COHEN 1987).

Seit kurzem ist es mit Hilfe der Positronen-Emissions-Tomographie (PET) möglich, zerebrale Neuroleptikakonzentrationen beim Menschen in vivo zu bestimmen. FARDE et al. (1989) konnten eine lineare Beziehung zwischen freier Raclopride-Konzentration im Plasma und nicht-Rezeptor-gebundener Wirkstoffkonzentration im Gehirn herstellen (Abb. 3.1.7). Es ist zu hoffen, daß in Zukunft mit der PET und anderen neueren Techniken (Magnetische Kernresonanz-

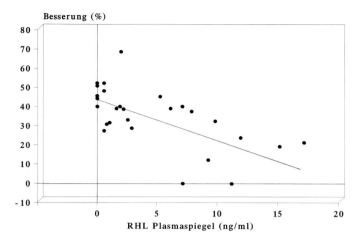

Abb. 3.1.8. Beziehung zwischen Hydroxyhaloperidol (RHL)-Plasmaspiegel und therapeutischer Besserung, erfaßt mittels Brief Psychiatric Rating Scale (BPRS) nach 6 wöchiger Behandlung (% der Ausgangswerte). r = −0,62; p < 0.01 (aus ALTAMURA et al. 1989)

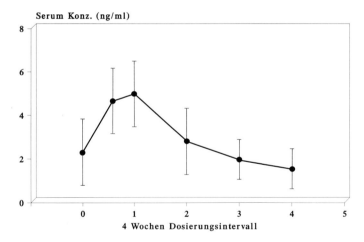

Abb. 3.1.9. Steady-state Serumkonzentrationen von Zuclopenthixol (Mittelwert ± SD) während einer Therapie mit Zuclopenthixoldecanoat in Viscoleo alle 4 Wochen. Die Daten von 24 Patienten mit tatsächlichen Dosen von 50–600 mg wurden auf eine 100 mg Dosis normalisiert (aus JØRGENSEN und FREDRICSON OVERØ 1980)

(NMR)-Spektroskopie, Single-Photon-Emissions-Computer-Tomographie (SPECT) die zerebralen Wirkstoffkonzentrationen direkt gemessen und mit peripheren, leichter zugänglichen und routinemäßig durchführbaren Spiegelbestimmungen korreliert werden können.

Metabolismus

Die verschiedenen Substanzklassen der Neuroleptika werden unterschiedlich verstoffwechselt.
Im allgemeinen werden durch Oxidationsreaktionen hydrophilere Verbindungen er-

zeugt. Häufig werden Hydroxylgruppen an das Ringsystem angelagert oder Ring-S-Atome sulfoxidiert. N-Alkyle werden de-alkyliert oder N-oxidiert.

Durch letztendliche Konjugation mit Glucuronsäure, seltener Sulfat oder Glycin, werden hydrophile, nierengängige Verbindungen geschaffen.

Tierversuche lassen vermuten, daß die Metabolisierung in erster Linie in der Leber, daneben auch in Lunge, Nieren und Darm stattfindet.

Depotneuroleptika

Grundsätzlich unterscheidet sich der Metabolismus der als Depot applizierten Neuroleptikaester nach hydrolytischer Spaltung der Esterbindung nicht von dem der kurz wirksamen Neuroleptika. Bei oraler Einnahme und parenteraler Depotneurolepsie entstehen qualitativ die gleichen Metabolite, die Quantität der Metabolite ist bei oraler Therapie aber beträchtlich erhöht (MARDER et al. 1989). Dies kann bedeutsam werden, wenn Metaboliten für bestimmte Wirkungen oder Nebenwirkungen verantwortlich sind.

Elimination

Die Elimination der Neuroleptika erfolgt überwiegend durch hepatische Verstoffwechselung und renale sowie biliäre Ausscheidung der Metaboliten. Als Maß für die Verweildauer einer Substanz im Organismus wird die Eliminationshalbwertszeit angegeben. Die in Tabelle 3.1.1 angeführten Halbwertszeiten für die Elimination der Neuroleptika sind als Näherungswerte anzusehen. Zum einen konnten wegen der ungenügenden Empfindlichkeit der Bestimmungsmethoden die Plasmaspiegelverläufe teilweise nicht über ausreichend lange Zeit verfolgt werden. Zum anderen fallen die Plasmaspiegel oft nicht stetig exponentiell ab, sondern es kommt zur Bildung von Schultern, zweiten Maximalwerten oder Plateaus (möglicherweise infolge eines entero-hepatischen Kreislaufs). Diese methodischen Probleme treten verstärkt bei Depotneuroleptika auf, bei denen mit noch geringeren Substanzkonzentrationen zu rechnen ist.

Bei längerfristiger Therapie mit multipler Gabe einer konstanten Dosis stellt sich ein Gleichgewichtszustand ein, der „Steady state". In ihm halten sich Zufuhr und Aus-

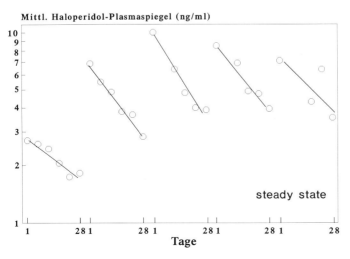

Abb. 3.1.10. Mittlere Plasma-Haloperidolspiegel bei 181 Patienten unter der Behandlung mit Haloperidoldecanoat in Sesamöl alle 4 Wochen (aus REYNTJENS et al. 1982)

scheidung der Substanz die Waage und der Plasmaspiegel onduliert um einen gewissen Mittelwert, der sich nach etwa 5 Halbwertszeiten einstellt. Bei Depotpräparaten hat man einen Fluktuationsfaktor definiert, der den Konzentrationsverlauf während eines Dosierungsintervalls unter Steady-state-Bedingungen beschreibt und als Maß für eine mehr oder weniger harmonische Wirkstofffreisetzung gelten kann (Abb. 3.1.10, Tabelle 3.1.3). Ähnlich wie die Plasmaspiegel nach Einzeldosen können auch die Steady state-Plasmaspiegel bei vorgegebener fixer Dosierung interindividuell erheblich variieren.

Während die Verhältnisse bei den oralen Neuroleptika noch überschaubar bleiben, stellen sie sich bei Depotneuroleptika kom-

plexer dar. Bei den Depotneuroleptika wird die Eliminationsrate durch die Freisetzungsrate aus dem Depot als geschwindigkeitsbestimmendem Schritt kontrolliert und nicht durch die hepatische Metabolisierung. Dieser depotabhängige Vorgang bestimmt eine Freisetzungshalbwertszeit (meist 14–21 Tage) und damit die Zeit bis zum Erreichen von Steady-state-Bedingungen wie auch die Dosierungsintervalle. Meist wird der Steady state in 2–3 Monaten erreicht (Tabelle 3.1.3). Dieser Wert kann interindividuell erheblich streuen. So fanden WILES et al. (1990) Steady state-Bedingungen unter Haloperidoldecanoat zwischen 8 und 44 Wochen und unter Fluphenazindecanoat zwischen 16 und 60 Wochen (Abb. 3.1.10).

Tabelle 3.1.3. Pharmakokinetische Grunddaten der Depotneuroleptika (mod. nach JANN et al. 1985 und JØRGENSEN 1986)

Substanz	Medium	Zeit für max. Plasmakonz. (Tage)	Freisetzungshalbwertszeit nach mehrmaliger Applikation	Steady-state-Bedingungen (bezogen auf Intervall)	Max.-/Min.-Verhältnis (bezogen auf Intervall)	Early peak
Fluphenazin-decanoat	Sesamöl	0,3–1,5	14 Tage	2 Monate (i.m./1 Wo.)	2–10 (i.m./1–4 Wo.)	+++
Perphenazin-önanthat	Sesamöl		14 Tage		4	++
Perphenazin-decanoat	Sesamöl			1–2 Monate[d] (i.m./2 Wo.)	1,5[d] (i.m./2 Wo.)	+
Pipothiazin-palmitat	Sesamöl		14 Tage[a]	2–3 Monate		
Flupentixol-decanoat	Viscoleo	7	17 Tage	2–3 Monate (i.m./2 Wo.)	2,5–3,7 (i.m./2 Wo.)	
Zuclopenthixol-decanoat	Viscoleo	4–7	19 Tage	2–3 Monate (i.m./2 Wo.)	1,6 (i.m./2 Wo.)	
Penfluridol		0,4	7 Tage			++
Fluspirilen		0,2–0,4	2–8 Tage[b]	1–4 Wo.[b]	4–5	++
Haloperidol-decanoat	Sesamöl	3–9	21 Tage	3 Monate	2	+
Bromperidol-decanoat	Sesamöl	7	24 Tage[c]	3 Monate[c]	2	+

[a]Nach GIRARD et al. (1984), [b]nach DAHL (1990), [c]nach EL-ASSRA et al. (1983), [d]nach KNUDSEN et al. (1985)

Nach Absetzen der Depotneuroleptika waren noch längere Zeit meßbare Plasmaspiegel vorhanden: 24 Wochen bei Fluphenazindecanoat und 9 Wochen für Flupentixol (WISTEDT et al. 1982).

3.1.4 Einflüsse auf Pharmakokinetik

Eine Vielzahl von Variablen können das pharmakokinetische Verhalten der Neuroleptika beeinflussen. Unter einer längerfristigen Behandlung mit Neuroleptika scheint es zu einer Induktion metabolisierender Enzymsysteme zu kommen, die zu einem allmählichen Abfall des Plasmaspiegels, z. B. von Chlorpromazin, führten (DAHL und STRANDJORD 1977, RIVERA-CALIMLIM et al. 1978).

Diurnale Rhythmen und **diätetische Einflüsse** verändern ebenfalls das pharmakokinetische Verhalten. Nach Mahlzeiten ließ sich im Plasmaspiegelverlauf von Haloperidol ein zweites Maximum nachweisen, das mit einer entero-hepatischen Rezirkulation erklärt wurde (FORSMAN und ÖHMAN 1976). In der Nacht wurde die Eliminationshalbwertszeit von Haloperidol um etwa das Doppelte verlängert gefunden (FORSMAN und ÖHMAN 1977), wobei hier möglicherweise diurnale Veränderungen des Urin-pH eine Rolle spielen könnten (SITAR 1989).

Nur wenige Studien untersuchten den **Einfluß des Alters** auf die Pharmakokinetik der Neuroleptika. Bei 7–16jährigen war die Halbwertszeit von Haloperidol gegenüber Erwachsenen erniedrigt, was bei gegebener Dosis zu einer Abnahme des Plasmaspiegels führte (MORSELLI et al. 1979). Das Altern ist mit einer Vielzahl physiologischer Veränderungen verknüpft mit möglichen Folgen für die Pharmakokinetik von Medikamenten (LOI und VESTAL 1988). Oral und parenteral zugeführtes Haloperidol führte bei Älteren teilweise zu erhöhten Plasmaspiegeln (FORSMAN und ÖHMAN 1977). In Einzeldosiskinetiken erhöhte sich mit dem Alter bei Patienten der Plasmaspiegel von Thiothixen leicht (YESAVAGE et al. 1981), ebenso von Perazin (BREYER-PFAFF et al. 1988). Positive Korrelationen zwischen Alter und Steady state-Plasmaspiegel fanden sich für Thioridazin (MARTENSSON und ROOS 1973) und Chlorpromazin (WODE-HELGODT und ALFREDSSON 1981). In einer retrospektiven Studie bei Patienten unter Clozapin ergaben sich Hinweise auf eine höhere Plasmaspiegel-Dosis-Relation bei Frauen, Nichtrauchern und Älteren (HARING et al. 1990).

Veränderungen der Plasma-Albuminkonzentration bei **Leber- und Nierenerkrankungen** können sich mitunter erheblich auf den Anteil des freien Pharmakons im Plasma auswirken. Bei entzündlichen Erkrankungen, wie M. Crohn oder rheumatoider Arthritis, die mit einer erhöhten α-sauren Glycoprotein-Konzentration einhergehen, ließ sich ein deutlich erniedrigter Anteil von freiem Chlorpromazin nachweisen (PIAFSKY et al. 1978).

3.1.5 Wirkstoffspiegel und klinische Wirksamkeit

BRODIE (1967) mutmaßte als erster, daß die Neuroleptika-Wirkstoffspiegel mit der klinischen Wirksamkeit in Beziehung stehen. In einer Vielzahl von Arbeiten wurde in der Folge dieser Frage nachgegangen (Übersicht bei DAHL 1986, MIDHA et al. 1987, GARVER 1989). Ein einheitliches, valides Bild konnte nicht gewonnen werden, zu unterschiedlich sind diese Untersuchungen hinsichtlich der Bestimmungsmethoden, der Herkunft der Proben, der Studiendesigns und der Interpretation der Daten. Am aussagekräftigsten sind Studien, bei denen die Patienten mit fixen, vorbestimmten Dosen eines Neuroleptikums behandelt wurden. In 15 Studien mit diesem Design bei Chlorpromazin, Thioridazin, Fluphenazin, Haloperidol und Thiothixen konnten im allgemeinen im unteren Plasmaspiegelbereich steigende Plasmaspiegel mit einem verbesserten klinischen Ansprechen korreliert werden. Für den oberen Plasmaspiegelbereich ließ sich aber keine konsistente Korrelation herstellen (GARVER 1989).

WODE-HELGODT et al. (1978) fanden Patienten mit einem Chlorpromazin-Plasmaspiegel von über 40 ng/ml klinisch deutlich besser als Patienten mit niedrigeren Spiegeln.

WISTEDT et al. (1984) beobachteten eine positive lineare Korrelation zwischen Befundbesserung und Haloperidol-Plasmaspiegel von 2–12 ng/ml. In Studien von MAVROIDIS et al. (1983), SMITH et al. (1984a) und POTKIN et al. (1985) ließ sich ein unterer Haloperidol-Plasmaspiegelbereich mit verminderter klinischer Wirksamkeit (ca. unterhalb von 2–4 ng/ml) von einem therapeutisch optimalen Bereich (2–5 ng/ml, SMITH; 4–11(-26) ng/ml, MAVROIDIS; POTKIN) und einem oberen Bereich mit vermindertem klinischen Ansprechen abgrenzen. Auch CONTRERAS et al. (1987) fanden bei Haloperidol-Spiegeln über 22 ng/ml erniedrigte Responder-Raten. Demgegenüber sprachen

bei LINKOWSKI et al. (1984) und BIGELOW et al. (1985) die Patienten über den gesamten Bereich von 8–25 ng/ml bzw. 10–28 ng/ml Haloperidol gleichermaßen gut auf die Behandlung an. DYSKEN et al. (1981) fanden den optimalen therapeutischen Bereich für Fluphenazin bei 0,2–2,8 ng/ml, darüber und darunter war die Behandlung weniger wirksam. Bei MAVROIDIS et al. (1984a) zeigten die Patienten mit 0,1–0,7 ng/ml Fluphenazin im Plasma die beste klinische Besserung. Während COHEN et al. (1980) eine lineare Korrelation zwischen klinischer Besserung und Thioridazin-Plasmaspiegel berichteten, erhielten SMITH et al. (1984b) bei der gleichen Substanz keine sichere Beziehung zwischen diesen beiden Variablen.

Das Konzept des „therapeutischen Fensters" scheint möglicherweise für Haloperidol und eventuell andere Neuroleptika anwendbar zu sein. Tabelle 3.1.4 führt 10 klinische Studien bei akut psychotischen Patienten unter fester Dosierung eines Neuroleptikums auf. In diesen Untersuchungen befanden sich 120 (49%) von insgesamt 244 Patienten mit ihrem Plasmaspiegel in einem „optimalen therapeutischen Bereich", der mit einer rela-

Tabelle 3.1.4. Klinische Studien, die eine U-förmige Neuroleptikaplasmaspiegel-Wirkungs-Korrelation beschreiben

Literatur	Wirkstoff	Dosis mg/d	Neuroleptikaspiegel nmol/ml (ng/ml) gesamter Bereich	optimaler therapeutischer Bereich	Anteil d. Patienten im therap. Bereich (%)
CASPER et al. (1980)	Butaperazin	10–80	0–298 (0–122)	76–151 (31–62)	12/34 (35)
DYSKEN et al. (1981)	Fluphenazin	5–20	0–10 (0–4,4)	0,5–6 (0,2–2,8)	17/23 (74)
HANSEN et al. (1982)	Perphenazin	24–48	0–11 (0–4,4)	2–5 (0,8–2,0)	10/26 (38)
SMITH et al. (1982, 1985)	Haloperidol	10–25	0–29 (0–11)	6,4–14 (2,4–5,4)	13/26 (50)
MAVROIDIS et al. (1983)	Haloperidol	6–24	5–49 (2–18,5)	11–29 (4,2–11,0)	5/14 (36)
MAVROIDIS et al. (1984b)	Thiothixen	16–60	1–42 (0,45–18,5)	4–34 (2,0–15,0)	5/19 (26)
MAVROIDIS et al. (1984a)	Fluphenazin	5–20	0,3–5 (0,13–2,3)	0,3–1,6 (0,13–0,7)	9/19 (47)
POTKIN et al. (1985)	Haloperidol	10–25	3–197 (1–74)	11–69 (4–26)	25/43 (58)
VAN PUTTEN et al. (1985)	Haloperidol	5–20	0–62 (0,2–3,5)	13–43 (5–16)	24/40 (60)

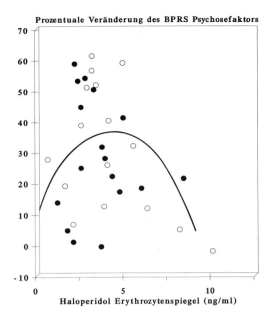

Abb. 3.1.11. Therapieerfolg beurteilt mittels Brief Psychiatric Rating Scale (BPRS)-Psychosefaktor als Funktion des mittleren Steady state-Haloperidolspiegels in Erythrozyten (aus SMITH et al. 1985)

tiv guten klinischen Besserung assoziiert war. Bei 64 (26%) Patienten mit niedrigen und 60 (25%) mit einem erhöhten Plasmaspiegel waren die klinischen Besserungen geringer ausgeprägt. Es sollte jedoch nicht übersehen werden, daß die Gesamtvarianz der Plasmaspiegel-Therapieerfolg-Korrelation immer gering bleibt. Dabei ist zu berücksichtigen, daß die übrigen Varianzfaktoren des Therapieerfolges zwar identifiziert und dem persönlichen, psychosozialen Bereich zugeordnet, aber experimentell kaum kontrolliert werden können (MIDHA et al. 1987).

In einzelnen Studien wurde versucht, durch Bestimmung des freien Neuroleptikaanteils im Plasma oder Spiegelmessungen aus Erythrozyten bzw. Liquor die Neuroleptikaspiegel-Wirkungs-Korrelation zu optimieren. Dies geschah unter der Vorstellung, damit näher die tatsächlichen Konzentrationsverhältnisse im Hirnparenchym und somit den pharmakodynamisch wirksamen Wirkstoffanteil zu erfassen. Zwar ließ sich eine meist

Tabelle 3.1.5. Varianz des neuroleptischen Therapieerfolgs, die der Neuroleptika-Konzentration im Liquor, in Erythrozyten, im Gesamtplasma sowie der freien, ungebundenen Neuroleptika-Konzentration im Plasmawasser zugeschrieben werden kann (aus GARVER 1989)

Substanz	Autor	Test	Liquor	Freies Neuroleptikum im Plasmawasser	Erythrozyten	Gesamtplasma
Chlorpromazin	WODE-HELGODT et al. (1978)	GC/MS	27%	–	–	15%
	TANG et al. (1984)	RR	–	69%	–	49%
Thioridazin	SMITH et al. (1984b, 1985)	GC	–	–	3%	2%
	SMITH et al. (1985)	SF	–	–	17%	12%
	SMITH et al. (1985)	RR	–	–	–	22%
	COHEN et al. (1980)	RR	–	–	77%	83%
Fluphenazin	MAVROIDIS et al. (1984c)	GC	–	–	30%	22%
Haloperidol	SMITH et al. (1985)	GC	–	–	32%	27%
Butaperazin	CASPER et al. (1980)	SF	–	–	52%	1%

GC Gaschromatographie, *GC/MS* Gaschromatographie/Massenspektrometrie, *SF* Spektrofluoroskopie, *RR* Radiorezeptortest

geringfügig engere Beziehung herstellen (Tabelle 3.1.5). Bei Haloperidol z. B. fanden SMITH et al. (1985) eine U-förmige Beziehung zwischen Substanzkonzentration in Erythrozyten und klinischem Ansprechen (Abb. 3.1.11). Die Varianz des Therapieerfolgs war zu 32% auf den Erythrozytenspiegel und zu 27% auf den Plasmaspiegel von Haloperidol zurückzuführen. GARVER (1989) fragte wohl zurecht, ob diese Vorteile den damit verbundenen Aufwand an Zeit und Kosten aufwiegen können.

Nach DAHL (1986, 1990) sind die Werte des Plasmaspiegel-Monitorings weniger zur Kontrolle der antipsychotischen Wirkung als zur Prophylaxe und Überwachung von Nebenwirkungen geeignet. Schon VAN PUTTEN et al. (1981) konnten zeigen, daß sich Responder und Non-Responder einer Chlorpromazin-Behandlung hinsichtlich der Plasmaspiegel nicht unterschieden, daß eine Dosiserhöhung bei den Non-Respondern aber zu einer erheblichen Zunahme der Nebenwirkungen führte. Insgesamt kann eine routinemäßige Überwachung der Plasmaspiegel derzeit nicht empfohlen werden. Plasmaspiegel-Monitoring erscheint aber sinnvoll zur Compliance-Kontrolle, bei fehlendem Ansprechen auf „normale" Dosen eines Neuroleptikums und bei in Schweregrad und Manifestation unüblichen Nebenwirkungen.

Eine interessante neue Anwendung für Plasmaspiegelbestimmungen könnte sich im Akutbereich eröffnen: Die Höhe des Plasmaspiegels nach einer Testdosis eines Neuroleptikums läßt sich möglicherweise als Prädiktor für ein klinisches Ansprechen heranziehen (LOUZA NETO et al. 1988, GAEBEL et al. 1988).

Literatur

AAES-JØRGENSEN T (1981) Serum concentrations of cis(Z)- and trans(E)-clopenthixol after administration of cis(Z)-clopenthixol and clopenthixol to human volunteers. Acta Psychiatr Scand [Suppl] 294: 64–69

AAES-JØRGENSEN T, OVERO KF, BOBESO KP, JØRGENSEN A (1977) Pharmacokinetic studies on clopenthixol decanoate: a comparison with clopenthixol in dogs and rats. Acta Pharmacol Toxicol 41: 103–120

ALFREDSSON G, BJERKENSTEDT L, EDMAN G, HÄRNRYD C, OXENSTIERNA G, SEDVALL G, WIESEL FA (1984) Relationships between drug concentrations in serum and CSF, clinical effects and monoaminergic variables in schizophrenic patients treated with sulpiride or chlorpromazine. Acta Psychiatr Scand 69 [Suppl 311]: 49–74

ALFREDSSON G, HARNRYD C, WIESEL F-A (1985) Effects of sulpiride and chlorpromazine on autistic and positive psychotic symptoms in schizophrenic patients: relationship to drug concentrations. Psychopharmacology 85: 8–13

ALTAMURA AC, MAURI M, CAVALLARO R, REGAZETTI MG, BARBEGGI SR (1989) Hydroxyhaloperidol and clinical outcome in schizophrenia. In:

DAHL SG, GRAM LF (eds) Clinical pharmacology in psychiatry. Springer, Berlin Heidelberg New York Tokyo, pp 263–268

AMDISEN A, AES-JØRGENSEN T, THOMSEN NJ, MADSEN VT, NEILSEN MS (1986) Serum concentrations and clinical effect of zuclopenthixol in acutely disturbed, psychotic patients treated with zuclopenthixol acetate in viscoleo. Psychopharmacology 90: 412–416

BAHR VON C, GUENGERICH FP, MOVIN G, NORDIN C (1989) The use of human liver banks in pharmacogenetic research. In: DAHL SG, GRAM LF (eds) Clinical pharmacology in psychiatry. Springer, Berlin Heidelberg New York Tokyo, pp 163–171

BALANT-GORGIA AE, BALANT L (1987) Antipsychotic drugs. Clinical pharmacokinetics of potential candidates for plasma concentration monitoring. Clin Pharmacokinet 149: 65–90

BALDESSARINI RJ, COHEN BM, TEICHER MH (1988) Significance of neuroleptic dose and plasma level in the pharmacological treatment of psychoses. Arch Gen Psychiatry 45: 79–91

BEVILACQUA R, BENASSI CA, LARGAJOLLI R, VERONESE FM (1979) Psychoactive butyrophenones: binding to human and bovine serum albumin. Pharmacol Res Commun 11 (5): 447–454

BIGELOW LB, HIRSCH DG, BRAUN T, KORPI ER, WAGNER RL, ZALEMAN S, WYATT RJ (1985) Absence of a relationship of serum haloperidol concentration and clinical response in chronic schizophrenia: a fixed dose study. Psychopharmacol Bull 21: 66–68

BORGSTRÖM L, LARSSON H, MOLANDER L (1982) Pharmacokinetics of parenteral and oral melperone in man. Eur J Clin Pharmacol 23: 173–176

BREYER-PFAFF U, GIEDKE H, NILL K, SCHIED HW (1988a) Neuere Befunde zur Pharmakokinetik von Perazin und verwandten Phenothiazinen. In: HELMCHEN H, HIPPIUS H, TÖLLE R (Hrsg) Therapie mit Neuroleptika – Perazin. Thieme, Stuttgart New York, S 18–23

BREYER-PFAFF U, NILL K, SCHIED HW, GAERTNER HJ, GIEDKE H (1988b) Single-dose kinetics of the neuroleptic drug perazine in psychotic patients. Psychopharmacology 95: 374–377

BRODIE BB (1967) Psychochemical and biochemical basis of pharmacology. JAMA 202: 600–609

CASPER R, GARVER DL, DEKIRMENJIAN H, CHANG S, DAVIS JM (1980) Phenothiazine levels on plasma and red blood cells. Arch Gen Psychiatry 37: 301–305

COHEN BM, LAPINSKI JF, POPE HG, HARRIS PQ, ALLESMAN RI (1980) Neuroleptic blood levels and therapeutic effect. Psychopharmacology (Berlin) 70: 191–193

CONTRERAS S, ALEXANDER H, FABER R, BOWDEN C (1987) Neuroleptic radioreceptor activity and clinical outcome in schizophrenia. J Clin Psychopharmacol 7: 95–98

CRESSMAN WA, PLOSTNIEKS J, JOHNSON PC (1973) Absorption, metabolism and excretion of droperidol by human subjects following intramuscular and intravenous administration. Anesthesiology 38: 363–369

CRESSMAN WA, BIANCHINE JR, SLOTNICK VB, JOHNSON PC, PLOSTNIEKS J (1974) Plasma level profile of haloperidol in man following intramuscular administration. Eur J Clin Pharmacol 7: 99–103

CURRY SH, WHELPTON R, DE SCHEPPER PJ, VRANCKS S, SCHIFF AA (1979) Kinetics of fluphenazine after fluphenazine dihydrochloride, enanthate and decanoate administration to man. Br J Clin Pharmacol 7: 325–331

DAHL SG (1976) Pharmacokinetics of methotrimeprazine after single and multiple doses. Clin Pharmacol Ther 19: 435–442

DAHL SG (1986) Plasma level monitoring of antipsychotic drugs. Clinical utility. Clin Pharmacokinet 11: 36–61

DAHL SG (1990) Pharmakokinetik der Neuroleptika. In: MÜLLER-OERLINGHAUSEN, MÖLLER HJ, RÜTHER E (Hrsg) Thioxanthene in der neuroleptischen Behandlung. Springer, Berlin Heidelberg New York Tokyo, S 25–33

DAHL SG, STRANDJORD RE (1977) Pharmacokinetics of chlorpromazine after single and chronic dosage. Clin Pharmacol Ther 21: 437–448

DYSKEN NW, JAVAID JI, CHANG SS, SHAFFER C, SHAHID A, DAVIS JM (1981) Fluphenazine pharmacokinetics and therapeutic response. Psychopharmacology (Berlin) 73: 205–210

EGGERT HANSEN C, ROSTED CHRISTENSEN T, ELLEY J, BOLVIG HANSEN L, KRAGH-SØRENSEN P, LARSEN N-E, NAESTOFT J, HVIDBERG EF (1976) Br J Clin Pharmacol 3: 915

EL-ASSRA A, EL-SOBKY A, KAYE N, BLAIN PG, WILES DH, HAJIOFF J, GOULD SE (1983) The change from oral to depot neuroleptics in chronic schizophrenia. Clinical response and plasma levels after treatment with bromperidol or fluphenazine decanoate. Janssen Res Rep

ERESHEFSKY L, SAKLAD SR, JANN MW, DAVIS CM, RICHARDS A, SEIDEL DR (1984) Future of depot neuroleptic therapy: pharmacokinetic and pharmacodynamic approaches. J Clin Psychiatry (Sec 2) 45: 50–59

ERESHEFSKY L, JANN MW, SAKLAD SR, DAVIS CM, RICHARDS AL et al. (1985) Effects of smoking on fluphenazine clearance in psychiatric inpatients. Biol Psychiatry 20: 329–332

FARDE L, WIESEL FA, NILSSON L, SEDVALL G (1989) The potential of positron-emission tomography for pharmacokinetic and pharmacodynamic studies of neuroleptics. In: DAHL SG, GRAM LF (eds) Clinical pharmacology in psychiatry. Springer, Berlin Heidelberg New York Tokyo, pp 32–39

FORSMAN A, ÖHMAN R (1976) Pharmacokinetic studies on haloperidol in man. Curr Ther Res 20: 319–336

FORSMAN A, ÖHMAN R (1977) Applied pharmacokinetics of haloperidol in man. Curr Ther Res 21: 396–411

FURLANUT M, BENETELLO P, PEROSA A, COLOMBO G, GALLO F, FORGIONE A (1988) Pharmacokinetics of benperidol in volunteers after oral administration. Int J Clin Pharm Res 8: 13–16

GAEBEL W, PIETZCKER A, ULRICH G, SCHLEY J, MÜLLER-OERLINGHAUSEN B (1988) Predictors of neuroleptic treatment response in acute schizophrenia: results of a treatment study with perazine. Pharmacopsychiatry 21: 384–386

GARVER DL (1989) Neuroleptic drug levels in erythrocytes and in plasma: implications for therapeutic drug monitoring. In: DAHL SG, GRAM

LF (eds) Clinical pharmacology in psychiatry. From molecular studies to clinical reality. Springer, Berlin Heidelberg New York Tokyo, pp 244–256

GEORGOTAS A, SERRA MT, GREEN DE, PEREL JM, GERSHON S, FORREST IS (1979) Chlorpromazine excretion. 3. Fecal excretion of 14C-chlorpromazine in chronically dosed patients. Commun Psychopharmacol 3: 197–202

GIRARD M, GRANTER F, SCHMITT L, COTONAT J, ESCANDE M, BLANC M (1984) Premiers résultats d'une étude pharmacocinétique de la pipothiazine dt de son ester palmitique (Piportil L4) dans une population de schizophrenes. Encephale 10: 171–176

GOLDSTEIN SA, VAN-VUNAKIS H (1981) Determination of fluphenazine, related phenothiazine drugs and metabolites by combined high-performance liquid chromatography and radioimmunoassay. J Pharmacol Exp Ther 217: 36–43

GRAM LF, BRØSEN K (1989) Inhibitors of the microsomal oxidation of psychotropic drugs: selectivity and clinical significance. In: DAHL SG, GRAM LF (eds) Clinical pharmacology in psychiatry. From molecular studies to clinical reality. Springer, Berlin Heidelberg New York Tokyo, pp 172–180

HANSEN CB, LARSEN NE, GULMANN N (1982) Dose-response relationship of perphenazine in the treatment of acute psychoses. Psychopharmacology 27: 112–115

HARING C, FLEISCHHACKER WW, SCHETT P, HUMPEL C, BARNAS C, SARIA A (1990) Influence of patient-related variable on clozapine plasma levels. Am J Psychiatry 147: 1471–1475

HOBBS DC, WELCH WM, SHORT MJ, MOODY WA, VAN DER VELDE CD (1974) Pharmacokinetics of thiothixene in man. Clin Pharmacol Ther 16: 473–478

JANN MW, ERESHEFSKY L, SAKLAD SR (1985) Clinical pharmacokinetics of the depot antipsychotics. Clin Pharmacokinet 10: 315–333

JØRGENSEN A (1980) Pharmacokinetic studies in volunteers of intravenous and oral cis(Z)-flupenthixol and intramuscular cis(Z)-flupenthixol decanoate in viscoleo. Eur J Clin Pharmacol 18: 355–360

JØRGENSEN A (1986) Metabolism and pharmacokinetics of antipsychotic drugs. In: BRIDGES JW, CHASSEAUD LF (eds) Progress in drug metabolism, vol 9. Taylor & Francis, London, pp 111–174

JØRGENSEN A, GOTTFRIES CG (1972) Pharmacokinetic studies on flupenthixol and flupenthixol decanoate in man using tritium labelled compounds. Psychopharmacology 27: 1-10

JØRGENSEN A, FREDRICSON OVERØ (1980) Clopentixol and flupenthixol depot preparations in outpatient schizophrenics. III. Serum levels. Acta Psychiatr Scand [Suppl 279]: 41–54

JØRGENSEN A, AES-JØRGENSEN T (1988) Pharmacokinetic variations of zuclopenthixol and flupentixol administered orally or intramuscularly as retard or depot formulations. Nord Psychiatr Tidsskr 42: 501–502

JØRGENSEN A, ANDERSEN J, BJØRNDAL N, DENCKER SJ, LUNDIN L, MALM U (1982) Serum concentrations of cis(Z)-flupenthixol and prolactin in chronic schizophrenic patients treated with flupenthixol and cis(Z)-flupenthixol decanoate. Psychopharmacology 77: 58–65

JOHNSTONE EC, CROW TJ, FRITH CD, CARNEY MWP, PRICE JS (1978) Mechanisms of the antipsychotic effect in the treatment of acute schizophrenia. Lancet i: 848–851

KAPFHAMMER HP (1990) Umstellungsregime von Kurzzeit- auf Depotneuroleptika. In: MÜLLER-OERLINGHAUSEN, MÖLLER HJ, RÜTHER E (Hrsg) Thioxanthene in der neuroleptischen Behandlung. Springer, Berlin Heidelberg New York Tokyo, S 173–196

KNUDSEN P (1985) Chemotherapy with neuroleptics. Clinical and pharmacokinetic aspects with a particular view to depot preparations. Acta Psychiatr Scand [Suppl 322] 72: 51–75

KNUDSEN P, HANSEN LB, LARSEN AE (1985) Depot neuroleptic treatment: clinical and pharmacokinetic studies of perphenazine decanoate. Acta Psychiatr Scand [Suppl 322]: 5–50

KOPERA H (1986) Interferenzen und Störwirkungen von Psychopharmaka und anderen Medikamenten. In: HINTERHUBER H, SCHUBERT N, KULHANEK F (Hrsg) Seiteneffekte und Störwirkungen der Psychopharmaka. Schattauer, Stuttgart New York, S 29–42

LINKOWSKI P, HUBAIN P, VON FRENCKELL R, MENDLEWICZ J (1984) Haloperidol plasma levels and clinical response in paranoid schizophrenics. Eur Arch Psychiatry Neurol Sci 234: 231–236

LOI CM, VESTAL RE (1988) Drug metabolism in the elderly. Pharmacol Ther 36: 131–149

LOUZA NETO MR, MÜLLER-SPAHN F, RÜTHER E, SCHERER J (1988) Haloperidol plasma level after a test dose as predictor for the clinical response to treatment in acute schizophrenic patients. Pharmacopsychiatry 21: 226–231

MARDER SR, PUTTEN VAN T, ARAVAGIRI M (1989) Plasma level monitoring for maintenance neuroleptic therapy. In: DAHL SG, GRAM LF (eds) Clinical pharmacology in psychiatry. Springer, Berlin Heidelberg New York Tokyo, pp 269–279

MÅRTENSSON E, ROOS BE (1973) Serum levels of thioridazine in psychiatric patients and healthy volunteers. Eur J Clin Pharmacol 6: 181–186

MÅRTENSSON E, NYBERG G (1989) Active metabolites of neuroleptics in plasma and CSF: implications for therapeutic drug monitoring. In: DAHL SG, GRAM LF (eds) Clinical pharmacology in psychiatry. From molecular studies to clinical reality. Springer, Berlin Heidelberg New York Tokyo, pp 257–262

MAVROIDIS ML, KANTER DR, HIRSCHOWITZ J, GARVER DL (1983) Clinical response and plasma haloperidol levels in schizophrenia. Psychopharmacology (Berlin) 81: 354–356

MAVROIDIS ML, GARVER DL, KANTER DR, HIRSCHOWITZ J (1984a) Fluphenazine plasma levels and clinical response. J Clin Psychiatry 45: 370–373

MAVROIDIS ML, KANTER DR, HIRSCHOWITZ J, GARVER DL (1984b) Clinical relevance of thiothixene plasma levels. J Clin Psychopharmacol 4: 155–157

MAVROIDIS ML, KANTER DR, HIRSCHOWITZ J, GARVER DL (1984c) Therapeutic blood levels of fluphenazine: plasma or RBC determinations? Psychopharmacol Bull 20: 168–170

MIDHA KK, HAWES EM, HUBBARD JW, KORCHINSKI ED, McKAY G (1987) The search for correlations between neuroleptic plasma levels and clinical outcome: a critical review. In: MELTZER HY (ed) Psychopharmacology: the third generation of progress. Raven Press, New York, pp 1341–1351

MIDHA KK, HAWES EM, HUBBARD JW, KORCHINSKI ED, McKAY G (1988) Variation in the single dose pharmacokinetics of fluphenazine in psychiatric patients. Psychopharmacology 96: 206–211

MIGDALOF BH, GRINDEL JM, HEYKANTS JJP, JANSSEN PAJ (1979) Penfluridol: a neuroleptic drug designed for long duration of action. Drug Metabol Rev 9: 281–299

MORSELLI PL, BIANCHETTI G, DURAND G, LE HENZEY MF, ZARIFIAN E et al. (1979) Haloperidol plasma levels monitoring in pediatric patients. Ther Drug Monit 1: 35–46

PIAFSKY KM, BORGA O, ODAR-CEDERLOF I, JOHANSSON C, SJOQVIST F (1978) Increased plasma protein binding of propranolol and chlorpromazine mediated by disease-induced elevations of plasma alphasub 1 acid glycoprotein. N Engl J Med 299: 1435–1439

POTKIN SG, SHEN Y, ZHOU D, PARDES H, SHU L, PHELPS B, POLAND R (1985) Does a therapeutic window for plasma haloperidol exist? Preliminary chinese data. Psychopharmacol Bull 21: 59–61

PUTTEN T VAN, MAY PRA, JENDEN DJ (1981) Does a plasma level of chlorpromazine help? Psychol Med 11: 729–734

PUTTEN T VAN, MARDER SR, MAY PRA, POLAND RE, O'BRIEN RP (1985) Plasma levels of haloperidol and clinical response. Psychopharmacol Bull 21: 69–72

RAAFLAUB J (1975) On the pharmacokinetics of chlorprothixene in man. Experientia 31: 557–558

REYNTIJENS AJM, HEYKANTS JJP, WOESTENBORGHS RJH, GELDERS JG, AERTS TJL (1982) Pharmacokinetics of haloperidol decanoate. Int Pharmacopsychiat 17: 238–246

RIVERA-CALIMLIM L, GIFT T, NASRALLAH H, WYATT RJ, LASAGNA L (1978) Low plasma levels of CPZ in patients chronically treated with neuroleptics. Comm Psychopharmacol 2: 113–121

SAYERS AC, AMSLER HA (1977) Clozapine. In: GOLDBERG ME (ed) Pharmacological and biochemical properties of drug substances, vol 1. Am Pharmaceut Ass, Acad Pharmaceut Sciences, pp 1–31

SCHWINGHAMMER TL, JUHL RP, DITTERT LW, MELETHIL SK, KROBOTH FJ, CHUNGI VS (1984) Comparison of the bioavailability of oral, rectal and intramuscular promethazine. Biopharm Drug Dispos 5: 185-l94

SHVARTSBURD A, NOWKEAFOR V, SMITH RC (1984) Red blood cell and plasma levels of thioridazine and mesoridazine in schizophrenic patients. Psychopharmacology 82: 55–61

SITAR DS (1989) Human drug metabolism in vivo. Pharmacol Ther 43: 363–375

SMITH RC, BROULES G, SHVARTSBURD A, ALLEN R, LEWIS N, SCHOOLAR JC, CHOJNECKI M, JOHNSON R (1982) RBC and plasma levels of haloperidol and clinical response in schizophrenia. Am J Psychiatry 139: 154–156

SMITH RC, BAUMGARTNER R, MISRA CH, MAULDIN M, SHVARTSBURD A, HO BT, DEJOHN C (1984a) Haloperidol plasma levels and prolactin response as predictors of clinical improvement in schizophrenia: chemical versus radioreceptor plasma level assays. Arch Gen Psychiatry 41: 1044–1049

SMITH RC, BAUMGARTNER R, RAVAJONDRON GK, SHVARTSBURD A, SCHOOLAR JC, ALLEN R, JOHNSON R (1984b) Plasma and red cell levels of thioridazine and clinical response in schizophrenia. Psychiatry Res 12: 287–296

SMITH RC, BAUMGARTNER R, BURD A, RAVICHANDRAN GK, MAULDIN M (1985a) Haloperidol and thioridazine drug levels and clinical response in schizophrenia: comparison of gas-liquid chromatography and radioreceptor drug level assays. Psychopharmacol Bull 21: 52–59

SMITH RC, BAUMGARTNER R, SHVARTSBURD A, RAVICHANDRAN GK, VROULIS G, MAULDIN M (1985b) Comparative efficacy of red cell and plasma haloperidol as predictors of clinical response in schizophrenia. Psychopharmacology 85: 449–455

STROLIN-BENEDETTI M, DONATH A, FRIGERIO A, MORGAN KT, LAVILLE C, MALNOE A (1978) Absorption, elimination et metablisme du tiapride (FL0 1347), medicament neuroleptique, chez le rat, le chien et l'homme. Ann Pharm Fr 36: 279–288

SUNDERLAND T, COHEN BM (1987) Blood to brain distribution of neuroleptics. Psychiatr Res 20: 299–305

TANG SW, GLAISTER J, DAVIDSON L, TOTH R, JEFFRIES JJ, SEEMAN P (1984) Total and free plasma neuroleptic levels in schizophrenic patients. Psychiatr Res 13: 285–293

TISCHIO J, CHAIKIN P, ABRAMS L, HETYEI N, PATRICK J, WEINTRAUB H, COLLINS D, CHASIN M, WESSON D, ABUZZAHAB F (1982) Comparative bioavailability and pharmacokinetics of bromperidol in schizophrenic patients following oral administration. J Clin Pharmacol 22: 16a

VRANCKX-HAENEN J, MUNTER DE W, HEYKANTS J (1979) Fluspirilen administered in a biweekly dose for the prevention of relapses in chronic schizophrenics. Acta Psychiatr Belg 79: 459–474

WIESEL FA, ALFREDSSON G, EHRNEBO M, SEDVALL G (1980) The pharmacokinetics of intravenous and oral sulpiride in healthy human subjects. Eur J Clin Pharmacol 17: 385–391

WILES D (1981) Preliminary assessment of a calf caudate radioreceptor assay for the estimation of neuroleptic drugs in plasma: comparison with other techniques. In: USDIN EJ et al. (ed) Clinical pharmacology in psychiatry: neuroleptic and antidepressant research. Macmillan, London, pp 111–121

WILES DH, GELDER MG (1979) Plasma fluphenazine levels by radioimmunoassay in schizophrenic patients treated with depot injections of fluphenazine decanoate. Br J Clin Pharmacol 8: 565–570

WILES DH, MCCREADIE RG, WHITEHEAD A (1990) Pharmacokinetics of haloperidol and fluphenazine decanoates in chronic schizophrenia. Psychopharmacology 101: 274–281

WISTEDT B, JØRGENSEN A, WILES DH (1982) A depot neuroleptic withdrawal and relapse frequency. Psychopharmacology 78: 301–304

WISTEDT B, JOHANIVESZ G, OMERHODZIC M, ARTHUR H, BERTILSSON L, PETTERS I (1984) Plasma haloperidol levels and clinical response in acute schizophrenia. Nord Psykiat Tidsskr 9: 13

WODE-HELGODT B, ALFREDSSON G (1981) Concentrations of chlorpromazine and two of its active metabolites in plasma and cerebrospinal fluid of psychotic patients treated with fixed doses. Psychopharmacology 73: 55–62

WODE-HELGODT B, BORG S, FRYO B, SEDVALL G (1978) Clinical effects and drug concentrations in plasma and cerebrospinal fluid in psychiatric patients treated with fixed doses of chlorpromazine. Acta Psychiatr Scand 58: 149–173

YESAVAGE JA, HOLMAN CA, COHN R (1981) Correlation of thiothixene serum levels and age. Psychopharmacology 27: 170–172

3.2 Experimentelle und klinische Pharmakologie

W. Gaebel und A. Klimke

3.2.1 Einleitung

Die Geschichte des Chlorpromazin und die mit ihr verbundene konzeptuelle Entwicklung des Begriffs „Neuroleptikum" sind beispielhaft für die Bedeutung eines klinischen Empirismus, der, ausgehend von Zufallsbefunden, durch systematische Beobachtung und klinische Analogiebildung zur praktischen Einführung wirksamer Therapieprinzipien führte (DENIKER 1988). Im Verlauf dieser Entwicklung wurden, ausgehend von bestimmten tier- und humanexperimentellen Paradigmen, eine Reihe weiterer Substanzen evaluiert und als antipsychotisch wirksame Substanzen in die Klinik eingeführt. Inzwischen hat sich gezeigt, daß Wirkungs- und Nebenwirkungsspektrum der Neuroleptika wesentlich von dem jeweiligen Bindungsprofil an unterschiedliche Neurotransmitter-Rezeptoren abhängen. Gemeinsames Kennzeichen aller klinisch wirksamen Antipsychotika ist dabei die Blockade dopaminerger Rezeptoren des D2-Rezeptorsubtyps. Inwieweit die Blockade weiterer Rezeptorsubtypen, wie etwa des dopaminergen D1-Rezeptors (z. B. Clozapin) oder des serotonergen 5-HT-2-Rezeptors (z. B. Risperidon, Zotepin, Clozapin), eine zusätzliche Rolle für das Zustandekommen der Wirkung auf produktiv-psychotische Symptome bzw. auf sog. schizophrene Negativsymptomatik spielt, ist Gegenstand der aktuellen wissenschaftlichen Diskussion (MELTZER 1994).

3.2.2 Experimentelle Pharmakologie der Neuroleptika

Tierexperimentelle Befunde

Zur Prüfung der Wirkeigenschaften potentiell neuroleptisch wirksamer Substanzen wurden eine Vielzahl unterschiedlicher tierexperimenteller Paradigmen entwickelt. Voraussetzung für die Übertragung tierexperimenteller Befunde ist, daß tierpharmakologische und klinisch-therapeutische Wirkung in einem übergreifenden (z. B. ethologischen) Bezugssystem beschrieben und auf gleichartige neurobiologische Prozesse bezogen werden können. Verhalten im Tiermodell ist allerdings nur selten **homolog** zu den entsprechenden psychiatrischen Syndromen.

Dies gilt insbesondere für schizophrene Psychosen, deren operationale Diagnostik stärker auf Erlebens- als auf Verhaltensstörungen abhebt. Aus diesem Grunde kann die experimentelle Pharmakologie nicht auf die Erlebnisdimension im Humanexperiment verzichten, wenn es um die Charakterisierung psychotroper Effekte geht. Ähnliche Probleme wie beim Vergleich zwischen verschiedenen Spezies (z. B. Ratte und Mensch) stellen sich allerdings auch beim Vergleich von präklinischer und klinischer Wirkung. Viele der diagnostisch relevanten Syndrome sind **heteronom,** d. h. sie liegen außerhalb der normalen Regelbreite psychischer Funktionen, so daß aus der Pharmakonwirkung beim Gesunden nicht ohne weiteres auf vergleichbare Effekte beim Kranken geschlossen werden kann und umgekehrt. Ergebnisse tierexperimenteller, humanexperimenteller und klinischer Pharmakologie sind demnach nicht aufeinander reduzierbar, sondern ergänzen sich gegenseitig bei der Charakterisierung der Wirkeigenschaften einer spezifischen Substanz.

Während zu Beginn der Neuroleptika-Ära die Befunde in ausgewählten tierexperimentellen Paradigmen wesentlich die Auswahl der Substanzen bestimmten, die für weitere klinische Prüfungen eingesetzt werden sollten, hat sich im pharmakologischen Screening heute zunehmend eine **rezeptorpharmakologische Orientierung** durchgesetzt. Mit ein Grund hierfür ist die Erkenntnis, daß tierexperimentelle und klinische Wirkungs- und Nebenwirkungsprofile in vielen Fällen bereits relativ exakt vorausgesagt werden können, wenn die Affinität und Wirkrichtung (Agonist, Antagonist) einer Substanz zu bestimmten Neurotransmitter-Rezeptoren im ZNS bekannt sind. Zudem ist es bisher nicht gelungen, die klinisch relevanten Neuroleptika-Wirkungen auf mögliche andere molekularbiologische Mechanismen (z. B. Calciumantagonismus, direkte Wirkungen auf second messenger-Systeme, Ionenkanäle oder Genexprimierung) zurückzuführen, ohne daß hierzu die Vermittlung eines Neurotransmitter-Rezeptors notwendig wäre. Tierexperimentelle Modelle dienen somit heute häufig der Absicherung vorausgesagter Wirkeigenschaften und der weiteren Auswahl unter einer Reihe strukturell ähnlicher Verbindungen, spielen aber für die Neu- und Weiterentwicklung klinischer Behandlungskonzepte in der Psychiatrie gegenwärtig nur eine untergeordnete Rolle.

Ein andere, zunehmend wichtige Domäne tierexperimenteller Untersuchungen ist die Aufklärung neurophysiologischer Prozesse und Wechselwirkungen, die aufgrund der Kenntnis der Rezeptorprofile allein nicht vorausgesagt werden können. Hierbei geht es sowohl um die subchronischen Wirkungen der Neuroleptika bei mehrwöchiger oder längerfristiger Gabe, etwa hinsichtlich seltenerer Begleitwirkungen (z. B. späte

Hyperkinesen), in Bezug auf die indirekte Interaktion mit anderen Neurotransmitter-Systemen (z. B. Beeinflussung serotonerger Systeme durch dopaminantagonistische Neuroleptika) bzw. im Hinblick auf ihre Effekte in Paradigmen, die in Analogie zu klinischen Syndromen sog. „Modellpsychosen" repräsentieren sollen.

Beeinflussung von Verhaltensparametern

Die verhaltenspharmakologische Wirkung von Neuroleptika ist sowohl am spontanen wie durch verschiedene Techniken induzierten Tierverhalten untersucht worden.

Eine **kataleptogene Wirkung**, die durch Fehlen von Spontanbewegungen, abnorme kataleptische Haltung bei gesteigertem Muskeltonus, Passivität gegenüber äußeren Reizen sowie gehemmte Flucht- und Verteidigungsreaktion gekennzeichnet ist, stellt eine der drei typischen Wirkqualitäten klassischer Neuroleptika dar (STILLE und HIPPIUS 1971). Zu den weiteren typischen Verhaltenseffekten rechnen der Antagonismus gegenüber durch direkte oder indirekte Dopaminagonisten (Apomorphin bzw. Amphetamin) ausgelöste **Stereotypien** (z. B. Schnüffeln, Lecken, Kauen, Nagen; RANDRUP et al. 1980) sowie die hemmende Wirkung auf den **bedingten Fluchtreflex** (STILLE und HIPPIUS 1971, KREISKOTT 1980, LEHR 1980).

Nach einseitiger Ausschaltung dopaminerger Bahnen (z. B. mit 6-Hydroxydopamin) kann durch Dopaminagonisten bzw. Apomorphin ein **Rotationsverhalten** ausgelöst werden (UNGERSTEDT 1971), das ein weiteres Untersuchungsmodell für Neuroleptika darstellt. Die Richtung der Rotation hängt vom Zeitpunkt der Läsion ab und ist bei länger bestehender Läsion nach Gabe von Dopaminagonisten (direkte Stimulation postsynaptischer Rezeptoren, Rotation kontraversiv zur Läsion) bzw. Amphetamin (Steigerung der Freisetzung auf der gesunden Seite, ipsiversive Rotation zur Läsion) unterschiedlich (ROBINSON et al. 1994).

Neuroleptika antagonisieren aufgrund ihrer dopaminantagonistischen Wirkung dieses Rotationsverhalten. Interessanterweise wurde in einigen Untersuchungen auch bei unmedizierten Schizophrenen ein (linksgerichtetes) Rotationsverhalten gefunden, das als Ausdruck einer relativen Aktivitätssteigerung des dopaminergen Systems in rechtshirnigen subcorticalen Strukturen interpretiert wurde (BRACHA 1987).

Bezüglich komplexer Verhaltenseffekte unterdrücken Neuroleptika beispielsweise die **elektrische intrakranielle Selbststimulation** im dopaminerg innervierten medialen Vorderhirnbündel, d. h. ihr Belohnungscharakter geht verloren (WISE 1978). Die diesbezüglich aufgestellte Anhedonie-Hypothese der Neuroleptikawirkung (WISE 1982) kann klinisch wenig überzeugen und läßt sich möglicherweise im Sinne einer Reduktion des motivationalen Arousals reformulieren (KORNETSKY 1985). Allerdings wird insbesondere in der Langzeitbehandlung ein möglicher Effekt der Neuroleptika im Sinne einer sog. „sekundären" Minussymptomatik diskutiert (CARPENTER et al. 1985).

Neuroleptika zeigen neben **muskelrelaxierenden, erregbarkeitsmindernden** und **antiaggressiven** Eigenschaften auch hemmende Wirkungen auf Lokomotion und exploratives Verhalten, die als tierpharmakologisches Korrelat klinisch sedierender Wirkungen gelten (KREISKOTT 1980). Für die **Hemmung von Lokomotion** und **Explorationsverhalten** spielt die dopaminantagonistische Wirkung der Neuroleptika eine wesentliche Rolle, während für Sedation und Aggressionshemmung zusätzlich andere Rezeptoreigenschaften, z. B. die Blockade histaminerger, noradrenerger oder serotonerger Rezeptoren, verantwortlich gemacht werden können, die das jeweilige Neuroleptikum in spezifischer Weise zusätzlich charakterisieren.

Die einzelnen Verhaltensindikatoren korrelieren hoch untereinander. Sie zeigen aber auch eine deutliche Beziehung zu der in vitro bestimmten Affinität der Neuroleptika zu **Dopaminrezeptoren des D2-Subtyps,** die z. B. mittels Verdrängung von ^{3}H-Spiroperidol im Rattencaudatum bestimmt werden kann (FIBIGER und PHILLIPS 1985). Auch die sog. „neuroleptische Potenz", ein klinisch definiertes Maß, das sich auf die Dosis stützt, die für eine sichere antipsychotische Wirkung notwendig ist bzw. die erste feinmotorische extrapyramidal-motorischer Nebenwirkungen im Sinne der „neuroleptischen Schwelle" (HAASE 1977) induziert, korreliert bei fast allen typischen Neuroleptika gut mit den vorstehend genannten Parametern.

Eine Ausnahme stellen die sogenannten **atypischen Neuroleptika** dar, die trotz geringerer oder fehlender motorischer Wirkungen in den gängigen tierexperimentellen Paradigmen eine gegenüber den typischen oder „klassischen" Neuroleptika vergleichbare oder bessere klinisch-antipsychotische Wirksamkeit besitzen.

Prototyp dieser Substanzen ist das **Clozapin**, das keine kataleptogene Wirkung besitzt, pharmakogene Stereotypien nicht nennenswert antagonisiert und erst in höheren Dosen den Fluchtreflex hemmt. Der klinisch geprägte Begriff „Neuroleptikum", der antipsychotische und extrapyramidal-motorische Wirkqualitäten vereint, ist somit im Hinblick auf die prinzipielle Dissoziierbarkeit dieser Wirkqualitäten eher geschichtlich zu verstehen (STILLE und HIPPIUS 1971) und wird heute häufig Synonym mit „Antipsychotikum" gebraucht.

Klinisch vereint Clozapin mehrere „atypische" Eigenschaften (KLIMKE und KLIESER 1995): Es induziert auch in höherer Dosierung praktisch keinen Parkinsonismus bzw. späte Hyperkinesen, wirkt auf produktive psychotische Symptome auch bei Therapieresistenz unter klassischen Neuroleptika bei etwa 1/3 der Patienten, und besitzt möglicherweise eine spezifische Wirkung auch bei schizophrener Minussymptomatik (DEISTER et al. 1992).

Der zugrundeliegende pharmakologische Mechanismus ist nicht abschließend geklärt. Diskutiert werden die nur gering und etwa gleich stark ausgeprägte Blockade dopaminerger Rezeptoren vom D1- und D2-Typ, der kombinierte Antagonismus gegenüber Dopamin-D2- bzw.

Serotonin-5-HT-2-Rezeptoren bzw. eine besonders hohe Affinität zum neu beschriebenen Dopamin-D4-Rezeptor. Nach CARPENTER et al. (1995) ist Clozapin vor allem bei den sog. sekundären Minussymptomen (postremissives Erschöpfungssyndrom, Neuroleptika-induzierte Akinese bzw. Dysphorie) wirksam, nicht jedoch bei der primären Minussymptomatik (schizophrenes Residuum).

Spezifische Verhaltensparadigmen für die Identifikation atypischer Neuroleptika stehen noch aus. Einen möglichen Ansatz bietet der Befund, wonach klassische Neuroleptika wie Haloperidol bei subchronischer Anwendung über mehrere Wochen im Tierversuch zu einer Inaktivierung sowohl **nigrostriataler** (Area A9) als auch **mesolimbischer** bzw. **mesocorticaler** (A10) dopaminerger Neurone der Mittelhirnhaube im Sinne eines sog. „Depolarisationsblocks" (s. u.) führen, während atypische Neuroleptika wie Clozapin ausschließlich Neurone der Area A10 inaktivieren (BUNNEY et al. 1987). Aus diesem Befund resultiert auch die Hypothese, daß das mesotelencephale dopaminerge System bzw. dessen Projektionsgebiete das wesentliche funktionellanatomische Substrat für die Wirkung aller klinisch wirksamen Dopaminantagonisten darstellen (ROTH et al. 1987).

Ein weiteres Vorgehen besteht darin, solche Substanzen weiter klinisch zu prüfen, die eine möglichst weitgehende Dissoziation der Dosis-Wirkungs-Kurven einer kataleptogenen Wirkung einerseits und eines Apomorphin- bzw. Amphetamin-Antagonismus (Lokomotion, Stereotypien) andererseits aufweisen (als hypostasiertes Korrelat einer durch dopaminerge Hyperaktivität bedingten Psychose). Tatsächlich findet man auf diesem Wege Substanzen, die in der Klinik eine deutlich geringere Inzidenz extrapyramidal-motorischer Nebenwirkungen zeigen. Der Beweis, daß diese neueren sog. „atypischen" Neuroleptika auch eine bessere Wirkung bei Therapieresistenz oder gegenüber schizophrenen Minussymptomen haben, steht gegenwärtig trotz pharmakologischer Hinweise (z. B. kombinierter Serotonin-5-HT-2-Antagonismus bei Risperidon oder Zotepin) jedoch noch aus.

Beeinflussung neurophysiologischer Funktionen

An dopaminergen Neuronen der Mittelhirnhaube (Zellgruppe A9 bzw. A10) führt die **akute** Gabe klassischer Neuroleptika zunächst zu einer gesteigerten Aktivitätsrate, die sich in einer erhöhten Entladungsrate und einem veränderten Entladungsmuster (mit Vermehrung sog. „burst"-Aktivität, d. h. phasenweise auftretender Häufungen von Aktionspotentialen) ausdrückt. Die resultierende gesteigerte intrasynaptische Verfügbarkeit des freigesetzten Dopamins kann dabei den rezeptorblockierenden Effekt des Neuroleptikums antagonisieren, was mit dem vorübergehenden Auftreten akuter Dyskinesien (Zungen-Schlund-Krampf, Blickkrämpfe) in Zusammenhang gebracht wird.

Bei **subchronischer** Anwendung über mindestens 2 Wochen kommt es im Tierexperiment zum sog. **„Depolarisationsblock"**, der über striatonigrale Feed-back-Mechanismen bzw. in der Area A10 auch über sog. Autorezeptoren vermittelt wird (BUNNEY et al. 1987). Diese erst nach längerer Anwendung auftretende (reversible) elektrophysiologische Veränderung wird mit der Wirklatenz der Neuroleptika (Area A10) bzw. der Latenz bis zur Ausbildung eines Parkinsonoids (Area A9) in Verbindung gebracht. Der elektrophysiologische Nachweis eines Neuroleptika-induzierten Depolarisationsblocks auch beim Menschen ist jedoch aus methodischen Gründen bisher nicht möglich gewesen.

Auf Hirnstammebene wird durch Dopaminagonisten wie Apomorphin in der Medulla oblongata (beim Hund) eine ausgeprägte **Emesis** hervorgerufen, die durch Neuroleptika blockiert werden kann.

Dopaminerge Mechanismen sind neben serotonergen und cholinergen Mechanismen auf eine komplexe Weise auch bei der **Regulation der Körpertemperatur** beteiligt. Elektrische oder neurochemische Stimulation der Substantia nigra resultiert im Tierexperiment in einer kutanen Vasokonstriktion und kann darüber hinaus in Abhängigkeit von der Umgebungstemperatur zu einer Hypothermie mit reduziertem Metabolismus (bei normaler Umgebungstemperatur), aber auch zu einer Hyperthermie (Umgebungstemperatur um 30°C) führen, die durch Neuroleptika oder bilaterale Zerstörung der dopaminergen Projektionen verhindert werden kann (LIN et al. 1992). Es wird vermutet, daß für das Zustandekommen des sog. malignen neuroleptischen Syndroms u. a. die Blockade dopaminerger Rezeptoren im Hypothalamus bzw. Hirnstamm verantwortlich ist, die zu einer Störung der Temperaturregulation und zu Fieber führt (HORN et al. 1988, KLIMKE und KLIESER 1994).

Hinsichtlich anderer, nicht unmittelbar dopaminvermittelter physiologischer Veränderungen (z. B. in Bezug auf zentrale Muskelrelaxation bzw. arterielle Hypotonie bzw. Potenzierung von Morphinanalgesie) ist nicht abschließend geklärt, ob es sich um indirekte dopaminerge Effekte oder um Eigenwirkungen bestimmter Neuroleptika auf andere Rezeptorsysteme (z. B. alpha-Adrenolyse, antihistaminerge bzw. antiserotonerge Wirkungen) handelt.

Elektroenzephalographisch hemmen Neuroleptika die Weckreaktion bei elektrischer Reizung der Formatio reticularis, und zwar steht diese arousal-hemmende Wirkung in reziproker Beziehung zur kataleptogenen Wirkung, so daß ein dopaminerger Mechanismus eher fraglich ist. Reizung im striatothalamischen Funktionskreis führt zu charakteristischer Spindelbildung der Aktionspotentiale im Caudatum, deren Dauer unter kataleptogenen Neuroleptika verlängert ist (STILLE 1971). In der polaren Beeinflussung erregender und dämpfender retikulärer Impulse auf die Hirnrinde spiegelt sich das klinische Wirkprofil einzelner neuroleptischer Substanzen wider.

Tierexperimentelle „Modell"psychosen

Die Aufklärung des antipsychotischen Wirkmechanismus der Neuroleptika wird vor allem durch das Fehlen eines validen Tiermodells erheblich erschwert. Es ist unwahrscheinlich, daß für alle schizophrenen Syndrome ein einziges Tiermodell brauchbar ist (WILLNER 1991). Schon die Frage, welches eigentlich die bei schizophrenen Psychosen spezifisch gestörten „Grundfunktionen" sind, die durch eine neuroleptische Behandlung erreicht werden sollen, ist nicht einfach zu beantworten. Tierpharmakologische Modelle waren bisher vor allem an den klinisch beschriebenen produktiven psychotiscllen Symptomen orientiert, und tatsächlich zeigt sich in verschiedensten Paradigmen, daß Substanzen mit funktionell Dopamin-D2-rezeptorantagonistischer Wirkung bei etwa 60–70% der psychotischen Patienten mit produktiver Symptomatik (gleich welcher Genese) klinisch eine gute Wirksamkeit besitzen.

Andere klinisch relevante Fragestellungen, etwa danach, warum bei bestimmten Patienten Neuroleptika im schizophrenen Krankheitsverlauf bei den ersten Krankheitsepisoden zunächst eine gute Wirkung zeigen, die sich jedoch mit der Krankheitsdauer zunehmend verliert, oder nach dem Mechanismus der rezidivprophylaktischen Wirkung können tierexperimentell gegenwärtig nicht sinnvoll untersucht werden. Auch die Frage nach der entscheidenden anatomischen Zielstruktur (z. B. Striatum, N. accumbens, Präfrontalcortex, Amygdala/Hippocampus, Gyrus cinguli etc.) für das Zustandekommen der spezifischen antipsychotischen Wirkung bzw. bestimmter Teilaspekte der Neuroleptikawirkung ist nach wie vor offen, wenngleich aus methodischen Gründen vor allem das Striatum, das den Großteil der zerebralen

Dopamin-D2-Rezeptoren beinhaltet, untersucht wird.

Im **Amphetaminmodell,** das überwiegend bei der Ratte eingesetzt wird, kommt es nach akuter Amphetamin-Gabe im wesentlichen zu einer Veränderung des Antriebs (gesteigerte Lokomotion) sowie zu motorischen Auffälligkeiten (Stereotypien), die durch Neuroleptika antagonisiert werden können. Es ist aber sehr fraglich, ob diese Veränderungen mit den komplexen Störungen von Erleben und Kognition beim akut Schizophrenen in Zusammenhang gebracht werden können. Auch beim Gesunden kommt es nach einmaliger Amphetaminapplikation zu charakteristischen Veränderungen von Antrieb, Affekt und Denken, jedoch nur sehr selten zu schizophreniformen Symptomen (meist paranoide Wahngedanken bzw. -einfälle), die aber eben nicht die typischen Verlaufscharakteristika einer schizophrenen Psychose (Prodromalstadium, akute Exazerbation bzw. längerfristige Entwicklung einer Minussymptomatik) aufweisen. Vielmehr sind die psychischen Veränderungen nach Einmalgabe in der Regel auf die Dauer der pharmakologischen Wirkung begrenzt.

ELLISON (1994) weist darauf hin, daß im Ratten- bzw. Affenmodell vor allem die kontinuierliche Verabreichung von Amphetaminen über das Initialstadium (motorische Stereotypien) hinaus nach 3–5 Tagen zu charakteristische Verhaltensstörungen führt, die möglicherweise ein geeigneteres Psychose-Modell darstellen.

Dabei handelt es sich bei Ratten unter anderem um Zittern der Extremitäten, Schüttelbewegungen des Kopfes („wet-dog shakes"), spontane Schreckreaktionen und abnormes Sozialverhalten. Noch ausgeprägtere **„late stage"-Verhaltensauffälligkeiten** finden sich beim Affen nach mehrtägiger Amphetamin- bzw. Cocaingabe, wobei die Tiere z. B. Verhaltensweisen zeigen, die üblicherweise zum Entfernen von Hautparasiten eingesetzt werden, so daß eine Parallele zu den Coenästhesien bzw. zum Dermatozoenwahn bei chronischem Amphetamin- bzw. Cocainmißbrauch des Menschen naheliegt (ELLISON et al. 1981). Analoge Beobachtungen wurden auch unter experimentellen Bedingungen am Menschen gemacht (ANGRIST und GERSHON 1970, GRIFFITH et al. 1972), wobei unter kontinuierlicher täglicher Amphetaminapplikation nicht nur akute psychotische Symptome, son-

dern – wie auch im Experiment am Affen – zuvor Symptome wie Affektverflachung, Anhedonie und Perioden ausgeprägter Inaktivität beobachtet wurden, die dem schizophrenen Prodromalsyndrom ähnlich sind.

Interessant ist auch, daß neurohistologisch unter fortgesetzter Amphetamingabe **eine Degeneration dopaminerger Endigungen** z. B. im N. caudatus einsetzt (ELLISON 1994). Die sich hieraus ergebende Annahme einer dopaminergen Unterfunktion im Verlauf der Pathogenese psychotischer Symptome steht in Übereinstimmung mit einer Hypothese von GRACE (1991). GRACE postuliert aufgrund pharmakologischer Befunde, daß es während der Entstehung schizophrener Psychosen zunächst zu einer glutamaterg-dopaminergen Dysfunktion kommt (im Sinne einer reduzierten „tonischen" Aktivität), der eine Sensitivierung postsynaptischer Rezeptormechanismen folgt. Somit käme es zu einer abnormen Reagibilität gegenüber kurzfristig auftretenden Aktivitätssteigerungen im mesolimbischen bzw. mesocorticalen dopaminergen System („phasische" Hyperreagibilität z. B. gegenüber streßinduzierter Dopaminfreisetzung) als hypostasiertem Substrat produktiver psychotischer Symptome.

Die pharmakologische oder elektrische **Sensitivierung** stellt ein weiteres tierexperimentelles Modell dar, das zunächst zur Erklärung des Entstehungsmechanismus Neuroleptika-induzierter später Hyperkinesen entwickelt wurde, das aber auch als mögliches Tiermodell für die Entstehung schizophrener Symptome bzw für die antipsychotische Neuroleptika-Wirkung diskutiert wird (GLENTHØJ et al. 1993).

Hier kommt es als Folge einer wiederholten unterschwelligen elektrischen Stimulation („kindling") z. B. der Amygdala zu einem generalisienen Krampfanfall. Als Erklärung diskutiert wird u. a. eine Sensitivierung dopaminerger Neurone im Mittelhirn, deren Ausbildung durch kontinuierliche Neuroleptikabehandlung verhindert werden kann. STEVENS und LIVERMORE (1978) konnten durch eine elektrische Stimulation der Area A10 (2 sec. täglich über 2 Monate) bei Katzen „psychoseartige" Verhaltensstörungen auslösen. Auch pharmakologisch kann durch wiederholtes An- und Absetzen von Neuroleptika eine Empfindlichkeitssteigerung bestimmter motorischer bzw. Verhaltensparameter gegenüber Dopaminagonisten ausgelöst werden. Ob bei entsprechendem Behandlungsverhalten solche Phänomene auch bei schizophrenen Patienten auftreten und ggf. das Reexazerbationsrisiko fördern können, ist bisher nicht geklärt.

Auch klinische Beobachtungen deuten darauf hin, daß das therapeutische Ansprechen auf Neuroleptika zumindest bei einem Teil der schizophrenen Patienten mit zunehmender Krankheitsdauer deutlich abnimmt. Es kann allerdings nicht gesagt werden, inwieweit es sich hierbei ursächlich um einen progredienten Krankheitsprozeß handelt, oder ob auch die neuroleptische Vorbehandlung selbst (z. B. durch die Induktion gegenregulatorischer Prozesse auf der Ebene der Rezeptoren bzw. der Signaltransduktion) einen wesentlichen Teilfaktor darstellt.

Sowohl das chronische Amphetaminmodell als auch elektrische oder pharmakologische Sensitivierungsmodelle haben sich bisher im pharmakologischen Screening bzw. zur Charakterisierung des Wirkprofils neuer Neuroleptika nicht durchgesetzt, möglicherweise deshalb, weil die Relevanz der in diesen Tiermodellen beobachteten komplexen (Verhaltens-)Effekte für die klinische Neuroleptikawirkung beim Menschen nicht geklärt ist.

Auch in einem weiteren experimentellen Paradigma, dem sog. **„sensomotorischen Gating"**, konnten differentielle Effekte verschiedener Neuroleptika nachgewiesen werden (SWERDLOW et al. 1994).

Hierbei wird durch einen akustischen Stimulus eine Orientierungsreaktion ausgelöst. Die Ausprägung dieser Orientierungsreaktion kann durch einen kurz zuvor gesetzten akustischen Reiz reduziert oder verhindert werden (sog. „prepulse inhibition"). Im pharmakologischen Modell kann nun gezeigt werden, daß die „prepulse inhibition" durch Dopaminagonisten verhindert und durch Neuroleptika wiederhergestellt werden kann, wobei eine hohe Korrelation zur antipsychotischen Potenz bzw. zur D2-Dopamin-Rezeptoraffinität besteht und auch atypische Neuroleptika (Clozapin) ähnlich wirken. Das Modell der „prepulse inhibition" ist von klinischem Interesse, weil bei schizophrenen Patienten gleichfalls ein Verlust dieses Phänomens gefunden wurde, was ein möglicher Hinweis auf eine dopaminerge Überfunktion sein könnte.

Humanexperimentelle Befunde

An gesunden Probanden wurde der Einfluß von Neuroleptika auf subjektiv-verbale, motorisch-verhaltensmäßige und physiologische Zielvariablen unter Berücksichtigung intervenierender Persönlichkeitsmerkmale, situativer Rahmenbedingungen und Besonderheiten der Substanzapplikation (oral/parenteral, Einzel-/Mehrfachdosierung, Dosishöhe) untersucht.

Verschiedene Neuroleptika haben allerdings neben dem allen gemeinsamen Dopamin-D2-Rezeptorantagonismus ganz unterschiedliche Affinitäten zu anderen Neurotransmitter-Rezeptoren, z. B. für Acetylcholin, Serotonin, Noradrenalin bzw. Histamin. Die beobachteten Wirkungen an Gesunden sind deshalb nicht notwendigerweise Neuroleptika-spezifisch, sondern stellen einen unspezifischen Summeneffekt aus direkten und indirekten Wirkungen auf dopaminerge und andere zentrale, aber auch periphere Systeme dar. Eine Übertragung von an gesunden Probanden erhobenen experimentellen Befunden auf schizophrene Patienten ist deshalb in der Regel nur für Präparate mit ähnlichem Rezeptorbindungsprofil sinnvoll.

Beeinflussung psychologischer Funktionen

JANKE (1980) hat die wesentlichen Befunde von Einzeldosisstudien an Gesunden für verschiedene psychologische Funktionen zusammengestellt. Hiernach wirken niedrigdosierte Neuroleptika bei emotional labilen (ängstlichen) und introvertierten Probanden stabilisierend, während emotional stabile und extravertierte Probanden eher destabilisiert werden.

Dieser Befund könnte die interindividuelle Reaktionsvarianz auf Neuroleptika, z. B. bei Patienten mit Angststörungen, erklären. Sedierende, stabilisierende und angstlösende Effekte der Neurolepka begründen ihren Einsatz als Tranquilizer (vgl. Bd. 2), wobei aber mit paradoxen Reaktionen gerechnet werden muß, die auf individuell unterschiedliche psychobiologische Ausgangslagen und Reaktionsbereitschaften zurückgeführt werden können.

Wahrnehmungsfunktionen werden durch Neuroleptika verschiedener Substanzklassen erst nach Einzeldosen über 100 mg Chlorpromazinäquivalent (CPZ) sicher beeinflußt. Ein spezifischer neuroleptischer Effekt auf sensorische Inputprozesse läßt sich nicht nachweisen. **Kognitive Funktionen** (Denken, Intelligenz) werden bei Dosierungen unter 200 mg CPZ nicht signifikant beeinflußt. Lernprozesse, wie verbales Lernen und klassisches (verbales) Konditionieren, werden durch höhere Neuroleptika-Dosen (über 100 mg CPZ) negativ beeinflußt. Für operante Konditionierungsprozesse liegen humanexperimentelle Befunde kaum vor.

Eine spezifische Beeinträchtigung von **Gedächtnisfunktionen** (Kurz- und Langzeitgedächtnis) durch Neuroleptika ist nicht nachgewiesen. Vigilanzminderungen lassen sich hingegen bereits ab Einzeldosen von 50 mg Chlorpromazin nachweisen. Mit verschiedenen Methoden erfaßte **Konzentrationsleistungen** werden erst bei höheren Dosierungen nachteilig beeinflußt. **Psychomotorische Leistungen** schließlich werden dosisabhängig unterschiedlich beeinträchtigt. Während niedrige Dosen motorische Halteparameter günstig beeinflussen können, werden bei höheren Dosen vor allem geschwindigkeitsabhängige komplexere Leistungen nachteilig beeinflußt.

Quasiexperimentelle Untersuchungen an schizophrenen Patienten haben bei chronischer Neuroleptikaapplikation keine nachteiligen Effekte auf kognitive und Wahrnehmungfunktionen nachgewiesen (KILLIAN et al. 1984).

Unbefriedigend ist die mangelhafte neurobiologische Hypothesenbildung bei der Auswahl psychologischer Testverfahren zur Untersuchung spezifischer Neuroleptikaeffekte. Ausnahme sind hier Untersuchungen zur kognitiven Umstellfähigkeit als Indikator intakter Basalganglien- und Frontal

hirnfunktionen, die durch Neuroleptika wie Haloperidol selektiv beeinträchtigt wird (BERGER et al. 1989).

Positronenemissionstomographische (PET) Befunde

Neuere PET-Untersuchungen befassen sich mit der Frage des Einflusses von Dopaminagonisten bzw. -antagonisten (Neuroleptika) auf die metabolische Aktivität (insbesondere durch Messung der Aufnahme des Glukosederivats ^{18}F-Fluorodeoxyglukose, FDG). Hierbei wird angenommen, daß die Glukoseaufnahme in die Zellen eng mit dem Metabolismus korreliert ist. Es wird diskutiert, daß hierdurch vor allem globale Aktivitätssteigerungen, insbesondere im Bereich der synaptischen Endigungen, erfaßt werden können (SCHWARTZ et al. 1979).

Die Befunde zur Neuroleptika-Wirkung auf den zerebralen Metabolismus schizophrener Patienten sind uneinheitlich.

Mehrere Studien fanden unter Behandlung mit Haloperidol eine signifikante Steigerung des Metabolismus im Striatum (DELISI et al. 1985, WOLKIN et al. 1985, SZECHTMAN et al. 1988, WIK et al. 1989, WIESEL 1992, BUCHSBAUM 1992a), wobei BUCHSBAUM et al. (1987) eine Neuroleptika-induzierte Steigerung vor allem im rechten Striatum beschrieben. Nach Gabe von Thiothixen beschrieben BUCHSBAUM et al. (1992b) bei Schizophrenen eine Reduktion, nach Gabe von Clozapin eine Steigerung des striatalen Metabolismus. BARTLETT et al. (1991) fanden hingegen nach Thiotixen eine globale Steigerung des cerebralen Metabolismus, aber keine signifikante Änderung in den Basalganglien.

WOLKIN et al. (1987, 1994) berichten über einen reduzierten corticalen (Frontal-, Temporalcortex) und subkortikalen Metabolismus bei schizophrenen Patienten nach Gabe indirekt dopaminagonistisch wirksamen Amphetamins. CLEGHORN et al. (1991) fanden nach Gabe des Dopamin (D1/D2-Rezeptor)-Agonisten Apomorphin eine signifikante Reduktion des striatalen Metabolismus nur bei schizophrenen Patienten, nicht jedoch bei einer gesunden Kontrollgruppe. DA-NIEL et al. (1991) fanden nach Verabreichung von Apomorphin bei chronisch Schizophrenen während einer neuropsychologischen Aktivierungsaufgabe eine Steigerung des relativen Blutflusses (rCBF) im Präfrontal-Cortex. DOLAN et al. (1995) fanden bei Schizophrenen gegenüber Normalpersonen während eines neuropsychologischen Tests („verbal fluency task") einen verminderten Blutfluß im anterioren Gyrus cinguli, der jedoch nach Gabe von Apomorphin bei den Schizophrenen signifikant höher war. Dies kann als möglicher Hinweis auf ein abnorm sensitives Dopamin-System in extrastriatalen Zielstrukturen interpretiert werden (BUCHSBAUM 1995).

Diese Befunde entsprechen im Wesentlichen tierexperimentellen Untersuchungsergebnissen, wonach Dopamin im Striatum vor allem eine hemmende, im Präfrontalcortex hingegen eher eine aktivierende Wirkung hat, die durch Neuroleptika antagonisiert wird. Eine abschließende Bewertung der Frage, ob bei neuroleptikaresponsiven schizophrenen Patienten eine dopaminerge Überfunktion vorliegt, die sich in einem reduzierten Metabolismus in subkortikalen Strukturen äußert und den therapeutischen Ansatzpunkt der Neuroleptika darstellt, ist aufgrund der bisher erhobenen PET-Befunde noch nicht möglich.

Beeinflussung psychophysiologischer Funktionen

Psychophysiologische Indikatoren zentraler (EEG, evozierte Potentiale) und peripherer (vegetativer) Aktivität (elektrodermale, kardiovaskuläre, pupilläre Aktivität) des Nervensystems sind bei schizophrenen Erkrankungen verändert und werden durch Neuroleptika z. T. in charakteristischer Weise beeinflußt (SALETU 1980, VENABLES 1980). Auch hier gilt, daß im Hinblick auf das jeweilige Rezeptorbindungsprofil und den möglichen Angriffspunkt (zentrales bzw. peripheres Nervensystem) zwischen den strukturell und pharmakologisch verschiedenen Neuroleptika differenziert werden muß. Befunde, die mit einem bestimmten Neurolepti-

kum erhoben wurden, können nicht ohne weiteres verallgemeinert werden und gelten zunächst nur für die untersuchte Substanz bzw. allenfalls für Präparate mit vergleichbarem Rezeptorbindungsprofil.

Frühe psychophysiologische Untersuchungen zur Wirkung „der" Neuroleptika spiegeln die methodisch breit angelegte Suche nach dem eigentlichen Prinzip der antipsychotischen Wirkung wider. Aus heutiger Sicht stellt sich die Frage, welche dieser Befunde klinisch relevant sind, bzw. lediglich den Charakter eines Nebenbefundes haben. Im Idealfall wäre zu fordern, daß die Richtung der beim Gesunden beobachteten Neuroleptikawirkung derjenigen entgegengesetzt ist, die typischerweise der Störung beim Schizophrenen entspricht. Ein weiterer sinnvoller Argumentationszusammenhang ergäbe sich, wenn hinsichtlich eines bestimmten Parameters beim Schizophrenen gefundene Abweichungen auch beim Gesunden z. B. durch gezielte pharmakologische Intenvention induziert und durch nachfolgende Neuroleptika-Gabe antagonisiert werden könnten.
Die ganz überwiegende Mehrzahl der Untersuchungen zu psychophysiologischen und auch psychologischen Funktionen genügt allerdings diesen Kriterien nicht, sondern hat vielmehr deskriptiven bzw. allenfalls hypothesengenerierenden Charakter.

Frühere **elektroenzephalographische Untersuchungen** haben gezeigt, daß dem durch höhere Dosen hochpotenter Neuroleptika induzierten „akinetisch-abulischen Syndrom" bei Schizophrenen eine Synchronisierungs- und Rhythmisierungstendenz mit leichter Verlangsamung im Grundrhythmus korrespondiert, die durch LSD wieder aufgehoben werden kann (FLÜGEL und BENTE 1956). Unter Behandlung mit Neuroleptika verschiedener Substanzklassen kommt es zur Zunahme des Alpha-Index bei leichter Frequenzabnahme, Spannungszunahme und vermehrter Regularität (ITIL et al. 1974). Dieser Effekt wird auch bei gesunden Probanden beobachtet (LAURIAN et al. 1981).

Clozapin weist hier ebenfalls ein besonderes Profil auf: Neben Alpha-Verlangsamung, Theta- und Delta-Aktivitätszunahme wird auch eine Zunahme im Beta-Frequenzband (20–25 Hz) beobachtet, was das Profil in die Nähe der Thymoleptika, speziell des Imipramins rückt (ROUBICEK 1980). Clozapin zeigt auch pharmakologisch Gemeinsamkeiten mit den trizyklischen Antidepressiva hinsichtlich des Rezeptorbindungsprofils (Blockade v on serotonergen 5-HT-2-Rezeptoren bzw. anticholinerge Wirkung) die möglicherweise für die beobachteten EEG-Veränderungen relevant sind.

Mit Hilfe von Mehrkanalableitungen (mindestens 19) und quantitativen Analysemethoden (EEG-Mapping) werden zusätzlich auch **topographische Veränderungen spektraler Leistungsparameter** beurteilbar. In diesem Zusammenhang sind sehr differenzierte Detailbeschreibungen spezieller EEG-Parameter vorgenommen worden, deren klinisch-therapeutischer Nutzen allerdings im Hinblick auf die Entwicklung neuer Substanzen (z. B. mittels Pharmako-EEG) eher gering geblieben ist.

Dabei zeigt sich beispielsweise unter Chlorprothixen ein spezielles Veränderungsprofil (Zunahme der absoluten Delta-Theta-Leistung frontal; Verlangsamung der Schwerpunktfrequenz fast über dem gesamten Kortex; Alphaabnahme rechts occipito-temporal; Abnahme der Betaaktivität über den vorderen und mittleren Hirnregionen; SALETU und ANDERER 1989). Demgegenüber wird die Beobachtung einer Zunahme von Beta-Frequenzen über frontozentralen Regionen neben einer occipitalen Alpha-Verlangsamung unter Chlorpromazin als Nebeneinander von Indikatoren inhibitorischer und exzitatorischer Wirkqualitäten mit der klinischen Wirksamkeit der Neuroleptika auch bei defektuösen Zustandsbildern in Beziehung gebracht (COPPOLA und HERRMANN 1987).

Schizophrene Patienten mit relativ niedergespannter, spärlich ausgeprägter Alpha-Aktivität und vermehrt rascheren Frequenzen lassen eine Therapieresponse auf Neuroleptika erwarten (ITIL et al. 1975) und weisen nach einer oralen neuroleptischen Testdosis typische elektroenzephalographische Veränderungen auf (ITIL et al. 1981). Demnach haben elektroenzephalographische Indikatoren hirnfunktionaler Veränderungen bereits nach einer neuroleptischen

Einmaldosis responseprädiktive Bedeutung (GAEBEL et al. 1988).

Evozierte Potentiale, z. B. bei somatosensorischer Auslösung, erfahren durch Neuroleptika eine dosisabhängige Latenzverlängerung und Amplitudenreduktion (SALETU 1980). Die Verlängerung der Latenzen kann als Arousal-dämpfender Effekt der Neuroleptika verstanden werden.

Von den peripheren Indikatoren wird die tonische Aktivität der **Hautleitfähigkeit** durch Neuroleptika reduziert, während die phasische Aktivität weitgehend unbeeinflußt bleibt (VENABLES 1980). Am kardiovaskulären System zeigen Neuroleptika neben seltenen direkten Effekten (arrhythmogene bzw. antiarrhythmische Wirkungen) vor allem indirekte (anti-alphaadrenerg vermittelte) Effekte auf die tonische Aktivität (ELKAYAM und FRISHMAN 1980), indem sie die Herzrate erhöhen (Reflextachykardie) und in ihrer Variabilität reduzieren (VENABLES 1980). Demnach sind Neuroleptikawirkungen auf periphere Arousalindikatoren nicht eindeutig interpretierbar.

Entsprechend sind auch die experimentellen Befunde zur neuroleptischen Beeinflussung der **Pupillenaktivität** einzuordnen.

Aufgrund der Doppelinnervation der Irismuskulatur (Dilatator sympathisch, Sphinkter parasympathisch) ergeben die statische und dynamische Messung der Pupillenweite Aufschluß über das periphere vegetative Gleichgewicht, das allerdings durch supranukleäre hemmende Einflüsse des Nucleus Edinger-Westphal auf den Sphincter-Kern mitbestimmt wird.

Unter Neuroleptika verschiedener Substanzklassen kommt es zu einer Pupillenverengung (LAUBER 1967, GRÜNBERGER et al. 1986), die durch Anticholinergika aufgehoben wird (LOGA et al. 1975). Inwieweit der sich an der Pupille manifestierende „trophotrope" (sympathikolytische) Nebeneffekt der Neuroleptika (LAUBER 1967) mit ihrer zentralen und therapeutischen Wirkung zusammenhängen könnte, ist allerdings ebenso offen wie die neurophysiologische

Bedeutung der gestörten statischen bzw. dynamischen (reflektorischen) Pupillenaktivität bei Schizophrenen (VENABLES 1980).

3.2.3 Klinische Pharmakologie der Neuroleptika

Allgemeine Wirkcharakteristika

Neuroleptika sind eine strukturchemisch heterogene Gruppe von Psychopharmaka (vgl. Kap. 2), deren klinische Gemeinsamkeit vor allem in ihrer **antipsychotischen Wirksamkeit** besteht.

Hierzu rechnet die Beeinflussung von wahnhaften Denk- und Wahrnehmungsstörungen, inkohärenten Denkabläufen, Störungen des Ich-Erlebens, katatonen Verhaltensstörungen, affektiv gespannten Zuständen und aggressiv getönten psychomotorischen Erregungszuständen bei relativer Nichtbeeinflussung der Bewußtseinslage.

Zur klinischen Charakterisierung des Wirkprofils verschiedener Neuroleptika können außerdem auch **ataraktische, antimanische, antiautistische, extrapyramidale** und **adrenolytische** Wirkqualitäten herangezogen werden (COLLARD 1974). Allgemein richtet sich die Therapie mit Neuroleptika auf nosologisch unspezifische Zielsyndrome (Tabelle 3.2.1).
Obwohl Neuroleptika aufgrund ihrer z. T. sedierenden, vegetativ-dämpfenden, antiallergischen und schmerzdistanzierenden Wirkung breite Anwendung in der gesamten Medizin finden, ist ihre Domäne die Behandlung schizophrener Erkrankungen.

Bei einer groben Dreiteilung der Phänomenologie schizophrener Erkrankungen in Positiv-, Negativ- und soziale Symptomatik (STRAUSS et al. 1974) bildet **Positivsymptomatik** das Zielsyndrom neuroleptischer Behandlung. Aber auch **Negativsymptomatik** ist nicht völlig unresponsiv (GOLDBERG 1985). Häufig verbessert sich mit Symptomreduktion und Verhinderung von Rückfällen sekundär auch die **soziale Anpassung** der Patienten.

Wirkprofile der Neuroleptika

Antipsychotische Wirkung

Allen heute bekannten Neuroleptika ist die postsynaptische Blockade zentraler Dopaminrezeptoren vom D2-Subtyp gemeinsam.

Dopaminrezeptoren können neurobiochemisch aufgrund der Art ihrer G-Protein-vermittelten Kopplung an die Adenylatzyklase weiter in **D1-** und **D2-Rezeptoren** differenziert werden (CREESE 1985; s. Kap. 3.2). Weitere Differenzierungsmöglichkeiten bestehen aufgrund neuer molekularbiologischer Befunde, wonach es beim Menschen mindestens 5 verschiedene Dopaminrezeptoren gibt. Zu der D1-Familie werden der D1- und der D5-Rezeptor, zur D2-Familie der D2-, D3- bzw. D4-Rezeptor gerechnet (CIVELLI 1995). Welche Rolle die neu beschriebenen Subtypen für die Vermittlung der Neuroleptika-Wirkung spielen, ist noch nicht abschließend geklärt (SUNAHARA et al. 1993). Viele Neuroleptika blokkieren alle drei D2-Subtypen (z. B. Haloperidol), mit Schwerpunkt auf D2 (z. B. Remoxiprid) oder D2 und D3 (z. B. Sulpirid) bzw. D4 (z. B. Clozapin). Es ist allerdings offen, ob der bei nichtpsychiatrischen Kontrollen in nur geringer Konzentration im Gehirn vorkommende D4-Rezeptor keine oder gerade im Fall des Clozapins bei Therapieresistenz eine besondere therapeutische Rolle spielt.

Tabelle 3.2.1. Hauptindikationen für den klinischen Einsatz von Neuroleptika in der Psychiatrie (modifiziert nach LEHMANN 1975)

- Symptomatische Beruhigung pathologischer Erregungszustände jeglicher Genese
- Behandlung akuter psychotischer Störungen
- Langzeittherapie chronischer schizophrener Zustände (Symptomsuppression, Prophylaxe einer Verschlechterung)
- Langzeittherapie bei remittierten schizophrenen Patienten (Rezidivprophylaxe)

Auch über die mögliche Rolle einer zusätzlichen Blockade dopaminerger D1-Rezeptoren (die ausgeprägt im Fall des Clozapins, in geringerem Maße auch bei Thioxanthenen und Phenothiazinen nachgewiesen wurde) besteht Unklarheit. Nach einer Hypothese könnte die Blockade von D1/D5-Rezeptoren auf GABAergen Neuronen im Mittelhirn zu einer Steigerung der striatalen bzw. corticalen Dopaminfreisetzung führen (IMPERATO und ANGELUCCI 1989), die dem Auftreten extrapyramidaler und kognitiver Störungen (einschließlich neuroleptika-induzierter Minussymptomatik) entgegenwirken könnte (MARKSTEIN 1994).

Während für die antipsychotische Wirksamkeit eine Blockade mesotelenzephaler Bahnsysteme eine Rolle spielt, ist die Blockade nigrostriataler bzw. tuberoinfundibulärer Bahnen für das Auftreten extrapyramidal-motorischer bzw. endokrinologischer Nebenwirkungen verantwortlich (Prolaktinerhöhung; mögliche Folge: Zyklus- bzw. Potenzstörungen, Gynäkomastie/Laktation; vgl. Kap. 4.3).

Neuroleptika zeigen unterschiedliche Affinität auch zu anderen Neurotransmitter-Systemen. Während z. B. Haloperidol, Pimozid oder Sulpirid als relativ spezifische Dopaminantagonisten gelten können, sind Chlorpromazin, Chlorprothixen, Pipamperon und insbesondere auch Clozapin unspezifische Dopaminantagonisten, da ihre Affinität zu anderen Neurotransmittersystemen (z. B. Serotonin, Acetylcholin, Histamin) in etwa der gleichen Größenordnung liegt (NIEMEGEERS 1984).

Möglicherweise spielt auch die Blockade dieser anderen Transmittersysteme, z. B. noradrenerger und serotonerger Übertragungswege, eine zusätzliche Rolle für die Entfaltung antipsychotischer Effekte (VAN KAMMEN und KELLEY 1991, MELTZER 1994). Das antidopaminerge, antiserotonerge, antihistaminerge und antiadrenerge Profil erlaubt jedenfalls eine gewisse Vorhersage von klinischer Wirkung und Nebenwirkungen (vgl. Kap. 3.1). Dabei finden sich breite Rezeptorprofile insbesondere im Bereich der mittelpotenten und niederpotenten Neuroleptika, die, im Gegensatz zu den hochpotenten Neuroleptika, erst in höheren Dosisbereichen deutliche antipsychotische Wirkungen zeigen, jedoch bereits in geringeren Dosen sedative und kardiovaskuläre Begleiteffekte aufweisen.

Ungeachtet offener Fragen bezüglich des Wirkmechanismus bestehen in der antipsychotischen Wirksamkeit im gruppenstatistischen Vergleich keine wesentlichen klinischen Unterschiede (adäquate Dosierung vorausgesetzt) zwischen den verschiedenen klassischen Neuroleptika (LEHMANN 1975). Dieser Befund schließt allerdings nicht aus, daß es im Einzelfall doch pharmakokinetische Unterschiede hinsichtlich Resorption, Metabolismus und Penetration durch die Blut-Hirn-Schranke, aber auch pharmakodynamische Unterschiede (Rezeptorbindung, Effekte auf Second-messenger-Systeme etc.) gibt, die ein individuell besonders gutes oder schlechtes Ansprechen auf ein bestimmtes Neuroleptikum zur Folge haben können.

Eine Sonderstellung nimmt das **atypische Neuroleptikum Clozapin** ein. In einer methodisch gut abgesicherten Multizenter-Studie wurde nachgewiesen, daß Clozapin bei etwa 1/3 der Patienten wirksam ist, deren psychotische Symptomatik unter klassischen Neuroleptika nicht ausreichend gebessert wird (KANE et al. 1988). Dies führte trotz des bekannten Agranuloytose-Risikos (1–2% kumulative Ein-Jahres-Inzidenz, 0,6–0,8% tatsächlich beobachtete Inzidenz) im Jahre 1990 zur Zulassung auch in den USA und einigen anderen Ländern, die bisher nicht über Clozapin verfügen konnten, allerdings unter strengen Auflagen hinsichtlich der notwendigen engmaschigen Leukozytenkontrollen (vgl. Kap. 8).

Die heute verfügbaren **Langzeit**- bzw. **Depotpräparate** (vgl. Kap. 4.7) entstammen den Gruppen der mittel- und hochpotenten Neuroleptika. Dabei handе es sich um Medikamente, die nach einmaliger intramuskulärer Injektion im Körper therapeutisch wirksame antipsychotische Wirkspiegel für die Dauer von mindestens einer Woche aufrecht erhalten (LINGJOERDE 1973).

Dabei wird die **verlängerte Wirkdauer** pharmakologisch in der Regel durch die Veresterung des aktiven Moleküls mit einer unterschiedlich langen Fettsäurekette erzielt, wobei eine ölige

Trägersubstanz (z. B. Sesamöl) verwendet wird. Am Injektionsort diffundiert das Depotneuroleptikum nur sehr langsam in den Blutkreislauf, wo die Fettsäure rasch durch körpereigene Esterasen abgespalten und das aktive Neuroleptikum freigesetzt wird. Bei anderen Präparaten beruht die verlangsamte Freisetzung auf einer hohen Fettlöslichkeit. So liegt etwa das Fluspirilen in einer mikrokristallinen, wäßrigen Lösung vor.

Aufgrund der Umgehung der intestinalen Absorption und fehlender First pass-Metabolisierung in der Leber liegt die therapeutisch wirksame Dosierung der Depot-Neuroleptika (umgerechnet als Tagesdosis unter Berücksichtigung des Injektionsintervalls) im Vergleich zur oralen Applikation deutlich niedriger.

Nach den Ergebnissen verschiedener Studien kann davon ausgegangen werden, daß hinsichtlich der antipsychotischen bzw. rezidivprophylaktischen Wirksamkeit gängiger Langzeitpräparate keine klinisch relevanten Unterschiede bestehen (KAMPFHAMMER und RÜTHER 1988). Allerdings sind bei verschiedenen Präparaten unterschiedliche pharmakokinetische Eigenschaften zu berücksichtigen, die sich u. a. auf die Dauer der verzögerten Freisetzung, aber auch auf das Freisetzungsverhalten in den auf die Applikation folgenden Tagen beziehen.

So wird beispielsweise nach intramuskulärer Injektion von 25 mg Fluphenazindecanoat ein **Maximum der Plasmakonzentration** innerhalb der ersten 24 Stunden erreicht, die mit 1,4 ng/ml etwa das 5–10fache der nach 3 Tagen bestehenden Konzentration beträgt (ANDERSON und ERESHEFSKY 1992). Nach Injektion von 250 mg Haloperidoldecanoat bzw. 40 mg Flupentixoldecanoat zeigt sich hingegen ein deutlich langsamerer Anstieg und Abfall der Plasmakonzentration mit einem Maximum am 7. Tag post injektionem, der bei fast allen anderen Depotneuroleptika in ähnlicher Form gefunden wurde. Dystone Reaktionen und andere extrapyramidale Symptome innerhalb der ersten 24 Stunden speziell nach der Injektion von Fluphenazindecanoat (BARNES und WILES 1983) werden dementsprechend mit dem initialen Plasmapeak in Beziehung gebracht.

Die Bestimmung des **optimalen Dosierungsintervalls** für ein bestimmtes Depot-Präparat setzt die Kenntnis der Zeitdauer bis zum Erreichen des maximalen Plasmaspiegels nach Injektion bzw. der Absorptionshalbwertszeit voraus. Für die gesamte Klasse der Depot-Neuroleptika beträgt die Zeit bis zum Erreichen eines „steady state" nach wiederholter Injektion (unter Annahme einer terminalen Halbwertszeit von 23 Wochen) etwa 2–4 Monate. Das bedeutet, daß der Plasmaspiegel nach wiederholter Injektion innerhalb einiger Monate auf das 2–4fache der Ausgangskonzentration ansteigt. In der klinischen Praxis wird man deshalb bei der Umstellung auf ein Depotneuroleptikum initial das orale Neuroleptikum zunächst weiter verabreichen und im Behandlungsverlauf bis zum Erreichen des „steady state" langsam absetzen (YADALAM und SIMPSON 1988).

Eine andere Möglichkeit besteht darin, unter Verzicht auf orale Medikation initial eine höhere Dosis des Depotneuroleptikums zu verabreichen, die dann schrittweise reduziert wird (ANDERSON und ERESHEFSKY 1992). Dieses Vorgehen setzt in der Regel die Kenntnis des Ansprechens und der Verträglichkeit des jeweiligen Präparates bei einem bestimmten Patienten voraus. Die Plasmakonzentration ist, z. B. bei Auftreten unerwünschter Begleitwirkungen, nicht unmittelbar beeinflußbar, so daß diese Behandlungsstrategie nur in bestimmten Fällen, z. B. bei ambulanter Behandlung eines Rezidivs und bekannter Noncompliance gegenüber oralen Neuroleptika, Anwendung finden sollte.

Tabelle 3.2.2 gibt eine Übersicht über ausgewählte Depotneuroleptika und einige klinische bzw. pharmakokinetische Charakteristika.

Neuroleptische Potenz

Erhebliche quantitative Unterschiede bestehen zwischen verschiedenen Neuroleptika hinsichtlich ihrer antipsychotischen Wirkpotenz. Gemeint ist hiermit die auf Milligramm-Basis verglichene mittlere klinische

Tabelle 3.2.2. Pharmakokinetische und klinische Charakteristika ausgewählter Depot-Neuroleptika (modifiziert nach Jann et al. 1985)

Substanz	Gebräuchliche Dosis (mg)	Applikations-intervall (Wochen)	Zeitpunkt der maximalen Plasma-konzentration (Tage nach Injektion)	Halbwertszeit nach einmaliger [mehrmaliger] Injektion (Tage)
Fluphenazindecanoat	12,5–100	1–3	0,3–1,5	6–9 [14]
Haloperidoldecanoat	20–400	4	3–9	[21]
Clopenthixoldecanoat	50–600	1–4	4–7	[19]
Flupentixoldecanoat	10–60	2–4	7	8 [17]

Tabelle 3.2.3. Äquivalenzdosen (mg CPZ) und Umrechnungsfaktoren (relative Potenz) für einige ausgewählte Neuroleptika entsprechend 100 mg Chlorpromazin (mod. nach Wyatt 1976, Haase 1977)

	mg CPZ (n. Haase)	Relative Potenz	mg CPZ (n. Wyatt)	Relative Potenz
Chlorpromazin	100	1	100	1
Thioridazin	150–300	0,3–0,5	108	0,9
Perazin	150–300	0,3–0,5		
Clozapin	–	0,3–0,5	79	
Sulpirid	–	0,3–0,5		
Chlorprothixen	125–150	0,6–0,8	35	3
Clopentixol	30–50	2–3	22	4,5
Perphenazin	10	10	8,8	11
Fluphenazin	~2	~50	1,2	83
Flupentixol	~2	~50	1,2	83
Haloperidol	~2	~50	2,4	42
Pimozid	~2	50	1,2	83
Benperidol	< 0,25	> 400	1,2	83

Tagesdosierung, mit der gleiche antipsychotische Effekte erreicht werden. Zwischen der derart definierten klinischen Potenz eines Neuroleptikums und seiner in vitro (z. B. mittels Verdrängung von ^{3}H-Spiroperidol am Rattencaudatum) bestimmten Affinität zu Dopamin-D2-Rezeptoren besteht eine sehr enge Korrelation (Peroutka und Snyder 1980). Unter Bezug auf die Referenzsubstanz Chlorpromazin (CPZ) wurden entsprechende Dosisäquivalenz-Tabellen für Neuroleptika erstellt (Tabelle 3.2.3).

Die angegebenen Werte können allerdings nur als grobe Vergleichszahlen gelten, sie schwanken von Autor zu Autor nicht unerheblich (Wyatt 1976, Haase 1977).

Für die meisten (klassischen) Neuroleptika besteht eine Parallelität zwischen ihrer Milligramm-Potenz und dem Auftreten extrapyramidal-motorischer Symptome (EPS). Dies ist einerseits mit ihrer Affinität zu nigrostriatalen Dopaminrezeptoren, andererseits mit den jeweiligen anticholinergen Eigenschaften in Zusammenhang gebracht worden, die dem Auftreten von EPS entgegenwirken und somit eine reziproke Beziehung zur Milligramm-Potenz aufweisen (Sovner und Di Mascio 1978).

Haase (1977) hat den Begriff der „neuroleptischen Schwelle" geprägt, worunter er eine Dosierung im Auftretensbereich feinmotorischer extrapyramidal-motorischer Bewegungsstörungen versteht. Die Auffassung von Haase, daß das individuelle Erreichen der neuroleptischen Schwelle eine conditio sine qua non für die antipychotischen Wirkung sei, erscheint aus heutiger Sicht überholt. Hierfür spricht, daß die Auslösung antipsychotischer und extrapyramidal-motorischer Effekte an unterschiedliche dopaminerge Systeme gebunden ist. Hierauf beruht das atypische Wirkungsprofil des Clozapins, dessen antipsychotische Wirkung durch Modulation des mesocorticolimbischen Systems vermittelt wird, während das extrapyramidal-motorische System funktionell weitgehend unbeeinflußt bleibt.

Der in diesem Zusammenhang postulierte antagonistische Effekt von Anticholinergika gegenüber der antipsychotischen Neuroleptikawirkung ist nicht gesichert. Simpson et al. (1980) konnten keine neuroleptische Plasmaspiegel-Erniedrigung oder klinische Wirksamkeitsminderung unter Anticholinergika feststellen.

Innerhalb der letzten Jahre konnte auch mittels Positronenemissions-Tomographie in vivo beim Menschen erstmalig nachgewiesen werden, daß alle klinisch wirksamen Neuroleptika zerebrale Dopamin-D2-Rezeptoren im Striatum blockieren.

Hier gibt es allerdings zwischen den klassischen Neuroleptika und dem atypischen Neuroleptikum Clozapin quantitative Unterschiede. Aufgrund von PET-Studien wurde abgeschätzt, daß in therapeutischen Dosen klassische Neuroleptika dopaminerge D2/D3-Rezeptoren (gemessen mittels 11C-Racloprid) zu etwa 70–89% blockieren, während dies unter Clozapin nur zu 30–68% der Fall war (Farde und Nordström 1992). Die geringere D2-/D3-Rezeptorbesetzung unter Clozapin wurde auch in Studien mit dem SPECT-Liganden ^{123}I-Iodobenzamid (IBZM) bestätigt (Pilowsky et al. 1993).

Auch Depotneuroleptika blockieren zerebrale D2/D3-Rezeptoren in etwa gleichem Umfang. Nyberg et al. (1995) fanden nach Verabreichung von 30–50 mg Haloperidol-Decanoat (i.m.) nach einer Woche eine mittlere D2-Rezeptorbesetzung von 73%, die nach vier Wochen auf 52% abgesunken war.

Mittels PET konnte weiterhin nachgewiesen werden, daß Clozapin, im Gegensatz zu den klassischen Neuroleptika, D1/D5-Rezeptoren etwa im gleichen Umfang (38–52%) wie die D2/D3-Rezeptoren blockiert (Sedvall 1992). Auch das Neuroleptikum Flupentixol zeigt in vivo eine Besetzung von D1-Rezeptoren zwischen 36–44% (Farde et al. 1992). Der Nachweis einer klinischen Signifikanz dieses Befundes, etwa i.S. einer besseren Wirkung auf Negativsymptomatik bzw. bei Therapieresistenz auf klassische Neuroleptika, steht allerdings noch aus.

Positronenemissionstomographische Untersuchungen von Sedvall (1992) haben außerdem gezeigt, daß eine mangelnde Besetzung von striatalen Dopamin-D2/D3-Rezeptoren trotz ausreichender klinischer Dosierung in der Regel keine Rolle für ein Nichtansprechen auf die Neuroleptika-Behandlung spielt, d. h., auch Neuroleptika-Nonresponder haben in vielen Fällen eine striatale Dopamin-D2/D3-Rezeptorbesetzung von mehr als 60% (Farde et al. 1992). Auch eine weitere Dosissteigerung mit der Folge einer über 70% hinausgehenden Dopaminrezeptorbesetzung scheint nach diesen Befunden bei der Behandlung akuter Psychosen keine Verbesserung des therapeutischen Erfolgs zu erbringen; allerdings ist unter höherer Rezeptorbesetzung Häufigkeit und Schweregrad extrapyramidal-motorischen Nebenwirkungen deutlich größer (Nordström et al. 1993).

Einschränkend ist allerdings darauf hinzuweisen, daß gegenwärtig extrastriatale Zielstrukturen, die Dopamin-D2-Rezeptoren enthalten und mit der antipsychotischen Wirkung assoziiert werden (z. B. Amygdala, Hippokampus, Nucleus accumbens, Frontalcortex), aus technisch-apparativen Gründen (mangelnde Auflösung bzw. Rezeptorkonzentration) bisher mit der PET nicht untersucht werden können.

Klinische Wirksamkeit

Die antipsychotische Wirksamkeit der Neuroleptika in der **Akutbehandlung** schizophrener Psychosen ist durch kontrollierte Studien gut belegt. Besserungsraten einer sechswöchigen Akutbehandlung liegen bei 75% unter Verum gegenüber 25% unter Plazebo (DAVIS et al. 1980). Dabei zeigt die Geschwindigkeit des Ansprechens und das am Ende der Behandlung erreichte Ergebnis in der Gesamtgruppe der Schizophrenen allerdings eine große Variabilität.

LIEBERMAN et al. (1993) fanden bei 70 ersterkrankten schizophrenen Patienten innerhalb des ersten Behandlungsjahres bei 83% eine ausreichende Remission, die durch relativ strenge klinische Kriterien definiert war. Dieses vergleichsweise gute Ergebnis ist deutlich besser als die Erfolgsrate bei rezidivierendem Verlauf. Es ist am ehesten darauf zurückzuführen, daß es sich bei den wiederholt hospitalisierten Patienten um eine Subgruppe handelt, die schlechter auf Neuroleptika anspricht.

Andererseits kann aber nicht ausgeschlossen werden, daß sich bei manchen Patienten trotz guten initialen Ansprechens erst im Behandlungsverlauf eine Neuroleptika-Resistenz entwickelt, für die z. B. autoregulative Vorgänge als Reaktion auf die neuroleptische Behandlung eine Rolle spielen könnten (z. B. die im Tierversuch konsistent nachgewiesene Hochregulierung von Dopamin-D2-Rezeptoren bzw. die Entkopplung der wechselseitigen Regulation der Empfindlichkeit von D1- bzw. D2-Rezeptoren unter klassischen Neuroleptika).

Für die **Langzeitbehandlung** schizophrener Psychosen ergab eine Übersicht über 29 doppelblind kontrollierte, postakute Behandlungsstudien von ca. 6monatiger Dauer eine Rückfallquote von 19% unter Verum gegenüber 55% unter Plazebo (DAVIS et al. 1980). DAVIS (1985) kalkuliert eine monatliche Rückfallrate von 10% unter Plazebo und 2–3% unter Verum. Längerfristig angelegte Studien zeigen dementsprechend, daß vom 1. zum 2. Behandlungsjahr die Rückfallquoten unter Plazebo von 68% auf 80%, die unter Neuroleptika von 31% auf 48% ansteigen (HOGARTY et al. 1974).

Diese noch relativ hohe Rückfallziffer unter der neuroleptischen Behandlung an unausgelesenen Stichproben liegt in einigen Studien an vollremittierten schizophrenen Patienten deutlich niedriger. Dies verweist auf das besonders gute Behandlungsansprechen bei günstiger prognostischer Ausgangssituation. Diese Beobachtung trifft auch auf depotneuroleptische Langzeitbehandlungen zu, die sich im kontrollierten Vergleich zur oralen Behandlung bis zu 2 Jahren nur bedingt überlegen erwiesen haben (KANE 1984).

Bezüglich des Zusammenhangs zwischen Dauer und überdauerndem Erfolg einer Langzeitbehandlung zeigen Absetzstudien mehrjährig unter Neuroleptika rezidivfrei gebliebener Patienten, daß beim Absetzen auch nach dem 5. Behandlungsjahr noch Rezidivquoten über 60% auftreten (CHEUNG 1981). Klinische Indikationsregeln empfehlen deshalb bei rezidivierendem Verlauf eine jahre- bis lebenslange Erhaltungsmedikation (LEHMANN 1975, KISSLING 1991).

Diese aus Sicht der Rückfallprophylaxe psychiatrisch begründete Vorgehensweise vermag die davon betroffenen Patienten aber in vielen Fällen nicht zu überzeugen. Erst in den letzten Jahren hat sich zunehmend das Bewußtsein ausgebildet, daß vor allem die subjektive Einstellung des Patienten zur Langzeit-Neurolepsie hinsichtlich ihrer Nebenwirkungen, und hier vor allem im kognitiv-emotionalen Bereich, aber auch hinsichtlich der vegetativen Begleitwirkungen (z. B. Potenzstörungen, Gewichtszunahme, übermäßige Sedation) ernstgenommen werden muß. In diesem Zusammenhang wird, in Abkehr vom Konzept der reinen Rezidivfreiheit, vor allem die subjektive Lebensqualität schizophrener Patienten unter Neuroleptika in den Vordergrund gestellt (AWAD und HOGAN 1994).

Präparate- und Dosiswahl

Unter dem Postulat „the right drug for the right patient" wurde die differentielle Response psychopathologisch definierter Patientengruppen gegenüber verschiedenen Neuroleptika untersucht. Zunächst nachgewiesene Unterschiede und damit scheinbar differentielle Indikationen konnten allerdings nicht repliziert werden. So teilen MAY und GOLDBERG (1976) mit anderen Autoren die Überzeugung, daß es eine valide klinische Subtypologie mit selektiver Response auf bestimmte (typische) Neuroleptika nicht gibt.

Trotz dieser negativen Ergebnisse werden immer wieder substanzspezifische Wirkungen beschrieben, z. B. ein eher stimmungsaufhellender und anxiolytischer Effekt bestimmter Neuroleptika (Thioxanthene, Fluspirilen, Sulpirid) in sog. „Tranquilizerdosierung". Dieses Beispiel unterstreicht die mögliche Bedeutung unterschiedlicher Dosierungsbereiche für das Neuauftreten oder Zurücktreten bestimmter Wirkqualitäten.

Das Fehlen substanzspezifischer Zielsyndrome bedeutet, daß die Auswahl eines Neuroleptikums „empirisch" nach Dosiskriterien, Nebenwirkungskriterien und früherem Therapieansprechen zu erfolgen hat.

Dabei stehen die neuroleptische Potenz und das zu erwartende bzw. erwünschte Ausmaß sedierender Nebenwirkungen im Mittelpunkt differenzierender Überlegungen. Schließlich hat sich zunehmend die Auffassung durchgesetzt, daß auch die subjektive Erfahrung des Patienten mit bestimmten Neuroleptika angemessene Berücksichtigung finden sollte, insbesondere im Sinne einer längerfristigen Complianceverbesserung. Dies gilt insbesondere für das Ausmaß potentiell Neuroleptika-induzierter dyskognitiver Störungen, postremissiver Affektstörungen (z. B. postremissives Erschöpfungssyndrom, HEINRICH 1967; „dysphoric affect", CARPENTER et al. 1985) bzw. Hormon- bzw. Potenzstörungen (z. B. als Folge des Prolaktinanstiegs).

Die klinische Erfahrung spricht allerdings dafür, daß verschiedene Neuroleptika nicht ohne weiteres „austauschbar" sind, sondern daß für möglichst jeden Patienten im Behandlungsverlauf das optimale Präparat gefunden werden muß, auf das er dann eingestellt bleiben sollte (GARDOS 1974).

Neben der Entscheidung über den Applikationsmodus (oral, parenteral, Depot) wird man auch pharmakokinetische und -dynamische Überlegungen (Verteilungsvolu-

men, Lebensalter, Geschlecht) unter besonderer Berücksichtigung möglicher Interaktionen (z. B. Einfluß des Rauchens oder nichtpsychiatrischer Komedikation auf Metabolismus bzw. Plasmaeiweißbindung) anstellen (vgl. Kap. 4.4). Im Zweifelsfall können Plasmaspiegel-Bestimmungen hilfreich sein, um mögliche Gründe für Nonresponse oder Auftreten von Begleitwirkungen weiter aufzuklären.

Die klinische Dosierung der Neuroleptika wird in Kap. 4.2 ausführlich besprochen. Die Festlegung der richtigen Dosierung zur Akutbehandlung ist im Einzelfall allein aufgrund pharmakologischer Überlegungen schwierig. Pharmakokinetische Befunde zeigen, daß bei oraler Behandlung, z. B. mit 15 mg Haloperidol pro Tag, ein „steady state" am vierten Tag (ANDERSON und ERESHEFSKY 1992) bei parenteraler Gabe noch wesentlich früher erreicht ist. Neuere positronenemissionstomographische Studien fanden nach intravenöser Gabe von 10 mg Haloperidol eine 60–70%ige Besetzung von Dopamin-D2-Rezeptoren (FARDE et al. 1988), die auch im Behandlungsverlauf offenbar ausreicht, um eine zufriedenstellende klinische Besserung zu bewirken (NORDSTRÖM et al. 1993). Demgegenüber ist klinisch bei schizophrenen Psychosen in der Regel erst innerhalb von Wochen ein durchgreifender Behandlungserfolg im Sinne einer weitgehenden Remission der produktiven psychotischen Symptomatik zu beobachten. Hieraus ergibt sich, daß nicht bereits die Blockade dopaminerger D2-Rezeptoren, sondern nachgeschaltete Prozesse (Signaltransduktion, DNA, Adaptationsphänomene auf synaptischer Ebene bzw. innerhalb komplexer neuronaler Netzwerke) für das Zustandekommen der antipsychotischen Wirkung entscheidend sind.

Die Empfehlungen zur Dosierung der Neuroleptika wurden seit der klinischen Einführung wiederholt geändert. Phasen niedriger Dosierungen wechselten mit Hochdosis-Empfehlungen ab. Allgemein kann festgestellt werden, daß ein bestimmter zerebraler Neuroleptika-Spiegel erreicht und über mehrere Wochen aufrechterhalten werden muß, um eine sichere antipsychotische Wirkung zu gewährleisten. Eine Blockade zerebraler Dopamin-D2-Rezeptoren weit über 70% hinaus scheint keine weitere Wirkungsverbesserung zu erbringen, wohingegen die Inzidenz und Schwere der unerwünschten Begleitwirkungen deutlich zunehmen (FARDE et al. 1992).

Die zur Behandlung akuter Psychosen klinisch notwendige orale Dosis scheint eher im unteren bis mittleren Bereich zu liegen. So konnte für Haloperidol gezeigt werden, daß hinsichtlich des Behandlungserfolgs eine Tagesdosis von 60 mg einer solchen von 20 mg entspricht (MODESTIN et al. 1983). Neuere Befunde zeigen sogar eine klinisch vergleichbare Wirkung niedrigerer Tagesdosen, z. B. von 3–5 mg gegenüber 10–12 mg Haloperidol (VAN PUTTEN et al. 1990, MCELVOY et al. 1991, STONE et al. 1995).

Für Clozapin gibt es in Europa bzw. den USA unterschiedliche Auffassungen. LIEBERMAN et al. (1989) vertreten anläßlich der Einführung des Clozapins in den USA die Auffassung, daß die fünfzehnjährige europäische Erfahrung mit Vorbehalt betrachtet werden sollte, weil zu niedrig dosiert worden sei. Tatsächlich wird Clozapin in den USA gegenwärtig etwa doppelt so hoch dosiert wie in Europa. Die mittlere Tagesdosis liegt in den USA über 500 mg, in Europa zwischen 200–300 mg (NABER und HIPPIUS 1990). Problematisch ist dabei allerdings, daß die Inzidenz und Schwere der Nebenwirkungen unter Clozapin, insbesondere das Krampfanfallsrisiko, kardiovaskuläre Begleitwirkungen und Sedation, unter den hohen Dosierungen deutlich ansteigen. Eine neuere PET-Studie stellt fest, daß die Besetzung zentraler D2-Rezeptoren unter Clozapin ab Plasmaspiegeln von 200 ng/ml etwa 40–65% beträgt, und daß durch eine höhere Clozapinkonzentration bis 1770 ng/ml keine höhere D2-Rezeptorbesetzung erzielt werden kann (NORDSTRÖM et al. 1995).

Ein ähnliches Problem stellt die Frage nach der adäquaten rezidivprophylaktischen Dosierung dar. NYBERG et al. (1995) demonstrierten eine Woche nach Verabreichung von 30–50 mg Haloperidol-Decanoat eine der akutneuroleptischen Behandlung ver-

gleichbare Dopamin-D2-Rezeptorbesetzung von 60–82%, die allerdings nach vier Wochen mit einer Spannbreite zwischen 20–74% eine intraindividuell zunehmende Variabilität zeigte. Dieser Befund entspricht der klinischen Erfahrung, daß die im Einzelfall rezidivprophylaktisch sicher wirksame Dosis interindividuell große Unterschiede zeigt und in Ermangelung anderer rationaler Dosierungskriterien häufig erst im Therapieverlauf (z. B. im Rahmen eines Reduktionsversuchs) ermittelt werden kann.

Andere Depotneuroleptika wurden hinsichtlich ihrer zentralen Dopaminrezeptor-Besetzung bisher nicht systematisch untersucht.

Nebenwirkungsprofil

Neuroleptika können grundsätzlich als sichere Medikamentengruppe mit großer therapeutischer Breite gelten. Toxische Effekte werden seltener unter Butyrophenonen als unter trizyklischen Neuroleptika beobachtet. Intoxikation mit Phenothiazinen führt dosisabhängig zu Benommenheit bis Koma, Tremor und Konvulsionen, führende Symptome sind Hypotension, Hypothermie, extrapyramidal-motorische und respiratorische Störungen sowie Tachykardie. Vergiftungen mit Dosen bis zu mehreren Gramm sind überlebt worden (Erwachsene), die Letalität liegt bei 4–5% (LEUSCHNER et al. 1980).

Ein sicherer Nachweis teratogener Effekte der Neuroleptika am Menschen ist insbesondere für Phenothiazine bisher nicht erbracht worden (LEUSCHNER et al. 1980, THIELS et al. 1983).

Das klinische Nebenwirkungsprofil zeigt Beziehungen zu den einzelnen Substanzklassen sowie strukturübergreifend zur antipsychotischen Potenz und zum Rezeptorbindungsprofil. So nimmt die neuroleptische Potenz (s. oben) bei den klassischen Neuroleptika in der Regel etwa parallel zum Ausmaß an extrapyramidal-motorischen

Nebenwirkungen von den aliphatischen über die Piperidin- zu den Piperazin-substituierten Phenothiazinen und hochpotenten Butyrophenonen zu, während sich Sedation und vegetative Begleitwirkungen reziprok verhalten (Abb. 3.2.1). Eine Ausnahme stellt das **Clozapin** dar, das praktisch keine extrapyramidal-motorischen Nebenwirkungen induziert und hinsichtlich seiner Dosierung in Bezug auf antipsychotische Wirkung bzw. Sedation etwa den mittelpotenten Neuroleptika entspricht.

Aus den substanzspezifischen Nebenwirkungen leiten sich die Auswahl- und Dosierkriterien für Risikopopulationen ab (OYEWUMI 1983). Hinsichtlich spezieller Nebenwirkungen vgl. u. a. Kap. 4.3 und Kap. 4.6.

Prädiktoren der Neuroleptikaresponse

Die interindividuelle Variabilität unbehandelter und behandelter Krankheitsverläufe begründet die Suche nach prognostisch relevanten Einflußgrößen. Eine Prädiktion des voraussichtlichen Therapieerfolgs liegt auch im Interesse des Patienten, dem eine u. U. mehrwöchige Behandlung mit einem letztlich nicht ausreichend wirksamen Präparat erspart werden könnte.

Die Suche nach geeigneten Prädiktoren ist allerdings durch die Vielzahl unterschiedlicher Einflußgrößen erschwert. So kann es sich bei einer Besserung um eine Spontanremission um eine Plazebo- oder spezifische therapeutische Response, bei ausbleibender Besserung hingegen um inadäquate

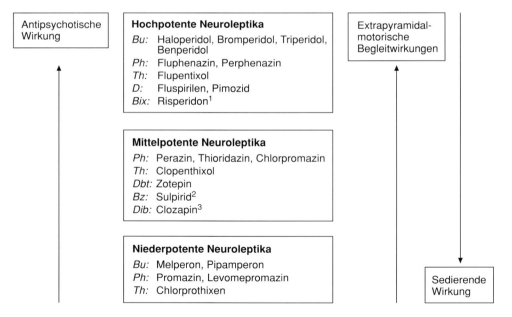

Abb. 3.2.1. Wirkungs-Nebenwirkungs-Relation verschiedener klassischer Neuroleptika. *Bu* Butyrophenone; *D* substituierte Diphenylbutylpiperidine; *Ph* Phenothiazine; *Th* Thioxanthene; *Bz* Benzamide; *Dib* Dibenzoepine; *Dbt* Dibenzothiepine; *Bix* Benzisoxazole. [1]Risperidon ist hinsichtlich seiner antipsychotischen Wirkung ein hochpotentes Neuroleptikum, hat aber nur eine geringe Inzidenz extrapyramidal-motorischer Begleitwirkungen; [2]Sulpirid ist ein selektiver Dopamin-D2/D3-Rezeptorantagonist ohne sedative Begleitkomponente; [3]Clozapin hat als Prototyp eines atypischen Neuroleptikums praktisch keine extrapyramidalen Begleitwirkungen (Einzelheiten siehe Text)

Behandlung (z. B. Unterdosierung) oder behandlungsresistente Nonresponse handeln (Woggon und Baumann 1983). Potentielle Einflüsse auf den Verlaufsausgang können in Charakteristika des Patienten, seiner Erkrankung, seiner Umwelt, in Behandlung und Behandler gesucht werden (Gaebel und Awad 1994).

Zur Erklärung interindividueller Reaktionsunterschiede sei auf das modifizierte Schema von Murphy et al. (1978) verwiesen (Abb. 3.2.2). In dem Prozeß von der Verordnung eines Neuroleptikums bis zur beobachteten Wirkung im Erleben und Verhalten des Patienten sind eine Reihe von Wirkebenen abgrenzbar, auf denen die Wirkung modifiziert werden kann. So beeinflussen bereits auf der komplexen Ebene der Interaktion zwischen Therapeut und Patient „Therapeutenvariablen" den Medikamenteneffekt (Tuma et al. 1978). In diesem Konzept entwickelt sich die Behandlungsakzeptanz und „Compliance" des Patienten. Auf der Patientenseite bestimmen unspezifische Faktoren, wie z. B. Alter, Geschlecht, Zivilstand, prämorbide Persönlichkeit und (kulturspezifische) Umgebungseinflüsse den spontanen Krankheitsverlauf, Therapieverhalten und Therapieansprechbarkeit mit (May und Goldberg 1978).

Im Hinblick auf biologische Parameter bestehen interindividuelle Variationsmöglichkeiten beispielsweise aufgrund unter genetischer Kontrolle stehender pharmakokinetischer Differenzen (Sakurai et al. 1980) sowie unterschiedlicher pharmakodynamischer Sensibilität (Galdi et al. 1981). Schließlich zeigen EEG-Studien, daß der „Ausgangszustand" des komplexen biologischen Systems für die Therapieansprechbarkeit bedeutsam ist (Itil et al. 1975).

Vor dem Hintergrund begrenzter Vorhersagemöglichkeiten des Therapieansprechens mit Hilfe vor Behandlungsbeginn erhobener „statischer" Variablen stellt das sog. **„Testdosismodell"** einen möglichen Ansatz zur Optimierung der Responseprädiktion einer neuroleptischen Akutbehandlung dar (May et al. 1976). Bei diesem Ansatz wird z. B. anhand klinischer, pharmakokinetischer, neuroendokrinologischer und psychophysiologischer Parameter die Reaktion des Organismus auf eine neuroleptische „Testdosis" oder kurzfristige Probebehand-

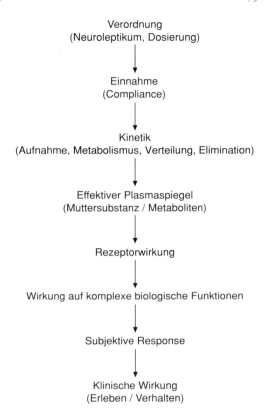

Abb. 3.2.2. Einflußebenen zur Erklärung der interindividuellen Variabilität von Neuroleptikawirkungen (mod. nach Murphy et al. 1978)

lung geprüft und hieraus auf seine potentielle Ansprechbereitschaft geschlossen.

So haben z. B. Untersuchungen zum Zeitverlauf der antipsychotischen Wirkung von Neuroleptika gezeigt, daß das Ausmaß der klinischen Besserung in den ersten Behandlungstagen eine relativ zuverlässige Vorhersage des weiteren Behandlungsverlaufs zuläßt (z. B. Nedopil und Rüther 1981, Möller et al. 1983, Gaebel et al. 1988). Es konnte allerdings bisher nicht gezeigt werden, daß es sich hierbei um einen Effekt handelt, der eine für das jeweilige Neuroleptikum spezifische Responderprädiktion ermöglicht (Klimke et al. 1993). Vielmehr haben Patienten, die sich in den ersten Behandlungstagen bessern, offenbar insgesamt eine bessere Prognose, möglicherweise sogar unabhängig davon, welche neuroleptische Behandlung eingesetzt wird.

Unter pharmakokinetischem Aspekt ist allerdings vorrangig der Zusammenhang zwischen neuroleptischen Steady state-Plasmaspiegeln und klinischer Response untersucht worden. Aufgrund der vorliegenden Befunde kann von einem eng begrenzten therapeutisch wirksamen Plasmaspiegel im Sinne eines therapeutischen Fensters nicht ausgegangen werden (SIMPSON und YADALAM 1985). Die klinische Praxis, im Falle einer ausbleibenden Besserung die Dosis zu erhöhen, wenn zuvor schon ausreichende Plasmaspiegel erzielt wurden, entbehrt demnach bei behandlungsresistenter Nonresponse eines therapeutischen Rationals (VAN PUTTEN et al. 1981).

Neben Studien, die keinen Zusammenhang zwischen Plasmaspiegel und neuroleptischer Response finden, berichten einige über lineare, andere über kurvilineare Beziehungen (vgl. SIMPSON und YADALAM 1985). Das Erythrozyten-Modell stellt möglicherweise ein besseres peripheres Korrelat der Hirngewebskonzentration dar, da nur die freie Fraktion nicht an Plasmaproteine gebundener Substanz Zugang zum ZNS hat. Schließlich spielt die Zahl aktiver und inaktiver Metaboliten für derartige Untersuchungen eine zusätzliche Rolle. Mit der Methode des Radiorezeptor-Assays, der sowohl Muttersubstanz wie aktive Metaboliten erfaßt, fand sich in einer Untersuchung eine lineare Beziehung zwischen Plasmaspiegel und klinischer Response (COHEN et al. 1980).

Der prädiktive Ansatz des Testdosismodells versucht demgegenüber aus der Einzeldosiskinetik auf die Steady state-Plasmaspiegel und die therapeutische Response zu schließen.

Einige Studien zeigen eine hochsignifikante Korrelation zwischen dem Peakplasmaspiegel nach einer Testdosis und Steady state-Plasmaspiegel nach mehreren Wochen (DAVIS et al. 1974, MARDER et al. 1986, GAEBEL et al. 1988). Dies weist darauf hin, daß die Einzeldosiskinetik als Indikator für Absorption, Firstpass-Metabolismus, Verteilung, Plasmaeiweißbindung, Metabolisierung und Exkretion das weitere „Schicksal" eines Neuroleptikums unabhängig von der gewählten Dosierung vorhersagt. Gegenüber der hohen interindividuellen Querschnittsvariabilität

spricht dies für eine hohe intraindividuelle Längsschnittstabilität pharmakokinetischer Parameter.

Nach einer oralen Testdosis Chlorpromazin korrelierte der Plasmaspiegel der Muttersubstanz nach 24 Stunden mit der klinischen Besserung in der BPRS nach 28 Tagen (MAY et al. 1981) bzw. die zur Muttersubstanz relativen Plasmaspiegel (inaktiver) Metaboliten nach drei Stunden mit der klinischen Verschlechterung der BPRS nach drei Monaten (SAKURAI et al. 1980). Andererseits zeigen Befunde niedriger Plasmaspiegel nach Testdosis bei späteren Respondern im Vergleich zu Nonrespondern, daß das Therapieansprechen möglicherweise eher einem Alles-oder-Nichts-Gesetz als einer definierten Dosis-Wirkungs-Kurve folgt (GAEBEL et al. 1988).

Trotz vereinzelter Hinweise auf einen Zusammenhang zwischen Prolaktinanstieg – als Indikator einer Blockade im tuberoinfundibulären Dopaminsystem – und klinischer Response haben die meisten Studien einen derartigen Zusammenhang nicht bestätigen können (z. B. MELTZER et al. 1983).

Durch die Kombination „statischer" Variablen und „dynamischer" Prädiktoren (z. B. EEG-Parameter), läßt sich eine Optimierung der Responseprädiktion erreichen (GAEBEL et al. 1988). Ihr klinischer Nutzen ist aber sehr begrenzt, solange es nicht gelingt, aus den gefundenen Prädiktorvariablen klare Schlußfolgerungen für eine rational begründete Therapie abzuleiten, etwa als Entscheidungshilfe im Rahmen eines abgestuften Therapiekonzepts oder „Stufenplans".

3.2.4 Schlußfolgerungen und Ausblick

Neuroleptika haben in entscheidendem Maße zur Deinstitutionalisierung schizophrener Patienten beigetragen, indem sie psychotische Rezidive mildern, verkürzen oder verhindern und damit die Voraussetzung halbstationärer und ambulanter Behandlung schaffen. Die Einführung atypischer Neuroleptika wie des Clozapins hat das Behandlungsspektrum auf Patienten erweitert, die unter konventioneller neuroleptischer Behandlung als therapieresistent galten (KANE et al. 1988). Im Gegensatz zu den akuten psychotischen Symptomen sind primäre schizophrene Negativsymptome durch Neuroleptika nicht oder – wie im Fall des Clozapins – nur fraglich zu bessern. Auch kann der prozeßhafte Verlauf vieler schizophrener Erkrankungen durch Neuroleptika nur abgemildert, in seiner Progredienz jedoch nicht immer beeinflußt werden. Neue atypische Substanzen, die gegenwärtig klinisch geprüft werden, orientieren sich durchweg am Rezeptorbindungsprofil des Clozapin (z. B. Serotonin/Dopamin-Antagonismus). Derartige Präparate begründen

die Hoffnung, eine dem Clozapin vergleichbare therapeutische Wirksamkeit unter Vermeidung bestimmter Begleitwirkungen (z. B. Agranulozytose, kardiovaskuläre Depression, EPS) zu erreichen. Die Entdekkung neuer pharmakotherapeutischer Prinzipien erfordert wahrscheinlich innovativere Strategien. Möglicherweise ist hierzu ein grundlegenderes Verständnis der therapeutischen Wirkung der Neuroleptika (z. B. der Mechanismen, die der Dopamin-D2-Rezeptor-Blockade nachgeschaltet sind) Voraussetzung. Ein weiterer wesentlicher Ansatzpunkt könnte eine weitere biologische Subtypisierung innerhalb der großen Gruppe schizophrener Erkrankungen sein, die z. B. auf molekulargenetischem Wege oder durch neue bildgebende Verfahren (z. B. PET) erfolgen könnte.

Literatur

ANDERSON CB, ERESHEFSKY L (1992) Pharmakokinetische Grundlagen der Dosierung von Neuroleptika unter besonderer Berücksichtigung der Depot-Neuroleptika. In: RIFKIN A, OSTERHEIDER M (Hrsg) Schizophrenie – aktuelle Trends und Behandlungsstrategien. Springer, Berlin Heidelberg New York, S 3–28

ANGRIST B, Gershon S (1970) The phenomenology of experimentally induced amphetamine psychosis. Biol Psychiatry 2: 95–107

AWAD AG, HOGAN TP (1994) Subjective response to neuroleptics and the quality of life: implications for treatment outcome. Acta Psychiatr Scand 89 [Suppl 380]: 27–32

BARNES TRE, WILES DH (1983) Variation in orofacial tardive dyskinesia during depot antipsychotic treatment. Psychopharmacology 81: 359–362

BARTLETT EJ, WOLKIN A, BRODIE JD et al. (1991) Importance of pharmacologic control in PET studies: effects of thiothixene and haloperidol on crebral glucose utilization in chronic schizophrenia. Psychiatry Res: Neuroimaging 40: 115–124

BERGER HCJ, HOOF VAN JJM, SPAENDONCK VAN KPM, HORSTINK MWI, BERCKEN VAN DEN JHL, JASPERS R,

COOLS AR (1989) Haloperidol and cognitive shifting. Neuropsychologia 27: 629–639

BRACHA HS (1987) Asymmetric rotational (circling) behavior, a dopamine-related asymmetry; preliminary findings in unmedicated and never-medicated schizophrenic patients. Biol Psychiatry 22: 995–1003

BUCHSBAUM MS (1995) Charting the circuits. Nature 378: 128–129

BUCHSBAUM MS, WU JC, DELISI LE et al. (1987) Positron emission tomography studies of basal ganglia and somatosensory cortex drug effects: differences between normal controls and schizophrenic patients. Biol Psychiatry 22: 479–494

BUCHSBAUM MS, POTKIN SG, SIEGEL BV et al. (1992a) Striatal metabolic rate and clinical response to neuroleptics in schizophrenia. Arch Gen Psychiatry 49: 966–974

BUCHSBAUM MS, POTKIN SG, MARSHALL JF et al. (1992b) Effects of clozapine and thiothixene on glucose metabolic rate in schizophrenia. Neuropsychopharmacology 6: 155–163

BUNNEY BS, SESACK SR, SILVA NL (1987) Midbrain dopaminergic systems: neurophysiology and electrophysiological pharmacology. In: MELTZER HY (ed) Psychopharmacology. The third generation of progress. Raven Press, New York, pp 113–126

CARPENTER WT JR, HEINRICHS DW, ALPHS LD (1985) Treatment of negative symptoms. Schizophr Bull 11: 440–452

CARPENTER WT JR, CONLEY RR, BUCHANAN RW, BREIER A, TAMMINGA CA (1995) Patient response and resource management: another view of clozapine treatment of schizophrenia. Am J Psychiatry 152 (6): 827–832

CHEUNG H (1981) Schizophrenics fully remitted on neuroleptics for 3 to 5 years – to stop or continue drugs? Br J Psychiatry 138: 490–494

CIVELLI O (1995) Molecular biology of the dopamine receptor subtypes. In: BLOOM FE, KUPFER DJ (eds) Psychopharmacology: the fourth generation of progress. Raven Press, New York, pp 155–162

CLEGHORN JM, SZECHTMAN H, GARNETT ES et al. (1991) Apomorphine effects on brain metabolism in neuroleptic-naive schizophrenic patients. Psychiatry Res: Neuroimaging 40: 135–153

COHEN BM, LIPINSKI JF, POPE HG, HARRIS PQ, ALTESMAN RI (1980) Neuroleptic blood levels and therapeutic effect. Psychopharmacology 70: 191–193

COLLARD J (1974) The main clinical classifications of neuroleptics. Acta Psychiatr Scand 74: 447–461

COPPOLA R, HERRMANN WM (1987) Psychotropic drug profiles: comparisons by topographic maps of absolute power. Neuropsychobiology 97–104

CREESE I (1985) Binding interactions of neuroleptic drugs with dopamine receptors and their implications. In: SEIDEN LS, BALSTER RL (eds) Behavioral pharmacology. The current status. Liss, New York, pp 221–241

DANIEL DG, WEINBERGER DR, JONES DW et al. (1991) The effect of amphetamine on regional cerebral blood flow during cognitive activation in schizophrenia. J Neurosci 11: 1907–1917

DANIELS JJ, WILLIAMS J, MANT R et al. (1994) Repeat length variation in the dopamine D4 receptor gene shoes no evidence of association with schizophrenia. Am J Med Genet 54: 256–258

DAVIS JM, JANOWSKY DS, SEKERKE HJ, MANIER H, ELYOUSEFF MK (1974) The pharmacokinetics of butaperazine in serum. In: FORREST IS, CARR CJ, USDIN E (eds) Phenothiazines and structurally related drugs. Raven Press, New York, pp 433–443

DAVIS JM, SCHAFFER CB, KILLIAN GA, KINARD C, CHAN C (1980) Important issues in the drug treatment of schizophrenia. Schizophr Bull 6: 70–87

DEISTER A, MARNEROS A, CONRAD C, FISCHER J (1992) Clozapin (LeponexR) bei therapieresistenten chronischem schizophrenen Psychosen. In: NABER D, MÜLLER-SPAHN F (Hrsg) Clozapin – Pharmakologie und Klinik eines atypischen Neuroleptikums. Schattauer, Stuttgart New York, S 37–42

DELISI LE, HOLCOMB HH, COHEN RM, PICKAR D, CARPENTER W et al. (1985) Positron emission tomography in schizophrenic patients with and without neuroleptic medication. J Cereb Blood Flow Metab 5: 201–206

DENIKER P (1988) Die Geschichte der Neuroleptika. In: LINDE OK (Hrsg) Pharmakopsychiatrie im Wandel der Zeit. Tilia, Nürnberg, S 119–133

DOLAN RJ, FLETCHER P, FRITH CD, FRISTON KJ, FRACKOWIAK RSJ, GRASBY PM (1995) Dopaminergic modulation of impaired cognitive activation in the anterior cingulate cortex in schizophrenia. Nature 378: 180–182

ELKAYAM U, FRISHMAN W (1980) Cardiovascular effects of phenothiazines. Am Heart J 100: 397–401

ELLISON G (1994) Stimulant-induced psychosis, the dopamine theory of schizophrenia and the habenula. Brain Res Rev 19: 223–239

ELLISON GD, NIELSEN EB, LYON M (1981) Animal models of psychosis: hallucinatory behaviors in monkeys during the late stage of continuous amphetamine intoxication. J Psychiatr Res 16: 13–22

FARDE L (1988) Central d2-dopamine receptor occupancy in schizophrenic patients treated with antipsychotic drugs. Arch Gen Psychiatry 45: 71–76

FARDE L, NORDSTRÖM AL (1992) PET analysis indicates atypical central dopamine receptor occupancy in clozapine-treated patients. Br J Psychiatry [Suppl] 17: 30–33

FARDE L, NORDSTRÖM AL, WIESEL FA, PAULI S, HALLDIN C, SEDVALL G (1992) Positron emission tomographic analysis of central D1 and D2 dopamine receptor occupancy in patients treated with classical neuroleptics and clozapine. Relation to extrapyramidal side effects. Arch Gen Psychiatry 49: 538–544

FIBINGER HC, PHILLIPS AG (1985) Behavioral pharmacology of neuroleptic drugs: possible mechanism of action. In: SEIDEN LS, BALSTER RL (eds) Behavioral pharmacology. The current status. Liss, New York, pp 243–259

FLÜGEL F, BENTE D (1956) Das akinetisch-abulische Syndrom und seine Bedeutung für die pharmakologisch-psychiatrische Forschung. Dtsch Med Wochenschr 81: 2071–2074

GAEBEL W, AWAD AG (1994) Prediction of neuroleptic treatment outcome in schizophrenia. Concepts and methods. Springer, Wien New York

GAEBEL W, PIETZCKER A, ULRICH G, SCHLEY J, MÜLLER-OERLINGHAUSEN B (1988) Möglichkeiten der Voraussage des Erfolges einer Akutbehandlung mit Perazin anhand der Reaktion auf eine Perazintestdosis. In: HELMCHEN H, HIPPIUS H, TÖLLE R (Hrsg) Therapie mit Neuroleptika – Perazin. Thieme, Stuttgart New York, S 159–172

GALDI J, RIEDER RO, SILBER D, BONATO RR (1981) Genetic factors in the response to neuroleptics in schizophrenia: a pharmacogenetic study. Psychol Med 11: 713–728

GARDOS G (1974) Are antipsychotic drugs interchangeable? J Nerv Ment Dis 5: 343–348

GLENTHØJ B, MOGENSEN J, LAURSEN H, HOLM S, HEMMINGSEN R (1993) Electrical sensitization of the meso-limbic dopaminergic system in rats: a pathogenetic model for schizophrenia. Brain Res 619: 39–54

GOLDBERG SC (1985) Negative and deficit symptoms in schizophrenia do respond to neuroleptics. Schizophr Bull 11: 453–456

GRACE A (1991) Phasic versus tonic dopamine release and the modulation of dopamine system responsivity: a hypothesis for the etiology of schizophrenia. Neuroscience 41: 1–24

GRIFFITH J, CAVANAUGH J, HELD N, OATES J (1972) D-amphetamine: evaluation of psychotomimetic properties in man. Arch Gen Psychiatry 26: 97–100

GRÜNBERGER J, LINZMAYER L, CEPKO H, SALETU B (1986) Pupillometrie im psychopharmakologischen Experiment. Arzneimittelforschung 36: 141–146

HAASE HJ (1977) Therapie mit Psychopharmaka und anderen seelisches Befinden beeinflussenden Medikamenten, 4. Aufl. Schattauer, Stuttgart New York

HEINRICH K (1967) Zur Bedeutung des postremissiven Erschöpfungssyndroms für die Rehabilitation Schizophrener. Nervenarzt 38: 487–491

HOGARTY GE, GOLDBERG SC, SCHOOLER NR, ULRICH RF (1974) Drug and sociotherapy in the aftercare of schizophrenic patients. II. Two-year relapse rates. Arch Gen Psychiatry 31: 603–608

HORN E, LACH B, LAPIERRE Y et al. (1988) Hypothalamic pathology in the neuroleptic malignant syndrome. Am J Psychiatry 145 (5): 617–620

IMPERATO A, ANGELUCCI L (1989) The effects of clozapine and fluperlapine on the in vivo release and metabolism of dopamine in the striatum and prefrontal cortex of freely moving rats. Psychopharmacol Bull 25: 383–389

ITIL TM, PATTERSON CD, KESKINER A, HOLDEN JM (1974) Comparison of phenothiazine and nonphenothiazine neuroleptics according to psychopathology, side effects and computerized EEG. In: FORREST IS, CARR CJ, USDIN E (eds) The phenothiazines and structurally related drugs. Raven Press, New York, pp 499–509

ITIL TM, MARASA J, SALETU B, DAVIS S, MUCCIARDI AN (1975) Computerized EEG: predictor of outcome in schizophrenia. J Nerv Ment Dis 160: 188–203

ITIL TM, SHAPIRO D, SCHNEIDER SJ, FRANCIS IB (1981) Computerized EEG as a predictor of drug response in treatment resistant schizophrenics. J Nerv Ment Dis 169: 629–637

JANKE W (1980) Psychometric and psychophysiological actions of antipsychotics in men. In: HOFFMEISTER F, STILLE G (eds) Psychotropic agents. Springer, Berlin Heidelberg New York, pp 305–336

JANN MW, ERESHEFSKY L, SAKLAND SR (1985) Clinical pharmacokinetics of the depot antipsychotics. Clin Pharmacokinet 10: 315–333

JURNA I (1980) Neurophysiological properties of neuroleptic agents in animals. In: HOFFMEISTER F, STILLE G (eds) Psychotropic agents. Springer, Berlin Heidelberg New York, pp 111–175

KAMPFHAMMER H-P, RÜTHER E (1988) Depot-Neuroleptika. Springer, Berlin Heidelberg New York Tokyo

KANE JM (1984) The use of depot neuroleptics: clinical experience in the United States. J Clin Psychiatry 45: 5–12

KANE J, HONIGFELD G, SINGER J, MELTZER H (1988) Clozapine for the treatment-resistant schizophrenic. Arch Gen Psychiatry 45: 789–796

KILLIAN GA, HOLZMAN PS, DAVIS JM, GIBBONS R (1984) Effects of psychotropic medication on selected cognitive and perceptual measures. J Abnorm Psychol 93: 58–70

KISSLING W (1991) The current unsatisfactory state of relapse prevention in schizophrenic psychoses – suggestions for improvement. Clin Neuropharmacol 14 [Suppl 2]: S33–S44

KLIMKE A, KLIESER E (1994) Catatonia. Current therapeutic recommendations. CNS Drugs 2 (4): 280–291

KLIMKE A, KLIESER E (1995) Das atypische Neuroleptikum Clozapin (Leponex®) – aktueller Kenntnisstand und neuere klinische Aspekte. Fortschr Neurol Psychiat 63: 173–193

KLIMKE A, Klieser E, LEHMANN E, MIELE L (1993) Initial improvement as a criterion for drug choice in acute schizophrenia. Pharmacopsychiatry 26 (1): 25–29

KORNETSKY C (1985) Neuroleptic drugs may attenuate pleasure in the operant chamber, but in the schizophrenic's head they may simply reduce motivational arousal. Behav Brain Sci 8: 173–192

KREISKOTT H (1980) Behavioral pharmacology of antipsychotics. In: HOFFMEISTER F, STILLE G (eds) Psychotropic agents. Springer, Berlin Heidelberg New York, pp 59–88

LAUBER HL (1967) Pupillometrische Versuche bei Anwendung von Psychopharmaka. Med Welt 18: 572–576

LAURIAN S, LE PK, BAUMANN P, PEREY M, GAILLARD J-M (1981) Relationship between plasma-levels of chlorpromazine and effects on EEG and evoked potentials in healthy volunteers. Pharmacopsychiatry 14: 199–204

LEHMANN HE (1975) Psychopharmacological treatment of schizophrenia. Schizophr Bull 13: 27–45

LEHR E (1980) Testing antipsychotic drug effects with operant behavioral techniques. In: HOFFMEISTER F, STILLE G (eds) Psychotropic agents. Springer, Berlin Heidelberg New York, pp 89–95

LEUSCHNER F, NEUMANN W, HEMPEL R (1980) Toxicology of antipsychotic agents. In: HOFFMEISTER F, STILLE G (eds) Psychotropic agents. Springer, Berlin Heidelberg New York, pp 225–265

LIEBERMAN JA, JOHNS CA, KANE JM et al. (1989) Clozapine: guidelines for clinical management. J Clin Psychiatry 50: 329–338

LIEBERMAN J, JODY D, GEISLER S, ALVIR J, LOEBEL A, SZYMANSKI S, WOERNER M, BORENSTEIN M (1993) Time course and biologic correlates of treatment response in first-episode schizophrenia. Arch Gen Psychiatry 50: 369–376

LIN MT, HO MT, YOUNG MS (1992) Stimulation of the nigrostriatal dopamine system inhibits both heat production and heat loss mechanisms in rats. Naunyn Schmiedebergs Arch Pharmacol 346 (5): 504–510

LINGJOERDE O (1973) Some pharmacological aspects of depot neuroleptics. Acta Psychiatr Scand [Suppl] 246: 9–14

LOGA S, CURRY S, LADER M (1975) Interactions of orphenadrine and phenobarbitone with chlorpromazine: plasma concentrations and effects in man. Br J Clin Pharmacol 2: 197–208

MARDER SR, HAWES EM, PUTTEN VAN T, HUBBARD JW, MEKAY G, MINTZ J, MAY PRA, MIDHA KK (1986) Fluphenazine plasma levels in patients receiving low and conventional doses of fluphenazine decanoate. Psychopharmacology 88: 480–483

MARKSTEIN R (1994) Bedeutung neuer Dopaminrezeptoren für die Wirkung von Clozapin. In: NABER D, MÜLLER-SPAHN F (Hrsg) Clozapin. Pharmakologie und Klinik eines atypischen Neuroleptikums. Springer, Berlin Heidelberg New York Tokyo, S 5–16

MAY PRA, GOLDBERG SC (1978) Prediction of schizophrenic patients' response to pharmacopsychiatry. In: LIPTON MA, DIMASCIO A, KILLAM KF (eds) Psychopharmacology: a generation of progress. Raven Press, New York, pp 1139–1153

MAY PRA, PUTTEN VAN T, YALE C, POTEPAN P, JENDEN DJ, FAIRCHILD MD, GOLDSTEIN MJ, DIXON WJ (1976) Predicting individual responses to drug treatment in schizophrenia: a test dose model. J Nerv Ment Dis 162: 177–183

MAY PRA, PUTTEN VAN T, JENDEN DJ, YALE C, DIXON WJ, GOLDSTEIN MJ (1981) Prognosis in schizophrenia: individual differences in psychological response to a test dose of antipsychotic drug and their relationship to blood and saliva levels and treatment. Compr Psychiatry 22: 147–152

McELVOY JP, HOGARTY GE, STEINGARD S (1991) Optimal dose of neuroleptic in acute schizophrenia. Arch Gen Psychiatry (48): 739–745

MELTZER HY (1994) An overview of the mechanism of action of clozapine. J Clin Psychiatry 55 [Suppl B]: 47–52

MELTZER HY, BUSCH DA, FANG VS (1983) Serum neuroleptic and prolactin levels in schizophrenic patients and clinical response. Psychiatr Res 9: 271–283

MÖLLER HJ, KISSLING W, ZERSSEN VON D (1983) Die prognostische Bedeutung des frühen Ansprechens schizophrener Patienten auf Neuroleptika für den weiteren stationären Behandlungsverlauf. Pharmacopsychiatry 16: 46–49

MODESTIN J, TOFFLER G, PIA M, GREUB E (1983) Haloperidol in acute schizophrenic inpatients. A double-blind comparison of dosage regimens. Pharmacopsychiat 16: 121–126

MURPHY DL, SHILING DJ, MURRAY RM (1978) Psychoactive drug responder subgroups: possible contributions to psychiatric classification. In: LIPTON MA, DIMASCIO A, KILLAM KF (eds) Psychopharmacology: a generation of progress. Raven Press, New York, pp 807–820

NABER D, HIPPIUS H (1990) The European experience with the use of clozapine. Hosp Commun Psychiatry 41: 886–889

NEDOPIL N, RÜTHER E (1981) Initial improvement as predictor of outcome of neuroleptic treatment. Pharmacopsychiatry 14: 205–207

NIEMEGEERS CJE (1984) Zur Pharmakologie der Antidepressiva und Neuroleptika. Nervenheilkunde 3: 28–32

NORDSTRÖM AL, FARDE L, WIESEL FA, FORSLUND K, PAULI S, HALLDIN C, UPPFELDT G (1993) Central D2-dopamine receptor occupancy in relation to antipsychotic drug effects: a double-blind PET study of schizophrenic patients. Biol Psychiatry 33: 227–235

NORDSTRÖM AL, FARDE L, NYBERG S, KARLSSON P, HALLDIN C, SEDVALL G (1995) D1, D2 and 5-HT2 Receptor occupancy in relation to clozapine serum concentration: a PET study of schizophrenic patients. Am J Psychiatry 152 (10): 1444–1449

NYBERG S, FARDE L, HALLDIN C, DAHL MI, BERTILSSON L (1995) D2 dopamine receptor occupancy during low-dose treatment with haloperidol decanoate. Am J Psychiatry 152 (2): 173–178

OYEWUMI LK (1983) Neuroleptics under high risk conditions. Can J Psychiatry 38: 398–402

PEROUTKA SJ, SNYDER SH (1980) Relationship of neuroleptic drug effects at brain dopamine, serotonin, alpha-adrenergic, and histamine receptors to clinical potency. Am J Psychiatry 137: 1518–1522

PILOWSKY LS, COSTA DC, ELL PJ, MURRAY RM, VERHOEFF NP, KERWIN RW (1993) Antipsychotic medication, D2 dopamine receptor blockade and clinical response: a 123I IBZM SPET (single photon emission tomography) study. Psychol Med 23: 791–797

RANDRUP A, KJELLBERG B, SCHIÖRRING E, SCHELLLKRÜGER J, FOG R, MUNKVAD I (1980) Stereotyped behavior and its relevance for testing neuroleptics. In: HOFFMEISTER F, STILLE G (eds) Psychotropic agents. Springer, Berlin Heidelberg New York, pp 97–110

ROBINSON TE, NOORDHOORN M, CHAN EM, MOCSARY Z, CAMP DM, WHISHAW IQ (1994) Relationship between asymmetries in striatal dopamine release and the direction of amphetamine-induced rotation during the first week following a unilateral 6-OHDA lesion of the substantia nigra. Synapse 17: 16–25

ROTH RH, WOLF ME, DEUTSCH AY (1987) Neurochemistry of midbrain dopamine systems. In: MELTZER HY (ed) Psychopharmacology. The third generation of progress. Raven Press, New York, pp 81–94

ROUBICEK J (1980) Antipsychotics: neurophysiological properties (in man). In: HOFFMEISTER F,

STILLE G (eds) Psychotropic agents. Springer, Berlin Heidelberg New York, pp 178–192

SAKURAI Y, TAKAHASHI R, NAKAHARA T, IKENAGA H (1980) Prediction of response to and acutte outcome of chlorpromazine treatment in schizophrenic patients. Arch Gen Psychiatry 37: 1057–1061

SALETU B (1980) Central measures in schizophrenia. In: PRAAG VAN HM, LADER MH, RAFAELSEN OJ, SACHAR EJ (eds) Handbook of biological psychiatry, part II. Brain mechanisms and abnormal behavior – psychophysiology. Dekker, New York Basel, pp 97–144

SALETU B, ANDERER P (1989) EEG-Mapping in der psychiatrischen Diagnose- und Therapieforschung. In: SALETU B (Hrsg) Biologische Psychiatrie. Thieme, Stuttgart New York, S 31–51

SCHWARTZ WJ, SMITH CB, DAVIDSEN L, SAVAKI H, SOKOLOFF L et al. (1979) Metabolic mapping of functioning activity in the hypothalamo-neurohypophyseal system of the rat. Science 205: 723–725

SEDVALL G (1992) The current status of PET scanning with respect to schizophrenia. Neuropsychopharmacology 7: 41–54

SIMPSON GM, YADALAM K (1985) Blood levels of neuroleptics: state of the art. J Clin Psychiatry 46: 22–28

SIMPSON GM, COOPER TB, BARK N, SUD I, LEE JH (1980) Effect of antiparkinsonian medication on plasma levels of chlorpromazine. Arch Gen Psychiatry 37: 205–208

SOVNER R, DiMASCIO A (1978) Extrapyramidal syndromes and other neurological side effects of psychotropic drugs. In: LIPTON MA, DiMASCIO A, KILLAM KF (eds) Psychopharmacology: a generation of progress. Raven Press, New York, pp 1021–1032

STEVENS JR, LIVERMORE A (1978) Kindling of the mesolimbic dopamine system: animal model psychosis. Neurology 28: 36–46

STILLE G (1971) Zur Pharmakologie katatonigener Stoffe. Arzneimittelforschung 6: 800–808

STILLE G, HIPPIUS H (1971) Kritische Stellungnahme zum Begriff der Neuroleptika. In: COPER H, ENGELMEIER MP, HEINRICH K, HERZ A, HIPPIUS H, KIELHOLZ P (Hrsg) Pharmakopsychiatrie. Neuro-Psychopharmakologie. Thieme, Stuttgart, S 182–191

STONE CK, GARVER DL, GRIFFITH J, HIRSCHOWITZ J, BENNETT J (1995) Further evidence of a dose-response threshold for haloperidol in psychosis. Am J Psychiatry 152 (8): 1210–1212

STRAUSS JS, CARPENTER WT, BARTKO JJ (1977) The diagnosis and understanding of schizophrenia, part III. Speculations on the processus that underlie schizophrenic symptoms and signs. Schizophr Bull 11: 61–69

SUNAHARA RK, SEEMAN P, VAN TOL HHM, NIZNIK HB (1993) Dopamine receptors and antipsychotic drug response. Br Psychiatry 163 [Suppl 22]: 31–38

SWERDLOW NR, BRAFF DL, TAAID N, GEYER MA (1994) Assessing the validity of an animal model of deficient sensorimotor gating in schizophrenic patients. Arch Gen Psychiatry 51: 139–154

SZECHTMAN H, NAHMIAS C, GARNETT ES, FIRNAU G, BROWN GM, KAPLAN RD, CLEGHORN JM (1988) Effect of neuroleptics on altered cerebral glucose metabolism in schizophrenia. Arch Gen Psychiatry 45: 523–532

THIELS C, LEEDS A, RESCH F, GOESSENS L (1983) Wirkungen psychotroper Substanzen auf Embryo und Fetus. In: LANGER G, HEIMANN H (Hrsg) Psychopharmaka. Grundlagen und Therapie. Springer, Wien New York, S 559–573

TUMA AH, MAY PRA, YALE C, FORSTHYE AB (1978) Therapist characteristics and the outcome of treatment in schizophrenia. Arch Gen Psychiatry 35: 81–85

UNGERSTEDT U (1971) Postsynaptic supersensitivity after 6-hydroxydopamine induced degereration of the nigrostriatal dopamine system. Acta Physiol Scand [Suppl] 367: 69–93

VAN KAMMEN P, KELLEY M (1991) Dopamine and norepinephrine activity in schizophrenia. An integrative perspective. Schizophr Res 4: 173–191

VAN PUTTEN T, MAY PRA, JENDEN DJ (1981) Does a plasma level of chlorpromazine help? Psychol Med 11: 729–734

VAN PUTTEN T, MARDER SR, MINTZ J (1990) A controlled dose comparison of haloperidol in newly admitted schizophrenic patients. Arch Gen Psychiatry 47: 754–8

VENABLES PH (1980) Peripheral measures of schizophrenia. In: PRAAG VAN HM, LADER MH, RAFAELSEN OJ, SACHAR EJ (eds) Handbook of biological psychiatry, part 3. Dekker, New York Basel, pp 79–95

WIESEL FA (1992) Regional glucose metabolism before and during neuroleptic treatment. Prog Neuropsychopharmacol Biol Psychiatry 16: 871–881

WIK G, WIESEL FA, SJÖGREN I et al. (1989) Effects of sulpiride and chlorpromazine on regional cerebral glucose metabolism in schizophrenic patients as determined by positron emission tomography. Psychopharmacology 97: 309–318

WILLNER P (1991) Behavioral models in psychopharmacology: theoretical, industrial and clinical perspectives. Cambridge University Press, Cambridge New York

WISE RA (1978) Catecholamine theories of reward: a critical review. Brain Res 152: 215–247

WISE RA (1982) Neuroleptics and operant behavior: the anhedonia hypothesis. Behav Brain Sci 5: 39–87

WOGGON B, BAUMANN U (1983) Multimethodological approach in psychiatric predictor research. Pharmacopsychiatry 16: 175–178

WOLKIN A, JAEGER J, BRODIE JD et al. (1985) Persistence of cerebral metabolic abnormalities in chronic schizophrenia as determined by positron emission tomography. Am J Psychiatry 142: 564–571

WOLKIN A, ANGRIST B, WOLF AP et al. (1987) Effects of amphetamine on local cerebral metabolism in normal and schizophrenic subjects as determined by positron emission tomography. Psychopharmacology 92: 241–246

WOLKIN A, SANFILIPO M, ANGRIST B et al. (1994) Acute d-amphetamine challenge in schizophrenia: effects on cerebral glucose utilization and clinical symptomatology. Biol Psychiatry 36: 317–325

WYATT RJ (1976) Biochemistry and schizophrenia, part IV. The neuroleptics – their mechanism of action: a review of the biochemical literature. Psychopharmacol Bull 12: 5–50

YADALAM KG, SIMPSON GM (1988) Changing from oral to depot fluphenazine. J Clin Psychiatry 49: 346–348

3.3 Neurobiochemie, Wirkmechanismen

J. Fritze

3.3.1 Historisches

Die Existenz antipsychotisch wirkender Substanzen, nämlich der Neuroleptika, ist zufälligen Entdeckungen zu verdanken, nämlich der Entdeckung des Reserpins bzw. des Chlorpromazins. Diese beiden Substanzen erlaubten die Erkenntnis, daß alle Neuroleptika die dopaminerge Neurotransmission hemmen. Dabei ist aber zu bedenken, daß sich die Suche nach und Entwicklung von neuen Antipsychotika in den seither vergangenen über vier Jahrzehnten an Testmodellen orientierte, in denen sich die verfügbaren Neuroleptika bewährt hatten. Damit blieb die Forschung in bestimmten Kategorien und Strategien gefangen. Dies bedeutet also, daß sehr wohl auch andere Wirkprinzipien denkbar wären. Eine Betrachtung der neurobiochemischen Wirkungen der Neuroleptika kann nur sinnvoll sein, wenn sich innovative pharmakologische Entwicklungen und/oder Schlußfolgerungen zur Ätiopathogenese der Psychosen daraus ableiten lassen. Die neurochemischen Effekte der Neuroleptika müssen in Beziehung zu denen psychotomimetischer Substanzen und zu neurochemischen Befunden bei den Psychosen selbst gesetzt werden, um Klarheit über ihre Relevanz für die antipsychotische Wirkung zu gewinnen. Dieser historische Abriß soll die Wechselwirkung zwischen Zufällen und systematischer Forschung bewußt machen, um künftigen Zufällen und damit hoffentlich dringend nötigen Durchbrüchen eine Chance zu geben.

Reserpin entstammt der indischen Volksmedizin. G. Sen und K. C. Bose berichteten über seine klinischen Eigenschaften im Jahre 1931. Dies aufgreifend konnte N. S. Kline 1954 über die positiven Erfahrungen auch in der westlichen Medizin berichten (Ref. bei Hornykiewicz 1986). In der Psychiatrie wurde Reserpin wegen seiner autonomen Wirkungen (Blutdrucksenkung) schnell von Chlorpromazin abgelöst. Die psychotropen Wirkungen von Chlorpromazin wurden 1951 von dem Chirurgen H. Laborit entdeckt, von dem stimuliert seine psychiatrischen Kollegen J. Delay und dessen Mitarbeiter P. Deniker bereits 1952 über den erfolgreichen Einsatz bei psychisch Kranken berichten konnten. Bereits mit diesen ersten Beobachtungen war klar, daß Chlorpromazin hervorragend gegen manische, gut gegen produktiv-psychotische, kaum gegen negative und gar nicht gegen depressive Symptome wirkt. Durch Molekülmodifikationen des Chlorpromazins wurde eine große Zahl weiterer, analog wirkender Substanzen vom Typ der Phenothiazine, Thioxanthene, und schließlich Diphenylbutylpiperazine entwickelt. Delay und Deniker prägten 1955 für diese Substanzgruppen zur Beschreibung ihrer klinischen Eigenschaften den Begriff „Neuroleptikum". Frühzeitig (z. B. 1954) wurde von deutschen Klinikern wie H. Steck, R. Degkwitz und H.-J. Haase über motorische Effekte beider Substanzen berichtet: bei der Ratte Katalepsie und beim Menschen Parkinsonoide.

Zunächst auf der Suche nach neuen morphinartigen Analgetika, dann nach Amphetamin-Antagonisten (angesichts des damals verbreiteten Dopings bei Radrennfahrern mit resultierenden Amphetamin-Psychosen) beobachtete P. A. J. Janssen im Jahre 1961, daß bestimmte Butyrophenone wie Haloperidol beim Tier in der kataleptischen Wirkung und im Amphetamin-Antagonismus dem Chlorpromazin ähneln. Amphetamin war ursprünglich von L. Edeleanu 1887 synthetisiert und G. Piness und G. A. Alles in den

30er Jahren als dem Ephedrin überlegenes Bronchospasmolytikum entwickelt worden. Amphetamin provoziert bei längerfristigem, hochdosiertem Konsum paranoid geprägte Psychosen (BELL 1965).

Die Gruppe um A. CARLSSON in Göteborg entdeckte 1957, daß sich die Reserpin-induzierte Katalepsie durch 3,4-Dihydroxyphenylalanin (DOPA) antagonisieren läßt. CARLSSON postulierte deshalb, der Parkinson-Krankheit müßte ein Dopamin-Defizit zugrunde liegen. Dies wurde 1960 von dem Kanadier A. BARBEAU bzw. H. EHRINGER und O. HORNYKIEWICZ bestätigt. Entsprechend konnten W. BIRKMAYER und O. HORNYKIEWICZ 1961 die Wirksamkeit der Substitutionstherapie mit L-DOPA nachweisen. CARLSSON und LINDQUIST beobachteten 1963 unter Chlorpromazin und Haloperidol einen Anstieg des Dopaminmetaboliten Methoxytyramin als Ausdruck einer erhöhten Aktivität dopaminerger Neuronen; daraus leiteten sie ab, Neuroleptika müßten Dopaminrezeptoren blockieren. In Verbindung mit den psychotogenen Wirkungen chronisch konsumierten Amphetamins, das u. a. die dopaminerge Neurotransmission fördert, führte die Blockade dopaminerger Rezeptoren durch Neuroleptika zur Formulierung der Dopaminhypothese der Schizophrenien (CARLSSON 1978, SNYDER et al. 1974).

Neben Amphetamin verursachen auch Meskalin, Lysergsäurediäthylamid (u. a. Psychodysleptika) und Phencyclidin sog. Modellpsychosen. Meskalin ist ein Alkaloid des Kaktus Peyotl und wurde der westlichen Szene aus dem rituellen Gebrauch durch die Indianer Mexikos bekannt. Lysergsäurediäthylamid (LSD) wurde von HOFMANN (1970) zufällig bei Versuchen zur Synthese optimierter Mutterkornalkaloide für die Geburtshilfe entdeckt. Bei den psychotropen Wirkungen der Psychodysleptika, wozu eine Reihe weiterer Substanzen gehören, stehen Wahrnehmungsstörungen besonders optischer Art ganz im Vordergrund. In der Regel handelt es sich um Pseudohalluzinationen. Entsprechend erleben schizophren Kranke diese Wirkungen eindeutig anders als ihre autochtonen Krankheitssymptome (BREAKEY et al. 1974). Wenn dies auch den Modellcharakter psychodysleptisch induzierter Psychosen in Frage stellt, so bieten sie doch zumindest Startpunkte für das pathophysiologische Verständnis z. B. von Halluzinationen. Phencyclidin (PCP; 1(1-Phenylcyclohexyl)-Piperidin) wurde anfang der 50er Jahre als dissoziatives Anästhetikum entwickelt, aber wegen seiner psychotomimetischen Effekte (Peace Pill, Angel Dust) (LUBY et al. 1959) nicht klinisch eingesetzt

(wohl aber sein Derivat Ketamin). Besonders längerfristiger Konsum (sog. „Runs") induziert Symptome, die dem Vollbild schizophrener Psychosen (Plus- und Minussymptome) entsprechen sollen. Eine Sonderstellung nimmt Muszimol ein. Muszimol ist ein psychotomimetisches Alkaloid des Pilzes Amanita muscaria, der deshalb u. a. in Sibirien rituell konsumiert wurde. Es induziert zunächst Ataxie und Schlaf, nach dem Wiedererwachen treten dann psychedelische Erlebnisse auf (KERR und ONG 1992). Muszimol ist ein hochpotenter und selektiver Agonist an GABA$_A$-Rezeptoren (GABA = α-Aminobuttersäure).

Als atypische Neuroleptika werden Substanzen bezeichnet, die beim Tier kaum oder keine Katalepsie und beim Menschen kaum oder keine extrapyramidal-motorischen Nebenwirkungen auslösen. Dazu gehören auch die Benzamide. Deren Entwicklung begann 1942 mit dem Lokalanästhetikum Procain, aus dem 1949 das Antiarrhythmikum Procainamid entstand, dessen Derivat Orthochloroprocainamid wie Chlorpromazin antiemetisch wirkt, worüber 1957 berichtet wurde. Metoclopramid (5-Chloro-2-methoxyprocainamid) wurde 1964 als Antiemetikum eingeführt. Screening-Modell war das Apomorphin-induzierte Erbrechen. Apomorphin ist ein Dopamin-Agonist. Zu den typischen, wenn auch seltenen, Nebenwirkungen von Metoclopramid gehören Akutdystonien und bei längerem Gebrauch Parkinsonoide. Metoclopramid erhöhte wie Chlorpromazin die Metaboliten von Dopamin; ob es antipsychotisch wirkt, wurde unzureichend untersucht. Stattdessen wurde sein Derivat Sulpirid zunächst in der Gastroenterologie und dann schnell (1967) in die Psychiatrie eingeführt. Sulpirid wirkt antipsychotisch, auch antidepressiv und vielleicht gegen Minussymptome, und verursacht deutlich seltener als typische Neuroleptika extrapyramidale Begleitwirkungen.

Paradigmatisch für atypische Neuroleptika, d. h. reine, wahre, spezifische Antipsychotika, und der goldene Standard für künftige Entwicklungen ist Clozapin, das als einzige Substanz keinerlei Katalepsie oder Parkinsonoid verursacht. Clozapin ist historisch eine Rarität insofern, als es letztlich gegen einige Widerstände der entdeckenden Berner Firma Wander klinisch entwickelt wurde. Denn Clozapin induzierte im Tier keine Katalepsie und antagonisierte nicht Amphetamin- oder Apomorphin-induzierte Stereotypien, was damals für ein Neuroleptikum mit Markterfolg für unverzichtbar gehalten wurde. Clozapin (HF1854) entstammte einem chemischen Derivatisierungsprogramm (1960) trizyklischer Substanzen wie Chlorpromazin des Chemikers FRITZ

HUNZIKER (*HF …*). Im Tier fielen als neuropsychotrope Wirkungen allein eine ausgeprägte Sedierung und Analgesie auf. Erst die klinischen Studien Ende der 60er Jahre offenbarten seine antipsychotische Potenz. Nach der „Endemie" von 13 Agranulozytosen mit 8 Todesfällen in Finnland 1975 wollte Wander Clozapin definitiv vom Markt nehmen. Dem Drängen der Ärzteschaft unter Führung von H. HIPPIUS ist zu verdanken, Clozapin unter dem Konstrukt der kontrollierten Verordnung weiterhin verfügbar zu halten. Erst die „Wiederentdeckung" von Clozapin in den USA Mitte der 80er Jahre rückte Clozapin ins Zentrum des internationalen Forschungsinteresses.

3.3.2 Anatomie dopaminerger Bahnen

Histochemische und immunhistochemische Untersuchungen erlaubten die Differenzierung von vier dopaminergen Bahnsystemen. Diese grobe Gliederung stellt allerdings eine Vereinfachung dar. Die tuberoinfundibulären Bahnen ziehen vom Nucleus arcuatus hypothalami zur Eminentia medialis; von dort gelangt Dopamin über die Portalvenen zur Hypophyse, wo es über D_2-Rezeptoren die Prolaktin-Sekretion hemmt. Die drei anderen Bahnen nehmen ihren Ursprung im Mesencephalon. Der nigrostriatale Trakt zieht von der Zona compacta der Substantia nigra (Area A9 nach DAHLSTRÖM und FUXE) zum Striatum, der mesolimbische Trakt von Kernen des ventralen mesencephalen Tegmentums (A10) zum limbischen System wie Nucleus accumbens, Tuberculum olfactorium, laterales Septum und Nucleus amygdalae, der mesocorticale Trakt von der Regio A10 zum anteromedialen Frontalcortex, Gyrus cinguli, Nucleus piriformis und Regio entorhinalis (Abb. 3.3.1). BISCHOFF (1986) lieferte Evidenzen auch für einen mesohippocampalen Trakt. Inzwischen hat sich ergeben, daß auch der übrige Cortex eine, wenn auch diskrete, dopaminerge Innervation erhält (MEADOR WOODRUFF et al. 1995). Die mesofrontocor-

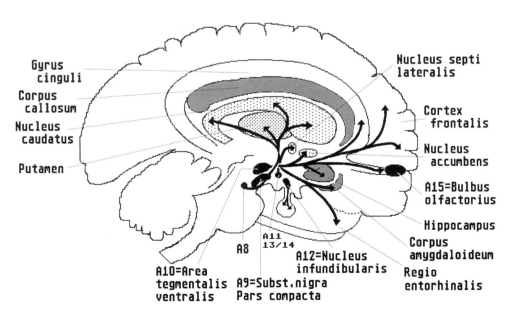

Abb. 3.3.1. Schematische Darstellung der vier dopaminergen Bahnsysteme (NIEUWENHUYS 1985). *A8, A9, A10, A11, A13/14* dopaminerge Ursprungskernareale in der Nomenklatur von DAHLSTRÖM und FUXE. Details siehe Text

ticalen Bahnen weisen gegenüber den anderen einige Besonderheiten auf. Sie scheinen durch Streß besonders aktiviert zu werden. Sie feuern häufiger in Salven, und der ohnehin höhere Dopamin-Umsatz wird nur wenig durch Neuroleptika gesteigert, wogegen sich im Gegensatz zu anderen dopaminergen Bahnen keine Toleranz entwickelt, was möglicherweise mit fehlenden oder weniger somatodendritischen Autorezeptoren zusammenhängt (BUNNEY et al. 1991), und leiten mit geringerer Geschwindigkeit. Sie schütten Dopamin nicht gemeinsam mit Cholecystokinin aus. Der nigrostriatale Trakt wird mit den extrapyramidalmotorischen Wirkungen von Neuroleptika in Zusammenhang gebracht, der mesolimbische mit der Regulation von Stimmung, Antrieb, Motivation und Belohnung (DI CHIARA 1995, DI CHIARA und IMPERATO 1988), der mesocortikale mit Aufmerksamkeitsfokussierung und einschließlich des mesohippocampalen mit Lernen und Gedächtnis. Diese regionalen Zuordnungen sind aber nicht exklusiv und unwidersprochen (LIDSKY 1995), da das Striatum sehr wohl nicht nur mit der Motorik, sondern auch mit kognitiven Prozessen befaßt ist; das Caudatum erhält seine wesentlichen Afferenzen vom frontalen Assoziationscortex.

3.3.3 Dopaminerge Neurotransmission

Dopamin entsteht durch Decarboxylierung von 3,4-Dihydroxyphenylalanin (L-DOPA), das seinerseits aus Tyrosin entsteht. Schlüsselenzym und geschwindigkeitsbestimmend ist die Aktivität der Tyrosinhydroxylase. Dopamin wird zu ca. 80% durch Wiederaufnahme (reuptake) (Abb. 3.3.2) aus dem synaptischen Spalt in die präsynaptische Endigung inaktiviert. Reserpin blockiert die Speicherung von Dopamin (und auch Noradrenalin, Serotonin, Histamin) in den synaptischen Vesikeln (SHORE et al. 1978). Am-

phetamin fördert die synaptische Freisetzung und hemmt die Wiederaufnahme von Dopamin (Noradrenalin und Serotonin) (SCHEEL KRÜGER 1972). Cocain blockiert die synaptische Wiederaufnahme der Amine. Als Besonderheit wird Dopamin im Mittelhirn auch dendritisch freigesetzt. Intraneuronal wird Dopamin überwiegend durch Monoaminoxidase (MAO, vorzugsweise MAO_B) zu 3,4-Dihydroxyphenylessigsäure (DOPAC) metabolisiert. Homovanillinsäure (HVA) entsteht vermutlich überwiegend extraneuronal durch Methylierung über Catechol-O-Methyltransferase (COMT) und oxidative Desaminierung über Monoaminoxidase (MAO). HVA und DOPAC bleiben beim Menschen weitgehend unkonjugiert. Der Dopaminumsatz und die Akkumulation von HVA korreliert mit der elektrischen Aktivität der dopaminergen Neuronen. Beide lassen sich durch γ-Hydroxybutyrat oder γ-Hydroxybutyrolacton hemmen, was mit einer Akkumulation von Dopamin einhergeht. Diese läßt sich durch Agonisten am Autorezeptor hemmen.

Autorezeptoren existieren somatodendritisch und an den synaptischen Endigungen. Über erstere hemmt Dopamin die Syntheserate und die elektrische Aktivität dopaminerger Neuronen, über letztere seine eigene synaptische Freisetzung. Terminale Autorezeptoren an der synaptischen Endigung bewirken wohl durch Öffnen Rezeptor-gesteuerter Kalium-Kanäle und Schließen von Calcium-Kanälen eine Hyperpolarisation und damit eine Minderung der Calcium-abhängigen Freisetzung von Dopamin. Autorezeptoren zeigen gegenüber Agonisten eine 10–20fach höhere Sensitivität als postsynaptische Rezeptoren. Autorezeptoren entwickeln unter chronischer Gabe von Neuroleptika eine Supersensitivität, unter Dopaminagonisten eine Subsensitivität, jeweils durch Änderung der Rezeptorzahl.

Elektrophysiologische Untersuchungen mit antidromer Reizung (BANNON et al. 1987) zur

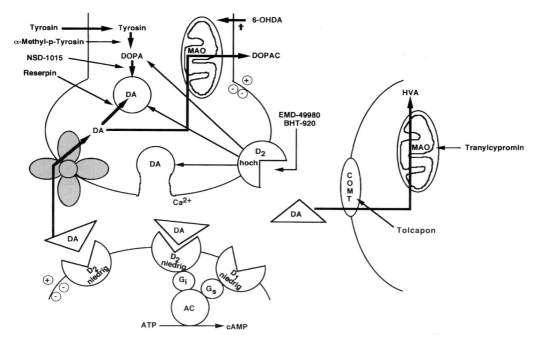

Abb. 3.3.2. Schema einer dopaminergen Synapse mit benachbarter Gliazelle und den Angriffspunkten einiger Pharmaka am Transporter (HITRI et al. 1994), an Rezeptoren (SOKOLOFF und SCHWARTZ 1995) und Effektorsysteme (MANJI 1992). *DA* Dopamin, *Ty* Tyrosin, *DOPA* 3,4-Dihydroxyphenylalanin, *6-OHDA* 6-Hydroxydopamin (Neurotoxin), *DOPAC* 3,4-Dihydroxyphenylessigsäure, *HVA* Homovanillinsäure, *COMT* Catechol-O-Methyltransferase, *MAO* Monoaminoxidase, *AC* Adenylatzyklase, G_i/G_s inhibitorisches bzw. stimulierendes G-Protein (Guanosin Triphosphat bindendes Protein), D_1/D_2 Dopaminrezeptoren mit hoher („hoch") oder niedriger Affinität für Dopaminagonisten, *ATP* Adenosin Triphosphat, *cAMP* zyklisches Adenosin Monophosphat, –/+ Hyperpolarisation der Zellmembran

Identifikation dopaminerger Neuronen zeigten, daß im mesocortikalen System somatodendritische Autorezeptoren zur Regulation der elektrischen Aktivität und der Dopaminsynthese fehlen oder in geringerer Anzahl vorhanden sind. Über terminale Autorezeptoren zur Regulation der Dopaminfreisetzung verfügen diese Neuronen. Darauf wird der größere Dopaminumsatz mesocortikal im Vergleich zu den anderen dopaminergen Bahnen zurückgeführt. Unter typischen Neuroleptika ist die Steigerung des Dopaminumsatzes mesocortikal deutlich geringer als nigrostriatal und mesolimbisch ausgeprägt. Zu diesen Besonderhei-

ten mesocortikaler Neuronen kann passen, daß sie sich häufiger in Salven (burst firing) entladen.

Dopamin bindet an zwei Familien primär pharmakologisch charakterisierter Rezeptoren (D_1/D_2) mit hoher bzw. geringer Affinität (STOOF und KEBABIAN 1984). Die molekulargenetische Charakterisierung zeigte mindestens 5 Rezeptortypen und weitere Untertypen (SOKOLOFF und SCHWARTZ 1995) durch Splice-Varianten (D_2) bzw. variable Zahl von Basenpaar-Repeats (D_4) (Abb. 3.3.3). Darüber hinaus ergaben sich vermutlich Heterogenitäten durch unterschiedliche Glykosylierung. Diese Rezeptoren gehören alle

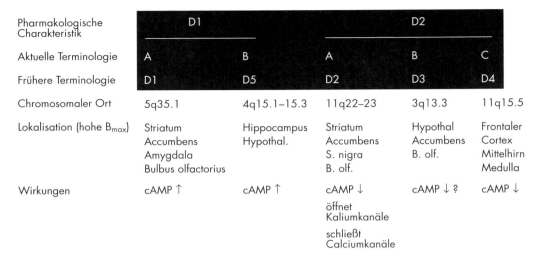

Pharmakologische Charakteristik	D1		D2		
Aktuelle Terminologie	A	B	A	B	C
Frühere Terminologie	D1	D5	D2	D3	D4
Chromosomaler Ort	5q35.1	4q15.1–15.3	11q22–23	3q13.3	11q15.5
Lokalisation (hohe B_{max})	Striatum Accumbens Amygdala Bulbus olfactorius	Hippocampus Hypothal.	Striatum Accumbens S. nigra B. olf.	Hypothal Accumbens B. olf.	Frontaler Cortex Mittelhirn Medulla
Wirkungen	cAMP ↑	cAMP ↑	cAMP ↓ öffnet Kaliumkanäle schließt Calciumkanäle	cAMP ↓ ?	cAMP ↓

Abb. 3.3.3. Nomenklatur, chromosomale Lokalisation der Gene, anatomische Lokalisation und Effektoren der Dopamin-Rezeptor-Subtypen (SOKOLOFF und SCHWARTZ 1995)

zur Superfamilie der G-Protein gekoppelten Rezeptoren. Sie weisen 7 transmembranöse Segmente auf.

Die anatomische Verteilung der Dopaminrezeptoren folgt weitgehend der von Dopamin. Die größte Dichte von D_2-Rezeptoren findet sich im Striatum. Außerhalb des Striatums ist die Dichte von D_2-Rezeptoren gering und kleiner als die von D_1-Rezeptoren. Selektive Zerstörung dopaminerger Neuronen mit dem Toxin 6-Hydroxydopamin (6-OHDA) führt zu einem partiellen Verlust von D_2-Rezeptoren im Striatum, also terminalen Autorezeptoren, und in der Substantia nigra, also somatodendritischen Autorezeptoren. Bei stereotaktischer Injektion der Exzitotoxine Ibotensäure oder Kainsäure in das Striatum gehen nahezu alle D_1-Rezeptoren und ca. 50% der D_2-Rezeptoren verloren, die also postsynaptisch an dopaminerg innervierten (CROSS und WADDINGTON 1981), GABAergen (GABA = γ-Aminobuttersäure) Neuronen lokalisiert waren. Eine mechanische Unterbrechung cortikostriataler Afferenzen vermindert die D_2-Rezeptoren im Striatum um weitere ca. 30%; diese D_2-Rezeptoren werden deshalb auf präsynaptisch

glutamatergen Endigungen cortikostriataler Bahnen lokalisiert (SCHWARCZ et al. 1978). Bei Durchtrennung strionigraler Bahnen gehen in der Substantia nigra D_1-Rezeptoren verloren; sie werden vermutlich durch dendritische Freisetzung von Dopamin erregt. Hierbei scheinen besonders Bahnen von der Pars compacta zur Pars reticularis bedeutsam. In der Pars reticularis dominieren D_1-Rezeptoren.

D_3- (SCHWARTZ et al. 1993), D_4- (VAN TOL et al. 1995) und D_5-Rezeptoren sind wegen ihrer vorzugsweise extrastriatalen, nämlich vornehmlich limbischen Lokalisation von besonderem Interesse. Besonders spezifisch ist die Lokalisation der D_5-Rezeptoren in Hippocampus, Hypothalamus und parafasfikulärem Kern des Thalamus. Auf Verhaltensebene können diesen Rezeptoren bisher keine spezifischen Funktionen zugeordnet werden. Dies liegt u. a. daran, daß bisher spezifische Liganden nicht bekannt sind. Immerhin weist 7-OH-DPAT (7-Hydroxy-N'N-di-n-propyl-2-amino-tetralin) als Agonist eine ca. 30fache Selektivität für D_3-Rezeptoren auf, Clozapin eine ca. 10fache Präferenz für D_4-Rezeptoren. Typische Neuroleptika haben eine höhere Affinität zu D_2- als D_3- oder D_4-Rezeptoren. Dopamin hat zu D_3-Rezeptoren eine 20fach höhere Affinität als zu D_2-Rezeptoren. Damit könnten D_3-Rezeptoren die Autorezeptoren darstellen, allerdings nicht ausschließlich, da in der Substantia nigra die mRNA sowohl von D_3- als auch D_2-Rezeptoren exprimiert wird.

Die D_1-Familie vermittelt über GTP-bindende Transduktionsproteine eine Stimulation der Adenylatzyklase als second messenger System, die D_2-Familie eine Inhibition (CARLSSON et al. 1995). Außerdem sind D_1-Rezeptoren an Phospholipase-C (WALLACE und CLARO 1993) gekoppelt, D_2-Rezeptoren an Ionenkanäle. Dopaminrezeptor-Agonisten verdrängen Antagonisten nur schlecht aus ihrer Bindung und umgekehrt. Die Bindung von Agonisten aber nicht Antagonisten hängt von der Gegenwart von Guanosintriphosphat (GTP) ab. Die Untersuchung von Geweben mit nur einem Rezeptortyp, nämlich D_1-Rezeptoren in den Epithelkörperchen und D_2-Rezeptoren in der Adenohypophyse, erlaubte inzwischen die Formulierung eines allgemein akzeptierten Modells (KEBABIAN 1984, SEEMAN et al. 1986). Danach konvertieren die Rezeptoren mit der Kopplung an die GTP-bindenden Proteine G_s bzw. G_i und der nachfolgenden Hydrolyse von GTP von einem hochaffinen in einen niederaffinen Zustand.

Die Stimulation von D_1-Rezeptoren mit konsekutiver Erhöhung der Konzentration von zyklischem AMP aktiviert die cAMP-abhängige Proteinkinase-A. Die Bedeutung der nachfolgenden Phosphorylierungsprozesse für Verhalten, Psychopathologie und antipsychotische Wirkungen ist noch völlig unverstanden. Als ein spezifisches Substrat der Kinase wurde DARPP-32 (Dopamin- und cAMP-reguliertes Phosphoprotein, MG = 32 kD) identifiziert. Die regionale Verteilung von DARPP-32 korreliert hoch mit der von D_1-Rezeptoren, also dopaminerg innervierten Neuronen. Phosphoryliertes DARPP-32 hemmt potent die Proteinphosphatase-1. DARPP-32 ist in Neuronen des striatonigralen Trakts angereichert. Die funktionellen Konsequenzen dieser Hemmung bedürfen weiterer Klärung. Unter chronischer Blockade von D_1- wie auch D_2-Rezeptoren ändert sich die Konzentration von DARPP-32 nicht (GREBB et al. 1990). DARPP-32 scheint an der Verhaltenssensitivierung gegen dopaminerge Agonisten beteiligt zu sein (BARONE et al. 1994). Inwieweit DARPP-32 an den chronischen Wirkungen von Neuroleptika mitwirkt, ist unklar. Die Phosphorylierungskaskaden münden u. a. in

die Aktivierung sog. „immediate-early-genes" wie c-fos und c-jun. Deren Proteinprodukte Fos und Jun (u. a.) dimerisieren zum Transskriptions-Faktor Aktivator Protein AP-1. AP-1 aktiviert die Transskription spezifischer Proteine, wobei über die Spezifität wenig bekannt ist. Direkte dopaminerge Agonisten führen zur Expression von Fos nur bei Vorliegen einer Denervierungs-supersensitivität, indirekte wie Amphetamin auch am intakten Gehirn (ROBERTSON et al. 1991). Hier wirken D_1- und D_2-Agonisten synergistisch. Über die weiteren Konsequenzen ist wenig bekannt. Die z. B. immunhistologische Darstellung von Fos erlaubt die Kartierung der durch irgendeine dopaminerge Manipulation aktivierten Neuronen.

3.3.4 Interaktion mit Rezeptoren und Second Messenger Systemen

Die meisten Neuroleptika blockieren den stimulierenden Effekt von Dopamin auf die Adenylatzyklase (KEBABIAN 1984), jedoch ohne daß dies mit der klinisch antipsychotischen Dosis korreliert. Die Dosis korreliert auch nicht mit der Affinität zu D_1-Rezeptoren. Jedoch fand sich eine außerordentlich enge Korrelation zwischen klinischer Dosis (CREESE et al. 1976, SEEMAN et al. 1978) und der Affinität zum D_2-Rezeptor (Abb. 3.3.4). Neuroleptika sind also Dopamin-D_2-Antagonisten. Deshalb wird die antipsychotische Wirkung auf die Blockade der D_2-Rezeptoren zurückgeführt und als Korrelat für produktiv-psychotische Symptome eine dopaminerge Überaktivität postuliert. Clozapin reiht sich hier am besten ein, wenn seine Affinität zum D_4- statt D_2-Rezeptor berücksichtigt wird, für die Clozapin als bisher einziges Antipsychotikum eine begrenzte (ca. 10fache) Präferenz hat (VAN TOL et al. 1995).

Für D_1-Rezeptoren stellt das Benzazepin SCH-23390 einen hochselektiven Antagonisten dar. SCH-23390 hat aber eine schlechte Bioverfügbarkeit und ist deshalb für die Humananwendung wenig geeignet. Ein pharmakokinetisch optimierter D_1-Antagonist ist SCH-39166 (McQUADE et al. 1991). Für D_2-Rezeptoren sind Benzamide wie Sulpirid und besonders Racloprid (Abb. 3.3.5) selektive Antagonisten. Thioxanthene wie Flupenthixol sind Antagonisten an beide Rezeptortypen (HYTTEL et al. 1989), während Apomorphin unselektiv beide Rezeptortypen, D_1-Rezeptoren als Partialagonist, stimuliert (Tabelle 3.3.1).

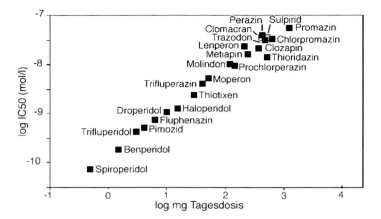

Abb. 3.3.4. Neuroleptika hemmen die Bindung von ^{3}H-Haloperidol an D_2-Dopaminrezeptoren in Homogenaten des Corpus Striatum vom Kalb mit direkter Beziehung zur mittleren klinisch-antipsychotischen Dosis (Seeman et al. 1978)

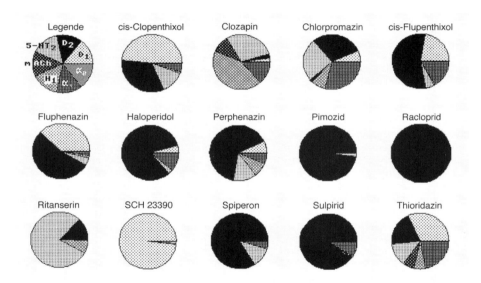

Abb. 3.3.5. Rezeptor-Bindungsprofile einiger Neuroleptika, berechnet aus Dissoziationskonstanten (K_D) der Bindung in Homogenaten von postmortalem Frontalcortex des Menschen (Richelson 1984) an muskarinerg-cholinerge (Caudatum), H_1-histaminerge, α_1- und α_2-adrenerge Rezeptoren bzw. Inhibitionskonstanten (K_j [Hyttel et al. 1989]) für die Bindung an D_1- bzw. D_2-dopaminerge Rezeptoren (Corpus striatum der Ratte) und $5HT_2$-serotoninerge Rezeptoren (Frontalcortex der Ratte). Als radioaktiv markierte Liganden dienten für cholinerge Rezeptoren ^{3}H-QNB (Quinuclidinylbenzilat), für histaminerge ^{3}H-Doxepin, für α_1-adrenerge ^{3}H-Prazosin, für α_2-adrenerge ^{3}H-Rauwolscin, für $5HT_2$-Rezeptoren ^{3}H-Ketanserin, für D_1-Dopaminrezeptoren ^{3}H-SCH-23390 und für D_2-Dopaminrezeptoren ^{3}H-Spiperon. Berechnung als $1/K_DD1 + 1/K_DD_2 + 1/K_D5HT_2 + 1/K_jmACh + 1/K_jH_1 + 1/K_j\alpha_1 + 1/K_j\alpha_2 = 100\%$

Zwischen D_1- und D_2-Rezeptoren besteht eine funktionelle Interaktion. Der selektive D_1-Antagonist SCH-23390 blockiert potent die Stereotypien nicht nur nach unselektiven D_1/D_2-Agonisten, sondern auch nach selektiven D_2-Agonisten (O'BOYLE et al. 1984). Unter chronischem SCH-23390 entwickelt sich eine Supersensitivität gegen sowohl D_1- als auch D_2-Agonisten (HESS et al. 1986). Auch in der Wirkung als positive Verstärker interagieren beide Rezeptoren synergistisch (NAKAJIMA et al. 1993). Die Wirksamkeit von Dopamin an dopaminozeptiven Neuronen scheint die Stimulation beider Rezeptoren vorauszusetzen (WALTERS et al. 1987). Dies kann die akute kataleptische Wirkung von von D_1-Antagonisten wie SCH-23390 erklären.

Typische Neuroleptika wie Haloperidol verstärken die c-fos Expression im Striatum und Nucleus accumbens, D_1-Antagonisten vermindern hier die Expression (FIBIGER 1994). Der muskarinische Antagonist Scopolamin mindert die Katalepsie unter Haloperidol und reduziert die c-fos Expression im Striatum und Septum, aber nicht Accumbens. Dies legt nahe, daß die c-fos Expression indirekt durch Desinhibition der cholinergen Neuronen zustande kommt. Clozapin hat demgegenüber keinen Einfluß im Striatum, sondern aktiviert c-fos im Nucleus accumbens, medialen Präfrontalcortex und lateralen Septumkern (FIBIGER 1994) sowie möglicherweise besonders spezifisch im paraventrikulären Kern des Thalamus

(DEUTCH et al. 1995). Der relativ selektive D_3-Agonist 7-OH-DPAT reduzierte den Effekt von Clozapin im Accumbens und Septum, aber nicht im präfrontalen Cortex. Umgekehrt blockierte der relativ selektive D_4-Agonist Quinpirol den Effekt von Clozapin in allen drei Regionen. Hiermit könnte das Fehlen extrapyramidaler Begleitwirkungen unter Clozapin zusammenhängen. Dies wird dadurch unterstützt, daß Metoclopramid, das zumindest in Dosen, die extrapyramidale Symptome verursachen, nicht antipsychotisch wirkt, Fos selektiv im Striatum induziert. Was diese akuten Effekte für die sich nur allmählich entwickelnde antipsychotische Wirkung bedeuten, bleibt zu klären.

Neuroleptika binden variabel auch an eine Reihe anderer (noradrenerger, serotonerger, histaminerger) Rezeptoren (Abb. 3.3.5), jedoch ohne Korrelation zur antipsychotisch wirksamen Dosis (PEROUTKA und SNYDER 1980), auch nicht für Metaboliten der Neuroleptika. Deshalb werden diese Rezeptorinteraktionen als für die antipsychotische Wirkung unwesentlich erachtet. Die Affinität zu nicht-dopaminergen Rezeptoren korreliert mit sedierenden (antihistaminerg, antiadrenerg, anticholinerg), delirogenen (anticholinerg), vegetativen (anticholinerg) und kardiovaskulären (antiadrenerg) Nebenwirkungen (RICHELSON 1984). Die anticholinergen Wirkungen könnten die Häufigkeit und Ausprägung extrapyramidalmotorischer Effekte mindern.

Tabelle 3.3.1. Eigenschaften der Dopamin-D_1- und D_2-Rezeptorfamilien und typischer Liganden

	Funktionelle Klassifikation der Dopaminrezeptoren	
	D1	D2
Prototypisches Gewebe	Parathyreoidea	Adenohypophyse
Adenylatzyklase-Kopplung	stimulatorisch	inhibitorisch
Agonisten		
Dopamin	voller Agonist (µmolare Potenz)	voller Agonist (nmolare Potenz)
Apomorphin	Partialagonist (µmolare Potenz)	voller Agonist (nmolare Potenz)
Antagonisten		
Phenothiazine	nmolare Potenz	nmolare Potenz
Thioxanthene	nmolare Potenz	nmolare Potenz
Butyrophenone	µmolare Potenz	nmolare Potenz
Benzamide	inaktiv	n-µmolare Potenz

3.3.5 Hirnlokale Effekte

Durch stereotaktische Injektion von Neuroleptika ließen sich lokomotorische von kataleptischen Effekten dissoziieren: Blockade der dopaminergen Transmission im Striatum erzeugt Katalepsie, im Nucleus accumbens verminderte Lokomotion. Umgekehrt führen nach stereotaktischer Läsion des Nucleus accumbens systemische dopaminerge Agonisten nur noch zu Stereotypien, die nach Läsionen des Striatums fehlen bei erhaltener Lokomotionssteigerung (MAKANJUOLA und ASHCROFT 1982). Typische Neuroleptika antagonisieren akut sowohl die durch Agonisten induzierte Lokomotionssteigerung als auch die Stereotypien, atypische Neuroleptika aber nur die Lokomotionssteigerung (LJUNGBERG und UNGERSTEDT 1978). Dieser differentielle Effekt lässt sich nicht durch die Kombination eines typischen Neuroleptikums mit einem Anticholinergikum imitieren, so daß die anticholinerge Komponente von atypischen Neuroleptika wie Thioridazin oder Clozapin nicht dafür verantwortlich ist. Die Befunde weisen auf die Bedeutung mesolimbischer Hirnregionen für die antipsychotische Wirkung hin.

3.3.6 Dopamin-Autorezeptor-Agonisten

Die Hypothese einer bei Schizophrenien erhöhten Aktivität der dopaminergen Neurotransmission einerseits und die Hemmung der Aktivität dopaminerger Neuronen durch Stimulation ihrer Autorezeptoren initiierte klinische Therapieversuche (NILSSON und CARLSSON 1982). Unter Ausnutzung der höheren Empfindlichkeit von Autorezeptoren im Vergleich zu postsynaptischen Rezeptoren wurde Apomorphin in niedriger Dosis eingesetzt. Zunächst beschriebene antipsychotische Effekte (z. B. TAMMINGA et al. 1977) wurden nicht repliziert (z. B. FERRIER

et al. 1984). Dennoch führte dieses Konzept zur Entwicklung hochselektiver Agonisten am Autorezeptor wie Roxindol (EMD-49980) und Talipexol (B-HT-920). Die bisherigen Studien lassen keine Wirkung gegen produktive Symptome erkennen, möglicherweise aber gegen Minus-Symptome (WETZEL und BENKERT 1993). Diese negativen Resultate sprechen gegen die These einer globalen Überaktivität dopaminerger Neurotransmission bei schizophrenen Psychosen.

3.3.7 Dopaminrezeptoren bei schizophrenen Psychosen

Postmortal. Unter der Annahme einer dopaminergen Überaktivität wird die Frage diskutiert, ob Dopamin-Rezeptoren bei schizophrenen Psychosen vermehrt sind (SEEMAN und SEEMAN 1986). Dies wäre eine indirekte Bestätigung, daß die Rezeptorblockade als Wirkmechanismus der Neuroleptika entscheidend ist. Zahlreiche postmortem Studien fanden eine erhöhte Bindungs-Kapazität von mit verschiedenen Neuroleptika markierten D_2-Rezeptoren, sogar mit bimodaler Verteilung (SEEMAN et al. 1984), nicht aber bei Markierung mit dem Agonisten ^{3}H-Apomorphin (LEE et al. 1978). Inzwischen besteht aber weitgehender Konsens, daß die Erhöhung der D_2-Rezeptoren am ehesten Folge der Heraufregulation durch die neuroleptische Therapie ist (KORNHUBER et al. 1989). Allerdings bildet sich tierexperimentell die Heraufregulation auch bei fortgesetzter Neuroleptika-Applikation im mesolimbischen System wieder zurück (RUPNIAK et al. 1985). Die Dichte von D_1-Rezeptoren wurde weitgehend übereinstimmend normal gefunden (KORNHUBER und WELLER 1994). Replikationsbedürftig ist der Befund einer Störung der Interaktion zwischen D_1- und D_2-Rezeptoren (SEEMAN et al. 1989). Neu entfacht wurde die Diskussion durch den in Ermangelung selektiver

Liganden indirekt erhobenen Befund einer Vermehrung von D_4-Rezeptoren (Abb. 3.3.6) (SEEMAN et al. 1993), der aber von einer unabhängigen Gruppe nicht repliziert wurde (REYNOLDS und MASON 1994), was jedoch mit methodischen Mängeln erklärt wurde (SEEMAN und VAN TOL 1995).

PET. Mit Positronenstrahlern markierte Neuroleptika erlaubten in vivo mittels Positronen-Emissionstomographie (PET) die topographische Darstellung der regionalen Verteilung von D_2-Rezeptoren. Unter Verwendung von ^{11}C-Racloprid wurde gezeigt, daß unter üblichen therapeutischen Dosierungen typischer Neuroleptika die D_2-Rezeptoren zu 70–80% besetzt sind, unter Clozapin nur zu ca. 50–60% (FARDE et al. 1988) (Tabelle 3.3.2). Diese Blockade wird kurze Zeit nach Applikation erreicht und persistiert nach Neuroleptikaentzug für ca. 27 Stunden, obwohl die Plasmaspiegel in dieser Zeit dramatisch sinken. 3 bis 12 Tage nach Entzug des Neuroleptikums sind die D_2-Rezeptoren wieder frei. Unter Verwendung von [76]Br-Bromospiperon war unter klinischer Dosierung von Depot-Neuroleptika eine über mindestens vier Wochen stabile Besetzung der D_2-Rezeptoren um 50–80% nachweisbar (BARON et al. 1989). Einerseits erfolgt die Blockade der Rezeptoren

also deutlich schneller als die antipsychotische Wirkung (KECK et al. 1989), andererseits überdauert die eingetretene antipsychotische Wirkung die Rezeptorblockade. Das Ausmaß der Besetzung der D_2-Dopaminrezeptoren korreliert nicht mit dem Therapieeffekt (WOLKIN et al. 1989). Diese Befunde widersprechen der Hypothese einer einfachen Überaktivität der dopaminergen Transmission bei schizophrenen Psychosen. Die akute Blockade der postsynaptischen Wirkung von Dopamin reicht für die antipsychotische Wirkung nicht aus. Dies schließt nicht die Möglichkeit eines solchen Mechanismus bei einzelnen Kranken mit „Hypersensitivitätspsychosen" aus (CHOUINARD und JONES 1980). Diese könnten als Subgruppe am ehesten Amphetaminpsychosen gleichen, bei denen Neuroleptika anscheinend schneller als bei schizophrenen Psychosen wirken (ESPELIN und DONE 1968).

Abhängig vom individuellen Rezeptorbindungsprofil eines Neuroleptikums ließ sich mittels PET die Blockade auch anderer Rezeptoren auch in vivo nachweisen. So blockieren in therapeutischer Dosis Clozapin und Flupentixol ca. 40% der D_1-Rezeptoren, Clozapin (FARDE et al. 1994) und Risperidon (FARDE et al. 1995) über 80% der Serotonin-2-Rezeptoren. ^{11}C-Clozapin selbst zeigt in

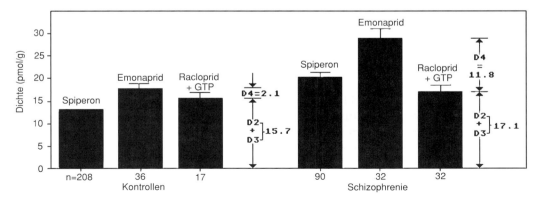

Abb. 3.3.6. Erhöhte Dichte von Dopamin-D_4-Rezeptoren im postmortalen Hirngewebe schizophren Kranker (SEEMAN et al. 1993). Da kein selektiver D_4-Ligand verfügbar ist, wurde die Dichte aus der Differenz der ^{3}H-Racloprinbindung ($D_{2/3}$) und der ^{3}H-Emonaprinbindung ($D_{2/3/4}$) ermittelt

Tabelle 3.3.2. Besetzung (%) von D_2-Dopaminrezeptoren bei schizophren Kranken unter neuroleptischer Therapie (FARDE et al. 1988). Die Rezeptorbesetzung wurde als prozentuale Minderung der
spezifischen Bindung von ^{11}C-Racloprid in der Positronen-Emissionstomographie gegenüber der
erwarteten Bindung in Abwesenheit neuroleptischer Therapie definiert. Alle Neuroleptika wurden
zweimal täglich appliziert, nur Melperon dreimal

Neuroleptikum	Dosis (mg)	Rezeptorbesetzung (%)
Phenothiazine		
Chlorpromazin	100	80
Thioridazin	100	75
Trifluoperazin	5	80
Perphenazin	4	79
Thioxanthene		
Flupenthixol	5	74
Butyrophenone		
Haloperidol	4	84
Melperon	100	70
Diphenylbutylpiperidine		
Pimozid	4	77
Dibenzodiazepine		
Clozapin	300	65
Substituierte Benzamide		
Sulpirid	400	82
	400	73
	400	68
	4	72
Racloprid	3	65

der PET eine von anderen Tracern deutlich
abweichende topographische Verteilung
(LUNDBERG et al. 1989). Auch ^{11}C-Clozapin
hat die meisten, durch Haloperidol blockier-
baren Bindungsstellen im Striatum. Im Frontalcortex bindet es auch an Serotonin-
(5HT$_2$) Rezeptoren. Der D_1-Antagonist [11]C-
SCH-23390 bindet intensiv im Striatum, abweichend von dem D_2-Antagonisten [11]C-
Racloprid aber auch im Neocortex. Bei einzelnen Kranken konnte auch die Rezeptorspezifität belegt werden, indem Sulpirid nur
[11]C-Racloprid und nicht ^{11}C-SCH-23390 aus

seiner Bindung verdrängte. Umgekehrt
blockierte cis-(Z)-Flupenthixol die Bindung
beider ^{11}C-Liganden, ^{11}C-SCH-23390 jedoch
nur in geringerem Ausmaß (FARDE et al.
1988).
Bisherige in vivo Untersuchungen mit der
Positronen-Emissionstomographie   (PET)
(SEDVALL 1992) sprechen eher gegen eine
Dopamin-Rezeptor-Supersensitivität   bei
schizophrenen Psychosen. WONG et al.
(1986) fanden als erste und auch neuerdings (TUNE et al. 1993) eine erhöhte Bindung von 3-N-^{11}C-Methylspiperon, nicht

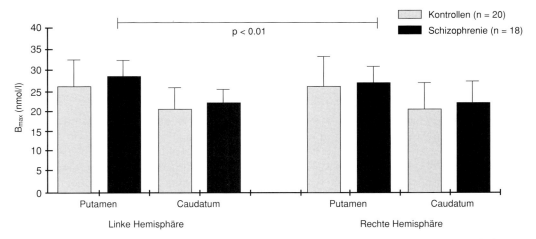

Abb. 3.3.7. Dichte von mit ^{11}C-Racloprid markierten Dopamin-D_2-Rezeptoren in vivo (PET) (FARDE et al. 1990)

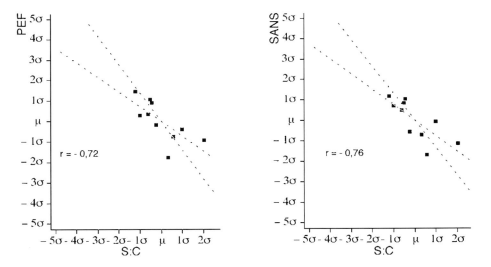

Abb. 3.3.8. Zusammenhang zwischen der Zahl der Bindungsorte für [76]Br-Bromolisurid, gemessen als Quotient der Radioaktivität in Striatum und Cerebellum (S:C) und der psychomotorischen Expressivität (PEF) bzw. Defizitsymptomen (SANS) (MARTINOT et al. 1994)

aber FARDE et al. (1990) unter Verwendung von ^{11}C-Racloprid (Abb. 3.3.7). Diese Gruppe konnte auch mit 3-N-^{11}C-Methylspiperon keine vermehrte Bindung finden (NORDSTROM et al. 1995). Diese Diskrepanz läßt sich nicht dadurch erklären, daß Spiperon D_2-, D_3- und D_4-Rezeptoren, Racloprid aber nur D_2- und D_3-Rezeptoren markiert. Auch

unter Verwendung von [76]Br-Bromospiperon (MARTINOT et al. 1990) oder [76]Br-Bromolisurid (LEVY et al. 1984) als Tracer unterschieden sich Kranke nicht von Gesunden. Obwohl sich produktive Schizophrenien anscheinend nicht von defizitären unterscheiden, besteht möglicherweise eine inverse Korrelation zwischen Minussymptomen und der Bindung von [76]Br-Bromolisu-rid (MARTINOT et al. 1994) (Abb. 3.3.8) und eine krankheitsübergreifende positive Korrelation der Bindung von 3-N-^{11}C-Methyl-spiperon mit Plussymptomen (PEARLSON et al. 1995). Vielleicht fehlt bei schizophren Kranken die Abnahme der Rezeptordichte mit dem Altern (PILOWSKY et al. 1994), so daß sich die Supersensitivität erst in fortgeschrittenen Krankheitsstadien manifestiert (TUNE et al. 1993). Das Cocain-Analogon [123]Iod-β-CIT (ZEA PONCE et al. 1995) wird die Bestimmung der Dopamin-Transporter erlauben. Erste PET-Studien mit ^{18}F-Fluoro-L-DOPA scheinen einen erhöhten Dopamin-Umsatz im Striatum zu belegen (REITH et al. 1994).

3.3.8 Wirklatenz

Neuroleptika. Nicht mit der Vorstellung einer einfachen dopaminergen Überaktivität bei Schizophrenien vereinbar ist, daß sich die antipsychotische Wirkung von Neuroleptika nur allmählich über Tage bis Wochen entwickelt (KECK et al. 1989), während die Dopamin-D$_2$-Rezeptoren abhängig von der Applikationsroute innerhalb von Minuten bis maximal Stunden blockiert sind (SEDVALL 1990). Für typische Neuroleptika, d. h. solche mit extrapyramidal-motorischen Nebenwirkungen, bedarf die therapeutische Wirkung einer Blockade von 70–80% der D$_2$-Rezeptoren. Neuroleptika-Responder unterscheiden sich darin nicht von Non-Respondern (PILOWSKY et al. 1993, WOLKIN et al. 1989). Bei höherer Rezeptorbesetzung entwickelt sich das Parkinsonoid. Auch das Parkinsonoid ist nicht einfach mit der Rezeptor-Blockade zu erklären, da es sich auch nur allmählich entwickelt (MONTASTRUC et al. 1994). Auch wirkt die Blockade der Dopaminsynthese mittels α-Methylparatyrosin (AMPT) nicht allein und akut antipsychotisch, wenn sie auch adjuvant die Wirksamkeit von Neuroleptika bei Respondern

verstärkt, nicht aber bei Non-Respondern (WOLKIN et al. 1994). Ob die Akkumulation von Neuroleptika im Gehirn mit der Wirklatenz korreliert, ist derzeit Gegenstand intensiver Untersuchung (KORNHUBER et al. 1995a).

Amphetamin. Wie die antipsychotische Wirkung der Neuroleptika so treten auch die psychotomimetischen Effekte von Amphetamin nicht unmittelbar, sondern erst bei längerfristiger Einnahme, also mit einer Wirklatenz ein. Akut fördert Amphetamin die synaptische Freisetzung von Dopamin (aber auch Noradrenalin und Serotonin) und hemmt die Inaktivierung dieser Amine durch präsynaptische Wiederaufnahme (ROSS 1977). Dabei stellen die Neuronen ihre elektrische Aktivität ein, was sich daraus erklärt, daß die erhöhte Aminkonzentration im synaptischen Spalt die Autorezeptoren stimuliert. Die Amphetamin-Modellpsychose bildet einen Kernbereich schizophrener Psychopathologie nicht ab, nämlich die Defizitsymptome und die chronische Progredienz. Immerhin scheint die Amphetaminpsychose eine „Narbe" zu hinterlassen: Auch nach Monaten und Jahren soll eine Supersensitivität mit erneuter Psychose nach erneuter Einnahme von Amphetamin persistieren (AKIYAMA et al. 1994). Diese Supersensitivität scheint sich auch auf nicht-pharmakologische Stressoren zu erstrecken. Hierin ähnelt die Amphetamin-Modellpsychose den episodisch verlaufenden Schizophrenien, bei denen der Stressor high-expressed-emotion als Risikofaktor für Exazerbationen gut belegt ist (BEBBINGTON und KUIPERS 1994).

Auch schizophren Kranke reagieren überempfindlich auf Amphetamin in Form einer Verstärkung produktiver Symptome (ANGRIST et al. 1980). Dies gilt aber nur, solange noch produktive Symptome bestehen. Bei reinen Defizitsyndromen kann Amphetamin im Gegenteil therapeutisch wirken (ANGRIST et al. 1980) oder sogar eine verminderte Wirkung zeigen (KORNETSKY 1976).

Entgegen der Erwartung scheinen auch In-hibitoren der Monoaminoxidase, z. B. zur Therapie von Minus-Symptomen eingesetzt, keine produktiven Symptome zu provozie-ren (BRENNER und SHOPSIN 1980, BUCCI 1987). Allerdings liegen hierzu wohl keine kontrol-lierten Studien vor. In offenen, retrospekti-ven Untersuchungen sollen produktive Symptome nicht überzufällig häufig aufge-treten sein. Allerdings beeinträchtigt eine Komedikation mit Antidepressiva die Besse-rung florider produktiver Symptome wie formaler Denkstörungen (KRAMER et al. 1989).

Amphetamin verursacht eine ähnliche Sen-sitivierung im Tiermodell (RIDLEY et al. 1983, SEGAL und MANDELL 1974), wo dann ur-sprünglich unterschwellige Amphetamin-dosen (und auch unspezifische Stressoren) Verhaltensstereotypien auslösen. Damit er-öffnet die Amphetamin-Modellpsychose ein Tiermodell zur Klärung der neurochemi-schen Mechanismen. Prophylaktische Neu-roleptika verhindern die Sensitivierung, füh-ren aber nicht zur Rückbildung einer einmal etablierten Sensitivierung. Sensitivierte Tie-re weisen einen erhöhten Dopaminumsatz auf, möglicherweise als Folge einer Herab-regulation der Autorezeptoren.

Phencyclidin (PCP). Die PCP-Psychose ist das anscheinend beste Modell für schizo-phrene Erkrankungen, da neben paranoid-halluzinatorischen auch katatone und Mi-nus-Symptome abgebildet werden. Aller-dings wird das Prognosekriterium wohl nicht erfüllt. Die PCP-Psychose tritt anschei-nend bei akuter Applikation auf, aber nicht bei jedem Konsumenten; die verstärkenden, den fortgesetzten Konsum unterhaltenden Wirkungen sind das Erleben von Omnipo-tenz, Euphorie, Entängstigung. Psychosen entwickeln sich aber besonders nach län-gerfristigem Konsum (sog. „Runs"). Ob die Psychose wie bei Amphetamin einer Sensi-tivierung bedarf oder warum einzelne Indi-viduen psychotisch reagieren, ist unbe-kannt. Tierexperimentell ist auch für PCP

eine Sensitivierung bekannt (XU und DOMI-NO 1994). PCP und sein Derivat Ketamin (LAHTI et al. 1995) wirken wie Amphetamin bei schizophren Kranken symptomprovo-zierend, aber nicht in jedem Fall und zwin-gend.

Pharmakodynamisch interagiert PCP mit multiplen Transmittersystemen (HALBER-STADT 1995, JAVITT und ZUKIN 1991). Die in vivo erreichten PCP-Konzentrationen in Relation zu den Affinitäten zu diesen ver-schiedenen Substraten legen nahe, daß nur die Blockade des Calcium präferierenden Kationenkanals des auch spannungsabhän-gigen glutamatergen NMDA-(N-methyl-D-Aspartat)-Rezeptors für die psychotogene Wirkung verantwortlich ist. PCP ist also ein non-kompetetiver NMDA-Antagonist. PCP bindet hier an den oder in der Nähe des Regulationsorts von Magnesium; Magnesi-um wirkt als physiologischer Kanalblocker, der bei Depolarisation den Kanal freigibt. PCP bindet langsam und stärker als z. B. Amantadin und entkoppelt langsamer, zeigt also eine geringere Spannungsabhängig-keit. Anscheinend hängt also die psychoto-gene Potenz vom Grad der Spannungsunab-hängigkeit ab. Auch kompetitive NMDA-Antagonisten wirken psychotogen, generell also anscheinend eine verminderte glut-amaterge Transmission am NMDA-Rezep-tor. Der NMDA-Rezeptor besitzt weitere al-losterische Bindungsorte für Glycin und Polyamine, wodurch die glutamaterge Transmission fazilitiert wird, und schließlich Zink. Tierexperimentell verursacht syste-misch appliziertes PCP akut eine erhöhte Feuerrate (burst firing) mit verminderter Va-riabilität mesolimbischer dopaminerger Neuronen im ventralen Tegmentum (SVENS-SON et al. 1995).

Die Wirklatenzen bedürfen zum Verständ-nis der Wirkmechanismen der Neuroleptika wie auch der ätiopathogenetischen Mecha-nismen der Psychosen einer neuroche-misch-mechanistischen Erklärung (KORNHU-BER et al. 1995a).

3.3.9 Adaptative Veränderungen von Dopaminrezeptoren

Bei chronischer Applikation von Neuroleptika nimmt die Zahl der Dopamin-Rezeptoren im Striatum zu, ihre Affinität bleibt konstant (BURT et al. 1977). Dies entspricht der Entwicklung einer Denervierungs-Supersensitivität als Versuch der Aufrechterhaltung der Homöostase, wie sie sich auch bei Verarmung an Dopamin unter Reserpin oder unter Hemmung der Tyrosinhydroxylase mittels α-Methyl-p-Tyrosin oder nach experimentell-toxischer Degeneration dopaminerger Neuronen mit Hilfe von 6-Hydroxydopamin (6-OHDA) entwickelt. Sie erklärt zumindest teilweise die partielle Toleranz gegen die kataleptogenen Wirkungen der Neuroleptika (EZRIN WATERS und SEEMAN 1977). Welcher der Dopaminrezeptoren supersensitiv wird, hängt von der Selektivität des Neuroleptikums ab. Unter SCH-23390 nehmen selektiv D_1-Rezeptoren zu (HESS et al. 1986), unter Haloperidol D_2-Rezeptoren. Thioxanthene blockieren beide Rezeptortypen. Das scheint zu bewirken, daß nur und in geringerem Ausmaß die D_2-Rezeptoren heraufreguliert werden (PARASHOS et al. 1987). Im Striatum bleibt bei kontinuierlicher Gabe typischer Neuroleptika wie Haloperidol über Monate die Supersensitivität bestehen, während sie sich im Nucleus accumbens zurückbildet (Abb. 3.3.9) (RUPNIAK et al. 1985). Atypische Neuroleptika wie Clozapin und Sulpirid erhöhen weder die Dichte von D_1- noch D_2-Rezeptoren, weder im Striatum noch im Nucleus accumbens (RUPNIAK et al. 1985). Demgegenüber nahm im Striatum die Zahl der D_2-Rezeptoren unter dem antipsychotisch vermutlich unwirksamen, jedoch extrapyramidale Nebenwirkungen verursachenden Metoclopramid zu (WASER et al. 1982). Unter Haloperidol nahm die Dichte von D_2-Rezeptoren nur im Striatum und nicht im frontalen Cortex zu (LISKOWSKY und POTTER 1987). Differentielle Wirkungen typischer gegenüber atypischen Neuroleptika auf die Dichte frontal-corticaler Dopaminrezeptoren wurden bisher wohl nicht untersucht.

Änderungen der Dopamin-D_2-Rezeptoren können also die sog. Latenz der antipsychotischen Wirkung wahrscheinlich nicht erklären. Auch die frühere Hypothese, wonach Spätdyskinesien auf eine Supersensitivität der Dopaminrezeptoren zurückzuführen wären, mußte inzwischen revidiert werden

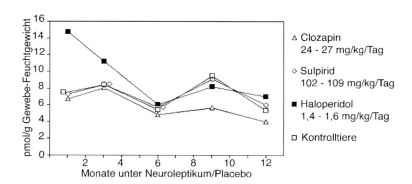

Abb. 3.3.9. Dichte (pmol/g) von mit ³H-Spiperon markierten D_2-Dopaminrezeptoren (B_{max}) in mesolimbischem Gewebe (Nucleus accumbens mit Tuberculum olfactorium) der Ratte unter kontinuierlicher oraler Gabe von Clozapin, Sulpirid, Haloperidol oder Placebo bis zu 12 Monate. Nur unter Haloperidol entwickelt sich eine initiale Rezeptor-Supersensitivität, die sich aber im weiteren Verlauf zurückbildet (RUPNIAK et al. 1985)

(GERLACH und CASEY 1988). Möglicherweise liegt pathophysiologisch ein Untergang cholinerger Interneuronen des Striatums zugrunde (MILLER und CHOUINARD 1993, SEE und CHAPMAN 1994), der vielleicht durch freie Radikale verursacht wird (CADET und KAHLER 1994), deren Bildung durch Eisenionen gefördert wird (SACHDEV 1992), und aus dem netto eine dopaminerge Überaktivität resultiert. Erhöhung der Neuroleptikadosis unterdrückt die Hyperkinesen, aber um den Preis eines erhöhten Risikos der Irreversibilität. Die zur Zeit plausibelste Erklärung der Latenzen der antipsychotischen wie auch parkinsonistischen Wirkungen liegt im sich allmählich entwickelnden Depolarisationsblock dopaminerger Neuronen (FRITZE 1992) .

3.3.10 Depolarisationsblock

Akut applizierte Neuroleptika erhöhen sowohl die Entladungsfrequenz als auch die Zahl elektrisch aktiver dopaminerger Neuronen. Dabei unterscheiden sich typische von atypischen Neuroleptika.

Unter chronisch neuroleptischer Behandlung sistiert die Entladung als Folge eines Depolarisationsblocks: Die dopaminergen Neuronen können nicht mehr durch die exzitatorische Aminosäure Glutamat erregt werden, bei lokaler Gabe des inhibitorischen Transmitters GABA entladen sie sich wieder. Dies betrifft bei typischen Neuroleptika wieder beide Neuronenpopulationen, bei Clozapin aber nur die A10-Neuronen. Das Antiemetikum Metoclopramid, das nur extrapyramidale Symptome provozieren kann aber nicht antipsychotisch wirkt, induziert einen nur nigrostrialalen Depolarisationsblock. In Übereinstimmung mit ihren fehlenden antipsychotischen und extrapyramidalen Wirkungen beeinflussen Promethazin oder Prazosin die Neuronen nicht. Insofern ist der Depolarisationsblock nigrostrialaler dopaminerger Neuronen bedeutsam für Katalepsie beim Tier bzw. Parkinsonoid beim Menschen, und derjenige mesocortikaler Neuronen für die antipsychotische Wirkung. Die Latenz bis zum Eintreten des Depolarisationsblocks könnte mit dem klinisch verzögerten Einsetzen der antipsychotischen Wirkung zusammenhängen.

Von besonderem Interesse wäre eine Erklärung für die hirnregionale Selektivität von Clozapin. Möglicherweise liegt sie im komplexen Muster der Rezeptorblockaden durch Clozapin (MELTZER 1990), nämlich der D_1- und D_2-antidopaminergen, antiserotonergen, antimuskarinergen, antiadrenergen (BREIER 1994) und auch antiglutamatergen (JANOWSKY und BERGER 1989, OLNEY und FARBER 1994, LIDSKY et al. 1993) (an NMDA-Rezeptoren, Abb. 3.3.10) Eigenschaften, möglicherweise auch an einer gewissen Präferenz für D_3- (SCHWARTZ et al. 1993) oder D_4-Dopamin-Rezeptoren (VAN TOL et al. 1995), und an der Hemmung der synaptischen Wiederaufnahme von Noradrenalin durch Clozapin (BREIER 1994).

Die Selektivität von Clozapin für den Depolarisationsblock in A10-Neuronen konnte durch kombinierte Applikation von Haloperidol mit dem Anticholinergikum Trihexyphenidyl oder mit dem α_1-adrenerger Antagonisten Prazosin imitiert werden (Tabelle 3.3.3). Clozapin und auch Risperidon, Sertindol und Olanzapin haben deutlich α_1-antiadrenerge Eigenschaften. Der α_1-adrenerge Antagonist Prazosin hatte in der einzigen Studie aber keine antipsychotische Aktivität (HOMMER et al. 1984). Für eine Bedeutung der anticholinergen Komponente spricht, daß Anticholinergika wie Biperiden Neuroleptikainduzierte Parkinsonoide deutlich bessern und prophylaktisch verhindern, jedoch allenfalls marginal die antipsychotische Wirkung mindern (SINGH et al. 1987). Im Gegenteil scheinen Anticholinergika Minussymptome sogar günstig zu beeinflussen. Dies spricht dafür, daß den anticholinergen und antiadrenergen Eigenschaften von Clozapin Bedeutung für das Fehlen extrapyramidal-motorischer Effekte zukommt. Gegen die Bedeutung des D_1-Antagonismus von Clozapin spricht, daß der reine D_1-Antagonist SCH-23390 sehr wohl Katalepsie provoziert und in beiden Neuronengruppen einen Depolarisationsblock auslöst (SKARSFELDT 1988).

Für die Bedeutung der antiserotonergen Komponente spricht, daß bei gemischten $D_2/5HT_2$-Antagonisten (MELTZER 1993, GOLDSTEIN 1995) wie z. B. Risperidon, Ziprasidon, Seroquel, Sertindol, Olanzapin, Iloperidon Katalepsie und – soweit klinisch untersucht – extrapyramidalmotorische Begleitwirkungen weniger ausgeprägt als bei typischen Neuroleptika zu sein scheinen und – soweit untersucht – sie ebenfalls die regionale Spezifität des Depolarisationsblocks zeigen (SKARSFELDT 1992, GOLDSTEIN et al. 1989), wie auch die reinen Serotonin-($5HT_{2A}$)-Antagonisten ICI-169369, Ritanserin (GOLDSTEIN et al. 1989) und MDL-100,907 (SORENSEN et al. 1992). Zerstörung

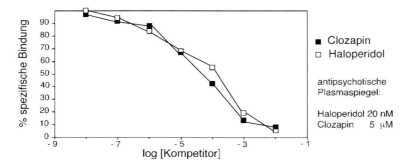

Abb. 3.3.10. Bindung von Haloperidol bzw. Clozapin an den NMDA-Glutamat-Rezeptor, gemessen als Verdrängung von ³H-MK-801 aus seiner Bindung (Janowsky und Berger 1989). Wegen seiner ca. 100fach höheren therapeutischen Plasmakonzentration ist nur für Clozapin eine antiglutamaterge Wirkung in vivo zu erwarten

Tabelle 3.3.3. Synopsis der akuten und chronischen Wirkungen einiger Medikamente auf die elektrische Aktivität dopaminerger Neuronen in der Substantia nigra (A9) gegenüber dem ventralen Tegmentum (A10) (Bannon et al. 1987). Clozapin verursacht einen Depolarisationsblock selektiv mesolimbischer Neuronen (A10)

Substanz	Anzahl elektrisch aktiver dopaminerger Neuronen			
	A9		A10	
	akut	chronisch	akut	chronisch
Haloperidol	↑	↓	↑	↓
Chlorpromazin	↑	↓	↑	↓
l-Sulpirid	↑	↓	↑	↓
d-Sulpirid	o	o	o	o
dl-Sulpirid	o	o	↑	↓
Clozapin	o	o	↑	↓
Thioridazin	o	o	↑	↓
Promethazin	o	o	o	o
Metoclopramid	↑	↓	o	o
Trihexyphenidyl	o	o	o	o
Prazosin	↑	o	o	o
Haloperidol +Trihexyphenidyl	↑	↑	↑	↓
Haloperidol +Prazosin	↑	↑	↑	↓

↑ Zunahme, ↓ Abnahme, o unverändert

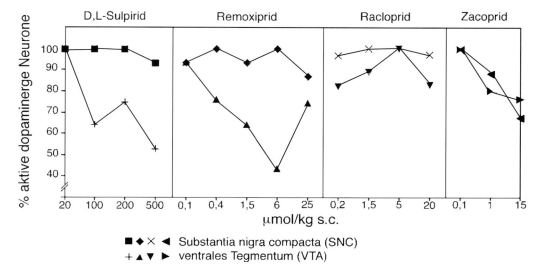

Abb. 3.3.11. Anteil elektrisch aktiver dopaminerger Neuronen der Substantia nigra im Vergleich zum ventralen Tegmentum unter der chronischen Applikation der selektiven Dopamin-D_2-Antagonisten Sulpirid, Remoxiprid und Racloprid sowie des Serotonin-S_4-Antagonisten Zacoprid (Skarsfeldt 1993). Sulpirid und Remoxiprid führen zu einem Depolarisationsblock bevorzugt im ventralen Tegmentum, Zacoprid in beiden und Racloprid in keiner der beiden Hirnregionen

serotonerger Neuronen oder Serotonin-Antagonisten mindern Neuroleptika-induzierte Katalepsie, Serotonin-Aufnahmehemmer verstärken die Katalepsie (Bannon et al. 1987). Die Hemmung der dopaminergen Transmission durch Serotonin ließ sich in vivo durch Positronen-Emissionstomographie und Microdialyse belegen (Dewey et al. 1995). Für die Bedeutung der antiserotonergen Komponente spricht auch, daß der gemeinsame Wirkmechanismus der Psychodysleptika (z. B. Meskalin, LSD) in einer Stimulation von Serotonin-2A-Rezeptoren (Pierce und Peroutka 1989) zu liegen scheint, wobei unter LSD die zusätzliche Hemmung der serotonerger Neuronen durch Stimulation von somatodendritischen Serotonin-1A-Autorezeptoren ebenfalls beitragen mag (Penington und Fox 1994). Allerdings hat Chlorpromazin eine ähnliche Affinität zu Serotonin-2-Rezeptoren wie Clozapin. Die antiserotonerge Komponente allein reicht nicht aus, um das völlige Fehlen motorischer Wirkungen unter Clozapin zu erklären. Clozapin interagiert aber mit mehreren Serotonin-Rezeptortypen ($5HT_{2A}$, $5HT_{2C}$, $5HT_3$, $5HT_6$, $5HT_7$). Die Wirksamkeit gegen parallele produktive und negative Symptome müßte mit hirnregional spezifischer Über- bzw. Unteraktivität der Regelkreise erklärt werden. Tatsächlich imitiert tierexperimentell

eine Zerstörung der mesocortikalen dopaminergen Bahnen Defizitsymptome (Bubser und Schmidt 1990) und erhöht die Aktivität des nigrostriatalen Systems (Deutch 1992).
Leider scheint auch der Depolarisationsblock die therapeutische Wirkung nicht schlüssig erklären zu können, da dann der hochselektive D_2-Antagonist Racloprid nicht antipsychotisch wirken dürfte (Skarsfeldt 1993), während der Serotonin-S_4-Antagonist Zacoprid ein typisches Neuroleptikum darstellen müßte (Abb. 3.3.11).
Der Mechanismus des Depolarisationsblocks durch Neuroleptika erlaubt auch noch keinen Analogieschluß auf eine der Schizophrenie zugrunde liegende, hypothetische Funktionsstörung. Dafür wurde eine verminderte tonische Dopaminfreisetzung als Folge einer verminderten frontocortikalen glutamatergen Aktivität (PCP-Psychose!) vorgeschlagen (Grace 1993). Als Folge davon komme es zur überschießenden phasischen Dopaminfreisetzung (burst firing) unter sensorischer Stimulation (Streß). Dies würde durch den neuroleptischen Depolarisationsblock verhindert, das Verhältnis zwischen tonischer und phasischer Aktivität readjustiert (Grace 1993). Tierexperimentell führte tatsächlich eine längerfristige elektrische Stimulation mesolimbischer dopaminerger Neuronen zu einer Sensiti-

vierung gegen Amphetamin und zu sozialem Rückzug im Intervall, was als Schizophrenie-Modell vorgeschlagen wurde (BLENTHOJ et al. 1993). Jedoch wird die sog. mesolimbische Theorie der Schizophrenie (STEVENS 1972) inzwischen angezweifelt (LIDSKY 1995), da das Striatum sehr wohl nicht nur mit der Motorik sondern auch mit kognitiven Prozessen befasst ist; das Caudatum erhält seine wesentlichen Afferenzen vom frontalen Assoziationscortex.

3.3.11 Neuroleptika-Wirkungen auf den Metabolismus von Dopamin

Neuroleptika erhöhen akut den Umsatz von Dopamin, was sich in einer Akkumulation des Hauptmetaboliten Homovanillinsäure (HVA) zeigt. Dabei wurde von ANDEN und STOCK (1973) und anderen (MOGHADDAM und BUNNEY 1990) für Clozapin eine selektiv höhere Umsatzsteigerung im mesolimbischen System (N. accumbens) beschrieben, die Selektivität aber von anderen Autoren nicht immer bestätigt (MELTZER 1980). Auch Benzamide steigerten den Dopaminumsatz in mesolimbischen Strukturen stärker (KOHLER et al. 1984). Unter typischen Neuroleptika wie Haloperidol ist die Umsatzsteigerung in mesocortikalen Regionen geringer als im nigrostriatalen System (BANNON et al. 1987). Auch die Dopamin-Freisetzung ist unter Clozapin bevorzugt mesocortikal und unter typischen Neuroleptika nigrostriatal gesteigert (PEHEK und YAMAMOTO 1994), umgekehrt die Glutamatfreisetzung (Abb. 3.3.12). Auch der reine Serotonin-2A-Antagonist MDL-100,907 (SCHMIDT und FADAYEL 1995) oder der überwiegende S_{2A}-Antagonist Amperozid (NOMIKOS et al. 1994) stimuliert selektiv die mesocortikale Dopamin-Freisetzung; ihre klinische Wirkamkeit bleibt zu etablieren. Nur das nirgostriatale und nicht das mesocortikale dopaminerge System entwickelt Toleranz bezüglich der Freisetzung (Abb. 3.3.12) und Umsatz-Steigerung. Für die Bedeutung von Autorezeptoren spricht,

daß die Umsatzsteigerung nach Zerstörung intrinsischer Neuronen, die zur polysynaptischen Rückkopplungsschleife gehören, fortbesteht. Zur Umsatzsteigerung trägt aber auch die Blockade postsynaptischer Rezeptoren bei, also eine Enthemmung stimulatorischer Interneuronen. Unter chronischer Einwirkung von Neuroleptika bildet sich die Umsatzsteigerung zurück, es entwickelt sich Toleranz, die möglicherweise wieder auf das nigrostriatale System begrenzt ist.

Auch bei schizophren Kranken wurde unter neuroleptischer Therapie ein initialer Anstieg von HVA im Liquor (Abb. 3.3.13) und auch im Plasma gefunden. Plasma-HVA entstammt zu ca. 30% dem ZNS (AMIN et al. 1995), der Rest aus der Nahrung und aus noradrenergen Neuronen des Sympathikus. Messungen bei schizophren Kranken im Vergleich zu Gesunden sowie zum Zusammenhang mit psychopathologischen Symptomen ergaben widersprüchliche Befunde, selbst wenn periphere Quellen durch Vorbehandlung mit dem nur peripher wirksamen MAO-Inhibitor Debrisoquin ausgeschaltet wurden. Die Untersuchungen stimmen jedoch weitgehend darin überein, daß hohe Konzentrationen vor Behandlung und ein ausgeprägter Konzentrationsabfall unter der neuroleptischen Therapie eine eher

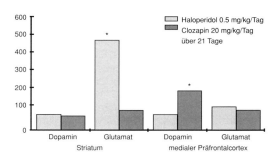

Abb. 3.3.12. Extrazelluläre Konzentrationen von Dopamin und Glutamat im Striatum von Ratten, die chronisch (21 Tage) mit Haloperidol bzw. Clozapin behandelt worden waren. Die Werte sind als % derjenigen von mit Vehikel behandelten Ratten angegeben (YAMAMOTO et al. 1994)

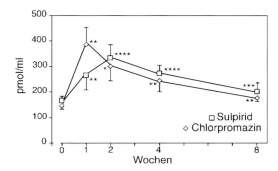

Abb. 3.3.13. Konzentration (Mittel ± SEM) des Dopamin-Metaboliten Homovanillinsäure (HVA) im Liquor schizophren Kranker vor (n = 23) und unter der Therapie mit dem typischen Neuroleptikum Chlorpromazin (n = 7–12) bzw. dem atypischen Sulpirid (n = 7–14). Nach initialem Anstieg von HVA unter beiden Neuroleptika entwickelt sich Toleranz (HÄRNRYD et al. 1984)

günstige Therapieresponse prädizieren. Die spätere Toleranz steht also möglicherweise in Beziehung zur antipsychotischen Wirkung. Die Effekte von Clozapin auf Plasma-HVA sind marginal (DAVIDSON et al. 1993, GREEN et al. 1993). Abhängig von der Rezeptorselektivität des Neuroleptikums ändert sich der Umsatz auch anderer Transmitter wie z. B. Serotonin vorübergehend. Unter Clozapin steigt Noradrenalin im Plasma erheblich an und der Abfall von MHPG (3-Methoxy-4-Hydroxy-Phenethylglykol) und HVA diskriminiert vielleicht zwischen Respondern und Non-Respondern (GREEN et al. 1993).

3.3.12 Interaktion dopaminerger mit anderen Transmittersystemen

Zwischen dopaminerger, GABAerger, cholinerger, glutamaterger, noradrenerger und serotonerger Neurotransmission bestehen intime Wechselwirkungen in verschiedenen Regulationskreisen, von denen der motorische striato-pallido-thalamo-cortico-striata-

le Kreis am besten untersucht ist (GRAYBIEL 1990). Vereinfachend werden das ventrale Striatum und das ventrale Pallidum dem mesolimbischen System zugeordnet. Glutamaterge cortikale Neuronen projizieren auf cholinerge Interneuronen und GABAerge Neuronen des Striatums, letztere auf GABAerge Pallidum-Neuronen, diese auf glutamaterge Thalamus-Neuronen (direkter Weg) oder zunächst auf GABAerge Thalamus-Neuronen (indirekter Weg), die glutamatergen Thalamus-Neuronen dann wieder zum Cortex (CARLSSON und CARLSSON 1990). Schließlich hemmt das Pallidum GABAerg den glutamatergen Nucleus subthalamicus, der glutamaterg zum Cortex projiziert. Die Aktivität dieser Kreise wird im Striatum dopaminerg inhibiert. Die dopaminerge Aktivität wird ihrerseits durch eine nigro-striato-nigrale Rückkopplungsschleife reguliert. CARLSSON und CARLSSON (1990) nehmen für die Schizophrenien an, eine über den indirekten Weg verminderte Hemmung des Thalamus infolge entweder einer dopaminergen Überaktivität oder glutamatergen Unteraktivität erkläre den sog. Defekt der sensorischen Filter.

Pharmakobiochemisch hemmt Dopamin die Freisetzung von Azetylcholin aus cholinergen Interneuronen im Striatum, aber nicht im mesolimbischen System, obwohl in beiden Regionen hohe Konzentrationen von Azetylcholin gefunden werden. Über D_1-Rezeptoren stimuliert Dopamin die Freisetzung von Azetylcholin im Striatum (FRIEDMAN et al. 1990). Entsprechend führen Neuroleptika an D_2-Rezeptoren im Striatum zu einer Enthemmung der cholinergen Neuronen mit vermehrter Freisetzung von Azetylcholin. Hiergegen entwickelt sich Toleranz, aber nicht gegen die durch Neuroleptika erhöhte, Kalium-induzierte Freisetzung von Azetylcholin (FRIEDMAN et al. 1990). Umgekehrt stimuliert Azetylcholin im Striatum die Freisetzung von Dopamin, was zur Umsatzsteigerung von Dopamin unter Neuroleptika beitragen mag. Die cholinergen Interneuronen werden von cortikalen, glutamatergen Projektionsneuronen stimuliert. Dies erklärt, warum Decortizierung oder Glutamat-Antagonisten die Katalepsie unter Neuroleptika abschwächen, umgekehrt Neuroleptika durch Glutamat-Antagonisten induzierte Stereotypien antagonisieren (TIEDTKE et al. 1990). Dazu trägt auch die Blockade präsynaptischer D_2-Rezeptoren an glutamatergen Endigungen bei, über die Dopamin die Freisetzung von Glutamat hemmen würde. Hier fördern also Neuroleptika die glutamaterge Stimulation cholinerger Interneuronen.

Die wesentlichste Zielzelle dopaminerger Neuronen im Striatum wie auch im mesolimbischen und wohl auch mesocortikalen System ist GABAerg. GABAmimetika verstärken die neuroleptische Katalepsie. Auch diese GABAergen Neuronen werden von cortikalen glutamatergen Afferenzen stimuliert. Auch hier fördert die Blockade präsynaptischer D_2-Rezeptoren die glutamaterge Stimulation der GABAergen Neuronen. Diese GABAergen Neuronen projizieren zurück in die Pars reticularis bzw. das ventrale Tegmentum (A10). Hier hemmt GABA wohl ein ebenfalls GABAerges Interneuron, das zu dopaminergen Neuronen in der Pars compacta projiziert. Dadurch enthemmt in diesem Regelkreis unter Neuroleptika das striäre GABAerge Neuron das nigrale dopaminerge Neuron. Ein ähnlicher Regelkreis besteht auch im mesolimbischen System. Die GABAergen Neuronen enthalten Neuropeptide als Co-Transmitter, wobei Enkephalin inhibitorisch und das Tachykinin Substanz-P stimulierend wirkt. Möglicherweise wirken die Peptide modulatorisch und werden unter anderen elektrischen Entladungsmustern als GABA selbst freigesetzt.

Vom Striatum projizieren inhibitorische GABAerge Neuronen, die wieder eines von verschiedenen Neuropeptiden als Co-Transmittern enthalten, zum Pallidum. Analog projizieren GABAerge inhibitorische Neuronen vom Nucleus accumbens zum ventralen Pallidum. Unter Neuroleptika dominiert die GABAerge Hemmung des Pallidum, so daß die pallidäre, GABAerge Hemmung glutamaterger thalamischer Neuronen wegfällt. Dadurch wäre der glutamaterge cortiko-thalamo-cortikale Regelkreis im indirekten Weg (drei GABAerge Interneuronen) gehemmt, im direkten Weg (zwei GABAerge Interneuronen) enthemmt.

Die beschriebenen Regelkreise lassen an die Möglichkeit denken, antipsychotische Wirkungen könnten durch Interferenz mit anderen der beteiligten Transmitter herbeigeführt werden. Versuche mit GABAergen Substanzen wie Baclophen (GABA$_B$-Agonist), Progabid (GABA$_{A/B}$-Agonist) (BARTHOLINI 1985) oder Muszimol (GABA$_A$-Agonist) (TAMMINGA et al. 1978) blieben erfolglos; Muszimol wirkt im Gegenteil selbst psychotogen. Ob Benzodiazepine, die die GABAerge Neurotransmission am GABA$_A$-Rezeptor fördern, antipsychotisch wirken oder die antipsychotische Wirkung von Neuroleptika fördern, ist umstritten (ARANA et al. 1986). Cholinomimetika wie Physostigmin verstärken die Katalepsie ohne aber antipsychotisch zu wirken; sie heben aber akut die Verhaltenseffekte von Amphetamin auch beim Menschen auf (Übersicht bei FRITZE 1993). Anticholinergika antagonisieren prompt die Katalepsie, reduzieren aber nur marginal die Wirkung gegen produktive Symptome (TANDON et al. 1992). Anticholinergika können aber diskret Defizitsymptome lindern (SINGH et al. 1987). Dabei kann aber nicht ausgeschlossen werden, daß diese Neuroleptika-induziert waren.

Der relativ selektive Serotonin-S$_{2A/C}$-Antagonist Ritanserin zeigte sich zunächst in Einzelfallbeobachtungen (KLIESER und STRAUSS 1988) eher als Antidepressivum. Ritanserin war in Monotherapie in einer offenen Studie gegen produktive und negative Symptome wirksam (WIESEL et al. 1994). In einer Plazebo-kontrollierten doppelblinden Studie (DUINKERKE et al. 1993) besserte Ritanserin adjuvant zu einer stabilen Neuroleptika-Therapie signifikant Defizitsymptome. Ritanserin war in der Besserung des Neuroleptika-induzierten Parkinsonoids dem Anticholinergikum Orphenadrin, das auch NMDA-Rezeptoren blockiert (KORNHUBER et al. 1995), und Plazebo überlegen (BERSANI et al. 1990), jedoch wirkungslos bei Spätdyskinesie (MECO et al. 1989). Risperidon, das einen schwachen D_2- und α_1-Antagonismus mit einem starken Serotonin-2A-Antagonismus kombiniert, verursacht weniger extrapyramidale Symptome als Haloperiol und ist möglicherweise besser gegen Minussymptome wirksam (KEEGAN 1994). Die bisherigen Ergebnisse mit Serotonin-3-Antagonisten enttäuschten (LECRUBIER 1993), obwohl tierexperimentell über diesen einen Kationenkanal steuernden Rezeptor selektiv die mesolimbische dopaminerge Transmission beeinflußt wird (HAGAN et al. 1993).

Kompetitive und non-kompetitive Glutamat-Antagonisten am N-Methyl-D-Aspartat-(NMDA)-Rezeptor wie Phencyclidin (PCP) wirken psychotogen. Glutamat-Agonisten stehen noch nicht für die Prüfung auf antipsychotische Wirkungen zur Verfügung und wären mit konvulsiven und neurotoxischen Risiken behaftet (OLNEY 1989). Neuroleptika scheinen aber die Expression bestimmter Subtypen des NMDA-Glutamatrezeptors zu erhöhen (FITZGERALD et al. 1995). Therapieversuche durch allosterische Stimulation des NMDA-Rezeptors am Glycin-Bindungsort durch Glycin selbst (JAVITT et al. 1994), D-Cycloserin (CASCELLA et al. 1994) oder das Prodrug Milacemid (ROSSE et al. 1991) sind bisher wenig überzeugend, wobei allerdings die verwendeten Substanzen nicht optimal sein konnten.

Die Möglichkeiten einer Interferenz mit den am Regelkreis beteiligten Neuropeptiden sind noch völlig ungeklärt. Antipsychotische Wirkungen von Analoga des Cholecystokinins (CCK) wurden nicht bestätigt (NAIR et al. 1985, PESELOW et al. 1987). Opiate und Opioide fördern Synthese und Umsatz von Dopamin im Striatum und mesolimbischen System wohl über μ-Rezeptoren. Initial positive Befunde einer antipsychotischen Wirkung von Opiatantagonisten (Naloxon, Naltrexon) bestätigten sich nicht (WELCH und THOMPSON 1994). Dennoch kann eine Beteiligung der Opioid-Systeme nicht ausgeschlossen werden, da die komplexen Interaktionen der multiplen Opioide (Endorphine, Enkephaline, Dynorphine) und multiplen Opioid-Rezeptoren (μ, δ, κ, ε, σ u. a. Subtypen) nicht berücksichtigt werden konnten (und können). σ-Rezeptoren (SU 1993) sind von Interesse, da Neuroleptika wie Haloperidol und Remoxiprid hier eine hohe Affinität aufweisen und einige Opiate wie Pentazocin psychotogen wirken. Wegen der Diskrepanz zwischen Affinität und Psychotogenität der Enantiomere des Pentazocin ist letzteres fragwürdig geworden. Die physiologische Funktion von σ-Rezeptoren ist unbekannt. Selektive σ-Antagonisten wie Rimcazol scheinen nicht antipsychotisch zu wirken (GEWIRTZ et al. 1994). γ-Endorphine hemmen über unklare Mechanismen im mesolimbischen System dopaminerge Neuronen; antipsychotische Effekte ließen sich schlußendlich nicht bestätigen (VAN REE 1994). Neurotensin-Agonisten befinden sich in der Entwicklung, nachdem zwar widersprüchliche Befunde auf erniedrigte Konzentrationen bei Schizophrenien, die sich unter Neuroleptika normalisieren, hinweisen und Neurotensin die dopaminerge Aktivität hemmt (KASCKOW und NEMEROFF 1991). Auch weitere nicht-peptidische Peptid-Analoga werden intensiv beforscht.

3.3.13 Regionale neuronale Aktivität

FRANZEN und INGVAR (1975) berichteten erstmals über eine Minderung des anterior-posterioren Gradienten der Hirndurchblutung (rCBF) bei Schizophrenen nach intracarotidaler Injektion von [133]Xenon, was zur

Prägung des Begriffs „Hypofrontalität" führte. Diese frontale Perfusionsminderung um ca. 1–8% gilt inzwischen aufgrund zahlreicher Studien auch mittels SPECT und PET als etabliert, zumindest unter spezifischen Testaufgaben (KOTRLA und WEINBERGER 1995). In der regionalen Hirndurchblutung spiegelt sich die regionale neuronale Aktivität wider. Entsprechend zeigt sich die Hypofrontalität auch bei Messung des Glukoseumsatzes mittels PET. Hypofrontalität ist mit Chronizität, dominierenden Defizitsymptomen (WOLKIN et al. 1992), psychomotorischer Verarmung (LIDDLE et al. 1992), auch diagnoseübergreifend mit psychomotorischer Hemmung in der Depression (DOLAN et al. 1993) assoziiert. Allerdings waren unter dem Wisconsin-Card-Sorting-Test (WCST) nur schizophren und nicht depressiv Kranke hypofrontal (BERMAN et al. 1993). Psychomotorisch erregte (EBMEIER et al. 1995), akut (CLEGHORN et al. 1989) Kranke zeigen aber im Gegenteil eine Hyperfrontalität. Komplexere Muster ergeben sich, wenn Zusammenhänge zwischen subtilen psychopathologischen Symptomen (psychomotorische und Sprachverarmung, Desorganisation, Realitätsverzerrung/Wahn) und regionaler neu-

ronaler Aktivität gesucht werden (KAPLAN et al. 1993, LIDDLE et al. 1992). Akustische Halluzinationen sind mit Steigerungen von Durchblutung und Glukoseumsatz in sprachrelevanten Regionen bitemporal und links-temporoparietal verbunden (MCGUIRE et al. 1993, CLEGHORN et al. 1992, SUZUKI et al. 1993).

Es wird versucht, die Hypofrontalität mit einer frontalen dopaminergen Unteraktivität zu erklären. Allerdings zeigen vorläufige Befunde (Abb. 3.3.14), daß der frontale Glukoseumsatz unter Neuroleptika wie Haloperidol (TAMMINGA und LAHTI 1995), aber auch Clozapin (POTKIN et al. 1994), eher abnimmt. Dies erklärt vermutlich, warum sowohl behandelte als auch unbehandelte schizophren Kranke die Hypofrontalität aufweisen. In der bisher wohl einzigen, methodisch notgedrungen nicht ganz perfekten (Crossover-)Studie prädizierte ein geringerer Glukoseumsatz im Striatum die Therapieresponse auf Haloperidol (BUCHSBAUM et al. 1992) parallel mit einer Normalisierungstendenz des Glukoseumsatzes unter der Therapie. Letzteres paßt zur überwiegend inhibitorischen Wirkung von Dopamin auf striatale Neuronen.

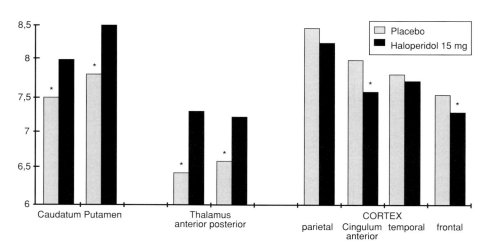

Abb. 3.3.14. Differentielle Veränderungen des regionalen Glukoseumsatzes in verschiedenen Hirnregionen (PET) unter dem Einfluß von Haloperidol im Vergleich zu Placebo (TAMMINGA und LAHTI 1995)

3.3.14 Neuroendokrine Wirkungen

Dopamin übt über den tuberoinfundibulären Trakt und das Portalvenensystem einen tonisch hemmenden Einfluß auf die hypophysäre Prolaktinsekretion aus (NIEUWENHUYS 1985). Unter klinischen Dosen typischer Neuroleptika wird entsprechend durch Blockade hypophysärer D_2-Rezeptoren die Prolaktinsekretion maximal enthemmt. Dieser Anstieg ist unter Clozapin gering und hält so kurz an, daß er der Erfassung entgehen kann (MELTZER 1994). Nach Absetzen von Neuroleptika normalisiert sich Prolaktin innerhalb von 2 bis 3 Tagen. Obwohl auch andere Hormone wie das Wachstumshormon dopaminerg moduliert werden, entfalten hier Neuroleptika keine eindeutigen Einflüsse.

Die Frage, inwieweit sich unter chronisch neuroleptischer Therapie Toleranz entwikkelt und sich Prolaktin normalisiert, ist umstritten. Zum Beispiel BROWN und LAUGHREN (1981) fanden eine zumindest partielle Toleranz (Abb. 3.3.15), andere Autoren nicht (HÄRNRYD et al. 1984). Trotz vermutlich partieller Toleranz und trotz fehlender Korrelation zu den Plasmaspiegeln von Neurolep

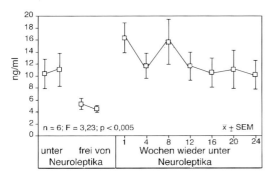

Abb. 3.3.15. Konzentration von Prolaktin im Serum schizophren Kranker unter jahrelanger neuroleptischer Erhaltungstherapie, 2–18 Wochen nach Absetzen der (typischen) Neuroleptika, sowie unter erneuter neuroleptischer Therapie (BROWN und LAUGHREN 1981)

tika mag aber ein Absinken von Prolaktin unter neuroleptischer Prophylaxe das Risiko einer Exazerbation voraussagen (WILKINS et al. 1987). Das bedeutet aber keinesfalls einen Kausalzusammenhang, sondern spiegelt den Zusammenhang zwischen geringer Plasmakonzentration des Neuroleptikums und erhöhtem Rezidivrisiko wider (BROWN et al. 1982). Auf weitere endokrinologische Untersuchungen vor allem mit dem „Drug-Challenge-Paradigm" wird hier nicht eingegangen, da sie bisher nichts zum Verständnis der Wirkmechanismen der Antipsychotika beitragen, wenn auch zum Verständnis der Neurobiologie der Schizophrenien.

3.3.15 Schlußfolgerung

Zweifelsfrei haben derzeit verfügbare, antipsychotische, vornehmlich gegen produktive Symptome wirksame Medikamente gemeinsam, D_2-Dopaminrezeptoren zu blokkieren. Die Bedeutung molekulargenetisch charakterisierter D_3- und D_4-Rezeptoren bleibt zu klären. Clozapin ist der goldene Standard, seine Besonderheiten sind aber noch nicht sicher erklärt. Möglicherweise sind differentielle Wirkungen auf bestimmte Hirnregionen wie das mesolimbische und mesocortikale System für die antipsychotische Wirkung entscheidend. Antiserotonerge Eigenschaften können Risiko und Ausprägung extrapyramidalmotorischer Begleitwirkungen mindern und vielleicht die Wirksamkeit auch gegen Defizitsymptome erhöhen. Die Rezeptorblockade ist im Positronen-Emissionstomogramm gleichermaßen bei respondierenden und nicht respondierenden Kranken nachweisbar, also eine zwar notwendige aber nicht hinreichende Bedingung. Die akute Blockade von Dopaminrezeptoren erklärt nicht die nur allmählich einsetzende antipsychotische Wirkung („Wirklatenz"). Die Heraufregulation der D_2-Rezeptoren bietet vermutlich keine Erklärung, da sie sich auf das Striatum zu be schränkt. Der Depolarisierungsblock spezifisch mesolimbischer dopaminerger Neuronen könnte die Wirklatenz erklären. Der Zusammenhang zwischen Therapieerfolg und Re-Adjustierung des im Plasma gemessenen Dopaminumsatzes wäre damit vereinbar. Allerdings stellen einzelne falsch positive und falsch negative Substanzen die Rolle des Depolarisationsblock in Frage. Der Mechanismus des Depolarisationsblocks ist bisher unbekannt. Möglicherweise ist nicht der Depolarisationsblock per se bedeutsam, sondern eine durch ihn induzierte Re-Adjustierung der Relation zwischen phasischer und tonischer elektrischer Aktivität dopaminerger Neuronen.

Literatur

AKIYAMA K, KANZAKI A, TSUCHIDA K, UJIKE H (1994) Methamphetamine-induced behavioral sensitization and its implications for relapse of schizophrenia. Schizophr Res 12: 251–257

AMIN F, DAVIDSON M, KAHN RS, SCHMEIDLER J, STERN R, KNOTT PJ, APTER S (1995) Assessment of the central dopaminergic index of plasma HVA in schizophrenia. Schizophr Bull 21: 53–66

ANDEN NE, STOCK G (1973) Effect of clozapine on the turnover of dopamine in the corpus striatum and in the limbic system. J Pharm Pharmacol 25: 346–348

ANGRIST B, ROTROSEN J, GERSHON S (1980) Differential effects of amphetamine and neuroleptics on negative versus positive symptoms in schizophrenia. Psychopharmacol 72: 17–19

ARANA GW, ORNSTEEN ML, KANTER F, FRIEDMAN HL, GREENBLATT DJ, SHADER RI (1986) The use of benzodiazepines for psychotic disorders: a literature review and preliminary clinical findings. Psychopharmacol Bull 22: 77–87

BANNON MJ, FREEMAN AS, CHIODO LA, BUNNEY BS, ROTH RH (1987) The electrophysiological and biochemical pharmacology of mesolimbic and mesocortical dopamine neurons. In: IVERSEN LI, IVERSEN SD, SNYDER SH (eds) Handbook of psychopharmacology. Plenum Press, New York, pp 329–374

BARON JC, MARTINOT JL, CAMBON H, BOULENGER JP, POIRIER M, CAILLARD V, BLIN J, HURET JD (1989) Striatal dopamine receptor occupancy during and following withdrawal from neuroleptic treatment: correlative evaluation by positron emission tomography and plasma prolactin levels. Psychopharmacol 99: 463–472

BARONE P, MORELLI M, POPOLI M, CICARELLI G, CAMPANELLA G, DI CHIARA G (1994) Behavioural sensitization in 6-hydroxydopamine lesioned rats involves the dopamine signal transduction: changes in DARP-32 phosphorylation. Neuroscience 61: 867–873

BARTHOLINI G (1985) GABA receptor agonists: pharmacological spectrum and therapeutic actions. Med Res Rev 5: 55–75

BEBBINGTON P, KUIPERS L (1994) The predictive utility of expressed emotion in schizophrenia: an aggregate analysis. Psychol Med 24: 707–718

BELL DS (1965) Comparison of amphetamine psychosis and schizophrenia. Br J Psychiatry 111: 701–707

BERMAN KF, DORAN AR, PICKAR D, WEINBERGER DR (1993) Is the mechanism of prefrontal hypofunction in depression the same as in schizophrenia? Regional cerebral blood flow during cognitive activation. Br J Psychiatry 162: 183–192

BERSANI G, GRISPINI A, MARINI S, PASINI A, VALDUCCI M, CIANI N (1990) 5-HT-2 antagonist ritanserin in neuroleptic-induced parkinsonism: a double-blind comparison with orphenadrine and placebo. Clin Neuropharmacol 13: 500–506

BISCHOFF S (1986) Mesohippocampal dopamine system: characteristics functional and clinical implications. In: ISAACSON AH, PRIBRAM KH (eds) The hippocampus. Plenum Press, New York, pp 1–32

BLENTHOJ B, MOGENSEN J, LAURSEN H, HOLM S, HEMMINGSEN R (1993) Electrical sensitization of the meso-limbic dopaminergic system in rats: a pathogenetic model for schizophrenia. Brain Res 619: 39–54

BREAKEY WR, GOODELL H, LORENZ PC, McHUGH PR (1974) Hallucinogenic drugs as precipitants of schizophrenia. Psychol Med 4: 255–261

BREIER A (1994) Clozapine and noradrenergic function: support for a novel hypothesis for superior efficacy. J Clin Psychiatry 55: 122–125

BRENNER B, SHOPSIN B (1980) The use of mono-amine oxidase inhibitors in schizophrenia. Biol Psychiatry 15: 633–647

BROWN WA, LAUGHREN WT (1981) Tolerance to the prolactin-elevating effect of neuroleptics. Psychiatry Res 5: 317–322

BROWN WA, LANGHREN T, CHRISHOLM E, WILLIAMS BW (1982) Low serum neuroleptic levels predict relapse in schizophrenic patients. Arch Gen Psychiatry 39: 998–1000

BUBSER M, SCHMIDT WJ (1990) 6-Hydroxydopamine lesion of the rat prefrontal cortex increases locomotor activity, impairs acquisition of delayed alternation tasks, but does not affect uninterrupted tasks in the radial maze. Behav Brain Res 37: 157–168

BUCCI L (1987) The negative symptoms of schizophrenia and the monoamine oxidase inhibitors. Psychopharmacol 91: 104–108

BUCHSBAUM MS, POTKIN SG, SIEGEL BV, LOHR J, KATZ M, GOTTSCHALK LA, GULASEKARAM B, MARSHALL JF, LOTTENBERG S, CHUCK YING TENG, ABEL L, PLON L, BUNNEY WE (1992) Striatal metabolic rate and clinical response to neuroleptics in schizophrenia. Arch Gen Psychiatry 49: 966–974

BUNNEY BS, CHIODO LA, GRACE M (1991) Midbrain dopamine system electrophysiological functioning: a review and new hypothesis. Synapse 9: 79–94

BURT DR, CREESE I, SNYDER SH (1977) Antischizophrenic drugs: chronic treatment elevates dopamine receptor binding in brain. Science 196: 326–328

CADET JL, KAHLER LA (1994) Free radical mechanisms in schizophrenia and tardive dyskinesia. Neurosci Biobehav Rev 18: 457–467

CARLSSON A (1978) Antipsychotic drugs, neurotransmitters, and schizophrenia. Am J Psychiatry 135: 164–173

CARLSSON A, CHASE TN, WILLNER P, SCHWARTZ JC (1995) Towards a new understanding of dopamine receptors. Clin Neuropharmacol 18: S6–S13

CARLSSON M, CARLSSON A (1990) Interactions between glutamatergic and monoaminergic systems within the basal ganglia – implications for schizophrenia and Parkinson's disease. Trends Neurosci 13: 272–276

CASCELLA NG, MACCIARDI F, CAVALLINI C, SMERALDI E (1994) d-Cycloserine adjuvant therapy to conventional neuroleptic treatment in schizophrenia: an open-label study. J Neural Transm [Gen Sect] 95: 105–111

CHOUINARD G, JONES BD (1980) Neuroleptic-induced supersensitivity psychosis: clinical and pharmacologic characteristics. Am J Psychiatry 137: 16–19

CLEGHORN JM, GARNETT ES, NAHMIAS C, FIRNAU G, BROWN GM, KAPLAN R, SZECHTMAN H, SZECHTMAN B (1989) Increased frontal and reduced parietal glucose metabolism in acute untreated schizophrenia. Psychiatry Res 28: 119–133

CLEGHORN JM, FRANCO S, SZECHTMAN B, KAPLAN RD, SZECHTMAN H, BROWN GM, NAHMIAS C, GARNETT ES (1992) Toward a brain map of auditory hallucinations. Am J Psychiatry 149: 1062–1069

CREESE I, BURT DR, SNYDER SH (1976) Dopamine receptor binding predicts clinical pharmacological potencies of antischizophrenic drugs. Science 192: 481–483

CROSS AJ, WADDINGTON JL (1981) Kainic acid lesions dissociate 3H-spiperone and 3H-flupenthixol binding sites in rat striatum. Eur J Pharmacol 71: 327–332

DAVIDSON M, KAHN RS, STERN RG, HIRSCHOWITZ J, APTER S, KNOTT P, DAVIS KL (1993) Treatment with clozapine and its effect on plasma homovanillic acid and norepinephrine concentrations in schizophrenia. Psychiatry Res 46: 151–163

DEUTCH AY (1992) The regulation of subcortical dopamine systems by the prefrontal cortex: interactions of central dopamine systems and the pathogenesis of schizophrenia. J Neural Transm [Suppl] 36: 61–89

DEUTCH AY, ONGUR D, DUMAN RS (1995) Antipsychotic drugs induce fos protein in the thalamic paraventricular nucleus: a novel locus of antipsychotic drug action. Neuroscience 66: 337–346

DEWEY SL, SMITH GS, LOGAN J, ALEXOFF D, DING Y, S, KING P, PAPPAS N, BRODIE JD, ASHBY CR (1995) Serotonergic modulation of striatal dopamine measured with positron emission tomography (PET) and in vivo microdialysis. J Neurosci 15: 821–829

DI CHIARA G (1995) The role of dopamine in drug abuse viewed from the perspective of its role in motivation. Drug Alcohol Depend 38: 95–137

DI CHIARA G, IMPERATO A (1988) Drugs abused by humans preferentially increase synaptic dopamine concentrations in the mesolimbic system of freely moving rats. Proc Natl Acad Sci USA 85: 5274–5278

DOLAN RJ, BENCH CJ, LIDDLE KJ, FRISTON KJ, FRICH CD, GRASBY PM, FRACKOWIAK RJS (1993) Dorsolateral prefrontal cortex dysfunction in the major psychoses. Symptom or disease specificity? J Neurol Neurosurg Psychiatry 56: 1290–1294

DUINKERKE SJ, BOTTER PA, JANSEN ML, VAN DONGEN PAM, VAN HAAFTEN AJ, BLOOM AJ, VAN LAARHOVEN JHM, BUSARD HLSM (1993) Ritanserin-a selective 5-HT2/1C antagonist-and negative symptoms in schizophrenia. A placebo-controlled double-blind trial. Br J Psychiatry 163: 451–455

EBMEIER KP, LAWRIE SM, BLACKWOOD DHR, JOHNSTONE EC, GOODWIN GM (1995) Hypofrontality revisited: a high resolution single photon emission computed tomography study in schizophrenia. J Neurol Neurosurg Psychiatry 58: 452–456

ESPELIN DF, DONE AK (1968) Amphetamine poisoning: affectiveness of chlorpromazine. N Engl J Med 278: 1361–1362

EZRIN WATERS C, SEEMAN P (1977) Tolerance to haloperidol catalepsy. Eur J Pharmacol 41: 321–327

FARDE L, WIESEL FA, HALLDIN C, SEDVALL G (1988) Central D2-dopamine receptor occupancy in schizophrenic patients treated with antipsychotic drugs. Arch Gen Psychiatry 45: 71–76

FARDE L, WIESEL FA, STONE ELANDER S, HALLDIN C, NORDSTRÖM AL, HALL H, SEDVALL G (1990) D2 dopamine receptors in neuroleptic-naive schizophrenic patients. A positron emission tomography study with [11C] Raclopride. Arch Gen Psychiatry 47: 213–219

FARDE L, NORDSTRÖM AL, NYBERG S, HALLDIN C, SEDVALL G (1994) D–1-, D-2-, and 5-HT-2-receptor occupancy in clozapine-treated patients. J Clin Psychiatry 55: 67–69

FARDE L, NYBERG S, OXENSTIERNA G, NAKASHIMA Y, HALLDIN C, ERICSSON B (1995) Positron emission tomography studies on D-2 and 5-HT-2 receptor binding in risperidone-treated schizophrenic patients. J Clin Psychopharmacol 15 [Suppl 1]: 19S–23S

FERRIER IN, JOHNSTONE EC, CROW TJ (1984) Hormonal effects of apomorphine in schizophrenia. Br J Psychiatry 144: 349–357

FIBIGER HC (1994) Neuroanatomical targets of neuroleptic drugs as revealed by Fos immunochemistry. J Clin Psychiatry 55: 33–36

FITZGERALD LW, DEUTCH AY, GASIC G, HEINEMANN SF, NESTLER EJ (1995) Regulation of cortical and subcortical glutamate receptor subunit expression by antipsychotic drugs. J Neurosci 15: 2453–2461

FRANZEN G, INGVAR DH (1975) Absence of activation in frontal structures during psychological testing of chronic schizophrenics. J Neurol Neurosurg Psychiatry 38: 1027–1032

FRIEDMAN E, WANG HY, BUTKERAIT P (1990) Decreased striatal release of acetylcholine following withdrawal from long-term treatment with haloperidol: modulation by cholinergic dopamine-D1 and D2 mechanisms. Neuropharmacol 29: 537–544

FRITZE J (1992) Neurobiochemie, Wirkmechanismen. In: RIEDERER P, LAUX G, PÖLDINGER W (Hrsg) Neuro-Psychopharmaka, Bd 4. Neuroleptika. Springer, Wien New York, S 59–80

FRITZE J (1993) The adrenergic-cholinergic imbalance hypothesis of depression: a review and a perspective. Rev Neurosci 4: 63–93

GERLACH J, CASEY DE (1988) Tardive dyskinesia. Acta Psychiatr Scand 77: 369–378

GEWIRTZ GR, GORMAN JM, VOLAVKA J, MACALUSO J, GRIBKOFF G, TAYLOR DP, BORISON R (1994) BMY 14802, a sigma receptor ligand for the treatment of schizophrenia. Neuropsychopharmacology 10: 37–40

GOLDSTEIN JM (1995) Pre-clinical pharmacology of new atypical antipsychotics in late stage development. Expert Opin Invest Drugs 4: 291–298

GOLDSTEIN JM, LITWIN LC, SUTTON EB, MALICK JB (1989) Effects of ICI 169,369, a selective serotonin-2 antagonist, in electrophysiological tests predictive of antipsychotic activity. J Pharmacol Exp Ther 249: 673–680

GRACE M (1992) The depolarization block hypothesis of neuroleptic action: implications for the etiology and treatment of schizophrenia. J Neural Transm [Suppl] 36: 91–131

GRACE M (1993) Cortical regulation of subcortical dopamine systems and its possible relevance to schizophrenia. J Neural Transm [Gen Sect] 91: 111–134

GRAYBIEL AM (1990) Neurotransmitters and neuromodulators in the basal ganglia. Trends Neurosci 13: 244–254

GREBB JA, GIRAULT JA, EHRLICH M, GREENGARD P (1990) Chronic treatment of rats with SCH-23390 or raclopride does not affect the concentrations of DARPP-32 or its mRNA in dopamine-innervated brain regions. J Neurochem 55: 204–207

GREEN AL, ALAM MY, SOBIERAJ JT, PAPPALARDO KM, WATERNAUX C, SALZMAN C, SCHATZBERG AF, SCHILDKRAUT JJ (1993) Clozapine response and plasma catecholamines and their metabolites. Psychiatry Res 46: 139–149

HAGAN RM, KILPATRICK GJ, TYERS MB (1993) Interaction between 5-HT3 receptors and cerebral dopamine function: implications for the treatment of schizophrenia and psychoactive substance abuse. Psychopharmacol [Suppl] 112: 68–75

HALBERSTADT AL (1995) The phencyclidine-glut-amate model of schizophrenia. Clin Neuropharmacol 18: 237–249

HÄRNRYD C, BJERKENSTEDT L, GULLBERG B, OXENSTIERNA, SEDVALL G, WIESEL FA (1984) Time course for effects of sulpiride and chlorpromazine on monoamine metabolite and prolactin levels in cerebrospinal fluid from schizophrenic patients. Acta Psychiatr Scand [Suppl] 311: 75–92

HESS EJ, ALBERS LJ, LE H, CREESE I (1986) Effects of chronic SCH-23390 on the biochemical and behavioral properties of D1 and D2 dopamine receptors: potentiated behavioral responses to D2 dopamine agonist after selective D1 dopamine receptor upregulation. J Pharmacol Exp Ther 238: 846–852

HITRI A, HURD YL, WYATT RJ, DEUTSCH SI (1994) Molecular, functional and biochemical characteristics of the dopamine transporter: regional differences and clinical relevance. Clin Neuropharmacol 17: 1–22

HOFMANN A (1970) The discovery of LSD and subsequent investigations on naturally occurring hallucinogens. In: AYD FJJ, BLACKWELL B (eds) Discoveries in biological psychiatry. Lippincott, Philadelphia, pp 93–94

HOMMER DW, ZAHN TP, PICKAR D, VAN KAMMEN DP (1984) Prazosin, a specific alpha-1-noradrenergic receptor antagonist, has no effect on symptoms but increases autonomic arousal in schizophrenic patients. Psychiatr Res 11: 193–204

HORNYKIEWICZ O (1986) A quarter century of brain dopamine research. In: WOODRUFF G, POAT JA, ROBERTS PJ (eds) Dopaminergic systems and their regulation. Verlag Chemie, Weinheim, pp 3–18

HYTTEL J, ARNT J, VAN DEN BERGHE M (1989) Selective dopamine D-1 and D-2 receptor antagonists. In: DAHL SG, GRAM LF (eds) Clinical pharmacology in psychiatry. Springer, Berlin Heidelberg New York Tokyo, pp 109–122

JANOWSKY A, BERGER SP (1989) Clozapine inhibits 3H-MK-801 binding to the glutamate receptor-ionchannel complex. Schizophr Res 2: 189

JAVITT D, ZUKIN SR (1991) Recent advances in the phencyclidine model of schizophrenia. Am J Psychiatry 148: 1301–1308

JAVITT DC, ZYLBERMAN I, ZUKIN SR, HERESCO LEVY U, LINDENMAYER JP (1994) Amelioration of negative symptoms in schizophrenia by glycine. Am J Psychiatry 151: 1234–1236

KAPLAN RD, SZECHTMAN H, FRANCO S, SZECHTMAN B, NAHMIAS C, GARNETT ES, LIST S, CLEGHORN JM (1993) Three clinical syndromes of schizophrenia in untreated subjects: relation to brain glucose activity measured by positron emission tomography (PET). Schizophr Res 11: 47–54

KASCKOW J, NEMEROFF CB (1991) The neurobiology of neurotensin: focus on neurotensin-dopamine interactions. Regul Pept 36: 153–164

KEBABIAN JW (1984) Pharmacological and biochemical characterization of two categories of dopamine receptor. In: POSTE G, CROOKE ST (eds) Dopamine receptor agonists. Plenum Press, New York, pp 3–22

KECK PE, COHEN BM, BALDESSARINI RJ, McELROY SL (1989) Time course of antipsychotic effects of neuroleptic drugs. Am J Psychiatry 146: 1289–1292

KEEGAN D (1994) Risperidone: neurochemical, pharmacologic and clinical properties of a new antipsychotic drug. Can J Psychiatry 39: S46–S52

KERR DIB, ONG J (1992) GABA agonists and antagonists. Med Res Rev 12: 593–636

KLIESER E, STRAUSS WH (1988) Study to establish the indication for the selective S-2 antagonist ritanserin. Pharmacopsychiatry 21: 391–393

KOHLER C, OGREN SO, FUXE K (1984) Studies on the mechanism of action of substituted benzamide drugs. Acta Psychiatr Scand [Suppl] 311: 125–137

KORNETSKY C (1976) Hyporesponsivity of chronic schizophrenic patients to dextro-amphetamine. Arch Gen Psychiatry 33: 1425–1428

KORNHUBER J, WELLER M (1994) Current status regarding biochemical hypotheses on the pathogenesis of schizophrenia. Nervenarzt 65: 741–754

KORNHUBER J, RIEDERER P, REYNOLDS GP, BECKMANN H, JELLINGER K, GABRIEL E (1989) 3H-spiperone binding in post-mortem brains from schizophrenic patients: relationship to neuroleptic drug treatment, abnormal movements, and positive symptoms. J Neural Transm 75: 1–10

KORNHUBER J, PARSONS CG, HARTMANN S, RETZ W, KAMOLZ S, THOME J, RIEDERER P (1995a) Orphenadrine is an uncompetetive N-methyl-D-aspartate (NMDA) receptor antagonist: binding and patch clamp studies. J Neural Transm 102: 237–246

KORNHUBER J, QUACK G, DANYSZ W, JELLINGER K, DANIELCZYK W, GSELL W, RIEDERER P (1995b) Therapeutic brain concentration of the NMDA-receptor antagonist amantadine. Neuropharmacology 7: 713–721

KOTRLA KJ, WEINBERGER DR (1995) Brain imaging in schizophrenia. Ann Rev Med 46: 113–122

KRAMER MS, VOGEL WH, DIJOHNSON C, DEWEY DA, SHEVES P, CAVICCHIA-S, LITLE P, SCHMIDT R, KIMES I (1989) Antidepressants in depressed schizophrenic inpatients: a controlled trial. Arch Gen Psychiatry 46: 922–928

LAHTI AC, HOLCOMB HH, MEDOFF DR, TAMMINGA CA (1995) Ketamine activates psychosis and alters limbic blood flow in schizophrenia. Neuroreport 6: 869–872

LECRUBIER Y (1993) Efficacy of 5HT–3 receptor antagonists. Eur Neuropsychopharmacol 3: 250–252

LEE T, SEEMAN P, TOURTELLOTTE WW, FARLEY IJ, HORNYKIEWICZ O (1978) Binding of 3H-neuroleptics and 3H-apomorphine in schizophrenic brains. Nature 274: 897–900

LEVY MI, DAVIS BM, MOHS RC, KENDLER KS, MATHE M, TRIGOS-G, HORVATH TB, DAVIS KL (1984) Apomorphine and schizophrenia. Arch Gen Psychiatry 41: 520–524

LIDDLE PF, FRISTON KJ, FRITH CD, HIRSCH SR, JONES T, FRACKOWIAK RSJ (1992) Patterns of cerebral blood flow in schizophrenia. Br J Psychiatry 160: 179–186

LIDSKY TI (1995) Reevaluation of the mesolimbic hypothesis of antipsychotic drug action. Schizophr Bull 21: 67–74

LIDSKY TI, YABLONSKY ALTER E, ZUCK L, BANERJEE SP (1993) Anti-glutamatergic effects of clozapine. Neurosci Lett 163: 155–158

LISKOWSKY DR, POTTER LT (1987) Dopamine D2-receptors in the striatum and frontal cortex following chronic administration of haloperidol. Neuropharmacol 26: 481–483

LJUNGBERG T, UNGERSTEDT U (1978) Classification of neuroleptic drugs according to their ability to inhibit apomorphine-induced locomotion and gnawing: evidence for two different mechanisms of action. Psychopharmacol 56: 239–247

LUBY ED, COHEN BD, ROSENBAUM G, GOTTLIEB JS, KELLEY R (1959) Study of a new schizophrenomimetic drug – sernyl. Arch Neurol Psychiat 81: 363–369

LUNDBERG T, LINDSTROM LH, HARTVIG P, ECKERNAS S, A, EKBLOM B, LUNDQVIST H, FASTH KJ, GULLBERG P, LANGSTROM B (1989) Striatal and frontal cortex binding of 11-C-labelled clozapine visualized by positron emission tomography (PET) in drug-free schizophrenics and healthy volunteers. Psychopharmacology 99: 8–12

MAKANJUOLA ROA, ASHCROFT GW (1982) Behavioural effects of electrolytic and 6-hydroxydopamine lesions of the accumbens and caudate-putamen nuclei. Psychopharmacol 76: 333–340

MANJI HK (1992) G proteins: implications for psychiatry. Am J Psychiatry 149: 746–760

MARTINOT JL, PERON MAGNAN P, HURET JD, MAZOYER B, BARON JC, BOULENGER JP, LOC' C, MAZIERE B, CAILLARD V, LOO H, SYROTA A (1990) Striatal D-2 dopaminergic receptor assessed with positron emission tomography and [(76)Br]bromospiperone in untreated schizophrenic patients. Am J Psychiatry 147: 44–50

MARTINOT JL, PAILLERE MARTINOT ML, LOC'H C, LECRUBIER Y, DAO CASTELLANA MH, AUBIN F, ALLILAIRE JF, MAZOYER B, MAZIERE B, SYROTA A (1994) Central D-2 receptors and negative symptoms of schizophrenia. Br J Psychiatry 164: 27–34

McGUIRE PK, SHAH GMS, MURRAY RM (1993) Increased blood flow in Broca's area during auditory hallucinations in schizophrenia. Lancet 342: 703–706

McQUADE RD, DUFFY RA, ANDERSON CC, CROSBY G, COFFIN VL, CHIPKIN RE, BARNETT A (1991) [(3)H] SCH 39166, a new D-1-selective radioligand: in vitro and in vivo binding analyses. J Neurochem 57: 2001–2010

MEADOR WOODRUFF JH, CARON MG, CARLSSON A, PIERCEY MF, BEDARD PJ, VAN TOL HHM (1995) Neuroanatomy of dopamine receptor gene expression: potential substrates for neuropsychiatric illness. Clin Neuropharmacol 18: S14–S24

MECO G, BEDINI L, BONIFATI V, SONSINI U (1989) Ritanserin in tardive dyskinesia: a doubleblind crossover study versus placebo. Curr Ther Res Clin Exp 46: 884–894

MELTZER HY (1980) Relevance of dopamine autoreceptors for clinical psychiatry: preclinical and clinical studies. Schizophr Bull 6: 456–475

MELTZER HY (1990) Clozapine: mechanism of action in relation to its clinical advantages. In: KALES A, STEFANIS CN, TALBOTT JA (eds) Recent advances in schizophrenia. Springer, Berlin Heidelberg New York Tokyo, pp 237–256

MELTZER HY (1993) New drugs for the treatment of schizophrenia. Psychiatr Clin North Am 16: 365–385

MELTZER HY (1994) An overview of the mechanism of action of clozapine. J Clin Psychiatry 55: 47–52

MILLER R, CHOUINARD G (1993) Loss of striatal cholinergic neurons as a basis for tardive and L-dopa-induced dyskinesias, neuroleptic-induced supersensitivity psychosis and refractory schizophrenia. Biol Psychiatry 34: 713–738

MOGHADDAM B, BUNNEY BS (1990) Acute effects of typical and atypical antipsychotic drugs on the release of dopamine from prefrontal cortex, nucleus accumbens, and striatum of the rat: an in vivo microdialysis study. J Neurochem 54: 1755–1760

MONTASTRUC JL, LLAU ME, RASCOL O, SENARD JM (1994) Drug-induced parkinsonism: a review. Fundam Clin Pharmacol 8: 293–306

NAIR NPV, LAL S, BLOOM DM (1985) Cholecystokinin peptides, dopamine and schizophrenia, a review. Prog Neuropsychopharmacol Biol Psychiatry 9: 515–524

NAKAJIMA S, LIU X, CHIN LOONG LAU (1993) Synergistic interaction of D1 and D2 dopamine receptors in the modulation ofthe reinforcing effect of brain stimulation. Behav Neurosci 107: 161–165

NIEUWENHUYS R (1985) Chemoarchitecture of the brain. Springer, Berlin Heidelberg New York Tokyo

NILSSON LJG, CARLSSON A (1982) Dopamine receptor agonist with apparent selectivity for autoreceptors: a new principle for antipsychotic action? Trends Pharmacol Sci 3: 322–325

NOMIKOS GG, LURLO M, ANDERSSON JL, KIMURA K, SVENSSON TH (1994) Systemic administration of amperozide, a new atypical antipsychotic drug, preferentially increases dopamine release in the rat medial prefrontal cortex. Psychopharmacology 115: 147–156

NORDSTRÖM AL, FARDE L, ERIKSSON L, HALLDIN C (1995) No elevated D-2 dopamine receptors in neuroleptic-naive schizophrenic patients revealed by positron emission tomography and [(11)C] N-methylspiperone. Psychiatry Res Neuroimaging 61: 67–83

O'BOYLE KM, PUGH M, WADDINGTON JL (1984) Stereotypy induced by the D2 agonist RU-24213 is blocked by the D2 antagonist Ro-222586 and the D1 antagonist SCH-23390. Br J Pharmacol 82: 242

OLNEY JW (1989) Excitatory amino acids and neuropsychiatric disorders. Biol Psychiatry 26: 505–525

OLNEY JW, FARBER NB (1994) Efficacy of clozapine compared with other antipsychotics in preventing NMDA-antagonist neurotoxicity. J Clin Psychiatry 55: 43–46

PARASHOS SA, BARONE P, TUCCI I, CHASE TN (1987) Attenuation of D1-antagonist-induced D1-receptor upregulation by concomitant D2-receptor blockade. Life Sci 41: 2279–2284

PEARLSON GD, WONG DF, TUNE LE, ROSS CA, CHASE GA, LINKS JM, DANNALS RF, WILSON M, RAVERT HT, WAGNER HN, DEPAULO JR (1995) In vivo D-2 dopamine receptor density in psychotic and nonpsychotic patients with bipolar disorder. Arch Gen Psychiatry 52: 471–477

PEHEK EA, YAMAMOTO BK (1994) Differential effects of locally administered clozapine and haloperidol on dopamine efflux in the rat prefrontal cortex and caudate-putamen. J Neurochem 63: 2118–2124

PENINGTON NJ, FOX AP (1994) Effects of LSD on Ca^{++} currents in central 5-HT-containing neurons: 5- HT(1A) receptors may play a role in hallucinogenesis. J Pharmacol Exp Ther 269: 1160–1165

PEROUTKA SJ, SNYDER SH (1980) Relationship of neuroleptic drug effects at brain dopamine, serotonin, adrenergic and histamine receptors to clinical potency. Am J Psychiatry 137: 1518–1522

PESELOW E, ANGRIST B, SUDILOVSKY A, CORWIN J, SIEKIERSKI J, TRENT F, ROTROSEN J (1987) Double-blind controlled trials of cholecystokinin octapeptide in neuroleptic-refractory schizophrenia. Psychopharmacol 91: 80–84

PIERCE PA, PEROUTKA SJ (1989) Hallucinogenic drug interactions with neurotransmitter receptor binding sites in human cortex. Psychopharmacol 97: 118–122

PILOWSKY LS, COSTA LDC, ELL PJ, MURRAY RM, VERHOEFF NPLG, KERWIN RW (1993) Antipsychotic medication, D-2 dopamine receptor blockade and clinical response: a (123)I IBZM SPET (single photon emission tomography) study. Psychol Med 23: 791–797

PILOWSKY LS, COSTA DC, ELL PJ, VERHOEFF NPLG, MURRAY RM, KERWIN RW (1994) D2 Dopamine receptor binding in the basal ganglia of antipsychotic-free schizophrenic patients An 123I-IBZM single photon emission computerised tomography study. Br J Psychiatry 164: 16–26

POTKIN SG, BUCHSBAUM MS, JIN Y, TANG C, TELFORD J, FRIEDMAN G, LOTTENBERG S, NAJAFI A, GULASEKARAM B, COSTA J, RICHMOND GH, BUNNEY WE (1994) Clozapine effects on glucose metabolic rate in striatum and frontal cortex. J Clin Psychiatry 55: 63–66

REITH J, BENKELFAT C, SHERWIN A, YASUHARA Y, KUWABARA H, ANDERMANN F, BACHNEFF S, CUMMING P, DIKSIC M, DYVE SE, ETIENNE P, EVANS AC, LAL S, SHEVELL M, SAVARD G, WONG DF, CHOUINARD G, GJEDDE A (1994) Elevated dopa decarboxylase activity in living brain of patients with psychosis. Proc Natl Acad Sci USA 91: 11651–11654

REYNOLDS GP, MASON SL (1994) Are striatal dopamine D-4 receptors increased in schizophrenia? J Neurochem 63: 1576–1577

RICHELSON E (1984) Neuroleptic affinities for human brain receptors and their use in predicting adverse effects. J Clin Psychiatry 45: 331–336

RIDLEY RM, BAKER HF, OWEN F, CROSS AJ, CROW TJ (1983) Behavioral and biochemical effects of chronic treatment with amphetamine in the Vervet monkey. Neuropharmacol 22: 551–554

ROBERTSON HA, PAUL ML, MORATALLA R, GRAYBIEL AM (1991) Expression of the immediate early gene c-fos in basal ganglia: induction by dopaminergic drugs. Can J Neurol Sci 18: 380–383

ROSS SB (1977) On the mode of action of central stimulatory agents. Acta Pharmacol Toxicol 41: 392–396

ROSSE RB, SCHWARTZ BL, DAVIS RE, DEUTSCH SI (1991) An NMDA intervention strategy in schizophrenia with „low-dose" milacemide. Clin Neuropharmacol 14: 268–272

RUPNIAK NMJ, HALL MD, KELLY E, FLEMINGER S, KILPATRICK G, JENNER P, MARSDEN CD (1985) Mesolimbic dopamine function is not altered during continuous chronic treatment of rats with typical and atypical neuroleptic drugs. J Neural Transm 62: 249–266

SACHDEV P (1992) Neuroleptic-induced movement disorders and body iron status. Prog Neuropsychopharmacol Biol Psychiatry 16: 647–653

SCHEEL KRÜGER J (1972) Behavioral and biochemical comparison of amphetamine derivatives, cocaine, benztropine, and tricyclic antidepressant drugs. Eur J Pharmacol 18: 63–73

SCHMIDT CJ, FADAYEL GM (1995) The selective 5-HT(2A) receptor antagonist, MDL 100,907, increases dopamine efflux in the prefrontal cortex of the rat. Eur J Pharmacol 273: 273–279

SCHWARCZ R, CREESE I, COYLE JT, SNYDER SH (1978) Dopamine receptors localized on cerebral cortical afferents to rat corpus striatum. Nature 271: 766–768

SCHWARTZ J, C, LEVESQUE D, MARTRES MP, SOKOLOFF P (1993) Dopamine D-3 receptor: basic and clinical aspects. Clin Neuropharmacol 16: 295–314

SEDVALL G (1990) PET imaging of dopamine receptors in human basal ganglia: relevance to mental illness. Trends Neurosci 13: 302–308

SEDVALL G (1992) The current status of PET scanning with respect to schizophrenia. Neuropsychopharmacology 7: 41–54

SEE RE, CHAPMAN MA (1994) The consequences of long-term antipsychotic drug administration on basal ganglia neuronal function in laboratory animals. Crit Rev Neurobiol 8: 85–124

SEEMAN MV, SEEMAN P (1986) Molecular psychiatry, receptor density, and receptor sensitivity states. Integr Psychiatry 4: 41–43

SEEMAN P, VAN TOL HHM (1995) Dopamine D4-like receptor elevation in Schizophrenia: cloned D2 and D4 receptors cannot be discriminated by raclopride competition against ^{3}H] nemonapride. J Neurochem 64: 1413–1415

SEEMAN P, TEDESCO JL, LEE T, CHAU WONG M, MULLER P, BOWLES J, WHITTAKER PM, MCMANUS C, TITTLER M, WEINREICH P, FRIEND WC, BROWN GM (1978) Dopamine receptors in the central nervous system. Fed Proc 37: 130–136

SEEMAN P, ULPIAN C, BERGERON C, RIEDERER P, JELLINGER K, GABRIEL E, REYNOLDS GP, TOURTELLOTTE WW (1984) Bimodal distribution of dopamine receptor densities in brains of schizophrenics. Science 225: 728–731

SEEMAN P, GRIGORIADIS D, GEORGE SR, WATANABE M, ULPIAN C (1986) Functional states of dopamine receptors. In: WOODRUFF GN, POAT JA, ROBERTS PJ (eds) Dopaminergic systems and their regulation. Verlag Chemie, Weinheim, pp 97–109

SEEMAN P, NIZNIK HB, GUAN H, C, BOOTH G, ULPIAN C (1989) Link between D-1 and D-2 dopamine receptors is reduced in schizophrenia and Huntington diseased brain. Proc Natl Acad Sci USA 86: 10156–10160

SEEMAN P, GUAN H, C, VAN TOL HHM (1993) Dopamine D4 receptors elevated in schizophrenia. Nature 365: 441–445

SEGAL DS, MANDELL AJ (1974) Long-term administration of d-amphetamine: progressive augmentation of motor activity and stereotypy. Pharmacol Biochem Behav 2: 249–255

SHORE PA, GIACHETTI A, WAZER DE, ROTROSEN J, STANLEY M (1978) Reserpine: basic and clinical pharmacology. In: IVERSEN LI, IVERSEN SD, SNYDER SH (eds) Handbook of psychopharmacology. Plenum Press, New York, pp 197–219

SINGH MM, KAY SR, OPLER LA (1987) Anticholinergic-neuroleptic antagonism in terms of positive and negative symptoms of schizophrenia: implications for psychobiological subtyping. Psychol Med 17: 39–48

SKARSFELDT T (1988) Effect of chronic treatment with SCH-23390 and haloperidol on spontaneous activity of dopamine neurons in SNC and VTA in rats. Eur J Pharmacol 145: 239–243

SKARSFELDT T (1992) Electrophysiological profile of the new atypical neuroleptic, sertindole, on midbrain dopamine neurones in rats: acute and repeated treatment. Synapse 10: 25–33

SKARSFELDT T (1993) Comparison of the effect of substituted benzamides on midbrain dopamine neurones after treatment of rats for 21 days. Eur J Pharmacol 240: 269–275

SNYDER SH, BANERJEE SP, YAMAMURA HL, GREENBERG D (1974) Drugs, neurotransmitters and schizophrenia: phenothiazines, amphetamines, and enzymes synthesizing psychotomimetic drugs aid schizophrenia research. Science 184: 1243–1253

SOKOLOFF P, SCHWARTZ JC (1995) Novel dopamine receptors half a decade later. Trends Pharmacol Sci 16: 270–275

SORENSEN SM, HUMPHREYS TM, TAYLOR VL, SCHMIDT CJ (1992) 5-HT2 receptor antagonists reverse amphetamine-induced slowing of dopaminergic neurons by interfering with stimulated dopamine synthesis. J Pharmacol Exp Ther 260: 872–878

STEVENS JR (1972) An anatomy of schizophrenia? Arch Gen Psychiatry 29: 177–189

STOOF JC, KEBABIAN JW (1984) Two dopamine receptors: biochemistry, physiology, and pharmacology. Life Sci 35: 2281–2296

SU TP (1993) Delineating biochemical and functional properties of sigma receptors: emerging concepts. Crit Rev Neurobiol 7: 187–203

SUZUKI M, YUASA S, MINABE Y, MURATA M, KURACHI M (1993) Left superior temporal blood flow increases in schizophrenic and schizophreniform patients with auditory hallucination: a longitudinal case study using (123)I-IMP SPECT. Eur Arch Psychiatry Clin Neurosci 242: 257–261

SVENSSON TH, MATHE JM, ANDERSSON JL, NOMIKOS GG, HILDEBRAND BE, MARCUS M (1995) Mode of action of atypical neuroleptics in relation to the phencyclidine model of schizophrenia: role of 5-HT-2 receptor and alpha-1-adrenoreceptor antagonism. J Clin Psychopharmacol 15: 11S–18S

TAMMINGA CA, LAHTI RA (1995) Antipsychotische Wirkmechanismen der Neuroleptika bei Schizophrenie: Spekulative Betrachtungen. In: GERLACH J (Hrsg) Schizophrenie: Dopaminrezeptoren und Neuroleptika. Springer, Berlin Heidelberg New York Tokyo, S 185–197

TAMMINGA C, SCHAFFER MH, SMITH RC, DAVIS JM (1977) Apomorphine improves schizophrenic symptoms. Science 200: 567–568

TAMMINGA CA, CRAYTON JW, CHASE TN (1978) Muscimol: GABA agonist therapy in schizophrenia. Am J Psychiatry 135: 746–747

TANDON R, DEQUARDO JR, GOODSON JA, MANN NA, GREDEN JF (1992) Effect of anticholinergics on positive and negative symptoms in schizophrenia. Psychopharmacol Bull 28: 297–302

TIEDTKE PI, BISCHOFF C, SCHMIDT WJ (1990) MK-801-induced stereotypy and its antagonism by neuroleptic drugs. J Neural Transm 81: 173–182

TUNE LE, WONG DF, PEARLSON G, STRAUSS M, YOUNG T, SHAYA EK, DANNALS RF, WILSON M, RAVERT HT, SAPP J, COOPER T, CHASE GA, WAGNER HN (1993) Dopamine D2 receptor density estimates in schizophrenia: a positron emission tomography study with 11C-N-Methylspiperone. Psychiatry Res 49: 219–237

VAN REE JM (1994) Neuropeptides and psychopathology. J Control Release 29: 307–315

VAN TOL HHM, SEEMAN P, CORRIGAN, BEDARD PJ (1995) The dopamine D-4 receptor: a novel site for antipsychotic action. Clin Neuropharmacol 18: S143–S153

WALLACE MA, CLARO E (1993) Transmembrane signaling through phospholipase C in human cortical membranes. Neurochem Res 18: 139–145

WALTERS JR, BERGSTROM DA, CARLSON JH, CHASE TN, BRAUN AR (1987) D1 dopamine receptor activation required for postsynaptic expression of D2 agonist effects. Science 236: 719–722

WASER DE, ROTROSEN J, STANLEY M (1982) The benzamides: evidence for action of dopamine receptors, shortcomings of current models. In: ROTROSEN J, STANLEY M (eds) The benzamides: pharmacology, neurobiology and clinical aspects. Raven Press, New York, pp 83–95

WELCH EB, THOMPSON DF (1994) Opiate antagonists for the treatment of schizophrenia. J Clin Pharm Ther 19: 279–283

WETZEL H, Benkert O (1993) Dopamine autoreceptor agonists in the treatment of schizophrenic disorders. Prog Neuropsychopharmacol Biol Psychiatry 17: 525–540

WIESEL FA, NORDSTRÖM AL, FARDE L, ERIKSSON B (1994) An open clinical and biochemical study of ritanserin in acute patients with schizophrenia. Psychopharmacol 114: 31–38

WILKINS JN, MARDER SR, VAN PUTTEN T, MIDHA KK, MINTZ J, SETODA D, MAY PRA (1987) Circulating prolactin predicts risk of exacerbation in patients on depot fluphenazine. Psychopharmacol Bull 23: 522–525

WOLKIN A, BAROUCHE F, WOLF AP, ROTROSEN J, FOWLER JS, SHIUE CY, COOPER TB, BRODIE JD (1989) Dopamine blockade and clinical response: evidence for two biological subgroups of schizophrenia. Am J Psychiatry 146: 905–908

WOLKIN A, SANFILIPO M, WOLF AP, ANGRIST B, BRODIE JD, ROTROSEN J (1992) Negative symptoms and hypofrontality in chronic schizophrenia. Arch Gen Psychiatry 49: 959–965

WOLKIN A, DUNCAN E, SANFILIPO M, WIELAND S, COOPER TB, ROTROSEN J (1994) Persistent psychosis after reduction in pre- and post-synaptic dopaminergic function. J Neural Transm [Gen Sect] 95: 49–61

WONG DF, WAGNER HN, TUNE LE, DANNALS RF, PEARLSON GD, LINKS JM, TAMMINGA CA, BROUSSOLLE EP, RAVART HT, WILSON M, TOUNG JKT, MALAT J, WILLIAMS JA, O'TUAMA LA, SNYDER SH, KUHAR MJ, GJEDDE A (1986) Positron emission tomography reveals elevated D2 dopamine receptors in drug naive schizophrenics. Science 234: 1558–1563

XU X, DOMINO EF (1994) Phencyclidine-induced behavioral sensitization. Pharmacol Biochem Behav 47: 603–608

YAMAMOTO BK, PEHEK EA, MELTZER HY (1994) Brain region effects of clozapine on amino acid and monoamine transmission. J Clin Psychiatry 55: 8–14

ZEA PONCE Y, BALDWIN RM, LARUELLE M, WANG S, NEUMEYER JL, INNIS RB (1995) Simplified multi-dose preparation of iodine-123-beta-CIT: a marker for dopamine transporters. J Nucl Med 36: 525–529

Neuro-Psychopharmaka, Bd. 4, 2. Aufl.
Riederer P. / Laux G. / Pöldinger W. (Hrsg.)
© Springer-Verlag Wien 1998

4
Klinik

4.1 Indikationen

P. König

Wie bei allen Krankheiten und Symptomen und ihrer medizinischen Behandlung richtet sich die Anwendung eines bestimmten Heilmittels, seine Indikation, nach dessen Eigenschaften, die mit größerer oder geringerer Spezifität die Ursachen krankhafter Veränderungen (kausal) oder die Zielsymptome (symptomatisch) beeinflussen können.

In der Diskussion um symptomatisch bzw. kausal wirksame Heilmittel werden immer wieder wesentliche Gesichtspunkte übersehen, dort wo diese Diskussion aber außerhalb der Grenzen der Grundlagenforschung ausgetragen wird, ist sie müßig: Kausale Behandlungen bzw. Heilungen im Sinne der restitutio ad integrum sind beim gegenwärtigen Stand der Medizin generell selten. – Umgekehrt weiß jeder, der einmal an starken Kopfschmerzen oder Durchfall gelitten hat, welch ungeheure Bedeutung Symptomminderung bzw. -behebung haben kann.
Schließlich ist darauf hinzuweisen, daß biologische Hypothesen über die Entstehung von Psychosen zwar zum Teil durch die Wirkungsweise der Psychopharmaka generiert wurden (s.o.), daß aber diese Hypothesen auf eine Reihe weiterer, ebenfalls ZNS-aktiver Substanzen und deren Effekte gestützt sind. Es ist weiters bekannt, daß, worauf noch später einzugehen sein wird, auch ein wesentlicher Teil affektiver Erkrankungen (Manien) primär durch Neuroleptika behandelbar sind oder zusammen mit Neuroleptika und anderen Psychopharmaka erst einen günstigen Behandlungsverlauf nehmen (SHOPSIN 1979, RIFKIN und SIRIS 1987). Zudem sind bei vielen hirnorganisch begründbaren Psychosen (DEVANAND et al. 1988) die Neuroleptika heute aus dem Behandlungsrepertoire des Psychiaters, aber auch aller anderen medizinischen Disziplinen (SILVER und SIMPSON 1988), nicht mehr wegzudenken. Schon aus dieser Aufzählung ergibt sich, daß wir derzeit bei etwa 50% aller psychisch Kranken auf die Anwendung der Neuroleptika nicht verzichten können.

Als Indikationsleitlinien für die Verwendung von Neuroleptika haben somit die wesentlichen klinischen, im weiteren auch pharmakodynamischen (entsprechend dem pharmakologisch-klinischen Wirkprofil) und pharmakokinetischen Eigenschaften eines Neuroleptikums zu gelten.

4.1.1 Klinisch-syndromatologische Indikationen

Psychotische Zielsymptome „Denkstörungen"

Der Einsatz von Neuroleptika ist primär in ihrer antipsychotischen Wirksamkeit begründet und erst in weiterer Folge und unter bestimmten Umständen in anderen Indikationsbereichen berechtigt (COHEN 1988, DAVIS und CASPER 1978, JAIN et al. 1988).

Die antipsychotische Indikation zur Verwendung eines Neuroleptikums ist in der Praxis patienten- und situationsbezogen zu stellen: Aus dem jeweiligen Kontext kann es einmal erwünscht sein, einen Patienten „hochspezifisch antipsychotisch" zu behandeln, ein anderes Mal könnte es wünschenswert sein, möglichst gleichzeitig psychotische Denkinhalte, Schlafstörungen, Ängstlichkeit oder motorische Unruhe zu therapieren. Die einzelnen Beispiele können jeweils durch die Achse der Pharmakodynamik und der pharmakologischen Eigenschaften der Medikamente erweitert werden, wie der Tabelle 4.1.1 entnommen werden kann.

Zusätzlich kann die Halbwertszeit eines Medikamentes seine Indikation ebenso mitbestimmen wie seine Eigenschaft starke orthostatische Nebenwirkungen oder besonders rasch extrapyramidale Syndrome hervorzurufen.

Ursprünglich standen viele Fachleute einer tatsächlich „antipsychotischen Wirksamkeit" der Neuroleptika reserviert gegenüber. Zwischenzeitlich hat sich in vielen Untersuchungen zweifelsfrei herausgestellt, daß Veränderungen, die als psychosenpathognomonisch zu klassifizieren sind, innerhalb von Tagen durch die Anwendung von Neuroleptika günstig beeinflußt und im weiteren Verlauf häufig völlig zum Verschwinden gebracht werden können (KANE 1988b, KLEIN und DAVIS 1969, RIFKIN und SIRIS 1987). Symptome, die durch Neuroleptika sehr günstig beeinflußt werden, sind:

- **Formale Denkstörungen** wie Sperrungen, Denkhemmung, Gedankenabreißen, Versanden, Faseln, Gedankenjagen, Gedankenverschmelzen (Kontaminieren) (BRADLEY und HIRSCH 1986).
- **Inhaltliche Denkstörungen** (Halluzinationen, Wahn; auch wahnhafte Verkennungen, überwertige Ideen).

Psychomotorik, psychotische Verhaltensauffälligkeiten; Gefühlsstörungen

Neuroleptika sind gegen psychotische Veränderungen der Motorik wie Manierismen oder bizarre Bewegungsabläufe ähnlich wirksam wie gegen psychotische Veränderungen des Denkens. Sie sind weiters geeignet mit der Erkrankung zusammenhängende motorische Verlangsamung oder motorische Hyperaktivität günstig zu beeinflussen, was bis zur Möglichkeit der Behandlung des Stupors oder der Katatonie reicht. Diese Wirkungen sind bei verschiedenen Neuroleptika durchaus unterschiedlich, hängen nicht von der dämpfenden Wirkung ab, wie sie auch nicht mit der antipsychotischen Potenz korrelieren. Psychotisch bedingte Verhaltensveränderungen, die eher mit der Stimmung- und Antriebslage zusammenhängen, wie z. B. Autismus, starke Rückzugstendenzen, affektive Verflachung oder extreme Feindseligkeit sind neuroleptisch ebenfalls behandelbar, einzelnen Neuroleptika (z. B. Levomepromazin, Thioridazin, Chlorprothixen) wird eine geringe stimmungsaufhellende Wirkung zugeschrieben (BENKERT und HIPPIUS 1996). Ähnliches ist über die „atypischen Neuroleptika" zu sagen, die deshalb in der Behandlung schizophrener Residualzustände besondere Bedeutung gewonnen haben (s. diesen Abschnitt).

Tabelle 4.1.1. Überblick der wichtigsten Zielsymptome bzw. Syndrome und der zur Behandlung verwendeten Neuroleptikatypen (* niedrig-, *** hochpotent), der bevorzugten Applikationsart (mögliche Applikation in Klammern, K: „ultrakurz wirksame Depotneuroleptika" z. B. Zuclopenthixol in Viscoleo) sowie Beispiele für Erkrankung und Präparate (*OPS* Organisches Psychosyndrom)

Klinisches Syndrom	NL	i.v.	i.m.	p.o.	Depot	Erkrankungsveränderung	Beispiel des Neuroleptikums
Foudroyant-psychotisch	*** (+*)	(*)	*	(*)	–	z. B. akute Schizophrenie	Haloperidol (u. ev. Chlorprothixen)
Erregt-agitiert, expansiv	**/***	(*)	*	(*)	(K)	Manie	Clopenthixol (u. ev. Tranquilizer)
Verwirrt, schlafgestört „Verhaltensstörung" Raptus	*/**/***	(*)	*	(*)	–	OPS, Delir, Altersspsychose Intelligenz-/Entwicklungsstörung	Von Dixyrazin, Levomepromazin bis Clopenthixol, Pipamperon und Haloperidol
	*/**/***	(*)	*	*	(K)*		
Gefühlsstörung	*/**	(*)	(*)	*	(*)	Depression, Residualsyndr.	Thioridazin, Risperidon
Bewegungsstörungen	**/***	–	–	*	(*)	Tic, Chorea Huntington	Tiaprid, Haloperidol
(Chron.) Schmerzen	*/**/***	–	*	*	(K)	(Trigeminus-) Neuralgie, Karzinome	Chlorpromazin, Thioridazin, ev. Haloperidol
Vegetative Dysregulation	*/***	*	*	*	–	veg. Dystonie, Schädel-Hirntrauma	–

Motorisch-agitierte, expansive Syndrome

In niedrigen, zum Teil auch in konventionellen Dosen sind diverse mittel- und höherpotente Neuroleptika geeignet, motorisch überschießendes Verhalten zu mitigieren, motorische Überreaktionen zu mindern, ohne die Vigilanz zu stark zu beeinträchtigen. Praktisch bedeutet das motorische Agitiertheit, Unruhe, wahn- oder stimulusbedingte motorische Hyperaktivität mindern zu können, ohne eine störende Herabsetzung der Bewußtseinslage hervorzurufen, was sowohl für die Behandlung als auch für das soziale Setting eines Patienten relevant sein kann.

Hochgradige Agitationen, Turbulenzen

Dämpfende Effekte, also die deutliche Herabsetzung der Vigilanz ähnlich wie durch Sedierung, werden vor allem bei ausreichender Dosis niedrigpotenter Neuroleptika (Basisneuroleptika) beobachtet. Dieser Effekt ist therapeutisch-klinisch bei einer Vielzahl von Symptomen geradezu notwendig: psychomotorische Agitiertheit bei schizophrenen Psychosen, enthemmter Bewegungsdrang bei Manien, Aggressions-Raptus, stereotype motorische Abläufe bei hirnorganischen Prozessen sind ebenso Indikationen wie ängstlich-depressive Agitationen, hyperästhetisch-emotionelle Schwächezustände oder Turbulenzen bei Entzugssyndromen. Auch bei manchen Verläufen von Alkoholpsychosen, als Adjuvans im Medikamenten- und Drogenentzug und als schlafanstoßende Medikation ganz allgemein können (Basis-) Neuroleptika eingesetzt werden. Basisneuroleptika mit geringem extrapyramidalem Potential werden auch bei gerontopsychiatrischen Indikationen (Verhaltens-, Schlafstörungen, Verwirrtheit) verordnet.

Weitere Anwendungsbereiche für Neuroleptika können zusammengefaßt werden durch: „Beeinflussung hirnbasal und weiter kaudal gelegener Zentren des ZNS".

Stammganglien

Die Stammganglien mit ihrer Agglomeration dopaminerger Neuronensysteme stellen einen Prädilektionsort der neuroleptischen Wirkung dar, allerdings für den Kliniker meist störend durch extrapyramidale Nebenwirkungen merkbar. Bei einzelnen Erkrankungen bzw. Symptomen wie **extrapyramidale Bewegungsstörungen** durch Erkrankungen dieses Systems ist die direkte Neuroleptikawirkung auf die Stammganglien und die Verbindung von Stammganglienbereichen zum Kleinhirn von wesentlich größerer Bedeutung als die für die antipsychotische Wirksamkeit angesehenen Verbindungen zum limbischen System und dessen Zentren. Nämlich dann, wenn Dyskinesien oder Bewegungsstereotypien behandelt werden sollen. Neuroleptika haben sich in der Behandlung einzelner Formen von Torticollis, des essentiellen Tremors, der Chorea Huntington, (motorischer) Zwangshandlungen, mancher Bewegungsstereotypien und in der tardiven Dyskinesie bewährt (CASEY 1987). Klinisch bewährt hat sich in dieser Indikationsgruppe das Tiaprid, ein Anisamid mit kurzer Eliminations-Halbwertszeit (SHAW et al. 1987). Es ist nicht geklärt, ob der Einfluß auf repetitive bzw. stereotype motorische Mechanismen, an deren Zustandekommen die Stammganglien beteiligt sind (PLOOG 1973), dabei von alleiniger Bedeutung ist, und welches Gewicht die Einbindung der Stammganglienfunktion in motivationale Systeme dabei hat (DELGADO 1979). Zur Behandlung des Torticollis werden zunehmend häufiger Interventionen mit lokaler Applikation von Botulinus-Toxin durchgeführt (JANKOVIC und SCHWARTZ 1990).

Ausgehend von der Annahme einer D2-Rezeptor-Überempfindlichkeit, die sich unter chronischer Neuroleptikatherapie bei disponierten Personen stärker herausbildet, soll durch verstärkte

Rezeptorblockade (Dosiserhöhung des Neuro-leptikum) die Bewegungsstörung gebremst werden. – Allerdings können damit andere (Neben-)Wirkungen ungerechtfertigt intensiviert werden, während das Zielsymptom nur zeitweilig beeinflußt wird.

Thalamus

Die analgetische Wirkung der Neuroleptika bei systemischer Applikation ist auch für schwere chronische Schmerzzustände (z. B. Trigeminusneuralgie) gut nutzbar, wobei Basisneuroleptika (z. B. Levomepromazin, Thioridazin) möglicherweise aufgrund ihrer teilweisen Affinität zu Serotoninrezeptoren deutlich besser wirksam sind als hochpotente Neuroleptika und von dieser Wirkungskomponente her den ebenfalls analgetisch wirkenden, trizyklischen Antidepressiva, welche gleichfalls einen deutlichen serotonergen Wirkanteil aufweisen, ähnlich sind (MELTZER et al. 1989).

Hirnstamm

Die im Hirnstamm gelegenen Zentren für die Temperaturregulation, für die Auslösung bzw. Steuerung von Emesis und die Kerne von N. phrenicus und N. vagus stellen ebenfalls indikationsrelevante Ziele für Neuroleptika dar. Schon Chlorpromazin wurde und wird zusammen mit anderen Substanzen als „lytischer Cocktail" nicht nur zur Sedierung, sondern ebenso zur Senkung der Körpertemperatur, damit Senkung der Metabolisierungsrate verwendet (LAWIN 1989). Basisneuroleptika können zur „Dämpfung des Vegetativums" angewendet werden. – Überschießende Reaktionen dieses Systems können allerdings durch anticholinerge Nebenwirkungen oder Gegenregulationsmechanismen auf zentrale oder periphere Neuroleptikawirkung eintreten. Auch unstillbarer Schluckauf, also repetitive motorische Entladungen des N. phrenicus, sind durch Neuroleptika gut beeinflußbar (BALDESSARINI 1990).

4.1.2 Indikationen nach pharmakologischen Eigenschaften

Da sowohl grundlegende wie weiterführende Gesichtspunkte dieser Thematik in den Kapiteln über Kinetik, klinische Pharmakologie und praktische Anwendung der Neuroleptika besprochen werden, genügen einige Hinweise: Unter anderem determinieren das klinische Wirkprofil eines Neuroleptikums die Pharmakodynamik wie Spezifität und Affinität für periphere wie zentrale Rezeptoren. Die derzeit klinisch angewandten Neuroleptika sind mit wenigen Ausnahmen nur mäßiggradig rezeptorspezifisch, d. h. rezeptoraffin für dopaminerge, adrenerge, serotonerge und andere Systeme, oft korrelierend mit erwünschten oder unerwünschten Wirkungen der Substanz. Außer durch individuelle Eigenschaften wird die Bioverfügbarkeit eines Neuroleptikums von einer Reihe weiterer Faktoren, die aus dessen Pharmakologie und Kinetik hervorgehen, bestimmt.

Die Pharmakokinetik der Neuroleptika wird, abgesehen von intrinsischen Eigenschaften, vor allem durch galenische Zubereitungen verändert. Einzelne Neuroleptika stehen in flüssigen und festen peroralen Applikationsformen zur Verfügung, wobei letztere zum Teil Retardwirkung haben. Dies kann zu einer Verbesserung der Compliance beitragen.

Die intravenöse Applikation

Sie ist sowohl für hoch- wie niedrigpotente Neuroleptika möglich und kann das Mittel der Wahl in Notfallsituationen zur Behandlung foudroyanter Psychosen sein. Bei längerfristiger intravenöser Zufuhr bewährt sich die Infusion, die eine bedarfsgerechte Dosierung gewährleistet und bei liegender Verweilkanüle wiederholte i.v.-Injektionen unnötig macht. Nachteile liegen in der subjektiv belastenden Zufuhrprozedur, dem

Risiko von (Thrombo-) Phlebitiden, lokalen Infektionen etc. und in Kostengründen.

Bei intravenöser Zufuhr eines Neuroleptikums wird üblicherweise innerhalb weniger Minuten eine hohe Plasmaspitzenkonzentration mit entsprechender Bioverfügbarkeit erzielt, die je nach Substanz allerdings innert mehrerer Stunden wieder deutlich absinkt.

Intramuskuläre Applikation

Im klinischen Alltag wird sie wohl am häufigsten in der Behandlung akuter Psychosen angewendet, da sie die Vorteile gesicherter Compliance, Vermeidung des first-pass-Effektes und einer relativ raschen Anflutung bei geringerem drug-loading im Gegensatz zur oralen Applikation bietet.

Nachteilig ist, daß auch lege artis intramuskulär verabreichte Neuroleptika lokale Irritationen bis zu schmerzhaften Infiltraten induzieren können, daß die Applikation subjektiv unangenehm und aufwendig ist, wie auch, daß die Halbwertszeit intramuskulär applizierter Neuroleptika (mit Ausnahme der Depot-Neuroleptika) relativ kurz ist. – Einzelne Hersteller haben versucht, einen Kompromiß zwischen subjektiven, klinischen und ökonomischen Bedürfnissen zu finden und „retard" oder „ultrakurz" wirksame Depotpräparationen entwickelt (z. B. Thioridazin retard, p.o., Clopenthixol in Viscoleo, i.m.).

Orale Applikation

Dem Unerfahrenen scheint die orale Medikation der rücksichtsvollste Applikationsmodus zu sein, was für kooperative Patienten zutrifft. Ist die Compliance nicht ausreichend gesichert, wird flüssigen Präparationen der Vorzug vor festen gegeben. (Die unterschiedliche Resorptionsrate flüssiger oder fester Medikamente ist eine wichtige Überlegung in der Erstellung eines Therapieplanes). Jedoch kann die orale Neuroleptikazufuhr einen Mehrbedarf von 30–70% des Medikaments (first-pass-Effekt) im Vergleich zur parenteralen Gabe bedeuten. Diese relativ stärkere medikamentöse Belastung des Organismus ist kritisch zu würdigen.

Depotpräparate

Auf diesen wichtigen Bestandteil einer zeitgemäßen Strategie in der Langzeitbehandlung von (schizophrenen) Psychosen wird im dazugehörigen Kapitel 4.7 von MÖLLER genau eingegangen, weshalb hier nur zusammengefaßt wird:

Bei Depot-Zubereitungen handelt es sich um Veresterungen höher- und hochpotenter Neuroleptika als Oenanthate, Decanoate, Palmitate etc. in zumeist öligen Lösungen, die intramuskulär je nach erforderlicher Wirkintensität im Abstand von mehreren Wochen verabreicht werden. Depotneuroleptika stellen aus der Sicht des Arztes wie des Patienten eine fast optimale Lösung mancher oben angeführter Probleme dar. Ihre Nachteile sind die subjektive Unannehmlichkeit der Injektion (des Stiches an sich, weniger des Volumens der zuzuführenden Substanz, da sich dies meist innerhalb weniger Milliliter hält) sowie die schwerer wiegende Tatsache, daß innerhalb eines (mehrwöchigen) Zeitraumes ein flexibles Reagieren auf eine Besserung der Erkrankung durch Dosissenkung, eine lokale Irritation oder eine Komplikation nicht möglich ist. Zu bedenken ist weiters, daß sich einerseits aufgrund veränderter Resorption, andererseits der veränderten Kumulation deutliche Abweichungen der Halbwertszeiten von Depotpräparaten im Vergleich zu anderen galenischen Formen ergeben können (MARDER et al. 1989). Ein Behandlungsspielraum ist nur bei Notwendigkeit der Dosiserhöhung gegeben, z. B. durch weitere parenterale Zufuhr zum Depotneuroleptikum oder orale Zusatzmedikation.

Trotz dieser Nachteile der Depotneuroleptika und der Tatsache, daß besonders nach längerdauernder Applikation Monate bis zur endgültigen Ausscheidung der Metaboliten vergehen können, haben sich diese Präparate in der Langzeitbehandlung von Psychosen und der Therapie von Residualsyndromen gut bewährt (SHEPHERD 1984). Die Indikation zur neuroleptischen Depotbehandlung ergibt sich einerseits aus syndromatologischen Gegebenheiten, andererseits aus Variablen, die individuell durch den Patienten und seine Lebenssituation bestimmt werden (DAVIS 1975, HOGARTY 1984). In der Erarbeitung eines individuellen Behandlungsplanes ist entweder zusammen mit dem Patienten oder für ihn genau abzuwägen, ob die Compliance für eine orale Medikation gegeben ist. Gleichgültig welche Form der medikamentösen Behandlung angewendet wird, wird sie eine von mehreren Therapiebestandteilen eines Gesamtkonzeptes sein, in welchem z. B. soziotherapeutische, kognitive u. a. Verfahren einander ergänzen (HOGARTY et al. 1986, GOLDSTEIN 1991, SCHOOLER und KEITH 1993). Die praktischen Erfahrungen in der neuroleptischen Behandlung von Psychosen zeigen, daß außer der ganz wichtigen Symptomsuppression durch eine ausreichende Langzeitbehandlung eine Rezidivprophylaxe (HOGARTY et al. 1979, SCHOOLER et al. 1980, KISSLING 1991) gewährleistet ist (s. Abschnitt 4.6 über praktische Therapieerwägungen).

Die zum Behandlungsbeginn gestellten Indikationen sind natürlich im Lauf der Behandlung auf ihren Fortbestand zu überprüfen! Gegebenenfalls wird Art oder Dosis des Neuroleptikums den geänderten Voraussetzungen anzupassen sein. Ist mit dem Patienten (eventuell auch seinen Bezugspersonen) eine konstruktive Zusammenarbeit möglich, kann gegebenenfalls eine schrittweise, weitgehende Dosisreduktion erwogen werden. Die therapeutische Strategie der „Erhaltungsmedikation" (BALDESSARINI und DAVIS 1980), d. h. relativ niedrige Medikamentendosen, die kontinuierlich zuge-

führt werden, muß individuell nach den jeweiligen Gegebenheiten gegen die „gezielte Intervention" abgewogen werden (CARPENTER et al. 1990). Dabei müssen Patienten wie Angehörige entweder genau über die individuellen Prodromi möglicher Exazerbationen Bescheid wissen und die Möglichkeit zu raschem, informellem Arztkontakt haben, oder die Intervalle zwischen den ärztlichen Kontrollen müssen entsprechend kurz gehalten sein. Durch diese Früh-Interventionsstrategie kann die Gesamtmedikamentenbelastung reduziert werden (HOGARTY et al. 1988).

Vor jeder neuroleptischen (Langzeit-) Behandlung (KANE 1984) wird man eine genaue Evaluation der Vorteile und Risiken durchführen: So werden Überlegungen betreffend extrapyramidalmotorische Nebenwirkungen, spätdyskinetische Komplikationen oder der (pharmakogenen) depressiven Verstimmung (BRADLEY und HIRSCH 1986) ebenso anzustellen sein, wie solche bezüglich der medikamentösen Auswirkungen auf innere Organe etc. Stellen sich bei Verlaufskontrollen Probleme heraus, muß nötigenfalls ärztlicherseits adäquat reagiert werden (JOHNSON 1988). Ähnlich wichtig wie der medizinische Aspekt sind psychologische und soziale Auswirkungen der Therapie, die bei Behandlungsbeginn und -verlauf ebenso zu reflektieren und immer erneut zu überprüfen sind (SCHOOLER et al. 1987).

Es ist zu diskutieren, ob die Indikation von Verlaufs- bzw. Prognosekriterien (predictors of outcome) abhängig gemacht werden sollte (GAEBEL et al.1981, MÖLLER et al. 1982, KOLAKOWSKA 1985, JOHNSTONE et al. 1990). Beim gegenwärtigen Stand der Prädiktorforschung dürfte es verfrüht sein, diese Faktoren als wesentliche Kriterien der differentiellen Indikation zur Neuroleptikalangzeittherapie zu sehen. Die einzelnen Prädiktoren sind noch zu allgemein, die Behandlungsmöglichkeiten zu wenig vielfältig (LYDIARD und LAIRD 1988). – Umgekehrt sollten vorhandene, sogenannte negative Prädiktoren schon initial Veranlassung zur Erarbeitung äußerst differenzierter Therapiestrategien sein (HOGARTY 1988). Dies dürfte nicht nur für die Prädiktoren schizophrener Erkrankungen, sondern auch solcher anderer Psychosen gelten (GULDBERG et al. 1990, OPJORDSMOEN 1989).

4.1.3 Indikationen nach nosologischen Gesichtspunkten

Die Schizophrenien

Floride schizophrene Erkrankungen, bei welchen die „Plus-Symptomatik", also die psychotische Produktivität im Vordergrund steht, sind eine Domäne der Neuroleptika mit hoher antipsychotischer Potenz (BRADLEY und HIRSCH 1986, BALDESSARINI 1990, WISHING et al. 1995). Bei diesen Erkrankungen ist die Verwendung der Neuroleptika das eigentliche Fundament der Behandlung, ergänzend spielen die sogenannte psychotherapeutische Grundhaltung des Arztes, die Gegebenheiten und Umstände der Behandlung („setting") und die Motivationsarbeit bei Patienten und Angehörigen eine wesentliche Rolle.

Es ist kritisch anzumerken, daß eine genaue Voraussage des Ansprechens schizophrener Patienten auf die neuroleptische Medikation (noch) nicht gesichert ist (WOGGON 1983, MÖLLER et al. 1985, SCHIED 1990). Mit der Beobachtung des positiven Ansprechens auf eine neuroleptische Testdosis innert der ersten fünf bis zehn Therapietage in Zusammenhang mit dem psychopathologischen Initialbefund, dem Neuroleptika-Serumspiegel und dem EEG-Befund läßt sich allerdings eine relativ sichere Prädiktion erstellen (TEGELER 1993).

Etwa 20–25% der Patienten zeigen keinen ausreichenden Behandlungserfolg (SCHIED 1990), sodaß außer dem Neuroleptikum noch andere Therapieprinzipien (z. B. die Elektrokrampftherapie, s.u., KLIMKE et al.

1993) zur Behandlung akuter Krankheitsmanifestationen erwogen werden müssen (BRADLEY und HIRSCH 1986, RIFKIN und SIRIS 1987).

Erwiesenermaßen nehmen Neuroleptika auch in der Langzeitbehandlung schizophrener Psychosen einen bedeutenden Stellenwert ein (DAVIS 1975, FREEMAN 1988, PIETZCKER 1988, CSERNANSKY und NEWCOMER 1995). So können durch konsequente (neuroleptische) Behandlung über Jahre ca. 70% der Rückfälle verhindert werden (KEITH und MATTHEWS 1993). Wird die Psychopharmakotherapie allerdings nicht durch supportive Maßnahmen wie Sozio- oder Milieutherapie oder familientherapeutische oder kognitive Strategien ergänzt (GOLDSTEIN et al. 1978, LEFF et al. 1982, HOGARTY et al. 1991), ist sie deutlich geringer wirksam. Die Therapieversager sind nicht nur neuroleptikatherapierefraktäre Patienten an sich (MÖLLER et al. 1985), sondern auch solche, bei welchen Compliance und/oder soziale Stabilität durch fehlende oder falsche flankierende Maßnahmen nicht gewährleistet werden konnten (VAUGHN und LEFF 1976, HOGARTY et al. 1988a, SCHOOLER und KEITH 1993).

Bei den foudroyanten Schizophrenien, bei psychomotorischer Erregung, Turbulenzen, Unruhezuständen bis hin zu Katatonien oder äußerst angstgetönten inhaltlichen Denkstörungen können Kombinationen von hochpotenten Neuroleptika zusammen mit Tranquilizern oder Basisneuroleptika das Mittel der Wahl sein. Wichtig sind ausreichend hohe Dosierungen oder intravenöse Zufuhr, da nur dann eine rasche klinische Wirksamkeit gewährleistet ist und nur dadurch den Patienten die Distanzierung zur Psychose entlastend und schnell ermöglicht wird. Katatone Syndrome werden zwar besser mit Elektrokrampftherapie behandelt (SALZMAN 1980, HÄFNER und KASPER 1982), können jedoch auch mit hochpotenten Neuroleptika intravenös oder als Infusion im Dauertropf beherrscht werden, wobei eine Kombination mit Elektrokrampfbehand-

lung oder einem niedrigpotenten Neuroleptikum oder einem Tranquilizer sinnvoll sein
kann (KÖNIG und GLATTER-GÖTZ 1990). Insbesondere bei der akut bedrohlichen Katatonie ist die kontinuierliche Überwachung
der vitalen Parameter unbedingt notwendig,
auf intensivmedizinische Maßnahmen kann
häufig nicht verzichtet werden (KÖNIG und
STRICKNER 1978).

Schizophrene Residualzustände

Die Psychopathologie wird grundsätzlich
bei CROW (1980), ANDREASEN und OLSEN
(1982) sowie kritisch von MORTIMER et al.
(1990) diskutiert. Häufig stehen defizitäre
Syndrome im Vordergrund, die auch neuroleptisch modifiziert werden können
(ANGST et al. 1989): kognitive Einbußen, affektive Verarmung, Verflachung, Antriebs-
defizite und Rückzugstendenzen, zum Teil
gepaart mit motorischen Verhaltensauffälligkeiten. Bei dieser Patientengruppe
kommt den Neuroleptika eine flankierende
Rolle zu, während Trainingsprogramme,
kognitive Therapien, stützende und betreu-
ende Maßnahmen, oft unter Einbeziehung
der Bezugspersonen (LEFF und VAUGHN
1981) Schwerpunkte des Behandlungsre-
pertoires darstellen (MALM 1988, SIMPSON und
LEVINSON 1988). Diese defizitären schizophrenen Residualzustände sind u. a. differentialdiagnostisch genau von neuroleptika-
bedingten, dosisabhängigen posturalen
Hypotonien abzugrenzen, ebenso wie von
psychopharmakobedingten Antriebs- und
Leistungsminderungen. So konnten VAN PUT-
TEN et al. (1992) zeigen, daß konventionelle
Neuroleptika, z. B. Haloperidol, in höheren
Dosen (> 20 mg/die bzw. > 12 ng/ml) mit
Zunahme der Dysphorie, des Parkinsonoids
und Abnahme der Wirksamkeit einherge-
hen. Nach dem heutigen Wissensstand sind
„atypische" Neuroleptika zur Behandlung
defizitärer Residualzustände bzw. der
Minus-Symptomatik besonders geeignet
(MELTZER et al. 1990, PATEL 1996).

Schizophrene Rückfallsprophylaxe und Langzeitbehandlung

Durch verschiedene Untersuchungen kann
es derzeit als gesichert gelten, daß die neuroleptische Rezidivprophylaxe als einzige
Behandlung in hohem Maß (ca. 70%) vor
schizophrenen Rückfällen schützt (KISSLING
1991). Die Dosis kann dabei auf einen
Bruchteil jener in der Akutbehandlung gesenkt werden, allerdings muß der Verlauf
genau monitorisiert werden, um mögliche
Prodromi nicht zu übersehen und eingreifen
zu können, sollte die Dosis zu niedrig sein
(ist das Befinden über längere Zeit stabil,
kann die Monitorisierung verringert werden). Ähnliche Schwierigkeiten stellen sich
auch bei der „intermittierenden" Neuroleptika-Medikation ein: Die Rückfallsgefähr-
dung ist erhöht. Allerdings ist die Nebenwirkungsrate so wie jene der Spätdyskinesien
geringer.

Manische Syndrome

Manische Syndrome, die durch Expansivi-
tät, Agitiertheit, Hyperaktivität, Schlafstörungen etc. gekennzeichnet sind, stellen in
der Klinik eine Indikation zur Verwendung
von niedrig- und mittelpotenten Neuroleptika dar (SHOPSIN 1979, RIFKIN und SIRIS 1987,
KANE 1988a). Die schlafanstoßende bzw.
dämpfende Wirkung hat eine wichtige stabilisierende Funktion auf den Patienten: Dro-
hende körperliche und vegetative Erschöp-
fungszustände, bedingt durch Agitiertheit
und Schlafdefizit werden verhindert, schier
endlos assoziativ-allitterierend und unkorri-
gierbar ablaufende Denkprozesse unterbrochen, Handlungen die dem Kritikverlust
entspringen, mitigiert und unterbunden.
Dysphorische, gereizte Manien sind ebenfalls eine besondere Domäne der dämpfenden neuroleptischen Behandlung.
Unter den üblichen klinischen Kautelen
besteht keine Kontraindikation zur Kombination Neuroleptikum/Lithium (s. d. auch

den Beitrag von SCHÖNY und RITTMANNSBER-
GER), bei der Kombination Neuroleptikum/
Carbamazepin (DOSE und EMRICH 1990) ist
daran zu denken, daß Carbamazepin zu
einer Enzyminduktion in der Leber und damit zu einem beschleunigten Neuroleptika-
abbau führen kann. Unklar in ihrer Bedeutung sind die bei manchen Neuroleptika/
Carbamazepinkombinationen auftretenden
EEG-Veränderungen (DOSE 1987). Bei
hochgradig getriebenen, manischen Verfassungen ist die Kombination eines (Basis-)
Neuroleptikums mit einem Tranquilizer
oder einem Hypnotikum indiziert (BUSCH
et al. 1989).

Depressive Syndrome

Die Indikation zur Verwendung von Neuroleptika in diesem Zusammenhang ist mehrfach (KANE 1988a): einerseits Anwendung
von Basisneuroleptika als Adjuvans der
Antidepressiva, andererseits zur Dämpfung
psychomotorisch agitierter Depressiver
bzw. zur Distanzierung bedrohlicher Angst-
inhalte oder auch zur Sedierung akut suizid-
gefährdeter Patienten.
Zusätzlich können inhaltliche Denkstörungen bei affektiven Erkrankungen wie überwertige Ideen, illusionäre Verkennungen,
Wahn und Halluzinationen, die bekanntlich
als Epiphänomene affektiver Erkrankungen
auftreten, mit Neuroleptika flankierend behandelt werden (**„Zweizügeltherapie"**,
speziell auch der **schizoaffektiven Psychosen** und der **Dysphorien**).
Von großer behandlungspraktischer Relevanz ist die genaue Differentialdiagnose
depressiver Zustandsbilder beim unbekannten Patienten. Unterschiedliche Ätio-
pathogenesen bedingen unterschiedliche
Behandlungsschwerpunkte, wie z. B. Phasenprophylaxe, Depot- (Neuroleptikum)
oder Psychotherapie. Für die Therapie defizitärer Verfassungen im Rahmen der neuroleptischen Behandlung von Schizophrenien
gilt die Bedeutung der Differentialdiagno-

stik fast in noch stärkerem Ausmaß (RIFKIN
und SIRIS 1990). Die pharmakogene (posturale) Hypotonie ist eine weitere praktisch
wichtige Differentialdiagnose antriebsar-
mer, lustloser und leistungsgeminderter
Verfassungen.

Hirnorganisch begründbare Psychosen

Definitionsgemäß ist die Entstehung hirnorganisch begründbarer Psychosen an das
Vorhandensein entzündlicher, metabo-
lisch-toxischer, degenerativer, neoplasti-
scher oder traumatischer Substratverände-
rungen gebunden. Viele dieser ZNS-Ver-
änderungen stören die biochemische und
-elektrische Tätigkeit der Neuronenverbän-
de im Sinne einer beträchtlichen Herabsetzung der Krampfschwelle. Diese grundlegende Tatsache ist bei der Verwendung
von Neuroleptika im Indikationsbereich
hirnorganisch begründbarer Psychosen
(DEVANAND et al. 1988) immer genauestens
zu bedenken, da Neuroleptika ebenfalls die
Krampfschwelle senken. Dabei wirken
niedrigpotente Neuroleptika (Phenothiazine mit aliphatischen Seitenketten) eher
krampfauslösend als hochpotente, z. B.
Thioxanthene. Butyrophenone verhalten
sich unterschiedlich. Am sichersten scheinen Piperazinderivate in der Neuroleptikabehandlung Anfallskranker oder -gefährde-
ter einsetzbar (BALDESSARINI 1990). Dieses
spezifische Therapieproblem spielt eine
besondere Rolle in der (neuroleptischen)
Behandlung epileptischer Psychosen (TRIM-
BLE 1991).
Bedingt durch ihre besondere Ätiopathogenese und Häufigkeit sind die **Entzugssyndrome** als Sonderfälle hirnorganisch begründbarer Psychosen hervorzuheben.
Neuroleptika werden primär bei Entzügen
von Abhängigkeiten nach dem Alkohol/
Barbiturattyp (ATHEN et al. 1977, PFITZER
et al. 1988), aber auch des Analgetika- und
z. T. auch Opiattyps eingesetzt (SMITH 1980).

Es ist festzuhalten, daß dieses Anwendungsgebiet nicht unumstritten ist und z. B. in den USA abgelehnt wird (BALDESSARINI 1990). Da bei allen Entzügen, insbesondere aber jenen von Alkohol/Barbituratsuchten vegetative Entgleisungen mit starken Kreislaufdysregulationen auftreten können, ist bei der Anwendung von Neuroleptika bei dieser Indikation besondere Vorsicht geboten. Zudem ist zu prüfen, ob bei toxischen Kardiomyopathien der Behandlungsverlauf durch neuroleptische Nebenwirkungen auf das Reizleitungssystem kompliziert wird.

Für Entzugsbehandlungen kommen sowohl hoch- wie niedrigpotente Neuroleptika in Frage, die Dosierung hält sich im Rahmen jener der Psychosenbehandlung. Auch als flankierende Medikation bei Alkaloidentzügen mit Clonidin werden Basisneuroleptika wegen ihrer dämpfenden Eigenschaften einsetzbar sein.

Bei der Behandlung epileptischer Psychosen (KLOSTERKÖTTER und PENIN 1989) ist für die Verwendung von Neuroleptika besondere Vorsicht geboten, einerseits ist die epileptogene Wirkung des Neuroleptikums zu berücksichtigen, andererseits können Interaktionen der verwendeten Medikamente auch zu toxischen Nebenwirkungen beitragen. Gleiches gilt für Patienten mit posttraumatischen Anfällen, bei welchen eine Neuroleptikatherapie notwendig wird (PIPPENGER et al. 1975, TRIMBLE 1991).

Gerontopsychiatrische Indikationen

Sie ergeben sich für Neuroleptika einerseits aus den durch Alterserkrankungen des Gehirns hervorgerufenen inhaltlichen Denkstörungen, andererseits in der Behandlung altersbedingter Verwirrtheitszustände, motorischer Turbulenzen oder Agitiertheiten (SALZMAN 1987). Auch zur Stabilisierung des Schlaf-Wach-Rhythmus alter Menschen können Neuroleptika gut eingesetzt werden. Es empfehlen sich je nach Indikation Neuroleptika niedriger bis mittlerer Potenz, wobei beim Alterspatienten besonders auf extrapyramidale und orthostatisch-posturale sowie gegebenenfalls kardiale und anticholinerge (z. B. Miktionsstörungen, Glaucom) Nebenwirkungen geachtet werden muß! Allerdings hat sich auch Haloperidol in der gerontopsychiatrischen Indikation gut bewährt (SOLOMON 1980). Beim alten Menschen ist der Neuroleptika-Dosierung besonderes Augenmerk zu widmen: Die veränderten physiologischen Gegebenheiten wirken sich allgemein auf die Bioverfügbarkeit von Medikamenten aus. Es ist daher grundsätzlich zu empfehlen, bei Behandlungsbeginn insbesondere Neuroleptika wegen der bekannten Nebenwirkungen bei alten Menschen deutlich niedriger als sonst zu dosieren.

Intelligenzdefekte

Die öfters dadurch hervorgerufenen Verhaltensstörungen können ebenfalls neuroleptisch behandelt werden. Allerdings ist diese Art der Dämpfung und Sedierung des sogenannten „erethischen Kindes" zumindest tagsüber primär nicht indiziert. Depotneuroleptische Behandlungen ansonsten schwerer verhaltensgestörter Oligophrener mit dem Ziel ihrer Integration und Rehabilitation sind hingegen durchführbar, ebenso wie posttraumatische, hirnverletzungbedingte Verhaltensstörungen oder epileptische Wesensveränderungen für eine derartige Behandlung in Frage kommen (s. o.). Da jeder Störung der Hirnleistungsfähigkeit eine morphologische Substratveränderung zugrunde liegt, ist bei dieser Indikationsgruppe die epileptogene Wirkung der Neuroleptika (BALDESSARINI 1990) zu berücksichtigen, wie auch die Tatsache, daß durch eine allfällige antiepileptische Medikation die Metabolisierung des Neuroleptikums verändert werden kann, wie auch umgekehrt, weshalb die Antiepileptikaspiegel vermehrt zu kontrollieren sind.

Extrapyramidale Bewegungsstörungen

In der Behandlung von Chorea Huntington, essentiellem Tremor und Tics sowie anderer (extrapyramidaler) Bewegungsstörungen werden Butyrophenone und sogenannte atypische Neuroleptika aus der Gruppe der Benzamide mit Erfolg angewendet (diesen Substanzen wird auch ein deutlicher analgetischer Effekt bescheinigt) (LECKMAN et al. 1987, MULLER 1988). Eine Sonderstellung in dieser Indikationssparte stellt der Versuch dar, tardive Dyskinesien mit Haloperidol oder Tiaprid zu kupieren (LIPPMANN 1980).

Chronische Schmerzzustände

Verschiedene Neuroleptika weisen eine deutlich analgetische Potenz unabhängig vom Dämpfungseffekt auf. Sie können daher als potente Medikamente bei Trigeminusneuralgien (gleichwertig dem Carbamazepin oder den trizyklischen Antidepressiva), Neurinomschmerzen (Stumpfschmerzen), Schmerzen bei chronischen, degenerativen Erkrankungen des Stütz- und Bewegungsapparates (ein Abwägen einer möglichen Bewegungseinschränkung durch extrapyramidale Nebenwirkungen ist zu beachten) und Karzinomschmerzen angewandt werden bzw. dazu beitragen, Analgetika oder Opiate einzusparen (SILVER und SIMPSON 1988).

„Verhaltensstörungen"

1. Anorexia nervosa

Obwohl dopaminerge ZNS-Systeme eine komplexe Rolle im Zustandekommen des Eßverhaltens spielen, liegen bislang keine überzeugenden Studien vor, die die alleinige Verwendung der Neuroleptika in der Therapie der Anorexia nervosa rechtfertigen (MITCHELL 1987).

2. Infantiler Autismus

Im Gegensatz zur oben erwähnten Neuroleptikaindikation bei oligophrener Hyper-

aktivität und Erethismus ist beim hypoaktiven, anergischen, autistischen Kind die Verwendung von Neuroleptika nur in Kombination mit heilpädagogisch-verhaltenstherapeutischen Maßnahmen indiziert (CAMPBELL 1987).

3. Gilles de la Tourette-Syndrom

Wie bereits bei den Bewegungsstörungen aufgezeigt, sind repetitive Bewegungsstörungen, insbesondere das Tourette-Syndrom, durch eine zentrale Rolle dopaminerger Mechanismen mitverursacht. Speziell bei familiär auftretenden Erkrankungen dieser Art ist die Behandlung mit Neuroleptika erfolgversprechend. Eine Literaturzusammenstellung zu dieser seltenen Anwendung findet sich bei SHAPIRO et al. (1973).

Exkurs über Neuroleptika in der Kombinationstherapie affektiver Erkrankungen, Kombination mit Phasenprophylaktika

Diese Behandlungssituation wird sich vor allem für Patienten mit rezidivierenden manischen Phasen im Rahmen einer uni-, bipolaren oder schizoaffektiven Erkrankung ergeben. In diesen Fällen wird das Risiko der tardiven Dyskinesie und anderer Nebenwirkungen gegenüber den krankheitsbedingten, gesundheitlichen und sozialen Nachteilen hintanzustellen sein (PRIEN 1987).

Eine Mitte der 70er Jahre ausgelöste Diskussion über eine mögliche Neurotoxizität der Kombination Lithium – Haloperidol (AYD 1980) hat sich später zur Diskussion der Frage einer möglichen Neurotoxizität Lithium – Neuroleptika ausgeweitet (COOPER 1987). Genaue Kontrollen und klinische Studien geben jedoch keine Hinweise für das Vorhandensein solcher Zusammenhänge. Einzelne Neuroleptika (Phenothiazine) vermögen das intrazelluläre Lithium zwar zu erhöhen, das jedoch am häufigsten in Zusammenhang mit einer eventuellen Neurotoxizität genannte Haloperidol führt in Kombination weder zu einer Steigerung des intrazellulären Lithiums noch des Haloperidols (MÜLLER-OERLINGHAUSEN et al.

1989). Es wurde bereits darauf hingewiesen, daß die Kombination Neuroleptika (z. B. Haloperidol, Clozapin) mit Carbamazepin deutliche EEG-Veränderungen hervorrufen kann. Der Stellenwert dieses Befundes ist gegenwärtig noch nicht geklärt, doch scheint eine Einsparung von Neuroleptika bei diesen Kombinationstherapien möglich (s. Abschnitt 4.6).

Weiters ist bei Kombinationstherapien die Art des Antidepressivums zu berücksichtigen: Serotonin-reuptake-Hemmer (SSRI) hemmen den enzymatischen Abbau von tri- aber auch polyzyklischen Psychopharmaka, was zu rascher Erhöhung des Blutspiegels dieser Medikamente führen kann. Dies kann eine erwünschte Strategie mit dem Effekt der Medikamenteneinsparung sein, unbeabsichtigt und unberücksichtigt aber zu einer relativen Zunahme der Toxizität führen! Die Überwachung der Blutspiegel ist also geboten.

Literatur

ANDREASEN NC, OLSEN S (1982) Negative v. positive schizophrenia: definition and validation. Arch Gen Psychiatry 38: 789–794

ANGST J, STASSEN HH, WOGGON B (1989) Effect of neuroleptics on positive and negative symptoms and the deficite state. Psychopharmacology 99: 41–46

ATHEN D, HIPPIUS H, MEYENDORF R, REIMER C, STEINER C (1977) Ein Vergleich der Wirksamkeit von Neuroleptika und Clomethiazol bei der Behandlung des Alkoholdelirs. Nervenarzt 48: 528–532

AYD FJ JR (1980) Lithium-haloperidol for mania: is it safe or hazardous? In: AYD FJ JR (ed) Haloperidol update 1958–1980. Ayd Medical Communications, Baltimore, pp 83–92

BALDESSARINI RJ (1990) Drugs and the treatment of psychiatric disorders, miscellaneus medical uses for neuroleptic drugs. In: GOODMAN LS, GILMAN A, GILMAN AG (eds) The pharmacological basis of therapeutics. Pergamon Press, New York Oxford, pp 383–435

BALDESSARINI RJ, DAVIS JM (1980) What is the best maintenance dose of neuroleptics in schizophrenia? Psychiatry Res 3: 115–122

BENKERT O, HIPPIUS H (1996) Psychiatrische Pharmakotherapie, 6. Aufl. Springer, Berlin Heidelberg New York Tokyo, S 233

BERNER P (1977) Psychiatrische Systematik. Huber, Bern Stuttgart Wien, S 155–159, 166

BRADLEY PB, HIRSCH SR (1986) The psychopharmacologial and somatic treatment of schizophrenia. Oxford University Press, Oxford

BUSCH FN, MILLER FT, WEIDEN PJ (1989) A comparison of two adjunctive treatment strategies in acute mania. J Clin Psychiatry 50: 453–455

CAMPBELL M (1987) Drug treatment of infantile autism: the past decade. In: MELTZER HY (ed) Psychopharmacology: the third generation of progress. Raven Press, New York, pp 1225–1232

CARPENTER WT, HANLON THE, HEINRICHS DW, SUMMERFELT AT, KIRKPATRICK B, LEVINE J, BUCHANAN W (1990) Continous versus targeted medication in schizophrenic outpatients: outcome results. Am J Psychiatry 147: 1138–1148

CASEY DE (1987) Tardive dyskinesia. In: MELTZER HY (ed) Psychopharmacology: the third generation of progress. Raven Press, New York, pp 1411–1420

COHEN BM (1988) Neuroleptic drugs in the treatment of acute psychosis: how much do we really know? Psychopharmacol Ser 5: 47–61

COOPER THB (1987) Pharmacokinetics of lithium. In: MELTZER HJ (ed) Psychopharmacology:the third generation of progress. Raven Press, New York, pp 1365–1376

CROW TJ (1980) Positive and negative symptoms of schizophrenia and the role of dopamine. Br J Psychiatry 137: 83–386

CSERNANSKY JG, NEWCOMER JG (1995) Maintainance drug treatment for schizophrenia. In: BLOOM FE, KUPFER DJ (eds) Psychopharmacology, the fourth generation of progress. Raven Press, New York, pp 1267–1275

DAVIS JM (1975) Maintenance therapy in psychiatry. Schizophrenia. Am J Psychiatry 132: 1237–1254

DAVIS JM, CASPER RC (1978) General priciples of the clinical use of neuroleptics. In: CLARK WG, DEL GUIDICE J (eds) Principles of psychopharmacology, 2nd ed. Academic Press, New York San Francisco London, pp 511–536

DELGADO JMR (1979) Inhibitory functions in the neostriatum. In: DIVAC I, GUNILLA R, OBERG E (eds) The neostriatum. Pergamon Press, Oxford New York, pp 241–261

DEVANAND DP, SACKHEIM HA, MAYEUX R (1988) Psychosis, behavioural disturbance and the use of neuroleptics in dementia. Compr Psychiatry 29: 387–401

DOSE M (1987) Die Wirkung von Carbamazepin als Adjuvans bei schizophrenen Patienten. In: BURCHARD JM (Hrsg) Behandlung mit Carbamazepin in Psychiatrie und Neurologie. Münchner wissenschaftliche Publikationen, München, S 95–107

DOSE M, EMRICH HM (1990) Antikonvulsiva und Lithium als Adjuvantien der medikamentösen Therapie schizophrener Psychosen. In: HINTERHUBER H, KULHANEK F, FLEISCHHACKER WW (Hrsg) Kombination therapeutischer Strategien bei schizophrenen Erkrankungen. Vieweg, Braunschweig, S 50–59

FREEMAN H (1988) Principles of long-term treatment and care of schizophrenic patients. In: DENCKER SJ, KULHANEK F (eds) Treatment resistance in schizophrenia. Vieweg, Braunschweig, pp 98–107

GAEBEL W, PIETZCKER A, POPPENBERG A (1981) Prädiktoren des Verlaufs schizophrener Erkrankungen unter neuroleptischer Langzeitmedikation. Pharmacopsychiatry 14: 180–188

GOLDSTEIN MJ (1991) The interaction of drug and family therapy in the prevention of relapse in schizophrenia. In: KISSLING W (ed) Guidelines for neuroleptic relapse-prevention in schizophrenia. Springer, Berlin Heidelberg New York Tokyo, pp 55–66

GOLDSTEIN MJ, RODNICK HE, IVANS JR, MAY PRA, STEINBERG MR (1978) Drug and family therapy in the aftercare of acute schizophrenics. Arch Gen Psychiatry 35: 1169–1177

GULDBERG CA, DAHL AA, HANSEN H, BERGEM M (1990) Predicitve value of the four good prognostic features. In DSM-III-R schizophreniform disorder. Acta Psychiatr Scand 82: 23–25

HÄFNER H, KASPER S (1982) Akut lebensbedrohliche Katatonien. Nervenarzt 53:385–394

HOGARTY GE (1984) Depot neuroleptics: the relevance of psychosocial factors. J Clin Psychiatry 45: 34–42

HOGARTY GE (1988) Resistance of schizophrenic patients to social and vocational rehabilitation. In: DENCKER SJ, KULHANEK F (eds) Treatment resistance in schizophrenia. Vieweg, Braunschweig, pp 83–97

HOGARTY GE, SCHOOLER NR, ULRICH R, MUSSARE F, FERRO P et al. (1979) Depot fluphenazine and social therapy in the aftercare of schizophrenic patients: relapse analyses of a two-year controlled trial. Arch Gen Psychiatry 36: 1283–1294

HOGARTY GE, ANDERSON CM, REISS DJ, KORNBLITH SJ, GREENWALD DP (1986) Family psycho-education, social skills training and maintenance chemotherapy in the aftercare treatment of schizophrenia. I. One year effect of a controlled study on relapse and expressed emotion. Arch Gen Psychiatry 43: 633–642

HOGARTY GE, McEVOY JP, MUENTZ M (1988) Dose of fluphenazine, familial expressed emotion and outcome in schizophrenics. Arch Gen Psychiatry 45: 797–805

HOGARTY GE, ANDERSON CM, REISS DJ (1991) Family psychoeducation, social skills training and maintenance chemotherapy in the aftercare of schizophrenia. II. Two years of a controlled study on relapse and adjustment. Arch Gen Psychiatry 48: 340–347

JAIN AK, KELWALA S, GERSHON S (1988) Antipsychotic drugs in schizophrenia: current issues. Int Clin Psychopharmacol 3: 1–30

JANKOVIC J, SCHWARTZ K (1990) Botulinum toxin injections for cervical dystonia. Neurology 40: 277–280

JOHNSON DA (1988) Observations on the use of depot neuroleptics in schizophrenia. Psychopharmacol Ser 5: 62–72

JOHNSTONE EC, McMLLLAN JF, FRITH CHD, BENN DK, CROW TJ (1990) Further investigation of the predictors of outcome, following first schizophrenic episodes. Br J Psychiatry 157: 182–189

KANE JM (1988a) The role of neuroleptics in manic-depressive illness. J Clin Psychiatry 49 [Suppl]: 12–14

KANE JM (1988b) The current status of neuroleptic therapy. J Clin Psychiatry 50: 322–328

KEITH SJ, MATTHEWS SM (1993) The value of psychiatric treatment. Its efficacy in severe mental disorders. Psychopharmacol Bull 29 (4): 427–430

KISSLING W (ed) (1991) Guidelines for neuroleptic relapse-prevention in schizophrenia. Springer, Berlin Heidelberg New York Tokyo, pp 155–165

KLEIN DF, DAVIS JM (1969) Diagnosis and drug treatment of psychiatric disorders. Williams and Wilkins, Baltimore

KLIMKE A, KLIESER E, KLIMKE M (1993) Zur Wirksamkeit der neuroelektrischen Therapie bei therapieresistenten schizophrenen Psychosen. In: MÖLLER HJ (Hrsg) Therapieresistenz unter Neuroleptikabehandlung. Springer, Wien New York, S 163–173

KLOSTERKÖTTER J, PENIN H (1989) Epileptische Psychosen und ihre medikamentöse Behandlung. Fortschr Neurol Psychiatr 57: 61–69

KOLAKOWSKA T, WILLIAMS AO, JAMBOR K, ARDERN M (1985) Schizophrenia with good and poor outcome. Br J Psychiatry 146: 229–246

KÖNIG P, STRICKNER M (1978) Die Indikation zum Zentralvenenkatheter bei psychiatrischen Patienten. Fortschr Neurol Psychiatr 46: 156–161

KÖNIG P, GLATTER-GÖTZ U (1990) Combined electroconvulsive and neuroleptic therapy in schizophrenia refractory to neuroleptics. Schizophr Res 3: 351–354

LAUX G (1988) Psychopharmaka, ein Leitfaden. Fischer, Stuttgart New York, S 108

LAWIN P (1989) Therapeutische Hypothermie. In: LAWIN P (Hrsg) Praxis der Intensivbehandlung. G Thieme, Stuttgart, S 637

LECKMAN JF, WALKUP JT, RIDDLE MA, TOWBIN KE, COHEN DJ (1987) Tic disorders. In: MELTZER HY (ed) Psychopharmacolgy: the third generation of progress. Raven Press, New York, pp 1239–1246

LEFF J, VAUGHN C (1981) The role of maintenance therapy and relatives expressed emotion in relapse of schizophrenia. A two year follow up. Br J Psychiatry 139: 102–104

LEFF J, KUIPERS L, BERKOWITZ R, EBERLEIN-VRIES R, STURGEON D (1982) A controlled trial of social intervention in the families of schizophrenic patients. Br J Psychiatry 141: 121–134

LIPPMANN S (1980) Haloperidol: a therapeutic option for tardive dyskinesia, an illustrative case report. In: AYD FJ JR (ed) Haloperidol update 1958–1980. Ayd Medical Communications, Baltimore, pp 197–212

LYDIARD RB, LAIRD LK (1988) Prediction of response to antipsychotics. J Clin Psychiatry 49: 12–14

MALM U (1988) Good routine treatment in schizophrenia. In: DENCKER SJ, KULHANEK F (eds) Treatment resistance in schizophrenia. Vieweg, Braunschweig, pp 34–43

MARDER SR, HUBBARD JW, VAN PUTTEN T, MIDHA KK (1989) Pharmacokinetics of long-acting injectable neuroleptic drugs: clinical implications. Psychopharmacology 98: 433–439

MELTZER HY, BURNETT S, BASTIANI B, RAMIREZ LF (1990) Effects of six months of clozapine treatment on the quality of life of chronic schizophrenic patients. Hosp Commun Psychiatry 41: 892–897

MITCHELL JE (1987) Psychopharmacology of anorexia nervosa. In: MELTZER HY (ed) Psychopharmacology: the third generation of progress. Raven Press, New York, pp 1273–1276

MÖLLER HJ, EILERT-WERNER K, WÜSCHER-STOCKHEIM M, VON ZERSSEN D (1982) Relevante Merkmale für die 5-Jahres-Prognose von Patienten mit schizophrenen und verwandten paranoiden Psychosen. Arch Psychiat Nervenkr 231: 305–322

MÖLLER HJ, SCHARL W, VON ZERRSEN D (1985) Can the result of neuroleptic treatment be predicted? An empirical investigation on schizophrenic inpatients. Pharmacopsychiatry 18: 52–53

MORTIMER AM, LUND CE, MCKENNA (1990) The positive: negative dichotomy in schizophrenia. Br J Psychiatry 157: 41–49

MULLER B (1988) Psychotropics 88/89. Lundbeck, Nederland BV, Amsterdam

MÜLLER-OERLINGHAUSEN B, HERMANN WM, BUSCH H (1989) Psychopharmaka, Hypnotika und Nootropika. In: KÜMMERLE HP, HITZENBERGER H, SPITZY KH (Hrsg) Klinische Pharmakologie, 6. Aufl., III 2.1. eco-med, Landsberg, S 1–14

OPJORDSMOEN S (1989) Delusional disorders. II. Predictor analysis of long term outcome. Acta Psychiatr Scand 80: 613–619

PATEL S (1996) The dopamine D4 receptor: a target for antipsychotic therapy. In: IBC TECHNICAL SERVIAS (eds) Schizophrenia, clinical aspects and new therapeutic targets. London

PFITZER F, SCHUCHARDT V, HEITMANN R (1988) Die Behandlung schwerer Alkoholdelirien. Nervenarzt 59: 229–236

PIETZCKER A (1988) Akutbehandlung von schizophrenen Patienten mit niedrig dosierten Neuroleptika. In: HIPPIUS H, LAAKMANN G (Hrsg) Therapie mit Neuroleptika – Niedrigdosierung. Perimed, Erlangen, S 216–229

PIPPENGER ChE, SIRIS JH, WERNER WL, MASLAND RL (1975) The effect of psychotropic drugs on serum antiepileptic levels in psychiatric patients with seizure disorders. In: SCHNEIDER H, JANZ D, GARDNERTHORPE C, MEINARDI H, SHERWIN AL (eds) Clinical pharmacology of antiepileptic drugs. Springer, Berlin Heidelberg New York, pp 135–144

PLOOG D (1973) Die zerebrale Repräsentation von Funktions- und Verhaltensweisen. G Fischer, Stuttgart, S 202–219

PRIEN RF (1987) Long term treatment of affective psychoses. In: MELTZER HY (ed) Psychopharmacology: the third generation of progress. Raven Press, New York, pp 1051–1058

VAN PUTTEN T, MARDER SR, MINTZ J, POLAND RE (1992) Haloperidol plasma levels and clinical response: a therapeutic window relationship. Am J Psychiatry 149: 500–505

RIFKIN A, SIRIS S (1987) Drug treatment of acute schizophrenia. In: MELTZER HY (ed) Psychopharmacology: the third generation of progress. Raven Press, New York, pp 1095–1102

RIFKIN A, SIRIS SG (1990) Die Kombination von Antidepressiva und Neuroleptika bei der Behandlung der Schizophrenie. In: HINTERHUBER H, KULHANEK F, FLEISCHHACKER WW (Hrsg)

Kombination therapeutischer Strategien bei schizophrenen Erkrankungen. Vieweg, Braunschweig, S 33–39

SALZMAN C (1980) The use of ECT in the treatment of schizophrenia. Am J Psychiatry 137: 1032–1041

SALZMAN C (1987) Treatment of agitation in the elderly. In: MELTZER HY (ed) Psychopharmacolgy: the third generation of progress. Raven Press, New York, pp 1167–1176

SCHIED HW (1990) A review of different methods of treatment. In: STRAUBE E, HAHLWEG K (eds) Schizophrenia. Springer, Berlin Heidelberg New York Tokyo, pp 97–102

SCHOOLER NR, HOGARTY GE (1987) Medication and psychosocial strategies in the treatment of schizophrenia. In: MELTZER HJ (ed) Psychopharmacology: the third generation of progress. Raven Press, New York, pp 1111–1120

SCHOOLER NR, LEVINE J, SEVERE JB, BRAUZER B, DIMASCIO A (1980) Prevention of relapse in schizophrenia: an evaluation of fluphenazine decanoate. Arch Gen Psychiatry 37: 16–24

SCHOOLER NR, KEITH SJ, SEVERE JB, MATTHEWS SM (1993) Treatment strategies in schizophrenia effect of dosage reduction and family management in outcome. Schizophr Res 9: 260–268

SHAPIRO AK, SHAPIRO E, WAYNE HL (1973) Treatment of Tourette's syndrome with haloperidol. Review of 34 cases. Arch Gen Psychiatry 28: 92–97

SHAW GK, MAJUMDAR SK, WALLER S (1987) Tiapride in the long term management of alcoholics of anxious or depressive temperament. Br J Psychiatry 150: 164–168

SHEPHERD G (1984) Institutional care and rehabilitation. Longman, London

SHOPSIN B (1979) Manic illness. Raven Press, New York

SILVER PA, SIMPSON GM (1988) Antipsychotic use in the medically ill. Psychother Psychosom 49: 120–136

SIMPSON GM, LEVINSON DF (1988) Can we increase the response to somatic therapies for schizophrenia. In: DENCKER SJ, KULHANEK F (eds) Treatment resistance in schizophrenia. Vieweg, Braunschweig, pp 44–55

SMITH RS JR (1980) The use of haloperidol in alcoholism. In: AYD FJ JR (eds) Haloperidol update 1958–1980. Ayd Medical Communications, Baltimore, pp 148–154

SOLOMON K (1980) Haloperidol and the geriatric patient: practical considerations. In: AYD FJ JR (eds) Haloperidol update 1958–1980. Ayd Medical Communications, Baltimore, pp 155–173

TEGELER J (1993) Die Bedeutung der verschiedenen Neuroleptikagruppen unter dem Aspekt von Neuroleptika-Nonresponse. In: MÖLLER HJ (Hrsg) Therapieresistenz unter Neuroleptikabehandlung. Springer, Wien New York, S 115–130

TRIMBLE MR (1991) The psychoses of epilepsy. Raven Press, New York, pp 65–185

VAUGHN CE, LEFF JP (1976) The influence of family and social factors on the course of psychiatric illness: a comparison of schizophrenic and depressed neurotic patients. Br J Psychiatry 129: 125–137

WISHING WC, MARDER SR, VAN PUTTEN T, AMES D (1995) Acute treatment of schizophrenia. In: BLOOM FE, KUPFER DJ (eds) Psychopharmacology, the fourth generation of progress. Raven Press, New York, pp 1259–1266

WOGGON B (1983) Prognose der Psychopharmakotherapie. Enke, Stuttgart

4.2 Dosierung

P. König

Die Dosierung der Neuroleptika hat sich, wie bei allen Medikamenten, grundsätzlich nach der Überlegung „so niedrig wie möglich – so viel wie nötig" zu richten. Trotz der Studien, die dafür sprechen, daß sich die klinischen Wirkungen unterschiedlicher Typen von Neuroleptika nicht voneinander unterscheiden (SCHIED 1990), bewährt sich in der klinischen Praxis eine differenzierte Anwendung der Neuroleptika, entsprechend verschiedener Zielsymptome, wie sie in der Tabelle im Abschnitt über die Indikationen zusammengefaßt sind (BALDESSARINI et al. 1984). Auch darin ist ein Grund für den Versuch, verschiedene Neuroleptika in ihren (klinischen) Wirkungen miteinander vergleichen zu können, gelegen. So wird von verschiedenen Autoren die ausreichende Behandlung einer Psychose in Chlorpromazineinheiten oder Äquivalenzdosen angegeben, wobei das zentrale Problem dieser Referenzwerte die bislang noch fehlende absolute Meßgröße ist (dazu auch Kap. 4.6). Wie aus den Zusammenstellungen hervorgeht, sind individuelle Ober- und Untergrenzen der Dosierung als Abweichungen vom Durchschnittswert im Einzelfall für die Qualität der Behandlung entscheidend (BALDESSARINI et al. 1988). Allgemein haben sich „Megadosen" bereits in der Untersuchung von RIFKIN et al. 1971 (s.a. RIFKIN und SIRIS 1987) als nicht überlegen gegenüber konventionellen Dosen herausgestellt. In seltenen Einzelfällen kann durch Hochdosierung eine Therapieresistenz kupiert werden (RIFKIN und SIRIS 1987, PLATZ et al. 1986). Auch die „Anflutung" (rapid tranqui-

lization, rapid neuroleptization) hat sich nicht als besser wirksam herausgestellt (NEDOPIL et al. 1985). Eine optimale neuroleptische Dosierung ist im Einzelfall wohl noch von zu vielen Unbekannten abhängig, als daß sie innerhalb relativ schmaler Grenzen vorgegeben werden könnte. Die diesbezügliche Diskussion ist im Fluß (z. B. LEVINSON et al. 1990, VAN PUTTEN et al. 1990), und auch die Übersichtsarbeiten zeigen Unterschiede (RIFKIN und SIRIS 1987, KANE 1988b, BECKMANN und LAUX 1990). Die ausreichende Behandlung einer Psychose ist nach allgemeiner Übereinstimmung mit Dosierungen zwischen 400–1200 mg pro Tag in Chlorpromazineinheiten durchführbar (RIFKIN und SIRIS 1987) (dazu Kap. 4.6 über die praktische Anwendung der Neuroleptika).

Wie für alle anderen Medikamente können für die Neuroleptika Dosis-Wirkungskurven erstellt werden (s. Abb. 4.2.1). Einzelne, individuelle Therapieerfordernisse werden quasi in den verschiedenen Abschnitten der Kurve zu finden sein, wie es der individuellen Dosisfindung und -anpassung entspricht.

Die Tatsache, daß eine optimale neuroleptische Wirkung innerhalb unterer und oberer Dosisgrenzwerte feststellbar ist, hat zum Konzept des „neuroleptischen Fensters" geführt, womit dieser optimale Dosisrahmen umschrieben wird. Die bisher vorliegenden Untersuchungen zu dieser Frage, nämlich der klinisch-therapeutischen Bedeutung derartiger Grenzen, sind wegen methodologischer Unterschiede bedingt vergleichbar und auf die klinische Praxis dzt. mit Zurückhaltung übertragbar (z. B. VAN PUTTEN et al. 1990,

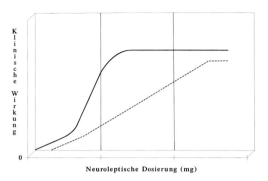

Abb. 4.2.1. Schematische Dosis-Wirkungskurve, auf der Abszisse die Dosierung des Neuroleptikums (mg), auf der Ordinate die therapeutische Wirkung. Es läßt sich einerseits die Wechselwirkung zwischen Dosis und klinischem Effekt, wie jene zwischen Dosis und Nebenwirkungen (z. B. EPS strichliert) darstellen. Die Senkrechten grenzen die therapeutische Breite ein

McEvoy et al. 1991, Volavka et al. 1992). Für Haloperidol wird das therapeutische Fenster zwischen 5–12 ng Haloperidol/ml Plasma angenommen (van Putten et al. 1992), was im Schnitt mit einer Tagesdosis von etwa 15–20 mg Haloperidol erreicht werden sollte; für Chlorpromazin beträgt dieser Bereich ca. 3–60 ng/ml, entsprechend einer Tagesdosis von etwa 400 mg Chlorpromazin; für Fluphenazin wird das therapeutische Fenster mit 0,2–0,3 mg/kg Körpergewicht definiert (Levinson et al. 1990), andere Untersuchungen weichen allerdings von diesen Werten ab (Midha et al. 1987). Bisher ist es für die meisten gängigen Neuroleptika jedoch noch nicht gelungen eindeutige Dosis-Wirkungs-Beziehungen, also zwischen neuroleptischem Fenster und dem Plasmaspiegel, herzustellen (Garver 1989) (vgl. Kap. über Pharmakokinetik).

Es hat sich herausgestellt, daß eine plötzliche, deutliche Dosisreduktion oder abruptes Absetzen der Neuroleptika innerhalb einiger Tage zu **Absetzsymptomen** führen kann. Sie scheinen bei gleichzeitigem Absetzen von Anticholinergika noch akzentuierter zu sein und drücken sich als ängstlich-agitierte Unruhezustände und Schlafstörungen aus. Sie wurden nach Dosisreduktion bzw. Absetzen von trizyklischen Neuroleptika und Butyrophenonen beobachtet, es

traten auch Übelkeit, Erbrechen und Appetitverlust, Kopfschmerz, seltener Schwindel, Schüttelfröste, Myalgien und Zittern auf. Insbesondere die erste Symptomgruppe der ängstlichen Unruhezustände kann Patient wie Arzt dazu verleiten, sie als Prodrome eines Rückfalles zu deuten. Diese brauchen zu ihrer Entwicklung jedoch deutlich länger als Absetzsymptome und können durch Neuroleptika- bzw. Antiparkinsongabe kupiert werden bzw. werden durch vorsichtige Dosisreduktion bzw. Ausschleichen der psychotropen Medikation vermieden (Dilsaver und Alessi 1988).

Akutbehandlung

Vereinfachend kann die Beziehung zwischen Dosierung des Neuroleptikums und dem Zeitablauf des behandelten Zustandes wie in Abb. 4.2.2 dargestellt werden: In der Akutphase wird das Neuroleptikum höher dosiert. Die angewendeten Dosen entsprechen dabei den vorstehend angeführten Werten, also z. B. 15–20 mg Haloperidol tgl. oder 15–25 mg Fluphenazin tgl. Obwohl durchaus verschiedene Klassen von Neuroleptika entwickelt wurden, ist aus methodolgischen Gründen eine besondere Effektivität der einen oder anderen Substanz nicht nachweisbar, was allerdings nicht bedeutet, daß ein bestimmter Patient nicht mehr von einem, ein anderer von einem anderen Neuroleptikum profitiert (Wirshing et al. 1995). Grundsätzlich wird die Auswahl des Neuroleptikums vom Krankheitszustand und dem Nebenwirkungsspektrum des Medikamentes abhängen: Basisneuroleptika haben stärker sedierende, dafür deutlichere anticholinerge und auch cardiovaskuläre Nebenwirkungen. Hochpotente Neuroleptika zeigen dies nicht in diesem Ausmaß, provozieren dafür rascher extrapyramidale Störungen. Parallel mit der Symptomreduktion geht die Dosisreduktion des Neuroleptikums. Im Idealfall bewegt sich dabei die Dosishöhe in jenem schmalen Bereich zwischen klini-

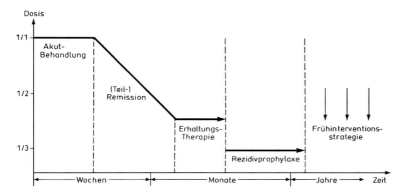

Abb. 4.2.2. Schematische Darstellung der Dosierung der Neuroleptika in verschiedenen Behandlungsabschnitten: Akutphase, Remissionsphase, Langzeittherapie (nach LAUX 1995)

scher Effektivität einerseits, unter Vermeidung störender Nebenwirkungen andererseits. – Die Abstimmung therapeutischer Notwendigkeiten bei gleichzeitiger Erhaltung einer möglichst hohen Lebensqualität des Patienten erfordert große klinische Erfahrung, Einfühlungsvermögen und die Bereitschaft zu flexiblem Handeln. Im Zuge der verschiedenen Therapieabschnitte kann es nötig sein, das Neuroleptikum mit anderen Medikamenten (z. B. Benzodiazepinen, Anticholinergica oder Antidepressiva) zu kombinieren. – Nach Abklingen der akuten Symptome wird die Differentialindikation zur Langzeittherapie gestellt werden. Dabei stellt sich heraus, daß Erhaltungsdosen, die etwa ein Fünftel der ursprünglichen Dosis ausmachen, häufig ausreichend sind (BALDESSARINI und DAVIS 1980).

Die Erhaltungstherapie

Sie verfolgt zwei Zielsetzungen, einerseits die langsame Dosisreduktion auf das gerade noch nötige Ausmaß, andererseits die Rezidivprophylaxe. Erwiesenermaßen (KISSLING 1991) kann das Rezidivrisiko unter neuroleptischer Langzeittherapie ganz massiv verringert werden: Kommt es unter Placebo bzw. ohne medikamentöser Behandlung

bei ca. 70% der Schizophrenen zu einem Rückfall innerhalb eines Jahres, so sind das unter neuroleptischer Rezidivprophylaxe nur 15–20%! (CSERNANSKY und NEWCOMER 1995). Dabei werden die Neuroleptika niedrig dosiert (ca. 1/10 der Standarddosis) und bieten den Vorteil einer geringeren Häufigkeit von Spätdyskinesien (MARDER et al. 1987).

Wie angedeutet, stehen verschiedene Techniken der Erhaltungstherapie zur Auswahl: die fortlaufende, konventionelle Dosierung, die Niedrigdosierung und die intermittierende Behandlung (WYATT 1995). Jede dieser Strategien hat ihre speziellen Vor- und Nachteile und ist jeweils für bestimmte Patientengruppen optimal, für andere weniger geeignet; näheres dazu siehe im Kap. über Langzeitbehandlung.

Die Negativsymptomatik und die Lebensqualität

Es zeichnet sich zunehmend ab, daß die „atypischen Neuroleptika" derzeit jene Medikamente sind, die die Negativsymptome (KAY 1991) am besten zu beeinflussen vermögen. Für Clozapin wurde dies sowohl für Responder wie Non-Responder nachgewiesen (CLAGHORN et al. 1987). Auch für Risperidon sind ähnliche Untersuchungen im Laufen. Schon auf Grund der pharmakologischen Eigenschaften der atypischen Neuroleptika war anzunehmen, sie würden die Lebensqualität der Patienten weniger beeinträchtigen, da sie weniger extrapyramidale Nebenwirkungen hervorrufen. Tatsächlich ist die Verbesserung der Lebensqualität durch diese Substanzen untersucht und belegt (Zusammenfassung bei CSERNANSKY und NEWCOMER 1995).

Die Hochdosierung (Megadosierung)

Wie einleitend bereits gesagt, kann diese Maßnahme im Einzelfall berechtigt sein, sollte aber dann unter Plasmaspiegelmonitoring des Neuroleptikums und nur begleitet von entsprechend häufigen medizinischen Kontrollen stattfinden. Obzwar in den siebziger und achtziger Jahren eine Zunahme der Hochdosierungs-Therapie (>2000 mg Chlorpromazin-Äquivalent) mit hochpotenten Neuroleptika registriert wurde, gibt es keine wissenschaftlichen Beweise für einen generellen Vorteil dieser Behandlung (Zusammenfassung bei WIRSHING et al. 1995).

In den Abschnitten über Chemie und Indikationen der Neuroleptika wurde bereits auf besondere Eigenschaften der Neuroleptika hingewiesen, die bei ihrer Dosierung genau überdacht werden müssen. Hier sind dies der Applikationsweg, Art und Eigenschaften des Neuroleptikums sowie Variablen des Patienten und seiner Lebensumstände. Bei dieser mehrdimensionalen Analyse sind grundsätzlich folgende Gesichtspunkte zu berücksichtigen:

4.2.1 Der Applikationsmodus

Es wurde bereits darauf hingewiesen, daß Neuroleptika im allgemeinen und besonders die Phenothiazine bei oraler Zufuhr einem deutlichen first-pass-Effekt unterliegen. Nachdem verschiedene Untersuchungen

sehr unterschiedliche Bioverfügbarkeiten von oralen Phenothiazindarreichungen angeben, die von ca. 10 bis 70% reichen, kann man in der klinischen Praxis von der Faustregel ausgehen, daß bei oraler Gabe eines Neuroleptikums nur etwa 50% der zugeführten Dosis zur Verfügung stehen (wovon nur ein Teil an den Rezeptor gelangt).

4.2.2 Pharmakologische Eigenschaften des Medikamentes

Dabei sind neben pharmakodynamischen ebenso die pharmakokinetischen Eigenschaften wichtig: Lipophilie und (alpha)2-(saure)-Glykoproteinbindung (MÜLLER-OERLINGHAUSEN et al. 1989) sind die wesentlichen Beeinflussungsmechanismen, da nur das nicht gebundene, freie Medikament über die Blut-Hirnschranke an den Rezeptor, das Zielorgan, gelangen kann. Weiters ist die Halbwertszeit der jeweiligen Substanz zu beachten, die sich bei der Reinsubstanz üblicherweise von einigen Stunden bis zu mehreren Tagen erstreckt und durch galenische Faktoren modifiziert wird.

In der Praxis führen Variable wie Dosis, Zufuhr, Metabolisierung und Elimination zur Ausbildung eines Fließgleichgewichtes (steady-state). Als Faustregel kann man sich dazu merken, daß der ausreichende Wirkspiegel nach ca. insgesamt 4 Halbwertszeiten erreicht wird. – Praktisch bedeutet dies, daß bis zur vollen Bioverfügbarkeit mit einer Anlaufzeit von mehreren Tagen gerechnet werden muß. Dieses Intervall ist durch initiale Dosishöhe und Applikationsmodus etwas beeinflußbar.

4.2.3 Der zeitliche Verlauf der Behandlung

Er folgt einer bestimmten Gesetzmäßigkeit, stellt ebenfalls einen wichtigen, beachtenswerten Punkt dar: Es hat sich nämlich herausgestellt (PICKAR 1988, KECK et al. 1989), daß die neuroleptischen Effekte der ersten

Behandlungsstunden unspezifisch und nicht so deutlich antipsychotisch sind wie jene, die nach längerdauernder Medikation und Beobachtung (mehrere Wochen) zu registrieren sind.

4.2.4 Patientenvariablen

An organischen Patientenvariablen ist im vorliegenden Zusammenhang die (genetisch determinierte) Metabolisierungsrate wesentlich, die vermutlich bei verschiedenen ethnischen Gruppen unterschiedlich ist (JANN et al. 1989), die noch durch zusätzliche Mechanismen (s.u.) beeinflußt werden kann (BAUMANN et al. 1993). Ebenso wichtig sind die Verteilungsmöglichkeiten des Wirkstoffes in den verschiedenen Körperkompartimenten. So besitzt in Relation der kindliche Körper einen höheren Wasseranteil; bei adipösen Personen muß die (notwendige) Lipophilie der Neuroleptika anders berücksichtigt werden als bei schlanken oder gar abgemagerten Patienten, ähnlich wie z. B. das verfügbare Blutvolumen oder auch Dialyseprozesse in die Überlegungen zur Dosierung miteinbezogen werden müssen. Besondere Beachtung verdient der alte Mensch bei der Neuroleptikaverabreichung wegen seiner veränderten Flüssigkeits- und Fettdepotverfügbarkeit, wegen seines veränderten Metabolismus und Lebensrhythmus. Außerdem sind immer individuelle Faktoren wie z. B. vorgeschädigtes Gehirn, vorgeschädigte Leber, Niere, Zustand nach gastrointestinalen Resektionen, kardiovaskulären Erkrankungen, Krankheiten der blutbildenden Systeme, Allergien etc. zu berücksichtigen. Eine häufige Schwierigkeit bei Patienten jedes Lebensalters stellt die lageabhängige (posturale) Kreislaufhypotonie dar. Sie wird nicht selten als krankheitsbedingte Adynamie und Anhedonie fehlinterpretiert. Abgesehen von solchen grundlegenden Überlegungen richtet sich die Dosierung des Neuroleptikums nach seiner Indikation bzw. dem Zielsyndrom (zum Teil auch nach dem Behandlungssetting, in welchem gearbeitet wird, s.u.): So wird sich die neuroleptische Initialdosis zur Dämpfung eines Angstraptus bei einem halluzinierenden schizophrenen Patienten deutlich unterscheiden von der Erhaltungsdosis, die der gleiche Patient benötigt, wenn er wieder seiner Beschäftigung nachgeht (KANE 1984).

Psychopathologische Variable werden durch Art und Ausmaß der Störung, Ana-mnese, Dauer der Erkrankung und Besonderheiten der Zielsymptome bestimmt: Ein hypomanisches Syndrom eines noch krankheitseinsichtigen, auf eine jahrelange Anamnese zurückblickenden Patienten, das eben erst begonnen hat und sich vor allem durch Schlafstörungen äußert, wird ein anderes Medikamenten-(Auswahl) und Dosiskonzept erfordern als eine Erstmanifestation einer ängstlich-erregten paranoiden Schizophrenie.

4.2.5 Soziale Variable

Auch soziale Variable (VAUGHN und LEFF 1976, LEFF et al. 1982) wie allein oder in Gemeinschaft lebend – was unter Umständen entscheidend für ambulante oder stationäre Behandlung sein kann – Berufstätigkeit und Art derselben (Vereinbarkeit mit Nebenwirkungen), Erreichbarkeit des Arbeitsplatzes (muß der Patient eventuell selbst autofahren, ist dies unter dem Neuroleptikum vertretbar, muß deshalb der Krankenstand verlängert werden?) sind von eminenter Bedeutung. Ebenso wird uns die stationäre Behandlung mit der Infrastruktur des modernen Krankenhauses eine größere Dosierungsflexibilität ermöglichen als die Neuroleptikabehandlung unter ambulanten Bedingungen. Relativ genau untersucht wurde die Interdependenz des (Stations-) Milieus und die Dosierung der dort verwendeten Neuroleptika (WING und BROWN 1970, GOTTFRIES und RÜDEBERG 1981, HOGARTY 1984, 1988, MÜLLER 1989).

Dosierungsprobleme können sich aus der Lebensführung des Patienten ergeben: Durch andere Medikamente, Genußmittel wie Coffein oder Nikotin, Nahrungsmittel mit hohem Gerbsäureanteil kann die Bioverfügbarkeit eines Neuroleptikums vermindert sein (PLATZ et al. 1986). Umgekehrt sind potenzierende Effekte durch Interaktionen mit anderen Substanzen möglich, erwähnt seien: orale Kontrazeptiva, Alkohol, Tranquilizer und Hypnotika (genaueres über die Interaktionen mit anderen Medikamenten siehe Kap. 4.4).

Im Einzelfall werden je nach Art und Intensität der Erkrankung einzelne der skizzierten Variablen größere oder geringere Bedeutung haben, was Auswahl, Dosierung und Applikationsart des zu verwendenden Neuroleptikums betrifft. Ebenso wird sich die Gewichtung bei Zustandsänderung des Patienten verlagern, anfänglich weniger bedeutungsvolle Aspekte wie z. B. Sedierung oder Akkommodationsstörungen, die in Kauf genommen wurden, gewinnen im Zuge der Remission der Erkrankung für Leben und Alltag des Patienten zunehmend größere Bedeutung.

Auf **schwangere Patientinnen**, also eine Patientengruppe mit spezifischen Therapieerfordernissen, sei besonders hingewiesen! In diesem Zusammenhang interessieren vor allem zwei Fragenkomplexe: einerseits die Frage der Mutagenität bzw. Teratogenität und andererseits jene der perinatalen Auswirkungen einer Neuroleptikatherapie. Beide Aspekte werden ausführlich im Band 1 des Handbuches sowie in Kap. 4.6 dieses Bandes behandelt. Ebenso wird auf die Frage perinataler Auswirkungen von Neuroleptika auf Kinder von Müttern unter neuroleptischer Therapie eingegangen. Unter anderem ist zu beachten, daß Neuroleptika in die Muttermilch übertreten können, extrapyramidale Bewegungsstörungen wurden jedenfalls noch mehrere Monate nach der Geburt registriert (ELIA et al. 1987).

Zusammenfassend ist festzustellen, daß bei neuroleptischer Akuttherapie (üblicherweise mit höheren Dosen) wie auch bei neuroleptischer Langzeittherapie von Patientinnen in gebärfähigem Alter die Frage einer (erwünschten) Gravidität zu diskutieren ist, daß die Gabe von Neuroleptika im ersten Trimenon der Schwangerschaft, besonders zwischen der 4.–10. Woche, auf das nur unbedingt notwendige Minimum zu beschränken ist und dies auch für die letzten Schwangerschaftswochen vor der Geburt sinnvoll sein kann. Unter Neuroleptika stehenden Müttern sollte vom Stillen abgeraten werden.

Literatur

BALDESSARINI RJ, DAVIS JM (1980) What ist the best maintenance dose of neuroleptics in schizophrenia? Psychiatry Res 3: 115–122

BALDESSARINI RJ, KATZ B, COTTON P (1984) Dissimilar dosing with high potency and low potency neuroleptics. Am J Psychiatry 141: 748–752

BALDESSARINI RJ, COHEN BM, TEICHER MH (1988) Significance of neuroleptic dose and plasma levels in the pharmacological treatment of psychoses. Arch Gen Psychiatry 45: 79–91

BAUMANN P, BERTSCHY G, BAETTIG D, BONDOLFI G, VANDEL S (1993) Pharmakokinetische und pharmakodynamische Interaktionen zwischen trizyklischen und serotonergen Antidepressiva im Verlauf einer Behandlung. In: BAUMANN P (Hrsg) Biologische Psychiatrie der Gegenwart. Springer, Wien New York, S 664–670

BECKMANN H, LAUX G (1990) Guidelines for the dosage of antipsychotic drugs. Acta Psychiatr Scand 82 [Suppl 358]: 63–66

CLAGHORN J, HONIGFELD G, ABUZZAHAB F (1987) The risks and benefits of clozapine vs. chlorpromazine. J Clin Psychopharmacol 7: 377–384

CSERNANSKY JG, NEWCOMER JG (1995) Maintainance drug treatment for schizophrenia. In: BLOOM FE, KUPFER DJ (eds) Psychopharmacology, the fourth generation of progress. Raven Press, New York, pp 1267–1275

DILSAVER SC, ALESSI NE (1988) Antipsychotic withdrawal symptoms: phenomenology and pathophysiology. Acta Psychiatr Scand 77: 241–246

ELIA J, KATZ IR, SIMPSON GM (1987) Teratogenicity of psychotherapeutic medication. Psychopharmacol Bull 23: 531–586

GARVER DL (1989) Neuroleptic drug-loads and antipsychotic effects – a difficult correlation: a potential advantage of free (or derivative) versus total plasma levels. J Clin Psychopharmacol 9: 277–281

GOTTFRIES L, RÜDEBERG K (1981) The role of neuroleptics in an integrated treatment program for chronic schizophrenia. In: GOTTFRIES CG (ed) Long-term neuroleptic treatment benefits and risks. Acta Psychiatr Scand [Suppl 291] 63: 44–53

HOGARTY GE (1984) Depot neuroleptics: the relevance of psychosocial factors. J Clin Psychiatry 45: 34–42

HOGARTY GE (1988) Resistance of schizophrenic patients to social and vocational rehabilitation. In: DENCKER SJ, KULHANEK F (eds) Treatment resistance in schizophrenia. Vieweg, Braunschweig, pp 83–97

JANN MW, WEN-HO CHANG, DAVIS CM, TENG-YI CHEN, HWEI-CHUANG DENG, FOR-WEI-LUNG, ERESHEFSKY L, SAKLAD STR, RICHARDS AL (1989) Haloperidol and reduced haloperidol plasma levels in chinese vs. nonchinese psychiatric patients. Psychiatry Res 30: 45–52

KANE JM (1984) Drug maintenance strategies in schizophrenia. American Psychiatric Association, Washington DC

KAY SR (1991) Positive and negative syndromes in schizophrenia – assessment and research. Brunner/Mazel, New York

KECK PE JR, COHEN BM, BALDESSARINI RJ, MCELROY SL (1989) Time course of antipsychotic effects of neuroleptic drugs. Am J Psychiatry 146: 1289–1292

KISSLING W (1991) (ed) Guidelines for neuroleptic relapse prevention in schizophrenia. Springer, Berlin Heidelberg New York Tokyo

LAUX G (1995) Psychopharmakotherapie. In: FAUST V (Hrsg) Psychiatrie. Fischer, Stuttgart Jena, S 751–775

LEFF J, KUIPERS L, BERKOWITZ R, EBERLEIN-VRIES R, STURGEON D (1982) A controlled trial of social intervention in the families of schizophrenic patients. Br J Psychiatry 141: 121–134

LEVINSON DF, SIMPSON GM, SINHG H, YADALAM K, JAIN A, STEPHANOS MJ, SILVER P (1990) Fluphenazine dose, clinical response and extrapyramidal symptoms, during acute treatment. Arch Gen Psychiatry 47: 761–768

MARDER SR, VAN PUTTEN T, MINTZ J, LEBELL M, MCKENZIE J, MAY PRA (1987) Low and conventional dose maintenance therapy with flupenazine decanoate: two year outcome. Arch Gen Psychiatry 44: 518–521

MCEVOY JP, HOGARTY GE, STEINGARD S (1991) Optimal dose of neuroleptic in acute schizophrenia. Arch Gen Psychiatry 48: 739–745

MIDHA KK, HAWES EM, HUBBARD JW, KORCHINSKI ED, MCKAY G (1987) The search for correlation between neuroleptic plasma levels and clinical outcome: a critical review. In: MELTZER HY (ed) Psychopharmacology: the third generation of progress. Raven Press, New York, pp 1341–1352

MÜLLER C (1989) Wandlungen der psychiatrischen Institutionen. In: KISKER KP, LAUTER H, MEYER JE, MÜLLER C, STRÖMGREN E (Hrsg) Psychiatrie der Gegenwart, Bd 9. Brennpunkte der Psychiatrie. Springer, Berlin Heidelberg New York Tokyo, S 339–368

MÜLLER-OERLINGHAUSEN B, HERMANN WM, BUSCH H (1989) Psychopharmaka, Hypnotika und Nootropika. In: KÜMMERLE HP, HITZENBERGER H, SPITZY KH (Hrsg) Klinische Pharmakologie, 6. Aufl. III 2.1. eco-med, Landsberg, S 1–14

PICKAR D (1988) Perspectives on a time-dependent model of neuroleptic action. Schizophr Bull 14: 255–268

PLATZ WE, FÜNFGELD EW, KULHANEK F (1986) Konzept einer individuellen aber standardisierten neuroleptischen Therapie der schizophrenen Erkrankungen. In: HINTERHUBER H, SCHUBERT H, KULHANEK F (Hrsg) Seiteneffekte und Störwirkungen der Psychopharmaka. Schattauer, Stuttgart New York, S 137–150

VAN PUTTEN, MARDER SR, MINTZ J (1990) A controlled dose comparison of haloperidol in newly admitted schizophrenic patients. Arch Gen Psychiatry 47: 754–758

VAN PUTTEN T, MARDER SR, MINTZ J, POLAND RE (1992) Haloperidol plasma levels and clinical response: a therapeutic window relationship. Am J Psychiatry 149: 500–505

RIFKIN A, SIRIS S (1987) Drug treatment of acute schizophrenia. In: MELTZER HY (ed) Psychopharmacology: the third generation of progress. Raven Press, New York, pp 1095–1102

RIFKIN A, QUITKIN F, CARILLO C, KLEIN DF (1971) Very high dose fluphenazine for non-chronic treatment-refractory patients. Arch Gen Psychiatry 25: 398–403

SCHIED HW (1990) A review of different methods of treatment. In: STRAUBE E, HAHLWEG K (eds) Schizophrenia. Springer, Berlin Heidelberg New York Tokyo, pp 97–102

VAUGHN CE, LEFF JP (1976) The influence of family and social factors on the course of psychiatric illness: a comparison of schizophrenic and depressed neurotic patients. Br J Psychiatry 129: 125–137

VOLAVKA J, COOPER T, CZOBOR P (1992) Haloperidol blood levels and clinical effects. Arch Gen Psychiatry 49: 354–361

WING JK, BROWN GW (1970) Institutionalism and schizophrenia. Cambridge University Press, London

WISHING WC, MARDER SR, VAN PUTTEN T, AMES D (1995) Acute treatment of schizophrenia. In: BLOOM FE, KUPFER DJ (eds) Psychopharmacology, the fourth generation of progress. Raven Press, New York, pp 1259–1266

WYATT RJ (1995) Early intervention for Schizophrenia: can the course of illness be altered? Biol Psych 38: 1–3

4.3 Unerwünschte Wirkungen, Kontraindikationen, Überdosierungen, Intoxikation

H. Hinterhuber und Ch. Haring

Neuroleptika zählen zu jenen Pharmaka, die eine geringe Toxizität und somit eine große therapeutische Breite aufweisen: Vergiftungen mit tödlichem Ausgang sind sehr selten. Die Wirkungen der Neuroleptika auf eine Vielzahl von Organsystemen werden als unerwünschte Begleitwirkungen, Seiteneffekte oder Nebenwirkungen bezeichnet; sie können den Patienten in unterschiedlichem Ausmaße im Verhalten und/oder in seinen körperlichen Funktionen behindern. Die Nebenwirkungen der Neuroleptika bestimmen weitgehend die Compliance der Patienten und somit den Therapieerfolg.

Die Häufigkeit und die Intensität der Nebenwirkungen hängen von der gewählten Substanz, vom Dosisniveau und der Dauer der Behandlung, aber auch von der individuellen Disposition des Betroffenen und von pharmakogenetischen Phänomenen ab.

Um das Vertrauen in die Möglichkeiten und das Wissen um die Grenzen der Behandlung zu fördern, sind Patienten, Angehörige und Betreuer über die häufig zu erwartenden Nebenwirkungen der Neuroleptika aufzuklären: nur dadurch kann die nicht nur für die Partizipationschancen des Einzelnen, sondern auch für die Volksgesundheit entscheidende Compliance verbessert werden. Der Beitrag berücksichtigt die wesentlichen Nebenwirkungen der Neuroleptika (Tabelle 4.3.1): Begleitwirkungen von Pharmaka sind jedoch immer von **spontan auftretenden, eigengesetzlichen Phänomenen der Erkrankung** abzugrenzen. Die psych-

iatrische Literatur der vorpsychopharmakologischen Ära ist reich an Schilderungen typischer Bewegungsstörungen bei chronisch schizophrenen Patienten, die als krankheitsimmanent beschrieben wurden. Spontane Dyskinesien treten im höheren Alter häufig auf; Verhaltensanomalien, Libidoverlust, sexuelles Desinteresse und selbst Hautveränderungen können auch als Ausdruck der Grundstörung gelten.

Im Sinne der Nutzen-Risiko-Relation unterscheiden wir beim Gebrauch von Neuroleptika zwischen **relativ häufigen und seltenen Nebenwirkungen** (Tabelle 4.3.2). Zu den häufigen Nebenwirkungen zählen besonders zu Behandlungsbeginn Müdigkeit und herabgesetzte Konzentrationsfähigkeit. Beides bessert sich normalerweise im Verlauf der Therapie; nur selten wird eine Dosisreduktion oder das Umsteigen auf ein anderes Neuroleptikum notwendig.

Wesentlich belastender sind die akuten Neuroleptikawirkungen auf das extrapyramidal-motorische System (Tabelle 4.3.3). Dazu gehören Frühdyskinesien und das neuroleptisch bedingte Parkinsonoid. Ob die neuroleptikainduzierte Akathisie pathogenetisch diesem Symptomenkomplex zugeordnet werden kann, wird derzeit noch diskutiert.

Die Häufigkeit absetzrelevanter Nebenwirkungen basierend auf den Daten der AMÜP-Studie gibt Abb. 4.3.1 wieder.

Verhältnismäßig häufig werden bei allen antipsychotisch wirkenden Psychopharmaka

Tabelle 4.3.1. Nebenwirkungen der Neuroleptika

4.3.1	**Neurologische Nebenwirkungen** Akute Dyskinesien und Dystonien, neuroleptisches Parkinsonoid, tardive Akathisie, Spätdyskinesien, malignes Neuroleptika-Syndrom, Störungen der Thermoregulation, zerebrale Krampfanfälle
4.3.2	**Störungen des autonomen Nervensystems und kardiovaskuläre Störungen** Arterielle Hypotonie und Orthostasesyndrom, EKG-Veränderungen, Herzrhythmusstörungen, Mundtrockenheit, Obstipation, Harnretention, Akkommodationsstörungen, Delirien
4.3.3	**Anticholinerge Wirkungen** Mundtrockenheit, Obstipation, Harnretention, Akkommodationsstörungen, pharmakogenes Delir
4.3.4	**Leberfunktionsstörungen** (Passagere) Erhöhungen der Transaminasen, cholestatischer Ikterus
4.3.5	**Blutbildveränderungen** Passagere Leukozytose, Eosinophilie, Lymphozytose, Leukopenie, Agranulozytose
4.3.6	**Stoffwechselstörungen** Störungen des Glukosestoffwechsels, Appetitsteigerung, Gewichtszunahme
4.3.7	**Endokrine und sexuelle Störungen** Galaktorrhoe, Gynäkomastie, Menstruationsstörung, Störungen des Sexualverhaltens, Libidostörungen, Orgasmus- oder Ejakulationsstörungen
4.3.8	**Hautstörungen** Hautallergien, Photosensibilisierung
4.3.9	**Augenstörungen** Linsentrübungen, Hornhauttrübungen, Pigmentablagerungen in der Retina
4.3.10	**Entzugserscheinungen**
4.3.11	**Mutagene bzw. teratogene Wirkungen**
4.3.12	**Plötzliche Todesfälle**

benigne Blutbildveränderungen, transiente Leberstörungen und endokrine Veränderungen sowie Gewichtszunahmen beschrieben. Als seltene Nebenwirkungen treten schwere Leberveränderungen, epileptische Anfälle, Agranulozytosen sowie Veränderungen am Auge oder paradoxe Neuroleptika-Reaktionen auf.

Beobachtet wird auch eine verstopfte Nase sowie bei Männern ein verringertes Ejakulationsvolumen. Bei einem neueren atypischen Neuroleptikum wird eine Verlängerung der QT- und QTc-Intervalle (QT dividiert durch die Kubikwurzel des RR-Intervalls) beobachtet.

Darüberhinaus können bei intravenöser Therapie mit hochpotenten Neuroleptika Thrombophlebitiden beobachtet werden (PLATZ und HINTERHUBER 1984).

Sehr selten ist das Auftreten des malignen neuroleptischen Syndroms. Aus Fallberichten sind plötzliche Todesfälle bekannt.

Tabelle 4.3.2. Relativ häufige und relativ seltene Nebenwirkungen (NW) von Neuroleptika

Relativ häufige Nebenwirkungen	Relativ seltene Nebenwirkungen
Müdigkeit	Malignes neuroleptisches Syndrom
Reduzierte Konzentrationsfähigkeit	Epileptische Anfälle
Extrapyramidal-motorische NW (EPMS)	Agranulozytose
Benigne Blutbildveränderungen	Augenveränderungen
Transiente Leberstörungen	
Endokrine NW	Gewichtszunahme
	Sexuelle Störungen

Tabelle 4.3.3. Extrapyramidal-motorische Nebenwirkungen (mod. nach Baldessarini et al. 1991)

Nebenwirkung	Klinisches Bild	Häufigkeit der Symptome bezogen auf Gesamtzahl mit Neuroleptika beh. Patienten	Zeitpunkt des erstmaligen Auftretens nach Behandlungsbeginn	Ursache
Akute Dyskinesie	Muskelspasmen v.a. der Augen, des Gesichtes, der Zunge, des Halses, der Extremitäten, des Rückens	2,5% (max. 63%)	90% in den ersten 4 $\frac{1}{2}$ Tagen	Nicht sicher geklärt, v.a. überschießende Dopaminsynthese
Akute Akathisie	Quälende motorische Unruhe, Bewegungsdrang	9–75%	50% innerhalb des 1. Monats, 90% innerhalb 2–3 Monaten	Nicht sicher geklärt. Eventuell Blockade von mesocortikalen dopaminergen Rezeptoren
Parkinsonoid	Akinese, Rigor, Tremor, Gangstörungen, veget. Symptome	15–40%	50–75% innerhalb der ersten 4 Wochen, 90% innerhalb der ersten 3 Behandlungsmonate	Dopaminerge Unterfunktion bzw. cholinerge Überfunktion
Spätdyskinesien	Orofaciale Dyskinesie, choreiforme und athetoide Bewegungsstörungen; nicht schmerzhaft, oft nicht bewußt wahrgenommen	20% (max. 30%)	Monate bis Jahre	Zunahme des D-1/D-2 Rezeptoren-Verhältnisses oder Hypofunktion bestimmter GABA-erger Projektionen

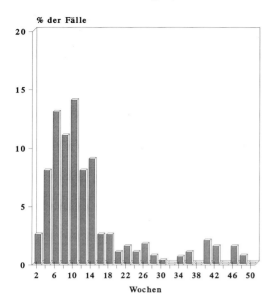

Abb. 4.3.1. Häufigkeit absetzrelevanter unerwünschter Arzneimittelwirkungen (UAW Stufe III) in der AMÜP-Studie (Grohmann et al. 1994)

Außerordentlich seltene Nebenwirkungen besitzen in ihrem Zusammenhang zum verabreichten Medikament geringen statistischen Wert und sind vorzüglich Hinweise auf die Notwendigkeit genauer Beobachtung des Patienten und regelmäßiger Kontrolluntersuchungen. Hinsichtlich schwer objektivierbarer Nebenwirkungen wie Teratogenität und Suchtgefährdung bergen neuere Präparate auch nach eingehender klinischer Prüfung größere Risiken als altbekannte in sich: länger auf dem Markt befindliche Pharmaka gelten deshalb im Regelfall als sicherer, auch wenn sie eine größere Menge an – vorhersehbaren und therapierbaren – Nebeneffekten aufweisen.

Der antiemetische Effekt ist dann als unerwünschte Begleitwirkung zu interpretieren, wenn durch die Gabe eines Neuroleptikums die Symptomatik eines erhöhten Hirndruckkes kupiert werden könnte. Jede psychotische Symptomatik fordert eine sorgfältige neurologische Untersuchung; berücksich-

tigt werden muß jedoch andererseits die Tatsache, daß Antivertiginosa häufig auch Phenothiazine beinhalten und somit alle unerwünschten Begleitwirkungen der Neuroleptika aufweisen können.

4.3.1 Neurologische Nebenwirkungen

Nahezu alle Neuroleptika können neurologische Störungen hervorrufen, die aufgrund der Blockade der Dopamin-Rezeptoren bevorzugt das extrapyramidal-motorische System betreffen. PET-Untersuchungen von Farde et al. (1992) zeigen, daß z.B. das neuroleptikainduzierte extrapyramidalmotorische Syndrom mit dem Grad der zentralen Dopamin 2-Rezeptor-Bindung in den Basalganglien korreliert. Die Neuroleptika-induzierten Störungen der Motorik sind für die Patienten sehr unangenehm: Untersuchungen zu den Problemen der Non-Compliance (Hogan et al. 1983) und der Medikamentenverweigerung bei Schizophrenen (Marder et al. 1984) zeigen wohl eine multikausale Verursachung dieser Phänomene, beschuldigen dafür aber besonders die extrapyramidal-motorischen Nebenwirkungen der Neuroleptika bzw. die diesbezügliche mangelhafte Information und Aufklärung der betroffenen Patienten. Da Bewegungsstörungen auch bei unbehandelten Schizophrenen vorkommen und unabhängig der Diagnose mit zunehmendem Alter häufiger werden, sind differentialdiagnostische Überlegungen von besonderer Bedeutung (Marsden et al. 1975).

Zu den frühen Neuroleptika-Wirkungen auf das extrapyramidal-motorische System gehören Frühdyskinesien und das neuroleptisch bedingte Parkinsonoid (Tabelle 4.3.3). Ob auch die neuroleptisch induzierte Akathisie diesem Symptomenkomplex zugeordnet werden muß, ist noch fraglich. Unter Hochdosierung sind akute EPMS-Störungen eher selten (Platz und Hinterhuber 1981).

Akute Dyskinesien und Dystonien

Unter dem Begriff „Frühdyskinesien" faßt man dystone Bewegungsstörungen wie Hyperkinesen der mimischen Muskulatur, Blickkrämpfe, Trismus, Opisthotonus, Zungen- und Schlundkrämpfe sowie choreatisch-athetoide Bewegungsstörungen im Bereich des Halses und der oberen Extremitäten zusammen. In schweren Fällen kann die Atmung behindert sein und auch ein respiratorischer Stridor auftreten. Angaben über die Inzidenz von akuten Dystonien reichen von 2,5% bis zu 63% in Abhängigkeit von Dosierung, neuroleptischer Potenz sowie Patientenvariablen wie Alter und Geschlecht. Es besteht ein deutlich höheres Auftreten von akuten Dystonien bei Patienten mit einer täglichen Chlorpromazin-Dosierung > 300 mg in Vergleich zu 100 mg oder weniger. Die Mann/Frau-Verteilung wird von ihm mit 2:1 angegeben. Die Hälfte der dyskinetischen Reaktionen entwickelt sich innerhalb von 48 Stunden, 90% im Zeitraum von 5 Tagen. ADDONIZIO und ALEXOPOULOS (1988) führten eine retrospektive Studie zur Erfassung der Prävalenz von Dystonien in einer Gruppe von jungen und älteren Patienten durch und fanden, daß 31% der jungen Gruppe und nur 2% der älteren Gruppe eine Dystonie entwickelten. Junge männliche Patienten scheinen daher besonders anfällig für diese Nebenwirkungen zu sein (BOYER et al. 1989). Kinder weisen die höchste Inzidenz an Frühdyskinesien auf und reagierten auch auf sehr niedrige Neuroleptika-Dosen mit schweren Dystonie, selbst am Stamm und an den Extremitäten. Es besteht eine hohe Korrelation zwischen Auftreten der Dystonie und der Höhe der neuroleptischen Dosis (KHANNA et al. 1992) sowie dem Alter des Patienten, jedoch nicht mit der diagnostischen Zuordnung.

Eine Analyse von Daten aus neuen Studien fand, daß die Inzidenz der Neuroleptika-induzierten Dystonien 14,8% betrug. Bei der Gabe von hochpotenten Neuroleptika kam es in 51,2 % zu diesen Nebenwirkungen (ARANA et al. 1988). Diese Ergebnisse bestätigten die Korrelation zwischen der Milligramm-Potenz des Neuroleptikums und dem Auftreten von extrapyramidalmotorischen Nebenwirkungen (FARDE et al. 1992). Die dramatisch erlebten Dyskinesien bzw. Dystonien lassen sich durch intravenöse Verabreichung von Anticholinergika (Biperiden 1 Ampulle) schlagartig beseitigen.

Das neuroleptische Parkinsonoid

Das neuroleptikabedingte Parkinsonoid ist durch Rigor, Verlust der spontanen Motorik, Hypo- oder Amimie, Tremor und Akinese gekennzeichnet. Mit einer Latenz von Tagen bis Wochen tritt ein Rigor auf, der an den oberen Extremitäten ausgeprägter ist. Der neuroleptisch induzierte Tremor ist gewöhnlich höherfrequent als der parkinsonische. Die Inzidenz der extrapyramidalmotorischen Störungen korreliert mit dem Typus des verwendeten Neuroleptikums und der Milligrammpotenz der Dosierung sowie dem Verabreichungsmodus und beträgt 15–40% (MARSDEN et al. 1975). Bzgl. der Inzidenz nach Geschlecht besteht ein Mann/Frau-Verhältnis von 1:2. Das Parkinsonoid tritt in der Regel erst nach 1- bis 2wöchiger Behandlung auf, 50 bis 75% der zur Beobachtung kommenden Fälle manifestieren sich innerhalb der ersten 4 Wochen, 90% innerhalb der ersten 3 Behandlungsmonate (MARSDEN et al. 1975, OWENS et al. 1982). Wenn die Symptome nicht beherrscht werden können, sollte ein Wechsel zu einem niederpotenterem oder zu einem sogenannten atypischen Neuroleptikum in Erwägung gezogen werden.

Das Parkinsonoid klingt nach Absetzen der Medikation bzw. nach Gabe von Anticholinergika oder Amantadin rasch ab. Da die Inzidenz des Parkinsonoids einerseits vom gewählten Neuroleptikum, andererseits von der individuellen Disposition abhängig ist, erscheint eine starre Kombination eines Neuroleptikums mit einem Anticholinergikum nicht zweckmäßig, da diskutiert wird, ob dadurch die antipsychotische Wirksamkeit gemindert und darüberhinaus das Risiko der Entwicklung von Spätdyskinesien erhöht wird.

Aus den oben angeführten Gründen hat die WHO von einer prophylaktischen Verabreichung anticholinerger Substanzen abgeraten (WHO 1990). Akute extrapyramidal-motorische Nebenwirkungen finden sich vor allem beim Einsatz hochpotenter Neuroleptika, die individuelle Empfindlichkeit der Patienten ist jedoch sehr unterschiedlich: Dadurch ergibt sich bei Langzeittherapien die Notwendigkeit, für jeden Patienten das optimale Präparat individuell dosiert festzulegen.

Akute Akathisie

Die neuroleptisch induzierte Akathisie (griechisch: Unfähigkeit zu Sitzen) ist geprägt von einer charakteristischen motorischen sowie auch inneren Unruhe. Die motorische Unruhe findet sich vorwiegend in den unteren Extremitäten und manifestiert sich – im Stehen – als Gewichtsverlagerung von einem Bein auf das andere („Auf der Stelle treten") und – beim sitzenden Patienten – als wiederholtes Überkreuzen der Beine sowie in rhythmischen, klopfenden Bewegungsmustern der Füße. Daten zur Inzidenz der mit Neuroleptika behandelten Patienten reichen von 20 bis 75%, wobei die Resulate der Studien im wesentlichen von den diagnostischen Kriterien für die Akathisie sowie vom Typus der verwendeten Neuroleptika abhängen (BRAUDE et al. 1983, AYD 1984, VAN PUTTEN et al. 1984, FLEISCHHACKER et al. 1989, MILLER et al. 1993). Diese Nebenwirkung tritt vor allem zu Beginn der Neuroleptikatherapie sowie nach Erhöhung der Neuro-

leptikadosis auf (AYD 1984, BARNES et al. 1982). Die Hälfte der Fälle wird innerhalb des ersten Behandlungsmonates beobachtet.

Die Maximalvarianten dieser Störung können zu Verwechslungen mit psychotischer Unruhe führen. Zur Operationalisierung wurden Rating-Skalen entwickelt, die differentialdiagnostisch hilfreich sein können (BARNES 1989, FLEISCHHACKER et al. 1989).

Therapeutisch ist neben einer Dosisanpassung des Neuroleptikums die Gabe von zentral wirksamen Beta-Blockern (Propranolol 20–60 mg/Tag) am besten belegt. Diese Dosis kann alle paar Tage bis zu einem Maximum von 90 bis 120 mg pro Tag gesteigert werden (LIPINSKY et al. 1984, ZUBENKO et al. 1984). Über diese Dosis hinaus ist eine Wirksamkeit unwahrscheinlich. Erfolge sind auch durch Verabreichung von Benzodiazepinen zu erzielen (BARTELS et al. 1987, FLEISCHHACKER et al. 1989). Aussichtsreich scheint auch die Gabe des 5-HT2-Antagonisten Ritanserin (MILLER et al. 1990) zu sein: Sollte die Akathisie einer pharmakologischen Behandlung nicht zugänglich sein, ist die Umstellung der Therapie auf ein „atypisches" Neuroleptikum in Erwägung zu ziehen (LEVIN et al. 1992).

Tardive Akathisie

BARNES et al. beschrieben 1983 verschiedene Formen von Akathisie und berichteten in diesem Zusammenhang von der tardiven Akathisie. Bei ihren Patienten entwickelte sich eine tardive Akathisie unter langjähriger neuroleptischer Therapie und korrelierte mit einer Dosisreduktion oder dem Absetzen dieser Therapie. BURKE et al. (1989) fanden, daß tardive Akathisie fast immer beim Bestehen von tardiven Dyskinesien zu sehen ist: 90% dieser Fälle waren mit oro-bucco-lingualen tardiven Dyskinesien assoziiert. SACHDEV und LONERGAN (1991) meinten, daß tardive Akathisie eher ein Subsyndrom der TD sei.

Spätdyskinesien

Unter späten oder tardiven Dyskinesien versteht man charakteristische oro-bucco-faciale Dyskinesien, die sich in Saug-, Schmatz- und Kau- sowie in Zungenbewegungen manifestieren. An Rumpf und Extremitäten fallen choreoathetotische oder rhythmisch sich wiederholende Bewegungsmuster auf. Im Gegensatz zur Akathisie fehlt der Leidensdruck, wenngleich die Symptomatik zu schweren sozialen Beeinträchtigungen führen kann.

Spätdyskinesien verstärken sich bei emotionaler Anspannung, klingen jedoch während willkürlicher Bewegungsabläufe ab und verschwinden im Schlaf vollständig.

In Studien zur Spätdyskinesie (BARNES et al. 1983, VARGA et al. 1982) und in Literaturübersichten (FLEISCHHACKER et al. 1989) zeigten sich Prävalenzraten von 0,3 bis 70%. KANE berichtete 1986 von einer kumulativen Inzidenzrate bei Patienten mit neuroleptischer Therapie von 5% nach einem Jahr, 10% nach zwei Jahren, 15% nach drei Jahren und 20% nach vier Jahren. Punktuelle Prävalenzdaten (MILLER et al. 1995) zeigen eine Breite von 0,5% bis 56,4% an. Es scheint eine lineare Korrelation zwischen dem Alter und der Prävalenz und dem Schweregrad der Spätdyskinesien bis zum Alter von 70 Jahren – besonders bei Frauen – zu bestehen (TOENIESSEN et al. 1985, VARGA et al. 1982). Die geschlechtsspezifischen Unterschiede werden dem veränderten Hormonstatus bei Frauen in der Menopause zugeschrieben. Bezüglich Prävalenz und Schweregrad der Störung ist vor allem das Alter und die kumulative Neuroleptikadosis, weniger die Dauer der neuroleptischen Behandlung von Bedeutung. Weitere Risikofaktoren liegen in einer anticholinergen Vormedikation und in strukturellen Gehirnschädigungen (WADDINGTON 1990). MUSCETTOLA et al. (1993) konnten in einer Untersuchung an 1.745 Patienten das postulierte erhöhte Risiko von tardiven Dyskinesien für Frauen, höheres Lebensalter, hohe Neuroleptikadosierung und anticholinerge Begleitmedikation verifizieren. Eine Lithiumvorbehandlung führt ebenfalls zu einer höheren Inzidenzrate (KANE und SMITH 1982).

Jugendliche Patienten mit im Computertomogramm nachgewiesener Erweiterung des 3. Ventrikels zeigen gegenüber jenen, die computertomographisch als unauffällig eingestuft wurden, ein signifikant vermehrtes Auftreten von Spätdyskinesien. Tardivdyskinetische Syndrome wurden nach Neuroleptikagaben auch bei Kindern beobachtet, die nach Absetzen der Medikamente im Laufe eines Jahres voll reversibel waren. Auch hier werden Zusammenhänge mit vorbestehenden strukturellen Hirnschäden vermutet (GUALTIERI et al. 1984).

GARDOS et al. (1994) untersuchten den Langzeitverlauf von tardiven Dyskinesien bei 122 neuroleptisch behandelten Patienten. Sie fanden eine hohe Stabilität der Prävalenzrate über die Zeit: Bei Untersuchungsbeginn, nach 5 und nach 10 Jahren betrug der Prozentsatz 30 bis 36,5%.

Patienten, die bereits unter ausgeprägten akuten extrapyramidalmotorischen Störungen gelitten haben, scheinen vermehrt zu Spätdyskinesien zu neigen. Stets ist jedoch zu berücksichtigen, daß dyskinetische Syndrome im Alter spontan auftreten, unabhängig von möglichen Diagnosen oder durchgeführten Therapien (TOENIESSEN et al. 1985, VARGA et al. 1982). Auch Patienten, die aufgrund eines chronischen Schmerzsyndroms oder gastrointestinaler bzw. psychosomatischer Erkrankungen auf Neuroleptika eingestellt wurden, können tardive Dyskinesien entwickeln.

Im Rahmen einer neuroleptischen Therapie entstehen tardive Dyskinesien durchschnittlich nach 2jähriger Behandlungszeit, können jedoch bereits nach 3 bis 6 monatiger Neuroleptikagaben auftreten.

Eine Dosisreduktion führt zu einer Zunahme der Dyskinesien: wird das Neuroleptikum abgesetzt, persistieren die Störungen. Bei einer Rückbildungstendenz tritt die Besserung nur langsam auf.

Die **Ursachen** der tardiven Dyskinesien konnten bisher nur zum Teil geklärt werden: Die Dopamin-Supersensitivitätstheorie wude von der Annahme abgelöst, daß eine Zunahme des Verhältnisses der D-1/D-2-Rezeptor-Funktionen oder eine Hypofunktion bestimmter GABA-Projektionen die pathophysiologische Basis tardiver Dyskinesien darstellen. Eine medikamentöse Beeinflussung dieser Störungen ist schwierig und wird in der wissenschaftlichen Literatur kontrovers diskutiert: Erfolgversprechend ist in vielen Fällen eine Therapie mit atypischen Neuroleptika, mit Lithium und Benzodiazepinen (GARDOS et al. 1987); ein Versuch einer Kombinationstherapie unter Einschluß von Carbamazepin und Tiaprid kann Erleichterung bringen, Anticholinergika scheinen das klinische Bild zu verschlechtern.

Durch höhere Neuroleptikadosen sind Spätdyskinesien unterdrückbar, das Problem wird jedoch nur zeitlich verschoben und möglicherweise noch akzentuiert.

Im Sinne der Prävention spätdyskinetischer Syndrome sind Neuroleptika in der **niedrigsten effektiven Dosis** zu verordnen, da ein Zusammenhang zwischen kumulativer Neuroleptikadosis und den beobachteten Bewegungsstörungen angenommen werden kann.

Das maligne neuroleptische Syndrom (MNS)

Die Leitsymptome des sehr seltenen malignen neuroleptischen Syndroms (MNS) sind Hyperthermie, ein gesteigerter Tonus der Skelettmuskulatur (häufig auch Flexibilitas cerea), und eine stark undulierende Bewußtseinslage: die Patienten können dabei wach oder stuporös bis komatös sein. Wechselnde Hypo- und Hypertension, ausgeprägte Hyperhidrosis, Tachykardie und Herzrhythmusstörungen werden als vegetative Dysautonomie interpretiert. Seltener können Muskelkrämpfe, Faszikulationen, Myoklonien, Tremor, Opisthotonus und Pyramidenbahnzeichen beobachtet werden (LEVENSON 1985, LEW und TOLLEFSON 1983). Studien zur Inzidenz des maligenen neuroleptischen Syndroms reichen vom Auftreten keines einzigen eindeutigen Falles (MODESTIN et al. 1992) über 0,2% bis zu 2,2% (HERMESH et al. 1992) und 2,4% (ADDONIZIO et al. 1986). In einem Sample von 5.229 Patienten, die mit Haloperidol behandelt wurden, fanden SCHMIDT und GROHMANN (1990) in 0,04% ein MNS, während keine solche Nebenwirkungen mit einer Gruppe von 5.878 Verwendern von Clozapin und Pe-

Tabelle 4.3.4. Häufigkeit schwerwiegender Nebenwirkungen unter Clozapin, Perazin und Haloperidol. Die Angaben geben den Anteil behandelter Patienten in % an (mod. nach SCHMIDT und GROHMANN 1990)

Anzahl der Patienten	Clozapin (n = 1100)	Perazin (n = 4778)	Haloperidol (n = 5229)
Pharmakogenes Delir	3,31	0,88	–
Schwere kardiorespirator. Komplikationen	0,82	0,06	0,17
Zerebrale Krampfanfälle	0,51	0,12	0,11
Agranulozytose	0,10	0,15	–
Malignes neurolept. Syndrom	–	–	0,04

razin auftraten. Die Häufigkeit gibt Tabelle 4.3.4 wieder. Schwierig ist die Abgrenzung zur perniziösen Katatonie: Beim MNS fehlen extrem erregte Vorstadien, z.T. ergeben sich keine Hinweise auf eine psychotische Erkrankung unmittelbar vor der Entwicklung des genannten Syndroms. Beim MNS-Patienten sind vegetative Prodromi sowie ein eher grobschlägiger Tremor zu beachten, bei den perniziös-katatonen-Patienten finden sich mehr choreatiforme Bewegungsstörungen (FLEISCHHACKER et al. 1990). Aufgrund der Myoglobinurie ist der Harn des MNS-Patienten dunkel gefärbt.

An pathologischen Laborbefunden finden sich beim MNS fast regelhaft eine Leukozytose und eine erhöhte Blutkörperchensenkungsgeschwindigkeit. Die Erhöhung der Enzyme SGOT, SGPT und CPK wird im allgemeinen als Folge des starken Rigors interpretiert. Die dadurch hervorgerufene katabole Stoffwechsellage könnte auch zustätzlich eine periphere Komponente des wohl hauptsächlich zentralen Fiebers bedingen.

Für den Allgemeinzustand und die Behandlung des Patienten sehr belastend ist die Störung der Atmungsfunktionen: eine Tachypnoe führt nicht selten zu einer respiratorischen Insuffizienz. Liquoranalysen, das EEG und die kraniale Computer Tomographie bzw. das MRT lassen den Ausschluß eines encephalitischen Prozesses zu.

Der dramatische, in ca. 15% der Fälle tödliche Verlauf (LEVENSON 1985) zwingt zu intensiv-medizinischer Behandlung; das verantwortliche Psychopharmakon ist sofort abzusetzen. Medikamentös kann ein Versuch mit dem Dopaminagonisten Bromocriptin in hohen Dosen, Amantadin oder mit Dantrolen durchgeführt werden. Die Behandlung mit der antispastisch wirkenden Substanz Dantrolen in einer oralen Dosierung von 4–10 mg/kg/Tag hat sich als nützlich erwiesen (GRANATO et al. 1983, SPIESS-KIEFER und HIPPIUS 1986). Dantrolen wird von der Anästhesiologie als spezifisches Agens beim Vorliegen des Syndroms der malignen Hyperthermie eingesetzt, das auf pathophysiologisch ähnlichen Prinzipien zu beruhen scheint (SPIESS-KIEFER und HIPPIUS 1986, SCHRÖDER et al. 1988).

Bromocriptin in einer Dosis von 7,5–6,0 mg/ Tag erwies sich ebenfalls als wirksam (ZUBENKO und POPE 1983), während anticholinerge Substanzen keinen Effekt zeigten (SHALEV und MUNITZ 1986). Über den Dopaminagonisten Lisurid wurde ein erfolgversprechender Bericht publiziert (SCZESNI et al. 1991). POPE et al. (1991) konnten beobachten, daß 11 von 20 Patienten (55%), die ein MNS erlitten hatten, bei neuerlicher Behandlung mit verschiedenen Typen von Neuroleptika kein Wiederauftreten der Symptome erlitten. Das führte zur Vermutung, daß das Auftreten von MNS unter neuroleptischer Therapie nicht vorhersehbar zu sein scheint und daß noch zusätzliche Co-Faktoren vorhanden sein müssen, um zu einem MNS zu führen. WELLER und KORNHUBER fanden 1992, daß 8 von 9 Patienten, die bereits eine Episode von MNS erlitten hatten, eine Behandlung mit Clozapin gut tolerierten. Besteht die Symptomatik trotz der genannten medikamentösen Therapieversuche („Katatones Dilemma") fort (BRENNER und RHEUBAN 1978), ist bei gesichertem MNS die Einleitung einer Elektrokonvulsionstherapie angezeigt.

Störungen der Thermoregulation

Neuroleptika können auch zu einer Blockade der Thermoregulation führen: Der Eingriff der Neuroleptika in die vegetativen Regelsysteme des Zwischenhirns kann sich fallweise als Hyperthermie oder als Hypothermie äußern. Die Anpassung an veränderte Außentemperaturen ist unzureichend oder verzögert: Bei starker Sonnenexposition kommt es zu mangelnder Transpiration mit folgendem Hitzestau und möglichem Hitzeschlag.

Unter drug-fever versteht man einen vorübergehenden Fieberanstieg auf allergischer Basis: Der Temperaturanstieg erreicht selten 39 bis 40 Grad und klingt spontan ab. Das drug-fever tritt bevorzugt bei parenteraler Verabreichung der Neuroleptika, besonders häufig aber bei der Gabe von Clozapin auf. Differentialdiagnostisch ist beim Auftreten von Fieber immer eine Agranulozytose auszuschließen.

Zerebrale Krampfanfälle

Neuroleptika senken in unterschiedlichem Ausmaß die zerebrale Krampfschwelle und können besonders bei prädisponierten Personen (Patienten mit organischer Hirnschädigung, Abhängige des Alkohol- und Barbiturattyps) einen epileptischen Krampfanfall auslösen. Begünstigend wirkt eine rasche Dosissteigerung oder ein abruptes Absetzen des Neuroleptikums. Insgesamt wird die Inzidenz zwischen 0,5 und 1,2% beziffert (BARTELS und HEIMANN 1985).

Die Häufigkeit des Auftretens spiegelt die Tabelle 4.3.4 wider. Das Risiko eines epileptischen Krampfanfalles ist bei Piperazin – substituierten Phenothiazinen und Thioxanthenen geringer als bei Phenothiazinen mit aliphatischer Seitenkette. Die epileptogene Potenz der Butyrophenone wird kontrovers diskutiert, scheint jedoch geringer zu sein.

4.3.2 Störungen des autonomen Nervensystems und kardiovaskuläre Störungen

Arterielle Hypotonie und Orthostasesyndrom

Schwach potente, sedierende Neuroleptika weisen ausgeprägte vegetative Nebenwirkungen auf. Besonders in höheren Dosierungen induzieren sie über die Blockade zentraler Alpha-1-Rezeptoren eine arterielle Hypotonie. Darüberhinaus scheint eine individuelle Disposition vorzuliegen; die genannte Nebenwirkung ist besonders bei Frauen und bei vegetativ Labilen anzutreffen (MÜLLER et al. 1969).

Hochpotente Neuroleptika wie z. B. Haloperidol zeigen diese Nebenwirkungen kaum. Den Effekt von Clozapin, Perphenazin und Haloperidol auf den Blutdruck und den Puls gibt Tabelle 4.3.5 wieder. Neben der Blutdrucksenkung kann auch das Phänomen der orthostatischen Dysregulation beobachtet werden: Bei abrupter Lagever-

Tabelle 4.3.5. Effekte verschiedener Neuroleptika auf das kardiovaskuläre System (mod. nach GERLACH et al. 1989)

Neuroleptikum *Dosis (mg/Tag)*	Haloperidol 11 ± 4	Perphenazin 15 ± 10	Clozapin 450 ± 200
Mittlerer art. Blutdruck (mm Hg)			
Ruhe	98 ± 12	95 ± 12	95 ± 10
Max. Belastung	123 ± 13	123 ± 22	114 ± 15
Differenz	25 ± 10	28 ± 21	19 ± 15
Puls (Schläge/Minute)			
Ruhe	76 ± 9	78 ± 11	96 ± 23
Max. Belastung	129 ± 21	145 ± 16	155 ± 39
Differenz	53 ± 25	67 ± 22	59 ± 27

änderung treten die typischen Orthostase-zeichen auf.

Verantwortlich für diese orthostatische Dys-regulation scheint der verminderte Venen-tonus zu sein, der auch zu Ödemen sowie – gemeinsam mit anderen Faktoren – zum Auftreten von Thrombosen und Embolien führen kann.

Die Inzidenz der Hypotonie unter neurolep-tischer Behandlung schwankt in der über-blickbaren Literatur zwischen 0 und 61 Pro-zent: hochpotente Neuroleptika sind mit dieser Nebenwirkung – wie erwähnt – selte-ner belastet als niedrigpotente. Die höch-sten Werte weisen Chlorpromazin, Clozapin und Perazin auf, die Häufigkeit schwankt zwischen 10 und 56,3 Prozent. Bei den the-rapeutischen Bemühungen ist zu berück-sichtigen, daß Adrenalin und Adrenalin-Ab-kömmlinge zu einem weiteren Blutdruckab-fall führen können. Bei orthostatischen Hypotonien empfiehlt sich die Gabe von Dihydroergotamin. Schwere Schockzustän-de sind extrem selten und können mit Nor-adrenalin behandelt werden.

EKG-Veränderungen

Butyrophenone und Thioxanthene beein-flussen das EKG kaum, Chlorpromazin wirkt antiarrhythmisch, da es zu einer Verlänge-rung der Refraktärzeit führt, eine Chinidin-ähnliche Wirkung auf das Myokard entfalten kann, lokalanästhetische Eigenschaften auf-weist und antiadrenerge Wirkungen besitzt. Chlorpromazin und andere Phenothiazin-derivate können jedoch andererseits die un-terschiedlichsten EKG-Veränderungen aus-lösen: Es kommt zu einer Verlängerung der Q-T-Zeit und zu einer Verformung der T-Welle (PIESCHL et al. 1986). Besonders bei Sertindol scheint eine stärkere Verlängerung der QT- und QTc-Intervalle (QT dividiert durch die Kubikwurzel des RR-Intervalls) vorzuliegen (ZIMBROFF et al. 1997).

Die unter Neuroleptika-Therapie äußerst selten auftretenden, meist klinisch-stumm bleibenden Herzinfarkte besitzen in ihrem Zusammenhang zur neuroleptischen Thera-pieführung geringen statistischen Wert: sie zwingen jedoch zu regelmäßigen EKG-Kon-trollen (PIESCHL et al. 1986, SCHWALB et al. 1981).

Herz-Rhythmus-Störungen

Die kardiovaskulären Effekte der Neurolep-tika reichen von reversiblen Kreislaufregu-lationsstörungen bis hin zu sehr seltenen plötzlichen Todesfällen; es besteht somit eine Affinität der Psychopharmaka zum Myokard, wobei eine Abhängigkeit von der Behandlungsdauer, von der Dosierungshö-he, von der chemischen Struktur des Medi-kamentes und vom Patientenalter nachge-wiesen werden konnte (PIESCHL et al. 1986). Im Rahmen einer Neuroleptika-Therapie wurden unterschiedliche Herz-Rhythmus-Störungen beobachtet: Sinustachykardien, supraventrikuläre Tachykardien, Sinus-Bra-dykardien, Vorhofflimmern, ventrikuläre Extrasystolen sowie Kammerflimmern.

Bei den sehr seltenen Todesfällen (UNGVARI 1980) unter laufender neuroleptischer The-rapie (sudden-death) wurde ein Kammer-flimmern nach Phenothiazin-Medikation vermutet. Herz-Rhythmus-Störungen treten besonders bei bestehenden organischen Herzerkrankungen auf. Regelmäßige kar-diologische Untersuchungen sind deshalb dringend angezeigt. In kontrollierten Stu-dien konnten jedoch keine Hinweise auf eine organische Herzschädigung im Rah-men einer Neuroleptikatherapie gefunden werden (PIESCHL et al. 1986).

4.3.3 Anticholinerge Wirkungen

Mundtrockenheit, Obstipation, Harnretention, Akkommodationsstörungen

Bzgl. der Inzidenz oben genannter Störun-gen variieren die Literaturangaben zwischen 5 und 20%. Als Ausdruck der anticholinergen Wirkungen besonders der niedrig potenten Neuroleptika treten die auch bei der Therapie mit trizyklischen Antidepressiva bekannten Phänomene auf: Mundtrockenheit, trockene Nase, Obstipation bis hin zum paralytischen Ileus, Harnretention und Akkommodationsstörungen. Häufigkeit und Ausprägung sind im Rahmen einer neuroleptischen Therapieführung aber geringer als bei Antidepressivagaben (siehe Nebenwirkungen Antidepressiva). Eine verstopfte Nase wird bei neueren Neuroleptika beschrieben (ZIMBROFF et al. 1997).

Pharmakogenes Delir

Höhere Dosen von Neuroleptika, eine rasche Dosissteigerung sowie eine Kombination von Neuroleptikum und Anticholinergikum und/oder Antidepressivum können im Sinne eines akuten exogenen Reaktionstypes ein delirantes Sydrom verursachen, das durch Verwirrtheit, psychotische Erregung und Halluzinationen gekennzeichnet ist und nachts besonders ausgeprägt beobachten werden kann. Die Häufigkeit des pharmakogenen Delirs, bezogen auf drei wesentliche Medikamente, gibt die Tabelle 4.3.4 wieder. Ätiopathogenetisch ist das Zusammentreffen verschiedener anticholinerger Substanzen ausschlaggebend. Einige neuere sowie niedrigpotente Neuroleptika führen häufiger zu einem pharmakogenen Delir. Pharmakoinduzierte Delirien werden besonders bei älteren und hirnorganisch vorgeschädigten Patienten beobachtet.

Die Behandlung der deliranten Unruhe besteht im Absetzen der auslösenden Substanzen und in der Gabe geringer Mengen von Sedativa oder Benzodiazepinen. Der Diagnosesicherung dient die intravenöse Verabreichung des Cholinesterasehemmers Physostigmin, der den Mangel an Acetylcholin ausgleicht und die Symptomatik rasch günstig beeinflußt.

4.3.4 Leberfunktionsstörungen

Eine Erhöhung der Transaminasen und der Gamma-GT, aber auch der alkalischen Phosphatase wird in 10 bis 30% der Behandlungsfälle beobachtet, wobei diese in vielen Fällen als zeitlich begrenzte Anpassungsreaktion der Leber interpretiert werden kann. Ein Absetzen des Medikamentes ist bei regelmäßiger Kontrolle der Leberenzyme selten notwendig. Als allergische Reaktionen sind die Leberfunktionsstörungen weder von der Dauer der Neuroleptika-Verabreichung noch von deren Dosishöhe abhängig. Ursächlich für den besonders am Therapiebeginn zu beobachtenden transienten Anstieg der Transaminasen ist eine allergisch bedingte Verquellung der Gallengangsepithelien mit folgender intrahepatischen Cholestase. Die Befunde normalisieren sich meist innerhalb von 2 bis 4 Wochen auch bei Weiterführung der Therapie.

Das klinische Bild entspricht dem einer viralen Hepatitis oder einer Cholestase. Bis zum Vollbild eines Ikterus gehende Funktionsstörungen sind selten zu beobachten. Häufig sieht man jedoch in Verbindung zu den Leberstörungen noch andere allergische Reaktionen wie Urticaria, Exantheme, Asthma, Fieberschübe und Eosinophilie.

Die Inzidenz der Leberfunktionsstörungen, besonders des Ikterus, war unter Chlorpromazin-Gaben sehr hoch, die heute verwendeten Präparate sind deutlich weniger leberschädigend.

Das Risiko einer Leberfunktionsstörung sinkt nach einmonatiger Behandlungsdauer stetig. Die allergische Reaktion tritt bei neuerlicher Verabreichung desselben Präparates selten wieder auf, was für ein Desensibilisierungsphänomen spricht.

Der Neuroleptika-induzierte Ikterus zwingt im Gegensatz zur bloßen Erhöhung der Leberenzyme zum Absetzen des Präparates. Macht die Psychopathologie eine Fortsetzung der neuroleptischen Behandlung notwendig, soll diese mit niedriger Dosis eines hochpotenten, chemisch andersartigen Neuroleptikums erfolgen.

4.3.5 Blutbildveränderungen

Eine Neuroleptika-induzierte Störung der Leukopoese kann zu Leukozytopenien und Agranulozytosen führen (HUMMER et al. 1991, KRUPP und BARNES 1989).
Die Leukozytopenie (< 3000/mm³) darf nicht als eine Vorstufe der Agranulozytose bezeichnet werden. Auch unter Weiterführung der neuroleptischen Therapie kommt es zu einer raschen Normalisierung der Leukozytenzahl.
Die Häufigkeit der passageren Leukozytopenie als harmlose Nebenwirkung variiert zwischen 0,07 und 31,7% (HUMMER et al. 1992). Außer regelmäßigen Blutbildkontrollen sind keine weiteren Maßnahmen notwendig.
Eine Agranulozytose liegt nach heutiger Auffassung dann vor, wenn die Zahl der Granulozyten unter 1.000/mm³ sinkt, wobei erfahrungsgemäß ernsthafte Komplikationen erst unter Werten von 500 Granulozyten/mm³ auftreten. Ursächlich für diese bedrohliche Nebenwirkung von Neuroleptika auf die weiße Reihe sind individuelle Dispostionen auf toxischer und/oder allergischer Basis. Neuroleptika scheinen in Granulozyten-Vorstufen die DNA-Synthese zu blockieren. Besonders gefährdet sind Frauen nach dem 40. Lebensjahr, die Neuroleptika in hoher Dosierung über lange Zeiten verordnet erhalten haben. Höheren Risiken sind auch Angehörige der finnougrischen Bevölkerung ausgesetzt (AMSLER et al. 1977). Die Inzidenz der Agranulozytose bei der Behandlung mit Phenotiazinen liegt deutlich niedriger als jene für Clozapin. Daten von 11.155 Patienten, die mit Clozapin behandelt worden waren, wurden von ALVIR et al. (1993) präsentiert

und zeigten eine kumulative Inzidenz von 0,8% in einem Jahr. Dieses deutlich höhere Risiko für Clozapin hatte rechtliche Restriktionen, wie die Durchführung regelmäßiger Blutbildkontrollen (Leukozytenzahlen in wöchentlichen Abständen während der ersten 18 Wochen, anschließend in monatlichen; siehe Abb. 4.3.2). Da sich der Beginn von Blutbildveränderungen recht plötzlich manifestieren kann, sollte das Auftreten von Infektionen des oberen Respirationstraktes oder Fieber unter Neuroleptika sofort eine Kontrolle des weißen Blutbildes und der Blutsenkungsgeschwindigkeit bedingen. Eine diesbezügliche Aufklärung des Patienten ist dringend angeraten. Nach Absetzen des Antipsychotikums und unter antibiotischer Abschirmung sollte sich die Agarnuolzytose in den nächsten 1–3 Wochen bessern. Diese Entwicklung kann möglicherweise durch die Gabe von Granulozyten stimulierenden Faktoren beschleunigt werden (BARNAS et al. 1992, GERSON et al. 1992). Neuere prospektive Studien (LIEBERMAN et al. 1988, HUMMER et al. 1991) beziffern die Häufigkeit von Agranulozytosefällen bis zu 2%. Die Latenzzeit bis zur Manifestation einer Agranulozytose wird mit 3 Wochen angegeben: durch sofortiges Abbrechen der Neuroleptikatherapie kann ein weiteres Absinken der Leukozytenzahl verhindert werden.
Die Clozapinzwischenfälle haben eindrucksvoll die Notwendigkeit von regelmäßigen Kontrolluntersuchungen (KRUPP und BARNES 1989) in Erinnerung gerufen.
Bei längerer Behandlung mit Neuroleptika sind relative Lymphozytosen beobachtet worden. Eine Eosinophilie kann als Ausdruck eines allergischen Phänomens in der 2. bis 4. Behandlungswoche auftreten. Die extreme Seltenheit der Thrombozytopenien und Panzytopenien erlauben keine statistische Aussage. Eosinophilie und relative Lymphozytosen stellen keinen Anlaß für Therapieveränderungen dar.

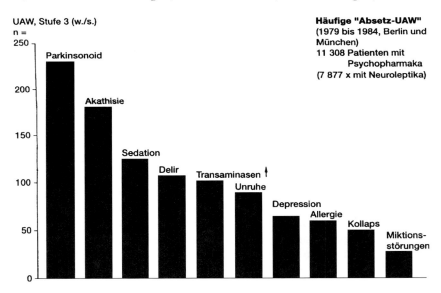

Abb. 4.3.2. Auftreten von Clozapin-assoziierten Granulozytopenien in Abhängigkeit von der Behandlungsdauer (Analyse von 185 Fällen) (KRUPP und BARNES 1989)

4.3.6 Stoffwechselstörungen

Selbst im Rahmen von niedrig dosierten Neuroleptikatherapien treten – wenngleich selten – Störungen des Glucosestoffwechsels auf: bekannt ist ein Ansteigen des Blutzuckers sowie eine Hemmung der Insulinsekretion mit folgender verminderter Glucosetoleranz (MÜLLER-OERLINGHAUSEN et al. 1984).

Neuroleptika nehmen nicht nur Einfluß auf den Glucosestoffwechsel, sie modifizieren auch die das Eßverhalten regulierenden Systeme im Zwischenhirn. Dopamin hat Einfluß auf das „Sättigungszentrum". LEADBETTER fand 1992 eine bedeutende Gewichtszunahme in 38% von 21 Patienten in den ersten Monaten einer Clozapin-Therapie. Nach fünfjähriger Neuroleptikatherapie fand man bei Männern der Altersgruppe bis 25 Jahre eine Gewichtszunahme von 15% gegenüber dem Ausgangsgewicht. Neuroleptika, ob oral, parenteral oder als Depot verabreicht, führen interindividuell zu unterschiedlicher Zunahme des Körpergewichtes (ZIMBROFF et al. 1997). In welchem Ausmaß diese durch die Erkrankung oder deren Therapie bzw. durch eine Wechselwirkung beider Faktoren bedingt ist, ist derzeit noch weitgehend unbekannt. Eine Gewichtszunahme oder das Fortbestehen des Übergewichtes ist häufig auch nach Absetzen der neuroleptischen Therapie zu registrieren. Veränderungen im Ernährungsverhalten sowie pathologischer Appetenzwandel mit oft ausgeprägter Gewichtszunahme gewinnen als unerwünschte Nebenwirkungen einer neuroleptischen Therapie zunehmend an klinischer Bedeutung. Hier sind neben neuroendokrinologischen Wirkungen die sedierenden Effekte der Neuroleptika in Verbindung mit lerntheoretischen und soziopsychologischen Faktoren zu berücksichtigen. Dieser Nebeneffekt führt nicht nur zu Complianceproblemen, sondern stellt auch eine potentielle Gesundheitsgefährdung dar, die nicht unterschätzt werden sollte (OLEFSKY 1987).

4.3.7 Endokrine und sexuelle Störungen

Im tuberoinfundibulären System führt die Blockade der Dopaminrezeptoren (Prolaktin-Inhibiting-Factor) zu einem deutlichen Anstieg des Prolaktinspiegels und kann zu Galactorrhoe und Gynäkomastie Anlaß geben, wobei dieser Anstieg dosisabhängig ist. Belastend werden auch die Zyklusunregelmäßigkeiten bzw. die Amenorrhoe erlebt. Die Inzidenz für Galactorhoe liegt unter 5%, die für Amenorrhoe bei 3–4%. Über das Prolaktin ist auch eine Störung des Haushaltes der Gonadotropine anzunehmen. Antipsychotika verursachen Potenzstörungen. 30–60% der Patienten unter Antipsychotika scheinen diese sexuelle Nebenwirkungen aufzuweisen. Vor Beginn der Therapie ist es wichtig, den Patienten über eventuell auftretende sexuelle Störungen zu informieren, da diese für den Patienten sehr beunruhigend sein können und ein Zusammenhang zur Compliance vermutet werden darf.

Da Neuroleptika möglicherweise die Geschlechtsreifung beeinflussen können, fordert der Einsatz von antipsychotisch wirkenden Substanzen im Kindesalter große Zurückhaltung.

Phenothiazine bewirken sehr selten eine Diurese: der Einfluß der Neuroleptika auf das antidiuretische Hormon konnte jedoch nicht nachgewiesen werden.

Störungen des Sexualverhaltens

Schizophrene Menschen sind in der Beziehung zu sich selbst und zu anderen Menschen gestört; somit ist auch die Sexualität als ein Bereich des Beziehungsverhaltens alteriert. Viele Schizophrene finden keinen Kontakt zu einem Partner und leben ohne regelmäßige sexuelle Aktivität. Sexuelle Dysfunktionen wie Anorgasmie, Anhedonie, Erektions- und Ejakulationsstörungen sind auch bei unbehandelten Kranken in

Abhängigkeit der psychotischen Prozeßaktivität zu beobachten. Aber auch als Folge der Neuroleptikamedikation sind präparateabhängig sexuelle Dysfunktionen bekannt geworden: Libidoverlust, Anorgasmie, Erektionsschwäche, Ejakulationsstörungen bzw. vermindertes Ejakulationsvolumen, Aspermie, Priapismus (SEGRAVES 1989, ZIMBROFF et al. 1997). Die Häufigkeit sexueller Nebenwirkungen von Neuroleptika wird mit 30–60% angegeben (SULLIVAN und LUKOFF 1990, GOFF und SHADER 1995).

Höhere Dosen eines Antipsychotikums scheinen eher sexuelle Störungen zur Folge zu haben als niedrige Dosierungen (KANE 1985). Auch wenn in der Literatur besonders chlorpromazin- und thioridazinbedingte Sexualverhaltensstörungen beschrieben werden, scheinen auch neuere antipsychotisch wirkende Substanzen mit diesen Nebenwirkungen behaftet zu sein.

Nach Einführung der Neuroleptika hat sich die Fertilität schizophren Erkrankter insgesamt nicht verändert (COLLINS und KELLER 1986).

Neuroleptika in der Stillzeit

Ca. 65% der Serumkonzentration von Butyrophenonen erscheinen in der Muttermilch: während der Stillperiode sind sie somit zurückhaltend zu verabreichen. Phenothiazine treten nur in geringen Mengen in die Muttermilch ein. Hier sind somit Auswirkungen beim gestillten Neugeborenen im Sinne von Trinkstörungen und von Lethargie nicht zu erwarten. Grundsätzlich sollte in der Stillzeit die Verabreichung psychotroper Pharmaka äußerst zurückhaltend betrieben werden (BUIST et al. 1990).

4.3.8 Hautstörungen

Unter neuroleptischer Behandlung kommen besonders allergische und lichtinduzierte Reaktionen vor. Erstere manifestieren sich als makulopapulöse Exantheme, als Erytheme oder als Urtikaria. Die einfachen allergischen Reaktionen treten gewöhnlich innerhalb der ersten zwei Behandlungsmonate auf; unter Chlorpromazingabe sind 5 bis 10% der Patienten betroffen. Ein Zusammenhang zur Dosishöhe besteht nicht. Unter symptomatischer Therapie klingen die einfachen allergischen Reaktionen auch bei Fortsetzung der Neuroleptikagaben ab.

Besonders unter Phenothianzinbehandlungen sind auch schwerwiegende lichtinduzierte Reaktionen bekannt. Sonnenausgesetzte Hautareale röten sich rasch; nach langjähriger Behandlung mit Phenothiazinen stellen irreversible Pigmentstörungen ein ernstes Problem dar. Graue oder rötliche Pigmentationen an lichtexponierten Stellen sollen auch zu ophthalmologischer Abklärung Anlaß geben. Die erwähnten Pigmentationen treten bei ca. 1% der neuroleptikabehandelten Patienten auf. Es besteht eine Dosisabhängigkeit und eine besondere Betroffenheit des weiblichen Geschlechts. Ursächlich scheint eine vermehrte Ausschüttung des melanozytenstimulierenden Hormons zu sein.

Da UV-Licht für den Effekt verantwortlich ist, sind Sonnenschutz und protektive Hautcremen prophylaktisch von Bedeutung.

4.3.9 Augenstörungen

Im Zusammenhang mit der Photosensibilisierung, aber auch unabhängig davon, kommen Trübungen von Cornea und Linse vor. Besonders niederpotente Neuroleptika wie Thioridazin (MARMOR 1990) scheinen das Auftreten einer Retinopathie zu begünstigen. Ursächlich für diese Störungen können verschiedene Metaboliten sein.

Während die Trübungen von Cornea und Linse nach dem Absetzen der Psychopharmaka sich spontan – wenngleich langsam – bessern, bestehen degenerative Schädigun-

gen der Netzhaut fort. Diese sehr seltenen Neuroleptikafolgen legen doch ophthalmologische Kontrollen nahe.

4.3.10 Entzugserscheinungen

Psychische Abhängigkeit und Toleranzphänomene sind bei Neuroleptika nicht bekannt. Beim abrupten Absetzen einer längerwähren den Therapie treten häufig vegetative Absetzphänomene wie Tachycardie, Hyperhidrosis, Kopfschmerzen, Schlafstörungen, Übelkeit, Erbrechen, Kollapsneigung auf (DILSAVER und ALESSI 1988). Auch Rebound-Psychosen sind in der Literatur beschreiben (BORISON et al. 1988).

4.3.11 Mutagene bzw. teratogene Wirkungen

In der Schwangerschaft muß stets die Gefahr, die von der Grundkrankheit für die Mutter ausgeht, gegen mögliche pharmakogene Beeinträchtigungen des Kindes abgewogen werden. Von der Mutter eingenommene Psychopharmaka wirken mit Bestimmtheit in jeder Phase der Schwangerschaft auf den menschlichen Keim ein. Art und Ausmaß der möglichen teratogenen Schädigung stehen in Abhängigkeit von Zeitpunktes und Dauer der psychopharmakologischen Einwirkung.

Phenothiazine sind die am besten untersuchten Neuroleptika: in einer prospektiven Studie wurden über 50.000 Schwangere und deren Nachkommen untersucht: Die Gesamtrate der angeborenen Mißbildungen war bei der Kontrollgruppe und bei jenen Frauen, die während der ersten 4 Monate Phenothiazine eingenommen hatten, gleich; ohne signifikante Unterschiede war auch in beiden Gruppen die perinatale Mortalitätsrate und das mittlere Geburtsgewicht der Kinder. Frauen, die Phenothiazine einnahmen, wiesen keine höhere Rate von Spontanaborten auf.

Über eventuelle Gefährdungen durch andere Neuroleptika sind aufgrund zu kleiner Studien Aussagen nicht möglich (ELIA et al. 1987).

4.3.12 Plötzliche Todesfälle

Unerklärbare Todesfälle sind bei schizophrenen Patienten auch vor der psychopharmakologischen Aera beschrieben worden. Eine Zunahme plötzlicher Todesfälle unter Neuroleptika ist statistisch nicht gesichert (UNGVARI 1980). Die klinische Relevanz dieser Phänomene ist aufgrund der niedrigen Zahl von Fallberichten schwierig einzustufen (SIMPSON 1985). In der Mehrzahl der Fälle waren Phenothiazine beteiligt, wenn auch verschiedene Neuroleptika, z.B. Haloperidol und Flupenthixol, gelegentlich mit dem Auftreten unerwarteter Todesfälle assoziiert wurden (HOLLISTER und KOSEK 1965, LEETSMA und KOENIG 1968). Bei den „sudden death"-Fällen scheint es sich um ein komplexes Geschehen zu handeln: neben einem spontanen Herzversagen und Asphyxie sind neuroleptikabedingte Herzrhythmusstörungen und – wie wir glauben – beim Vorliegen entsprechender Risikofaktoren – auch ein neuroleptikainduziertes Apnoesyndrom verantwortlich zu machen.

4.3.13 Kontraindikationen

Eine „absolute" Kontraindikation liegt vor, wenn ein bestimmtes Medikament nicht verabreicht werden darf: dies betrifft Neuroleptika selten, ist aber dann der Fall, wenn Komplikationen von Seiten des hämatopoetischen Systems bestehen. Bei Neuroleptika sind vor allem „relative" Kontraindikationen zu beachten. Die Kontra-

indikationen für Neuroleptika ergeben sich durch deren Wirkung an diversen Rezeptoren, durch Überempfindlichkeitsreaktionen und durch pharmakogenetische Probleme.

Zu beachten ist die anticholinerge Wirkung auf die harnableitenden Wege bei Prostatahypertrophie und auf die Darmmotilität bei Stenosen im gastrointestinalen Bereich. Die sympatholytische Wirkung auf das Herzkreislaufsystem fordert vor allem bei bestehenden arteriosklerotischen Veränderungen aufgrund des hypotensiven Effekts und des alterierenden Einflusses auf den Herzrhythmus entsprechende Vorsichtsmaßnahmen. Alle Neuroleptika können potentiell zum Auftreten von Anfällen führen, vor allem beim Verabreichen von höheren Dosen, nach abrupter Dosisveränderung, bei Patienten mit vorbestehenden organischen Hirnschäden oder während einer Alkoholentzugssymptomatik (ZACCARA et al. 1990). Die Inzidenz von epileptischen Anfällen während einer neuroleptischen Therapie liegt zwischen 0,5 und 1,2% (BARTELS und HEIMANN 1985).

Infolge der Erniedrigung der Krampfschwelle sollen Patienten, die unter zerebralen Krampfanfällen leiden, Neuroleptika – wenn überhaupt – in geringer Dosis verabreicht bekommen.

Da einzelne Neuroleptika mit dem Risiko von Agranulozytosen oder Panzytopenien belastet sind, dürfen bei Vorliegen einer Schädigung des hämopoetischen Systems bestimmte Substanzklassen nicht verabreicht werden. Ob der schädigende Einfluß auf definierte Blutzellen auf immunologische oder pharmakogenetische Mechanismen (Entstehen toxischer Substanzen bei individuellen Metabolisierungswegen) zurückzuführen ist, muß im Detail erst geklärt werden.

Bei Patienten mit Morbus Parkinson kommt es besonders nach Verabreichung von hochpotenten Neuroleptika zu einer Verstärkung der Parkinsonsymptomatik.

4.3.14 Überdosierung/ Intoxikation

Der Begriff der Überdosierung ist bei Neuroleptika aufgrund der großen therapeutischen Breite und der von vielen Autoren immer wieder beschriebenen Hochdosierungsversuche nur bedingt anzuwenden. Die Geschichte der Neuropsychopharmakologie ist die Geschichte der neuroleptischen Hoch- und Höchstdosierung. Obwohl bei Einführung des Chlorpromazins Dosen von 100 mg/die als ausreichend angesehen wurden, steigerten einzelne Anwender die Dosen rasch bis auf 5000 mg/die. Auf ähnliche Weise kamen bis zu 1500 mg/Tag Fluphenazin oder 200 mg/Tag Haloperidol zur Anwendung. Kontrollierten Studien zufolge liegen die Erfolgszahlen der neuroleptischen Therapie zwischen 60 und 80%. Die therapeutische Effizienz zu steigern, wird als das Anliegen der neuroleptischen „Hochdosierung" angegeben. Kontrollierte Studien weisen jedoch darauf hin, daß besonders im Akutbereich Dosen von 250 mg Fluphenazin Dosen von 30 mg Fluphenazin nicht überlegen sind (PLATZ und HINTERHUBER 1981). Jede Hochdosierung steigert die Gefahr der Spätfolgen (tardive Dykinesien) und ist somit nur einer strengen Indikationsstellung vorbehalten.

Intoxikationen: Da Patienten, die mit Psychopharmaka behandelt werden, per se eine suizidgefährdete Gruppe darstellen, kommen Intoxikationen mit Neuroleptika relativ häufig vor. Diese sind weniger wegen der atemdepressiven Wirkung, sondern wegen der – je nach Substanz variierenden – parasympatholytischen bzw. sympatholytischen Wirkung auf das Herz-Kreislaufsystem gefährlich. Dies äußert sich primär in Herzrhythmusstörungen und in einer Kreislauflabilisierung, die bis zum Schock führen

kann. Die durch die anticholinerge Wirkung hervorgerufenen Komplikationen lassen sich durch Parasympathomimetika (Carbachol, Neostigmin) antagonisieren. Die Antagonisierung der sympatholytischen Wirkung durch Katecholamine ist wegen der Steigerung der Herzrhythmusstörungen obsolet.

Vergiftungen, die durch Neuroleptika allein hervorgerufen werden, sind relativ leicht beherrschbar; meistens wurden jedoch von den Patienten noch andere Medikamente eingenommen. Aufgrund der additiven Wirkung im Bereich des Kreislaufsystems und der atemdepressiven Eigenschaften vieler anderer Psychopharmaka kann es zu ernsten, oft tödlichen Verläufen kommen.

Die Therapie der Herzrhythmusstörungen erfolgt mit Antiarhythmika: Schockzustände sollten möglichst nicht mit Katecholaminen, sondern durch Volumenssubstitution therapiert werden.

Ein wichtiger Punkt jeder Intoxikationsbehandlung ist der Versuch, Medikamentenreste, die sich noch im Magen-Darmtrakt befinden, der Resorption zu entziehen. Dies gelingt am besten durch Magenspülung bzw. durch Carbo medicinalis; Medikamentenreste, die sich noch im Magen befinden, sind dadurch problemlos zu entfernen. Die Absorptionswirkung durch Aktivkohle sollte nicht unterschätzt werden: die von 1 g Aktivkohle bereitgestellte Absorptionsoberfläche entspricht ca. 1000 m². Da aufgrund der Darmatonie (parasympatholytische Wirkung) die im Dünndarm befindlichen Substanzmengen besonders gut resorbiert werden, sollte Carbo medicinalis auch in den Dünndarm instilliert werden. Wegen der ausgeprägten Proteinbindung sind bereits resorbierte Neuroleptika einer pharmakokinetischen Beeinflussung durch Hämoperfusion oder forcierte Diurese nicht mehr zugänglich.

Literatur

ADDONIZIO G, ALEXOPOULOS GS (1988) Drug-induced dystonia in young and elderly patients. Am J Psychiatry 143: 1587–1590

ADDONIZIO G, SUSMAN VL, ROTH SD (1986) Symptoms of neuroleptic malignant syndrome in 82 consecutive inpatients. Am J Psychiatry 143: 1587–1590

ALVIR JJ, LIEBERMAN JA, SAFFERMAN AZ, SCHWIMMER JL, SCHAAF JA (1993) Clozapine-induced agranulocytosis. Incidence and risk factors in the United States. N Engl J Med 329: 162–167

AMSLER HA, TEERENHOVI I, BARTH E, HARJULA K, VUOPIO P (1977) Agranulocytosis in patients treated with clozapine. Acta Psychiatr Scand 56: 241–248

ARANA GW, GOFF, DC, BALDESSARINI RJ, KEEPERS GA (1988) Efficacy of anticholinergic prophylaxis for neuroleptic-induced acute dystonia. Am J Psychiatry 145: 993–996

AYD FJ jr (1984) High potency neuroleptics and akathisia. J Clin Psychopharmacol 4: 237

BALDESSARINI RJ (1980) Drugs and the treatment of psychiatric disorders. In: GOODMAN LS, GILMAN A (eds) The pharmacological basis of therapeutics. MacMillan, New York, pp 391–447

BALDESSARINI RJ (1996) Drugs and the treatment of psychiatric disorders. In: HARDMAN JG, LIMBIRD LE (eds) Goodman & Gilman's the pharmacological basis of therapeutics. McGraw-Hill, New York, pp 399–430

BALDESSARINI RJ, FLEISCHHACKER WW, SPERK G (1991) Pharmakotherapie in der Psychiatrie. Thieme, Stuttgart

BARNAS C, ZWIERZINA H, HUMMER M, SPERNER-UNTERWEGER B, STERN A, FLEISCHHACKER WW (1992) Granulocyte-macrophage colony stimulating factor (GM-CSF) treatment of clozapine-induced agranulocytosis. A case report. J Clin Psychiatry 53: 245–247

BARNES TRE (1989) A rating scale for drug induced akathisia. Br J Psychiatry 154: 672–676

BARNES TRE, BRAUDE WM, HILL DJ (1982) Acute akathisia after oral droperidol and metoclopramide preoperatlve medication. Lancet ii: 48–49

BARNES TRE, KIDGER T, GORE SM (1983) Tardive dyskinesia: a 3-year follow-up study. Psychol Med 13: 71–81

BARTELS M, HEIMANN H (1985) Zerebrale Krampfanfälle unter Neuroleptika-Therapie. Psychiat Prax 12: 189–193

BARTELS M, HEIDE K, MANN K, SCHIED HW (1987) Treatment of akathisia with lorazepam: an open clinical trial. Pharmacopsychiatry 20: 51–53

BÖKER W, BRENNER HD, ALBERTI L (1982) Untersuchung subjektiver Neuroleptikawirkungen bei Schizophrenen. Therapiewoche 32: 3411

BORISON RL, DIAMOND BI, SINHA D, GUPTA RP, AJIBOYE PA (1988) Clozapine withdrawal rebound psychosis. Psychopharmacol Bull 24: 260–263

BOYER WF, BAKALAR NH, LAKE CR (1989) Anticholinergic prophylaxis of acute haloperidol induced dystonic reactions. J Clin Psychopharmacol 7: 164–166

BRAUDE WM, BARNES TRE, GORE SM (1983) Clinical characteristics of akathisia: a systematic investigation of acute psychiatric inpatient admissions. Br J Psychiatry 143: 139–150

BRENNER HD, BÖKER W, RUI C (1986) Subjektive Neuroleptikawirkung bei Schizophrenen und ihre Bedeutung für die Therapie. In: HINTERHUBER H, SCHUBERT H, KULHANEK F (Hrsg) Seiteneffekte und Störwirkungen der Psychopharmaka. Schattauer, Stuttgart New York, S 97–107

BRENNER I, RHEUBAN WJ (1978) The catatonic dilemma. Am J Psychiatry 135: 1242–1243

BUIST A, NORMAN TR, DENNERSTEIN L (1990) Breastfeeding and the use of psychotropic medication: a review. J Affect Disord 19: 197–206

BURKE RE, KANG U, JANKOVIC J, MILLER LG, FAHN S (1989) Tardive akathisia: an analysis of clinical features and response to open therapeutic trials. Mov Disord 4: 157–175

CHOUINARD G, JONES BD (1980) Neuroleptic induced supersensitivity psychosis: clinical and pharmacology characteristics. Am J Psychiatry 137: 16–20

COLLINS AC, KELLER R (1986) Neuroleptics and sexual functioning. Integr Psychiatry 4: 96

DILSAVER AC, ALESSI NE (1988) Antipsychotic withdrawal symptoms: phenomenology and pathophysiology. Acta Psychiatr Scand 77: 241–246

DI MASCIO A, SHADER RI, GILLER DR (1970) Behavioral toxicity. Part III: Perceptual-cognitive functions. Part IV: Emotional (mood) states. In: SHADER RJ, DI MASCIO A (eds) Psychotropic drug side effects. Williams and Wilkins, Baltimore, pp 132–141

ELIA J, KATZ IR, SIMPSON GM (1987) Teratogenicity of psychotherapeutic medications. Psychopharmacol Bull 23: 531–586

FARDE L, NORDSTROEM A, WIESEL F, PAULI S, HALLDIN C, SEDVALL G (1992) Positron emission tomographic analysis of central D1 and D2 dopamine receptor occupancy in patients treated with classical neuroleptics and clozapine-relation to extrapyramidal side effects. Arch Gen Psychiatry 49: 538–544

FLEISCHHACKER WW, MILLER CH, BERGMANN KJ (1989) Die neuroleptikainduzierte Akathisie. Nervenarzt 60: 719–723

FLEISCHHACKER WW, UNTERWEGER B, KANE JM, HINTERHUBER H (1990) The neuroleptic malignant syndrome and its differentiation from lethal catatonia. Acta Psychiatr Scand 81: 3–4

GARDOS G, COLE JO, SALOMON M, SCHNIEBOLOCK S (1987) Clinical forms of severe tardive dyskinesia. Am J Psychiatry 144: 895–902

GARDOS G, CASEY DE, COLE JO, PERENYI A et al. (1994) Ten-year outcome of tardive dyskinesia. Am J Psychiatry 151: 836–841

GERLACH G, JORGENSEN EO, PEACOCK L (1989) Long-term experience with clozapine in Denmark: research and clinical practice. Psychopharmacology 99: S92–S96

GERSON SL, GULLION G, YEH H, MASOR C (1992) Granulocyte colony-stimulating factor for clozapine-induced agranulocytosis. Lancet 340: 1097

GOFF DC, SHADER RI (1995) Non-neurological side effects of antipsychotic agents. In: HIRSCH StR, WEINBERGER DR (eds) Schizophrenia. Blackwell, Oxford, pp 566–584

GRANATO JE, STERN BJ, RINGEL A (1983) Neuroleptic malignant syndrome: successful treatment with dantrolene and bromocriptine. Ann Neurol 14: 89–90

GROHMANN R, RÜTHER E, SCHMIDT LG (Hrsg) (1994) Unerwünschte Wirkungen von Psychopharmaka. Ergebnisse der AMÜP- Studie. Springer, Berlin Heidelberg New York Tokyo

GUALTIERI CT, QUADE D, HICKS DE, MAYO JP, SCHRÖDER SR (1984) Tardive dyskinesia and other clinical consequences of neuroleptic treatment in children and adolescents. Am J Psychiatry 141: 20–23

HELMCHEN H, HIPPIUS H (1967) Depressive Syndrome im Verlauf neuroleptischer Therapie. Nervenarzt 38: 455

HERMESH H, AIZENBERG D, WEIZMAN A, LAPIDOT M, MAYOR C, MUNITZ H (1992) Risk for definite neuroleptic malignant syndrome. Br J Psychiatry 161: 254–257

HINTERHUBER H, HACKENBERG B (1986) Neuroleptische Turbulenzphasen. In: HINTERHUBER H, SCHUBERT H, KULHANEK F (Hrsg) Seiteneffekte und Störwirkungen der Psychopharmaka. Schattauer, Stuttgart New York, S 49–56

HIRSCH SR, KNIGHTS A (1982) Gibt es die pharmakogene Depression wirklich? Beweismaterial aus zwei prospektiven Untersuchungen. In: KRYSPIN-EXNER K, HINTERHUBER H, SCHUBERT H (Hrsg) Ergebnisse der Therapieforschung. Schattauer, Stuttgart

HOGAN TM, AWAD AG, EASTWOOD R (1983) A self-report scale predictive of drug compliance in schizophrenics: reliability and discriminative validity. Psychol Med 13: 177

HOLLISTER LE, KOSEK JC (1965) Sudden death during treatment with phenothiazine derivates. JAMA 192: 93–96

HUMMER M, KURZ M, BARNAS C, HINTERHUBER H, FLEISCHHACKER WW (1991) First analysis of a prospective clozapine drug monitoring-study. Biol Psychiatry 29: 671

HUMMER M, KURZ M, BARNAS C, FLEISCHHACKER WW (1992) Transient neutropenia induced by clozapine. Psychopharmacol Bull 28: 287–290

KANE JM (1985) Antipsychotic drug side effects: their relationship to dose. J Clin Psychiatry 46: 16–21

KANE JM, SMITH J (1982) Tardive dyskinesia: prevalence and risk factors, 1959–1979. Arch Gen Psychiatry 39: 473–481

KANE JM, WOERNER MG, BORENSTEIN M, WEGNER JT, LIEBERMANN JA (1986) Integrating incidence and prevalence of tardive dyskinesia. Psychopharmacol Bull 22: 254–258

KHANNA R, DAS A, DAMODARAN SS (1992) Prospective study of neuroleptic-induced dystonia in mania and schizophrenia. Am J Psychiatry 149: 511–513

KLETT CJ, CAFFEY EM jr (1960) Weight changes during treatment with phenothiazine derivates. J Neuropsychiatr 22: 102–108

KRUPP P (1984) (Sandoz-Forschung: Drug Monitoring Centre) Agranulocytosis during leponex treatment. Situation report, March 31 (interner Bericht)

KRUPP P, BARNES P (1989) Leponex-associated granulocytopenia: a review of the situation. Psychopharmacology 99: 118–121

LEADBETTER R, SHUTTY M, PAVALONIS D, VIEWEG,V, HIGGINS P, DOWNS M (1992) Clozapine-induced weight gain: prevalence and clinical relevance. Am J Psychiatry 149: 68–72

LEETSMA JE, KOENIG KL (1968) Sudden death and phenothiazines: a current controversy. Arch Gen Psychiatry 18: 137–148

LEVENSON JL (1985) Neuroleptic malignant syndrome. Am J Psychiatry 142: 1137–1145

LEVIN H, CHENGAPPA R, KAMBHAMPATI RK, MAHDAVI N, GANGULI R (1992) Should chronic treatment-refractory akathisia be an indication for the use of clozapine in schizophrenic patients? J Clin Psychiatry 53: 248–251

LEW TY, TOLLEFSON G (1983) Chlorpromazine-induced neuroleptic malignant syndrome and its response to diazepam. Biol Psychiat 18: 1441–1446

LIEBERMANN JA, CELESTE AJ, KANE JM, RAI K, PISCIOTTA AV, SALTZ BL, HOWARD A (1988) Clozapine-induced agranulocytosis: non-cross-relativity with other psychotropic drugs. J Clin Psychiatry 49: 271–277

LIPINSKI JF et al. (1984) Propanolol in the treatment of neuroleptic-induced akathisia. Am J Psychiatry 141: 412–415

MARDER SR, SWANN E, WINSLADE WJ, VAN PUTTEN T, CHIEN CP, WILKINS JN (1984) A study of medication refusal by involuntary psychiatric patients. Hosp Commun Psychiatry 35: 735

MARMOR MF (1990) Is thioridiazine retinopathy progressive? Relationship of pigmentary changes to visual function. Br J Ophtalmol 74: 739–742

MARSDEN CD, TARSY D, BALDESSARINI RJ (1975) Spontaneous and drug-induced movement disorders in psychotic patients. In: BENSON DF, BLUMER D (eds) Psychiatric aspects of neurological disease. Grune & Stratton, New York San Francisco London, pp 219–266

MILLER CH, FLEISCHHACKER WW, EHRMANN H, KANE JM (1990) Treatment of neuroleptic induced akathisia with the 5-HT2 antagonist ritanserin. Psychopharmacol Bull 26: 373–376

MILLER CH, OBERBAUER H, HUMMER M, WHITWORTH AB, FLEISCHHACKER WW (1993) The incidence of neuroleptic induced akathisia. Schizophr Res 9: 278

MILLER CH, SIMIONI I, OBERBAUER H, SCHWITZER J, BARNAS C, KULHANEK F, BOISSEL KE, MEISE U, HINTERHUBER H, FLEISCHHACKER WW (1995) Tardive dyskinesia prevalence rates during a ten-year follow-up. J Nerv Ment Dis 1983: 404–407

MODESTIN J, TOFFLER G, DRESCHER JP (1992) Neuroleptic malignant syndrome: results of a prospective study. Psychiatry Res 44: 251–256

MÜLLER H, BATTEGAY R, GEHRING A (1969) Die orthostatische Hypotonie als vegetative Begleiterscheinung der Therapie mit Neuroleptika und deren medikamentöse Kompensationsversuche. Schweiz Arch Neurol Neurochir Psychiat 104: 365–387

MÜLLER-OERLINGHAUSEN B, PASSOTH PM, POSER W, SCHLECHT W (1984) Zum Einfluß langfristiger Behandlung mit Neuroleptika oder Lithiumsalzen auf den Kohlehydratstoffwechsel. Arzneimittelforschung 55: 43–45

MUSCETTOLA G, PAMPALLONA S, BARBATO G, CASIELLO M et al. (1993) Persistent tardive dyskinesia: demographic and pharmacologic risk factors. Acta Psychiatr Scand 87: 29–36

OLEFSKY JM (1987) Obesity. In: BRAUNWALD E, ISSELBACHER E, PETERSDORF RG, WILSON JD, MARTIN JB, FAUCI AS (eds) Harrison's principles of internal medicine, 11th ed. McGraw-Hill, New York, pp 1671–1676

OWENS DGC, JOHNSTONE EC, FRITH CD (1982) Spontaneous involuntary disorders of movement. Arch Gen Psychiatry 39: 452–461

PIESCHL D, KALTENBACH M, KOBER G, MARKERT F, KULHANEK F (1986) Ergebnisse psychiatrisch-kardiologischer Untersuchungen zur Kardiotoxizität von Psychopharmaka. In: HINTERHUBER H, SCHUBERT H, KULHANEK F (Hrsg) Seiteneffekte und Störwirkungen der Psychopharmaka. Schattauer, Stuttgart New York, S 17–28

PLATZ T, HINTERHUBER H (1981) Die hochdosierte Neuroleptikatherapie. Pharmacopsychiat 14: 141–147

PLATZ T, HINTERHUBER H (1984) Zur Frage der Gefäßschädigung bei intravenöser Infusionstherapie mit hochpotenten Neuroleptika. Nervenarzt 55: 46–50

POPE HG, AIZLEY HG, KECK PE, McELROY SL (1991) Neuroleptic malignant syndrome: long-term follow-up of 20 cases. J Clin Psychiatry 52: 208–212

SACHDEV P, LONERGAN C (1991) The present status of akathisia. J Nerv Ment Dis 179: 381–391

SCHMIDT LG, GROHMANN R (1990) Neuroleptikanebenwirkungen – ein Überblick. In: HEINRICH K (Hrsg) Leitlinien neuroleptischer Therapie. Springer, Berlin Heidelberg New York Tokyo

SCHRÖDER J, LINGE C, WÄHNER A (1988) Zur Differentialdiagnose der malignen Hyperthermie, der febrilen Katatonie und des neuroleptischen malignen Syndroms. Fortschr Neurol Psychiat 56: 97–101

SCHWALB H, ECKMANN F, BRÜNINGHAUS H (1981) Psychopharmaka und kardiale Risikofaktoren. Nervenarzt 52: 549–553

SCZESNI B, BITTKAU S, VON BAUMGARTEN F, VON SCHROEDER J, SUCHY I, PRZUNTEK H (1991) Intravenous lisurid in the treatment of the neuroleptic malignant syndrome. J Clin Psychopharmacol 11: 185–188

Segraves RT (1989) Effects of psychotropic drugs on human erection and ejaculation. Arch Pychiatry 46: 275–284

Shader RI, Elkins R (1980) The effects of antianxiety and antipsychotic drugs on sexual behavior. Mod Probl Pharmacopsychiat 15: 91–110

Shalev A, Munitz H (1986) The neuroleptic malignant syndrome: agent and host interaction. Acta Psychiatr Scand 73: 337–347

Shen WW, Sata LS (1983) Inhibited female orgasm resulting from psychotropic drugs. A clinical review. J Reprod Oced 28: 497–499

Simpson GM, May PRA (1985) Schizophrenia: somatic treatment. In: Kaplan HI, Saddock BJ (eds) Comprehensive textbook of psychiatry IV. Williams & Wilkins, London, pp 713–724

Singh MM, Kay SR (1979) Dysphoric response to neuroleptic treatment in schizophrenia: its relationship to autonomic arousal and prognosis. Biol Psychiatry 14: 277

Spiess-Kiefer V, Hippius H (1986) Malignes neuroleptisches Syndrom und maligne Hyperthermie – ein Vergleich. Fortschr Neurol Psychiat 54: 158–170

Sullivan G, Lukoff D (1990) Sexual side effects of antipsychotic medication: evaluation and interventions. Hosp Commun Psychiatry 41: 1238–1241

Toeniessen LM, Casey DE, Mc Farland BM (1985) Tardive dyskinesia in the aged: duration of treatment relationships. Arch Gen Psychiatry 42: 278–284

Ungvari G (1980) Neuroleptic-related sudden death. Pharmakopsychiat 13: 29–34

Van Putten T, May PRA, Marder SR (1984) Akathisia with haloperidol and thiothixene. Arch Gen Psychiatry 41: 1036–1039

Varga E, Sugermann AA, Varga V, Zomorodi A, Zomorodi W, Menken M (1982) Prevalence of spontaneous oral dyskinesia in the elderly. Am J Psychiatry 139: 329–331

Waddington JL (1990) Faktoren der Vulnerabilität für Bewegungsstörungen (Spätdyskinesien) bei der Schizophrenie. In: Hinterhuber H, Kulhanek F, Fleischhacker WW (Hrsg) Kombination therapeutischer Strategien bei schizophrenen Erkrankungen. Vieweg, Wiesbaden, S 194–200

Weller M, Kornhuber J (1992) Clozapine rechallenge after an episode of „neuroleptic malignant syndrome". Br J Psychiatry 161: 855–856

World Health Organization (1990) Prophylactic use of anticholinergics in patients on long-term neuroleptic treatment. Br J Psychiatry 156: 412

Zaccara G, Muscas GC, Messori A (1990) Clinical features, pathogenesis and management of drug-induced seizures. Drug Safety 5: 109–151

Zimbroff DL, Kane JM, Tamminga CA, Daniel DG, Mack RJ, Wozniak PJ, Sebree TB, Wallin BA, Kashkin KB (1997) Controlled, dose-response study of sertindole and haloperidol in the treatment of schizophrenia. Am J Psychiatry 154: 782–791

Zubenko GS, Pope HG jr (1983) Management of a case of neuroleptic malignant syndrome with bromocriptine. Am J Psychiatry 140: 1619–1620

Zubenko GS, Lipinski JF, Cohen BM, Barriera PJ (1984) Comparison of metoprolol and propranolol in the treatment of akathisia. Psychiatry Res 11: 143–149

Exkurs: Unerwünschte psychische Wirkungen

M. Dose

Unerwünschte psychische Wirkungen der Neuroleptika lassen weder einheitliche Beschreibungen noch klassifizierende Zuordnungen erkennen. Sofern sie überhaupt Erwähnung finden, bezieht sich ihre Darstellung auf Aspekte wie „Sedierung, intellektuelle und emotionale Beeinträchtigung, depressive Syndrome, toxisches Delir" (BANDELOW et al. 1993), „delirante Syndrome, depressive Syndrome (akinetische Depression, Anhedonie), Müdigkeit, Einschränkung der Konzentrationsfähigkeit" (BENKERT und HIPPIUS 1996) oder „Störungen des Erlebens und Verhaltens" (HINTERHUBER und HARING 1992). Das Auftreten psychotischer Symptome als mögliche unerwünschte Wirkung von Neuroleptika wird hier entweder beschränkt auf „toxische (anticholinerge) Delirien" (BANDELOW et al. 1993), auf die Überlagerung psychotischer Motilitätsstörungen durch extrapyramidalmotorische Symptome bei der parenteralen Applikation stark wirksamer Neuroleptika bei Katatonien, die den Eindruck der Verschlechterung des ursprünglichen Krankheitsbildes entstehen lassen können (BENKERT und HIPPIUS 1996), oder „neuroleptische Turbulenzen" als paradoxe Reaktion auf Neuroleptika (HINTERHUBER und HACKENBERG 1986) und „Supersensitivitätspsychosen" nach Absetzen bzw. Dosisreduktion von Neuroleptika (CHOUINARD und JONES 1980). Ein systematischer Zusammenhang mit extrapyramidalmotorischen Symptomen wird mit Ausnahme des Hinweises zur „Überlagerung psychotischer Motilitätsstörungen" nicht hergestellt, bzw. im Fall der „neuroleptischen Turbulenzen" zumindest was das Auftreten eines Parkinsonoids betrifft, in Abrede gestellt. Beschreibungen aus der frühen Phase der Einführung der Neuroleptika und einige spätere Arbeiten legen jedoch diesen Zusammenhang genauso nahe, wie das prompte Ansprechen dieser psychotischen Symptome auf die Behandlung mit Anticholinergika.

Historische Aspekte

Erste Hinweise auf unerwünschte psychische Wirkungen der Neuroleptika gibt eine Arbeit „Zur Psychopathologie der Megaphenwirkung" (JANZARIK 1954) mit der Beschreibung „… einer eigentümlichen Drängeligkeit …", die bei manchen Kranken so akzentuiert sei, „daß man geradezu an einen paradoxen Effekt denken möchte".

Einen ersten Fall der eindeutigen Verstärkung psychopathologischer Symptome bei einer mit Megaphen® behandelten Zwangskranken im Zusammenhang mit „Schauanfällen" (nach heutiger Terminologie einer „okulogyren Krise") beschreibt VON DITFURTH (1957), wobei angstbetonte Wiederholungszwänge zum „innerlichen Beten" und das wahnhafte Denken der Patientin, „daß ich nicht sprechen kann", hervorgehoben werden. Die rasche Remission derartiger Symptome, die „vielfach als Beweis einer Aktivierung der Psychose gedeutet" würden, auf Antiparkinson-Mittel wird erstmals in einer Arbeit über „Psychomotilität, extrapyramidale Symptome und Wirkungsweise neuroleptischer Therapien" (FREYHAN 1957) hervorgehoben.

1974 wird die Möglichkeit der Exazerbation psychotischer Symptome unter Neuroleptika in zeitlichem Zusammenhang zu extrapyramidalmotorischen Symptomen (subklinischer Akathisie) erstmals in einer Publikation über Phenothiazin-induzierte Dekompensationen systematisch thematisiert (VAN PUTTEN et al. 1974). Es wird geschildert, daß bei 9 (11%) von 80 schizophrenen Patienten unter Fluphenazin und Trifluoperazin dramatische psychotische Exazerbationen in zeitlicher Koinzidenz mit einer milden Akathisie aufgetreten seien, die auf die parenterale Gabe von Biperiden prompt ansprachen. Im deutschen Schrifttum werden erstmals 1979 seit 1957 gesammelte Erfahrungen über „Schizophrene Exazerbationen: paradoxe Reaktionen auf Intensiv-Neuroleptika" vorgetragen (ARNOLD 1979). Obwohl der Bericht dokumentiert, daß bei derartigen Reaktionen (aus heutiger Sicht wegen ihres anticholinergen Wirkungspotentials „paradoxerweise Basisneuroleptika mit dämpfender Wirkung (Chlorpromazin,

Laevomepromazin) brauchbarer … als Intensivneuroleptika (gemeint sind hochpotente)" sind, wird die Elektrokrampftherapie als Therapie der Wahl empfohlen.

Weitere Entwicklung und heutiger Stand

In der Folgezeit befassen sich nur wenige Arbeiten und Gruppen mit unerwünschten psychischen Wirkungen der Neuroleptika. Eine entsprechende Übersicht (HINTERHUBER und HARING 1992) faßt als „Störungen des Erlebens und Verhaltens" fünf unterschiedliche Symptomkomplexe zusammen (Tabelle 1).

Als „neuroleptische Turbulenzen" werden neuroleptisch bedingte psychopathologische Befundänderungen beschrieben (HINTERHUBER und HACKENBERG 1986), die ohne Bewußtseinsstörung bei gleichbleibenden bzw. ansteigenden Neuroleptikadosen auftreten und zu einer Verschlechterung der psychotischen Symptomatik führen. Sie stehen nach Auffassung der Autoren in keinem

Tabelle 1. Neuroleptikabedingte Störungen des Erlebens und Verhaltens (nach HINTERHUBER und HARING 1992)

Störungen des Erlebens und Verhaltens	Symptomatik und Interpretation
Dysphorische Reaktionen	Neuroleptikawirkungen auf das kognitive System werden als Verlangsamung des Denkens, Verminderung der Lernfähigkeit, Abstumpfung des affektiven Erlebens empfunden
Hirnleistungsschwäche	Störungen der Merkfähigkeit und des Gedächtnisses; Beeinträchtigung konzentrativer Leistungen und der Reaktionsfähigkeit
Pharmakogene Depressionen	durch Neuroleptika ausgelöste depressive Symptomatik; als „akinetische Depression" auf extrapyramidalmotorische Wirkungen zurückgeführt
Neuroleptische Turbulenzen	Verschlechterung des psychopathologischen Bildes als paradoxe Reaktion auf Neuroleptika (siehe Text)
Supersensitivitätspsychosen	psychotisches Rezidiv nach Absetzen oder Dosisreduktion des Neuroleptikums (siehe Text)

Zusammenhang zum Auftreten eines Parkinsonoids. Obwohl sie von den „Supersensitivitätspsychosen" abgegrenzt werden, wird eine Hypersensibilisierung von Dopaminrezeptoren als mögliche Ursache diskutiert. Therapeutisch wird die Einleitung einer Elektrokrampftherapie (EKT) empfohlen, die das mit einer Häufigkeit von 1% benannte Zustandbild schlagartig bessern soll.

Das Konzept der „Supersensitivitäts-Psychose" (CHOUINARD und JONES 1980) wurde in Anlehnung an die Hypothese der „Supersensitivitäts-Entwicklung" neostriataler Dopaminrezeptoren im Zusammenhang mit der Entstehung tardiver Dyskinesien entwickelt: eine entsprechende Überempfindlichkeitsentwicklung mesolimbischer Dopaminrezeptoren nach mehrwöchiger Therapie ruft bei Absetzen oder Dosisreduktion des Neuroleptikums ein psychotisches Rezidiv hervor; in frühen Stadien läßt sich die „Supersensitivitätspsychose" durch Erhöhung der Neuroleptikadosis erfolgreich behandeln.

Unter dem Begriff der „behavioral toxicity" faßt VAN PUTTEN (VAN PUTTEN und MARDER 1987) 14 Jahre nach seiner ersten Beschreibung Neuroleptika-induzierter Psychosen im Zusammenhang mit extrapyramidal-motorischen Nebenwirkungen auftretende psychische Symptome zusammen (Tabelle 2).

Er hebt hervor, daß die Differentialdiagnose zwischen Akathisie und psychotischer Erregung, diffusen Ängsten und Befindlichkeitsstörungen sehr schwierig ist und daß das Auftreten einer Akathisie mit dramatischen psychotischen Exazerbationen verbunden sein kann. Mit Bezug auf akinetische Syndrome wird deren häufige Vergesellschaftung mit schizophrenen Minussymptomen hervorgehoben. Mentale (subjektive) Aspekte objektiver motorischer Symptome extrapyramidal-motorischer Syndrome werden von CASEY (1994) beschrieben, der auch an der Erarbeitung einer Beurteilungsskala für extrapyramidale Syndrome (St. Hans Rating Scale for Extrapyramidal Syndromes – SHRS) beteiligt ist (GERLACH et al. 1993), die erstmals auch subjektive Empfindungen des Patienten in die Beurteilung der Symptomatik einbezieht. Darüberhinaus heben in jüngster Zeit verschiedene Arbeiten (FLEISCHHACKER et al. 1994, NABER et al. 1994) die Bedeutung der subjektiven Neuroleptika-Wirkungen und des rechtzeitigen Erkennens und Behandelns unerwünschter (auch subjektiver) Neuroleptikawirkungen hervor.

Zu einer systematischen Klassifizierung unerwünschter psychischer Neuroleptikawirkungen und der Klärung ihres immer wieder beobachteten Zusammenhanges mit (ins-

Tabelle 2. Psychische Begleitsymptome extrapyramidalmotorischer Neuroleptikawirkungen (nach VAN PUTTEN und MARDER 1987)

Motorische Symptomatik	Psychische Begleitsymptome
Akathisie	psychotische Erregung
	diffuse Ängste
	Befindlichkeitsstörung
	akustische Halluzinationen bedrohlichen Inhalts
	Selbst- und Fremdgefährdung (Suizidalität)
Akinesie	Apathie
	emotionale Abstumpfung
	mangelnde soziale Anpassung
	postpsychotische Depression

besondere akuten) extrapyramidal-motorischen Symptomen ist es bis heute nicht gekommen. Das Fehlen entsprechender Definitionen und Begriffe führt mit hoher Wahrscheinlichkeit häufig dazu, daß unerwünschte psychische Wirkungen der Neuroleptika entweder gar nicht erkannt oder aber falsch zugeordnet und behandelt werden.

Klinische Beobachtungen

Unerwünschte psychische Neuroleptikawirkungen können sich in einer Vielzahl psychopathologischer Auffälligkeiten (Tabelle 3) manifestieren. Ihr „gemeinsamer Nenner" ergibt sich aus dem zeitlichen Zusammenhang des Auftretens der Symptome mit Beginn der Gabe, Dosissteigerung oder -reduktion eines (in der Regel) hoch- bis mittelpotenten Neuroleptikums (oder einer vergleichbaren Situation durch fluktuierende Plasmakonzentrationen von Neuroleptika, v. a. unter Depot-Neuroleptika) und der raschen Remission der Symptomatik nach parenteraler Gabe eines Anticholinergikums. Häufig (jedoch nicht immer) besteht eine Koinzidenz mit subtilen Anzeichen bzw. subjektiven Vorboten akuter extrapyramidal-motorischer Symptome. Dabei kommt es im Rahmen eines „prädyskinetischen Syndroms" zu Symptomen oder subjektiven Beschwerden wie „stierer Blick", „Druck auf den Augen", „Pelzigkeit von Lippen und Wangen" und „Unbeweglichkeit oder schmerzhaftes Ziehen der Gesichts-, Hals- und Rückenmuskulatur" als Vorboten akuter Dyskinesien. Akute Akathisien können sich als unspezifische „innere Unruhe", als „innere Anspannung", aber auch durch eine verstärkte psychomotorische Erregung, Störungen des Schlaf-Wach-Rhythmus oder Intensivierung psychotischer Symptome äußern. Bei entsprechend disponierten Patienten kann es auch unter konstanter Neuroleptikadosis im Zusammenhang mit physischem oder psychischem Streß zu unerwünschten psychischen Neuroleptikawirkungen kommen (DOSE 1993a).

Fallbeispiel: Formale und inhaltliche Denkstörungen

Ein 23jähriger Patient erhält wegen eines akuten Erregungszustandes im Rahmen einer schizo-affektiven Psychose unmittelbar nach stationärer

Tabelle 3. Manifestationsmöglichkeiten unerwünschter psychischer Neuroleptikawirkungen

	Beispiele
Verstärkung bestehender oder Exazerbation bislang unbekannter psychotischer Symptome	formale und inhaltliche Denkstörungen Halluzinationen Katatone Symptomatik (oft stuporös; jedoch auch Erregungsstürme)
Andere psychopathologische Symptome	Zwangsgedanken und -handlungen pseudohysterisches Verhalten Hyperventilation auto- oder fremdaggressives Verhalten psychomotorische Unruhe
Vitalsymptome	Schlaf- und Appetitstörungen

Aufnahme 15 mg Haloperidol (i.m.). Im Rahmen eines ausführlichen Gesprächs am nächsten Morgen entwickelt der Patient plötzlich einen „stieren Blick" (leicht nach oben), streicht sich mehrfach massierend über Lippen und Wangen und unterbricht plötzlich seinen Redefluß. Nach kurzer Pause nimmt er das Gespräch wieder auf, kann jedoch auf die Frage, was eben gewesen sei, keine Antwort geben. Kurze Zeit später verliert er erneut im Gespräch den Faden („Mensch, was wollte ich sagen …"), gleichzeitig kommt es zunächst zur Pfötchenstellung beider Hände, die anschließend zu „Pillendreher"-Bewegungen übergehen. Kurze Zeit später entwickelt sich eine akute Dystonie mit okulogyrer Krise, Torti- und Retrocollis, Trismus und Opisthotonus bei wachem Bewußtsein und völliger Ansprechbarkeit des Patienten, die nach ca. 5 Minuten spontan remittiert, jedoch im weiteren Gesprächsverlauf erneut auftritt. Jeweils unmittelbar nach Remission kann der Patient die Nachfrage, was eben gewesen sei, nicht beantworten, zuckt ratlos mit den Schultern. Die (angesichts der Blickwendung und des gespannten Lauschens nach oben) Frage nach „Stimmen" wird vom Patienten bejaht. Nach Gabe eines Anticholinergikums (5 mg Biperiden langsam i. v.) kein weiteres Auftreten der Symptomatik. Im Entlassungsgespräch kann der Patient schildern, daß er die Symptomatik bei vollem Bewußtsein erlebt hat. Die Unterbrechungen seines Redeflusses habe er als „Gedankensperre" erlebt. Die beim Auftreten der körperlichen Verkrampfungen an Intensität zunehmenden Stimmen verboten ihm jedoch zu reden. Angesichts der subjektiv quälenden Symptomatik sei ihm die Gabe des Anticholinergikums wie eine Erlösung vorgekommen.

Fallbeispiel: Neuroleptisch bedingte Pseudokatatonie

Eine 35jährige Patientin kommt wegen erneuter Exazerbation einer bekannten paranoid-halluzinatorischen Psychose nach längerem symptomfreiem Intervall unbehandelt zur stationären Aufnahme. Im Erstgespräch berichtet sie über ausgeprägte Schlafstörungen, Überempfindlichkeit gegen Geräusche, Gerüche, Ängste, daß ihre Verfolger bereits ihre Eltern umgebracht haben und nun sie zunächst in den Wahnsinn, dann in den Selbstmord (durch Sprung aus dem Fenster) treiben wollen. Zum Zeitpunkt der Aufnahme ist die Patientin bewußtseinsklar, krankheits- und behandlungseinsichtig und verhält sich in pflegerischer Hinsicht völlig selbständig.

Zwei Tage nach Einleitung einer Behandlung mit Haloperidol (10 mg/d) entwickelt sich das Bild eines katatonen Stupor: in bizarren Haltungen steht oder sitzt die Patientin stundenlang in murmelnde Selbstgespräche vertieft und verharrt auch auf Ansprache so. Bezüglich Nahrungs- und Flüssigkeitsaufnahme, Körperhygiene und pflegerischer Versorgung verhält sie sich völlig negativistisch, ist zu nichts zu bewegen, sperrt und wehrt sich. 20 Minuten nach langsamer i. v. Injektion eines Anticholinergikums löst sich die Starre. Die Patientin nimmt wieder Blick- und Gesprächskontakt auf, ißt, trinkt und badet sich selbständig. Im Gespräch berichtet sie, sich in dem geschilderten Zustand „ferngesteuert" empfunden und vermehrt imperative Stimmen gehört zu haben. Auf den Gedanken, es könne sich um unerwünschte Medikamenten-Nebenwirkungen handeln, sei sie trotz entsprechender Vorerfahrungen mit Neuroleptika nicht gekommen.

Fallbeispiel: Pseudohysterische und andere Verhaltensweisen

Bei morgendlicher Blutabnahme „demonstriert" ein am Vorabend wegen Exazerbation einer akuten Psychose aufgenommener und mit 10 mg Haloperidol medizierter Patient laut Pflegebericht einen „psychogenen Anfall" mit Hyperventilation, Blickstarre, Schütteln der Arme und rhythmischem Schlagen auf die Bettdecke und Verbigeration unverständlicher Laute, beruhigt sich jedoch nach wenigen Minuten. Stunden später beginnt er erneut zu hyperventilieren und schlägt wenig später in deutlich angespanntem Zustand eine Scheibe ein.

Nach parenteraler Gabe eines Anticholinergikums völlige Entspannung. Patient berichtet, es sei ihm schon morgens „komisch" geworden, seine Gesichts-, später auch Hals und Brustmuskeln seien erst „pelzig", später „steif" geworden. Aus Angst, keine Luft mehr zu bekommen, habe er so heftig geatmet und, weil er den Eindruck hatte, anders niemand auf seinen inzwischen „bleiernen" Zustand aufmerksam machen zu können, zunächst mit den Armen geschlagen und dann die Scheibe zerstört, um „den Spuk zu vertreiben".

Mögliche Fehlinterpretationen

Unerwünschte psychische Neuroleptikawirkungen werden häufig als psychopathologische Befundverschlechterung auf

Grund unzureichender neuroleptischer Dosierung interpretiert und entsprechend mit Höherdosierung der Neuroleptika behandelt. Insbesondere beim Auftreten der geschilderten Symptome (u. U. als Wiederauftreten bereits gebesserter psychotischer Symptome) innerhalb von 3–5 Tagen nach Reduktion eines hochpotenten Neuroleptikums ist die Konsequenz in der Regel die Rücknahme des geplanten Reduktionsschrittes, manchmal eine noch weitere Dosiserhöhung, weil von einem „Rückfall" durch zu rasche Reduktion ausgegangen wird. Begünstigt werden derartige Fehlinterpretationen durch mehrere Faktoren:

1. ausgeprägte motorische Symptome, die eher als psychische an extrapyramidal bedingte unerwünschte Störungen denken lassen würden, fehlen, bzw. treten zeitlich verzögert zu psychischen auf. Häufig machen sie sich nur subjektiv (Gefühl der „Pelzigkeit", Steifheit, Verspannung) oder durch unspezifische „Vorboten" (starrer Blick, angespannte Haltung etc.) später auftretender ausgeprägter Symptome (okulogyre Krise, akute Dyskinesie) bemerkbar.
2. Die betroffenen Patienten integrieren häufig unerwünschte psychische und motorische Neuroleptikawirkungen in ihr psychotisches Erleben, bringen sie deshalb nicht in einen Zusammenhang zur verabreichten Medikation und machen entsprechend nicht aktiv auf sie aufmerksam.
3. Die Symptomatik unerwünschter psychischer und subtiler, nur subjektiv wahrnehmbarer motorischer Neuroleptikawirkungen kann pseudohysterische Züge annehmen: die Patienten verhalten sich anklammernd, klagsam, demonstrativ und fordernd. Bei entsprechender Vorerfahrung verlangen sie nach Anticholinergika und geraten dadurch in Verdacht, zu simulieren oder zu aggravieren.

4. Der fluktuierende Verlauf des Auftretens unerwünschter psychischer und motorischer Neuroleptikawirkungen, ihre als Besserung durch suggestive Maßnahmen, Placebo oder aber auch Erhöhung der Neuroleptika erscheinenden Spontanremissionen scheinen die jeweilige Fehlinterpretation zu bestätigen.
5. Der probatorischen Gabe von Anticholinergika (die zur Erzielung eines raschen Wirkungseintrittes in Akutsituationen parenteral erfolgen sollte) stehen zahlreiche Vorbehalte (Euphorisierung, Abhängigkeitsrisiko, Begünstigung des Auftretens von Spätdyskinesien) entgegen.

Das „Anticholinergika-Problem"

Bereits die frühen Arbeiten zu unerwünschten psychischen Wirkungen der Neuroleptika weisen auf die therapeutische Effizienz anticholinerger Substanzen hin. So berichtet ARNOLD (1979), daß bei „massiven, akuten Exazerbationen" nach Dosissteigerung hochpotenter Neuroleptika „paradoxerweise Basisneuroleptika mit dämpfender Wirkung" (es werden niederpotente Neuroleptika mit anticholinergem Wirkprofil genannt) „brauchbarer als Intensivneuroleptika" sind. Über die rasche Reversibilität neuroleptika-induzierter psychotischer Dekompensationen durch intramuskuläre Gabe eines Anticholinergikums (5 mg Biperiden) berichtet die systematische Untersuchung unerwünschter psychischer Neuroleptikawirkungen von VAN PUTTEN et al. (1974). In Anbetracht des Fehlens objektivierbarer Merkmale psychischer unerwünschter Wirkungen stellt die therapeutische Effizienz der probatorischen, parenteralen Gabe von Anticholinergika gegenwärtig die einzige Möglichkeit dar, zumindest „post-hoc" die Verdachtsdiagnose unerwünschter psychischer, bzw. nur subjektiv wahrnehmbarer extrapyramidal-motorischer Wirkungen zu bestätigen. Entsprechend der klinischen Erfahrung, daß zumindest die akute, parenterale Gabe von Anticholinergika kurzfristig die antipsychotische Wirksamkeit der Neuroleptika abschwächt (SINGH und KAY 1979) würden sich nämlich durch unzureichende Neuroleptikawirkung, Unterdosierung oder zu frühe Reduzierung von Neuroleptika hervorgerufene psychische Symptome durch die parenterale Applikation anticholinerger Substanzen verschlechtern. Vom so begründeten probatorischen Einsatz anticholinerger Substanzen zur Behandlung und differentialdiagnostischen Abgrenzung unerwünschter psychischer Neuroleptikawirkungen als Ausdruck einer akuten dopaminerg/acetylcholinergen Imbalance von unzureichender (in der Regel durch Dosiserhöhung zu begegnender) neuroleptischer Behandlung wird jedoch klinisch wenig Gebrauch gemacht. Ihm stehen Befürchtungen bezüglich der Risiken der Anwendung von Anticholinergika, vor allem hinsichtlich des Suchtpotentials und des Risikos der Begünstigung der Entwicklung von Spätdyskinesien entgegen, die u. a. in einem „Consensus Statement" einer WHO-Kommission zum prophylaktischen Einsatz von Anticholinergika bei Langzeitbehandlung mit Neuroleptika zusammengefaßt worden sind (WHO 1990). Eine kritische Würdigung der Literatur sowohl zur Suchtproblematik als auch zur Begünstigung der Entstehung von Spätdyskinesien läßt jedoch erhebliche Zweifel an diesen Bedenken zu. Bezüglich des Suchtpotentials muß zwischen vereinzelt berichteten Versuchen primär Drogenabhängiger, sich durch Zufuhr toxischer Dosierungen in ein anticholinerges Delir zu versetzen und dem Verlangen neuroleptisch behandelter Patienten nach therapeutischen Dosen von Anticholinergika unterschieden werden (DOSE 1993b). Die als physiologische Basis des vermuteten Suchtpotentials angesehene euphorisierende Wirkung wird durch Berichte über Selbstversuche mit Anticholinergika (DEGKWITZ 1966)

nicht bestätigt. Sie tritt nur dann auf, wenn durch vorherige Einnahme z. B. von Neuroleptika dysphorische Reaktionen ausgelöst worden sind. Auch die aus retrospektiven Untersuchungen abgeleitete Vermutung, Anticholinergika stellten einen Risikofaktor bei der Entstehung von Spätdyskinesien dar, ist so nicht aufrechtzuerhalten: die in diesen Studien gefundene höhere Einnahme anticholinerger Substanzen ist Ausdruck einer besonderen Empfindlichkeit bestimmter Patienten gegenüber der Entwicklung akuter extrapyramidal-motorischer Symptome unter Neuroleptika, die den eigentlichen Risikofaktor zur Entwicklung von Spätdyskinesien darstellt (HAAG 1992). Die probatorische parenterale Gabe von Anticholinergika ist daher bei Verdacht auf unerwünschte psychische und subjektive Vorboten extrapyramidal-motorischer Neuroleptikawirkungen indiziert.

Hypothesen zur Entstehung unerwünschter psychischer Neuroleptikawirkungen

Bereits in der ersten Publikation einer Studie zu Neuroleptika-induzierten psychotischen Dekompensationen hoben deren Autoren ihre mögliche „extrapyramidale" Verursachung hervor (VAN PUTTEN et al. 1974). Auch die klinische Beobachtung legt diese Vermutung nahe (siehe Fallbeispiele): unerwünschte psychische Neuroleptikawirkungen treten häufig gleichzeitig mit (zumindest subjektiven) Vorboten oder diskreten klinischen Anzeichen beginnender akuter extrapyramidal-motorischer Symptome auf. Entsprechend werden sie von einigen Autoren (z. B. CASEY 1994) als „mental aspects", Begleiterscheinungen und psychische Reaktionsbildungen auf das Erleben der extrapyramidal-motorischen Symptomatik interpretiert. Entsprechend den psychischen Symptombildungen bei anderen Erkrankungen der Basalganglien (z. B. idiopathischer M. Parkinson, Huntington-Krankheit) besteht jedoch auch die Möglichkeit, daß es sich bei den unerwünschten psychischen Wirkungen der Neuroleptika nicht ausschließlich um „Begleiterscheinungen" und „Reaktionsbildungen" auf extrapyramidal-motorische Symptome, sondern eigenständige Ausdrucksformen durch die Einwirkung von Neuroleptika gestörter Basalganglienfunktionen handelt. In den Basalganglien findet die Integration der sensorischen Repräsentation der Außenwelt mit dem inneren Zustand des Individuums statt, um eine angemessene Bewegungs- und Haltungsplanung zu ermöglichen. Die bekannte Abhängigkeit dyskinetischer Syndrome von psychischen Faktoren könnte im Sinne einer wechselseitigen Verknüpfung auch dahingehend erweitert sein, daß z. B. die medikamentöse Verursachung akuter extrapyramidalmotorischer Syndrome (z. B. durch Neuroleptika) Rückwirkungen auf psychische Funktionen hat.

Insgesamt ist das Wissen um die Pathophysiologie extrapyramidal-motorischer Syndrome trotz intensiver Forschung bruchstückhaft geblieben: für die akuten Dystonien wird überwiegend die Verringerung dopaminerger Transmission infolge der Blockade postsynaptischer Dopaminrezeptoren verantwortlich gemacht, wodurch es zu einem relativen Übergewicht acetylcholinerger Übertragungsmechanismen kommt. Eine andere Theorie bezieht präsynaptische Mechanismen mit ein: durch die Blockade präsynaptischer Autorezeptoren für Dopamin durch Neuroleptika kommt es noch vor der effektiven Blockade postsynaptischer Rezeptoren zu einer Steigerung der Synthese und Freisetzung von Dopamin aus präsynaptischen Terminalen, die wiederum die Freisetzung von Acetylcholin aus entsprechenden Synapsen anstößt, sodaß vorübergehend ein Übergewicht der cholinergen Übertragung entsteht. In beiden Fällen kompensiert die Gabe von Anticholinergika ein vorübergehendes Übergewicht cho-

linerger Übertragung und stellt das Gleichgewicht zwischen dopaminerger und acetylcholinerger Übertragung wieder ein. Spiegelbildlich wie bei Beginn einer Neuroleptikabehandlung oder Dosissteigerung könnten die entsprechenden Ungleichgewichtszustände der dopaminergen und acetylcholinergen Übertragung im Bereich der Basalganglien auch bei sinkenden Neuroleptikaspiegeln (Fluktuationen oder Dosisreduktion) auftreten und somit die geschilderten Phänomene bei Dosisreduktionen hervorrufen.

Diagnostik und Differentialdiagnosen unerwünschter psychischer Neuroleptikawirkungen

Auch wenn letztlich nur das therapeutische Ansprechen auf die parenterale Gabe von Anticholinergika die Verdachtsdiagnose unerwünschter psychischer Neuroleptikawirkungen bestätigen kann, gibt es doch einige diagnostische Leitlinien, die hilfreich sein können. Zu den Hinweisen auf unerwünschte psychische Wirkungen von Neuroleptika gehören

- der enge zeitliche Zusammenhang (1–3 Tage) der Verschlechterung des psychopathologischen Befundes bzw. des Auftretens neuer psychopathologischer Symptome mit dem Beginn einer neuroleptischen Behandlung, der Erhöhung oder Reduktion der Dosierung bereits verabreichter (in der Regel hochpotenter) Neuroleptika;
- das Auftreten bislang nicht beobachteter Symptome (Symptomwandel), z. B. die Entwicklung kataton-stuporöser Symptome bei Patienten, die vor Behandlungsbeginn eine paranoid-halluzinatorische Symptomatik boten;
- das gleichzeitige Auftreten subtiler Anzeichen extrapyramidal-motorischer Symptome („starrer Blick", angespannte

Körperhaltung, psychomotorische Unruhe); Patienten versuchen z. T. diese
subjektiv unangenehm empfundenen
Verspannungen durch massierende
Streichbewegungen an Augen, Mund,
Kiefer, Nacken und Hals loszuwerden;
– vegetative Begleitsymptome (Tachykardie, Schwitzen, Blässe, Hyperventilation);
– „drängeliges" (bis auto- oder fremdag-
gressives), anklammerndes, z. T. hyste-
risch anmutendes Verhalten der Patienten.

Differentialdiagnostisch sind Verschlechterung des psychopathologischen Befundes
durch unzureichende Neuroleptika-Dosierung oder die Intensivierung bestehender
Symptome im Rahmen des natürlichen
Krankheitsverlaufes abzugrenzen. Beim
Fehlen der oben genannten klinischen Hinweise erlaubt letztlich nur die Wirkung der
probatorischen Gabe von Anticholinergika
eine eindeutige Differenzierung.

Behandlung psychischer UAW

Auf Grund der unterschiedlichen Hypothesen zu ihrem Entstehungsmechanismus geben die wenigen Publikationen, die sich
überhaupt mit dem Problem unerwünschter
psychischer Neuroleptikawirkungen befassen, unterschiedliche Therapie-Empfehlun-
gen, die von der Anwendung der Elektro-
Krampf-Therapie (ARNOLD 1979, HINTERHU-
BER und HACKENBERG 1986), über die Erhöhung der Neuroleptika-Dosis (CHOUINARD
und JONES 1980) bis zur Anwendung anticholinerger Substanzen (VAN PUTTEN 1974)
reichen. Die Empfehlung anticholinerger
Substanzen stützt sich auf den engen Zusammenhang der beschriebenen psychopathologischen Auffälligkeiten mit subtilen
Anzeichen akuter extrapyramidal-motorischer Symptome und auf deren therapeutische Effizienz.

Von den Autoren, die keine Anticholinergika empfehlen, wird der Zusammenhang
entweder (zumindest mit Bezug auf ein neuroleptisches Parkinsonoid) explizit negiert
(HINTERHUBER und HACKENBERG 1986), oder
auf tardive Dyskinesien (bei denen Anticholinergika in der Regel keine therapeutische
Wirkung zeigen) beschränkt (CHOUINARD
und JONES 1980). Nachdem jedoch zur Diagnostik akuter extrapyramidal-motorischer
Nebenwirkungen keine objektivierenden
Meßinstrumente zur Verfügung stehen und
die subjektiven Vorboten nur durch gezielte
Beobachtung zu erfassen sind, muß diesbezüglich von einer hohen Rate der „Nichter-
kennung" ausgegangen werden: eine vergleichende Untersuchung der Beurteilung
extrapyramidal-motorischer Syndrome
durch Klinikmitarbeiter und ein Untersu-
cherteam, das standardisierte Skalen verwendete, ergab eine statistisch signifikante
Unterschätzung extrapyramidal-motorischer Syndrome durch die Klinikmitarbeiter
(WEIDEN et al. 1987). Insbesondere akute
Dystonien wurden als „psychotisches oder
hysterisches Verhalten" verkannt. Da die
probatorische parenterale Gabe von Anticholinergika auch unter Würdigung ihrer
möglichen Nebenwirkungen nur geringe
Risiken birgt, innerhalb eines Zeitraums von
30 Minuten therapeutische Effekte zeigt und
damit eine diagnostische Zuordnung der
beobachteten Phänomene erlaubt, ist sie
auch für unklare Verdachtsfälle indiziert. Sie
soll bei intravenöser Gabe langsam (über
mindestens 2 Minuten) bzw. als Kurzinfusi-
on in verdünnter Lösung vorgenommen
werden, um toxische Wirkungen (z. B. Bradykardie, Atemsuppression, delirante Symptome) zu vermeiden. Bestätigt sich der
Verdacht durch Remission der Symptomatik, so wird die zeitlich (z. B. auf 5 Tage)
begrenzte Fortsetzung einer Behandlung
mit oralen Anticholinergika empfohlen. Treten auch in der Folgezeit (trotz intermittie-
render Gabe von Anticholinergika) immer
wieder psychische oder motorische uner-

wünschte Neuroleptikawirkungen auf, soll auf Neuroleptika mit geringerem oder fehlendem Nebenwirkungsrisiko umgestellt werden. In letzter Konsequenz kann Clozapin zum Mittel der Wahl werden, dessen überzeugende Wirkung auf sog. „therapieresistente" Psychosen vielleicht gerade darin begründet liegt, daß weder unerwünschte psychische noch motorische extrapyramidale Neuroleptikawirkungen seine therapeutische Effizienz konterkarieren.

Zusammenfassung und Ausblick

Als Ausdruck einer intermittierenden, akuten Imbalance zwischen dopaminerger und acetylcholinerger Übertragung im Bereich der Basalganglien im Gefolge einer Neueinstellung auf Neuroleptika oder deren Dosiserhöhung oder -reduktion kann es neben den als „extrapyramidal-motorischen" bekannten auch zu unerwünschten psychischen Wirkungen der Neuroleptika kommen. Unerwünschte psychische Neuroleptikawirkungen können sich als Verstärkung bestehender oder Exazerbation bereits remittierter psychotischer Symptome, aber auch als Symptomwandel präsentieren. Ihre zeitliche Koinzidenz mit subtilen, z. T. nur subjektiv wahrnehmbaren akuten extrapyramidal-motorischen Symptomen und das

therapeutische Ansprechen auf die parenterale Gabe von Anticholinergika sprechen für ein gemeinsames pathophysiologisches Korrelat psychischer und motorischer Symptome im Bereich der Basalganglien.

Die Wahrnehmung, Diagnostik und Therapie unerwünschter psychischer Neuroleptikawirkungen sind durch verschiedene Faktoren erschwert: im deutschen Sprachraum lenkt der Begriff der „Frühdyskinesien" (statt „akuter Dystonien") den Blick ausschließlich auf „frühe" (d. h. unmittelbar nach Behandlungsbeginn einsetzende) Symptome und rückt damit insbesondere die nach Reduktion von Neuroleptika beobachtbaren unerwünschten extrapyramidal-motorischen (und psychischen) Wirkungen aus dem Blickfeld. Es fehlen Begriffe zur Erfassung der beschriebenen psychischen Symptome und der Behandlung mit Anticholinergika stehen (mittlerweile widerlegte) Vorbehalte entgegen. Andererseits kommt der rechtzeitigen Erkennung und Behandlung unerwünschter Neuroleptikawirkungen hohe Bedeutung für die Bereitschaft betroffener Patienten zur Medikamenteneinnahme und damit insbesondere für die Leid und Kosten vermeidende Rezidivprophylaxe zu. Der Erkennung und Behandlung, aber auch der Erforschung der Pathophysiologie unerwünschter psychischer Neuroleptikawirkungen sollte daher verstärkte Aufmerksamkeit gewidmet werden.

Literatur

ARNOLD OH (1979) Schizophrene Exazerbationen: paradoxe Reaktionen auf Intensiv-Neuroleptika. In: KRYSPIN-EXNER K, HINTERHUBER H, SCHUBERT H (Hrsg) Therapie akuter psychiatrischer Syndrome. Schattauer, Stuttgart New York, S 165–168

BANDELOW B, GROHMANN R, RÜTHER E (1993) Unerwünschte Begleitwirkungen der Neuroleptika und ihre Behandlung. In: MOELLER HJ (Hrsg) Therapie psychiatrischer Erkrankungen. Enke, Stuttgart, S 166–183

BENKERT O, HIPPIUS H (1996) Psychiatrische Pharmakotherapie. Springer, Berlin Heidelberg New York Tokyo

CASEY DE (1994) Motor and mental aspects of acute extrapyramidal syndromes. Acta Psychiatr Scand 89 [Suppl 380]: 14–20

CHOUINARD G, JONES BD (1980) Neuroleptic-induced supersensitivity psychosis: clinical and pharmacologic charactersitics. Am J Psychiatry 137: 16–21

DEGKWITZ R (1966) Die psychische Eigenwirkung der Psycholeptika. Hippokrates 8: 285–290

Dose M (1993a) Spektrum Neuroleptika und andere Psychopharmaka. Aesopus, Basel

Dose M (1993b) Anticholinergika in der Psychiatrie. Fundam Psychiatr 7: 157–163

Fleischhacker WW, Meise U, Günther V et al. (1994) Compliance with antipsychotic drug treatment: influence of side effects. Acta Psychiatr Scand 89 [Suppl 382]: 11–15

Freyhan FA (1957) Psychomotilität, extrapyramidale Syndrome und Wirkungsweisen neuroleptischer Therapien. Nervenarzt 27: 504–509

Gerlach J, Korsgaard S, Clemmesen P et al. (1993) The St. Hans Rating Scale for extrapyramidal syndromes: reliability and validity. Acta Psychiatr Scand 87: 244–252

Haag H, Rüther E, Hippius H (1992) Tardive dyskinesia. WHO expert series on biological psychiatry, vol 1. Hogrefe & Huber, Seattle Toronto Bern Göttingen

Hinterhuber H, Hackenberg B (1986) Neuroleptische Turbulenzphasen. In: Hinterhuber H, Kulhanek F (Hrsg) Seiteneffekte und Störwirkungen der Psychopharmaka. Schattauer, Stuttgart New York, S 49–56

Hinterhuber H, Haring Ch (1992) Unerwünschte Wirkungen, Kontraindikationen, Überdosierungen, Intoxikation. In: Riederer P et al. (Hrsg) Neuro-Psychopharmaka, Bd 4. Neuroleptika. Springer, Wien New York, S 102–121

Janzarik W (1954) Zur Psychopathologie der Megaphenwirkung. Nervenarzt 25: 330–335

Naber D, Walther A, Kircher T et al. (1994) Subjective effects of neuroleptics predict compliance. In: Gaebel W, Awad R (eds) Prediction of neuroleptic treatment outcome in schizophrenia. Concepts and methods. Springer, Wien New York, pp 85–98

Singh JM, Kay SR (1979) Therapeutic antagonism between anticholinergic anti-Parkinson agents and neuroleptics in schizophrenia: implications for a neuropharmacological model. Neuropsychobiol 5: 74–86

van Putten T, Marder SR (1987) Behavioral toxicity of antipsychotic drugs. J Clin Psychiatry 48 [Suppl 9]: 13–19

van Putten T, Multipassi LR, Malkin MD (1974) Phenothiazine-induced decompensation. Arch Gen Psychiatry 30: 102–106

von Ditfurth H (1957) Schauanfälle bei der Zwangskrankheit infolge Megapheneinwirkung. Nervenarzt 28: 177–179

Weiden PJ, Mann JJ, Haas G et al. (1987) Clinical nonrecognition of neuroleptic-induced movement disorders: a cautionary study. Am J Psychiatry 144: 1148–1153

World Health Organization Heads of centres collaborating in WHO-coordinated studies on biological aspects of mental illness (1990) Prophylactic use of anticholinergics in patients on long-term neuroleptic treatment. Br J Psychiatry 156: 412

4.4 Interaktionen

O. Dietmaier

Einleitung

Neuroleptika werden heute sehr häufig mit anderen Medikamenten kombiniert. Im Vordergrund stehen dabei Kombinationen verschiedener Psychopharmaka mit der Absicht synergistische Effekte im Sinne potenzierter oder additiver Wirkungen zu erzielen. In Anbetracht der Heterogenität psychiatrischer Krankheitsbilder ist eine Kombinationsbehandlung mit verschiedenen Psychopharmaka, deren Einsatz sich bekanntlich primär an Zielsymptomen ausrichtet, in vielen Fällen unumgänglich. Als Beispiel seien hier der gleichzeitige Einsatz eines hochpotenten Butyrophenonderivates mit einem niederpotenten Phenothiazinderivat genannt. In der Initialphase einer Psychosenbehandlung ist diese Kombination klinisch bewährt, um antipsychotische und sedierende Wirkeffekte zu erreichen. Auch die schizoaffektiven Psychosen verlangen häufig den Einsatz sowohl eines Neuroleptikums als auch eines Antidepressivums, wenn z. B. das Krankheitsbild durch ein paranoidhalluzinatorisches und ein depressives Syndrom geprägt ist. Auf die kombinierte Psychopharmakotherapie zur Erzielung erwünschter Interaktionen wird im Band 1, Kapitel 19 dieser Reihe ausführlich eingegangen.

Eine weitere in der Psychopharmakotherapie häufig verwendete Kombination ist der gemeinsame Einsatz eines Neuroleptikums mit einem Anticholinergikum. In diesem Fall handelt es sich um eine partiell antagonistische Interaktion, da das zusätzlich verabreichte Anticholinergikum extrapyramidalmotorische Nebenwirkungen des Neuroleptikums aufzuheben vermag.

Bei den genannten Beispielen handelt es sich um erwünschte Wechselwirkungen zur Optimierung einer bestehenden Therapie mit Neuroleptika. Genausogut können jedoch bei der Kombination von Neuroleptika mit anderen Medikamenten unerwünschte Interaktionen auftreten. Diese haben entweder eine unzureichende Arzneimittelwirkung durch Abschwächung und Verkürzung der Wirkdauer oder auch vermehrte Nebenwirkungen bis hin zu Intoxikationen durch verstärkte und verlängerte Effekte zur Folge. An dieser Stelle soll auf mögliche unerwünschte Wechselwirkungen der Kombination von Neuroleptika mit Psychopharmaka oder anderen Medikamenten eingegangen werden.

Beim Versuch, sich über eventuelle Wechselwirkungen von Neuroleptika zu informieren, stößt man auf eine Vielzahl von Einzelbeobachtungen und Fallberichten. Die Frage der klinischen Relevanz einer beobachteten Interaktion ist dabei häufig nur sehr schwer zu beantworten. Einer relativ geringen Anzahl gut dokumentierter kontrollierter Studien stehen sehr viele nicht-kontrollierte Arbeiten und Fallberichte gegenüber. Hier sind zwar bestimmte Interaktionen beschrieben, Kausalzusammenhang und klinische Bedeutung jedoch nicht erwiesen. Des weiteren erschweren Einzeldosis- oder Kurzzeituntersuchungen genauso eine Beurteilung wie reine Laborbefunde, die mit teilweise unrealistisch hohen Dosierungen erstellt wurden.

Arzneimittelinteraktionen lassen sich in zwei Hauptgruppen unterteilen: pharmakokinetische und pharmakodynamische Wechselwirkungen. Unter pharmakodynamischen Interaktionen versteht man in der Regel synergistische oder antagonistische Effekte an einem Rezeptor, Erfolgsorgan oder Regelkreis. Pharmakokinetische Wechselwirkungen beinhalten Vorgänge, die Resorption, Absorption, Verteilung, Eiweißbindung, Metabolismus und Exkretion beeinflussen. Gerade bei eingeschränkter Leber- und Nierenfunktion und im Alter treten Wechselwirkungen, die mit diesen Funktionen zusammenhängen, relativ häufig auf.

Pharmakokinetische Interaktionen

Antacida können die **Resorption** von Neuroleptika verringern. Die gemeinsame Verabreichung von Chlorpromazin und gelartigen Antacida vom Aluminium-Magnesium-Typ führte zu einer Verringerung der Chlorpromazinresorption um 10–40 % (Forrest et al. 1970, Fann et al. 1973). Als Ursache wird eine Bindung/Absorption an die Gelstruktur des Antacidums vermutet, wobei die klinische Relevanz dieser Interaktion fraglich bleibt. Auf jeden Fall scheint die zeitlich getrennte Gabe (Abstand von 1–2 Stunden) empfehlenswert zu sein. Ein ähnliches Phänomen wird für häufig als Antidiarrhoika verwendete **Adsorbentien** (Kohle, Attapulgit, Kaolin, Pektin) beschrieben (Sorby 1965, Thoma und Lieb 1985). Auch hier bietet sich ein zeitlicher Abstand zur Neuroleptika-Applikation an.

Neuroleptika können mit **Kaffee** oder **Tee**, aber auch mit Fruchtsäften und Milch schwerlösliche Ausfällungen bilden. Durch die dadurch verursachte verminderte Resorption kann es zu eingeschränkter Neuroleptikawirkung kommen (Kulhanek et al.

1980, Cheeseman und Neal 1981, Lasswell et al. 1984). In diesem Zusammenhang wird der bei stationären psychiatrischen Patienten häufig zu beobachtende exzessive Kaffee- und Nikotingenuß mit einer erwünschten Neuroleptika-Nebenwirkungsabschwächung in Verbindung gebracht. Generell empfiehlt es sich, Neuroleptika, falls erforderlich, nur mit Wasser aufzulösen bzw. zum Nachtrinken nur Wasser zu verwenden.

Auch Änderungen des pH-Werts oder der Motilität des Magen-Darm-Trakts können die Resorption von Neuroleptika beeinflussen. Die Verabreichung des H2-Blockers **Cimetidin** führte in einer Studie zu deutlich erniedrigten Chlorpromazinspiegeln. Es wird vermutet, daß es sich um eine pH-bedingte Resorptionseinschränkung handelt, da Cimetidin als Enzyminhibitor normalerweise zu erhöhten Plasmaspiegeln führt (Howes et al. 1983). Pharmaka mit anticholinerger Wirkung beeinflussen die Motilität und Entleerungsgeschwindigkeit des Magen-Darm-Trakts. In verschiedenen Arbeiten wird eine verringerte Resorption von Neuroleptika aufgrund einer Interaktion mit **Anticholinergika** beschrieben (Gershon et al. 1965, Rivera-Calimlim et al. 1973, Bamrah et al. 1986). Allerdings dürfte diese Wechselwirkung von ihrer klinischen Bedeutung her deutlich hinter der pharmakodynamischen Interaktion mit additiven anticholinergen Effekten zurückstehen. Veränderungen der **Metabolisierung** werden sowohl durch **enzyminduzierende** als auch durch **enzymhemmende** Vorgänge hervorgerufen. Das dafür verantwortliche Cytochrom-P450-System umfaßt beim Menschen mehr als 20 Isoenzyme, die u. a. für die Katalyse der oxidativen und reduktiven Umsetzung von Fremdstoffen verantwortlich sind. Ihre Aktivität hängt einerseits von der genetischen Ausstattung ab, wobei genetische Defekte, die ein Fehlen funktionsfähiger Enzyme bedingen, für einen gewissen Prozentsatz der Bevölkerung bekannt sind. Zum anderen können Änderungen der Enzymaktivität durch Hemmung (Inhibition) oder Enzymvermehrung (Induktion) vor allem durch Pharmaka und Rauchen sowie durch Funktionsstörungen der Leber, besonders im Alter und bei Erkrankungen, verursacht werden. Heute ist bereits für eine beträchtliche Anzahl von Medikamenten bekannt, durch welche Enzyme sie vor allem umgesetzt werden. Dadurch läßt sich nicht nur das Behandlungsrisiko für Patienten mit Enzymdefekten herabsetzen, sondern es lassen sich auch viele Interaktionen mit anderen Pharmaka voraussagen. So führt die gleichzeitige Verabreichung zweier selektiver Isoenzymsubstrate zur Interferenz, bei der der Abbau beider Substanzen verlangsamt ist. Ein besonders wichtiges Isoenzym beim Metabolismus vieler Neuroleptika ist das **Cytochrom-P450-2D6**. Tabelle 4.4.1 zeigt eine Auswahl von Pharmaka, die Substrate oder Hemmer von Cytochrom-P450-2D6 darstellen. Darunter sind nicht nur die Phenothiazine und trizyklischen Antidepressiva, sondern z. B. auch Haloperidol, Risperidon, Clozapin, Sertindol und einige serotonin-selektive Antidepressiva. Aus der Gruppe der Nicht-Psychopharmaka sind vor allem Betablocker, Antiarrhythmika und Substanzen wie Codein oder Cimetidin von Bedeutung. Als besonders starke Inhibitoren von Cytochrom-P450-2D6 gelten Chinidin sowie bei den Psychopharmaka Paroxetin und Thioridazin. Bei Kombination von Neuroleptika mit Pharmaka aus Tabelle 4.4.2 sind aus theoretischen Überlegungen, die bei etlichen Substanzen auch in vivo Bestätigung fanden, Interaktionen in Erwägung zu ziehen (ERESHEFSKY et al. 1995, LIPP und SCHULER 1995, BAUMANN 1992, BREYER-PFAFF 1995).

Betablocker und Neuroleptika interagieren durch wechselseitige Inhibition der Metabolisierung. Die gemeinsame Gabe von Propranolol und Chlorpromazin führte zu deutlich erhöhten Chlorpromazinspiegeln, mit der Folge additiver hypotensiver Effekte und Krampfanfälle (PEET et al. 1981, VESTAL et al. 1979). In einer weiteren Arbeit wurde der Einfluß von Pindolol auf die Serumspiegel von Thioridazin, Haloperidol, Phenytoin und Phenobarbital untersucht. In Kombination mit Thioridazin resultierten erhöhte Neuroleptika- und Betablockerspiegel, während Haloperidol, Phenytoin und Phenobarbital keine Serumspiegelveränderungen brachten (GREENDYKE und GULYA 1988).

Der H2-Blocker **Cimetidin** ist als potenter Inhibitor von Cytochrom-P450 bekannt. Bei gemeinsamer Verabreichung von Chlorpromazin und Cimetidin traten bei 2 Patienten deutlich erhöhte Chlorpromazinspiegel verbunden mit verstärkter Sedierung auf (BYRNE und O'SHEA 1989). In einem Fallbericht werden auch für die Kombination von Clozapin mit Cimetidin erhöhte Neuroleptikaspiegel und Nebenwirkungen beschrieben. Nach Absetzen von Cimetidin wurde die Therapie

Tabelle 4.4.1. Neuroleptika und andere Arzneistoffe, die Substrate und/oder Hemmer von Cytochrom P450 2D6 sind (Auswahl)

Anti-arrhythmika	Beta-blocker	Opioide	Neuro-leptika	Anti-depressiva	Sonstige
Ajmalin	Alprenolol	Codein	Clozapin	Amitriptylin	Cimetidin
Chinidin	Metoprolol	Dextro-methorphan	Fluphenazin	Clomipramin	Diphenhydramin
Flecainid	Oxprenolol	methorphan	Haloperidol	Fluoxetin	Phenformin
Mexiletin	Pindolol	Oxycodon	Levomepromazin	Imipramin	Tropisetron
Prajmalin	Propranolol	Hydrocodon	Perphenazin	Maprotilin	
Propafenon	Timolol		Risperidon	Nortriptylin	
			Thioridazin	Paroxetin	

komplikationslos mit Ranitidin als H2-Blocker fortgesetzt (Szymanski et al. 1991). Die Metabolisierung des Antiepileptikums Valproinsäure erfuhr in Kombination mit Chlorpromazin eine deutliche Hemmung, die dagegen mit Haloperidol zusammen nicht auftrat (Ishizaki et al. 1984). Eine Kasuistik berichtet von einer Enzyminhibition bei gemeinsamer Verabreichung von Clozapin und **Risperidon**. Nach therapeutisch erwünschtem Hinzufügen von 2 mg/die Risperidon zu einer Dauermedikation von 600 mg/die Clozapin stieg der Clozapinspiegel um mehr als 70%. Allerdings wurden keinerlei unerwünschte Nebenwirkungen beobachtet und die Kombination brachte eine deutliche klinische Verbesserung (Tyson et al. 1995). Trotzdem sollten bei einer derartigen Kombination mögliche unerwünschte Effekte in Betracht gezogen werden und der Clozapinspiegel überwacht werden.

Relativ häufig scheinen enzymhemmende Interaktionen bei der gemeinsamen Verabreichung von **Antidepressiva** und Neuroleptika aufzutreten. Insbesondere für die Kombination von trizyklischen Antidepressiva und Phenothiazinen wird in mehreren Arbeiten die enzymatisch bedingte Inhibition des Antidepressivums mit daraus resultierenden höheren Blutspiegeln und vermehrten Nebenwirkungen beschrieben (Linnoila et al. 1982, Overø et al. 1977, Siris et al. 1982). In einer Untersuchung ergaben sich bei Kombination des Phenothiazinderivates Perphenazin mit Amitriptylin und Nortriptylin Erhöhungen der Antidepressivaspiegel, nicht hingegen zusammen mit dem Thioxanthenderivat Zuclopenthixol (Linnet 1995). Der umgekehrte Fall einer Plasmaspiegelerhöhung von Chlorpromazin durch Amitriptylin und Imipramin wird gleichfalls berichtet (Rasheed et al. 1994). Auch nicht-trizyklische Antidepressiva wie Trazodon und Maprotilin können durch Neuroleptika in ihrem Metabolismus inhibiert werden und dadurch zu verstärkten Nebenwirkungen führen. Bei Maprotilin wird in diesem Zusammenhang

auf ein vermehrtes Risiko von Krampfanfällen bedingt durch erhöhte Plasmaspiegel hingewiesen (Asayesh 1986, Yasui et al. 1995, Molnar 1983).

Die neueren **serotonin-selektiven Antidepressiva (SSRI)** können in Kombination mit Neuroleptika zu erhöhten Plasmaspiegeln letztgenannter Substanzen führen. So verursachte in einer Arbeit die Fluoxetin-Comedikation um ca. 20% erhöhte Haloperidolspiegel und eine durchschnittliche Steigerung der Fluphenazinspiegel um 65% (Goff et al. 1995). Die Hemmung des Cytochrom-P450-2D6 Isoenzyms soll in der Reihenfolge Paroxetin > Fluoxetin > Sertralin > Fluvoxamin abnehmen (Ereshefsky et al. 1995). Fluvoxamin ist ein potenter Inhibitor des Isoenzyms P450-1A2 und interagiert deshalb mit Pharmaka wie u. a. auch Clozapin, die gleichfalls über dieses Isoenzym metabolisiert werden (Brøsen 1995). In einer Untersuchung wird von einem bis zum Zehnfachen erhöhten Clozapinspiegel unter Fluvoxamin und einer Steigerung auf das Dreifache unter Paroxetin berichtet (Hiemke et al. 1994). In Einzelfällen können diese Interaktionen zu bedrohlichen Nebenwirkungen und Zwischenfällen führen. So gibt es Kasuistiken über Krampfanfälle unter Fluvoxamin und Levomepromazin, schwere extrapyramidalmotorische Störungen bei Fluoxetin und Flupentixoldecanoat, Sinusbradykardie unter Fluoxetin und Pimozid sowie ein pharmakogenes Delir bei Paroxetin in Kombination mit Phenothiazinen (Grinshpoon et al. 1993, Pach 1992, Ahmed et al. 1993, König et al. 1993).

Enzyminduktive Vorgänge verursachen gleichfalls teilweise therapeutisch relevante Plasmaspiegelveränderungen. Induktoren wie z. B. **Alkohol, Barbiturate, Carbamazepin, Phenytoin, Rifampicin** und **Tabakrauch** bewirken einen beschleunigten Abbau der Neuroleptika und können bei gemeinsamer Verabreichung zu deutlich reduzierten Blutspiegeln führen (Curry et al. 1970, Forrest et al. 1970, Ernouf 1995,

HAIDUKEWYCH und RODIN 1985, HOUGHTON und RICHENS 1975, LINNOILA et al. 1980, MILLER 1991, TAKEDA et al. 1986, ARANA et al. 1986, KAHN et al. 1990, TIIHONEN et al. 1995, HARING et al. 1989, VINAROVA et al. 1984).

Für weitere wichtige pharmakokinetische Parameter wie Eiweißbindung und Elimination konnte bisher keine klinische Bedeutung im Zusammenhang mit Interaktionen von Neuroleptika gezeigt werden (BREYER-PFAFF 1995).

Pharmakodynamische Interaktionen

Die gleichzeitige Anwendung von Neuroleptika mit anderen **zentralwirksamen Substanzen** wie z. B. Alkohol, Barbituraten, Benzodiazepinen, Hypnotika, Sedativa, Analgetika, Antihistaminika und Narkosemittel kann zu einer gegenseitigen Wirkungsverstärkung führen. Die Kombination mit **Anticholinergika** oder anderen Pharmaka mit anticholinerger Wirkung wie z. B. **trizyklische Antidepressiva** oder **Neuroleptika** kann verstärkte anticholinerge Nebenwirkungen verursachen. Neben Mundtrockenheit, Obstipation, Miktionsstörungen, Ileus und Akkomodationsstörungen ist vor allem bei älteren Patienten Verwirrtheit bis hin zum Delir möglich (GERSHON et al. 1965, BAMRAH et al. 1986, SPERLING und MOSLER 1995, WONG und MCCLOSKEY 1995).

Besondere Hinweise und Vorsichtsmaßnahmen gelten für Kombinationen mit dem Neuroleptikum **Clozapin**. Da Clozapin selbst ausgeprägte anticholinerge und antihistaminerge Eigenschaften besitzt, ist bei der zusätzlichen Verabreichung eines Anticholinergikums – meist wegen Hypersalivation – ganz besonders auf kumulierte anticholinerge Effekte zu achten (NABER und MÜLLER-SPAHN 1994).

Bei therapeutischer Notwendigkeit einer Kombination von Clozapin mit einem Antidepressivum ist vom Einsatz trizyklischer Substanzen abzuraten. Neben der auch hier möglichen Potenzierung anticholinerger Wirkungen besteht eine erhöhte Gefahr einer Schädigung der Hämatopoese. Außerdem ist aufgrund des ähnlichen pharmakologischen Wirkprofils die Wahrscheinlichkeit des Auftretens generalisierter Krampfanfälle erhöht (MÜLLER-SPAHN et al. 1992).

Aus dem gleichen Grund ist auch die Kombination von Clozapin mit niederpotenten und trizyklischen Neuroleptika abzulehnen (GOUZOULIS et al. 1991). Bei zwingender Indikation zur gemeinsamen Gabe eines hochpotenten Neuroleptikums zusammen mit Clozapin sollten Butyrophenone zum Einsatz kommen. Von einer Kombination mit trizyklischen Depotneuroleptika sollte wegen des erhöhten Risikos einer Blutzellschädigung sowie der fehlenden Steuerbarkeit im Falle einer Agranulozytose grundsätzlich abgesehen werden (GAEBEL et al. 1994).

Obwohl die zusätzliche Applikation von Benzodiazepinen zu einer Clozapintherapie bei bestimmten Indikationen durchaus erwünscht und sinnvoll ist, sollte eine entsprechende Kombination mit großer Vorsicht gehandhabt werden. In Einzelfällen wurden übermäßige Sedierung, Schwindel, Ataxie, Delir und kardiovaskuläre Komplikationen, auch mit Todesfolge, beschrieben (SASSIM und GROHMANN 1988, COBB et al. 1991, JACKSON et al.1995).

Die Kombination von Clozapin mit Carbamazepin ist wegen des erhöhten Leukopenie-/Granulozytopenierisikos nicht zu empfehlen (GERSON et al. 1991, GERSON und MELTZER 1992, JUNGHAN et al. 1993). Des weiteren wird kasuistisch über ein malignes Neuroleptikasyndrom unter Carbamazepin und Clozapin berichtet (MÜLLER et al. 1988). Da auch für das Antidepressivum Mianserin Schädigungen des weißen Blutbildes bekannt sind, sollte aus theoretischen Überlegungen auf eine gemeinsame Gabe mit Clozapin verzichtet werden.

Synergistische pharmakodynamische Effekte sind bei der Kombination von Neuroleptika mit Antiemetika vom Typ des Metoclopramids möglich. Da **Metoclopramid** und auch die verwandten Substanzen Alizaprid und Bromoprid als zentrale Dopaminantagonisten wirken, ist eine Verstärkung der primär durch den Dopaminantagonismus der Neuroleptika verursachten extrapyramidalmotorischen Nebenwirkungen in Erwägung zu ziehen (KATARIA et al. 1978, GANZINI et al. 1993).

Für die Gruppe der **ACE-Hemmer** existieren Kasuistiken zu verstärkten antihypertensiven Effekten sowie Synkopen bei Kombination mit Chlorpromazin bzw. Clozapin (ARONOWITZ et al. 1994, WHITE 1986).

Pharmakodynamische Interaktionen mit bisher ungeklärtem Mechanismus können bei gemeinsamer Verabreichung von **Lithium** und Neuroleptika auftreten. Es werden vermehrte Neuroleptika- und/oder Lithiumnebenwirkungen, darunter auch extrapyramidalmotorische Störungen und Neurotoxizität bis hin zum Delir beschrieben. In Kombination mit Clozapin gibt es Fallbeschreibungen über Konvulsionen, Agranulozytose und malignes Neuroleptikasyndrom. Die bei verschiedenen psychiatrischen Indikationen wie z. B. schizoaffektiven Psychosen oder Manien bewährte Kombinationsbehandlung mit Lithium bedarf der besonderen Beachtung möglicher Nebenwirkungen, wobei für die Kombination Lithium/Clozapin evtl. ein erhöhtes Risiko besteht (COHEN und COHEN 1974, SMALL et al. 1975, SPRING 1979, SPRING und FRANKEL 1981, ADDY et al. 1986, POPE et al. 1986, YASSA 1986, ADDONIZIO et al. 1988, STEVENSON et al. 1989, WADDINGTON 1990, GERSON et al. 1991, VALEVSKI et al. 1993, BYRNE et al. 1994, GARCIA et al. 1994).

Einige Neuroleptika wie Sertindol, Pimozid und Thioridazin können eine signifikante Verlängerung des QT-Intervalls im EKG bewirken. Das Risiko einer QT-Verlängerung steigt bei Patienten, die gleichzeitig Medikamente einnehmen, die ebenfalls eine QT-Intervall-Verlängerung induzieren. Hierzu gehören u. a. Terfenadin, Astemizol, Chinidin und weitere Antiarrhythmika so-

wie trizyklische Antidepressiva. Ketoconazol und Itraconazol, die beide starke Inhibitoren des Isoenzyms CYP 3A des Cytochrom P 450-Systems sind, können zu deutlich erhöhten Plasmaspiegeln von Sertindol führen. Die systemische Verabreichung dieser Antimykotika in Kombination mit Sertindol kann daher verstärkte kardiale Nebenwirkungen von Sertindol verursachen und ist deshalb kontraindiziert (MORGANROTH et al. 1993, THOMAS et al. 1996).

Eine pharmakodynamische Interaktion im Sinne eines **Antagonismus** kann bei gemeinsamer Verabreichung der Antihypertonika **Clonidin**, **Methyldopa** oder **Guanethidin** zusammen mit Neuroleptika stattfinden. Die Interferenz tritt wahrscheinlich an α-adrenergen Rezeptoren auf. Neuroleptika mit ausgeprägter α-sympatholytischer Wirkung wie z. B. die Phenothiazine können die α-sympathomimetisch wirkenden Antihypertonika vom Rezeptor verdrängen und auf diese Weise die antihypertonische Wirkung abschwächen. Neuroleptika mit geringer oder fehlender α-sympatholytischer Wirkung wie z. B. die Butyrophenone interagieren nicht (VAN ZWIETEN 1977, FANN et al. 1971, JANOWSKY et al.1973, STAFFORD und FANN 1977, CHOUINARD et al. 1973, THORNTON et al. 1976). Auch für **Adrenalin** und **Noradrenalin** gilt dieser α-Rezeptoren-Antagonismus. So reduzierte Chlorpromazin die Adrenalinwirkung um ca. 50% und hatte Blutdruckabfall mit Reflextachykardie zur Folge (ALEXANDER 1976, GONZALES 1988).

Neuroleptika als klassische Dopaminantagonisten können mit **Dopaminagonisten** wie Bromocriptin, Lisurid, Pergolid oder Levodopa interagieren. Durch einen Dopaminrezeptoren-Antagonismus kann es zur gegenseitigen Wirkungsabschwächung kommen (FRYE et al. 1982, ROBBINS et al. 1984, CIRAULO et al. 1989).

Die folgende Tabelle 4.4.2 soll einen Überblick über die klinisch relevanten möglichen Interaktionen von Neuroleptika mit anderen Pharmaka geben.

Tabelle 4.4.2. Klinisch relevante mögliche Interaktionen von Neuroleptika

Wechselwirkung mit	Interaktionsmechanismus	Klinischer Effekt	Mögliches Procedere	Literatur
ACE-Hemmer (z. B. Captopril, Enalapril)	Synergismus	Verstärkter blutdrucksenkender Effekt (hier Einzelfallbericht: Chlorpromazin in Kombination mit Captopril)	Engmaschige Blutdrucküberwachung insb. bei Kombination mit Phenothiazinen und Clozapin	WHITE (1986) ARONOWITZ et al. (1994)
		Synkope (hier: Clozapin in Kombination mit Enalapril)	Evtl. geringeres Risiko bei Kombination mit Butyrophenonen	
Adrenalin	Alpha-Rezeptoren-Antagonismus	Blutdruckabfall, Reflextachykardie	Blutdrucküberwachung	ALEXANDER (1976) GONZALES (1988)
			Evtl. geringeres Risiko bei Neuroleptika mit niedriger Affinität zu Alpha-Rezeptoren wie z. B. Haloperidol	
Adsorbentien (Kohle, Kaolin, Pektin)	Adsorption, Komplexbildung	Verminderte enterale Resorption, dadurch evtl. abgeschwächte Wirkung bzw. verspäteter Wirkungseintritt	Verabreichung in zeitlichem Abstand (ca. 1–2 Std.)	SORBY (1965) THOMA und LIEB (1985)
Alizaprid	s. Metoclopramid			
Alkohol	Synergistischer Effekt an zentralen Rezeptoren	Verstärkte Sedierung / ZNS-Dämpfung	Alkohol meiden	GEBHART et al. (1969) MILNER und LANDAUER (1971) ERNOUF (1995)
	Enzyminduktion	Reduzierte Neuroleptika-Plasmaspiegel (bei chronischem Gebrauch)		
Antacida	Adsorption, Komplexbildung	Verminderte enterale Resorption, dadurch evtl. abgeschwächte Wirkung bzw. verspäteter Wirkungseintritt	Verabreichung in zeitlichem Abstand (ca. 1–2 Std.)	FORREST et al. (1970) FANN et al. (1973) HURWITZ (1977)
Antiarrhythmika	s. Chinidin			

(Fortsetzung siehe S 184)

Tabelle 4.4.2. Fortsetzung

Wechselwirkung mit	Interaktionsmechanismus	Klinischer Effekt	Mögliches Procedere	Literatur
Anticholinergika (z. B. Biperiden, Benztropin, Metixen, Trihexiphenidyl u. a.)	Additiver anticholinerger Effekt	Verstärkte anticholinerge Nebenwirkungen (z. B. Mundtrockenheit, Obstipation, Miktionsstörungen bis hin zum Delir v. a. bei geriatrischen Patienten)	Vorsicht v. a. bei Kombination mit Phenothiazinen und Clozapin!	GERSHON et al. (1965) RIVERA-CALIMLIM et al. (1973) BAMRAH et al. (1986)
	Resorptionsstörung	Fragliche Abschwächung der Neuroleptikawirkung (hier: Chlorpromazin)		LANG et al. (1995) SPERLING und MOSLER (1995) WONG und McCLOSKEY (1995)
Antidepressiva, serotonin-selektive	Enzyminhibition	Erhöhte Neuroleptikaspiegel, dadurch vermehrt Nebenwirkungen bis hin zu Sinus-Bradykardie, Krampfanfällen, schweren extrapyramidalen Nebenwirkungen und Delir (Einzelfälle)	Dosisreduktion; serotonin-selektive Antidepressiva, falls erforderlich, absetzen; evtl. Citalopram verwenden (inhibiert CYP-2D6 nur sehr gering); cave Kombination Fluvoxamin/Clozapin	PACH (1992) KÖNIG et al. (1993) AHMED et al. (1993) GRINSHPOON et al. (1993) HIEMKE et al. (1994) GOFF et al. (1995)
Antidepressiva, trizyklische	Enzyminhibition	Erhöhte Antidepressiva- und/oder Neuroleptikaspiegel, dadurch vermehrt Nebenwirkungen wie z. B. Hypotonie, Sedierung und anticholinerge Effekte	Evtl. Dosisreduktion	LINNOILA et al. (1982) OVERØ et al. (1977) SIRIS et al. (1982) LINNET (1995) MÜLLER-SPAHN et al. (1992)
	Synergistische anticholinerge Effekte	Verstärkte anticholinerge Nebenwirkungen bis hin zu Harnverhalt, Ileus und Delir	Umsetzen auf nicht-trizyklische Antidepressiva, insb. bei Kombination mit Clozapin	
	Synergismus	Erhöhtes Risiko einer QT-Verlängerung (hier: in Kombination mit Sertindol, Pimozid, Thioridazin)	Kombination meiden; EKG-Kontrolle	MORGANROTH et al. (1993) THOMAS et al. (1996)

(Fortsetzung siehe S 185)

Tabelle 4.4.2. Fortsetzung

Wechselwirkung mit	Interaktionsmechanismus	Klinischer Effekt	Mögliches Procedere	Literatur
Antihistaminika (z. B. Diphenhydramin, Doxylamin, Promethazin)	s. Anticholinergika			
Antikoagulantien	Verlängerung der Halbwertszeit des Antikoagulans, vermutlich bedingt durch verzögerte Metabolisierung	Verstärkung der gerinnungshemmenden Wirkung	Prothrombinzeit regelmäßig überwachen, evtl. Dosisreduktion des Antikoagulans	Interaktion aus theoretischen Überlegungen möglich, da für trizyklische Antidepressiva vergleichbare Effekte beschrieben
Antiparkinsonmittel	s. Anticholinergika			
Astemizol	s. Terfenadin			
Barbiturate	Beschleunigte Metabolisierung des Neuroleptikums durch Enzyminduktion (insb. bei längerfristiger Gabe bzw. Barbituraten mit längerer HWZT wie z. B. Phenobarbital)	Niedrigere Neuroleptika-Plasmaspiegel, dadurch geringerer antipsychotischer Effekt möglich	Kombination meiden	Curry et al. (1970) Forrest et al. (1970) Loga et al. (1975) Rawlins (1978)
	Synergistischer Effekt an zentralen Rezeptoren	Verstärkte Sedierung / ZNS-Dämpfung, verstärkte Blutdrucksenkung möglich		
Benzodiazepine	Synergistischer Effekt an zentralen Rezeptoren	Verstärkte Sedierung	Pharmakodynamische Interaktion vielfach erwünscht und sinnvoll, z. B. zur Therapie einer Neuroleptika-induzierten Akathisie	

(Fortsetzung siehe S 186)

Tabelle 4.4.2. Fortsetzung

Wechselwirkung mit	Interaktionsmechanismus	Klinischer Effekt	Mögliches Procedere	Literatur
Benzodiazepine (Fortsetzung)		In Kombination mit Clozapin in Einzelfällen übermäßige Sedierung, Schwindel, Ataxie, Delir, Atemstillstand	Routinemäßige Kombination mit Clozapin nicht empfehlenswert, jedoch möglicherweise bei speziellen Krankheitssymptomen wie katatonen Syndromen oder schwerer psychotischer Angst sinnvoll Bei Kombination mit Clozapin verstärkte Beachtung übermäßiger ZNS-Depression	SASSIM und GROHMANN (1988) COBB et al. (1991) JACKSON et al. (1995)
Betablocker (z. B. Propranolol, Metoprolol, Pindolol)	Enzyminhibition	Wechselseitige Hemmung der Metabolisierung, dadurch höhere Plasmaspiegel. Verstärkte Neuroleptikawirkung und -nebenwirkungen. Verstärkung der Blutdrucksenkung	Verstärkte Beachtung möglicher unerwünschter Wirkungen insb. bei Kombination mit Phenothiazinen, evtl. Dosisreduktion Mit Haloperidol möglicherweise geringere Interaktion	VESTAL et al. (1979) PEET et al. (1981) GREENDYKE und GULYA (1988)
Bromocriptin	Rezeptorantagonismus	Gegenseitige Wirkungsabschwächung	Kombination meiden	FRYE et al. (1982) ROBBINS et al. (1984)
Bromoprid	s. Metoclopramid			
Carbamazepin	Beschleunigte Metabolisierung des Neuroleptikums (hier Haloperidol und Clozapin) durch Enzyminduktion	Reduzierte Neuroleptika-Plasmaspiegel	Ggf. Dosisanpassung	ARANA et al. (1986) KAHN et al. (1990) TIIHONEN et al. (1995) GERSON et al. (1991)
	Synergismus (hier Kombination mit Clozapin)	Anstieg des Leukopenie-/Granulozytopenierisikos bei Kombination mit Clozapin	Die Kombination mit Clozapin ist wegen potentiell blutbildschädigender Wirkung nicht empfehlenswert	MÜLLER et al. (1988) GERSON und MELTZER (1992)

(Fortsetzung siehe S 187)

Tabelle 4.4.2. Fortsetzung

Wechselwirkung mit	Interaktionsmechanismus	Klinischer Effekt	Mögliches Procedere	Literatur
Carbamazepin (Fortsetzung)		Malignes neuroleptisches Syndrom bei Kombination mit Clozapin (Kasuistik)		JUNGHAN et al. (1993)
Chinidin	Synergismus	Erhöhtes Risiko einer QT-Verlängerung (hier: in Kombination mit Sertindol, Pimozid, Thioridazin)	Kombination meiden; EKG-Kontrolle	MORGANROTH et al. (1993) THOMAS et al. (1996)
Cimetidin	pH-bedingte Resorptionsstörung	Abschwächung der Neuroleptikawirkung	Evtl. Dosisanpassung	HOWES et al. (1983)
	Enzyminhibition	Hemmung der Metabolisierung, dadurch erhöhte Neuroleptikaspiegel und vermehrte Nebenwirkungen möglich	H2-Blocker mit geringerer Enzym-inhibitorischer Wirkung wie z. B. Ranitidin oder Famotidin verwenden	BYRNE und O'SHEA (1989) SZYMANSKI et al. (1991)
Clonidin	Antagonistischer Effekt an zentralen adrenergen Rezeptoren	Abschwächung der antihypertensiven Wirkung	Kombination meiden bzw. engmaschige Blutdrucküberwachung und ggf. Dosisanpassung des Clonidin	VAN ZWIETEN (1977)
			Butyrophenone (z. B. Haloperidol) scheinen nicht zu interagieren	
Clozapin	Enzyminhibition	Erhöhte Clozapinspiegel (hier: in Kombination mit Risperidon bzw. Fluvoxamin)	Bei Kombination von Clozapin mit anderen Neuroleptika sowie Fluvoxamin evtl. Plasmaspiegelbestimmung. Die Kombination mit niederpotenten bzw. trizyklischen Neuroleptika ist nicht empfehlenswert. Bei gemeinsamer Gabe mit hochpotenten Neuroleptika sollten Butyrophenone zum Einsatz kommen.	RÜTHER (1976) GOUZOULIS et al. (1991) NABER und MÜLLER-SPAHN (1994) TYSON et al. (1995) HIEMKE et al. (1994)
	Synergistische anticholinerge und antihistaminerge Effekte	Verstärkte Nebenwirkungen bis hin zu deliranten Episoden und Krampfanfällen insb. in Kombination mit niederpotenten bzw. trizyklischen Substanzen		

(Fortsetzung siehe S 188)

Tabelle 4.4.2. Fortsetzung

Wechselwirkung mit	Interaktionsmechanismus	Klinischer Effekt	Mögliches Procedere	Literatur
Clozapin (Fortsetzung)			Von einer Kombination mit trizyklischen Depotneuroleptika sollte wegen des erhöhten Risikos einer Blutzellschädigung sowie der fehlenden Steuerbarkeit im Falle einer Agranulozytose grundsätzlich abgesehen werden	GOLD (1974) JANOWSKY et al. (1981)
Enfluran	Unbekannt	Blutdrucksenkung		FANN et al. (1971) JANOWSKY et al. (1973) STAFFORD und FANN (1977)
Guanethidin	Antagonistischer Effekt an adrenergen Rezeptoren	Abschwächung der antihypertensiven Wirkung	Kombination meiden bzw. engmaschige Blutdrucküberwachung und ggf. Dosisanpassung des Guanethidins	
Itraconazol	s. Ketoconazol			
Kaffee, Tee	Gerbstoff-induzierte Ausfällung	Abgeschwächte Neuroleptikawirkung (insb. bei Phenothiazinen)	Übermäßigen Kaffee- und Teegenuß vermeiden	KULHANEK et al. (1980) CHEESEMAN und NEAL (1981) LASSWELL et al. (1984)
Ketoconazol	Enzyminhibition	Erhöhtes Risiko einer QT-Verlängerung (hier: in Kombination mit Sertindol)	Kombination meiden; EKG-Kontrolle	THOMAS et al. (1996)
Levodopa	Rezeptorantagonismus	Gegenseitige Wirkungsabschwächung	Kombination meiden	CIRAULO et al. (1989)
Lisurid	Rezeptorantagonismus	Gegenseitige Wirkungsabschwächung	Kombination meiden	FRYE et al. (1982) ROBBINS et al. (1984)

(Fortsetzung siehe S 189)

Tabelle 4.4.2. Fortsetzung

Wechselwirkung mit	Interaktionsmechanismus	Klinischer Effekt	Mögliches Procedere	Literatur
Lithium	Unbekannt	Vermehrte Neuroleptika- und/ oder Lithium-Nebenwirkungen, auch extrapyramidalmotorische Störungen bis hin zu Neurotoxizität und Delir	Kombination u. a. bei schizoaffektiven Psychosen bewährt; auf potentielle Interaktionen achten, insb. bei Clozapin!	COHEN und COHEN (1974) SMALL et al. (1975) SPRING (1979) SPRING und FRANKEL (1981)
		In Kombination mit Clozapin kasuistisch Konvulsionen, Agranulozytose und malignes Neuroleptikasyndrom beschrieben		ADDY et al. (1986) POPE et al. (1986) YASSA (1986) ADDONIZIO et al. (1988) STEVENSON et al. (1989) WADDINGTON (1990) GERSON et al. (1991) VALEVSKI et al. (1993) BYRNE et al. (1994) GARCIA et al. (1994)
Maprotilin	Enzyminhibition (?)	Erhöhte Maprotilin- und/oder Neuroleptikaspiegel, dadurch Senkung der Krampfschwelle möglich	Dosierungen im oberen Bereich vermeiden	MOLNAR (1983)
Methyldopa	Antagonistischer Effekt an zentralen adrenergen Rezeptoren	Abschwächung der antihypertensiven Wirkung	Kombination meiden bzw. engmaschige Blutdrucküberwachung und ggf. Dosisanpassung von Methyldopa	CHOUINARD et al. (1973) THORNTON (1976)
	Peripher sympatholytische Wirkung	Jedoch auch vermehrter blutdrucksenkender Effekt beobachtet		
	Verstärkter zentraler Dopaminantagonismus	In Einzelfällen Neurotoxizität (Demenz)		

(Fortsetzung siehe S 190)

Tabelle 4.4.2. Fortsetzung

Wechselwirkung mit	Interaktionsmechanismus	Klinischer Effekt	Mögliches Procedere	Literatur
Metoclopramid, Alizaprid, Bromoprid	Verstärkte zentrale antidopaminerge Effekte	Verstärkte extrapyramidal-motorische Nebenwirkungen	Als Prokinetika weniger ZNS-gängige, bzw. geringer antidopaminerg wirksame Substanzen wie Domperidon oder Cisaprid einsetzen	KATARIA et al. (1978) GANZINI et al. (1993)
Mianserin	Synergismus in Kombination mit Clozapin	Anstieg des Leukopenie-/Granulozytopenierisikos	Kombination Mianserin/Clozapin meiden	Interaktion aus theoretischen Überlegungen möglich
Noradrenalin	Alpha-Rezeptoren-Antagonismus	Blutdruckabfall, Reflextachykardie	Blutdrucküberwachung Evtl. geringeres Risiko bei Neuroleptika mit niedriger Affinität zu Alpha-Rezeptoren wie z. B. Haloperidol	ALEXANDER (1976) GONZALES (1988)
Pergolid	Rezeptorantagonismus	Gegenseitige Wirkungsabschwächung	Kombination meiden	FRYE et al. (1982) ROBBINS et al. (1984)
Phenobarbital	s. Barbiturate			
Phenytoin	Beschleunigter Metabolismus durch Enzyminduktion	Wechselseitige Beeinflussung der Plasmaspiegel:		
		Reduzierte Haloperidol- bzw. Clozapinspiegel durch Phenytoin	Ggf. Neuroleptikadosis erhöhen	LINNOILA et al. (1980) MILLER (1991)
		Reduzierte Phenytoinspiegel durch Phenothiazine	Phenytoinspiegel überwachen und ggf. anpassen	HOUGHTON und RICHENS (1975) HAIDUKEWYCH und RODIN (1985)

(Fortsetzung siehe S 191)

Tabelle 4.4.2. Fortsetzung

Wechselwirkung mit	Interaktionsmechanismus	Klinischer Effekt	Mögliches Procedere	Literatur
Rauchen	Enzyminduktion	Reduzierte Neuroleptika-Plasmaspiegel	Bei verringerter Neuroleptika-wirkung evtl. Dosiserhöhung	VINAROVA et al. (1984) HARING et al. (1989)
Rifampicin	Enzyminduktion	Reduzierte Neuroleptika-Plasmaspiegel	Bei verringerter Neuroleptika-wirkung evtl. Dosiserhöhung	TAKEDA et al. (1986)
Serotonin-selektive Antidepressiva	s. Antidepressiva, serotonin-selektive			
Tacrin	Rezeptorantagonismus	Wirkungsabschwächung	Neuroleptika mit geringerer anticholinerger Wirkkomponente einsetzen wie z. B. Haloperidol oder Melperon	Interaktion aus theoretischen Überlegungen möglich
Terfenadin	Synergismus	Erhöhtes Risiko einer QT-Verlängerung (hier: in Kombination mit Sertindol, Pimozid, Thioridazin)	Kombination meiden; EKG-Kontrolle	MORGANROTH et al. (1993) THOMAS et al. (1996)
Trazodon	Enzyminhibition	Erhöhte Trazodonspiegel (hier: in Kombination mit Thioridazin), Blutdrucksenkung (hier: in Kombination mit Phenothiazinen)	Phenothiazine eher meiden	ASAYESH (1986) YASUI et al. (1995)
Trizyklische Antidepressiva	s. Antidepressiva, trizyklische			
Valproinsäure	Enzyminhibition	Höhere Valproinsäure-Plasmaspiegel durch Chlorpromazin	Valproinsäurespiegel überwachen Interaktion eher bei Phenothiazinen zu erwarten, da Haloperidol keine Inhibition verursachte	ISHIZAKI et al. (1984)

(Fortsetzung siehe S 192)

Tabelle 4.4.2. Fortsetzung

Wechselwirkung mit	Interaktionsmechanismus	Klinischer Effekt	Mögliches Procedere	Literatur
Zentraldämpfende Pharmaka (z. B. Schlaf-, Schmerz-, Beruhigungs-, Narkosemittel)	Additive Wirkung	Verstärkte Sedierung, Analgesie und Anästhesie bis hin zu Atemdepression	Kombination meiden; vermehrte Nebenwirkungen insb. im Berufsleben und Verkehr beachten	
Zotepin	Unbekannt	Auslösung Epilepsie-ähnlicher Krampfanfälle möglich	Bei Kombination von Zotepin mit anderen Neuroleptika regelmäßige EEG-Kontrollen	Hori et al. (1992)

Literatur

ADDONIZIO G, ROTH SD, STOKES PE et al. (1988) Increased extrapyramidal symptoms with addition of lithium to neuroleptics. J Nerv Ment Dis 176: 682–685

ADDY RO, FOLIART RH, SARAN AS et al. (1986) EEG observations during combined haloperidol-lithium treatment. Biol Psychiatry 21: 170–176

AHMED I, DAGINCOURT PG, MILLER LG, SHADER RI (1993) Possible interaction between fluoxetine and pimozide causing sinus bradycardia. Can J Psychiatry 38: 62–63

ALEXANDER CS (1976) Epinephrine not contraindicated in cardiac arrest attributed to phenothiazine. JAMA 236: 405

ARANA GW, GOFF DC, FRIEDMAN H et al. (1986) Does carbamazepine-induced reduction of plasma haloperidol levels worsen psychotic symptoms? Am J Psychiatry 143: 650–651

ARONOWITZ JS, CHAKOS MH, ZAFFERMAN AZ, LIEBERMAN JA (1994) Syncope associated with the combination of clozapine and enalapril. J Clin Psychopharmacol 14: 429–430

ASAYESH K (1986) Combination of trazodone and phenothiazines: a possible additive hypotensive effect. Can J Psychiatry 31: 857

BAMRAH JS, KUMAR V, KRSKA J, SONI SD (1986) Interactions between procyclidine and neuroleptic drugs. Some pharmacological and clinical aspects. Br J Psychiatry 149: 726–733

BAUMANN P (1992) Pharmakogenetik. In: RIEDERER P, LAUX G, PÖLDINGER W (Hrsg) Neuro-Psychopharmaka, Bd 1. Allgemeine Grundlagen der Pharmakopsychiatrie. Springer, Wien New York, S 311–321

BREYER-PFAFF U (1995) Bedeutung des Arzneimetabolismus für die Kinetik von Psychopharmaka. Psychopharmakotherapie 2: 134–136

BRØSEN K (1995) Drug interactions and the cytochrome P450 system. The role of cytochrome P450 1A2. Clin Pharmacokinet 29 [Suppl 1]: 20–25

BYRNE A, O'SHEA B (1989) Adverse interaction between cimetidine and chlorpromazine in two cases of chronic schizophrenia. Br J Psychiatry 155: 413–415

BYRNE A, ZIBIN T, CHIMICH W, HNATKO G (1994) Severe hypotension associated with combined lithium and chlorpromazine therapy: a case report and a review. Can J Psychiatry 39: 294–296

CHEESEMAN HJ, NEAL MJ (1981) Interactions of chlorpromazine with tea and coffee. Br J Clin Pharmacol 12: 165–169

CHOUINARD G, PINARD G, PRENOVEAU Y et al. (1973) Alpha methyldopa-chlorpromazine interaction in schizophrenic patients. Curr Ther Res 15: 60

CIRAULO DA, SHADER RI, GREENBLATT DJ, CREELMAN W (eds) (1989) Drug interactions in psychiatry. Williams & Wilkins, Baltimore

COBB CD, ANDERSON CB, SEIDEL DR (1991) Possible interaction between clozapine and lorazepam (letter). Am J Psychiatry 148: 1606–1607

COHEN WJ, COHEN N (1974) Lithium carbonate, haloperidol and irreversible brain damage. J Am Med Assoc 230: 1283–1287

CURRY SH, DAVIS JM, JANOWSKY DS et al. (1970) Factors affecting chlorpromazine plasma levels in psychiatric patients. Arch Gen Psychiatry 22: 209–215

DANIEL DG, RANDOLPH C, JASKIW G, HANDEL S et al. (1994) Coadministration of fluvoxamine increases serum concentrations of haloperidol. J Clin Psychopharmacol 14: 340–343

ERESHEFSKY L, RIESENMANN C, LAM YWF (1995) Antidepressant drug interactions and the cytochrome P450 system. The role of cytochrome P450 2D6. Clin Pharmacokinet 29 [Suppl 1]: 10–19

ERNOUF D (1995) Alcohol and drug interactions. Therapie 50: 199–202

FANN WE, JANOWSKY DS, DAVIS JM et al. (1971) Chlorpromazine reversal of the antihypertensive action of guanethidine. Lancet ii: 436–437

FANN WE, DAVIS JM, JANOWSKY DS et al. (1973) Chlorpromazine: effects of antacids on its gastrointestinal absorption. Clin Pharmacol Ther 13: 388–390

FORREST FM, FORREST IS, SERRA MT (1970) Modification of chlorpromazine metabolism by some other drugs frequently administered to psychiatric patients. Biol Psychiatry 2: 53–58

FRYE PE, PARISER SF, KIM KH et al. (1982) Bromocriptine associated with symptom exacerbation during neuroleptic treatment of schizoaffective disorder. J Clin Psychiatry 43: 252–253

GAEBEL W, KLIMKE A, KLIESER E (1994) Kombination von Clozapin mit anderen Psychopharmaka. In: NABER D, MÜLLER-SPAHN F (Hrsg) Clozapin. Pharmakologie und Klinik eines atypischen Neuroleptikums. Springer, Berlin Heidelberg New York Tokyo, S 41–58

GANZINI L, CASEY DE, HOFFMAN WF et al. (1993) The prevalence of metoclopramide-induced tardive dyskinesia and acute extrapyramidal movement disorders. Arch Intern Med 153: 1469–1475

GARCIA G, CRISMON ML, DORSON PG (1994) Seizures in two patients after the addition of lithium to a clozapine regimen. J Clin Psychopharmacol 14: 426–428

GEBHART GF, PLAA GL, MITCHELL CL (1969) The effects of ethanol alone and in combination with phenobarbital, chlorpromazine, or chlordiazepoxide. Toxicol Appl Pharmacol 15: 405–414

GERSHON S, NEUBAUER H, SUNDLAND DM (1965) Interactions between some anticholinergic phenothiazines. Clin Pharmacol Ther 6: 749–756

GERSON SL, MELTZER H (1992) Mechanisms of clozapine-induced agranulocytosis. Drug Safety 7: 17–25

GERSON SL, LIEBERMAN JA, FRIEDENBERG WR, LEE D et al. (1991) Polypharmacy in fatal clozapine-associated agranulocytosis. Lancet 338: 262–263

GOFF DC, MIDHA KK, SARID-SEGAL O, HUBBARD JW et al. (1995) A placebo controlled trial of fluoxetine added to neuroleptic in patients with schizophrenia. Psychopharmacology 117: 417–423

GOLD MI (1974) Profound hypotension associated with preoperative use of phenothiazines anesthesia and analgesia. Curr Res 53: 844–848

GONZALES ER (1988) Catecholamine selection for vasopressor-dependent patients. Clin Pharm 7: 793

GOUZOULIS E, GRUNZE H, V BARDELEBEN U et al. (1991) Myoclonic epileptic seizures during clozapine treatment: a report of three cases. Eur Arch Psychiat Clin Neurosci 240: 370–372

GREENDYKE RM, GULYA A (1988) Effect of pindolol administration on serum levels of thioridazine, haloperidol, phenytoin and phenobarbital. J Clin Psychiatry 49: 105–107

GRINSHPOON A, BERG Y, MOZES T, MESTER R et al. (1993) Seizures induced by combined levomepromazine-fluvoxamine treatment. Int Clin Psychopharmacol 8: 61–62

HAIDUKEWYCH D, RODIN EA (1985) Effect of phenothiazines on serum antiepileptic drug concentrations in psychiatric patients with seizure disorder. Ther Drug Monit 7: 401–404

HARING C, MEISE U, HUMPEL C, SARIA A et al. (1989) Dose-related plasma levels of clozapine: influence of smoking behaviour, sex and age. Psychopharmacology 99: 38–40

HIEMKE C, WEIGMANN H, HÄRTTER S, DAHMEN N et al. (1994) Elevated levels of clozapine in serum after addition of fluvoxamine. J Clin Psychopharmacol 14: 279–281

HORI M, SUZUKI M, SASAKI M, SHIRAISHI H et al. (1992) Convulsive seizures in schizophrenic patients induced by zotepine administration. Jpn J Psychiatry Neurol 46: 161–167

HOUGHTON GW, RICHENS A (1975) Inhibition of phenytoin metabolism by other drugs used in epilepsy. Int J Clin Pharm Biopharm 12: 210

HOWES CA, PULLAR T SOURINDHRIN I et al. (1983) Reduced steady-state plasma concentrations of chlorpromazine and indomethacin in patients receiving cimetidine. Eur J Clin Pharmacol 24: 99–102

HURWITZ A (1977) Antacid therapy and drug kinetics. Clin Pharmacokinet 2: 269–280

ISHIZAKI T, CHIBA K, SAITO M (1984) The effects of neuroleptics (haloperidol and chlorpromazine) on the pharmacokinetics of valproic acid in schizophrenic patients. J Clin Psychopharmacol 4: 254–261

JACKSON CW, MARKOWITZ JS, BREWERTON TD (1995) Delirium associated with clozapine and benzodiazepine combinations. Ann Clin Psychiatry 7: 139–141

JANOWSKY DS, EL-YOUSEF MK, DAVIS JM et al. (1973) Antagonism of guanethidine by chlorpromazine. Am J Psychiatry 130: 808–812

JANOWSKY EC, RISCH C, JANOWSKY DS (1981) Effects of anesthesia on patients taking psychotropic drugs. J Clin Psychopharmacol 1: 14–20

JUNGHAN U, ALBERS M, WOGGON B (1993) Increased risk of hematological side-effects in psychiatric patients treated with clozapine and carbamazepin? Pharmacopsychiat 26: 262

KAHN EM, SCHULZ SC, PEREL JM et al. (1990) Change in haloperidol level due to carbamazepine – a complicating factor in combined medication for schizophrenia. J Clin Psychopharmacol 10: 54–57

KATARIA M, TRAUB M, MARSDEN CD (1978) Extrapyramidal side-effects of metoclopramide. Lancet ii: 1254–1255

KLEIN HE, RÜTHER E, STAEDT J (1992) Kombinierte Psychopharmakotherapie einschließlich Behandlung chronischer Schmerzsyndrome. In: RIEDERER P, LAUX G, PÖLDINGER W (Hrsg) Neuro-Psychopharmaka, Bd 1. Allgemeine Grundlagen der Pharmakopsychiatrie. Springer, Wien New York, S 425–433

KÖNIG F, WOLFERSDORF M, HOLE G, THOMA A et al. (1993) Pharmakogenes Delir nach Behandlung mit Paroxetin und Phenothiazinen. Krankenhauspsychiatrie 4: 79–81

KULHANEK F, LINDE OK, MEISENBERG G, PARISH HM (1980) Zur Interaktion von Kaffee- und Tee-infusen mit Neuroleptika. Dtsch Apoth Z 120: 1761–1808

LANG K, SIGUSCH H, MÜLLER S (1995) Anticholinergisches Syndrom mit halluzinatorischer Psychose nach Diphenhydramin-Intoxikation. Dtsch Med Wochenschr 120: 1695–1698

LASSWELL WJ, WEBER STS, WILKINS JM (1984) In vitro interaction of neuroleptics and tricyclic antidepressants with coffee, tea and gallotannic acid. J Pharm Sci 73: 1056–1058

LINNET K (1995) Comparison of the kinetic interactions of the neuroleptics perphenazine and zuclopenthixol with tricyclic antidepressives. Ther Drug Monit 17: 308–311

LINNOILA M, VIUKARI M, VAISANEN K et al. (1980) Effect of anticonvulsants on plasma haloperidol and thioridazine levels. Am J Psychiatry 137: 819–821

LINNOILA M, GEORGE L, GUTHISIE S (1982) Interaction between antidepressants and phenothiazine in psychiatric inpatients. Am J Psychiatry 138: 1329–1331

LIPP HP, SCHULER U (1995) Die menschlichen Cytochrom-P450-Isoenzyme. Arzneimitteltherapie 13: 272–280

LOGA S, CURRY S, LADER M (1975) Interactions of orphenadrine and phenobarbitone with chlorpromazine: plasma concentrations and effects in man. Br J Clin Pharmacol 2: 197–208

MILLER DD (1991) Effect of phenytoin on plasma clozapine concentrations in two patients. J Clin Psychiatry 52: 23–25

MILNER G, LANDAUER A (1971) Alcohol, thioridazine and chlorpromazine effects on skills related to driving behavior. Br J Psychiatry 118: 351

MOLNAR G (1983) Seizures associated with high maprotiline serum concentrations. Can J Psychiatry 28: 555–556

MORGANROTH J, BROWN AM, CRITZ S et al. (1993) Variability of the QTC interval: impact on defining drug effect and low frequency cardiac event. Am J Cardiol 72: 26B

MÜLLER T, BECKER T, FRITZE J (1988) Neuroleptic malignant syndrome after clozapine plus carbamazepine. Lancet ii: 8626–8627

MÜLLER-SPAHN F, GROHMANN R, MODELL S, NABER D (1992) Kombinationstherapie mit Clozapin (Leponex®) – Wirkungen und Risiken. In: NABER D, MÜLLER-SPAHN F (Hrsg) Clozapin – Pharmakologie und Klinik eines atypischen Neuroleptikums. Schattauer, Stuttgart New York, S 161–169

NABER D, MÜLLER-SPAHN F (Hrsg) (1994) Clozapin – Pharmakologie und Klinik eines atypischen Neuroleptikums. Neuere Aspekte der klinischen Praxis. Springer, Berlin Heidelberg New York Tokyo

OVERØ KF, GRAM LF, HANSEN V (1977) Interaction of perphenazine with kinetics of nortriptyline. Acta Pharmacol Toxicol 40: 97–105

PACH J (1992) Pharmakotoxische Psychose und extrapyramidalmotorisches Syndrom. Ein Fall akuter Unverträglichkeit von Fluoxetin und Flupentixol. Nervenarzt 63: 575–576

PEET M, MIDDLEMISS DN, YATES RA (1981) Propranolol in schizophrenia. II. Clinical and biochemical aspects of combining propranolol with chlorpromazine. J Psychiatry 139: 112–117

POPE H, COLE J, CHORAS P, FULWILER C (1986) Apparent neuroleptic malignant syndrome with clozapine and lithium. J Nerv Ment Dis 174: 493–495

RASHEED A, JAVED MA, NAZIR S, KHAWAJA O (1994) Interaction of chlorpromazine with tricyclic anti-depressants in schizophrenic patients. J Pak Med Assoc 44: 233–234

RAWLINS MD (1978) Drug interactions and anaesthesia. Br J Anaesth 50: 689–693

RIVERA-CALIMLIM L, CASTANEDA L, LASAGNA L (1973) Effects of mode of management on plasma chlorpromazine in psychiatric patients. Clin Pharmacol Ther 14: 978–986

ROBBINS RJ, KERN PA, THOMPSON TL (1984) Interactions between thioridazine and bromocriptine in a patient with a prolactin-secreting pituitary adenoma. Am J Med 76: 921–923

RÜTHER E (1976) Interaction of neuroleptics clozapine and haloperidol. Neuro-Psychopharmacology 2: 1099–1106

SASSIM N, GROHMANN R (1988) Adverse drug reactions with clozapine and simultaneous application of benzodiazepines. Pharmacopsychiatry 21: 306–307

SIRIS SG, COPPER TB, RIFKIN AE et al. (1982) Plasma imipramine concentrations in patients receiving concomitant fluphenazine decanoate. Am J Psychiatry 139: 104–106

SMALL JG, KELLAMS JJ, MILSTEIN V, MOORE J (1975) A placebo-controlled study of lithium combined with neuroleptics in chronic schizophrenic patients. Am J Psychiatry 132: 1315–1317

SORBY DL (1965) Effect of adsorbents on drug absorption. I. Modification of promazine absorption by activated attapulgite and activated charcoal. J Pharm Sci 54: 677–683

SPERLING W, MOSLER T (1995) Das anticholinerge Delir – Diagnose und Therapie. Fortschr Med 113: 29–33

SPRING G (1979) Neurotoxicity with combined use of lithium and thioridazine. J Clin Psychiatry 40: 135–138

SPRING G, FRANKEL M (1981) New data on lithium and haloperidol incompatibility. Am J Psychiatry 138: 818–821

STAFFORD JR, FANN WE (1977) Drug interactions with guanidinium antihypertensives. Drugs 13: 57–65

STEVENSON RN, BLANSHARD C, PATTERSON DLH (1989) Ventricular fibrillation due to lithium withdrawal – an interaction with chlorpromazine? Postgrad Med J 65: 936–938

SZYMANSKI S, LIEBERMAN JA, PICOU D et al. (1991) A case report of cimetidine-induced clozapine toxicity. J Clin Psychiatry 52: 21–22

TAKEDA M, NISHINUMA K, YAMASHITA S et al. (1986) Serum haloperidol levels of schizophrenics receiving treatment for tuberculosis. Clin Neuropharmacol 9: 386–397

THOMA K, LIEB H (1985) Untersuchungen zur Adsorption von kationischen amphiphilen Arzneistoffen an Antacida und Adsorbentien. Pharm Acta Helv 60: 98–105

THOMAS M, MACONOCHIE JG, FLETCHER E (1996) The dilemma of the prolonged QT interval in early drug studies. Br J Clin Pharmacol 41: 77–81

THORNTON WE (1976) Dementia induced by methyldopa with haloperidol. N Engl J Med 294: 1222

TIIHONEN J, VARTIAINEN H, HAKOLA P (1995) Carbamazepine-induced changes in plasma levels of neuroleptics. Pharmacopsychiatry 28: 26–28

TYSON SC, DEVANE CL, RISCH SC (1995) Pharmacokinetic interaction between risperidone and clozapine. Am J Psychiatry 152: 1401–1402

VALEVSKI A, MODAI I, LAHAV M, WEIZMAN A (1993) Clozapine-lithium combined treatment and agranulocytosis. Int Clin Psychopharmacol 8: 63–65

VAN ZWIETEN PA (1977) Wechselwirkungen zwischen Antihypertensiva und Psychopharmaka. Pharmakopsychiat 10: 232–238

VESTAL RE, KORNHAUSER DM, HOLLIFIELD JW et al. (1979) Inhibition of propranolol metabolism by chlorpromazine. Clin Pharmacol Ther 25: 19–24

VINAROVA E, VINAH O, KALVACH Z (1984) Smokers need higher doses of neuroleptic drugs. Biol Psychiatry 19: 1265–1268

WADDINGTON JL (1990) Some pharmacological aspects relating to the issue of possible neurotoxic interactions during combined lithium-neuroleptic therapy. Hum Psychopharmacol 5: 293–297

WHITE WB (1986) Hypotension with postural syncope secondary to the combination of chlorpromazine and captopril. Arch Intern Med 146: 1833–1834

WONG BJ, McCLOSKEY WW (1995) Overview of medication related delirium in the geriatric patient. Hosp Pharm 30: 475–484

YASSA R (1986) A case of lithium-chlorpromazine interaction. J Clin Psychiatry 47: 90–91

YASUI N, OTANI K, KANEKO S, OHKUBO T et al. (1995) Inhibition of trazodone metabolism by thioridazine in humans. Ther Drug Monit 17: 333–335

4.5 Kontrolluntersuchungen

P. König und G. Laux

Grundsätzlich ist festzustellen, daß monotherapeutische Anwendung bzw. Verschreibung von Neuroleptika die wünschenswerte Vorgangsweise darstellt (CARPENTER et al. 1987). In der Praxis ist diese Vorgangsweise allerdings nicht immer möglich (MÜLLER-SPAHN et al. 1990), man sollte sich jedoch im Interesse der Vermeidung möglicher Potenzierungen von Nebenwirkungen, einer eventuellen Enzyminduktion und letztlich aus Kostengründen um die Einhaltung einer Monotherapie bemühen. Dort wo Kombinationen mit anderen Neuroleptika oder Psychopharmaka notwendig sind, muß die Möglichkeit von Interaktionen stets genau abgewogen werden (MÜLLER-OERLINGHAUSEN und LAUX 1995), wie auch in Bd. 1 oder Kap. 4.4 ausgeführt wird. Gleiches gilt für die Kombination mit anderen Medikamenten, was besonders bei der Langzeittherapie mit Neuroleptika wegen der Wahrscheinlichkeit des Auftretens interkurrenter Erkrankungen in die Therapieplanung und in die ausführliche Information des Patienten und seiner Angehörigen, des Hausarztes und anderer Betreuungspersonen aufgenommen werden muß.

Es ist zwischen Untersuchungen, die **vor der Einstellung** auf ein Neuroleptikum erfolgen sollten, **Kontrolluntersuchungen**, die den Verlauf begleiten, und **speziellen (Zusatz-) Untersuchungen**, die durch besondere Umstände notwendig werden, zu unterscheiden. Die Herstellerfirmen geben für Langzeittherapien sogenannte Therapie- oder Patientenpässe, wie sie sich auch in anderen Arten der chronischen Therapie bewährt haben, ab. Für Arzt wie Patient wird damit ein rascher Überblick über Therapieverlauf, Medikament und Dosierung, Befunde und Termine möglich.

4.5.1 Untersuchungen vor der Einstellung auf Neuroleptika

Grundlegende Voraussetzungen dazu liefern der fachgerecht erhobene und dokumentierte psychopathologische, neurologische und allgemeinmedizinische Status, je nach möglichen Komplikationswahrscheinlichkeiten ergänzt durch spezielle Befunde und Untersuchungen, wie z. B. Augendruckmessung, radiologische Befundung oder Schwangerschaftsnachweis. Zusätzlich sind folgende Befunderhebungen geboten:

Hämatologie

Blutbild wie Differentialblutbild sind grundsätzlich zu fordern, da verschiedene Formen von Blutdyskrasien unter Neuroleptika auch schon relativ früh beschrieben wurden (Zusammenfassung bei ANGST und DINKELKAMP 1974). Bei Patienten mit bekannten Störungen der Hämatopoese, Patienten in Kombinationstherapie mit Medikamenten die Auswirkungen auf das hämatopoetische System zeigen, bei seltenen Einzelfällen unter unumgänglicher, fortlaufender neuroleptischer Hochdosierung sind zusätzlich Thrombozytenwerte erforderlich. Bei besonders disponierten Personen ist wegen möglicher Leberfunktionsstörung, aber

auch wegen deren Neigung zu thrombem-
bolischen Komplikationen, die Kontrolle
der Blutgerinnung angezeigt.

Blutchemie

Kontrollen der Leberenzyme, des Bilirubin,
der alkalischen Phosphatase, von Kreatinin,
Harnstoff, Cholesterin und Blutzucker, sind
wegen möglicher neuroleptischer Seiteneffekte auf die jeweiligen Organe bzw. Stoff-
wechselabläufe notwendig.

Physikalisch/elektrophysiologisch

Gewicht, Blutdruck, EKG und EEG sollten
schon bei Behandlungsbeginn dokumentiert sein; die möglichen Gewichtszunahmen sind für manche Patienten ein schwie-
riges psychologisches Problem, das Ausgangsgewicht daher oft wesentlich. Nebenwirkungen auf das kardiovaskuläre System
sind bei den Substanzen mit deutlich anticholinergen Effekten, bei längerdauernder
Behandlung, höherer Dosierung und älteren Patienten wahrscheinlicher (PIESCHL et
al. 1986). Die chinidinartigen Wirkungen
trizyklischer Neuroleptika lassen eine kritische Handhabung der Phenothiazine geboten erscheinen. Bei über 50jährigen empfiehlt sich eine routinemäßige EKG-Kon-
trolle (HOLLISTER 1995). Auf die Senkung der
zerebralen Krampfschwelle durch Neuroleptika wird nochmals hingewiesen.

4.5.2 Kontrolluntersuchungen

Sie sind üblicherweise im ersten Behand-
lungshalbjahr monatlich, dann in 3- oder 6-
monatigen Abständen, je nach Untersuchung durchzuführen, außer es handelt sich
um Angehörige einer Patientengruppe mit
spezifischer Vulnerabilität. Die unter einer
Neuroleptika-Therapie zu empfehlenden
Routine-Kontrolluntersuchungen sind in
Tabelle 4.5.1 zusammengefaßt.

Besondere Bedeutung kommt der Kontrolle
des Blutbildes zu: unter trizyklischen Neuroleptika sollte anfangs eine zweiwöchige,
später eine monatliche Blutbildkontrolle
erfolgen. Die Leukozyten sollten in den ersten Behandlungswochen wöchentlich bestimmt werden.
Unter einer Behandlung mit anderen Neuroleptika (Butyrophenone, Diphenylbutylpiperidine, Benzamide) sind initial vierwö-
chige Blutbildkontrollen ausreichend. Zu
den neu eingeführten sogenannten atypischen Neuroleptika (Antipsychotika) Risperidon, Olanzapin und Sertindol liegen bislang keine ausreichenden Erfahrungen hinsichtlich der zu empfehlenden Blutbildkontrollen vor.
Für Clozapin gelten spezielle, unten aufge-
führte Regeln.
Die möglichen Störwirkungen der Neuroleptika sind bei längerer Anwendung zu
erweitern durch Auswirkungen auf das En-
dokrinium; die bekannte Hyperprolaktinämie kann gelegentlich Untersuchungen
der Brustdrüse notwendig machen. Auch
sind Veränderungen der Haut und des Pig-
mentsystems sowie von Hornhaut und
Augenlinse wie auch der Retina bekannt
(BALDESSARINI 1996). Obwohl diese Komplikationen selten sind, machen sie gegebenenfalls die fachspezifische Untersuchung
und Befundung notwendig. Zeitweise stellt
die neuroleptisch induzierte *Gewichtszunahme* für die Betroffenen ein besonderes
psychologisches Problem dar, das sich wie
andere Neuroleptikawirkungen nachteilig
auf die Compliance der Patienten auswirkt
(MARDER et al. 1984).
Besondere Regularien existieren für **Clozapin**, welches nach gehäuftem Auftreten von
z. T. letalen Schädigungen des blutbildenden Systems (AMSLER et al. 1977, ALVIR et al.
1993, vgl. Kap. 8.3.1) speziellen Richtlinien
zur kontrollierten Anwendung unterliegt:
Nach Ausschluß entsprechender Kontraindikationen (siehe Kap. 8.3.1, S. 440) sowie
Erfüllung der Verordnungsvoraussetzungen

Tabelle 4.5.1. Übersicht notwendiger Untersuchungen vor bzw. während einer Neuroleptikabehandlung. Die Untersuchungen umfassen die psychiatrisch-neurologische und klinische Untersuchung (P.N., Klin.), Körpergewicht-, Puls- und Blutdruckkontrolle (Gew., Puls, RR), Blutbild und Differentialblutbild (Hämatol.), Kontrolle der Leberfunktionswerte (Enzyme), EKG, EEG, CT, Schwangerschaftstest (SST). Allfällig notwendige Zusatzuntersuchungen ergeben sich aus den individuellen Gegebenheiten. Für **Clozapin** sind in den ersten 18 Wochen wöchentliche, anschließend monatliche Blutbildkontrollen durchzuführen

Zeitpunkt	P.N, Klin.	Gew., Plus, RR	Hämatol.	Enzyme	EKG	EEG	CT	SST	Zusatz
Tag	+	+	+	+	+	+	+	+	+
Woche 1–									
2			(+)						
3									
4	+	+	+	+	+	+			
5									
6			(+)						
7									
8		+	+	(+)					
9									
10			(+)						
11									
12		+	(+)	+	(+)	(+)	(+)		
Monat 4	+	+	(+)						
Monat 5	+	+	+						
Monat 6	+	+	+	+	+	(+)			
Mo 9 ($^1/_4$ jährlich)	+	+	+		(+)	(+)			
Mo 12 ($^1/_2$ jährlich)	+	+	+	+	+		(+)		
Langzeit / Depot									
1.–4. Wo: 1×/Wo	+	+	+		+	(14 dd)	(+)	+	
1.–3. Mo: 1×/Mo	+	+	14tägig	14tägig	+	+			
3.–6. Mo: 1×/Mo	+	+	14tägig	14tägig	1×/3 Mo	1×/3 Mo			
6.–12. Mo: 1×/3 Mo	+	+	monatl.	monatl.	1×/3 Mo	1×/3 Mo			
> 1 Jahr: 1×/6 Mo	+	+	monatl.	monatl.	1×/6 Mo	1×/6 Mo	1×/Jahr		

(Nonresponse oder Nicht-Verträglichkeit anderer Neuroleptika; normaler Leukozytenbefund/normales Differentialblutbild; regelmäßige Leukozytenkontrollen gewährleistet) müssen folgende Kontrolluntersuchungen durchgeführt werden:
In den ersten 18 Behandlungswochen wöchentliche Leukozytenkontrolle, danach monatlich. Bei raschem Absinken der Leukozyten ist ein Differentialblutbild erforderlich, um ggf. eine Verminderung der Granulozytenzahl frühzeitig zu erkennen. Das Differentialblutbild ist zweimal pro Woche zu kontrollieren, wenn folgende Werte vorliegen:

- Abfall der Leukozytenzahl bei zwei aufeinanderfolgenden Messungen um 3.000/mm^3 oder mehr;
- Abfall der Leukozytenzahl innerhalb von 3 Wochen um 3.000/mm^3 oder mehr;
- Leukozytenzahl zwischen 3.000 und 3.500/mm^3;
- Zahl neutrophiler Granulozyten zwischen 1.500 und 2.000/mm^3.

Bei Leukozytenzahlen unter 3.000/mm³ bzw. Zahl neutrophiler Granulozyten kleiner als 1.500/mm³ muß Clozapin sofort abgesetzt werden.

Bei – auch nur kurzfristiger – Therapieunterbrechung muß bei erneuter Einstellung auf Clozapin wieder 18 Wochen lang eine Leukozytenkontrolle erfolgen.

Sollte die Therapie aus nicht-hämatologischen Gründen bei Patienten, die länger als 18 Wochen mit Clozapin behandelt wurden, für einen Zeitraum von mehr als drei Tagen, aber weniger als vier Wochen unterbrochen werden, sollte bei erneuter Einstellung auf Clozapin die Zählung der Leukozyten in wöchentlichen Abständen über die nächsten 6 Wochen erfolgen. Wenn keine Schädigungen des Blutbildes auftreten, kann das Monitoring in monatlichen Abständen wiederaufgenommen werden.

Nach dem Absetzen ist die Leukozytenzahl über einen Zeitraum von weiteren 4 Wochen zu kontrollieren.

4.5.3 Auswahl besonderer Zusatzuntersuchungen

Bei Patienten mit Zusatzmedikamenten, welche das **hämatopoetische System** beeinträchtigen können (z. B. Analgetika, Antipyretika, nicht-steroidale Antirheumatika usw.), wäre eventuell der Retikulozytenausgangswert, im Sonderfall eine Sternalpunktion, gegebenenfalls auch die Ausgangsuntersuchung der Blutgerinnung indiziert. Kontrollen derartiger Untersuchungen sind bei entsprechender Indikation engmaschig, in mehrwöchigen oder monatlichen Abständen durchzuführen.

Bei Patienten mit **hämorrhagischen Diathesen, unter Antikoagulantientherapie oder bei Thrombembolieneigung** bestimmt man die Ausgangswerte der Blutgerinnung und führt engmaschige Kontrolle durch. (Salizylsäurepräparate können in Kombination mit Neuroleptika Hypothermien verursachen.)

Patienten mit **zerebraler Krampfbereitschaft**: Ausgangs-EEG, bei schwierigen Verläufen anfangs eventuell wöchentliche, später monatliche, im weiteren wie üblich vierteljährliche EEG-Kontrollen. Bei gleichzeitiger Komedikation eines Antiepileptikums sind die oben angeführten Vorschriften zu beachten, der Antiepileptikaspiegel ist häufiger als sonst üblich zu kontrollieren.

Allergiegefährdete Patienten: Zwar haben viele Neuroleptika antihistaminische und antiallergische Potenz, im Einzelfall (z. B. durch galenische Komponenten) können diese Präparate aber allergieauslösend sein. Deshalb kann bei besonders allergiedisponierten Patienten eine vorherige Austestung indiziert sein, dies gilt besonders bei Planung einer depotneuroleptischen Behandlung. Patienten mit Komedikation von **Phasenprophylaktika (Lithium, Carbamazepin)** bedürfen der üblichen spezifischen Untersuchungen vor Beginn bzw. während laufender Therapie. Es sei an dieser Stelle darauf hingewiesen, daß (inzipiente, chronische) Lithium-Intoxikationen bei gleichzeitiger Neuroleptikatherapie fälschlich als Parkinsonoid gedeutet und behandelt werden könnten (LENZ et al. 1977). Weiters sei an andere mögliche Medikamenteninteraktionen (z. B. orale Kontrazeptiva, Carbamazepin usw.) erinnert und dazu auf Kap. 4.4 verwiesen.

Patienten mit **Stoffwechselstörungen** (Fettstoffwechsel, Diabetes mellitus) bedürfen zu den spezifischen Untersuchungen und Kontrollen wie der Blutfettwerte, des Cholesterins, des Blutzuckers oder des Glukosetoleranztests ebenfalls noch laufender Körpergewichtskontrollen.

Es ist zu bedenken, daß durch eine neuroleptische Medikation auch die Schmerzempfindlichkeit herabgesetzt werden kann (MALTBIE et al. 1979), wodurch eine wichtige Signalfunktion für die Integrität des Körpers reduziert wird. Diese Reduktion kann sich u. a. bei organischen Krankheiten nachteilig auswirken: Bei unklaren Beschwerden z. B. im Thorax- oder Abdominalbereich unter

Neuroleptikatherapie muß daher die Differentialdiagnose einer „verschleierten" schweren organischen Komplikation immer fachärztlich abgeklärt werden.

Literatur

ALVIR JMJ, LIEBERMANN JA, SAFFERMAN AZ, SCHWIMMER JL, SCHAAF JA (1993) Clozapin-induced agranulocytosis. Incidence and risk factors in the United States. N Engl J Med 329: 162–167

AMSLER HA, TEERENHOVI L, BARTH E (1977) Agranulocytosis in patients treated with clozapine; a study of the Finnish epidemic. Acta Psychiatr Scand 56: 241–248

ANGST J, DINKELKAMP T (1974) Die somatische Therapie der Schizophrenie, Literatur der Jahre 1966–1972. Thieme, Stuttgart

BALDESSARIN RJ (1996) Drugs and the treatment of psychiatric disorders. Psychosis and anxiety. In: GOODMAN LS, GILMAN A, GILMAN AG (eds) The pharmacological basis of therapeutics. McGraw-Hill, New York, pp 399–430

CARPENTER WT, HEINRICHS DW, HANLON THE (1987) A comparative trial of pharmacologic strategies in schizophrenia. Am J Psychiatry 144: 1466–1470

HOLLISTER LE (1995) Electrocardiographic screening in psychiatric patients. J Clin Psychiatry 56: 26–29

LENZ G, KÖNIG P, KÜFFERLE B (1977) Durch Neuroleptika kaschierte Lithium-Intoxikation bei der Kombination Lithium – Saluretikum. Nervenarzt 48: 630–631

MALTBIE M, CAVENAR JO, SULLIVAN JL, HAMMETT EB, ZUNG WWK (1979) Analgesia and haloperidol: a hypothesis. J Clin Psychiatry 40: 323–326

MARDER SR, SWANN E, WINSLADE WJ, VAN PUTTEN T, CHIEN CP, WILKINS JN (1984) A study of medication-refusal by involuntary psychiatric patients. Hosp Commun Psychiatry 435: 735–739

MÜLLER-OERLINGHAUSEN B, LAUX G (1995) Psychopharmaka. In: KÜMMERLE HP, HITZENBERGER G, SPITZY KH (Hrsg) Klinische Pharmakologie IV 4.1.2. eco-med, Landsberg, S 1–29

MÜLLER-SPAHN F, GROHMANN R, RÜTHER E, HIPPIUS H (1990) Vor- und Nachteile einer Kombinationstherapie mit verschiedenen Neuroleptika. In: HINTERHUBER H, KULHANEK F, FLEISCHHACKER WW (Hrsg) Kombination therapeutischer Strategien bei schizophrenen Erkrankungen. Vieweg, Braunschweig, S 22–32

PIESCHL D, KALTENBACH M, KOBER G, MARKERT F, KULHANEK F (1986) Ergebnisse psychiatrisch-kardiologischer Untersuchungen zur Kardiotoxizität von Psychopharmaka. In: HINTERHUBER H, SCHUBERT H, KULHANEK F (Hrsg) Seiteneffekte und Störwirkungen der Psychopharmaka. Schattauer, Stuttgart New York, S 17–28

4.6 Praktische Durchführung, allgemeine Behandlungsrichtlinien

H. Rittmannsberger und W. Schöny

Wie im Kapitel 4.1 ausgeführt, liegt eine der Hauptindikationen für Neuroleptika in der Behandlung schizophrener Psychosen. Unsere Ausführungen beziehen sich daher zumeist auf diese Indikation. Da Neuroleptika aber ihre Wirkung syndromspezifisch, ohne Rücksicht auf die nosologische Zuordnung entfalten, läßt sich vieles ohne Schwierigkeiten auf andere Krankheiten übertragen.

4.6.1 Beginn einer Therapie mit Neuroleptika

Voruntersuchungen

Vor einer Behandlung mit Neuroleptika empfiehlt sich eine orientierende neurologische und internistische Untersuchung mit Messung von Blutdruck und Puls. An Laborwerten sind Harnstoff, Kreatinin, das komplette Blutbild und die Leberfunktion zu bestimmen. Bei älteren Patienten (> 50 Jahre) empfiehlt sich darüberhinaus die Durchführung eines EKG und eines EEG. Von manchen Autoren werden diese Untersuchungen für alle Patienten empfohlen (BENKERT und HIPPIUS 1996) (s. auch Kap. 4.5. Bezüglich Kontraindikationen s. Kap. 4.3).

Wahl des Neuroleptikums

Nach der bislang plausibelsten Hypothese über die Wirkungsweise von Neuroleptika entfalten sie ihren Haupteffekt durch Blokkierung des Dopamin D2 Rezeptors. Je nach Affinität für diesen Rezeptor spricht man von niedrig-, mittel- oder hochpotenten Neuroleptika (Tabelle 4.6.1), wobei als Standard Chlorpromazin verwendet wird („Chlorpromazineinheiten"). Hier ist der Angriffspunkt für ihre „antipsychotische" Wirkung, d. h. die Beeinflussung der „produktiven" schizophrenen Symptomatik wie Denkstörungen, Halluzinationen und Wahnideen. Es gibt zur Zeit keine gesicherten Hinweise dafür, daß ein Neuroleptikum einem anderen in der Wirkung am D2 Rezeptor überlegen ist, sofern sie in äquipotenter Dosierung gegeben werden (BLACK et al. 1985, REMINGTON 1989). Das einzige Neuroleptikum, das für sich in Anspruch nehmen kann, den anderen an Wirksamkeit (auf positive und negative Symptomatik) überlegen zu sein, ist Clozapin, das ein etwas anderes Bindungsverhalten an den Dopaminrezeptoren zeigt (höhere Affinität für D1 als für D2 Rezeptoren; auch bei hohen Dosen kommt es zu keiner vollständigen Blockade der D2 Rezeptoren). Inwieweit dies die Ursache für die überlegene Wirkung ist, muß zur Zeit noch offenbleiben.

Das Wirkprofil der Neuroleptika ist freilich nicht nur durch ihre Affinität für die Dopaminrezeptoren, sondern auch durch ihre Wirkung auf andere zentrale Rezeptorsysteme bestimmt (s. Kap. 3.2 und 3.3)

Besonderes Interesse hat dabei in der letzten Zeit die Wirkung mancher Neuroleptika auf

Tabelle 4.6.1. Einteilung der Neuroleptika nach "neuroleptischer Potenz" (mod. nach Laux 1988). Angabe der Chlorpromazin-Äquivalente nach Rey et al. (1989) und *Haase (1972)

Präparat	Chlorpromazin-Äquivalente
Hochpotente Neuroleptika	
Benperidol	> 400*
Bromperidol	
Flupentixol	50–80
Fluphenazin	50–80
Fluspirilen	
Haloperidol	40–60
Perphenazin	5–15
Pimozid	50–80
Tiotixen	20–50
Trifluoperazin	15–30
Trifluperidol	> 200*
Mittelpotente Neuroleptika	
Chlorpromazin	1
Clozapin	1–3
Fluanison	1*
Melperon	
Perazin	0,5*
Periciazin	5–10
Triflupromazin	2–4
Zuclopenthixol	4–6
Schwachpotente Neuroleptika	
Alimemazin	
Chlorprothixen	1–2
Dixyrazin	2–3*
Levomepromazin	0,5
Pipamperon	0,5*
Promazin	0,5*
Promethazin	
Prothipendyl	0,6–0,8*
Sulpirid	0,3–0,5
Thioridazin	0,5*

Serotoninrezeptoren bzw. die Balance zwischen der blockierenden Wirkung auf Dopamin- und Serotoninrezeptoren als mögliches antipsychotisches Wirkprinzip gefunden.

Allgemein gilt, daß die hochpotenten Neuroleptika zumeist auch „reiner" sind, in dem Sinne, daß sie auf die anderen Rezeptorsystem nur geringe Wirkungen entfalten, während die niedrigpotenten Neuroleptika oft vielfältige und stark ausgeprägte Affinitäten zu anderen Rezeptorsystemen haben, was sich in einer breiteren Palette möglicher erwünschter und unerwünschter Wirkungen niederschlägt. Die klinischen Folgen der Blockade der verschiedenen Rezeptoren sind in Tabelle 4.6.2 zusammengestellt.

Die Wahl des Neuroleptikums wird von folgenden Faktoren bestimmt:

- *Die Affinität für den D2 Rezeptor („antipsychotische Potenz").*

Je intensiver die antipsychotische Wirkung sein soll, umso eher wird man ein hochpotentes Neuroleptikum wählen. Allerdings bewirken diese auch eine starke Besetzung der D2 Rezeptoren im nigrostriatalen System und führt damit zu häufigeren und stärker ausgeprägten extrapyramidalen Nebenwirkungen. Bei Patienten mit bekanntem diesbezüglichem Risiko muß man daher entweder sehr niedrig dosieren oder Neuroleptika den Vorzug geben, die eine geringere Affinität zum D2 Rezeptor haben (niederpotente Neuroleptika). Einen Ausweg aus diesem Dilemma bieten die „atypischen" Neuroleptika (Clozapin, Risperidon, Olanzapin, Sertindol, Zotepin u. a.), bei denen die extrapyramidalmotorischen Nebenwirkungen im Vergleich zur antipsychotischen Wirkung weniger ausgeprägt sind (siehe Kap. 8.3).

- *Die Wirkung des Neuroleptikums auf andere Rezeptoren (Nebenwirkungsprofil).*

Die vor allem bei den niedrigpotenten Neuroleptika stark ausgeprägte sedierende, affektiv entspannende Wirkung – in erster

Tabelle 4.6.2. Nebenwirkungen der Neuroleptika verursacht durch Blockade verschiedener Rezeptoren (modifiziert nach BLACK 1985, RICHELSON 1985)

Art des blockierten Rezeptors	Klinischer Effekt
Dopamin D_2	Extrapyramidalmotorische Bewegungsstörungen (Frühdyskinesie, Parkinson-Syndrom, Akathisie, tardive Dyskinesie); endokrine Wirkungen durch Prolaktinanstieg (Galaktorrhoe, Gynäkomastie, Menstruationsstörungen, Potenzstörungen)
Muskarin (cholinerg)	Harnverhaltung, trockener Mund, Tachykardie, Obstipation, Akkommodationsstörungen, vermindertes Schwitzen, Dysarthrie, mnestische Störungen, Steigerung des Augendrucks bei Engwinkelglaukom
Histamin H_1	Sedierung, Benommenheit, Hypotonie (?), Gewichtszunahme (?)
Histamin H_2	Depression (?)
Alpha 1 adrenerg	Orthostase, reflektor. Tachykardie, Benommenheit; Potenzierung von Prazosin
Alpha 2 adrenerg	Blockade der antihypertensiven Wirkung von Clonidin und Methyldopa

Linie durch Blockade der Histamin H1 und/ oder der adrenergen apha 1 Rezeptoren verursacht – ist oft eine erwünschte Wirkung bei unruhigen Patienten und zur Schlafanbahnung. Andererseits sind die niedrigpotenten Neuroleptika mit ihren vielfältigen Wirkungen auf das vegetative System bei Patienten mit Risikofaktoren, insbesonders bei älteren Menschen, nur mit Vorsicht zu verwenden.

• *Die Symptomatik des Patienten.*
Während bei positiver Symptomatik die Blockade der Dopamimezeptoren von wesentlicher Bedeutung zu sein scheint, ist die Wirksamkeit der konventionellen Neuroleptika bei negativer Symptomatik sehr begrenzt. Eine günstige Beeinflussung der negativen Symptomatik ist von atypischen Neuroleptika berichtet worden.

• *Die Medikamentenanamnese des Patienten.*
Die Resultate früherer Behandlungen geben wichtige Aufschlüsse über die Erfolgsaus-

sichten einzelner Präparate. Wenn ein Patient bereits einmal erfolgreich (bei fehlenden oder tolerablen Nebenwirkungen) mit einem bestimmten Medikament behandelt worden ist, so stellt es das Mittel erster Wahl dar (BLACK et al. 1985). Ebenso ist es ratsam, Medikamente, die der Patient schlecht vertragen hat, zu meiden, auch wenn sie aus anderen Überlegungen heraus als günstig erscheinen mögen. Manchmal erweist sich auch die Medikamentenanamnese der Angehörigen als hilfreich.

• *Die Erfahrungen des behandelnden Arztes.*
Da sich auf dem Markt eine Vielzahl von Medikamenten befindet, die in ihrem Wirkungsspektrum recht ähnlich sind, ist es ratsam, sich auf einige wenige zu beschränken, um ausreichend Erfahrungen sammeln zu können. Wie Tabelle 4.6.3 am Beispiel der Psychiatrischen Klinik der Freien Universität Berlin (SCHMIDT und SIEMETZKI 1988) zeigt, ist es leicht möglich, mit einigen wenigen Standardpräparaten den

Tabelle 4.6.3. Anwendungsdaten von Neuroleptika an der Psychiatrischen Klinik der Freien Universität Berlin bei 17.448 schizophrenen Patienten (SCHMIDT und SIEMETZKI 1988)

Neuroleptika	Verordnungs-häufigkeit (%)	Durchschnittl. tägl. Dosis (mg/Tag)	Durchschnittl. Behandlungsdauer (Tage)
Perazin	65,0	346,8	37,3
Haloperidol	40,3	15,0	27,3
Levomepromazin	31,9	86,2	10,7
Clozapin	21,1	196,0	51,6
Flupentixol-Decanoat	17,0	2,8	27,5
Pimozid	9,7	3,7	31,1
Fluphenazin-HCl	6,0	3,4	32,6
Fluspirilen	5,6	1,0	26,5
Thioridazin	5,1	164,0	23,5

überwiegenden Teil der Patienten zu behandeln.

Wie bereits erwähnt, unterscheiden sich die einzelnen Neuroleptika in ihrer Wirkung auf den D2 Rezeptor nur in Bezug auf ihre Affinität; „äquipotente" Dosierungen verschiedener Medikamente sollten deshalb beliebig austauschbar sein. Allerdings ist dabei zu bedenken, daß die Äquivalenzdosen in der Literatur durchaus nicht einheitlich angegeben werden und vor allem für die hochpotenten Neuroleptika bis ums Dreifache variieren (REY et al. 1989). Die klinische Erfahrung zeigt außerdem, daß manche Patienten auf bestimmte Präparate besonders gut oder schlecht ansprechen. Der von der Theorie herleitbaren prinzipiellen beliebigen Austauschbarkeit der Neuroleptika sind daher in der Praxis oft Grenzen gesetzt (SCHMIDT und SIEMETZKI 1988, TEGELER 1987, WOGGON 1987). Obwohl im klinischen Alltag die Tendenz feststellbar ist, differentielle Wirkprofile einzelner Neuroleptika zu hypostasieren, ist es andererseits bis jetzt nicht gelungen, solche für einzelne Neuroleptika konsistent zu beschreiben (SCHMIDT und SIEMETZKI 1988). Das könnte freilich auch daran liegen, daß unsere klinischen Klassifikationssysteme diesbezüglich zu wenig spezifisch sind.

Lediglich für Clozapin ist es gelungen, eine überlegene Wirksamkeit anderer Neuroleptika gegenüber nachzuweisen (KANE et al. 1988); hätte diese Substanz nicht die Hypothek eines erhöhten Risikos für Agranulocytose, wäre sie das Medikament erster Wahl (KANE und MARDER 1993).

Dosierung

Trotz der jahrzehntelangen Erfahrung mit Neuroleptika gab es lange Zeit keine allgemein anerkannten Dosierungsrichtlinien und die durchschnittlich verabreichten Neuroleptikadosen variierten von Klinik zu Klinik um das neunfache (WYATT 1976). Bei allen Fragen der Dosierung ist zu berücksichtigen, daß es eine extreme interindividuelle Variabilität der Höhe der Plasmaspiegel auf eine konstante Dosierung gibt. Für Fluphenazin etwa wurden bei parenteraler Gabe Differenzen um den Faktor 15 (WILES et al. 1980), bei peroraler Gabe um den Faktor 40 gefunden (DYSKEN et al. 1981). Dosierungsrichtlinien sind daher immer unter dem Aspekt dieser sehr unterschiedlichen individuellen Ansprechbarkeit zu sehen.

Allerdings besteht in letzter Zeit zunehmender Konsens, daß einer niedrigen Dosierung der Vorzug gegeben werden soll (BECKMANN und LAUX 1990). Studien, die hohe mit niedrigen Dosierungsschemata verglichen, fanden durchwegs, daß die hohe Dosierung keine Vorteile in Bezug auf die antipsychotische Wirkung und Nachteile durch eine Zunahme der Nebenwirkungen bringt; Dosen über 1000 Chlorpromazin-Einheiten (entsprechend ca 20 mg Haloperidol oder Fluphenazin p.o.) sind im allgemeinen nicht als sinnvoll anzusehen (TUPIN 1985, WOGGON 1987, VAN PUTTEN et al. 1990, RIFKIN et al. 1991, STONE et al. 1995). Gerade die hochpotenten Neuroleptika verfügen über eine große therapeutische Breite, was aber auch zu unnötig hohen Dosierungen (ver)führen kann.

Generell kann daher empfohlen werden, bei der Akutbehandlung mit einem Dosisäquivalent von 300–750 Chlorpromazineinheiten pro Tag zu beginnen (PIETZCKER 1988, TUPIN 1985, DIXON et al. 1995). Neuroleptikanaive Patienten benötigen nur halb so hohe Dosen wie Patienten, die schon früher damit behandelt worden sind (MCEVOY et al. 1991).

Während es bei ambulanter Behandlung auf jeden Fall günstig erscheint, die Dosierung einschleichend zu beginnen, ist dies bei stationärer Behandlung zumeist nicht nötig. Bei sehr akuten Krankheitsbildern wurde empfohlen im Sinne einer „focal neuroleptization" am ersten Tag die Annäherung an die erforderliche Dosis durch wiederholte parenterale Gabe kleiner Dosen von Neuroleptika (z. B. jeweils 2–5 mg Haloperidol) durchführen (TUPIN 1985), eine Vorgangsweise, die aus heutiger Sicht abzulehnen ist, weil sie zu unnötig hohen Dosierungen führen kann (DIXON et al. 1995). Es konnte gezeigt werden, daß feindselige und reizbare Patienten besonders hohe Neuroleptikadosen erhalten, ohne daß deswegen eine

bessere Wirksamkeit nachzuweisen wäre (REMINGTON et al. 1993).

Da die Nebenwirkungen zumeist früher auftreten als die Remission der Psychose, kommt ihnen bei der Festlegung der Dosis eine wichtige Bedeutung zu, was zum Prinzip der „nebenwirkungsgeleiteten Therapie" führt (HEINRICH 1987). Vermeidung von Nebenwirkungen ist essentiell für die Bereitschaft der Patienten, sich der Behandlung zu unterziehen, vor allem bei jenen, die von vornherein eine kritische Einstellung haben. Beim Auftreten von Nebenwirkungen ist es immer ratsam, zunächst nach Möglichkeit die Dosis des Neuroleptikums zu reduzieren oder ev. auch einen Wechsel des Präparats zu erwägen, ehe man sie durch Zugabe anderer Pharmaka behandelt. Bezüglich einer detaillierten Erörterung der Nebenwirkungen und deren Behandlungsmöglichkeiten muß auf das entsprechende Kapitel in diesem Band verwiesen werden (Kap. 4.3). Eine Übersicht bietet Tabelle 4.6.4.

Ein möglicher Indikator für die adäquate Dosishöhe ist die „neuroleptische Schwelle", jene Dosierung eines Neuroleptikums, bei der erste, zunächst nur in der Feinmotorik erkennbare Anzeichen einer extrapyramidalen Hypokinesie auftreten – dies wird von HAASE (1982) als Mindestdosis für eine „antipsychotische" Wirkung anzusehen. Daß sich dieses Konzept nicht umfassend durchgesetzt hat, liegt wohl daran, daß die Erfassung der feinmotorischen Beeinträchtigung aufwendig ist (Handschrifttest) und daß es nicht gesichert ist, ob tatsächlich ein so enger Zusammenhang zwischen antipsychotischer und extrapyramidalmotorischer Wirkung besteht (GERKEN et al. 1987); insbesonders wird dieses Konzept durch atypische Neuroleptika wie Clozapin in Frage gestellt (SIMPSON und LEVINSON 1988). Neue Aktualität hat dieses Konzept allerdings durch eine Untersuchung von MCEVOY et al. (1991) bekommen, aus der deutlich hervorging daß die neuroleptische Schwellendosis (im Durchschnitt 3,4 mg Haloperidol) für die

Tabelle 4.6.4. Unerwünschte Begleitwirkungen der Neuroleptika und ihre Behandlung (MÖL-LER et al. 1989)

Störung	Gegenmaßnahme
Extrapyramidale Störungen:	
– Frühdyskinesien	Anticholinergika, z. B. 5 mg Biperiden i.m. oder langsam i. v.; ggf. Dosis wiederholen
– Parkinsonoid	Anticholinergika, z. B. 3 × 4 mg Biperiden oral p. d.; ggf. Reduktion der Neuroleptika-Dosis bzw. Umsteigen auf ein niederpotentes Neuroleptikum
– Akathisie	Reduktion der Neuroleptikadosis bzw. Umsetzen auf ein niederpotentes Neuroleptikum
– Spätdyskinesien	Wenn möglich Absetzen aller Neuroleptika; versuch mit Tiaprid. Ggf. sedierende Neuroleplika
– Malignes neuroleptisches Syndrom	Absetzen der Neuroleptika. Versuch mit Anticholinergika; versuch mit Dantrolen
Zerebrale Krampfanfälle	Reduktion oder Absetzen der Neuroleptika; falls nicht möglich, Kombination mit Antiepileptikum
Pharmakogenes Delir	Absetzen von stark anticholinergen Trizyklika; umsetzen auf Butyrophenone. Bei schwerem Delir 2 mg Physostigmin i.m.
Hypotone Kreislaufdysregulation	Dihydroergotamin; ggf. Umsetzen auf Neuroleptika mit weniger ausgeprägten vegetativen Begleitwirkungen
Sedierung	Falls unerwünscht, Reduktion der Neuroleptikadosis oder Umsetzen auf weniger sedierende Neuroleptika
Pharmakogene Depression	Reduktion der Neuroleptikadosis; versuch mit Anticholinergika. Antidepressiva
EKG-Veränderungen/ Herzrhythmusstörungen	Bei gravierenden Herzrhythmusstörungen Umsetzen auf Butyrophenone bzw. Absetzen der Neuroleptika
Anticholinerge vegetative Effekte: Mund-trockenheit, Störungen der Blasenfunk-tion, Pylorospasmus, Verstopfung, Akkommodationsstörungen, Glaukom	Bei schwereren Nebenwirkungen ggf. Umsetzen auf Butyrophenone oder Absetzen der Neuroleptika; bei Blasenfunktionsstörungen Carbachol
Störungen der Leberfunktion: passagere Erhöhung leberspezifischer Enzyme; cholestatischer Ikterus, toxische Hepatose	Mäßige Erhöhung der Leberwerte klinisch ohne Konsequenzen; bei Ikterus oder Hepatose Absetzen der Neuroleptika
Blutbildveränderungen: passagere Leukozytose, Eosinophilie. Lymphozytose, Leukopenie bzw. Agranulozytose	Leukozytose, Eosinophilie, Lymphozytose klinisch ohne Konsequenzen; bei Leukozytenwerten unter 4000 Absetzen trizyklischer Neuroleptika oder Umsetzen auf Butyrophenone; ggf. internistische Therapie
Hyperprolaktinämie, Gynäkomastie, Galaktorrhoe	Bei Gynäkomastie und Galaktorrhoe Reduktion der Neuroleptika
Sexuelle Störungen: Erektionsstörungen, Libidostörungen, Orgasmusstörungen u. a.	Ggf. Dosisreduktion
Dermatologische Störungen: Hautallergien, Fotosensibilisierung	Bei Hautallergien, wenn möglich, Absetzen der Neuroleptika; dermatologische Therapie
Ophthalmologische Störungen: Linsen- und Hornhauttrübungen, Pigmenteinlagerung in der Retina	Umsetzen auf Butyrophenone
Störungen des Glukosestoffwechsels und des Eßverhaltens: verminderte Glukosetoleranz; vermehrte Eßlust	Ggf. Dosisreduktion

antipsychotische Wirkung ausreicht und daß höhere Dosen nur zu einer Zunahme extrapyramidaler Nebenwirkungen führen. Die Hoffnungen, durch Bestimmung von Plasmaspiegeln die Dosierung optimieren zu können, haben sich bislang nur in sehr beschränktem Ausmaß erfüllt (vgl. Kap. 4.2). Die Bestimmungen erfordern einen hohen technischen Aufwand, sodaß sie nur in wenigen Zentren durchgeführt werden, bei vielen Substanzen komplizieren Metabolite die Analyse. Die vorliegenden Studien sind zum Teil widersprüchlich, nur für einige wenige lassen sich zumindest vorläufige Empfehlung für einen therapeutischen Bereich angeben: Chlorpromazin 30–100 ng/ml, Fluphenazin 0,2–2,0 ng/ml, Haloperidol 2–12 ng/ml, Perphenazin 0,8–2,4 ng/ml (VAN PUTTEN et al. 1991, 1992). Für Clozapin wurde gefunden, daß Therapieresponder Plasmaspiegel von über 350 ng/ml aufwiesen (KRONIG et al. 1995). Wenn es auch sehr wünschenswert wäre, durch Plasmaspiegel einen Anhaltspunkt für die richtige Dosishöhe zu bekommen (was besonders im Hinblick auf den verzögerten Wirkungseintritt der Neuroleptika gilt), so gibt es zur Zeit nur einige wenige Situationen, in denen die Bestimmung von Plasmaspiegeln eine Orientierungshilfe bieten: bei fehlendem Therapieerfolg oder starken Nebenwirkungen, bei vermuteter Noncompliance und bei der Kombination mit Medikamenten, die die Pharmakokinetik stark verändern können (KANE und MARDER 1993).

Applikationsform

Kriterien für die Entscheidung zwischen oraler und parenteraler Therapie

Die Wahl der Applikationsform ist eng mit der Frage der Dosishöhe verbunden. Die parenterale Applikation weist gegenüber der oralen folgende Vorteile auf:

– Mit gleichen Dosen werden höhere und besser vorhersehbare Serumspiegel er-

reicht. Die Unsicherheitsfaktoren der Resorption aus dem Gastrointestinaltrakt und der Metabolisierung in Darm und Leber („First-Pass-Effekt") werden umgangen.

– Durch die schnellere Anflutung läßt sich ein rascherer Wirkungseintritt (in erster Linie in Hinblick auf Sedierung) in den ersten Stunden der Behandlung erreichen, was vor allem bei sehr erregten und aggressiven Patienten von Vorteil ist.

– Bei Patienten mit unsicherer Compliance gibt die parenterale Verabreichung die Gewähr, daß der Patient tatsächlich mit dem Medikament behandelt wird.

– Die parenterale Applikation bringt einen vermehrten Aufwand an Zuwendung und Pflege von seiten des Personals mit sich.

Für die orale Applikation spricht,

– daß die oben genannte rasche Sedierung und Immobilisierung von vielen Patienten als traumatisch erlebt wird,

– daß die orale Therapie einfacher, schmerzlos und mit einer geringeren Belastung durch Nebenwirkungen und Komplikationen (z. B. Phlebitis, Spritzenabszesse) durchführbar ist und

– daß sich in vergleichenden Studien die parenterale Therapie der oralen nur in den ersten Stunden der Behandlung überlegen erwiesen hat, sonst aber die orale Therapie gleich effektiv und weniger durch Nebenwirkungen belastet war und zu einer geringeren Medikamentengesamtdosis führte (MÖLLER et al. 1982, RITTMANNSBERGER und UNTERLUGGAUER 1991).

Zusammenfassend ist zu empfehlen, eine parenterale Applikation nur dann in Erwägung zu ziehen, wenn

– die Symptomatik so akut ist, daß ein möglichst rascher Wirkungseintritt notwendig erscheint oder

– eine orale Zufuhr nicht möglich ist oder
– eine orale Therapie, auch in höherer Dosierung, ohne Erfolg bleibt und man vermuten kann, daß beim Patienten über den oralen Weg zu wenig Wirkstoff an die Rezeptoren gelangt.

Durchführung einer oralen Therapie mit Neuroleptika

Für die orale Therapie stehen Medikamente in fester, von manchen Präparaten auch in flüssiger Form (Tropfen, Saft) zur Verfügung. Letztere haben den Vorteil, daß sie leichter zu schlucken sind, ihre Einnahme besser kontrolliert werden kann und daß sie besser im Magen-Darmtrakt resorbiert werden; allerdings sind sie zumeist teurer als Tabletten und Dragees.

Neuroleptika haben zumeist lange Eliminationshalbwertszeiten in der Größenordnung von 24 Stunden, sodaß im Prinzip eine zweimalige- oder einmalige Gabe (vorzugsweise vor dem Schlafengehen) ausreicht (BLACK et al. 1985, DAVIS 1986, BREYER-PFAFF 1987). Die Aufteilung auf mehrere tägliche Dosen erscheint nur bei den niederpotenten Neuroleptika mit ihrer stark sedierenden Komponente und den ausgeprägten vegetativen Nebenwirkungen oder bei höherer Dosierung sinnvoll. Die einmalige, abendliche Gabe hat den Vorteil, daß 1. eventuelle Nebenwirkungen mit ihrem Maximum in die Zeit des Schlafes verlegt werden, daß 2. erfahrungsgemäß die Compliance des Patienten umso besser ist, je weniger Tabletten er einnehmen muß, und daß 3. höherdosierte Tabletten einer Spezialität gegenüber der gleichen Dosis in kleineren Tabletten kostengünstiger sind.

Bei der oralen Therapie ist zu bedenken, daß es zu Interaktionen mit Nahrungsbestandteilen oder andern Medikamenten kommen kann, die die Resorption behindern können. So etwa können sich bei gleichzeitigem Genuß von Tee oder Kaffee schwerlösliche Komplexe bilden (KULHANEK et al. 1979); Anticholinergica (durch Verminderung der Darmmotilität; BLACK et al. 1985) und Antazida (REMINGTON 1989) können ebenfalls die Resorption behindern.

Durchführung einer parenteralen Therapie mit Neuroleptika

Die parenterale Applikation von Neuroleptika (hier sind nicht Depotpräparate gemeint) kann intramuskulär oder intravenös erfolgen; für die intravenöse Therapie kommen in erster Linie hochpotente Neuroleptika in Frage, da die niederpotenten zu viele vegetative Nebenwirkungen verursachen. Die intravenöse Gabe kann durch langsame Injektion oder (besser) durch Kurzinfusionen erfolgen, wobei sich physiologische Kochsalzlösung als Trägersubstanz günstiger als Glukose erwiesen hat, weil es damit zu geringerer Venenreizung kommt.

Eine weitere Möglichkeit der parenteralen Einleitung einer Neuroleptikatherapie ist die Gabe eines kurzwirksamen Depotpräparats (z. B. Zuclopenthixol Acetat in Viscoleo), welches bei einer Halbwertszeit von 48–72 Stunden den Vorteil der selteneren Applikation mit einer noch relativ guten Steuerbarkeit kombiniert. Ausdrücklich abzuraten ist vom Beginn einer neuroleptischen Therapie mit langwirksamen Depotpräparaten, da dann bei eventuell auftretenden Unverträglichkeitserscheinungen über Wochen keine Möglichkeit besteht, die Dosis zu reduzieren.

Die parenterale Therapie wird im Regelfall nur so lange wie unbedingt nötig durchgeführt (oft genügt eine einzige Injektion) und man trachtet, den Patienten so bald wie möglich auf orale Therapie umzustellen. Die Festsetzung der Höhe der oralen Therapie erfolgt individuell; um eine in etwa äquiptotente Dosis zu erzielen, kann man als Faustregel annehmen, daß man oral etwa doppelt so hoch wie parenteral dosieren muß (REMINGTON 1989). Folgt man der Empfehlung, dem Patienten die gleiche Tagesdosis, die er parenteral erhalten hat, oral zu verabreichen (Tupin 1985), ist zu bedenken, daß dies zugleich eine Dosisreduktion bedeutet.

Neuroleptika bei besonderen Risikopopulationen

Kinder und Jugendliche

Bezüglich der Problematik der Indikation und der Dosierung bei Kindern muß auf das einschlägige Kapitel (Bd. 1, Kap. 16) verwiesen werden. Die Behandlung von Jugendlichen unterscheidet sich nicht wesentlich von der Erwachsener; die Dosierung sollte einschleichend und so nieder als möglich erfolgen. Erwähnenswert ist die erhöhte Inzidenz von Frühdyskinesien und Absetzdyskinesien bei Kindern und Jugendlichen (Campbell und Cohen 1981).

Alte Menschen

Generell sollte bei geriatrischen Patienten die Dosis nur ein Drittel der üblichen Erwachsenendosis betragen. Eine ausführlichere internistische und neurologische Abklärung ist erforderlich, neben den üblichen Routineuntersuchungen sollten EEG und EKG durchgeführt werden.
Als besondere Risiken der Neuroleptika beim alten Menschen sind zu erwähnen:

– Die erhöhte Vulnerabilität des Herzkreislaufsystems: Neuroleptika können sowohl zu Hypotonie und orthostatischen Beschwerden führen als auch zu einem verminderten Ansprechen auf antihypertensive Therapie mit Clonidin oder a-Methyl-Dopa (a$_2$-antagonistische Wirkung).
– Die erhöhte Vulnerabilität des extrapyramidalen Systems: dies äußert sich sowohl in einer erhöhten Inzidenz des pharmakogenen Parkinson Syndroms als auch im bis zu zehnmal häufigerem Auftreten von Spätdyskinesien (Kane

1989). Angesichts dieser Risiken sollte eine neuroleptische Behandlung bei Alterspatienten nur zeitlich begrenzt (einige Monate) durchgeführt werden. Anticholinergika zur Behandlung des Parkinsonsyndroms sind nach Möglichkeit zu vermeiden (s.u.).
– Die erhöhte Vulnerabilität des cholinergen Systems: Neuroleptika mit starken anticholinergen Eigenschaften können delirogen wirken. Weiters bewirkt die anticholinerge Aktion eine Verschlechterung der Gedächnisfunktion (McEvoy et al. 1987). An peripheren Wirkungen sind Harnverhaltung (cave Prostatahypertrophie), Obstipation, Mundtrockenheit und verschwommenes Sehen (cave Glaukom) zu berücksichtigen. Diese Wirkungen können natürlich auch durch eine eventuelle Begleittherapie mit Anticholinergika verstärkt oder verursacht werden.

Sehr niedrig dosierte hochpotente Neuroleptika (25–50 Chlorpromazineinheiten) sind wegen der geringeren vegetativen Nebenwirkungen bei geriatrischen Patienten vorzuziehen. Ist eine ausgeprägtere Sedierung notwendig (oder zur Schlafanbahnung), haben sich als niederpotente Neuroleptika mit relativ wenig Nebenwirkungen Prothipendyl, Melperon (Halbwertszeit 3 h!), Pipamperon und Dixyrazin bewährt. Depotneuroleptika sollten wegen der schlechten Steuerbarkeit nur ausnahmsweise verwendet werden.

4.6.2 Neuroleptische Langzeittherapie

Dosierung bei Langzeittherapie

Üblicherweise wird zwischen symptomsuppressiver und rezidivprophylaktischer Langzeittherapie unterschieden. Die symptomsuppressive Therapie orientiert sich am Vorhandensein der entsprechenden

Zielsymptome und liegt damit meist in einem höheren Dosisbereich als die rezidivprophylaktische Therapie, die definitionsgemäß bereits eine völlige Remission voraussetzt. Die rezidivprophylaktische Wirkung der Neuroleptika bei schizophrenen Psychosen ist mittlerweile unbestritten. Davis et al. (1980) fanden in ihrer Zusammenfassung über placebokontrollierte Studien bei insgesamt 3500 Patienten eine Rückfallsrate von 55% bei Patienten unter Plazebo gegenüber 19% bei Patienten unter Neuroleptika (statist. Irrtumswahrscheinlichkeit kleiner 10^{-100}!). Allerdings ist es auch für die Langzeitbehandlung mit Neuroleptika nicht möglich, ein allgemein verbindliches Dosisschema vorzugeben. Während seit Einführung der hochpotenten Neuroleptika allgemein eine Tendenz zu immer höheren Dosierungen erkennbar war (Reardon et al. 1989) – im Bezirkskrankenhaus Haar/München etwa verdreifachte sich im Zeitraum 1970–1981 die durchschnittliche Tagesdosis (ausgedrückt in Chlorpromazineinheiten; Greil et al. 1988) – hat das zunehmende Wissen um die Risiken der neuroleptischen Behandlung, insbesondes die Gefahr der tardiven Dyskinesie, zu einem Umdenken geführt. Die Bedeutung der Behandlungsdauer und der Höhe der Dosierung als Risikofaktoren für das Auftreten der tardiven Dyskinesie werden in verschiedenen Untersuchungen unterschiedlich eingestuft (Wöller und Tegeler 1983, Rittmannsberger und Schöny 1986, American Psychiatric Association 1991, Haag et al. 1992, Khot et al. 1992). Auch wenn hier noch keine endgültigen Aussagen möglich sind, gilt es im Zweifelsfall, das Risiko und damit die Dosis so gering wie möglich zu halten (Kane 1989). Als „minimale wirksame Dosis" wurden 2,5 mg Haloperidol oder Fluphenazin (entsprechend ca. 125 Chlorpromazineinheiten) pro Tag angenommen (Kissling et al. 1991). Statistisch gesehen ist dabei aber nur für 50% der Patienten ein Schutz vor Rückfällen gewährleistet (Dixon et al. 1995). Als Richtwert für die Standarddosierung können 200–400 Chlorpromazinäquivalente pro Tag gelten (Möller 1988, Dixon et al. 1995).

Eine weitere Strategie, Neuroleptika einzusparen, ist die sogenannte *„Frühinterven-*

Tabelle 4.6.5. Richtlinien für die Langzeitrezidivprophylaxe bei schizophrenen Patienten (Möller et al. 1989)

1. Indikation	Schon bei der Erstmanifestation einer schizophrenen Psychose an die Rezidivprophylaxe denken.
2. Dosierung	So niedrig wie möglich, größenordnungsmäßig etwa 200 mg Chlorpromazin-Äquivalent p.d., je nach Verträglichkeit und rezidivprophylaktischem Effekt anpassend dosieren. Keine Dauergabe von Anticholinergika!
3. Applikationsweise	Depot-Neuroleptikum garantiert insbesondere bei problematischen Patienten größere Compliance.
4. Wahl des Präparates	Vor allem abhängig vom Nebenwirkungsspektrum und bei Depot-Präparaten vom Applikationsintervall. Bei schizoaffektiven Psychosen Rezidivprophylaxe mit Lithium den Neuroleptika vorzuziehen.

tion" (*„targeted-dose strategy"*), wobei nach eingetretener Stabilisation das Neuroleptikum ausgeschlichen wird und die Behandlung erst dann wieder aufgenommen wird, wenn der Patient über „Frühwarnsymptome" eines beginnenden Rezidivs berichtet (HERZ et al. 1982). Leider erwies sich, daß das Erkennen dieser „Frühwarnsymptome" außerordentlich schwierig ist (GAEBEL et al. 1993, NUECHTERLEIN et al. 1995) und daß diese Vorgangsweise zwar oft mit einer Einsparung von Neuroleptika, aber immer auch mit einer stark erhöhten Anzahl von Rezidiven verbunden ist, sodaß sie nur bei Patienten vertretbar ist, die für eine kontinuierliche Therapie nicht zu gewinnen sind (DIXON et al. 1995, KANE und McGLASHAN 1995).

Wurden früher in der Langzeitbehandlung sogenannte „drug holidays" (Aussetzen der Medikation für einige Tage, etwa am Wochenende) zur Prophylaxe der tardiven Dyskinesie empfohlen. so konnte dieser Effekt nicht nur nie wirklich nachgewiesen werden, sondern fanden sich im Gegenteil Hinweise dafür, daß dieses Vorgehen die Inzidenz irreversibler Dyskinesien erhöhen kann (AMERICAN PSYCHIATRIC ASSOCIATION 1991, HAAG et al. 1992, GILBERT et al. 1995).

Wahl des Präparats und der Applikationsform

Üblicherweise wird man die Dauertherapie mit dem gleichen Medikament, das sich bei der Akuttherapie bewährt hat, fortführen und die Dosis durch schrittweise Reduktion soweit wie möglich senken.

Einschränkungen unterliegt die Präparatwahl, wenn man sich für die Gabe von Depotneuroleptika entscheidet, da eine solche Darreichungsform nur für einige Medikamente besteht. Ist von vornherein klar, daß eine Langzeittherapie mit Depotneuroleptika vorgesehen ist, sollte man nach Möglichkeit die Behandlung auch mit einem Präparat beginnen, von dem eine Depotform erhältlich ist, um eine Um-

stellung zu vermeiden (s. auch Tabelle 4.6.5).

Von der rezidivprophylaktischen Wirksamkeit ist eine orale Therpie einer Therapie mit Depotneuroleptika ebenbürtig, sofern die orale Medikation tatsächlich eingenommen wird. Der Vorteil der Depotmedikation liegt daher vor allem im besseren „Management": Der Arzt kann sicher sein, daß der Patient in den Wochen nach der Injektion tatsächlich unter Medikamentenwirkung steht; der Patient hat weniger oder keine Tabletten in der Hand, was die Möglichkeit von absichtlichen oder versehentlichen Überdosierungen reduziert; die regelmäßigen Injektionen sind eine gute Gelegenheit, ein tragfähiges therapeutisches Bündnis mit dem Patienten herzustellen. Daneben vermeidet die Depotmedikation auch eventuelle Unsicherheiten der Absorption aus dem Magen-Darm-Trakt und bildet stabilere Plasmaspiegel. Im Falle eines Therapieabbruchs gewährleistet sie eine langsame Elimination des Medikaments und reduziert dadurch das Rückfallsrisiko (s. unten). Bezüglich detaillierter Angaben zur Therapie mit Depotneuroleptika muß auf das einschlägige Kapitel in diesem Band verwiesen werden (S 233 ff).

Dauer der Behandlung

Als in der Praxis bewährte Faustregeln (s. auch Tabelle 4.6.6) können gelten: Nach dem ersten schizophrenen Schub ist eine ein- bis zweijährige Behandlung über die Remission hinaus empfehlenswert (BLACK et al. 1985, MÖLLER et al. 1989, KISSLING et al. 1991), wobei die Medikation langsam ausgeschlichen werden sollte. Nach dem zweiten Schub wird eine zwei- bis fünfjährige Behandlung, bei noch häufigerem Auftreten eine unbefristete Dauermedikation empfohlen (MÖLLER 1987, KISSLING et al. 1991). Deren Beendigung kann nach mehrjährigem rezidivfreiem Intervall erwogen werden, wobei man zunächst die Reaktion des Patienten

Tabelle 4.6.6. Indikation und Dauer der neuroleptischen Rezidivprophylaxe bei schizophrenen Psychosen (MÖLLER et al. 1989)

---

a) Bei Erstmanifestation oder langen symptomfreien Intervallen sollte eine 1–2jährige Rezidivprophylaxe erfolgen.

b) Wenn bereits insgesamt 2–3 Manifestationen vorlagen oder wenn ein Rezidiv innerhalb eines Jahres aufgetreten ist, mindestens 2–5jährige Rezidivprophylaxe.

c) Bei besonders häufig rezidivierenden Psychosen oder Fremd- und/oder Selbstgefährdung sollte die zeitlich unbegrenzte Rezidivprophylaxe erwogen werden.

d) Neben diesen allgemeinen Regeln sollten individuelle Nutzen-Risiko-Erwägungen bestimmend sein, u. a. Konsequenzen eines möglichen Rezidivs? Beeinträchtigung durch Nebenwirkungen?

---

auf immer niedrigere Dosen beobachtet. Sosehr es wünschenswert ist, den Patienten nicht länger als notwendig zu behandeln, so sehr ist doch zu bedenken, daß auch bei jahrelang rezidivfreien Patienten nach Absetzen der Neuroleptika bis zu 60% innerhalb eines Jahres erneut erkrankten (HOGARTY et al. 1977, GILBERT et al. 1995).

Beendigung der Therapie

Generell sollte eine Behandlung mit Neuroleptika ausschleichend beendet werden – sowohl in Hinblick auf die Gefahr eines eventuellen Wiederauftretens der Zielsymptomatik als auch wegen der Möglichkeit von Absetzerscheinungen.

Absetzerscheinungen

Bei akutem Absetzen der Neuroleptika nach längerfristiger (Monate – Jahre), höherdosierter Anwendung können Symptome wie Schlaflosigkeit, Angst, Unruhe, Spannung, Nausea, Erbrechen, Schwitzen, aber auch dyskinetische Syndrome (tardive Dyskinesie) und produktiv-psychotische Symptome auftreten. Vegetative Absetzerscheinungen im Sinne eines cholinergen Rebounds sind besonders nach hochdosierter Behandlung mit niederpotenten Neuroleptika zu erwarten. Tardive Dyskinesien, die durch plötzliches Absetzen der Neuroleptika ausgelöst

werden, weisen eine bessere Rückbildungstendenz auf als Dyskinesien, die während der Behandlung entstehen (WÖLLER und TEGELER 1983). Stehen die psychotischen Symptome im Vordergrund, wurden diese Erscheinungen Supersensitivitäts- oder Reboundpsychosen (CHOUINARD et al. 1978) genannt. Sie werden, analog der Hypothese zur Entstehung der tardiven Dyskinesie, mit Toleranzentwicklung und Sensitivitätssteigerung der Dopaminrezeptoren, bzw. mit einer Imbalance zwischen cholinergen und dopaminergen Neuronen erklärt. Auch diese Reboundphänomene treten besonders nach abruptem Absetzen höherer Dosen oder einer sehr langfristigen Therapie mit Neuroleptika auf (BÖNING 1989). Sie sind durch kurzfristige Sedierung mit Clomethiazol zu beherrschen, oft aber phänomenologisch vom Wiederauftreten der Grundkrankheit nicht zu unterscheiden, sodaß das Konzept der Reboundpsychose nicht unumstritten ist. Insbesonders konnte die von der Theorie her naheliegende Koinzidenz von tardiven Dyskinesien und Reboundpsychosen empirisch nicht nachgewiesen werden (JAIN et al. 1988). Neue Aktualität hat das Konzept der Reboundpsychosen durch die Beobachtung gefunden, daß Patienten auf Depotneuroleptika, verglichen mit jenen auf oraler Medikation, nach Absetzen der Medikamente nicht nur später, sondern in einem Zweijahreszeitraum auch insgesamt weniger häufig rückfällig wurden. Das spricht dafür, daß abruptes Absetzen einen Risikofaktor an sich für das Wiederauftreten der Psychose darstellt (BALDESSARINI und VIGUERA 1995).

Erzwungene Beendigung

Die Notwendigkeit zur Beendigung einer Neuroleptikatherapie kann sich beim Auftreten schwerer Nebenwirkungen ergeben. Sind Anzeichen einer tardiven Dyskinesie zu erkennen, so sollte, wenn möglich, die neuroleptische Therapie abgesetzt werden, um die Chance der Rückbildung zu wahren. Schrittweises Absetzen ist dabei besonders bei hohen Dosen wichtig. Allerdings verbieten oft Symptomatik und Verlauf der Erkrankung ein Absetzen, sodaß man zumindest die Reduktion der Dosis oder Umsetzen auf ein atypisches Neuroleptikum erwägen sollte. Neuere Ergebnisse sprechen dafür, daß tardive Dyskinesien auch bei fortgeführter Neuroleptikabehandlung zumeist keine Tendenz zur Verschlechterung zeigen (KANE 1989, YASSA und NAIR 1992).

Das pharmakogene Parkinsonsyndrom und die Akathisie werden bei akutem Auftreten eher zur Dosisreduktion oder zum Wechsel des Päparates denn zu einer Therapiebeendigung führen. Ein sofortiges Absetzen der neuroleptischen Medikation ist allerdings beim malignen Neuroleptikasyndrom erforderlich. Diese sehr seltene, lebensbedrohliche Komplikation, bedarf intensivmedizinischer Behandlung. Besonders wichtig ist das frühzeitige Erkennen der Symptomatik des malignen Neuroleptikasyndroms, insbesondere in der Differentialdiagnose zur Katatonie (s. Kap. 4.3).

Schwere interkurrente Erkrankungen können ebenfalls eine sofortige Unterbrechung der Neuroleptikamedikation erforderlich machen. Zu erwähnen sind alle mit Bewußtseinsstörungen einhergehenden Erkrankungen, hochfieberhafte Infekte, schwerste Leber- und Nierenkrankheiten, Herzdekompensation oder schwerste hormonelle Dysfunktionen. Nach deren Besserung kann die Neuroleptikamedikation zumeist wiederaufgenommen werden.

4.6.3 *Kombinationstherapie*

(vergl. Bd. I, Kap. 19)

Kombination von Neuroleptika miteinander

Prinzipiell ist eine Monotherapie anzustreben. Eine Kombination verschiedener Neuroleptika ist nur dann sinnvoll, wenn sie unterschiedliche Zielsymptome aufweisen. Am häufigsten ist die Kombination eines hochpotenten mit einem stark sedierendem niederpotenten Neuroleptikum; dies vor allem bei starker Erregung oder wenn unter der Medikation mit hochpotenten Neuroleptika alleine kein ausreichender Schlaf auftritt. Auch wird für diese Kombinationen eine bessere Verträglichkeit reklamiert, weil die anticholinergen Eigenschaften des niederpotenten Neuroleptikums die extrapyramidalen Nebenwirkungen des hochpotenten Neuroleptikums reduzieren (SCHMIDT und SIEMETZKI 1988). Wenig sinnvoll ist die Kombination von Neuroleptika mit ähnlichem Wirkungsprofil: die antipsychotische Wirkung einer derartigen Therapie entspricht einem additiven Effekt, der auch durch Dosiserhöhung einer Substanz alleine erreicht werden kann; hingegen können unvorhersehbare Interaktionen im Bereich vieler anderer Rezeptorsysteme auftreten, und es besteht damit die Gefahr einer Potenzierung von Nebenwirkungen (MÜLLER-SPAHN et al. 1990). Für das atypische Neuroleptikum Risperidon wurde geltend gemacht, daß die Spezifität seiner Wirkungsweise in der Balance zwischen dopaminerger und serotonerger Blockade liege und daß daher die Kombination mit anderen Neuroleptika nicht sinnvoll sei (LIVINGSTONE 1994).

Tranquilizer

Die Kombination mit Tranquilizern (d. h. vor allem Benzodiazepine) ist dann zu überlegen, wenn Angst und Erregung im Vordergrund stehen. Auch bei hartnäckigen Einschlafstörungen kann auf Tranquilizer zurückgegriffen werden. Sie stellen in diesen Indikationen eine Alternative zu den niederpotenten Neuroleptika dar und haben sich als wirkungsvoll erwiesen. Bei einem Teil der Patienten konnte auch eine Verbesserung der produktiv-psychotischen Symptomatik gefunden werden, allerdings sind dabei anscheinend etwas höhere Dosen als üblich notwendig und diese Wirkung kann immer nur bei einem Teil der Patienten beobachtet werden (WOLKOWITZ und PICKAR 1991, WOLKOWITZ et al. 1992, LINGJAERDE 1991). Kritisch sind der oft nach einigen Wochen auftretende Wirkungsverlust der Benzodiazepine, die Entwicklung einer Abhängigkeit bei längerem Gebrauch und dadurch beim Absetzen eventuell auftretende Verschlechterungen der Psychose, sowie paradoxe Reaktionen zu betrachten (GALLHOFER und MARGUC 1990, SIRIS 1993).

Lithium, Carbamazepin

Beiden Substanzen wird ein verstärkender Effekt auf die Wirkung der Neuroleptika zugeordnet; dies wurde für Erregungs- und Aggressionszustände aber auch für die produktiv-psychotische Symptomatik selbst beschrieben (DOSE und EMRICH 1990, WALDMEIER 1987, RITTMANNSBERGER 1990, SIRIS 1993). Carbamazepin hat diese verstärkende Wirkung trotz einer pharmakokinetischen Interaktion, die den Serumspiegel der Neuroleptika bis auf die Hälfte reduzieren kann (POST 1995). In der Langzeittherapie weisen sie einen phasenunterdrückenden Effekt bei affektiv getönten Schizophrenien und schizoaffektiven Psychosen auf.

Sowohl für Lithium, als auch für Carbamazepin wurden in der Kombination mit Neuroleptika Fälle mit erhöhter Neurotoxizität beschrieben (PÜHRINGER et al. 1979, KANTER et al. 1984, YEREVANIAN und HODGMAN 1985, GOLDNEY und SPENCE 1986, RITTMANNSBERGER und LEBLHUBER 1992). Untersuchungen an größeren Kollektiven haben jedoch, zumindest für die Kombination mit Lithium, kein erhöhtes Risiko für Nebenwirkungen gefunden (GOLDNEY und SPENCE 1986, LERNER et al. 1988, SIRIS 1993).

Antidepressiva

Depressive und apathische Syndrome sowie Residualzustände mit Minus-Symptomatik im Rahmen schizophrener Psychosen werden in der Praxis sehr häufig durch eine zusätzliche Gabe von Antidepressiva behandelt, wobei zur Zeit nicht mit Sicherheit feststeht, daß dies gegenüber der alleinigen Behandlung mit Neuroleptika Vorteile bringt. So fand eine kontrollierte Studie bei Patienten mit produktiv psychotischer Symptomatik und depressivem Syndrom die neuroleptische Monotherapie der Kombinationstherapie mit Antidepressive insofern überlegen, als es in beiden Gruppen gleichermaßen zu einer Besserung der Depression kam, die Patienten mit Antidepressiva aber mehr Halluzinationen und Denkstörungen aufwiesen (KRAMER et al. 1989).

Als allgemeine Richtlinie kann gelten, daß bei florid psychitischer Symptomatik die alleinige Therapie mit Neuroleptika günstiger ist, während depressive Syndrome bei stabilisierten Psychosen ohne wesentliches Risiko mit Antidepressiva behandelt werden können (PLASKY 1991, AZORIN 1995). Eine depressive Symptomatik kann möglicherweise auch Ausdruck eines extrapyramidalen Syndroms mit dominanter Akinese sein (BERNER und SCHÖNBECK 1987, RIFKIN und SIRIS 1990). Für das apathische Syndrom werden in der klinischen Praxis vor allem antriebssteigernde Antidepressiva und MAO-Hemmer empfohlen (MÖLLER et al.

1989). Kombinationen von Antidepressiva mit Neuroleptika führen häufig zu pharmakokinetischen Interaktionen, wobei die Plasmaspiegel beider Medikamente beträchtlich erhöht werden können, was insbesondere im Hinblick auf eine Potenzierung anticholinerger Nebenwirkungen von Bedeutung ist (PLASKY 1991).

Eine Alternative zur Kombination mit Antidepressiva ist die Verordnung von Neuroleptika mit „antidepressivem" Effekt wie z. B. Thioridazin, Flupentixol oder Sulpirid; zuletzt sind auch Clozapin und Risperidon in dieser Indikation empfohlen worden (AZORIN 1995).

Anticholinergika

Die prophylaktische Beigabe von Anticholinergika ist umstritten. Ihre Befürworter argumentieren, daß sich dadurch die Inzidenz extrapyramidaler Nebenwirkungen der Neuroleptika signifikant reduzieren läßt, wovon eine bessere Compliance des Patienten zu erwarten ist (VAN PUTTEN 1974, WINSLOW et al. 1986). Junge, männliche Patienten, die mit hochpotenten Neuroleptika behandelt werden, stellen jene Gruppe dar, die davon am meisten profitieren kann (KEEPERS et al. 1983).

Gegen eine prophylaktische Gabe von Anticholinergika wurde ins Treffen geführt, daß es bei niedriger Dosierung nur selten, bei hohen Dosierungen keineswegs bei allen Patienten zu extrapyramidalen Nebenwirkungen kommt. Auch können sie die produktiv-psychotische Symptomatik verstärken indem sie den Neuroleptikaeffekt abschwächen (SINGH und KAY 1975). Auf die vor allem beim älteren Menschen relevanten negativen Effekte von Anticholinergika auf die Gedächtnisleistungen ist schon weiter oben hingewiesen worden. Einzelne Studien fanden, daß Anticholinergika die Gefahr für das Auftreten tardiver Dyskinesien erhöhen (GREIL et al. 1988), was sich jedoch in der Mehrzahl der Untersuchungen nicht

nachweisen ließ (AMERICAN PSYCHIATRIC ASSOCIATION 1991, HAAG et al. 1992). Die Beobachtung, daß Anticholinergika die subjektive Befindlichkeit von Patienten unter Neuroleptikamedikation verbessern, konnte bei doppelblinden Untersuchungsbedingungen nicht oder nur für einen kleinen Teil der Patienten bestätigt werden (VAGEN und GÖTESTAM 1986, McEVOY et al. 1990); allerdings gibt es auch gar nicht selten Berichte über einen Mißbrauch von Anticholinergika bei psychotischen Patienten, wobei ein euphorisierender und anxiolytischer Effekt erzielt wird (KAMINER et al. 1982, PULLEN et al. 1984). Im klinischen Bereich ist die routinemäßige prophylaktische Zugabe eines Anticholinergikums unseres Erachtens nicht angebracht. Zweckmäßiger erscheint es, die Dosis von vornherein an der „Neuroleptischen Schwelle" zu orientieren, den Patienten genau zu beobachten und beim Auftreten erster Symptome die neuroleptische Dosis zu reduzieren und Anticholinergika nur dann zu verordnen, wenn die Symptome für den Patienten störend sind. Im ambulanten Bereich kann bei Patienten mit schlechter Compliance oder mit großer Angst vor Neuroleptika eine prophylaktische Gabe von Anticholinergika sinnvoll sein, um die Mitarbeit des Patienten nicht zu gefährden. In jedem Fall sollte die Beigabe der Anticholinergika kurzfristig sein und deren Notwendigkeit immer wieder überprüft werden, um die oben beschriebenen Komplikationen nicht hervorzurufen.

Amantadin, welches seine Wirkung über das dopaminerge System entfaltet (ALLEN 1983), stellt eine wirkungsvolle Alternative zu den Anticholinergika dar: es treten weniger anticholinerg verursachte periphere Nebenwirkungen auf, und die Gedächtnisfunktion werden nicht (wie bei den Anticholinergika) beeinträchtigt (BORISON 1983, VAN PUTTEN et al. 1987). Insbesonders bei schwerer medikamentös induzierter Akinese ist es, als Infusion verabreicht, ausgezeichnet wirksam.

Alkohol – Nikotin – Kaffee

Neuroleptika verstärken die **Alkohol**wirkung, im Akutstadium der Behandlung ist daher vom Alkoholkonsum abzuraten. Bei mittel- oder langfristiger Einnahme von Neuroleptika ist allerdings gegen einen mäßigen Genuß von Alkohol kein Einwand zu erheben. Ein Glas Bier oder Wein zum Essen hilft bei einem nicht abhängigkeitsgefährdeten Patienten, ein normales Lebensgefühl aufrecht zu erhalten, und kann dazu beitragen, die durch die psychische Krankheit bedingte Außenseiterrolle zu minimieren.

Nikotin führt zu einer ausgeprägten Enzyminduktion in der Leber und damit zu einer rascheren Metabolisierung von Medikamenten und kann über diesen Effekt die Wirksamkeit der Neuroleptika abschwächen (BLACK et al. 1985); Raucher brauchen daher oft bis zu doppelt so hohe Dosen wie Nichtraucher (ERESHEFSKY 1984, GOFF et al. 1992).

Bei chronisch-schizophrenen Patienten sieht man häufig exzessives Rauchverhalten. Dies sollte Anlaß geben, die Dosierung zu überprüfen, einerseits in Hinblick auf einen möglichen Wirkverlust des Neuroleptikums, andererseits könnte dies auch als Versuch der Selbstbehandlung störender Nebenwirkungen aufgefaßt werden.

Koffein steigert die Angstempfindung, wirkt aktivierend und damit den Neuroleptika entgegensteuernd. Übermäßiger Kaffeegenuß kann Unruhe- und Angstzustände auslösen und damit ein Rezidiv vortäuschen, und wird manchmal ebenfalls im Sinne einer Selbstbehandlung (Stimulation gegen die dämpfende Wirkung der Neuroleptika) eingesetzt.

Andere Substanzen

Hypotone Kreislaufregulationsstörungen sind vor allem bei Verwendung niederpotenter Neuroleptika eine häufige Nebenwirkung und machen oft die Beigabe kreislauffördernder Mittel notwendig. Allerdings sollte man auch hier zurückhaltend sein, da unter Umständen bei adrenergen Substanzen psychoseprovozierende Wirkung auftreten könnte. Adrenalinhältige Medikamente sollen überhaupt vermieden werden, da es zu paradoxen Reaktionen kommen kann (Adrenalinumkehr). Günstig ist der Einsatz von Dihydroergotaminderivaten. Auch hier ist zu prüfen, ob nicht besser andere Maßnahmen, wie Dosisreduktion, Umstellung auf ein Präparat mit geringerer Kreislaufwirkung oder körperliches Kreislauftraining eingesetzt werden können.

Der Einsatz von kontrazeptiven Medikamenten ist ebenfalls möglich, allerdings kommt es zu leichten Abschwächungen des kontrazeptiven Effekts, sodaß hier in der Regel ein etwas stärkeres Hormonpräparat angewendet werden muß.

4.6.4 „Therapieresistenz"

Beurteilung des Therapieerfolges

Wie gut das Ansprechen der psychotischen Symptomatik ist, kann man gelegentlich schon sehr früh feststellen: Rasche Verbesserung der Symptomatik innerhalb des erstens Tages ist ein prognostisch gutes Zeichen für den Behandlungsverlauf insgesamt (MÖLLER et al. 1983); dysphorische Reaktionen innerhalb der ersten 48 Stunden sind prognostisch ungünstig (VAN PUTTEN und MAY 1978, SIMPSON und LEVINSON 1988). Mit einem endgültigen Urteil über die Wirksamkeit eines Medikaments sollte man sich aber mindestens 10 Tage Zeit lassen (BLACK et al. 1985), wobei man davon ausgehen kann, daß nach 5 Tagen 50% und nach 10 Tagen 75% der Gesamtveränderung erkenntlich sind (WOGGON 1980).

Vorgehen bei ungenügendem Therapieerfolg

Ist die Wirkung der Behandlung in den ersten 10 Tagen unbefriedigend, wird empfohlen, zunächst die Dosis ein- oder zwei-mal um die Ausgangsdosis zu erhöhen; bringt dies keinen Erfolg, kann man das gleiche Medikament in der Ausgangsdosis in parenteraler Applikation versuchen (MÖLLER et al. 1989), ehe man auf ein anderes Medikament umstellt. Dabei sollte man tunlichst ein Präparat einer anderen chemischen Substanzklasse wählen.

Die Strategie, die Dosis bei fehlendem Therapieerfolg zu erhöhen, wird zwar sehr häufig verfolgt, die Beweise für ihre Effektivität sind aber spärlich (KANE und MARDER 1993, KANE und McGLASHAN 1995). McEVOY et al. (1991) fanden, daß Patienten, die nach 14-tägiger Behandlung (Dosis an der „Neuroleptischen Schwelle" orientiert) nicht angesprochen hatten, eine Erhöhung der Dosis nach weiteren 14 Tagen zu keinen besseren Ergebnissen führt als die Fortsetzung mit der gleichen Dosis. In dieser Situation kann die Bestimmung von Neuroleptikaserumspiegel eine Orientierung bieten.

Ganz allgemein ist zu empfehlen, alle Maßnahmen, die im Zusammenhang mit dem ungenügenden Therapierfolg getroffen werden, genau zu dokumentieren, da man dabei oft den Rahmen der üblichen Behandlung verläßt. Auch ist es ratsam, immer nur eine Variable der Behandlung zu verändern um sich über die Effektivität der einzelnen Maßnahmen ein Urteil bilden zu können und jeder Änderung genügend Zeit zu lassen, wobei das Problem besteht, daß die Zeiträume, innerhalb derer man klinische Veränderungen gerade bei therapieresistenten Patienten erwarten darf (2 bis 4 Wochen), schwer mit dem Zeitdruck der klinische Situation in Einklang zu bringen sind.

Atypische Neuroleptika

Darunter versteht man Substanzen, welche in Tierversuchen kein typisches Neuroleptikamuster aufweisen, beim Menschen aber dennoch antipsychotisch wirksam sind und extrapyramidale Nebenwirkungen nur in geringem Umfang oder gar nicht auslösen. Das atypische Neuroleptikum schlechthin ist Clozapin; üblicherweise werden von den älteren Substanzen Thioridazin, Melperon, und die Benzamidderivate (Sulpirid, Amisulprid), von den neueren Risperidon, Zotepin und eine ganze Reihe noch in Entwicklung befindlicher Medikamente zu den atypischen Neuroleptika gerechnet. Ausgehend von den besonderen Eigenschaften von Clozapin gilt dabei besonderes Interesse dem Verhältnis der Blockade von D1 und D2 Rezeptoren und der Blockade der Serotoninrezeptoren, aber auch anderen Rezeptorsystemen (FLEISCHHACKER 1995, PICKAR 1995).

Speziell für Clozapin ist belegt, daß es bei gegenüber herkömmlichen Neuroleptika therapieresistenten Patienten im doppelblinden Vergleich mit Chlorpromazin diesem bei weitem überlegen war (30% Responder auf Clozapin vs 4% auf Chlorpromazin; KANE et al. 1988). Weil ein erhöhtes Risiko für das Auftreten einer Agranulocytose besteht, ist Clozapin nur unter besonderen Vorsichtsmaßnahmen einsetzbar (LIEBERMAN et al. 1989). Andrerseits besteht weitgehende Übereinstimmung darüber, daß Clozapin das zur Zeit eindeutig effektivste Medikament bei therapieresistenten Fällen ist, wobei aber oft lange Zeiträume (2–9 Monate) bis zum Eintritt der Besserung abgewartet werden müssen (CARPENTER 1995, MELTZER 1995).

Da zur Zeit verschiedene atypische Neuroleptika in klinischer Erprobung oder kurz vor ihrer Zulassung stehen, ist es wahrscheinlich, daß diesen Substanzen in Zukunft größere Bedeutung zukommen wird und sie in absehbarer Zeit die Standardtherapie sein werden (BORISON 1995, MELTZER 1995a).

Dosisreduktion/Absetzversuch

Bleiben mehrere, höherdosierte Behandlungsversuche mit verschiedenen Typen von Neuroleptika erfolglos, ist ein Absetzversuch empfehlenswert. Üblicherweise wird dabei die Neuroleptikamedikation abrupt sistiert, falls eine Sedierung notwendig ist, werden Tranquilizer gegeben. Oft kommt es durch diese Maßnahme innerhalb weniger Tage zu einer deutlichen Besserung im Befinden des Patienten; manche Patienten sprechen dann auf eine nachfolgende Neuroleptikatherapie besser an und kommen mit niedrigeren Dosen aus (KUHS und EIKELMANN 1988).

Bei Patienten, die wegen Therapieresistenz schon über lange Zeiträume hochdosiert mit Neuroleptika behandelt worden sind, konnte gezeigt werden, daß daß eine langsame Dosisreduktion (im Verlauf von 6 Monaten von durchschnittlich 63 mg Haloperidol auf 23 mg) zu beträchtlichen Verbesserungen im klinischen Status führen kann (LIBERMAN et al. 1994).

Andere Maßnahmen bei Therapieresistenz

Als weitere Maßnahmen bei „therapieresistenten Psychosen" können eine hochdosierte Behandlung mit Benzodiazepinen, die adjuvante Therapie mit Lithium oder Carbamazepin und die Elektrokrampftherapie erwogen werden. Auf diese und weitere Möglichkeiten (Clonidin, Propanolol, Neuropetide, Vitamin C, Vasopressinanaloga …) kann im Rahmen dieses Beitrages nicht weiter eingegangen werden (Übersichten bei MELTZER 1986, REMINGTON 1989, KANE und MARDER 1993, SIRIS 1993).

4.6.5 Führung von Patienten unter Neuroleptikatherapie

Information

Der Patient muß über die wesentlichen Wirkungen und Nebenwirkungen der Medikation ausreichend informiert werden. Neben dieser rechtlichen Verpflichtung zur Information ist diese auch für die Bereitschaft des Patienten zur Mitarbeit bei der Therapie von großer Bedeutung. Im Akutstadium der Erkrankung ist es häufig schwierig, die Information zu vermitteln, sodaß sie schrittweise, dem Krankheitsstadium entsprechend, dargebracht werden muß. Nach Möglichkeit sollten auch die Angehörigen in den Informationsprozeß eingebunden werden. Gerade bei der in der Öffentlichkeit vorhandenen, eher kritischen und oft unsachgemäßen Einstellung Psychopharmaka gegenüber, ist der gute Kontakt zum Umfeld des Patienten von großer Bedeutung. Es ist darauf hinzuweisen, daß die erforderliche Wirkung u. U. nur langsam eintritt und somit eine gewisse Latenzzeit zu erwarten ist. Nebenwirkungen der Therapie wie Müdigkeit, Schwindel, Kreislaufstörungen- und die neurologischen Nebenerscheinungen sind zu besprechen. In jedem Fall sind bei der Ersteinstellung kurzfristig ärztliche Kontrollen zu empfehlen.

Compliance

Der Therapieerfolg hängt nicht nur von der pharmakologischen Wirkung der Medikamente ab. Wir wissen, daß etwa 25–30% positive Wirkungen alleine bei Plazebo zu sehen sind. Das Verhalten des Arztes dem Patienten gegenüber, die Stimmigkeit seiner Persönlichkeit, seine Sicherheit im Umgang mit dem Patienten und in der Handhabung der Behandlung, sowie seine Bereitschaft, sich mit dem Patienten auseinanderzusetzen, spielen für den Erfolg auch der medikamentösen Behandlung eine wesentliche Rolle.

Der Anteil schizophrener Patienten, die die ärztlichen Verordnungen nicht befolgen – „Non-Compliance" – muß mit mindestens 40–50% angenommen werden (VAN PUTTEN 1974, BEBBINGTON 1995). In der Auseinandersetzung mit diesem Problem ist es günstiger, die Frage positiv zu formulieren und sich damit zu befassen, was einen Patienten mit guter Compliance auszeichnet (LINDEN 1987). Dabei zeigt sich, daß die Patienten, die einen guten Behandlungserfolg haben, auch eine positive Einstellung zur Neuroleptikatherapie haben, während die Non-Compliance-Patienten keine Erwartungen in die Therapie haben. Non-Compliance-Patienten sehen keinen Sinn in der Medikamenteneinnahme, halten sich beispielsweise nicht für krank bzw. Medikamente für den falschen Behandlungsweg. Die Drohung mit negativen Konsequenzen ist hier die weniger effektive Strategie. Besser ist es, dem Patienten Gründe anzubieten, die ihm die Behandlung sinnvoll machen, indem man ihm die positiven Wirkung der Neuroleptika verdeutlicht, wie beispielsweise die Verbesserung der Denkfähigkeit, verstärkte Hinwendung zur Umwelt, größere Leistungs- und Konzentrationsfähigkeit, erhöhtes Wohlbefinden, Sistieren von Halluzinationen, weniger innere Unruhe usw. In jedem Falle ist eine positive Arzt-Patientenbeziehung und eine ausführliche, auf die Situation des Patienten abgestimmte Information über Erkrankung und Behandlung von entscheidender Bedeutung, wobei sich vor allem psychoedukativ orientierte Gruppen als besonders effektiv erwiesen haben (KISSLING 1991, BÄUML 1994, BEBBINGTON 1995).

Weitere Faktoren, die zur Verbesserung der Compliance beitragen können, sind die Anzahl der verordneten Medikamente und Teildosen so niedrig wie möglich zu halten und Klagen über Nebenwirkungen ernstzunehmen und so weit wie möglich Abhilfe zu schaffen (BLONDIAUX et al. 1988) sowie die Gabe von Depotpräparaten.

Fahrerlaubnis

Neuroleptika beeinträchtigen das Fahrvermögen. Der Grad der Beeinflußung ist von der Dosierung und vom Krankheitsstadium abhängig. Allerdings kann bei vielen Patienten die Fahrfähigkeit erst durch die Therapie mit Neuroleptika wiederhergestellt werden. Die Entscheidung, ob das Lenken von KFZ erlaubt wird, ist daher individuell zu treffen. Im Anfangsstadium der Behandlung und bei Intensivtherapien sollte auf das Lenken von KFZ verzichtet werden (s. Bd. 1, Kap. 14). Später sind neben der Dosishöhe, den eventuell vorhandenen Nebenwirkungen und dem psychischen Befinden auch die individuelle Erfahrung des Patienten mit dem Medikament und die Grundpersönlichkeit des Patienten zu berücksichtigen. Grundsätzlich ist auf eine genaue ärztliche Verlaufskontrolle des Patienten zu achten. In diesem Zusammenhang ist es besonders wichtig, daß der Patient über etwaige Nebenwirkungen informiert ist. Bei Kombination von Alkohol und Neuroleptika ist in jedem Fall auf das Lenken von KFZ zu verzichten. Grundsätzlich sollte die Regel gelten, daß auf individuelle Kontraindikationen für das Lenken von KFZ zu achten ist und keine generellen Verbote ausgesprochen werden, die ja wiederum zur Diskriminierung des betroffenen Patienten beitragen würden (SCHÖNY und GUTH 1991).

4.6.6 Gesamtbehandlungskonzept

Wie es dem Titel dieser Abhandlung entspricht, wurden ausschließlich die Aspekte der medikamentösen Behandlung mit Neuroleptika erörtert. Dadurch soll aber nicht der Eindruck geweckt werden, dies sei die einzig mögliche oder die einzig richtige Behandlungsmethode. Im Gegenteil vertreten die Autoren die Ansicht, daß eine medikamentöse Therapie immer nur Teil eines Gesamtbehandlungskonzepts sein kann, das auch psychotherapeutische und soziotherapeutische Verfahren inkludiert (RITTMANNSBERGER und SCHÖNY 1990, SCHÖNY und RITTMANNSBERGER 1990). In zahlreichen Untersuchungen konnte gezeigt werden, daß der Verlauf schizophrener Psychosen in hohem Maße von peristatischen Faktoren abhängig ist und daß die Einbeziehung psychologischer und soziotherapeutischer Verfahren die Behandlungsergebnisse gegen- über einer alleinigen medikamentösen Behandlung deutlich verbessert (Übersichten in BÖKER und BRENNER 1986, 1989). Bezüglich detaillierter Information muß auf das entsprechende Kapitel in diesem Band verwiesen werden.

Literatur

ALLEN RM (1983) Role of amantadine in the management of neuroleptic-induced extrapyramidal syndromes: overview and pharmacology. Clin Neuropharmacol 6: S64–73

AMERICAN PSYCHIATRIC ASSOCIATION (1991) Tardive dyskinesia. A task force report. American Psychiatric Association, Washington DC

AZORIN JM (1995) Long-term treatment of mood disorders in schizophrenia. Acta Psychiatr Scand 91 [Suppl 388]: 20–23

BALDESSARINI RJ, VIGUERA AC (1995) Neuroleptic withdrawal in schizophrenic patients. Arch Gen Psychiatry 52: 189–192

BÄUML J (1994) Psychosen aus dem schizophrenen Formenkreis. Ein Ratgeber für Patienten und Angehörige. Springer, Berlin Heidelberg New York Tokyo

BEBBINGTON PE (1995) The content and context of compliance. Int Clin Psychopharmacol 9 [Suppl 5]: 41–50

BECKMANN H, LAUX G (1990) Guidelines for the dosage of antipsychotic drugs. Acta Psychiatr Scand 82 [Suppl 358]: 63–66

BENKERT O, HIPPIUS H (1996) Psychiatrische Pharmakotherapie. Springer, Berlin Heidelberg New York Tokyo

BERNER P, SCHÖNBECK G (1987) Biologische Behandlungsmethoden. In: KISKER KP, LAUTER H, MEYER J-E, MÜLLER C, STRÖMGREN E (Hrsg) Psychiatrie der Gegenwart, Bd 4. Springer, Berlin Heidelberg New York Tokyo, S 237–284

BLACK JL, RICHELSON E, RICHARDSON JW (1985) Antipsychotic agents: a clinical update. Mayo Clin Proc 60: 777–789

BLONDIAUX I, ALAGILLE M, GINESTET D (1988) L'adhesion au traitement neuroleptique chez les patients schizophrenes. L'Encephale XIV: 431–438

BÖKER W, BRENNER HD (Hrsg) (1986) Bewältigung der Schizophrenie. Huber, Bern

BÖKER W, BRENNER HD (Hrsg) (1989) Schizophrenie als systemische Störung. Huber, Bern

BÖNING J (1989) Psychopathologie und Klinik von Rebound-Phänomenen bei psychopharmakologischer Langzeitbehandlung. Psychiatria Danubina 2: 119–122

BORISON RL (1983) Amantadine in the management of extrapyramidal side effects. Clin Neuropharmacol 6: S57–63

BORISON RL (1995) Clinical efficacy of serotonin-dopamine antagonists relative to classic neuroleptics. J Clin Psychopharmacol 15 [Suppl 1]: 24S–29S

BREYER-PFAFF U (1987) Klinische Pharmakokinetik der Neuroleptika: Ergebnisse und Probleme. In: PICHOT P, MÖLLER HJ (Hrsg) Neuroleptika. Rückschau 1952–1986. Künftige Entwicklungen. Springer, Berlin Heidelberg New York Tokyo, S 37–46

CAMPBELL M, COHEN IL (1981) Psychotropic drugs in child psychiatry. In: VAN PRAAG H et al. (eds) Handbook of biological psychiatry, part IV. Marcel Dekker, New York Basel, pp 215–241

CARPENTER WT, CONLEY RR, BUCHANAN RW, BREIER A, TAMMINGA CA (1995) Patients response and resource management: another view of clozapine treatment of schizophrenia. Am J Psychiatry 152: 827–832

CHOUINARD C, JONES BD, ANNABLE L (1978) Neuroleptic-induced supersensitivity-psychosis. Am J Psychiatry 135: 1409–1410

DAVIS JM (1986) Neuroleptika. In: FREEDMAN AM, KAPLAN HI, SADOCK BJ, PETERS UH (Hrsg) Psychiatrie in Klinik und Praxis, Bd 2. Biologische und organische Psychiatrie. Thieme, Stuttgart New York, S 142–181

DAVIS JM, SCHAFFER CB, KILLIAN GA, KINNARD C, CHAN C (1980) Important issues in the drug treatment of schizophrenia. Schizophr Bull 6: 70–87

DIXON LB, LEHMAN AF, LEVINE J (1995) Conventional antipsychotic medications for schizophrenia. Schizophr Bull 21: 567–577

DOSE M, EMRICH HM (1990) Antikonvulsiva und Lithium als Adjuvantien der medikamentösen

Therapie schizophrener Psychosen. In: Hinterhuber H, Kulhanek F, Fleischhacker WW (Hrsg) Kombination therapeutischer Strategien bei schizophrenen Erkrankungen. Vieweg, Braunschweig Wiesbaden, S 50–59

Dysken MW, Javaid JI, Chang SS, Schaffer C, Shahid A, Davis JM (1981) Fluphenacine pharmacokinetics and therapeutic response. Psychopharmacology 73: 205–210

Ereshefsky L, Saklad SR, Davis CM, Jann MW, Richards AL, Burch NR (1984) Clinical implications of fluphenacine pharmacokinetics. The University of Texas, San Antonio, Houston

Fleischhacker WW (1995) New drugs for the treatment of schizophrenic patients. Acta Psychiatr Scand 91 [Suppl 388]: 24–30

Gaebel W, Frick U, Köpcke W, Linden M, Müller P, Müller-Spahn F, Pietzcker A, Tegeler J (1993) Early neuroleptic intervention in schizophrenia: are prodromal symptoms valid predictors of relapse? Br J Psychiatry 163 [Suppl 21]: 8–12

Gallhofer B, Marguc K (1990) Kombinationstherapie bei schizophrenen Patienten: Ist die Kombinationstherapie von Neuroleptika mit Benzodiazepinen unbestritten? In: Hinterhuber H, Kulhanek F, Fleischhacker WW (Hrsg) Kombination therapeutischer Strategien bei schizophrenen Erkrankungen. Vieweg, Braunschweig Wiesbaden, S 60–67

Gerken A, Holsboer F, Benkert O (1987) Kontrollierte Untersuchung zum Zusammenhang zwischen extrapyramidal-motorischen Nebenwirkungen und klinischer Wirksamkeit unter Perphenazin-Therapie bei schizophrenen Patienten. In: Heinrich K, Klieser E (Hrsg) Probleme der neuroleptischen Dosierung. Schattauer, Stuttgart New York, S 203–215

Gilbert PL, Harris MJ, McAdams LA, Jeste DV (1995) Neuroleptic withdrawl in schizophrenic patients. A review of the literature. Arch Gen Psychiatry 52: 173–188

Goff DC, Henderson DC, Amico E (1992) Cigarette smoking in schizophrenia: relationship to psychopathology and medication side effects. Am J Psychiatry 149: 1189–1194

Goldney RD, Spence ND (1986) Safety of the combination of lithium and neuroleptic drugs. Am J Psychiatry 143: 882–884

Greil W, Haag H, Rüther E (1988) Spätdyskinesie: Untersuchungen zur Entstehung und Behandlung. In: Bender W, Dencker SJ, Kulhanek K (Hrsg) Schizophrene Erkrankungen. Therapie, Therapieresistenz – eine Standortbestimmung. Vieweg, Braunschweig Wiesbaden, S 36–49

Haag H, Rüther E, Hippius H (1992) Tardive dyskinesia. WHO Expert Series on Biological Psychiatry, vol 1. Hogrefe & Huber, Seattle

Haase H-J (1972) Therapie mit Psychopharmaka und anderen psychotropen Medikamenten. Schattauer, Stuttgart New York

Haase H-J (1982) Die Dosierung der Neuroleptika unter feinmotorischer Kontrolle als konstruktiver Beitrag zum Thema der „Pharmakeule". In: Haase H-J (Hrsg) Psychopharmakotherapie. Optimale Dosierung der Neuroleptika. Perimed, Erlangen, S 13–57

Heinrich K (1987) Depotneuroleptika – ein Fortschritt? In: Pichot P, Möller HJ (Hrsg) Neuroleptika. Rückschau 1952–1986. Künftige Entwicklungen. Springer, Berlin Heidelberg New York Tokyo, S 93–102

Herz MJ, Szymanski H, Simon JC von (1982) Intermittent medication for stable schizophrenic outpatients: an alternative to maintenance medication. Am J Psychiatry 139: 918–922

Hogarty GE, Ulrich RF, Mussare F, Aristigueta N (1977) Drug discontinuation among long term, successfully maintained schizophrenic outpatients. Dis Nerv Syst 37: 494–500

Jain AK, Kelwala S, Gershon S (1988) Antipsychotic drugs in schizophrenia: current issues. Int Clin Psychopharmacol 3: 1–30

Kaminer Y, Münitz H, Wijsenbeek H (1982) Trihexyphenidyl (Artane) abuse: euphoriant and anxiolytic. Br J Psychiatry 140: 473–474

Kane JM (1989) The current status of neuroleptic therapy. J Clin Psychiatry 50: 322–328

Kane JM, Marder SR (1993) Psychopharmacologic treatment of schizophrenia. Schizophr Bull 19: 287–302

Kane JM, McGlashan TH (1995) Schizophrenia. Treatment of schizophrenia. Lancet 346: 820–825

Kane JM, Honigfeld G, Singer J et al. (1988) Clozapine for the treatment resistant schizophrenic: a double blind comparison with chlorpromazine. Arch Gen Psychiatry 45: 789–796

Kanter GL, Yerevanian BI, Ciccone JR (1984) Case report of a possible interaction between neuroleptics and carbamazepine. Am J Psychiatry 141: 1101–1102

Keepers GA, Clappison VJ, Casey DE (1983) Initial anticholinergic prophylaxis for neuroleptic-induced extrapyramidal symptoms. Arch Gen Psychiatry 40: 1113–1117

Kissling W (1991) The current unsatisfactory state of relapse prevention in schizophrenic psychoses – suggestions for improvement. Clin Neuropharmacol 14 [Suppl 2]: S33–S44

KISSLING W, KANE JM, BARNES TRE, DENCKER SJ, FLEISCHHACKER WW, GOLDSTEIN MJ, JOHNSON DAW, MARDER SR, MÜLLER-SPAHN F, TEGELER J, WISTEDT B, WOGGON B (1991) Guidelines for neuroleptic relapse prevention in schizophrenia; towards a consensus view. In: KISSLING W (ed) Guidelines for neuroleptic relapse prevention in schizophrenia. Springer, Berlin Heidelberg New York Tokyo, pp 155–164

KRAMER MS, VOGEL WH, DI JOHNSON C, DEWEY DA, SHEVES P, CAVICCHIA S, LITLE P, SCHMIDT R, KIMES I (1989) Antidepressants in „depressed“ schizophrenic inpatients. Arch Gen Psychiatry 46: 922–928

KHOT V, EGAN MF, HYDE TM, WYATT RJ (1992) Neuroleptics and classic tardive dyskinesia. In: LANG AE, WEINER WJ (eds) Drug-induced movement disorders. Futura Publishing, New York, pp 121–166

KRONIG MH, MUNNE RA, SZYMANSKI S, SAFFERMAN AZ, POLLAC S, COOPER T, KANE JM, LIEBERMAN JA (1995) Plasma clozapine levels and clinical response for treatment-refractory schizophrenic patients. Am J Psychiatry 152: 179–182

KUHS H, EIKELMANN B (1988) Suspension of neuroleptic therapy in acute schizophrenia. Pharmacopsychiat 21: 197–202

KULHANEK F, LINDE OK, MEISENBERG G (1979) Precipitation of antipsychotic drugs in interaction with coffee or tea. Lancet ii: 1130

LERNER Y, MINTZER Y, SCHESTATZKY M (1988) Lithium combined with haloperidol in schizophrenic patients. Br J Psychiatry 153: 359–362

LIEBERMAN JA, KANE JM, JOHNS CA (1989) Clozapine: guidelines for clinical management. J Clin Psychiatry 50: 329–338

LIBERMAN RP, VAN PUTTEN T, MARSHALL BD JR, MINTZ J, BOWEN L, KUEHNEL TG, ARAVAGIRI M, MARDER SR (1994) Optimal drug and behavior therapy for treatment-refractory schizophrenic patients. Am J Psychiatry 151: 756–759

LINDEN M (1987) Negative vs positive Therapieerwartungen und Compliance vs Non-Compliance. Psychiat Prax 14: 132–136

LINGJAERDE O (1991) Benzodiazepines in the treatment of schizophrenia: an updated survey. Acta Psychiatr Scand 84: 453–459

LIVINGSTONE MG (1994) Risperidone. Lancet 343: 457–459

MCEVOY JP, MCCUE M, SPRING B, MOHS RC, LAVORI PW, FARR RM (1987) Effects of amantadine and trihexyphenidyl on memory in elderly normal voluteers. Am J Psychiatry 144: 573–577

MC EVOY JP, HOGARTY GE, CARTER M, ORTLIP P, ULRICH R (1990) Pharmakotherapie des Distress bei remittierten schizophrenen Patienten: Behandlung mit Anticholinergica und die Dosierung von Fluphenazindekanoat. In: HINTERHUBER H, KULHANEK F, FLEISCHHACKER WW (Hrsg) Kombination therapeutischer Strategien bei schizophrenen Erkrankungen. Vieweg, Braunschweig Wiesbaden, S 40–49

MCEVOY JP, HOGARTY G, STEINGARD S (1991) Optimal dose of neuroleptics in acute schizophrenia: a controlled study of the neuroleptic treshold and higher haloperidol dose. Arch Gen Psychiatry 41: 1025–1029

MELTZER HY (1986) Novel approaches to the pharmacotherapy of schizophrenia. Drug Dev Res 9: 23–40

MELTZER HY (1995) Clozapine: is another view valid? Am J Psychiatry 152: 821–825

MELTZER HY (1995a) Neuroleptic withdrawl in schizophrenic patients. An idea whose time has come. Arch Gen Psychiatry 52: 200–202

MÖLLER HJ (1987) Indikation und Differentialindikation der neuroleptischen Langzeitmedikation. In: PICHOT P, MÖLLER HJ (Hrsg) Neuroleptika. Rückschau 1952–1986. Künftige Entwicklungen. Springer, Berlin Heidelberg New York Tokyo, S 63–80

MÖLLER HJ (1988) Kontinuierliche Langzeitbehandlung schizophrener Patienten mit niedrig dosierten Neuroleptika. In: HIPPIUS H, LAAKMANN G (Hrsg) Therapie mit Neuroleptika Niedrigdosierung. Perimed, Erlangen, S 30–39

MÖLLER HJ, KISSLING W, LANG CH, DOERR P, PIRKE K-M, VON ZERSSEN D (1982) Efficacy and side effects of haloperidol in psychotic patients: oral versus intravenous administration. Am J Psychiatry 139: 1571–1575

MÖLLER HJ, KISSLING W, VON ZERSSEN D (1983) Die prognostische Bedeutung des frühen Ansprechens schizophrener Patienten auf Neuroleptika für den weiteren stationären Behandlungsverlauf. Pharmacopsychiat 16: 46–49

MÖLLER HJ, KISSLING W, STOLL K-D, WENDT G (1989) Psychopharmakotherapie. Kohlhammer, Stuttgart Berlin Köln

MÜLLER-SPAHN F, GROHMANN R, RÜTHER E, HIPPIUS H (1990) Vor- und Nachteile einer Kombinationstherapie mit verschiedenen Neuroleptika. In: HINTERHUBER H, KULHANEK F, FLEISCHHACKER WW (Hrsg) Kombination therapeutischer Strategien bei schizophrenen Erkrankungen. Vieweg, Braunschweig Wiesbaden, S 22–32

NUECHTERLEIN KH, GITLIN MJ, SUBOTNIK KL (1995) The early course of schizophrenia and long-term maintenance neuroleptic therapy. Arch Gen Psychiatry 52: 203–205

PICKAR D (1995) Prospects for pharmacotherapy of schizophrenia. Lancet 345: 557–562

PIETZCKER A (1988) Akutbehandlung von schizophrenen Patienten mit niedrig dosierten Neuroleptika. In: HIPPIUS H, LAAKMANN G (Hrsg) Therapie mit Neuroleptika-Niedrigdosierung. Perimed, Erlangen, S 20–29

PLASKY P (1991) Antidepressant usage in schizophrenia. Schizophr Bull 17: 649–57

POST RM (1995) Carbamazepine. In: KAPLAN HI, SADDOCK BJ (eds) Comprehensive textbook of psychiatry/VI. Williams and Wilkins, Baltimore, pp 1964–1971

PÜHRINGER W, KOCHER R, GASTPAR M (1979) Zur Frage der Inkompatibilität einer Lithium-Neuroleptika-Kombinationstherapie. Nervenarzt 50: 124–127

PULLEN GP, BEST NR, MAGUIRE J (1984) Anticholinergic drug use: a common problem? Br Med J 289: 612–613

REARDON GT, RIFKIN A, SCHWARTZ A, MYERSON A, SIRIS SG (1989) Changing patterns of neuroleptic dosage over a decade. Am J Psychiatry 146: 726–729

REMINGTON G (1989) Pharmacotherapy of schizophrenia. Can J Psychiatry 34: 211–219

REMINGTON G, POLLOCK B, VOINESKOS G, REED K, COULTER K (1993) Acutely psychotic patients receiving high-dose haloperidol therapy. J Clin Psychopharmacol 13: 41–45

REY M-J, SCHULZ P, COSTA C, DICK P, TISSOT R (1989) Guidelines for the dosage of neuroleptics. I. Chlorpromazine equivalents of orally administered neuroleptics. Int Clin Psychopharmacol 4: 95–104

RICHELSON E (1985) Pharmacology of neuroleptics in use in the united states. J Clin Psychiatry 46 (8 Sec 2): 8–14

RIFKIN A, SIRIS SG (1990) Die Kombination von Antidepressiva und Neuroleptika bei der Behandlung der Schizophrenie. In: HINTERHUBER H, KULHANEK F, FLEISCHHACKER WW (Hrsg) Kombination therapeutischer Strategien bei schizophrenen Erkrankungen. Vieweg, Braunschweig Wiesbaden, S 33–39

RIFKIN A, DODDI S, KARAGI B, BORENSTEIN M, WACHPRESS M (1991) Dosage of haloperidol for schizophrenia. Arch Gen Psychiatry 48: 166–70

RITTMANNSBERGER H (1990) Carbamazepin in der Behandlung psychischer Erkrankungen: Wirkungen und Nebenwirkungen. Wien Med Wochenschr 140: 398–404

RITTMANNSBERGER H, SCHÖNY W (1986) Prävalenz tardiver Dyskinesien bei langzeithospitalisierten schizophrenen Patienten. Nervenarzt 57: 116–118

RITTMANNSBERGER H, SCHÖNY W (1990) Neue psychosoziale Verfahren in der Behandlung schizophrener Patienten. In: SCHÖNBECK G, PLATZ T (Hrsg) Schizophrenie erkennen, verstehen, behandeln. Springer, Wien New York, S 121–132

RITTMANNSBERGER H, UNTERLUGGAUER H (1991) Akutbehandlung mit Neuroleptika: intravenöse versus orale Applikation. In: HINTERHUBER H, KULHANEK F, NEUMANN R (Hrsg) Prädiktoren und Therapieresistenz in der Psychiatrie. Vieweg, Braunschweig Wiesbaden, S 137–145

RITTMANNSBERGER H, LEBLUBER F (1992) Asterixis induced by carbamazepine therapy. Biol Psychiatry 32: 364–368

SCHMIDT LG, SIEMETZKI H (1988) Differentielle Wirkprofile der neuroleptischen Therapie akut Schizophrener? Ergebnisse einer klinisch-naturalistischen Studie. Nervenarzt 59: 721–726

SCHÖNY W, RITTMANNSBERGER H (1990) Einsatz psychosozialer Behandlungsverfahren in der Psychiatrie. In: SCHÖNBECK G, PLATZ T (Hrsg) Schizophrenie erkennen, verstehen, behandeln. Springer, Wien New York, S 133–140

SCHÖNY W, GUTH CH (1991) Führerscheingutachten bei Schizophrenen. In: PLATZ T, SCHUBERT H, NEUMANN R (Hrsg) Fortschritte im Umgang mit schizophrenen Patienten. Springer, Wien New York, S 69–78

SIMPSON GM, LEVINSON DF (1988) Können wir das Ansprechen auf die somatischen Therapien der Schizophrenie verbessern? In: BENDER W, DENCKER SJ, KULHANEK K (Hrsg) Schizophrene Erkrankungen. Therapie, Therapieresistenz – eine Standortbestimmung. Vieweg, Braunschweig Wiesbaden, S 164–177

SINGH MM, KAY SR (1975) A comparative study of haloperidol and chlorpromazine in terms of clinical effects and therapeutic reversal with benztropine in schizophrenia. Psychopharmacology 43: 103–113

SIRIS SG (1993) Adjunctive medication in the maintenance treatment of schizophrenia and its conceptual implications. Br J Psychiatry 163 [Suppl]: 66–78

STONE CK, GARVER DL, GIFFITH J, HIRSCHOWITZ J, BENNETT J (1995) Further evidence of a dose-response treshold for haloperidol in psychosis. Am J Psychiatry 152: 1210–1212

TEGELER J (1987) Differentielle Indikationen der neuroleptischen Akutbehandlung Schizophrener. In: PICHOT P, MÖLLER HJ (Hrsg) Neuroleptika. Rückschau 1952–1986. Künftige Entwicklungen. Springer, Berlin Heidelberg New York Tokyo, S 47–62

TUPIN JP (1985) Focal neuroleptization: an approach to optimal dosing for initial and continuing therapy. J Clin Psychopharmacol 5: 15–21S

VAGEN R, GÖTESTAM KG (1986) An experimental evaluation of the euphoric properties of anti-parkinson drugs on psychotic patients. Acta Psychiatr Scand 74: 519–523

VAN PUTTEN T (1974) Why do schizophrenic patients refuse to take their drugs? Arch Gen Psychiatry 31: 67–72

VAN PUTTEN T, MAY PRA (1978) Subjective response as a predictor of outcome in pharmacotherapy. Arch Gen Psychiatry 35: 477–480

VAN PUTTEN T, GELENBERG AJ, LAVORI PW, FALK WE, MARDER SR, SPRING B, MOHS RC, BROTMAN AW (1987) Anticholinergic effects on memory: benztropine vs. amantadine. Psychopharmacol Bull 23: 26–29

VAN PUTTEN T, MARDER SR, MINTZ J (1990) A controlled dose comparison of haloperidol in newly admitted schizophrenic patients. Arch Gen Psychiatry 47: 754–758

VAN PUTTEN T, MARDER SR, WIRHING WC, ARAVAGIRI M, CHABERT N (1991) Neuroleptic plasma levels. Schizophr Bull 17: 197–216

VAN PUTTEN T, MARDER SR, MINTZ J, POLAND RE (1992) Haloperidol plasma levels and clinical response: a therapeutic window relationship. Am J Psychiatry 149: 500–505

WALDMEIER PC (1987) Is there a common denominator for the antimanic effect of lithium and anticonvulsants? Pharmacopsychiat 20: 37–47

WILES D, FRANKLIN M, DENCKER SJ, JOHANSSON R, LUNDIN L, MALM U (1980) Plasma fluphenazine and prolactine levels in schizophrenic patients during treatment with low and high doses of fluphenazine enanthate. Psychopharmacology 71: 131–136

WINSLOW RS, STILLNER V, COONS DJ, ROBINSON MW (1986) Prevention of acute dystonic reactions in patients beginning high-potency neuroleptics. Am J Psychiatry 143: 706–710

WOGGON B (1980) Veränderung der psychopathologischen Symptomatik während 20-tägiger antidepressiver oder neuroleptischer Behandlung. Psychiatr Clin (Basel) 13: 150–164

WOGGON B (1987) Dosierung von Neuroleptika. In: PICHOT P, MÖLLER HJ (Hrsg) Neuroleptika. Rückschau 1952–1986. Künftige Entwicklungen. Springer, Berlin Heidelberg New York Tokyo, S 81–92

WOLKOWITZ OM, PICKAR D (1991) Benzodiazepines in the treatment of schizophrenia: a review and reappraisal. Am J Psychiatry 148: 714–726

WOLKOWITZ OM, TURETSKY N, REUS VI, HARGREAVES WA (1992) Benzodiazepine augmentation of neuroleptics in treatment-resistant schizophrenia. Psychopharmacol Bull 28: 291–295

WÖLLER W, TEGELER J (1983) Späte extrapyramidale Hyperkinesien. Klinik – Prävalenz – Pathophysiologie. Fortschr Neurol Psychiat 51: 131–157

WYATT RJ (1976) Biochemistry and schizophrenia, part IV. The neuroleptics, their mechanism of action: a review of the biochemical literature. Psychopharmacol Bull 12: 5–50

YASSA R, NAIR NPV (1992) A 10-year follow-up study of tardive dyskinesia. Acta Psychiatr Scand 86: 262–266

YEREVANIAN BI, HODGMAN CH (1985) A haloperidol-carbamazepine interaction in a patient with rapid-cycling disorder. Am J Psychiatry 142: 785–786

Exkurs: Schwangerschaft und Stillzeit

M. Lanczik

Neuroleptika während der Schwangerschaft

Publikationen über Koinzidenzen von Mißbildungen, perinatalen Komplikationen oder verhaltensteratologischen Effekten und der Einnahme von Neuroleptika sind zahlreich. Die Resultate selten kontrollierter Untersuchungen stehen aber zumeist im Widerspruch zu den in den Kasuistiken geäußerten ätiopathogenetischen Zusammenhängen zwischen der Einnahme dieser Substanzen und Vermutungen kongenitaler Annomalien. Die Teratogenität der Neuroleptika ist insgesamt sicher gering, kann aber auch nicht vollkommen ausgeschlossen werden. Typische Mißbildungen unter intrauteriner Neuroleptika-Exposition sind nicht bekannt. Außerdem scheint es Hinweise darauf zu geben, daß die Inzidenz für kongenitale Mißbildungen bei Kindern von psychotisch erkrankten Schwangeren – unabhängig von der Einnahme eines Neuroleptikums – erhöht ist (DENCKER et al. 1986, CARPENTER et al. 1990).

Andererseits lassen sich in den meisten Untersuchungen weder Angaben über die Dosierung noch den Zeitraum der Exposition finden. Meistens werden während der Gravidität Neuroleptika nicht wegen einer Psychose, sondern in vergleichbar wesentlich geringerer Dosierung als Antiemetikum oder kurzfristig wegen Schlafstörungen oder akuten Angstzuständen verordnet, so daß die wenigsten Untersuchungen darüber Auskunft geben können, ob die Einnahme in einer antipsychotischen oder stärker sedierenden Dosierung über längere Zeiträume hinweg nicht doch eine erhöhte teratogene Wirkung haben könnte.

Teratogene Wirkung trizyklischer Neuroleptika

RUMEAU-ROUQUETTE et al. (1977) fanden nur für die Behandlung während des 1. Trimenons der Schwangeren mit *Phenothiazinen mit aliphatischer Seitenkette,* zu denen *Chlorpromazin, Metoxypromazin, Azetylpromazin, Methotrimeprazin* oder *Oxomemazin* gehören, eine erhöhte Mißbildungsrate von 3,5% gegenüber einer Kontrollgruppe von 1,6%. Dabei handelte es sich insbesondere um Mikrozephalien und Dysmeliesyndrome. EDLUND und CRAIG (1984) postulierten eine erhöhte Inzidenz kongenitaler Malformationen nach Exposition mit Neuroleptika ab der 4., besonders zwischen der 6. und 10. Schwangerschaftswoche (5,4% versus 3,2% in der Kontrollgruppe). Drei andere Untersuchungen konnten keine erhöhten Raten von Mißbildungen bzw. auch Fehl- oder Todgeburten, keine Unterschiede im Geburtsgewicht oder einen erniedrigten IQ im 4. Lebensjahr nach Phenothiazin-Exposition im 1. Trimenon finden, allerdings ohne Unterscheidung von Subklassen (RIEDER et al. 1975, MILKOVICH und VAN DEN BERG 1976, SLONE et al. 1977). Fallberichte über Mißbildungen liegen auch über Thioridazin und Fluphenazin vor (DONALDSON und BURY 1982, STEVENS und

GAERTNER 1994). Es muß aber davor gewarnt werden, die Kasuistiken dahingehend zu interpretieren, daß diese genannten Neuroleptika eine wesentlich höhere teratogene Potenz haben als die anderen. Bei häufiger angewandten Neuroleptika kommt es eher zu einem „over-reporting" von Mißbildungen als bei den seltener angewandten. Zu den Gruppen der *Thioxanthene (Flupentixol, Chlorprothixen, Zuclopenthixol)* und *Perphenazin* und dem *Trifluperazin* aus der Gruppe der *Phenothiazine* fehlen entsprechende Mitteilungen über Mißbildungen (GOLDBERG und DI MASCIO 1978, HEINONEN et al. 1977, CLEARY 1977).

Es ist noch zu erwähnen, daß trizyklische Neuroleptika insgesamt unter dem Verdacht stehen, bei pränataler Exposition Retinopathien zu verursachen (STIRRAT und BEARD 1973).

Teratogene Wirkung nicht-trizyklischer Neuroleptika

Eine teratogene Wirkung für *Butyrophenone* ist nicht erwiesen. Zu *Haloperidol* liegen wenige retrospektive Untersuchungen und eine Reihe von Falldarstellungen vor. Während letztere über eine Assoziation von Ektrophokomelien und Ektromelien (KOPELMAN et al. 1975) berichten – wobei anzumerken ist, daß diese Patientinnen gleichzeitig andere Medikamente während der Gravidität eingenommen hatten – konnten z. B. in der retrospektiven Untersuchung von WAES und VAN DER VELDE (1969) keine teratogenen Effekte nach Haloperidol-Exposition nachgewiesen werden. In den meisten retrospektiven Untersuchungen wurden die *Butyrophenone,* zumeist *Haloperidol* in sehr geringer, kaum antipsychotisch wirksamer Dosierung und dann auch nur kurzfristig bei Hyperemesis gravidarum verordnet, so daß die Ergebnisse dieser Untersuchungen ebenfalls nur eingeschränkt verwertbar sind. Eine weitere Indikation für Haloperidol stellt neben dem Schwangerschaftserbrechen die

Chorea gravidarum dar. PATTERSON (1979) und DONALDSON (1982) konnten bei der Behandlung dieser Schwangerschaftskomplikation mit Haloperidol auch in höheren, d. h. auch antipsychotisch wirksamen Dosierungen keine teratogenen Effekte eruieren. Für *Diphenylbutylpiperidene,* z. B. *Fluspirilen* und *Pimozid,* liegen ebenfalls keine Mitteilungen über teratogene Wirkungen vor. Zu Clozapin liegt eine Falldarstellung über eine Behandlung während der Gesamtdauer einer Schwangerschaft ohne folgende Komplikationen oder Mißbildungen vor (WALDMAN und SAFFERMAN 1993).

Postnatale Wirkung der Neuroleptika

Bei Neugeborenen von in den letzten Schwangerschaftswochen mit *Phenothiazinen* behandelten Müttern wurden klassische extrapyramidal-motorische Symptome wie Hypokinese, Tremor und Rigor, aber auch Verläufen mit Hyperreflexie, Bewegungsunruhe mit übermäßigem Schreien und vasomotorischer Instabilität beobachtet (HILL et al. 1966, TAMER et al. 1969). Diese Störungen klangen in fast allen publizierten Fällen relativ rasch wieder spontan ab. Es wurden aber auch seltene Verläufe mit dieser Symptomatik mit einer Dauer von bis zu 6–10 Monaten eruiert (AUERBACH et al. 1992). HAMMOND und TOSELAND (1970) berichten über ein Apathiesyndrom bei Neugeborenen von mit *Phenozhiazinen* behandelten Müttern. Neuere und kontrollierte Studien liegen zu diesem Thema nicht vor.

Auch wenn keine entsprechenden Publikationen verfügbar sind, so ist dennoch davon auszugehen, daß auch nach Behandlung mit nicht-trizyklischen Neuroleptika, z. B. *Butyrophenonen,* postnatal ein Risiko für das Neugeborene besteht, ein extrapyramidalmotorisches Syndrom zu entwickeln.

Verhaltensteratogene Wirkung

Im Gegensatz zu tierexperimentell gewonnenen Befunden konnten im Rahmen von

5-Jahres-follow-up-Studien keine Unterschiede hinsichtlich kognitiver Funktionen und Verhalten bei Kindern mit und ohne pränataler Neuroleptika-Exposition eruiert werden. Die Datenlage ist aber hier limitiert und weitere kontrollierte Untersuchungen notwendig, so daß noch keine allgemeingültigen Aussagen über mögliche verhaltensteratologische Effekte der Neuroleptika möglich sind (KRIS 1965, EDLUND und CRAIG 1984).

Neuroleptika während der Laktation

Alle Neuroleptika treten in die Muttermilch über. Die ermittelten Korrelationen der Neuroleptikaplasmaspiegel zu denen der Muttermilch sind uneinheitlich und auch nicht für alle, insbesondere nicht für neuere Präparate bekannt. Außerdem sind die individuellen Schwankungen erheblich, so daß die pauschale Annahme, daß der Neuroleptikumspiegel in der Muttermilch etwa 30% von dem im mütterlichen Plasma beträgt, nicht mehr aufrecht erhalten werden kann. Über Schäden oder Beeinträchtigungen beim gestillten Neugeborenen liegen nur wenige kasuistische Mitteilungen vor, da bei einer notwendigen Psychopharmakotherapie richtigerweise zumeist sofort abgestillt wird.

Trizyklische Neuroleptika

Für die Thioxanthene Flupentixol und Zuclopenthixol wird ein Milch/Plasma (Mutter)-Quotient von 0,85 angegeben (MATHESON und SKJAERAASEN 1985). Für Clozapin wurde auch schon eine 3–4mal höhere Konzentration in der Muttermilch als im mütterlichen Plasma gefunden (BARNAS et al. 1994). HENNE et al. (1961) haben bei einem Neugeborenen, das von einer mit Phenothiazinen behandelten Mutter gestillt wurde, eine erhöhte Photosensibilität gefunden.

Nicht-trizyklische Neuroleptika

STEWART et al. (1980) berichten bei Gaben von nicht-trizyklischen Neuroleptika mit einer Tagesdosis von 30 mg Haloperidol über 5 ng/ml Muttermilch. WHALLEY et al. (1981) fanden bei einer Patientin 23,5 ng/ml Muttermilch nach einer Haloperidol-Dosierung von 10 mg/die (= 64% der Konzentration im mütterlichen Plasma). Nebenwirkungen für das Neugeborene wurden jeweils nicht beobachtet.

Empfehlungen

Zwischen der 4.–10. Schwangerschaftswoche sollte die Gabe von Neuroleptika vermieden werden. 2 Wochen vor dem errechneten Geburtstermin sollten die Neuroleptika wieder abgesetzt oder zumindest erheblich reduziert werden, um ein extrapyramidal-motorisches Syndrom beim Neugeborenen zu vermeiden. Nach der Niederkunft müßten sie allerdings innerhalb der ersten 48 Std. post partum wieder angesetzt werden, da die Rückfallquote für Psychosen, besonders für bipolare, innerhalb der ersten zwei Wochen post partum um ein Vielfaches erhöht ist. Diese Vorgehensweise ist mittlerweile nicht mehr unumstritten. ALTSHULER et al. (1996) empfehlen bei Exazerbationen einer chronischen Psychose gerade deswegen, die Neuroleptikatherapie auch während der Schwangerschaft fortzusetzen, weil die Psychose für den Feten viel risikoreicher ist als die möglichen negativen Folgen der medikamentösen Therapie, und die Inzidenz einer postpartalen Exazerbation im Vergleich zu den übrigen Zeiträumen vor der Schwangerschaft extrem erhöht ist. Da bei Schwangeren der arterielle Blutdruck physiologisch erniedrigt sein kann, ist dies insbesondere bei der Therapie mit schwach potenten, stärker anticholinerg wirksamen Neuroleptika zu berücksichtigen. Hochpotente Neuroleptika sind niederpotenten vorzuziehen, da letztere mit ihrer blutdrucksenkenden Wirkung potentiell den plazentaren Kreislauf beeinträchtigen können. *Haloperidol* ist das Mittel der 1. Wahl bei der Behandlung der psychotischen Schwangeren und insbesondere den Phenothiazinen vorzuziehen (STEWART und ROBINSON 1993). Erfahrungsgemäß kann die Neuroleptikadosierung während der Schwangerschaft niedriger als bei der Nichtgraviden gewählt werden. Zusammenfassend ist festzustellen, daß psychotische Erkrankungen per se das Risiko für Mißbildungen erhöhen und Neuroleptika lediglich einen geringfügigen zusätzlichen Faktor darstellen.

Das Abstillen der psychotischen und mit Psychopharmaka behandelten Wöchnerin sollte die Regel sein, so daß das Problem der medikamentösen Therapie der Wöchnerin wesentlich unproblematischer ist als die der Schwangeren. Allerdings sind auch beim Abstillen der neuroleptisch behandelten Wöchnerin einige Regeln zu beachten. Meistens wird Bromocriptin zum Abstillen an-

gewandt. Einerseits wird diskutiert, daß dieser Dopaminagonist möglicherweise, d. h. bei entsprechend disponierten Patientinnen seinerseits Psychosen triggern bzw. verschlechtern kann (MATSUOKA et al. 1986), andererseits erhöhen die meisten Neuroleptika die Serumprolaktinspiegel, so daß das Abstillen durch die antipsychotische Medikation erheblich erschwert werden könnte. KORNHUBER und WELLER (1991) empfehlen deshalb eine Neurolepsie mit Clozapin im Puerperium, da eine Clozapinbehandlung nicht zu einem Anstieg des Prolaktins führt. OLBRICH und MARTIN (1994) berichten, daß unter einer kombinierten Bromocriptin-Haloperidol-Medikation die Gefahr der Exazerbation der postpartalen Psychosen gering ist. Sie weisen auch darauf hin, daß eine durch Clozapin induzierte Leukopenie während des mit einem erhöhten Infektionsrisiko einhergehenden Puerperiums fatale Folgen für die psychotische Wöchnerin haben könnte.

Literatur

ALTSHULER LL, COHEN L, SZUBA MP, BURT VK, GITLIN M, MINTZ J (1996) Pharmacologic management of psychiatric illness during pregnancy: dilemmas and guidelines. Am J Psychiatry 153: 592–606

AUERBACH JG, HANS SL, MARCUS J, MAIER S (1992) Maternal psychotropic medication and behaviour. Neurotox Teratol 14: 399–406

BARNAS C, BERGANT A, HUMMER M, SARIA A, FLEISCHHACKER WW (1994) Clozapine concentrations in maternal and fetal plasma, amniotic fluid and breast milk. Am J Psychiatry 151 (letter): 945

CARPENTER WT JR, HANLON TE, HEINRICHS DW, SUMMERFELT AT, KIRKPATRICK B, LEVINE J, BUCHANAN RW (1990) Continuous versus targeted medication in schizophrenic outpatients: outcome results. Am J Psychiatry 147: 1138–1148

CLEARY MF (1977) Fluphenazine decanoate during pregnancy. Am J Psychiatry 134: 815–816

DENCKER SJ, MALM U, LEPP M (1986) Schizophrenic relapse after drug withdrawal is predictable. Acta Psychiatr Scand 73: 181–185

DONALDSON GL, BURY RG (1982) Multiple congenital abnormalities in a newborn boy associated with maternal use of fluphenazine and other drugs during pregnancy. Acta Paediatr Scand 71: 335–338

EDLUND MJ, CRAIG TJ (1984) Antipsychotic drug use and birth defects: an epidemiological reassessment. Compr Psychiatry 25: 32–37

GOLDBERG HL, DI MASCIO A (1978) Psychotropic drugs in pregnancy. In: LIPTON MA, DI MASCIO A, KILLAM KF (eds) Psychopharmacology: a generation of progress. Raven Press, New York, pp 1047–1055

HAMMOND JE, TOSELAND PA (1970) Placental transfer of chlorpromazine. Arch Dis Child 45: 139–140

HEINONEN OP, SLONE D, SHAPIRO S (1977) Birth defects and drugs in pregnancy. Publishing Science Group, Littleton, pp 336–337

HENNE MM, TONNEL M, HENNE S (1961) Traitements neuroleptiques chez les femmes enceinte. Action sur leur psychose: effects sur leur enfant. Compt Red Congr Psych Neurol de Langue Franc (Montpellier). Manson et Cie, Paris, pp 375–383

HILL RM, DESMOND MM, KAY JK (1966) Extrapyramidal dysfunction in an infant of a schizophrenic mother. J Pediatr 69: 589–595

KOPELMAN AE, McCULLAR FW, HEGGENESS L (1975) Limb malformations following maternal use of haloperidol. JAMA 231: 62–64

KORNHUBER J, WELLER M (1991) Postpartum psychosis and mastitis: a new indication for clozapine? Am J Psychiatry 148: 1751–1752

KRIS EB (1985) Children of mothers maintained on psychopharmacotherapy during pregnancy and postpartum. Curr Ther Res 7: 785–789

MATHESON I, SKJAERAASEN J (1985) Milk concentrations of flupenthixol, nortriptyline and zuclopenthixol and between breast differences in two patients. Eur J Clin Pharmacol 35: 217–220

MATSUOKA I, NAKAI T, MIYAKE M, HIRAI M, IKAWA G (1986) Effects of bromocriptine on neuroleptic-induced amenorrhea, galactorrhea and importance. Jpn J Psychiatr Neurol 40: 639–646

MILKOVICH L, VAN DEN BERG BJ (1976) Effects of prenatal meprobamate and chlordiazepoxid hydrochloride on human embryonic and fetal development. N Engl J Med 291: 1268–1271

OLBRICH HM, MARTIN P (1994) Zur medikamentösen Behandlung von schizophrenen Psychosen im Wochenbett. Nervenarzt 65: 482–485

PATTERSON JF (1979) Treatment of chorea gravidarum with haloperidol. South Med J 72: 1220–1221

RIEDER RO, ROSENTHAL D, WENDER P, BLUMENTHAL H (1975) The offspring of schizophrenics: fetal and neonatal deaths. Arch Gen Psychiatry 32: 200–211

RUMEAU-ROUQUETTE C, GOUJARD J, HUEL G (1977) Possible teratogenic effects of phenothiazines in human beings. Teratology 15: 57–64

SLONE D, SISKIND V, HEINONEN OP, MONSON RR, KAUFMAN DW, SHAPIRO S (1977) Antenatal exposure to the phenothiazines in relation to congenital malformations, perinatal mortality rate, birth weight and intelligence quotient score. Am J Obstet Gynecol 128: 486–488

STEVENS I, GAERTNER HJ (1994) Umgang mit unerwünschten Arzneimitteln. In: NABER D, MÜLLER-SPAHN (Hrsg) Clozapin. Pharmakologie und Klinik eines atypischen Neuroleptikums. Springer, Berlin Heidelberg New York Tokyo, S 59–74

STEWART DE, ROBINSON GE (1993) Psychotropic drugs and electroconvulsive therapy during pregnancy and lactation. In: STEWART DE, STOTLAND NL (eds) Psychological aspects of women's mental health care. American Psychiatric Press, Washington DC, pp 71–95

STEWART RB, KARAS B, SPRINGER P (1980) Haloperidol excretion in human breast milk. Am J Psychiatry 137: 849–850

STIRRAT GM, BEARD RW (1973) Drugs to be avoided or given with caution in the second or third trimesters of pregnancy. Prescribers J 13: 135–140

TAMER A, McKEY R, ARIAS D, HILL RM, CLAGHORN JL, DREESEN PR, BURGDOFF I (1969) Phenothiazine-induced extrapyramidal dysfunction in the neonate. J Pediatr 75: 479–480

VAN WAES A, VAN DE VELDE E (1969) Safety evaluation of haloperidol in the treatment of hyperemesis gravidarum. J Clin Pharmacol 9: 224–227

WALDMANN MD, SAFFERMAN AZ (1993) Pregnancy and clozapine. Am J Psychiatry 150: 168–169

WHALLEY LJ, BLAIN PG, PRIME JK (1981) Haloperidol secreted in breast milk. Br J Psychiatry 282: 1746–1747

4.7 Neuroleptische Rezidivprophylaxe und symptomsuppressive Langzeitbehandlung schizophrener Psychosen

H.-J. Möller

Bei der neuroleptischen Langzeitbehandlung schizophrener Erkrankungen muß man grundsätzlich unterscheiden zwischen der prophylaktischen Langzeitmedikation zur Verhinderung von psychotischen Rezidiven und der symptomsuppressiven Langzeitmedikation zur Kupierung chronisch-psychotischer Symptomatik. Diese theoretisch plausible Unterscheidung wirft aber in der Praxis erhebliche Probleme auf. Die Frage, ob eine nach der neuroleptischen Akutbehandlung durchgeführte Langzeitbehandlung mit Neuroleptika rezidivprophylaktisch oder symptomsuppressiv ist, läßt sich prinzipiell nur entscheiden, wenn nach dem Abklingen der psychotischen Symptomatik unter der Akutbehandlung die Neuroleptika abgesetzt werden und eine mehrwöchige neuroleptikafreie Phase eingeschoben wird, in der geprüft werden kann, ob es zu einem Wiederaufflackern der psychotischen Symptomatik kommt oder der Patient symptomfrei bleibt (MÜLLER 1983). Dieses Vorgehen, das aus erkenntnistheoretischen Gründen eine Exazerbation der Symptomatik in Kauf nimmt, wird nur im Rahmen von Forschungsprojekten angestrebt, im klinischen Alltag hingegen wird die neuroleptische Akutbehandlung in der Regel ohne neuroleptikafreies Intervall direkt in die Langzeitbehandlung übergeführt.

4.7.1 Wirksamkeit und Verträglichkeit der neuroleptischen Rezidivprophylaxe

Die Wirksamkeit der neuroleptischen Rezidivprophylaxe mit im Vergleich zur Akutbehandlung wesentlich niedrigeren Neuroleptikadosierungen ist durch zahlreiche kontrollierte Studien empirisch sehr gut gesichert (vgl. die Übersichten von DAVIS et al. 1980, KANE 1990, KANE und LIEBERMAN 1987, MÖLLER 1990). Die Rezidivquoten unter Neuroleptika lagen in allen Studien deutlich niedriger als unter Placebo, in der Mehrzahl mit Placebo-Verum-Differenzen in der Größenordnung von 50%. Abgesehen von dieser Gesamttendenz differieren die Untersuchungsergebnisse beträchtlich, offensichtlich in Abhängigkeit von Faktoren wie diagnostische Kriterien, Chronizität der Erkrankung, Applikationsmodus etc. (Abb. 4.7.1). Die meisten placebokontrollierten Studien zur neuroleptischen Rezidivprophylaxe beziehen sich auf einen Zeitraum von maximal 2 Jahren.

Aus mehreren Absetzstudien (HIRSCH et al. 1973, HOGARTY et al. 1976, SCHOOLER et al. 1980b) ergibt sich, daß nach einer neuroleptischen Langzeitmedikation ein erhebliches Rezidivrisiko weiterbesteht. In der Absetzstudie von HOGARTY et al. (1976), bei der unter Neuroleptika gut stabilisierte Patienten nach 2- bis 3jähriger Neurolep-

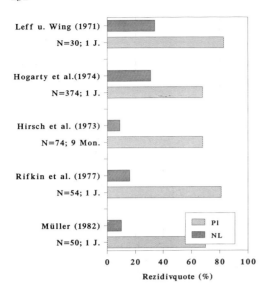

Abb. 4.7.1. Rezidivprophylaxe mit oralen Neuroleptika. Neuroleptikum (NL) vs Placebo (Pl)
(aus MÖLLER 1990)

tikalangzeittherapie untersucht wurden, betrug die 1-Jahresrezidivquote nach Absetzen des Mittels 65%, die meisten Rezidive
ereigneten sich im 3. bis 7. Monat nach
Absetzen. Im Vergleich zu dieser Rezidivquote nach Absetzen betrug die Rezidivquote im 2. Jahr der Neuroleptikalangzeittherapie nur noch 18%. Wegen des noch
längeren Untersuchungszeitraums ist auch
die analoge Studie von CHEUNG (1981) bemerkenswert, die in der Tendenz zu vergleichbaren Resultaten führte (Tabelle

4.7.1). Aus diesen Untersuchungen läßt sich
insgesamt ableiten, daß die neuroleptische
Rezidivprophylaxe sinnvollerweise wenigstens über einen Zeitraum von 5 Jahren
fortgesetzt werden sollte, sofern die Medikation bei optimaler Behandlungsstrategie
gut vertragen wird.
Wegen erheblicher organisatorischer
Schwierigkeiten und auch aus ethischen
Gründen sind placebokontrollierte Studien
über mehrjährige Zeiträume kaum durchführbar. Über den rezidivprophylaktischen
Wert einer langjährigen Neuroleptikatherapie können nur Untersuchungen nach der
sog. Spiegelmethode eine Aussage machen,
in denen intraindividuell identische Zeiträume eines Patienten unter zwei verschiedenen medikamentösen Bedingungen verglichen werden, also Zeiten, in denen der Patient keine oder relativ kurzfristig Neuroleptika bekommen hat, und Zeiten, in denen er
langfristig Neuroleptika bekommen hat
(MÖLLER 1986). Insgesamt weisen diese Studien darauf hin, daß der rezidivprophylaktische Effekt der Neuroleptikamedikation
auch über erheblich längere Zeiträume als 5
Jahre nicht abnimmt (TEGELER et al. 1980,
GOTTFRIES 1978, PIETZCKER et al. 1981). So
haben z. B. PIETZCKER et al. (1981) bei 33
Schizophrenen, die durchschnittlich 18 Jahre kontinuierlich mit Perazin behandelt
worden waren, eine Reduktion der jährli-
chen Rehospitalisierungsquote von 0,58 vor
auf 0,07 während der Behandlung festgestellt.

Tabelle 4.7.1. Absetzstudien

	Unter Neuroleptika	Nach Absetzen der Neuroleptika
HOGARTY et al. (1976) (nach 2–3 Jahren erfolgreicher neuroleptischer Prophylaxe)	18% Rezidive	65% Rezidive (in 1 weiterem Jahr)
CHEUNG (1981) (nach 3–5 Jahren erfolgreicher neuroleptischer Prophylaxe)	13% Rezidive	62% Rezidive
	in 1½ weiteren Jahren	

Schon HOGARTY et al. (1974) wiesen darauf hin, daß ein wesentlicher Grund für die Rezidive unter Neuroleptika darin zu sehen ist, daß ca. 50% der Patienten die Neuroleptika vorzeitig absetzten. Die niedrige Compliance-Rate Schizophrener, gerade unter den Bedingungen der Langzeittherapie, wurde auch in anderen Studien beschrieben (CHIEN 1975, LEFF und WING 1971, FALLOON et al. 1978 u. a.). Die Depot-Neuroleptika können zwar nicht prinzipiell verhindern, daß ein Patient die ärztliche Betreuung und damit die neuroleptische Medikation abbricht. Zumindest aber bei solchen Patienten, die in der ärztlichen Betreuung bleiben, ist eine bessere Compliance durch die Depot-Neuroleptika garantiert. Damit sind theoretisch auch bessere Therapieresultate zu erwarten. Die Ergebnisse kontrollierter Studien, in denen eine orale Neuroleptikabehandlung mit einer Depot-Neuroleptikabehandlung verglichen wurde (Tabelle 4.7.2), weisen allerdings nicht immer eindeutig in diese Richtung (CRAWFORD und FORREST 1974, DEL GIUDICE et al. 1975, FALLOON et al. 1978, HOGARTY et al. 1979, RIFKIN et al. 1977, SCHOOLER und LEVINE 1976, SCHOOLER et al. 1980 a). Daraus sollte nicht die Schlußfolgerung gezogen werden, daß es in der praktischen Routineversorgung irrelevant wäre, ob man ein orales Neuroleptikum gibt oder ein Depot-Präparat. Statt dessen sollten die Ergebnisse dieser kontrollierten Studien kritisch betrachtet werden, u. a. unter dem Aspekt, daß bei diesen wissenschaftlichen Studien der Vorteil der Depot-Neuroleptika dadurch nicht so zum Tragen kommt, daß eine gute Compliance bei der oralen Behandlung bereits durch die außerordentlich aufwendige Studienbetreuung garantiert werden kann (MÖLLER 1986). Auch ist zu berücksichtigen, daß sich unter oraler Medikation eine Non-Compliance häufig erst allmählich entwickelt, was dann wegen der bekannten mehrmonatigen Latenz zwischen Absetzen des Neuroleptikums und Rezidiv der Psychose bei einer nur 1jährigen Studiendauer dazu führen kann, daß der Nachteil der oralen Behandlung nicht erkennbar wird.

Neben den bisher diskutierten Effizienzaspekten sind zwei pharmakokinetische Vorteile der Depot-Neuroleptika zu nennen: im Vergleich zur oralen Applikation bessere Verfügbarkeit und stabilere Plasmaspiegel (KAPFHAMMER und RÜTHER 1987). Man braucht bei der Behandlung mit Depot-Neuroleptika aufgrund der Umgehung des „first pass"-Effektes weniger Substanz zuzuführen. Die durch die Depot-Behandlung erzielbaren stabilen Plasmaspiegel sind möglicherweise nicht nur für die Wirksamkeit von Interesse, sondern haben auch Relevanz für die Nebenwirkungen. So wurde z. B. darüber diskutiert, daß Spätdyskinesien ggf. eher mit einer Instabilität der Plasmaspiegel über lange Zeiträume zusammenhängen könnten (MÖLLER und KISSLING 1986).

Die Nebenwirkungen der neuroleptischen Rezidivprophylaxe sind die gleichen wie unter der Akutbehandlung mit Neuroleptika. Wegen der niedrigeren Dosierung sind allerdings die meisten Nebenwirkungen viel seltener und in der Regel, wenn sie auftreten, nicht so intensiv. Unter Langzeitbehandlungsbedingungen sind neben Sedierung, affektiver Nivellierung, Antriebsminderung, depressiver Verstimmung und Parkinsonoid vor allem die Spätdyskinesien von Bedeutung. Das Problem der Spätdyskinesien wird sicherlich häufig unterschätzt. Insbesondere wenn man auch leichtere Fälle von Spätdyskinesien miteinbezieht, ist das Risiko beträchtlich, wie aus der prospektiven Untersuchung von KANE et al. (1986) ersichtlich (Abb. 4.7.2) und zwingt nachdrücklich, über alternative Behandlungsstrategien (s. u.) bzw. über den Einsatz moderner Antipsychotika mit geringeren extrapyramidalen Risiken nachzudenken. Allerdings sind für diese „atypischen Neuroleptika" bisher keine adäquaten placebokontrollierten Prüfungen für die Langzeit-

Tabelle 4.7.2. Kontrollierte Vergleiche zwischen Depot-Neuroleptika (Fluphenazin-Depot) und oralen Neuroleptika bei ambulanten Patienten – nach GLAZER 1984 (aus KAPFHAMMER und RÜTHER 1987)

DEL GIUDICE et al. (1975)	Fluphenazinönanthat (Fö) versus orales Fluphenazin (FPZ)	Modifizierte Doppelblind-studie mit Randomisierung von 82 männlichen Schizo-phrenen, die während einer Krankenhausbehandlung auf FPZ ansprachen, 18monatiger Follow up	Überlegenheit von Fö gegenüber FPZ in der Verhütung einer Rehospitalisie-rung; Zeitlänge nach Entlassung für einen mit mehr als 50% wahrschein-lichen Rückfall: 140 Tage für FPZ, 420 Tage für Fö
CRAWFORD und FORREST (1974)	Fluphenazindecanoat (FD) versus orales Trifluoperazin (TFP)	Doppelblindstudie mit Ran-domisierung von 29 (aus 97) schizophrenen Patienten einer „Fluphenazindecanoat"-Klinik: stabiler Status der Patienten, zuverlässige Compliance, Einwilligung in einen 40wöchigen Follow up	26,6% der TFP-Patienten rehospitali-siert; 0% der FD-Patienten; kein stati-stisch signifikanter Unterschied, doch positiver Trend von FD gegenüber TFP in der Rückfallprophylaxe
RIFKIN et al. (1977)	Fluphenazindekanoat vs orales Fluphenazin	Doppelblindstudie mit Ran-domisierung von 73 schizo-phrenen Patienten, die sich nach einer 4wöchigen Be-handlung mit FD und FPZ in stabiler Remission befanden; gute Kooperationsbereitschaft; keine bedeutsamen Nebenwir-kungen; 1jähriger Follow up	10,7% Rückfälle in der FPZ-Gruppe gegenüber 8,7% in der FD-Gruppe (keine statistische Signifikanz)
FALLOON et al. (1978)	Fluphenazindecanoat versus orales Pimozid	Doppelblindstudie mit Ran-domisierung von 44 jüngst entlassenen schizophrenen Patienten, 1jähriger Follow up	24% Rückfälle in der Pimozidgruppe gegenüber 40% in der FD-Gruppe (keine statistische Signifikanz); Über-legenheit von Pimozid in den Rating-skalen für soziale Anpassung
HOGARTY et al. (1979)	Fluphenazindecanoat versus Sozialtherapie (ST) versus FD+struktu-rierte Sozialtherapie, versus orales Fluphe-nazin + einfache ST, versus orales Fluphe-nazin + strukturierte ST	Doppelblindstudie (bezüglich Medikation) mit Randomisierung von 105 entlassenen schizo-phrenen Patienten, 24monatigerFollow up	Vergleichbare Effizienz von FD u. FPZ in der Verhütung bedeutsamer klini-scher Verschlechterung; keine Unter-schiede in den Rückfallquoten, psycho-pathologischen Niveaus, An-passung; FD+strukturierte ST niedrig-ste monatliche Rückfallquote, FPZ+ strukturierte ST höchste Quote
NIMH-Collabo-rative-Studie: SCHOOLER und LEVINE (1976) SCHOOLER et al. (1980a)	Fluphenazindecanoat vs orales Fluphenazin	Doppelblindstudie mit Randomisierung von 214 Patienten nach stabiler FPZ-Medikation für 1 Woche, 1jähriger Follow up	Keine signifikanten Unterschiede in Rückfallquoten (33% in FPZ- vs 24% in FD-Gruppe). Keine Unterschiede in den Ratingskalen für soziale Anpassung

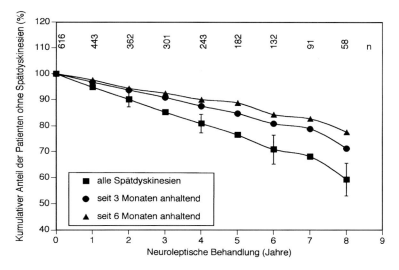

Abb. 4.7.2. Auftreten von Spätdyskinesien („tardive dyskinesia") während 8jähriger Neuroleptika-behandlung (nach KANE et al. 1986)

wirkung vorgelegt worden, so daß die rezi-divprophylaktische Effizienz empirisch nicht ausreichend bewiesen ist, sondern allenfalls aus Gründen der Plausibilität (Neuroleptika, die in der Akutbehandlung wirksam sind, haben auch rezidivprophylaktische Wirksamkeit) sowie auf der Basis nicht-placebokontrollierter Langzeitstudien abgeleitet werden. Unzureichend bewiesen ist bisher auch ob, abgesehen von Clozapin, das Spätdyskinesie-Risiko dieser neueren Antipsychotika wirklich geringer ist als bei den traditionellen Neuroleptika.

Neben dem besonders gravierenden Problem der Spätdyskinesien sollten die anderen genannten Nebenwirkungen in der Nutzen-Risiko Bewertung der neuroleptischen Rezidivprophylaxe ausreichend Beachtung finden. Man denke z. B. an das in dieser extremen Ausprägung allerdings ungewöhnliche Ergebnis der placebokontrollierten Rezidivprophylaxestudie von MÜLLER (1982), daß zwar psychotische Rezidive wirksam verhindert werden konnten, daß aber eine hohe Rate Neuroleptika-bedingter Depressionen auftrat, die zur Folge hatte,

daß die Rate von Hospitalisierungen in Placebogruppe und Neuroleptikagruppe nahezu gleich war, wenn auch die Gründe für die Hospitalisierung, in der Placebogruppe psychotische Rezidive, in der Neuroleptikagruppe Depression, unterschiedlich waren. Schließlich sollten auch die „nur" subjektiv störenden Nebenwirkungen wie Müdigkeit, affektive Nivellierung, geringgradiges Parkinsonoid, nicht in der Gesamtbewertung vernachlässigt werden, da sie oft die Zufriedenheit des Patienten und seine Lebensqualität erheblich einschränken können. Im Gegensatz zu einigen zu schematischen und rigiden Festlegungen mancher „Consensus-Konferenzen", die zu einseitig das Gewicht auf die Effizienz-Gesichtspunkte legen (KISSLING 1991), muß deshalb nachdrücklich eine Indikationsstellung unter sorgfältiger Abwägung individueller Nutzen-Risiko-Aspekte gefordert werden. Neben der grundsätzlichen Frage der Indikation für die Rezidivprophylaxe muß dabei die Auswahl des Neuroleptikums (unter Einbeziehung atypischer Neuroleptika) sowie die Dauer der Rezidivprophylaxe unter Berücksichtigung aller relevanten Aspekte geklärt werden (MÖLLER 1995).

4.7.2 Indikationsprobleme

Die verfügbaren Daten zur neuroleptischen Rezidivprophylaxe machen ein Grundproblem der Indikation für die rezidivprophylaktische Langzeitmedikation deutlich. Wenn man nur Studien mit einer Studiendauer bis zu 2 Jahren in die Überlegungen einbezieht, so haben etwa 30% der Patienten auch unter Placebo kein Rezidiv, etwa 20% der Patienten haben trotz Neuroleptika ein Rezidiv, nur etwa 50% der Patienten sind Verum-Responder. Eine sehr breit angelegte Indikation der neuroleptischen Rezidivprophylaxe nach dem Prinzip, jeder Patient mit einer schizophrenen Psychose sollte auf diese Weise behandelt werden, würde demnach bedeuten, daß ein Großteil der Patienten eine medikamentöse Langzeitmedikation mit für den einzelnen unterschiedlich starken Nebenwirkungen erhalten würde, ohne daß diese von der Medikation profitieren, da sie entweder ohnehin ohne Rezidiv bleiben würden oder aber trotz Medikation ein Rezidiv erleiden würden. Eine traditionelle Indikationsstellung der Neuroleptika-Rezidivprophylaxe geht in die Richtung, für die Rezidivprophylaxe nur schizophrene Patienten eines gewissen Chronizitätsgrades (WOGGON et al. 1975), z. B. Vorliegen mindestens eines Rezidivs der Erkrankung, vorzusehen. Eine Studie von KANE et al. (1982), die placebokontrolliert den Effekt der Neuroleptika-Rezidivprophylaxe bei Patienten mit Erstmanifestation einer schizophrenen Erkrankung geprüft hat, ergab aber, daß die mit Neuroleptika behandelten Patienten im ersten Jahr nach der Erkrankung keine Rezidive erlebten, während in der Placebogruppe bei 41% der Patienten Rezidive auftraten. Auch CROW et al. (1986) wiesen auf die ungünstige Prognose von Patienten mit schizophrenen Erstmanifesta-

tionen hin. Diese Studien sollten Anlaß geben, die bisherige Indikationspraxis zu überdenken, zumindest wenn an der Diagnose der Schizophrenie im konkreten Fall kein Zweifel besteht. Eine mindestens 1jährige neuroleptische Rezidivprophylaxe für Patienten mit Erstmanifestation einer schizophrenen Psychose wurde bereits 1979 von HELMCHEN empfohlen, allerdings nur bei Patienten mit postpsychotischen Reintegrationsschwierigkeiten.

Unter diagnostischen Aspekten wurden die **schizoaffektiven Psychosen** als eine Sondergruppe dargestellt, bei der die rezidivprophylaktische Behandlung mit Lithium einen guten Effekt bringt (GOODNICK und MELTZER 1984) und die wegen der im allgemeinen besseren Verträglichkeit von Lithium deswegen den Neuroleptika vorzuziehen ist. Dies gilt aber nur bei deutlich affektiv geprägten Psychosen. Überwiegt hingegen die schizophrene Symptomatik, so scheint die Rezidivprophylaxe mit Neuroleptika besser wirksam zu sein (MATTES und NAYAK 1984). Für den Fall, daß eine Lithium-Prophylaxe bei den schizoaffektiven Psychosen nicht ausreichend wirksam ist, sollte unbedingt eine Neuroleptika-Rezidivprophylaxe oder eine Rezidivprophylaxe in der Kombination von Neuroleptika und Lithium durchgeführt werden.

Darüber hinausgehend wurden eine Reihe von Patienten- und Krankheitsmerkmalen ermittelt, die für den weiteren Verlauf der Neuroleptika-Rezidivprophylaxe prognostisch relevant sind (Tabelle 4.7.3). Die prognostische Kraft dieser einzelnen Merkmale ist aber nicht sehr groß und erlaubt nicht die Einzelfallvorhersage. Obendrein sind die stabilsten Prädiktoren nicht neuroleptikaspezifisch, sondern entsprechen eher allgemeinen Verlaufsprädiktoren schizophrener Erkrankungen (GOLDBERG et al. 1977, SCHOOLER et al. 1980b, MÜLLER et al. 1986, McGLASHAN 1986, v. ZERSSEN und MÖLLER 1980). Diese allgemeinen Verlaufsprädiktoren können dazu beitragen, eine Subgruppe

Tabelle 4.7.3. Prädiktoren für Nicht-Rezidiv (nach GOLDBERG et al. 1977)

A. Allgemeine Prädiktoren

  Gute prämorbide Anpassung

  Kürzere Dauer früherer Hospitalisation

  Weniger ambulante psychiatrische Behandlungen in der Vorgeschichte

  Geringes Ausmaß an Symptomatik bei Eintritt in die Studie

B. Neuroleptikaspezifische Prädiktoren

  Bei Eltern/Ehepartner lebend

  Weibliches Geschlecht

  Zufriedenheit mit der eigenen Rolle

  Compliance für Neuroleptika

---

ungünstig verlaufender schizophrener Erkrankungen zu definieren, bei denen, sofern es sich nicht um Neuroleptika-Nonresponder handelt, die Indikation zu einer konsequenten neuroleptischen Langzeitmedikation in besonderem Maße gegeben ist. Die Tatsache, daß die Patienten mit diesen für einen ungünstigen Verlauf sprechenden Prädiktoren auch unter Neuroleptika ungünstiger abschneiden als die anderen, sollte keinesfalls von vornherein mißinterpretiert werden in dem Sinne, daß sie alle Therapie-Nonresponder sind, sondern weist darauf hin, daß auch unter der Neuroleptika-Langzeitmedikation die relative Bedeutung dieser Prädiktoren noch sichtbar wird. Daß auch die Kenntnis psychosozialer Umgebungsfaktoren von Bedeutung für die Indikation zur neuroleptischen Rezidivprophylaxe ist, wurde in exemplarischer Weise durch die Untersuchungen zur „high expressed emotion", womit eine überprotektive und überkritische Einstellung der Bezugspersonen gemeint ist, gezeigt (LEFF und VAUGHN 1981, VAUGHN et al. 1982, HOGARTY 1984). Wahrscheinlich lassen sich diese Ergebnisse auch auf andere relevante Streßfaktoren des Umgebungsmilieus übertra-

gen, z. B. emotionale Belastung in zwischenmenschlichen Beziehungen, chronische Überforderung am Arbeitsplatz. Patienten, die diesen Umgebungsstreßfaktoren ausgesetzt sind, profitieren offenbar in besonderer Weise von dem neuroleptischen Schutz.

Schwierig ist die Frage zu beantworten, ob bei gewissen Patienten ein bestimmtes Neuroleptikum vorzuziehen ist. Für die neuroleptische Rezidivprophylaxe, bei der ja wesentlich niedrigere Dosen eingesetzt werden als in der Akutbehandlung, gilt wahr-scheinlich, daß sich mögliche Wirkprofilunterschiede der Neuroleptika für diesen Indikationsbereich noch schwieriger darstellen lassen als in der Akutbehandlung (MÖLLER 1987). Diese Skepsis an der gruppenstatistischen Beweisbarkeit von unterschiedlichen klinischen Wirkungsqualitäten, z. B. hinsichtlich Antriebssteigerung, Stimmungsaufhellung etc., sollte allerdings nicht zu der Annahme verführen, daß die Neuroleptika bei einem Patienten beliebig austauschbar sind. So zeigte GARDOS (1974) in einer Studie, daß auch bei Verwendung äquivalenter Dosierung im Rahmen der Behandlung chronischer Schizophrenien die Neuroleptika beim einzelnen Patienten nicht austauschbar waren. Wegen der Unsicherheit über unterschiedliche Wirkprofile der Neuroleptika reduziert sich die Wahl bestimmter Neuroleptika in der Langzeitbehandlung, wo wegen der geringeren Dosierung die möglichen Unterschiede sich wahrscheinlich noch mehr verwischen, vorwiegend nach den Begleitwirkungen hinsichtlich Sedierung und extrapyramidalmotorischen Störungen sowie den diesbezüglichen individuellen Prädispositionen des Patienten (Tabelle 4.7.4). Außerdem spielt das jeweils erwünschte Applikationsintervall eines Depot-Präparates, je nach Präparat 1 bis 4 Wochen, eine Rolle. Ein weiterer Gesichtspunkt kann sein, das Präparat als Langzeitmedikation zu geben, das bereits in der Akutbehandlung verordnet wurde, weil

Tabelle 4.7.4. Wirkungsspektren der Depot-Neuroleptika (modifiziert nach SIEBERNS 1986)

Generic name	Durchschnittl. Dosierung	Empfohlene Injektionsintervalle	Antipsychotische Wirkung	Spezifische Erregungsdämpfung	Unspezifische (sedative) Dämpfung	Affektausgleichend (aktivierend)	Neurologische (EPS) Wirkung
cis(Z)-Clopenthixoldecanoat	100–400 mg	2–3 Wo.	++	+(+)	++(+)	+	+(+)
Perphenazinoenanthat	50–200 mg	2–(3) Wo.	++	+(+)	+++	(+)	+(+)
cis(Z)-Flupentixoldecanoat	20–80 mg	2–(3) Wo.	++(+)	+(+)	(+)	++	+(+)
Haloperidoldecanoat	50–300 mg	(2)–4 Wo.	++(+)	+(+)	+(+)	+	++
Fluphenazinoenanthat	25–100 mg	2 Wochen	+++	++	++	+	+++
Fluphenazindecanoat	12,5–50 mg	2–(4) Wo.	+++	++	+(+)	+	++(+)

Tabelle 4.7.5. Annähernde „Äquivalenzdosierungen" von oralen Neuroleptika und Depot-Neuroleptika (nach Angaben aus der Literatur und der Hersteller). Bei Anwendung höherer Dosen gilt die gleiche Relation (aus MÖLLER et al. 1989)

Äquivalente Tagesdosierungen oraler Neuroleptika	Äquivalente Injektionsintervall-Dosierung von Depot-Neuroleptika	1 ml = … mg	ml-Dosierung pro Intervall etwa entsprechend 200 mg Chlorpromazin äquivalente Tagesdosis	400 mg
100 mg Chlorpromazin				
50 mg Clopenthixol	50 mg cis-Clopenthixol (2–3 Wo.)	200 mg	0,5 ml	1 ml
6 mg Perphenazin	25 mg Perphenazinönanthat (2–3 Wo.)	100 mg	0,5 ml	1 ml
2 mg Flupentixol	10 mg Flupentixoldecanoat (2–3 Wo.)	20 mg	1,5 ml	2 ml
2 mg Fluphenazin	6 mg Fluphenazindecanoat (2–3 Wo.)	25 mg	0,5 ml	1 ml
2 mg Haloperidol	30 mg Haloperidoldecanoat (4 Wo.)	50 mg	1,5 ml	2 ml
	1,5 mg Fluspirilen (1 Woche)	2 mg	1,5 ml	3 ml

so die Umstellung auf äquivalente Dosen leichter möglich ist (Tabelle 4.7.5).

4.7.3 Dosierung und Plasmaspiegel

Die Dosierung der rezidivprophylaktischen Langzeitmedikation mit Neuroleptika im Einzelfall stellt ein besonderes Problem dar, denn die zur Rezidivprophylaxe erforderliche Dosierung kann bei verschiedenen Patienten sehr unterschiedlich sein. Auch das Auftreten von unerwünschten Begleitwirkungen ist bei verschiedenen Patienten an unterschiedliche Dosierungen gekoppelt. Insofern nützt die aus gruppenstatistischen Untersuchungen über neuroleptische Langzeitmedikation bekannte mittlere Dosis von 200 bis 400 mg Chlorpromazinäquivalent (PIETZCKER 1978, BALDESSARINI und DAVIS 1980, BALDESSARINI et al. 1988) wenig, zumal bei diesen Studien nicht ausreichend zwischen rezidivprophylaktischer Langzeitbehandlung und symptomsuppressiver Langzeitbehandlung unterschieden wurde. Gerade für die Rezidivprophylaxe dürfte die Richtgröße eher im unteren Bereich liegen, also etwa bei 200 mg Chlorpromazinäquivalent (BALDESSARINI et al. 1988), wobei von großen individuellen Unterschieden auszugehen ist. Im Einzelfall wird die adäquate Dosis im klinischen Alltag, orientiert an dieser Richtgröße, vorsichtig austitriert unter den beiden Gesichtspunkten, daß einerseits Nebenwirkungen so gering wie möglich gehalten werden, andererseits noch ein ausreichender rezidivprophylaktischer Schutz gewährleistet ist (MÖLLER et al. 1989). Die für die rezidivprophylaktische Langzeitmedikation erforderliche Dosierung ist in der Regel geringer als die Dosierung, die noch gegen Ende der Akutbehandlung gegeben wird. Insbesondere störende, unerwünschte Begleitwirkungen sollten unbedingt langfristig eine vorsichtige Dosisreduktion nach sich ziehen. Das genaue Austitrieren der adäquaten Dosierung ist in der Regel ein Prozeß, der sich über viele Monate hinziehen kann. Im Verlauf des ersten Jahres der Langzeitmedikation kann meistens die bei Entlassung des Patienten verwendete Dosis allmählich auf etwa die Hälfte reduziert werden und im folgenden Jahr um weitere 25% (JOHNSON 1975).

Plasmaspiegelbestimmungen im Rahmen der neuroleptischen Langzeitmedikation haben bisher kaum praktische Bedeutung erlangt (vgl. Kap. 2.1 Pharmakokinetik). Plasmaspiegel-Wirkungs-Korrelationen im Zusammenhang mit der Rezidivprophylaxe sind insgesamt relativ wenig untersucht worden und zeigten keine eindeutigen Zusammenhänge zwischen Plasmakonzentration und rezidivprophylaktischem Effekt (KISSLING et al. 1985, DUDLEY et al. 1983, u. a.). Bei einem Vergleich einer rezidivprophylaktischen Langzeitmedikation von 25 mg Fluphenazindecanoat 14tägig (Standarddosierung) mit 5 mg 14tägig (Niedrigdosierung) ergaben sich höhere Spiegel unter Standarddosierungsbedingungen (0,6–1,7 ng/ml vs. 0,5–0,6 ng/ml), aber keine statistisch signifikante Beziehung des Plasmaspiegels zum rezidivprophylaktischen Effekt (MARDER et al. 1986). WISTEDT et al. (1982) beschrieben, daß Patienten mit einem psychotischen Rückfall nach Absetzen der Medikamente einen schnelleren Konzentrationsabfall als die stabil bleibenden Patienten hatten, ein Phänomen, das auch von PELCKMANS (1980) bestätigt wurde. Nach Absetzen von Fluphenazindecanoat konnten z. T. noch nach Monaten Plasmaspiegel nachgewiesen werden (GITLIN et al. 1988).

Im allgemeinen werden unter der Depot-Neuroleptikabehandlung stabile Plasmaspiegel erreicht, so daß auch am Ende des Injektionsintervalls allenfalls ein geringfügiges Absinken des Spiegels erfolgt. Problematisch können allerdings erhöhte Plasmaspiegel in den ersten Tagen des Injektionsintervalls sein, da sie bei einem gewissen Prozentsatz der Patienten zu erhöhten Ne-

benwirkungsraten führen (Kapfhammer und
Rüther 1987). Dieses „early peak"-Phäno-
men hängt u. a. ab von der Schnelligkeit der
hydrolytischen Aufspaltung des Depot-Präparates durch die körpereigenen aliphatischen Esterasen sowie von dem Anteil der
Substanz, der bei der Herstellung als freie
Basis unverestert im Präparat bleibt. Die
diesbezüglichen Verhältnisse sind offenbar
unterschiedlich bei den einzelnen Depot-
Präparaten.

Die Frage, auf welchen Plasmaspiegel ein
Patient im Rahmen der rezidivprophylaktischen Langzeitbehandlung einzustellen ist,
läßt sich bisher wegen ungenügender Daten
und zahlreicher methodischer Probleme bei
der klinischen Planung der entsprechenden
Studien nicht beantworten. Die in der Tabelle 4.7.6 aufgeführten Konzentrationsberei-
che geben deshalb allenfalls eine stark zu
relativierende Vorstellung wieder. Solche
Daten können hilfreich sein unter dem

Tabelle 4.7.6. Therapeutisch wirksame mittlere Plasmakonzentrationen der Depot-Neuroleptika
(aus Kapfhammer 1990)

Neuroleptikum	Mittlere Plasmakonzentration	Autoren[a]
Fluphenazindecanoat	0,20–2,80 ng/ml	Dysken et al. (1981)
	0,40–0,80 ng/ml	Tune et al. (1981)
	1,00–3,00 ng/ml	Dudley et al. (1983)
	4,00 ng/ml	Escobar et al. (1983)
	0,13–0,70 ng/ml	Mavroidis et al. (1984a)
	0,50–3,00 ng/ml	Ereshefsky et al. (1984)
Perphenazinönanthat	2–6 nmol/l	Knudsen et al. (1985)
Perphenazindecanoat		
Pipothiazinpalmitat	–	–
Pipothiazinundecylenat		
Flupentixoldecanoat	2–15 ng/ml	Mavroidis et al. (1984b)
	Kein Zusammenhang	Jørgensen et al. (1982)
Zuclopenthixoldecanoat	Kein Zusammenhang	Dencker et al. (1980)
		Aaes-Jørgensen et al. (1983)
		Szukalski et al. (1986)
Fluspirilen	–	–
Penfluridol	2–12 ng/ml	Heykants (1978)
Haloperidoldecanoat	3–10 ng/ml	Forsman und Öhman (1977)
	8–17,7 ng/ml	Magliozzi et al. (1981)
	50 ng/ml	Hollister und Kim (1982)
	4,2–11 ng/ml	Mavroidis et al. (1983)
	15–40 ng/ml	Miller et al. (1984)
Bromperidoldecanoat	–	–

[a] Literatur s. Kapfhammer (1990)

Tabelle 4.7.7. Umstellung von oraler Medikation auf Depot-Medikation (nach Kapfhammer 1990)

Substanz	Empfohlene Konversionsformel bei Umstellung oral – Depot
Fluphenazindecanoat	1,6 mal orale Tagesdosis für 4–6 Wochen, dann Reduktion um 50%
Perphenazinönanthat	24–36 mg p. o./die = 100 mg i.m./2 Wochen
Pipothiazinpalmitat	2mal orale Tagesdosis i.m./4 Wochen
Flupentixoldecanoat	10 mg p.o./die = 40 mg i.m./2 Wochen
Zuclopenthixoldecanoat	100–400 mg/2–3 Wochen
Penfluridol	30–50 mg durchschn. Wochendosis
Fluspirilen	2–8 mg durchschn. Wochendosis
Haloperidoldecanoat	15–20 mal orale Tagesdosis i.m./4 Wochen
Bromperidoldecanoat	15–20 mal orale Tagesdosis i.m./4 Wochen

Aspekt, z. B. bei Patienten, die auch einige Wochen nach der Umstellung von oral auf Depot noch unbefriedigende klinische Resultate zeigen, den Plasmaspiegel ggf. entsprechend zu adjustieren (Kapfhammer 1990).

Selbst die einfache Frage der Konversionsformel (Tabelle 4.7.7) bei der Umstellung von oraler Medikation auf Depot-Medikation ist aus verschiedenen methodischen Gründen nicht ausreichend beantwortet (Jann et al. 1985). Die Kalkulation einer adäquaten Dosierung bei der Umstellung von oral auf Depot ist insbesondere dann schwierig, wenn im Rahmen dieser Umstellung auch das Neuroleptikum gewechselt wird. Gegenüber den vorgeschlagenen Dosisumrechnungsfaktoren sollte klinisch eher eine kritische Einstellung eingenommen werden, zumal die in der Literatur zitierten Konversionsfaktoren erheblich divergieren. Ereshefsky et al. (1984) und Yadalam und Simpson (1988) empfahlen kompliziertere Umsetzungsschemata, die den klinischen Bedürfnissen besser entsprechen. So rieten Yadalam und Simpson (1988) zu einer Umstellung nach Art eines Scherenprinzips. Wichtig dabei ist der Beginn mit einer sehr niedrigen Testdosis von Fluphenazindecanoat, um eine seltene Unverträglichkeit gegenüber Sesamöle oder unerwartet exzes-

sive Nebenwirkungen berücksichtigen zu können. Die etablierte orale Medikation wurde zunächst beibehalten, jedoch um ca. 25% reduziert. Bei zugrunde gelegten 2wöchigen Dosierungsintervallen erfolgte eine weitere Reduktion der oralen Dosis von Fluphenazinhydrochlorid um je weitere 25% und während desselben Zeitraums eine Anhebung auf die doppelte Dosis der Depot-Medikation. Die Autoren gehen davon aus, daß eine kurzfristige symptomatische Verschlechterung während der Umstellungsphase am besten über eine Korrektur der oralen Medikation zu kupieren ist, eine nach einer Depot-Injektion während des gesamten Intervalls beobachtbare Verschlechterung des klinischen Status aber vorteilhaft eine Veränderung der Dosierung des Neuroleptikums erfordert.

4.7.4 Alternativen zur neuroleptischen Rezidivprophylaxe in Standarddosierung

Wegen des Compliance-Problems und insbesondere auch wegen der in jüngerer Zeit stärker beobachteten Gefahr tardiver Dyskinesien wurden in den letzten Jahren nach Alternativen für die kontinuierliche Langzeitbehandlung gesucht (KANE 1990). In dem Zusammenhang wurde u. a. auch eine **Niedrigdosierungsstrategie**, also eine rezidivprophylaktische Langzeitbehandlung mit extrem geringen Neuroleptikadosierungen, erprobt. Die Ergebnisse der bisherigen empirischen Untersuchungen zu dieser Niedrigdosierungsstrategie wurden an anderer Stelle detailliert dargestellt (MÖLLER 1988). Hier können nur die wesentlichsten Befunde zusammenfassend hervorgehoben werden (Abb. 4.7.3). Niedrigdosierungsstrategien, die rezidivprophylaktisch Neuroleptika-Langzeitmedikation mit Dosierungen durchführten, die eine 10er Potenz niedriger lagen als die Standarddosierung (z. B. zwischen 1,25 bis 5 mg Fluphenazindecanoat 2wöchentlich), waren nicht erfolgreich (KANE et al. 1983) und weisen darauf hin, daß eine zu stark reduzierte Dosis nicht mehr ausreichenden rezidivprophylaktischen Schutz bietet. Auch die zunächst positiv klingenden Ergebnisse der 1-Jahres-

Studie von MARDER et al. (1984), in der 5 mg vs. 25 mg Fluphenazindecanoat 2wöchentlich verglichen wurde und keine statistisch signifikanten Unterschiede hinsichtlich der Rezidivquote gefunden wurden, mußten nach Vorliegen der 2-Jahres-Rezidivquoten (MARDER et al. 1987) dieser Studie revidiert werden. Es zeigte sich nämlich, daß die Patienten der Standarddosis mit nur 36% Rezidiven deutlich besser abschnitten als die Patienten der Niedrigdosierungsgruppe, in der zu 69% Rezidive auftraten. Grundsätzlich sollte berücksichtigt werden, daß in solche Studien z. T. sehr selektierte Patienten eingingen, so z. B. in der Studie von MARDER Patienten, die unter 25 mg Fluphenazindecanoat und weniger langfristig stabilisiert waren. Deutlich zeigte sich in den meisten Untersuchungen zur Niedrigdosierungsstrategie eine bessere Verträglichkeit, insbesondere eine bessere Verträglichkeit hinsichtlich extrapyramidalmotorischer Nebenwirkungen.

Insgesamt ist die Niedrigdosierungsstrategie beim heutigen Wissensstand eher zurückhaltend zu bewerten und kommt als Alternative zur Standarddosierung vor allem in Betracht bei Patienten, die unter starken Nebenwirkungen leiden oder eine Fortsetzung der bisherigen Therapie grundsätzlich ablehnen. Bei Entscheidung für eine solche Niedrigdosierungsstrategie sollte die Dosis nicht zu weit abgesenkt werden. Von einer Expertengruppe wurden bestimmte Dosis-Richtgrößen festgelegt (KISSLING 1991) unterhalb derer ein ausreichender rezidivprophylaktischer Schutz nicht mehr gewährleistet ist (Tabelle 4.7.8). Es ist allerdings unklar, ob diese Empfehlungen ausreichend die Tatsache berücksichtigen, daß im Langzeitverlauf einer rezidivprophylaktischen Therapie oft eine zunehmend geringere Dosierung ausreichenden Erfolg bringt (JOHNSON 1975). Überhaupt sollten derartige Richtgrößen mit Vorbehalt gesehen werden, da erfahrungsgemäß die individuelle Schwankungsbreite beträchtlich ist.

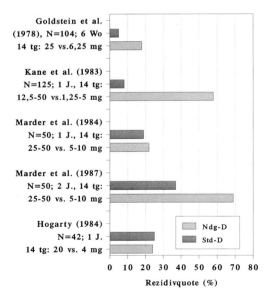

Abb. 4.7.3. Depot-Neuroleptika-Rezidivprophylaxe: Standarddosierung (Std-D) vs Niedrigdosierung (Ndg-D) (nach MÖLLER 1990)

Tabelle 4.7.8. Kleinste effektive prophylaktische Dosierungen (KISSLING et al. 1991)

Präparat	Kleinste effektive Dosierung	Dauer	Referenzen
Depot-Präparate			
Fluphenazindecanoat	6.5–12.5 mg I.M.	Alle 2 Wochen	KANE et al. (1983)
			MARDER et al. (1984a)
			HOGARTY et al. (1988)
Flupenthixoldecanoat	20 mg I.M.	Alle 2 Wochen	JOHNSON et al. (1987)
Haloperidoldecanoat	50–60 mg I.M.	Alle 4 Wochen	EKLUND und FORSMAN
			(1991)
Orale Präparate			
Orales Haloperidol	2.5 mg	Täglich	
Orales Fluphenazin-hydrochlorid	2.5 mg	Täglich	

Als weitere Alternativstrategie zur kontinuierlichen Langzeitmedikation mit Neuroleptika ist die **Frühinterventionsstrategie** zu nennen. Dabei wird nach Abklingen der akuten Psychose die Neuroleptikatherapie sehr langsam ausschleichend abgesetzt. Erst bei Auftreten sog. Frühwarnsymptome (HERZ et al. 1982) für ein Rezidiv – wie z. B. Nervosität, Unruhe, Schlafstörungen, diskrete Realitätsverkennung u. a. – wird eine neuroleptische Medikation wieder angesetzt. In den bisher vorliegenden Studien, wird insgesamt der bessere rezidivprophylaktische Schutz durch die Langzeitmedikation deutlich (CARPENTER et al. 1982, 1987, PIETZCKER et al. 1986, HIRSCH et al. 1986, GAEBEL et al. 1993). Die 2-Jahres-Studienergebnisse von CARPENTER et al. (1987) lassen aber im Vergleich zu den 1-Jahres-Studienergebnissen die Hypothese zu, daß sich ggf. der große Vorteil der rezidivprophylaktischen Langzeitmedikation im Vergleich zur Frühintervention auf Zeiträume bis zu 1 Jahr erstreckt und dann abnimmt, eine Hypothese, die weiter zu prüfen wäre. Unzureichend belegt ist bisher die Grundhypothese der Frühinterventionsstrategie daß ein drohendes Rezidiv auf der Basis von Prodromen

ausreichend sicher vorhergesagt werden kann und daß die Frühintervention ausreichend in der Lage ist, ein drohendes Rezidiv abzufangen (GAEBEL et al. 1993). Auch bleibt noch weitgehend offen, ob die Einsparung an Neuroleptikamenge und die Verträglichkeitsvorteile so groß sind, daß die Strategie insgesamt sinnvoll ist. Es wurde sogar postuliert, ob das wiederholte Neuansetzen einer neuroleptischen Therapie sich nicht ggf. nachteilig auf Effektivität und Verträglichkeit auswirken könnte, im Vergleich zur rezidivprophylaktischen Langzeitbehandlung.

Bei der kritischen Würdigung der Studien muß man bedenken, daß die in die Studien aufgenommenen Patienten eher eine positive Selektion darstellen und somit die Studienergebnisse nicht generalisierbar sind. Obendrein muß berücksichtigt werden, daß auch noch während des Studienverlaufs zum Teil ein weiterer Selektionsprozeß eintrat. Nur um das zu illustrieren, sei erwähnt, daß in der Studie von CARPENTER et al. (1982) etwa 1/3 der Patienten der Ausgangsstichprobe wegen eines Frührezidivs nach langsamem Absetzen der Neuroleptika von der weiteren Studie ausgeschlossen wurde.

Die Frühinterventionsstrategie ist wahrscheinlich nur für eine eher kleine Gruppe von schizophrenen Patienten geeignet, bei denen eine geringe Rezidivgefahr besteht, die einen ausreichend engen Kontakt zu ihrem Arzt halten und die ausreichend kooperativ für ein derartiges therapeutisches Vorgehen sind, das erhebliche Eigeninitiative vom Patienten verlangt (MÖLLER 1990). Abschließend sei noch in Erinnerung gerufen, daß nach einer längeren Behandlung das Absetzen der Neuroleptika wegen der Gefahr von absetzbedingten Psychosen immer sehr langsam und ausschleichend erfolgen sollte.

4.7.5 Symptomsuppressive Langzeitbehandlung

Wie schon erwähnt, muß von der Rezidivprophylaxe mit Neuroleptika die symptomsuppressive Langzeitbehandlung schizophrener Patienten abgegrenzt werden, bei der die Neuroleptika zur Kupierung chronisch-produktiver Symptomatik eingesetzt werden. Die Dosierung richtet sich dabei zunächst nach der Dosierung, die bei Ende der Akutbehandlung zu einer ausreichenden Symptomreduktion bei gleichzeitig noch akzeptabler Beeinträchtigung des Patienten durch unerwünschte Begleitwirkungen geführt hat. Der Patient wird im Rahmen der neuroleptischen Langzeitmedikation mit dieser Dosis weiterbehandelt. Dabei ist aus Compliance-Gründen die intramuskuläre Behandlung mit einem Depot-Neuroleptikum vorzuziehen, sofern Dosierungen erreicht worden sind, die eine Umstellung auf eine Äquivalenzdosis eines Depot-Neuroleptikums möglich machen. Auch im weiteren Verlauf wird darauf geachtet, daß der Patient möglichst frei von psychotischen Symptomen ist und möglichst wenig unter Nebenwirkungen leidet. Das Ideal einer völligen Symptomfreiheit ist aber häufig nicht zu erreichen, wenn dieses Ziel mit zu

hohen Nebenwirkungen erkauft werden müßte, die im Einzelfall nicht mehr vertretbar sind. Es muß also eine sinnvolle Nutzen-Risiko-Abwägung stattfinden, die auch ausführlich mit dem Patienten diskutiert werden sollte. Die für die symptomsuppressive Behandlung notwendigen Neuroleptikadosierungen liegen meist wesentlich höher als die für die rezidivprophylaktische Langzeitmedikation.

Ziel der neuroleptischen Langzeitmedikation kann nicht nur ein „frei von" psychotischer Symptomatik und eine Verhinderung stationärer Wiederaufnahmen sein, sondern sollte auch immer ein „fähig zu" besserer psychischer und sozialer Lebensbewältigung bedeuten (HELMCHEN 1978). Dabei muß die Nutzen-Risiko-Abwägung einer Langzeitmedikation nicht nur die Beseitigung der psychotischen Symptomatik und die Verträglichkeit der Neuroleptika, sondern auch die berufliche und soziale Integration und die subjektive Zufriedenheit des einzelnen Patienten berücksichtigen (TEGELER 1992). Der Nutzen einer Langzeitmedikation ist an der Reduktion der Wiederaufnahmeraten eindeutig ablesbar, während der Einfluß auf die soziale Adaptation schwieriger zu beurteilen ist. Nach CURSON et al. (1985), MÖLLER und v. ZERSSEN (1986), MÜLLER et al. (1986) und SCHUBART et al. (1987) kann eine Langzeitneurolepsie zu einer größeren Stabilität des Krankheitsverlaufs und zu einer allgemeinen allmählichen Besserung der sozialen Funktionsfähigkeit führen, während schwerwiegende Defizite der prämorbiden Persönlichkeitsentwicklung und deren negative Konsequenzen für die Prognose nur begrenzt kompensiert werden können. Placebokontrollierte Studien zur symptomsuppressiven Therapie wurden unseres Wissens nicht durchgeführt. HIRSCH et al. (1973) und HOGARTY et al. (1974) nahmen in ihre Studien zur neuroleptischen Rezidivprophylaxe z. T. auch nicht remittierte Patienten mit einem chronischen Krankheitsverlauf auf, die diesbezüglichen Patienten wurden aber nicht differenziert ausgewertet.

Auch bei einer symptomsuppressiven Therapie sollte die Dosierung der Neuroleptika im Sinne einer „nebenwirkungsgeleiteten Pharmakotherapie" (HEINRICH 1988) so niedrig wie möglich sein. Als Richtwert für eine symptomsuppressive Therapie wurde eine mittlere Dosis von 500 bis 1000 Chlorpromazinäquivalenten angegeben (TEGELER 1992), wobei aber von großen interindividuellen Unterschieden auszugehen ist und häufig wesentlich höhere Dosierungen nicht zu vermeiden sind. Falls Maßnahmen, wie sie üblicherweise bei Therapierefraktärität auf Neuroleptika durchzuführen sind, noch nicht erfolgten, sollten unbedingt die diesbezüglichen Möglichkeiten, u. a. der Einsatz von Clozapin, erprobt werden. Clozapin ist das einzige Neuroleptikum, das bisher seine besondere Wirksamkeit bei therapieresistenten Patienten in kontrollierten Studien beweisen konnte (KANE et al. 1988).

Literatur

BALDESSARINI RJ, DAVIS JM (1980) What is the best maintenance dose of neuroleptics in schizophrenia? Psychiatry Res 3: 115–122

BALDESSARINI RJ, COHEN BM, TEICHER MH (1988) Significance of neuroleptic dose and plasma level in the pharmacological treatment of psychoses. Arch Gen Psychiatry 45: 79–91

CARPENTER WT, STEPHENS JH, REY AC, HANLON TE, HEINRICHS DW (1982) Early intervention vs continuous pharmacotherapy of schizophrenia. Psychopharmacol Bull 18: 21–23

CARPENTER WT, HEINRICHS DW, HANLON TE (1987) A comparative trial of pharmacologic strategies in schizophrenia. Am J Psychiatry 144: 1466–1470

CHEUNG HK (1981) Schizophrenics fully remitted on neuroleptics for 3–5 years – to stop or continue drugs. Br J Psychiatry 138: 490–494

CHIEN CP (1975) Drugs and rehabilitation in schizophrenia. In: GREENBLATT M (ed) Drugs in combination therapies. Grune & Stratton, New York

CRAWFORD R, FORREST A (1974) Controlled trial of depot fluphenazine in outpatient schizophrenics. Br J Psychiatry 124: 385–391

CROW TJ, MACMILLAN JF, JOHNSON AL, JOHNSTONE EC (1986) The Northwick Park study of first episodes of schizophrenia. II. A randomized controlled trial of prophylactic neuroleptic treatment. Br J Psychiatry 148: 120–127

CURSON DA, BARNES TRE, BAMBER RW, PLATT SD, HIRSCH SR, DUFFY JC (1985) Long-term depot maintenance of chronic schizophrenic outpatients: the seven year follow-up of the Medical Research Council fluphenazine/placebo trial. Br J Psychiatry 146: 464–480

DAVIS JM, SCHAFFER CB, KILLIAN GA, KINNARD C, CHAN C (1980) Important issues in the drug treatment of schizophrenia. Schizophr Bull 6: 70–87

DEL GIUDICE J, CLARK WG, GOCKA EF (1975) Prevention of recidivism of schizophrenics treated with fluphenazine enanthate. Psychosomatics 16: 32–36

DUDLEY J, RAUW G, HAMES EM, KEEGAN DL, MIDHA KK (1983) Correlation of fluphenazine plasma levels versus clinical response in patients: a pilot study. Prog Neuropsychopharmacol Biol Psychiatry 7: 791–795

EKLUND K, FORSMAN A (1991) Minimal effective dose and relapse: double-blind trial. Haloperidol decanoate versus placebo. Clin Neuropharmacol 14 [Suppl 2]: 7–12

ERESHEFSKY L, SAKLAD SR, JANN MW, DAVIS CM, RICHARDS A, SEIDEL DR (1984) Future of depot neuroleptic therapy: pharmacokinetic and pharmacodynamic approaches. J Clin Psychiatry (Sect 2) 45: 50–59

FALLOON I, WATT DC, SHEPHERD M (1978) A comparative controlled trial of pimozide and fluphenazine decanoate in the continuation therapy of schizophrenia. Psychol Med 8: 59–70

GAEBEL W, FRICK U, KÖPCKE W, LINDEN M, MÜLLER P, MÜLLER-SPAHN F, PIETZCKER A, TEGELER J (1993) Early neuroleptic intervention in schizophrenia: are prodromal symptoms valid predictors of relapse? Br J Psychiatry 163 [Suppl 2]: 8–12

GARDOS G (1974) Are antipsychotic drugs interchangeable? J Nerv Ment Dis 159: 343–348

GITLIN MJ, MIDHA KK, FOGELSON D, NUECHTERLEIN K (1988) Persistence of fluphenazine in plasma after decanoate withdrawal. J Clin Psychopharmacol 8: 53–56

GLAZER WM (1984) Depot fluphenazine: risk/benefit ratio. J Clin Psychiatry 45 (Sect 2): 28–35

GOLDBERG SC, SCHOOLER NR, HOGARTY GE, ROPER M (1977) Prediction of relapse in schizophrenic outpatients treated by drug and sociotherapy. Arch Gen Psychiatry 34: 171–184

GOLDSTEIN MS, RODNIK FM, EVANS JR, MAY PRA, STEINBERG M (1978) Drugs and family therapy in the aftercare of acute schizophrenics. Arch Gen Psychiatry 35: 1169–1177

GOODNICK PJ, MELTZER HY (1984) Treatment of schizoaffective disorders. Schizophr Bull 10: 30–48

GOTTFRIES CG (1978) Flupenthixoldekanoat – Pharmakokinetik und klinische Anwendung. In: HEINRICH K, TEGELER J (Hrsg) Die Praxis der Depotneurolepsie. Das ärztliche Gespräch, 25. Tropon, Köln, S 26–39

HEINRICH K (1988) Nebenwirkungsgeleitete Pharmakotherapie in der Psychiatrie. Münch Med Wochenschr 130: 699–700

HELMCHEN H (1978) Forschungsaufgaben bei psychiatrischer Langzeitmedikation. Nervenarzt 49: 534–538

HELMCHEN H (1979) Neuroleptische Langzeitmedikation in der Praxis. Monatsk Ärztl Fortb 29: 800–801

HERZ MJ, SZYMANSKI H, SIMON JC V (1982) Intermittent medication for stable schizophrenic outpatients: an alternative to maintenance medication. Am J Psychiatry 139: 918–922

HIRSCH SR, GAIND R, ROHDE PD, STEVENS BC, WING JK (1973) Outpatient maintenance of chronic schizophrenic patients with long-acting fluphenazine: double-blind placebo trial. Br Med J I: 633–637

HIRSCH SR, JOLLEY AG, MANCHANDA R, MCRINK A (1986) Frühzeitige medikamentöse Intervention als Alternative zur Depot-Dauermedikation in der Schizophreniebehandlung. Ein vorläufiger Bericht. In: BÖKER W, BRENNER HD (Hrsg) Bewältigung der Schizophrenie. Huber, Bern Stuttgart Toronto, S 62–71

HOGARTY GE (1984) Depot-neuroleptics: the relevance of psychosocial factors – a United States perspective. J Clin Psychiatry 45 (Sect 2): 36–42

HOGARTY GE, GOLDBERG S, SCHOOLER N, ULRICH R (1974) Drug and sociotherapy in the aftercare of schizophrenic patients. II. Two-years relapse rates. Arch Gen Psychiatry 31: 603–608

HOGARTY GE, ULRICH RF, MUSSARE F, ARISTIGUETA N (1976) Drug discontinuation among longterm, successfully maintained schizophrenic outpatients. Dis Nerv Syst 37: 494–500

HOGARTY GE, SCHOOLER NR, ULRICH R, MUSSARE F, FERRO P, HERRON E (1979) Fluphenazine and social therapy in the aftercare of schizophrenic patients. Relapse analyses of a two-year controlled study. Arch Gen Psychiatry 36: 1283–1294

HOGARTY GE, MCEVOY JP, MUNET M, DIBARRY AL, BARTONE P, CATHER R, COOLEY SJ, ULRICH RF, CARTER M, MADONIA MU (1988) Dose of fluphenazine, familial expressed emotion, and outcome in schizophrenia. Arch Gen Psychiatry 45: 797–805

JANN MW, ERESHEFSKY L, SAKLAD SR (1985) Clinical pharmacokinetics of the depot antipsychotics. Clin Pharmacokinet 10: 315–333

JOHNSON DAW (1975) Observations on the dose regimens of fluphenazine decanoate in maintenance therapy of schizophrenia. Br J Psychiatry 126: 457–461

JOHNSON DAW, LUDLOW JM, STREET K, TAYLOR RDW (1987) Double-blind comparison of half-dose and standard dose flupenthixol decanoate in the maintenance treatment of stabilized outpatients with schizophrenia. Br J Psychiatry 151: 634–638

KANE JM (1990) Treatment programme and long-term outcome in chronic schizophrenia. Acta Psychiatr Scand 82 [Suppl 358]: 151–157

KANE JM, LIEBERMAN JA (1987) Maintenance pharmacotherapy in schizophrenia. In: MELTZER HY (ed) Psychopharmacology. The third generation of progress. Raven, New York, pp 1103–1109

KANE JM, RIFKIN A, QUITKIN F, NAYAK D, RAMOS-LORENZI J (1982) Fluphenazine vs placebo in patients with remitted, acute first-episode schizophrenia. Arch Gen Psychiatry 39: 70–73

KANE JM, RIFKIN A, WOERNER M, REARDON G, STAVROS S, SCHIEBEL D, RAMOS-LORENZ J (1983) Low-dose neuroleptic treatment of outpatient schizophrenics. I. Preliminary results for relapse rates. Arch Gen Psychiatry 40: 893–896

KANE JM, WOERNER M, BORENSTEIN M, WEGNER J, LIEBERMAN J (1986) Integrating incidence and prevalence of tardive dyskinesia. Psychopharmacol Bull 22: 254–258

KANE JM, HONIGFELD G, SINGER J, MELTZER HY (1988) Clozaril collaborative study group. Clozapine for the treatment-resistant schizophrenic: a double-blind comparison with chlorpromazine. Arch Gen Psychiatry 45: 789–796

KAPFHAMMER H-P (1990) Umstellungsregime von Kurzzeit- auf Depot-Neuroleptika. In: MÜLLER-OERLINGHAUSEN B, MÖLLER HJ, RÜTHER E (Hrsg) Thioxanthene in der neuroleptischen Behandlung. Springer, Berlin Heidelberg New York Tokyo, S 173–196

KAPFHAMMER H-P, RÜTHER E (1987) Depot-Neuroleptika. Springer, Berlin Heidelberg New York Tokyo

KISSLING W (1991) Guidelines for neuroleptic relapse prevention in schizophrenia. Springer, Berlin Heidelberg New York Tokyo

KISSLING W, MÖLLER HJ, WALTER K, WITTMANN B, KRÜGER R, TRENK D (1985) Double-blind comparison of haloperidol decanoate and fluphenazine decanoate: effectiveness, side-effects, dosage and serum levels during a six months treatment for relapse prevention. Pharmacopsychiatry 18: 240–245

KISSLING W, KANE JM, BARNES TRE, DENCKER SJ, FLEISCHHACKER WW, GOLDSTEIN MJ, JOHNSON DAW, MARDER SR, MÜLLER-SPAHN F, TEGELER J, WISTEDT B, WOGGON B (1991) Guidelines for neuroleptic relapse prevention in schizophrenia: towards a consensus view. In: KISSLING W (ed) Guidelines for neuroleptic relapse prevention in schizophrenia. Springer, Berlin Heidelberg New York Tokyo, pp 155–163

LEFF J, WING JK (1971) Trial of maintenance therapy in schizophrenia. Br Med J III: 599–604

LEFF J, VAUGHN C (1981) The role of maintenance therapy and relatives' expressed emotion in relapse of schizophrenia. A 2-year follow-up. Br J Psychiatry 139: 102–104

MARDER, SR, VAN PUTTEN T, MINTZ J, MCKENZIE J, LEBELL M, FALTICO G, MAY PRA (1984) Costs and benefits of two doses of fluphenazine. Arch Gen Psychiatry 41: 1025–1029

MARDER SR, VAN PUTTEN R, MINTZ J, LEBELL M, MCKENZIE J, GALTICO G (1984a) Maintenance therapy: new findings. In: KANE JM (ed) Drug maintenance strategies in schizophrenia. APA, Washington, pp 31–49

MARDER SR, HUBBARD JW, VAN PUTTEN T, HAWES EM, MCKAY G, MINTZ J, MAY PRA, MIDHA KK (1986) Plasma fluphenazine levels in patients receiving two doses of fluphenazine decanoate. Psychopharmacol Bull 22: 264–266

MARDER SR, VAN PUTTEN T, MINTZ J, LEBELL M, MCKENZIE J, MAY PRA (1987) Low- and conventional-dose maintenance therapy with fluphenazine decanoate. Arch Gen Psychiatry 44: 518–521

MATTES JA, NAYAK D (1984) Lithium vs fluphenazine for prophylaxis in mainly schizophrenic schizoaffectives. Biol Psychiatry 19: 445–449

MCGLASHAN T (1986) The prediction of outcome in chronic schizophrenia. IV. The Chestnut Lodge follow-up study. Arch Gen Psychiatry 43: 167–176

MÖLLER HJ (1986) Methodological problems of long-term studies in psychopharmacology. Pharmacopsychiatry 19: 156–160

MÖLLER HJ (1987) Indikation und Differentialindikation der neuroleptischen Langzeitmedikation. In: PICHOT P, MÖLLER HJ (Hrsg) Neuroleptika. Rückschau 1952–1986. Künftige Entwicklungen. Springer, Berlin Heidelberg New York Tokyo, S 63–79

MÖLLER HJ (1988) Kontinuierliche Langzeitbehandlung von schizophrenen Patienten mit niedrig dosierten Neuroleptika. In: HIPPIUS H, LAAKMANN G (Hrsg) Therapie mit Neuroleptika – Niedrigdosierung. Perimed, Erlangen, S 30–37

MÖLLER HJ (1990) Neuroleptische Langzeittherapie schizophrener Erkrankungen. In: HEINRICH K (Hrsg) Leitlinien neuroleptischer Therapie. Springer, Berlin Heidelberg New York Tokyo, S 97–115

MÖLLER HJ (1995) Leitlinien der Diagnose und Behandlung schizophrener Erkrankungen. Nervenheilkunde 14: 91–99

MÖLLER HJ, KISSLING W (1986) Advantages and disadvantages of depot-neuroleptics as maintenance medication for chronic schizophrenics. Clin Neuropharmacol 9 [Suppl 4]: 259–262

MÖLLER HJ, ZERSSEN D V (1986) Der Verlauf schizophrener Psychosen unter den gegenwärtigen Behandlungsbedingungen. Springer, Berlin Heidelberg New York Tokyo

MÖLLER HJ, KISSLING W, STOLL K-D, WENDT G (1989) Psychopharmakotherapie. Ein Leitfaden für Klinik und Praxis. Kohlhammer, Stuttgart

MÜLLER P (1982) Die Patienten und das Ergebnis der Rezidivprophylaxe. In: MÜLLER P (Hrsg) Zur Rezidivprophylaxe schizophrener Psychosen. Enke, Stuttgart, S 15–23

MÜLLER P (1983) Was sollen wir Schizophrenen raten? Medikamentöse Langzeitprophylaxe oder Intervallbehandlung? Nervenarzt 54: 477–485

MÜLLER P, GÜNTHER U, LOHMEYER J (1986) Behandlung und Verlauf schizophrener Psychosen über ein Jahrzehnt. Nervenarzt 57: 332–341

PELCKMANS AD (1980) Double-blind study of changes in long-term patients under the influence of regularly fluctuating doses of fluphenazine decanoate. In: USDIN E et al. (eds) Phenothiazines and structurally related drugs:

basic and clinical studies. Elsevier, Amsterdam, pp 202–206

PIETZCKER A (1978) Langzeitmedikation bei schizophrenen Kranken. Nervenarzt 49: 518–533

PIETZCKER A, POPPENBERG A, SCHLEY J, MÜLLER-OERLINGHAUSEN B (1981) Outcome and risks of ultra-long-term treatment with an oral neuroleptic drug. Relationship between perazine serum levels and clinical variables in schizophrenic outpatients. Arch Psychiatr Nervenkr 229: 315–329

PIETZCKER A, GAEBEL W, KÖPCKE W, LINDEN M, MÜLLER P, MÜLLER-SPAHN F, TEGELER J (1986) A German multicenter study on the neuroleptic long-term therapy of schizophrenic patients. Preliminary report. Pharmacopsychiatry 19: 161–166

RIFKIN A, QUITKIN F, KLEIN DF (1975) Akinesia: a poorly recognized drug induced extrapyramidal disorder. Arch Gen Psychiatry 32: 672–674

RIFKIN A, QUITKIN F, RABINER CJ, KLEIN DF (1977) Fluphenazine decanoate, fluphenazine hydrochloride given orally, and placebo in remitted schizophrenics. Relapse rate after one year. Arch Gen Psychiatry 34: 43–47

SCHOOLER NR, LEVINE J (1976) NIMH-PRB Collaborative fluphenazine study group: the initiation of long-term pharmacotherapy in schizophrenia: dosage and side effect comparisons between oral and depot fluphenazine. Pharmacopsychologia 9: 159–169

SCHOOLER NR, LEVINE J, SEVERE JB, BRAUZER B, DIMASCIO A, KLERMAN, GL, TUASON VB (1980 a) Prevention of relapse in schizophrenia. An evaluation of fluphenazine decanoate. Arch Gen Psychiatry 37: 16–24

SCHOOLER NR, SEVERE J, LEVINE J, ESCOBAR J, GELENBERG A, MANDEL M, SOVNER R, STEINBOOK R (1980 b) Der Abbruch der neuroleptischen Behandlung bei schizophrenen Patienten und dessen Einfluß auf Rückfälle und auf Symptome der Spätdyskinesie. In: KRYSPIN-EXNER K, HINTERHUBER H, SCHUBERT H (Hrsg) Ergebnisse

der psychiatrischen Therapieforschung. Schattauer, Stuttgart New York, S 217–234

SCHUBART C, KRUMM B, BIEHL H, MAURER K, JUNG E (1987) Factors influencing the course and outcome of symptomatology and social adjustment in first-onset schizophrenics. In: HÄFNER H, GATTAZ WF, JANZARIK W (eds) Search for the causes of schizophrenia. Springer, Berlin Heidelberg New York Tokyo, pp 98–106

SIEBERNS S (1986) Darstellung der Depotneuroleptika. In: HEINRICH K, SIEBERNS S (Hrsg) Internationales Fluanxol-Depot-Kolloquium. Das ärztliche Gespräch, 40. Tropon, Köln, S 7–18

TEGELER J (1992) Medikamentöse Langzeittherapie zur Symptomsuppression bei chronisch Schizophrenen. In: MÖLLER HJ (Hrsg) Therapie psychiatrischer Erkrankungen. Enke, Stuttgart

TEGELER J, LEHMANN E, STOCKSCHLÄDER M (1980) Zur Wirksamkeit der langfristigen ambulanten Behandlung Schizophrener mit Depot- und Langzeit-Neuroleptika. Nervenarzt 51: 654–661

VAUGHN CE, SNYDER KS, FREEMAN W (1982) Family factors in schizophrenic relapse: a replication. Schizophr Bull 8: 425–426

WISTEDT B, JØRGENSEN A, WILES D (1982) A depot neuroleptic withdrawal study. Plasma concentrations of fluphenazine and flupenthixol and relapse frequency. Psychopharmacology 78: 301–304

WOGGON B, ANGST J, MARGOSES N (1975) Gegenwärtiger Stand der neuroleptischen Langzeitbehandlung der Schizophrenie. Nervenarzt 46: 611–616

YADALAM KG, SIMPSON GM (1988) Changing from oral to depot fluphenazine. J Clin Psychiatry 49: 346–348

ZERSSEN D v, MÖLLER HJ (1980) Psychopathometrische Verfahren in der psychiatrischen Therapieforschung. In: BIEFANG S (Hrsg) Evaluationsforschung in der Psychiatrie. Fragestellungen und Methoden. Enke, Stuttgart, S 129–166

4.8 Die Kombination einer Neuroleptika-Langzeitmedikation mit psychosozialen Maßnahmen

H. Katschnig und J. Windhaber

4.8.1 Warum Kombination mit psychosozialen Maßnahmen?

Daß Neuroleptika die produktiven Symptome der Schizophrenie wirksam behandeln können, ist nicht nur in zahllosen klinischen Prüfungen dokumentiert. Die Wirksamkeit dieser Medikamente manifestiert sich auch eindrucksvoll in der historischen Trendumkehr Mitte der fünfziger Jahre, als – zeitgleich mit der Einführung der Neuroleptika in den klinischen Alltag – die Raten der an einem Stichtag stationär behandelten psychiatrischen Patienten, die bis dahin stetig gestiegen waren, weltweit steil abzufallen begannen. Etwas salopp könnte man auch von einem „neuroleptischen Pillenknick" sprechen, in dem sich die Rückkehr der überwiegend schizophrenen Patienten aus dem Krankenhaus in ein Leben „in der Gemeinde" abbildet.

Leider kommt es jedoch unter den üblichen Alltagsbelastungen oft zu Rückfällen und zu Wiederaufnahmen, wie nicht nur die Aufnahmestatistiken („Drehtürpsychiatrie"), sondern schon frühzeitig auch die Forschung zeigen konnten (Life Events, BIRLEY und BROWN 1970; „Expressed Emotion", LEFF 1989). Es wurde klar, daß die Schizophrenie eine auf psychosoziale Belastungen sehr sensibel mit Rückfällen reagierende Krankheit ist, daß aber auch eine zu geringe soziale Stimulierung, wie sie in psychiatrischen Anstalten alten Stils vorherrscht, schädlich ist und zu Rückzug, Antriebsverarmung und

Affektverflachung führt (WING und BROWN 1970). Diese sozial bedingten und deshalb heute „sekundär" genannten negativen Symptome stellen in vielen Fällen ein größeres Hindernis bei der Rehabilitation dar als die produktiven Phänomene.

Auf diesem Boden sind in den vergangenen 30 Jahren in bunter Vielfalt Versuche gewachsen, den Therapieerfolg bei der Schizophrenie mit psychosozialen Maßnahmen zu verbessern und zu konsolidieren. Dabei hat nicht zuletzt auch die Erfahrung eine Rolle gespielt, daß eine psychopharmakologische Behandlung die Bereitschaft und Fähigkeit des Patienten für die Kooperation bei einer psychosozialen Maßnahme eröffnet, an die ohne die Wirkung der Medikamente nicht zu denken gewesen wäre. Da aber die Anwendung spezifischer psychosozialer Maßnahmen wesentlich personalintensiver, organisatorisch aufwendiger und mühsamer ist als die Verschreibung von Psychopharmaka, sind diese Methoden – trotz ihrer erwiesenen Wirksamkeit, über die wir hier berichten – im klinischen Alltag bis heute wesentlich seltener systematisch zum Einsatz gekommen als Medikamente. Der im therapeutischen Umgang mit schizophrenen Patienten Erfahrene kennt allerdings genügend Gründe, warum eine Kombination von Neuroleptika und psychosozialen Maßnahmen in der Langzeitbehandlung der Schizophrenie versucht werden sollte. Zu diesen Gründen zählen:

- Neuroleptika wirken bei vielen schizophrenen Patienten nicht ausreichend oder überhaupt nicht, so daß nach alternativen Behandlungsmethoden gesucht werden muß. Dies gilt besonders für negative Symptome.
- Neuroleptika würden bei vielen Patienten gut wirken, wenn eine entsprechende Compliance gegeben wäre. Diese ist aber gerade bei schizophrenen Patienten oft schlecht. Psychosoziale Maßnahmen können direkt (durch Information des Patienten) oder indirekt (z. B. über die Angehörigen) zur Erhöhung der Compliance beitragen.
- Neuroleptika wirken zwar gut, haben aber Nebenwirkungen, die es in manchen Fällen nicht zulassen, daß eine therapeutisch suffizient wirkende Dosis erreicht wird. Beispielsweise kann ein Parkinson-Syndrom durch die Verlangsamung der Bewegungsabläufe und durch die Einschränkung der Mimik sozial so behindernd sein, daß es verständlich ist, daß die medikamentöse Therapie abgelehnt wird.
- Neuroleptika wirken zwar gut, das Risiko von Langzeitfolgen (Spätdyskinesien) ist aber bei den klassischen Neuroleptika so groß, daß nach Wegen gesucht werden muß, eine Reduktion der Neuroleptikadosis und der Dauer der Therapie (z. B. durch Medikamentenferien) zu ermöglichen. Der Einsatz psychosozialer Maßnahmen eröffnet solche Wege.
- Da schizophrene Patienten oft erst längere Zeit nach Krankheitsbeginn in Behandlung kommen, haben sich in vielen Fällen negative psychosoziale Konsequenzen ergeben (z. B. Defizite in sozialen und Alltagsfertigkeiten, Behinderungen im familiären, beruflichen und Freizeitbereich), die trotz einer erfolgreichen medikamentösen Behandlung der psychopathologischen Symptomatik weiter existieren und mit psychosozialen Maß-

nahmen gezielt angegangen werden müssen.
- Es ist möglich – und es gibt dafür empirische Belege bei anderen psychiatrischen Krankheitsbildern –, daß psychosoziale Maßnahmen den mit Medikamenten erzielten Therapieerfolg nach Absetzen der Medikamente stabilisieren.
- Ein im klinischen Alltag wichtiger Grund, an den Einsatz psychosozialer Maßnahmen zu denken, ist die Weigerung nicht weniger schizophrener Patienten Medikamente einzunehmen bzw. ihr expliziter Wunsch nach einer psychosozialen Therapie.

Die „atypischen" Neuroleptika haben durch ihr erweitertes Wirkungsspektrum (z. T. verbessern sie auch „negative" Symptome) und ein neues Nebenwirkungsspektrum, das die klassischen extrapyramidalen Symptome nicht oder nur in stark abgeschwächter Form enthält, die therapeutische Palette bereichert. Viele der genannten Gründe gelten aber trotzdem noch.

4.8.2 Was sind psychosoziale Maßnahmen?

Der Begriff der psychosozialen Maßnahme ist hier bewußt weit gefaßt. Er grenzt sich nur unscharf von verwandten Begriffen wie „Psychotherapie" und „therapeutisch günstige Haltung im Umgang mit dem Patienten" ab. Es gibt viele Möglichkeiten, diese psychosozialen Interventionsmethoden zu klassifizieren. Uns hat sich die Unterteilung in solche Methoden bewährt, die **direkt am Patienten orientiert** sind (z. B. Training sozialer Fertigkeiten und kognitives Training), und solche, die **am sozialen Netz** ansetzen, das wegen des Ersterkrankungsalters in der Spätadoleszenz und im jungen Erwachsenenalter in der Regel aus der Herkunftsfamilie besteht (z. B. Angehörigenarbeit in Gruppen; verhaltenstherapeutisch orientierte Familientherapie). Eine ausführliche Beschreibung der heute verwendeten und empirisch untersuchten psychosozialen Interventionsmethoden findet sich in STIERLIN et al. (1983), GOLDSTEIN et al. (1986), MCFARLANE (1983), BÖKER und BRENNER (1986), LIBERMAN und MUESER (1989), SCOTT und DIXON (1995) und DIXON und LEHMAN (1995).

Weit verbreitet ist heute der Begriff **„Psychoedukation"**, der mehr pädagogisch als therapeutisch verstanden wird und in erster Linie die Vermittlung von Informationen über die Schizophrenie und ihre Behandlung, in zweiter Linie auch die Förderung von Bewältigungsstrategien im Alltag meint. Die Schaffung entsprechender Lebens-Settings (z. B. Wohnen, Arbeit, Freizeit) und die adäquate Ausgestaltung der psychiatrischen Versorgung (z. B. Krisendienste, „Case manager", psychiatrische Abteilungen an Allgemeinkrankenhäusern) sind im weitesten Sinn ebenfalls zu den psychosozialen Maßnahmen zu zählen. Derartige kontextuelle Maßnahmen sind notwendig, damit die eher als Behandlungs-„Techniken" einzustufenden psychosozialen Maßnahmen im engeren Sinn, über die wir hier berichten, im klinischen Alltag tatsächlich zum Einsatz kommen können und nicht auf die Verwendung in Forschungsprojekten beschränkt bleiben. Die derzeit bei der Behandlung der Schizophrenie bewährten psychosozialen Maßnahmen im engeren Sinn erheben alle nicht den Anspruch, die Schizophrenie kausal zu behandeln. Sie sind vielmehr pragmatisch auf die Reduktion und Bewältigung von Streß, auf Stützung, Mobilisierung vorhandener Ressourcen und ähnliche „Management-Maßnahmen" ausgerichtet. Praktisch allen liegt das Vulnerabilitäts-Streß Modell zugrunde, das davon ausgeht, daß es bei Personen, die an Schizophrenie erkranken, eine prämorbid vorhandene Diathese gibt, in Streßsituationen spezifische psychopathologische Symptome zu entwickeln (ZUBIN und SPRING 1977).

Am Patienten ansetzende psychosoziale Maßnahmen

Die hierher zu zählenden psychosozialen Interventionen kommen entweder in Einzelkontakten oder in Patientengruppen zum Einsatz. Prinzipiell gibt es zwei grundsätzlich unterschiedliche Ansätze, den **psychodynamischen**, der die Einsichtsfähigkeit verbessern möchte, und den **„realitätsorientierten"**, der die Fähigkeit des Patienten zur Streßbewältigung durch das Trainieren von sozialen und kognitiven Fertigkeiten („skills") und durch verschiedene stützende („supportive") Maßnahmen fördern möchte. Eine umfassende Übersicht und Diskussion über diese direkt am Patienten orientierten Ansätze findet sich bei SCOTT und DIXON (1995).

Psychodynamische Methoden haben sich bei der Schizophrenie im allgemeinen als nicht nützlich erwiesen (MUESER und BERENBAUM 1990). Die wenigen Studien zu diesem Thema sind auch durchwegs schon über zehn Jahre alt. Heute dominieren die **„realitätsorientierten"** Ansätze. In Anbetracht dessen, daß die Behinderungen schizophrener Patienten hauptsächlich in ihren sozialen Kontakten zum Tragen kommen, wurden diverse verhaltenstherapeutisch orientierte Methoden entwickelt und untersucht, die auf die Verbesserung kognitiver und sozialer Fertigkeiten abzielen.

In den Vereinigten Staaten erlangte das „Social and Independent Living Skills Training" von LIBERMAN et al. (1985, 1986; s. auch CORRIGAN et al. 1992) eine relativ große Verbreitung. Dieses wie auch andere ähnliche Trainingsprogramme werden üblicherweise recht direktiv durchgeführt und verwenden Techniken wie Modellieren, Rollenspiel, korrektives Feedback, Erteilen sozialer Verstärkung durch Loben und Hausaufgaben (in vivo – Durchführung). Ein mittlerweile im deutschen Sprachraum populär gewordenes Therapieprogramm wurde in Bern entwickelt („Integriertes psychologisches

Therapieprogramm" = IPT; Brenner et al. 1987, Roder et al. 1988, Hodel und Brenner 1994). Dieses in Gruppen durchgeführte Programm zur Verbesserung von kognitiven, sozialen und Problemlösungs-Fertigkeiten besteht aus fünf Unterprogrammen (kognitive Differenzierung, soziale Wahrnehmung, verbale Kommunikation, soziale Fertigkeiten und interpersonelles Problemlösen). In England hat Tarrier eine eigene behavioral-kognitive Methode zur Verbesserung der „Coping-Mechanismen" entwickelt („coping strategy enhancement" = CSE; Tarrier et al. 1993 a, b). Hogarty et al. (1995) haben kürzlich in den USA ihre „Personal Therapy" vorgestellt, die ein Paket verschiedener Maßnahmen enthält, die den schizophrenen Patienten in die Lage versetzen sollen, seine streßbedingten Affekte besser zu kontrollieren und dadurch die Krankheit zu bewältigen und Rückfällen vorzubeugen. Neben derartigen spezifisch definierten psychosozialen Interventionen trifft man in der Literatur immer wieder auf den unspezifischen Begriff der „unterstützenden Psychotherapie" („supportive psychotherapy"). Er ist vage und beinhaltet von Fall zu Fall unterschiedliche Kombinationen von Strategien und Techniken wie „Stärkung der therapeutischen Allianz", „Lob aussprechen", „Beratung", „Informieren", „Grenzen setzen" und „Betonen der gesunden Anteile des Patienten" (Rockland 1993). Mehr noch als bei anderen psychischen Krankheiten müssen bei der Schizophrenie die Zielsetzungen der einzelnen psychosozialen Maßnahmen auf die Möglichkeiten jedes einzelnen Patienten zugeschnitten werden, wobei auch besonders auf den richtigen Zeitpunkt des Einsatzes geachtet werden muß (Hogarty et al. 1995). So sollten in der Akut- und Subakutphase zusätzlich zu den Psychopharmaka eher unterstützende und weniger komplexe und Anforderungen stellende psychosoziale Maßnahmen eingesetzt werden. Verfahren, die die kommunikativen Fähigkeiten des Patienten

beanspruchen, sollten erst später zum Einsatz kommen (McGlashan 1986). Neben wenigen Projekten, die (im Ansatz, nicht aber in der Praxis) bewußt auf Neuroleptika verzichten (z. B. das Soteria-Haus-Konzept zur Behandlung akuter schizophrener Episoden, beschrieben von Mosher und Menn 1975; s. auch Ciompi und Beine 1990, Ciompi et al. 1991, 1993), wird heute in der Regel vorgeschlagen, psychosoziale Interventionsmethoden in Kombination mit Neuroleptika einzusetzen.

Am sozialen Netz ansetzende psychosoziale Maßnahmen

Die verhaltenstherapeutisch orientierte Familientherapie und die Angehörigenarbeit in Gruppen sind in den vergangenen zwanzig Jahren zu den wichtigsten psychosozialen Interventionsmethoden geworden. Ein Grund dafür ist die Einsicht, daß die Rehabilitationserfolge bei den meist noch sehr jungen schizophrenen Patienten entscheidend von der Kooperation mit den Angehörigen abhängen. Die Haltung der Fachleute den Angehörigen gegenüber hat sich in den vergangenen Jahren deutlich geändert – die Angehörigen werden zunehmend nicht mehr als „Verursacher" der Krankheit angesehen, sondern als Verbündete bei den Rehabilitationsbemühungen (Katschnig und Konieczna 1989 a, b). Ein umfassender Überblick über familienorientierte Ansätze bei der Schizophrenie findet sich bei Dixon und Lehmann (1995). Alle Formen der **verhaltenstherapeutisch orientierten Familientherapie** beinhalten gemeinsame Elemente (Lam 1991). Zu ihnen gehören die Herstellung einer empathischen, nicht anschuldigenden Beziehung zwischen dem Therapeuten und den Familienangehörigen (im Unterschied zu den meisten anderen familientherapeutischen Ansätzen, die – zum Teil unbeabsichtigt – den Angehörigen vermitteln, sie seien Schuld an der Entstehung der Krankheit);

die Information über die Krankheit und ihre Behandlung („Psychoedukation"); das Erarbeiten von Umgangsstrategien mit psychopathologischen Symptomen und von Bewältigungsstrategien für den Alltag mit einem psychisch Kranken (SCHOOLER und KEITH 1990). Schließlich wird Schizophrenie in der Regel als Krankheit gesehen, die auch einer medikamentösen Therapie bedarf.

Stellvertretend für mehrere ähnliche Formen dieser „Familientherapie" wird hier der verhaltenstherapeutisch orientierte Ansatz von FALLOON et al. (1984) beschrieben. In ihm werden den Familien „Grundkommunikationsfertigkeiten" („aktives Zuhören", „positive Gefühle Mitteilen", „Kritisieren", „Wünsche Äußern und Forderungen Stellen") sowie „Problemlösungsstrategien" vermittelt, mit denen die im Familienalltag auftretenden Probleme adäquater angegangen werden können. Diese Problemlösungsstrategien werden in sechs Schritten entwickelt, die mit den Familien in mehreren gemeinsamen Sitzungen eingeübt werden (Definieren des zu lösenden Problems; Brain-storming in bezug auf Lösungsmöglichkeiten; Diskussion der einzelnen Lösungsmöglichkeiten; Auswahl der besten Lösung(en); Planen, wie die Lösung in die Tat umgesetzt werden kann; Umsetzung und Überprüfung der Umsetzung). Ursprünglich wurde diese Methode nur bei Hausbesuchen angewandt, was aber für ihre Wirksamkeit nicht essentiell zu sein scheint.

Angehörigenarbeit in Gruppen hat im Vergleich zur Einzelfamilientherapie den Vorteil, daß sie ökonomischer ist – diese Intervention kann gleichzeitig einer größeren Zahl von Angehörigen zugute kommen und erfordert eine relativ wenig umfangreiche Ausbildung. Auch in Angehörigengruppen wird großer Wert auf Informationsvermittlung gelegt, wobei üblicherweise mit dem bereits bei einzelnen Gruppenmitgliedern vorhandenen Wissen gearbeitet wird. Angehörigengruppen bieten eine Plattform, Erfahrungen in bezug auf das Krankheits-

management im Alltag auszutauschen, Schuldgefühle und andere negative Emotionen zum Ausdruck zu bringen und zu verarbeiten, sowie neue soziale Kontakte zu knüpfen, was im Zusammenhang mit der Tatsache, daß viele Familienmitglieder sozial isoliert leben, ein wichtiger Nebeneffekt ist (KATSCHNIG und KONIECZNA 1989b, ANGERMEYER und FINZEN 1984, BERTRAM 1986). In jüngster Zeit werden auch vermehrt sogenannte „Multiple family groups" durchgeführt (MCFARLANE et al. 1995, SCHOOLER et al. 1997), an denen – im Unterschied zu Angehörigengruppen – auch Patienten teilnehmen.

4.8.3 Probleme von Langzeitstudien über die Kombination von psychosozialen Maßnahmen mit Neuroleptika

Der Kenntnisstand über die möglichen Vorteile einer Kombination einer Neuroleptika-Langzeitmedikation mit psychosozialen Maßnahmen in der Behandlung der Schizophrenie ist heute durch wissenschaftliche Untersuchungen noch nicht im wünschenswerten Ausmaß abgesichert. Dies hängt zum einen mit der geringen Anzahl von in der Qualität akzeptablen Studien zusammen, die es zu dieser Frage überhaupt gibt. Zum anderen wirft gerade der Einsatz von psychosozialen Behandlungsmethoden eine Reihe methodischer Fragen auf, mit denen reine Medikamentenstudien weniger oder nicht zu kämpfen haben. Einige dieser Probleme werden hier diskutiert, damit die später zu schildernden Studien besser eingeordnet werden können.

Derartige Studien dauern in der Regel mehrere Jahre, was es schwierig macht, die Intervention zu standardisieren (allein schon deshalb, weil es Mühe macht, ein Forscher- und Therapeuten-Team über lange Zeit zusammenzuhalten). Psychosoziale Maßnahmen sind darüber hinaus personalintensiv und deshalb besonders kostspielig. Die Vielfalt und damit die mangelnde Vergleichbarkeit dessen, was man als psychosoziale Intervention bezeichnen kann, ist wesentlich größer als die Vielfalt der Neuroleptikabehandlungen, bei denen immerhin sichergestellt werden kann, daß die Substanz und die Dosis eindeutig vergleichbar sind. Weiters erschwert die Nichtverfügbarkeit einer psychosozialen „Placebo-Therapie" die Generalisierbarkeit von Studienergebnissen; außerdem ist die Frage der richtigen „Dosierung" von psychosozialen Maßnahmen (z. B. Häufigkeit von Sitzungen) de facto ungelöst – ganz abgesehen von der Frage der Dosisäquivalenz der Psychopharmakotherapie mit der „Dosis" der psychosozialen Maßnahmen. Langzeitstudien haben – bei einer ohnehin oft geringen Fallzahl – generell mit einer relativ hohen Drop-out-Rate zu kämpfen.

Bei Langzeitstudien stellt sich schließlich die Frage des Effizienzkriteriums in besonderer Weise. Oft werden nur Rückfallhäufigkeiten verwendet, wobei wiederum die Definition eines Rückfalls von Studie zu Studie unterschiedlich ist (z. B. Wiederaufnahme ins Krankenhaus, Wiederauftreten von Symptomen). Andere zunehmend als relevant erkannte Effizienzkriterien, wie Lebensqualität, Arbeitsfähigkeit oder soziale Fertigkeiten, wurden bis jetzt – offensichtlich wegen der praktischen Schwierigkeit bei ihrer Erfassung – seltener als Erfolgskriterien untersucht. Dies ändert sich jedoch in dem Maß, in dem auch in der Psychiatrie die Frage der Lebensqualität („Quality of Life") in den Vordergrund rückt (KATSCHNIG et al. 1997). Ob eine Kombination einer Langzeitneuroleptikatherapie mit psychosozialen Maßnahmen tatsächlich nützlich ist, kann nur durch empirische Studien belegt werden. In Anlehnung an FALLOON und LIBERMAN (1983) erscheint es sinnvoll, sechs mögliche Effekte einer Kombination beider Therapiemethoden zu untersuchen:

- Pharmakotherapie allein ist wirksam; die Kombination mit psychosozialen Maßnahmen hat keinen zusätzlichen Effekt.
- Psychosoziale Maßnahmen an sich sind wirksam; die Kombination mit Psychopharmaka hat keinen zusätzlichen Effekt.
- Die Kombination von Psychopharmakotherapie und psychosozialen Maßnahmen hat einen additiven Effekt.
- Die Kombination von Psychopharmakotherapie und psychosozialen Maßnahmen hat einen multiplikativen Effekt (die Kombination der beiden Maßnahmen ergibt einen Effekt, der über die Summierung der beiden Einzeleffekte hinausgeht).
- Psychopharmakotherapie allein ist wirksam; der Zusatz einer psychosozialen Behandlungsmethode verringert aber den Effekt der Psychopharmaka (etwa weil die psychosoziale Methode zu belastend ist).
- Psychosoziale Maßnahmen allein sind wirksam; der Zusatz einer Psychopharmakotherapie verringert aber diesen Effekt (etwa durch eine Beeinträchtigung der Lernfähigkeit).

Die Antwort auf die Frage, welcher der genannten Effekte tatsächlich zu erwarten ist, ist heute nur sehr unvollständig möglich, in erster Linie, weil es nur relativ wenige einschlägige Kombinationsstudien gibt.

4.8.4 Ergebnisse kontrollierter Langzeitstudien über die Kombination von Neuroleptika mit psychosozialen Maßnahmen

Wir beschreiben hier 15 Studien, die einen experimentellen Ansatz verfolgten, überwiegend klare Ein- und Ausschlußkriterien verwendeten und operationale Erfolgskriterien benutzten, deren Methodik also – insbesondere, wenn man die soeben geschilderten methodischen Probleme betrachtet – als ausreichend erachtet werden kann. Der besseren Vergleichbarkeit wegen haben wir diese Studien in zwei Gruppen eingeteilt und in Übersichtstabellen dargestellt. Die erste Gruppe beinhaltet fünf Untersuchungen, in denen beide Therapiekomponenten, die psychosoziale und die medikamentöse, kontrolliert wurden (Tabelle 4.8.1). In der zweiten Gruppe sind zehn Studien beschrieben, in denen lediglich die psychosozialen Maßnahmen systematisch variiert eingesetzt und in der Regel mit einer „Routinemedikation" mit Neuroleptika kombiniert wurden (Tabelle 4.8.2). Kurzzeitstudien, die nur wenige Wochen dauerten (z. B. GOLDSTEIN et al. 1978, GLICK et al. 1985, HAAS et al. 1988), wurden hier nicht berücksichtigt.

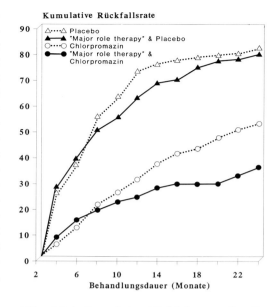

Abb. 4.8.1. Kumulative Rückfallsraten für die einzelnen Behandlungsgruppen (aus: GOLDBERG et al. 1977)

Studien mit Kontrolle der psychosozialen Maßnahmen und Kontrolle der Neuroleptikatherapie

Die erste Studie über die relative Bedeutung medikamentöser und psychosozialer Maßnahmen für die Rückfallsprophylaxe bei der Schizophrenie, die noch einige methodische Schwächen aufweist, wurde in den siebziger Jahren von HOGARTY und Mitarbeitern in den USA durchgeführt (HOGARTY und GOLDBERG 1973, HOGARTY et al. 1974a, b; Abb 4.8.1 und Tabelle 4.8.1). In einem Vierzellendesign wurden je 90 schizophrene Patienten über zwei Jahre mit Placebo bzw. Chlorpromazin sowie mit bzw. ohne sogenannte „Major Role Therapy" (MRT) behandelt. Eine gewisse Schwäche der Studie ist die Verwendung von Krankenhausroutinediagnosen als Einschlußkriterium, weiters die etwas vage Definition von „Major Role Therapy" (eine Soziotherapie, die aus intensivem „social case work" und Beratung für berufliche Rehabilitation bestand, wobei einmal im Monat eine Sitzung stattfand). Eine detaillierte Darstellung der Ergebnisse dieser ersten Studie erscheint uns aber wich-

tig, weil in dieser inzwischen „klassischen" Untersuchung gezeigt werden konnte, daß in derartigen Langzeitstudien die Studiendauer eine wesentliche Variable ist. Nach 12 Monaten Therapie war Chlorpromazin – im Hinblick auf die Senkung der Rückfallsrate – einer Placebogabe deutlich überlegen; eine zusätzliche „Major Role Therapy" entfaltete in beiden Gruppen keine wesentliche zusätzliche Wirkung. Nach 24 Monaten hingegen zeigte sich in der Patientengruppe, die beide aktiven Therapieformen erhielt, ein wesentlich stärkerer rückfallsverringernder Effekt als in der reinen Chlorpromazingruppe, die wiederum signifikant besser abschnitt als „Placebo" allein und „Major Role Therapy" allein. Ein wichtiger Nebenbefund dieser Studie war, daß die alleinige Anwendung von „Major Role Therapy" bei Patienten, die zahlreiche psychopathologisch Symptome aufwiesen, den Verlauf sogar negativ beeinflußt (negativer Interaktionseffekt; siehe GOLDBERG et al. 1977).

Tabelle 4.8.1. Kombinationstherapiestudien (Neuroleptika-Langzeitmedikation plus psychosoziale Maßnahmen) bei ambulanten schizophrenen Patienten I: Sowohl psychosoziale Maßnahmen als auch Psychopharmakatherapie kontrolliert

Autoren	N	Diagnostische Kriterien	Neuroleptikatherapie: Art, Applikationsform, Dosis	Psychosoziale Maßnahmen	Behandlungsdauer
HOGARTY et al. (1973, 1974a, b)	360	„Krankenhausdiagnose"	Chlorpromazin oral (minimale Dosis 100 mg)	Major role therapy (MRT) 1 × monatlich (siehe Text)	2 Jahre
Design:		Gruppe 1: Major role therapy und Chlorpromazin Gruppe 2: Major role therapy und Plazebo Gruppe 3: Ausschließlich Chlorpromazin Gruppe 4: Ausschließlich Plazebo			
Erfolgskriterien:		1) Rückfall = klinische Verschlechterung in einem solchen Ausmaß, daß eine Hospitalisierung notwendig erscheint (beurteilt durch behandelnden Psychiater) 2) Soziale Anpassung (Erhebungsinstrumente: Katz Adjustment Scales, Major Role Adjustment Inventory)			
Wichtigste Ergebnisse:		NL ist Plazebo und PM überlegen; PM kombiniert mit NL zeigt nach 1 Jahr keinen zusätzlichen Effekt, wohl aber nach 2 Jahren			
HOGARTY et al. (1979)	105	„Krankenhausdiagnose" IMPS (Inpatient Multi-dimensional Psychiatric Scale), BPRS	Fluphenazin oral (Modalwert = 10 mg) Depot (Modalwert = 25 mg zweiwöchentlich)	„Social therapy" (ähnlich MRT in HOGARTY et al. 1973)	2 Jahre
Design:		Gruppe 1: Fluphenazin Depot und „Social therapy" Gruppe 2: Fluphenazin oral und „Social therapy" Gruppe 3: Fluphenazin Depot Gruppe 4: Fluphenazin oral			
Erfolgskriterien:		Wie in HOGARTY et al. (1973), zusätzlich Family Distress Scale			
Wichtigste Ergebnisse:		Unterschiede zwischen Behandlungsgruppen erst im 2. Behandlungsjahr (nur trendmäßig, nicht signifikant) Depot NL mit PM beste prophylaktische Wirkung			

(Fortsetzung siehe S 257)

Tabelle 4.8.1. Fortsetzung

Autoren	N	Diagnostische Kriterien	Neuroleptikatherapie: Art, Applikationsform, Dosis	Psychosoziale Maßnahmen	Behandlungs-dauer
HOGARTY et al. (1986, 1991)	90	RDC schizophren, schizo-affektiv (nur high EE Angehörige)	Fluphenazin Depot (Standarddosis)	„family treatment", „social skills training"	2 Jahre
Design:		Gruppe 1: Fluphenazin Depot, Familientherapie und Training sozialer Fertigkeiten Gruppe 2: Fluphenazin Depot und Familientherapie Gruppe 3: Fluphenazin Depot und Training sozialer Fertigkeiten Gruppe 4: ausschließlich Fluphenazin Depot			
Erfolgskriterien:		1) Zwei Typen von Rückfällen: a) Änderung von „nichtpsychotisch" zum Zeitpunkt der Entlassung zu „psychotisch" (RDC) b) Schwere klinische Exazerbation von existierenden psychotischen Symptomen 2) Reduktion von „Expressed Emotion"			
Wichtigste Ergebnisse:		Depot NL mit PM ist Depot NL allein überlegen (nach 1 Jahr und nach 2 Jahren). Nach einem Jahr bestes Ergebnis, wenn beide PM gleichzeitig eingesetzt werden. Nach zwei Jahren verschwindet dieser additive Effekt			
SCHOOLER et al. (1997)	313	DSM III-R (nur Patienten, die medikamentös auf eine niedrige Dosis Fluphenazin stabilisiert waren)	Fluphenazin-Depot 1. Standarddosis (12,5 mg bis 50 mg/2 Wochen) 2. Niedrige Dosis (2,5 mg bis 10 mg/2 Wochen) 3. „Targeted medication" nur bei Auftreten von Symptomen (oral oder Depot)	a. psychoedukative Work-shops b. Behandlung: 1. Multiple family groups (nach ANDERSON et al. 1986) 2. Familientherapie zu Hause	2 Jahre
Design:		Alle Familien besuchten zu Beginn einen psychoedukativen Workshop. Danach randomisierte Zuteilung zu 1. Applied Family Management (Familientherapie zu Hause + multiple family groups) 2. Supportive Family Management (nur multiple family groups)			
Erfolgskriterien:		1) Hospitalisierung 2) Wiederauftreten von Symptomen (Weitere Erfolgskriterien, für die noch keine Ergebnisse publiziert sind: siehe KEITH et al. 1989)			

(Fortsetzung siehe S 258)

Tabelle 4.8.1. Fortsetzung

Autoren	N	Diagnostische Kriterien	Neuroleptikatherapie: Art, Applikationsform, Dosis	Psychosoziale Maßnahmen	Behandlungs-dauer
SCHOOLER et al. (1997) (Fortsetzung)					
Wichtigste Ergebnisse:		Standarddosis und niedrige Dosis schützen besser vor Rückfall als „targeted medication". Keine Unterschiede zwischen den beiden psychosozialen Maßnahmen (Problem: Auch das „Supportive Family Manage-ment" bedeutete eine relativ intensive Intervention)			
MARDER et al. (1996)	80	DSM III-R und PSE CATEGO (nur Patienten. die medikamentös mit einer niedrigen Dosis Fluphen-azin stabilisiert waren)	Alle Patienten erhielten Fluphenazin-Depot (5–10 mg/2 Wochen). Bei Prodromalsymptomen ad hoc Medikation (Design s.u.)	1. Behavioral skills training (SST) 2. Supportive Group Psychotherapy (SGT)	2 Jahre
Design:		Gruppe 1: SST Gruppe 2: SGT Bei Prodromalzeichen randomisierte Zuteilung zu täglich zwei Mal 5 mg Fluphenazin oder Plazebo			
Erfolgskriterien:		1) Rückfälle (Wiederauftreten von Symptomen) 2) Soziale Anpassung (*SAS* Social Adjustment Scale)			
Wichtigste Ergebnisse:		Rückfälle: bei „early intervention" unter Fluphenazin seltener als unter Plazebo; nur in der Plazebo-Untergruppe: bei SST geringeres Rückfallsrisiko als bei SGT Soziale Anpassung bei Kombination Fluphenazin und SST besser als in den anderen Gruppen			

NL Neuroleptika; *PM* psychosoziale Maßnahmen

Im Anschluß an diese erste Untersuchung wurden bis heute mehrere kontrollierte Studien über die Kombination einer Neuroleptika-Langzeitmedikation mit psychosozialen Maßnahmen publiziert.

Drei der fünf Studien der ersten Gruppe (Tabelle 4.8.1) stammen von ein und demselben Forscherteam um HOGARTY in Pittsburgh. Im Unterschied zur bereits beschriebenen ersten Studie (HOGARTY und GOLDBERG 1973, HOGARTY et al. 1974 a, b) wurde in der zweiten (HOGARTY et al. 1979) und in der dritten Studie (HOGARTY et al. 1986, 1991) kein Placebo verwendet, weil nach Meinung der Autoren eine Placebobehandlung wegen der erwiesenen Effizienz der rückfallsprophylaktischen Wirkung von Neuroleptika aus ethischen Gründen nicht vertretbar sei.

Wie Tabelle 4.8.1 entnommen werden kann, erwies sich in der zweiten Studie eine Depotmedikation gegenüber einer oralen Medikation als überlegen, ohne daß psychosoziale Maßnahmen („social therapy") einen zusätzlichen positiven Effekt gehabt hätten (HOGARTY et al. 1979). In der dritten Untersuchung führte der zusätzliche Einsatz von Familientherapie und sozialem Training zu deutlich besseren Ergebnissen als die alleinige Gabe von Neuroleptika (HOGARTY et al. 1986, 1991). Die Ergebnisse beziehen sich auf die rückfallsverhütenden Effekte; zur Frage der Lebensqualität und der Funktionsfähigkeit im Alltag finden sich in diesen beiden Studien der Pittsburgh-Gruppe leider keine Aussagen.

In einer großen, vor kurzem publizierten Multicenter-Studie des National Institute of Mental Health in den USA (KEITH et al. 1989, SCHOOLER et al. 1989, 1997) wurden drei Formen der medikamentösen Therapie eingesetzt: zwei Patientengruppen erhielten eine Dauer-Depottherapie mit unterschiedlich hohen Fluphenazin-Dosen, einer dritten Gruppe wurde nur im Bedarfsfall eine Neuroleptika-Medikation verabreicht („targeted medication"). Bei jeweils der Hälfte der mit einer dieser drei medikamentösen Strategien behandelten Patienten wurde eine verhaltenstherapeutisch orientierte Familientherapie durchgeführt (FALLOON et al. 1984), in der anderen Hälfte jeweils eine relativ intensive Form der Angehörigenarbeit („Multiple family groups"). Während sich zwischen den beiden psychosozialen Interventionsstrategien kein Unterschied fand, waren die beiden medikamentösen Dauertherapien der nur im Bedarfsfall eingesetzten Neuroleptikamedikation überlegen.

MARDER et al. (1996) untersuchten in einem komplexen Design bei 80 Patienten die rückfallsprophylaktische Wirkung eines Interventionspaketes, das – neben einer Neuroleptikadauertherapie für alle Patienten – aus einer von zwei patientenzentrierten psychologischen Therapien (Skills-Training oder unterstützende Gruppentherapie) bestand und – im Falle eines drohenden Rückfalls – durch eine ad-hoc Gabe von Fluphenazin oder Placebo ergänzt wurde. Fluphenazin war Placebo eindeutig überlegen, Social-Skills-Training zeigte sich in der Placebogruppe als vorteilhafter als die unterstützende Gruppentherapie.

Studien mit Kontrolle der psychosozialen Maßnahmen, aber ohne Kontrolle der Neuroleptikatherapie

In Tabelle 4.8.2 sind zehn Studien zusammenfassend dargestellt, die lediglich die psychosozialen Maßnahmen kontrolliert einsetzten, die Medikation jedoch der in psychiatrischen Diensten und Einrichtungen üblichen Routine überließen.

Details über das Design und die Ergebnisse dieser Studien können Tabelle 4.8.2 entnommen werden. Nach den verwendeten psychosozialen Methoden lassen sich diese Untersuchungen in drei Gruppen einteilen: solche, die ausschließlich mit dem Patienten arbeiten (ATKINSON et al. 1996), solche die ausschließlich am sozialen Netz ansetzen

(LEFF et al. 1982, 1985, 1989, 1990, RANDOLPH et al. 1994, McFARLANE et al. 1995), und solche die beide Strategien kombinieren (FALLOON et al. 1982, 1985, 1987, KÖTTGEN et al. 1984, TARRIER et al. 1988, 1989, 1994, HERZ 1996, HOGARTY et al. 1997). Details zu den einzelnen in Tabelle 4.8.2 erwähnten psychosozialen Interventionen sind im Abschnitt „Was sind psychosoziale Maßnahmen?" dieses Beitrages enthalten.

Überwiegendes Ergebnis dieser Studien ist, daß der gezielte Einsatz psychosozialer Maßnahmen zusätzlich zur Routinemedikation von Vorteil ist. In fast allen Studien wurde die Rückfallshäufigkeit als Erfolgskriterium verwendet. In den Untersuchungen von FALLOON et al. (1987) und HOGARTY et al. (1997) wurde zusätzlich die soziale Funktionsfähigkeit erhoben, in fünf der zehn Studien auch das Ausmaß des emotionalen Überengagements der Angehörigen („expressed emotion"). Auch in diesen Merkmalen zeigten sich positive Effekte, die mit den Ergebnissen bei den psychopathologischen Rückfallskriterien zum Teil korrelierten.

Exkurs: „Drug holidays" und „early intervention"

Der Einsatz spezifischer psychosozialer Maßnahmen erscheint im Zusammenhang mit den Vorschlägen, über kürzere oder längere Zeiträume gezielt auch ohne Neuroleptika auszukommen, besonders wichtig. **„Drug holidays"** und **„early intervention"** sind zwei durch diese Überlegungen geprägte Behandlungskonzepte. Bei der Strategie der „drug holidays" werden für einen begrenzten Zeitraum von wenigen Tagen bis zu mehreren Monaten bewußt keine Medikamente verschrieben (NEWTON et al. 1989). Bei der Methode der „early intervention" (auch „intermittent neuroleptic prophylaxis" oder „targeted medication" genannt) werden Neuroleptika sogar auf unbestimmte Zeit abgesetzt und nur im Falle eines beginnenden Rückfalles gezielt („tar-

geted") wieder gegeben (HERZ 1984, HERZ et al. 1989, PIETZCKER et al. 1993, SCHOOLER et al. 1997). Es ist naheliegend, daß während solcher medikamentenfreier Zeiten psychosoziale Maßnahmen besonders wichtig sind, um das durch die Nichteinnahme von Neuroleptika erhöhte Rückfallsrisiko psychosozial „abzufangen". Dies wurde freilich bis jetzt nicht genügend beachtet, womit möglicherweise die negativen Resultate zusammenhängen (JOLLEY et al. 1989, 1990, HERZ et al. 1991).

Heute ist man der Ansicht, daß „early intervention" nur mit einer, wenn auch in der Dosis reduzierten, Dauermedikation kombiniert werden sollte (MARDER et al. 1994, HERZ 1996), wobei mehr Gewicht als früher auf psychosoziale Maßnahmen gelegt wird, die im Bedarfsfall die Bewältigung der Krise fördern. Zum Teil verschwimmen dabei die Grenzen zwischen einer psychosozialen Dauerintervention (zur prophylaktischen „Stärkung" der Bewältigungsmechanismen) und einer ad hoc Intervention (early intervention) bei Beginn eines Rückfalles (HERZ 1996). Es gibt heute noch keine gesicherten Hinweise darauf, bei welchen Patienten man es wagen könnte, die genannten Strategien einzusetzen, und bei welchen nicht. Anhaltspunkte dafür, wie derartige Entscheidungen fallen könnten, finden sich in psychopharmakologischen Studien, in denen auch die „Expressed Emotion" der Angehörigen gemessen wurde. So zeigte sich etwa in einer Langzeitneuroleptikastudie von HOGARTY und Mitarbeitern (1988), daß die höchste Rückfallsrate bei denjenigen Patienten auftrat, die eine minimale Neuroleptikadosis erhielten und in Familien mit hohen „Expressed Emotion"-Werten lebten.

4.8.5 Konsequenzen für den klinischen Alltag

Aus den Ergebnissen der bis heute durchgeführten Studien lassen sich noch keine strin-

Tabelle 4.8.2. Kombinationstherapiestudien (Neuroleptika-Langzeitmedikation plus psychosoziale Maßnahmen) bei ambulanten schizophrenen Patienten II: Nur psychosoziale Maßnahmen kontrolliert

Autoren	N	Diagnostische Kriterien	Neuroleptikatherapie: Art, Applikationsform der Routine-NL-Medikation	Psychosoziale Maßnahmen	Behandlungsdauer
LEFF et al. (1982, 1985)	24	PSE/CATEGO (nur high EE Angehörige)	Depot-NL.	„Package of social interventions"	9 Monate

Design: Gruppe 1: Depot-NL und PM (psychoedukatives Programm, Angehörigengruppe, Familiensitzungen)
Gruppe 2: nur Depot-NL

Erfolgskriterien: 1) Zwei Typen von Rückfällen:
a) Wiederauftreten von Symptomen (bei Patienten, die symptomfrei geworden waren)
b) eine deutliche Verschlechterung der Zahl und/oder der Intensität der Symptome (bei Patienten, die nicht symptomfrei geworden waren)
2) Reduktion von „Expressed emotion"

Wichtigste Ergebnisse: Kombinieren von Depot-NL mit PM ist dem alleinigen Einsatz von Depot-NL überlegen (sowohl nach 9 Monaten als auch nach 2 Jahren)

Autoren	N	Diagnostische Kriterien	Neuroleptikatherapie: Art, Applikationsform der Routine-NL-Medikation	Psychosoziale Maßnahmen	Behandlungsdauer
FALLOON et al. (1982, 1985, 1987)	36	DSM-III und PSE/CATEGO (nur high EE Angehörige)	Applikationsform nicht spezifiziert	1. „Family management" 2. „Individual management" (supportive)	2 Jahre

Design: Gruppe 1: NL und „Family management" (verhaltenstherapeutisch orientierte Familiensitzungen)
Gruppe 2: Medikation und „Individual management" (stützende Einzeltherapie)

Erfolgskriterien: 1) Rückfall: „Major exacerbations" (psychopathologische Symptome, die zumindest eine Woche bestanden oder wesentliche Veränderungen des Managements bewirkten) und „Minor exacerbations" (weniger schwere Störungen)
2) Soziale Anpassung (Erhebungsinstrumente: Social Adjustment Scale, Social Behaviour Assessment Schedule)

Wichtigste Ergebnisse: „Family management" + NL waren „Individual management" + NL im 9-Monate- und im 2-Jahres-Follow-up im Hinblick auf die Psychopathologie und die soziale Anpassung deutlich überlegen

(Fortsetzung siehe S 262)

Tabelle 4.8.2. Fortsetzung

Autoren	N	Diagnostische Kriterien	Neuroleptikatherapie: Art, Applikationsform der Routine-NL-Medikation	Psychosoziale Maßnahmen	Behandlungs-dauer
KÖTTGEN et al. (1984)	52	PSE/CATEGO	Applikationsform nicht spezifiziert	Gruppentherapie mit 1) Angehörigen 2) Patienten	9 Monate

Design: Gruppe 1: Patienten mit high-EE Angehörigen, Patienten und Angehörige hatten (getrennt) Gruppentherapie
Gruppe 2: Kontrollgruppe aus Patienten mit high-EE-Angehörigen (ohne Gruppentherapie)
Gruppe 3: Kontrollgruppe aus Patienten mit low-EE-Angehörigen (ohne Gruppentherapie)

Erfolgskriterien: 1) „Rückfall" (mit speziellem Interview erfaßt)
2) Reduktion von „Expressed emotion"

Wichtigste Ergebnisse: NL + PM waren im 9-Monate-Follow-up der alleinigen NL-Therapie nicht signifikant überlegen (unabhängig vom EE-Status der Angehörigen)

Autoren	N	Diagnostische Kriterien	Neuroleptikatherapie: Art, Applikationsform der Routine-NL-Medikation	Psychosoziale Maßnahmen	Behandlungs-dauer
TARRIER et al. (1988, 1989)	88	PSE/CATEGO	Applikationsform nicht spezifiziert	1. „Behavioural intervention" a) „Enactive" b) „Symbolic" 2. Psychoedukatives Programm	2 Jahre

Design: Gruppe 1: Routinemedikation und „enactive behavioural intervention" (Rollenspiele)
Gruppe 2: Routinemedikation und „symbolic behavioural intervention" („nur kognitiv")
Gruppe 3: Routinemedikation und psychoedukatives Programm über die Krankheit für Patienten und Angehörige (high-EE)
Gruppe 4: Routinemedikation (high-EE)
Gruppe 5: Routinemedikation und psychoedukatives Programm (nur low-EE-Angehörige)
Gruppe 6: Routinemedikation (low-EE)

Erfolgskriterien: 1) Rückfall: Wiederauftreten oder Verschlechterung von Symptomen (PSE und Psychiatric Assessment Scale)
2) Reduktion von „Expressed emotion"

Wichtigste Ergebnisse: NL mit „Behavioural intervention" sind NL (mit oder ohne psychoedukatives Programm) überlegen

(Fortsetzung siehe S 263)

Tabelle 4.8.2. Fortsetzung

Autoren	N	Diagnostische Kriterien	Neuroleptikatherapie: Art, Applikationsform der Routine-NL-Medikation	Psychosoziale Maßnahmen	Behandlungsdauer
LEFF et al. (1989, 1990)	24 Familien (nur high EE Angehörige)	PSE/CATEGO	Routinemedikation (Depot oder oral)	1. Angehörigengruppe 2. Familientherapie zu Hause — In beiden Gruppen zu Beginn je zwei Stunden Informationsvermittlung	9 Monate

Design: Gruppe 1: Angehörigengruppe Gruppe 2: Familientherapie

Erfolgskriterien:
1) Zwei Typen von Rückfällen:
   a) Wiederauftreten von Symptomen (bei Patienten, die symptomfrei geworden waren)
   b) eine deutliche Verschlechterung der Zahl und/oder der Intensität der Symptome (bei Patienten, die nicht symptomfrei geworden waren)
2) Reduktion von „Expressed emotion"

Wichtigste Ergebnisse: Rückfallsraten in beiden Gruppen gleich hoch, aus Kosteneffektivitätsgründen werden Angehörigengruppen empfohlen

Autoren	N	Diagnostische Kriterien	Neuroleptikatherapie: Art, Applikationsform der Routine-NL-Medikation	Psychosoziale Maßnahmen	Behandlungsdauer
McFARLANE et al. (1995)	172	DSM III-R	Depot-NL	1. Single family group (SFT) 2. Multiple family group (MFT)	2 Jahre

Design: Gruppe 1: SFT: 14tägige Sitzungen mit einer Familie Gruppe 2: MFT: 14tägige Sitzungen mit mehreren Familien In beiden Gruppen zu Beginn je 3 Sitzungen für Informationen

Erfolgskriterien:
1) Rückfälle (Wiederauftreten psychiatrischer Symptome)
2) Wiederaufnahme im Krankenhaus
3) positive und negative Symptome (BPRS und SANS)
4) Medikamentendosis, Compliance
5) Berufstätigkeit

Wichtigste Ergebnisse: Weniger Rückfälle in der MFT-Gruppe; Wiederaufnahme ins Krankenhaus in beiden Gruppen gesunken; Negativ-Symptomatik nahm bei MFT wesentlich stärker ab als bei SFT; kein Unterschied in der Medikamentendosis zwischen MFT und SFT; Compliance in beiden Gruppen sehr hoch (90%); kein Unterschied zwischen MFT und SFT bezüglich Berufstätigkeit

(Fortsetzung siehe S 264)

Tabelle 4.8.2. Fortsetzung

Autoren	N	Diagnostische Kriterien	Neuroleptikatherapie: Art, Applikationsform der Routine-NL-Medikation	Psychosoziale Maßnahmen	Behandlungsdauer
RANDOLPH et al. (1994)	41	PSE/CATEGO + DSM III-R	Depot oder oral	1. Behavioural family management (BFM) 2. Customary Care (CC)	1 Jahr
Design:		Gruppe 1: BFM + CC (Behavioural family management: Kommunikationstraining, Problemlösetraining, Psychoedukation) Gruppe 2: Nur CC Alle Patienten: Optimierung der Medikation			
Erfolgskriterien:		1) Psychotische Exazerbationen 2) Anzahl der Krankenhaustage			
Wichtigste Ergebnisse:		Beim BFM gab es signifikant weniger psychotische Exazerbationen; die Anzahl der Krankenhaustage war in beiden Gruppen gleich			
ATKINSON et al. (1996)	146	DSM III-R & SADS (Schedule for Affective Disorders and Schizophrenia)	Routinemedikation (Depot oder oral)	Psychoedukation in Gruppen für Patienten	20 Wochen
Design:		Gruppe 1: Psychoedukation in Gruppen für Patienten Gruppe 2: Warteliste			
Erfolgskriterien:		1) Lebensqualität (Quality of Life Scale) 2) Kontakt mit anderen Leuten 3) Soziales Rollenverhalten (Social Functioning Schedule)			
Wichtigste Ergebnisse:		Die Lebensqualität steigt, soziale Kontakte nehmen zu, soziales Rollenverhalten nach Latenzzeit verbessert			
HERZ (1996)	82	DSM III-R	Alle Patienten erhielten ihre üblichen Neuroleptika	1. Early intervention group (EIG) 2. Treatment as usual group	18 Monate
Design:		Gruppe 1: EIG: 1. Gruppentherapie für die Patienten; wenn Gruppentherapie abgelehnt → Einzeltherapie 2. Familiengruppen (mit Patienten) zweiwöchentlich für 6 Monate, danach monatlich			

(Fortsetzung siehe S 265)

Tabelle 4.8.2. Fortsetzung

Autoren	N	Diagnostische Kriterien	Neuroleptikatherapie: Art, Applikationsform der Routine-NL-Medikation	Psychosoziale Maßnahmen	Behandlungs-dauer
HERZ (1996) (Fortsetzung)				3. Psychoedukation für Patienten und Angehörige 4. Registrieren der Prodromalsymptome (Monitoring durch Patient, Angehörigen und Behandler) 5. bei Prodromalsymptomen: intensive Krisenintervention (inklusive Medikamente) 6. gegebenenfalls Hausbesuche Gruppe 2: Individuelle unterstützende Behandlung einschließlich medikamentöser Therapie, Symptom-Monitoring, bei Bedarf Familiengespräche	
Erfolgskriterien:		1) Rückfälle (Hospitalisierungen) 2) Anzahl der Krankenhaustage			
Wichtigste Ergebnisse:		EIG: weniger Tage stationär aufgenommen, weniger Rückfälle; EIG-Gruppe kostengünstiger			
HOGARTY et al. (1997)	151	RDC	Routinemedikation (oral oder Depot)	1. „Personal therapy" (PT) 2. Psychoedukation der Familie (FT) 3. Unterstützende Therapie	3 Jahre
Design:		Für Patienten, die in der Familie lebten: Für alleine lebende Patienten:	Gruppe 1: PT Gruppe 2: FT Gruppe 3: PT + FT Gruppe 4: unterstützende Therapie (Kontrollgruppe) Gruppe 1: PT Gruppe 2: unterstützende Therapie		
Erfolgskriterien:		Rückfälle (Wiederauftreten von Positiv-Symptomatik oder Verstärkung der andauernden Symptome) Soziales Rollenverhalten			
Wichtigste Ergebnisse:		Bei Patienten, die in ihrer Familie lebten: PT geringere Rückfallrate als FT alleine oder unterstützende Therapie Bei Patienten, die alleine lebten: Kein Unterschied in der Rückfallrate zwischen PT und unterstützender Therapie Das soziale Rollenverhalten wurde durch die PT signifikant verbessert Die Therapieeffekte der PT zeigten sich erst im zweiten und dritten Jahr der Therapie			

NL Neuroleptika; *PM* psychosoziale Maßnahmen

genten Empfehlungen dafür ableiten, welche der untersuchten psychosozialen Maßnahmen oder Maßnahmenpakete in die klinische Routine übernommen werden sollten. Wichtige Aspekte erfolgreicher Programme scheinen die Fokussierung auf das Hier und Jetzt, die Etablierung eines positiven Arbeitsverhältnisses, die Vermittlung von Struktur und Stabilität, eine kognitive Umstrukturierung, die Einbeziehung der Familie und die Verbesserung der Kommunikationsfähigkeiten zu sein (LAM 1991). Besonders wichtig erscheint uns, daß die eingesetzten psychosozialen Maßnahmen für alle Beteiligten aus einem **leicht verständlichen** „Modell" oder „Bild" ableitbar sind und daß die Betroffenen als **Partner** bei der Bewältigung der Krankheit gesehen werden.

Als leicht verständliche Leitlinie für die Organisation von rehabilitativen Maßnahmen für schizophrene Patienten in der täglichen Praxis hat sich das **Vulnerabilitäts-Streß-Modell** (ZUBIN und SPRING 1977, ZUBIN 1986) bewährt. Dieses Konzept geht davon aus, daß es bei Personen, die an Schizophrenie erkranken, eine innere Bereitschaft dazu gibt, unter Streßbelastung psychopathologische Symptome zu entwickeln. Für den therapeutischen Umgang im Alltag ergeben sich aus dem Vulnerabilitäts-Streß-Modell zwei Stoßrichtungen (CIOMPI 1986): Die Verringerung der Vulnerabilität, was durch Neuroleptika und die Stärkung der Bewältigungsmechanismen und des informationsverarbeitenden Systems erfolgen kann, und die Reduktion von Alltagsstreß, etwa in Form der Verringerung von „High Expressed Emotion" bei Bezugspersonen (nicht nur Angehörigen sondern auch Betreuern). Ein besonders anschauliches und für die Praxis nützliches (weil von allen Beteiligten leicht zu verstehendes) „Modell" für das Management schizophrener Patienten in der Gemeinde hat WING (1986) mit dem Bild des **„Seiltanzes"** geschaffen. Nach diesem Modell muß ein schizophrener Patient, um

optimal zu leben, einen Seiltanz zwischen „Überstimulierung" und „Unterstimulierung", die beide für ihn nachteilig sein können, durchführen. Ein Übermaß an Stimulierung (z. B. durch Life Events, high „Expressed Emotion", forcierte Rehabilitation, aufdeckende Psychotherapie) führt zum Auftreten produktiver Symptome und damit zu einem Rückfall; Unterstimulierung (z. B. anregungsarme Atmosphäre auf großen Stationen psychiatrischer Krankenhäuser; keine Tagesstruktur; isoliert leben) geht mit negativen Symptomen (Antriebsarmut, Affektverflachung) einher. Ziel der therapeutischen Maßnahmen ist es, eine „optimale" Stimulierungssituation zu schaffen. In dieser Perspektive kommt auch der Einsatz der klassischen Neuroleptika einem schwierigen Seiltanz gleich: sie können einerseits vor Überstimulierung schützen, andererseits aber durch Sedierung und extrapyramidale Symptome zu sozialem Rückzug beitragen und so die Entstehung negativer Symptome fördern. Die neuen „atypischen" Neuroleptika sind hier von Vorteil.

Für die Gestaltung eines **„optimal stimulierenden"** sozialen Kontextes haben sich aus der Erfahrung im klinischen Alltag eine Reihe von Prinzipien ergeben: Einfachheit, Klarheit und Kontinuität im Umgang mit schizophrenen Patienten sind hier genauso anzuführen, wie die Notwendigkeit, den Alltag konkret zeitlich zu strukturieren und durch die spezifische Gestaltung dieser Strukturen die gesunden Anteile des Patienten zu stützen und zu fördern (vgl. dazu ausführlicher CIOMPI 1986, sowie BUCHKREMER und WINDGASSEN 1987). Tageskliniken, Tagesstätten und Beschäftigungsprogramme haben hier ebenso ihren Platz wie die Arbeit mit den Familien, die den Bedürfnissen des einzelnen Patienten entsprechende Bereitstellung von Wohn- und Freizeitmöglichkeiten, genauso wie berufliche Rehabilitationsprogramme (LEHMAN 1995). Kurz gesagt: Die gezielte Therapie mit Neuroleptika und der Einsatz spezifischer psychosozialer

Techniken genügen nicht, wenn nicht durch entsprechende Dienste und Einrichtungen der psychiatrischen Versorgung auch eine adäquate Unterstützung für das Leben außerhalb des Krankenhauses geboten wird. Leitlinien dafür darzustellen, würde aber den Rahmen dieses Beitrages sprengen.

Das Bild des Seiltanzes beinhaltet einen Grundgedanken, der heute theoretisch und praktisch immer mehr in den Vordergrund tritt und uns vor allem für die langfristige Wirksamkeit psychosozialer Maßnahmen entscheidend erscheint: den, daß der Betroffene seinen schwierigen Seiltanz **selbst** durchführt, daß er ein aktiver Partner bei der Bewältigung der Schizophrenie ist. Dieses Konzept der aktiven Teilnahme an der Krankheitsbewältigung gilt auch für die Angehörigen, die sich ja schon vor längerer Zeit zu Selbsthilfe-Organisationen zusammengeschlossen haben (KATSCHNIG und KONIECZNA 1986, 1989). Der Begriff **„empowerment"**, der heute zunehmend in Diskussionen über eine richtige Gestaltung der psychiatrischen Versorgung eingeführt wird, kann auch so gesehen werden, daß für die Betroffenen die Möglichkeit geschaffen werden sollte, eigenständig an der Bewältigung der Krankheit mitzuarbeiten und auch die Ziele mitzudefinieren (z. B. Lebensqualität und nicht nur Rückfallshäufigkeit). Die sogenannten „Psychose-Seminare" und der „Trialog", an denen Betroffene, Angehörige und Fachleute teilnehmen (BOCK et al. 1992), sind hier einzuordnen, ebenso eine seit 10 Jahren laufende „Lebensschule für Schizophrenie" (die „Pension Bettina" in Wien), in der Patienten, Angehörige und professionelle Helfer in einem natürlichen Alltagssetting miteinander leben lernen (KATSCHNIG et al. 1989).

Besonderes Augenmerk ist dabei darauf zu richten, den Patienten in die Lage zu versetzen, eine adäquate Umgebung zu suchen bzw. seine Umwelt so zu gestalten, daß das für ihn richtige Mittelmaß zwischen Überstimulierung und Unterstimulierung entsteht.

In diesem Zusammenhang ist wichtig, daß der Patient über ein ausreichendes Verständnis für Wirkungen und Nebenwirkungen von Psychopharmaka verfügt und mit den Medikamenten richtig umgehen kann (MACPHERSON et al. 1996). Immer mehr Programme zielen aus den genannten Gründen explizit auf das direkte Arbeiten mit dem Patienten ab (HOGARTY et al. 1995, ATKINSON et al. 1996, WIENBERG 1995, HODEL und BRENNER 1994).

4.8.6 Ausblick

Es gibt Anhaltspunkte dafür, daß viele schizophrene Patienten nur mit einer lebenslangen Behandlung bzw. Betreuung außerhalb einer psychiatrischen Anstalt leben können. Gerade wegen der potentiellen Spätfolgen einer langfristigen Neuroleptikatherapie kommt bei einem derartigen „lebenslänglichen" Betreuungsprogramm den psychosozialen Maßnahmen ein hoher Stellenwert zu. Freilich sind die Routinebedingungen der Betreuung sehr verschieden von den Bedingungen in Forschungsprojekten und die Generalisierbarkeit von Ergebnissen von Forschungsprojekten in den klinischen Alltag ist fraglich. Es bleibt noch zu zeigen, ob der Erfolg auch eintritt, wenn man sich nicht auf ein kleines Spektrum selektierter, strengen Ein- und Ausschlußkriterien entsprechenden Patienten konzentriert, wenn man nicht den in der Forschung möglichen, hohen personellen Aufwand betreiben kann und wenn man schließlich ohne die hohe Motivation der Therapeuten in Forschungsprojekten auskommen muß, komplexe und für sie belastende Therapieformen durchzuführen.

Langfristige Betreuungsstrategien, wie das Konzept des „Training in Community Living"-TCL, wie es STEIN und TEST (1980, TEST et al. 1991) in Wisconsin entwickelt haben, bzw. das Konzept des „Case manager" als Begleiter des Patienten im Alltag

(BAKER und INTAGLIATA 1992) sind derartige Versuche, von der reinen Forschungsebene auf die Ebene des klinischen Alltags zu gelangen. Der Einschluß von „Patienten-Case Managern" („peer specialists") in Case manager-Teams hat sich bereits bewährt. Es hat sich gezeigt, daß sich der klinische Verlauf dadurch zwar nicht ändert, wohl aber die Lebensqualität der Betreuten deutlich besser wird (FELTON et al. 1995). Ähnlich ist der Einsatz von Laienhelfern zu sehen. Die schon erwähnte familienorientierte Wohngemeinschaft in Wien, die als „Lebensschule" für die Familie mit einem schizophrenen Mitglied entwickelt wurde und die Angehörigen in die Lage versetzen möchte, dem Patienten ein Leben lang hilfreich zur Seite zu stehen (KATSCHNIG et al. 1989) muß ebenfalls unter dem Blickwickel einer lebenslangen Betreuung betrachtet werden. Nicht unerwähnt bleiben dürfen hier die Bemühungen, in mehr oder weniger starker Anlehnung an das Modell der „therapeutischen Gemeinschaft", in therapeutischen Einrichtungen wie Wohnheimen und Wohngemeinschaften möglichst patientengerechte „Milieus" zu schaffen, die dem Patienten ein langes zufriedenstellendes „Überleben" ohne Rückfall ermöglichen (BRÜCHER 1988).

Schließlich ist hier noch ein von LEFF und GAMBLE (1995) entwickeltes, ökonomisch vertretbares Trainingsprogramm zu erwähnen, in dem in der Gemeinde tätiges Pflegepersonal („community psychiatric nurses") Familienarbeit lernen kann. Routine-Angehörigengruppen in psychiatrischen Diensten und Einrichtungen verfolgen ebenfalls die Idee, mit einem relativ geringen Aufwand für eine große Zahl von Familien und Patienten aus psychosozialen Maßnahmen einen Nutzen zu ziehen (WINDHABER et al. 1996).

Erfolg darf aber in der Zukunft nicht nur als das Ausbleiben von Rückfällen definiert werden, sondern auch als ein Mehr an Lebensqualität der betroffenen Patienten und ihrer Angehörigen. Dabei wird zu berücksichtigen sein, daß Medikamente, wenngleich sie psychopathologische Symptome erfolgreich bekämpfen, in manchen Bereichen zu einer Verringerung der Lebensqualität führen. Die Psychiatrie beginnt sich dessen bewußt zu werden und die Forschung auf diesem Gebiet wächst ständig (KATSCHNIG et al. 1997). Da die Schizophrenie in vielen Fällen noch eine lebenslange Krankheit ist, müssen diese Lebensaspekte berücksichtigt werden.

Literatur

ANDERSON CM, REISS DJ, HOGARTY G (1986) Schizophrenia in the family. Guildford Press, New York

ANGERMEYER MC, FINZEN A (Hrsg) (1984) Die Angehörigengruppe. Enke, Stuttgart

ATKINSON JM, COIA DA, HARPER GILMOUR W, HARPER JP (1996) The impact of education groups for people with schizophrenia on social functioning and quality of life. Br J Psychiatry 168: 199–204

BAKER F, INTAGLIATA J (1992) Case management. In: LIBERMAN RP (ed) Handbook of psychiatric rehabilitation. Macmillan, New York, pp 213–243

BERTRAM W (1986) Angehörigenarbeit. Psychologie-Verlags-Union, München Weinheim

BIRLEY JLT, BROWN GW (1970) Crises and life changes preceding the onset or relapse of acute schizophrenia: clinical aspects. Br J Psychiatry 116: 327–333

BOCK T, DERANDERS JE, ESTERER I (1992) Stimmenreich: Mitteilungen über den Wahnsinn. Psychiatrie-Verlag, Bonn

BÖKER W, BRENNER HD (Hrsg) (1986) Schizophrenie als systemische Störung. Huber, Bern Stuttgart Toronto

BRENNER HD, HODEL B, KUBE G, RODER V (1987) Kognitive Therapie bei Schizophrenen: Problemanalyse und empirische Ergebnisse. Nervenarzt 58: 72–83

BRÜCHER K (1988) Wohnheimstrukturen als Mittel der Therapie. Psychiatr Prax 15: 71–77

BUCHKREMER G, WINDGASSEN K (1987) Leitlinien des psychotherapeutischen Umgangs mit schizophrenen Patienten. Psychother Med Psychol 37: 407–412

CIOMPI L (1986) Auf dem Weg zu einem kohärenten multidimensionalen Krankheits- und Therapieverständnis der Schizophrenie: Konvergierende neue Konzepte. In: BÖKER W, BRENNER HD (Hrsg) Bewältigung der Schizophrenie. Huber, Bern Stuttgart Toronto, S 47–61

CIOMPI L, BEINE K (1990) „Soteria Bern" und „Schneiderhaus Gütersloh", zwei sozialpsychiatrische Alternativen – oder: Die Zeit der akuten und der chronischen Psychose. In: CIOMPI L, DAUWALDER H-P (Hrsg) Zeit und Psychiatrie – Sozialpsychiatrische Aspekte. Huber, Bern Stuttgart Toronto, S 111–124

CIOMPI L, DAUWALDER HP, MAIER C, AEBI E (1991) Das Pilotprojekt Soteria Bern zur Behandlung akut Schizophrener I. Nervenarzt 62: 428–435

CIOMPI L, KUPPER Z, AEBI E, DAUWALDER HP, HUBSCHMID T, TRUETSCH K, RUTISHAUSER C (1993) Das Pilotprojekt Soteria Bern zur Behandlung akut Schizophrener II. Nervenarzt 64: 440–450

CORRIGAN, PW, SCHADE, ML, LIBERMAN RP (1992) Social skills training. In: LIBERMAN RP (ed) Handbook of psychiatric rehabilitation. Macmillan, New York, pp 95–126

DIXON LB, LEHMAN AF (1995) Family intervention for schizophrenia. Schizophr Bull 21: 631–643

FALLOON IRH, LIBERMAN RP (1983) Interactions between drug and psychosocial therapy in schizophrenia. Schizophr Bull 9: 543–554

FALLOON IRH, BOYD JL, McGILL CW, RAZANI J, MOSS HB, GILDERMAN AM (1982) Family management in the prevention of exacerbations of schizophrenia. A controlled study. N Engl J Med 306: 1437–1440

FALLOON IRH, BOYD JL, McGILL CW (1984) Family care of schizophrenia. Guilford Press, New York London

FALLOON IRH, BOYD JL, McGILL CW, WILLIAMSON M, RAZANI J, MOSS HB, GILDERMAN AM, SIMPSON GM (1985) Family management in the prevention of morbidity of schizophrenia. Clinical outcome of a two-year longitudinal study. Arch Gen Psychiatry 42: 887–896

FALLOON IRH, McGILL CW, BOYD JL, PEDERSON J (1987) Family management in the prevention of morbidity of schizophrenia: social outcome of a two-year longitudinal study. Psychol Med 17: 59–66

FELTON CJ, STASTNY P, SHERN DL, BLANCH A, DONAHUE SA, KNIGHT E, BROWN C (1995) Consumers as peer specialists on intensive case management. Teams: impact on client outcomes. Psychiatric Services 46: 1037–1044

GLICK ID, CLARKIN JF, SPENCER JH, HAAS GL, LEWIS AB, PEYSER J, DEMANE N, GOOD-ELLIS M, HARRIS E, LESTELLE VA (1985) A controlled evaluation of inpatient family interventions. I. Preliminary results of the six-month follow-up. Arch Gen Psychiatry 42: 882–886

GOLDBERG SC, SCHOOLER NR, HOGARTY GE, ROPER M (1977) Prediction of relapse in schizophrenic outpatients treated by drug and sociotherapy. Arch Gen Psychiatry 34: 171–184

GOLDSTEIN MJ, RODNICK EH, EVANS JR, MAY PR (1978) Drug and family therapy in the aftercare of acute schizophrenics. Arch Gen Psychiatry 35: 1169–1177

GOLDSTEIN MJ, HAND I, HAHLWEG K (eds) (1986) Treatment of schizophrenia. Springer, Berlin Heidelberg New York Tokyo

HAAS GL, GLICK ID, CLARKIN JF, SPENCER JH, LEWIS AB, PEYSER J, DEMANE N, GOOD-ELLIS M, HARRIS E, LESTELLE V (1988) Inpatient family intervention: a randomized clinical trial. Results at hospital discharge. Arch Gen Psychiatry 45: 217–224

HERZ MI (1984) Recognizing and preventing relapse in patients with schizophrenia. Hosp Comm Psychiatry 35: 344–349

HERZ MI (1996) Early intervention to prevent relapse in schizophrenia: a controlled study. 149th Annual Meeting, American Psychiatric Association, New York, May 5, 1996

HERZ MI, GLAZER W, MIRZA M, MOSTERT M, HAFEZ H, SMITH P, TRIGOBOFF E, MILES D, SIMON J, FINN J, SCHOHN M (1989) Die Behandlung prodromaler Episoden zur Prävention von Rückfällen in der Schizophrenie. In: BÖKER W, BRENNER HD (Hrsg) Schizophrenie als systemische Störung. Die Bedeutung intermediärer Prozesse für Theorie und Therapie. Huber, Bern Stuttgart Toronto, S 270–282

HERZ MI, GLAZER WM, MOSTERT MA, SHEARD MA, SZYMANSKI HV, HAFEZ H, MIRZA M, VANA J (1991) Intermittent vs. maintenance medication in schizophrenia. Two-year results. Arch Gen Psychiatry 48: 333–339

HODEL B, BRENNER HD (1994) Cognitive therapy with schizophrenic patients: conceptual basis, present state, future directions. Acta Psychiatr Scand 90 [Suppl 384]: 108–115

HOGARTY GE, GOLDBERG SC (1973) Drug and sociotherapy in the aftercare of schizophrenic patients. I. One-year relapse rates. Arch Gen Psychiatry 28: 54–64

HOGARTY GE, GOLDBERG SC, SCHOOLER NR, ULRICH RF (1974a) Drug and sociotherapy in the aftercare of schizophrenic patients. II. Two-year relapse rates. Arch Gen Psychiatry 31: 603–608

HOGARTY GE, GOLDBERG SC, SCHOOLER NR (1974b) Drug and sociotherapy in the aftercare of schizophrenic patients. III. Adjustment of nonrelapsed patients. Arch Gen Psychiatry 31: 609–618

HOGARTY GE, SCHOOLER NR, ULRICH R, MUSSARE F, FERRO P, HERRON E (1979) Fluphenazine and social therapy in the aftercare of schizophrenic patients. Relapse analyses of a two-year controlled study of fluphenazine decanoate and fluphenazine hydrochloride. Arch Gen Psychiatry 36: 1283–1294

HOGARTY GE, ANDERSON CM, REISS DJ, KORNBLITH SJ, GREENWALD DP, JAVNA CD, MADONIA MJ, (1986) Family psychoeducation, social skills training, and maintenance chemotherapy in the aftercare treatment of schizophrenia. Arch Gen Psychiatry 43: 633–642

HOGARTY GE, McEVOY JP, MUNETZ M, DiBARRY AL, BARTONE P, CATHER R, COOLEY SJ, ULRICH RF, CARTER M, MADONIA MJ (1988) Dose of fluphenazine, familial expressed emotion, and outcome in schizophrenia. Arch Gen Psychiatry 45: 797–805

HOGARTY GE, ANDERSON CM, REISS DJ, KORNBLITH SJ, GREENWALD DP, ULRICH RF, CARTER M (1991) Family psychoeducation, social skills training and maintenance chemotherapy in the aftercare treatment of schizophrenia. II. Two year effects of a controlled study on relapse and adjustment. Arch Gen Psychiatry 48: 340–347

HOGARTY GE, KORNBLITH SA, GREENWALD D, DiBARRY AL, COOLEY S, FLESHER S, REISS D, CARTER M, ULRICH RF (1995) Personal therapy: a disorder-relevant psychotherapy for schizophrenia. Schizophr Bull 21: 379–393

HOGARTY GE, KORNBLITH SA, GREENWALD D, DiBARRY AL, COOLEY S, CARTER M, FLESHER S, ULRICH RF (1997) Effects of personal therapy on schizophrenia relapse. I. Description and results of three-year trials among patients living with or independent of family. Am J Psychiatry 154: 1504–1513

HOGARTY G, KORNBLITH SA, GREENWALD D, DiBARRY AL, COOLEY S, CARTER M, FLESHER S, ULRICH RF (1997) Effects of personal therapy on the adjustment of schizophrenic patients. II. Results of three-year trials among patients living with or independent of family. Am J Psychiatry 154: 1514–1524

JOLLEY AG, HIRSCH SR, McRINK A, MANCHANDA R (1989) Trial of brief intermittent neuroleptic prophylaxis for selected schizophrenic outpatients: clinical outcome at one year. Br Med J 298: 985–990

JOLLEY AG, HIRSCH SR, MORRISON E, McRINK A, WILSON L (1990) Trial of brief intermittent neuroleptic prophylaxis for selected schizophrenic outpatients. Br Med J 301: 837–842

KATSCHNIG H, KONIECZNA T (1986) Die Philosophie und Praxis der Selbsthilfe für Angehörige psychisch Kranker. In: BÖKER W, BRENNER HD (Hrsg) Bewältigung der Schizophrenie. Huber, Bern Stuttgart Toronto, S 200–210

KATSCHNIG H, KONIECZNA T (1989a) Was ist in der Angehörigenarbeit wirksam? – Eine Hypothese. In: BÖKER W, BRENNER HD (Hrsg) Schizophrenie als systemische Störung. Huber, Bern Stuttgart Toronto, S 315–328

KATSCHNIG H, KONIECZNA T (1989b) Neue Formen der Angehörigenarbeit in der Psychiatrie. In: KATSCHNIG H (Hrsg) Die andere Seite der Schizophrenie: Patienten zu Hause, 3. Aufl. Psychologie Verlagsunion, München, S 207–228

KATSCHNIG H, KONIECZNA T, MICHELBACH H, SINT PP (1989) Intimität auf Distanz – ein familienorientiertes Wohnheim für schizophrene Patienten. In: KATSCHNIG H (Hrsg) Die andere Seite der Schizophrenie: Patienten zu Hause, 3. Aufl. Psychologie Verlagsunion, München, S 229–242

KATSCHNIG H, FREEMAN H, SARTORIUS N (eds) (1997) Quality of life in mental disorders. Wiley, Chichester

KEITH SJ, BELLACK A, FRANCES A, MANCE R, MATTHEWS S (1989) The influence of diagnosis and family treatment on acute treatment response and short term outcome in schizophrenia. Treatment strategies in Schizophrenia Collaborative Study Group. Psychopharmacol Bull 25: 336–339

KÖTTGEN C, SÖNNICHSEN I, MOLLENHAUER K, JURTH R (1984) Group therapy with the families of schizophrenic patients: results of the Hamburg Camberwell family interview study III. Int J Fam Psychiatry 5: 83–94

LAM DH (1991) Psychosocial family intervention in schizophrenia: a review of empirical studies. Psychol Med 21: 423–441

LEFF J (1989) Die Angehörigen und die Verhütung des Rückfalls. In: KATSCHNIG H (Hrsg) Die andere Seite der Schizophrenie: Patienten zu Hause, 3. Aufl. Psychologie Verlags Union, München, S 167–180

LEFF J, GAMBLE C (1995) Training of community psychiatric nurses in family work for schizophrenia. Int J Ment Health 24: 76–88

Leff J, Kuipers L, Berkowitz R, Eberlein-Vries R, Sturgeon D (1982) A controlled trial of social intervention in the families of schizophrenic patients. Br J Psychiatry 141: 121–134

Leff J, Kuipers L, Berkowitz R, Sturgeon D (1985) A controlled trial of social intervention in the families of schizophrenic patients: two year follow-up. Br J Psychiatry 146: 594–600

Leff J, Berkowitz R, Shavit N, Strachan A, Glass I, Vaughn C (1989) A trial of family therapy v. a relatives group for schizophrenia. Br J Psychiatry 154: 58–66

Leff J, Berkowitz R, Shavit N, Strachan A, Glass I, Vaughn C (1990) A trial of family therapy versus a relatives' group for schizophrenia. Two-year follow-up. Br J Psychiatry 157: 571–577

Lehman AF (1995) Vocational rehabilitation in schizophrenia. Schizophr Bull 21: 645–656

Liberman RP (ed) (1992) Handbook of psychiatric rehabilitation. Macmillan, New York

Liberman RP, Mueser KT (1989) Schizophrenia: psychosocial treatment. In: Kaplan H, Sadock B (eds) Comprehensive textbook of psychiatry. Williams & Wilkins, Baltimore, pp 792–806

Liberman RP, Massel HK, Mosk MD, Wong SE (1985) Social skills training for chronic mental patients. Hosp Comm Psychiatry 36: 396–403

Liberman RP, Mueser KT, Wallace CJ (1986) Social skills training for schizophrenic individuals at risk for relapse. Am J Psychiatry 143: 523–526

Marder SR, Wirsching WC, van Putten T, Mintz J, McKenzie J, Johnston-Cronk K, Lebell M, Liberman RP (1994) Fluphenazine vs placebo supplementation for prodromal signs of relapse in schizophrenia. Arch Gen Psychiatry 51: 280–287

Marder SR, Wirshing WC, Mintz J, McKenzie J, Johnston K, Eckman, TA, Lebell M, Zimmerman K, Liberman RP (1996) Two-year outcome of social skills training and group psychotherapy for outpatients with schizophrenia. Am J Psychiatry 153: 1585–1592

McFarlane WR (1983) Family therapy in schizophrenia. Guilford Press, New York London

McFarlane WR, Lukens E, Link B, Dushay R, Deakins SA, Newmark M, Dunne EJ, Horen B, Toran J (1995) Multiple-family group and psychoeducation in the treatment of schizophrenia. Arch Gen Psychiatry 52: 679–687

McGlashan TH (1986) Schizophrenia: psychosocial treatments and the role of psychosocial factors in its etiology and pathogenesis. In: Frances AJ, Hales RE (eds) Annual review, vol 5. American Psychiatric Association, Washington DC, pp 96–111

MacPherson R, Jerrom B, Hughes A (1996) A controlled study of education about drug treatment in schizophrenia. Br J Psychiatry 168: 709–717

Mosher LR, Menn A (1975) Soteria: an alternative to hospitalization for schizophrenia. In: Masserman JH (ed) Current psychiatric therapies, vol 15. Grune & Stratton, New York, pp 287–296

Mueser KT, Berenbaum H (1990) Psychodynamic treatment of schizophrenia. Is there a future? Psychol Med 20: 253–262

Newton JEO, Cannon DJ, Couch L, Fody EP, McMillan DE, Metzer WS, Paige SR, Reid GM, Summers BN (1989) Effects of repeated drug holidays on serum haloperidol concentrations, psychiatric symptoms, and movement disorders in schizophrenic patients. J Clin Psychiatry 50: 132–135

Pietzcker A, Gaebel W, Köpcke W, Linden M, Müller P, Müller-Spahn F, Tegeler J (1993) Intermittent versus maintenance neuroleptic long-term treatment in schizophrenia – 2-year results of a german multicenter study. J Psychiatr Res 7: 321–339

Randolph ET, Eth S, Glynn SM, Paz GP, Leongh GB, Shaner AL, Strachan A, van Vort W, Escobar JI, Liberman RP (1994) Behavioural family management in schizophrenia. Outcome of a clinical-based intervention. Br J Psychiatry 164: 501–506

Rockland LH (1993) A review of supportive psychotherapy, 1986–1992. Hosp Commun Psychiatry 44: 1053–1060

Roder V, Brenner HD, Kienzle N, Hodel B (1988) Integriertes Psychologisches Therapieprogramm für schizophrene Patienten (IPT). Psychologie Verlags Union, München Weinheim

Schooler NR, Keith SJ (1990) Role of medication in psychosocial treatment. In: Herz MI, Keith SJ, Docherty JP (eds) Handbook of schizophrenia. Elsevier, Amsterdam New York Oxford, pp 45–67

Schooler NR, Keith SJ, Severe JB, Matthews S (1989) Acute treatment of the NIMH treatment strategies in schizophrenia study. Treatment strategies in Schizophrenia Collaborative Study Group. Psychopharmacol Bull: 25: 331–335

Schooler NR, Keith SJ, Severe JB, Matthews SM, Bellack AS, Glick ID, Hargreaves WA, Kane JM, Ninan PT, Frances A, Jacobs M, Lieberman JA, Mance R, Simpson GM, Woerner MG (1997) Relapse and rehospitalization during maintenance treatment of schizophrenia: the effect of dose reduction and family treatment. Arch Gen Psychiatry 54: 453–463

SCOTT JE, DIXON LB (1995) Psychological interventions for schizophrenia. Schizophr Bull 21: 621–630

STEIN LI, TEST MA (1980) Alternative to mental hospital treatment. I. Conceptual model, treatment program, and clinical evaluation. Arch Gen Psychiatry 37: 392–397

STIERLIN H, WYNNE LC, WIRSCHING M (1983) Psychosocial intervention in schizophrenia. Springer, Berlin Heidelberg New York Tokyo

TARRIER N, BARROWCLOUGH C, VAUGHN C, BAMRAH JS, PORCEDDU K, WATTS S, FREEMAN H (1988) The community management of schizophrenia. A controlled trial of a behavioural intervention with families to reduce relapse. Br J Psychiatry 153: 532–542

TARRIER N, BARROWCLOUGH C, VAUGHN C, BAMRAH JS, PORCEDDU K, WATTS S, FREEMAN H (1989) Community management of schizophrenia. A two-year follow-up of a behavioural intervention with families. Br J Psychiatry 154: 625–628

TARRIER N, BECKETT R, HARWOOD S, BAKER A, YUSUPOFF L, UGARTEBURU I (1993a) A trial of two cognitive-behavioural methods of treating drug-resistant residual psychotic symptoms in schizophrenic patients. I. Outcome. Br J Psychiatry 162: 524–532

TARRIER N, SHARPE L, BECKETT R, HARWOOD S, BAKER A, YUSUPOFF L (1993b) A trial of two cognitive behavioural methods of treating drug-resistant residual psychotic symptoms in schizophrenic patients II. Treatment-specific changes in coping and problem-solving skills. Soc Psychiatry Psychiatr Epidemiol 28: 5–10

TARRIER N, BARROWCLOUGH C, PORCEDDU K, FITZPATRICK E (1994) The Salford family intervention project: relapse of schizophrenia at five and eight years. Br J Psychiatry 165: 829–832

TEST MA, KNOEDLER WH, ALLNESS DJ, BURKE SS, BROWN RL, WALLISCH FLS (1991) Long-term community care through an assertive continuous treatment team. In: TAMMINGS CA, SCHULZ SC (eds) Advances in neuropsychiatry and psychopharmacology. Raven Press, New York, pp 239–246

WIENBERG G (Hrsg) (1995) Schizophrenie zum Thema machen – Psychoedukative Gruppenarbeit mit schizophren und schizoaffektiv erkrankten Menschen. Grundlagen und Praxis. Psychiatrie-Verlag, Bonn

WINDHABER J, AMERING M, HOFER E, KATSCHNIG H (1996) Sind Angehörigengruppen auf psychiatrischen Akutstationen zweckmäßig? Fortschr Neurol Psychiat 64 (Sonderheft 1): 32

WING JK (1986) Der Einfluß psychosozialer Faktoren auf den Langzeitverlauf der Schizophrenie. In: BÖKER W, BRENNER HD (Hrsg) Bewältigung der Schizophrenie. Huber, Bern Stuttgart Toronto, S 11–28

WING JK, BROWN GW (1970) Institutionalism and schizophrenia. Cambridge University Press, London

ZUBIN J (1986) Mögliche Implikationen der Vulnerabilitätshypothese für das psychosoziale Management der Schizophrenie. In: BÖKER W, BRENNER HD (Hrsg) Bewältigung der Schizophrenie. Huber, Bern Stuttgart Toronto, S 29–41

ZUBIN J, SPRING B (1977) Vulnerability – a new view of schizophrenia. J Abnorm Psychol 86: 103–126

Exkurs: Neuroleptika in Tranquilizer-Indikation (sog. Neuroleptanxiolyse)

E. Klieser und C. Wurthmann

Problemstellung

Der Stellenwert niedrig dosierter Neuroleptika zur Behandlung von Angst- und Spannungszuständen, aber auch von depressiven Verstimmungszuständen und psychovegetativen Störungen ist umstritten (vgl. Bd. 2, Tranquilizer und Hynotika).

Der unkritische Einsatz von niedrig dosierten Neuroleptika besonders in Depotform – häufig als sogenannte „Aufbauspritze" angewandt – hat zu überschießenden Warnungen von Experten vor der Anwendung von niedrig dosierten Neuroleptika geführt, bis hin zum Vorschlag, Neuroleptika in dieser Indikation überhaupt nicht mehr anwenden zu dürfen. Die für diese Krankheitszustände zur Verfügung stehenden Behandlungsmöglichkeiten sind jedoch sehr begrenzt, nicht selten sind die Patienten dem „Spontanverlauf" ihrer Erkrankung mit entsprechenden persönlichen und sozialen Folgen ausgesetzt. Dies betrifft insbesondere Patienten mit Angststörungen und psychovegetativen Beschwerden. Kann bei einer größeren Gruppe der Patienten mit Angststörungen zum Beispiel zunächst mit Benzodiazepin-Präparaten eine wirkungsvolle kurzfristige Hilfe angeboten werden, ist die langfristige Verordnung dieser Substanzen wegen der möglichen Abhängigkeitsentwicklung äußerst problematisch. Nur im begründeten Einzelfall kann daher eine langfristige Verordnung vorgenommen werden. Trizyklische Antidepressiva haben sich in dieser Indikation zwar als hilfreich erwiesen, beachtet werden muß aber, daß sicherlich etwa 30–40 Prozent der Patienten nicht von einer entsprechenden Behandlung profitieren. Die sich bei antidepressiver Therapie häufig entwickelnden Begleitwirkungen können beträchtlich sein und führen häufig zu Non-compliance. Der Stellenwert psychotherapeutischer Verfahren wird unseres Erachtens auch weiterhin sowohl von Laien als auch Therapeuten erheblich überschätzt. Bei einem großen Teil der Patienten kann oft ohne gleichzeitige Gabe von Psychopharmaka Psychotherapie – zumindest initial – alleine überhaupt nicht angewandt werden. Ökonomische Überlegungen werden leider im Bezug auf die Psychotherapie viel zu selten angewandt.

Warum sollte also auf eine pharmakologische Möglichkeit Angst- und Spannungszustände therapeutisch beeinflussen zu können verzichtet werden?

Entwicklung

Die angstlösende, affektiv entspannende Wirkung von niedrig dosierten Neuroleptika bei Angstzuständen, Psychasthenie, psychosomatischen Affektionen, Neurosen, Zwangsstörungen und Phobien wurde bereits 1953 von DELAY et al. beschrieben und in zahlreichen, dem heutigen Standard nicht entsprechenden offenen Untersuchungen repliziert. Wegen der Einführung der Benzodiazepine verloren niedrig dosierte Neuroleptika in dieser Indikation angewandt wieder an Bedeutung und die Anfang der 60er Jahre durchgeführten zahlreichen placebokontrollierten Untersuchungen, die eindeutig die affektiv entspannende und angstlösende Wirkung niedrig dosierter Neuroleptika nachwiesen, fanden keine ausreichenden Beachtung mehr (WORLEY 1966).

Im deutschsprachigen Raum erfuhren niedrig dosierte Neuroleptika dann Ende der 70er Jahre eine erneute Renaissance, besonders nachdem zahlreiche systematische Untersuchungen zur Wirksamkeit von Fluspirilen publiziert wurden (Übersichten: HIPPIUS und LAAKMANN 1988, PÖLDINGER 1991; vgl. auch Bd. 2, Kap. 4). Der schon betonte nicht immer sachgerechte Einsatz von niedrig dosierten Neuroleptika und die vereinzelt unter niedrig dosierter Neuroleptikaanwendung auftretenden gravierenden Nebenwirkungen in Form von Spätdyskinesien haben in letzter Zeit zunehmend zur kritischen Diskussion dieses Behandlungsverfahrens geführt.

Anwendung und Dosierung

Niedrig dosierte Neuroleptika in Tranquilizer-Indikation werden üblicherweise in einem Dosisbereich angewandt, der deutlich niedriger als in der antipsychotischen Behandlung liegt.

Die Medikamente werden so dosiert, daß sie keine extrapyramidalen Nebenwirkungen hervorrufen. Es werden z. B. von den oral angewandten hochpotenten Neuroleptika wie Flupentixol und Fluphenazin täglich 1–2 mg verabreicht, während von den schwach potenten Neuroleptika wie Chlorprothixen Dosierungen von 30–100 mg am Tag erfolgen. In etwa äquivalenten Dosen werden – besonders in Deutschland – auch Depotneuroleptika wie Fluspirilen, Flupentixol-Dekanoat und Fluphenazin-Dekanoat angewandt. Wird der angegebene Dosisbereich deutlich unterschritten, so ist mit einer verminderten Wirksamkeit zu rechnen (HEINRICH und LEHMANN 1988). Bei deutlich höherer Dosierung muß mit erheblichen Begleitwirkungen wie sie von der antipsychotischen Behandlung bekannt sind, gerechnet werden. Ob niedrig dosierte Neuroleptika oral oder intramuskulär appliziert werden, hat nach dem bisherigen Kenntnisstand keinen Einfluß auf die Wirksamkeit. Hierzulande wird die intramuskuläre Verabreichung bevorzugt.

Wirksamkeit

Bisher konnte die Tranquilizer-Wirkung niedrig dosierter Neuroleptika in methodisch relevanten, eindeutig interpretierbaren Studien für Chlorprothixen, Flupentixol, Fluphenazin, Fluspirilen, Haloperidol, Melperon, Pimozid und Thioridazin gezeigt werden. Alle genannten Substanzen zeigten dabei eine deutliche Plazeboüberlegenheit. Diese Studien wurden alle mit einem Beobachtungszeitraum von 4 bis 12 Wochen durchgeführt. Kontrollierte Studien über längere Zeiträume liegen derzeitig noch nicht vor. Dies trifft auch für die Untersuchungen von niedrig dosierten Neuroleptika bei Angst und Spannungszuständen im Vergleich zu klassischen Benzodiazepinen zu, in denen Bromazepam, Chlordiazepoxid, Diazepam und Oxazepam als Vergleichssubstanzen dienten. Bei globaler Beurteilung des Therapieerfolges zeigte sich für keine Substanzgruppe eine therapeutische Überlegenheit, wobei die Anwendung von niedrig dosierten Neuroleptika als sogenannte Neuroleptanxiolyse besonders bei den Patienten erfolgreich zu sein scheint, die unter einer starken Somatisierung ihrer Angst leiden (HASSEL 1985). In jüngster Zeit konnte auch gezeigt werden, daß Patienten mit generalisierter Angststörung, die entsprechend der neuen Klassifikationssysteme diagnostiziert wurden von niedrig dosierten Neuroleptika deutlich mehr als von Plazebo profitieren. Im Vergleich mit Benzodiazepinen und Antidepressiva ließen sich gruppenstatistisch keine Unterschiede nachweisen (WURTHMANN 1996). In einer kontrollierten Praxisstudie zeigte Fluspirilen sogar eine leichte Überlegenheit im Vergleich zu Oxazepam (LAAKMANN et al. 1988).

Betrachtet man den Therapieverlauf unter einer niedrig dosierten Neuroleptikabehandlung, so ist bereits nach einigen Stunden eine Linderung der Symptomatik festzustellen. Allerdings wird die Symptomlinderung von den Patienten nicht ähnlich rasch und durchschlagend wie bei Benzodiazepineinnahme erlebt.

Nach einer Behandlungswoche wird bereits ein deutlicher Rückgang der Symptomatik erreicht. Der überwiegende Teil der Befundbesserung wird in den ersten 4 Behandlungswochen erzielt, wobei die Symptomreduktion nach 2 Wochen bei Therapierespondern schon sehr deutlich ist. Bei Fortsetzung der Therapie ist zwischen der 6. und 12. Behandlungswoche noch eine deutliche Verbesserung der Angstsymptomatik und der Spannungszustände möglich.

Nachteilig ist das noch fehlende theoretische Modell zum Wirkungsmechanismus von niedrig dosierten Neuroleptika. Als mögliches Wirkprinzip wird die Steigerung des Dopamin-turn-overs diskutiert, aber auch durch die gleichzeitige Beeinflussung des Noradrenalin-, Serotonin- und Histamin-Systems könnten die angst- und spannungslösenden Effekte erklärt werden (MÜLLER 1991).

Begleitwirkungen

Während unter der Anwendung von hochpotenten Neuroleptika eher mit der Ausbildung von extrapyramidalen Nebenwirkungen zu rechnen ist, zeigen schwach potente Neuroleptika eher vegetative Begleitwir-

kungen. In zahlreichen Studien hat sich die niedrig dosierte Neuroleptika-Anwendung als äußerst verträglich erwiesen. So ließ sich in den placebokontrollierten Studien keine Differenz bezüglich der Nebenwirkungen zwischen Verum und Plazebo feststellen (LAAKMANN et al. 1988).

Bei Übersicht aller klinischen Studien muß bei etwa 10% der so behandelten Patienten mit Nebenwirkungen gerechnet werden, nur bei 2,5% mußte in den Studien die Behandlung wegen dieser Nebenwirkungen beendet werden. Initiale Müdigkeit, flüchtige extrapyramidalmotorische Symptome und Gewichtszunahme scheinen unter hochpotenten Neuroleptika die häufigste Begleitwirkung zu sein (HEINRICH und LEHMANN 1988). Unter Anwendung von schwachpotenten Neuroleptika sind Kreislaufregulationsstörungen und Obstipation die häufigste Begleitwirkung. Besondere Aufmerksamkeit muß Spätdyskinesien zuteil werden, die in klinischen Studien nicht beobachtet wurden, die aber nach längerer Einnahme unter Praxisbedingungen offensichtlich vereinzelt besonders bei disponierten Patienten auftreten. Auch wenn Untersuchungen der Arbeitsgruppen (TEGELER et al. 1990, OSTERHEIDER et al. 1989) gezeigt haben, daß gruppenstatistisch niedrig dosierte Neuroleptika im Bezug auf Spätdyskinesien potentiell nicht mehr Risiken bieten als z. B. Benzodiazepine, kann dies nicht darüber hinweg täuschen, daß vereinzelt mit massiven Spätdyskinesien zu rechnen ist und daß daher für jeden Einzelfall nur die kritische Nutzen-Risiko-Abwägung die Behandlung mit niedrig dosierten Neuroleptika rechtfertigt (LAUX und GUNREBEN 1991). Sicherlich sollte die klinische Praxis, bei Auftreten von Frühdyskinesien, Entwicklung eines Parkinsonssyndrom oder Beobachtung von Akathisien unverzüglich die Behandlung zu beenden, weiter gepflegt werden. Auch wenn es erste Hinweise gibt, daß die neuen atypischen Neuroleptika in niedriger Dosis angewandt auch tranquilisierende und angstlösende Wirkungen zeigen, sollten diese wegen des bisher noch nicht sicher abzuschätzenden Begleitwirkungsprofils besonders unter der Langzeitanwendung nur im Einzelfall bei Versagen anderer Therapiemaßnahmen genutzt werden. Die Anwendung von Clozapin in dieser Indikation kann derzeitig nicht empfohlen werden und ist rechtlich problematisch.

Faßt man die bisherige Datenlage zusammen, so können niedrig dosierte Neuroleptika in Tranquilizerindikation bei Angststörungen angewandt für einen Behandlungszeitraum von 4 bis 12 Wochen eine wirkungsvolle Behandlung darstellen, die sicher placeboüberlegen ist und zu einer ähnlichen Ansprechrate führt, wie dies von anderen pharmakologischen und psychotherapeutischen Behandlungsverfahren bekannt ist. Dabei sollte die Therapieplanung im Einzelfall sorgfältig abgewogen werden und die potentiellen Risiken der zur Verfügung stehenden Verfahren für den Einzelfall verglichen werden. Das Risiko durch niedrig dosierte Neuroleptika Spätdyskinesien

hervorzurufen, muß beachtet werden, bei diesbezüglich prädisponierten Patienten besteht im Regelfall Kontraindikation. Derzeit ist eine Anwendungsdauer von niedrig dosierten Neuroleptika für einen Zeitraum von 4–12 Wochen begründbar. Im Einzelfall hat jedoch der klinische Alltag gezeigt, daß längerfristige Anwendung (bis hin zur jahrelangen Verordnung) bei einzelnen Patienten unverzichtbar ist, wenn diese auf andere Therapieverfahren nicht ansprechen und der unbehandelte Krankheitsverlauf mit einer massiven persönlichen und sozialen Beeinträchtigung verbunden ist.

Auch wenn klinische Studien zur Differentialindikation von Neuroleptika in niedriger Dosierung bisher nicht vorliegen, muß aus der Alltagserfahrung empfohlen werden, eher hochpotente Neuroleptika anzuwenden, wenn vor allem Angst und Anspannung im Vordergrund der Beschwerden stehen. Schwach potente Neuroleptika sind eher zu verordnen, wenn innere Unruhe und Schlaflosigkeit das Krankheitsbild des Patienten prägen.

Literatur

DELAY J, DENIKER P, TARDIEN Y (1953) Winterschlafbehandlung und Schlafkur in der psychiatrischen und psychosomatischen Therapie. Presse Méd (Paris) 61: 1165–1167

HASSEL P (1985) Experimental comparison of low doses of 1,5 mg fluspiriline and bromazepam in out-patients with psychovegetative disturbances. Pharmacopsychiat 18: 297–302

HEINRICH K, LEHMANN E (1988) Fundamentals and results in neuroleptanxiolysis. Eur Psychiatry 2: 96–102

HIPPIUS H, LAAKMANN G (Hrsg) (1989) Therapie mit Neuroleptika-Niedrigdosierung. Perimed, Erlangen

KLIESER E, WURTHMANN C (1995) Niedrig dosierte Neuroleptika, andere Tranquilizer, In: RIEDERER P, LAUX G, PÖLDINGER W (Hrsg) Neuro-Psychopharmaka, Bd 2. Tranquilizer und Hypnotika. Springer, Wien New York, S 178–197

LAAKMANN G, BLASCHKE D, EISSNER H J, HIPPIUS H (1988) Niedrig dosierte Neuroleptika in der Behandlung von Angstzuständen. Ergebnisse einer Ambulanzstudie. In: HIPPIUS H, LAAKMANN G (Hrsg) Therapie mit Neuroleptika-Niedrigdosierung. Perimed, Erlangen, S 60–79

LAUX G, GUNREBEN G, (1991) Schwere Spätdystonie unter Fluspirilen. Dtsch Med Wochenschr 116: 977–980

MÜLLER WE (1991) Wirkungsmechanismus niedrigdosierter Neuroleptika bei Angst und Depression. In: PÖLDINGER W (Hrsg) Niedrigdosierte Neuroleptika. Braun, Karlsruhe, S 24–36

OSTERHEIDER M, REIFSCHNEIDER G, SCHMIDTKE A, BECKMANN H (1989) Tardive dyskinesia and low-dose-neuroleptics in non-schizophrenie patients. Paper, VIII World Congress of Psychiatry. Expert Medica, Amsterdam Oxford New York (International Congress Series 899)

PÖLDINGER W (Hrsg) (1991) Niedrigdosierte Neuroleptika. Braun, Karlsruhe
TEGELER J, LEHMANN E, WEIHER A, HEINRICH K (1990)
  Safety of long term neuroleptanxiolysis with
  fluspirilene 1,5 mg per week. Pharmacopsychiat 23: 259–264

WORLEY JP (1966) Fluphenazine for the treatment
  of patients with anxiety. J Ind State Med Ass 8:
  902–905
WURTHMANN C (1996) Niedrig dosierte Neuroleptika bei generalisierter Angststörung. Habilitationsschrift, Universität Magdeburg

Exkurs: Neuroleptikatherapie schizoaffektiver, zykloider und anderer paranoid-halluzinatorischer, nicht-schizophrenen Psychosen und der Puerperalpsychosen

M. Lanczik

Einleitung

Wie in Kap. 4.1 ausführlich dargestellt, sind die Zielsymptome der neuroleptischen Therapie die formalen und inhaltlichen Denkstörungen (bei letzteren insbesondere die Wahnsymptomatik), psychomotorische Erregungszustände und Wahrnehmungsstörungen (zumeist in Form von Halluzinationen). Diese psychopathologischen Symptome treten nicht nur bei Erkrankungen aus dem sog. schizophrenen Formenkreis und bei affektiven Erkrankungen auf, sondern auch bei einer Reihe von Psychosen, die entsprechend der in der ICD-10 erfolgten weiteren Differenzierung in *schizoaffektive Psychosen, vorübergehende akute psychotische Störungen* mit ihren Unterformen (vgl. Tabelle 1) und die *anhaltend wahnhaften Störungen* unterteilt werden. Ihnen allen ist gemeinsam, daß sie neben der oben genannten psychotischen Symptomatik im engeren Sinne eine mehr oder weniger stark ausgeprägte affektive Symptomatik haben. Aus dem Nebeneinander oder Hintereinander von sog. schizophrener und affektiver Symptomatik ergeben sich einige Besonderheiten der Anwendung der Neuroleptika, sowohl hinsichtlich ihrer erwünschten Wirkung als auch hinsichtlich der Nebenwirkungen, da sie wegen der gemischten Symptomatik sehr häufig mit Antidepressiva und Phasenprophylaktika kombiniert werden.

Zur nosologischen Konzeption dieser psychotischen Erkrankungen nach der ICD-10, die wegen ihrer Symptomatik teils den Schizophrenien gleichen, die affektive Symptomatik und den zumeist günstigen Verlauf aber eher mit den affektiven Erkrankungen gemeinsam haben, gibt es eine Reihe alternativer Klassifikationen. Die wohl weitestgehend akzeptierte alternative Konzeption stellt die der *zykloiden Psychosen* nach Leonhard (1986) dar, die mit den *vorübergehenden akuten psychotischen Störungen* und den *schizoaffektiven Psychosen* teilidentisch sind. Die Neuroleptikatherapie der zykloiden Psychosen soll hier deswegen mitaufgeführt werden.

Die Neuroleptikatherapie der im Wochenbett auftretenden Psychosen soll ebenfalls in diesem Kapitel besprochen werden, da sie diagnostisch in der Regel bei den schizoaffektive Psychosen und vorübergehenden akuten psychotischen Störungen bzw. zykloiden Psychosen einzuordnen sind. Zur Therapie mit Neuroleptika während der Laktation wird auf das Kap. 4.6 verwiesen.

Schizoaffektive Psychosen

Die Behandlungsstrategie der schizoaffektiven Psychosen ist aufgrund der noch ungenügenden Validierung dieses nosologischen Konzeptes syndromorientiert, so daß die Problematik der Klassifikation hier nicht diskutiert zu werden braucht. Da die para-noid-halluzinatorische und die depressive bzw. manische Symptomatik in zeitlicher Koinzidenz das klinische Bild dieser Psy-chosen prägen, stellt sich die Frage nach der Kombination der Neuroleptika mit Anti-depressiva und dem antimanisch wirksa-men Lithium in der Akutbehandlung. We-gen des oft phasischen bzw. rekurrenten Verlaufes der Erkrankung stellt sich zudem die Frage der Phasenprophylaxe mit Depot-Neuroleptika als Alternative zu Lithium und Carbamazepin.

Schizomanisches Syndrom

Bei akuten, affektdominanten *schizomani-schen* Syndromen zeigte sich in drei Studien (SMALL et al. 1978, BIEDERMAN et al. 1979, CARMAN et al. 1981) die Kombination hoch-potenter Neuroleptika mit Lithium gegen-über der Behandlung nur mit Neuroleptika (GOODNICK und MELTZER 1983) überlegen. Bei psychomotorisch unruhigen und an-triebsgesteigerten Patienten kann die adju-vante Therapie mit sedierenden, niederpo-tenten Neuroleptika notwendig werden. Die Dosierung der Neuroleptika unterschei-det sich nicht von der der Behandlung schi-zophrener und manischer Psychosen. Als

Alternative zu der Neuroleptika-Lithium-Kombination kann auch eine Neuroleptika-Carbamazepin-Kombination und bei Unver-träglichkeit der beiden genannten Kombi-nationen (z. B. bei Blutbildveränderungen, Nieren- und Schilddrüsenerkrankungen, stärkere Gewichtszunahme) in Ausnahme-fällen eine kombinierte Neuroleptika-Val-proat-Behandlung angewandt werden. Wenn entweder potentielle additive Neben-wirkungen einer Neuroleptika-Lithium-Kombinationsbehandlung oder nicht in erster Linie eine schnelle antimanische Wir-kung angestrebt wird, dann ist eine Neuro-leptika-Carbamazepin-Therapie der Kombi-nation Neuroleptika-Lithium vorzuziehen. Bei der Kombinationstherapie von Lithium und Neuroleptika sind Wechselwirkungen beider Medikamente zu beachten. Die Erhö-hung des Lithiumplasmaspiegels durch Neuroleptika (SCHAFFER et al. 1984) und die Erhöhung des Neuroleptikaplasmaspiegels durch Lithium (NEMES et al. 1986) scheint nach BANDELOW und RÜTHER (1989) nicht relevant zu sein. Klinisch relevant sind hin-gegen die additive Verstärkung der Neben-wirkungen einer gleichzeitigen Lithium- und Neuroleptikaeinnahme, besonders die extrapyramidalmotorischen Störungen so-wie Müdigkeit und Mundtrockenheit

Tabelle 1. Psychotische Erkrankungen, die entsprechend der ICD-10 weder bei den Schizophrenien noch bei den affektiven Erkrankungen eingeordnet werden

Anhaltende wahnhafte Störung	F 22.0
Vorübergehende akute psychotische Störung	F 23
– Akute polymorphe psychotische Störung ohne Symptome einer Schizophrenie	F 23.0
– Akute polymorphe psychotische Störung mit Symptomen einer Schizophrenie	F 23.1
– Akute schizophreniforme psychotische Störung	F 23.2
Induzierte wahnhafte Störung	F 24
Schizoaffektive Psychosen	F 25
– Schizomanisches Syndrom	F 25.0
– Schizodepressives Syndrom	F 25.1
– Gemischtes schizoaffektives Syndrom	F 25.2

(WATSKY und SALZMAN 1991). Von COHEN und COHEN (1974), LOUDON und WARING (1976), PÜHRINGER et al. (1979), COFFEE und ROSS (1980) und SPRING und FRANKEL (1981) wurden neurotoxische Syndrome beobachtet.

Schizodepressives Syndrom

Auch wenn oft die klinische Praxis die Wirksamkeit einer Kombination von Neuroleptika und Thymoleptika bei der Behandlung des *schizodepressiven* Syndroms zu belegen scheint, so konnte doch, allerdings mit einer Ausnahme (SIRIS et al. 1987), in den allermeisten wissenschaftlichen Untersuchungen nachgewiesen werden, daß eine antidepressive Zusatzmedikation zu den Neuroleptika die Remission der sog. schizophrenen Symptomatik eher verlangsamt bzw. eine neuroleptische Monotherapie einer solchen in Kombination mit Antidepressiva deutlich überlegen ist (BROCKINGTON et al. 1978, 1980, GOODNICK und MELTZER 1984). Einerseits birgt eine thymoleptisch-neuroleptische Kombinationsbehandlung die Gefahr einer Exazerbation der psychotischen Symptomatik im engeren Sinne, andererseits können aber auch die Neuroleptika den depressiven Anteil des Syndroms verstärken. Ob gerade bei schizodepressiven Patienten Neuroleptika pharmakogen die depressive Komponente der Erkrankung verstärken und umgekehrt Antidepressiva zu einer Exazerbation der paranoiden bzw. halluzinatorischen Komponente der Symptomatik führen kann, bleibt ungeklärt bzw. ist umstritten.

Rezidivprophylaxe schizoaffektiver Psychosen mit Depot-Neuroleptika

Studien zur Rezidivprophylaxe schizoaffektiver Psychosen mit Neuroleptika sind rar. MATTES und NAYAK (1984) verglichen **Fluphenazin**-Decanoat mit Lithium hinsichtlich einer phasenprophylaktischen Wirkung, wobei sich das Neuroleptikum bei

einem Patientengut, das eher als schizophren denn als affektiv erkrankt beschrieben wurde, als effektiver erwies. In einer Untersuchung von SINGH (1984) war auch **Flupentixol**-Decanoat phasenprophylaktisch wirksam.

Zykloide Psychosen

Im allgemeinen wird bei *akuten* zykloiden Psychosen eine Therapie mit Neuroleptika empfohlen (PERRIS 1986), wobei sich im Gegensatz zu den schizomanischen Psychosen kein Vorteil durch eine Kombination mit Lithium hinsichtlich der Phasendauer bzw. des stationären Behandlungszeitraumes ergeben haben soll. Bei der Einschätzung des Therapieerfolges ist aber immer zu berücksichtigen, daß bei den zykloiden Psychosen die Rate der kurzfristig spontan remittierenden Phasen im Vergleich zu den rein affektiven Erkrankungen hoch ist.

Die Responserate bei der *Rückfallprophylaxe* mit Neuroleptika scheint gegenüber einer solchen mit Lithium niedriger zu sein. Bezüglich der vorbeugenden Wirksamkeit der Behandlung verhalten sich die zykloiden Psychosen also eher wie die affektiven Psychosen und die schizoaffektiven Psychosen eher wie die schizophrenen Psychosen. Allerdings führen auch bei zykloiden Psychosen Absetzversuche neuroleptischer Langzeitmedikation sehr häufig zu Rückfällen (ALBERT 1986).

Vorübergehende akute psychotische Störungen

Kontrollierte Therapiestudien mit Neuroleptika bei *akuten polymorphen psychotischen Störungen* mit und ohne „schizophrenen Symptomen" liegen wegen der erst kurze Zeit zurückliegenden Inaugurierung dieser diagnostischen Konzepte in die ICD-10 noch nicht vor. Die Therapie ist syndromorientiert, d. h. die häufig vorhandene para-noid-halluzinatorische Symptomatik muß mit hochpotenten Neuroleptika, die gleich-zeitig vorhandene, oft hochgradige psycho-motorische Erregung adjuvant mit eher se-dierenden, niederpotenten Neuroleptika, alternativ adjuvant zu den hoch-potenten Neuroleptika mit Benzodiazepinen behan-delt werden. Wegen der häufig gleichzeitig bestehenden Stimmungsschwankungen, depressiven und euphorischen Verstim-mungen, ist zu der Neurolepsie die Behand-lung mit Lithium oder Antikonvulsiva wie Carbamazepin notwendig.

Die paranoid-halluzinatorische Symptoma-tik bei *schizophreniformen psychotischen Störungen* spricht sehr gut auf die Behand-lung mit hochpotenten Neuroleptika an, und zwar schneller und besser als bei den schizophrenen Psychosen im engeren Sin-ne. Eine eventuelle prophylaktische Fortset-zung der Neuroleptikatherapie nach Abklin-gen der akuten Symptomatik hängt vom weiteren Verlauf der Erkrankung ab und auch davon, ob sie weiter phasisch verläuft.

Anhaltend wahnhafte Störungen

Zielsymptome der anhaltend wahnhaften Störung sind meistens der Verfolgungs-, Ei-fersuchts-, Liebes- und Größenwahn sowie die wahnhafte Hypochondrie und Queru-lanz. Wissenschaftliche Untersuchungen zur Behandlung der anhaltend wahnhaften Störung mit Neuroleptika sind rar. Das hochpotente Neuroleptikum **Pimozid** soll beim hypochondrischen und beim Eifer-suchtswahn erfolgreich eingesetzt worden sein (OPLER und FEINBERG 1991). Erfahrungs-gemäß ist beim Verfolgungswahn die neu-roleptische Therapie am erfolgreichsten und bei der Erotomanie und beim hypo-chondrischen Wahn am wenigsten effektiv. Patienten mit dieser Psychose kommen ins-gesamt selten und noch seltener freiwillig in

psychiatrische Behandlung. Ihre Störung fällt zumeist dann erst auf, wenn zu der wahnhaften Zielsymptornatik Angst und Erregung hinzukommen. Es empfielt sich dann die parenterale Applikation eines hochpotenten Neuroleptikums, da der Pati-ent erfahrungsgemäß erst nach Beginn einer ihn auch entängstigenden medikamentösen Behandlung gesprächsbereit wird. Wegen der aufgrund des mißtrauischen Verhaltens der Betroffenen gegenüber ärztlichen Inter-ventionen und der in der Regel fehlenden Krankheitseinsicht ist die Compliance in den seltensten Fällen gegeben, so daß bald nach Diagnosestellung mit einer Depot-Neurolepsie, z. B. mit **Haloperidoldeca-noat** oder **Flupentixoldecanoat**, begon-nen werden sollte. Zu beachten ist, daß gerade diese Patienten wegen der fehlen-den Krankheitseinsicht und dem fehlenden Krankheitsgefühl unerwünschte Wirkungen der Neuroleptika schlecht tolerieren und dadurch die Compliance weiter beeinträch-tigt werden kann. Aus diesem Grund sollten auch atypische Neuroleptika wie **Risperi-don** und **Clozapin**, die zwar nur eine be-grenzte Wirkung auf ein monosymptomati-sches Geschehen, wie eine Wahnerkran-kung, haben, bei der anhaltend wahnhaften Störung versucht werden, da sie von den Patienten wegen deren minimaler bzw. feh-lender extrapyramidalmotorischer Neben-wirkungen eher toleriert werden. Von KANE et al. (1988) ist deswegen vorgeschlagen worden, bei diesen Krankheitsbildern z. B. Clozapin mit Chlorpromazin zu kombinie-ren.

Puerperalpsychosen

Wissenschaftliche Untersuchungen zur Be-handlung der postpartalen Psychosen sind ebenfalls selten. Doppelblind, Plazebo-kon-trollierte Crossover-Untersuchungen sind dabei nur schwer zu entwickeln, da die Puerperalpsychosen typischerweise sehr akut beginnen und dann innerhalb weniger Stunden einen stürmischen Verlauf nehmen, während dem nicht selten lebensbedrohliche Situationen sowohl für die psychotische Mutter als auch für das Neugeborene entstehen können. Aus diesem Grund können nur klinische Erfahrungswerte weitergegeben werden, die aber einige wichtige Prinzipien in der Behandlung dieser in einem engen zeitlichen Zusammenhang zur Niederkunft stehenden Psychosen beinhalten.

Zu beachten ist zunächst, daß je früher die Behandlung beginnt, desto kürzer und insgesamt besser der Verlauf ist. Typische Vorpostensyndrome der Puerperalpsychosen wie Depersonalisationserlebnisse, wahnhafte Ideenbildung, bizarres Verhalten oder ein Gefühl der Gefühllosigkeit gegenüber dem Neugeborenen, sollten unmittelbar, ohne jeden Verzug, entschlossen neuroleptisch unter klinischen Bedingungen behandelt werden, bevor sich, oft nur wenige Stunden später, das Vollbild der postpartalen Psychose mit hochgradiger Erregung, ausgeprägter Angst, Wahnideen, sowie visuellen und akustischen Halluzinationen entwickelt. Erfahrungsgemäß sind zu diesem frühen Zeitpunkt schon 2–5 mg, z. B. **Haloperidol** oder **Perphenazin** wirksam und verhindern eine weitere Exazerbation. Ist erst einmal das Vollbild der Psychose erreicht, kann diese zwar wieder innerhalb von 3–6 Wochen spontan abklingen, doch sind auch Verläufe von bis zu über 6 Monaten bis zu einem Jahr post partum bekannt.

Oft ändern nach einem akuten, über nur wenige Tage gehenden Verlauf die postpartalen Psychosen ihr klinisches Erscheinungsbild in eine rein affektive, zumeist depressive Symptomatik, so daß der Behandelnde nicht den Zeitpunkt versäumen darf die Neuroleptika zu reduzieren und auf eine, z. B. antidepressive Medikation überzugehen. Die Reduzierung der Neuroleptikadosierung muß schrittweise erfolgen und ist insbesondere bei Frauen mit einer psychiatrischen Vorgeschichte unter intensiver Beobachtung vorzunehmen, da die Patientinnen häufig innerhalb der ersten 12 Monate postpartum zu Rückfällen neigen. Es ist aber zumeist nicht notwendig, während dieses Zeitraumes eine Rückfallprophylaxe mit Neuroleptika durchzuführen, zumal wenn die Patientin während dieses vulnerablen Zeitraumes in kürzeren Abständen vom Psychiater gesehen werden kann (Brockington 1996).

Bei der Behandlung der Vorpostensymptomatik mit hochpotenten Neuroleptika in niedriger Dosierung sind **Butyrophenone** den Phenothiazinen und anderen vorzuziehen, wenn die Patientin weiter stillen will. Während der akuten paranoid-halluzinatorischen Psychose muß medikamentös abgestillt werden (vgl. Kap. 4.6, Neuroleptika während der Schwangerschaft und Stillzeit), insbesondere dann, wenn niederpotente Neuroleptika verabreicht werden. Dabei ist zu beachten, daß die meisten Neuroleptika die Prolaktinausschüttung erhöhen, wodurch das Abstillen erschwert werden kann.

Literatur

Albert E (1986) Über den Einfluß von neuroleptischer Langzeitmedikation auf den Verlauf von phasischen remittierenden Unterformen endogener Psychosen. In: Seidel K, Neumärker H-J, Schulze HAF (Hrsg) Zur Klassifikation endogener Psychosen. Hirzel, Leipzig, S 97–107

Bandelow B, Rüther E (1989) Neuroleptika in der Behandlung schizoaffektiver Psychosen. In: Marneros A (Hrsg) Schizoaffektive Psychosen. Springer, Berlin Heidelberg New York Tokyo, S 149–158

Biederman J, Lerner Y, Belmaker RH (1979) Combination of lithium carbonate and haloperidol in schizoaffective disorder: a controlled study. Arch Gen Psychiatry 36: 327–333

BROCKINGTON IF (1996) Motherhood and mental health. Oxford University Press, Oxford

BROCKINGTON IF, KENDELL RE, KELLETT JM, CURRY SH, WAINWRIGHT S (1978) Trials of lithium, chlorpromazine and amitriptyline in schizoaffective patients. Br J Psychiatry 133: 162–168

BROCKINGTON IF, KENDELL RE, WAINWRIGHT S (1980) Depressed patients with schizophrenic or paranoid symptoms. Psychol Med 10: 665–675

CARMAN JS, BIGELOW LB, WYAN RJ (1981) Lithium combined with neuroleptics in chronic schizophrenic and schizoaffective patients. J Clin Psychiatry 42: 124–128

COFFEE CE, ROSS DR (1980) Treatment of lithium/neuroleptic neurotoxicity during lithium maintenance. Am J Psychiatry 137 (6): 736–737

COHEN WJ, COHEN NH (1974) Lithium carbonate, haloperidol, and irreversible brain damage. JAMA 230: 1283–1287

GOODNICK PJ, MELTZER HY (1983) Lithium treatment of schizomania and mania. Annual Meeting, American Psychiatric Association, New York

GOODNICK PJ, MELTZER HY (1984) Treatment of schizo-affective disorders. Schizophr Bull 10: 30–48

KANE J, HONIGFELD G, SIGER J, MELTZER HY (1988) Clozapine for the treatment-resistant schizophrenic: a double-blind comparison with chlorpromazine. Arch Gen Psychiatry 45: 789–796

LEONHARD K (1986) Aufteilung der endogenen Psychosen und ihre differenzierte Ätiologie. Akademie Verlag, Berlin

LOUDON JB, WARING H (1976) Toxic reactions to lithium and haloperidol (letter). Lancet ii: 1088

MATTES JA, NAYAK D (1984) Lithium versus fluphenazine for prophylaxis in mainly schizophrenic schizoaffectives. Biol Psychiat 19 (3): 445–448

NEMES ZC, VOLAVKA J, COOPER RB, O'DONNELL M, JAEGER J (1986) Lithium and haloperidol. Biol Psychiat 21: 568–569

OPLER LA, FEINBERG SS (1991) The role of pimozide in clinical psychiatry: a review. J Clin Psychiatry 52: 221–223

PERRIS C (1986) The case for the independence of cycloid psychotic disorder. In: MARNEROS A, TSUANG MT (eds) Schizoaffective psychoses. Springer, Berlin Heidelberg New York Tokyo, pp 272–308

PÜHRINGER W, KOCHER R, GASTPAR M (1979) Zur Frage der Inkompatibilität einer Lithium-Neuroleptika-Kombinationstherapie. Nervenarzt 50: 124–127

SCHAFFER CB, KUMAR TRA, GARVEY MJ, MUNGAS DM, SCHAFFER LC (1984) The effect of haloperidol on serum levels of lithium in adult manic patients. Biol Psychiat 19 (10): 1495–1499

SINGH AN (1984) Therapeutic efficacy of flupenthixol decanoate in schizoaffective disorder: a clinical evaluation. J Int Med Res 12: 17–22

SIRIS SG, MORGAN V, FAGERSTROM R, RIFKIN A, COOPER TB (1987) Adjunctive imipramine in the treatment of psychotic depression. A controlled trial. Arch Gen Psychiatry 44: 533–539

SMALL JG, KELLAMS JJ, MILSTEIN V, MOORE J (1978) A plazebo-controlled study of lithium combined with neuroleptics in chronic schizophrenic patients. Am J Psychiatry 132: 1315–1317

SPIKER DG, WEISS JC, DEALY RS (1985) The pharmacological treatment of delusional depression. Am J Psychiatry 142: 430–436

SPRING G, FRANKEL M (1981) New data on lithium and haloperidol incompatibility. Am J Psychiatry 138: 818–821

WATSKY EJ, SALZMAN C (1991) Psychotropic drug interaction. Hosp Commun Psychiatry 42: 247–256

Exkurs: Verordnung von Neuroleptika bei chronisch-psychisch Kranken und Oligophrenen

M. Dose

Stichtagserhebungen in Langzeitbereichen psychiatrischer Landeskrankenhäuser ergeben, daß von den dort untergebrachten chronisch schizophrenen Patienten über 80% länger als 5 Jahre mit mindestens einem (in der Regel hochpotenten) Neuroleptikum behandelt werden. Von den als Langzeitpatienten in psychiatrischen Landeskrankenhäusern untergebrachten Oligophrenen erhalten nach einer Studie (MEINS et al. 1993) 74,6% Psychopharmaka, davon wiederum 71,6% Neuroleptika.

Gemessen an diesem hohen Anteil dauerhaft neuroleptisch Behandelter enthält die wissenschaftliche Literatur nur wenig Untersuchungen und Hinweise zur Frage der Verordnung von Neuroleptika bei chronischpsychisch Kranken und Oligophrenen. Der vorliegende Beitrag versucht das Wenige zusammenzutragen und klinisch-empirisch begründete Therapiestrategien vorzuschlagen.

Rezidivprophylaxe

Bezüglich der Rezidivprophylaxe schlagen die weitestgehenden Therapieempfehlungen bei wiederholten Rezidiven eine mindestens 5jährige neuroleptische Dauerbehandlung vor, die bei einer Vorgeschichte mit Suizidversuchen oder gewalttätigem, aggressivem Verhalten länger als 5 Jahre „vielleicht unbegrenzt" aufrechterhalten werden sollte. Die 5-Jahres-Grenze wird damit begründet, daß es keine über diesen Zeitraum hinausgehenden kontrollierten Untersuchungen gibt.

Nachdem das Rückfall-Risiko jedoch hoch bleibe, sollte die Frage der Fortsetzung der Rezidivprophylaxe mit Patienten und Angehörigen auf der Grundlage einer Nutzen-Risiko-Analyse besprochen werden (KISSLING et al. 1991). Auch wenn die Methodik der Entwicklung und Verbreitung dieses Vorschlages und seine Aufwertung zu „Behandlungsstandards" kritisiert wurde, stellt er einen empirisch begründeten Ansatz zur überfälligen Entwicklung von Leitlinien zu dieser Frage dar (DOSE 1996). Danach soll bei der Entscheidung für eine Fortsetzung der Rezidivprophylaxe über 5 Jahre das Risiko und Vorhandensein unerwünschter Wirkungen wie z. B. tardiver Dyskinesien gegen die möglichen Konsequenzen eines Rückfalles abgewogen werden. Nachdem tardive Dyskinesien bei mindestens 35–40% der stationär behandelten schizophrenen Langzeitpatienten festzustellen sind (KANE et al. 1986), wäre demzufolge bei über 1/3 dieser Patienten ausschließlich aus diesem Grund die Indikation der neuroleptischen Rezidivprophylaxe zu überprüfen. Darüberhinaus sollten das tatsächliche Risiko und die Auswirkungen eines Rückfalles bei jedem individuellen Patienten unter Beantwortung folgender Fragen einer Überprüfung unterzogen werden:

Hat es überhaupt jemals den Versuch gegeben, die Medikation kontrolliert zu reduzieren?

„Kontrollierte Reduktion" meint ärztlich angeordnete, engmaschig beobachtete, schrittweise Reduktion der Neuroleptika unter Beachtung folgender Aspekte: vor einer Medikamentenreduktion muß der Patient, aber auch das therapeutische Team über die geplante Maßnahme, ihre Fragestellung und Zielsetzung informiert sein. Gerade bei Langzeitpatienten bestehen häufig große Ängste und Bedenken gegen jegliche Veränderung – auch die der neuroleptischen Medikation. Bei mangelnder Aufklärung und Kooperationsbereitschaft besteht die Gefahr, daß voreilig Befindlichkeitsstörungen und Verhaltensänderungen der geänderten Medikation zugeordnet werden („Attribution"), oder daß vorübergehend auftretende unerwünschte Wirkungen als psychopathologische Befundverschlechterung fehlinterpretiert werden. Die schrittweise Reduktion erfolgt exponentiell, z. B. als Halbierung der jeweils gegebenen Dosis *eines* Neuroleptikums, in zeitlich gestreckten Intervallen, die bei Langzeitpatienten 3–6 Monate betragen sollen. Während der kontrollierten Reduktion sollen keine weiteren Bedingungen (zusätzliche Medikation, psychosoziale Belastung etc.) verändert werden, solange dies nicht aus nicht zu beeinflussenden Gründen zwingend indiziert ist.

Kam es dadurch zu einem Rezidiv?

Von einem tatsächlichen Rezidiv einer akuten psychotischen Symptomatik müssen Befindlichkeitsstörungen, vorübergehende Unruhe- und Verstimmungszustände und andere unerwünschte psychische Wirkungen, die in der Regel innerhalb von 5 Tagen nach einer Dosisänderung (auch Reduktion!) von Neuroleptika auftreten können (siehe Kap. 4.3), abgegrenzt werden. Motorische Unruhe kann dabei sowohl auf das intermittierende Auftreten einer Akathisie, wie auch auf die vorübergehende Verstärkung der Symptome einer tardiven Dyskinesie (durch Wegfall der neuroleptischen

Blockade überempfindlich gewordener postsynaptischer Dopaminrezeptoren) zurückzuführen sein. Psychische Befindlichkeitsstörungen bis hin zum vorübergehenden „Aufflackern" psychotischer Symptome können entweder Begleitsymptome dieser motorischen Unruhe aber auch psychische Begleitphänomene eines akuten dopaminerg/acetylcholinergen Ungleichgewichts im Bereich der Basalganglien sein. Häufig werden diese Symptome als erste Anzeichen des nach der Reduktion von Neuroleptika befürchteten Rezidivs fehlinterpretiert und (durch Dosiserhöhung des gerade reduzierten Neuroleptikums) – behandelt. Reduktionsversuche in der Vorgeschichte, die bereits innerhalb einer Woche abgebrochen wurden, lassen bei genauer Durchsicht der Krankenunterlagen häufig ein verfrühtes Abbrechen auf Grund der geschilderten Fehlinterpretationen erkennen.

Welche Konsequenzen hat ein Rückfall?

Aus der Vorgeschichte ist zu entnehmen, ob es im Rahmen früherer akuter psychotischer Exazerbationen suizidales oder aggressives Verhalten gegeben hat. Darüberhinaus sollte geprüft werden, ob es sich bei evtl. in der Vorgeschichte beschriebenen „Rezidiven" nicht ausschließlich um Verhaltensstörungen bzw. psychotische Symptome mit geringen Auswirkungen auf das Gesamtverhalten (z. B. chronifizierter Wahn mit geringer Dynamik) gehandelt hat.

Praktisches Vorgehen

Ergibt die Würdigung der Vorgeschichte, daß in der Vergangenheit keine Versuche der kontrollierten Neuroleptika-Reduktion vorgenommen bzw. ohne ausreichende Hinweise auf ein erneutes Rezidiv abgebrochen worden sind, so sollte diese unter

Berücksichtigung der Hinweise zur „kontrollierten Reduktion" vorgenommen werden. Ergibt sich die Indikation zur Neuroleptika-Reduktion auf Grund neuroleptisch bedingter Spätdyskinesien, sollte im Rahmen der Therapieplanung ebenfalls das damit verbundene Risiko eines psychotischen Rezidivs gegen die Behinderung durch die festgestellten Dyskinesien abgewogen werden. Auch in diesem Rahmen muß damit gerechnet werden, daß die empfohlene Dosisreduktion der Neuroleptika initial zur Verschlechterung der Bewegungsstörungen und auch des psychopathologischen Befundes führen kann. Diese Problematik stellt sich auch beim ebenfalls empfohlenen Versuch, die Substanzklasse zu wechseln bzw. von hoch- auf mittel- bis niedrigpotente Neuroleptika umzustellen. Ziel ist es, u. U. unter vorübergehender symptomatischer Behandlung mit antihyperkinetisch wirksamen Medikamenten (z. B. Tiaprid 600–1200 mg/Tag), die niedrigst mögliche Erhaltungsdosis herauszufinden bzw. (was bei ca. 20% der Langzeitpatienten ohne Gefahr längerfristiger Befundverschlechterung möglich ist) das gegebene Neuroleptikum vollständig abzusetzen. Persistieren unter der herausgefundenen niedrigst möglichen Erhaltungsdosis Hyperkinesen bzw. bahnt sich ein psychotisches Rezidiv an, so wird auf Neuroleptika mit geringem EPS-Risiko (sog. „atypische" Neuroleptika) umgestellt. Eigene Erfahrungen zeigen, daß unter diesen Voraussetzungen auf einer Langzeitstation mit 25 chronisch schizophrenen Patienten innerhalb eines Jahres der Verbrauch an hochpotenten Neuroleptika um 80%, an niedrigpotenten Neuroleptika um 30% gegenüber einer Zunahme des Verbrauchs von Clozapin um 20% gesenkt werden konnte. Als Minimaldosen zur neuroleptischen Rezidivprophylaxe werden u. a. oral 2,5 mg/Tag Haloperidol bzw. als Depot 50 mg (1 ml) Haloperidol/4 Wochen empfohlen (Kissling et al. 1991).

Symptomsuppressive Langzeitbehandlung mit Neuroleptika

Von der neuroleptischen Rezidivprophylaxe zu unterscheiden ist die symptomsuppressive Langzeitbehandlung chronischer, insbesondere produktiver psychotischer Symptome schizophrener Patienten, die im Rahmen regelmäßiger Überprüfungen einer Nutzen-Risiko-Abwägung unterzogen werden sollte. Dabei ist zum einen zu prüfen, ob es sich bei den persisitierenden psychotischen Symptomen tatsächlich um chronifizierte, therapieresistente Symptome der Grunderkrankung oder möglicherweise um sekundäre Symptome im Rahmen neuroleptischer Nebenwirkungen handelt. So weist der Vorschlag für Richtlinien der neuroleptischen Rückfallprophylaxe zu Recht darauf hin, daß extrapyramidalmotorische Nebenwirkungen oft schwierig von psychotischen Symptomen zu unterscheiden sind (Kissling et al. 1991): Akathisien können sich in Ängsten und gesteigerter Erregbarkeit äußern, die wiederum zur Exazerbation psychotischen Erlebens führen. Akinetische Syndrome können als „Negativsymptome", Depression oder mangelnde affektive Modulationsfähigkeit imponieren. In diesen Fällen bzw. bei Verdacht auf entsprechende Zusammenhänge sollte zunächst geprüft werden, ob ein Anticholinergikum zur symptomatischen Besserung führt und danach eine Reduktion der neuroleptischen Dosis bzw. Umstellung auf Neuroleptika mit geringerem EPS-Risiko vorgenommen werden. Selbst wenn sich dabei herausstellt, daß es sich bei den persistierenden psychotischen Symptomen nicht um Sekundärfolgen neuroleptischer Nebenwirkungen handelt, sollte abgewogen werden, ob die Vorteile der Symptomsuppression mögliche Nachteile wie Antriebsminderung, affektive Nivellierung und dadurch bedingte Behinderung der sozialen Integration und Einschränkung der subjektiven Lebensqualität überwiegen.

Das Vorhandensein eines psychotischen Symptoms rechtfertigt für sich genommen nicht in jedem Fall eine neuroleptische Dauerbehandlung. Vielmehr müssen die Dynamik eines psychotischen Symptoms, seine konkreten Auswirkungen auf die Integrationsfähigkeit und das subjektive Wohlbefinden gegen die genannten Risiken abgewogen werden. Psychotische Phänomene, die im Alltagsleben keine störenden Auswirkungen haben und vom Patienten (möglicherweise im Rahmen eines erlernten, auf Symptome beschränkten Kommunikationsstils, der im Stationsalltag die meiste soziale Aufmerksamkeit erlangt) ausschließlich auf Befragen vorgebracht werden und sämtlichen medikamentösen Behandlungsversuchen widerstanden haben, bedürfen häufig keiner neuroleptischen Dauersuppression. Vielmehr sollte in solchen Fällen versucht werden, durch Verhaltensmodifikation eine Beeinflussung der Symptomatik z. B. dadurch zu erreichen, daß statt der Nachfrage nach psychotischen Symptomen andere Themen in den Mittelpunkt gestellt und entsprechende „Kommunikationsversuche" der Betroffenen zu Gunsten der Verstärkung anderer Verhaltensweisen ignoriert werden.

Oligophrene Patienten

Obwohl die Prävalenz schizophrener Psychosen im Rahmen von Oligophrenien nicht höher zu sein scheint als z. B. die affektiver Störungen (LUND 1985) werden über 70% dieser Patienten in den Langzeitbereichen psychiatrischer Landeskrankenhäuser mit Neuroleptika behandelt (MEINS et al. 1993). Selbst wenn depressive Störungen unter Anwendung operationalisierter Kriterien (z. B. des DSM-III-R) festgestellt werden können, werden sie bei institutionalisiert untergebrachten und betreuten Oligophrenen nur bei 11% mit Antidepressiva, bei 8% mit Lithium und Antikonvulsiva (Carbamazepin), dagegen bei 45% der Betroffenen

mit Neuroleptika behandelt (MEINS 1996). Auch zur Behandlung aggressiver Verhaltensstörungen werden Lithium und Carbamazepin trotz gut belegter Wirksamkeit bei Oligophrenen (MEINS 1991) kaum eingesetzt: in der bereits zitierten Studie über den Einsatz von Psychopharmaka in verschiedenen Einrichtungen für geistig Behinderte wurde Carbamazepin lediglich bei zwei, Lithium bei einem Betroffenen eingesetzt, obwohl als Indikation für den Einsatz von Psychopharmaka in erster Linie Verhaltensprobleme genannt wurden (MEINS 1993). Auch wenn sich in den USA in den letzten Jahren ein Rückgang des Einsatzes von Psychopharmaka bei geistig Behinderten zeigt (für andere Länder liegen keine entsprechenden Untersuchungen vor), muß doch davon ausgegangen werden, daß der Einsatz von Neuroleptika angesichts erhöhter Risiken für unerwünschte, insbesondere extrapyramidalmotorische Wirkungen keinen klaren Richtlinien und Zielvorgaben folgt, sondern häufig unspezifisch vorgenommen wird.

Grundsätze der psychopharmakologischen Behandlung Oligophrener

Ausgehend von englisch-sprachigen Vorschlägen wurden kürzlich (SEIDEL 1992) einige wichtige Aspekte für Richtlinien der Psychopharmakatherapie bei geistig behinderten Menschen zusammengefaßt (Tabelle 1). Danach soll der Einleitung einer medikamentösen Behandlung mit Psychopharmaka eine umfassende Analyse der verschiedenen Aspekte eines unerwünschten oder nicht tolerablen Verhaltens vorausgehen: bestehen tatsächlich Anhaltspunkte dafür, daß es sich (beim geplanten Einsatz von Neuroleptika) um psychotische Symptome handelt? Bietet der Patient die Symptome möglicherweise verstärkt an, um soziale Zuwendung (auch „negative" Sanktionen

Tabelle 1. Richtlinien der Psychopharmakatherapie bei Oligophrenen (modifiziert nach SEIDEL 1992)

Vor Einleitung einer Pharmakotherapie
- umfassende Analyse des unerwünschten oder nicht tolerierbaren Verhaltens
- rechtsverbindliche Zustimmung nach entsprechender Aufklärung
- Festlegung von Zielsymptomen der medikamentösen Behandlung
- symptombezogene, rational begründbare Auswahl des Medikamentes und der Dosierung; Festlegung der Dosierungsschritte und Höchstdosis

Während der medikamentösen Behandlung
- Verlaufsdokumentation erwünschter und unerwünschter Wirkungen
- Dosissteigerung oder -reduktion nach festgelegten Kriterien
- Integration der medikamentösen Behandlung in sozio- und psychotherapeutische Maßnahmen
- Beendigung der Behandlung bzw. Umsetzen der Medikation bei ausbleibendem Therapieerfolg bzw. intolerablen Nebenwirkungen

können eine Form der sozialen Aufmerksamkeit sein) zu erreichen? Was sind auslösende, verstärkende und unter Umständen „löschende" Faktoren? Sind die Möglichkeiten der psycho- und soziotherapeutischen Beeinflussung der Symptomatik und anderer möglicher therapeutischer Interventionen ausgeschöpft worden? Ist ausgeschlossen, daß unerwünschte Wirkungen bereits verabreichter Psychopharmaka (z. B. Akathisie bei Neuroleptika) die Symptomatik auslösen oder verstärken?

Sind diese Fragen ausreichend geklärt und eine Indikation zur psychopharmakologischen Behandlung gestellt, muß nach entsprechender Aufklärung eine rechtsverbindliche Zustimmung des Betroffenen (sofern einwilligungsfähig) oder seines Betreuers eingeholt werden. Bei der Festlegung der Zielsymptome und Auswahl des Medikamentes bestehen bei oligophrenen Patienten grundsätzlich keine anderen Kriterien als bei anderen psychisch gestörten Patienten. Danach sind hochpotente Neuroleptika hochwirksame Medikamente zur Behandlung endogener psychotischer Symptome bzw. psychomotorischer Erregung psychotischer Genese; mittel- und niedrigpotente Neuroleptika können demgegenüber auch bei Unruhe-, Angst- und Erregungszustän-

den nicht-psychotischer Genese eingesetzt werden. Sozial störende Verhaltensweisen stellen für sich genommen keine Indikation für die Gabe von Neuroleptika dar.

Affektive Störungen rechtfertigen bei oligophrenen Patienten grundsätzlich keine anderen Behandlungsstrategien als die sonst üblichen: Antidepressiva zur Behandlung depressiver Verstimmungen, Phasenprophylaktika (Lithium, Carbamazepin) bei phasenhaften Verläufen und (dies als Besonderheit bei Oligophrenen) auch bei auto- oder fremdaggressivem Verhalten (MEINS 1991).

Bei Planung und Durchführung einer neuroleptischen Behandlung sollte die vielfach in Langzeitbereichen psychiatrischer Krankenhäuser und Pflegeheimen anzutreffende „Polypragmasie" (z. B. gleichzeitige Gabe eines hochpotenten Neuroleptikums als Depot- und orale Medikation, Kombination mehrerer sedierender, anticholinerg wirksamer Neuroleptika u. U. bei gleichzeitiger Dauermedikation mit Anticholinergika etc.) wegen möglicher gefährlicher pharmakokinetischer und/oder pharmakodynamischer Interaktionen vermieden werden. Die (beim gleichzeitigen Vorliegen psychotischer Symptome und ausgeprägter Erregung) sinnvolle „Zweier-Kombination" eines

hoch- mit einem niedrigpotenten Neuroleptikum sollte in der Regel nicht überschritten
werden. Medikamente, die sich auch unter
Ausschöpfung der vorher festgelegten Dosierungsschritte bis zur Höchstdosis als un-
wirksam erweisen, werden abgesetzt und
nicht mit weiteren, gleichartigen Medikamenten kombiniert.

Der Verlauf und therapeutische Effekt einer
psychopharmakologischen Intervention
soll mit validen und reliablen Instrumenten
objektivierbar dokumentiert werden. Dazu
sollen nach Möglichkeit Frequenz, Rahmenbedingungen und Verlauf eines die medikamentöse Intervention begründenden Verhaltens mit geeigneten Erfassungsbögen
aufgezeichnet werden, um eine quantitative
und qualitative Analyse zu ermöglichen.
Durch Zufälle, subjektives Befinden und die
Entlastung dadurch, daß „etwas geschieht"
geprägte Aussagen wie „besser" oder
„schlechter" lassen eine qualifizierte Beurteilung eines Therapie-Effektes nicht zu.
Stellt sich der gewünschte therapeutische
Effekt nicht ein, so ist – wie beim Auftreten
unerwünschter, insbesondere extrapyramidaler Nebenwirkungen, für die oligophrene
Menschen besonders disponiert sein können – eine Umstellung auf sogenannte
„atypische", d. h. mit Hinblick auf extrapyramidale Symptome nebenwirkungsärmere
Substanzen zu erwägen. Darüber hinaus
lassen sich den in den USA entwickelten
Richtlinien zum Einsatz von Neuroleptika in
Pflegeeinrichtungen besonders auch für die
Behandlung oligophrener Patienten wichtige Anregungen entnehmen.

Richtlinien zum Einsatz von Neuroleptika in Pflegeeinrichtungen – das Beispiel USA

In den USA sind seit 1983 Bemühungen im
Gang, die Qualität der institutionellen Pflege zu verbessern und in diesem Rahmen

auch die Anwendung psychotroper Substanzen einzuschränken (STOUDEMIRE und
SMITH 1996). Untersuchungen hatten dort
ergeben, daß über 50% der vorübergehend
in Pflegeheimen untergebrachten Menschen mit Psychopharmaka behandelt werden, davon wiederum 25% mit Neuroleptika, die nach einer weiteren Untersuchung
unter Zugrundelegung definierter Indikati-
onskriterien bei 19% der Betroffenen entweder ohne spezifische Indikation oder aber in
zu hohen Dosierungen verordnet waren
(SVARSTAD und MOUNT 1991).

Mit der Veröffentlichung der OBRA-Richtlinien (Omnibus Budget Reconciliation Act)
im September 1991, ergänzt um „Erläutern-
de Richtlinien" der Gesundheitsbehörde
HCFA (Health Care Financing Administration) wurde insbesondere die Verordnung
von Neuroleptika in Heimeinrichtungen ins
Blickfeld gerückt: danach dürfen Neuroleptika nicht ohne das dokumentierte Vorliegen einer spezifischen Indikation verordnet
werden. Nach entsprechender Verordnung
sind nach 4–6 Monaten – wenn keine klinischen Kontraindikationen bestehen –
schrittweise Reduktionsversuche (in Intervallen von jeweils 5 Halbwertszeiten) und
verhaltensmodifizierende Maßnahmen mit
dem Ziel des Absetzens des Neuroleptikums
zwingend vorgeschrieben. Von weiteren
Reduktionsversuchen kann abgesehen werden, wenn eine primär psychiatrische Störung vorliegt oder zweimalige Reduktionsversuche innerhalb eines Jahres zu erneu-
tem Auftreten von Symptomen und Dosiserhöhung geführt haben. Als „unnötig" werden alle Medikamente angesehen, die

- in exzessiver Dosierung (einschließlich
  Doppelverordnung)
- mit exzessiver Dauer
- ohne entsprechendes Monitoring
- ohne angemessene Indikationsstellung
- trotz unerwünschter Wirkungen, die
  eine Dosisreduktion oder Absetzen erfordern,

oder bei gleichzeitigem Bestehen mehrerer oben genannter Gesichtspunkte weitergegeben werden.

Als „angemessene Indikationsstellung" für die Gabe von Neuroleptika gelten ausschließlich definierte „Achse I"-Störungen nach DSM-III-R, während häufig vorkommende, jedoch unspezifische Verhaltensweisen, die keiner der genannten Störungen zugeordnet werden können, keine angemessene Indikation für die Gabe von Neuroleptika darstellen (Tabelle 2). Bei „organisch bedingten psychischen Störungen" ist die Anwendung von Neuroleptika auf Störungen mit psychotischen und/oder erregten Verhaltensweisen eingeschränkt, die zusätzlich folgende Kriterien erfüllen müssen:

- quantitative (Anzahl der Vorkommnisse) und objektive qualitative Dokumentation (z. B. Beißen, Treten, Kratzen)
- keine Verursachung durch verhinderbare Gründe

- Selbst- oder Fremdgefährdung
- kontinuierliches Weinen, Schreien, Schimpfen und Stampfen verursachen eine dokumentierte funktionelle Verschlechterung (die funktionellen Fähigkeiten werden mit speziellen Erhebungsbögen dokumentiert)
- psychotische Symptome (Halluzinationen, Paranoia, Wahn) äußern sich weder in gefährlichen, noch in sozial intolerablen Verhaltensweisen, sind jedoch störend für den Betroffenen oder verschlechtern seine funktionelle Kapazität.

Die geforderte schrittweise Reduktion der Dosis von Neuroleptika soll zum Ziel haben, die niedrigste wirksame Dosis zur effektiven symptomatischen Behandlung herauszufinden oder das Neuroleptikum ganz abzusetzen, wenn sich die psychiatrische Symptomatik zurückgebildet hat. Letztere Möglichkeit wird für den Fall einer „Heilung" (z. B. bei erfolgreicher Behandlung kurzer, reaktiver Psychosen), einer zeitweisen Remission

Tabelle 2. Anerkannte und unangemessene Indikationen für die Gabe von Neuroleptika nach den OBRA-Richtlinien

Indikation für Neuroleptika	Keine Indikation für Neuroleptika
Schizophrenie	Zielloses Umherwandern
Schizoaffektive Störung	Vernachlässigung der Körperpflege
Wahnhafte Störung	Ruhelosigkeit
Affektive Störungen mit psychotischen Merkmalen	Gedächtnisstörung
Akute psychotische Episode	Ängstlichkeit
Kurze reaktive Psychose	Depression (ohne psychotische Merkmale)
Schizophreniforme Störung	Schlaflosigkeit
Atypische Psychose	Soziale Anpassungsstörung
Tourette Störung	Teilnahmslosigkeit
Huntington Krankheit	Ständiges Zupfen, Nesteln („fidgeting")
Organisch bedingte psychische Störungen (einschließlich Demenz und Delir) unter bestimmten Voraussetzungen – siehe Text	Nervosität
Kurzzeitige (7 Tage) symptomatische Behandlung bei Schluckauf, Übelkeit, Brechreiz oder Pruritus	Unkooperatives oder erregtes Verhalten, das *keine* Selbst- oder Fremdgefährdung bedingt

(z. B. bei erfolgreicher Kontrolle der Symptome einer bipolaren Störung während einer manischen Phase) oder wenn die Progredienz (z. B. einer Demenz) dazu führt, daß psychiatrische Probleme in den Hintergrund treten. Steht einer Dosisreduktion bei stabilisierten Patienten die Gefahr der erneuten Exazerbation von Symptomen entgegen, so müssen Häufigkeit und/oder Schweregrad der Symptomatik vor und nach Medikamentenänderung dokumentiert sein, um die Rückkehr zu vorher gegebenen Dosierungen zu rechtfertigen. Bei Patienten mit psychotischer Symptomatik kann auf die geforderten Versuche zur Dosisreduktion verzichtet werden, wenn aus der Vorgeschichte rezidivierende Verläufe bekannt sind und keine unerwünschten Nebenwirkungen zu verzeichnen sind. Weitere Ausnahmen sind möglich, wenn der behandelnde Arzt die Indikation des gegebenen Neuroleptikums und die sorgfältige Nutzen/Risiko-Abwägung dokumentiert hat. Zumindest für die Anwendung bei organisch bedingten psychischen Störungen nennen die Richtlinien empfohlene Tagesdosen, die ohne Begründung nicht überschritten werden dürfen (Tabelle 3). Die Verschreibung von zwei oder mehr psychotropen Substanzen mit gleichartiger (z. B. sedierender) Wirkung ist ohne entsprechend begründende Dokumentation nicht zulässig. Nach den Richtlinien muß sichergestellt sein, daß Patienten unter Neuroleptika regelmäßig auf unerwünschte Nebenwirkungen untersucht werden, wobei besonders tardive Dyskinesien (für die die Anwendung von Skalen, z. B. der Abnormal Involuntary Movement Scale/AIMS empfohlen wird), orthostatische Hypotonie, kognitive Störungen oder Beeinträchtigungen des Verhaltens, Akathisie und extrapyramidale Nebenwirkungen benannt werden. Alternativ zur Anwendung von Medikamenten ermutigen die Richtlinien zu verhaltensbezogenen Interventionen, die sich auf Interaktionen des Personals mit den Betroffenen,

Tabelle 3. Empfehlung der OBRA-Richtlinien für Tageshöchstdosen bei organisch bedingten psychischen Störungen (modifiziert nach STOUDEMIRE und SMITH 1996)

Neuroleptikum	Empfohlene Tagesdosis (mg/d)
Thioridazin	75
Perphenazin	8
Fluphenazin	4
Chlorprothixen	75
Haloperidol	4
Clozapin	50

aber auch auf die Anpassung des Milieus an deren Bedürfnisse beziehen.

Erste kontrollierte Untersuchungen zu den Auswirkungen der Anwendung dieser Richtlinien zeigen, daß nach ihrer Anwendung in 17 Heimen ein Rückgang der Verordnung von Neuroleptika um mehr als 1/3 (36%) erreicht werden konnte (ROVNER et al. 1992).

Ausblick

Die Behandlung chronisch-psychisch Kranker und oligophrener Patienten mit Neuroleptika bedeutet die Anwendung hochwirksamer Medikamente für inhaltlich definierte Symptome und Störungen über – durch das Auftreten unerwünschter Nebenwirkungen und das therapeutische Ansprechen der Zielsymptome (von Ausnahmen abgesehen) – begrenzte Zeit. Sie erfordert fachliche Kompetenz, die in der Regel eine psychiatrische Ausbildung und Erfahrung mit psychopharmakologischer Therapie voraussetzt. Angesichts des Abbaus von Betten der Langzeitbereiche psychiatrischer Kliniken und damit der Verlagerung der Behandlung chronisch-psychisch Kranker und geistig Behinderter in den ambulanten Bereich kommt der Frage, wie für die Betroffen eine den Standards der bisherigen fachärztlichen Betreuung entsprechende Behandlungsqualität auch hinsichtlich der psychopharmakologischen Therapie sichergestellt werden kann, zunehmende Bedeutung zu. Dem unkontrollierten, mit mangelnder Sachkompetenz angeordneten Einsatz von Neuroleptika zur unspezifischen Sedierung oder Behandlung von – durch Personalmangel und unzureichende räumliche Ausstattung mitbedingter – Anpassungs- und Verhaltensstörungen chronisch-psychisch Kranker oder Oligophrener sollte der fachlich kompetente Einsatz dieser Medikamente unter den hier umrisssenen Voraussetzungen entgegengestellt werden.

Literatur

DOSE M (1996) Behandlungsstandards der neuroleptischen Rezidivprophylaxe schizophrener Psychosen. Psychopharmakotherapie 3: 81–85

KANE JM, WOERNER M, BORENSTEIN M, WEGNER J, LIEBERMAN JA (1986) Integrating incidence and prevalence of tardive dyskinesia. Psychopharmacol Bull 22: 254–258

KISSLING W, KANE JM, BARNES TRE, DENCKER SJ, FLEISCHHACKER WW, GOLDSTEIN MJ, JOHNSON DAW, MARDER SR, MÜLLER-SPAHN F, TEGELER J, WISTEDT B, WOGGON B (1991) Guidelines for neuroleptic relapse prevention in schizophrenia: towards a consensus view. In: KISSLING W (ed) Guidelines for neuroleptic relapse prevention in schizophrenia. Springer, Berlin Heidelberg New York Tokyo, pp 155–163

LUND J (1985) The prevalence of psychiatric morbidity in mentally retarded adults. Acta Psychiatr Scand 72: 563–570

MEINS W (1991) Aktuelle Entwicklungen in der Psychopharmakotherapie von Personen mit geistiger Behinderung. Krankenhauspsychiatrie 2: 109–114

MEINS W (1996) Wie werden geistig behinderte Erwachsene mit depressiven Störungen psychopharmakologisch behandelt? Nervenarzt 67: 216–218

MEINS W, AUWETTER J, KRAUSZ M, TURNIER Y (1993) Behandlung mit Psychopharmaka in unterschiedlichen Einrichtungen für geistig Behinderte. Nervenarzt 64: 451–455

ROVNER BW, EDELMAN BA, COX MP, SHMUELY Y (1992) The impact of antipsychotic drug regulations on psychotropic prescribing practuces in nursing homes. Am J Psychiatry 149: 1390–1392

SEIDEL M (1992) Aspekte der Psychopharmakotherapie psychischer Störungen und Krankheiten bei geistig behinderten Menschen. In: LOTZ W, KOCH U, STAHL B (Hrsg) Psychotherapeutische Behandlung geistig behinderter Menschen. Huber, Bern, S 241–256

STOUDEMIRE A, SMITH DA (1996) OBRA regulations and the use of psychotropic drugs in long-term care facilities. Gen Hosp Psychiatry 18: 77–94

SVARSTAD BL, MOUNT JK (1991) Nursing home resources and tranquilizer use among the institutionalized elderly. J Am Geriatr Soc 39: 869–875

Exkurs: Unerwünschte Arzneimittelwirkungsprofile von Neuroleptika – Ergebnisse aus dem AMÜP-Projekt

L. G. Schmidt

Historisches

Seit ihrer Entdeckung Anfang der 50er Jahre ist die Anwendung der modernen Psychopharmaka mit der Beobachtung und Beschreibung unerwünschter Wirkungen verbunden. DELAY und DENIKER haben in ihren ersten Arbeiten (1952) zur Wirksamkeit von Chlorpromazin bereits die wichtigsten Nebenwirkungen dieser Substanz hinsichtlich ihrer Art beschrieben. Die Thematik der unerwünschten Arzneimittelwirkungen (UAW) fand in der Folgezeit bald in Publikationen und wissenschaftlichen Tagungen ihren eigenständigen Raum; es wurden zahlreiche Kasuistiken dokumentiert, Übersichten erarbeitet und auch Untersuchungen zu einzelnen Aspekten der UAW vorgelegt.

Systematische Arzneimittelüberwachungssysteme vom Typ der **drug surveillance** Studien in internistischen Kliniken wurden in der Psychiatrie nur in ganz begrenztem Umfang durchgeführt, so in Kanada von ANANTH et al. (1971) und in den USA von SHADER (1975). Weiterhin waren in sehr begrenztem Umfang auch psychiatrische Kliniken an Projekten wie dem Boston Collaborative Drug Surveillance Program (BCDSP; SWETT 1979), der Untersuchung von HURWITZ und WADE (1969) sowie der von SMIDT und McQUEEN (1972) beteiligt. Die aus diesen Zahlen publizierten Ergebnisse beschränkten sich jedoch auf eher globale Zahlen zu UAW-Raten insgesamt, differenziert allenfalls noch nach Alter, Geschlecht, Art der beobachteten UAW insgesamt sowie UAW-Raten für Einzelmedikamente. Detaillierte Aufschlüsselungen unter gleichzeitiger Berücksichtigung von Alter, Geschlecht, Diagnose sowie angewandter Dosierung der einzelnen Arzneimittel und ihrer jeweiligen Komedikationen bei zusätzlicher Differenzierung der UAW nach Art, Wahrscheinlichkeitsgrad und definiertem Schweregrad gab es nicht.

Nachdem die Zurücknahme des Neuroleptikums Clozapin vom Markt wegen lokal begrenzter Häufung von Agranulozytosen in Finnland und der Schweiz (IDÄNPÄÄN-HEIKKILÄ et al. 1977, JUNGI et al. 1977) nach der Thalidomid-Katastrophe im Jahre 1961 die Notwendigkeit exakter Untersuchungen zur Risikoerfassung auch für den Bereich der Psychopharmaka deutlich gemacht hatte, beschloß in dieser Situation die Arbeitsgemeinschaft für Neuropsychopharmakologie und Pharmakopsychiatrie (AGNP) 1978, ein System zur Erfassung unerwünschter Wirkungen von Psychopharmaka bei psychiatrischen Patienten zu etablieren.

Die Arbeitsgruppe „Arzneimittelüberwachung in der Psychiatrie (AMÜP)" wurde mit dem Ziel gegründet, die Bedeutung von UAW für die Psychopharmakatherapie unter den Bedingungen des Alltags in Klinik und Praxis zu bestimmen, exakte Zahlen zur Risikoabschätzung zu gewinnen und damit den wissenschaftlichen Erkenntnisstand im Bereich der UAW von Psychopharmaka voranzutreiben (RÜTHER et al. 1980, HELM-CHEN et al. 1985). Die Erfassung unter Alltagsbedingungen erschien uns deshalb als so bedeutsam, weil sich diese von den Bedingungen in kontrollierten Studien erheblich unterscheiden: zu den unter Alltagsbedingungen behandelten Patienten gehören auch Patienten des höheren und hohen Lebensalters sowie multimorbide Patienten; Mehrfachmedikation ist hier ein außerordentlich häufiges Vorgehen, wie zahlreiche, auch eigene Untersuchungen zeigen (CLARK und HOLDEN 1987, SCHMIDT et al. 1987b, MÜLLER-SPAHN et al. 1988). Die AMÜP-Studie war zunächst als multizentrische Studie in mehreren psychiatrischen Kliniken in Deutschland angelegt, eine kontinuierliche Datenerfassung über die Jahre 1979–1986 wurde jedoch nur in der Kliniken der Ludwig-Maximilians-Universität München und der Freien Universität Berlin durchgeführt (GROHMANN et al. 1994). Über die Ergebnisse der Erfassung von UAW an 10.445 mit Neuroleptika behandelten Patienten wird im folgenden berichtet.

Methodik

Als **unerwünschte Arzneimittelwirkung (UAW)** wurde jedes unerwünschte Ereignis definiert, das bei Anwendung eines Arzneimittels in therapeutischer und prophylaktischer Dosierung auftritt. Unwirksamkeit und Intoxikationserscheinungen sind in dieser Definition von UAW entsprechend dem Konzept von SEIDL et al. (1966) nicht enthalten.

Die Wahrscheinlichkeit des Zusammenhanges zwischen unerwünschtem Ereignis und verabreichter Medikation wurde entsprechend dem Konzept von SEIDL et al. (1966) und HURWITZ und WADE (1969) in einer Fallkonferenz festgelegt, in der auch entschieden wurde, welche(s) der verabreichten Medikamente für die UAW anzuschuldigen sei. Dabei wurden folgende Kriterien zugrundegelegt: für den Wahrscheinlichkeitsgrad

„möglich":
– für das betreffende Medikament nicht charakteristische unerwünschte Wirkung,
– und/oder nicht mit den bisherigen Erfahrungen übereinstimmende zeitliche Verhältnisse,
– oder Wahrscheinlichkeit einer anderen Ursache > 50%.

„wahrscheinlich":
– für das betreffende Medikament allgemein bekannte unerwünschte Wirkung,
– zeitliche Verhältnisse in Übereinstimmung mit bisherigen Erfahrungen,
– Wahrscheinlichkeit einer anderen Ursache < 50%.

„sicher":
– für das betreffende Medikament allgemein bekannte unerwünschte Wirkung,
– zeitliche Verhältnisse in Übereinstimmung mit bisherigen Erfahrungen,
– Wahrscheinlichkeit einer anderen Ursache < 50%,
– Zusammenhang nach Reexposition durch Wiederauftreten der UAW nachgewiesen.

Die **Kausalitätsbeurteilung** aufgrund dieser Kriterien erwies sich aufgrund einer Interraterstudie als ausreichend reliabel (SCHMIDT et al. 1986).

Die **Schwere** einer UAW wurde nicht in Begriffen wie „leicht", „mittel" oder „schwer", sondern nach der Auswirkung der UAW auf die weitere Therapie in drei Stufen eingeteilt:

Stufe 1: keine Änderung der Medikation (notwendig);
Stufe 2: Änderung der Medikation (Zusatzmedikation und/oder Dosisänderung);
Stufe 3: Absetzen der angeschuldigten Medikation.

UAW der Stufen 2 und 3 werden im folgenden als **„therapierelevante UAW"** zusammengefaßt, UAW der Stufe 3 kurz als **„Absetz-UAW"** bezeichnet.

Die UAW-Erfassung erfolgte mit 2 verschiedenen Systemen, die gleichzeitig nebeneinander zur Anwendung kamen. Mit einer **Intensiverfassung** wurde eine zufällig ausgewählte Stichprobe (754 mit Neuroleptika behandelte Patienten) hinsichtlich des Auftretens von UAW aller Stufen und Wahrscheinlichkeitsgrade überwacht, während mit der sog. **„organisierten Spontanerfassung"** alle übrigen Patienten hinsichtlich „Absetz-UAW" (9691 neuroleptisch behandelte Patienten) überwacht wurden.

Da nicht selten Kombinationen von Psychopharmaka für UAW angeschuldigt wurden, wurden bei der Auswertung für jedes einzelne Psychopharmakon sowohl die Fälle gezählt, in denen es **überhaupt** (d. h. allein und in Kombination) für eine UAW verantwortlich gemacht wurde, als auch die Fälle, in denen es allein angeschuldigt wurde. Zur besseren Übersicht wurden die einzelnen UAW-Symptome verschiedenen **Organsystemen** (z. B. Delir und Verwirrtheit, extrapyramidale Störungen etc.) zugeordnet.

Ergebnisse

Exposition mit Neuroleptika

Da UAW von Arzneimitteln vielfach dosisabhängig sind, unerwünschte Arzneimittelprofile durch zugrundeliegende Arzneimittelmuster determiniert werden, soll zunächst eine Übersicht der Anwendungsdaten von Neuroleptika gegeben werden. Bei den 10.445 neuroleptisch behandelten Patienten kamen 20.044 Neuroleptikaanwendungen (von 24 verschiedenen Präparaten) zum Einsatz, d. h. jeder Neuroleptika-Patient erhielt im Schnitt 1,9 verschiedene Präparate während seines Krankenhausaufenthaltes, der beispielsweise bei den schizophrenen Patienten 52 Tage lang war. Der

Haupteinsatzschwerpunkt der Neuroleptika lag erwartungsgemäß bei den 6333 überwachten schizophrenen Patienten (nach ICD-9: 295,7-9: 96,3% der Patienten erhielten Neuroleptika) und 854 Patienten mit Manien (nach ICD-9: 296.9,.2: 86,8% resp.); aber auch bei den 3384 endogen Depressiven (nach ICD-9: 296.1,.3-.9; von denen 84,5% der Patienten Antidepressiva erhielten) wurden bei mehr als der Hälfte aller Patienten (56,6% resp.) Neuroleptika eingesetzt. 54,1% der 1526 Patienten mit organischen Psychosen (ICD-9: 290-4, 310) wurden mit Neuroleptika, sowie 28,1% der Patienten mit neurotischen Störungen (ICD-9: 300-1, 8-9) ebenfalls mit diesen Substanzen behandelt. 9,9% der 2040 Suchtpatienten (ICD-9: 303-5) erhielten ebenfalls Neuroleptika. Bei den Schizophrenien, der für die Betrachtung der Neuroleptika wichtigsten Krankheitsgruppe, waren Antiparkinsonmittel (46,2% der Patienten), Benzodiazepine (32,0% resp.) und Antidepressiva (17,4% resp.) die häufigsten Komedikationen.

Haloperidol war insgesamt das meistgebrauchte Neuroleptikum und wurde bei 50,0% aller Neuroleptikapatienten eingesetzt. Dabei wurde Haloperidol häufig kombiniert: drei Viertel aller mit Haloperidol behandelten Patienten erhielten ein weiteres Neuroleptikum, am häufigsten Laevomepromazin (38,5%), nur 14% nie andere Neuroleptika. Die Hälfte aller Patienten erhielt zusätzlich Biperiden, das praktisch ausschließlich als Antiparkinsonmittel eingesetzt wurde. 50,3% aller Schizophrenen erhielten Haloperidol, bei denen mit 17,5 mg die mittlere Tagesdosis vergleichsweise auch am höchsten war. Die Verabreichungsdauer in dieser Krankheitsgruppe lag im Mittel bei 28 Tagen, in knapp der Hälfte der Behandlungen war Haloperidol hier das erste Neuroleptikum. Bei den endogen Depressiven (23,8% dieser Patientengruppe) wurde Haloperidol mit 29 Tagen ähnlich lang wie bei den Schizophrenen verabreicht, jedoch betrug die mittlere Tagesdosis hier nur 8,1 mg. 45,9% der manischen und 34,2% der Patienten mit organischen Psychosen erhielten ebenfalls Haloperidol.

Perazin wurde bei 45,3% Schizophrenen eingesetzt, wobei die Verordnungsdauer im Mittel bei 32 Tagen und die mittlere Tagesdosis bei 300 mg lag. Bei 15,6% der endogen Depressiven wurde Perazin in einer durchschnittlichen Tagesdosis von 203 mg verabreicht. 42,5% der Patienten mit Manien und 14,2% mit organischen Psychosen und wurden ebenfalls mit Perazin behandelt. Perazin war häufiger als Haloperidol das einzige Neuroleptikum im Behandlungsverlauf.

Levomepromazin war typischerweise ein Zusatzmedikament, so erhielten 31,4% aller schizophrenen Patienten dieses Neuroleptikum mit einer mittleren Tagesdosis von 126 mg für im Schnitt 16 Tage. 81,5% aller mit Laevomepromazin behandelten Patienten erhielten dieses Neuroleptikum in Kombination mit einem anderen Neuroleptikum für mindestens einen Tag.

Alle weiteren Neuroleptika wurden mit Anwendungshäufigkeiten um 1000 Verord-

nungen und darunter deutlich seltener eingesetzt. **Fluspirilen** war das am meisten verordnete Depot-Neuroleptikum, das 12,4% der Schizophrenen erhielten, danach folgte **Flupentixoldecanoat** bei 9,8% Schizophrener Patienten. **Clozapin** nimmt wegen der Indikationseinschränkungen aufgrund des besonderen Agranulozytoserisikos eine Sonderstellung ein: 12,0% schizophrener wurden mit diesem Neuroleptikum in einer durchschnittlichen Tagesdosis von 231 mg über im Schnitt 49 Tage behandelt. **Thioridazin** wies als einziges Neuroleptikum ein etwas anderes Indikationsspektrum auf: 6,6% der Schizophrenen, aber auch 6,6% der Patienten mit neurotischen Störungen und 6,4% der endogen Depressiven erhielten dieses Neuroleptikum.

Globale UAW-Raten

Die nachfolgenden Darstellungen beziehen sich, soweit nicht ausdrücklich anders angegeben, auf UAW mit „wahrscheinlichem" und „sicherem" Kausalzusammenhang sowie auf „alle" Anschuldigungen der betref-

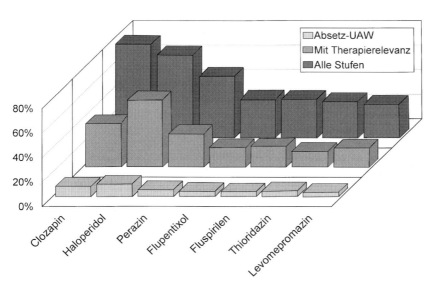

Abb. 1. Globale UAW-Raten einzelner Neuroleptika („alle" Anschuldigungen, Zusammenhang „wahrscheinlich")

fenden Substanzgruppe oder Einzelmedikament (in denen die Substanz allein oder in Kombination) für eine UAW verantwortlich gemacht wurde.

UAW aller Schweregrade („Stufen") wurden bei 58,8% aller Neuroleptika-Patienten (aus Intensiverfassung) registriert, bei 41,5% hatten sie therapeutische Konsequenzen und bei 9,0% führten sie zum Absetzen (organisierte Spontanerfassung).

Die globalen UAW-Raten einzelner Neuroleptika unterschieden sich erheblich voneinander (Abb. 1). Die höchsten Raten wies **Clozapin** auf, das bei 75,9% aller exponierten Patienten irgendwelche UAW (aller Stufen) auslöste, bei 35,2% therapierelevante UAW verursachte und bei 7,9% der Patienten deshalb abgesetzt werden mußte. **Haloperidol** folgte, was UAW aller Stufen anging (67,3%), war aber mit der höchsten Rate der therapierelevanten UAW (54,4%) und Absetz-UAW (9,5%) belastet. **Perazin** erwies sich als deutlich nebenwirkungsärmer (49,7% der Patienten hatten UAW aller Stufen, 26,8% therapierelevante UAW und 5,1% Absetz-UAW). Die Depotneuroleptika

Flupentixol-Decanoat und **Fluspirilen** hatten niedrigere und ähnliche UAW-Raten (um 30% bei den UAW aller Stufen, um 16% therapierelevante UAW, um 3,5% Absetz-UAW), was mit dem Einsatz nach Beendigung der Akutbehandlung zu tun haben dürfte. Die niedrigsten UAW-Raten waren bei **Thioridazin** und **Levomepromazin** (UAW aller Stufen unter 30% behandelter Patienten, therapierelevante UAW unter 15%, Absetz-UAW um 3,5%) beobachtet worden.

UAW-Profile in der Organ-System Klassifikation

Bei **Haloperidol** dominierten extrapyramidale Störungen (EPMS) bei 55,9% der Patienten bei weitem, sie hatten in der Mehrzahl der Fälle auch therapeutische Konsequenzen (48,6%; wobei die Verursachung überwiegend auf Haloperidol allein [45,8%] zurückgeführt wurde); bei 8,0% der Patienten mußte deshalb abgesetzt werden (Abb. 2). Unter den therapierelevanten UAW standen das Parkinsonoid (Hypokinese/Rigor) mit

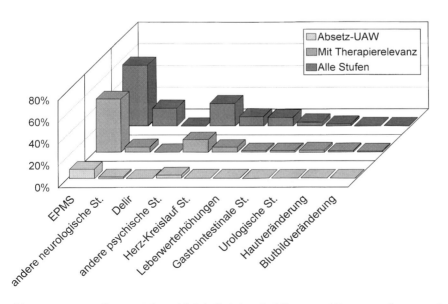

Abb. 2. UAW-Profil von Haloperidol („alle" Anschuldigungen, Zusammenhang „wahrscheinlich")

27,5% behandelter Patienten (Absetzrate 5,0%) und die Frühdyskinesie mit 22% an der Spitze (Absetzrate 0,9%) vor der Akathisie mit 14,4% (Absetzrate 2,9%). Müdigkeit (den „anderen psychischen Störungen" zugeordnet) war bei 17,2% der Patienten insgesamt relativ häufig, führte jedoch nur bei 7,6% der Patienten zu therapeutischen Konsequenzen (wobei wiederum in 50% der Fälle Kombinationen angeschuldigt wurden). Herz-Kreislauf-UAW (insgesamt bei 8,6%) waren vorwiegend hypotone Kreislaufregulationsstörungen, für die Haloperidol meist in Kombination mit Levomepromazin angeschuldigt wurde. EEG-Veränderungen, in der Regel Allgemeinveränderungen (7,3%) oder flüchtige, nicht paroxysmale Störungen (4,6%; den „anderen neurologischen Störungen" zugeordnet) sowie Leberwerterhöhungen (7,6%) gehörten noch zu den häufigeren UAW; sie hatten aber überwiegend keine Auswirkungen auf die weitere Therapie.

Unter **Perazin** kam es im Vergleich zu Haloperidol vor allem sehr viel seltener zu EPMS, so bei 14,4% für alle Schweregrade und bei 9,7% mit therapeutischen Konsequenzen (Abb. 3); lediglich bei 1,2% der Patienten mußte Perazin deshalb abgesetzt werden. Die insgesamt häufigsten UAW waren hier noch vor den EPMS die anderen psychischen Störungen (21,2%). Diese waren gleich häufig wie bei Haloperidol; auch unter Perazin war dabei Sedation mit 20,9% (meist aber keine Kombinationsanschuldigungen) das häufigste Einzelsymptom. Leberwerterhöhungen (14,1%) und in etwas geringerem Maß auch Herz-Kreislauf-Störungen (12,9%) waren unter Perazin häufiger und wurden vor allem auf Perazin allein zurückgeführt. Diese UAW zogen aber vergleichsweise selten therapeutische Konsequenzen nach sich (bei den anderen psychischen Störungen: 8,5%; bei den Herz-Kreislauf-Störungen 6,5%; bei den Leberwerterhöhungen: 2,4%) entsprechend selten waren Absetzereignisse (0,8%; 0,5%; 1,1%).

Das UAW-Profil von **Clozapin** (Abb. 4) ist vor allem durch die deliriogene Potenz (7,4% bezogen auf alle Stufen) gekenn-

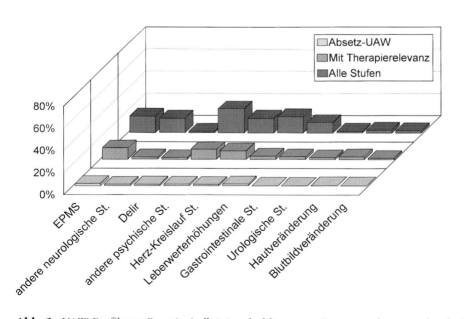

Abb. 3. UAW-Profil von Perazin („alle" Anschuldigungen, Zusammenhang „wahrscheinlich")

zeichnet, ferner durch andere psychische Störungen (bei 40,7%, die vor allem durch Sedation bei 37% der Patienten zustande kamen, welche wiederum nur bei 3,7% zum Absetzen führten), durch das Fehlen extrapyramidaler Störungen, durch andere neurologische Störungen (bei 24,1% bezogen auf alle Stufen, vor allem EEG-Veränderungen ohne Konsequenzen), durch gastrointestinale Störungen bei 33,3% der Patienten, (welche in 24,1% der Patienten Hypersalivationszustände waren, die in keinem Fall zum Absetzen Anlaß gaben), durch Herz-Kreislauf-Störungen in 22,2% der Patienten (bei 16,7% Schwindelzustände, die meist durch Dosisveränderung oder Zusatzmedikation beherrschbar waren) und durch diskrete Leberwerterhöhungen (20,4%), ebenfalls praktisch ohne Konsequenz.

Differentielle Absetz-Raten bei schizophrenen Patienten

Da schizophrene Patienten die Hauptzielgruppe für Neuroleptika sind, werden im folgenden für diese Patientengruppe Absetzraten von Neuroleptika für die wichtigsten UAW-Spektren angegeben, wobei auch Daten seltener verwandter Neuroleptika mitgeteilt werden, die aber wenigstens 150 mal eingesetzt worden waren. Dabei muß aber berücksichtigt werden, daß Häufigkeitsunterschiede bei diesen niedrigen Auftretenswahrscheinlichkeiten oft keine wesentliche praktische Bedeutung haben (SCHMIDT und GROHMANN 1990).

Extrapyramidale Störungen waren auch hier die bei weitem häufigsten Absetzgründe, wobei die Absetzrate (am höchsten mit 13,7% bei mit Benperidol behandelten schizophrenen Patienten, gefolgt von Haloperidol und Pimozid) in etwa mit der neuroleptischen Potenz parallel geht (Tabelle 1). Die Absetzraten unter den Depot-Neuroleptika (Fluphenazin-Decanoat, Flupentixol-Decanoat und Fluspirilen) sind wohl dosisbedingt niedriger. Die Absetzrate des mittelpotenten Perazins aufgrund von EPMS liegt bei 1%. Unter den extrapyramidalen Störungen fand sich bei den oralen Neuropleptika am

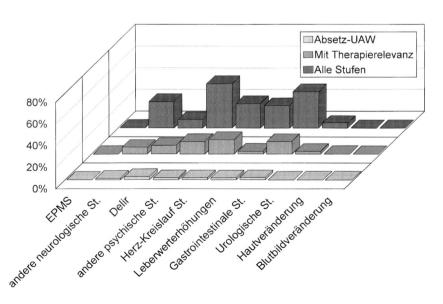

Abb. 4. UAW-Profil von Clozapin („alle" Anschuldigungen, Zusammenhang „wahrscheinlich")

Tabelle 1. Differentielle Absetzraten von Neuroleptika bei schizophrenen Patienten: Extrapyramidale Störungen („alle" Anschuldigungen, Zusammenhang „wahrscheinlich")

	n	mg Tagesdosis	EPMS (alle) (%)	Parkinsonoid (%)	Akathisie (%)	Tremor (%)	Frühdyskinesie (%)	Spätdyskinesie (%)
Benperidol	153	10,0	13,7	10,5	3,9	2,7	0	0,5
Haloperidol	2947	17,5	9,2	6,1	3,4	2,1	0,8	0,3
Pimozid	339	3,9	6,5	2,9	2,9	1,0	0,5	0,7
Flupentixol	319	10,7	6,3	1,9	3,8	1,3	0,5	0,7
Trifluperazin	194	14,3	5,2	1,6	3,1	1,0	0	0
Fluphenazin-D.	150	–	4,4	2,5	3,8	2,3	0	2,3
Fluphenazin	152	5,4	3,9	3,3	3,9	0,5	0	0,5
Flupentixol-D.	595	–	3,4	1,9	2,2	0,5	0	0,3
Fluspirilen	739	–	2,8	1,2	1,1	1,1	0,2	0
Perazin	2667	300	1,2	0,7	0,3	0,4	0,1	0,1
Levomepromazin	1848	104	0,2	0,2	0	0	0	0
Thioridazin	987	269	1,5	0,8	0	0	0,2	0,1
Clozapin	729	202	0	0	0	0	0	0

häufigsten das Parkinsonoid (Hypokinese/ Rigor), unter den Depot-Neuroleptika auch die Akathisie. Tremor und Frühdyskinesien waren meist keine Absetzgründe, sondern führten zu Dosisreduktion oder Zusatzmedikation. Unter Akutbehandlung auftretende Spätdyskinesien wurden selten beobachtet.

Delirante Zustände mit Absetzkonsequenz kamen unter den mittelpotenten Neuroleptika bei 1–2% behandelter Patienten vor (Tabelle 2), so bei Clozapin unter Monotherapie, bei Perazin meist unter Kombinationsbehandlung mit anderen anticholinerg wirksamen Substanzen. Delirien wurden unter hochpotenten Neuroleptika (allein) nicht beobachtet. Unter den hochpotenten Neuroleptika waren *andere (nicht-delirante) psychische Störungen* häufiger. Erwähnenswert ist die depressiogene Wirkung von Benperidol, und die Unruhe (Agitation) unter Pimozid.

Andere Störungen, wie Artikulationsstörungen, Gangunsicherheit oder EEG-Veränderungen waren recht selten und führten beispielsweise bei 0,5% Haloperidol behandelter Patienten zum Absetzen. Ein Grand-Mal Anfall wurde unter Haloperidol allein nicht beobachtet, ebensowenig Blutbildveränderungen; Leberwerterhöhungen, hypotone Störungen, Hautveränderungen oder urologische Störungen fanden sich nur in Einzelfällen. Unter Perazin sind im übrigen noch hypotone Zustände und Hautveränderungen bei ca. 0,5% der Patienten erwähnenswert.

Bedrohliche Behandlungssituationen

Diese kamen nach klinischem Urteil bei 1,4% neuroleptisch behandelter Patienten vor. Eine Übersicht über die mit Haloperidol, Perazin und Clozapin in Zusammenhang gebrachten Fälle gibt Tabelle 3.
Todesfälle kamen unter Neuroleptika insgesamt neunmal vor (7mal unter Haloperidol, 2mal unter Perazin), wobei die sehr komplizierten Verläufe hier nicht ausführlich ge-

Tabelle 2. Differentielle Absetzraten von Neuroleptika bei schizophrenen Patienten: Delir und andere psychische Störungen („alle" Anschuldigungen, Zusammenhang „wahrscheinlich")

	Delir (%)	andere psychische Störungen (alle) (%)	Sedation (%)	Unruhe (%)	Depression (%)
Clozapin	2,2	1,5	1,0	0,3	0
Thioridazin	0,8	0,3	0	0	0,2
Perazin	0,7	0,8	0,6	0,1	0
Levomepromazin	0,6	0,7	0,5	0,1	0
Benperidol	0	5,9	0,7	0,7	3,9
Pimozid	0	4,4	0	2,7	1,2
Haloperidol	0	2,5	1,0	1,0	0,9
Flupentixol	0	2,5	1,3	0,3	0,3
Fluphenazin-D.	0	2,5	0,6	0	1,3
Flupentixol-D.	0	1,8	1,0	0,3	0,5
Fluphenazin	0	1,5	1,3	0	0
Fluspirilen	0	0,8	0,1	0,3	0,4
Trifluperazin	0	0	0	0	0

würdigt werden können. In 2 Fällen kam es unter Haloperidol im (malignen) **neuroleptischen Syndrom** (bei der Differentialdiagnose Katatonie) zum Tod, wobei eine Pneumonie bzw. Lungenembolie vorausging. Bei 2 weiteren Patienten trat bei schwer reduziertem Allgemeinzustand der Tod infolge längerer Immobilisierung nach Lungenembolie ein. Bei 3 weiteren Patienten kam es zum plötzlichen Herztod, wobei die unmittelbare Todesursache wegen nicht durchgeführter Obduktion nicht geklärt werden konnte. Unter Perazin kam es bei 2 auch körperlich schwer kranken Patienten zum Herz-Kreislauf-Versagen. 8 **Agranulozytosen** und eine bedrohliche Leukopenie wurden beobachtet, 7 unter Perazin, 2 unter Clozapin. In allen Fällen waren Frauen betroffen, in allen Fällen kam es zu einer vollständigen Remission. Damit liegt die Häufigkeit bei 1‰ der Behandlungen und ist zehnfach niedriger als vom Hersteller angegeben (1%). Unter den **cardiorespiratorischen** Komplikationen sind insbesondere 4

schwere Kollapszustände unter Clozapin in Kombination mit Benzodiazepinen zu erwähnen (GROHMANN et al. 1989). *Delirien* stellten ein Risiko für ältere Patienten dar, insbesondere, wenn mehrere Substanzen mit anticholinergen Wirkungen kombiniert wurden (SCHMIDT et al. 1987a). Unter Clozapin konnten sich Delirien aber auch in Monotherapie entwickeln, insbesondere bei (zu) rascher Dosissteigerung. **Grand-Mal Anfälle** waren selten und kamen unter hochpotenten Neuroleptika nie in Monotherapie vor; dafür waren diese Substanzen aber mit pharmakogenen **Depressionen** (HELMCHEN und HIPPIUS 1967) belastet.

Ausblick

Die Darstellung dieser Teilergebnisse des AMÜP-Projektes führt zu mehreren Schlußfolgerungen. Zum einen sollte gezeigt werden, daß Neuroleptika sichere Medikamente sind, deren Anwendung jedoch mit er-

Tabelle 3. Bedrohliche Behandlungssituationen unter Haloperidol, Perazin und Clozapin

	Haloperidol n = 5229				Perazin n = 4778				Clozapin n = 1100			
	alle W		W = w		alle W		W = w		alle W		W = w	
	n	%	n	%	n	%	n	%	n	%	n	%
Delir	0	0	0	0	42 (6)	0,88 (0,13)	36 (5)	0,75 (0,10)	33 (23)	3,41 (2,38)	28 (18)	2,90 (1,86)
(Malignes) neuroleptisches Syndrom	15 (12)	0,29 (0,23)	10 (8)	0,19 (0,15)	1 (0)	0,02	0	0	0	0	0	0
Leukopenie, Agranulozytose	0	0	0	0	7 (4)	0,15 (0,08)	6 (3)	0,13 (0,06)	2 (2)	0,20 (0,20)	2 (2)	0,20 (0,20)
Cardiorespiratorische Komplikationen[a]	4 (0)	0,08	0	0	4 (1)	0,08 (0,02)	1 (0)	0,02 0	6 (1)	0,61 0	1 0	0,10 (0,10)
Lungenembolie/Thrombose bei Immobilisation	9 (4)	0,18 (0,06)	0	0	0	0	0	0	0	0	0	0
Depression mit Suizidalität	7 (6)	0,13 (0,11)	5 (4)	0,10 (0,08)	1 (0)	0,02	1 (0)	0,02	0	0	0	0
Grand Mal Anfall	6 (1)	0,11 (0,02)	4 0	0,08	6 (4)	0,13 (0,08)	5 (4)	0,10 (0,08)	5 (3)	0,52 (0,31)	4 (2)	0,41 (0,21)
Allergische Enteritis, allergische Hepatitis	0	0	0	0	3 (2)	0,06 (0,06)	3 (2)	0,06 (0,06)	0	0	0	0
Subileus	0	0	0	0	1 (0)	0,02	1 (0)	0,02	2 (1)	0,21 (0,10)	2 (1)	0,21 (0,10)
Alle Fälle	41 (23)	0,78 (0,44)	19 (12)	0,36 (0,23)	65 (17)	1,36 (0,36)	53 (14)	1,11 (0,29)	48 (29)	4,36 (2,63)	41 (23)	3,73 (2,09)

[a] Herz-, Atemstillstand, Bewußtseinsstörung; *alle W* alle Wahrscheinlichkeitsgrade; *W = w* wahrscheinlicher Kausalzusammenhang; *ohne Klammern* alle Fälle; *in Klammern* Alleinanschuldigungen des betreffenden Neuroleptikums

heblichen Einschränkungen der Befindlichkeit verbunden sind. Dabei sollte deutlich werden, daß es unter den beschriebenen Substanzen nicht grundsätzlich „nebenwirkungsträchtige" oder „-arme" gibt, sondern daß die verschiedenen Profile es dem Kliniker erlauben, eine an den individuellen Erfordernissen des Patienten „nebenwirkungsgeleitete" (HEINRICH 1988) Therapie einzuschlagen und sie mit entsprechenden Vorsichtsmaßnahmen zu verbinden. Dies sind erfahrungsgemäß Voraussetzungen, damit der Patient sich auch auf eine längerfristige neuroleptische Behandlung einlassen kann (Sicherung der „Compliance").

Zum anderen zeigen die Erfahrungen, daß durchaus schwerwiegende Risiken (z. B. Agranulozytose, malignes neuroleptisches Syndrom) die Gesundheit der Patienten erheblich gefährden können, insbesondere, wenn spezielle individuelle Konstellationen vorliegen. Daraus folgt, daß neue, d. h. besser verträgliche und auch weniger gesundheitsbedrohende Antipsychotika entwickelt werden müssen. Dazu gehören auch vielfältige Initiativen der Risikoabwehr. Dieser Zielsetzung fühlt sich ein Nachfolgeprojekt (Arzneimittelsicherheit in der Psychiatrie, AMSP) verpflichtet, an dem zur Zeit 8 psychiatrische Kliniken in Deutschland teilnehmen. Für Maßnahmen der Risikoabwehr und der Qualitätssicherung psychiatrischer Pharmakotherapie steht das AMÜP-Material als Referenz zur Verfügung.

Literatur

ANANTH JV, BAN TA, LEHMANN HE, RIZVI FA (1971) An adverse reaction unit: results and functions. Am J Psychiatry 127: 1339–1344

CLARK AF, HOLDEN L (1987) The persistence of prescribing habits: a survey and follow-up of prescribing to chronic hospital in-patients. Br J Psychiatry 150: 88–91

DELAY J, DENIKER P (1952) Die Behandlung von Psychosen mit einer von der Winterschlafmethode abgeleiteten neurolytischen Methode. In: SELBACH H (Hrsg) Pharmako-Psychiatrie. Wissenschaftliche Buchgemeinschaft, Darmstadt, S 85–91

GROHMANN R, RÜTHER E, SASSIM N, SCHMIDT LG (1989) Adverse effects of clozapine. Psychopharmacology 99: 101–104

GROHMANN R, RÜTHER E, SCHMIDT LG (1994) Unerwünschte Wirkungen von Psychopharmaka – Ergebnisse der AMÜP-Studie. Springer, Berlin Heidelberg New York Tokyo

HEINRICH K (1988) Nebenwirkungsgeleitete Pharmakotherapie in der Psychiatrie. Münch Med Wochenschr 130: 699–700

HELMCHEN H, HIPPIUS H (1967) Depressive Syndrome im Verlauf neuroleptischer Therapie. Nervenarzt 38: 455–458

HELMCHEN H, HIPPIUS H, MÜLLER -OERLINGHAUSEN B, RÜTHER E (1985) Arzneimittel-Überwachung in der Psychiatrie. Nervenarzt 56: 12–18

HURWITZ N, WADE OL (1969) Intensive hospital monitoring of adverse reactions to drugs. Br Med J 1: 531–536

IDÄNPÄÄN-HEIKKILA J, ALHAVA E, OLKINUORA M, PALVA IP (1977) Agranulocytosis during treatment with clozapine. Eur J Clin Pharmacol 11: 193–198

JUNGI W, FISCHER J, SEEN HJ (1977) Gehäufte durch Clozapin (Leponex) induzierte Agranulozytose in der Ostschweiz? Schweiz Med Wochenschr 107: 1861–1864

MÜLLER-SPAHN F, GROHMANN R, RÜTHER E (1988) Vor- und Nachteile einer Kombinationstherapie mit Perazin. In: HELMCHEN H, HIPPIUS H, TÖLLE R (Hrsg) Therapie mit Neuroleptika – Perazin. Thieme, Stuttgart New York, S 136–144

RÜTHER E, BENKERT O, ECKMANN F et al. (1980) Drug Monitoring in psychiatrischen Kliniken. Arzneimittelforschung 30: 1181–1183

SCHMIDT LG, GROHMANN R (1990) Neuroleptika-Nebenwirkungen – ein Überblick. In: HEINRICH K (Hrsg) Leitlinien neuroleptischer Therapie. Springer, Berlin Heidelberg New York Tokyo, S 195–207

SCHMIDT LG, DIRSCHEDL P, GROHMANN R, SCHERER J, WUNDERLICH O, MÜLLER-OERLINGHAUSEN B (1986) Consistency of assessment of adverse drug reactions in psychiatric hospitals: a comparison of an algorithmic and an empirical approach. Eur J Clin Pharmacol 30: 199–204

Schmidt LG, Grohmann H, Strauss A, Spiess-Kiefer C, Lindmeier D, Müller-Oerlinghausen B (1987a) Epidemiology of toxic delirium due to psychotropic drugs in psychiatric hospitals. Compr Psychiatry 28: 242–249

Schmidt LG, Czerlinsky H, Stöckel M (1987b) Longitudinal assessment of psychotropic drug use in acutely-ill psychiatric inpatients. Int J Clin Pharmacol Ther Toxicol 25: 244–250

Seidl L, Thornton GF, Smith JW (1966) Studies on the epidemiology of adverse drug reactions. Bull Johns Hopkins Hosp J 119: 299–315

Shader RI (1975) Fear of side effects and denial oftreatment. In: Ayd FJ (ed) Rational psycho-pharmacotherapy and the right to treatment. Ayd Medical Communications, Maryland, pp 106–117

Smidt NA, McQueen EG (1972) Adverse reactions to drugs: a comprehensive hospital inpatient survey. NZ Med J 76: 397–401

Swett C (1979) Patterns of drug use in psychiatric inpatient wards. J Clin Psychiatry 40: 464

II
Spezielles zu den einzelnen Substanzklassen

Neuro-Psychopharmaka, Bd. 4, 2. Aufl.
Riederer P. / Laux G. / Pöldinger W. (Hrsg.)
© Springer-Verlag Wien 1998

5
Phenothiazine

5.1 Pharmakokinetik

M. L. Rao und M. Bagli

5.1.1 Einleitung

Eines der Hauptprobleme bei der Optimierung neuroleptischer Therapie – dies betrifft auch die Phenothiazine (Chlorpromazin, Fluphenazin, Levomepromazin, Promazin, Promethazin, Perazin, Perphenazin und Thioridazin) – stellt die erhebliche interindividuelle Variabilität pharmakokinetischer und pharmakodynamischer Faktoren dar. Die pharmakokinetische Variabilität bedingt eine hohe Streuung der interindividuellen Neuroleptika-Serumspiegel bei gleicher Dosierung (Dosis-Konzentrations-Beziehung). Um die medikamentöse Therapie und den therapeutischen Effekt möglichst optimal zu gestalten, sollte der therapeutische Serumkonzentrationsbereich oberhalb des unwirksamen und unterhalb des toxischen Bereichs liegen. Im Zusammenhang von Dosis und Wirkungsintensität spielen pharmakokinetische Einflußfaktoren (z. B. Absorption und Verteilung) eine wichtige Rolle. Sie bedingen die Serumkonzentrationen und damit die Konzentration am Wirkort. Dies ist die Grundlage für pharmakodynamische Interaktionen (Abb. 5.1.1); d.h.,

erst in einem zweiten Schritt ist die individuelle Ansprechbarkeit auf die medikamentöse Behandlung durch die entsprechende Rezeptor-Reagibilität bedingt. Für das Erreichen optimaler Bedingungen spielen Verabreichungswege und Darreichungsform zur Akut- bzw. Langzeitbehandlung eine entscheidende Rolle und richten sich nach der Art der Indikationstellung. Für die Phenothiazine stehen intravenöse und orale Darreichungsformen sowie Depotzubereitungen zur Verfügung. Letztere stellen in pharmakokinetischer Hinsicht eine Besonderheit dar (s. auch 5.1.4).

Nach oraler Applikation werden die Phenothiazine nahezu vollständig resorbiert, aber aufgrund der ausgeprägten präsystemischen Elimination während der ersten Leberpassage fällt die orale Bioverfügbarkeit gering aus. Im systemischen Kreislauf verteilt sich der Wirkstoff rasch mit dem Blut im Organismus. Die Verteilung des Wirkstoffs richtet sich dabei nach seinen physikalisch-chemischen Eigenschaften. Phenothiazine sind lipophile Substanzen und kommen daher im Blut überwiegend an Plasmaproteine gebunden vor bzw. verteilen sich im

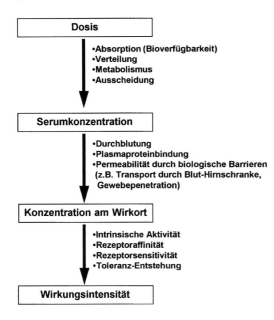

Abb. 5.1.1. Zusammenhang von Dosis und Wirkintensität sowie Faktoren, die diese Beziehung beeinflussen

ganzen Organismus und reichern sich im Gewebe und in Membranen an. Im Blut stellt sich ein Gleichgewicht zwischen dem an Proteinen gebundenen und dem freien Anteil ein. Nur das freie Neuroleptikum ist in der Lage, die Blut-Hirnschranke zu überwinden.

Der hohen individuellen Variabilität kann über Dosisanpassung bzw. Auswahl der Darreichungsform Rechnung getragen werden. Durch Kenntnis der Pharmakokinetik können die gewünschten Änderungen der Serumkonzentration vorgenommen und damit individuell mit der auf den Patienten abgestimmten Therapie unter Berücksichtigung möglichst vieler Parameter durch den Arzt eine optimale Wirkung angestrebt werden. Chlorpromazin, der Prototyp der Phenothiazine, wurde 1952 in die psychiatrische Therapie eingeführt. Trotz der mehr als 40jährigen Anwendung von Phenothiazinen in der Praxis ist deren Pharmakokinetik nicht hinreichend untersucht. Die wesentlichen me-

thodologischen Probleme waren hierbei die inadäquate Reproduzierbarkeit (Präzision) der Ergebnisse analytischer Methoden im niedrigen Konzentrationsbereich (Sensitivität) und die Stabilität der Phenothiazine (Richtigkeit).

5.1.2 Bestimmungsmethoden

Für die Analyse der Phenothiazin-Konzentration im Serum stehen chromatographische Methoden, sowie Radioimmuno- und Radiorezeptor-Assays zur Verfügung (Tabelle 5.1.1). Die chromatographischen Verfahren bieten den Vorteil, daß die Muttersubstanz und deren Metabolite aufgetrennt und dann quantifiziert werden. Mit diesen Methoden ist die für pharmakokinetische Untersuchungen geforderte Spezifität gewährleistet. Zur Analytik hat sich in den letzten Jahren neben der Gaschromatographie auch die Hochleistungs-Flüssig-Chromatographie (HPLC) durchgesetzt. Durch Kopplung mit sensitiven Detektoren gelingt die Bestimmung mit der erforderlichen hohen Sensitivität (Bagli et al. 1994). Zur Analyse der Serum-Neuroleptika-Konzentration wurden auch der Radioimmuno-Assay und der Radiorezeptor-Assay entwickelt. Diese Methoden sind, bedingt durch ihre limitierte Spezifität bzw. Kreuzreaktivität mit aktiven Neuroleptika-Metaboliten, nicht für pharmakokinetische Untersuchungen geeignet. Wie z. B. der Vergleich der Ergebnisse der gaschromatographischen und radioimmunologischen Bestimmung der Flupentixol-Serumkonzentration gezeigt hat, liefert der Radioimmuno-Assay höhere Konzentrationen (Balant-Gorgia et al. 1985). Der Radiorezeptor-Assay wurde mit der klinischen Überlegung entwickelt, Dopamin-D2-Rezeptor-blockierende Substanzen (Muttersubstanz plus aktive Metaboliten) im Serum zu erfassen (Creese und Snyder 1977); demgemäß wird hierbei die biologische Aktivität und nicht die Konzentration des Pharma-

Tabelle 5.1.1. Methoden zur Bestimmung der Neuroleptika

Methode	Prinzip	Beispiele (Nachweisgrenze in ng/ml)	Vorteile	Nachteile
Gaschromatographie	Die Substanzen werden verflüchtigt und mit Hilfe eines Trägergases auf einer stationären Phase chromatographisch getrennt	Fluphenazin (0,5) Perphenazin (0,2) Thiothixen (< 1) Flupentixol (0,5)	Hohe Spezifität Hohe Sensitivität Hohe Flexibilität	Kostenintensiv Hohe Komplexität Hohe Anforderung an Personal Lange Analysenzeiten Niedriger Probendurchsatz
Hochleistungsflüssig-chromatographie	Die Substanzen werden mit Hilfe einer flüssigen mobilen Phase auf einer stationären Phase chromatographisch getrennt	Levomepromazin (0,2) Promethazin (0,1) Perphenazin (0,2) Clopenthixol (0,5) Chlorprothixen (0,5) Thiothixen (< 1)	Hohe Spezifität Hohe Sensitivität Hohe Flexibilität	Kostenintensiv Hohe Komplexizität Hohe Anforderung an Personal Lange Analysezeiten Niedriger Probendurchsatz
Radioimmuno-Assay	Radioimmunologische Bestimmung der Reaktivität des Pharmakons mit dem Antikörper	Fluphenazin (0,2) Perphenazin (0,2) Flupentixol (0,2)	Hohe Sensitivität Hoher Probendurchsatz Einfache Durchführung Kostengünstig	Niedrige Spezifität (Kreuzreaktivität)
Radiorezeptor-Assay	Bestimmung der Verdrängung von radioaktiv markierten Liganden aus der Dopamin-Rezeptor-Bindung an Gehirnmembranen	Chlorpromazin (3) Thioridazin (40) Flupentixol (4)	Bestimmung aller bindungsaktiven Substanzen (Neuroleptika und biologisch aktive Metabolite) Hoher Probendurchsatz Einfache Durchführung Kostengünstig	Niedrige Spezifität (Kreuzreaktivität)

kons im Serum erfaßt. Es besteht jedoch zwischen Serumkonzentration und biologischer Aktivität eine hohe Korrelation (RAO 1986). Die Ergebnisse der verschiedenen Methoden sind erst nach Untersuchung der Kreuzvalidierung vergleichbar, wie sie z. B. für das Thioridazin vorliegt (RAO et al. 1988).

5.1.3 Resorption nach oraler Applikation

Die Unterschiede biologischer Verfügbarkeit von Phenothiazinen bedingen u. a. die hohe interindividuelle Variabilität der dosiskorrigierten Serumspiegel. Wie bereits erwähnt, wird die oral applizierte Dosis nahezu vollständig resorbiert. Die interindividuelle Variabilität der Bioverfügbarkeit ist durch die interindividuell unterschiedlich ausgeprägte präsystemische Elimination bedingt. Mit dem Blutstrom erreicht das aus dem Magen-Darm-Kanal absorbierte Neuroleptikum über das Pfortader-System die Leber, wo es enzymatisch abgebaut wird. Zur präsystemischen Elimination kann es auch bereits im Gastrointestinal-Trakt durch Metabolisierung seitens der Darmflora oder in der Darmwand kommen.

Die orale Bioverfügbarkeit liegt für die Phenothiazine in den meisten Fällen um 20% (Tabelle 5.1.2). Sie stellt keine einheitliche Größe für die Substanz dar, sondern ist durch die galenische Zubereitung, d. h. durch die Darreichungsform, bestimmt. Die Methoden mit denen analysiert und die äußeren Umstände unter denen die Messung durchgeführt wird, nehmen Einfluß auf die berechneten Größen. Die absolute Bioverfügbarkeit wird aus dem Vergleich der AUC-Quotienten der oralen und parenteralen Verabreichung zumeist in Studien an männlichen gesunden Probanden bestimmt; je nach parenteraler Darreichungsform, d. h. intravenös oder intramuskulär, müssen diese sowie die Testpopulationsauswahl als zusätzliche Einflußgrößen mit berücksichtigt werden. Es gibt nur wenige Untersuchungen zur oralen Bioverfügbarkeit; die Erklärung hierfür sind die bereits genannten analytischen Schwierigkeiten und die Tatsache, daß nach parenteraler Applikation der gleichen Dosis, die zur Behandlung schizophrener Patienten eingesetzt wird, bei gesunden Probanden die Wirkungen und die unerwünschten Ereignisse zu hoch sind.

In älteren Berichten wird die Bioverfügbarkeit zu hoch angeben. Neuere Untersuchungen zeigen für die meisten Phenothiazine eine viel niedrigere Bioverfügbarkeit. Diese Unterschiede sind auf die verbesserte Methodologie von Analytik und Standardisierung der Bioverfügbarkeits-Studien zurückzuführen. Bezüglich der Serumspiegel nach oraler Applikation sieht die Datenlage etwas besser aus (Tabelle 5.1.3).

Tabelle 5.1.2. Orale Bioverfügbarkeit von Phenothiazinen

Neuroleptikum	Dosis	F (%)	Zitat
Chlorpromazin	150 mg	20	KOYTCHEV et al. (1994)
Perphenazin	6 mg	20	EGGERT-HANSEN et al. (1976)
Promazin	100 mg	20	KOYTCHEV et al. (1994)
Promethazin	75 mg	28	KOYTCHEV et al. (1994)
Levomepromazin	100 mg	22	BAGLI et al. (1995)
Fluphenazin	12 mg	2,7	KOYTCHEV et al. (1996)

F Absolute orale Bioverfügbarkeit

Tabelle 5.1.3. Neuroleptika-Serumspiegel nach oraler Applikation von Phenothiazinen

Neuroleptikum	Dosis	t_{max}	c_{max}	Zitat
Chlorpromazin	150 mg	2	95	KOYTCHEV et al. (1994)
Fluphenazin	5 mg	3	0,26–1,06	MIDHA et al. (1983)
Perazin	100	1–3	~10–125	BREYER-PFAFF et al. (1988)
Perphenazin	12 mg	4–8	2–10	EGGERT-HANSEN et al. (1976)
Promazin	100 mg	2	47	KOYTCHEV et al. (1994)
Promethazin	75 mg	3	31	KOYTCHEV et al. (1994)
Promethazin	25 mg	2	10	BAGLI (1996)
Levomepromazin	100 mg	2	55	BAGLI et al. (1995)
Thioridazin	100 mg	1,5	372	CHAKRABORTY et al. (1989)

t_{max} Zeitpunkt der maximalen Konzentration (h); c_{max} maximaler Serumspiegel (ng/ml)

5.1.4 Resorption von Depotneuroleptika

Diese wurden zur ambulanten Langzeittherapie und zur Rezidivprophylaxe sowie zur Verbesserung der Compliance entwickelt. Neben den klinischen Vorteilen bieten sie auch aus pharmakokinetischer Hinsicht Vorteile. Durch die parenterale Verabreichung werden die präsystemische Elimination und damit Bioverfügbarkeitsprobleme umgangen; durch die niedrige Dosis wird der Körper mit weniger Wirkstoff belastet und durch verzögerte Wirkstoff-Freisetzung wird ein gleichbleibender Serumspiegel erreicht (GERLACH 1995). Die Retardierung beruht auf verzögerter Freisetzung des Neuroleptikums nach intramuskulärer Injektion. Als galenische Präparation werden ölige Zubereitungen der Ester, bestehend aus dem Neuroleptikum und langkettigen aliphatischen Säuren (Heptansäure → Onanthat, Dekansäure → Dekanoat), verwendet (Tabelle 5.1.4). Die Freisetzung ist von der Aktivität der körpereigenen Esterasen und der Viskosität des Trägeröls abhängig. Als Trägeröle werden gewebeverträgliche Pflanzenöle wie Sesamöl und Viscoleo® verwendet, die sich in der Viskosität unterscheiden. Sesamöl zeichnet sich durch eine höhere Viskosität und damit verbunden durch eine langsamere Freisetzung aus.

Bei schnell freisetzenden Arzneimittelformulierungen sind Steady-State-Serumspiegel nach mehrmaliger Applikation vom Verteilungsvolumen, von der Dosierungsgeschwindigkeit (Dosis und Zeitabstände zwischen den Dosierungen) und von der Eliminationsgeschwindigkeit abhängig. Bei den Depotneuroleptika ist die Elimination nicht der geschwindigkeitsbestimmende Schritt. Es ist dies vielmehr die Freisetzungsgeschwindigkeit aus der galenischen Präparation. Die Freisetzungshalbwertszeiten für die meisten Depotneuroleptika liegen bei mehreren Tagen (Tabelle 5.1.4). Geht man von der Faustregel aus, daß sich nach 4–5 Halbwertszeiten ein Steady-State-Serumspiegel einstellt, entstehen Probleme bei der Beurteilung der richtigen Dosierung bzw. des richtigen Dosierungsintervalls. Daher kann erst nach mehreren Monaten entschieden werden, ob und in welchem Bereich der Steady-State-Serumspiegel liegt.

Das „early-peak" Phänomen ist eine Besonderheit des Fluphenazindekanoats. Nach der Depot-Injektion des Dekanoats beobachtet man einen raschen Anstieg des Serumspiegels mit einer maximalen Konzentration zwischen 1 und 8 h nach der Injek-

Tabelle 5.1.4. Pharmakokinetische Grunddaten der Phenothiazin-Depotneuroleptika

Depot-neuroleptikum	Trägeröl	Dosis (mg)	Zeitpunkt der maximalen Konzentration (d)	Serum-konzentra-tionen (nmol/l)	Freisetz-ungshalb-wertszeit (d)	Zitat
Fluphenazin-Önanthat	Sesamöl	25	2–3		3,5–4,0	CURRY et al. (1979) JANN et al.1985)
Fluphenazin-Dekanoat	Sesamöl	25	1		6,8–9,6	CURRY et al. (1979) JANN et al. (1985)
Perphenazin-Dekanoat	Sesamöl	100	8	5 nmol/l	14–193	KNUDSEN et al. (1985) DENCKER et al. (1994)
Perphenazin-Önanthat	Sesamöl	100	8	11 nmol/l		KNUDSEN et al. (1985)

tion. Der Serumspiegel fällt innerhalb der nächsten 12–36 h wieder ab und bleibt dann über einen Zeitraum von mehreren Tagen konstant. Dieses Phänomen ist von klinischer Relevanz, weil am ersten Tag nach der Injektion vermehrt extrapyramidale Nebenwirkungen auftreten, die mit den Peaks des Konzentrations-Zeit-Verlaufs im Zusammenhang stehen. Als Erklärungen für die initialen Peaks werden folgende Möglichkeiten diskutiert: 1. Ein bestimmter Prozentsatz des Fluphenazins liegt hydrolisiert vor und wird daher initial schneller freigesetzt. 2. Aufgrund der sterischen Konfiguration bilden sich besondere elektrochemische Adhäsionskräfte aus, die zur Folge haben, daß sich Fluphenazindekanoat-Moleküle an der Randzone des Trägeröls anreichern und daher für Esterasen schneller zugänglich sind. 3. Das Fluphenazindekanoat bindet nur an eine bestimmte Fraktion (lösliche Fraktion) des Muskelgewebes und ist auch dann für Esterasen besser zugänglich (ALTAMURA et al. 1979).

5.1.5 Verteilung

Die systemische Zirkulation (Serum oder Plasma) ist als Meßkompartiment für phar-makokinetische Untersuchungen am leichtesten zugänglich; diese können aber auch über die Messung der kumulativen Urinausscheidung vorgenommen werden. Arzneimittel zirkulieren im Blut in freier Form oder sind an Proteine gebunden. Als Bindungsproteine kommen Albumin, saure alpha$_1$-Glykoproteine und Lipoproteine in Betracht. Phenothiazine liegen im Blut zu < 10% in freier Form vor (Tabelle 5.1.5). Im Blut stellt sich ein Bindungsgleichgewicht zwischen dem freien und dem gebundenen Anteil ein. Nur der freie Wirkstoff kann die Blut-Hirnschranke passieren (s. auch 5.1.1). Neben der Plasmaproteinbindung kommt es auch zur Bindung in den Geweben. Indirekte Hinweise über das Ausmaß der Gewebebindung werden über das Verteilungsvolumen erhalten. Die individuellen Unterschiede zwischen der Konzentration im Liquor und im Serum ergeben sich z. T. aus der unterschiedlichen Proteinbindung in beiden Kompartimenten; so fanden AL-FREDSSON und SEDVALL (1980) im Liquor eine Proteinbindung für Chlorpromazin zwischen 19–72% und im Serum von 90–99%. Das Ausmaß der Penetration des Wirkstoffs in das Gehirn bestimmt entscheidend die Wirkintensität des Neuroleptikums. Tierex-

Tabelle 5.1.5. Plasmaproteinbindung, Verteilungsvolumen und Clearance

Neuroleptikum	PPB	V_{ss}	CL	Zitat
Chlorpromazin	90–99	773	1,0	Curry (1972) Koytchev et al. (1994)
Fluphenazin	> 99			Freedberg et al. (1979)
Perazin	95–97			Breyer-Pfaff et al. (1988)
Perphenazin	91–92	750–2550	1,7	Verbeeck et al. (1983) Eggert-Hansen et al. (1976)
Promazin		526	0,9	Koytchev et al. (1994)
Promethazin	93	1004	0,8	Koytchev et al. (1994) Stavchansky et al. (1987)
Levomepromazin		980	2,9	Bagli et al. (1995)
Thioridazin	> 99	1335		Nyberg und Martensson (1987) Axelsson und Martensson (1977)

PPB Plasmaproteinbindung (%), V_{ss} Verteilungsvolumen im Steady-State (1), *CL* Gesamtkörperclearance (l/min)

Tabelle 5.1.6. Serum- und Gehirnkonzentration der Phenothiazine nach Infusion in Ratten

Neuroleptikum	Dosis	SK	GK	GK/SK
Fluphenazin	1 mg	7,4	228	30,8
Chlorpromazin	25 mg	89,1	1025	11,5
N-Desmethylchlorpromazin		17,9	417	23,3
N-Didesmethylchlorpromazin		35,8	333	9,3
Thioridazin	25 mg	66,4	93,0	1,4
Mesoridazin		59,6	10,7	0,18
Sulforidazin		8,5	12,8	1,5
Northioridazin		4,3	24,1	5,6
Promazin	25 mg	40,0	2503	62,5

SK Serumkonzentration (ng/ml); *GK* Gehirnkonzentration (ng/g) (nach Tsuneizumi et al. 1992)

perimentelle Untersuchungen weisen auf einen Gradienten zwischen der Konzentration des Neuroleptikums im Gehirn/Blut hin, der > 1 ist (Tsuneizumi et al. 1992; Tabelle 5.1.6). Natürlich sind diese tierexperimentellen Befunde nicht direkt auf den Menschen übertragbar; man kann jedoch aus Befunden von Tsuneizumi et al. (1992) folgendes schließen: Die Gehirnkonzentration der Metabolite ist geringer als die der Muttersubstanz. Chlorpromazin, Thioridazin und Promazin zeigen bei einer Dosis von 25 mg vergleichbare Serumkonzentrationen (141–279 ng/ml); die Konzentrationen im Gehirn unterscheiden sich aber deutlich (256–8844 ng/ml). Die Quotienten von Muttersubstanz und Metaboliten variieren ebenfalls erheblich. Dies bedeutet, daß das Verteilungsmuster von Muttersubstanz und Metaboliten im Serum nicht dasjenige im Gehirn widerspiegelt.

Beim Menschen ist die direkte Messung der Konzentration am Wirkort aus naheliegenden Gründen nicht möglich. Die schwierig vorhersagbare Verteilung zwischen Serumkonzentration und Konzentration am Wirkort und die hohe Variabilität der pharmakokinetischen Parameter, die Einfluß hierauf nehmen, führen dazu, daß einige Untersucher nach „besseren" Kompartimenten suchen, die dem Wirkkompartiment näher liegen, um sie als Meßkompartiment zu nutzen. Die Untersuchungen konzentrieren sich dabei auf drei Punkte, die Vorteile für die Vorhersage der Wirkintensität bringen sollten: 1. Die freie Wirkstoffkonzentration stellt einen besseren Parameter dar. 2. Meßkompartimente, wie etwa Liquor oder Erythrozyten sollen sich besser als die Serumkonzentration eignen. 3. Die zusätzliche Bestimmung der aktiven Metabolite kann ein Vorteil sein; z. B. beträgt die Serumkonzentration des aktiven Metaboliten 7-Hydroxychlorpromazin etwa 30% des Chlorpromazins und die Konzentration des 7-Hydroxychlorpromazins im Liquor korreliert mit dessen Serumkonzentration (ALFREDSSON et al. 1982). Die Thioridazin-Konzentrationen in den Erythrozyten korrelieren gut mit der ungebundenen Thioridazinfraktion im Serum (NYBERG und MARTENSSON 1987). Zwischen klinischer Besserung der Symptome und der Thioridazin-Konzentrationen in den Erythrozyten konnte jedoch keine bessere Korrelation im Vergleich zur Serumkonzentration gefunden werden (DAHL 1986).

Mit Hilfe der Positronen-Emissons-Tomographie (PET) und der Single-Photon-Emissions-Computer-Tomographie (SPECT), bei der die Dopamin-D2-blockierende-Aktivität

in vivo bestimmt wird, ist es zwar möglich, die Rezeptorbesetzung durch das Neuroleptikum zu ermitteln, jedoch erhält man keinen Hinweis für die Wirkstoffkonzentration im Gehirn. Die Weiterentwicklung von anderen Verfahren, wie z. B. die Mikrodialyse-Technik, könnte hierbei richtungsweisend sein.

5.1.6 Elimination

Die Elimination der Phenothiazine verläuft primär über die Leber und ihr kommt bei der Biotransformation der Phenothiazine eine besondere Bedeutung zu. Die Eliminationshalbwertszeiten für Phenothiazine liegen zwischen 8 und 33 h (Tabelle 5.1.7). Alle Phenothiazine durchlaufen eine oxidative Demethylierung, Ring-Sulfoxidation und Ring-Hydroxylierung. Die am besten untersuchte Verbindung ist das Chlorpromazin, für welches FORREST und USDIN (1977) etwa 170 Metaboliten vorausgesagt haben, von denen etwa ein Drittel identifiziert wurden. Angriffspunkte der Oxidation sind der Schwefel im Heterozyklus und der Stickstoff der aliphatischen Seitenkette. Alle Phenothiazine besitzen als gemeinsamen Abbauweg die aromatische Hydroxylierung in Position 7 oder 8 des Heterozyklus und die Oxidation des S-Atoms. An der aliphatischen Seitenkette kommt es zur N-Dealkylierung und N-Oxidation. In Abb. 5.1.2 sind diese Metabolisierungsschritte, die bei allen Phenothiazinen ähnlich sind, am Beispiel des Chlorpromazins aufgezeigt. Bei Thioridazin ist der aromatische Ring in Position 2 mit einer SCH$_3$-Gruppe substituiert, die einen weiteren Angriffspunkt für den oxidativen Metabolismus bietet. Durch Oxidation des Schwefels in der Seitenkette wird Thioridazin zunächst zu Mesoridazin (Thioridazin-2-sulfoxid) und dann zu Sulforidazin (Thioridazin-2-sulfon) metabolisiert. Bei Phenothiazinen mit einer Piperazin-Seitenkette, wie z. B. Perazin, kommt es durch

Tabelle 5.1.7. Eliminationshalbwertszeiten von Phenothiazinen

Neuroleptikum	$t_{1/2}$ (h)	Zitat
Chlorpromazin	10	KOYTCHEV et al. (1994)
Fluphenazin	33	MIDHA et al. (1983)
Perazin	10	BREYER-PFAFF (1988)
Perphenazin	10	EGGERT-HANSEN et al. (1976)
Promazin	8	KOYTCHEV et al. (1994)
Promethazin	16	KOYTCHEV et al. (1994)
	10	BAGLI (1996)
Levomepromazin	30	BAGLI et al. (1995)
Thioridazin	9	CHAKRABORTY et al. (1989)

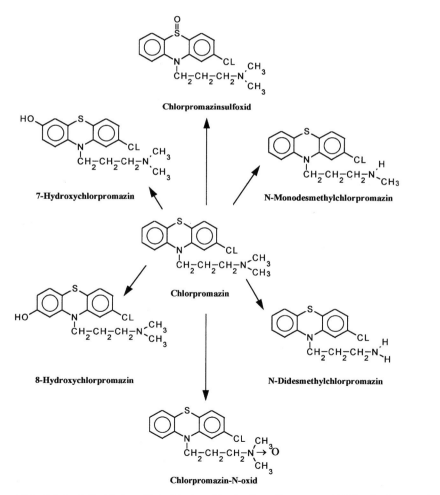

Abb. 5.1.2. S-Oxidation, N-Oxidation, Ringhydroxylierung und N-Dealkylierung des Chlorpromazins

Metabolisierung zur Öffnung der Ring-
struktur und es entstehen Diaminderivate
(BREYER-PFAFF et al. 1983). Für Thioridazin
sind auch Lactam-Metabolite bekannt (PAPA-
DOPOULOS und CRAMMER 1986). (Hinsichtlich
Konjugate, s. weiter unten.)

In diesem Zusammenhang ist noch wichtig,
daß das Metabolitenmuster je nach Verab-
reichungsweg unterschiedlich sein kann. Im
Vergleich zur oralen Applikation konnte
DAHL (1976) nach intramuskulärer Applikation von Levomepromazin keine Sulfoxid-
Metaboliten im Serum nachweisen. Daraus
wurde geschlossen, daß die Sulfoxidmeta-
bolite bei der präsystemischen Elimination
gebildet werden. Für Perphenazin und Fluphenazin werden jedoch auch nach intramuskulärer Injektion geringe Mengen der
Sulfoxid-Metaboliten im Serum nachgewiesen (EGGERT-HANSEN et al. 1976, MIDHA et al.
1987). Generell gilt für die Phenothiazine,
daß die Sulfoxid-Metabolite zwar hauptsächlich, aber nicht ausschließlich bei der
präsystemischen Elimination gebildet werden.

Der oxidative Metabolismus verläuft über
bestimmte Cytochrom P450-Isoenzyme. Für
einige der Isoenzyme, wie z. B. CYP2D6, ist
ein genetischer Polymorphismus bekannt
(EICHELBAUM und GROSS 1990). Etwa 5–10%
der europäischen Bevölkerung sind homo-
zygote Träger der mutierten Allelvarianten;
sie verfügen über kein funktionsfähiges
CYP2D6-Isoenzym und können daher hohe
Serumspiegel aufweisen („poor metabolizer"). So wird z. B. der Stoffwechselweg von
Thioridazin zu Mesoridazin über CYP2D6
vermittelt (VON BAHR et al. 1991). Die Bildung des Thioridazin-5-sulfoxids scheint
nur teilweise durch CYP2D6 katalysiert zu
werden; die Reaktionen erfolgen stereose-
lektiv (EAP et al. 1996). Bei „poor metabolizern" kommt es zu einer vermehrten Bildung des Ringsulfoxids. Das Gleiche beobachtet man, wenn das entsprechende Isoenzym durch ein gleichzeitig verabreichtes
Medikament, wie beispielsweise durch se-

lektive Serotonin-Wiederaufnahme-Hemmer, gehemmt wird (s. auch 5.1.8 Arzneimit-
tel-Interaktionen). Die Hydroxylierung des
Promethazins und des Chlorpromazins verlaufen ebenfalls über das CYP2D6 (NAKA-
MURA 1996, MURALIDHARAN et al. 1996). Der
Metabolismus des Perphenazins steht ebenfalls unter der genetischen Kontrolle des
CYP2D6s (DAHL-PUUSTINNEN et al. 1989). Die
Beobachtungen, die hier für Thioridazin
und Perphenazin beschrieben wurden, sind
nicht auf alle Phenothiazine pauschal übertragbar. So ist nicht bekannt, welche Cytochrom P450-Isoenzyme an bestimmten
Schritten des Metabolismus anderer Phenothiazine beteiligt sind. Darüberhinaus weiß
man noch nicht von allen Substanzen, ob sie
nur kompetitive Inhibitoren oder ob sie
auch gleichzeitig Substrat für bestimmte
Isoenzyme sind. In diesem Falle sollte die
Michaelis-Menten-Konstante identisch mit
der Hemmkonstante sein. Der Beweis, ob
eine Substanz Inhibitor oder Substrat der
Cytochrom P450-Isoenzyme ist, muß für
jede Substanz einzeln erbracht werden. Für
Levomepromazin wird angenommen, daß
es ebenfalls ein Substrat des CYP2D6s ist;
beide Medikamente hemmen CYP2D6. Im
Rahmen   pharmakokinetischer   Untersuchungen zu Levomepromazin mit CYP2D6-
phänotypisierten Probanden machten wir
folgende Beobachtung: Nach Verabreichung unterschiedlicher galenischer Präparationen von Levomepromazin (Abb. 5.1.3)
sahen wir eine hohe inter-individuelle Variation der Serumprofile (BAGLI et al. 1995).
Die hohen interindividuellen Differenzen
der Serumkonzentrations-Zeit-Verläufe sind
z. T. auf die Variabilität des Metabolismus
zurückzuführen. Unsere Untersuchungen
zur Phänotypisierung zeigten, daß 3 von 9
Probanden „poor metabolizer" waren (Abb.
5.1.3). Es bestand jedoch keine signifikante
Korrelation zwischen den aus der Phänotypisierung erhaltenen metabolischen Quotienten und den pharmakokinetischen Parametern AUC, C_{max}, bzw. $t_{1/2}$. Dies deutet an,

Tabelle 5.1.8. Dosis und vorgeschlagene optimale Serumspiegelbereiche von Neuroleptika

Neuroleptikum	Dosis	Serumspiegel	Literatur[a]
Butaperazin	15–40 mg/die oral		SIMPSON et al. (1973)
			SIMPSON und YADALAM (1985)
	15–30 mg/die i.m.	40–280 ng/ml	GARVER et al. (1977)
			CASPER et al. (1980)
Chlorpromazin	150–500 mg/die oral		CURRY et al. (1970)
	50–200 mg/die i.m.		LADER (1976)
			RIVIERA-CALIMLIN et al. (1973)
			SAKALIS et al. (1972)
		30–350 ng/ml	WODE-HELGODT et al. (1978)
Fluphenazin	1–10 mg/die oral	0,2–2,8 ng/ml	DYSKEN et al. (1981)
			LEVINSON et al. (1988)
			MARDER et al. (1986, 1989)
		0,13–0,7 ng/ml	MAVROIDIS et al. (1984)
			VAN PUTTEN et al. (1991)
			WIDERLÖV et al. (1982)
Fluphenazin-decanoat	50 mg/2 Wochen	> 1,0 ng/ml	BROWN und SILVER (1985)
Perazin	200–800 mg/die oral	100–230 ng/ml	BREYER-PFAFF et al. (1983)
Perphenazin	6–32 mg oral	> 0,5 ng/ml	HANSEN et al. (1981)
			HANSEN und LARSEN (1985)
			MAZURE et al. (1992)
Thioridazin	150–450 mg/die	> 100 ng/ml (Thioridazin + Mesoridazin)	AXELSSON und MARTENSSON (1983)
			COHEN et al. (1980)
			JAVAID et al. (1980)
			PAPADOPOULOS et al. (1980)
			VANDERHEEREN und MUUSZE (1977)
Trifluoperazin	10 mg/die	0,2–3,0 ng/die	MAVROIDES et al. (1983)

[a] In diesen Originalarbeiten wurde von den Autoren auf einen signifikanten Zusammenhang zwischen Serumspiegel und Wirkung hingewiesen

daß der Metabolismus des Levomepromazins nicht über das CYP2D6 erfolgt (BAGLI et al. 1995).

Die renale Clearance der unveränderten Substanz ist vernachlässigbar gering; so wird nur etwa 1% des Chlorpromazins unverändert über die Niere ausgeschieden (ANDERSON et al. 1976). Ähnliche Befunde liegen für das Thioridazin vor (WEST et al. 1974). Metabolite mit einer phenolischen Hydroxylgruppe bilden durch Konjugation mit Glucuron- und Schwefelsäure zusätzliche Phase-II-Metabolite. HOLLISTER und CURRY (1971) zeigen, daß 23% der Chlorpromazin-Metabolite und 68% der konjugierten Metabolite nach oraler Applikation renal

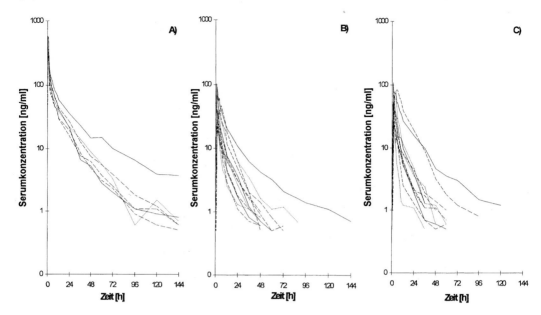

Abb. 5.1.3. Individuelle Levomepromazin-Serumkonzentrations-Zeit-Kurven nach **A** intravenöser Infusion von 100 mg Levomepromazin bei 6 gesunden männlichen Probanden, **B** oraler Applikation von 100 mg Levomepromazin-Oblong-Tabletten und **C** oraler Applikation von 100 mg Levome-promazin-Dragees bei 12 gesunden männlichen Probanden: (—) Probanden mit unbekanntem Phänotyp, (••••) „poor metabolizer" und (- - -) „extensive metabolizer" hinsichtlich Dextromethor-phan (Bagli 1996)

ausgeschieden werden. Yeung et al. (1993) weisen nach, daß das konjugierte 7-Hydro-xychlorpromazin etwa in einer doppelten Konzentration wie die Muttersubstanz vor-kommt und daß die Phase-II-Reaktion ent-scheidend an der Variabilität der Pharmako-kinetik beteiligt ist.

Die Phenothiazin-Metabolite besitzen noch teilweise pharmakologische Aktivität. Bei Chlorpromazin sind 6 Metabolite (Chlorpro-mazin-N-oxid, Chlorpromazinsulfoxid, 7-Hydroxychlorpromazin, N-Didesmethyl-chlorpromazinsulfoxid, N-Monodesmethyl-chlorpromazin und N-Didesmethylchlor-promazin) noch pharmakologisch aktiv, die in einer Konzentration von 12–57% der Mut-tersubstanz im Serum nachweisbar sind (Chetty et al. 1994a). Die Autoren fordern daher, daß diese Metabolite bei der Korrela-tion mit dem pharmakodynamischen Effekt

mitberücksichtigt werden sollten. Bei den anderen Phenothiazinen sind als aktive Metabolite bekannt: 7-Hydroxyperphena-zin (Knudsen et al. 1985), N-Desmethyl-Le-vomepromazin (Dahl 1982), Mesoridazin und Sulforidazin (Gershon et al. 1981).

5.1.7 Pharmakokinetische Arzneimittelinteraktionen

Die pharmakokinetischen Interaktionen mit Neuroleptika, anderen Medikamenten, so-wie Genuß- und Nahrungsmittel können Resorption, Verteilung und Elimination be-treffen. Durch Bildung von unlöslichen Komplexen bzw. Chelaten mit Inhaltsstof-fen, wie Gerbsäure und Fruchtsäuren im Tee, Kaffee, in diversen Fruchtsäften und anderen Getränken kann es bei gleichzeitiger Einnahme von Neuroleptika zu einer verminderten Resorption kommen. Die gleichzeitige Verabreichung von Medikamenten, die die Darm-Motilität bzw. den pH-Wert im Gatrointestinal-Trakt herabsetzen, wie z. B. Anticholinergika, Antazida und H_2-Blocker, wirken sich ebenfalls störend auf die Geschwindigkeit und Ausmaß der Resorption aus. FANN et al. (1973) beobachten, daß Antazida die Bioverfügbarkeit des Chlorpromazins erniedrigen. Interaktionen bei der Verdrängung der Phenothiazine aus der Plasma- und Gewebebindung durch andere Medikamente stellen kein Problem dar. Bei Patienten mit einer krankheitsbedingten Erhöhung des alpha$_1$-Gykoprotein-Anteils liegt die Chlorpromazin-Plasmaproteinbindung deutlich höher (PIAFSKY et al. 1978). Der größte Teil der beobachteten Arzneimittelinteraktionen findet auf der hepatischen Ebene statt. Durch Einnahme anderer Medikamente können die arzneimittelmetabolisierenden Enzyme aktiviert (Induktion) oder gehemmt werden (Inhibition). Bei der Induktion kommt es zu einer Abnahme der Serumkonzentration und damit der klinischen Wirkung; das Umgekehrte gilt bei der Enzyminhibition. Die Induktion beruht auf einer vermehrten Synthese von mikrosomalen Enzymen; diese bedingt durch chronische Medikamentengabe eine Erhöhung der Metabolisierung (DAHL und STRANDJORD 1977). Auch bei Rauchern ist bekannt, daß es zu einer Enzyminduktion kommen kann. Die Befunde von CHETTY et al. (1994b) zeigen eine Erhöhung der Clearance von Chlorpromazin, die von ERESHEFSKY et al. (1985) eine Induktion der metabolisierenden Enzyme für Fluphenazin. Andererseits weisen die Arbeiten von PANTUCK et al. (1982) keine Induktion der entsprechenden Enzyme für Chlorpromazin durch Rauchen auf.

Die am besten untersuchte Arzneimittelinteraktion ist die der Hemmung der Cytochrom 450-Isoenzyme. Wie bereits unter 5.1.6 aufgeführt, wird der Metabolismus von Thioridazin, Chlorpromazin, Promethazin und Perphenazin über CYP2D6 vermittelt. Eine Reihe von anderen Arzneimittel, wie etwa die trizyklischen Antidepressiva, selektive Serotonin-Wiederaufnahme-Hemmer, Neuroleptika, β-Blocker und Antiarrhythmika sind ebenfalls Substrate dieses Isoenzyms (BRØSEN 1990, MAYHARD und SONNI 1996, JERLINS et al. 1994, JASUI et al. 1995, GEX-FABRY et al. 1997). Durch die gleichzeitige Verabreichung dieser Substanzen kommt es zu einer gegenseitigen kompetitiven Hemmung. Arzneimittelinteraktionen auf der Basis der kompetitiven Hemmung von CYP2D6 bleiben jedoch in einigen Fällen, wie am Beispiel von Chlorpromazin, Thioridazin und Perphenazin demonstriert wurde (SYVÄLAHTI et al. 1996) ohne klinische Relevanz. So konnten MURALIDHARAN et al. (1996) zeigen, daß der Metabolismus des Chlorpromazins zu 7-Hydroxychlorpromazin über das CYP2D6 erfolgt. Durch die kompetitive Hemmung des CYP2D6 kommt es zu einer 2,2fachen Reduzierung der renalen 7-Hydroxychlorpromazin-Ausscheidung, die Ausscheidung des Chlorpromazins bleibt unverändert. Der Grund hierfür ist folgender: Durch die Blockade des CYP2D6s kommt es kompensatorisch über andere metabolische Abbauweise zu einem vermehrten Metabolismus des Chlorpromazins zu Chlorpromazinsulfoxid, N-Desmethylchlorpromazin und N,N-Didesmethylchlorpromazin. Einige Substanzen, wie Haloperidol und Levomepromazin wirken als Inhibitoren ohne selbst Substrate dieses Isoenzymes zu sein.

5.1.8 Andere Einflüsse auf die Pharmakokinetik

Es ist bekannt, daß eine Vielzahl von exogenen Faktoren, wie Nahrungs- und Flüssigkeitsaufnahme, Begleitmedikamente mit pharmakokinetischer Interaktion, Substanzabusus und körperliche Aktivität, sowie endogene Faktoren, z. B. demographische Faktoren, ethnische Zugehörigkeit, CYP2D6-Phänotyp, Herz-, Leber- und Nierenerkrankung, Einfluß auf die Pharmakokinetik und damit auf die Serumkonzentration nehmen. Für Perazin, Thioridazin und Chlorpromazin ist bekannt, daß bei älteren Patienten mit höheren Serumspiegeln zu rechnen ist (FURLANUT et al. 1990, COHEN und SOMMER 1988, BREYER-PFAFF et al. 1988). Patienten mit einer Leberfunktionsstörung, wie z. B. Alkoholiker, zeigen einen verminderten Metabolismus des Thioridazins (AXELSSON et al. 1982). Die individuelle Variabilität, bedingt durch die verschiedenen Variationsmöglichkeiten der Einflußfaktoren, stellt den größten Störfaktor bei der Dosis-Wirkungs-Beziehung dar. Es ist klar, daß die individuelle Bestimmung der pharmakokinetischen Parameter zu aufwendig ist. In den letzten Jahren jedoch wird versucht, dieses Problem mit der computergestützten Auswertung von Patienten-Daten und der mathematischen Beschreibung von pharmakokinetischen bzw. pharmakodynamischen Modellen (z. B. NONMEM) zu lösen. Dieser mathematische Ansatz geht von einer modellorientierten Beschreibung der populationskinetischen Daten aus, bei der die interindividuelle Varianz durch die oben erwähnten Faktoren als Kovariabeln Eingang in die Auswertung finden. Ziel der Untersuchung ist es, die wichtigen Kovariabeln, die signifikant die pharmakokinetischen Parameter, wie z. B. die Clearance, beeinflussen, von Faktoren, die keinen Einfluß nehmen, zu trennen. Mit Hilfe der aus den Kovariabeln gewonnenen Information für eine bestimmte Population und der routinemäßigen Serumspiegelbestimmung können die pharmakokinetischen Parameter für den individuellen Patienten mit Hilfe mathematisch-statistischer Berechnungen geschätzt werden. Aus diesen pharmakokinetischen Parametern kann dann das optimale Dosierungsschema abgeleitet werden. Dies geschieht

mit der Maßgabe, einen für den Patienten optimalen Steady-State-Serumspiegel zu erzielen. Andere Faktoren wie z. B. Gesamtdosis, Behandlungsdauer, Begleitmedikamente mit pharmakodynamischer Interaktion und Stadium der Erkrankung können ebenfalls den Effekt des Pharmakons beeinflussen. Eine erste Anwendung dieses Verfahrens existiert bereits für Chlorpromazin und Perphenazin. CHETTY et al. (1994b) zeigen, daß die Clearance des Chlorpromazins vom Körpergewicht der Patienten abhängig ist. Rauchen und Cannabis-Abusus erhöhen die Clearance des Chlorpromazins, Alkoholgenuß und die gleichzeitige Gabe von Anticholinergika beeinflussen die Clearance nicht. JERLING et al. (1996) fanden bei ihrer Auswertung einen Zusammenhang zwischen der oralen clearance von Perphenazin und dem CYP2D6-Genotyp. Die orale clearance bei homozygoten „poor metabolizern" ist 3fach niedriger als bei homozygoten „extensive metabolizern". LINNET und WILBORG (1996) weisen jedoch bei ihrer Untersuchung auf einen großen Überschneidungsbereich in der Perphenazinserumkonzentration zwischen den beiden Gruppen hin und diskutieren den Einsatz der Genotypisierung als Ersatz für die therapeutische Serumspiegelüberwachung kritisch.

5.1.9 Konzentrations-Wirkungs-Beziehung

Auf den Zusammenhang von Neuroleptika-Serumspiegel und Wirkung wurde seit den siebziger Jahren hingewiesen; da die Serumkonzentrationen bei gleicher Dosierung sehr unterschiedlich sein können, wurde eine Definition der therapeutischen Fenster angestrebt (Tabelle 5.1.8). Für die Untersuchungen zur Frage des therapeutischen Fensters für Neuroleptika, wird mit chromatographischen Methoden (Übersichtsarbeiten: BREYER-PFAFF 1987, CALIL et al. 1979, COHEN

1984, COHEN et al. 1980, CURRY 1985, DAHL 1986, DUNLOP et al. 1982, KO et al. 1985, LAUX und RIEDERER 1992, MÖLLER und KISSLING 1987, SARAI et al. 1988, SIMPSON und YADALAM 1985, TUNE et al. 1980, MARDER et al. 1993) und dem Radiorezeptorassay analysiert (CREESE und SNYDER 1977, KRSKA et al. 1986, RAO 1993). Beim letzteren wird die gesamte neuroleptische Aktivität im Serum (Phenothiazin und aktive Metaboliten) erfaßt.

Die Einbeziehung der therapeutischen Serumspiegelüberwachung als Teil der rationalen Behandlung mit Neuroleptika wird seit langem gefordert. Dies hat mehrere Gründe: 1. Die Steady-State-Serum-Spiegel zeigen inter-individuell z. B. bei Thioridazin eine Schwankungsbreite bis um das dreifache (RAO und BROWN 1987); bei anderen Neuroleptika kann dies bis das zehnfache betragen (JAVAID 1994) und kann damit auch Ursache für die unterschiedliche Ansprechbarkeit des Patienten auf die psychopharmakologische Behandlung sein; 2. die Therapie-Resistenz bei Akutbehandlung beträgt bis zum Ende der Indexphase 14–18%, legt man eine Änderung des CGIs von einem Punkt zugrunde (DEISTER 1995, MÖLLER und V. ZERSSEN 1986); 3. die Noncompliance wird mit bis zu 59% angegeben (BABIKER 1986, KANE und BORENSTEIN 1985).

Es gibt viele Hinweise auf eine Korrelation zwischen BPRS, Änderung des BPRS und Neuroleptika-Serumspiegel (Tabelle 5.1.8); diese können linear oder auch kurvilinear mit der BPRS oder der Änderung der BPRS korrelieren (SANTOS et al. 1989). Die Reagibilität der Patienten auf Neuroleptika-Behandlung und die entsprechenden Serumkonzentrationen variieren von Patient zu Patient. Langzeituntersuchungen bei gleicher Dosierung von Thioridazin ergeben, daß intra-individuell ein Variationskoeffizient der Neuroleptika-Serumkonzentrationen über Monate von maximal 10–30% gehalten wird, d. h. starke Schwankungen der Serumkonzentration im Langzeitverlauf bei gleicher Dosierung im Steady-State weisen

auf Noncompliance hin. Interindividuell liegen die Variationskoeffizienten der Neuroleptika-Spiegel z. B. bei Behandlung mit Thioridazin bei etwa 300% (RAO und BROWN 1987).

Damit bietet sich im Falle der Non-Response die Möglichkeit, zu untersuchen, ob sich der Serumspiegel des Patienten nach Erreichen des Steady-States im therapeutischen Fenster befindet, ob er unterhalb des anvisierten Spiegels und damit nicht ausreichend ist, oder ob er oberhalb liegt und die Nebenwirkungen eine mögliche Besserung kaschieren.

Generell stellt sich bei den meisten Neuroleptika-Serumspiegel-Messungen das Problem, daß diese Medikamente auch antipsychotisch wirksame Metaboliten aufweisen. Das Auftreten unterschiedlich hoher Metabolit-Konzentrationen spielt eine Rolle bei der Beurteilung therapeutischer Fenster der Serum-Neuroleptika-Spiegel. Bei den Phenothiazinen und ihren Metaboliten wurden Hinweise dafür gefunden, daß niedrige Metabolitenkonzentrationen und ein hoher Ausgangs-BPRS mit kürzerer Krankheitsdauer und hoher Wahrscheinlichkeit der Besserung der Symptomatik assoziiert sind; dies wurde von MARDER et al. (1989) für Phenothiazine und ihre Sulfoxid-Derivate, für Chlorpromazin und seine Metaboliten von SAKURAI et al. (1980), sowie für Thioridazin und Sulforidazin von AXELSSON und MARTENSSON (1983) sowie MEYER et al. (1990) beschrieben.

Bei potentieller Non-Response kann ein zu niedriger Serumspiegel aufgrund von Substanzabusus, wie Alkohol oder Nikotin bzw. eine Enzyminduktion durch andere Medikamente vorliegen (s. auch 5.1.6) und damit einen raschen Neuroleptika-Abbau durch die Leber provozieren (LIEBER 1988). Die Kenntnis des Serumspiegels gibt hier eine Unterscheidungshilfe, insbesondere auch bei Patienten mit einer genetisch bedingten Verminderung metabolisierender Enzyme, deren Serumspiegel dadurch höher als erwartet ist (Baumann 1992, Brøsen et al. 1992, Mahgoub et al. 1977, Sjøqvist 1992).

Zur Beurteilung der Neuroleptika-Serumspiegel-Konzentrationen hinsichtlich der Klärung der Frage der Non-Response können zwei Gruppen von Patienten unterschieden werden: Patienten, die sich grundsätzlich als Neuroleptika-Nonresponder erweisen, und Patienten, die transitär Nonresponder sind, da unterhalb eines Minimums, wie durch das therapeutische Fenster angegeben, keine Wirkung zu beobachten ist. Oberhalb eines Maximums werden Nebenwirkungen zum Problem, und es können Akathisie, Akinesie oder Verwirrtheit fälschlich als Symptome der Erkrankung gedeutet werden (Baldessarini 1977). Mavroidis und Mitarbeiter (1983) beobachteten, daß eine apparente Non-Response, d. h. keine Besserung der Symptome Halluzination, Wahn und Gedankenabreisen, auch auf exzessive Blutspiegel von Neuroleptika zurückzuführen sind, die gelegentlich nicht vom eigentlichen Krankheitsgeschehen zu unterscheiden sind. Die Non-Compliance ihrerseits kann daher Folge zu hoher Serumspiegel und der dadurch bedingten Nebenwirkungen sein. Andererseits haben wir in einer Untersuchungsreihe, bei welcher 60 Patienten über zwei Jahre einbezogen wurden, beobachtet, daß bei Serumspiegel-Kontrollen und anschließender Diskussion der Ergebnisse mit den Patienten, eine Compliance von > 90% zu beobachten war (Held und Rao, unveröffentlichte Ergebnisse).

Bei der Einstellung auf Depot-Neuroleptika zeigen Serumanalysen, daß Patienten mit apparenter Non-Response oder Relapse innerhalb der Einstellungsphase erheblich niedrigere Serumspiegel besitzen, als solche ohne Relapse (Marder et al. 1989). Ein Grund für Non-Response kann das zu langsame Erreichen des optimalen Serumspiegels sein. D. h., auch bei Depot-Neuroleptika kann häufig eine apparente transitäre Non-Response darauf zurückgeführt werden, daß sich ein Steady-State erst nach wesentlich längeren Zeiträumen als erwartet einstellt. So bedarf es bei einigen Patienten etwa 3–6 Monate, um bei einer 25 mg Dosis von Fluphenazin-Dekanoat das Steady-State zu erreichen und damit das therapeutische Fenster (Marder et al. 1986, Wistedt et al. 1982). Daher wird Non-Response angenommen, obwohl der optimale Serumspiegel nicht erreicht wird und die Dosis fälschlicherweise als zu niedrig angenommen wird. Bei längerer Neuroleptika-Gabe besteht darüber hinaus das Problem der Enzym-Induktion, die sekundär auch bei Depot-Gaben zu einer Spiegelerniedrigung führt; in Unkenntnis dessen wird höher dosiert und nach etwa 4 oder mehr Monaten ein viel zu hoher Spiegel mit den entsprechenden Nebenwirkungen erhalten. Diese Beobachtungen bei Patienten und die Ergebnisse pharmakokinetischer Untersuchungen zeigen das Vorliegen einer Serumspiegel-Wirkungsbeziehung auf und die Möglichkeit gezielt einzugreifen. Dies beinhaltet: 1. die optimalen therapeutischen Spiegelbereiche auszureizen, 2. zur Erreichung eines optimalen Effektes höhere Spiegel anzustreben, 3. bei Nebenwirkungen und hohem Serumspiegel (Toxizität) eine Dosisreduktion vorzunehmen, 4. rasch die Serumspiegel auf die vorgeschlagene „therapeutische Breite" zu bringen, 5. bei Non-Response und adäquaten Serumspiegeln eine rasche Umstellung vorzunehmen, 6. bei Non-Response und niedrigen bzw. keinen oder stark schwankenden Spiegeln den Patienten auf Non-Compliance anzusprechen.

Literatur

ALFREDSSON G, SEDVALL G (1980) Protein binding of chlorpromazine in cerebrospinal fluid and serum. Int Pharmacopsychiat 15: 261–269

ALFREDSSON G, LINDBERG M, SEDVALL G (1982) The presence of 7-hydroxychlorpromazine in CSF of chlorpromazine-treated patients. Psychopharmacology Berl 77: 376–378

ALTAMURA AC, WHELPTON R, CURRY SH (1979) Animal model for investigation of fluphenazine kinetics after administration of long-acting esters. Biopharm Drug Dispos 1: 65–72

ANDERSON RJ, GAMBERTOGLIO JG, SCHRIER RW (1976) Clinical use of drugs in renal failure. Charles C Thomas, Springfield IL

AXELSSON R, MARTENSSON E (1977) On the serum concentrations and antipsychotic effects of thioridazine, thioridazine side-chain sulfoxide and thioridazine side chain sulfone, in chronic psychotic patients. Curr Ther Res 21: 587

AXELSSON R, MARTENSSON E (1983) Clinical effects related to the serum concentrations of thioridazine and its metabolites. In: GRAM LF, USDIN E, DAHL SG, KRAGH-SØRENSEN P, SJØQVIST F, MORSELLI PL (eds) Clinical pharmacology in psychiatry. Macmillan Press, London, pp 165–174

AXELSSON R, MARTENSSON E, ALLING C (1982) Serum concentration and protein binding of thioridazine and its metabolites in patients with chronic alcoholism. Eur J Clin Pharmacol 23: 359–363

BABIKER IE (1986) Noncompliance in schizophrenia. Psychiatr Dev 4: 329–337

BAGLI M (1996) Pharmakokinetik und Pharmakodynamik von Neuroleptika. Disssertation, Universität Bonn

BAGLI M, RAO ML, HÖFLICH G (1994) Quantification of chlorprothixene, levomepromazine and promethazine in human serum using high-performance liquid chromatography with coulometric electrochemical detection. J Chromatogr 657: 141–148

BAGLI M, HÖFLICH G, RAO ML, LANGER M, BAUMANN P, KOLBINGER M, BARLAGE U, KASPER S, MÖLLER HJ (1995) Bioequivalence and absolute bioavailability of oblong and coated levomepromazine tablets in CYP2D6 phenotyped subjects. Int J Clin Pharmacol Ther 33: 646–652

BALANT-GORGIA AE, BALANT LP, GENET C, EISELE R (1985) Comparative determination of flupentixol in plasma by gas chromatography and radioimmunoassay in schizophrenic patients. Ther Drug Monit 7: 229–235

BALDESSARINI RJ (1977) Antispsychotic agents. Chemotherapy in psychiatry. Harvard University Press, Cambridge, MA

BAUMANN P (1992) Therapeutisches Drug Monitoring. In: RIEDERER P, LAUX G, PÖLDINGER W (Hrsg) Neuro-Psychopharmaka, Bd 1. Allgemeine Grundlagen der Pharmakopsychiatrie. Springer, Wien New York, S 291–310

BREYER-PFAFF U (1987) Klinische Pharmakokinetik der Neuroleptika: Ergebnisse und Probleme. In: PICHOT P, MÖLLER HJ (Hrsg) Neuroleptika, Tropon-Symposium II. Springer, Berlin Heidelberg New York Tokyo, S 37–46

BREYER-PFAFF U, BRINKSCHULTE M, REIN W, SCHIED HW, TRAUBE ES (1983) Prediction and evaluation criteria in perazine therapy of acute schizophrenics: pharmacokinetic data. Pharmacopsychiatry 16: 160–165

BREYER-PFAFF U, NILL K, SCHIED HW, GAERTNER HJ, GIEDKE H (1988) Single-dose kinetics of the neuroleptic drug perazine in psychotic patients. Psychopharmacology Berl 95: 374–377

BRØSEN K (1990) Recent developments in hepatic drug oxidation: implications for clinical pharmakokinetics. Clin Pharmacokinet 18: 220–239

BRØSEN K, SINDRUP SH, SKEJLBO E, NIELSEN KK, GRAM LF (1992) Clinical relevance of genetic polymorphism in the oxidation of psychotropic drugs. In: LAUX G, RIEDERER P (Hrsg) Plasmaspiegelbestimmung von Psychopharmaka: Therapeutisches Drug-Monitoring. Versuch einer ersten Standortbestimmung. Wissenschaftliche Verlagsgesellschaft, Stuttgart, S 19–20

BROWN WA, SILVER MA (1985) Serum neuroleptic levels and clinical outcome in schizophrenic patients treated with fluphenazine decanoate. J Clin Psychopharmacol 5: 143–147

CALIL H M, AVERY DH, HOLLISTER LE, CREESE I, SNYDER SH (1979) Serum levels of neuroleptics measured by dopamine radio-receptor assay and some clinical observations. Psych Res 1: 39–44

CASPER R, GARVER DL, DEKIRMENJIAN H, CHANG S, DAVIS JM (1980) Phenothiazine levels in plasma and red blood cells. Arch Gen Psychiatry 37: 301–305

CHAKRABORTY BS, MIDHA KK, MCKAY G, HAWES EM, HUBBARD JW (1989) Single dose kinetics of thioridazine and its two psychoactive metabolites in healthy humans: a dose proportionality study. J Pharm Sci 78: 796–801

CHETTY M, MOODLEY SV, MILLER R (1994a) Important metabolites to measure in pharmacodynamic studies of chlorpromazine. Ther Drug Monit 16: 30–36

CHETTY M, MILLER R, MOODLEY SV (1994b) Smoking and body weight influence the clearance of chlorpromazine. Eur J Clin Pharmacol 46: 523–526

COHEN BM (1984) The clinical utility of plasma neuroleptic levels. In: STANCER et al. (eds) Guidelines for the use of psychotropic drugs. Spectrum Publication, New York, pp 245–260

COHEN BM, SOMMER BR (1988) Metabolism of thioridazine in the elderly. J Clin Psychopharmacol 8: 336–339

COHEN BM, LIPINSKI JF, POPE HG, HARRIS PQ, ALTESMAN RI (1980) Neuroleptic blood levels and therapeutic effects. Psychopharmacology 70: 191-193

CREESE IE, SNYDER SH (1977) A simple and sensitive radioreceptor assay for antischizophrenic drugs in blood. Nature 270: 180–182

CURRY SH (1972) Relation between binding to plasma protein, apparent volume of distribution, and rate constants of disposition and elimination for chlorpromazine in three species. J Pharm Pharmacol 24: 818–819

CURRY SH (1985) Commentary: the strategy and value of neuroleptic drug monitoring. J Clin Psychopharmacol 5: 263–271

CURRY SH, MARSHALL JHL, DAVIS JM, JANOWSKY DS (1970) Chlorpromazine plasma levels and effects. Arch Gen Psychiatry 22: 289–296

CURRY SH, WHELPTON R, DE SCHEPPER PJ, VRANCKX S, SCHIFF AA (1979) Kinetics of fluphenazine after fluphenazine dihydrochloride, enanthate and decanoate administration to man. Br J Clin Pharm 7: 325–331

DAHL SG (1976) Pharmacokinetics of methotrimeprazine after single and multiple doses. Clin Pharmacol Ther 19: 435

DAHL SG (1982) Active metabolites of neuroleptic drugs: possible contribution to therapeutic and toxic effects. Ther Drug Monit 4: 33–40

DAHL SG (1986) Plasma level monitoring of antipsychotic drugs. Clin Pharmacokinet 11: 36–61

DAHL SG, STRANDJORD RE (1977) Pharmacokinetics of chlorpromazine after single and chronic dosage. Clin Pharmacol Ther 21: 437–448

DAHL-PUUSTINNEN ML, LIDEN A, ALM C, NORDIN C, BERTILSSON L (1989) Disposition of perphenazine is related to polymorphic debrisoquin hydroxylation in human beings. Clin Pharmacol Ther 46: 78–81

DEISTER A (1995) Therapieresistenz: Definition, Häufigkeit und therapeutische Möglichkeiten.

In: NABER D, MÜLLER-SPAHN F (Hrsg) Clozapin: Pharmakologie und Klinik eines atypischen Neuroleptikums. Springer, Berlin Heidelberg New York Tokyo, S 9–18

DENCKER SJ, GIOS I, MARTENSSON E, NORDEN T, NYBERG G, PERSSEN R, ROMAN G, STOCKMAN O, SVARD KO (1994) A long-term cross-over pharmacokinetic study comparing perphenazine decanoate and haloperidol decanoate in schizophrenic patients. Psychopharmacol 114: 24–30

DUNLOP SR, SHEA PA, HENDINE HC (1982) The relationship between plasma and red blood cell neuroleptic levels, oral dosage and parameters in a chronic schizophrenic population. Biol Psych 17: 929–936

DYSKEN MW, JAVAID JI, CHANG SS, SCHAFFER C, SHAHID A, DAVIS JM (1981) Fluphenazine pharmacokinetics and therapeutic response. Psychopharmacology 73: 205–210

EAP CB, GUENTERT TW, SCHÄUBLIN-LOIDL M, STABL M, KOEB L, POWELL K, BAUMANN P (1996) Plasma levels of the enantiomers of thioridazine, thioridazine 2-sulfoxide, thioridazine 2-sulfone, and thioridazine 5-sulfoxide in poor and extensive metabolizers of dextromethorphan and mephenytoin. Clin Pharmacol Ther 59: 322–331

EGGERT-HANSEN C, CHRISTENSEN TR, ELLEY J, BOLVIG-HANSEN L, KRAGH-SØRENSEN P (1976) Clinical pharmacokinetic studies of perphenazine. Br J Clin Pharmacol 3: 915–923

EICHELBAUM M, GROSS AS (1990) The genetic polymorphism of the debrisoquin/sparteine metabolism: clinical aspects. Pharmacol Ther 46: 377–394

ERESHEFSKY L, JANN MW, SAKLAD SR, DAVIS CM, RICHARDS AL, BURCH NR (1985) Effect of smoking on fluphenazine clearance in psychiatic inpatients. Biol Psychiatry 20: 329–332

FANN WE, DAVIS JM, JANOWSKY DS, SEKERKE HJ, SCHMIDT DM (1973) Chlorpromazine: effects of antacids on its gastrointestinal absorption. J Clin Pharmacol 13: 388–390

FORREST IS, USDIN E (1977) Phenothiazines with aliphatic side chain. In: USDIN E, FORREST IS (eds) Psychotherapeutic drugs. Marcel Dekker, New York, pp 699–753

FREEDBERG KA, INNIS RB, CREESE I, SNYDER SH (1979) Antischizophrenic drugs: differential plasma protein binding and therapeutic activity. Life Sci 24: 2467–2474

FURLANUT M, BENETELLO P, BARALDO M, ZARA G, MONTANARI G, DONZELLI F (1990) Chlorpromazine disposition in relation to age in children. Clin Pharmacokinet 18: 329–331

GARVER DL, DEKIRMENJIAN H, DAVIS JM, CASPER R, ERICKSEN S (1977) Neuroleptic drug levels and therapeutic response: preliminary observations with red blood cell bound butaperazine. Am J Psychiatry 134: 304–307

GERLACH J (1995) Depot neuroleptics in relapse prevention: advantages and disadvantages. Int Clin Psychopharmacol 9 [Suppl 5]: 17–20

GERSHON S, SAKALIS G, BOWERS PA (1981) Mesoridazine – a pharmacodynamic and pharmacokinetic profile. J Clin Psychiatry 42: 463–469

GEX-FABRY M, BALANT-GORGIA AE, BALANT LP (1997) Therapeutic durg monitoring databases for postmarketing surveillance of drug-drug interactions: evaluation of a paired approach for psychotropic medication. Ther Drug Monit 19: 1–10

HANSEN LB, LARSEN NE (1985) Therapeutic advantages of monitoring plasma concentrations of perphenazine in clinical practice. Psychopharmacology 87: 16–19

HANSEN LB, LARSEN NE, VESTERGARD P (1981) Plasma levels of perphenazine related to development of extrapyramidal side effects. Psychopharmacology 74: 306–309

HOLLISTER LE, CURRY SH (1971) Urinary excretion of chlorpromazine metabolites following single doses and in steady-state conditions. Res Commun Chem Path Pharm 2: 330–338

JANN MW, ERESHEFSKY L, SAKLAD SR (1985) Clinical pharmacokinetics of the depot antipsychotics. Clin Pharmacokinet 10: 315–333

JAVAID JI (1994) Clinical pharmacokinetics of antipsychotics. J Clin Pharmacol 34: 286–295

JAVAID JI, PANDEY GN, DUSLAK B, HSIANG-YUN H (1980) Measurement of neuroleptic concentrations by GLC and radioreceptor assay. Commun Psychopharmacol 4: 467–475

JERLING M, BERTILSSON L, SJÖQVIST F (1994) The use of therapeutic drug monitoring data to document drug interactions: an example with amitriptyline and nortriptyline. Ther Drug Monit 16: 1–12

JERLING M, DAHL ML, ÅBERG-WISTEDT A, LILJENBERG B, LANDELL NE, BERTILSSON L, SJÖQVIST F (1996) The CYP2D6 genotype predicts the oral clearance of the neuroleptic agents perphenazine and zuclopenthixol. Clin Pharmacol Ther 59: 423–428

KANE HM, BORENSTEIN M (1985) Compliance in the long-term treatment of schizophrenia. Psychopharmacol Bull 21: 23–27

KNUDSEN P, HANSEN LB, AUKEN G, WAEHRENS J, HOJHOLDT K, LARSEN NE (1985) Perphenazine decanoate vs. perphenazine enanthate: efficacy and side effects in a 6 week double-blind, comparative study of 50 drug monitored psychotic patients. Acta Psychiatr Scand [Suppl] 322: 15–28

KO GN, KORPI ER, LINNOILA M (1985) On the clinical relevance and methods of quantification of plasma concentrations of neuroleptics. J Clin Psychopharmacol 5: 253–262

KOYTCHEV R, ALKEN RG, KIRKOV V, NESHEV G, VAGADAY M, KUNTER U (1994) Absolute Bioverfügbarkeit von Chlorpromazin, Promazin und Promethazin. Drug Res 44: 121–125

KOYTCHEV R, ALKEN RG, MCKAY G, KATZAROV T (1996) Absolute bioanailability of oral immediate and slow relase fluphenazine in healthy volunteers. Eur J Clin Pharmacol 51: 183–187

KRSKA J, SAMPATH G, SHAH A, SONI SD (1986) Radioreceptorassay of serum neuroleptic levels in psychiatric patients. Br J Psych 148: 187–193

LADER M (1976) Monitoring plasma concentrations in neuroleptics. Pharmacopsychiatry 9: 170–177

LAUX G, RIEDERER P (1992) Plasmaspiegelbestimmung von Psychopharmaka: Therapeutisches Drug-Monitoring. Versuch einer ersten Standortbestimmung. Wissenschaftliche Verlagsgesellschaft, Stuttgart

LEVINSON DF, SIMPSON GM, SINGH H, COOPER TB, LASKA EV, MIDHA KK (1988) Neuroleptic plasma level may predict response in patients who meet a criterion for improvement. Arch Gen Psychiatry 45: 877–879

LIEBER CS (1988) Biochemical and molecular basis of alcohol-induced iniurv to liver and other tissues. N Engl J Med 319: 1639–1650

LINNET K, WIBORG O (1996) Steady-state serum concentrations of the neuroleptic perphenazinein relation to CYP2D6 genetic polymorphism. Clin Pharmacol Ther 60: 41–47

MAHGOUB A, IDLE JR, DRING LG, LANCASTER R, SMITH RL (1977) Polymorphic hydroxylation of debrisoquin in man. Lancet ii: 584–586

MARDER SR, HUBBARD JW, VAN PUTTEN T et al. (1986) Plasma fluphenazine levels in patients receiving two doses of fluphenazine decanoate. Psychopharmacol Bull 22: 264–266

MARDER SR, VAN PUTTEN T, ARAVAGIRI M (1989) Plasma level monitoring for maintenance neuroleptic therapy. In: DAHL SG, GRAM LF (eds) Clinical pharmacology in psychiatry. Psychopharmacology series 7. Springer, Berlin Heidelberg New York Tokyo, pp 269–279

MARDER SR, DAVIS JM, JANIACK PG (1993) Clinical use of neuroleptic plasma levels. American Psychiatric Press, Washington London

MAVROIDIS ML, HIRSCHOWITZ J, KANTER DR, GARVER DL (1983) Clinical response and plasma haloperidol levels in schizophrenia. Psychopharmacology 81: 354–356

MAVROIDIS ML, KANTER DR, HIRSCHOWITZ J, GARVER DL (1984) Fluphenazine plasma levels and clinical response. J Clin Psychiatry 45: 370–373

MAYHARD GL, SONNI P (1996) Thioridazine interferences with imipramine metabolism and measurment. Ther Drug Monit 18: 729–731

MAZURE CM, NELSON JC, JATLOW PI, BOWERS MB (1992) Drug-responsive symptoms during early neuroleptic treatment. Psych Res 41: 147–154

MEYER JW, WOGGON B, BAUMANN P, BRYOIS C, JONZIER M, KOEB L, MEYER UA (1990) Slow sulfoxidation of thioridazine in a poor metabolizer of the debrisoquin type: clinical implications. Eur J Clin Pharmacol 39: 613–614

MIDHA KK, MCKAY G, EDOM R, KORCHINSKI ED, HAWES EM (1983) Kinetics of oral fluphenazine disposition in humans by GC-MS. Eur J Clin Pharmacol 25: 709–711

MIDHA KK, HUBBARD JW, MARDER SR, HAWES EM, VAN PUTTEN T, MCKAY G, MAY PR (1987) The sulfoxidation of fluphenazine in schizophrenic patients maintained on fluphenazine decanoate. Psychopharmacology Berl 93: 369–373

MÖLLER HJ, VON ZERSSEN D (1986) Der Verlauf schizophrener Psychosen unter den gegenwärtigen Behandlungsbedingungen. Springer, Berlin Heidelberg New York Tokyo

MÖLLER HJ, KISSLING W (1987) Zur Frage der Beziehung zwischen Haloperidol-Serumspiegel und antipsychotischem Effekt. In: HEINRICH K, KLIESER E (Hrsg) Probleme der neuroleptischen Dosierung. Schattauer, Stuttgart New York, S 85–95

MURALIDHARAN G, COOPER JK, HAWES EM, KORCHINSKI ED, MIDHA KK (1996) Quinidine inhibits the 7-hydroxylation of chlorpromazine in extensive metabolizers of debrisoquine. Eur J Clin Pharmacol 50: 121–128

NAKAMURA K, YOKOI T, INOVE K, SHIMADA N, OHASHI N, KUME T, KAMATAKI T (1996) CYP2D6 is the principal cytochrome P450 responsible for metabolism of the histamine H_1 antagonist promethazine in human liver microsomes. Pharmacogenetics 6: 449–457

NYBERG G, MARTENSSON E (1987) Unbound plasma concentrations, total plasma concentrations, and red blood cell concentrations of thioridazine and its main metabolites: an in vitro study. Naunyn Schmiedebergs Arch Pharmacol 335: 465–468

PANTUCK EJ, PANTUCK CB, ANDERSON KE, CONNEY AH, KAPPAS A (1982) Cigarette smoking and chlorpromazine disposition and actions. Clin Pharmacol Ther 31: 533–538

PAPADOPOULOS AS, CRAMMER JL (1986) Sulphoxide metabolites of thiotidazine in man. Xenobiotica 16: 1097–1107

PAPADOPOULOS AS, CHARD TG, CRAMMER JL, LADER S (1980) A study of plasma thioridazine and metabolites in chronically treated patients. Br J Psychiatry 136: 591–596

PIAFSKY KM, BORGA O, ODAR-CEDERLOF I, JOHANSSON C, SJØQVIST F (1978) Increased plasma protein binding of propranolol and chlorpromazine mediated by disease-induced elevation of plasma $alpha_1$ acid glycoprotein. N Engl J Med 299: 1435–1439

RAO ML (1993) Zur Bedeutung der therapeutischen Serumspiegelüberwachung von Neuroleptika bei Nonresponse. In: MÖLLER HJ (Hrsg) Therapieresistenz unter Neuroleptikabehandlung. Springer, Wien New York, S 85–97

RAO ML, BROWN WA (1987) Stability of serum neuroleptic and prolactin concentrations during short- and long-term treatment of schizophrenic patients. Psychopharmacology 93: 237–242

RAO ML, BROWN WA, WAGNER R (1988) Radioreceptor assay and high-performance liquid chromatography yield similar results for serum thioridazine and its major metabolites. Ther Drug Monit 10: 184–187

RIVIERA-CALIMLIN L, CASTANEDA L, LASAGNA L (1973) Effect of mode of management on plasma chlorpromazine in psychiatric patients. Clin Pharmacol Ther 14: 978–986

SAKALIS G, CURRY SH, MOULDS GP, LADER MD (1972) Physiologic and clinical effects of chlorpromazine and their relationship to plasma level. Clin Pharmacol Ther 13: 931–946

SAKURAI Y, TAKAHASHI R, NAKAHARA T, IKENAGA H (1980) Prediction of response to and actual outcome of chlorpromazine treatment in schizophrenic patients. Arch Gen Psychiatry 37: 1057–1062

SANTOS JL, CABRANES JA, VAZQUEZ C, FUENTENEBRO F, ALMOGUERA I, RAMOS JA (1989) Clinical response and plasma haloperidol levels in chronic and subchronic schizophrenia. Biol Psychiatry 26: 381–388

SARAI K, NAKAHARA T, MORIOKA S, YOKOTA N, FUKUKUCHI H, TSUKIAI S, KITAURA T (1988) Serum neuroleptic activities required to inhibit relapse in schizophrenic patients – a study by radioreceptor assay. Prog Neuropsychopharmacol Biol Psychiat 12: 821–831

SIMPSON GM, YADALAM K (1985) Blood levels of neuroleptics: state of the art. J Clin Psychiatry 46: 22–28

SIMPSON GM, LAMENT R, COOPER TB, LEE JH, BRUCE RB (1973) The relationship between blood levels of different forms of butaperazine and clinical response. J Clin Pharmacol 13: 288–297

SJØQVIST F (1992) The new pharmacogenetics: implications for therapeutic monitoring of psycho-active drugs. In: LAUX G, RIEDERER P (Hrsg) Plasmaspiegelbestimmung von Psychopharmaka: Therapeutisches Drug-Monitoring. Versuch einer ersten Standortbestimmung. Wissenschaftliche Verlagsgesellschaft, Stuttgart, S 17–18

SMITH RC, BAUMGARTNER R, MISRA CH, MAULDIN M, SHVARTSBURD A, HO BT, DEJOHN C (1984) Plasma levels and prolactin response as predictors of clinical improvement in schizophrenia: chemical v radioreceptor plasma level assays. Arch Gen Psychiatry 41: 1044–1049

STAVCHANSKY S, WALLACE JE, GEARY R, HECHT G, ROBB CA, WU P (1987) Bioequivalence and pharmacokinetic profile of promethazine hydrochloride suppositories in humans. J Pharm Sci 76: 441–445

SYVÄLAHTI EKG, TAIMINEN T, SAARIJÄRVI S, LENTO H, NIEMI H, ANOLA V, DAHL ML, SALOKANGAS RKR (1997) Citalopram causes no significant alterations in plasma neuroleptic levels in schizophrenic patients. J Int Med Res 25: 24–32

TUNE LE, CREESE I, DEPAULO JR, SLAVNEY PR, COYLE JT, SNYDER SH (1980) Clinical state and serum neuroleptic levels measured by radioreceptor assay in schizophrenia. Am J Psychiatry 137: 187–190

TSUNEIZUMI T, BABB SM, COHEN BM (1992) Drug distribution between blood and brain as a determinant of antipsychotic drug effects. Biol Psychiatry 32: 817–824

VANDERHEEREN FAJ, MUUSZE RG (1977) Plasma levels and half lifes of thioridazine and some of its metabolites. Eur J Clin Pharmacol 11: 135–140

VAN PUTTEN T, MANICKAM A, MARDER SR, WISHING WC, MINTZ J, CHABERT N (1991) Plasma fluphenazine levels and clinical response in newly admitted schizophrenic patients. Psychopharmacol Bull 27: 91–96

VERBEECK RK, CARDINAL JA, HILL AG, MIDHA KK (1983) Binding of phenothiazine neuroleptics to plasma proteins. Biochem Pharmacol 32: 2565–2570

VON BAHR C, MOVIN G, NORDIN C, LIDEN A, HAMMARLUND-UDENAES M, HEDBERG A, RING H, SJØQVIST F (1991) Plasma levels of thioridazine and metabolites are influenced by the debrisoquin hydroxylation phenotype. Clin Pharmacol Ther 49: 234–240

WEST NR, ROSENBLUM MP, SPINCE H (1974) Assay procedures for thioridazine, trifluoperazine, and their sulfoxides and determination of urinary excretion of these compounds in mental patients. J Pharm Sci 63: 417–420

WIDERLÖV E, HAGGSTROM JE, KILTS CD, ANDERSSON U, BREESE GR, MAILMAN RB (1982) Serum concentrations of thioridazine, its major metabolites and serum neuroleptic-like activities in schizophrenics with and without tardive dyskinesia. Acta Psychiatr Scand 66: 294–305

WISTEDT B, JØRGENSEN A, WILES D (1982) A depot neuroleptic withdrawal study: plasma concentration of fluphenazine and flupentixol and relapse frequency. Psychopharmacology 78: 301–304

WODE-HELDGODT B, BORG S, FYRO B, SEDVALL G (1978) Clinical effects and drug concentration in plasma and cerebrospinal fluid in psychotic patients treated with fixed doses of chlorpromazine. Acta Psychiatr Scand 58: 149–173

YASUI N, OTANI K, KANEKO S, OHKUBO T, OSANAI T, ISHIDA M, MIHARA K, KONDO T, SUGAWARA K, FUKUSHIMA Y (1995) Inhibition of trazodone metabolism by thioridazine in humans. Ther Drug Monit 17: 333–335

YEUNG PK, HUBBARD JW, KORCHINSKI ED (1993) Pharmacokinetics of chlorpromazine and key metabolites. Eur J Clin Pharmacol 45: 563–569

5.2 Pharmakologie und Neurobiochemie

J. Fritze

Das Phenothiazin-Gerüst ist der pharmazeutischen Chemie als Grundstruktur einiger Antihistaminika seit den dreißiger Jahren bekannt. Das erste Neuroleptikum überhaupt, Chlorpromazin, hat eine Phenothiazinstruktur. Chlorpromazin stellt nach wie vor die Referenzsubstanz für die präklinische und klinische Neuroleptikaforschung dar. Chlorpromazin war Ausgangssubstanz für eine große Zahl anderer Neuroleptika vom Phenothiazintyp (sowie auch der Neuroleptika vom Thioxanthentyp und der trizyklischen Antidepressiva), von denen nur ein Teil je in Deutschland registriert war. In Deutschland verfügbar sind derzeit die hochpotenten Neuroleptika Fluphenazin, Perphenazin, Trifluperazin und Triflupromazin, die schwachpotenten Neuroleptika Chlorpromazin, Promazin, Thioridazin, Perazin, Prothipendyl und Levomepromazin, sowie Promethazin.

Promethazin wird zwar konventionell den Neuroleptika subsummiert, hat aber eine so geringe Affinität zu Dopamin-Rezeptoren, daß mit klinisch akzeptablen Dosierungen keine antipsychotische Wirkung erzielt werden kann. Promethazin ist ein Antihistaminikum mit zusätzlichen Wirkeigenschaften. Seinen Schwerpunkt als adjuvantes Psychopharmakon verdankt es den sedierenden Eigenschaften und der vermutlich auch in der Phenothiazinstruktur begründeten Tradition. Promethazin hat neben den ausgeprägten antihistaminergen auch muskarinisch-anticholinerge, α_1-antiadrenerge und antiserotonerge Eigenschaften. Außerdem hemmt Promethazin die synaptische Wiederaufnahme von Dopamin und fördert die Freisetzung von Noradrenalin, hat also auch indirekte dopaminerge und adrenerge Eigenschaften (SHISHIDO et al. 1991).

In Abb. 5.2.1 sind die Affinitäten dieser Substanzen an Dopamin-D$_2$-Rezeptoren dargestellt, aus denen sich Rückschlüsse auf die klinisch notwendige mittlere antipsychotische Dosis ziehen lassen. Je höher die Affinität bzw. je kleiner die Dissoziationskonstante K_D oder die Inhibitionskonstante K_i ist, desto geringer ist die zur antipsychotischen Wirkung notwendige Dosis. Dabei sind allerdings die erheblichen interindividuellen Unterschiede der oralen Bioverfügbarkeit durch variablen First-Pass-Metabolismus in der Leber (s. Kap. 5.1) zu berücksichtigen.

In Abb. 5.2.1 sind auch die Rezeptor-Bindungsprofile zusammengefaßt, die die Selektivität der Substanzen und damit das Spektrum der weiteren, auch therapeutisch genutzten Effekte sowie unerwünschten Begleitwirkungen widerspiegeln. Die Darstellungen in Abb. 5.2.1 sind selbstverständlich nicht umfassend, d.h. Wechselwirkungen zum Beispiel mit anderen Subtypen der Serotonin-Rezeptoren (LEYSEN et al. 1993) sind nicht berücksichtigt, da sie nicht für alle Substanzen untersucht wurden. Weitere mögliche Wechselwirkungen mit anderen neurochemischen Mechanismen wurden bei diesen „alten" Substanzen unzureichend untersucht. So ist unklar, welche Bedeutung dem Calcium-Antagonismus durch einige Neuroleptika wie Thioridazin (GOULD et al. 1984) zukommt. Hier eröffnen sich mögli-

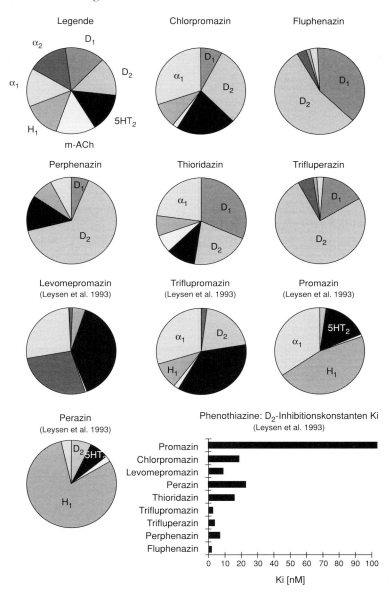

Abb. 5.2.1. In-vitro Potenzen (LEYSEN et al. 1993) einiger Phenothiazin-Neuroleptika an Dopamin-D_2-Rezeptoren gemessen in Verdrängungsexperimenten gegen ^{3}H-Spiperon (je kleiner K_i, desto höher die Potenz) sowie Rezeptor-Bindungsprofile, berechnet aus Dissoziationskonstanten (K_D) der Bindung in Homogenaten von postmortalem Frontalcortex des Menschen (RICHELSON 1984) an muskarinerg-cholinerge (Caudatum), H_1-histaminerge, α_1- und α_2-adrenerge Rezeptoren bzw. Inhibitionskonstanten (K_i; HYTTEL et al. 1989) für die Bindung an D_1- bzw. D_2-dopaminerge Rezeptoren (Corpus striatum der Ratte) und $5HT_2$-serotoninerge Rezeptoren (Frontalcortex der Ratte). Als radioaktiv markierte Liganden dienten für cholinerge Rezeptoren ^{3}H-QNB (Quinuclidinylbenzilat), für histaminerge ^{3}H-Doxepin, für α_1-adrenerge ^{3}H-Prazosin, für α_2-adrenerge ^{3}H-Rauwolscin, für $5HT_2$-Rezeptoren ^{3}H-Ketanserin, für D_1-Dopaminrezeptoren ^{3}H-SCH-23390 und für D_2-Dopaminrezeptoren ^{3}H-Spiperon. Berechnung als $1/K_D D_1 + 1/K_D D_2 + 1/K_D 5HT_2 + 1/K_i mACh + 1/K_i H1 + 1/K_i \alpha_1 + 1/K_i \alpha_2 = 100\%$

cherweise neue Perspektiven der adjuvan-
ten immunsuppressiven und Tumorthera-
pie (SCHLEUNING et al. 1994, STROBL und PE-
TERSON 1992). Phenothoazine sind auch nut-
zungsabhängige Blocker schneller, span-
nungsabhängiger Natriumkanäle, was ihre
antiarrhythmische Wirkung erklärt (TANAKA
et al. 1992). Die in vivo erreichten Konzentrationen reichen vermutlich nicht aus, um
die Hemmung der Glutamat-Dehydrogena-
se als für die antipsychotische Wirkung bedeutsam erscheinen zu lassen (COUEE und
TIPTON 1990). Die Affinitäten zu den diversen Rezeptoren sowie ihre Relationen variieren aus methodischen Gründen etwas
zwischen verschiedenen Untersuchungen,
so daß die Darstellungen nur Größenord-
nungen widerspiegeln können. Die Daten
der Abb. 5.2.1 entstammen den Publikationen von LEYSEN et al. (1993), LAL et al. (1993),
RICHELSON (1984) und HYTTEL et al. (1989).
Wegen der sich methodisch erklärenden
Variabilität sei auch auf die Publikationen
von MCQUADE et al. (1992), SVENDSEN et al.
(1986) und TESTA et al. (1989) verwiesen.
Therapeutisch genützt werden neben den
an den Dopamin-Antagonismus gebundenen antipsychotischen Wirkungen nur die
sedierenden Eigenschaften, die den antihistaminergen und möglicherweise auch
antiadrenergen und anticholinergen Eigenschaften zuzuschreiben sind. Die antiserotonergen Wirkungen tragen möglicherweise zur antipsychotischen Wirkung, vielleicht
besonders bezüglich der Negativ-Sympto-
me, bei. Bei den unerwünschten Begleitwirkungen scheint die Gewichtszunahme mit
dem Histamin- und Serotonin-Antagonis-
mus zusammenzuhängen, die orthostatische Dysregulation mit dem α_1-adrenergen
Antagonismus, die vegetativen Nebenwirkungen mit den anticholinergen Wirkungen. Bezüglich weiterer Überlegungen zu
den mutmaßlichen Mechanismen der antipsychotischen Wirkung sei auf Kapitel 3.2
verwiesen.

Ohne daß dies für jede dieser „alten" Substanzen untersucht wäre, so darf doch angenommen werden, daß der Antagonismus an
den jeweiligen anderen Rezeptoren im Sinne der homöostatischen Gegenregulation jeweils eine vorübergehende Aktivitäts-/ Umsatzsteigerung des jeweiligen Transmittersy-
stems nach sich zieht. Als Ausdruck einer solchen Gegenregulation steigt zum Beispiel
bei auch antiserotonergen Substanzen die
Konzentration des Serotonin-Metaboliten 5-
Hydroxyindolessigsäure im Liquor vorübergehend an, bei antiadrenergen Substanzen
Noradrenalin und sein Metabolit 3-Methoxy-
4-Hydroxy-Phenylglykol (MHPG). Was diese homöostatischen Regulationen für therapeutische und unerwünschte Wirkungen bedeutet, ist unbekannt.
Tabelle 5.2.1 faßt einige Daten aus einer
repräsentativen Standardbatterie tierexperimenteller Teste von Verhaltensparametern
und physiologischen Variablen zusammen.
Die Bedeutung dieser Tests für die Prädiktion antipsychotischer Wirksamkeit bzw. von
unerwünschten Wirkungen wurde in Kapitel 3.1 dargelegt. In modernen Screening-
Tests auf antipsychotische Wirksamkeit wie
dem Paradigma der „latent inhibition" oder
der „prepulse inhibition" wurden diese „alten" Substanzen kaum untersucht. Sofern in
der Tabelle „aktiv" angegeben ist, liegen
systematische Untersuchungen vor, aus denen sich aber keine ED_{50} ableiten läßt. Wenn
„keine Daten" angegeben sind, so muß das
nicht bedeuten, die betreffende Substanz
wäre inaktiv; vielmehr konnte der Autor in
der ihm zugänglichen Literatur keine Daten
finden und auch die die Substanz vertrei-
benden Firmen hatten keinen Zugriff z. B.
auf Daten in unveröffentlichten, internen
Forschungsberichten. So darf davon ausgegangen werden, daß alle hier dargestellten
Neuroleptika konditioniertes Vermeidungsverhalten antagonisieren, die Motilität mindern, Katalepsie und Hypothermie provozieren, sowie Stereotypen unterdrücken.

Tabelle 5.2.1. Wirksamkeit der Phenothiazine in einigen Testen von Verhalten und autonomer Regulation

Test	Konditioniertes Vermeidungs- verhalten	Prepulse Inhibition	Latent Inhibition	Rotations- verhalten D1/D2-induziert
Spezies	Ratte ED50 mg/kg s.c.	Ratte (ED50 nicht bestimmbar)	Ratte (ED50 nicht bestimmbar)	Ratte ED50 μmol/kg s.c.
Substanz:				
Fluphenazin	0,013	aktiv	aktiv	2,0 / 0,01
Perphenazin	0,026	aktiv	keine Daten	1,1 / 0,018
Chlorpromazin	0,88	aktiv	aktiv	8,4 / 0,97
Haloperidol	0,042	aktiv	aktiv	7 / 0,036
Trifluperazin	aktiv	keine Daten	keine Daten	> 10 / 0,04
Triflupromazin	aktiv	keine Daten	keine Daten	keine Daten
Thioridazin	13	keine Daten	aktiv	100 / 4,8
Perazin	aktiv	keine Daten	keine Daten	keine Daten
Levomepromazin	1	keine Daten	keine Daten	aktiv
Promazin	aktiv	keine Daten	keine Daten	keine Daten
Prothipendyl	3	keine Daten	keine Daten	keine Daten

Test	Motilität	Katalepsie: Stab	Katalepsie: Drahtnetz	Ptosis
Spezies	Maus ED50 mg/kg i.p.	Maus ED50 mg/kg i.p.	Ratte ED50 mg/kg s.c.	Maus ED50 mg/kg i.p.
Substanz:				
Fluphenazin	0,8	0,3	0,048	0,9
Perphenazin	0,6	0,4	0,19	0,9
Chlorpromazin	2,1	1,9	6,6	1,3
Haloperidol	0,2	0,7	0,13	0,6
Trifluperazin	aktiv	aktiv	aktiv	keine Daten
Triflupromazin	aktiv	aktiv	aktiv	keine Daten
Thioridazin	aktiv	aktiv	36	keine Daten
Perazin	aktiv	aktiv	aktiv	keine Daten
Levomepromazin	9 (s.c.)	65 (p.o.)	keine Daten	keine Daten
Promazin	aktiv	aktiv	aktiv	keine Daten
Prothipendyl	8,3 ± 1,4	keine Daten	> 16 (Maus; i.p.)	5 (Affe; s.c.)

(Fortsetzung siehe S 332)

Tabelle 5.2.1. Fortsetzung

Test	Hypothermie °C	Apomorphin-Antagonismus: Stereotypien	Apomorphin-Antagonismus: Stereotypien	Apomorphin-Antagonismus: Erbrechen
Spezies	Ratte bei Dosis: 5 mg/kg i.p.	Ratte ED50 mg/kg i.p.	Hund ED50 mg/kg s.c.	Hund ED50 mg/kg s.c.
Substanz:				
Fluphenazin	1,6	0,2	0,02	0,01
Perphenazin	keine Daten	0,5	0,6	0,06
Chlorpromazin	3,1	59	>20	0,6
Haloperidol	keine Daten	2,6	0,2	0,01
Trifluperazin	keine Daten	aktiv	keine Daten	keine Daten
Triflupromazin	keine Daten	aktiv	keine Daten	keine Daten
Thioridazin	keine Daten	> 15	> 10	keine Daten
Perazin	keine Daten	aktiv	keine Daten	keine Daten
Levomepromazin	aktiv	aktiv	keine Daten	0,5
Promazin	keine Daten	keine Daten	keine Daten	keine Daten
Prothipendyl	3 (Maus; s.c.)	keine Daten	keine Daten	10

Test	Amphetamin-Antagonismus: Stereotypien	Methylphenidat-Antagonismus: Stereotypien	Noradrenalin-Antagonismus	Adrenalin-Antagonismus
Spezies	Ratte ED50 mg/kg s.c.	Maus ED50 mg/kg i.p.	Ratte ED35 mg/kg i.v.	Ratte ED50 mg/kg i.v.
Substanz:				
Fluphenazin	0,08	0,04	0,3	0,35
Perphenazin	0,09	0,06	1,3	0,14
Chlorpromazin	0,6	6,2	0,15	0,05
Haloperidol	0,02	0,06	unbestimmbar	0,67
Trifluperazin	aktiv	keine Daten	keine Daten	keine Daten
Triflupromazin	aktiv	keine Daten	keine Daten	keine Daten
Thioridazin	60	4	keine Daten	keine Daten
Perazin	aktiv	keine Daten	keine Daten	keine Daten
Levomepromazin	aktiv	aktiv	aktiv (Hund)	aktiv (Hund)
Promazin	keine Daten	keine Daten	keine Daten	keine Daten
Prothipendyl	keine Daten	keine Daten	0,25 (ED50)	0,25

(Fortsetzung siehe S 333)

Tabelle 5.2.1. Fortsetzung

Test	Serotonin-Antagonismus	Acetylcholin-Antagonismus	Unterdrückung 5-HTP-induzierten Kopfzuckens	Hemmung der Dopamin (40µM)-stimulierten Adenylatzyklase IC50 (nM)
Spezies	Ratte ED50 mg/kg i.v.	Meerschweinchen Relative Potenz Atropin = 100%	Ratte ED50 µmol/kg s.c.	
Substanz:				
Fluphenazin	0,07	0,1	0,11	65
Perphenazin	0,06	0,08	0,68	130
Chlorpromazin	0,05	0,5	1,1	400
Haloperidol	0,86	0,04	0,3	220
Trifluperazin	keine Daten	keine Daten	keine Daten	210
Triflupromazin	keine Daten	keine Daten	keine Daten	keine Daten
Thioridazin	keine Daten	keine Daten	8,4	500
Perazin	keine Daten	keine Daten	keine Daten	keine Daten
Levomepromazin	keine Daten	aktiv (in vitro)	keine Daten	keine Daten
Promazin	keine Daten	keine Daten	keine Daten	5000
Prothipendyl	0,5	0,25	keine Daten	keine Daten

Die Tabelle wurde nach Daten von Arnt (1982, 1983, 1985), Arnt et al. (1984), Arnt und Hyttel (1986), Dunn et al. (1993), Fjalland und Boeck (1978), Gowdey et al. (1960), Hyttel (1985), Julou et al. (1966), Killcross et al. (1994), Møller-Nielsen et al. (1973), Petersen et al. (1958), Rigdon und Viik (1991) und Skarsfeldt et al. (1990) zusammengestellt

Literatur

Arnt J (1982) Pharmacological specificity of conditioned avoidance response inhibition in rats: inhibition by neuroleptics and correlation to dopamine receptor blockade. Acta Pharmacol Toxicol 51: 321–329

Arnt J (1985) Antistereotypic effects of dopamine D₁-and D₂-antagonists after intrastriatal injection in rats. Pharmacological and regional specificity. Naunyn Schmiedebergs Arch Pharmacol 330: 97–104

Arnt J (1993) Neuroleptic inhibition by 6,7-ADTN-induced hyperactivity after injection into the nucleus accumbens. Specificity and comparison with older models. Eur J Pharmacol 90: 47–55

Arnt J, Hyttel J (1986) Inhibition of SKF 38393- and pergolide-induced circling in rats with unilateral 6-OHDA lesions is correlated to dopamine D₁- and D₂-receptor affinities in vitro. J Neural Transm 67: 225–240

Arnt J, Hyttel J, Larsen JJ (1984) The citalopram/5-HTP-induced head shake syndrome is correlated to 5-HT₂ receptor affinity and also influenced by other transmitters. Acta Pharmacol Toxicol 55: 363–372

Couee I, Tipton KF (1990) The inhibition of glutamate dehydrogenase by some antipsychotic drugs. Biochem Pharmacol 39: 827–832

Dunn LA, Atwater GE, Kilts CD (1993) Effects of antipsychotic drugs on latent inhibition: sensitivity and specificity of an animal behavioral model of clinical drug action. Psychopharmacol 112: 315–323

FJALLAND B, BOECK V (1978) Neuroleptic blockade of various neurotransmitter substances. Acta Pharmacol Toxicol 42: 206–211

GOULD RJ, MURPHY KMM, REYNOLDS IJ (1984) Calcium channel blockade: possible explanation for thioridazine's peripheral side effects. Am J Psychiatry 141: 352–357

GOWDEY CW, MCKAY AR, TORNEY D (1960) Effects of levomepromazine and chlorpromazine on conditioning an other responses of the nervous system. Arch Int Pharmacodyn 123: 352–361

HYTTEL J (1985) Dopamine D_1- and D_2-receptors. Characterization and differential effects of neuroleptics. In: DAHLBAUM R, NILSSON JLG (eds) Proceedings of the VIIIth international symposium on medicinal chemistry, vol 1. Acta Pharm Suecica [Suppl 1]: 426–439

HYTTEL J, ARNT J, VAN DEN BERGHE M (1989) Selective dopamine D_1- and D_2- receptor antagonists. In: DAHL SG, GRAM LF (eds) Clinical pharmacology in psychiatry. Springer, Berlin Heidelberg New York Tokyo, pp 109–122

JULOU J, DUCROT R, FOURNEL J, LEAU O, BARDONE MC, MYON J (1966) Etude des propriétés pharmacologiques de la méthoxy-3 [(hydroxy-4 pipéridyl-1)-3 méthyl-2 propyl]-10 phénothiazine (9.159 R.P.) Compt Rend Soc Biol 160: 1852–1858

KILLCROSS AS, DICKINSON A, ROBBINS TW (1994) Effects of the neuroleptic alpha-fluphentixol on latent inhibition in aversively- and appetitively-motivated paradigms; evidence for dopamine-reinforcer interactions. Psychopharmacol 115: 196–205

LAL S, NAIR NPV, CECYRE D, QUIRION R (1993) Levomepromazine receptor binding profile in human brain implications for treatment-resistent schizophrenia. Acta Psychiatr Scand 87: 380–383

LEYSEN JE, JANSSEN PMF, SCHOTTE A, LUYTEN WHML, MEGENS AAHP (1993) Interaction of antipsychotic drugs with neurotransmitter receptor sites in vitro and in vivo in relation to pharmacological and clinical effects: role of 5HT-2 receptors. Psychopharmacology 112: S40–S54

MCQUADE RD, DUFFY RA, COFFIN VL, BARNETT A (1992) In vivo binding to dopamine receptors: a correlate of potential antipsychotic activity. Eur J Pharmacol 215: 29–34

MØLLER-NIELSEN I, PEDERSEN V, NYMARK M, FRANCK KF, BOECK V, FJALLAND B, CHRISTENSEN AV (1973) The comparative pharmacology of flupenthixol and some reference neuroleptics. Acta Pharmacol Toxicol 33: 353–362

PETERSEN PV, LASSEN N, HOLM T, KOPF R, MØLLER-NIELSEN I (1958) Chemische Konstitution und pharmakologische Wirkung einiger Thiaxanthen-Analoge zu Chlorpromazin, Promazin und Mepazin. Arzneimittelforschung 8: 395–397

RIGDON GC, VIIK K (1991) Prepulse inhibition as a screening test for potential antipsychotics. Drug Dev Res 23: 91–99

SCHLEUNING M, BRUMME V, WILMANNS W (1994) Inhibition of cyclosporin A/FK506 resistant, lymphokine-induced T-cell activation by phenothiazine derivatives. Naunyn Schmiedebergs Arch Pharmacol 350: 100–103

SHISHIDO S, OISHI R, SAEKI K (1991) In vivo effects of some histamine H_1-receptor antagonists on monoamine metabolism in the mouse brain. Naunyn Schmiedebergs Arch Pharmacol 343: 185–189

SKARSFELDT T, ARNDT J, HYTTEL J (1990) L-5-HTP facilitates the electrically stimulated flexor reflex in pithed rats: evidence for $5-HT_2$-receptor mediation. Eur J Pharmacol 176: 135–142

SVENDSEN O, ARNT J, BOECK V, BØGESØ KP, CHRISTENSEN AV, HYTTEL J, LARSEN JJ (1986) The neuropharmacological profile of tefludazine, a potential antipsychotic drug with dopamine and serotonin receptor antagonistic effects. Drug Dev Res 7: 35–47

STROBL JS, PETERSON VA (1992) Tamoxifen-resistant human breast cancer cell growth: inhibition by thioridazine, pimozide and the calmodulin antagonist, W-13. J Pharmacol Exp Ther 263: 186–193

TANAKA H, HABUCHI Y, NISHIMURA M, SATO N, WATANABE Y (1992) Blockade of Na^+ current by promethazine in guinea pig ventricular myocytes. Br J Pharmacol 106: 900–905

TESTA R, ABBIATI G, CESERANI R, RESTELLI G, VANASIA A, BARONE D, GOBBI M, MENNINI T (1989) Profile of in vitro binding affinities of neuroleptics at different rat brain receptors: cluster analysis comparison with pharmacological and clinical profiles. Pharm Res 6: 571–577

5.3 Klinische Anwendung

G. Laux und P. König

Die Muttersubstanz Phenothiazin wurde 1888 synthetisiert, als erstes und ältestes Neuroleptikum zeigte Chlorpromazin antipsychotische Wirksamkeit durch eindrucksvolle Behandlungsresultate bei agitierten psychotischen Patienten (COLE et al. 1964). Zahlreiche Studien konnten in der Folgezeit sowohl für Phenothiazine als auch später entwickelte Neuroleptika eine signifikante Wirksamkeit in der Behandlung akuter schizophrener Psychosen nachweisen. DAVIS und GARVER (1978) faßten 207 Doppelblindstudien zusammen und fanden bei 86% der behandelten Patienten einen signifikanten Behandlungseffekt der Neuroleptika im Vergleich zu Barbituraten und Placebo, analoges ergibt die Zusammenstellung von BALDESSARINI (1985) (siehe Tabelle 5.3.1).

Bis heute gibt es allerdings keine eindeutigen Belege über etwaige Unterschiede in der Effektivität verschiedener klassischer Neuroleptika (HIRSCH und BARNES 1995). Möglicherweise hängt der „klinische Eindruck", manche Patienten sprächen auf ein spezielles Neuroleptikum besser an als auf andere, mit unterschiedlichen Rezeptorbindungsaffinitäten oder mit Unterschieden im Nebenwirkungsprofil zusammen (HOLLISTER 1974, HIRSCH und BARNES 1995).

Die überwiegend sedierenden Substanzen der Phenothiazin-Gruppe sind den Basis-Neuroleptika zuzuordnen. Sie zeigen alle mehr oder weniger stark ausgeprägte anticholinerge und kardiovaskuläre Begleitwirkungen, was ihre Routineanwendung bei diversen Patientengruppen einschränkt, zumindest zu besonderer Vorsicht führen muß. Insbesondere die posturale Hypotonie, die Kardiotoxizität, aber auch die Senkung der

cerebralen Krampfschwelle stellen limitierende Faktoren für ihren Einsatz dar.

Ein breites Anwendungsfeld haben diese Medikamente in relativ niedriger Dosierung bei der Behandlung von Unruhezuständen und Schlafstörungen, was angesichts möglicher Nebenwirkungen kritisch betrachtet werden muß (siehe unten).

Im einzelnen gehören folgende Substanzen zu der Gruppe der Phenothiazine:

- Chlorpromazin
- Fluphenazin
- Levomepromazin (Methotrimeprazin)
- Perazin
- Perphenazin
- Promazin
- Promethazin
- Prothipendyl
- Thioridazin.

Zu den Phenothiazinen mit **aliphatischer Seitenkette** zählen Chlorpromazin, Levomepromazin, Promazin und Promethazin. Bei diesen Substanzen steht die sedierende Wirkung im Vordergrund. Zu den Phenothiazinen mit **Piperidyl-Seitenkette** zählt Thioridazin. Fluphenazin, Perazin und Perphenazin sind Phenothiazine mit **Piperazin-Seitenkette** – bei diesen Substanzen ist die antipsychotische Wirkung stärker ausgeprägt.

In Depotform verfügbare Phenothiazine sind Fluphenazin und Perphenazin, ersteres als Decanoat, Perphenazin als Enantat.

Einige Phenothiazine, wie zum Beispiel auch Thiethylperazin und Triflupromazin werden als Antiemetika bzw. Antivertiginosa eingesetzt. Das

Tabelle 5. 3. 1. Prozentuelle Häufigkeit von Untersuchungen, in welchen sich Neuroleptika signifikant wirksamer als Plazebo (> Plazebo) bzw. gleichwirksam wie die Referenzsubstanz (= Chlorpromazin) erwiesen (nach BALDESSARINI 1985)

Substanz	% Unters. > PIazebo	% Unters. = CPZ
Phenothiazine		
Chlorpromazin	83	–
Trifluoperazin	89	100
Thioridazin	100	100
Perphenazin	100	100
Fluphenazin	100	100
Non-Phenothiazine		
Chlorprothixen	100	100
Haloperidol	100	100

Nebenwirkungsprofil dieser Substanzen entspricht – in geringerem Maße – jedoch jenem der Neuroleptika, was klinisch bedeutsam sein kann (VLACHOS 1982).

5.3.1 Indikationen

Fluphenazin und Perphenazin gehören zur Gruppe der hochpotenten Neuroleptika und werden zur Akut- und Langzeittherapie schizophrener Psychosen eingesetzt (siehe unten). Die anderen Substanzen werden wegen ihrer sedierenden Wirkung als Adjuvantien in der Psychosebehandlung oder in der Akutbehandlung von Unruhezuständen und Agitiertheit, zum Teil auch bei Angststörungen und als Schlafmedikation eingesetzt.

Chlorpromazin

Dieses erste moderne Neuroleptikum dient als Referenzsubstanz (Potenz = 1). Wirkt deutlich sedierend, kaum antipsychotisch (SWAZY 1974, WANG et al. 1982).
Die übliche Tagesdosis beträgt 75–150 mg oral oder i.m.

Fluphenazin

Die Überlegenheit von Fluphenazin über Placebo bei der Akut- und Langzeitbehand-

lung schizophrener Erkrankungen wurde in zahlreichen kontrollierten doppelblinden Studien belegt (Übersichten: AYD 1968, 1975). FLORU und THIELE (1977) behandelten 50 Patienten, die zumeist an einer akuten, erregten paranoid-halluzinatorischen Psychose erkrankt waren, mit Fluphenazin (initial intravenös, anschließend intramuskulär, jeweils 40 mg pro die, anschließend oral mit Tagesdosen bis zu 100 mg pro die). Nach 6 Wochen konnten 52% der Patienten als remittiert entlassen werden. Untersuchungen zur Langzeittherapie und Rezidivprophylaxe liegen unter anderem von MÜLLER, RIFKIN et al., HIRSCH et al. (1983) sowie KANE et al. vor: MÜLLER (1982) fand bei N = 50 Schizophrenen innerhalb eines Jahres unter Placebo eine Rezidivrate von 72%, unter Fluphenazin intramuskulär von 8%. RIFKIN et al. (1977) fanden in einer analogen Untersuchung unter Placebo Rezidive bei 83%, unter Fluphenazin oral oder in Depotform von 14%. KANE et al. (1982) behandelten N = 28 Schizophrene in der Remissionsphase entweder mit Fluphenazin 5–20 mg oral pro die, 12,5–50 mg Fluphenazin-Decanoat alle 2 Wochen oder mit Placebo. 41% der Placebo-Patienten erlitten nach durchschnittlich 19 Wochen ein Rezidiv, unter Verum kam es bei keinem der Patienten zu einem Rückfall.

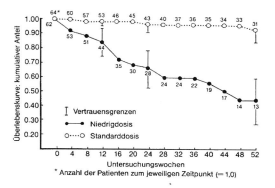

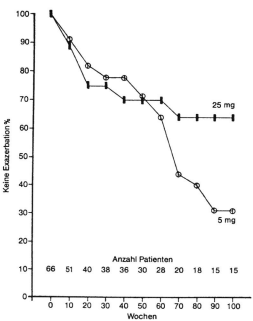

Abb. 5.3.1. „Überlebenskurve" (Anzahl Patienten ohne Rezidiv) während einer 52wöchigen Behandlung mit Fluphenazin-Decanoat in Niedrig- oder Standarddosis (nach KANE et al. 1982)

Die gleiche Autorengruppe untersuchte auch die Wirkung von niedrigdosiertem Fluphenazin-Decanoat (1,25–5 mg alle 2 Wochen) im Vergleich zu einer Standarddosierung (12,5–50 mg alle 2 Wochen). Unter der niedrigen Dosis zeigten sich deutlich höhere Rückfallraten (56% versus 7%, siehe Abb. 5.3.1). Eine ähnliche Studie wurde von MARDER et al. (1984) durchgeführt; während sich nach einem Jahr keine signifikanten Unterschiede zwischen beiden Fluphenazin-Dosen zeigten, kam es nach 2 Jahren bei den niedrig dosierten Patienten in 69% der Fälle, bei der höher dosierten Patientengruppe nur in 36% der Fälle zu einer Exacerbation der Psychose (siehe Abb. 5.3.2). Bei flexibler Handhabung der Dosierung (Möglichkeit der Dosisverdopplung) entsprechend der klinischen Realität konnte zwischen der 5–10 mg- und der 25–50 mg-Gruppe kein signifikanter Unterschied gefunden werden (Abb. 5.3.3).

Verschiedene Autoren untersuchten, inwieweit eine **Hochdosierung** therapeutisch vorteilhaft sein könnte: DONLON et al. (1978) kamen aufgrund einer Studie mit N = 32 hospitalisierten Patienten zu dem Ergebnis, daß eine schnell gesteigerte, hochdosierte Verabreichung von Fluphenazin bei akuter Schizophrenie keine besseren Ergebnisse als die Standarddosierung zeigt. HINTERHUBER et al. (1983) kamen zu dem gleichen

Abb. 5.3.2. „Überlebenskurve" von Patienten, die Fluphenazin-Decanoat über einen Zeitraum von 100 Wochen in niedriger oder höherer Dosis erhalten hatten (nach MARDER et al. 1984)

Ergebnis, fanden aber Unterschiede hinsichtlich des Wirkungseintritts zugunsten der höheren Dosierung. MAURER (1979) untersuchte bei N = 51 Patienten, inwieweit die Applikationsform von Fluphenazin (intravenös, intramuskulär und oral) neben der Dosis bei akut erkrankten Schizophrenen von Bedeutung ist. Das Item „globale Besserung" der CGI zeigte schon eine Stunde nach Applikation in der i.v.-Gruppe einen günstigeren Score als in der per os-Gruppe. Verschiedene Items der BPRS zeigten eine stärkere Besserung in der i.v.-Gruppe. FLEISCHHAUER (1980) zeigte bei N = 13 Patienten mit akuter Schizophrenie, daß höherdosierte Fluphenazin-Infusionen (40–180 mg pro die) zu einer schnellen und starken Beeinflussung der psychotischen Symptomatik bei einer geringen Nebenwirkungsrate führte. Nach 28 Tagen war der Therapieerfolg vergleichbar mit dem bei üblicher niedriger Dosierung.

Zur **Behandlung sogenannter therapieresistenter Schizophrenien** setzten QUITKIN et al. (1975) hohe Dosen von Fluphenazin (bis 1.200 mg pro die). 69% der 41 Patienten zeigten

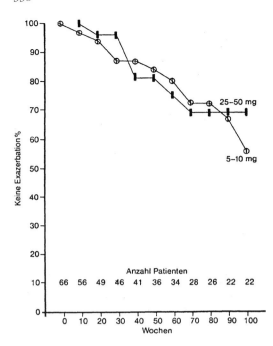

Abb. 5.3.3. „Überlebenskurve" von Patienten, die Fluphenazin-Decanoat über einen Zeitraum von 100 Wochen in flexibler Dosis erhalten hatten (nach MARDER et al. 1984)

in der Doppelblindstudie unter „normalen" Fluphenazin-Dosen (maximal 30 mg pro die) eine Besserung, nur 22% besserten sich unter der hohen Dosierung. Es gab keine Einzelsymptome, die auf die hohe Dosis besser ansprachen, dagegen traten vermehrt extrapyramidalmotorische Nebenwirkungen auf. Auch MCCLELLAND et al. (1976) fanden bei N = 50 chronisch schizophrenen Patienten unter sehr hoher Fluphenazin-Decanoat-Dosierung (250 mg pro Woche) im Vergleich zur Standarddosis von 12,5 mg pro Woche keine signifikanten Unterschiede zugunsten der Hochdosierungsgruppe. Analog berichten KINON et al. (1993) bei Nonrespondern unter 20 mg Fluphenazin pro die keinen Vorteil einer Dosiserhöhung auf 80 mg täglich.

Hinsichtlich eines möglichen Zusammenhanges zwischen **Plasmaspiegel und therapeutischer Wirkung** liegen folgende Untersuchungen vor: DYSKEN et al. (1983) zeigten, daß nur die Patienten, bei denen am 14. Tag der Fluphenazin-Plasmaspiegel zwischen 0,2 und 2,8 ng/ml lag, einen guten Therapieerfolg zeigten. In der Studie von MAVROIDIS et al. (1984) erwiesen sich Fluphenazin-Spiegel von 0,13–0,70 ng/ml als optimal. KOREEN et al. (1994) konnten demgegenüber keinen Zusammenhang zwischen Fluphenazin-Plasmaspiegeln und Response oder extrapyramidal-motorischen Nebenwirkungen bei ersterkrankten Schizophrenen finden. MILLER et al. (1995) fanden bei N = 24 unter Fluphenazin-Decanoat stehenden Schizophrenen durchschnittliche Steady state-Plasmakonzentrationen von 0,5 ng/ml, höhere Fluphenazin-Decanoat-Dosen gingen mit ungünstigerem klinischen Verlauf einher. LEVINSON et al. (1995) kamen bei N = 72 Patienten zu dem Ergebnis, daß Responder bei Fluphenazin-Plasmaspiegeln über 1,0 ng/ml die beste klinische Wirkung zeigten. Extrapyramidal-motorische Symptome und Akathisie waren unter höheren Plasmaspiegeln deutlicher ausgeprägt.

HERESCO-LEVY et al. (1993) untersuchten die Möglichkeit der Dosisreduktion bei N = 41 remittierten chronisch Schizophrenen. Für die meisten Patienten war eine Dosis von 10 mg Fluphenazin-Decanoat alle 4 Wochen ausreichend.

MIDHA et al. (1993) fanden, daß Patienten unter 25 mg Fluphenazin-Decanoat erst nach 3 Monaten Steady state-Plasmakonzentrationen erreichten. Sie schlagen deshalb vor, daß Patienten, die von oraler auf Depot-Gabe von Fluphenazin umgestellt werden sollen, in den ersten 3 Monaten weiter orale Ergänzungsdosen erhalten sollten.

Andere Indikationen von Fluphenazin umfassen Entzugssyndrome bei Heroinabhängigkeit (2,5–25 mg i.m.), günstige Therapieergebnisse bei Dermatozoenwahn wurden von BAUER und MOSLER (1970) sowie von FRITHZ (1979) beschrieben. Die Wirkung von Fluphenazin-Decanoat bei Patienten mit Chorea wurde von TERRENCE (1976) in einer Doppelblindstudie untersucht. Alle mit Verum behandelten Patienten wiesen gegenüber Placebo eine signifikante Reduzierung der Chorea bedingten Behinderung auf. BORISON et al. (1983) verglichen in einer doppelblinden, placebo-kontrollierten Cross-over-Studie bei N = 10 Patienten mit Gilles-de-la-Tourette-Syndrom die Wirkung von Fluphenazin (8–24 mg pro die), Haloperidol (5–20 mg pro die) und Trifluoperazin (10–25 mg pro die). Alle drei Neuroleptika zeigten im Vergleich zu Placebo signifikante therapeutische Wirksamkeit, unter Fluphenazin traten die geringsten Nebenwirkungen auf.

Bei hoch akuten, mit psychomotorischer Erregung und Aggressivität einhergehenden Psychosen kann zur Therapieeinleitung Fluphenazin in einer Tagesdosis von bis zu 15 mg oral bzw. 5–20 mg intravenös oder intramuskulär verabreicht werden. Die Tagesdosis kann bis zu 40 mg, verteilt auf 2–4 Einzeldosen, betragen. Die depotneuroleptische Behandlung erfolgt mittels Fluphenazin-Decanoat 12,5–50 mg i.m. in zwei- bis vierwöchigen Abständen.

Levomepromazin

Levomepromazin (im amerikanischen Sprachraum Methotrimeprazin) ist ein Phenothiazinderivat, das stark antihistaminerg und adrenolytisch sowie deutlich anticholinerg wirkt. Des weiteren belegt ist eine analgetische Wirkung, die durch den Opiat-Antagonisten Naloxon nicht blockiert wird (JOHN und BORN 1979). Die Blockade zerebraler Histamin-Rezeptoren ist wesentlich für die sedierende Wirkung verantwortlich, auch ein antipruriginöser Effekt ist belegt (HÄGERMARK 1973).

Zielsymptome von Levomepromazin sind Unruhe- und Erregungszustände im Rahmen psychiatrischer Erkrankungen sowie Schlafstörungen und Schmerzzustände. Zahlreiche Autoren empfehlen Levomepromazin zur psychiatrischen Akut- bzw. Notfallbehandlung (BERZEWSKI 1983, ERNST 1982,

HYMAN 1988, LAUTER 1980). Es ist auch zur Sedierung bei nicht-psychiatrischen Notfällen geeignet (ROSSI 1989), es dämpft ausgeprägte Suizidimpulse (BUSCH 1982, MÜLLER-SPAHN et al. 1988). Levomepromazin gehört international zu den am häufigsten bei chronischer Schizophrenie eingesetzten Medikamenten (BAN et al. 1986), Hauptindikationsgebiet sind Aggressivität, Erregung, Angst sowie Schlafstörungen bei psychotisch erkrankten Patienten. In einer neueren Doppelblindstudie mit N = 62 schizophrenen Patienten war allerdings Risperidon hinsichtlich der Beeinflussung psychotischer Angst sowie Haloperidol als auch Levomepromazin (bis zu 150 mg pro die) überlegen (BLIN et al. 1992).

Auch in der Behandlung manischer Erregungszustände hat sich Levomepromazin (insbesondere in Kombination mit hochpotenten Neuroleptika sowie Carbamazepin) bewährt (LAUTER 1962, TÖLLE 1962, BECKMANN 1977, WOGGON 1987).

Das Verhalten oligophrener Epileptiker besserte sich unter einer Medikation mit 75–225 mg Levomepromazin pro die (OETTINGER 1976).

Psychomotorische Erregungszustände bei Kindern und Jugendlichen können durch Levomepromazin rasch gedämpft werden, bei psychotisch erregten Jugendlichen eignet es sich zur Notfalltherapie (FREISLEDER 1990, NISSEN et al. 1984).

In der Gerontopsychiatrie wird Levomepromazin alleine oder in Kombination bei Unruhe- und Erregungszuständen, Schlafstörungen sowie psychotischen Krankheitsbildern eingesetzt (GORDON 1981, GÜNDEL und KUMMER 1988).

In der Behandlung chronischer Schmerzsyndrome kommt Levomepromazin gesicherte Bedeutung zu (LYNCH 1987). Offenbar können besonders dysästhetische Schmerzen erfolgreich mit Levomepromazin behandelt werden (ZENZ 1984). Zahlreiche Erfahrungsberichte beschreiben, daß Levomepromazin den Tumorschmerz deutlich lindert (Kockott 1982, Oliver 1985). In der onkologischen Therapie kann Levomepromazin vor allem als Ergänzung zu Opiaten eingesetzt werden (Wirkungsverstärkung, Einsparung). Bezogen auf Milligrammbasis wirkt Levomepromazin halb so stark wie Morphin, wobei es im Gegensatz zu dieser Substanz weder eine Abhängigkeit erzeugt noch eine Atemdepression bewirkt (Beaver et al. 1966, Pearson und Dekornfeld 1963, Lynch 1987). Aufgrund seines antiemetischen Effektes kann es die Gabe anderer Onkotherapeutika (Zytostatika, Opiate) verträglicher gestalten (Brinkmann 1989, Schlunk et al. 1990).

Levomepromazin wird zur analgetischen Therapie bei zahlreichen neurologischen und orthopädischen Schmerzsyndromen wie zum Beispiel Zoster- und Trigeminusneuralgien, atypische Gesichtsschmerzen, Polyneuropathien, Lumboischialgien eingesetzt. Klinische Doppelblindstudien belegen, daß 10–20 mg Levomepromazin postoperative Schmerzen ähnlich günstig beeinflußte wie 50–75 mg Pethidin, 30 mg Pentazocin oder 10 mg Morphin, jeweils parenteral verabreicht (Eazio 1970, Minuck 1972). Levomepromazin kann mit Pethidin und Ketamin kombiniert und so in der Neuroleptanalgesie als Alternative zu anderen Neuroleptika eingesetzt werden (Rennemo et al. 1982).

In der psychiatrischen Notfalltherapie werden im allgemeinen 50 mg Levomepromazin intramuskulär appliziert, die Injektion kann in Abständen von $1/2$ bis zu 1 Stunde bis zu dreimal wiederholt werden. Am ersten Behandlungstag darf die Maximaldosis von 200 mg i.m. bzw. 400 mg oral nicht überschritten werden. Die mittlere Tagesdosis zur Behandlung akuter Psychosen liegt zwischen 75 und 150 mg, in der ambulanten Erhaltungsbehandlung können bis zu 150 mg Levomepromazin täglich gegeben werden. In der Schmerztherapie sind meist schon mit Einmaldosen bis zu 50 mg parenteral gute Erfolge zu erzielen, bei starken Schmerzen werden 50 mg zwei- bis viermal täglich empfohlen. Die orale Therapie sollte mit 25–75 mg beginnen, Tagesdosen über 150 mg erfordern im allgemeinen eine stationäre Überwachung des Patienten. Die übliche Tagesdosis in der onkologischen Schmerztherapie liegt bei zwei- bis dreimal 25 mg Levomepromazin (maximale Tagesdosis 600 mg).

Die intravenöse Injektion ist nicht zu empfehlen.

Perazin

Aus einer fast 40jährigen Therapieerfahrung liegen zu Perazin zahlreiche Publikationen vor (Übersicht: Helmchen et al. 1988). Tölle berichtete 1960 über die Therapieergebnisse bei N = 99 Schizophrenen und N = 63 endogen Depressiven. Die Tagesdosen betrugen 600–700 mg. Ein Wirkungseintritt wurde oral ab dem 2. bis 3. Behandlungstag, parenteral schon nach wenigen Stunden verzeichnet, im Vergleich zu Chlorpromazin zeigte sich ein deutlich geringerer dämpfender Effekt. Als spezielle Indikationen wurden schwere Angstzustände angesehen. Helmchen et al. (1967) betreuten N = 250 ambulante schizophrene Patienten nach Abschluß einer erfolgreichen klinischen Behandlung über einen Zeitraum von 10 Jahren. Unter einer Perazindosis von 300–700 mg pro die blieben ca. 40% der Patienten rezidivfrei. Bente et al. (1974) analysierten die psychopathologischen Veränderungen im Verlauf einer 30tägigen Perazintherapie mit 3 × 200 mg pro die per os. Am 5. Behandlungstag setzte eine deutliche Wirkung auf die Wahnphänomene ebenso wie ein Einfluß auf Sinnestäuschungen ein. Denkstörungen wurden deutlich erst am 20. Behandlungstag beeinflußt, Ich-Störungen nur mäßig. Die Autoren gaben deshalb als Zielsymptome für Perazin „Wahnstimmung, gespannter und ängstlicher Affekt sowie Halluzinationen" an, für die bereits in der zweiten

Behandlungswoche eine signifikante Abnahme zu verzeichnen war.

PIETZCKER et al. (1981) untersuchten ein Kollektiv von N = 33 Patienten, die über einen Zeitraum von 18 Jahren ambulant mit Perazin behandelt worden waren. Unter der Perazin-Langzeittherapie sank die Rehospitalisierungsrate pro Patient und Jahr von ursprünglich 0,58 vor Behandlung auf 0,07. 16 der 33 Patienten mußten während der Gesamtdauer der Langzeittherapie nicht wieder stationär behandelt werden.

SCHMIDT et al. (1982) behandelten N = 32 männliche Patienten mit akuten paranoid-halluzinatorischen Psychosen entweder mit Perazin oder mit Haloperidol (300 mg / 600 mg / 900 mg Perazin versus 15 mg / 30 mg / 45 mg Haloperidol). Nach vierwöchiger Behandlung ergab sich kein signifikanter Unterschied zwischen den Perazin- und Haloperidol-behandelten Patienten, ca. 60% zeigten eine befriedigende Remission. Haloperidol verursachte signifikant häufiger extrapyramidal-motorische Nebenwirkungen (siehe unten).

SCHIED et al. (1983) untersuchten an N = 28 Patienten den antipsychotischen Effekt von Perazin. Die Patienten erhielten zwischen 200 und 800 mg Perazin pro die, nach vier Wochen änderten sich 27 der 123 psychopathologischen Items des AMDP-Systems signifikant. Mit Hilfe der BPRS-Befunde ließ sich die Zielsymptomatik von Perazin dahingehend darstellen, daß Denkstörungen und paranoide Inhalte am deutlichsten, Mißtrauen und Spannung sowie ängstlich-depressive Symptome ebenfalls deutlich gebessert wurden.

SCHÜSSLER et al. (1988) verglichen eine Perazinstandard-Dosis (542–676 mg/d) unter Doppelblindbedingungen mit höherdosiertem Haloperidol (25–30 mg/d). Sie fanden hinsichtlich der antipsychotischen Wirksamkeit keine signifikanten Unterschiede, allerdings waren unter Haloperidol wesentlich mehr extrapyramidal-motorische Nebenwirkungen zu registrieren.

Eine jüngst vorgelegte Studie zeigte, daß durch Umstellung auf Perazin neuroleptika-bedingte Akathisien signifikant gebessert werden können (RIETSCHEL et al. 1996).

Neben der Behandlung von schizophrenen Psychosen kann Perazin in niedriger Dosis zur Behandlung nicht-psychotischer Angst- und Spannungszustände eingesetzt werden (sogenannte Neuroleptanxiolyse, vergleiche Band 2 dieser Handbuchreihe).

Zu Behandlung akuter psychotischer Symptome und psychomotorischer Erregungszustände werden Einzeldosen von 50–150 mg Perazin oral oder i.m. appliziert, in den ersten 24 Stunden nicht über 500 mg. Bei stationärer Behandlung liegt die Erhaltungsdosis für Erwachsene zwischen 200 und 600 mg oral pro Tag. Höchstdosis 1.000 mg pro die. Bei ambulanter Behandlung werden in der Regel bis zu 300 mg pro die appliziert.

Perphenazin

Perphenazin ist ein klassisches Neuroleptikum mit antipsychotischer und antiemetischer Hauptwirkung, das in seinem Wirkungsspektrum Haloperidol vergleichbar ist.

FITZGERALD (1969) behandelte N = 44 akut psychotische Patienten 2 Tage lang mit durchschnittlich 26 mg Haloperidol bzw. 28 mg Perphenazin i.m. und fand beide Substanzen gleich wirksam. WOGGON und ANGST (1978) führten an N = 40 stationär behandelten schizophrenen Patienten eine Doppelblindstudie mit Bromperidol und Perphenazin (durchschnittliche Tagesdosen 6 bzw. 20 mg) durch. Sie beobachteten einen rascheren Wirkungseintritt sowie eine größere Wirksamkeit von Bromperidol. RODOVA et al. (1973) fanden in einer Crossover-Studie an N = 52 Schizophrenen keine statistisch signifikanten Differenzen zwischen Clozapin (mittlere Tagesdosis 148–581 mg) und Perphenazin (mittlere Tagesdosis 18–64 mg). REMVIG et al. (1987) führten eine multizentrische Doppelblindstudie bei N = 54 Patienten durch, die durchschnittlich 37 mg Zuclopenthixol oder 30 mg Perphenazin pro Tag erhielten. Es fand sich kein signifikanter Wirkunterschied zwischen den beiden Substanzen.

In der Langzeitbehandlung mit Perphenazin-Decanoat fanden KNUDSEN et al. (1985) bei N = 42 psychotischen Patienten nach 6monatiger Behandlung eine statistisch signifikante Verbesserung. Im konkreten Vergleich zu Haloperidol Decanoat zeigten DENCKER et al. (1994) anhand einer multizentrischen Crossover-Doppelblindstudie an N = 29 Patienten eine vergleichbare antipsychotische Wirksamkeit von Haloperidol und Perphenazin bei chronisch Schizophrenen. Die mittleren Dosen betrugen 117 mg bzw. 120 mg alle drei Wochen, die Plasmakonzentrationen lagen für Perphenazin zwischen 0,8 und 16, für Haloperidol zwischen 2,3 und 47 nmol/l. In der klinischen Globalbeurteilung wies Perphenazin mit 52% eine signifikant größere Verbesserung auf als Haloperidol mit 39%.

HOYBERG et al. (1993) führten bei N = 107 chronisch Schizophrenen mit akuter Exacerbation eine multizentrische Doppelblindstudie über 8 Wochen mit durchschnittlich 8,5 mg Risperidon versus 28 mg Perphenazin durch. Im PANSS-Score zeigte sich bei Studienende eine Tendenz zugunsten von Risperidon, insbesondere bei Patienten mit dominierender Minussymptomatik. Signifikant mehr Patienten unter Risperidon wiesen eine mindestens 20%ige Reduktion in der BPRS auf.

DONAT (1988) verglich Perphenazin und Haloperidol bei N = 50 stationär behandelten Patienten mit Verwirrtheitszuständen bei dementiellen Prozessen im Alter. Unter 16 mg Perphenazin pro die bzw. 4 mg Haloperidol pro die besserten sich die psychotischen Syndrome unter beiden Präparaten gleich gut. Das psychoorganische, das gehemmtdepressive sowie das somatisch-depressive Syndrom (AMDP-System) besser-

ten sich unter Perphenazin deutlicher als unter Haloperidol, Perphenazin zeigte eine positivere Wirkung auf das Schlafverhalten. Zur Behandlung wahnhafter Depressionen setzten SPIKER et al. (1985) in einer Doppelblindstudie Amitriptylin, Perphenazin oder die Kombination beider Substanzen ein. 78% der N = 18 Patienten respondierten unter Amitriptylin + Perphenazin, 41% von N = 17 Patienten unter Amitriptylin und nur 19% von N = 16 Patienten unter Perphenazin. RICKELS et al. (1982) fanden bei ambulant behandelten Depressiven unter der Kombination Amitriptylin/Perphenazin (100/8–150/12 mg pro die) eine größere Wirksamkeit als unter 100–150 mg Doxepin pro Tag. Sie verzeichneten allerdings eine höhere Inzidenz von anticholinergen und sedativen Nebenwirkungen unter der Kombination Amitriptylin/ Perphenazin.

CLARKE (1981) behandelte N = 120 Patienten mit „therapieresistenten" chronischen Schmerzen mit 25 mg Amitriptylin und 2 mg Perphenazin. Nach zweimonatiger Behandlung konnte bei 34% Schmerzfreiheit erzielt werden, 8% beschrieben inakzeptable (anticholinerge) Nebenwirkungen. Die besten Ergebnisse konnten bei postherpetischer Neuralgie, postoperativen Schmerzen sowie beim atypischen Gesichtsschmerz erzielt werden.

JOHNSON und FAHN (1977) behandelten 8 ältere Patienten mit vaskulärem Hemiballismus und Hemichorea. Bei 7 Patienten konnte unter einer Dosis von 6–24 mg Perphenazin pro die ein rasches, dramatisches Sistieren der Bewegungsstörung erzielt werden, das bei 4 Patienten auch nach Absetzen von Perphenazin anhielt. FAHN (1972) evaluierte die Wirksamkeit von Perphenazin in der Behandlung der Chorea bei N = 27 Patienten doppelblind versus Placebo. 70% der Patienten besserte sich signifikant, bei 30% kam es zu einem dramatischen Sistieren der Bewegungsstörung.

DESILVA et al. (1995) verglichen die Wirksamkeit von Ondansetron, Droperidol, Perphenazin und Metoclopramid hinsichtlich antiemetischer Wirksamkeit in der Prämedikation. Im Vergleich zu Placebo zeigten Ondansetron, Droperidol und Perphenazin Wirksamkeit in der antiemetischen Prophylaxe. Nur unter 5 mg Perphenazin i. v. traten keine Nebenwirkungen auf, so daß diese Substanz von den Autoren präferiert wurde. Die übliche Tagesdosis von Perphenazin beträgt 12–24 mg, die letzte Dosis sollte nicht nach 17 Uhr eingenommen werden. Die Depot-Applikation erfolgt in der Regel alle 14 Tage mit meistens 100 mg (1 ml) Perphenazin Enantat (50–200 mg).

24 mg Perphenazin oral pro die entsprechen in etwa 100 mg Perphenazin-Depot i. m. alle 14 Tage.

Die minimale mittlere effektive Dosis von Perphenazin-Decanoat lag nach den Untersuchungen von KISTRUP et al. (1991) bei 99 mg alle 2 Wochen, der korrespondierende mittlere Plasmaspiegel lag bei 7,3 nmol/l. Es zeigte sich eine signifikante Korrelation zwischen Dosis und Plasmaspiegel (r = 0.87).

Für Perphenazin wird ein therapeutischer Plasmaspiegel bereits von 1,5–6 nmol/l empfohlen (HANSEN und LARSEN 1985, KJELDSEN et al. 1991). Während sich zwischen Perphenazin bzw. seinem Abbauprodukt und dem globalen BPRS-Rating keine Beziehung zeigte, war die Besserung von Denk- und Wahrnehmungsstörungen mit dem Perphenazin-Plasmaspiegel korreliert und legte eine niedrigere therapeutische Schwelle von 0,8 ng/ml nahe. Die Perphenazin-Plasmakonzentrationen waren nicht mit den extrapyramidal-motorischen Nebenwirkungen korreliert, bei höheren Spiegeln wurden aber häufiger Antiparkinson-Mittel eingesetzt. Höhere Perphenazin-Plasmaspiegel waren nicht wirksamer als niedrigere (MAZURE et al. 1990).

Promazin

Promazin, 1947 synthetisiert, wird seit über 35 Jahren zur Behandlung agitierter Psycho-

sen, Angst- und Spannungszustände sowie Schmerzsyndrome eingesetzt. Die antipsychotische Wirkpotenz ist relativ schwach, neben sedierenden besitzt die Substanz antiemetische und antipruriginöse Eigenschaften. FAZEKAS et al. (1956) berichteten, daß Promazin vor allem zur Behandlung akuter psychotischer Verwirrtheit und Unruhe geeignet ist. SHAW und PAGE legten 1960 eine Übersicht vor, in der über die Behandlung von über 2.000 Psychosekranken, über 1.300 Alkoholabhängigen sowie über 300 Neurosekranken berichtet wird. Insgesamt wurden knapp 10.000 Patienten während einer 3-Jahres-Periode mit Promazin behandelt. Aus neuerer Zeit liegen lediglich Daten von offenen klinischen Studien vor – so wurde Promazin zur Behandlung von Angst und Erregung bei N = 20 stationär behandelten psychiatrischen Patienten eingesetzt (GIERSCH 1987) sowie zur Prämedikation bei N = 146 Neugeborenen und Säuglingen (ABEL 1985).

Die empfohlene Dosierung beträgt initial 50–150 mg pro die (oral oder parenteral) die maximale Tagesdosis 1.200 mg.

Promethazin

Promethazin wird seit über 40 Jahren in Klinik und Praxis verwendet. Die WHO führt Promethazin als Bestandteil der Liste essentieller Medikamente.

Promethazin wirkt antihistaminerg, anticholinerg, antiserotonerg und membranstabilisierend, es blockiert außerdem Alpha-Rezeptoren. Klinisch steht die sedierende, antiallergische, antiemetische und antivertiginöse Wirkung im Vordergrund, Promethazin besitzt keine antipsychotischen oder antidepressiven Wirkeigenschaften (ISKANDER et al. 1979). Humanpharmakologische Untersuchungen zeigten, daß Promethazin den Prolaktin-Plasmaspiegel nicht erhöht sondern eher erniedrigt (MESSINIS et al. 1983). Promethazin gehört zu den in der Psychiatrie besonders häufig angewendeten Arz-

neimitteln. Es hat sich insbesondere parenteral zur Sedierung in der Akuttherapie (50–
100 mg, teilweise in Kombination mit anderen Psychopharmaka) bewährt (KÖHLER
1988, PHILIPP 1979, ROSSI 1989). Promethazin
wird auch in der Gerontopsychiatrie insbesondere bei Erregung, Schlafstörung und
Verwirrtheit eingesetzt; Ergebnissen einer
Doppelblindstudie zufolge verschlechtert
die anticholinerge Wirkung das kognitive
Leistungsvermögen von Alzheimer-Patien-
ten nicht (ULMAR et al. 1989). Mehreren Publikationen ist zu entnehmen, daß extrapyramidal-motorische Störungen günstig auf
Promethazin ansprechen (ITOH et al. 1972,
MÜLLER-SPAHN 1986); allerdings gibt es auch
Hinweise darauf, daß es unter Promethazin
– offenbar sehr selten – zu extrapyramidal-
motorischen Störungen kommen kann
(SCHWINGHAMMER et al. 1984, siehe unten).
Promethazin gehört zu den Sedativa, es
wirkt dämpfend auf psychomotorische Erregung. In der Praxis (Allgemeinarzt, Internist)
wird Promethazin deshalb besonders zur
Behandlung psychovegetativer Syndrome,
Angst- und Unruhezustände in Tagesdosen
zwischen 15 und 40 mg eingesetzt (SCHU-
MANN 1970). Neben der Sedierung in der
Notfalltherapie (KÖHLER 1988) wird Promethazin insbesondere bei Schlafstörungen –
sowohl bei Kindern als auch bei älteren
Menschen – sowie zur Therapie von Unruhezuständen bei Kindern eingesetzt (GÜN-
DEL und KUMMER 1988, ADAM und OSWALD
1986, STUHLMANN 1987, VIUKARI und MIETTI-
NEN 1984). Zur Behandlung von Schlafstörungen werden Tagesdosen zwischen 25
und 75 mg oral verordnet. Eine weitere
wichtige Indikation stellen psychisch über-
lagerte allergische Erkrankungen (Ekzem,
Pruritus, Urticaria, allergisch bedingtes
Asthma, Pseudokrupp) dar. Die Wirksamkeit bei postoperativem Erbrechen und bei
Kinetosen ist ebenfalls belegt (VELLA et al.
1985, HEGGIE und ENTWISTLE 1968). Bei der
Anwendung von Promethazin in der Therapie des Asthma bronchiale ist das Fehlen

einer atemdepressorischen Wirkung von
Vorteil (WOODCOCK et al. 1981). Promethazin kann auch als Adjuvans bei Gastritis,
Ulcus ventriculi und duodeni eingesetzt
werden.
Als Tagesdosis zur Behandlung von Erre-
gungs- und Unruhezuständen bzw. zur ad-
juvanten Therapie bei Psychosen werden
bis zu 400 mg empfohlen.

Prothipendyl

Prothipendyl wird bei Unruhe- und Erregungszuständen, Einschlafstörungen, in
höheren Dosen auch bei Psychosen, in
niedrigen Dosen – zumeist kombiniert mit
Analgetika – zur Behandlung chronischer
Schmerzzustände eingesetzt. In seinen Eigenschaften ähnelt es Chlorpromazin, neben sedierenden besitzt die Substanz antiallergische antiemetische und muskulotrop-
spasmolytische Effekte.
Aus neuerer Zeit liegen keine klinischen
Daten von kontrollierten Studien mit Prothipendyl vor. Die Dosierung liegt üblicherweise zwischen 40 und 480 mg/die.

Thioridazin

Das Piperidin-Phenothiazin Thioridazin gehört zu den schwachpotenten Neuroleptika,
aufgrund seiner mesolimbischen Wirkpräferenz wird es von manchen Autoren zu den
sogenannten atypischen Antipsychotika gezählt (BORISON und DIAMOND 1983).
Eine neuere kontrollierte Studie konnte zeigen, daß Thioridazin in einer Dosis zwischen 100 und 800 mg pro die im Vergleich
zu Haloperidol (5–40 mg pro die) bei chronisch Schizophrenen die Symptome Angst
und Depressivität signifikant besserte (DUF-
RESNE et al. 1993).
In einer Doppelblindstudie an N = 40 geriatrischen Patienten mit organischen Psychosen zeigte Thioridazin (Durchschnittsdosis
153 mg pro die) im Vergleich zu Haloperidol
(Durchschnittsdosis 2 mg pro die) nach 3
Monaten im Arzt- und Pflegepersonal-Ra-

ting eine größere Wirksamkeit (COWLEY und GLEN 1979).

Positive Erfahrungsberichte mit Thioridazin liegen in der Behandlung von Abstinenzerscheinungen bei Alkoholkranken vor (MASARIK und MAMOLI 1973, HUDOLIN et al. 1967). GREENBERG et al. (1994) konnten in einer prospektiven Studie an N = 87 Kindern zeigen, daß Thioridazin zusätzlich zu Chloralhydrat eine sichere und effektive Prämedikation darstellt. Nach AMAN (1993) stellt Thioridazin neben Lithium die am besten gesicherte Medikation zur Besserung von Verhaltensstörungen mit Selbstbeschädigung dar. DILLARD et al. (1993) berichteten über den erfolgreichen Einsatz von Thioridazin bei posttraumatischen Streßerkrankungen.

DUFRESNE et al. (1993) zeigten in einer kontrollierten Vergleichsstudie, daß Thioridazin affektive Symptome bei Schizophrenen deutlicher besserte als Haloperidol oder Molindon.

Die ambulante Dosierung beträgt in der Regel 50–200 mg pro die, stationär können maximal 600 mg täglich verordnet werden.

5.3.2 Unerwünschte Wirkungen, Kontraindikationen, Überdosierungen

Basierend auf den Daten der AMÜP-Studie (GROHMANN et al. 1994) traten Neuroleptikabedingte Nebenwirkungen bei N = 15.264 in einem Zeitraum von 8 Jahren überwachten stationären psychiatrischen Patienten in 3,3% der Behandlungsfälle auf. Perazin führte bei N = 4.778 Anwendungen in 0,5% der Fälle zu toxischen Delirien und unerwünschter Sedierung, Levomepromazin bei N = 3.165 Anwendungen in 0,1% der Fälle zu unerwünschter Sedierung, Thioridazin bei N = 1.089 Anwendungen in 0,5% der Fälle zu Leberenzymerhöhungen.

Die Absetzraten wegen unerwünschten Arzneimittelwirkungen (UAW) betrugen bei ambulanten Patienten für Fluphenazin 9,8% (in Depot-Form 8,4%), Levomepromazin 4,6%, Perazin 3,6%, Promethazin 2,1% und Thioridazin 5,2%. Generell waren Leberfunktionsstörungen unter Phenothiazinen häufiger als unter Butyrophenonen zu registrieren (8,3% versus 3,8%). Als substanztypische UAW-Profile wurden anhand der AMÜP-Daten für Fluphenazin Frühdyskinesien, Hypokinese und Akathisie (bei Depot-Applikation), für Levomepromazin und Perazin Müdigkeit, für Thioridazin Schwindel angegeben.

JERLING et al. (1994) betonen die Bedeutung des Therapeutischen Drug Monitorings gerade für Phenothiazine, da deren Plasmakonzentrationen zum Beispiel durch Amitriptylin und Nortriptylin erhöht werden können.

HOLLISTER (1995) berichtete über EKG-Kontrollen bei N = 1.006 Aufnahmen psychiatrischer Patienten. Er fand in 765 Fällen Normalbefunde. 93 Ableitungen waren definitiv abnormal, die Hälfte dieser Patienten war älter als 50 Jahre. Besondere Beachtung sollten Rechtsschenkelblocks finden, da Phenothiazine wie zum Beispiel Thioridazin die intraventrikuläre Überleitungszeit verlängern können.

Chlorpromazin

Infolge des heute sehr seltenen Einsatzes von Chlorpromazin liegen aus den letzten 15 Jahren praktisch keine Berichte vor. BLOOM et al. (1993) berichteten über das Auftreten abnormer Hautpigmentierungen bei 11 chronisch Schizophrenen, die sie als Chlorpromazin-bedingt ansahen.

Wie alle Neuroleptika ist Chlorpromazin bei akuten Intoxikationen mit zentraldämpfenden Pharmaka und Alkohol **kontraindiziert***.*

Fluphenazin

Unter Fluphenazin kommt es häufig zu Frühdyskinesien, einem Parkinsonoid oder zu Akathisie. Nach längerfristiger Anwendung können Spätdyskinesien vor allem im Mundbereich auftreten. Wie unter anderen hochpotenten Neuroleptika wurden auch unter Fluphenazin pharmakogene Depressionen beobachtet. Insbesondere unter höheren Dosen kann es zu Kreislauflabilität, Schwindel, Schwitzen, Akkommodationsstörungen, Obstipation und Störungen beim Harnlassen kommen. Selten können Leberdysfunktionen mit Ikterus, Thrombopenie, Pigmenteinlagerungen und Linsentrübungen am Auge, allergische Hautrektionen und Photosensibilität, sehr selten ein malignes neuroleptisches Syndrom auftreten.

FLORU und THIELE (1977) registrierten bei 32% ihrer 50 Patienten extrapyramidalmotorische Nebenwirkungen (EPMS).

GOLDBERG et al. (1982) konnten zeigen, daß die Prävalenz tardiver Dyskinesien unter oraler Fluphenazin-Gabe höher war als unter der Depotform.

CAPE (1994) berichtete über ein malignes neuroleptisches Syndrom nach einer einjährigen Fluphenazin-Decanoat-Behandlung bei einem 29jährigen Mann.

Im Rahmen des AMÜP-Projektes wurden bei stationärer Beobachtung Absetz-UAW bei 6,6% (Depot: 7,1%) der Patienten registriert, davon jeweils ca. 3% EPMS.

Die initale Sedierung unter Fluphenazin ist dosisabhängig und verschwindet zumeist innerhalb einer Woche (AYD 1975).

Nach MÜLLER (1978) traten unter Fluphenazin depressive Syndrome signifikant häufiger auf als unter Placebo; WISTEDT und PALMSTIERNA (1983) konnten dies in ihrer Doppelblindstudie über 24 Wochen nicht bestätigen. Leberfunktionstest bei Patienten, die über lange Zeit mit Fluphenazin-Decanoat in zum Teil hoher Dosierung behandelt wurden, gaben keine Anhaltspunkte für eine Hepatotoxizität (NOLEN und BÖGER

1978). In einer Studie mit N = 110 Patienten, die mindestens zwei Jahre mit Fluphenazin-Decanoat behandelt wurden, fand sich bei 14,5% der Patienten eine Gewichtszunahme von 1,6–4 kg. Eine Beziehung zwischen Fluphenazin-Dosis und Körpergewichtsveränderung ließ sich nicht nachweisen, möglicherweise war die Zusatzmedikation mit Anticholinergika an dieser Nebenwirkung mit beteiligt (MARRIOTT et al. 1981). In seltenen Fällen wurde unter einer Therapie mit Fluphenazin eine Beeinträchtigung sexueller Funktionen beschrieben (STRAUSS und GROSS 1984).

In einer retrospektiven Studie verglichen KING et al. (1963) die Häufigkeit spontaner Aborte, perinataler Sterblichkeit sowie von Früh- und Zwillingsgeburten bei N = 244 im ersten Trimenon mit Fluphenazin behandelten Frauen mit einer Kontrollgruppe. Die Autoren fanden keine Unterschiede zwischen beiden Gruppen, auch die Rate angeborener Mißbildungen war unter Fluphenazin nicht erhöht.

Fluphenazin ist bei vorbestehenden schweren Blutzell- oder Knochenmarkschäden, bei Kindern unter 12 Jahren sowie im Koma **kontraindiziert**. Unter Antikoagulantientherapie ist eine Depot-Applikation zu vermeiden.

Levomepromazin

Die häufigsten Nebenwirkungen unter Levomepromazin sind Müdigkeit, Schwindel und orthostatische Hypotonie, nach AMÜP-Daten führten diese UAW bei etwa 3% der stationär behandelten Patienten zum Absetzen. Blutdrucksenkungen sind vor allem bei Hypertonikern ausgeprägt. Levomepromazin kann das EEG verändern und zerebrale Krampfanfälle auslösen (KUGLER et al. 1979). Beschrieben wurde auch das Auftreten eines Lupus erythematodes sowie anderer Hautveränderungen (GROTH 1961). Bei alten und hirngeschädigten Menschen besteht ein erhöhtes Delir-Risiko.

Einzelne Fälle von Blutbildveränderungen (Leukopenie, Agranulozytose) liegen vor. SATO et al. (1994) berichteten über das Auftreten einer Thrombozytopenie schweren Ausmaßes unter Levomepromazin.

Unter niedriger Dosierung wird Levomepromazin als nicht fetotoxisch angesehen (BRIGGS et al. 1990).

Levomepromazin ist bei komatösen Patienten sowie Kreislaufschock/Hypotonie **kontraindiziert.**

Perazin

Unter Perazin kann es zu einer signifikanten Blutdrucksenkung kommen, EKG-Veränderungen sind im allgemeinen gering (MALIN und ROSENBERG 1974). PIETZCKER et al. (1981) registrierten unter der Behandlung mit Perazin in 30% der Fälle „veränderte Leberfunktionswerte". Bei 27% der Patienten verzeichneten sie einen pathologischen Ausfall des oralen Glucosetoleranztests.

BAUER und GÄRTNER (1983) fanden Leberwerterhöhungen bei 25% der mit Perazin behandelten Patienten (GOT- und GPT-Erhöhungen bei jeweils 7%, Gamma-GT-Erhöhungen bei 16%). Anhand der AMÜP-Daten (GROHMANN et al. 1994) wurde Perazin bei 5% der stationär behandelten Patienten nebenwirkungsbedingt abgesetzt, überwiegend wegen Leberwerterhöhung, Exanthemen und Delirien. Hypotensive Zustände wurden hier bei 10% der mit Perazin Behandelten registriert.

Kürzlich wurde von RÖLCKE et al. (1996) über Neuropathien bei Perazin behandelten Patienten nach intensiver Sonnenexposition berichtet. Unter Perazin können Gewichtszunahmen, sexuelle Funktionsstörungen, Hautallergien, Ikterus und Cholestase auftreten.

Perazin ist bei akuten Alkohol-, Analgetika- und Psychopharmaka-Intoxikationen sowie bei Depression des hämatopoetischen Systems sowie bei ausgeprägter Vagotonie **kontraindiziert.**

Perphenazin

Insbesondere zu Behandlungsbeginn können Frühdyskinesien und Parkinsonoide auftreten. KNUDSEN et al. (1985) registrierten während ihrer einjährigen Studie bei 21% der Patienten extrapyramidal-motorische Nebenwirkungen milderen Ausmaßes. HOYBERG et al. (1993) fanden keinen Unterschied in der Nebenwirkungs-Prävalenz zwischen Risperidon und Perphenazin, REMVIG et al. (1987) ein vergleichbares Nebenwirkungsmuster von Zuclopenthixol und Perphenazin.

Neben Müdigkeit können auch Einschlafstörungen sowie Unruhe, Erregung, Schwindel und depressive Verstimmung auftreten. Gelegentlich kann es zu Akkommodationsstörungen, Mundtrockenheit, Obstipation, Miktionsstörungen, hormonellen Störungen, Gewichtszunahme sowie zu einer Erhöhung des Augeninnendrucks kommen.

Besonders in den ersten drei Tagen nach Depot-Injektion kann Müdigkeit auftreten. Intoxikationserscheinungen treten erst bei extrem hohen Dosen (mehr als 1 g) auf.

Perphenazin ist bei akuten Alkohol-, Schlafmittel-, Analgetika- und Psychopharmaka-intoxikationen **kontraindiziert**.

Promazin

Unter Promazin können insbesondere initial Müdigkeit und Sedierung auftreten, ebenso Mundtrockenheit und dosisabhängige Blutdrucksenkung. Des weiteren wurden Einzelfälle von Ikterus und Hepatopathie beschrieben sowie zerebrale Krampfanfälle und Blutbildveränderungen.

Promazin ist bei Intoxikationen, Engwinkelglaukom und Epilepsie **kontraindiziert** ebenso bei Kindern unter drei Monaten.

Promethazin

Unter Promethazin kam es in einzelnen Fällen zu Dyskinesien (DARWISH et al. 1980,

DEGRANDI und SIMON 1987), Spätdyskinesien sind bis heute nicht bekannt geworden. Gelegentlich können Funktionsstörungen des Magen-Darm-Kanals, Miktionsbeschwerden, Akkommodationsstörungen, Hautreaktionen und Cholestase auftreten. Bei Langzeittherapie in hohen Dosen sind Einlagerungen bzw. Pigmentierung in Cornea und Linse des Auges möglich.

In einer Doppelblindstudie zur Prämedikation wurden 50 mg Promethazin mit 2,5 mg Lorazepam verglichen. Unter Lorazepam waren Erbrechen und Salivation häufiger als unter Promethazin; Promethazin bewirkte allerdings bei 6 von 71 Patienten dyskinetische Reaktionen (DODSON und EASTLEY 1978).

Einzelfälle von Agranulozytose wurden berichtet (ENGEL 1976), gleiches gilt für Parkinsonoide (SCHWINGHAMMER et al. 1984).

Für Promethazin wird kein teratogenes Risiko angenommen (BRIGGS et al. 1990). Die Verabreichung pränatal kann beim Neugeborenen zu Thrombozyten-aggregationsstörungen führen (CORBY und SCHULMAN 1971).

Promethazin ist bei Kreislaufschock, Koma sowie bei Intoxikationen **kontraindiziert**.

Prothipendyl

Unter Prothipendyl können insbesondere initial orthostatische Kreislaufstörungen (Blutdrucksenkung, Tachykardie, Schwindel) auftreten. Blutbildschäden oder Spätdyskinesien wurden bislang weltweit nicht beobachtet.

Prothipendyl ist bei akuten Alkohol-, Schlafmittel-, Analgetika- und Psychopharmaka-Intoxikationen **kontraindiziert**.

Thioridazin

Bezüglich der Toxizität von Thioridazin liegen aus den letzten Jahren mehrere Übersichtsarbeiten vor: LE BLAYE et al. (1993) beschrieben N = 223 Fälle von akuter Thio-ridazin-Überdosierung. Neben einer linear dosisabhängigen Bewußtseinstrübung war die Arrhythmie der dominierende toxische Effekt, der als Komplikationen unter anderem Lungenödem, schwere Hypotonie und Nierenversagen bedingte. BUCKLEY et al. (1995) analysierten N = 299 Fälle von Neuroleptika-Intoxikationen und fanden, daß Thioridazin im Vergleich zu anderen Neuroleptika stärker kardiotoxisch ist und verlängertes QT-Intervall, QRS-Verbreiterung, Tachykardie und Arrhythmie hervorruft. SCHÜRCH et al. (1996) führten im Schweizerischen Toxikologischen Informationszentrum eine retrospektive Analyse von N = 202 alleinigen Thioridazin-Intoxikationen durch. Leichte Thioridazin-Intoxikationen waren durch Somnolenz, Tremor, Ataxie und Dysarthrie charakterisiert, der Schweregrad der Vergiftung und das Ausmaß der Bewußtseinsstörungen korrelierten signifikant mit der eingenommenen Thioridazin-Dosis. Ab 2 g wurden schwere Intoxikationen mit Koma und ventrikulären Rhythmusstörungen beobachtet. Die Autoren kommen zu dem Schluß, daß bei einer Dosis von weniger als 2 g beim Erwachsenen keine intensiv-medizinischen Maßnahmen notwendig sind, nach Einnahme von mehr als 2 g sei eine ständige Überwachung während mindestens 36 Stunden (inclusive EKG-Monitoring) angezeigt, da Rhythmusstörungen spät im Vergiftungsverlauf auftreten können. Für letzteres könnten langsam gebildete Metabolite (Ring-Sulfoxide) verantwortlich sein (HALE und POKLIS 1996). Als Notfallmaßnahme sollte Aktivkohle zur Limitierung der Absorption so früh wie möglich verabreicht werden; eine Magenspülung scheint nur innerhalb der ersten Stunde einen potentiell günstigen Effekt zu besitzen.

Eine Analyse von plötzlichen Todesfällen unter therapeutischen Dosen von Neuroleptika ergab, daß in über der Hälfte der Fälle Thioridazin involviert war (MEHTONEN et al. 1991). Bemerkenswert ist aber, daß trotz der

Hinweise auf schwere kardiotoxische Zwischenfälle offenbar Todesfälle nach akuten Thioridazin-Intoxikationen sehr selten auftreten (LITOVITZ et al. 1995).

HULISZ et al. (1994) beschrieben den Fall einer Thioridazin-Überdosierung in suizidaler Absicht bei einer 72jährigen Frau. 3 g verursachten Koma, AV-Block 3. Grades, Hypotonie und eine Episode von Torsade de pointes. Innerhalb von 48 Stunden erholte sich die Patientin folgenlos. Bei einem 22jährigen Mann führte eine Überdosis von 9,4 g Thioridazin zu einer Rhabdomyolyse (NANKIVELL et al. 1994).

Thioridazin kann eine Retinopathie sowie – wie andere Phenothiazine – Pigmentierungen an Linse und Cornea hervorrufen (OSHIKA 1995).

THOMPSON (1993) beobachtete eine Thioridazin-induzierte Parotitis, DUFRESNE et al. (1993) beschrieben eine z. T. deutliche Gewichtszunahme unter Thioridazin.

Thioridazin ist bei akuten Intoxikationen mit zentraldämpfenden Arzneimitteln und Alkohol, schweren Bewußtseinsstörungen, Blutbildstörungen in der Vorgeschichte und bei schweren Herz-Kreislauf-Erkrankungen sowie bei Kindern unter 1 Jahr **kontraindiziert**.

Die Kombination mit Beta-Blockern wie Propranolol oder Pindolol ist ebenfalls zu vermeiden (MARKOWITZ et al. 1995).

Literatur

ABEL M (1985) Prämedikation und Risiken bei Computertomographien im Neugeborenen- und Säuglingsalter. Radiologe 25: 599–601

ADAM K, OSWALD I (1986) The hypnotic effects of an antihistamine: promethazine. Br J Clin Pharmacol 22: 715–717

AMAN MG (1993) Efficacy of psychotropic drugs for reducing self-injurious behavior in the developmental disabilities. Ann Clin Psychiatry 5: 171–188

ANTON RF, BURCH EA (1990) Amoxapine versus amitriptyline combined with perphenazine in the treatment of psychotic depression. Am J Psychiatry 147: 1203–1208

AYD FJ (1968) Fluphenazine: twelve years' experience. Dis Nerv Syst 29: 744–747

AYD FJ (1975) The depot fluphenazines: a reappraisal after 10 years' clinical experience. Am J Psychiatry 132: 491–500

BALDESSARINI RJ (1985) Chemotherapy in psychiatry. University Press, Cambridge

BAN TA, GUY W, WILSON WH (1986) Research methodology and the pharmacotherapy of the chronic schizophrenias. Psychopharmacol 22: 36–41

BAUER A, MOSLER A (1970) Die Behandlungen des Dermatozoenwahnes. Arzneimittelforschung 20: 884–886

BAUER D, GÄRTNER HJ (1983) Wirkungen der Neuroleptika auf die Leberfunktion, das blutbildende System, den Blutdruck und die Temperaturregulation. Ein Vergleich zwischen Clozapin, Perazin und Haloperidol anhand von Krankenblattauswertungen. Pharmacopsychiat 16: 23–29

BEAVER WT, WALLENSTEIN SL, HOUDE RW, ROGERS A (1966) A comparison of the analgesic effects of methotrimeprazine and morphine in patients with cancer. Clin Pharmacol Ther 7: 436–446

BECKMANN H (1977) Diagnostik und Soforttherapie psychiatrischer und neuropsychiatrischer Notfälle. Therapiewoche 27: 7699–7705

BENTE D, FEDER J, HELMCHEN H, HIPPIUS H, MAURUSCHAT W (1974) Multidimensionale pharmakopsychiatrische Untersuchungen mit dem Neuroleptikum Perazin. 2. Mitteilung: Verlaufsprofile psychopathologischer und somatischer Merkmale (Untersuchungen mit dem AMP-System). Pharmakopsychiatr 7: 8–16

BERZEWSKI H (1983) Der psychiatrische Notfall. Perimed, Erlangen

BJORNDAL F, AAES-JØRGENSEN T (1982) Manibehandling med cis (Z)-clopenthixol (Cisordinol, Clopixol). Nord Psykiatr Tidsskr 36: 321–324

BLIN O, AZORIN JM, BOUHOURS P (1992) Anxiolytic profiles of levomepromazine, haloperidol and risperidone in 62 schizophrenic patients. Clin Pharmacol Ther 51: 189

BLOOM D, KRISHNAN B, THAVUNDAYIL JX, LAL S (1993) Resolution of chlorpromazine-induced cutaneous pigmentation following substitution with levomepromazine or other neuroleptics. Acta Psychiatr Scand 87: 223–224

BORISON RL, DIAMOND BJ (1983) Regional selectivity of neuroleptic drugs: an argument for site specificity. Brain Res Bull 11: 215–218

BORISON RL, ANG L, HAMILTON WJ, DIAMOND BI, DAVIS JM (1983) Treatment approaches in Gilles de la Tourette syndrome. Brain Res Bull 11: 205–208

BRIGGS GG, FREEMAN RK, YAFFE SJ (1990) Drugs in pregnancy and lactation. Williams & Wilkins, Baltimore

BRINKMANN J (1989) Analgetikatherapie bei Tumorpatienten in der Praxis. Z Allg Med 65: 166–168

BUCKLEY NA, WHYTE IM, DAWSON AH (1995) Cardiotoxicity more common in thioridazine overdose than with other neuroleptics. J Toxicol Clin Toxicol 33: 199–204

BUSCH H (1982) Der Einsatz von Medikamenten beim psychiatrischen Notfall. Therapiewoche 32: 1739–1741

CAPE G (1994) Neuroleptic malignant syndrome – a cautionary tale and a surprising outcome. Br J Psychiatry 164: 120–122

CLARK JMC (1981) Amitriptyline and perphenazine (triptafen DA) in pain. Anaesthesia 36: 210–212

COLE J, KLEBERMAN GL, GOLDBERG SC (1964) Phenothiazine treatment of acute schizophrenia. Arch Gen Psychiatry 10: 246–261

CORBY DG, SCHULMAN I (1971) The effects of antenatal drug administration on aggregation of platelets of newborn infants. J Pediatr 79: 307–313

COWLEY LM, GLEN RS (1979) Double-blind study of thioridazine and haloperidol in geriatric patients with a psychosis associated with organic brain syndrome. J Clin Psychiatry 40: 411–419

DARWISH H, GRANT R, HASLAM R (1980) Promethazine-induced acute dystonic reactions. Am J Dis Child 134: 990–991

DAVIS JM, GARVER DL (1978) Neuroleptics: clinical use in psychiatry. In: IVERSEN L, IVERSEN S, SNYDER S (eds) Handbook of psychopharmacology. Plenum Press, New York

DEGRANDI T, SIMON JE (1987) Promethazine-induced dystonic reaction. Pediatr Emerg Care 3: 91–92

DENCKER SJ, GIOS I, MARTENSSON E, NORDEN T et al. (1994) A long-term cross-over pharmacokinetic study comparing perphenazine decanoate and haloperidol decanoate in schizophrenic patients. Psychopharmacology 114: 24–30

DESILVA PH, DARVISH AH, MCDONALD SM, CRONIN MK et al. (1995) The efficacy of prophylactic ondansetron, droperidol, perphenazine, and metoclopramide in the prevention of nausea and vomiting after major gynecologic surgery. Anesth Analg 81: 139–143

DILLARD ML, BENDFELDT F, JERNIGAN P (1993) Use of thioridazine in post-traumatic stress disorder. South Med J 86: 1276–1278

DODSON ME, EASTLEY RJ (1978) Comparative study of two long-acting tranquilizers for oral premedication. Br J Anaesth 50: 1059–1064

DONAT P (1988) Vergleich zwischen Perphenazin und Haloperidol bei Patienten mit akuten und subakuten Verwirrtheitszuständen bei dementiellen Prozessen im Alter. Eine kontrollierte Doppelblindstudie. Z Gerontopsychol 1: 277–283

DONLON PT, MEADOW A, TUPIN JP, WAHBA M (1978) High vs standard dosage fluphenazine HCl in acute schizophrenics. J Clin Pharm 39: 800–804

DUFRESNE RL, VALENTINO D, KASS DJ (1993) Thioridazine improves affective symptoms in schizophrenic patients. Psychopharmacol Bull 29: 249–255

DYSKEN MW, JAVAID JI, CHANG SS et al. (1983) Fluphenazine pharmacokinetics and therapeutic response. Psychopharmacology 73: 205–210

ENGEL H (1976) Allergic agranulocytosis due to promethazine. Dtsch Med Wochenschr 101: 1128

ERNST K (1982) Notfallpsychiatrie des Hausarztes: medizinisch, rechtlich, praktisch. Schweiz Rundsch Med 71: 853–858

FAHN ST (1972) Treatment of choreic movements with perphenazine. Dis Nerv Syst 33: 653–658

FAZEKAS JF, SCHULTZ JD, SULLIVAN PD, SHEA JG (1956) Management of acutely disturbed patients with promazine. JAMA 161: 46–49

FAZIO AN (1970) Control of postoperative pain: a comparison of the efficacy and safety of pentazocine, methotrimeprazine, meperidine, and a placebo. Curr Ther Res 12: 73–77

FITZGERALD CH (1969) A double blind comparison of haloperidol with perphenazine in acute psychiatric episodes. Curr Ther Res 11: 515–519

FLEISCHHAUER J (1980) High dosage treatment with fluphenazine intravenously followed by depot injections in acute schizophrenia. Int Pharmacopsychiat 15: 6–13

FLORU L, THIELE E (1977) Erfahrungen mit dem intravenös applizierbaren Präparat Fluphenazindihydrochlorid in der Behandlung akut psychisch Kranker. Therapiewoche 7: 5655–5661

FREISLEDER FJ (1990) Wie psychiatrische Notfälle im Kindes- und Jugendalter behandelt werden sollten. Notfallmedizin 16: 164–172

FRITHZ A (1979) Delusions of infestation: treatment by depot injections of neuroleptics. Clin Exp Dermatol 4: 485–488

GIERSCH J (1987) Behandlung von Angst und Erregung im Rahmen psychischer Erkrankungen. Klinische Erfahrungen mit Promazin. Therapiewoche 37: 41–44

GOLDBERG SC, SHENOY RS, JULIUS D, HAMER RM et al. (1982) Does long-acting injectable neuroleptic protect against tardive dyskinesia? Psychopharmacol Bull 18: 177–179

GORDON WF (1981) Elderly depressives: treatment and follow-up. Can J Psychiatr 26: 110–113

GREENBERG SB, FAERBER EN, RADKE JL, ASPINALL CL et al. (1994) Sedation of difficult-to-sedate children undergoing MR imaging: value of thioridazine as an adjunct to chloral hydrate. Am J Roentgenol 163: 165–168

GROHMANN R, RÜTHER E, SCHMIDT LG (Hrsg) (1994) Unerwünschte Wirkungen von Psychopharmaka. Ergebnisse der AMÜP-Studie. Springer, Berlin Heidelberg New York Tokyo

GROTH O (1961) Lichenoid dermatitis resulting from treatment with the phenothiazine derivatives metopromazine and laevomepromazine. Acta Derm Venereol 41: 168–177

GÜNDEL L, KUMMER J (1988) Therapie von Schlafstörungen im Alter. Z Geriatrie 1: 287–291

HÄGERMARK Ö (1973) Influence of antihistamines, sedatives, and aspirin on experimental itch. Acta Derm Venereol 53: 363–368

HALE PW, POKLIS A (1996) Thioridazine cardiotoxicity. Clin Toxicol 34: 127–128

HANSEN LB, LARSEN NE (1985) Therapeutic advantages of monitoring plasma concentrations of perphenazine in clinical practice. Psychopharmacology 87: 16–19

HEGGIE RM, ENTWISTLE IR (1968) Seasickness. Br Med J 257: 514

HELMCHEN H, HIPPIUS H, TILING P (1967) Die Zusammenarbeit von Klinik und Praxis bei der langfristigen medikamentösen Behandlung von Psychose-Kranken. Internist 9: 336–344

HELMCHEN H, HIPPIUS H, TÖLLE R (Hrsg) (1988) Therapie mit Neuroleptika – Perazin. Thieme, Stuttgart

HERESCO-LEVY U, GREENBERG D, LERER B, DASBERG H et al. (1993) Trial of maintenance neuroleptic dose reduction in schizophrenic outpatients: two-year outcome. J Clin Psychiatry 54: 59–62

HINTERHUBER H, KRYSPIN-EXNER K, PLATZ TH, SCHUBERT H et al. (1983) Die neuroleptische Intensivbehandlung akuter schizophrener Psychosen: Ergebnisse einer Fluphenazin-Dosisniveau-Studie. In: KRYSPIN-EXNER K, HINTERHUBER H, SCHUBERT H (Hrsg) Ergebnisse der psychiatrischen Therapieforschung. Schattauer, Stuttgart New York, S 149–168

HIRSCH SR, BARNES TRE (1995) The clinical treatment of schizophrenia with antipsychotic medication. In: HIRSCH SR, WEINBERGER DR (eds) Schizophrenia. Blackwell Science, pp 443–468

HIRSCH SR, GAIND R, ROHDE PD et al. (1983) Outpatient maintenance of chronic schizophrenic patients with long-acting fluphenazine: double-blind placebo trial. Br Med J 1: 633–637

HOLLISTER LE (1974) Clinical differences among phenothiazines in schizophrenia. Biomed Psychopharmacol 9: 617–673

HOLLISTER LE (1995) Electrocardiographic screening in psychiatric patients. J Clin Psychiatry 56: 26–29

HOYBERG OJ, FENSBO C, REMVIG J, LINGJAERDE O et al. (1993) Risperidone versus perphenazine in the treatment of chronic schizophrenic patients with acute exacerbations. Acta Psychiatr Scand 88: 395–402

HUDOLIN VL, VOINA S, GRUDEN V (1967) Melleril (Thioridazin) retard in the treatment of alcoholics. Alcoholism 3: 1–7

HULISZ DT, DASA SL, BLACK LD, HEISELMAN DE (1994) Complete heart block and torsade de pointes associated with thioridazine poisoning. Pharmacotherapy 14: 239–245

HYMAN SE (1988) Manual der psychiatrischen Notfälle. Enke, Stuttgart

ISKANDER J, DOUGAN D, WADE DN (1979) The effect of antipsychotic drugs on apomorphine-induced rearing in rats. Clin Exp Pharmacol Physiol 6: 183

ITOH H, MIURA S, YAGI G, TSUJI E et al. (1972) A comparative clinical study for the evaluation of anti-parkinsonian agents (piroheptine, trihexyphenidyl and promethazine), in drug-induced extrapyramidal reactions. Psychopharmacol 80: 24

JERLING M, BERTILSSON L, SJOQVIST F (1994) The use of therapeutic drug monitoring data to document kinetic drug interactions: an example with amitriptyline and nortriptyline. Ther Drug Monit 16: 1–12

JOHN ABS, BORN CK (1979) Characterization of analgesic and activity effects of methotrimeprazine and morphine. Res Commun Chem Pathol Pharmacol 26: 25–34

JOHNSON WG, FAHN ST (1977) Treatment of vascular hemiballism and hemichorea. Neurology 27: 634–636

KANE JM, RIFKIN A, QUITKIN F et al. (1979) Low dose fluphenazine decanoate in maintenance treatment of schizophrenia. Psychiatr Res 1: 341–348

KANE JM, RIFKIN A, QUITKIN F, NAJAK D et al. (1982) Fluphenazine vs placebo in patients with remitted acute first-episode schizophrenia. Arch Gen Psychiatry 39: 70–73

KING JT, BARRY MC, NEARY ER (1963) Perinatal findings in woman treated during pregnancy with oral fluphenazine. J New Drugs 3: 21–25

KINON BJ, KANE JM, JOHNS C, PEROVICH R et al. (1993) Treatment of neuroleptic resistant schizophrenic relapse. Psychopharmacol Bull 29: 309–314

KISTRUP K, GERLACH J, AAES JORGENSEN T, LARSEN NE et al. (1991) Perphenazine decanoate and cis(z) flupentixol decanoate in maintenance treatment of schizophrenic outpatients. Serum levels at the minimum effective dose. Psychopharmacology 105: 42–48

KJELDSEN CS, LARSEN NE, KRAGH-SORENSEN P, ANDERSEN E et al. (1991) Therapy control of perphenazine. 2. Clinical aspects. Ugeskr Laeger 153: 2339–2343

KNUDSEN P, HANSEN LB, HOJHOLDT K, LARSEN NE et al. (1985) Long term depot neuroleptic treatment with perphenazine decanoate. I. Efficacy and side effects in a 12 months study of 42 drug monitored psychotic patients. Acta Psychiatr Scand [Suppl] 322: 29–40

KOCKOTT G (1982) Psychiatrische Aspekte bei der Entstehung und Behandlung chronischer Schmerzzustände. Nervenarzt 53: 365–376

KÖHLER G (1988) Promethazin. Das Notfallmedikament. Notfallmedizin 14: 830–834

KOREEN AR, LIEBERMEN J, ALVIR J, CHAKOS M et al. (1994) Relation of plasma fluphenazine levels to treatment response and extrapyramidal side effects in first-episode schizophrenic patients. Am J Psychiatry 151: 35–39

KUGLER J, LORENZI E, SPATZ R, ZIMMERMAN H (1979) Drug-induced paroxysmal EEG-activities. Pharmacopsychiat 12: 165–172

LAUTER H (1962) Die psychiatrische Pharmakotherapie und ihre Stellung im Behandlungs-

plan endogener Psychosen. Münch Med Wochenschr 104: 2236–2246

LAUTER H (1980) Akute psychiatrische Notfälle. Internist 21: 40–49

LE-BLAYE I, DONATINI B, HALL M, KRUPP P (1993) Acute overdosage with thioridazine: a review of the available clinical exposures. Vet Hum Toxicol 35: 147–150

LEVINSON DF, SIMPSON GM, LO ES, COOPER TB et al. (1995) Fluphenazine plasma levels, dosage, efficacy, and side effects. Am J Psychiatry 152: 765–771

LITOVITZ TL, CLARK LR, SOLOWAY RA (1995) 1994 annual report of the American association of poison control centers toxic exposure surveillance system. Am J Emerg Med 13: 551–597

LYNCH M (1987) The use of psychotropic medications in treating chronic pain. NS Med Bull 66: 144–145

MALIN JP, ROSENBERG L (1974) Multidimensionale pharmakopsychiatrische Untersuchungen mit dem Neuroleptikum Perazin 5. Mitteilung: Beeinflussung der ventrikulären Erregungsrückbildung im Elektrokardiogramm. Pharmakopsychiatr 7: 41–49

MARDER SR, VAN PUTTEN T, MINTZ J et al. (1984) Costs and benefits of two doses of fluphenazine. Arch Gen Psychiatry 41: 1025–1029

MARKOWITZ JS, WELLS BG, CARSON WH (1995) Interactions between antipsychotic and antihypertensive drugs. Ann Pharmacother 29: 603–609

MARRIOTT P, PANSA M, HIEP A (1981) Depot fluphenazine maintenance treatment and associated weight changes. Compr Psychiat 22: 320–325

MASARIK J, MAMOLI B (1973) Erfahrungen mit Thioridazin in der Behandlung von Abstinenzerscheinungen bei Alkoholkranken. Wien Med Wochenschr 123: 493–495

MAURER YA (1979) Vergleichende Untersuchung von Wirkung und Nebenwirkung bei intravenöser, intramuskulärer und oraler Applikation von Fluphenazin Dihydrochlorid. Pharmakopsychiat 12: 366–374

MAVROIDIS ML, KANTER DR, HIRSCHOWITZ J et al. (1984) Therapeutic blood levels of fluphenazine: plasma or RBC determinations? Psychopharmacol Bull 20: 168–170

MAZURE CM, NELSON JC, JATLOW PI, KINCARE P et al. (1990) The relationship between blood perphenazine levels, early resolution of psychotic symptoms, and side effects. J Clin Psychiatry 51: 330–334

MCCLELAND HA, FARQUHARSON RG, LEYBURN P et al. (1976) Very high dose fluphenazine decanoate. A controlled trial in chronic schizophrenics. Arch Gen Psychiatry 33: 1435–1439

MEHTONEN OP, ARANKO K, MALKONEN L, VAPAATALO H (1991) A survey of sudden death associated with the use of antipsychotic or antidepressant drugs: 49 cases in Finland. Acta Psychiatr Scand 84: 58–64

MESSINIS I, SOUVATZOGLOU A, FAIS N, LOLIS D (1983) Effect of histamine H1 and H2 receptor antagonists on prolactin secretion postpartum. Acta Endocrinol 103: 269

MIDHA KK, MARDER SR, JAWORSKI TJ, MCKAY G et al. (1993) Clinical perspectives of some neuroleptics through development and application of their assays. Ther Drug Monit 15: 179–189

MILLER RS, PETERSON GM, MCLEAN S, WESTHEAD TT, GILLIES P (1995) Monitoring plasma levels of fluphenazine during chronic therapy with fluphenazine decanoate. J Clin Pharm Ther 20: 55–62

MINUCK M (1972) Postoperative analgesia-comparison of methotrimeprazine (Nozinan) and meperidine (Demerol) as postoperative analgesia agents. Can Anaesth Soc J 19: 87–96

MÜLLER P (1978) Depressive Syndrome im Verlauf schizophrener Psychosen. Fortschr Med 96: 1518–1520

MÜLLER P (1982) Zur Rezidivprophylaxe schizophrener Psychosen. Ergebnisse einer Doppelblinduntersuchung. Enke, Stuttgart

MÜLLER-SPAHN F (1986) Extrapyramidalmotorische Nebenwirkungen unter Neuroleptika-Gabe. Diagnostik 19: 22–26

MÜLLER-SPAHN F, HIPPIUS H, SCHMAUSS M (1988) Der psychiatrische Notfall. Med Welt 39: 1177–1181

NANKIVELL BJ, BHANDARI PK, KOLLER LJ (1994) Rhabdomyolysis induced by thioridazine. BMJ 309: 378

NISSEN G, EGGERS C, MARTINIUS J (1984) Kinder- und jugendpsychiatrische Pharmakotherapie in Klinik und Praxis. Springer, Berlin Heidelberg New York Tokyo

NOLEN WA, BÖGER J (1978) Disturbances of liver function by long-acting neuroleptic drugs. Pharmacopsychiat 11: 199–209

OETTINGER B (1976) Psychopharmaka in der Therapie von Verhaltensauffälligkeiten bei oligophrenen Epileptikern. Psychiatr Neurol Med Psychol 28: 635–640

OLIVER DJ (1985) The use of methotrimeprazine in terminal care. Br J Clin Pract 39: 339–340

OSHIKA T (1995) Ocular adverse effects of neuropsychiatric agents. Incidence and management. Drug Saf 12: 256–263

PEARSON JW, DEKORNFELD TJ (1963) Effect of methotrimeprazine on respiration. Anesthesiology 24: 38

PHILIPP M (1979) Psychotische Erregtheit im ärztlichen Notfalldienst. Med Welt 30: 1436–1438

PIESCHL D, KULHANEK F, PIERGIES A (1978) Fluphenazindihydrochlorid – eine Verbundstudie bei 660 schizophrenen Patienten. Arzneimittelforschung 28: 1503–1504

PIETZCKER A (1985) A German multicenter study on the long-term treatment of schizophrenic outpatients. Pharmacopsychiat 18: 333–338

PIETZCKER A, POPPENBERG A, SCHLEY J, MÜLLER-OERLINGHAUSEN B (1981) Outcome and risk of ultra-long-term treatment with an oral neuroleptic drug. Arch Psychiatr Nervenkr 229: 315–329

van PRAAG HM, KORF J, DOLS LCW (1976) Clozapine versus perphenazine: the value of the biochemical mode of action of neuroleptics in predicting their therapeutic activity. Br J Psychiatry 129: 547–555

QUITKIN F, RIFKIN A, KAPLAN JH, KLEIN DF (1975) Treatment of acute schizophrenia with ultra-high-dose fluphenazine: a failure at shortening time on a crisis-intervention unit. Compr Psychiat 16: 279–283

REMVIG J, LARSEN H, RASK P, SKAUSIG OB et al. (1987) Zuclopenthixol and perphenazine in patients with acute psychotic states. A double-blind multicentre study. Pharmacopsychiat 20: 147–154

RENNEMO F, LARSEN R, BREIVIK H (1982) Avoiding psychic adverse effects during induction of neuroleptanaesthesia with levomepromazine. A double-blind study of levomepromazine and droperidol. Acta Anaesth Scand 26: 108–111

RICKELS K, CSANALOSI I, WERBLOWSKY J, WEISE CC et al. (1982) Amitriptyline, perphenazine and doxepin in depressed outpatients: a controlled double blind study. J Clin Psychiatry 43: 419–422

RIETSCHEL M, LAUX G, MÖLLER H-J (1996) Perazin bei neuroleptikabedingter Akathisie. Psychopharmakotherapie 3: 184–190

RIFKIN A, QUITKIN F, KLEIN DF (1977) Fluphenazine decanoate, fluphenazine hydrochloride given orally and placebo in remitted schizophrenics. Arch Gen Psychiatry 34: 43–47

RODOVÁ A, SVESTKA J, NÁHUNEK K, CESKOVA E (1973) A blind comparison of clozapine and perphenazine in schizophrenics. Activ Nerv Sup 15: 94–95

RÖLCKE U, HORNSTEIN C, HUND E, SCHMITT HP et al. (1996) „Sunbath polyneuritis": subacute axonal neuropathy in perazine-treated patients after intense sun exposure. Muscle Nerve 19: 438–441

Rossi R (1989) Sedierung – Analgesie – Narkose im Notarztdienst. Notfallmedizin 15: 16–33

Sato T, Takeichi M, Takami T (1994) Thrombocytopenia associated with levomepromazine: a case report. Hum Psychopharmacol 9: 299–301

Schied HW, Rein W, Straube E, Jung H, Breyer-Pfaff U (1983) Prediction and evaluation criteria in perazine therapy of acute schizophrenics. Pharmacopsychiat 16: 152–159

Schlunk T, Röder H-U, Schmidt B (1990) Schmerz und Schmerztherapie bei Tumorpatienten. Med Welt 41: 297–303

Schmidt LG, Schüssler G, Kappes C-V, Müller-Oerlinghausen B (1982) Vergleich einer höher dosierten Haloperidol-Therapie mit einer Perazin-Standard-Therapie bei akut schizophrenen Patienten. Nervenarzt 53: 530–536

Schumann E (1970) Atosil als Sedativum in der ärztlichen Allgemeinpraxis. Fortschr Med 78: 565

Schürch F, Meier PJ, Wyss PA (1996) Akute Intoxikationen mit Thioridazin. Dtsch Med Wochenschr 121: 1003–1008

Schüssler G, Müller-Oerlinghausen B, Schmidt LG (1988) Vergleich einer höher dosierten Haloperidoltherapie mit einer Perazinstandardtherapie bei akut schizophrenen Patienten. In: Helmchen H, Hippius H, Tölle R (Hrsg) Therapie mit Neuroleptika – Perazin. Thieme, Stuttgart, S 40–50

Schwinghammer TL, Kroboth FJ, Juhl RP (1984) Extrapyramidal reaction secondary to oral promethazine. Clin Pharm 3: 83–85

Shaw DL, Page JA (1960) A three-year review of the pharmacologic properties and clinical performance of promazine. Ther Res 2: 199–226

Spiker DG, Cofsky Weiss J, Dealy RS, Griffin SJ et al. (1985) The pharmacological treatment of delusional depression. Am J Psychiatry 142: 430–436

Strauss B, Gross J (1984) Auswirkungen psychopharmakologischer Behandlung auf die sexuellen Funktionen. Fortschr Neurol Psychiat 52: 293–301

Stuhlmann W (1987) Schlafstörungen im Alter. Münch Med Wochenschr 129: 754–756

Swazy JP (1974) Chlorpromazine in psychiatry. A study of therapeutic innovation. MIT, Boston

Terrence CF (1976) Fluphenazine decanoate in the treatment of chorea: a double-blind study. Curr Ther Res 20: 177–183

Thompson DF (1993) Drug-induced parotitis. J Clin Pharm Ther 18: 255–258

Tölle R (1960) Indikationen des Perazin und die Psychopathologie seiner Wirkung bei endogenen Psychosen. Nervenarzt 31: 277–279

Tölle R (1962) Die Behandlung endogener Psychosen mit Laevomepromazin (Neurocil). Nervenarzt 33: 178–180

Ulmar G, Weickelt E, Struckstedte H (1989) Anticholinergic treatment, cognition and the acetylcholine hypothesis of Alzheimer's disease. J Neural Transm [PD Sect] 1: 144

Vella L, Francis D, Houlton P, Reynolds F (1985) Comparison of the antiemetics metoclopramide and promethazine in labour. Br Med J 290: 1173–1175

Viukari M, Miettinen P (1984) Diazepam, promethazine and propiomazine as hypnotics in elderly inpatients. Neuropsychobiology 12: 134–137

Vlachos P (1982) Dystonic reactions following thiethylperazine in children. Toxical Letters 13: 183–184

Wang RI, Larson C, Treul SJ (1982) Study of penfluridol and chlorpromazine in the treatment of chronic schizophrenia. J Clin Pharmacol 22: 236–242

Wastl R, Grohmann R, Rüther E (1986) Frequency of increased serum liver-enzyme levels under treatment with neuroleptics. Pharmacopsychiat 19: 290–329

Weickelt E, Stuckstedte H, Ulmar G (1988) Effects of promethazine, a lowpotency neuroleptic on cognition in demented patients. Biol Chem Hoppe Seyler 369: 1214–1215

Wistedt B, Palmstierna T (1983) Depressive symptoms in chronic schizophrenic patients after withdrawal of long-acting neuroleptics. J Clin Psychiatry 44: 369–371

Woggon B (1987) Somatische Therapien: Psychopharmakotherapie. In: Kisker KP et al. (Hrsg) Affektive Psychosen. Springer, Berlin Heidelberg New York Tokyo, S 274–325

Woggon B, Angst J (1978) Double blind comparison of bromperidol and perphenazine. Int Pharmacopsychiat 13: 165–176

Woodcock AA, Gross ER, Geddes DM (1981) Drug treatment of breathlessness: contrasting effects of diazepam and promethazine in pink puffers. Br Med J 283: 343–346

Zenz M (1984) Therapiemöglichkeiten bei Krebsschmerzen. Münch Med Wochenschr 126: 929–933

Neuro-Psychopharmaka, Bd. 4, 2. Aufl.
Riederer P. / Laux G. / Pöldinger W. (Hrsg.)
© Springer-Verlag Wien 1998

6
Thioxanthene

6.1 Pharmakokinetik

M. Bagli und M. L. Rao

6.1.1 Einleitung

Für Thioxanthene (Clopenthixol, Chlorprothixen, Flupentixol, Thiothixen, Zuclopenthixol) stehen verschiedene Arzneimitteltelformen als intravenöse oder orale Darreichungsformen und Depotzubereitungen zur Verfügung. Nach oraler Applikation werden die Thioxanthene nahezu vollständig resorbiert, aber aufgrund der ausgeprägten präsystemischen Elimination während der ersten Leberpassage fällt die orale Bioverfügbarkeit sehr gering aus. Im systemischen Kreislauf verteilt sich der Wirkstoff rasch mit dem Blut im Organismus. Thioxanthene sind lipophile Substanzen und kommen im Blut überwiegend an Plasmaproteine gebunden vor, bzw. sie verteilen sich im gesamten Organismus und reichern sich im Gewebe und in Membranen an. Auch bei den Thioxanthenen ist die Pharmakokinetik aus den bereits bei den Phenothiazinen genannten Gründen nicht hinreichend untersucht. 1959 wurde Chlorprothixen als erstes Thioxanthen für die psychiatrische Therapie eingeführt. Die meisten bei den Phenothia-zinen gemachten Aussagen zur allgemeinen Pharmakokinetik (s. 5.1.1) treffen auch auf die Thioxanthene zu und werden hier nicht weiter erwähnt. Für die Analyse der Thioxanthen-Konzentration im Serum stehen die gleichen Methoden, wie sie bei den Phenothiazinen aufgezählt wurden, zur Verfügung (s. 5.1.2, Tabelle 5.1.1).

6.1.2 Resorption nach oraler Applikation und nach Gabe von Depotneuroleptika

Die Unterschiede bei der biologischen Verfügbarkeit der Thioxanthene bedingen die hohe interindividuelle Variabilität der dosiskorrigierten Serumspiegel. Die oral applizierte Dosis wird nahezu vollständig resorbiert. Die interindividuelle Variabilität der Bioverfügbarkeit ist durch die unterschiedlich ausgeprägte interindividuell präsystemische Elimination bedingt. In früheren Untersuchungen wird die orale Bioverfügbarkeit für die Thioxanthene mit etwa 40% angegeben (Tabelle 6.1.1).

Tabelle 6.1.1. Orale Bioverfügbarkeit von Thioxanthenen

Neuroleptikum	Dosis	F (%)	Zitat
Chlorprothixen	100 mg	17	BAGLI et al. (1996a)
	30 mg	41	RAAFLAUB (1975)
Flupentixol	5 mg	40	JØRGENSEN et al. (1982)
Zuclopenthixol	10 mg	44	AAES-JØRGENSEN (1989)

F Absolute orale Bioverfügbarkeit

In unserer eigenen Untersuchung zur oralen Bioverfügbarkeit des Chlorprothixen berechnen wir eine deutlich geringere orale Bioverfügbarkeit mit 17% für die Chlorprothixen-Lösung (BAGLI et al. 1996a). Nach oraler Applikation werden die maximalen Serumspiegel spätestens nach 4 h erreicht (Tabelle 6.1.2).

Als Depotneuroleptika werden ölige Zubereitungen der Ester, bestehend aus dem Thioxanthen und langkettigen aliphatischen Säuren (Dekansäure → Dekanoat) und der Essigsäure (Acetat) verwendet (AMDISEN et al. 1986). Die Freisetzungshalbwertszeiten für die Depotneuroleptika aus den Estern mit den langkettigen Säuren liegen bei mehreren Tagen (Tabelle 6.1.3). Die maximalen Serumspiegel des Zuclopenthixol-Dekanoats werden nach etwa einer Woche beobachtet. Die Freisetzung aus der Zuclopenthixol-Acetat-Depotformulierung verläuft viel schneller; die maximalen Serumspiegel liegen hier 36 h nach Verabreichung. SONI et al. (1992) zeigen zwar, daß

die Umstellung von einem Phenothiazin-Depotpräparat auf ein Thioxanthen-Depotpräparat unproblematisch sein kann. Aber die Autoren weisen auch darauf hin, daß die Umstellung von einem oralen auf ein Depotpräparat zur Rezidivprophylaxe zu einer hohen Rückfallquote führen kann. Sie führen dies auf die besonderen pharmakokinetischen Eigenschaften von Depotpräparaten zurück und mahnen zur Vorsicht bei entsprechenden Umstellungen. Einer der Vorteile von Depotzubereitungen sind gleichbleibende Serumspiegel. Unter der Therapie mit Depotneuroleptika werden jedoch auch hohe interindividuelle Streuungen der Serumspiegel beobachtet (TUNINGER und LEVANDER 1996, POULSEN et al. 1993).

Aufgrund der Komplexität des pharmakokinetischen Systems stellt die korrekte Bestimmung der Resorptionsgeschwindigkeit bzw. Freisetzungshalbwertszeit aus der Depotformulierung aus dem beobachteten Serum-Konzentrations-Zeit-Verlauf in methodischer Hinsicht ein besonderes Problem dar.

Tabelle 6.1.2. Neuroleptika-Serumspiegel nach oraler Applikation von Thioxanthenen

Neuroleptikum	Dosis	t_{max}	c_{max}	Zitat
Chlorprothixen	100 mg	2	26	BAGLI et al. (1996a)
Flupentixol	5 mg	4	~2	JØRGENSEN et al. (1982)
Zuclopenthixol	10 mg	4	5,6	AAES-JØRGENSEN (1989)

t_{max} Zeitpunkt der maximalen Konzentration (h); c_{max} maximaler Serumspiegel (ng/ml)

Tabelle 6.1.3. Pharmakokinetische Grunddaten der Thioxanthen-Depotneuroleptika

Depot-neuroleptikum	Trägeröl	Zeitpunkt der maximalen Konzentration (d)	Serumkon-zentrationen (ng/ml)	Freisetzungs-halbwertszeit (d)	Zitat
Flupentixol-Dekanoat	Viscoleo	4–10		3–8	JØRGENSEN (1980)
Zuclopenthixol-Acetat	Viscoleo	1,5	41		AAES-JØRGENSEN (1989)
Zuclopenthixol-Dekanoat	Viscoleo	5–7	9,0–11	19	AAES-JØRGENSEN (1989)

Die Serumkonzentration kann als System-antwort interpretiert werden, die sich aus der Verknüpfung der Input- und Dispositi-onskinetik ergibt. Bei dieser Verknüpfungs-operation handelt es sich nicht um eine ein-fache mathematische Grundoperation wie etwa der Addition; sie ist komplizierter und wird als Konvolution bezeichnet. Die inver-se Operation heißt Dekonvolution und kann zur Bestimmung der Resorptionskine-tik angewendet werden. Wir entwickelten ein neues Dekonvolutionsverfahren zur Re-konstruktion von segmentiellen Resorpti-onsprofilen und wendeten dieses Verfahren nach oraler Applikation von drei unter-schiedlichen Chlorprothixen-Darreichungs-formen an (BAGLI et al. 1994, 1996b). Aus den Resorptionsprofilen können dann die mittleren Invasionszeiten berechnet werden (BAGLI 1996; Abb. 6.1.1). Dieses neue Ver-fahren sollte auch die Bestimmung der Frei-setzung- bzw. Resorptionsgeschwindigkeit von Depotneuroleptika verbessern.

6.1.3 Verteilung

Zur Plasmaproteinbindung der Thioxanthe-ne gibt es nur die Untersuchung zu Thiothixen. Es liegt im Serum fast vollstän-dig an Plasmaproteine gebunden vor (Ta-belle 6.1.4). Die hohen Verteilungsvolumen weisen auf das große Ausmaß der Gewebe-bindung der Thioxanthene hin.

6.1.4 Elimination

Die Elimination der Thioxanthene verläuft primär über die Leber. Ihr kommt bei der Bio-transformation der Thioxanthene eine be-sondere Bedeutung zu. Die Elimination der unveränderten Substanz über die Niere ist vernachlässigbar gering. Die Eliminations-halbwertszeiten für Thioxanthene liegen zwischen 20 und 36 h (Tabelle 6.1.5). Alle Thioxanthene durchlaufen eine oxidative Demethylierung, Ring-Sulfoxidation und Ring-Hydroxylierung (BREYER-PFAFF et al. 1985). In Abb. 6.1.2 sind diese Metabolisie-rungsschritte am Beispiel des Chlorprothixen aufgezeigt. Bei Thioxanthenen mit einer Piperazin-Seitenkette, wie z. B. Flupentixol, kommt es durch Metabolisierung zur Öff-nung der Ringstruktur und es entstehen Ethy-lendiaminderivate. Beim Thiothixen zeigt sich, daß mit zunehmendem Alter die Serum-spiegel erhöht sind (YESAVAGE et al. 1981).
Über die wenig untersuchten Metabolite der Thioxanthene weiß man, daß sie so gut wie keine pharmakologische Aktivität besitzen. Der Metabolismus des Zuclopenthixols steht unter der genetischen Kontrolle des CYP2D6s. Nach einmaliger oraler Applikati-

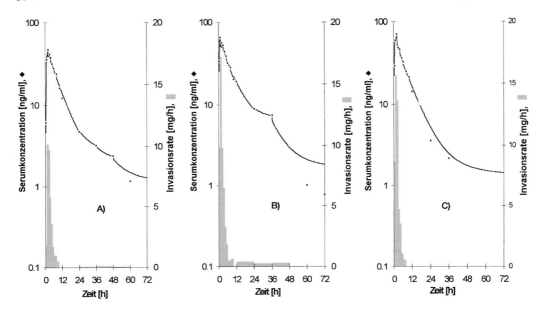

Abb. 6.1.1. Beobachtete und angepaßte Serumkonzentrations-Zeit-Verläufe nach oraler Applikation von je 100 mg Chlorprothixen **A** Lösung, **B** Suspension und **C** Dragees bei Proband 3 und die berechneten stufenförmigen Invasionsprofile: (◆) beobachtete Chlorprothixen-Serumkonzentrationen, (—) die an ein 3-Kompartimenten-Modell angepaßten Chlorprothixen-Serumkonzentrationen, (■) stufenförmiges Invasionsprofil (BAGLI 1996)

on von Zuclopenthixol ist bei Probanden mit genetischer Defizienz des CYP2D6s die mittlere Eliminationshalbwertszeit mit 30 h etwa doppelt so hoch ist wie bei der Vergleichsgruppe ohne Enzymdefekt; bei dieser Gruppe beträgt die Eliminationshalbwertszeit 18 h (DAHL et al. 1991).

6.1.5 Pharmakokinetische Arzneimittelinteraktionen

Durch die gleichzeitige Einnahme des Zuclopenthixols mit der Nahrung wird die orale Bioverfügbarkeit des Zuclopenthixols um 26% erhöht (AAES-JØRGENSEN et al. 1987). Bei chronischer Verabreichung von Thiothixen kommt es zu einer Enzyminduktion; die Serumspiegel sind etwa um 30% reduziert (BERGLING et al. 1975). ERESHEFSKY et al. (1991) konnten zeigen, daß durch Enzyminhibitoren (Cimetidin, Doxepin, Nortripty-

lin, Propranolol und Isoniazid) die orale Clearance des Thiothixens erniedrigt und durch Enzyminduktoren (Carbamazepin, Phenytoin, Primidon und Rauchen) erhöht ist. Die Untersuchung ergab auch, daß ältere (> 50 Jahre) und weibliche Patienten eine niedrigere orale Clearance aufweisen.

Nach jeweils einmaliger oraler Dosis von 30 mg des Clopenthixol-Isomerengemisches (Cis- und Trans-Clopenthixol, Verhältnis 1 : 2) und 10 mg des reinen Cis-Isomers (Zuclopenthixol) sind in beiden Fällen die Serumspiegel des Cis-Isomers identisch; d. h. die beiden isomeren Formen zeigen keine pharmakokinetische Interaktion. Anders sieht es bei der wiederholten Verabreichung aus: Die gleichzeitige Gabe von Tans-Clopenthixol führt zu einer metabolischen Interaktion, die Serumkonzentration der pharmakologisch aktiven Cis-Form liegen höher (AAES-JØRGENSEN 1981, AAES-JØRGENSEN et al. 1981).

Tabelle 6.1.4. Plasmaproteinbindung, Verteilungsvolumen und Clearance

Neuroleptikum	PPB	V_{ss}	CL	Zitat
Chlorprothixen		1035	0,9	BAGLI et al. (1996a)
Flupentixol		900–1050	0,3–0,5	JØRGENSEN et al. (1982)
Thiotixen	> 99			FREEDBERG et al. (1979)
Zuclopenthixol		750	0,9	AAES-JØRGENSEN (1989)

PPB Plasmaproteinbindung (%); V_{ss} Verteilungsvolumen im Steady-State (l); *CL* Gesamtkörper-clearance (l/min)

Tabelle 6.1.5. Eliminationshalbwertszeiten von Thioxanthenen

Neuroleptikum	$t_{1/2}$ (h)	Zitat
Chlorprothixen	26	BAGLI et al. (1996a)
Flupentixol	22–36	JØRGENSEN et al. (1982)
Thiotixen	34	HOBBS et al. (1974)
Zuclopenthixol	20	AAES-JØRGENSEN (1989)

Wie bereits unter 6.1.4 aufgeführt, wird der Metabolismus von Zuclopenthixol über das CYP2D6 vermittelt. Eine Reihe von anderen Arzneimitteln, wie etwa trizyklische Antidepressiva, selektive Serotonin-Wiederaufnahmehemmer, Neuroleptika, β-Blocker und Antiarrhythmika sind ebenfalls Substrate dieses Isoenzyms (BRØSEN 1990, DAHL et al. 1991, LINNET 1995).

Ein Großteil der interindividuellen Variabilität der dosiskorrigierten Serumspiegel läßt sich auf die interindividuell unterschiedliche oxidative Kapazität des Organismus zurückführen. Diese ist entweder durch die genetisch determinierte Expression der Cytochrom-P450-Enzyme bestimmt oder ändert sich im Laufe einer Therapie mit Medikamenten, die Inhibitoren, Induktoren bzw. Substrate der Enzyme sind. Zur Bewältigung dieser Variabilität bieten sich zwei Strategien an: 1. Bestimmung der individuellen oxidativen Kapazität durch Genotypisierung oder Phänotypisierung mit Hilfe einer Testsubstanz (KIVISTÖ und KROEMER 1997) und 2. therapeutische Serumspiegelüberwachung. Letzteres ist besonders dann angezeigt, wenn die Arzneimittelinteraktionen und deren klinische Bedeutung untersucht werden (GEX-FABRY et al. 1997, BALANT-GORGIA et al. 1996).

6.1.6 Konzentrations-Wirkungs-Beziehung

Ähnlich wie bei anderen Neuroleptika weisen einige Autoren auf das Bestehen von Konzentrations-Wirkungs-Beziehungen auch bei Thioxanthenen hin. So beobachteten MAVROIDES et al. (1984) eine curvilineare Beziehung zwischen Thiothixen-Plasma-Konzentrationen und klinischer Response in einem Plasma-Konzentrationsbereich von 2 bis 15 ng/ml, der 10 bis 12 h nach

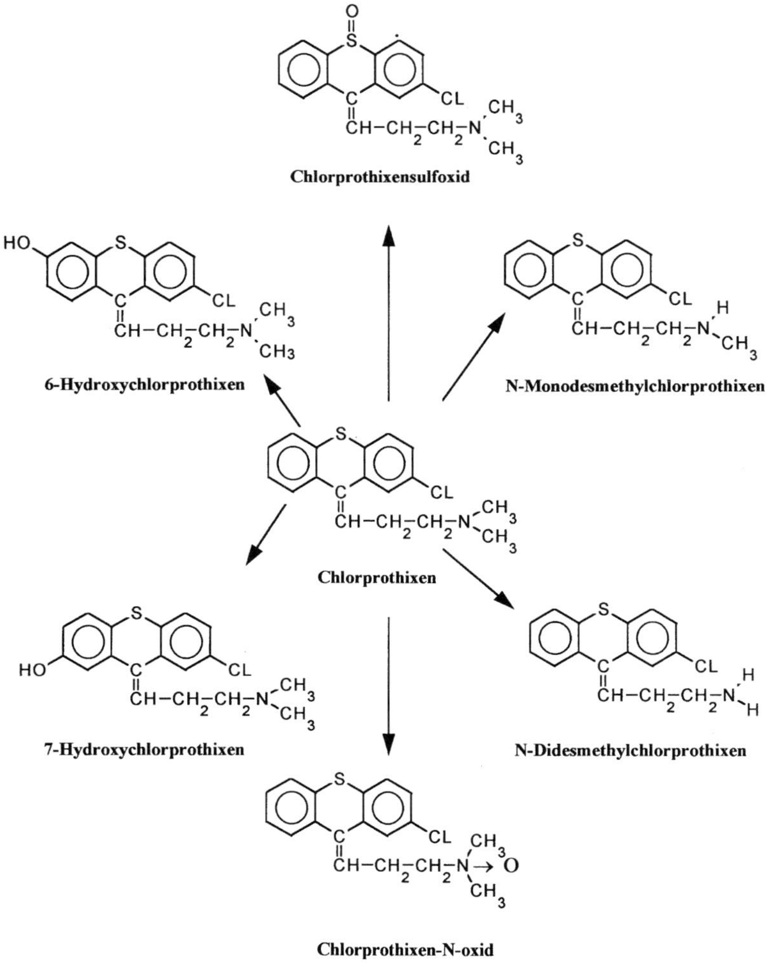

Abb. 6.1.2. S-Oxidation, N-Oxidation, Ringhydroxylierung und N-Dealkylierung des Chlorprothixen

Gabe des Medikamentes gemessen wurde. YESAVAGE et al. (1982, 1983) behandeln schizophrene Patienten mit 80 mg Thiothixen/die und beobachten zur Zeit t_{max} Serumkonzentrationen von 3 bis 45 ng/ml. Diese korrelieren linear mit der Response in der ersten Behandlungswoche, wobei die Korrelation mit dem Neuroleptika-Erythrozyten-Gehalt besser ist (r = 0,64) als die mit der Serum-Konzentration (r = 0,5). Der optimale therapeutische Serumspiegelbereich liegt für Zuclopenthixol zwischen 2–6 nglml (KJØL-

BYE et al. 1994). Allgemein gilt für die Thioxanthene auch das für die Phenothiazine berichtete, nämlich daß die Kenntnis pharmakokinetischer Ergebnisse und die Beobachtung einer Serumspiegel-Wirkungsbeziehung die Möglichkeit bieten, gezielt diese Medikamente unter Überwachung der Serumkonzentrationen einzusetzen. Dabei gelingt es rascher: 1. die optimalen therapeutischen Spiegelbereiche auszureizen, und zwar 2. transient zur Erreichung eines optimalen Effektes höhere Spiegel anzustreben, aber 3. bei Nebenwirkungen und hohem Serumspiegel (Toxizität) eine Dosis-reduktion vorzunehmen und sich dabei am Serumspiegel zu orientieren, um 4. rasch die Serumspiegel auf die vorgeschlagene „therapeutische Breite" zu bringen, 5. bei Thera-pie-Resistenz und adäquaten Serumspiegeln eine schnelle Umstellung vorzunehmen, 6. bei Non-Response und niedrigen, bzw. keinen oder stark schwankenden Spiegeln den Patienten auf Non-Compliance anzusprechen.

Literatur

AAES-JØRGENSEN T (1981) Serum concentrations of cis(Z)- and trans(E)-clopenthixol after administration of cis(Z)-clopentixol and clopenthixol to human volunteers. Acta Psychiatr Scand [Suppl] 294: 64–69

AAES-JØRGENSEN T (1989) Pharmacokinetics of three different injectable zuclopenthixol preparations. Prog Neuropsychopharmacol Biol Psychiatry 13: 77–85

AAES-JØRGENSEN T, GRAVEM A, JØRGENSEN A (1981) Serum levels of the isomers of clopenthixol in patients given cis(Z)-clopenthixol or cis(Z)/trans(E)-clopenthixol. Acta Psychiatr Scand [Suppl] 294: 70–77

AAES-JØRGENSEN T, LIEDHOLM H, MELANDER A (1987) Influence of food intake on the bioavailability of zuclopenthixol. Drug-Nutrient Interactions 5: 157–160

AMDISEN A, AAES-JØRGENSEN T, THOMSEN NJ, MADSEN VT, NEILSEN MS (1986) Serum concentrations and clinical effect of zuclopenthixol in acutely disturbed, psychotic patients treated with zuclopenthixol acetate in Visoleo. Psychopharmacology 90: 412–416

BAGLI M (1996) Pharmakokinetik und Pharmakodynamik von Neuroleptika. Dissertation, Universität Bonn

BAGLI M, RAO ML, HÖFLICH G (1994) Quantification of chlorprothixene, levomepromazine and promethazine in human serum using high-performance liquid chromatography with coulometric electrochemical detection. J Chrom 657: 141–148

BAGLI M, RAO ML, HÖFLICH G, KASPER S, LANGER M, BARLAGE U, BENEKE M, SÜVERKRÜP R, MÖLLER HJ (1996a) Pharmacokinetics of chlorprothixene after single intravenous and oral administration of three galenic preparations. Drug Res 46: 247–250

BAGLI M, SÜVERKRÜP R, RAO ML, BODE H (1996b) Mean input times of three oral chlorprothixene formulations assessed by an enhanced least-squares deconvolution method. J Pharmaceut Sci 85: 434–439

BALANT-GORGIA AE, GEX-FABRY M, BALANT LP (1996) Therapeutic drug monitoring and drug-drug interactions: a pharmacoepidemiological perspective. Therapie 51: 399–402

BERGLING R, MJORNDAL T, ORELAND L, RAPP W, WOLD S (1975) Plasma levels and clinical effects of thioridazine and thiothixene. J Clin Pharmacol 15: 178

BREYER-PFAFF U, WIEST E, PROX A, WACHSMUTH H, PROTIVA M (1985) Phenolic metabolites of chlorprothixene in man and dog. Drug Metab Dispos 13: 479–489

BRØSEN K (1990) Recent developments in hepatic drug oxidation: implications for clinical pharmacokinetics. Clin Pharmacokinet 18: 220–239

DAHL ML, EKQVIST B, WIDEN J, BERTILSSON L (1991) Disposition of the neuroleptic zuclopenthixol cosegregates with the polymorphic hydroxylation of debrisoquin in humans. Acta Psychiatr Scand 84: 99–102

ERESHEFSKY L, SAKLAD SR, WATANABE MD, DAVIS CM, JANN MW (1991) Thiothixene pharmacokinetic interactions: a study of hepatic enzyme inducers, clearance inhibitors, and demographic variables. J Clin Psychopharmacol 11: 296–301

FREEDBERG KA, INNIS RB, CREESE I, SNYDER SH (1979) Antischizophrenic drugs: differential plasma protein binding and therapeutic activity. Life Sci 24: 2467–2474

GEX-FABRY M, BALANT-GORGIA AE, BALANT LP (1997) Therapeutic drug monitoring databases for postmarketing surveillance of drug-drug interactions: evaluation of a paired approach for psychotropic medication. Ther Drug Monit 19: 1–10

HOBBS DC, WELCH WM, SHORT MJ, MOODY WA, VAN DER VELDE CD (1974) Pharmacokinetics of thiothixene in man. Clin Pharmacol Ther 16: 473–478

JØRGENSEN A (1980) Phamacokinetic studies in volunteers of intravenous and oral cis(Z)-flupenthixol and intramuscular cis(Z)-flupenthixol decanoate in Visoleo. Eur J Clin Pharm 18: 355–360

JØRGENSEN A, ANDERSEN J, BJORNDAL N, DENCKER SJ, LUNDIN L, MALM U (1982) Serum concentrations of cis(Z)-flupentixol and prolactin in chronic schizophrenic patients treated with flupentixol and cis(Z)-flupentixol decanoate. Psychopharmacology Berl 77: 58–65

KIVISTÖ KT, KROEMER HK (1997) Use of probe drugs as predictors of drug metabolism in humans. J Clin Pharmacol 37: 40S–48S

KJØLBYE M, THOMSEN K, ROGNE T, REHFELT E, OLESEN OV (1994) Search for a therapeutic range for serum zuclopenthixol concentrations in schizophrenic patients. Ther Drug Monit 16: 541–547

LINNET K (1994) Comparison of the kinetic interactions of the neuroleptics perphenazine and zuclopenthixol with tricyclic antidepressives. Ther Drug Monit 17: 308–311

MAVROIDIS ML, KANTOR DR, HIRSCHOWITZ J (1984) Clinical relevance of thiothixene plasma levels. J Clin Psychopharmacol 4: 155–157

POULSEN JH, OLESEN OV, LARSEN NE (1993) Fluctuation of serum zuclopenthixol concentrations in patients treated with zuclopenthixol decanoate in viscoleo. Ther Drug Monit 16: 155–159

RAAFLAUB J (1975) On the pharmacokinetics of chlorprothixene in man. Experentia 31: 557–558

SONI SD, SAMPATH G, SHAH A, KRSKA J (1992) Rationalizing neuroleptic polypharmacy in chronic schizophrenics: effects of changing to a single depot preparation. Acta Psychiatr Scand 85: 354–359

TUNINGER E, LEVANDER S (1996) Large variations of plasma levels during maintance treatment with depot neuroleptics. Br J Psychiatry 169: 618–621

YESAVAGE JA, HOLMAN CA, COHN R (1981) Correlation of thiothixene serum levels and age. Psychopharmacol 74: 170–172

YESAVAGE JA, BECKER J, WERNER PD, MILLS MJ, HOLMAN CA, COHN R (1982) Serum level monitoring of thiothixene in schizophrenia: acute single-dose levels at fixed doses. Am J Psychiatry 139: 174–178

YESAVAGE JA, HOLMAN CA, COHN R, LOMBROZO L (1983) Correlation of initial thiothixene serum levels and clinical response. Comparison of fluorometric, gas chromatographic, and RBC assays. Arch Gen Psychiatry 40: 301–304

6.2 Pharmakologie und Neurobiochemie

J. Fritze

Das Thioxanthen-Gerüst entstammt einer Derivatisierung der Phenothiazinstruktur. Nur ein Teil der antipsychotisch wirksamen Thioxanthene war je in Deutschland registriert. Derzeit verfügbar sind verschiedene Darreichungsformen des hochpotenten Neuroleptikums Flupentixol bzw. seines Enantiomers cis-Flupentixol, des mittelpotenten Clopentixol bzw. seines Enantiomers cis-Clopentixol (Zuclopentixol) und des schwach-potenten Neuroleptikums Chlorprothixen. Die oralen Darreichungsformen von Flupentixol enthalten das Rezemat, d. h., ca. 50% der Dosis entsprechen dem nicht antipsychotisch wirksamen, nur mit vernachlässigbarer Affinität an Dopamin-Rezeptoren bindenden trans-Flupentixol. Trans-Flupentixol ist aber an anderen Rezeptoren vergleichbar wirksam. Analoges gilt für die Enantiomere des Clopentixol, wobei aber nur noch eine orale Darreichungsform das Rezemat enthält.

In Abb. 6.2.1 sind die Potenzen dieser Substanzen an Dopamin-D_2-Rezeptoren dargestellt, aus denen sich Rückschlüsse auf die klinisch notwendige mittlere antipsychotische Dosis ziehen lassen. Dabei sind allerdings die erheblichen interindividuellen Unterschiede der oralen Bioverfügbarkeit durch variablen First-Pass-Metabolismus in der Leber (s. Kap. 6.1) zu berücksichtigen. In Abb. 6.2.1 sind auch die Rezeptor-Bindungsprofile zusammengefasst, die die Selektivität der Substanzen und damit das Spektrum der weiteren, auch therapeutisch genutzten Effekte sowie unerwünschten Begleitwirkungen widerspiegeln. Die Darstellungen in Abb. 6.2.1 sind selbstverständlich nicht umfassend, d. h., Wechselwirkungen zum Beispiel mit anderen Subtypen der Serotonin-Rezeptoren (LEYSEN et al. 1993) sind nicht berücksichtigt. Weitere mögliche Wechselwirkungen mit anderen neurochemischen Mechanismen wurden bei diesen „alten" Substanzen unzureichend untersucht. Therapeutisch genützt werden neben den an den Dopamin-Antagonismus gebundenen antipsychotischen Wirkungen nur die sedierenden Eigenschaften, die den antihistaminergen und möglicherweise auch antiadrenergen und anticholinergen Eigenschaften zuzuschreiben sind. Bezüglich der mutmaßlichen Mechanismen der antipsychotischen Wirkung sei auf Kapitel 3.2 verwiesen.

Tabelle 6.2.1 faßt einige Daten aus einer repräsentativen Standardbatterie tierexperimenteller Teste von Verhaltensparametern und physiologischen Variablen zusammen. Die Bedeutung dieser Teste für die Prädiktion antipsychotischer Wirksamkeit bzw. von unerwünschten Wirkungen wurde in Kapitel 3.1 dargelegt. In modernen Screening-Tests auf antipsychotische Wirksamkeit wie dem Paradigma der „latent inhibition" oder der „prepulse inhibition" wurden diese „alten" Substanzen kaum untersucht.

Tabelle 6.2.1. Wirksamkeit der Thioxanthene in einigen Tests von Verhalten und autonomer Regulation

Test	Konditioniertes Vermeidungs-verhalten	Prepulse Inhibition	Latent Inhibition	Rotations-verhalten D1/D2-induziert
Spezies	Ratte ED50 mg/kg s.c.	Ratte (ED50 nicht bestimmbar)	Ratte (ED50 nicht bestimmbar)	Ratte ED50 μmol/kg s.c.
Substanz:				
Flupentixol	0,058	keine Daten	keine Daten	keine Daten
cis-Flupetixol	0,028	aktiv	aktiv	0,15 / 0,033
trans-Flupentixol	> 5	keine Daten	keine Daten	> 10 / > 10
Clopenthixol	0,24	keine Daten	keine Daten	keine Daten
cis-Clopenthixol	0,083	keine Daten	keine Daten	1,3 / 0,05
trans-Clopenthixol	keine Daten	keine Daten	keine Daten	> 42 / 2,8
Chlorprothixen	0,33	keine Daten	keine Daten	1,9 / 0,63

Test	Motilität	Katalepsie: Stab	Katalepsie: Drahtnetz	Ptosis
Spezies	Maus ED50 mg/kg i.p.	Maus ED50 mg/kg i.p.	Ratte ED50 mg/kg s.c.	Maus ED50 mg/kg i.p.
Substanz:				
Flupentixol	1,3	0,5	0,25	0,9
cis-Flupentixol	0,6	0,3	0,076	0,3
trans-Flupentixol	22	16	> 80	33
Clopenthixol	1,1	0,7	0,91	1,3
cis-Clopenthixol	0,4	0,45	0,29	0,74
trans-Clopenthixol	12,1	keine Daten	> 160	7,7
Chlorprothixen	0,4	1,8	2,2	1,6

Test	Hypothermie °C	Apomorphin-Antagonismus: Stereotypien	Apomorphin-Antagonismus: Stereotypien	Apomorphin-Antagonismus: Erbrechen
Spezies	Ratte bei Dosis: 5 mg/kg i.p.	Ratte ED50 mg/kg i.p.	Hund ED50 mg/kg s.c.	Hund ED50 mg/kg s.c.
Substanz:				
Flupentixol	1,8	0,5	0,08	0,02
cis-Flupentixol	keine Daten	0,3	0,06	0,01
trans-Flupentixol	keine Daten	> 80	keine Daten	3,5
Clopenthixol	3,1	30	3,2	0,04
cis-Clopenthixol	keine Daten	2,9	keine Daten	0,04
trans-Clopenthixol	keine Daten	> 80	keine Daten	> 10
Chlorprothixen	4,5	45	6	0,9

(Fortsetzung siehe S 365)

Tabelle 6.2.1. Fortsetzung

Test	Amphetamin-Antagonismus: Stereotypien	Methylphenidat-Antagonismus: Stereotypien	Noradrenalin-Antagonismus	Adrenalin-Antagonismus
Spezies	Ratte ED50 mg/kg s.c.	Maus ED50 mg/kg i.p.	Ratte ED35 mg/kg i.v.	Ratte ED50 mg/kg i.v.
Substanz:				
Flupentixol	0,2	0,15	0,4	0,17
cis-Flupentixol	0,07	0,07	unbestimmbar	0,02
trans-Flupentixol	> 160	2,5	unbestimmbar	4,8
Clopenthixol	0,2	1,2	0,04	0,03
cis-Clopenthixol	0,32	0,23	keine Daten	0,03
trans-Clopenthixol	> 80	52	keine Daten	keine Daten
Chlorprothixen	0,5	0,7	0,03	0,01

Test	Serotonin-Antagonismus	Acetylcholin-Antagonismus	Unterdrückung 5-HTP-induzierten Kopfzuckens	Hemmung der Dopamin [40µM]-stimulierten Adenylatzyklase IC50 (nM)
Spezies	Ratte ED50 mg/kg i.v.	Meerschweinchen Relative Potenz Atropin = 100%	Ratte ED50 µmol/kg s.c.	
Substanz:				
Flupentixol	0,06	0,06	keine Daten	keine Daten
cis-Flupentixol	0,02	0,05	0,07	59
trans-Flupentixol	2,8	0,1	> 20	2400
Clopenthixol	0,03	0,07	keine Daten	keine Daten
cis-Clopenthixol	keine Daten	0,05	0,24	18
trans-Clopenthixol	keine Daten	keine Daten	keine Daten	170
Chlorprothixen	0,004	3,3	0,17	cis: 24, trans: 160

Die Tabelle wurde nach Daten von ARNT (1982, 1983, 1985), ARNT et al. (1984), ARNT und HYTTEL (1986), DUNN et al. (1993), FJALLAND und BOECK (1978), HYTTEL (1985), KILLCROSS et al. (1994), MØLLER-NIELSEN et al. (1973), RIGDON und VIIK (1991) und SKARSFELDT et al. (1990) zusammengestellt

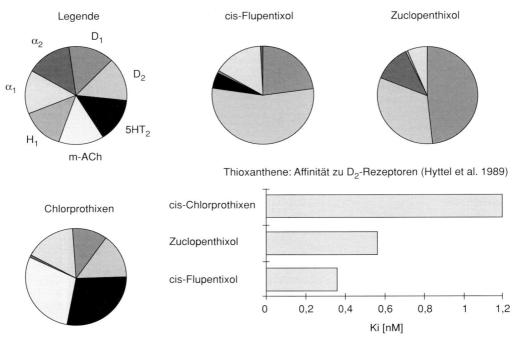

Abb. 6.2.1. In-vitro Potenzen einiger Thioxanthen-Neuroleptika an Dopamin-D_2-Rezeptoren gemessen in Verdrängungsexperimenten gegen ^{3}H-Spiperon (je kleiner K_i, desto höher die Potenz) sowie Rezeptor-Bindungsprofile, berechnet aus Dissoziationskonstanten (K_D) der Bindung in Homogenaten von postmortalem Frontalcortex des Menschen (RICHELSON 1984) an muskarinerg-cholinerge (Caudatum), H_1-histaminerge, α_1- und α_2-adrenerge Rezeptoren bzw. Inhibitionskonstanten (K_i; HYTTEL et al. 1989, LEYSEN et al. 1993) für die Bindung an D_1- bzw. D_2-dopaminerge Rezeptoren (Corpus striatum der Ratte) und 5HT$_2$-serotoninerge Rezeptoren (Frontalcortex der Ratte). Als radioaktiv markierte Liganden dienten für cholinerge Rezeptoren ^{3}H-QNB (Quinuclidinylbenzilat), für histaminerge ^{3}H-Doxepin, für α_1-adrenerge ^{3}H-Prazosin, für α_2-adrenerge ^{3}H-Rauwolscin, für 5HT$_2$-Rezeptoren ^{3}H-Ketanserin, für D_1-Dopaminrezeptoren ^{3}H-SCH23390 und für D_2-Dopaminrezeptoren ^{3}H-Spiperon. Berechnung als $1/K_DD_1 + 1/K_DD_2 + 1/K_D5HT_2 + 1/K_imACh + 1/K_iH_1 + 1/K_i\alpha_1 + 1/K_i\alpha_2 = 100\%$

Literatur

ARNT J (1982) Pharmacological specificity of conditioned avoidance response inhibition in rats: inhibition by neuroleptics and correlation to dopamine receptor blockade. Acta Pharmacol Toxicol 51: 321–329

ARNT J (1983) Neuroleptic inhibition by 6,7-ADTN-induced hyperactivity after injection into the nucleus accumbens. Specificity and comparison with older models. Eur J Pharmacol 90: 47–55

ARNT J (1985) Antistereotypic effects of dopamine D_1- and D_2-antagonists after intrastriatal injection in rats. Pharmacological and regional specificity. Naunyn Schmiedebergs Arch Pharmacol 330: 97–104

ARNT J, HYTTEL J (1986) Inhibition of SKF 38393- and pergolide-induced circling in rats with unilateral 6-OHDA lesions is correlated to dopamine D_1- and D_2-receptor affinities in vitro. J Neural Transm 67: 225–240

ARNT J, HYTTEL J, LARSEN JJ (1984) The citalopram/5-HTP-induced head shake syndrome is correlated to 5-HT$_2$ receptor affinity and also influenced by other transmitters. Acta Pharmacol Toxicol 55: 363–372

DUNN LA, ATWATER GE, KILTS CD (1993) Effects of antipsychotic drugs on latent inhibition: sensitivity and specificity of an animal behavioral model of clinical drug action. Psychopharmacol 112: 315–323

FJALLAND B, BOECK V (1978) Neuroleptic blockade of various neurotransmitter substances. Acta Pharmacol Toxicol 42: 206–211

HYTTEL J (1985) Dopamine D_1- and D_2-receptors. Characterization and differential effects of neuroleptics. In: DAHLBAUM R, NILSSON JLG (eds) Proceedings of the VIIIth international symposium on medicinal chemistry, vol 1. Acta Pharm Suecica [Suppl 1]: 426–439

HYTTEL J, ARNT J (1987) Characterization of binding of ^{3}H-SCH 23390 to dopamine D_1-receptors. Correlation to other D_1- and D_2- measures and effect of selective lesions. J Neural Transm 68: 171–189

HYTTEL J, ARNT J, VAN DEN BERGHE M (1989) Selective dopamine D_1- and D_2-receptor antago-

nists. In: DAHL SG, GRAM LF (eds) Clinical pharmacology in psychiatry. Springer, Berlin Heidelberg New York Tokyo, pp 109–122

KILLCROSS AS, DICKINSON A, ROBBINS TW (1994) Effects of the neuroleptic alpha-flupenthixol/ on latent inhibition in aversively- and appetitively-motivated paradigms: evidence for dopamine-reinforcer interactions. Psychopharmacol 115: 196–205

LEYSEN JE, JANSSEN PMF, SCHOTTE A, LUYTEN WHML, MEGENS AAHP (1993) Interaction of antipsychotic drugs with neurotransmitter receptor sites in vitro and in vivo in relation to pharmacological and clinical effects: role of 5HT$_2$-receptors. Psychopharmacol 112: S40–S54

MØLLER-NIELSEN I, PEDERSEN V, NYMARK M, FRANCK KF, BOECK V, FJALLAND B, CHRISTENSEN AV (1973) The comparative pharmacology of flupenthixol and some reference neuroleptics. Acta Pharmacol Toxicol 33: 353–362

PETERSEN PV, LASSEN N, HOLM T, KOPF R, MØLLER-NIELSEN I (1958) Chemische Konstitution und pharmakologische Wirkung einiger Thioxanthen-Analoge zu Chlorpromazin, Promazin und Mepazin. Arzneimittelforschung 8: 395–397

RIGDON GC, VIIK K (1991) Prepulse inhibition as a screening test for potential antipsychotics. Drug Dev Res 23: 91–99

SKARSFELDT T, AMDT J, HYTTEL J (1990) L-5-HTP facilitates the electrically stimulated flexor reflex in pithed rats: evidence for 5-HT$_2$-receptor mediation. Eur J Pharmacol 176: 135–142

SVENDSEN O, ARNT J, BOECK V, BØGESØ KP, CHRISTENSEN AV, HYTTEL J, LARSEN JJ (1986) The neuropharmacological profile of tefludazine, a potential antipsychotic drug with dopamine and serotonin receptor antagonistic effects. Drug Dev Res 7: 35–47

TESTA R, ABBIATI G, CESERANI R, RESTELLI G, VANASIA A, BARONE D, GOBBI M, MENNINI T (1989) Profile of in vitro binding affinities of neuroleptics at different rat brain receptors: cluster analysis comparison with pharmacological and clinical profiles. Pharm Res 6: 571–577

6.3 Klinische Anwendung

G. Laux und P. König

Die in der klinischen Praxis wichtigsten Thioxanthene sind:

– Chlorprothixen
– Flupentixol
– Zuclopenthixol

Eine Übersicht zu den Thioxanthenen wurde von MÜLLER-OERLINGHAUSEN et al. (1990) vorgelegt.

6.3.1 Indikationen

Chlorprothixen

Chlorprothixen ist ein weitverbreitetes Basisneuroleptikum, das in der Klinik vor allem als Co-Medikation zur Sedierung und Anxiolyse eingesetzt wird. Vergleichsstudien zeigten übereinstimmend eine deutliche Überlegenheit gegenüber Placebo (DAVIS und CASPER 1978). Chlorprothixen war das erste Neuroleptikum aus der Reihe der Thioxanthene und ist nun seit fast 40 Jahren klinisch verfügbar. RAVN et al. legten 1980 eine Übersicht über 20 Jahre Erfahrung mit Chlorprothixen vor; ihre Literaturdurchsicht bezieht sich auf N = 11.487 mit Chlorprothixen behandelte Patienten. Die Autoren charakterisieren Chlorprothixen als ein Breitspektrum-Neuroleptikum, das eine gesicherte Wirksamkeit sowohl bei schizophrenen Psychosen als auch bei Manien, Depressionen, Alkoholpsychosen sowie Neurosen aufweist. Der Dosisbereich in den einer statistischen Analyse unterzogenen 109 klinischen Arbeiten (Datenpool N = 7.109 Patienten) betrug 5–1.600 mg pro die (!). Bei 57% der N = 2.521 schizophrenen Patienten zeigte Chlorprothixen eine gute therapeutische Wirksamkeit.

Die übliche Dosierung von Chlorprothixen liegt bei 30–150 mg täglich mit abendlichem Einnahmeschwerpunkt. Die Höchstdosis sollte 600 mg pro die nicht überschreiten. Parenterale Applikation bis zu 200 mg pro die i. m. oder verdünnt sehr langsam i. v.

Flupentixol

Flupentixol ist ein höherpotentes Thioxanthen-Neuroleptikum, dessen antipsychotische Wirkung im mittleren bis oberen Dosierungsbereich zutage tritt. Im niedrigen und mittleren Dosisbereich zeigt die Substanz kaum sedierende Eigenschaften, hier dominieren anxiolytische und stimmungsaufhellende Wirkung.

Hauptindikation ist die Langzeitbehandlung schizophrener Psychosen mit dominierender Minus-Symptomatik. Insbesondere die Depot-Form ist auch geeignet zur Phasenprophylaxe affektiver Psychosen und zur Behandlung von Abhängigen.

Während die orale Darreichungsformen ein Gemisch der Cis- und Trans-Form in Verhältnis 1 : 1 enthalten, enthält die Depot-Form ausschließlich die neuroleptisch aktive Cis-Form.

Die antipsychotische Wirksamkeit von Flupentixol ist durch zahlreiche Studien belegt (HASLAM et al. 1975, JOHNSON und MALIK 1975, KELLY et al. 1977, PINTO et al. 1979, KNIGHTS et al. 1979, CHOWDHURY und CHACON 1980, WISTEDT und RANTA 1983).

JOHNSON und MALIK (1975) fanden bei akut Schizophrenen keinen Unterschied zwischen 40 mg Flupentixol Decanoat und 25 mg Fluphenazin Decanoat global. Eine kontrollierte Vergleichsstudie mit Penfluridol zeigte ebenfalls gleiche Wirksamkeit (GERLACH et al. 1975). EBERHARD und HELLBOM (1986) führten eine 48 Wochen-Langzeit-Doppelblind-Crossover-Studie an 32 Schizophrenen mit Haloperidol Decanoat (Durchschnittsdosis 140 mg alle 4 Wochen) und Flupentixol Decanoat (Durchschnittsdosis 60 mg alle 4 Wochen) durch. Bei vergleichbarer Verträglichkeit zeigte Haloperidol eine signifikant größere Wirksamkeit, wahrscheinlich bedingt durch das zu lange Dosierungs-Intervall von Flupentixol. Bei 9 chronisch Schizophrenen zeigte Flupentixol im Vergleich zu Haloperidol keine aktivierenden oder stimmungsaufhellenden Effekte. Haloperidol war in einer täglichen Durchschnittsdosis von 33 mg Flupentixol (durchschnittlich 27 mg pro die) signifikant überlegen. In einer randomisierten Doppelblindstudie wurden 32 chronisch Schizophrene mit akuter Exacerbation zwei Jahre lang mit durchschnittlich 31 mg Flupentixol Decanoat bzw. 25 mg Fluphenazin Decanoat jeweils alle 3 Wochen behandelt. In der Gesamtbeurteilung zeigte sich eine vergleichbare globale Wirksamkeit, Flupentixol wies tendenziell günstigere Ergebnisse hinsichtlich Angst und Depressivität auf (WISTEDT und RANTA 1983). KISSLING et al. (1990) behandelten N = 54 chronisch Schizophrene über 6 Monate mit 100 mg/ml Flupentixoldecanoat bzw. 50 mg Haloperidoldecanoat und konnten weder hinsichtlich Wirksamkeit noch bezüglich Verträglichkeit relevante Unterschiede feststellen. CESAREC et al. (1974) zeigten Wirkungsäquivalenz zwischen 8 mg Flupentixol, 6 mg Pimozid und 14 mg Fluphenazin, PARENT und TOUSSAINT (1983) wiesen für Flupentixol in hoher Dosis (112 mg pro die) eine raschere Symptomreduktion allerdings verbunden mit gehäuftem Auftreten von extrapyramidal-motorischen Nebenwirkungen nach.

BANDELOW et al. (1992) beschrieben, daß Flupentixol keine depressiogenen Effekte aufweist. Verschiedene Studien konnten für Flupentixol in niedriger Dosis antidepressive Wirksamkeit nachweisen, unter anderem im Vergleich zu Amitriptylin, Nortriptylin, Mianserin, Fluvoxamin und Dosulepin (Übersichten: TRIMBLE und ROBERTSON 1983, PÖLDINGER und SIEBERNS 1983, GRUBER und COLE 1991, BUDDE 1992).

BJERUM et al. (1992) konnten zeigen, daß niedrigdosiertes Flupentixol bei generalisierter Angsterkrankung im Vergleich zu Placebo und einem Beta-Blocker größere Wirksamkeit aufwies.

Vorläufige Daten sprechen dafür, daß niedrige Dosen von Flupentixol Decanoat in der Behandlung des Kokain-Entzugs wirksam sind und das Craving reduziert wird (GAWIN et al. 1989).

Von SOYKA und SAND (1995) wurde die erfolgreiche Behandlung eines an Schizophrenie und Alkoholismus erkrankten Patienten berichtet, KUTSCHER et al. (1995) setzten Flupentixol im Rahmen der Behandlung von Borderline-Patienten ein.

LANDA (1984) konnte für Flupentixol im Vergleich zu Placebo bei Karzinompatienten eine signifikante Schmerzreduktion nachweisen.

Die übliche Dosierung von Flupentixol liegt bei 10–60 mg pro die, bevorzugt als morgendliche Einmaldosis. Zur Langzeittherapie werden 5–20 mg i.m. alle zwei Wochen bzw. 5–20 mg pro die oral empfohlen. Manche Autoren empfehlen 0,5–3 ml 2%iges Depot (10–60 mg) alle 2–4 Wochen i.m., andere 0,2–1 ml 10%iges Depot (20–100 mg) Zwischen Flupentixol-Plasmaspiegel und Response scheint keine Korrelation zu bestehen (JANN et al. 1985).

Zuclopenthixol

Zuclopenthixol ist ein mittelpotentes Neuroleptikum und stellt das Ergebnis einer

Weiterentwicklung von Clopenthixol dar, in welchem die Cis- und Trans-Isomere als Gemisch vorliegen. Zuclopenthixol enthält ausschließlich das antipsychotisch wirksame Cis-Isomer und zeigt auch eine deutliche Wirksamkeit bei manischer Symptomatik.

Neben der oralen und parenteralen Depot-Darreichungsform liegt seit einigen Jahren als „Acuphase" eine parenterale Akutbehandlungsform vor (Zuclopenthixol-Acetat), welches nach 2–8 Stunden einen unspezifisch sedativen Effekt bei akuten Psychosen inclusive Manien bewirkt (AMIDSEN et al. 1986, GRAVEM und ELGEN 1981). Bei den letztgenannten Autoren findet sich eine Zusammenfassung früherer klinischer Studien, die Wirksamkeit von Zuclopenthixol-Acetat wurde in neueren Studien unter anderem von MAIR et al. (1985) und FENSBO (1990) nachgewiesen.

Kontrollierte Vergleichsstudien bei akuten schizophrenen Psychosen liegen zu verschiedenen Vergleichssubstanzen vor: TE-GELER (1985) fand 200 mg Zuclopenthixol-Decanoat wirksamer als 25 mg Fluphenazin Decanoat 14tägig hinsichtlich Verbesserung von Wahn, Feindseligkeit, Manie und Apathie. REMVIG et al. (1987) befanden Zuclopenthixol und Perphenazin (durchschnittliche Tagesdosis 37 bzw. 30 mg) gleich wirksam, BOBON und DEBLEEKER (1989) im Vergleich zu Haloperidol parenteral. HEIKKILAE et al. (1992) beschrieben für Zuclopenthixol (33,5 mg pro die) im Vergleich zu Haloperidol (7,6 mg pro die) höhere Wirksamkeit im Angst-Depressionsfaktor der BPRS. BAA-STRUP et al. (1993) sowie CHOUINARD et al. (1994) fanden keine signifikanten Differenzen bezüglich der Wirksamkeit von Zuclopenthixol Acetat, Zuclopenthixol und Haloperidol, ebenso MÜLLER-SPAHN et al. (1990) bei N = 43 stationären Patienten (Haloperidol 9–28 mg pro die, Zuclopenthixol 29–98 mg pro die). HUTTUNEN et al. (1995) führte eine sechswöchige kontrollierte Vergleichsstudie an N = 98 Patienten mit Risperidon durch. Unter Risperidon (mittlere Tagesdo-

sis 8 mg) zeigte sich ein rascherer Wirkungseintritt sowie eine höhere Responserate als unter Zuclopenthixol (durchschnittliche Tagesdosis 38 mg).

Bei chronisch Schizophrenen fanden POROT et al. (1984) eine vergleichbare Wirksamkeit von Zuclopenthixol und Haloperidol (durchschnittliche Tagesdosis 110 bzw. 11 mg). HEIKKILAE et al. (1981) beschrieben tendenzielle Vorteile unter 40 mg Clopenthixol im Vergleich zu 10 mg Haloperidol, WISTEDT et al. (1991) vergleichbare Wirksamkeit von Zuclopenthixol Decanoat und Haloperidol Decanoat (durchschnittliche Dosis 284 mg Zuclopenthixol Decanoat bzw. 92 mg Haloperidol Decanoat alle 4 Wochen; mittlere Plasmakonzentration nach 6 Wochen: 7,4 nmol/l Zuclopenthixol, 6,0 nmol/l Haloperidol).

SAXENA et al. (1988) verglichen eine Erhaltungstherapie mit 200 mg/ml Clopenthixol Decanoat mit 25 mg/ml Fluphenazin Decanoat bei N = 30 chronisch Schizophrenen. Clopenthixol zeigte hier eine signifikant günstigere globale Wirksamkeit.

AHLFORS et al. (1980) behandelten N = 172 chronisch Schizophrene doppelblind an 14 skandinavischen psychiatrischen Kliniken über 6 Monate mit durchschnittlich 280 mg Clopenthixol Decanoat bzw. 141 mg Perphenazin Enanthat i.m. alle 4 Wochen. Eine signifikante Differenz zwischen den Behandlungsgruppen zeigte sich lediglich hinsichtlich „Feindseligkeit und Mißtrauen" (BPRS). Eine ältere Arbeit von DEHNEL et al. (1968) ergab bei N = 50 chronisch Schizophrenen unter Perphenazin eine etwas stärkere Verbesserung als unter Clopenthixol (durchschnittliche Tagesdosis 51 bzw. 132 mg). Mit Clopenthixol behandelte Patienten benötigten signifikant mehr Zusatzmedikation zur Sedierung und Schlafförderung.

Zur Behandlung von Alterspatienten liegen ebenfalls mehrere kontrollierte Vergleichsstudien vor. NYGAARD et al. (1987) fanden bei N = 53 Alterspatienten mit Aggressivität, Agitiertheit und Unruhezuständen keinen signifikanten Wirksamkeitsunterschied zwischen Zuclopenthixol und Melperon (durchschnittliche Tagesdosis 6,8 bzw. 146 mg). Zuclopenthixol zeigte allerdings tendenziell einen rascheren Wirkungseintritt. Zum gleichen Ergebnis kam die Autorengruppe in einer Metaanalyse, bei der die Behandlungsergebnisse von N = 96 Pflegeheimpatienten unter der Behandlung mit Zuclopenthixol, Melperon und Haloperidol/Levomepromazin verglichen wurden (NYGAARD et al. 1992). HARENKO et al. (1992) verglichen Zuclopenthixol und Thioridazin bei aggressiven Alterspatienten. Bereits nach einer Woche zeigte sich ein signifikanter Rückgang der Hostilität in beiden Behandlungsgruppen, Schlafstörungen wurden von Zuclopenthixol günstiger beeinflußt. Die durchschnittliche Tagesdosis betrug 6,8 mg Zuclopenthixol und 62 mg Thioridazin.

GÖTESTAM et al. (1981) führten eine achtwöchige Doppelblindstudie mit Zuclopenthixol (5–10 mg pro die) bzw. Haloperidol (0,5–1 mg pro die) bei N = 47 Demenz-Patienten mit minimaler Effektivität durch. Bei über 80jährigen dementen Patienten mit Aggressivität und Agitiertheit war Zuclopenthixol 5 mg pro die mindestens ebenso wirksam wie 1,5 mg Haloperidol + 8 mg Levomepromazin (FUGLUM et al. 1989).

MALT et al. (1995) konnten zeigen, daß Zuclopenthixol in der Behandlung von Verhaltensstörungen bei Lernbehinderten wirksamer war als Haloperidol (Tagesdosen durchschnittlich 5,5 bzw. 1,5 mg). KARSTEN et al. (1981) behandelten Oligophrene mit psychomotorischer Unruhe, Gewalttätigkeit und Erregung über 12 Wochen mit durchschnittlich 34 mg Zuclopenthixol bzw. 5 mg Haloperidol und konnten bei N = 100 Patienten mit Zuclopenthixol signifikant bessere Behandlungserfolge erzielen.

Die antimanische Wirkung von Zuclopenthixol wurde von NOLDEN (1983) sowie KÖNIG et al. (1986) verifiziert. GOULIAEV et al. (1996) behandelten 28 hospitalisierte Patienten mit einer DSM III R-Diagnose manische Episode mit Zuclopenthixol und Clonazepam oder Lithium und Clonazepam und fanden keine statistisch signifikanten Unterschiede zwischen beiden Medikationen.

Die übliche orale Tagesdosis von Zuclopenthixol beträgt 30–75 mg, Zuclopenthixol Acetat wird intramuskulär alle 3 Tage in einer Dosis von 50–200 mg verabreicht (AMIDSEN et al. 1986). Zuclopenthixol Decanoat zur Behandlung chronisch Schizophrener wird üblicherweise in einer Dosis zwischen 200 und 400 mg alle 4 Wochen appliziert. Zwischen Plasmakonzentration und klinischem Effekt besteht keine signifikante Korrelation (DENCKER et al. 1980), für die antipsychotische Wirksamkeit werden offenbar Plasmakonzentrationen von mindestens 10 nmol/l benötigt (JØRGENSEN et al. 1987, AAES-JØRGENSON et al. 1991).

Für die Umstellung von Zuclopenthixol oral auf die Decanoat-Form gilt die Formel: mg oral × 8 = mg Zuclopenthixol-Decanoat alle 2–3 Wochen.

6.3.2 Unerwünschte Wirkungen, Kontraindikationen, Überdosierungen

Chlorprothixen

Häufig können Sedierung, Hypotonie, Störungen der Speichelsekretion, Obstipation und Gewichtszunahme auftreten. Bei höherer Dosierung oder cerebraler Vorschädigung ist mit Verwirrtheitszuständen zu rechnen. Insbesondere bei Patienten mit cardiovaskulären Vorerkrankungen können cardio-vaskuläre Komplikationen auftreten. Gelegentlich sind passagere Leberenzymerhöhungen zu registrieren, ebenso können Exantheme auftreten. Unter Chlorprothixen kann es in seltenen Fällen zu Frühdyskinesien, bei Gabe höherer Dosen zu cerebralen Krampfanfällen kommen.

Chlorprothixen ist bei vorbestehenden schweren Blutzell- oder Knochenmarkschädigungen kontraindiziert.

Flupentixol

In den Vergleichsstudien zu Fluphenazin-Decanoat zeigte sich zumeist eine geringere oder seltenere Rate von extrapyramidal-motorischen Nebenwirkungen für Flupentixol (TRUEMAN und VALENTINE 1974, HASLAM et al. 1975, KELLY et al. 1977, PINTO et al. 1979). Die EPMS-Rate wird allerdings auch mit bis zu 30% angegeben (CARNEY und SHEFFIELD 1973). Im Rahmen des AMÜP-Projektes wurden für stationär behandelte Patienten Absetz-UAW-Raten von 3,7 bis 9% gefunden, in etwa der Hälfte der Fälle wegen EPMS (GROHMANN et al. 1994). McCREADIE et al. (1987) berichteten, daß in einer kontrollierten Vergleichsstudie mit jeweils 20 mg pro die 78% der mit Pimozid und 8 % der mit Flupentixol behandelten 46 Schizophrenen Antiparkinson-Medikation benötigten. TRIMBLE und ROBERTSON (1983) beschrieben eine Korrelation zwischen EPMS und Flupentixol- sowie Prolaktinspiegel. COTES et al. (1978) fanden einen Prolaktinanstieg ca. 2 Wochen nach dem therapeutischen Effekt, im Einzelfall war der Prolaktinspiegel aber kein Prädiktor für das therapeutische Ansprechen auf Flupentixol.

TURBOTT und SMEETON (1984) berichteten über drei plötzliche Todesfälle infolge kardiopulmonalem Versagen bei körperlich gesunden jungen Patienten und Flupentixol. SILVERSTONE et al. (1988) stellten bei knapp 63% von N = 78 chronisch Schizophrenen unter Flupentixol-Decanoat Gewichtszunahme fest. FABIAN (1993) berichtete über einen Fall von Priapismus unter 18 mg Flupentixol pro die, welcher nach Dosisreduktion auf 12 mg nicht mehr auftrat.

Zur Behandlung akuter und chronischer schizophrener Psychosen wird Flupentixol üblicherweise zwischen 5 und 15 mg pro die dosiert. Flupentixol-Decanoat wird im Ab-

stand von 2–3 Wochen i.m. in einer Dosis von 20–40 mg (1–2 Ampullen) injiziert.

Flupentixol ist bei akuten Alkohol-, Analgetika- und Psychopharmakaintoxikationen sowie bei Kreislaufschock und Koma kontraindiziert.

Zuclopenthixol

Abbildung 6.3.1 gibt eine Übersicht über die bei N = 488 mit Zuclopenthixol behandelten Patienten aufgetretenen unerwünschten Arzneimittelwirkungen.

Zu den häufigsten extrapyramidal-motorischen Nebenwirkungen zählen mit einer Inzidenz von bis zu 30% Rigidität und Tremor. Dystonien treten mit der Häufigkeit von 2–21%, EPMS bei Depot-Gabe analog

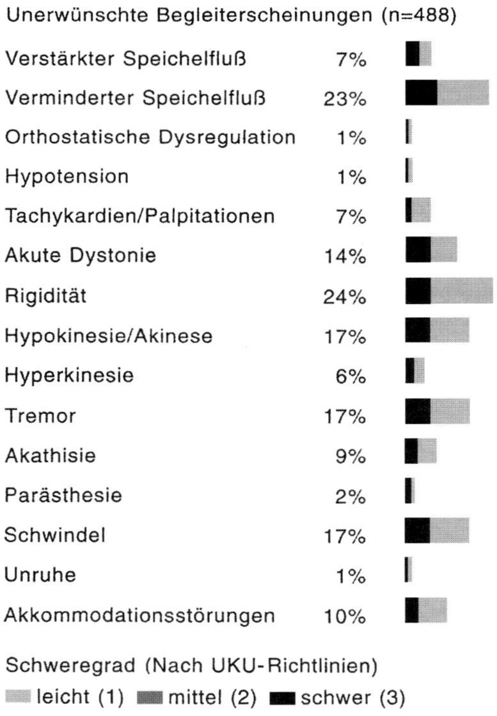

Unerwünschte Begleiterscheinungen (n=488)

Verstärkter Speichelfluß	7%
Verminderter Speichelfluß	23%
Orthostatische Dysregulation	1%
Hypotension	1%
Tachykardien/Palpitationen	7%
Akute Dystonie	14%
Rigidität	24%
Hypokinesie/Akinese	17%
Hyperkinesie	6%
Tremor	17%
Akathisie	9%
Parästhesie	2%
Schwindel	17%
Unruhe	1%
Akkommodationsstörungen	10%

Schweregrad (Nach UKU-Richtlinien)
leicht (1) mittel (2) schwer (3)

Abb. 6.3.1. Unerwünschte Arzneimittelwirkungen bei N = 488 mit Zuclopenthixol behandelten Patienten

zu Haloperidol Decanoat in insgesamt 5–40% der Behandlungsfälle auf. Ca. ein Drittel der Patienten benötigt Parkinsonmittel (LOWERT et al. 1989, WISTEDT et al. 1991). Neben der oftmals erwünschten Sedierung können anticholinerge Nebenwirkungen sowie Nausea auftreten, auch über Gewichtszunahme wurde berichtet (MANN et al. 1985). KEMPERMAN (1989) beschrieb bei einer 33jährigen Patientin ein malignes neuroleptisches Syndrom.

In einigen Studien wies Zuclopenthixol im Vergleich zu der Referenzsubstanz (Haloperidol, Perphenazin, Fluphenazin) geringere EPMS (z. B. Akathisie) auf. Von VAN HEMERT et al. (1995) wurde der Fall eines rezidivierenden Priapismus unter Zuclopenthixol Decanoat beschrieben. Insbesondere zu Behandlungsbeginn können orthostatische Hypotonie, Tachykardie sowie EKG-Veränderungen auftreten. Pigmenteinlagerungen sowie allergische Hautreaktionen und Photosensibilität sind ebenso wie passagere Leberfunktionsstörungen und Blutzellschäden möglich.

Zuclopenthixol ist bei akuten Alkohol-, Schlafmittel-, Analgetika- und Psychopharmakaintoxikationen, Kreislaufschock, Koma und Störungen des hämatopoetischen Systems kontraindiziert.

Literatur

AAES-JØRGENSON T, WISTEDT B, KOSKINEN T, THELANDER S et al. (1991) Zuclopenthixol decanoate and haloperidol decanoate in chronic schizophrenia. Serum levels during maintenance treatment. Psychopharmacol 103: 14

AHLFORS UG, DENCKER SJ, GRAVEM A, REMVIG J (1980) Clopenthixol decanoate and perphenazine enanthate in schizophrenic patients. Acta Psychiatr Scand 61: 77–91

AMIDSEN A, AAES-JØRGENSEN T, THOMSEN HJ, MADSEN VT, NIELSEN MS (1986) Serum concentrations and clinical effect of zuclopenthixol in acutely disturbed, psychotic patients treated with zuclopenthixolacetate in viscoleo. Psychopharmacology 90: 412–416

BAASTRUP PC, ALHFORS UG, BJERKENSTEDT L, DENCKER SJ et al. (1993) A controlled Nordic multicenter study of zuclopenthixol acetate in oil solution, haloperidol and zuclopenthixol in the treatment of acute psychosis. Acta Psychiatr Scand 87: 48–58

BANDELOW B, MÜLLER P, GAEBEL W, LINDEN M et al. (1992) Depressive syndromes in schizophrenic patients under neuroleptic therapy. Eur Arch Psychiatry Clin Neurosci 241: 291–295

BJERUM H, ALLERUP P, THUNEDBORG K, JAKOBSEN K et al. (1992) Treatment of generalized anxiety disorder: comparison of a new beta-blocking drug (CGP-361-A), low-dose neuroleptic (Flupentixol) and placebo. Pharmacopsychiatry 25: 229–232

BOBON D, DEBLEEKER E (1989) Zuclopenthixol acetate and haloperidol in acute psychotic patients. A randomized multicentre study. ECNP Congress, Gothenburg

BRADLEY PB, HIRSCH SR (1986) The psychopharmacological and somatic treatment of schizophrenia. Oxford University Press

BUDDE G (1992) Efficacy and tolerability of flupenthixol decanoate in the treatment of depression and psychosomatic disorder: a multicentre trial. Prog Neuropsychopharmacol Biol Psychiatry 16: 677–689

CARNEY MWP, SHEFFIELD BF (1973) The long-term maintenance treatment of schizophrenic outpatients with depot flupenthixol. Curr Med Res Opin 1: 423

CESAREC Z, EBERHARD G, NORDGREN L (1974) A controlled study of the antipsychotic and sedative effects of neuroleptic drugs and amphetamine in chronic schizophrenics. Acta Psychiatr Scand 249: 65–77

CHOUINARD G, SAFADI G, BEAUCLAIR L (1994) A double-blind controlled study of intramuscular zuclopenthixol acetate and liquid oral haloperidol in the treatment of schizophrenic patients with acute exacerbation. J Clin Psychopharmacol 16: 377–384

CHOWDHURY MEH, CHACON C (1980) Depot fluphenazine and flupenthixol in the treatment of stabilized schizophrenics: a double-blind comparative trial. Compr Psychiatry 21: 135–139

COLD JA, WELLS BG, FROEMMING JJ (1990) Seizures activity associated with antipsychotic therapy. Ann Psychother 24: 601–606

COTES MP, CROW TJ, JOHNSTONE EC, BARTLETT W et al. (1978) Neuroendocrine changes in acute schizophrenia as a function of clinical state and neuroleptic medication. Psychol Med Lond 8: 657–665

DAVIS JM, CASPER R (1978) Antipsychotic drugs: clinical pharmacology and therapeutic use. Drugs 14: 260–282

DEHNEL LL, VESTRE ND, SCHIELE BC (1968) A controlled comparison of clopenthixol and perphenazine in a chronic schizophrenic population. Curr Ther Res 10: 169–176

DENCKER SJ, MALM UA, JOERGENSEN A, OVEROE KF (1980) Clopenthixol and flupenthixol depot preparations in outpatient schizophrenics. Acta Psychiatr Scand 61 [Suppl 279]: 55–63

EBERHARD G, HELLBOM E (1986) Haloperidol decanoate and flupenthixol decanoate in schizophrenia. A long-term double blind cross-over comparison. Acta Psychiatr Scand 74: 255–262

FABIAN JL (1993) Psychotropic medications and priapism. Am J Psychiatry 150: 349–350

FENSBO C (1990) Zuclopenthixolacetate, haloperidol and zuclopenthixol in the treatment of acutely psychotic patients – a controlled multicentre study. Nord Psykiatr Tidsskr 44: 295–297

FUGLUM E, SCHILLINGER A, ANDERSEN JB et al. (1989) Zuclopenthixol and haloperidol/levomepromazine in the treatment of elderly patients with symptoms of aggressiveness and agitation: a double-blind multicentre study. Pharmatherapeutica 5: 285–291

GAWIN FH, ALLEN D, HUMBLESTONE B (1989) Outpatient treatment of „crack" cocaine smoking with flupenthixol decanoate. Arch Gen Psychiatry 46: 322–325

GERLACH J, KRAMP P, KRISTJANSEN P, LAURITSEN B et al. (1975) Peroral and parenteral administration of longacting neuroleptics: a double-blind study of penfluridol compared to flupenthixol decanoate in the treatment of schizophrenia. Acta Psychiatr Scand 52: 132

GÖTESSTAM KG, LJUNGHALL S, OLSSON B (1981) A double-blind comparison of the effects of haloperidol and cis (Z)-clopenthixol in senile dementia. Acta Psychiatr Scand [Suppl 294] 64: 46–53

GOULIAEV G, LICHT RW, VESTERGAARD P, MERINDER L et al. (1996) Treatment of manic episodes: zuclopenthixol and clonazepam versus lithium and clonazepam. Acta Psychiatr Scand 93: 199–242

GRAVEM A, ELGEN K (1981) Cis (Z)-clopenthixol. The neuroleptically active isomers of clopenthixol. A presentation of five double-blind clinical investigations and other studies with cis (Z)-clopenthixol (Cisordinol, Clopixol). Acta Psychiatr Scand [Suppl 294] 64: 5–12

GROHMANN R, RÜTHER E, SCHMIDT LG (Hrsg) (1994) Unerwünschte Wirkungen von Psychopharmaka. Ergebnisse der AMÜP-Studie. Springer, Berlin Heidelberg New York Tokyo

GRUBER AJ, COLE JO (1991) Antidepressant effects of flupentixol. Pharmacotherapy 11: 450–459

HARENKO A, ALANEN I, ELOVAARA S, GINSTROM S et al. (1992) Zuclopenthixol and thioridazine in the treatment of aggressive, elderly patients: a double-blind, controlled multicentre study. Int J Geriatr Psychiatry 7: 369–375

HASLAM MT, BROMHAM BM, SCHIFF AA (1975) A comparative trial of fluphenazine decanoate and flupenthixol decanoate. Acta Psychiatr Scand 51: 92–100

HEIKKILÄ L, LAITINEN J, VARTIAINEN H (1981) Cis (Z)-clopenthixol and haloperidol in chronic schizophrenic patients – a double-blind clinical multicenter investigation. Acta Psychiatr Scand [Suppl 294] 64: 30–38

HEIKKILAE L, ELIANDER H, VARTIAINEN H et al. (1992) Zuclopenthixol and haloperidol in patients with acute psychotic states. A double-blind, multi-centre study. Curr Med Res Opin 12: 594–603

HUTTUNEN MO, PIEPPONEN T, RANTANEN H, LARMO I et al. (1995) Risperidone versus zuclopenthixol in the treatment of acute schizophrenic episodes: a double-blind parallel-group trial. Acta Psychiatr Scand 91: 217–277

JANN MW, ERESHEFSKY L, SAKLAD SR (1985) Clinical pharmacokinetics of the depot antipsychotics. Clin Pharmacokinet 10: 315–333

JOHNSON DA, MALIK NA (1975) A double-blind comparison of fluphenazine decanoate and flupenthixol decanoate in the treatment of acute schizophrenia. Acta Psychiatr Scand 51: 257–267

JØRGENSEN A, AAES-JØRGENSEN T, GRAVEM A, AMTHOR KF et al. (1987) Zuclopenthixoldecanoate in schizophrenia: serum levels and clinical state. Psychopharmacology 87: 364–367

KARSTEN D, KIVIMÄKI T, LINNA SL, POLLARI L, TURUNEN S (1981) Neuroleptic treatment of oligophrenic patients. A double-clinical multicenter trial of cis (Z)-clopenthixol and haloperidol. Acta Psychiatr Scand [Suppl 294] 64: 39–45

KELLY HB, FREEMAN HL, BANNING B, SCHIFF AA (1977) Clinical and social comparison of fluphenazine decanoate and flupenthixol decanoate in the community maintenance therapy of schizophrenia. Int Pharmacopsychiat 12: 54–70

KEMPERMAN CJF (1989) Zuclopenthixol-induced neuroleptic malignant syndrome at rechallenge and its extrapyramidal effects. Br J Psychiatry 154: 562–563

KISSLING W, MÖLLER HJ, BÄUML J, DIETZFELBINGER TH et al. (1990) Fluanxol Depot 10% versus Haloperidoldecanoat – Dosierung und Applikationsintervalle. In: MÜLLER-OERLINGHAUSEN B, MÖLLER HJ, RÜTHER E (Hrsg) Thioxanthene. Springer, Berlin Heidelberg New York Tokyo, S 199–207

KNIGHTS A, OKASHA MS, SALIH M, HIRSCH SR (1979) Depressive and extrapyramidal symptoms and clinical effects: a trial of fluphenazine versus flupenthixol in maintenance of schizophrenic outpatients. Br J Psychiatry 135: 515–524

KÖNIG P, SEIFERT TH, EBERHARDT G (1986) Findings with cis-Z-clopenthixol in the treatment of acute mania and schizophrenia. Pharmacopsychiat 19: 424–428

KUTCHER S, PAPATHEODOROU G, REITER S et al. (1995) The successful pharmacological treatment of adolescents and young adults with borderline personality disorder: a preliminary open trial with flupenthixol. J Psychiatry Neurosci 20: 113–118

LANDA L, BREIVIK H, HUSEBO S et al. (1984) Beneficial effects of flupenthixol on cancer pain patients. Pain 2: 253

LOWERT AC, RASMUSSEN EM, HOLM R et al. (1989) Acute psychotic disorders treated with 5% zuclopenthixol acetate in "Viscoleo", a global assessment of clinical effect: an open multicentre study. Pharmatherapeutica 5: 380–386

MAIR M, SCHWITZER H, NOWAK H, SCHIFFERLE L et al. (1985) Akutsedierung mit Zuclopenthixol-Acetat in Viscoleo bei Exazerbationen chronisch schizophrener Psychosen. Neuropsychiatrie 3: 32–35

MALT UF, NYSTAD R, BACHE T, NOREN O et al. (1995) Effectiveness of zuclopenthixol compared with haloperidol in the treatment of behavioral disturbanced in learning disabled patients. Br J Psychiatry 166: 374–377

MANN BS, MOSLEHUDDIN KS, OWEN RT et al. (1985) A clinical assessment of zuclopenthixol dihydrochloride in the treatment of psychotic illness. Pharmatherapeutica 4: 387–392

MCCREADIE GR (1979) High dose flupenthixol decanoate in chronic schizophrenia. Br J Psychiatry 135: 175–179

MCCREADIE GR, WILES DH, MOORE JW, GRANT SM et al. (1987) The Scottish first episode schizophrenia study. 1. Patient identification and categorisation. 2. Treatment: Pimozide versus flupenthixol. 3. Cognitive performance. 4. Psychiatric and social impact on relatives. Br J Psychiatr 150: 331–344

MÜLLER-OERLINGHAUSEN B, MÖLLER H-J, RÜTHER E (Hrsg) (1990) Thioxanthene in der neuroleptischen Behandlung. Springer, Berlin Heidelberg New York Tokyo

MÜLLER-SPAHN F, DIETERLE D, KURTZ G, RÜTHER E (1990) Vergleichende Anwendung von cis(Z)-Clopenthixol und Haloperidol bei Patienten mit akuten schizophrenen Psychosen. In: MÜLLER-OERLINGHAUSEN B, MÖLLER HJ, RÜTHER E (Hrsg) Thioxanthene. Springer, Berlin Heidelberg New York Tokyo, S 115–121

NÁHUNEK K, SVESZKA J, RODOVÁ A (1970) Comparison of the therapeutic effect of flupenthixol and perphenazine in schizophrenia. Activ Nerv Sup 12: 247–248

NAPOLITANO C, PRIORI SG, SCHWARTZ PJ (1994) Torsade de pointes. Mechanisms and management. Drugs 47: 51–65

NASH O, RYDENHAG A (1993) A case report. Torsades de pointes caused by overdose of thioridazine. Lakartidningen 90: 3677–3678, 3681

NOLDEN WA (1983) Dopamine and mania. The effects of trans-and cis-clopenthixol in a double-blind pilot study. J Affect Disord 5: 91–96

NYGAARD H, BAKKE K, BRUDVIK E, LIEN GK et al. (1987) Zuclopenthixol and melperon in the treatment of elderly patients: a double-blind, controlled, multi-center study. Pharmatherapeutica 5: 152–158

NYGAARD HA, FUGLUM E, ELGEN K (1992) Zuclopenthixol, melperone and haloperidol/levomepromazine in the elderly. Meta-analysis of two double-blind trials at 15 nursing homes in Norway. Curr Med Res Opin 12: 615–622

PARENT M, TOUSSAINT C (1983) Flupenthixol versus haloperidol in acute psychosis. Pharmatherapeutica 3: 354–364

PINTO R, BANJERJEE A, GHOSH N (1979) A double-blind comparison of flupenthixol decanoate and fluphenazine decanoate in the treatment of chronic schizophrenia. Acta Psychiatr Scand 60: 313–322

PÖLDINGER W, SIEBERNS S (1983) Depression-inducing and antidepressive effects of neuroleptics: experience with flupentixol and flupentixol decanoate. Depressiogene und antidepressive Wirkungen der Neuroleptika: Erfahrungen mit Flupentixol und Flupentixol Decanoat. Neuropsychobiology 10: 131–136

Porot M, Aubin B, Charbonnier et al. (1984) Etude multicentrique controllee du cis (Z)-clopenthixol centre haloperidol chez les patients schizophreniques. Act Psychiatr 14: 165–175

Ravn J, Scharff A, Aaskoven O (1980) 20 Jahre Erfahrungen mit Chlorprothixen. Pharmakopsychiat 13: 34–40

Remvig J, Larsen H, Rask P, Skausig OB et al. (1987) Zuclopenthixol and perphenazine in patients with acute psychotic states. A double blind multicentre study. Pharmacopsychiat 20: 147–154

Rimon R, Kampman R, Laru-Sompa R, Heikkilä L (1985) Serum and cerebrospinal fluid prolactin pattern during neuroleptic treatment in schizophrenic patients. Pharmacopsychiat 18: 252–254

Saxena B, Maccrimmon D, Busse E, Syrotuik J et al. (1988) Clopenthixol decanoate and fluphenazine decanoate in the maintenance treatment of chronic schizophrenia – a double-blind study. Psychopharmacology 96 [Suppl]: 205

Silverstone T, Smith G, Goodall E (1988) Prevalence of obesity in patients receiving depot antipsychotics. Br J Psychiatry 153: 214–217

Solgaard T, Kistrup K, Aaes-Jørgensen T, Gerlach J (1994) Zuclopenthixol decanoate in maintenance treatment of schizophrenic outpatients. Minimum effective dose and corresponding serum levels. Pharmacopsychiat 27: 119–123

Soyka M, Sand P (1995) Successful treatment with flupenthixol decanoate of a patient with both schizophrenia and alcoholism. Pharmacopsychiatry 28: 64–65

Tegeler J (1985) A comparative trial of CIS (Z)-clopenthixol-decanoate and fluphenazine-decanoate. Pharmacopsychiatry 18: 78–79

Trimble MP, Robertson MM (1983) Flupenthixol in depression. A study of serum levels and prolactin response. J Affect Disord 5: 81–89

Trueman HR, Valentine MG (1974) Flupentixol decanoate in schizophrenia. Br J Psychiatry 124: 58

Turbott J, Smeeton WMI (1984) Sudden death and flupenthixol decanoate. Aust NZ J Psychiatry 18: 91–94

Van Hemert AM, Meinhardt W, Moehadjir D, Kropman RF (1995) Recurrent priapism as a side effect of zuclopenthixol decanoate. Int Clin Psychopharmacol 10: 199–200

Wistedt B, Ranta J (1983) Comparative double-blind study of flupenthixol decanoate and fluphenazine decanoate in the treatment of patients relapsing in a schizophrenic symptomatology. Acta Psychiatr Scand 67: 378–388

Wistedt B, Koshinen T, Thelander S et al. (1991) Zuclopenthixoldecanoate and haloperidol decanoate in chronic schizophrenia: a double-blind multicenter study. Acta Psychiatr Scand 84: 14–21

Neuro-Psychopharmaka, Bd. 4, 2. Aufl.
Riederer P. / Laux G. / Pöldinger W. (Hrsg.)
© Springer-Verlag Wien 1998

7
Butyrophenone und strukturanaloge Verbindungen

7.1 Pharmakokinetik der Butyrophenone und Diphenylbutylpiperidine

K. Heininger

Trotz einer ähnlichen chemischen Grundstruktur und eines demzufolge ähnlichen Metabolismus verhalten sich die einzelnen Butyrophenone und Diphenylbutylpiperidine bezüglich Adsorption, Verteilung und Elimination sehr unterschiedlich, weitgehend bedingt durch unterschiedlich lipophile Eigenschaften.

7.1.1 Applikation und Adsorption

Beide Substanzklassen werden meist oral verabreicht. Bei der akuten Intervention werden die Substanzen teilweise auch intravenös und intramuskulär, in der Langzeitanwendung von Depotpräparaten auch intramuskulär gegeben.
Die orale Bioverfügbarkeit der Butyrophenone ist, soweit gemessen, mit rund 60% relativ hoch. Aus dem Vergleich von Untersuchungen an Gesunden und Patienten läßt sich bei Patienten jedoch eventuell eine geringere Bioverfügbarkeit von Haloperidol ableiten (60–65% gegenüber 38%; BREYER-PFAFF 1987). Diphenylbutylpiperidine werden als hoch lipophile Substanzen im gastrointestinalen System nur langsam emulgiert und resorbiert und unterliegen deshalb einem deutlich höheren first-pass-Metabolismus. Nur 10% der resorbierten Substanz von radioaktiv markiertem Penfluridol war danach der Ausgangssubstanz zuzuordnen (MIGDALOF et al. 1979). Die interindividuellen Unterschiede der Bioverfügbarkeit sind groß, als Ausdruck sowohl einer genetisch bedingten unterschiedlichen Ausstattung mit verstoffwechselnden Enzymen als auch von Umweltfaktoren. Maximale Plasmaspiegel werden für die oralen Diphenylbutylpiperidine erst nach etwa 8 Stunden, für die Butyrophenone mit 2–6 Stunden deutlich früher erreicht (s. Tabelle 7.1.1).
Pharmakokinetisches Charakteristikum der Depotneuroleptika ist die verzögerte Frei-

Tabelle 7.1.1. Pharmakokinetische Grunddaten der Butyrophenone und Diphenylbutylpiperidine (modifiziert nach Jørgensen 1986)

Substanz	Max. Konz. nach oraler Gabe (h)	$t^{1}/_{2}$ (h)	orale Bioverfügbarkeit (%)	Verteilungsvolumen (l/kg)	Syst. Clearrance l/min	Eiweißbindung (%)	Literatur
Butyrophenone							
Haloperidol	3–6	14–20	60	18	1,0	91–92	Forsman und Öhman (1976)
Benperidol	3	7	65	5			Furlanut et al. (1988)
Bromperidol	4–5	22					Tischio et al. (1982)
Droperidol		2,2		15–18			Cressmann et al. (1973)
Melperon	2	3–4	60	8	2		Borgström et al. (1982)
Diphenylbutylpiperidine							
Penfluridol	8	135				98	Cooper et al. (1975)
Pimozid	8	53					McCreadie et al. (1979)

setzung aus dem intramuskulären Depot. Im Gegensatz zu den übrigen, durch Veresterung mit langkettigen Fettsäuren retardierten Depotneuroleptika, wird das extrem lipophile Fluspirilen als Kristallsuspension intramuskulär injiziert (Vranckx-Haenen et al. 1979). Die aus dem Ester abgespaltenen Butyrophenone erreichen maximale Plasmaspiegel nach etwa einer Woche, bei Fluspirilen dauert es nur 4 bis 8 Stunden (Tabelle 7.1.2).

7.1.2 Bindung und Verteilung

Das scheinbare Verteilungsvolumen als Maß der Pharmakonkonzentration im Plasma im Verhältnis zum Gesamtorganismus ist sehr hoch für die Butyrophenone und besagt z. B. für Haloperidol, daß die Konzentration im Plasma nur $^{1}/_{18}$ der durchschnittlichen Konzentration im Körper beträgt. Die

Substanzkonzentrationskurven im Plasma lassen sich entweder als Multikompartment – (Haloperidol, Bromperidol) oder als Zweikompartment – (Droperidol, Melperon) Modell beschreiben. Insbesondere bei Diphenylbutylpiperidinen gibt es Hinweise, daß ein tiefes Kompartment (z. B. Fettgewebe) etwa Penfluridol sehr langsam aufnimmt und bei Langzeitbehandlung die Pharmakokinetik durch Verlängerung der biologischen Halbwertszeit beeinflußt (Heykants 1978). Auch bei Haloperidol könnte eine signifikante Verlängerung der Eliminationshalbwertszeit nach chronischer Gabe ähnliche Ursachen haben (Khot et al. 1993).

Die Neuroleptika sind im Plasma in hohem Maße an Proteine gebunden. Haloperidol liegt im Plasma zu etwa 92% gebunden an Albumin und α_1-saures Glykoprotein vor. Aufgrund ihrer hohen Lipophilie weisen Diphenylbutylpiperidine noch höhere Werte auf; für Penfluridol betrug der gebundene

Tabelle 7.1.2. Pharmakokinetische Grunddaten der Butyrophenon- und Diphenylbutylpiperidin-Depotneuroleptika (modifiziert nach Jann et al. 1985 und Jørgensen 1986)

Substanz	Max. Plasmakonz. nach (Tage)	Freisetzungshalbwertszeit nach wiederholter Applikation	Steady-state	Max./Min. Verhältnis	Literatur
Haloperidol-decanoat	3–9	21 Tage	3 Monate	2	Reyntijens et al. (1982)
Bromperidol-decanoat	7	24 Tage	3 Monate	2	El-Assra et al. (1983)
Fluspirilen	0,2–0,4	2–8 Tage	1–4 Wochen	4–5	Dahl (1990)

Anteil 98% (Migdalof et al. 1979). Auch der ungebundene Anteil von Haloperidol kann interindividuell bis um den Faktor 3 differieren (Tang et al. 1984). Da nur der freie Anteil des Pharmakons über die Blut-Hirn-Schranke in das Hirnparenchym übertreten kann, ist diese Variable von großer pharmakologischer Bedeutung, insbesondere für Korrelationsuntersuchungen von Substanzkonzentrationen und klinischer Wirksamkeit. Die Bestimmung des freien Substanzanteils ist technisch aufwendig; daher geht man neuerdings dazu über, den damit im Gleichgewicht stehenden Substanzspiegel in Erythrozyten als Surrogatparameter zu bestimmen.

Mit modernen bildgebenden Verfahren lassen sich cerebrale Neuroleptikakonzentrationen in vivo untersuchen. So fanden sich 4% der gesamten verabreichten Haloperidol-Dosis im Gehirn von Schizophrenen, in vivo gemessen mittels Positronen-Emissions-Tomographie (Schlyer et al. 1992).

7.1.3 Metabolismus

Die metabolischen Abbauwege sind für beide Substanzklassen sehr ähnlich (Jørgensen 1986). Der Hauptabbauweg führt über eine oxidative N-Dealkylierung, die zwei pharmakologisch inaktive Bruchstücke hinterläßt (Abb. 7.1.1 und 7.1.2). Eines der beiden Bruchstücke scheint nicht weiter verstoffwechselt zu werden, während das andere durch β-Oxidation zu dem jeweiligen Azetat umgewandelt wird, das wie auch das Butyrat konjugiert wird.

Die Butyrophenone werden darüberhinaus an der Carbonylgruppe zu aliphatischen Alkoholen reduziert. Diese Reaktion wird in der Leber und in peripheren Geweben durch eine Keton Reduktase katalysiert. Die Umwandlung ist reversibel, das Gleichgewicht liegt aber weitgehend auf Seiten der reduzierten Substanz (Chang et al. 1991). Die Oxidation wird durch Cytochrom P450 2D6 geleistet. Entsprechend haben langsame Metabolisierer höhere Hydroxyhaldol-Konzentrationen als schnelle Metabolisierer (Llerena et al. 1992b). Auch interethnische Unterschiede scheinen zu bestehen (Balant-Gorgia und Balant 1993). Das Verhältnis ist nichtlinear, der Anteil der reduzierten Form nimmt mit der Dosis und Konzentration der Muttersubstanz sowie der Dauer der Therapie relativ zu. Insgesamt lassen sich die erheblichen interindividuellen Unterschiede im Verhältnis von reduziertem Haloperidol zur Ausgangssubstanz als Funktion des Reduktions-Oxidationsgleichgewichtes und der Aktivität des N-Dealkylierungsschrittes beschreiben (Lam et al. 1992) Der Anteil von Hydroxyhaloperidol an der neuroleptischen Wirkung von Haloperidol ist umstritten. Reduziertes Haloperidol hat selbst nur eine geringe Affinität zum Dopamin D_2-Rezeptor, zeigt aber in vivo etwa

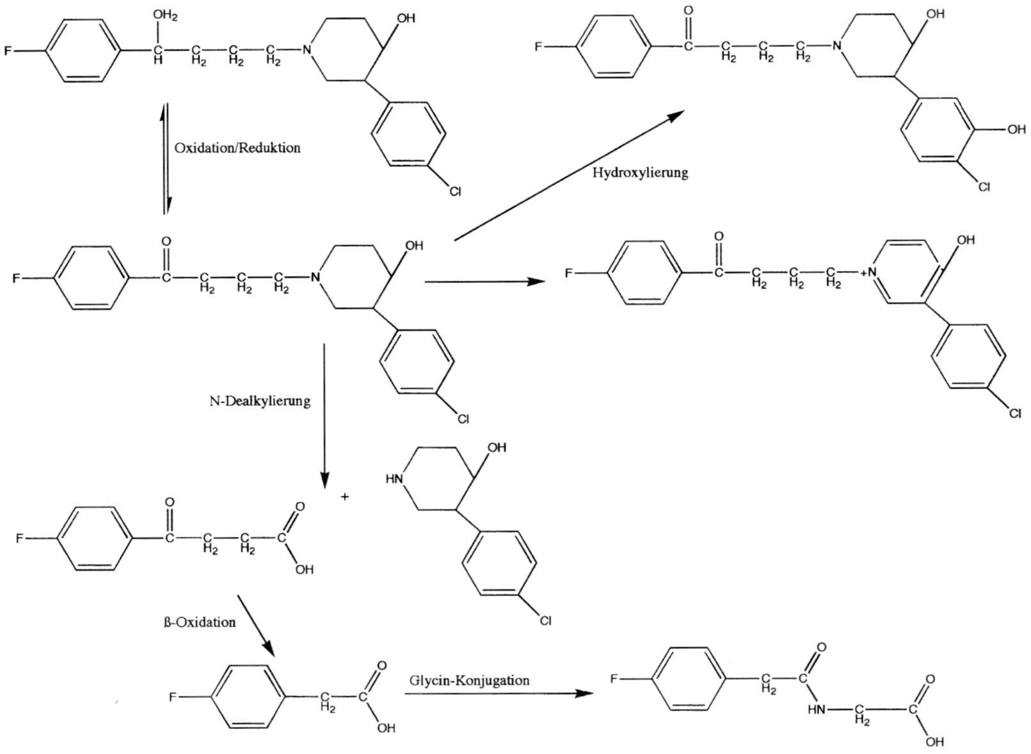

Abb. 7.1.1. Hauptstoffwechselwege von Haloperidol

25% der pharmakologischen Aktivität von Haloperidol, was möglicherweise mit der Rückumwandlung in Haloperidol zu erklären ist (KIRCH et al. 1985). Das pharmakokinetische Phänomen könnte auch für den klinischen Alltag Bedeutung haben (CHANG 1992): Ein hoher Hydroxyhaloperidol/Haloperidol Quotient korrelierte mit einem schlechteren klinischen Ansprechen auf eine Haloperidoltherapie (ERESHEFSKY et al. 1984, BAREGGI et al. 1990), was aber in anderen Studien nicht bestätigt werden konnte (DODDI et al. 1994).

Spezielles Interesse hat in jüngster Zeit ein Seitenabbauweg von Haloperidol gefunden. Dieser führt in einer von Cytochrom P450 3A4 katalysierten Reaktion (USUKI et al. 1996) über eine Dehydrierung des Piperidin-Rings zu einem Pyridinium-Metaboliten

(HPP+). Diese Verbindung ist strukturell verwandt mit MPP+, das aus MPTP gebildet wird und bei Labortieren und Menschen eine Degeneration nigrostriataler Neurone und M. Parkinson-ähnliche Syndrome induziert. HPP+ konnte im Harn von mit Haloperidol behandelten Schizophrenen nachgewiesen werden (SUBRAMANYAM et al. 1991) und war neurotoxisch in vitro und in vivo (FANG et al. 1996). Über einen kausalen Zusammenhang mit extrapyramidalen Spätfolgen einer Haloperidol-Therapie kann derzeit nur spekuliert werden.

7.1.4 Elimination

Durch die vorwiegend hepatische Verstoffwechslung werden die Substanzen in pola-

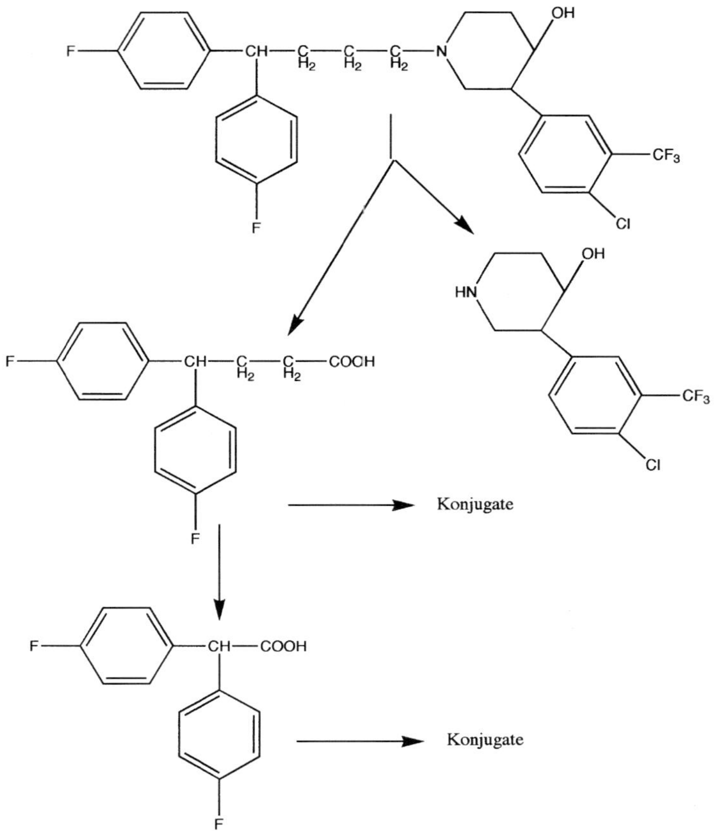

Abb. 7.1.2. Hauptstoffwechselwege von Penfluridol

rere Metaboliten umgewandelt, die über Niere und Galle ausgeschieden werden. Somit bestimmt die Kinetik der chemischen Umsetzungsreaktion das Eliminationsverhalten der Substanz. Wegen des großen scheinbaren Verteilungsvolumens wird pro Zeiteinheit nur ein geringer Teil der Pharmaka der Leber zugeführt, so daß trotz der hohen Clearence relativ lange Halbwertszeiten erreicht werden. Die durchweg längere Verweildauer der Diphenylbutylpiperidine hängt demnach in erster Linie von ihrer höheren Lipophilie, und einer entsprechend geringeren Disposition (hohe Bindung an Plasmaproteine, hohes Verteilungsvolumen) ab.

Pharmakokinetische Charakteristika sowie insbesondere der Metabolismus hängen ei-

nerseits von substanzeigenen (Lipophilie, Vorhandensein reaktiver Zentren, Konformation) wie andererseits von wirtseigenen Variablen ab. In den letzten Jahren hat sich ein neuer Forschungszweig, die Pharmakogenetik etabliert, die sich mit den genetischen Determinanten der wirtseigenen Verstoffwechslungsaktivität beschäftigt. Von besonderem Interesse ist der genetische Polymorphismus, eine genetisch bedingte, autosomal rezessiv vererbte, verminderte Ausstattung mit stoffwechselaktivem Cytochrom P450, das in verschiedenen Unterformen oxidative Reaktionen katalysiert. 5 bis 10% der kaukasischen Bevölkerung sind als langsame Metabolisierer anzusehen. Langsame Metabolisierer verstoffwechseln Haloperidol deutlich langsamer als schnelle Metabolisierer mit der Folge einer deutlich verminderten Clearance (1,2 gegenüber 2,5 L/h/kg) und verlängerten Eliminationshalbwertszeit (29 gegenüber 16 Stunden) (LLERENA et al. 1992a). Bei langsamen Metabolisierern stellen sich bei gleicher verabreichter Dosis folglich auch Steady-state Bedingungen später und bei höheren Plasmaspiegeln ein. In klinischer Hinsicht trägt die Population der genetisch oder phänotypisch (pharmakologisch bedingten, s. Kapitel Interaktionen) langsamen Metabolisierer bei gebräuchlichen Dosen ein höheres Risiko der „Überdosierung" und der unerwünschten Wirkungen. Diesem Problem versucht man mit dem Konzept der Testdosis zu begegnen: aus dem Plasmaspiegelverlauf nach Gabe einer Testdosis wird auf den metabolischen Status des Patienten geschlossen und er wird auf eine individuelle Dosis zur Erreichung einer Plasmazielkonzentration eingestellt (MILLER et al. 1990).

Bei den Depotneuroleptika wird die Eliminationsrate durch die Freisetzungsrate aus dem Depot als geschwindigkeitsbestimmenden Schritt kontrolliert (etwa 3 Wochen für Butyrophenon-Depotneuroleptika, Tabelle 7.1.2) und damit auch die Zeit bis zum Erreichen von Steady-state-Bedingungen (etwa 3 Monate), was aber z. B. bei Haloperidol-decanoat interindividuell zwischen 8 und 44 Wochen erheblich streuen kann (WILES et al. 1990). Nach Absetzen von Haloperidoldecanoat waren noch nach 13 Wochen meßbare Plasmaspiegel von Haloperidol und reduziertem Haloperidol nachzuweisen (CHANG et al. 1993).

Literatur

BALANT-GORGIA AE, BALANT LP (1993) Psychotropic drug metabolism and clinical monitoring. In: GRAM LF, BALANT LP, MELTZER HY, DAHL SG (eds) Clinical pharmacology in psychiatry. Springer, Berlin Heidelberg New York Tokyo, pp 212–229

BAREGGI SR, MAURI M, CAVALLARO R, REGAZZETTI MG, MORO AR (1990) Factors affecting the clinical response to haloperidol therapy in schizophrenia. Clin Neuropharmacol 13 [Suppl]: S29–S34

BORGSTRÖM L, LARSSON H, MOLANDER L (1982) Pharmacokinetics of parenteral and oral melperone in man. Eur J Clin Pharmacol 23: 173–176

BREYER-PFAFF U (1987) Klinische Pharmakokinetik der Neuroleptika: Ergebnisse und Probleme. In: PICHOT P, MÖLLER H-J (Hrsg) Neuroleptika. Springer, Berlin Heidelberg New York Tokyo, S 37–46

CHANG WH (1992) Reduced haloperidol: a factor in determining the therapeutic benefit of haloperidol treatment? Psychopharmacology 106: 289–296

CHANG WH, LIN SK, JANN MW (1991) Interconversions between haloperidol and reduced haloperidol in schizophrenic patients and guinea pigs: a steady-state study. J Clin Psychopharmacol 11: 99-105

CHANG WH, LIN SK, JUANG DJ, CHEN LC, YANG CH, HU WH, CHIEN CP, LAM YW, JANN MW (1993) Prolonged haloperidol and reduced haloperidol plasma concentrations after decanoate withdrawal. Schizophr Res 9: 35–40

COOPER SF, DUGAL R, ALBERT J-M, BERTRAND M (1975) Clin Pharmacol Ther 18: 325

CRESSMAN WA, PLOSTNIEKS J, JOHNSON PC (1973) Absorption, metabolism, and excretion of droperidol by human subjects following intramuscular and intravenous administration. Anesthesiology 38: 363–369

CRESSMAN WA, BIANCHINE JR, SLOTNICK VB, JOHNSON PC, PLOSTNIEKS J (1974) Plasma level profile of haloperidol in man following intramuscular administration. Eur J Clin Pharmacol 7: 99–103

DAHL SG (1990) Pharmakokinetik der Neuroleptika. In: MÜLLER-OERLINGHAUSEN B, MÖLLER HJ, RÜTHER E (Hrsg) Thioxanthene in der neuroleptischen Behandlung. Springer, Berlin Heidelberg New York Tokyo, S 25–33

DODDI S, RIFKIN A, KARAJGI B, COOPER T, BORENSTEIN M (1994) Blood levels of haloperidol and clinical outcome in schizophrenia. J Clin Psychopharmacol 14: 187–195

EL-ASSRA A, EL-SOBKY A, KAYE N, BLAIN PG, WILES DH, HAJIOFF J, GOULD SE (1983) The change from oral to depot neuroleptics in chronic schizophrenia. Clinical response and plasma levels after treatment with bromperidol or fluphenazine decanoate. Janssen Res Rep

ERESHEFSKY L, DAVIS CM, HARRINGTON CA (1984) Haloperidol and reduced haloperidol plasma levels in selected schizophrenic patients. J Clin Psychopharmacol 4: 138–142

FANG J, LAI CT, YU PH (1996) Neurotoxic effect of 4-(4-chlorophenyl)-1-(4-(4-fluorophenyl)-4-oxobutyl)-pyridinium (HP+), a major metabolite of haloperidol, in the dopaminergic system in vitro and in vivo. Biogen Amines 12: 125–134

FORSMAN A, ÖHMAN R (1976) Pharmacokinetic studies on haloperidol in man. Curr Ther Res 20: 319–336

FURLANUT M, BENETELLO P, PEROSA A, COLOMBO G, GALLO F, FORGIONE A (1988) Pharmacokinetics of benperidol in volunteers after oral administration. Int J Clin Pharm Res 8: 13–16

HEYKANTS JJP (1978) Symposium on Trends in Modern Psychopharmacology and Psychiatry, Copenhagen, p 23

JANN MW, ERESHEFSKY L, SAKLAD SR (1985) Clinical pharmacokinetics of the depot antipsychotics. Clin Pharmacokinet 10: 315–333

JØRGENSEN A (1986) Metabolism and pharmacokinetics of antipsychotic drugs. In: BRIDGES JW, CHASSEAUD LF (eds) Progress in drug metabolism, vol 9. Taylor & Francis, London, pp 111–174

KIRCH DG, PALMER MR, EGAN M (1985) Electrophysiological interactions between haloperidol and reduced haloperidol, and dopamine, norepinephrine and phencyclidine in rat brain. Neuropharmacology 24: 375–379

KHOT V, DEVANE CL, KORPI ER, VENABLE D, BIGELOW LB, WYATT RJ, KIRCH DG (1993) The assessment and clinical implications of haloperidol acute-dose, steady-state, and withdrawal pharmacokinetics. J Clin Psychopharmacol 13: 120–127

LAM YWF, CHANG WH, JANN MW, CHEN H (1992) Interindividual variabilities in haloperidol interconversion and the reduced haloperidol/haloperidol ratio. Neuropsychopharmacol 7: 33–39

LLERENA A, ALM C, DAHL ML, EKQVIST B, BERTILSSON L (1992a) Haloperidol disposition is dependent on debrisoquine hydroxylation phenotype. Ther Drug Monit 14: 92–97

LLERENA A, DAHL ML, EKQVIST B, BERTILSSON L (1992b) Haloperidol disposition is dependent on the debrisoquine hydroxylation phenotype: increased plasma levels of the reduced metabolite in poor metabolizers. Ther Drug Monit 14: 261–264

MCCREADIE RG, HEYKANTS JJP, CHALMERS A, ANDERSON AM (1979) Br J Clin Pharmacol 7: 533

MIGDALOF BH, GRINDEL JM, HEYKANTS JJP, JANSSEN PAJ (1979) Penfluridol: a neuroleptic drug designed for long duration of action. Drug Metabol Rev 9: 281–299

MILLER DD, PERRY PJ, KELLY MW, CORYELL WH, ARNDT SV (1990) Pharmacokinetic protocol for predicting plasma haloperidol concentrations. J Clin Psychopharmacol 10: 207–212

REYNTIJENS AJM, HEYKANTS JJP, WOESTENBORGHS RJH, GELDERS YG, AERTS TJL (1982) Pharmacokinetics of haloperidol decanoate. Int Pharmacopsychiatry 17: 238–246

SCHLYER DJ, VOLKOW ND, FOWLER JS, WOLF AP, SHIUE CY, DEWEY SL, BENDRIEM B, LOGAN J, RAULLI R, HITZEMANN R (1992) Regional distribution and kinetics of haloperidol binding in human brain: a PET study with (18F) haloperidol. Synapse 11: 10–19

SUBRAMANYAM B, POND SM, EYLES DW, WHITEFORD HA, FOUDA HG, CASTAGNOLI N (1991) Identification of potentially neurotoxic pyridinium metabolite in the urine of schizophrenic patients treated with haloperidol. Biochem Biophys Res Commun 181: 573–578

TANG SW, GLAISTER J, DAVIDSON L, TOTH R, JEFFRIES JJ, SEEMAN (1984) Total and free plasma neuroleptic levels in schizophrenic patients. Psychiatr Res 13: 285–293

TISCHIO J, CHAIKIN B, ABRAMS L, HETYEI N, PATRICK J, WEINTRAUB H, COLLINS D, CHASIN M, WESSON D, ABUZZAHAB F (1982) Comparative bioavailability and pharmacokinetics of bromperidol in schizophrenic patients following oral administration. J Clin Pharmacol 22: 16a

USUKI E, PEARCE R, PARKINSON A, CASTAGNOLI N (1996) Studies on the conversion of haloperidol and its tetrahydropyridine dehydration product to potentially neurotoxic pyridinium metabolites by human liver microsomes. Chem Res Toxicol 9: 800–806

VRANCKX-HAENEN J, DE MUNTER W, HEYKANTS J (1979) Fluspirilen administered in a biweekly dose for the prevention of relapses in chronic schizophrenics. Acta Psychiatr Belg 79: 459–474

WILES DH, MCCREADIE RG, WHITEHEAD A (1990) Pharmacokinetics of haloperidol and fluphenazine decanoates in chronic schizophrenia. Psychopharmacology 101: 274–281

7.2 Pharmakologie und Neurobiochemie

A. Klimke und W. Gaebel

Die Synthese der Butyrophenone durch P. JANSSEN erfolgte ursprünglich in der Absicht, neue narkotische Analgetika mit verbesserter Wirksamkeit zu entwickeln (NIEMEGEERS 1988). Durch systematische Modifikation des Pethidins wurden verschiedene Butyrophenone synthetisiert, die aus Sicht der seinerzeit gebräuchlichen tierexperimentellen Untersuchungsverfahren eine Besonderheit aufwiesen.

Hierbei handelte es sich zum einen um die Untersuchung des **Pupillendurchmessers** mittels einer Meßlupe. Zum anderen wurde die Latenz bis zum Auftreten einer sog. **„Leckreaktion"** (die der Kühlung der erwärmten Pfoten der Maus dient) auf einer 55° C warmen Platte bestimmt. Opiatanalgetika und Anticholinergika beeinflussen beide auf charakteristische Weise die Pupillenweite, wobei aber nur die Analgetika eine hemmende Wirkung auf die Leckreaktion haben. Die Butyrophenone zeigten hingegen keinen Einfluß auf die Pupillenweite (als Hinweis auf eine fehlende Opiatwirkung), hemmten aber trotzdem die Leckreaktion, die bis dahin als reines Suchverfahren für potentielle Analgetika angesehen worden war (NIEMEGEER 1988).

Dieses Wirkprofil entsprach demjenigen des Chlorpromazins, das als Referenzsubstanz des ersten klinisch eingeführten Neuroleptikums vorlag. Haloperidol wurde als 45. Butyrophenon von B. HERMANS im Jahre 1958 synthetisiert, bereits 2 Monate später bei psychomotorischer Erregung und bei Psychosen klinisch geprüft, und im Jahre 1959 in den Handel gebracht. Anekdotisch ist übrigens erwähnenswert, daß in den USA die antipsychotische Wirksamkeit des Haloperidols zunächst skeptisch gesehen wur-

de, nachdem dort an 30 akuten und chronischen psychotischen Patienten nur 9 Besserungen gefunden werden konnten, während extrapyramidal-motorische Symptome aber bei 12 Patienten deutlich hervortraten (DENBER et al. 1959). In der Folgezeit wurden von JANSSEN eine ganze Reihe weiterer Butyrophenon-Derivate synthetisiert und in einer Reihe von tierexperimentellen Paradigmen eingehend charakterisiert (JANSSEN et al. 1965a, b, 1966, 1967).

Von der Vielzahl der unterschiedlichen Butyrophenone wurde nur ein Teil zur antipsychotischen Behandlung zur Zulassung gebracht, einige sind inzwischen nicht mehr verfügbar oder werden, wie das **Droperidol** in der Kombination mit einem Opiat bei der Neuroleptanalgesie, in nicht-psychiatrischer Indikation eingesetzt. Andere Substanzen wurden klinisch nicht eingeführt, sind aber Referenz in tierexperimentellen Studien (z. B. **Spiperon**) bzw. werden in markierter Form als PET-Liganden eingesetzt (z. B. ^{11}C- bzw. ^{18}F-N-**Methylspiperon**).

Dem **Haloperidol** in Wirkeigenschaften, Rezeptorbindungsprofil und Nebenwirkungen weitgehend vergleichbar sind zunächst die hochpotenten Butyrophenone **Bromperidol**, **Benperidol** und **Trifluperidol**. Auch die strukturell ähnlichen substituierten Diphenylbutylpiperidine **Pimozid** und **Fluspirilen** sind den hochpotenten Neuroleptika zuzurechnen, wobei sie zusätzlich einen ausgeprägten Calcium-Antagonismus aufweisen. **Pipamperon** bzw. **Melperon** als niedrigpotente Butyrophenone haben hingegen nur schwache neuroleptische Wirkungen und zeichnen sich vor allem durch ihre sedative und schlafordernde Wirkung aus.

Pharmakologie

Die Suche nach dem Wirkprinzip der Neuroleptika hat die Erforschung der unterschiedlichen Dopaminrezeptor-Subtypen wesentlich stimuliert. Bereits sehr früh wurde von verschiedenen Autoren vermutet, daß eine wesentliche Eigenschaft der Neuroleptika die Blockade dopaminerger Rezeptoren ist (CARLSSON und LINDQUIST 1963), und hierüber die eigentliche antipsychotische Wirkung vermittelt werden könnte.

Weitere pharmakologische Untersuchungen führten zur Unterscheidung des positiv an die Adenylatzyklase gekoppelten **D_1-Rezeptors** vom nicht bzw. negativ gekoppelten **D_2-Rezeptor** (COOLS und VAN ROSSUM 1976, KEBABIAN und CALNE 1979). Neurere molekularbiologische Befunde berichten über fünf unterschiedliche Dopaminrezeptor-Gene (D_1–D_5) und eine Reihe von Isoformen (z. B. $D2_{short}$ bzw. $D2_{long}$). Dabei

entspricht der D_1- bzw. D_5-Rezeptor dem früheren D_1-artigen Rezeptorsubtyp, während die D_2, D_3 und D_4-Rezeptoren eine zweite, pharmakologisch D_2-artige Rezeptorklasse darstellen (CIVELLI et al. 1991).

Die pharmakologischen Profile der Butyrophenone im Hinblick auf die neu beschriebenen Dopaminrezeptorsubtypen wurden bisher nur teilweise bestimmt. Die Daten unterschiedlicher Untersucher differieren zum Teil, wobei auch die jeweilige Methodik (z. B. Untersuchung von Rezeptoren an striatalen Gewebeschnitten oder Synaptosomen versus exprimierte Rezeptorsysteme in Säugetier-Zellkulturen; Natriumkonzentration) eine wesentliche Rolle spielt (MALMBERG et al. 1993, FREEDMAN et al. 1994).

Benperidol, Haloperidol, Bromperidol und Trifluperidol antagonisieren von den Dopaminrezeptoren vor allem den D_2-Rezeptor. Die Affinität des Haloperidols zum D_3-Rezeptor ist etwa 5–8 mal und die zum D_1 bzw. D_5-Rezeptor um den Faktor 10–50 geringer als zum D_2-Rezeptor (SEEMAN und VAN TOL 1994). Eine ausgeprägte Blockade des D_2-Rezeptors besteht auch bei anderen hoch-

Tabelle 7.2.1. Rezeptorbindungsprofile der klinisch gebräuchlichen Butyrophenone und substituierten Diphenylbutylpiperidine (modifiziert nach LEYSEN et al. 1993)

Substanz	Rezeptorbindungsprofil
Benperidol	D_2 [0,31] > **$5HT_2$** [1,0] > D_3 > α_1 > $5HT_{1A}$ >> H_1
Halperidol	σ, D_2 [1,2] > α_1 > D_3, 5-HT_2 [27] >> D_1
Bromperidol	σ, D_2 [1,2] > α_1 > D_3, 5-HT_2 [39] >> D_1
Trifluperidol	D_2 [1,5] > α_1 > σ, **$5HT_2$** [3,8] > D_3 >> H_1, 5-HT_{1C}, $5HT_{1A}$
Pimozid	D_2 [1,2], D_3 > **$5HT_2$** [6] > α_1 > $5HT_{1A}$, σ > 5-HT_{1C}
Fluspirilen	D_3, D_2 [1,5] > **$5HT_2$** [3,4] >> $5HT_{1A}$ > σ, α_1, H_1 > D_1
Melperon	σ [1,4] >> **$5HT_2$** [40] > α > D_2 [210], H_1 > D_3
Pipamperon	**$5HT_2$** [1,0] >> σ, α_1, D_2 [98], $5HT_{1C}$ > D_3

D_1, D_2, D_3 Dopaminrezeptor-Subtypen; *$5HT_{1A}$, $5HT_{1C}$, $5HT_2$* Serotonin-Rezeptor-Subtypen; *α_1* Alpha1-Noradrenalin-Rezeptor; σ Sigma-Rezeptor; *H_1* Histamin-Rezeptor-Subtyp; Zahlenwerte in eckigen Klammern geben die K_i-Werte in nM an; > Quotient der Affinitäten der aufeinanderfolgenden Rezeptoren größer 2; >> Quotient der Rezeptoraffinitäten größer 10. Die Rezeptorwirkungen mit potentieller therapeutischer Relevanz sind durch Fettdruck hervorgehoben

potenten Butyrophenonen, z. B. beim Pimozid (SCHWARTZ et al. 1993). Pimozid und Fluspirilen blockieren D_2- und D_3-Rezeptor etwa gleich, und ähneln insofern dem Profil vieler substituierter Benzamide wie Sulpirid oder Amisulprid. Zur Antagonisierung des D_4-Rezeptors liegen nur unvollständige Daten vor. Pimozid antagonisiert den D_4-Rezeptor etwa viermal geringer als den D_2- bzw. D_3-Rezeptor, bei Haloperidol beträgt der Vergleichsfaktor etwa 5–8 (SOKOLOFF et al. 1992).

Haloperidol antagonisiert etwa um den Faktor 10 geringer als D_2-Rezeptoren auch noradrenerge α_1-Rezeptoren. Beim Melperon ist der α_1- bzw. der 5-HT_2-Serotoninrezeptor-Antagonismus hingegen um den Faktor 10 ausgeprägter als der Dopaminantagonismus. Benperidol und Trifluperidol blockieren in höherer Dosis auch serotonerge 5-HT_2-Rezeptoren, deren Bedeutung für die Behandlung schizophrener Minussymptomatik diskutiert wird.

Pipamperon ist ein ausgeprägter 5-HT_2-Serotoninrezeptor-Antagonist mit gleichfalls nur geringer dopaminantagonistischer Wirkung. Es ähnelt hinsichtlich des hohen 5-HT_2/D_2-Rezeptorbindungsquotienten dem Bensisoxazolderivat Risperidon, wird aber wegen seiner ausgeprägten sedativen Wirkung zur antipsychotischen Behandlung als Monotherapie praktisch nicht eingesetzt.

Haloperidol, Bromperidol und Melperon zeichnen sich weiterhin durch einen ausgeprägten σ-Opioid-Rezeptor-Antagonismus aus. Neuere Befunde deuten darauf hin, daß das σ-System funktionell die opiatvermittelte Analgesie hemmt (CHIEN und PASTERNAK 1994), während für entsprechende σ-Rezeptorliganden bisher keine antipsychotische Wirksamkeit nachgewiesen werden konnte (GEWIRTZ et al. 1994). Der σ-Antagonismus könnte für die synergistische Wirkung bei der Neuroleptanalgesie eine Rolle spielen.

Verhaltensexperimentelle Befunde

Zu Beginn der Neuroleptika-Ära wurden eine Reihe unterschiedlicher tierexperimenteller Paradigmen entwickelt, um die klinische Wirksamkeit neu entwickelter Substanzen vorherzusagen. Über 64 unterschiedliche Neuroleptika einschließlich mehrerer

Butyrophenone wurden z. B. von PAUL JANSSEN und Mitarbeitern in verschiedensten Tiermodellen geprüft.

Hierzu zählten bei der Ratte u. a. die Induktion von **Katalepsie** bzw. einer **Ptosis**, die Prüfung der Antagonisierung von **Apomorphin-induziertem Zwangsnagen**, der Verlust des **konditionierten Vermeidungsverhaltens** („jumping box"), die **Gewichtszunahme** bei Ratten nach zeitweiligem Nahrungsentzug, das **Explorationsverhalten** im „open field"-Test, die Antagonisierung der **Noradrenalin-Toxizität** bzw. (serotonerg vermittelter) **Myoklonien** nach Tryptamingabe sowie die Erhöhung der **Streßtoleranz** (JANSSEN et al. 1965a). Beim Hund kam noch die Untersuchung des Antagonismus gegenüber Apomorphin-induzierter **Emesis** hinzu (JANSSEN et al. 1965b). Die Untersuchungen zum konditionierten Vermeidungsverhalten wurden auf eine Reihe weiterer Neuroleptika ausgeweitet (JANSSEN et al. 1966). Der Antagonismus gegenüber Apomorphin bzw. Amphetamin wurde hinsichtlich der Verhaltensbeobachtung weiter in motorische Komponenten (z. B. **Stereotypien** versus **Antriebssteigerung**) differenziert (JANSSEN et al. 1967). Die in neuerer Zeit aufgestellte Hypothese, daß das Wirkungsprofil sog. „atypischer" Neuroleptika (s. auch Kap. 8.2 in diesem Buch) auf einem besonders hohen Quotienten zwischen antiserotonerger (5-HT_2-Rezeptor) und antidopaminerger Aktivität (D_2-Rezeptor) beruhe, führte zu einer erneuten Untersuchung vieler Neuroleptika. Das pharmakologisch bestimmte Affinitätsprofil (ausgedrückt als 5-HT_2/D_2-Rezeptor-Quotient) zeigt eine gute Korrelation zum verhaltensexperimentellen Paradigma (ausgedrückt als Quotient der antagonistisch wirksamen Konzentrationen nach Verabreichung von Tryptamin- bzw. Apomorphin; JANSSEN et al. 1994).

Die hochpotenten Butyrophenone zeigen in den dopaminabhängigen Paradigmen alle einen sehr deutlichen antidopaminergen Effekt. Vor allem das Haloperidol wurde in unterschiedlichsten tierexperimentellen Paradigmen bis heute sehr eingehend charakterisiert, während zur Pharmakologie der anderen Butyrophenone vor allem ältere Daten vorliegen.

Haloperidol und das strukturell und pharmakologisch sehr ähnliche **Bromperidol** antagonisieren bei der Ratte Apomorphin- bzw- Amphetamin-induzierte Stereotypien und Antriebssteigerung (NIEMEGEERS und JANSSEN 1974), hemmen konditionierte Reaktionen und vermindern erlernte intrakranielle Selbststimulation, wobei höhere Dosen zu Katalepsie führen (STILLE und LAUENER 1971). Bei Hunden antagonisieren beide Substanzen Apomorphin-induziertes Erbrechen und hemmen gleichfalls das konditioniertes Vermeidungsverhalten (Übersicht zu Bromperidol bei BENFIELD et al. 1988). **Haloperidol** induziert bereits nach einmaliger hochdosierter Gabe bei der Maus eine Rezeptorsupersensitivität, die mittels einer Steigerung des Kletterverhaltens nach Apomorphingabe nachgewiesen werden kann (MASUDA et al. 1991).

Trifluperidol zeigt im Tierexperiment in sehr niedrigen Dosen interessanterweise einen aktivierenden Effekt mit gesteigertem Explorationsverhalten (JANSSEN 1962), der sich beim Haloperidol nur in geringem Maße findet. In höherer Dosierung entspricht das Trifluperidol weitgehend dem Haloperidol. Trifluperidol zeigt in verschiedenen tierexperimentellen Paradigmen (Apomorphin- bzw. Amphetamin-Antagonismus, konditioniertes Vermeidungsverhalten) eine 1,5–2fach stärkere Wirkung als Haloperidol. Auch das **Benperidol** zeigt im Hinblick auf den Antagonismus gegenüber Dopaminagonisten im Vergleich zum Haloperidol eine deutlich stärkere Wirkung. In höherer Dosierung, die zur Induktion von Katalepsie führt, besitzen Trifluperidol und Benperidol gegenüber dem Haloperidol einen deutlicheren Antagonismus für die Noradrenalin-Toxizität (JANSSEN et al. 1965a).

Pimozid ähnelt in seinen pharmakologischen Charakteristika dem Haloperidol (Übersicht bei PINDER et al. 1976). Der Wirkungseintritt ist jedoch bei einer Reihe von Tests (Induktion von Katalepsie bzw. Ptosis, Hemmung konditionierten Vermeidungsverhaltens bzw. intrakranieller Selbststimulation) langsamer, die Wirkungsdauer länger. Pimozid führt bei jungen Tieren zu einer mäßigen Reduktion der Nahrungsaufnahme und reduziert dadurch die Gewichtszunahme. Die antagonistische Wirkung auf die Toxizität von Noradrenalin ist noch geringer als diejenige von Haloperidol oder Chlorpromazin.

Fluspirilen, das als wäßrige mikrokristalline Lösung intramuskulär verabreicht wird (Übersicht bei AYD 1989), zeigt hinsichtlich Katalepsie und Ptosis gleichfalls einen langsamen Wirkungseintritt, der nach Einmalapplikation etwa 10 Stunden anhält. Die Ptosis-induzierende Wirkung ist deutlich schwächer ausgeprägt als der kataleptogene Effekt. Die maximale Wirkung auf Amphetamin-induzierte Stereotypien und Antriebssteigerung tritt erst am 2. oder 3. Tag nach der einmaligen Injektion ein und hält bei höheren Dosierungen etwa 1 Woche an. Fluspirilen zeigt keinerlei protektive Wirkung gegenüber der Noradrenalin-Toxizität (JANSSEN et al. 1970).

Melperon induziert als niederpotentes Butyrophenon bei längerer Behandlung im Tierexperiment, im Gegensatz zu Haloperidol, keine Dopamin-Rezeptor-Hypersensitivität (CHRISTENSSON 1989). Es kommt in einem mittleren Dosisbereich lediglich zu einer transienten, atypischen kataleptogenen Reaktion, die bei höherer Dosis wieder verschwindet. Melperon blockiert zuverlässig die Apomorphin-induzierte Antriebssteigerung (potentielles Korrelat einer limbischen Dopamin-Überaktivität), wirkt aber erst in deutlich höherer Dosis auf Apomorphin-induzierte Stereotypien (CHRISTENSSON 1989).

Pipamperon zeigt nahezu keine Wirkung auf Apomorphin-induzierte Stereotypien, hat eine sehr geringe kataleptogene Aktivität und antagonisiert in relativ niedrigeren Dosen (allerdings immer noch um den Faktor 100 höher als Haloperidol) Amphetamin-induzierte induzierte Stereotypien, wobei sich im gleichen Dosisbereich auch deutliche antiserotonerge Effekte zeigen (JANSSEN et al. 1965a).

Zusammengefaßt ist das tierexperimentelle Profil der hochpotenten Butyrophenonderivate relativ ähnlich. Unterschiede in der antidopaminergen Potenz können wahrscheinlich durch eine entsprechende Dosiswahl ausgeglichen werden. Bisher nicht geklärt ist, ob die Empfindlichkeitssteigerung dopaminerger Rezeptoren nach Haloperidol-Gabe die Effizienz der längerfristigen Behandlung bzw. des Therapieansprechens im Langzeitverlauf Bedeutung hat. Die calciumantagonistische Wirkung der substituierten Diphenylbutylpiperidine scheint für die Bewertung der potentiellen neuroleptischen Wirkung bzw. Nebenwirkungen keine besondere Rolle zu spielen. Die niederpotenten Butyrophenone entfalten nur in höherer Dosierung antidopaminerge Effekte, und werden in niedrigerer Dosierung vor allem wegen ihrer sedierenden bzw. schlafanstoßenden Wirkung eingesetzt.

Neurobiochemie

Von den Butyrophenonen ist hinsichtlich der neurobiochemischen Wirkungen **Haloperidol** die **tierexperimentell** am besten untersuchte Substanz. Dabei unterscheiden sich die Wirkungen nach einmaliger bzw. nach mehrfacher bzw. (sub-)chronischer Applikation. Aufgrund der Ähnlichkeit im Rezeptorbindungsprofil und in den tierexperimentellen Untersuchungen ist mit einer Übertragbarkeit der neurobiochemischen Befunde auch auf andere hochpotente Butyrophenone auszugehen.

Dopaminmetabolismus

Haloperidol steigert **nach akuter Gabe** bei der Ratte die synaptische Dopaminfreisetzung und den Dopaminmetabolismus, was sich in einer meßbaren Konzentrationserhöhung des Hauptmetaboliten Homovanillinsäure (HVA) ausdrückt. Dabei ist die Umsatzsteigerung stärker im nigrostriatalen System als im mesolimbischen Dopaminsystem ausgeprägt (BANNON et al. 1987, MOGHADDAM und BUNNEY 1990), findet sich aber auch im Prefrontalcortex und den Amygdala (MOGHADDAM und BUNNEY 1990, ESSIG und KILPATRICK 1991). Auch die Dopaminfreisetzung nach elektrischer Stimulation wird durch eine einmalige Haloperidol-Verabreichung bis zu 5fach gesteigert (WIEDEMANN et al. 1992).

Die Steigerung des Dopaminumsatzes ist eine kompensatorische Folge der Dopaminrezeptorblockade. Die Blockade der D_2-Rezeptoren im Striatum resultiert letztlich in einer Disinhibition dopaminerger Neurone im Mittelhirn. Auch die Blockade sog. Autorezeptoren vom D_2- bzw. D_3-Typ, die somatodendritisch und präsynaptisch auf den dopaminergen Nervenzellen selbst lokalisiert sind, und deren Bedeutung für die Behandlung schizophrener Psychosen wiederholt diskutiert wurde (Übersicht bei KLIMKE und KLIESER 1991), führt zu einer Steigerung der Dopaminfreisetzung.

Im Gegensatz zur Akutgabe hat Haloperidol bei **chronischer Verabreichung** über Tage bis Wochen auf die synaptische Dopaminfreisetzung im Präfrontalcortex und Striatum eher einen reduzierenden Effekt bei geringerem Einfluß auf den (limbischen) Nucleus accumbens (HERNANDEZ et al. 1990, YAMADA et al. 1991). Allerdings werden dauerhaft erhöhte Konzentrationen der Dopaminmetaboliten 3,4-Dihydrophenylessigsäure (DOPAC) und Homovanillinsäure (HVA) gemessen, die vorwiegend aus der präsynaptischen Metabolisierung nicht-freigesetzten Dopamins stammen (CHRAPUSTA et al. 1993).

Tierexperimentell findet sich bereits nach einwöchiger Behandlung mit Haloperidol eine elektrische Inaktivierung dopaminerger Neurone (BUNNEY und GRACE 1978), die im Sinne einer paradoxen Aktivierung durch den inhibitorischen Neurotransmitter GABA antagonisiert werden kann. Elektrophysiologisch liegt dieser Inaktivierung ein sog. Depolarisationsblock zugrunde, der als Folge einer dauernden kompensatorischen Überstimulation dopaminerger Neurone nach Haloperidol-Gabe aufgefaßt wird (GRACE und BUNNEY 1986).
Bei Vorbehandlung mit Haloperidol wird die elektrisch stimulierte Dopaminfreisetzung durch eine einmalige Haloperidol-Dosis über 30 Tage im Sinne einer Adaptation nicht mehr beeinflußt. Nach Absetzen kommt es hingegen noch nach 14 Tagen zu einer überschießenden Empfindlichkeit gegenüber einer Haloperidol-Challenge (WIEDEMANN et al. 1992). Vorbehandlung mit Haloperidol führt zu einer beträchtlichen Empfindlichkeitssteigerung von Dopaminrezeptoren, deren Stimulation präsynaptisch die Freisetzung von Glutamat im Striatum hemmt. Diese Rezeptor-Sensitivierung wird als eine mögliche Ursache später extrapyramidaler Hyperkinesen diskutiert (CALABRESI et al. 1992).

Die neurobiochemischen und elektrophysiologischen Effekte von Haloperidol beschreiben das **Profil eines klassischen Neuroleptikums** mit deutlicher Wirkung auch auf das nigrostriatale motorische System. Sog. atypische Substanzen (Prototyp: Clozapin) haben hingegen einen deutlicheren Effekt auf das mesolimbische und mesocorticale Dopaminsystem (MOGHADDAM und BUNNEY 1990). Regional unterschiedliche

Wirkungen auf den zerebralen Dopamin-umsatz sind charakteristisch für bestimmte Neuroleptika. So wird die extrazelluläre Dopaminkonzentration im Nucleus accumbens durch chronische Gabe von Halo-peridol erniedrigt, durch Clozapin nicht ver-ändert bzw. durch das niederpotente Buty-rophenon Melperon erhöht (ICHIKAWA und MELTZER 1992).

Wirkungen auf andere Neurotransmitter bzw. die Signaltransduktion

Haloperidol führt in höheren Dosierungen auch zu einem ausgeprägten Anstieg des **Neuroten-sin**-Gehalts in Nucleus accumbens, Caudatum und Substantia nigra (NEMEROFF et al. 1991). Der Gehalt von **Neuropeptid Y** steigt nach mehr-tägiger Haloperidol-Behandlung im lateralen Prefrontal-Cortex sowie im Locus coeruleus an (SMIALOWSKA und LEGUTKO 1992), während er im Caudatum und Putamen absinkt (MIYAKE et al. 1990). Chronische Behandlung mit Haloperidol, jedoch nicht mit Clozapin, steigert den **Met-Enkephalin**gehalt des Globus pallidus, was mit den extrapyramidal-motorischen Begleitwirkun-gen in Zusammenhang gebracht wird (AUCHUS und PICKEL 1992). Haloperidol erniedrigt den Gehalt an mRNA für **Cholezystokinin,** dessen Synthese unter dopaminerger Kontrolle steht (DING und MOCCHETTI 1992).
Haloperidol induziert relativ rasch und zum Teil nur vorübergehend die Bildung von **c-fos** und verwandten Proto-Onkogenen, die als „third messenger" als Indikatoren einer neuronalen Aktivitätssteigerung angesehen werden (MORGAN und CURRAN 1995), vor allem im dorsolateralen Striatum und Nucleus accumbens sowie im Gyrus cinguli (DILTS et al. 1993). Das atypische Neuroleptikum Clozapin hat keinen Effekt auf die Fos-Immunoreaktivität im Striatum, steigert aber die Expression im medialen Präfrontalcor-tex (ROBENSON und FIBIGER 1992).

Hormonale Effekte

Haloperidol bewirkt über die Blockade do-paminerger D$_2$-Rezeptoren im tuberoinfun-dibulären System bei der Ratte eine bis zu 40fache Steigerung der Prolaktin-Freiset-

zung, die auch bei chronischer Behandlung anhält (LYNCH und WOO 1991), und führt weiterhin über zentrale Mechanismen zu einer signifikanten Steigerung der Aldoste-ron- und Corticosteron-Produktion der Ne-bennierenrinde (GOEBEL et al. 1992).
Der Effekt von Melperon auf die Prolaktin-freisetzung entspricht in therapeutischer Dosierung derjenigen nach Haloperidol (etwa 10fache Erhöhung), ist aber bereits vier Stunden post injectionem nicht mehr nachweisbar, was von MELTZER et al. (1989) als möglicher Hinweis auf ein atypisches Wirkprofil (in Analogie zum Clozapin) dis-kutiert wurde.

Wirkungen auf neuronale Strukturen

Mehrwöchige Behandlung mit Haloperidol führt bei der Ratte zu einer 20–30%igen Ver-mehrung synaptischer Verbindungen im medialen Präfrontalcortex (KLINZOVA et al. 1990) und zu einem Anstieg sog. **perforier-ter Synapsen** im Caudatum (MESHUL et al. 1992). Ultrastrukturelle Untersuchungen nach Langzeitbehandlung mit Haloperidol über 1 Jahr zeigen eine signifikante Reduk-tion des Durchmessers **dendritischer Fortsätze** im medialen Präfrontalcortex, der eine Änderung des Verhältnisses exzitatori-scher und inhibitorischer Synapsen zugrun-deliegen könnte (VINCENT et al. 1991).
Zwar konnten Veränderungen der **fetalen Dopaminrezeptordichte** nach kurz- oder langfristiger Gabe an schwangeren Ratten nicht nachgewiesen werden (SCHMIDT und LEE 1991). Trotzdem gibt es Hinweise, daß höhere Dosen von Haloperidol in der Präna-talperiode die **Rezeptordichte für Ner-ven-Wachstumsfaktor** (NGF) reduzieren und so möglicherweise die neuronale Rei-fung beeinflussen (ALBERCH et al. 1991). Dabei zeigt sich vor allem in der mittleren Schwangerschaft bei Ratten eine verzögerte körperliche und zerebrale Entwicklung so-wohl nach Haloperidol (WILLIAMS et al. 1992) wie auch nach anderen Dopaminantagoni-

sten, z. B. Sulpirid oder dem D_1-Rezeptor-antagonisten SCH 23390 (HOLSON et al. 1994).

Humanexperimentelle Befunde

Besetzung zentraler Neurotransmitter-Rezeptoren

Durch moderne bildgebende Verfahren (insbesondere durch die Positronenemissions-Tomographie, PET) konnte gezeigt werden, daß die Butyrophenone auch beim Menschen zerebrale Dopamin-D_2-Rezeptoren blockieren. Bei gesunden Probanden zeigt sich bereits nach einer einmaligen oralen Haloperidol-Dosis zwischen 4 und 7,5 mg eine ausgeprägte und über 27 Stunden anhaltende Besetzung striataler **D_2-Rezeptoren** (NORDSTRØM et al. 1992).

NYBERG et al. (1995) demonstrierten auch unter depotneuroleptischer Behandlung mit 30–50 mg Haloperidol-Decanoat (i. m.) nach einer Woche eine mittlere D_2-Rezeptorbesetzung von 73%, die nach vier Wochen auf 52% abgesunken war. Auch unter 8 mg Pimozid (FARDE und NORDSTRØM 1992) bzw. Melperon (WIESEL et al. 1989) wurde in einer der Dopaminrezeptoraffinität entsprechenden höheren Dosis (250–300 mg/d über mehrere Wochen) eine entsprechende deutliche D_2-Rezeptorbesetzung von über 70% nachgewiesen.

Die Besetzung von **D_1-Rezeptoren** ist allerdings mit 3–5% unter Haloperidol deutlich geringer als unter Clozapin (38–63%) oder dem Thioxanthen-Derivat Flupentixol (36–44%; FARDE und NORDSTRØM 1992). Positronenemissionstomographische Untersuchungen von SEDVALL (1992) haben außerdem gezeigt, daß eine mangelnde Besetzung von striatalen Dopamin-D_2/D_3-Rezeptoren trotz ausreichender klinischer Dosierung in der Regel keine Rolle für ein Nichtansprechen auf die Neuroleptika-Behandlung spielt, d. h., auch Neuroleptika-Nonresponder haben in vielen Fällen eine striatale Dopamin-D_2/D_3-Rezeptorbesetzung von mehr als 60% (FARDE et al. 1992).

Auch eine weitere Dosissteigerung mit der Folge einer über 70% hinausgehenden Dopaminrezeptorbesetzung scheint nach diesen Befunden bei der Behandlung akuter Psychosen keine Verbesserung des therapeutischen Erfolgs zu erbringen; allerdings ist unter höherer Rezeptorbesetzung Häufigkeit und Schweregrad extrapyramidalmotorischer Nebenwirkungen deutlich größer (NORDSTRØM et al. 1993).

Regionaler Glukosestoffwechsel

BARTLETT et al. (1991) demonstrierten mittels PET einen Anstieg des relativen Metabolismus im Striatum nach Gabe von Haloperidol bei chronisch schizophrenen Patienten, sowie eine Reduktion im Präfrontalcortex. Dieser Befund steht in Übereinstimmung mit dem Befund, daß Dopamin tierexperimentell im Striatum eine überwiegend hemmende, bzw. im Frontalcortex eine funktionell aktivierende Wirkung hat. BUCHSBAUM et al. (1992) fanden bei unmedizierten schizophrenen Patienten eine niedrige striatale Glukose-Stoffwechselrate, die für ein gutes Ansprechen auf eine nachfolgende Behandlung mit Haloperidol prädiktiv war, d. h., Haloperidol erhöhte bzw. normalisierte den striatalen Glukosemetabolismus bei den Therapierespondern.

Dopaminmetabolismus

Die ganz überwiegende Zahl der Befunde zur Wirkung von Haloperidol auf den Dopaminmetabolismus wurde an schizophrenen Patienten erhoben, nur ein kleiner Teil auch an Gesunden.

MAGLIOZZI et al. (1993) berichten beim Gesunden über eine dosisabhängige Reduktion des Dopamin-Hauptmetaboliten, der Homovanillinsäure (HVA), im Plasma, die bereits nach Einmaldosis von 4 mg Haloperidol zu einer deutlichen Reduktion, nach 10 mg Haloperidol zu einer Halbierung der HVA-Konzentration führte. Auch LAMBERT et al. (1995) fanden bei gesunden Probanden nach intravenöser Haloperidol-Applikation eine Reduktion der corticalen Dopaminfreisetzung sowie einen Anstieg der corticalen und subcorticalen Noradrenalin-Freisetzung, die mittels Blutanalyse in der Vena jugularis interna kombiniert mit cerebraler Blutflußmessung bestimmt wurde.

Bei **schizophrenen Patienten** findet sich hingegen relativ konsistent nach Gabe von Haloperidol ein initialer HVA-Anstieg im Liquor, während die HVA-Konzentration im Plasma insbesondere bei den Therapierespondern absinkt (Übersicht bei DAVIS et al. 1991, DAVIDSON et al. 1991, MAAS et al. 1993). Nach Absetzen der Neuroleptika stellt ein Anstieg der HVA-Plasmakonzentration einen möglichen Prädiktor für das Wiederauftreten eines schizophrenen Rezidivs dar.

Hormonale Wirkungen

Einmalige Verabreichung von 3–10 mg Haloperidol führt zu einem signifikanten, dosisabhängigen Anstieg der Prolaktin-Freisetzung bei gesunden Probanden (DE KONING und DE VRIES 1995). Auch nach Einmalgabe von 6 mg Benperidol zeigt sich ein ausgeprägter Prolaktin-Anstieg, der erst nach 48 Stunden wieder auf die Ausgangswerte zurückkehrt (SEILER et al. 1994). Der Effekt von Melperon auf die Prolaktinfreisetzung entspricht in therapeutischer Dosierung derjenigen nach Haloperidol (etwa 10fache Erhöhung), ist aber bereits vier Stunden nach der Applikation nicht mehr nachweisbar, was von MELTZER et al. (1989) als möglicher Hinweis auf ein atypisches Wirkprofil (in Analogie zum Clozapin) diskutiert wurde.

Es wurde hypothetisiert, daß die Steigerung der Prolaktin-Freisetzung nach Haloperidol als Index der zentralen Dopaminrezeptor-Besetzung genutzt werden könnte (MARKIANOS et al. 1991). LIEBERMAN (1993) berichtete einen möglichen prädiktiven Wert des Prolaktin-Anstiegs nach einer neuroleptischen Einzeldosis für die Voraussage eines schizophrenen Rezidivs. Weiterhin fanden sich bei schizophrenen Patienten unter Langzeittherapie mit Haloperidol Hinweise auf einen möglichen inversen Zusammenhang zwischen Plasmaprolaktinspiegel und Ausprägungsgrad von Dyskinesien sowie Denkstörungen und

schizophrenen Minussymptomen (NEWCOMER et al. 1992).

Nach niedrigdosierter Haloperidol-Gabe (1–2 mg i. v.) ließ sich, im Gegensatz zu tierexperimentellen Befunden mit höheren Dosierungen, bei gesunden Probanden bzw. schizophrenen Patienten kein Anstieg der Aldosteron-Freisetzung nachweisen (WARNER et al. 1992). Es gibt aber Hinweise für ein vermindertes Ansprechen der Arginin-Vasopressin-Freisetzung auf osmotische Stimuli unter chronischer Neurolepsie, die möglicherweise den Mechanismus der Wasserintoxikation bei schizophrenen Patienten erklären könnte (KISHIMOTO et al. 1989).

Kognitive und psychologische Wirkungen

Alle Bemühungen, durch eine experimentelle Untersuchung beim Gesunden den antipsychotischen Wirkmechanismus der Neuroleptika weiter aufzuklären, haben bisher zu keinem zufriedenstellenden Ergebnis geführt. Auch die differenziertere Untersuchung kognitiver und motorischer Leistungen an gesunden Probanden erbrachte im Plazebovergleich erst in höherer Dosierung deutliche Veränderungen, die jedoch zum Teil auf die bekannten extrapyramidal-motorischen Nebenwirkungen zurückzuführen sind.

Hinsichtlich **kognitiver und psychomotorischer Funktionen** zeigt Haloperidol in niedriger Dosierung von 1 mg bei gesunden Probanden gegenüber Plazebo, und im Gegensatz zu Benzodiazepinen bzw. Anticholinergika wie Benzhexol, keine signifikante Verschlechterung und in einigen Testverfahren sogar eine aktivierende Wirkung (KING und HENRY 1992). JANKE und DEBUS (1972) fanden bei emotional labilen Versuchspersonen unter Haloperidol bzw. Pimozid (jeweils 1–2 mg) gegenüber Plazebo vor allem bei Haloperidol eine deutliche Interaktion zwischen der Substanzwirkung und dem Ausmaß der Leistungsanforderung. Bei geringer Leistungsanforderung riefen Haloperidol und Pimozid eine emotionale Stabilisierung und Stimmungsverbesserung mit einer leichten Leistungs-besserung in manchen Bereichen hervor. Unter hoher Leistungsanforderung zeigten sich keine Effekte oder sogar verminderte Leistungen. In höherer Dosierung reagieren Probanden durchweg empfindlicher als schizophrene Patienten mit subjektiv unerwünschten Wirkungen (z.B. Akathisie bzw. Dysphorie). Auch das Leistungsvermögen nimmt bei Dosierungen zwischen 3–10 mg Haloperidol ab (MAGLIOZZI et al. 1989, McCLELLAND et al. 1990).

Eine Einzeldosis von 3 mg Haloperidol zeigt, wie auch die Neuroleptika Sulpirid und Chlorpromazin, mit einem Maximum nach 2–4 Stunden bei gesunden Probanden charakteristische **EEG-Veränderungen**, die durch verstärkte langsame Aktivität im Delta- und Theta-Bereich, eine reduzierte Alpha-Aktivität sowie schnellere Betawellen gekennzeichnet ist (McCLELLAND et al. 1990). Bei gesunden Probanden konnte ein charakteristischer Effekt nach Gabe von 2 mg Haloperidol auf die **langsamen Augenfolge-Bewegungen** (smooth pursuit eye movements, SPEM) nachgewiesen werden (MALASPINA et al. 1994). Haloperidol führte zu einer Unterbrechung von Augenfolgebewegungen und induzierte ein Muster sakkadischer Intrusionen, das dem bei schizophrenen Patienten gefundenen ähnlich ist.

Zusammenfassung und Ausblick

Die hochpotenten Butyrophenone Haloperidol, Bromperidol, Trifluperidol und Benperidol sowie die substituierten Diphenylbutylpiperidine Pimozid und Fluspirilen weisen alle eine hohe antagonistische Affinität zur D_2-Dopaminrezeptorklasse auf, die sich auch in den gängigen tierexperimentellen Paradigmen zeigen läßt. Darüber hinaus gibt es rezeptorpharmakologisch substanzspezifische Unterschiede, die jedoch hinsichtlich Wirkungs- und Nebenwirkungsprofil gruppenstatistisch keine signifikante Rolle spielen. Sie könnten aber für das individuell bessere Ansprechen auf eine bestimmte Substanz im Einzelfall bedeutsam sein. So besitzen Trifluperidol und Benperidol im Rezeptorbindungsprofil einen mäßig ausgeprägten 5-HT_2-serotoninantagonistischen Effekt, der im Zusammenhang mit

einer besseren Wirkung auf schizophrene Minussymptomatik diskutiert wird. Pimozid und Fluspirilen zeigen auch zum D_3-Rezeptor eine deutliche Affinität, der vor allem mesolimbisch lokalisiert ist.

Die niederpotenten Butyrophenone Melperon und Dipiperon blockieren D_2-Rezeptoren hingegen erst in hoher Dosierung. Sie sind aufgrund ihrer anti-noradrenergen und antiserotonergen Wirksamkeit ausgeprägt sedativ wirksam und werden entsprechend syndrombezogen eingesetzt. Die Einordnung von Melperon als atypisches Neuroleptikum (aufgrund des geringeren Einflusses auf die Prolaktin-Freisetzung) konnte klinisch bisher nicht gesichert werden.

Die hochpotenten Butyrophenone blockieren auch bei oraler Gabe sehr rasch zentrale D_2-Rezeptoren und sind, auch aufgrund ihrer geringen Toxizität, zur Akutbehandlung psychotischer Syndrome bzw. schizophrener Psychosen besonders gut geeignet. Ein weiterer Vorteil ist die Möglichkeit der parenteralen Verabreichung, die bei neu entwickelten Präparaten (z. B. Risperidon) bisher nicht möglich ist. Hochpotente Butyrophenone weisen allerdings auch eine relativ hohe Inzidenz extrapyramidal-motorischer Störungen und einen anhaltenden Einfluß auf die Prolaktinfreisetzung auf. Ihr mittel- und längerfristiger Einsatz muß daher in besonderem Maße die individuelle Verträglichkeit berücksichtigen.

Von den Diphenylbutylpiperidinen hat sich das Pimozid, dessen Wirkung verzögert einsetzt und etwas länger anhält, vor allem in der oralen Rezidivprophylaxe schizophrener Psychosen etabliert. Der definitive Nachweis einer hypostasierten Wirkung auch auf schizophrene Minussymptomatik durch kontrollierte klinische Studien wurde bisher jedoch nicht geführt. Fluspirilen, das in einer mikrokristallinen Zubereitung als Depot-Neuroleptikum mit etwa einwöchiger Wirkdauer vorliegt, wird im Sinne einer niedrigdosierten Neuroleptikabehandlung insbesondere auch bei Angstsyndromen, leichteren depressiven Verstimmungen und psychovegetativen Spannungs- und Erschöpfungszuständen eingesetzt. Pharmakologisch besitzt es aber das typische Nebenwirkungsprofil eines hochpotenten Neuroleptikums, insbesondere das Risiko der Induktion später extrapyramidaler Hyperkinesen, was insbesondere bei der längerfristigen Behandlung nicht-schizophrener Erkrankungen kritisch gegen den therapeutischen Effekt abgewogen und bei der

Aufklärung der Patienten berücksichtigt werden muß.

Insgesamt stellen die Butyrophenone eine wichtige, und hinsichtlich ihrer pharmakologischen Wirkeigenschaften relativ gut untersuchte Substanzgruppe dar, von der erwartet werden kann, daß sie auch unter Berücksichtigung neu entwickelter neuroleptischer Substanzen einen definierten und gesicherten Platz in der psychopharmakologischen Standardtherapie behalten wird.

Literatur

ALBERCH J, BRITO B, NOTARIO V, CASTRO R (1991) Prenatal haloperidol treatment decreases nerve growth factor receptor and mRNA in neonate rat forebrain. Neurosci Lett 131 (2): 228–232

AUCHUS AP, PICKEL VM (1992) Quantitative light microscopic demonstration of increased pallidal and striatal met-5-enkephalin-like immunoreactivity in rats following chronic treatment with haloperidol but not with clozapine: implications for the pathogenesis of neuroleptic-induced movement disorders. Exp Neurol 117 (1): 17–27

AYD FJ JR (1989) Fluspirilene: a new long-acting injectable neuroleptic. In: AYD FJ (ed) 30 Years Janssen research in psychiatry. Ayd Medical Communications, Baltimore Maryland, pp 85–89

BANDELOW B, MÜLLER P, RÜTHER E (1991) 30 Jahre Erfahrung mit Haloperidol. Fortschr Neurol Psychiat 59: 297–321

BANNON MJ, FREEDMAN AS, CHIODO LA (1987) The electrophysiological and biochemical pharmacology of mesolimbic and mesocortical dopamine neurons. In: IVERSEN LI, IVERSEN LD, SNYDER SH (eds) Handbook of psychopharmacology. Plenum Press, New York, pp 329–374

BARTLETT EJ, WOLKIN A, BRODE JD, LASKA EM, WOLF AP, SANFILIPO M (1991) Importance of pharmacologic control in PET studies: effects of thiothixene and haloperidol on cerebral glucose utilization in chronic schizophrenia. Psychiatry Res: Neuroimaging 40: 115–24

BENFELD P, WARD A, CLARK BG, JUE SG (1988) Bromperidol. A preliminary review of its pharmacodynamic and pharmacokinetic proper-

ties, and therapeutic efficacy in psychoses. Drugs 35: 670–684

BUCHSBAUM MS, POTKIN SG, SIEGEL BV JR, LOHR J, KATZ M, GOTTSCHALK LA, GULASEKARAM B, MARSHALL JF, LOTTENBERG S, TENG CY (1992) Striatal metabolic rate and clinical response to neuroleptics in schizophrenia. Arch Gen Psychiatry 49 (12): 966–974

BUNNEY BS, GRACE AA (1978) Acute and chronic haloperidol treatment: comparison of effects on nigral dopaminergic cell activity. Life Sci 23: 1715–1728

CALABRESI P, DE MURTAS M, MERCURI NB, BERNARDI G (1992) Chronic neuroleptic treatment: D2 dopamine receptor supersensitivity and striatal glutamatergic transmission. Ann Neurol 31 (4): 366–373

CARLSSON A, LINDQUIST M (1963) Effect of chlorpromazin or haloperidol on formation of 3-methoxytyramin and normetanephrine in mouse brain. Acta Pharmacol (Copenh) 20: 140–144

CHIEN CC, PASTERNAK GW (1994) Selective antagonism of opioid analgesia by a sigma system. J Pharmacol Exp Ther 271 (3): 1583–1590

CHRAPUSTA SJ, KAROUM F, EGAN MF, WYATT RJ (1993) Haloperidol and clozapine increase intraneuronal dopamine metabolism, but not gamma-butyrolactone-resistant dopamine release. Eur J Pharmacol 233 (1): 135–142

CHRISTENSSON EG (1989) Pharmacological data of the atypical neuroleptic compound melperone (Buronil®). Acta Psychiatr Scand [Suppl] 352: 7–15

CIVELLI O, BUNZOW JR, GRANDY DK, ZHOU QY, VAN TOL HHM (1991) Molecular biology of the dopamine receptor. Eur J Pharmacol 207: 277–286

COOLS AR, VAN ROSSUM JM (1976) Excitation-mediating and inhibition-mediating dopamine-receptors: a new concept towards a better understanding of electrophysiological, biochemical, pharmacological, functional clinical data. Psychopharmacologia (Berl) 45: 243–254

DAVIDSON M, KAHN RS, KNOTT P, KAMINSKY R, COOPER M, DUMONT K, APTER S (1991) Effect of neuroleptic treatment on symptoms of schizophrenia and plasma homovanillic acid concentrations. Arch Gen Psychiatry 48: 910–913

DAVIS KL, KAHN RS, KO G, DAVIDSON M (1991) Dopamine and schizophrenia: a review and reformulation. Am J Psychiatry 148: 1474–1486

DE KONING P, DE VRIES MH (1995) A comparison of the neuro-endokrinological and temperature effects of DU 29894, flesinoxan, sulpiride and haloperidol in normal volunteers. Br J Clin Pharmacol 39 (1): 7–14

DENBER HCB, RAJOTTE P, KAUFFMAN D (1959) Problems in evaluation of R-1625. Am J Psychiatry 116: 356–357

DING XZ, MOCCHETTI I (1992) Dopaminergic regulation of cholezystokinin mRNA content in rat striatum. Brain Res Mol Brain Res 12 (1–3): 77–83

DILTS RO JR, HELTON TE, MCGINTY JF (1993) Selective induction of Fos and FRA immunoreactivity within the mesolimbic and mesostriatal dopamine terminal fields. Synapse 13 (3): 251–263

ESSIG EC, KILPATRRCK IC (1991) Influence of acute and chronic haloperidol treatment on dopamine metabolism in the rat caudate-putamen, prefrontal cortex and amygdala. Psychopharmacology (Berl) 104 (2): 194–200

FARDE L, NORDSTRØM AL (1992) PET analysis indicates atypical central dopamine receptor occupancy in clozapine-treated patients. Br J Psychiatry [Suppl] 17: 30–33

FARDE L, NORDSTRØM AL, WESEL FA, PAULI S, HALLDIN C, SEDVALL G (1992) Positron emission tomographic analysis of central D1 and D2 dopamine receptor occupancy in patients treated with classical neuroleptics and clozapine. Relation to extrapyramidal side effects. Arch Gen Psychiatry 49: 538–544

FREEDMAN SB, PATEL S, MARWOOD R, EMMS F, SEABROOK GR, KNOWLES MR, MCALLISTER G (1994) Expression and pharmacological characterization of the human D3 dopamine receptor. J Pharmacol Exp Ther 268 (1): 417–426

GEWIRTZ GR, GORMAN JM, VOLAVKA J, MACALUSO J, GRIBKOFF G, TAYLOR DP, BORISON R (1994) BMY 14802 – a sigma receptor ligand for the treatment of schizophrenia. Neuropsychopharmacol 10 (1): 37–40

GOEBEL S, DIETRICH M, JARRY H, WUTTKE W (1992) Indirect evidence to suggest that prolactin mediates the adrenal action of haloperidol to stimulate aldosterone and corticosterone secretion in rats. Endocrinology 130 (2): 914–919

GRACE AA, BUNNEY BS (1986) Induction of depolarizatian block in midbrain dopamine neurons by repeated administration of haloperidol: analysis using in vivo intracellular recording. J Pharmacol Exp Ther 238 (3): 1092–1100

HERNANDEZ L, BAPTISTA T, HOEBEL BG (1990) Neurochemical effects of chronic haloperidol and lithium assessed by brain microdialysis in rats. Prog Neuropsychopharmacol Biol Psychiatry 14 [Suppl]: S17–35

HOLSON RR, WEBB PJ, GRAFTON TF, HANSEN DK (1994) Prenatal neutoleptic exposure and growth stunting in the rat: an in vivo and in vitro examination of sensitive periods and possible mechanisms. Teratology 50 (2): 125–136

ICHIKAWA J, MELTZER HY (1992) The effect of chronic atypical antipsychotic drugs and haloperidol on amphetamine-induced dopamine release in vivo. Brain Res 574 (1–2): 98–104

JANKE W, DEBUS G (1972) Double-blind psychometric evaluation of pimozide and haloperidol versus placebo in emotionally labile volunteers under two different work load conditions. Pharmacopsychiatry 1: 34–51

JANSSEN PA (1962) A review of the pharmacology of haloperidol and of triperidol. Symposium Internazionale Sull'Haloperidol E Triperidol, Milano, pp 11–29

JANSSEN PA, NEMEGEERS CJE, SCHELLEKENS KHL (1960) Is it possible to predict the clinical effects of neuroleptic drugs (major tranquillizers) from animal data? Part III: The subcutaneous and oral activity in rats and dogs of 56 neuroleptic drugs in the jumping box test. Arzneimittelforschung 16: 339–346

JANSSEN PA, NIEMEGEERS CJE, SCHELLEKENS KHL (1965a) Is it possible to predict the clinical effects of neuroleptic drugs (major tranquillizers) from animal data? Part I: „Neuroleptic activity spectra" for rats. Arzneimittelforschung 15: 104–117

JANSSEN PA, NEMEGEERS CJE, SCHELLEKENS KHL (1965b) Is it possible to predict the clinical effects of neuroleptic drugs (major tranquillizers) from animal data? Part II: „Neuroleptic activity spectra" for dog. Arzneimittelforschung 15: 1196–1206

JANSSEN PA, NIEMEGEERS CJE, SCHELLEKENS KHL (1967) Is it possible to predict the clinical effects of neuroleptic drugs (major tranquillizers) from animal data? Part IV: An improved experimental design for measuring the inhibitory effects of neuroleptic drugs on amphetamine- or apomorphine-induced „chewing" and „agitation" in rats. Arzneimittelforschung 15: 1196–1206

JANSSEN PAJ, NIEMEGEERS CJE, SCHELLEKENS KHL, LENAERIS FM, VERSRUGGEN F, VAN NUETEN JM, MARSBOOM RHM, HERIN W, SCHAPER WKA (1970) The pharmacology of fluspirilene (R 6218), a potent, long-acting and injectable neuroleptic drug. Arzneimittelforschung/Drug Res 20: 1689–1698

JANSSEN PA, NIEMEGEERS CJE, SCHELLEKENS KHL (1994) Is it possible to predict the clinical effects of neuroleptic drugs (major tranquillizers) from animal data? Part V: From haloperidol and pipamperone to risperidone. Arzneimittelforschung/Drug Res 44 (1): 269–277

KEBABIAN JW, CALNE DB (1979) Multiple receptors for dopamine. Nature 277: 93–96

KING DJ, HENRY G (1992) The effect of neuroleptics on cognitive and psychomotor function. A preliminary study in healthy volunteers. Br J Psychiatry 160: 647–653

KISHIMOTO T, HIRAI M, OHSAWA H, TERADA M, MATSUOKA I, IKAWA G (1989) Manners of arginine vasopressin secretion in schizophrenic patients – with reference to the mechanism of water intoxication. Jpn J Psychiatry Neurol 43 (2): 161–169

KLIMKE A, KLESER E (1991) The treatment of positive and negative schizophrenic symptoms with dopamine agonists. In: MARNEROS A, ANDREASEN NC, TSUANG MT (eds) Negative versus positive schizophrenia. Springer, Berlin Heidelberg New York Tokyo, pp 377–398

KLINZOVA AJ, URANOVA NA, HASELHORST U, SCHENK H (1990) Synaptic plasticity in rat medial prefrontal cortex under chronic haloperidol treatment produced behavioral sensitization. J Hirnforsch 31 (2): 175–179

LAMBERT GW, HORNE M, KALFF V, KELLY MJ, TURNER AG, COX HS, JENNINGS GL, ESLER MD (1995) Central nervous system noradrenergic and dopaminergic turnover in response to acute neuroleptic challenge. Life Sci 56 (19): 1545–1555

LEYSEN JE, JANSSEN PMF, SCHOTTE A, LUYTEN WHML, MEGENS AAHP (1993) Interaction of antipsychotic drugs with neurotransmitter receptor sites in vitro and in vivo in relation to pharmacological and clinical effects: role of 5HT$_2$ receptors. Psychopharmacology (Berl) 112: S40–S54

LIEBERMAN JA (1993) Prediction of outcome in first-episode schizophrenia. J Clin Psychiatry 54 [Suppl]: 13–17

LYNCH MR, WOO J (1991) Enhanced haloperidol-induced prolactin stimulation with chronic neuroleptic treatment in the rat. Life Sci 49 (23): 1721–1729

MAAS JW, CONTRERAS SA, MILLER AL, BERMAN N, BOWDEN CL, JAVORS MA, SELESHI E, WEINTRAUB S (1993) Studies of catecholamine metabolism in schizophrenial psychosis-II. Neuropsychopharmacology 8 (2): 111–115

MAGLIOZZI JR, MUNGAS D, LAUBLY JN, BLUNDEN D (1989) Effect of haloperidol on a symbol digit substitution task in normal adult males. Neuropsychopharmacology 2: 29–37

MAGLIOZZI JR, DORAN AR, GietzeN DW, OLSON AM, MACLIN E, TUASON B (1993) Effects of single dose haloperidol administration on plasma homovanillic acid levels in normal subjects. Psychiat Res 47: 141–149

MALASPINA D, COLEMANN EA, QUITKIN M, AMADOR XF, KAUFMANN CA, GORMAN JM, SACKEIM (1994) Effects of pharmacological catecholamine manipulation on smooth pursuit eye movements in normals. Schizophr Res 13 (2): 151–159

MALMBERG Å, JACKSON DM, ERIKSSON A, MOHELL N (1993) Unique binding characteristics of antipsychotic agents interacting with human dopamine D$_{2A}$, D$_{2B}$ and D$_3$ receptors. Mol Pharmacol 43: 749–754

MARKIANOS M, SAKELLARIOU G, BISTOLAKI E (1991) Prolactin responses to haloperidol in drug-free and treated schizophrenic patients. J Neural Transm [Gen Sect] 83 (1–2): 37–42

MASUDA Y, MURAI S, SAITO H (1991) The enhancement of the hypomotility induced by small doses of haloperidol in the phase of dopaminergic supersensitivity in mice. Neuropharmacology 30 (1): 35–40

MC CLELLAND GR, COOPER SM, PIGRAM AJ (1990) A comparison of the central nervous system effects of haloperidol, chlorpromazin and sulpiride in normal volunteers. Br J Clin Pharmacol 30 (6): 795–803

MELTZER HY, KOENIG JL, NASCH JF, GUDELSKY GA (2 989) Melperone and clozapine: neuroendocrine effects of atypical neuroleptic drugs. Acta Psychiatr Scand [Suppl] 352: 24–29

MESHUL CK, JANOWSKY A, CASEY DE, STALLBAUMER RK, TAYLOR B (1992) Effect of haloperidol and clozapine on the density of „perforated" synapses in caudate, nucleus accumbens, and medial prefrontal cortex. Psychopharmacol (Berl) 106 (1): 45–52

MIYAKE M, IGUCHI K, OKAMURA H, FUKUI K, NAKA-JIMA T, CHIHARA E, IBATA Y, YANAIHARA N (1990) Effect of haloperidol on immunoreactive neuropeptide Y in rat cerebral cortex and basal ganglia. Brain Res Bull 25 (2): 263–269

MOGHADDAM B, BUNNEY BS (1990) Acute effects of typical and atypical antipsychotic drugs on the release of dopamine from prefrontal cortex, nucleus accumbens and striatum of the rat: an in vivo microdialysis study. J Neurochem 54 (5): 1755–1760

MOGHADDAM B, BUNNEY BS (1990) Utilization of microdialysis for assessing the release of mesotelencephalic dopamine following clozapine and other antipsychotic drugs. Prog Neuropsychopharmacol Biol Psychiatry 14 [Suppl]: S51–57

MORGAN JI, CURRAN TE (1995) Proto-oncogenes. Beyond second messengers. In: BLOOM FE, KUPFER DJ (eds) Psychopharmacology: the fourth generation of progress. Raven Press, New York, pp 631–642

NEMEROFF CB, KILTS CD, LEVANT B, BISSETTE G, CAMPBELL A, BALDESSARINI RJ (1991) Effects of the isomers of N-n-propylnorapomorphine and haloperidol on regional concentrations of neurotensin in rat brain. Neuropsychopharmacology 4 (1): 27–33

NEWCOMER JW, RINEY SJ, VINOGRADOW S, CSERNAN-SKY JG (1992) Plasma prolactin and homovanillic acid as markers tor psychopathology and abnormal movements during maintenance haloperidol treatment in male patients with schizophrenia. Psychiatry Res 41 (3): 191–202

NIEMEGEERS CJE (1988) Paul Janssen und die Entdeckung von Haloperidol sowie anderer Neuroleptika. In: LINDE OK (Hrsg) Pharmakopsychiatrie im Wandel der Zeit. Tilia-Verlag, Mensch und Medizin, Klingenmünster, S 155–169

NIEMEGEERS CJE, JANSSEN PAJ (1974) Bromperidol, a new potent neuroleptic of the butyrophenone series. Arzneimittelforschung/Drug Res 24 (1): 45–52

NORDSTRØM AL, FARDE L, HALLDIN C (1992) Time course of D2-dopamine receptor occupancy examined by PET after single oral doses of haloperidol. Psychopharmacology (Berl) 106 (4): 433–438

NORDSTROM AL, FARDE L, WIESEL FA, FORSLUND K, PAULI S, HALLDIN C, UPPFELDT G (1993) Central D2-dopamine receptor occupancy in relation to antipsychotic drug effects: a double-blind PET study of schizophrenic patients. Biol Psychiatry 33: 227–235

NYBERG S, FARDE L, HALLDIN C, DAHL ML, BERTILSSON L (1995) D2 dopamine receptor occupancy during low-dose treatment with haloperidol decanoate. Am J Psychiatry 152 (2): 173–178

PINDER RM, BROGDEN RN, SAWYER PR, SPEIGHT TM, SPENCER R, AVERY GS (1976) Pimozide: a review of its pharmacological properties and therapeutic uses in psychiatry. Drugs 12: 1–40

ROBERTSON GS, FIBINGER HC (1992) Neuroleptics increase c-fos expression in the forebrain: contrasting effects of clozapine and haloperidol. Neuroscience 46 (2): 315–328

SCHMIDT MH, LEE T (1991) Investigation of striatal dopamine D2 receptor acquisition following prenatal neuroleptic exposure. Psychiatry Res 36 (3): 319–28

SCHWARTZ JC, GIROS B, MARTRES MP, SOKOLOFF P (1993) Multiple dopamine receptors as molecular targets for antipsychotics. In: BRUNELLO N, MENDLEWICZ J, RACAGNI G (eds) New generation of antipsychotic drugs: novel mechanism of action, vol 4. Karger, Basel, pp 1–14 (Int Acad Biomed Drug Res)

SEDVALL G (1992) The current status of PET scanning with respect to schizophrenia. Neuropsychopharmacology 7: 41–54

SEEMAN, VAN TOL (1994) Dopamine receptor pharmacology. Trends Pharmacol Sci 15 (7): 264–270

SEILER W, WETZEL H, HILLERT A, SCHOLLNHAMMER G, BENKERT O, HIEMKE C (1994) Plasma levels of benperidol, prolactin, and homovanillic acid after intravenous versus two different kinds of oral application of the neuroleptic in schizophrenic patients. Exp Clin Endocrinol 102 (4): 326–333

SMIALOWSKA M, LEGUTGO B (1992) Haloperidol-induced increase in neuropeptide Y immunoreactivity in the locus coeruleus of the rat brain. Neuroscience 47 (2): 351–355

SOKOLOFF P, ANDRIEUX M, BESANÇON R, PILON C, MARTRES MP, GIROS B, SCHWARTZ JC (1992) Pharmacology of human dopamine D3 receptor expressed in a mammalian cell line: comparison with D2-receptor. Eur J Pharmacol 225: 331–337

STILLE G, LAUENER H (1971) Zur Pharmakologie katatonigener Stoffe. I. Mitteilung: Korrelation zwischen neuroleptischer Katalepsie und Homovanillinsäuregehalt im C. Striatum bei Ratten. Arzneimittelforschung 21: 252–255

VINCENT SL, MCSPARREN J, WANG RY, BENES FM (1991) Evidence for ultrastructural changes in cortical axodendritic synapses following long-term treatment with haloperidol or clozapine. Neuropsychopharmacology 5 (33): 147–155

WARNER MD, GILLESPIE H, PAVLOU SN, NADER S, PEABODY CA (1992) The effect of haloperidol on aldosterone secretion. Psychoneuroendocrinology 17 (5): 517–521

WIEDEMANN DJ, GARRIS PA, NEAR JA, WIGHTMAN RM (1992) Effect of chronic haloperidol treatment on stimulated synaptic overflow of dopamine in the rat striatum. J Pharmacol Exp Ther 261 (2): 574–579

WIESEL FA, FARDE L, HALLDIN C (1989) Clinical melperone treatment blocks D2-dopamine receptors in the human brain as determined by PET. Acta Psychiatr Scand [Suppl 352]: 30–34

WILLIAMS R, ALI SF, SCALZO FM, SOLIMAN K, HOLSON RR (1992) Prenatal haloperidol exposure: effects of brain weights and caudate neurotransmitter levels in rats. Brain Res Bull 29 (3–4): 449–58

YAMADA S, YOKOO H, HARAJIRI S, NISHI S (1991) Alternations in dopamine release form striatal slices of rats after chronic treatment with haloperidol. Eur J Pharmacol 192 (1): 141–145

7.3 Klinik

7.3.1 Klinische Anwendung der Butyrophenone

B. Bandelow und E. Rüther

Die am stärksten antipsychotisch wirkenden Neuroleptika finden sich in der Gruppe der Butyrophenone. Haloperidol ist wahrscheinlich zur Zeit das weltweit am häufigsten angewendete Neuroleptikum. Die übrigen hochpotenten Substanzen aus der Gruppe der Butyrophenone Benperidol, Bromperidol, Trifluperidol und Droperidol haben weitgehend ähnliche Eigenschaften. Sie haben wegen ihrer relativ reinen D_2-Rezeptorblockade eine hohe therapeutische Breite und sind daher für die Behandlung schwerer und schwerster Psychosen geeignet. Bei der Behandlung organischer Psychosyndrome zeichnen sie sich durch besonders sichere Anwendung aus. Extrapyramidale Symptome treten sehr häufig auf.

Die niedrigpotenten Butyrophenone können wegen fehlender anticholinerger Wirkungen in der Geriatrie eingesetzt werden.

Indikationen

Hochpotente Butyrophenone

Psychosen

Haloperidol ist die Referenzsubstanz für die Behandlung akuter psychotischer Syndrome (insbesondere bei schizophrenen Psychosen) mit Wahnsymptomen, Halluzinationen und Ich- und Denkstörungen sowie katatoner Syndrome. Dies konnte in zahlreichen placebokontrollierten Doppel-blindstudien gezeigt werden (CRANE 1967, KLEIN und DAVIS 1969, BAN 1969, RESCHKE 1974, BECHELLI et al. 1983, RÜTHER 1986). In Tabelle 7.3.1.1 sind Vergleiche mit anderen Neuroleptika aufgelistet. Die Behandlung mit Haloperidol-Decanoat verbessert im ambulanten Bereich oft entscheidend die Compliance.

Benperidol. Es besteht eine Diskrepanz zwischen der weitverbreiteten Anwendung von Benperidol und der wenig ausführlichen Dokumentation der klinischen Erfahrung. Es wird meist zur Behandlung hochakuter psychotischer Zustände eingesetzt. In offenen Studien, die jedoch nach heutiger Sicht methodische Mängel aufweisen, wird über die gute Wirksamkeit bei akuten paranoid-halluzinatorischen Psychosen berichtet (HAASE et al. 1964, BROUSSOLLE und GRUNTHALER 1965, ROYER und GALLAND 1966, FLÜGEL und PFEIFFER 1967, TANGHE und VEREECKEN 1970, BÖHM 1980, SIEBERNS 1986). In einem doppelblinden Vergleich von Benperidol mit Haloperidol war die Wirkung gleichwertig (NEDOPIL und RÜTHER 1985).

Trifluperidol ist das stärkste verfügbare Antipsychotikum. Tabelle 7.3.1.2 zeigt die doppelblinden Vergleichsuntersuchungen mit Trifluperidol.

Bromperidol. Bromperidol ist in Japan das am häufigsten verwendete Neuroleptikum. Doppelblinde Vergleiche mit anderen Neuroleptika zeigten eine äquivalente oder bessere Wirkung bei schizophrenen Patienten (z. B. PSARAS et al. 1984, BRANNEN et al. 1981, ITOH 1985, WOGGON und ANGST 1978, McLAREN et al. 1992). Wegen der langen Eliminationshalbwertzeit ist eine einmal tägliche Gabe möglich. Es sediert weniger als andere Neuroleptika und wirkt bei manchen Patienten eher antriebssteigernd.

Maniforme Syndrome

Die Symptome des akuten manischen Syndroms (Affekt-, Antriebs-, Denk-, Schlafstörungen, Wahn) können durch Butyrophenone effektiv gebessert werden (GERLE 1966, OLDHAM und BOTT 1971, PARENT und TOUSSAINT 1983, KLEIN et al. 1984, KELWALA et al. 1984, BALANT-GORGIA et al. 1984, COOKSON et al. 1983, 1985). In der Langzeitbehandlung manischer Störungen wurde Haloperidol-Decanoat erfolgreich angewendet (FERNANDO et al. 1984).

Tabelle 7.3.1.1. Klinische Studien zur Wirksamkeit von Haloperidol mit anderen Neuroleptika bei akuten und chronischen schizophrenen Psychosen

	Pat.	Wirksamkeit	Häufigkeit von Nebenwirkungen
a) akut schizophrene Pat.			
LUCKEY und SCHIELE (1967)	21	H > Thioridazin	H > Thioridazin
PRATT et al. (1964)	58	H > Chlorpromazin	H > Chlorpromazin
RITTER et al. (1972)	50	H > Chlorpromazin	H = Chlorpromazin
MAN und CHEN (1973)	30	H = Chlorpromazin	H < Chlorpromazin
RESCHKE (1974)	50	H > Chlorpromazin	H = Chlorpromazin
BRANNEN et al. (1981)	47	H = Bromperidol	H = Bromperidol
SCHMIDT et al. (1982)	32	H = Perazin	H > Perazin
HAAS und BECKMANN (1982)	30	H = Pimozid	H < Pimozid
PARENT und TOUSSAINT (1983)	40	H = Flupenthixol	H = Flupenthixol
b) chronisch schizophrene Pat.			
FOX et al. (1964)	45	H > Chlorpromazin	H = Chlorpromazin
FOX et al. (1964)	45	H < Trifluoperidol	H < Trifluoperidol
PRASAD und TOWNLEY (1966)	40	H = Thioridazin	H > Thioridazin
BAN und LEHMANN (1967)	40	H > Trifluoperazin	H > Trifluoperazin

Tabelle 7.3.1.2. Doppelblinduntersuchungen zur antipsychotischen Wirksamkeit von Trifluperidol

Autoren	n Pat.	Wirksamkeit	Unerwünschte Wirkungen
CLARK et al. (1968)	18/15/18	TRI = CPZ > Placebo	CPZ > TRI > Placebo
FOX et al. (1964)	15/15/15	TRI > Haloperidol = CPZ	TRI = Haloperidol = CPZ
GALLANT et al. (1963)	18/18	TRI > CPZ	TRI > CPZ
MENON und RAMACHANDRAN (1972)	20/20/20	TRI = TFP > Placebo	TRI > TFP > Placebo
PRATT et al. (1964)	20/19/19	TRI = Haloperidol > CPZ	TRI = Haloperidol > CPZ
SIM et al. (1971)	27/28	TRI = TFP	TRI = TFP

TRI Trifluperidol, *TFP* Trifluoperazin, *CPZ* Chlorpromazin

Organische Psychosen

Auch die paranoid-halluzinatorische Symptomatik bei organischen Psychosen, z. B. bei seniler Demenz (TOBIN et al. 1970), bei Temporallappenepilepsie (PAKALNIS 1987) und nach Einnahme von Amphetamin (SATO et al. 1983) bzw. Phenzyklidin (GIANNINI et al. 1984) kann durch Butyrophenone wirksam behandelt werden.

Alkoholentzugsdelirien werden in Europa meist mit Clomethiazol behandelt. In den USA sind jedoch auch Neuroleptika – kombiniert mit Benzodiazepinen – gebräuchlich, da dort Clomethiazol nicht zugelassen ist. Wegen der – wenn auch nur mittelgradig ausgeprägten – epileptogenen Potenz von Haloperidol ist bei der Behandlung von Alkoholentzugssyndromen die Häufigkeit von Krampfanfällen erhöht. Die Clomethazolbehandlung wird als sicherer angesehen (ATHEN et al. 1977, HOLZBACH und BÜHLER 1978).

Psychomotorische Erregungszustände

Psychomotorische Erregtheit (bei psychotischen und nicht-psychotischen Zustandsbildern, z. B. bei Alkoholintoxikationen, Persönlichkeitsstörungen, Hirntraumata, Demenz u. a.) kann mit Butyrophenonen gut behandelt werden (OLDHAM und BOTT 1971, CLINTON et al. 1987, PAKALNIS 1987). In der Regel wird Haloperidol verwendet. Trotz Sedierung bleibt der Patient – im Gegensatz zur Benzodiazepinbehandlung – explorierbar; eine Atemdepression tritt kaum auf.

Hinsichtlich der Symptome Agitiertheit, Überaktivität und Aggressivität bei geriatrischen Patienten mit vaskulärer oder Alzheimer-Demenz sind die hochpotenten Butyrophenone in der Regel allen anderen Substanzen überlegen. Gegenüber schwächer potenten Neuroleptika haben sie den Vorteil, keine ausgeprägte Hypotonie oder anticholinerge Wirkungen auszulösen.

Dyskinetische Syndrome und Tic-Erkrankungen

Beim Gilles-de-la-Tourette-Syndrom wird neben Tiaprid und Pimozid auch Haloperidol angewendet. Pimozid wirkt allerdings weniger antriebsmindernd. Tics nerveux können mit Haloperidol gebessert werden; meist wird auch hier jedoch Pimozid oder Tiaprid versucht. Beim Torticollis spasmodicus wird neben Anticholinergika, Tiaprid oder Botulinustoxin auch Haloperidol verwendet. Unstillbarer Singultus kann durch Haloperidol beendet werden (IVES et al. 1985).

Angststörungen

Wegen des sedierenden Effekts in niedriger Dosierung werden Neuroleptika in Europa häufig bei Angsterkrankungen eingesetzt. Hierzu existieren zahlreiche ältere, methodisch unvollkommene Untersuchungen. Haloperidol wurde in den 70er Jahren am häufigsten untersucht. In der klinischen Praxis werden jedoch häufiger Fluspirilen oder Sulpirid eingesetzt.

Ein Vorteil der Anwendung von Neuroleptika ist sicherlich die fehlende Suchtentwicklung sowie die entspannende Wirkung, ohne daß eine ausgeprägte Aktivitätseinbuße auftritt. Die Anwendung von Neuroleptika bei Angstsyndromen ist jedoch vor allem wegen der Möglichkeit des Auftretens von Spätdyskinesien und pharmakogenen Depressionen auch bei geringer Dosierung problematisch und sollte nicht länger als 3 Monate durchgeführt werden (KAPFHAMMER und RÜTHER 1987). Nach neueren Studien sind bei Angststörungen trizyklische Antidepressiva selektive Serotoninwiederaufnahmehemmer oder manchmal Benzodiazepine zu bevorzugen.

Schizophrenien und Verhaltensstörungen bei Kindern

Schizophrene Störungen bei Kindern sollten mit denjenigen Medikamenten behandelt werden, über die ausreichende Erfahrungen vorliegen, z. B. Haloperidol oder Trifluperidol (CAMPBELL et al. 1972). Verhaltensstörungen bei Kindern, z. B. hyperkinetische Syndrome oder Autismus, werden gelegentlich in schweren Fällen mit Methylphenidat oder Neuroleptika behandelt. Nicht selten ist das hyperkinetische Syndrom aber auch psychoreaktiv verursacht und sollte dann nicht medikamentös behandelt werden. Die Neuroleptikatherapie muß durch pädagogische bzw. psychotherapeutische Maßnahmen ergänzt werden.

Neuroleptanalgesie

Droperidol wird ausschließlich in der Anästhesie in Kombination mit Opiaten eingesetzt (Neuroleptanalgesie).

Niedrigpotente Butyrophenone

Melperon

Dieses niedrigpotente Neuroleptikum wird vor allem wegen seiner sedierenden Eigenschaften bei Angststörungen und Insomnie eingesetzt. Da keine anticholinergen Wirkungen auftreten, kann es in der Psychogeriatrie eingesetzt werden (NYGAARD et al. 1992, KUMMER und GÜNDEL 1994). Melperon ist in höheren Dosen auch antipsychotisch wirksam (HARNRYD et al. 1989, BJERKENSTEDT 1989). Es wird manchmal zur Behandlung von Psychosen oder Agitation bei Patienten mit hirnorganischer Vorschädigung eingesetzt, da es die Krampfschwelle weniger als andere Neuroleptika senken soll (WAGNER und BARTELS 1987).

Pipamperon

Auch Pipamperon (Floropipamid) hat keine anticholinergen Nebenwirkungen und wird daher als Sedativum oder Schlafmittel in der Geriatrie angewendet.

Dosierung

Hochpotente Butyrophenone haben eine sehr hohe therapeutische Breite. Haloperidol kann bereits ab 0,5 mg bereits eine therapeutische Wirkung entfalten; in der Hochdosistherapie werden bis zu 100 mg täglich oder mehr gegeben. Ab ca. 60 mg spricht man von einer Hochdosistherapie. Während die Hochdosistherapie in der Klinik in Einzelfällen angewendet wird, zeigten Studien widersprüchliche Ergebnisse. Einige Autoren fanden Vorteile einer hohen Dosis (LEHMANN und LIENERT 1984: bis 80 mg Haloperidol; PETIT et al. 1987: bis 300 mg). Andere Untersucher sahen keine zusätzliche Besserung durch eine Hochdosistherapie (ERICKSEN et al. 1978: bis 60 mg; MODESTIN et al. 1983: bis 58 mg; REMINGTON et al. 1993: bis 80 mg; STONE et al. 1995: bis 40 mg).

Die Höhe der Dosis hängt von der Schwere und Dauer der Erkrankung ab. Bei manischen Syndromen, bei akuten schizophrenen Psychosen und bei langjährig bestehenden Schizophrenien werden die höchsten Dosen gegeben. Verwirrtheitszustände bei geriatrischen Patienten werden dagegen mit niedrigen Dosen behandelt. Bei Neuroleptika der anderen Substanzgruppen besteht ein solcher Spielraum nicht, da eine Hochdosierung durch die Nebenwirkungen limitiert werden würde, die durch die Blockade anderer Rezeptorsysteme (Acetylcholin-, Histamin-, Adrenorezeptoren) hervorgerufen werden. Butyrophenone werden daher bei schwersten Psychosen bevorzugt und sind sicher in der Anwendung.

Je höher die neuroleptische Dosis sein muß, um die Symptome zu kontrollieren, desto niedriger ist in der Regel die Empfindlichkeit für extrapyramidale Nebenwirkungen.

Die in Tabelle 7.3.1.3 folgenden angeführten Tagesdosen können als Richtwerte gelten. Die durchschnittliche klinische Tagesdosis liegt für Haloperidol bei 16 mg (SCHMIDT et al. 1983). Bei therapieresistenten Fällen können die angegebenen Höchstdosen überschritten werden. Bei parenteraler Gabe muß wegen des wegfallenden first-pass-Effekts nur 60–70% der angegebenen Dosis gegeben werden. Wegen der langen Eiminationshalbwertszeit ist bei den Butyrophenonen eine 1–2tägliche Gabe möglich. **Dosierung bei Kindern**: Es wird mit 0,025 bis 0,2 mg Haloperidol pro kg Körpergewicht begonnen. Bei nicht-psychotischen Verhaltensstörungen reichen im allgemeinen die niedrigen Dosierungen aus (SERRANO 1981, EGGERS und KESSLER 1987). Im allgemeinen wird empfohlen, Kinder unter 3 Jahren nicht mit Haloperidol zu behandeln, da verstärkte extrapyramidalmotorische Störungen zu erwarten sind.

Bei der Umstellung von Haloperidol auf Haloperidol-Decanoat wird die orale Tagesdosis mit 15 multipliziert, um die 4wöchentliche i.-m.-Injektionsmenge zu berechnen (1 Amp. = 50 mg). Die Höchstdosis beträgt 300 mg. Größere Depots sollten in zwei getrennten Injektionen verabreicht werden. Bei älteren Patienten wird mit 12,5–25 mg begonnen.

Bei der Verwendung von Droperidol werden in der Anästhesie werden 2,5 mg/10 kg KG gegeben.

Unerwünschte Wirkungen, Kontraindikationen, Überdosierung

Unerwünschte Wirkungen

Hochpotente Neuroleptika

Die Tabelle 7.3.1.4 gibt einen Überblick über die häufigsten Nebenwirkungen unter Haloperidol. Die Statistik beruht auf der AMÜP-Studie, die 6600 mit Haloperidol behandelte Patienten umfaßt (GROHMANN und RÜTHER 1994). Die übrigen hochpotenten Butyrophenone verhalten sich hinsichtlich der Nebenwirkungshäufigkeit weitgehend ähnlich. Wegen der starken D_2-Rezeptoraffinität der Butyrophenone treten unter der Behandlung

häufig **extrapyramidalmotorische Symptome (EPMS)** auf. **Spätdyskinesien** sind nach Butyrophenonbehandlung immer wieder zu beobachten. Obwohl die hochpotenten Butyrophenone weniger sedieren als andere Neuroleptika, wird häufig wird von den Patienten eine **Sedierung** über das gewünschte Maß hinaus beklagt. WASTL et al. (1986) nennen für **unsymptomatische Erhöhungen der Leberwerte** unter Haloperidoltherapie eine Häufigkeit von 10,7%. Diese Transaminasenerhöhungen können jedoch trotz Weiterbehandlung zurückgehen.

Gelegentlich kommt es – besonders zu Beginn der Behandlung – zu **Blutdrucksenkung** oder **orthostatischer Dysregulation**. Ein Blutdruckabfall unter 90 mm/Hg tritt bei 4% der mit Haloperidol Behandelten auf (BAUER und GÄRTNER 1983). Die Inzidenz von **Leukopenien** wird von GERLE (1964) auf 0,2% geschätzt. BAUER und GÄRTNER (1983) beobachteten unter Haloperidol-Therapie bei 2,1% der Patienten Leukopenien von 3200 bis 3400 Zellen/mm³. **Depressive Syndrome** können unter Umständen neuroleptikabedingt auftreten (BANDELOW et al. 1992). Prolaktinbedingte Nebenwirkungen scheinen unter Haloperidol selten aufzutreten (NABER et al. 1980). **Gewichtszunahme** spielt meist keine erhebliche Rolle bei der Behandlung mit Butyrophenonen.

In Einzelfallen kann ein **malignes neuroleptisches Syndrom (MNS)** auftreten. In einer großen Feldstudie wurden 6600 Patienten mit Haloperidol behandelt; 2 davon entwickelten eine sicheres, 2 ein fragliches MNS (GROHMANN und RÜTHER 1994). Dies entspricht einer Inzidenzrate von unter 0,06%. In Einzelfallen wurde eine **cholestatische Hepatose** nach Haloperidolbehandlung beobachtet (DINCSOY und SAELINGER 1982).

Die **kardialen** Effekte von Haloperidol sind geringfügiger als die anderer Neuroleptika, weshalb sich die Substanz auch für die geriatrische Anwendung eignet (TOBIN et al. 1970, AYD 1980). Auch bei Behandlung von

Tabelle 7.3.1.3. Dosierung der Butyrophenone. Orale Tagesdosen

	Äquivalenzdosis[a] 5 mg Haloperidol entsprechen …	Akute Psychosen	Rezidiv-prophylaxe	Sedierung/ neurologische Indikationen	Geriatrie
Haloperidol	–	5–100	3–15	1–10	115–10
Benperidol	3 mg	140	1–6	–	1–5
Bromperidol	5 mg	5–50	4–10	–	1–2
Trifluperidol	3 mg	0,5–3	0,75–2,25	–	0,25–1
Melperon	300 mg	100–600	100–600	25–100	25–75
Pipamperon	400 mg	–	–	120–360	60–120

[a] Nach Laux (1992)

Patienten mit bereits bestehenden EKG-Veränderungen wurde keine Verschlechterung durch Haloperidol festgestellt (Pratt 1971, Stotsky 1972, Palestine 1973).

Niedrigpotente Butyrophenone

Bei Melperon und Pipamperon treten selten EPMS auf. Unerwünschte Sedierung ist die häufigste Nebenwirkung.

Tabelle 7.3.1.4. Unerwünschte Wirkungen unter Haloperidol (AMÜP-Studie, Intensive Drug Monitoring; Alleinanschuldigung 395 Patienten; nach Grohmann und Rüther 1994)

Unerwünschte Wirkung	%
Extrapyramidalmotorische Störungen	51,6
Sedierung, andere psych. Störungen	12,2
Neurologische Störungen (außer EPMS)	7,1
Störungen im Herz-Kreislaufsystem	3,3
Störungen der Leberfunktion	2,0
Gastrointestinale St., Hypersalivation	3,8
Veränderung des Körpergewichts	0,8
Hautveränderungen	0,8
Urologische Störungen	0,5
Blutbildveränderungen	0,0

Kontraindikationen

Aus den Befunden zu Toxikologie und Nebenwirkungen ergeben sich die folgenden relativen Gegenanzeigen und Vorsichtsmaßnahmen:

Als einzige absolute Kontraindikation gelten ein früher mit dem gleichen Medikament aufgetretenes **malignes neuroleptisches Syndrom** sowie (kaum bekannte) frühere **Überempfindlichkeitsreaktionen**.

Auch wenn Agranulozytosen unter Butyrophenonen extrem selten sind, sollten bei bereits bestehenden **Leukopenien** und anderen **Erkrankungen des hämatopoetischen Systems** Nutzen und Risiko abgewägt werden. Bei **gestörter Leberfunktion** muß eventuell niedriger dosiert werden. In Einzelfällen, in denen Haloperidol bei Patienten mit schweren Lebererkrankungen (z. B. bei hepatischer Enzephalopathie) eingesetzt wurde, sind keine Probleme aufgetreten (Dudley et al. 1979). Bei **Nierenversagen** kann Haloperidol in mittleren Dosen gegeben werden (Bennett et al. 1977, 1980), da die Ausscheidung nur zu 1% renal erfolgt. Bei Patienten mit **Hypotonie** ist die mäßig ausgeprägte blutdrucksenkende Wirkung zu beachten. Auch bei **organischen Gehirnschäden**, **Stammganglienerkrankungen** (wie z. B. **M. Parkinson**) und **seniler Demenz** sollte die Dosierung vorsichtig erfolgen.

Bei Behandlung von Patienten mit **Epilepsie** ist zu beachten, daß Butyrophenone die Bereitschaft zum Auftreten epileptischer Anfalle fördern können. **Prolaktinabhängige Tumoren** sind eine relative Kontraindikation.

Überdosierung/Intoxikation

Wegen der großen therapeutischen Spanne sind bedrohliche Überdosierungen selten. Symptome einer Intoxikation sind: extrapyramidale Störungen (EPMS), Somnolenz bis Koma, epileptische Anfalle, Hypothermie, Hypotonie, Tachykardie/-arrhythmie oder Bradykardie, Zyanose, Atemdepression, Atemstillstand, Aspiration oder Pneumonie. Versuche, ein Erbrechen zu induzieren, können wegen der antiemetischen Wirkung der Butyrophenone erschwert sein. Wegen der schnellen Resorption ist eine Magenspülung nur in früh erkannten Fällen sinnvoll. Forcierte Diurese oder Dialyse sind wenig hilfreich. Bei schweren EPMS wird Biperiden gegeben. Eine Verkrampfung der Schlundmuskulatur kann die Intubation erschweren; in diesem Fall kann ein Muskelrelaxans, z. B. Suxamethonium angewendet werden.

In der Literatur wird über Überdosierungen mit Haloperidol berichtet: in einem Fall hatte eine Patientin 1000 mg Haloperidol in suizidaler Absicht eingenommen; es kam zu generalisierten Krampfanfallen, Blutdrucksenkung und ventrikulärer Tachyarrhythmie (MUELLER et al. 1983). Eine Patientin, die 420 mg eingenommen hatte, bekam ebenfalls ventrikuläre Tachyarrhythmien (ZEE-CHUNG et al. 1985). In beiden Fällen konnte der Rhythmus durch Schrittmacherimplantation normalisiert werden.

Bei Kindern äußerten sich massive Überdosierungen in Hypothermie, Bradykardie, Sinusarrhythmie und Hypertonie (SCIALLI und THORNTON 1978, CUMMINGHAM und CHALLAPALLI 1979).

Literatur

ATHEN D, HIPPIUS R, MEYENDORF R, RIENER C, STEINER C (1977) Ein Vergleich der Wirksamkeit von Neuroleptika und Clomethiazol bei der Behandlung des Alkoholdelirs. Nervenarzt 48: 528–532

AYD FJ (1980) Haloperidol update: 1958–1980. Ayd Medical Communications, Baltimore

BALANT-GORGIA AE, EISELE R, BALANT L, GARRONE G (1984) Plasma haloperidol levels and therapeutic response in acute mania and schizophrenia. Eur Arch Psychiatry Neurol Sci 234: 1–4

BAN TA (1969) Treatment of acute and chronic psychoses with haloperidol: review of the clinical results. Curr Ther Res 11: 284–288

BAN TA, LEHMANN HE (1967) Efficacy of haloperidol in drug refractory patients. Int J Neuropsychiat [Suppl 3]: 79

BANDELOW B, MÜLLER P, FRICK U, GAEBEL W, LINDEN M, MÜLLER-SPAHN F, PIETZCKER A, TEGELER J (1992) Depressive syndromes in schizophrenic patients under neuroleptic therapy. Eur Arch Psychiatry Clin Neurosci 241: 291–295

BAUER D, GÄRTNER HJ (1983) Wirkungen der Neuroleptika auf die Leberfunktion, das blutbildende System, den Blutdruck und die Temperaturregulation. Ein Vergleich zwischen Clozapin, Perazin und Haloperidol anhand von Krankenblattauswertungen. Pharmacopsychiat 16: 23–29

BECHELLI LPC, RUFFINO-NETO A, HETEM G (1983) A double-blind controlled trial of pipotiazine, haloperidol and placebo in recently-hospitalized acute schizophrenic patients. Brazilian J Med Biol Res 16: 305–311

BENNETT WM, SINGER I, GOLPER T, FEIG P, COGGINS CJ (1977) Guidelines for drug therapy in renal failure. Ann Int Med 86: 754–783

BENNETT WM, MUTHER RS, PARKER RA, FEIG P, MORRISON G, GOLPER TA, SINGER I (1980) Drug therapy in renal failure: dosing guidelines for adults, part II. Sedatives, hypnotics, and tranquilizers; cardiovascular, antihypertensive, and diuretic agents; miscellanous agents. Ann Int Med 93: 286–325

BJERKENSTEDT L (1989) Melperone in the treatment of schizophrenia. Acta Psychiatr Scand 352: 35–39

BÖHM P (1980) Akut-Therapie mit Benperidol und frühe Umstellung auf Depot-Neuroleptika. Ärztl Gespräch 30: 78–83

BRANNEN JO, McEVOY JP, WILSON WH, BAN TA, BERNEY SA, SCHAFFEE JD (1981) A double-blind comparison of bromperidol and haloperidol in newly admitted schizophrenic patients. Pharmakopsychiat 14: 139–140

BROUSSOLLE P, GRUNTHALER C (1965) Impressions clinique tirées de 80 cures de Ben-péridol. J Méd de Lyon 5: 407–408

CAMPBELL M, FISH B, SHAPIRO T, FLOYD A (1972) Acute responses of schizophrenic children to a sedative and a „stimulating" neuroleptic: a pharmacologic yardstick. Curr Ther Res 14 (12): 759–766

CLARK ML, HUBER WK, KYRIAKOPOULOS AA, RAY TS, COLMORE JP, RAMSEY HR (1968) Evaluation of trifluperidol in chronic schizophrenia. Psychopharmacologia (Berlin) 12: 193–203

CLINTON JE, STERNER S, STELMACHERS Z, RUIZ E (1987) Haloperidol for sedation of disruptive emergence patients. Ann Emerg Med 16: 319–322

COOKSON JC, MOULT PJ, WILES D, BESSER GM (1983) The relationship between prolactin levels and clinical ratings in manic patients treated with oral and intravenous test doses of haloperidol. Psychol Med 13: 279–285

COOKSON JC, SILVERSTONE T, WILLIAMS S, BESSER GM (1985) Plasma cortisol levels in mania: associated clinical ratings and changes during treatment with haloperidol. Br J Psychiatry 146: 498–502

CRANE G (1967) A review of the clinical literature on haloperidol. Int J Neuropsychiat Aug: 110–127

CUMMINGHAM DG, CHALLAPALLI M (1979) Hypertension in acute haloperidol poisoning. J Pediatr 95: 489–490

DINCSOY HP, SAELINGER DA (1982) Haloperidol-induced chronic cholestatic liver disease. Gastroenterology 83: 694–700

DUDLEY LD, ROWLETT DB, LOEBEL PJ (1979) Emergency use of intravenous haloperidol. Paper presented at the 131th Annual Meeting of the American Psychiatric Association, May 8–12. Gen Hosp Psychiat 1 (3): 240–246

EGGERS C, KESSLER E (1987) Besonderheiten der neuroleptischen Behandlung bei Kindern und Jugendlichen. In: HEINRICH K, KLIESER E (Hrsg) Probleme der neuroleptischen Dosierung. Schattauer, Stuttgart New York

ERICKSEN SE, HURT SW, CHANG S et al. (1978) Haloperidol dose, plasma levels, and clinical response: a double-blind study. Psychopharmacol Bull 14: 15–16

FERNANDO J, KRISHNA RAJU R, JONES GG, STANLEY RO (1984) The use of depot neuroleptic haloperidol decanoate. Acta Psychiatr Scand 69: 175–176

FLÜGEL KA, PFEIFFER WM (1967) Klinische Erfahrung mit dem Butyrophenon Benperidol. Arzneimittelforschung 17: 483–485

FOX W, GOBBLE F, CLOS M (1964) A clinical comparison of trifluperidol, haloperidol, and chlorpromazine. Curr Ther Res 4: 409–415

GALLANT DM, BISHOP MP, TIMMONS E, STEELE CA (1963) A controlled evaluation of trifluperidol: a new potent psychopharmacologic agent. Curr Ther Res 5 (9): 428–471

GERLE B (1964) Clinical observations on the side-effects of haloperidol. Acta Psychiatr Scand 40: 65–76

GERLE B (1966) Haloperidol clinical experience. Clin Trial J 3: 360–384

GIANNINI AJ, EIGHAN MS, LOISELLE RH, GIANNINI MC (1984) Comparison of haloperidol and chlorpromazin in the treatment of phencyclidine psychosis. J Clin Psychopharmacol 24: 202–204

GROHMANN R (1983) EKG-Untersuchungen im Rahmen eines Drug Monitoring-Systems in der Psychiatrie. In: MÜLLER-OERLINGHAUSEN B (Hrsg) Klinische Relevanz der Kardiotoxizität von Psychopharmaka. pmi, Frankfurt Zürich, S 82

GROHMANN R, RÜTHER E (1994) Neuroleptika. In: GROHMANN R, RÜTHER E, SCHMIDT LG (Hrsg) Unerwünschte Wirkungen von Psychopharmaka. Springer, Berlin Heidelberg New York Tokyo, S 42–133

HAAS S, BECKMANN H (1982) Pimozide versus haloperidol in acute schizophrenia. A double blind controlled study. Pharmacopsychiat 15: 70–74

HAASE H-J, MATTKE D, SCHÖNBECK M (1964) Klinisch-neuroleptische Prüfungen am Beispiel der Butyrophenonderivate Benzperidol und Spiroperidol. Psychopharmacol 6: 435–452

HARNRYD C, BJERKENSTEDT L, GULLBERG B (1989) A clinical comparison of melperone and placebo in schizophrenic women on a milieu therapeutic ward. Acta Psychiatr Scand 352: 40–47

HOLZBACH E, BÜHLER KE (1978) Die Behandlung des Delirium tremens mit Haldol. Nervenarzt 49: 405–409

ITOH H (1985) A comparison of the clinical effects of bromperidol, a new butyrophenone derivative, and haloperidol on schizophrenia using a double-blind technique. Psychopharmacol Bull 21: 120–122

ITOH H, YAGI G, OHTSUKA N et al. (1980) Serum level of haloperidol and its clinical significance. Prog Neuropsychopharmacol 4: 171–183

IVES TJ, FLEMING MF, WEART CW, BLOCH D (1985) Treatment of intractable hiccups with intramuscular haloperidol. Am J Psychiatry 142: 1368–1369

KAPFHAMMER HP, RÜTHER E (1987) Depot-Neuroleptika. Springer, Berlin Heidelberg New York Tokyo

KELWALA S, BAN TA, BERNEY SA, WILSON WH (1984) Rapid tranquilization: a comparative study of thiothixene and haloperidol. Prog Neuropsychopharmacol Biol Psychiatry 8: 77–83

KLEIN DF, DAVIS JM (1969) Diagnosis and drug treatment of psychiatric disorders. Williams, Baltimore

KLEIN E, BENTAL E, LERER B, BELMAKER RH (1984) Carbamazepine and haloperidol vs. placebo and haloperidol in exited psychoses. A controlled study. Arch Gen Psychiatry 41: 165–170

KUMMER J, GÜNDEL L (1994) Wirksamkeit und Verträglichkeit von Melperon bei gerontopsychiatrischen Patienten mit Insomnie – eine schlafpolygraphische Doppelblindstudie vs. Lorazepam. Krankenhauspsychiatrie 5: 54–60

LAUX G (1992) Pharmakopsychiatrie. Fischer, Stuttgart

LEHMANN E, LIENERT A (1984) Differential improvements from haloperidol in two types of schizophrenics. Psychopharmacol 84: 96–97

LUCKEY WT, SCHIELE BC (1967) A comparison of haloperidol and trifluoperazin. Dis Nerv Syst 28: 181–186

MAN PL, CHEN CH (1973) Rapid tranqulization of acutely psychotic patients with intramuscular haloperidol and chlorpromazine. Psychosomatics 14: 59–63

MCLAREN S, COOKSON JC, SILVERSTONE T (1992) Positive and negative symptoms, depression and social disability in chronic schizophrenia: a comparative trial of bromperidol and fluphenazine decanoates. Int Clin Psychopharmacol 7: 67–72

MENON S, RAMACHANDRAN V (1972) A controlled trial of trifluperidol on a group of chronic schizophrenic patients. Curr Ther Res 14: 17–21

MODESTIN J, TOFFLER G, PIA M, GREUB E (1983) Haloperidol in acute schizophrenic inpatients. A double-blind comparison of two dosage regimens. Pharmacopsychiat 16: 121–126

MUELLER CE, FROST GL, ELENBAAS RM (1983) Haloperidol-overdose-induced torsade de pointes. Drug Intelligence and Clinical Pharmacy 17: 440

NABER D, ACKENHEIL M, LAAKMAN G, FISCHER H, VON WERDER K (1980) Basal and stimulated levels of prolactin, TSH and LH in serum of chronic schizophrenic patients, long-term treated with neuroleptics. Pharmakopsychiat 13: 325–330

NEDOPIL N, RÜTHER E (1985) High-dosage neuroleptic therapy for acute schizophrenic patients – two double-blind studies with benperidol. Pharmacopsychiat 1: 63–66

NYGAARD HA, FUGLUM E, ELGEN K (1992) Zuclopenthixol/melperone and haloperidol/levomepromazine in the elderly. Meta-analysis of two double-blind trials at 15 nursing homes in Norway. Curr Med Res Opin 12: 615–622

OLDHAM AJ, BOTT M (1971) The management of excitement in general hospital psychiatric ward by high dosage haloperidol. Acta Psychiatr Scand 47: 369–376

PAKALNIS A, DRAKE ME, JOHN K, KELLUM BJ (1987) Forced normalization. Acute psychosis after seizure control in seven patients. Arch Neurol 44: 289–292

PALESTINE ML (1973) Drug treatment of alcohol withdrawal syndrome and delirium tremens. A comparison of haloperidol with mesoridazine and hydroxyzine. Q J Stud Alc 34: 185–193

PARENT M, TOUSSAINT C (1983) Flupenthixol versus haloperidol in acute psychosis. Pharmatherapeutica 3: 354–364

PETIT P, BLAYAC JP, CASTELNAU D, BILLET J, PUECH R, POUGET R (1987) Utilisation de très fortes posologies d'halopéridol dans le traitement des épisodes psychotiques aigus. L'encéphale 13: 127–130

PRASAD L, TOWNLEY MC (1966) Haloperidol and thioridazine in treatment of chronic schizophrenics. Dis Nerv Syst 27: 723–726

PRATT IT (1971) Twilight sleep after infarction. Br Med J 4: 475–476

PRATT JP, BISHOP MP, GALLANT DM (1964) Trifluoperidol and haloperidol in treatment of acute schizophrenia. Am J Psychiatry 121: 592–594

PSARAS, MS, PATERAKIS P, MANAFI T, ZISSIS NP, LYKETSOS GK (1984) Therapeutic evaluation of bromperidol in schizophrenia. Curr Ther Res 36: 1089–1097

REMINGTON G, POLLOCK B, VOINESKOS G, REED K, COULTER K (1993) Acutely psychotic patients receiving high-dose haloperidol therapy. J Clin Psychopharmacol 13: 41–45

RESCHKE RW (1974) Parenteral haloperidol for rapid control of severe, disruptive symptoms of acute schizophrenia. Dis Nerv Syst 35: 112–115

RITTER MR, DAVIDSON DE, ROBINSON TA (1972) Comparison of injectable haloperidol and chlorpromazine. Am J Psychiatry 129: 110–113

ROYER P, GALLAND S (1966) Le Benpéridol dans la pratique psychiatrique. Ann Méd Nancy 5: 269–282

RÜTHER E (1986) Wirkungsverlauf der neuroleptischen Therapie. Fischer, Stuttgart New York

SATO M, CHEN CH CH, AKIYAMA K, OTSUKI S (1983) Acute exacerbation of paranoid psychotic state after long-term abstinence in patients with previous metamphetamine psychosis. Biol Psychiatry 18: 429–440

SCHMIDT LG, SCHÜSSLER G, KAPPES CV, MÜLLER-OERLINGHAUSEN B (1982) Vergleich einer höher dosierten Haloperidol-Therapie mit einer Perazin-Standard-Therapie bei akut-schizophrenen Patienten. Nervenarzt 53: 530–536

SCHMIDT LG, NIEMEYER R, MÜLLER-OERLINGHAUSEN B (1983) Drug prescribing pattern of a psychiatric university hospital in Germany. Pharmacopsychiat 16: 35–42

SCIALLI JVK, THORNTON WE (1978) Toxic reactions from a haloperidol overdose in two children. Thermal and cardiac manifestations. JAMA 239 (1): 48–49

SERRANO AC (1981) Haloperidol – its use in children. J Clin Psychiatry 42: 154–156

SIEBERNS S (1986) Akut-Behandlung schizophrener Psychosen mit Benperidol. Krankenhausarzt 59: 925–931

SIM M, ARMITAGE GH, DAVIES MH, GORDON EB (1971) The treatment of schizophrenia and acute psychoses. A controlled trial of trifluperidol (Triperidol) with trifluoperazin. Clinical Trials J 1: 35–40

STONE CK, GARVE DL, GRIFFITH J, HIRSCHOWITZ J, BENNETT J (1995) Further evidence of a dose-response threshold for haloperidol in psychosis. Am J Psychiatr 152: 1210–1212

STOTSKY BA (1972) Haloperidol in the treatment of geriatric patients. In: DÍMASCÍO A, SHADER RI (eds) Butyrophenones in psychiatry. Raven Press, New York, pp 71–84

TANGHE A, VEREECKEN TM (1970) Quelques expériences avec un nouveau neuroleptique – le Benpéridol. L'encéphale 49: 479–485

TOBIN JM, BROUSSEAU FR, LORENZ AA (1970) Clinical evaluation of haloperidol in geriatric patients. Geriatrics 25: 119–122

WAGNER H, BARTELS M (1987) Neuroleptische Therapie bei Patienten mit hirnorganischer Vorschädigung. Wirksamkeit von Melperon. MMW 129: 784–785

WASTL R, GROHMANN R, RÜTHER E (1986) Frequency of increased serum liver-enzyme levels under treatment with neuroleptics. Pharmakopsychiat 19: 290–291

WOGGON B, ANGST J (1978) Double-blind comparison of bromperidol and perphenazine. Int Pharmacopsychiatry 13: 165–175

ZEE-CHENG CS, MUELLER CE, SEIFERT CF, GIBBS HR (1985) Haloperidol and torsade de pointes. Ann Intern Med 102: 418

7.3.2 Klinische Anwendung der Diphenylbutylpiperidine

E. Klieser und W. Lemmer

Zu der Gruppe der Diphenylbutylpiperidine (DPBP) – Neuroleptika, die aufgrund ihrer chemischen Struktur über eine lange Haltwertzeit verfügen – gehören Fluspirilen, Pimozid und das nur noch außerhalb der Bundesrepublik Deutschland zugelassene Penfluridol. Aufgrund ihrer Wirkungen werden DPBP vor allem in der Langzeitbehandlung schizophrener Patienten eingesetzt. Dabei wird diesen Substanzen neben ihrem therapeutischen Effekt auf produktiv schizophrene Symptome auch eine Beeinflussung der schizophrenen Minussymptomatik und eine Verbesserung des Sozialverhaltens Schizophrener Patienten nachgesagt. Diphenylbutylpiperidine, vor allem Fluspirilen und Pimozid, werden im deutschsprachigen Raum relativ häufig in Tranquilizerindikationen zur Angst- und Spannungslösung genutzt.

Fluspirilen ist wegen seiner ausgeprägten Lipophilie ein Depotneuroleptikum, das in zahlreichen placebokontrollierten Studien eine gute antipsychotische Wirksamkeit gezeigt hat (KAPFHAMMER und RÜTHER 1988). Seine guten therapeutischen Effekte wurden im Vergleich mit oralen Neuroleptika aber auch mit Depot-Neuroleptika nachgewiesen (TEGELER 1990). Fluspirilen soll eher aktivierend und stimulierend wirken und sich günstig auf krankheitsbedingte Beeinträchtigungen im Sozialverhalten auswirken und besonders depressiv-antriebsarme Symptome im schizophrenen Krankheitsverlaufbessern (TEGELER und FLORU 1979, ANGST und WOGGON 1975; siehe Tabelle 7.3.2.1)

Penfluridol, ein oral anzuwendendes Neuroleptikum, kann wegen seiner langen Wirkdauer als Depot-Neuroleptikum genutzt werden. Sowohl in placebokontrollierten Studien als auch in Vergleichsstudien

Tabelle 7.3.2.1. Doppelblinde Vergleichsstudien mit Fluspirilen bei Patienten mit chronischer Schizophrenie mit vorherrschende Negativsymptomatik

Autor	Vergleichs-substanz	Diagnose	n	Studien-dauer	Ergebnis
MALM et al. (1974)	Fluphenazin	chronische Schizophrenie, überw. Negativsymptome	57	8 Wochen	Fluspirilien in bezug auf Negativsymptomatik überlegen
FRANGOS et al. (1978)	Fluphenazin	chronische Schizophrenie, überw. Negativsymptome	50	40 Wochen	Fluspirilien in bezug auf Negativsymptmatik tendenzweise überlegen
RUSSEL et al. (1982)	Fluphenazin	chronische Schizophrenie, überw. Negativsymptomatik	28	26 Wochen	keine Unterschiede in bezug auf Positiv- und Negativsymptomatik

Den vorliegenden älteren Studien können keine genauen Angaben zur Dosierung entnommen werden

mit klassischen Neuroleptika wurde eine gute antipsychotische Wirksamkeit auf produktiv schizophrene Symptome nachgewiesen (KURLAND et al. 1975, LAPIERRE 1978), auch in der Akuttherapie von schizophrenen Patienten (NEDOPIL und KLEIN 1980). Bei der rezidivprophylaktischen Langzeitbehandlung von schizophrenen Patienten wurde in kontrollierten Studien die gute Wirksamkeit von Penfluridol belegt (z. B. GERLACH et al. 1975). Die nur mäßige Sedierung unter Penfluridol-Therapie erweist sich besonders zur Langzeittherapie und bei schizophrener Minussymptomatik als therapeutisch günstig (KLIESER und KLIMKE 1994), macht aber manchmal bei der Akuttherapie eine sedierende Zusatzmedikation erforderlich.

Pimozid wird in der Akutbehandlung schizophrener Psychosen trotz seiner belegten Wirksamkeit in dieser Indikation wegen seines mangelnden sedierenden Effektes nur selten eingesetzt und dann oft zu hoch dosiert (HAAS und BECKMANN 1982, REILLY 1989; siehe Tabelle 7.3.2.2). Pimozid scheint sich besonders günstig auf die schizophrene Negativsymptomatik auszuwirken und zu einer Verbesserung des Sozialverhaltens chronisch schizophrener Patienten zu führen, wie dies die Metaanlyse von OPLER und FEINBERG (1991) zu den Doppelblindstudien von Pimozid bei chronisch-schizophrenen Patienten wahrscheinlich macht (siehe Tabelle 7.3.2.3). Methodische Mängel weist die Untersuchung von VAN KAMMEN et al. (1987) auf, die ebenfalls einen günstigen therapeutischen Effekt von Pimozid sowohl auf positive als auch auf negative Symptome aufzeigt. Möglicherweise kann Pimozid nach den Ergebnissen von offenen Untersuchungen bei hypochondrischen Syndromen und beim De-la-Tourette-Syndrom erfolgreich genutzt werden (RIDING und MUNRO 1975, SINGER et al. 1988). Belegt ist die angst- und spannungslösende Wirksamkeit von Pimozid in niedriger Dosierung in Tranquilizer-Indikation (siehe Exkurs S. 273 ff).

Dosierung

Fluspirilen und Pimozid sind hochpotente Neuroleptika, die in ihrer Wirkstärke dem Haloperidol entsprechen und je nach therapeutischer Zielgröße in gleicher Milligrammzahl dosiert werden müssen. Penfluridol wird zur Aktubehandlung in einer Dosis von 40 bis 100 mg pro Woche und zur Langzeitbehandlung in einer Dosierung von 10–60 mg angewandt.

Tabelle 7.3.2.2. Doppelblindstudien zur Wirksamkeit von Pimozid bei akuten schizophrenen Psychosen

Autor	Vergleichs-substanz	Diagnose	n	Studien-dauer	Ergebnis
CHOUINARD und ANNABLE (1982)	Chlorpromazin	Schizophrenie stat. Patienten	40	4 Wochen	unter Chlorpromazin besseres Outcome, mehr EPMS, weniger vegetative Begleitwirkungen unter Pimozid
PECKNOLD et al. (1982)	Chlorpromazin	Schizophrenie stat. Patienten	20	4 Wochen	Pimozid = Chlorpromazin, unter Pimozid mehr EPMS
SCOTTISH SCHIZOPHRENIA RESEARCH GROUP (1987)	Flupentixol	Schizophrenie stat. Patienten	46	5 Wochen	Pimozid = Flupenthixol in bezug auf Wirkungen und Begleitwirkungen Antriebs-armut und affektive Stumpf-heit unter Pimozid besser, mehr EPMS unter Pimozid (verhältnismäßig höhere Pimoziddosis)
SILVERSTONE et al. (1984)	Haloperidol	Schizophrenie stat. Patienten	22	4 Wochen	Pimozid = Haloperidol, unter Pimozid mehr EPMS, verhältnismäßig höhere Pimoziddosis
SVESTKA und NAHUNEK (1972)	Perphenazin	Schizophrenie	44	3 Wochen	Pimozid = Perphenazin

Den vorliegenden älteren Studien können keine genauen Angaben zur Dosierung entnommen werden

Tabelle 7.3.2.3. Doppelblindstudien zur Wirksamkeit von Pimozid bei chronischer Schizophrenie mit Negativsymptomatik

Autor	Vergleichs-substanz	Diagnose	n	Studien dauer	Ergebnis
MC CREADIE et al. (1978)	Chlorpromazin	chron. Schizophrenie (stationäre Patienten)	12	12 Wochen Cross over design	Pimozid = Chlorpromazin
WILSON et al. (1982)	Chlorpromazin	chron. Schizophrenie (ambulante Patienten)	43	52 Wochen	Pimozid = Chlorpromazin
DOULON et al. (1977)	Fluphenazin	chron. Schizophrenie (ambulante Patienten)	46	52 Wochen	Pimozid deutlichere Besserung in den Sozialskalen
FALLOON et al. (1978)	Fluphenazin	chron. Schizophrenie (ambulante Patienten)	44	52 Wochen	Pimozid deutlichere Besserung im Sozial-verhalten und Aktivität
BARNES et al. (1983)	Fluphenazin	chron. Schizophrenie (ambulante Patienten)	36	52 Wochen	Pimozid = Fluphenazin

Den vorliegenden älteren Studien können keine genauen Angaben zur Dosierung entnommen werden

Fluspirilen und Penfluridol müssen einmal pro Woche, Pimozid einmal täglich verabreicht werden.

Unerwünschte Wirkungen

Wie bei allen hochpotenten Neuroleptika ist entsprechend ihrer starken D_2-Rezeptoraffinität auch bei Fluspirilen und Pimozid häufig mit extrapyramidal-motorischen Symptomen und bei längerfristiger Anwendung mit Spätdyskinesien zu rechnen. Unter Fluspirilenanwendung wird häufiger Müdigkeit als unter der Anwendung von Penfluridol und Pimozid beobachtet (KLIESER und KLIMKE 1994). Bei der Behandlung mit Fluspirilen kann es auch in niedriger Dosierung zu beträchtlichen Gewichtszunahmen kommen (LEHMANN 1987). Auch wenn unter der Langzeitanwendung von Penfluridol bisher keinerlei Zeichen für onkologische Veränderungen zu finden waren, hat die Herstellerfirma das Präparat in Deutschland zurückgezogen, da unter seiner Anwendung in toxikologischen Studien möglicherweise überdurchschnittlich häufig Pankreasadenome aufgetreten waren. Im Einzelfall kann Pimozid als potenter Calciumantagonist besonders in höheren Dosierungen zu einer Verlängerung der QT-Zeit, zu T-Abnormalitäten und Veränderungen der U-Welle führen und bei vorgeschädigten Patienten oder in Kombination mit trizyklischen Antidepressiva zu Herz-Rhythmusstörungen führen (FULOP et al. 1987, OPLER und FEINBERG 1991).

Kontraindikationen

Die Kontraindikationen für eine Therapie mit Diphenylbutylpiperiden entsprechen denen anderer hochpotenter und stark potenter Neuroleptika, besonders aus der Gruppe der Butyrophenone. Pimozid sollte nicht oder nur mit Vorsicht angewandt werden, wenn internistischerseits eine Behandlung mit Calciumantagonisten kontraindi-

ziert ist. Die Kombination von Pimozid mit trizyklischen Antidepressiva sollte bei Patienten, die zu Herzrhythmusstörungen neigen, nicht angewandt werden.

Überdosierung – Intoxikation

Wegen der großen therapeutischen Breite sind Überdosierungen und Intoxikationen mit Diphenylbutylpiperidinen äußerst selten und entsprechen in ihrer Symptomatik denen von hochpotenten Butyrophenonen. Bei Pimozidüberdosierung treten zentrale Störungen, vor allen Dingen Herzrhythmusstörungen auf (AYD 1971).

Kontrolluntersuchungen

sollten entsprechend der Hinweise im Kapitel Butyrophenone erfolgen. Bei Behandlung mit Pimozid sollte vor Behandlung ein EKG zum Ausschluß cardialer Risiken angefertigt werden. Regelmäßige EKG-Kontrollen sind bei Hochdosierung von Pimozid angezeigt.

Praktische Durchführung und allgemeine Behandlungsrichtlinien

Diphenylbutylpiperidine können bei den schizophrenen Patienten zur Langzeittherapie angewandt werden, die klassische Neuroleptika gut vertragen und deren klinisches Bild durch ängstlich-depressiven Affekt, Antriebsmangel und Negativsymptomatik bestimmt wird.

Literatur

ANGST J, WOGGON B (1975) Klinische Prüfung von fünf Depotneuroleptika. Arzneimittelforschung 25: 267–270

AYD FJ (1971) Pimozide: a promising new neuroleptic. Int Drug Ther Newsletter 6: 17–28

BARNES TRE, MILAVIC G, CURSON DA (1983) Use of the social behaviour assessment schedule

(SBAS) in a trial of maintenance antipsychotic therapy in schizophrenic outpatients: pimozide versus fluphenazine. Social Psychiatry 18: 193–199

CHOUINARD G, ANNABLE L (1982) Pimozide in the treatment of newly admitted schizophrenic patients. Psychopharmacology 76: 13–19

DOLON PT, SWABACK DO, OSBORNE ML (1977) Pimozide versus fluphenazine in ambulatory schizophrenics, a 12-month comparison study. Dis Nerv Syst 38: 119–123

FALLOON J, WATT DC, SHEPHERD M (1978) The social outcome of patients in a trial of long-term continuation therapy in schizophrenia: pimozide vs fluphenazine. Psychol Med 8: 265–274

FRANGOS H, ZISSIS NP, LEONTOPOULOS L (1978) Double-blind therapeutic evaluation of fluspirilene compared with Fluphenazine decanoate in chronic schizophrenics. Acta Psychiatr Scand 57: 436–446

FULOP G, PHILLIPS RA, SHAPIRO AK (1987) ECG changes during haloperidol and pimozide treatment of Tourette's disorder. Am J Psychiatry 144: 673–675

GERLACH J, KRAMP P, KRISTJANSEN P (1975) Peroral and parenteral administration of longacting neuroleptics. Acta Psychiatr Scand 52: 132–144

HAAS S, BECKMANN H (1982) Pimozide versus haloperidol in acute schizophrenia. A double blind controlled study. Pharmacopsychiat 15: 70–74

VAN KAMMEN D, HOMMER W, MALASK K (1987) Effect of pimozide on positive and negative symptoms in schizophrenic patients. Neuropsychobiology 18: 113–117

KAPFHAMMER H, RÜTHER E (1988) Depot-Neuroleptika. Springer, Berlin Heidelberg New York Tokyo, S 125–129

KLIESER E, KLIMKE A (1994) Zur Wirksamkeit der substituierten Diphenylbutylpiperidine auf schizophrene Negativsymptomatik In: MÖLLER HJ, LAUX G (Hrsg) Fortschritte in der Diagnostik und Therapie schizophrener Minussymptomatik. Springer, Wien New York, S 241–249

KURLAND AA, OTA KY, SLOTNICK (1975) Penfluridol: a long-acting oral neuroleptic. A controlled study. J Clin Pharmacol 15: 611–621

LAPIERRE PA (1978) A controlled study of penfluridol in the treatment of chronic schizophrenia. Am J Psychiatry 135: 956–959

LEHMANN E (1987) Neuroleptanxiolyse: Neuroleptika in Tranquilizerindikation. In: PICHOT P, MÖLLER HJ (Hrsg) Neuroleptika. Rückschau 1952–1986, künftige Entwicklungen. Springer, Berlin Heidelberg New York Tokyo, S 111–118

MALM U, PERRIS C, RAPP W (1974) A multicenter controlled trial of fluspirilene and fluphenazine enanthate in chronic schizophrenic syndromes. Acta Psychiatr Scand 249: 94–116

MCCREADIE RG, MAIN CJ, DUNLOP RA (1978) Token economy, pimozide and chronic schizophrenia. Br J Psychiatry 133: 179–181

NEDOPIL N, KLEIN HE (1980) Penfluridol: the same drug in acute and maintenance treatment in newly admitted schizophrenic patients. Abstracts 12th CINP Congress, Göteborg

OPLER L, FEINBERG S (1991) The role of pimozide in clinical psychiatry: a review. J Clin Psychiatry 52: 221–227

PECKNOLD JC, McCLURE DJ, ALLAN T (1982) Comparison of pimozide and chlorpromazine in acute schizophrenia. Can J Psychiatry 27: 208–212

REILLY TM (1989) Pimozide: a selective clinical review. In: AYD FJ (ed) 30 Years Janssen research in psychiatry. Ayd Medical Communications, Baltimore, pp 72–84

RIDING J, MUNRO A (1975) Pimozide in the treatment of monosymptomatic hypochondrial psychosis. Lancet i: 23–30

RUSSEL N, LANDMARK J, MERSKEY H (1982) A double-blind comparison of fluspirilene and fluphenazine decanoate in schizophrenia. Can J Psychiatry 27: 593–596

SCOTTISH SCHIZOPHRENIA RESEARCH GROUP (1987) The Scottish first episode schizophrenia study. II. Treatment: pimozide versus flupenthixol. Br J Psychiatry 150: 334–338

SINGER HS, FRIFILETTI R, GAMMON K (1988) The role of „other" neuroleptic drugs in the treatment of Tourette's syndrome. In: COHEN DJ, BRUNN RD, LECKMAN JF (eds) Tourette's syndrome and Tic disorder. Wiley, New York, pp 303–316

SILVERSTONE T, COOKSON J, BALL R (1984) The relationship of dopamine receptor blockade to clinical response to schizophrenic patients treated with pimozide or haloperidol. J Psychiatr Res 18: 255–268

SVESTKA J, NAHUNEK K (1972) A comparison of pimozide with perphenazine in the treatment of acute schizophrenic psychoses. Act Nerv Sup (Praha) 14: 93–94

TEGELER J (1990) Nutzen und Risiken der Depotneuroleptika. Habilitationsschrift, Düsseldorf

TEGELER J, FLORU T (1979) Eine vergleichende Untersuchung der Depotneuroleptika Perphenazinönanthat und Fluspirilen. Pharmacopsychiat 12: 359–365

WILSON LG, ROBERTS RW, GERBER CJ (1982) Pimozide versus chlorpromazine in chronic schizophrenia. J Clin Psychiatry 43: 62–65

Neuro-Psychopharmaka, Bd. 4, 2. Aufl.
Riederer P. / Laux G. / Pöldinger W. (Hrsg.)
© Springer-Verlag Wien 1998

8

(Sogenannte) Atypische Neuroleptika (Antipsychotika)

Einleitung

B. Gallhofer und A. Meyer-Lindenberg

Die Gruppe der sogenannten atypischen Antipsychotika ist pharmakologisch und klinisch heterogen. Es existiert kein verbindlicher Konsens darüber, wann ein Antipsychotikum als „atypisch" zu kennzeichnen ist (MELTZER 1991). Letztlich umschreibt die Atypika-Definition klinisch festgestellte Besonderheiten der „Muttersubstanz" Clozapin im Vergleich zu typischen Neuroleptika. Hierbei wurde in der Vergangenheit zunächst auf das Fehlen signifikanter extrapyramidalmotorischer Nebenwirkungen bei Gabe einer antipsychotisch wirksamen Dosis abgehoben, weiterhin auf das Fehlen von Spätdyskinesien und -dystonien. Im Gefolge der wegweisenden Studie von KANE et al. (1988) stand danach im Mittelpunkt des klinischen Interesses die Möglichkeit, mit atypischen Antipsychotika die als „schizophrenes Negativsyndrom" (ANDREASEN 1982) zusammengefaßte Symptomgruppe besser als mit typischen Neuroleptika beeinflussen zu können (siehe Exkurs: Atypische Eigenschaften klassischer Substanzen). Verbunden damit war die Hoffnung auf ein verbessertes Ansprechen chronischer und pharmakoresistenter Schizophrenie-Syndrome. Als sowohl pathogenetisch relevantes wie auch für die Rehabilitation postremissiver Syndrome bedeutsames Prinzip hat sich daneben die Verbesserung kognitiver Funktionen unter Atypika-Therapie gezeigt (GALLHOFER et al. 1996, MEYER-LINDENBERG et al. 1997).

In Wechselwirkung von Klinik und Psychopharmakologie sind verschiedene Eigenschaften des Rezeptorbindungsprofils als bedeutsam für die „atypische" Wirksamkeit eines Antipsychotikums postuliert worden. Besonderes Interesse hat hier die 5-HT$_2$-antagonistische Wirkung gefunden. Dieser Mechanismus, der Zotepin, Clozapin und Risperidon gemeinsam ist (MÜLLER et al. 1995), wird hypothetisch sowohl mit der verminderten Inzidenz extrapyramidal-motorischer Symptome als auch mit der Möglichkeit zur Beeinflussung der Minussymptomatik und zur Besserung kognitiver Funktionen in Verbindung gebracht (ROTH und MELTZER 1995).

Literatur

ANDREASEN NC (1982) Negative symptoms in schizophrenia: definition and reliability. Arch Gen Psychiatry 39: 784–788

GALLHOFER B, BAUER U, GRUPPE H, KRIEGER S, LIS S (1996) First episode schizophrenia: the importance of compliance and preserving cognitive function. J Pract Psychiatry Behav Health 55 [Suppl B]: 16–24

KANE JM, HONIGFELD G, SINGER J, MELZER HJ, CLOZARIL COLLABORATIVE STUDY GROUP (1988) Clozapin for the treatment-resistant schizophrenic. Arch Gen Psychiatry 45: 789–796

MELTZER HY (1991) The mechanism of action of novel atypic antipsychotic drugs. J Schizophr Bull 17: 263–287

MEYER-LINDENBERG A, GRUPPE H, BAUER U, KRIEGER S, LIS S, GALLHOFER B (1997) Improvement of cognitive functioning in schizophrenic patients receiving zotepine or clozapine: results of a double-blind trial. Pharmacopsychiatry 30: 35–42

MÜLLER WE, TUSCHL R, GIETZEN K (1995) Therapeutische und unerwünschte Wirkungen von Neuroleptika – die Bedeutung von Rezeptorprofilen. Zotepin im Vergleich zu Risperidon, Clozapin und Haloperidol. Psychopharmakotherapie 2: 148–153

ROTH BL, MELTZER HY (1995) The role of serotonin in schizophrenia. In: BLOOM FE, KUPFER DJ (eds) Psychopharmacology. The fourth generation of progress. Raven Press, New York, pp 1215–1227

8.1 Pharmakokinetik atypischer Neuroleptika

K. Broich

Basierend auf der strukturchemischen Heterogenität der atypischen Neuroleptika sind Unterschiede der pharmakokinetischen Parameter für die einzelnen Substanzen nicht überraschend und werden im folgenden erläutert, eine zusammenfassende Darstellung der wichtigsten pharmakokinetischen Parameter findet sich in Tabelle 8.1.2.

8.1.1 Clozapin

Mehrere Übersichtsarbeiten zur Pharmakokinetik von Clozapin wurden kürzlich publiziert (BYERLY und DEVANE 1996, FITTON und HEEL 1990, JANN et al. 1993). 90 bis 95% einer oralen Dosis von Clozapin können nach 3,5 Stunden im Plasma nachgewiesen werden (BYERLY und DEVANE 1996, CHENG et al. 1988, CHOC et al. 1987). Die Absorptionshalbwertszeit beträgt 40 Minuten. Die Geschwindigkeit und das Ausmaß der Resorption werden durch Nahrungsaufnahme nicht beeinflußt. Clozapin unterliegt einem mäßigen First-Pass-Metabolismus, die Bioverfügbarkeit von Clozapin beträgt 50 bis 60%. Maximale Plasmaspiegel wurden nach 1 bis 4 Stunden erreicht (BYERLY und DEVANE 1996, CHENG et al. 1988, CHOC et al. 1987). Clozapin ist zu 95% an Plasmaproteine gebunden, daher sind Verfahren wie die Hämodialyse bei Überdosierung bzw. Intoxikation mit Clozapin nur wenig erfolgreich. Das durchschnittliche Verteilungsvolumen von Clozapin im Steady-state liegt zwischen 2,0 und 5,1 L/kg (Range: 1,0–10,2 L/kg) (BYERLY und DEVANE 1996).

Clozapin und seine Metaboliten verteilen sich auf zwei Kompartimente, was zu einer biphasischen Konzentrations-Zeit-Kurve führt. Die Eliminationshalbwertszeit der Alphaphase beträgt ca. 6 Stunden, die der Betaphase zwischen 11,8 und 25 Stunden. Die Clearance von Clozapin hängt des weiteren von der Therapiedauer ab, nach Einmalapplikation beträgt die durchschnittliche Eliminationshalbwertszeit 8,1 Stunden. Unter Steady-state-Bedingungen, die nach 6 bis 10 Tagen erreicht werden, beträgt die terminale Eliminationshalbwertszeit 14,2 Stunden (Range: 5–60) (BYERLY und DEVANE 1996, CHOC et al. 1987, 1990).

Bei Gabe einer Einzeldosis von 50 mg betrug die maximale Plasmakonzentration 55,5 ng/ml. In einem Dosisbereich zwischen 25 und 800 mg/die wurden lineare Dosis-proportionale Zunahmen der Plasmaspiegel berichtet (ACKENHEIL 1989, BYERLY und DEVANE 1996, CHOC et al. 1987, HARING et al. 1990, SCHULZ et al. 1995). Unter Steady-state-Bedingungen können nach Clozapingaben von 300 mg pro Tag Plasmaspiegel zwischen 200 und 600 ng/ml gemessen werden (BYERLY und DEVANE 1996, FITTON und HEEL 1990, JANN et al. 1993).

Patientenbezogene Variablen wie Alter, Geschlecht und Raucherstatus wurden an einer Gruppe von 148 stationären Patienten untersucht (HARING et al. 1990). Ältere Patienten, Frauen und Nichtraucher hatten in dieser Studie höhere durchschnittliche Plasmaspiegel. Der Einfluß des Rauchens war nur bei Männern nachweisbar, was nach den Autoren an der geringeren Rauchmenge bei Frauen liegen könnte. Ursache der niedrigeren Plasmaspiegel bei Rauchern dürfte eine Induktion des Isoenzyms CYP1A2 sein. Verabreichte Dosis, Geschlecht, Alter, Raucherstatus und Gewicht in Kombination erklärten 36,9% der Variation der Plasmaspiegel in dieser Studie (HARING et al. 1990).

Die Ergebnisse in bezug auf den Zusammenhang zwischen Clozapin-Plasmaspiegeln und klinischer Wirksamkeit waren zunächst widersprüchlich (ACKENHEIL 1989, HEIPERTZ et al. 1977). In einer Untersuchung von PERRY et al. (1991) fand sich aber eine größere Anzahl von Respondern in einer Patientengruppe mit Clozapin-Plasmaspiegeln über 350 ng/ml, ähnliche Befunde wurden jüngst auch von anderen Autoren berichtet (HASEGAWA et al. 1993, KRONIG et al. 1995, MILLER et al. 1994, PISCITELLI et al. 1994, POTKIN et al. 1994) (Tabelle 8.1.1).

Clozapin wird vorwiegend in der Leber metabolisiert (Abb. 8.1.1). Es können zwei Hauptmetaboliten im Verhältnis 2:1 nachgewiesen werden: Norclozapin (N-Desmethyl-Clozapin) und Clozapin-N-Oxid. Allerdings bestehen große interindividuelle Schwankungen im Verhältnis von Norclozapin zu Clozapin (ACKENHEIL 1989, PISCITELLI et al. 1994). SCHULZ et al. (1995) bestimmten die Plasmakonzentrationen von Clozapin und

seinen Metaboliten bei 6 jungen schizophrenen Patienten mittels HPLC-Methodik und fanden Quotienten für Norclozapin/Clozapin von 1,12 ± 0,28 (Range: 0,64–1,76) und für Clozapin-N-Oxid/Clozapin von 0,18 ± 0,09 (Range: 0,06–0,44). Beide Metaboliten wurden wesentlich geringer pharmakologisch aktiv und toxisch als die Ausgangssubstanz angesehen, so berichteten GERSON und Mitarbeiter, daß Norclozapine erst in 3- bis 6fach höherer Konzentration gemessen an Clozapin-Konzentrationen toxisch auf hämatopoetische Vorstufen im Knochenmark wirkt (das bezieht sich nicht auf klinisch relevante Dosisbereiche, sondern auf Konzentrationen in toxikologischen Untersuchungen; GERSON et al. 1994). Neuere Befunde sprechen aber dafür, daß Clozapin und Norclozapin beide eine vergleichbare Potenz als Serotonin 5-HT_{1C}-Rezeptorantagonisten und ebenso eine etwa gleich große Affinität zu Dopamin D_2- und Serotonin 5HT_2-Rezeptoren haben (KUOPPAMÄKI et al. 1993, MELTZER 1995a, b). Demgegenüber scheint Clozapin-N-Oxid keine signifikante Affinität zu diesen Rezeptorsystemen zu haben. Weitere Metaboliten wie 2-Hydroxy- und 7-Hydroxy-Clozapin wurden identifiziert, deren biologische Aktivität ist aber nicht bekannt. Im Urin psychotischer, mit Clozapin behandelter Patienten wurde Clo-

Tabelle 8.1.1. Zusammenhang zwischen Plasmaspiegeln und klinischer Response bei Therapie mit Clozapin

Autor	Patientenzahl	Studiendesign	Plasmaspiegel bei optimaler Response
HASEGAWA et al. (1993)	59	doppelblind	> 370 ng/ml
KRONIG et al. (1995)	37	doppelblind	> 350 ng/ml
MILLER et al. (1994)	24	doppelblind	> 350 ng/ml
PERRY et al. (1991)	29	doppelblind	> 350 ng/ml
PISCITELLI et al. (1994)	11	?	linear: höhere Plasmaspiegel, bessere Response
POTKIN et al. (1994)	58	doppelblind	> 420 ng/ml

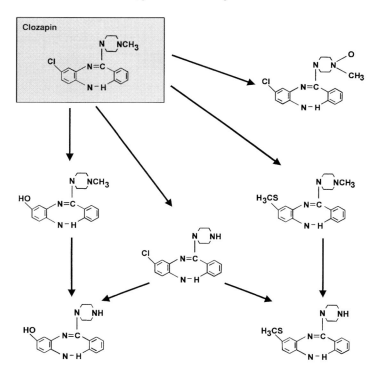

Abb. 8.1.1. Metabolisierungswege von Clozapin (FITTON und HEEL 1990)

zapin-N-Glukuronid kürzlich nachgewiesen (LUO et al. 1994).

Clozapin wird in metabolisierter Form zu ca. 50% über die Niere und bis zu 38% in den Fäzes ausgeschieden. Die Muttersubstanz Clozapin ist im Urin zu weniger als 5% nachweisbar (FITTON und HEEL 1990, JANN et al. 1993).

Der Metabolismus von Clozapin und vielen anderen Psychopharmaka wird wesentlich vom Cytochrom P$_{450}$-Enzymsystem der Leber bestimmt. Mehrere Isoformen dieser Enzyme werden unterschieden, für den Metabolismus von Clozapin scheinen die Isoformen CYP2D6, CYP1A2 und CYP3A4 von Bedeutung. Nach in vitro-Untersuchungen wird Clozapin vorwiegend über CYP2D6 metabolisiert (FISCHER et al. 1992) und Medikamente wie trizyklische Antidepressiva, selektive Serotonin-Wiederaufnahmehemmer (Fluoxetin, Paroxetin),

Haloperidol oder Risperidon, die ebenfalls über dieses Isoenzym verstoffwechselt werden, könnten so theoretisch zu deutlichen Serumspiegelerhöhungen des Clozapin als Folge der veränderten pharmakokinetischen Parameter mit verminderter Clearance und verlängerter Eliminationshalbwertszeit führen (BYERLY und DEVANE 1996, CENTORRINO et al. 1994, JANN et al. 1993). Allerdings zeigte eine in vivo-Untersuchung, bei der Schnell- (90% der Kaukasier) und Langsam-Metabolisierer (10% der Kaukasier) über CYP2D6 verglichen wurden, keine signifikanten Unterschiede in den Plasmaspiegeln für Clozapin (DAHL et al. 1994). Neuere Befunde sprechen dafür, daß CYP1A2 das für die Verstoffwechselung von Clozapin maßgebliche Isoenzym ist. Bei 14 gesunden Probanden wurde nachgewiesen, daß die Aktivität von CYP1A2 70% der Varianz der Clozapin-Clearance erklärt (BERTILS-

SON et al. 1994). Dies wird gestützt durch Befunde mit Koadministration von Fluvoxamin, welches ein starker Inhibitor der CYP1A2 ist und dadurch eine deutliche Erhöhung der Clozapin-Plasmaspiegel resultiert (HIEMKE et al. 1994, JEPPESEN et al. 1996, JERLING 1994). Carbamazepin, welches zur Induktion des CYP3A4 Isoenzyms führt, bewirkt eine Senkung der Clozapin-Plasmaspiegel, so daß dieses Isoenzym ebenfalls am Metabolismus von Clozapin beteiligt ist (JERLING et al. 1994). Phänotypische Unterschiede dieser Isoenzyme sind wahrscheinlich für die großen interindividuellen Variationen der Plasmaspiegel und Clearance von Clozapin verantwortlich (BYERLY und DEVANE 1996).

8.1.2 Risperidon

Nach oraler Gabe wird Risperidon schnell und ausgiebig resorbiert. Gleichzeitige Nahrungsaufnahme vermindert die Resorptionsrate, die Gesamtresorptionsrate bleibt aber unbeeinflußt (GRANT und FITTON 1994, HEYKANTS et al. 1994). Die absolute Bioverfügbarkeit von Risperidon nach oraler Gabe beträgt 66% bei Schnell-Metabolisierern und 82% bei Langsam-Metabolisierern, unabhängig vom Metabolisierungsstatus beträgt die Bioverfügbarkeit der aktiven antipsychotischen Fraktion (Risperidon und sein Hauptmetabolit 9-Hydroxy-Risperidon) 100% (HUANG et al. 1993). 9-Hydroxy-Risperidon zeigt in vivo eine vergleichbare biologische Aktivität in einer Größenordnung von ca. 70% des Risperidons, die Summe von beiden ist daher als biologisch aktive Fraktion anzusehen (HEYKANTS et al. 1994, VAN BEIJSTERVELDT et al. 1994).

Die Plasmaproteinbindung beträgt ca. 90% für Risperidon und 77% für 9-Hydroxy-Risperidon (MANNENS et al. 1994), das Verteilungsvolumen liegt bei 1,1 (± 0,2) L/kg für Risperidon (HUANG et al. 1993). Maximale Plasmaspiegel von Risperidon (3–8 µg/L)

wurden innerhalb von 2 Stunden nach einmaliger Gabe von 1 mg Risperidon erreicht. Die Eliminationshalbwertszeit beträgt 2,8 Stunden bei Schnell-Metabolisierern und 16 Stunden bei Langsam-Metabolisierern für Risperidon und 20,5 Stunden für 9-Hydroxy-Risperidon (HEYKANTS et al. 1994, HUANG et al. 1993). Die Eliminationshalbwertszeit der biologisch aktiven Fraktion von Risperidon und 9-Hydroxy-Risperidon verlängert sich unabhängig von der Metabolisierungsgeschwindigkeit mit ca. 20 bis 22 Stunden aber nicht (HEYKANTS et al. 1994, MANNENS et al. 1993). Steady state-Bedingungen werden für Risperidon innerhalb eines Tages erreicht, für die biologisch aktive Fraktion innerhalb von 5 Tagen (HEYKANTS et al. 1994). Für den Dosisbereich von 5 bis 25 mg/Tag wurde eine lineare Beziehung zwischen Dosis und Plasmaspiegel des Risperidons (ERESHEFSKY et al. 1993, HEYKANTS et al. 1994, MANNENS et al. 1993) und 9-Hydroxy-Risperidons (ANDERSON et al. 1993) nachgewiesen (Abb. 8.1.2).

Risperidon wird in der Leber vorwiegend durch Hydroxylierung und oxidative N-Dealkylierung metabolisiert. Der Metabolismus von Risperidon erfolgt vorwiegend (ca.

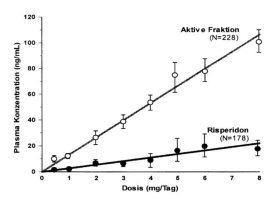

Abb. 8.1.2. Plasmaspiegelverlauf von Risperidon und der biologisch aktiven Fraktion bei Patienten mit einer chronischen Schizophrenie, die mit Dosen von 0,5–8 mg zweimal täglich behandelt wurden (HEYKANTS et al. 1994)

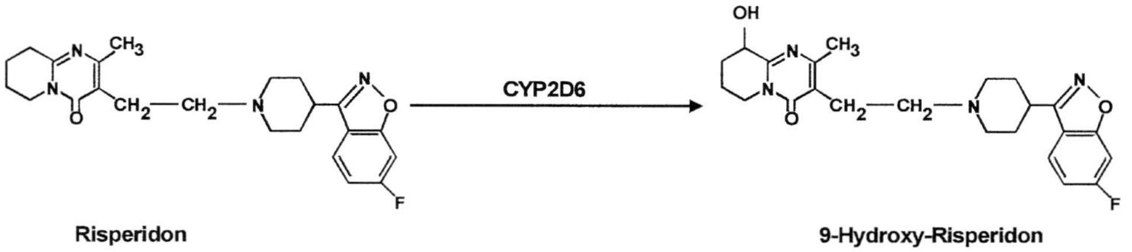

Abb. 8.1.3. Hauptmetabolisierungsweg von Risperidon (modifiziert nach HEYKANTS et al. 1994)

80%) über das hepatische Cytochrom P_{450}-2D6-System (Abb. 8.1.3), der Hauptmetabolit 9-Hydroxy-Risperidon wird vorwiegend renal eliminiert. Nach Gabe von 1 mg radioaktiv markierten Risperidons wurden 70% der Radioaktivität renal ausgeschieden, 4–30% davon als unverändertes Risperidon. Ca. 14% der Radioaktivität wurde via Fäzes eliminiert, davon nur 1% als unverändertes Risperidon. 9-Hydroxy-Risperidon machte 8–32% der im Urin ausgeschiedenen Radioaktivität aus (MANNENS et al. 1993). Medikamente, die ebenfalls von CYP2D6 metabolisiert werden (z. B. Butyrophenone, Fluoxetin, Paroxetin, tri- und tetrazyklische Antidepressiva, Antiarrhythmika, β-Blocker) können zu Plasmaspiegelerhöhungen des Risperidons führen. Da sich Risperidon und 9-Hydroxy-Risperidon aber invers verhalten, sollte hierdurch die biologisch aktive Fraktion gleichbleiben und die klinische Bedeutung dieser Interaktionen eher von untergeordneter Bedeutung bleiben (BYERLY und DeVANE 1996, GRANT und FITTON 1994). Der Einfluß von Geschlecht, Alter sowie Leber- und Nierenfunktionsstörungen auf die Plasmaspiegel des Risperidon wurde von SNOECK et al. (1995) untersucht. Bei älteren Patienten war die Plasma-Clearance der biologisch aktiven Fraktion um 30% und bei Patienten mit Niereninsuffizienz um ca. 55% reduziert, bei diesen Patientengruppen sollte die übliche Tagesdosis daher reduziert werden. Leberfunktionsstörungen führen zu keiner Veränderung der Clearance der aktiven biologischen Fraktion, es ist

aber zu berücksichtigen, daß bei Erniedrigung von Albumin oder $α_1$-saurem Glykoprotein der freie Anteil von Risperidon erhöht und auch hier eine Dosisanpassung erforderlich sein kann (MANNENS et al. 1994).

8.1.3 Zotepin

Zotepin wird nach oraler Applikation schnell und nahezu vollständig nach 0,5 bis 1 Stunde aus dem Gastrointestinaltrakt absorbiert. Die Halbwertszeit der Absorption beträgt im Mittel 0,9 bis 1,5 Stunden. Die systemische Bioverfügbarkeit liegt in Folge hoher First-pass-Metabolisierung mit 7 bis 13 Prozent sehr niedrig (NODA et al. 1979, OTT 1992, ROSZINSKY-KÖCHER und DULZ 1996).
Maximale Plasmaspiegel in Höhe von durchschnittlich 6,9 ng/ml (25 mg), 14,8 ng/ml 50 mg) bzw. 19,6 ng/ml (100 mg) werden nach wöchentlicher Einmalgabe innerhalb von 2 bis 4 Stunden erreicht (SALETU et al. 1991). Danach fallen die Plasmaspiegel biexponentiell ab, in der Alpha-Phase verhältnismäßig schnell mit einer Halbwertzeit von 0,9 bis 1,3 Stunden, in der Beta-Phase relativ langsam mit einer Halbwertzeit von 13,7 bis 15,9 Stunden. Zotepin zeigt im Bereich von 25 bis 100 mg ein lineares Dosis-Plasmaspiegelverhältnis (NODA et al. 1979, OTT 1992, ROSZINSKY-KOCHER und DULZ 1996).
Nach wiederholter Applikation von 50 bis 500 mg/d werden im Steady-state mittlere Plasmaspiegel von etwa 40 ng/ml bei großer

interindividueller Streuung mit mehr als 100% gefunden (OTANI 1992). Dies beruht wahrscheinlich auf der hohen Variabilität des Metabolismus von Zotepin. Eine alters- oder geschlechtsabhängige Beeinflussung der Pharmakokinetik von Zotepin konnte nicht nachgewiesen werden. Ebenso fand sich kein Zusammenhang zwischen Plasmaspiegeln und klinischer Wirksamkeit sowie Nebenwirkungen bis auf eine Akathisie (KONDO et al. 1994). Die Verteilung von Zotepin ins Gewebe erfolgt mit einer Halbwertzeit von durchschnittlich 0,9 Stunden. Das Steady-state-Verteilungsvolumen liegt bei 10 l/kg, Steady-state Bedingungen werden nach 3–4 Tagen erreicht. Die apparente Plasmaclearance von unverändertem Zotepin liegt bei 7500 ml/min (450 L/Std.). Zotepin wird mit 97% stark an Plasmaeiweiße gebunden (NODA et al. 1979).

Zotepin wird fast vollständig metabolisiert. Im Plasma wurden der teilweise aktive Hauptmetabolit Norzotepin (30 bis 40% Aktivität bezogen auf Zotepin, Halbwertzeit ca. 12 Stunden) und ein weiterer Metabolit (weniger als 10 Prozent Aktivität bezogen auf Zotepin) – wahrscheinlich Zotepin-S-Oxid – bestimmt. Die wichtigen Metabolisierungswege sind N-Desmethylierung der tertiären Aminogruppe, Sulfoxid- und N-Oxidbildung und aromatische Hydroxilierung in 7- bzw. 8-Stellung mit nachfolgender Konjugation mit Schwefel- oder Glucoronsäure zu polaren, gut ausscheidungsfähigen Metaboliten. Eine enterohepatische Rezirkulation von Hydroxy-Zotepin-Metaboliten über Dekonjugation und Resorption der freien Verbindungen ist bei der Ratte nachgewiesen und ist auch für den Menschen wahrscheinlich (NODA et al. 1979).

Die Eliminationshalbwertzeit beträgt 13,7 bis 15,9 Stunden. Im 24-Stunden-Urin werden 17% einer oral applizierten Dosis eliminiert, davon weniger als 0,1% als unverändertes Zotepin und Norzotepin. Tierexperimentell erfolgte die Ausscheidung von Zotepin und seiner Metaboliten überwiegend

über die Galle und die Fäzes. Bevorzugte Ausscheidungsformen im Urin sind mit 15% der oral verabreichten Dosis hydroxilierte Metaboliten, daneben 1% Sulfoxidverbindungen und 1% Desmethylverbindungen (NODA et al. 1979, ROSZINSKY-KÖCHER und DULZ 1996).

Untersuchungen zum Plazenta-Transport an der Ratte zeigen, daß Zotepin und/oder seine Metabolite Plazenta-gängig sind und auf den Fötus und das Amnion übergehen. Ebenso konnte tierexperimentell die Milchgängigkeit von Zotepin und der Metaboliten nachgewiesen werden. Die Konzentration in der Muttermilch beträgt ca. 50% der mütterlichen Blutkonzentration, erreicht etwa nach 6 Stunden ihr Maximum und fällt danach parallel zur Plasmakonzentration ab (ROSZINSKY-KÖCHER und DULZ 1996).

8.1.4 Olanzapin

Olanzapin wird nach oraler Einnahme unabhängig von der Nahrungsaufnahme gut resorbiert. Obwohl keine Studien zur i. v.-Applikation vorliegen, dürfte nach Untersuchungen mit markiertem Olanzapin die absolute orale Bioverfügbarkeit zwischen 80 und 100% liegen (LILLY und COMPANY 1996, LILLY RESEARCH LABORATORIES 1996). Maximale Plasmaspiegel finden sich nach durchschnittlich 6 Stunden (Range: 5–8 Std.) (Abb. 8.1.4). Olanzapin weist eine hohe Plasmaproteinbindung (Albumin und α_1-saures Glykoprotein) von 93% auf. Die Plasma-Clearance beträgt 24 L/Std., die Eliminationshalbwertzeit beträgt durchschnittlich 33 Stunden. Bei Frauen fand sich eine signifikant längere Halbwertzeit (36,7 Std. versus 32,3 Std. bei Männern) und eine verminderte Clearance (18,9 versus 27,3 L/Std.) für Olanzapin. Ebenso wurde bei älteren Patienten eine im Vergleich zu jüngeren verlängerte Eliminationshalbwertzeit (51,8 versus 33,8 Std.) und ein Trend zu einer verminderten Clearance (17,5 versus 18,2 L/Std.) nach-

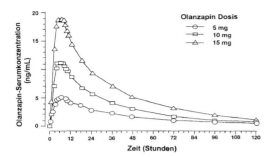

Abb. 8.1.4. Plasmaspiegelverläufe bei unterschiedlichen Dosen von Olanzapin nach Einmalgabe (LILLY RESEARCH LABORATORIES 1996, BEUZEN 1997)

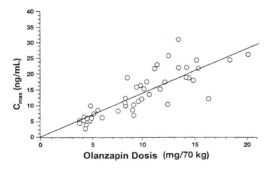

Abb. 8.1.5. Lineares Verhalten der maximalen Plasmaspiegel (C_{max}) von Olanzapin proportional zur oral verabreichten Dosis (LILLY RESEARCH LABORATORIES 1996, BEUZEN 1997)

gewiesen (LILLY und COMPANY 1996, LILLY RESEARCH LABORATORIES 1996). Bei Rauchern wurden niedrigere Plasmaspiegel, eine verkürzte Halbwertszeit ($t_{1/2}$: 30,4 Std. versus 38,6 Std. bei Nichtrauchern) und eine erhöhte Plasma-Clearance (27,7 L/Std. versus 18,6 L/Std. bei Nichtrauchern) bestimmt, was auf der Enzyminduktion der CYP1A2 bei Rauchern beruht. Steady-state-Konzentrationen zeigen sich nach einer Woche. Eine lineare Kinetik proportional zur oral verabreichten Dosis wurde bei Dosen zwischen 2,5 und 15 mg gemessen (Abb. 8.1.5) (LILLY RESEARCH LABORATORIES 1996, MOORE et al. 1993).

Olanzapin wird hepatisch durch Konjugation und Oxidation umfangreich metabolisiert, der Hauptmetabolit ist das 10-N-Glukuronid (44%), welches die Bluthirnschranke nicht passiert. Zwei weitere Metaboliten werden durch die Cytochrom P_{450}-Isoenzyme CYP1A2 (N-Desmethyl-Olanzapin) und CYP2D6 (2-Hydroxy-Olanzapin) gebildet, haben aber eine im Vergleich zu Olanzapin geringe biologische Aktivität. Die Ausscheidung von Olanzapin und seiner Metabolite erfolgt aber vorwiegend renal (ca. 60%), nur ein geringerer Anteil wird über die Fäzes (ca. 30%) eliminiert (LILLY RESEARCH LABORATORIES 1996, MOORE et al. 1993).

Umfangreiche Daten zu Medikamenten-Interaktionen liegen noch nicht vor. Carbamazepin führte zu einer Senkung der Olanzapin-Plasmaspiegel (die Clearance ist bei gleichzeitiger Gabe von Carbamazepin um 44% erhöht und die terminale Eliminationshalbwertszeit um 20% verkürzt). Weitere spezifische Interaktionen zwischen Olanzapin und Lithium, Biperiden, Diazepam, Äthanol, Imipramin, Theophyllin und Warfarin fanden sich nicht. Koadministration von Aktiv-Kohle reduzierte die Bioverfügbarkeit von Olanzapin um 50–60% und ist sinnvoll bei Überdosierung, nach Cimetidin und Antazida wurde keine Änderung der Bioverfügbarkeit gesehen. Vorsicht ist geboten bei Kombination mit Medikamenten, die ebenfalls eine hohe Plasmaeiweißbindung aufweisen und zu einer Erhöhung des freien Olanzapins führen könnten (LILLY und COMPANY 1996, RING et al. 1996a, b).

8.1.5 Sulpirid/Amisulprid

Sulpirid weist eine relativ geringe Lipophilie auf. Wohl bedingt durch unvollständige Resorption ist die orale Bioverfügbarkeit gering mit ca. 27% (WIESEL et al. 1980). Maximale Plasmaspiegel werden nach 3–6 Std. erreicht, die Eliminationshalbwertszeit liegt nach oraler Gabe bei durchschnittlich

10,5 Std., nach intravenöser Applikation bei 5,3 Std. (WIESEL et al. 1980). Im Vergleich zu anderen Substanzen weist Sulpirid eine geringere interindividuelle Plasmaspiegelvarianz auf.

Die depressive Symptomatik schizophrener Patienten besserte sich bei Plasmakonzentrationen um 300 ng/ml besser als oberhalb 450 ng/ml (ALFREDSSON et al. 1984). Bei relativ niedriger Plasmaeiweißbindung von 40% wurde Sulpirid im Liquor mit ca. 14% der jeweiligen Serumkonzentration gemessen (ALFREDSSON et al. 1984). Sulpirid wird zu über 90% unverändert renal eliminiert, pharmakologisch aktive Metabolite sind nicht bekannt (O'CONNOR und BROWN 1982).

Amisulprid wird nach oraler Gabe schnell resorbiert, je nach applizierter Dosis zeigt sich ein Plasma-Peak nach 1,5 Stunden (50 mg) und nach 4 Stunden (200 mg) (DUFOUR und DESANTI 1989). Die orale Bioverfügbarkeit beträgt 43%, die Plasmaproteinbindung ist niedrig mit 17%. Die Eliminationshalbwertszeit lag bei 17,3 Stunden für die 50 mg-Dosis und bei 14,5 Stunden für die 200 mg-Dosis. Dabei wurde ebenfalls ein zweiphasiger Abfall der Plasmaspiegel mit einer schnellen Phase (2–5 Std.) und einer langsamen Phase nachgewiesen. Die terminale Eliminationshalbwertszeit lag bei 12 gesunden Probanden nach Injektion von 10 mg Amisulprid bei 18,2 Stunden. Das durchschnittliche Verteilungsvolumen für Amisulprid liegt bei 13 L/kg. Steady state-Bedingungen werden in 2 bis 3 Tagen erreicht (DUFOUR und DESANTI 1989).

Für orale Dosen zwischen 25 und 100 mg zeigte sich eine lineare Beziehung zwischen Dosis und Plasmaspiegeln, dabei wurden nach 25 mg 27 ng/ml, nach 50 mg 53 ng/ml und nach 100 mg 124 ng/ml gemessen (Abb. 8.1.6) (DUFOUR und DESANTI 1989), ähnliche Werte wurden von anderen Autoren bestimmt (GRÜNBERGER et al. 1989).

Der Metabolismus von Amisulprid ist gering, es werden zwei inaktive Metabolite gebildet. Die Elimination von Amisulprid

erfolgt vorwiegend renal (70% unverändert, 10–15% inaktive Metabolite), nur ca. 15% werden über die Fäzes ausgeschieden (DUFOUR und DESANTI 1989).

8.1.6 Sertindol

Oral eingenommenes Sertindol wird relativ langsam aus dem Magen-Darm-Trakt absorbiert, maximale Plasmakonzentrationen werden nach ca. 10 Stunden erreicht (LUNDBECK 1995, 1996). Daten zur absoluten Bioverfügbarkeit von Sertindol beim Menschen liegen noch nicht vor, nach Vergleichen von oralen und intravenösen Dosen bei Hunden ergaben sich absolute Bioverfügbarkeiten zwischen 62 und 96% (DUNN und FITTON 1996). Sertindol hat ein großes Verteilungsvolumen mit 20 L/kg. Die Substanz wird sehr stark an Plasmaproteine, vorwiegend Albumin und das α_1-saure Glycoprotein, gebunden (> 99%). Sertindol wird vorwiegend über einen hepatischen Metabolismus (Abb. 8.1.7) ausgeschieden mit einer terminalen Eliminationshalbwertzeit von annähernd drei Tagen (LUNDBECK 1995, 1996).

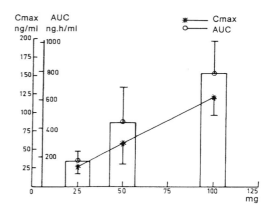

Abb. 8.1.6. Lineares Verhalten der maximalen Plasmaspiegel (C_{max}) und der „Area under curves" (AUC) nach ansteigenden Einzeldosen von Amisulprid bei gesunden Probanden (DUFOUR und DESANTI 1989)

Zwei Metaboliten von Sertindol wurden bisher identifiziert: Dehydro-Sertindol und Norsertindol (Tzeng et al. 1994). Keiner der Metaboliten scheint biologisch aktiv zu sein. Mikrosomale Studien zeigten, daß bei Menschen die Cytochrom P_{450}-Isoenzyme CYP2D6 und CYP3A4 eine wichtige Rolle in der Metabolisierung von Sertindol spielen (Larsen et al. 1996). Die Clearance von Sertindol via CYP2D6 liegt für Langsam-Metabolisierer 33 bis 50% niedriger als bei Schnell-Metabolisierern. Fluoxetin und Paroxetin, die ebenfalls über CYP2D6 metabolisiert werden, reduzierten die Plasma-Clearance von Sertindol um 50%. Im Gegensatz dazu kommt es nach Enzyminduktion von CYP3A4 durch zum Beispiel Carbamazepin oder Phenytoin zu einem zweifachen Anstieg der Sertindol-Clearance. Bei Rauchern ist die Clearance ebenfalls leicht erhöht (Lundbeck 1995, 1996). Die Pharmakokinetik von Sertindol wird durch Alter und Geschlecht nicht wesentlich beeinflußt, bei Frauen zeigt sich jedoch eine erhöhte systemische Bioverfügbarkeit.

Die Hauptausscheidung erfolgt über die Fäzes, weniger als 1% der applizierten Ser-

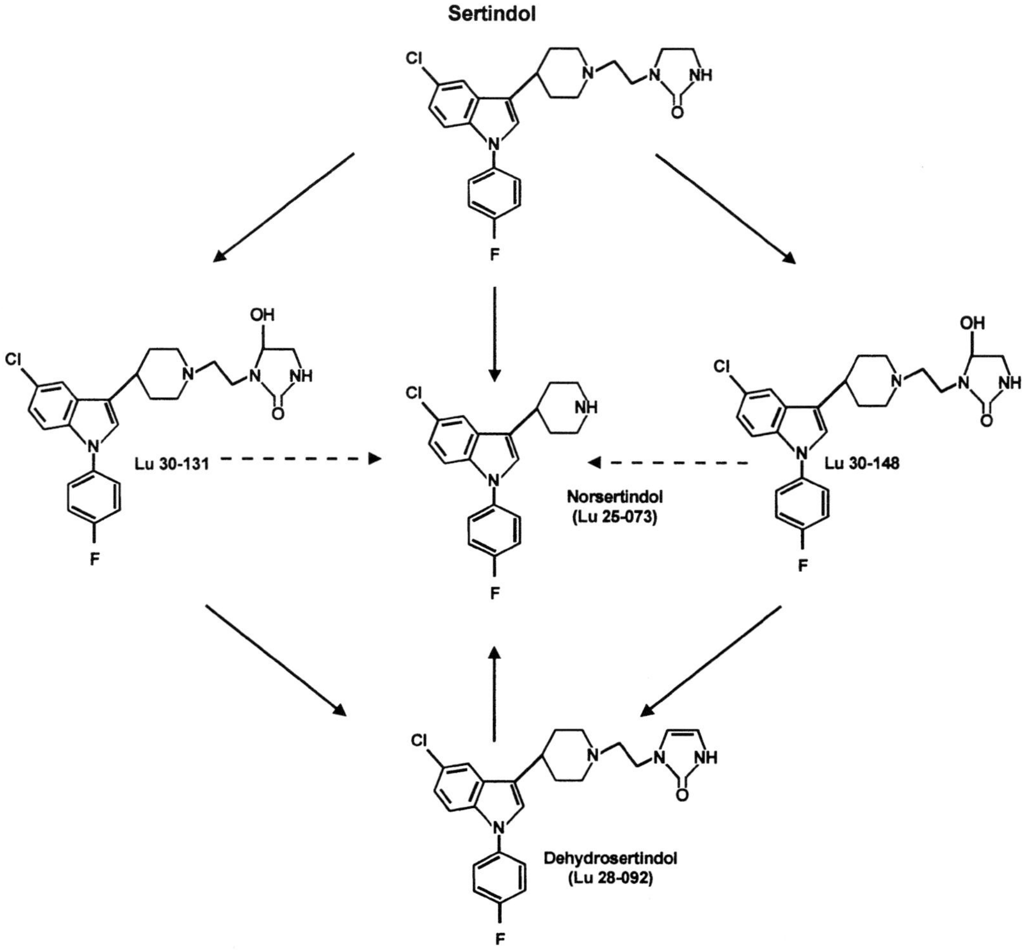

Abb. 8.1.7. Metabolisierungswege von Sertindol (Lundbeck 1996)

Tabelle 8.1.2. Die wichtigsten pharmakokinetischen Parameter verschiedener atypischer Neuroleptika (BYERLY und DEVANE 1996, DUFOUR und DESANTI 1989, FITTON und HEEL 1990, HEYKANTS et al. 1994,
JANN et al. 1993, LILLY AND COMPANY 1996, LUNDBECK 1996, ROSZINSKY-KÖCHER und DULZ 1996)

	Clozapin	Risperidon	Zotepin	Sulpirid	Amisulprid	Olanzapin	Sertindol
$t_{1/2}$ (Std.)	16	3,6	12	10,5	18,2	30,5	72
t_{max} (Std.)	2–4	0,8–1,4	2,8–4,5	3–6	1,5–4	5–8	10
Bioverfügbar-keit (%)	50–60	68	7–13	27	43	80–100	74
Plasmaprotein-bindung (%)	95	90	97		17	93	> 99
Clearance (L/Std.)	13–57,5	0,45	450			23,6	14
Ausscheidung via Niere (%)	50	70	17	90	70	57	4
Ausscheidung via Fäzes (%)	38	15	80		15	30	95
Steady state erreicht in Tagen	10	1–7	3–4		2–3	7	

tindol-Dosis wird unverändert im Urin ausgeschieden. Nur ca. 4% werden insgesamt
im Urin an Sertindol und seinen Metaboliten
ausgeschieden. Von daher wird die Pharmakokinetik durch Nierenfunktionsstörungen
nicht beeinflußt, wegen der sehr hohen
Plasmaeiweißbindung hat eine Hämodialyse keinen Effekt auf die Sertindol-Elimina-
tion. Bei Leberfunktionsstörungen wird die
Ausscheidung und Verstoffwechslung von
Sertindol aber deutlich beeinträchtigt und
Dosisanpassungen sind erforderlich (LUND-
BECK 1995, 1996). Tierexperimentelle Studien zeigten, daß Sertindol die Bluthirnschranke und auch die Plazenta überwin-
det, ebenfalls in tierexperimentellen Studien
an der Ratte wurde Sertindol in der Muttermilch nachgewiesen (LUNDBECK 1995, 1996).

Literatur

ACKENHEIL M (1989) Clozapine – pharmacokinetic
    investigations and biochemical effects in man.
    Psychopharmacology 99: S32–S37
ALFREDSSON G, BJERKENSTEDT L, EDMAN G, HÄRNRYD
    C, OXENSTIERNA G, SEDVALL G, WIESEL F-A (1984)
    Relationships between drug concentrations in
    serum and CSF, clinical effects and mono-
    aminergic variables in schizophrenic patients
    treated with sulpiride or chlorpromazine. Acta
    Psychiatr Scand 69: 49–74
ANDERSON CB, TRUE JE, ERESHEFSKY L, MILLER AL,
    PETERS BL, VELLIGAN DI (1993) Risperidone

dose, plasma levels and response. Meeting of
    the American Psychiatric Association, San
    Francisco
BERTILSSON L, CARRILLO JA, DAHL ML, LLERENA A, ALM
    C, BONDESSON U, LINDSTROM L, DE LA RUBIA IR,
    RAMOS S, BENITEZ J (1994) Clozapine disposition
    covaries with CYP1A2 activity determined by a
    caffeine test. Br J Clin Pharmacol 38: 471–473
BEUZEN JN (1997) Olanzapine: initiating and
    maintaining treatment: clinical directions for
    maximizing re-integration. 6th World Con-
    gress of Biological Psychiatry, Nice

BYERLY MJ, DEVANE CL (1996) Pharmacokinetics of clozapine and risperidone: a review of recent literature. J Clin Psychopharmacol 16: 177–187

CENTORRINO F, BALDESSARINI RJ, KANDO JK, FRANKENBURG FR, VOLPICELLI SA, PUOPOLO PR, FLOOD JG (1994) Serum concentrations of clozapine and its major metabolites: effects of cotreatment with fluoxetine or valproate. Am J Psychiatry 151: 123–125

CHENG YF, LUNDBERG T, BONDESSON U, LINDSTRÖM L, GABRIELSSON J (1988) Clinical pharmacokinetics of clozapine in chronic schizophrenic patients. Eur J Clin Pharmacol 34: 445–449

CHOC M, LEHR R, HSUAN F, HONIGFELD G, SMITH H, BORISON R, VOLAVKA J (1987) Multiple dose pharmacokinetics of clozapine in patients. Pharm Res 4: 402–405

CHOC MG, HSUAN F, HONIGFELD G, ROBINSON WT, ERESHEFSKY L, CRISMON ML, SAKLAD SR, HIRSCHOWITZ J, WAGNER R (1990) Single- vs. multiple dose pharmacokinetics of clozapine in psychiatric patients. Pharm Res 7: 347–351

DAHL M-L, LLERENA A, BONDESSON U, LINDSTROM L, BERTILSSON L (1994) Disposition of clozapine in man: lack of association with debrisoquine and S-mephenytoin hydroxylation polymorphisms. Br J Clin Pharmacol 37: 71–74

DUFOUR A, DESANTI C (1989) Pharmacokinetics and mechanism of amisulpride. In: BORENSTEIN P, BOYER P, BRACONNIER A et al. (eds) Amisulpride. Expansion Scientifique Francaise, Paris, pp 43–51

DUNN CJ, FITTON A (1996) Sertindole. CNS Drugs 5: 224–230

ERESHEFSKY L, ANDERSON C, TRUE J, SAKLAD S, RIESENMAN C, TONEY G, MILLER A (1993) Plasma concentration of oral risperidone and active metabolite in schizophrenics. Pharmacotherapy 13: 292

FISCHER V, VOGELS B, MAURER G, TYNES RE (1992) The antipsychotic clozapine is metabolized by the polymorphic human microsomal and recombinant cytochrome P450 2D6. J Pharmacol Exp Ther 260: 1355–1360

FITTON A, HEEL RC (1990) Clozapine. A review of its pharmacological properties, and therapeutic use in schizophrenia. Drugs 40: 722–747

GERSON SL, ARCE C, MELTZER HY (1994) N-desmethylclozapin: a clozapine metabolite that supresses haemopoiesis. Br J Haematol 86: 555–561

GRANT S, FITTON A (1994) Risperidone. A review of its pharmacology and therapeutic potential in the treatment of schizophrenia. Drugs 48: 253–273

GRÜNBERGER J, SALETU B, LINZMAYER L, STOEHR H (1989) Determination of pharmacokinetics and pharmacodynamics of amisulpride by pharmaco-EEG and psychometry. In: BORENSTEIN P, BOYER P, BRACONNIER A et al. (eds) Amisulpride. Expansion Scientifique Francaise, Paris, pp 37–42

HARING C, FLEISCHHACKER W, SCHETT P, HUMPEL C, BARNES C, SARIA A (1990) Influence of patient-related variables on clozapine plasma levels. Am J Psychiatry 147: 1471–1475

HASEGAWA M, GUTIERREZ-ESTEINOU R, WAY L, MELTZER H (1993) Relationship between clinical efficacy and clozapine concentrations in plasma in schizophrenia: effect of smoking. J Clin Psychopharmacol 13: 383–390

HEIPERTZ R, PILZ H, BECKERS W (1977) Serum concentrations of clozapine determined by nitrogen selective gas chromatography. Arch Toxicol 37: 313–318

HEYKANTS J, HUANG ML, MANNENS G, MEULDERMANS W, SNOEK E, VAN BEIJSTERVELDT L, VAN PEER A, WOESTENBORGHS R (1994) The pharmacokinetics of risperidone in humans: a summary. J Clin Psychiatry 55: 13–17

HIEMKE C, WEIGMANN H, HÄRTTER S, DAHMEN N, WETZEL H, MÜLLER H (1994) Elevated levels of clozapine in serum after addition of fluvoxamine. J Clin Psychopharmacol 14: 279–281

HUANG ML, VAN PEER A, WOESTENBORGHS R, DE COSTER R, HEYKANTS J, JANSEN AAI, ZYLIC Z, VISSCHER HW, JONKMAN JHG (1993) Pharmacokinetics of the novel antipsychotic agent risperidone and the prolactine response in healthy subjects. Clin Pharmacol Ther 54: 257–268

JANN M, GRIMSLEY S, GRAY E, CHANG W (1993) Pharmakokinetics and pharmakodynamics of clozapine. Clin Pharmakokinet 24: 161–176

JEPPESEN U, LOFT S, POULSEN HE, BROSEN K (1996) A fluvoxamine-caffeine interaction study. Pharmacogenentics 6: 213–222

JERLING M, LINDSTROM L, BONDESSON U, BERTILSSON L (1994) Fluvoxamine inhibition and carbamazepin induction of the metabolism of clozapine: evidence from a therapeutic drug monitoring service. Ther Drug Monit 16: 368–374

KONDO T, OTANI K, ISHIDA M, TANAKA O, KANEKO S, FUKUSHIMA Y (1994) Adverse effects of zotepine and their relationship to serum concentrations of the drug and prolactin. Ther Drug Monit 16: 120–124

KRONIG MH, MUNNE RA, SZYMANSKI S, SAFFERMAN AZ, POLLACK S, COOPER T, KANE JM, LIEBERMAN

JA (1995) Plasma clozapine levels and clinical response for treatment-refractory schizophrenic patients. Am J Psychiatry 152: 179–182

KUOPPAMÄKI M, SYVÄLAHTI E, HIETALA J (1993) Clozapine and N-desmethylclozapine are potent S-HT$_{1c}$, receptor antagonists. Eur J Pharmacol 245: 179–182

LARSEN F, HEFTING NR, PRISKORN M, MUSTAFA MS, OOSTERHUIS B, JONKMAN JHG (1996) Pharmacokinetics of sertindole in relation to CYP2D6 and CYP2C19 polymorphism and CYP3A4-activity in healthy volunteers. 3rd Jerusalem Conference on Pharmaceutical Sciences and Clinical Pharmacology, Jerusalem

LILLY E and COMPANY a (1996) Zyprexa (Olanzapin). Product monograph, pp 1–87

LILLY RESEARCH LABORATORIES (1996) Olanzapin: clinical studies – pharmacology. Eli Lilly and Company, Indianapolis (data on file)

LUNDBECK LTD (1995) Sertindole: summary of clinical pharmacology. Lundbeck Ltd, Copenhagen (data on file)

LUNDBECK LTD (1996) Sertindole. Product monograph, pp 3–56

LUO H, MCKAY G, MIDHA KK (1994) Identification of clozapine N-glucuronide in the urine of patients treated with clozapine using electrospray mass spectrometry. Biol Mass Spectrm 23: 147–148

MANNENS G, HUANG ML, MEULDERMANS W, HENDRICKX J, WOESTENBORGHS R, HEYKANTS J (1993) Absorption, metabolism, and excretion of risperidone in humans. Drug Metab Dis 21: 1134–1141

MANNENS G, MEULDERMANS W, HUANG ML, SNOECK E, HEYKANTS J (1994) Plasma protein binding of risperidone and its distribution in blood. Psychopharmacology 114: 566–572

MELTZER HY (1995a) Atypical antipsychotic drugs. In: BLOOM F, KUPFER D (eds) Psychopharmacology: the fourth generation of progress. Raven Press, New York, pp 1277–1285

MELTZER HY (1995b) Role of serotonin in the action of atypical antipsychotic drugs. Clin Neurosci 3: 64–75

MILLER D, FLEMING F, HOLMAN T, PERRY P (1994) Plasma clozapine concentrations as a predictor of clinical response: a follow-up study. J Clin Psychiatry 55: 117–121

MOORE NA, CALLIGARO DO, WONG DT, BYMASTER F, TYE NC (1993) The pharmacology of olanzapine and other new antipsychotic agents. Curr Opin Invest Drugs 2: 281–293

NODA K, SUZUKI A, OKUI H, NOGUCHI H, NISHIURA M, NISHIURA N (1979) Pharmacokinetics and metabolism of 2-chloro-11-(2-dimethylaminoethoxy)-dibenzo (b,f) thiepine (zotepine) in rat, mouse, dog and man. Arzneimittelforschung/Drug Res 29: 1595–2000

O'CONNOR S, BROWN R (1982) The pharmacology of sulpiride – a dopamine receptor antagonist. Gen Pharmacol 13: 185–193

OTANI K (1992) Steady state serum kinetics of zotepine. Hum Psychopharmacol 7: 331–336

OTT C (1992) Zotepin – ein Neuroleptikum mit neuartigem Wirkmechanismus. Fundam Psychiatr 6: 216–224

PERRY PJ, MILLER DD, ARNDT SV, CADORET RJ (1991) Clozapine and norclozapine plasma concentrations and clinical response of treatment-refractory schizophrenic patients. Am J Psychiatry 148: 231–235

PISCITELLI SC, FRAZIER JA, MCKENNA K, ALBUS KE, GROTHE DR, GORDON CT, RAPOPORT JL (1994) Plasma clozapine and haloperidol concentrations in adolescents with childhood-onset schizophrenia: association with response. J Clin Psychiatry 55: 94–97

POTKIN SG, BERA R, GULASEKARAM B, COSTA J, HAYES S, JU Y (1994) Plasma clozapine concentrations predict clinical response in treatment resistant schizophrenia. J Clin Psychiatry 55: 133–138

RING BJ, BINKLEY SN, VANDENBRANDEN M, WRIGHTON SA (1996a) In vitro interaction of the antipsychotic agent olanzapine with human cytochromes P450 CYP2C9, CYP2C19, CYP2D6 and CYP3A. Br J Clin Pharmacol 41: 181–186

RING BJ, CATLOW J, LINDSAY TJ, GILLESPIE T, ROSKOS LK, CERIMELE BJ, SWANSON S, HAMMAN MA, WRIGHTON SA (1996b) Identification of the human cytochromes P450 responsible for the in vitro formation of the major oxidative metabolites of the antipsychotic agent olanzapine. J Pharmacol Exp Ther 276: 658–666

ROSZINSKY-KÖCHER G, DULZ B (1996) Zotepin – ein atypisches Antipsychotikum. Fundam Psychiatr 10: 40–46

SALETU B, GRÜNBERGER J, ANDERER P, CHWATAL K (1991) Zur Beziehung zwischen Blutspiegeln und mittels quantitativem EEG und Psychometrie gemessenen pharmakodynamischen Veränderungen nach Zotepin. Fortschr Neurol Psychiat 59: 45–55

SCHULZ E, FLEISCHHAKER C, REMSCHMIDT H (1995) Determination of clozapine and its major metabolites in serum samples of adolescent schizophrenic patients by high-performance liquid chromatography. Data from a prospective clinical trial. Pharmacopsychiat 28: 20–25

SNOECK E, VAN PEER A, SACK M, HORTON M, MANNENS
    G, WOESTENBORGHS R, MEIBACH R, HEYKANTS J
    (1995) Influence of age, renal and liver impair-
    ment on the pharmacokinetics of risperidone
    in man. Psychopharmacology 122: 223–229
TZENG TB, STAMM G, CHU SY (1994) Sensitive
    method for the assay of sertindole in plasma
    by high performance liquid chromatography
    and fluorometric detection. J Chromatogr B
    Biomed Appl 661: 299–306

VAN BEIJSTERVELDT L, GEERTS RJF, LEYSEN J, MEGENS
    A, VAN DEN EYNDE H, MEULDERMANS W, HEYKANTS
    J (1994) The regional brain distribution of ris-
    peridone and its active metabolite 9-hydroxy-
    risperidone in the rat. Psychopharmacology
    114: 53–62
WIESEL F, ALFREDSSON G, EHRNEBO M, SEDVALL G
    (1980) The pharmacokinetics of intravenous
    and oral sulpiride in healthy human subjects.
    Eur J Clin Pharmacol 17: 385–391

8.2 Pharmakologie und Neurobiochemie

W. E. Müller

Ausgehend von Chlorpromazin und Halo-peridol sind in den letzten 40 Jahren eine Vielzahl unterschiedlicher Neuroleptika entwickelt und in die Therapie eingeführt worden, die üblicherweise in hochpotente, mittelpotente und niederpotente Substanzen unterschieden werden (siehe 3.2). Darüber hinaus ist es aber im Prinzip nie gelungen, Unterschiede der antipsychotischen Wirksamkeit oder der extrapyramidal-motorischen Symptome (EPS) als wichtigster Nebenwirkung für die vielen heute zur Verfügung stehenden klassischen Neuroleptika eindeutig zu belegen. Dies wird auf pharmakologischer Seite dadurch erklärt, daß alle Neuroleptika über eine Blockade von Dopamin-D_2-Rezeptoren ihre antipsychotische Wirksamkeit entfalten und zu EPS führen. Mit jedem Neuroleptikum läßt sich daher im Prinzip die gleiche antipsychotische Wirksamkeit erzielen, wenn es in einer Dosierung verabreicht wird, mit der ein bestimmter Anteil zentraler D_2-Rezeptoren blockiert wird (MÜLLER 1990, FARDE et al. 1992, PICKAR 1995). Für die einzelnen Präparate sind dazu allerdings unterschiedlich hohe Tagesdosen erforderlich (siehe Tabelle 3.2).

Da die Blockade zentraler D_2-Rezeptoren auch die extrapyramidalmotorische Nebenwirkungen sowie den Anstieg des Prolaktinspiegels hervorruft, wurde über Jahre das Dogma vertreten, daß therapeutische und unerwünschte Nebenwirkungen von Neuroleptika unabdingbar miteinander verknüpft seien. Das einzige Neuroleptikum, dessen Wirkprofil sich nicht mit dieser Annahme vereinbaren ließ, war Clozapin. Clozapin induziert kaum extrapyramidalmotorische Nebenwirkungen und keinen oder nur einen geringen Anstieg des Prolaktinspiegels. Dennoch verfügt es über eine gute antipsychotische Wirksamkeit, die pharmakologisch vermutlich ebenfalls im wesentlichen in einer Blockade von D_2-Rezeptoren begründet ist (BUNNEY 1992, MARKSTEIN 1994a).

Clozapin wurde durch die genannten, nicht Hypothesen-konformen (atypischen) Eigenschaften zum Prototyp der „atypischen Neuroleptika". Dieser Begriff wurde infolge unkritisch auf andere Substanzen übertragen. Im Gegensatz zum Begriff „klassische Neuroleptika" ist er nicht klar definiert und beinhaltet heute Substanzen, die sich pharmakologisch und klinisch nicht nur von den klassischen Neuroleptika, sondern auch untereinander unterscheiden (siehe Tabelle 8.2.1).

Das einzige Kriterium, das auf alle sogenannten atypischen Substanzen zutrifft, ist die Eigenschaft, keine oder weniger extrapyramidalmotorische Nebenwirkungen hervorzurufen als klassische Neuroleptika. Ein wichtiges Korrelat dieser klinischen Eigenschaft im Tierexperiment ist der Befund, daß man mit atypischen Substanzen praktisch keine Katalepsie auslösen kann (Clozapin) oder daß zur Auslösung einer Katalepsie wesentlich höhere Dosen (im Vergleich zu anderen antidopaminergen Effekten) benötigt (Abb. 8.2.1). Eine Wirkung bei schizophrenen Patienten, die auf klassische Substanzen nicht angesprochen haben (Nonresponder), konnte bislang nur für Clozapin nachgewiesen werden (KANE 1988)

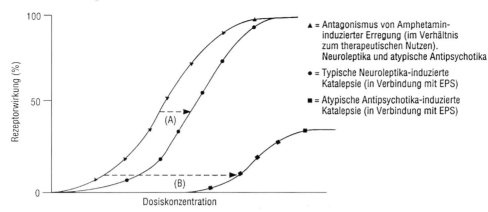

Abb. 8.2.1. Pharmakologie typischer Antipsychotika im Vergleich zu der atypischer Antipsychotika auf der Basis von Studien an Primaten und Nagern. Bei Dosiskonzentrationen, die vergleichbar mit den zur Auslösung einer Katalepsie erforderlichen Konzentrationen sind, wirken typische Neuroleptika antagonistisch auf Amphetamin-induzierte Erregung (*A*). Atypische Substanzen erzielen ihre Wirkung bei Dosierungen, die signifikant unter ihrem schwachen Potential zur Auslösung einer Katalepsie liegen (*B*) (nach Ereshefsky und Lacombe 1993)

und kann deshalb kein sinnvolles obligatorisches Kriterium sein, um eine Substanz als atypisch zu klassifizieren. Die Wirkung gegen schizophrene Minussymptomatik hingegen ist eine Eigenschaft, die praktisch allen als atypisch bezeichneten Substanzen gemeinsam zugeschrieben wird (Möller 1995). Des weiteren wird einigen der atypischen Substanzen eine gewisse Wirkung gegen affektive Symptome/Syndrome im Rahmen schizophrener Erkrankungen nachgesagt, wobei überzeugende empirische Evidenzen hierzu noch nicht vorliegen. Insbesondere für Zotepin wird eine originäre antidepressive Wirkkomponente vermutet (Wolfersdorf et al. 1993, Müller et al. 1995).

8.2.1 Unterschiede im Wirkungsmechanismus

Ausgehend von den genannten, klinisch hochrelevanten Besonderheiten der atypischen Neuroleptika stellt sich die Frage, auf welche(n) biologische(n) Mechanismen(us) diese zurückgeführt werden kön-

Tabelle 8.2.1. Therapeutische Qualitäten, die atypische Neuroleptika von den klassischen Neuroleptika unterscheiden

---

1. Weniger extrapyramidal-motorische Symptome (EPS)

Amisulprid
Clozapin
Olanzapin
Risperidon
Sertindol
Seroquel
Sulpirid
Zotepin

2. Bessere Wirkung bei Non-Respondern

Clozapin

3. Bessere Wirkung bei Minus-Symptomatik

Amisulprid
Clozapin
Olanzapin
Risperidon
Sertindol
Seroquel
Zotepin

4. Zusätzliche antidepressive Komponente?

Zotepin

---

nen (kann). Dabei ist nochmals zu betonen, daß die antipsychotische Wirkung sowohl der klassischen als auch der atypischen Substanzen über die Blockade von Dopamin-D_2-Rezeptoren erklärt werden kann und sie sich in diesem wesentlichen Aspekt also nicht unterscheiden. Die heute diskutierten Hypothesen zur Erklärung atypischer Eigenschaften sind daher solche, die man als „D_2-Blockade plus zusätzliche Eigenschaft" bezeichnen kann (Tabelle 8.2.2). Die einzige Ausnahme ist die präferentielle mesolimbische Bindung einiger Substanzen (Tabelle 8.2.2).

Tabelle 8.2.2. Die wichtigsten Hypothesen zum Wirkungsmechanismus der atypischen Neuroleptika. Auf weniger belegte alternative Hypothesen (5-HT_3- und D_2-Blockade, α_1- bzw α_2- und D_2-Blockade) wird im Text hingewiesen

---

1. D_2- und M-Rezeptor-Blockade
  Clozapin

2. D_2- und D_1 -Blockade
  Clozapin
  Olanzapin
  Seroquel
  Zotetinn

3. D_2- und 5-HT_2-Blockade
  Clozapin
  Olanzapin
  Risperidon
  Sertindol
  Seroquel
  Zotepin

4. D_2- und D_3- bzw. D_4-Blockade
  Amisulprid (D_3)
  Sulpirid (D_3)
  Clozepin (D_4)

5. Präferentielle Bindung an mesolimbische
  bzw. mesocorticale D_2-Rezeptoren
  Clozapin
  Sertindol
  Sulpirid

Gemeinsame Blockade von D_2- und Muskarin-Rezeptoren

Die älteste Hypothese, atypische neuroleptische Eigenschaften erklären zu können, geht von der Tatsache aus, daß Clozapin selbst sehr stark anticholinerge Eigenschaften hat und praktisch die Anticholinergikazugabe mit dem Clozapin-Molekül verbunden ist. Ähnliches gilt für das Thioridazin, das von vielen als ein leicht atypisches Neuroleptikum angesehen wird (SNYDER et al. 1974, RICHELSON 1984). Die anticholinerge Hypothese wird unterstützt in Beobachtungen, daß man im Tierexperiment durch Zugabe eines zentral-wirksamen Anticholinergikums den Depolarisationsblock im nigro-striatalen dopaminergen System nach chronischer Haldolgabe aufheben kann und damit die Haldolwirkung der von Clozepin angleichen kann (siehe 3.2). Gegen diese Hypothese spricht unter anderem (MÜLLER et al. 1995), daß im Gegensatz zum praktisch fehlenden Risiko von Spätdyskinesien unter Clozapin, dieses schwerwiegende Risiko unter einer Therapie mit klassischen Neuroleptika nicht durch die Zugabe von Anticholinergika vermindert werden kann (BARNES und MCPHILLIPS 1996).

Gemeinsame Blockade von Dopamin-D_1- und Dopamin-D_2-Rezeptoren

Ausgehend von dem Befund, daß Clozapin in etwa gleich stark an den D_1-Rezeptor wie an den D_2-Rezeptor bindet (siehe 3.2), hat man vermutet, daß aufgrund der parallelen Blockade der beiden dopaminergen Rezeptoren durch Clozapin, weniger D_2-Rezeptoren für eine ausreichende antipsychotische Wirksamkeit besetzt werden müssen, was möglicherweise die reduzierte Inzidenz von extrapyramidalmotorischen Nebenwirkungen erklären könnte (GERLACH und HANSEN 1992). Als Ursache vermutet man, daß die initiale Erhöhung der Dopaminfreisetzung nach D_1-Blockade zum Teil erhalten bleibt, während sie sich nach D_2-Blockade schnell zurückbildet (MARKSTEIN 1994a, b). Diese Annahme wird auch durch tierexperimentelle Studien unterstützt, die zeigen, daß die durch D_1-Antagonisten ausgelösten Dyskinesien weniger ausgeprägt sind als bei D_2-Antagonisten (GERLACH 1995). Die Hypothese, atypische Eigenschaften von Clozapin zumindest partiell erklären zu können, ist allerdings nicht unumstritten, da das eher klassische Neuroleptikum Flupenthixol auch etwa gleich stark an den D_1- wie an den D_2-Rezeptor bindet (MÜLLER 1990), während aus der Reihe der anderen atypischen Substanzen nur noch Olanzapin, Seroquel und Zotepin eine gewisse Affinität zum D_1-Rezeptor zeigten (MÜLLER et al. 1995, BAYMASTER et al. 1996, SALLER und SALAMA 1993).

Gemeinsame Blockade von Serotonin 5-HT$_2$-Rezeptoren und Dopamin-D$_2$-Rezeptoren

Schon lange vermutet man, daß die sehr starke Blockade von Serotonin 5HT$_2$-Rezeptoren bei gleichzeitiger Dopamin-D$_2$-Rezeptorblockade beim Clozapin eine wichtige Rolle spielt für die relativ geringe Inzidenz von extrapyramidalmotorischen unerwünschten Arzneimittelwirkungen und für die bessere Wirksamkeit bei Minussymptomatik (LEYSEN et al. 1993, MELTZER 1991, 1992). Der hier im wesentlichen in Betracht gezogene Rezeptor ist nach moderner Serotonin-Rezeptor-Unterklassifikation der 5-HT$_{2A}$-Rezeptor (HUMPHREY et al. 1993). Wie man den exemplarischen Daten für 3 atypische Substanzen in Tabelle 8.2.3 entnehmen kann, bindet Clozapin wesentlich stärker an den 5-HT$_{2A}$-Rezeptor als an den D_2-Rezeptor, was sich in einem 5-HT$_2$/D_2-Quotienten von etwas mehr als 0,1 niederschlägt. Haloperidol bindet sehr viel schwächer an den 5-HT$_2$- als an den D_2-Rezeptor. Ein dem Clozapin ähnliches Bindungsverhalten zeigt das Risperidon. Auch das Zotepin zeigt in vitro ein identisches Bindungsverhalten mit einem 5-HT$_2$/D_2-Quotienten von knapp 0,2. Clozapin bindet darüber hinaus auch sehr stark an die 5-HT$_{2C}$-Rezeptorunterklasse (Tabelle 8.2.2), die möglicherweise in der Regulation von Angst eine wichtige funktionelle Rolle hat (KENNET et al. 1994). Ein sehr ähnliches Bindungsprofil zeigt hier das Zotepin, während das Risperidon nur relativ schwach an diese Serotonin-Rezeptorunterklasse bindet. Haloperidol ist hier wieder praktisch nicht wirksam. Clozapin bindet auch noch im Vergleich zu seiner D_2-Rezeptoraffinität sehr stark an den 5-HT$_3$-Rezeptor, während dies für das Zotepin und das Risperidon und auch für das Haloperidol nicht gilt, was sich in den erheblich höheren Quotienten 5-HT$_3$ vs. D_2 niederschlägt (Tabelle 8.2.2). Auch die starke 5-HT$_3$-antagonistische Eigenschaft des Clozepin hat man mit seinen atypischen Eigenschaften in Ver-

Tabelle 8.2.3. Inhibitionskonstanten (K_i-Werte) der vier untersuchten Neuroleptika für verschiedene zentrale Serotonin (5-HT) Rezeptoren in vitro (nach MÜLLER et al. 1995)

	Zotepin	Risperidon	Clozapin	Haloperidol
5-HT$_{1A}$	1.500	3.200	2.500	9.500
5-HT$_{2A}$	0,8	0,8	41	38
5-HT$_{2C}$	0,3	40	20	> 10.000
5-HT$_3$	135	> 10.000	41	> 10.000
D_2	4,5	3,7	305	0,8
5-HT$_{2A}$/D_2	0,20	0,2	0,1	50

bindung gebracht (WANG 1995), allerdings hat diese Hypothese noch keine weitere experimentelle Unterstützung gefunden.

In vitro Rezeptoruntersuchungen können allerdings nicht ohne weiteres auf die in vivo Situation übertragen werden. Selbst wenn die in vitro Inhibitionskonstanten einer bestimmten Substanz für zwei Rezeptorsysteme identisch sind, bedeutet dies nicht in jedem Fall, daß auch die in vivo Bindung an beide Rezeptorsysteme sich gleich verhalten muß, da jedes dieser experimentellen in vitro Modelle für die jeweilige Situation optimiert wird und daher die direkte Übertragbarkeit auf die in vivo Situation nicht von vornherein gegeben ist. Um zu überprüfen, ob sich zwei Substanzen tatsächlich bei gleicher in vitro Bindung an zwei Rezeptorsysteme auch in vivo identisch verhalten, muß man in vivo Bindungsuntersuchungen parallel durchführen. Dies kann am Menschen mit der sehr aufwendigen PET-Technik durchgeführt werden, im Tierexperiment durch wesentlich weniger aufwendige ex vivo Methoden. Auch für die bereits erwähnten drei atypischen Neuroleptika liegen entsprechende vergleichende in vitro/in vivo Untersuchungen an der Ratte am Dopamin-D_2-Rezeptor und am 5-HT_2-Rezeptor vor (Tabelle 8.2.4). Für alle drei atypischen Substanzen werden in vivo deutliche höhere Konzentrationen zur halbmaximalen Besetzung des D_2-Rezeptors als zur halbmaximalen Besetzung des 5-HT_2-Rezeptors benötigt. Chlorpromazin kommt auch in diesen in vivo Befunden den 3 atypischen Substanzen näher als das Haloperidol mit einer deutlich stärkeren in vivo Bindung an den 5-HT_2-Rezeptor als an den D_2-Rezeptor. Haloperidol verhält sich wieder der Theorie entsprechend, mit einer sehr viel geringeren in vivo Bindung an den 5-HT_2- als an den D_2-Rezeptor. Damit bestätigt diese in vivo Bindungsuntersuchung an der Ratte in vitro Bindungsprofile und zeigt, daß auch in der in vivo Situation die drei atypischen Substanzen Zotepin, Clozapin

Tabelle 8.2.4. Halbmaximale Einmaldosen für Okkupation von 5-HT_2- und D_2-Rezeptoren (ED_{50}) im Rattenhirn (nach STOCKMEIER et al. 1993)

	ED_{50} (nmol/kg)	
	5-HT_2	D_2 (St)
Zotepin	800	7.900
Clozapin	2.500	50.100
Risperidon	200	1.000
Haloperidol	4.000	300
Chlorpromazin	1.000	4.000

und Risperidon stärker an den 5-HT_2-Rezeptor als an den Dopamin-D_2-Rezeptor binden, so daß bei einer ausreichenden D_2-Rezeptorblockade immer mit einer sehr viel stärkeren Blockade des 5-HT_2-Rezeptors durch diese Substanzen gerechnet werden muß. Ähnliches ist auch für die anderen atypischen Substanzen mit D_2/5-HT_2 antagonistischen Eigenschaften (Tabelle 8.2.2) gezeigt worden.

Mit Hilfe der PET hat man diese tierexperimentellen Befunde in Humanversuchen bestätigen können, wo man unter 1 mg Risperidon eine ca. 60% 5-HT2 Okkupation im Cortex bei 50% D_2-Okkupation im Striatum gesehen hat (NYBERG et al. 1993). Der Mechanismus, wie zusätzliche 5-HT_2-Blockade zu atypischen Eigenschaften führt, ist nicht sicher bekannt. Vermutet wird, daß die 5-HT_2-Antagonisten eine tonische serotoninerge Hemmung der nigro-striatalen dopaminergen Neurone reduzieren (ERESHEFSKY 1995).

Die hohe Affinität zu 5-HT2A-Rezeptoren vieler atypischer Neuroleptika steht in Übereinstimmung mit klinischen Befunden einer reduzierten Inzidenz von extrapyramidal motorischen unerwünschten Arzneimittelwirkungen und einer etwas besseren Wirksamkeit bei der Minussymptomatik im Vergleich zu klassischen Neuroleptika (BARNAS et al. 1992, MÜLLER-SPAHN et al. 1991, LIVING-

STONE 1994). Inwieweit sich der starke 5-HT$_{2C}$-Antagonismus von Clozapin, Olanzapin, Sertindol und Zotepin in zusätzlichen therapeutischen Effekten niederschlägt, ist bisher nicht bekannt, wäre aber denkbar, da 5-HT$_{2C}$-Antagonismus mit anxiolytischen Eigenschaften (z. B. beim Antidepressivum Mianserin) in Verbindung gebracht wird (KENNETT et al. 1994).

Bedeutung von D$_3$- und D$_4$-Rezeptoren

Die erst vor einigen Jahren mit Hilfe molekularbiologischer Methoden identifizierten zur D$_2$-Familie gehörenden D$_3$- und D$_4$-Rezeptoren (SOKOLOFF et al. 1990, VAN TOL et al. 1991) sind besonders mit der Pharmakologie atypischer Neuroleptika in Verbindung gebracht worden (siehe Tabelle 8.2.5). Grund dafür war die relativ hohe Affinität von Benzamiden wie dem Sulpirid und besonders dem Amisulprid zum D$_3$-Rezeptor (COUHELL et al. 1996) und die sehr hohe Affinität von Clozapin zum D$_4$-Rezeptor (VAN TOL et al. 1991). Da beide Rezeptoren auch

besonders stark in limbischen bzw. corticalen Arealen lokalisiert sind, hat man ihnen sehr schnell eine wichtige Rolle für die atypischen Eigenschaften des Sulpirids bzw. des Clozapins zugesprochen. Weiterführende Bindungsstudien wie z. B. die in vivo Daten in Tabelle 8.2.6 sprechen aber ziemlich eindeutig gegen eine besonders spezifische Bindung von Sulpirid an den D$_3$-Rezeptor (siehe den Vergleich zu den typischen Neuroleptika Haloperidol und Raclorprid). Es ist aber auffallend, daß einige Neuroleptika mit desinhibierenden Eigenschaften, die möglicherweise einen gewissen Vorteil bei der Behandlung von Negativsymptomatik bieten (Amisulprid, Pimozid, Sulpirid), alle relativ starke Antagonisten am D$_3$-Rezeptor (im Verhältnis zum D$_2$-Antagonismus) darstellen (SCHWARTZ et al. 1993). Die hohe Selektivität von Clozapin für den D$_4$-Rezeptor bleibt auch bei in vivo Bindungsdaten bestehen (Tabelle 8.2.6) und wird von keinem anderen heute eingeführten Neuroleptikum erreicht. Da aber eine ähnliche D$_4$-Spezifität von einigen Entwick-

Tabelle 8.2.5. Klassifikation und Eigenschaften von Dopamin-Rezeptoren. Die Daten wurden der Übersicht von SUNAHAARA et al. (1993) entnommen

	D$_2$-Familie			D$_1$-Familie	
	D$_2$	D$_3$	D$_4$	D$_1$	D$_5$
Agonisten	Quinpirol Bromocryptin	Quinpirol Pergolid	Dopamin	SKF-3839	Dopamin
Antagonisten	Spiperon Sulpirid Haloperidol	Sulpirid UH 232	Spiperon Clozapin	Sch-23390 α-Flupentixol	Sch-23390
Funktion					
Adenylatzyklase	(−)			(+)	(+)
Phospholipase C	(−)				
Anzahl der Aminosäuren	415 (short) 444 (long)	446	387	446	477
Hohe Dichte	Striatum Hypophyse	Limb. System	Front. Cortex	Striatum	Hypothalamus Hypocampus

Tabelle 8.2.6. Relative in vivo-Bindung verschiedener typischer und atypischer Neuroleptika an D_2, D_3 und D_4 Rezeptoren im menschlichen Gehirn (Daten nach SCHWARTZ et al. 1993)

	Dopamin Rezeptor Subtyp Okkupation		
	D_2	D_3	D_4
Haloperidol (3 mg)	87	53	44
Pimozid (4 mg)	77	75	43
Chlorpromazin (100 mg)	80	61	20
Sulpirid (400 mg)	74	59	27
Raclorpid (4 mg)	72	57	2
Clozapin (300 mg)	65	21	93

lungssubstanzen erreicht wird, die sich zumindest im Hinblick auf die extrapyramidal-motorischen Störungen wie typische Neuroleptika verhalten (COWARD 1992), muß die dominierende Bedeutung des D_4-Rezeptors für die atypischen Eigenschaften des Clozapins zunächst in Frage gestellt werden (REYNOLDS 1996). Am wahrscheinlichsten hat der D_4-Rezeptor eine Bedeutung für die überlegene antipsychotische Wirkung von Clozapin (KANE et al. 1988, KANE 1992), da diese atypische Eigenschaft bisher nur für diese Substanz gilt (Tabelle 8.2.1).

Präferentielle mesolimbische Bindung

Die letzte wichtige Hypothese, atypische neuroleptische Eigenschaften zu erklären, fußt auf Beobachtungen für Clozepin und Sulpirid, daß beide Substanzen D_2-Rezeptoren in mesolimbischen Arealen schon in einem Dosisbereich blockieren, der nur zu einer geringen Blockade von D_2-Rezeptoren in nigro-striatalen Arealen führt.
Erste Hinweise auf die ungewöhnlichen neuroleptischen Eigenschaften von Substanzen aus der Gruppe der Benzamide hatte man mit der Substanz Sulpirid, die bei uns schon vor Jahren als Neuroleptikum eingeführt wurde, aber auch in vielen anderen Indikationen eingesetzt wird (HIPPIUS

1995). Sulpirid hat sich allerdings als Neuroleptikum nie so richtig durchsetzen können, da aufgrund der relativ schlechten Hirngängigkeit dieser Substanz relativ hohe Dosen für eine antipsychotische Wirkung gegeben werden müssen, die dazu führen, daß der über außerhalb der Bluthirnschranke liegende D_2-Rezeptoren in der Hypophyse vermittelte Prolaktinanstieg sehr ausgeprägt ist. Pharmakologisch gesehen ist das Sulpirid ein selektiver D_2-Rezeptor-Antagonist. Mit einer Bindung von Sulpirid an andere Rezeptorsysteme ist nur bei deutlich höheren Konzentrationen zu rechnen, als die, die zur Blockade der D_2-Rezeptoren ausreichen.
Von einem reinen D_2-Antagonisten wird man nun auf der Basis der vorangegangenen Ausführungen zunächst keinesfalls atypische neuroleptisch Eigenschaften erwarten, sondern eher ein klassisches Neuroleptikum mit guten antipsychotischen Wirkqualitäten, aber auch mit dem D_2-Antagonismus analogen Nebenwirkungen wie EPS-Symptomatik und Prolaktinanstieg. Dies ist nun gerade nicht der Fall, denn Sulpirid zeigt eine geringere Inzidenz von extrapyramidal-motorischen Störungen als klassische Neuroleptika.
Dieser Widerspruch läßt sich auf der Basis der vorliegenden pharmakologischen Da-

ten heute weitgehend aufklären. Typische pharmakologische Modelle, um neuroleptikaartige Wirkungen z. B. an der Ratte zu prüfen, sind durch akute Apomorphingabe (Dopaminrezeptor-Agonist) ausgelöste Verhaltensänderungen (Lokomotion bzw. Stereotypien) bzw. die durch Neuroleptika ausgelöste Katalepsie (Tabelle 8.2.7). Alle diese Verhaltensänderungen werden auf Effekte an postsynaptischen D_2-Rezeptoren zurückgeführt, allerdings erklärt man die durch Apomorphin ausgelöste Hyperaktivität (Lokomotion) durch eine Aktivierung von D_2-Rezeptoren im mesolimbischen dopaminergen System, während Apomorphinausgelöste Stereotypien und kataleptische Effekte typische Verhaltensmuster nach D_2-Aktivierung bzw. D_2-Blockade im nigrostriatalen System sind. Alle drei Verhaltensmuster werden natürlich durch Neuroleptika dosisabhängig beeinflußt (Tabelle 8.2.7). Allerdings gibt es hier erhebliche qualitative Unterschiede. Haloperidol ist nicht in der Lage, die mesolimbische Hyperaktivität im Vergleich zu der nigro-striatalen Stereotypie spezifisch zu beeinflussen und zeigt auch im gleichen Dosisbereich kataleptische Effekte. Sulpirid dagegen kann Hyperaktivität als mesolimbische dopaminerge Funktion von den beiden nigro-striatalen Funktionen wie Apomorphin-ausgelöste Stereotypien bzw. Katalepsie differenzieren. Wichtig an den Daten (Tabelle 8.2.7) ist hauptsächlich, daß

für die klassischen Neuroleptika Chlorpromazin und Haloperidol das ED_{50}-Verhältnis von Stereotypie zu Hyperaktivität bzw. von Katalepsie zu Hyperaktivität nur unwesentlich von 1 verschieden ist, d. h. beide klassische Neuroleptika können diese unterschiedlichen Verhaltensmuster nicht differentiell beeinflussen (siehe auch Abb. 8.2.1). Auf der anderen Seite ist Sulpirid in der Lage, die unterschiedlichen Apomorphin-Wirkungen selektiv zu blockieren. Da die Blockade von Apomorphin-ausgelösten Stereotypien bzw. die Auslösung von kataleptischen Effekten als Modelle für extrapyramidal-motorische Störungen an Patienten angesehen werden, haben wir hier eine Erklärung in der Hand, warum der spezifische D_2-Antagonist Sulpirid in der Klinik als atypisches Neuroleptikum auffällt.

Was jetzt noch Verständnisprobleme macht, ist die Frage, wie Sulpirid D_2-Rezeptoren in mesolimbischen Arealen selektiver, d. h. bei niedrigeren Dosen blockiert als D_2-Rezeptoren in nigro-striatalen Arealen. Die einfachste Erklärung dazu wäre, daß sich die D_2-Rezeptoren in beiden Arealen eben unterscheiden, z. B. daß zwei unterschiedliche Subtypen in diesen beiden Arealen vorhanden sind. Dies scheint nicht der Fall zu sein, denn wenn man die Bindungseigenschaften verschiedener Neuroleptika in Homogenaten von menschlichem Hirngewebe aus entweder dem nigro-striatalen System oder

Tabelle 8.2.7. Pharmakologische Effektivdosen 50% an der Ratte in drei für „Neuroleptika"-typischen Testmodellen: Blockade der durch Apomorphingabe ausgelösten Hyperaktivität (Lokomotion), Blockade der durch Apomorphingabe ausgelösten Stereotypien, Auslösung von Katalepsie (nach ÖGREN et al. 1990)

Neuroleptikum	ED_{50} (nmol/kg)		
	Hyperaktivität	Stereotypien	Katalepsie
Sulpirid	45	293	146
Chlorpromazin	6,2	6,2	13
Haloperidol	0,3	0,2	0,5

dem mesolimbischen System untersucht, so zeigt sich kein Affinitätsunterschied sowohl für klassische Neuroleptika (was auch nicht zu erwarten ist), aber auch nicht für atypische Neuroleptika wie Remoxiprid und Clozepin (SEEMAN 1987). Das bedeutet, daß sich die Eigenschaften der D_2-Rezeptoren in beiden Hirnarealen nicht so unterscheiden, die unterschiedliche Pharmakologie von atypischen Neuroleptika damit erklären zu können.

Auf der anderen Seite scheinen die unterschiedlichen pharmakologischen und klinischen Eigenschaften von typischen und atypischen Neuroleptika mit unterschiedlichen Bindungseigenschaften der Neuroleptika an D_2-Rezeptoren in vivo verbunden zu sein (BISCHOFF et al. 1985, KÖHLER et al. 1990, ÖGREN et al. 1994). Diese präferentielle Bindung an mesolimbische D_2-Rezeptoren, die besonders auch für das Sertindol gezeigt werden konnte (HYTTEL et al. 1992), (nicht nur deren präferentielle funktionelle Blockade) ist allerdings auf molekularer Ebene z. Zt. noch nicht erklärbar (ÖGREN et al. 1994).

Gemeinsame Blockade von α-adrenergen und D_2-Rezeptoren

Clozapin, Risperidon und Zotepin sind starke Antagonisten an $α_1$-adrenergen Rezeptoren, was unter anderem für die sedierenden Eigenschaften, aber auch für kardiovasku-

läre UAWs (Orthostase) von Bedeutung ist (MÜLLER et al. 1995). Es gibt aber auch Befunde, die am Beispiel von Clozapin starke $α_1$-antagonistische Eigenschaften für dessen atypische Eigenschaften als relevant ansehen (COHEN und LIPINSKI 1986a, b, BALDESSARINI et al. 1992, SLEIGHT et al. 1993). Diese Hypothese wird zu einem gewissen Grad gestützt durch Befunde, daß durch Zugabe von Prazosin der Depolarisationsblock unter Haldol dem von Clozapin angeglichen werden kann (siehe 3.2). Darüberhinaus hat man auf der Basis von Bindungsdaten spekuliert, daß im Fall von Clozapin auch die starke Affinität zu $α_2$-Rezeptoren an den atypischen Eigenschaften beteiligt sein könnte (NUTT 1994).

Ausblick

Nimmt man Clozapin als „Gold-Standard" für atypische Neuroleptika, so muß man davon ausgehen, daß unterschiedliche Mechanismen auf neuronaler Ebene zu dem atypischen Wirkungsspektrum von Clozapin beitragen. Dies eröffnet auf der einen Seite die Möglichkeit Substanzen zu finden, bei denen nur bestimmte Aspekte der atypischen Eigenschaften vorhanden sind (Tabelle 8.2.1). Es erklärt aber auf der anderen Seite auch warum es so schwer ist, neue, in allen atypischen Eigenschaften dem Clozapin analoge Neuroleptika zu entwickeln.

Literatur

BALDESSARINI RJ, HUSTON-LYONS D, CAMPBELL A, MARSH E, COHEN BM (1992) Do central anti-adrenergic actions contribute to the atypical properties of clozapine. Br J Psychiatry 160 [Suppl 17]: 12–16

BARNAS C, STUPPÄCK CH, MILLER C, HARING C, SPERNER-UNTERWEGER B, FLEISCHHACKER WW (1992) Zotepine in the treatment of schizophrenic patients with prevailingly negative symptoms. A double-blind trial vs. haloperidol. Int Clin Psychopharmacol 7: 23–27

BARNES TRE, MCPHILLIPS MA (1996) Antipsychotic-induced extrapyramidal symptoms – role of anticholinergic treatment. CNS Drugs 6: 315–330

BAYMASTER TP, CALLIGARO DO, FALCONE JF (1996) Radioreceptor binding profile of the atypical antipsychotic olanzapine. Neuropsychopharmacol 14: 87–96

BISCHOFF S, DELINI-STULA A, MAITRE L (1985) Blockade der Dopamin-Rezeptoren im Hippokampus als Indikator antipsychotischer Wirksamkeit.

Korrelationen zwischen neuro-chemischen und psycho-pharmakologischen Wirkungen von Neuroleptika. In: PFLUG B, FOERSTER K, STRAUBE E (Hrsg) Perspektiven der Schizophrenie-Forschung. Fischer, Stuttgart, S 87–103

BUNNEY BS (1992) Clozapine: a hypothesised mechanism for its unique clinical profile. Br J Psychiatry 160 [Suppl 17]: 17–21

COHEN BM, LIPINSKI JF (1986a) Treatment of acute psychosis with non-neuroleptic agents. Psychosomatics [Suppl 27]: 7–16

COHEN BM, LIPINSKI JF (1986b) In vivo potencies of antipsychotic drugs in blocking α-1 noradrenergic and dopamine D_2 receptors: implications for drug mechanisms of action. Life Sci 39: 2571–2580

COUKELL BM, SPENCER CM, BENFIELD P (1996) Amisulpride. CNS Drugs 6: 237–256

COWARD DM (1992) General pharmacology of clozapine. Br J Psychiatry 160 [Suppl 17]: 5–11

ERESHEFSKY L (1995) Ein pharmakodynamisches und pathophysiologisches Modell der medikamentösen antipsychotischen Therapie der Schizophrenie. In: GERLACH J (Hrsg) Schizophrenie: Dopaminrezeptoren und Neuroleptika. Springer, Berlin Heidelberg New York Tokyo, S 149–184

ERESHEFSKY L, LACOMBE S (1993) Pharmacological profile of risperidone. Can J Psychiat 38 [Suppl 3]: 80–88

FARDE L, NORDSTRÖM AL, WIESEL FA, PAULI S, HALLDIN C, SEDVALL G (1992) Positron emission tomographic analysis of central D_1 and D_2 dopamine receptor occupancy in patients treated with classical neuroleptics and clozapine. Arch Gen Psychiatry 49: 538–544

GERLACH J (1995) D_1- und kombinierte D_1-/D_2-Rezeptorblockade bei Schizophrenie. In: GERLACH J (Hrsg) Schizophrenie: Dopaminrezeptoren und Neuroleptika. Springer, Berlin Heidelberg New York Tokyo, S 138–148

GERLACH J, HANSEN L (1992) Clozapine and D_1/D_2 antagonism in extrapyramidal functions. Br J Psychiatry 160 [Suppl 17]: 34–37

HIPPIUS H (1995) Sulpirid. Rückblick und Perspektiven. Psychopharmakotherapie 2: 102–109

HUMPHREY PPA, HARTIG P, HOYER D (1993) A proposed new nomenclature for 5-HT receptors. TiPS 14: 233–236

HYTTEL J, NIELSEN JB, NOWAK G (1992) The acute effects of sertindole on brain 5-HT_2, D_2 and α_1 receptors. J Neural Transm 89: 61–69

KANE JM (1992) Clinical efficacy of clozapine in treatment-refractory schizophrenia: an overview. Br J Psychiatry 160 [Suppl 17]: 41–45

KANE JM, HONIGFELD G, SINGER J, MELTZER H (1988) Clozapine for the treatment-resistant schizophrenic: a double-blind comparison with chlorpromazine. Arch Gen Psychiatry 45: 789–796

KENNETT GA, PITTAWAY K, BLACKBURN TP (1994) Evidence that 5HT$_{2C}$ receptor antagonists are anxiolytic in the rat Geller-Seifter model of anxiety. Psychopharmacology 114: 90–96

KÖHLER C, HALL H, MAGNUSSON O, LEWANDER T, GUSTAFSSON K (1990) Biochemical pharmacology of the atypical neuroleptic remoxipride. Acta Psychiatr Scand 82 [Suppl 358]: 27–36

LEYSEN JE, JANSSEN PMF, SCHOTTE A, LUYTEN WHML, MEGENS AAHP (1993) Interaction of antipsychotic drugs with neurotransmitter receptor sites in vitro and in vivo in relation to pharmacological and clinical effects: role of 5HT$_2$ receptors. Psychopharmacology 112: S40–S54

LIVINGSTONE MG (1994) Risperidone. Lancet 343: 457–460

MARKSTEIN R (1994a) Bedeutung neuer Dopaminrezeptoren für die Wirkung von Clozapin. In: NABER D, MÜLLER-SPAHN F (Hrsg) Clozapin. Pharmakologie und Klinik eines atypischen Neuroleptikums: Neuere Aspekte der klinischen Praxis. Springer, Berlin Heidelberg New York Tokyo, S 5–15

MARKSTEIN R (1994b) Die Rolle von Dopamin bei der Behandlung der Schizophrenie mit Clozapin. Sandorama 4: 3–11

MELTZER HY (1991) The mechanism of action of novel antipsychotic drugs. Schizophr Bull 17: 263–287

MELTZER HY (1992) The importance of serotonin-dopamin interactions in the action of clozapine. Br J Psychiatry 160 [Suppl 17]: 22–29

MÖLLER HJ (1995) Neuere Aspekte in der Diagnostik und Behandlung der Negativsymptomatik schizophrener Patienten. In: HINTERHUBER H, FLEISCHHACKER WW, MEISE U (Hrsg) Die Behandlung der Schizophrenien – State of the Art. Verlag Integrative Psychiatrie, Innsbruck Wien, S 197–212

MÜLLER WE (1990) Pharmakologische Aspekte der Neuroleptikawirkung. In: HEINRICH K (Hrsg) Leitlinien neuroleptischer Therapie. Springer, Berlin Heidelberg New York Tokyo, S 3–23

MÜLLER WE (1992) Pharmakologie der Neuroleptika unter besonderer Berücksichtigung des Remoxiprids. Krankenhauspsychiatrie 3 [Sonderheft 1]: 14–22

MÜLLER WE, TUSCHL R, GIETZEN K (1995) Therapeutische und unerwünschte Wirkungen von Neuroleptika – die Bedeutung von Rezeptorprofilen. Psychopharmakotherapie 2: 148–153

MÜLLER-SPAHN F, DIETERLE D, ACKENHEIL M (1991) Klinische Wirksamkeit von Zotepin in der Behandlung schizophrener Minussymptomatik. Ergebnisse einer offenen und einer doppelblind-kontrollierten Studie. Fortschr Neurol Psychiatr 59 [Sonderheft 1]: 30–35

NUTT DJ (1994) Putting the 'A' in atypical. J Psychopharmacol 8: 193–195

NYBERG S, FARDE L, ERIKSSON L, HALLDIN C, ERIKSSON B (1993) 5-HT$_2$ and D$_2$ dopamine receptor occupancy in the living human brain. Psychopharmacology 110: 265–272

ÖGREN SO, FLORVALL L, HALL H, MAGNUSSON O, ÄNGEBY-MÖLLER K (1990) Neuropharmacological and behavioural properties of remoxipride in the rat. Acta Psychiatr Scand 82 [Suppl 358]: 21–26

ÖGREN SO, ROSEN L, FUXE K (1994) The dopamine D$_2$ antagonist remoxipride acts in vivo on a subpopulation of D$_2$ receptors. Neuroscience 61: 269–283

PICKAR D (1995) Prospects for pharmacotherapy of schizophrenia. Lancet 345: 557–562

REYNOLDS PC (1996) The importance of dopamine D$_4$ receptors in the action and development of antipsychotic agents. Drugs 51: 7–11

RICHELSON E (1984) Neuroleptic affinities for human brain receptors and their use in predicting adverse effects. J Clin Psychiatry 43: 331–336

SALLER CF, SALAMA AI (1993) Seroquel: biochemical profile of a potential atypical antipsychotic. Psychopharmacol 112: 285–292

SCHWARTZ JC, LEVESQUE D, MARTRES MP, SOKOLOFF P (1993) Dopamine D$_3$-receptor: basic and clinical aspects. Clin Neuropharmacol 16: 295–314

SEEMAN P (1987) Dopamine receptors and the dopamine hypothesis of schizophrenia. Synapse 1: 133–152

SLEIGHT AJ, KOEK W, BIGG DCH (1993) Binding of antipsychotic drugs at α_{1A}- and α_{1B}-adrenoceptors: risperidone is selective for the α_{1B}-adrenoceptors. Eur J Pharmacol 238: 407–410

SNYDER SH, GREENBERG D, YAMAMURA HI (1974) Antischizophrenic drugs and brain cholinergic receptors. Arch Gen Psychiatry 31: 58–61

SOKOLOFF P, GIROS B, MARTRES MP, BOUTHENET M-L, SCHWARTZ C-J (1990) Molecular cloning and characterization of novel dopamine receptor (D$_3$) as a target for neuroleptics. Nature 347: 146–151

STOCKMEIER CA, DICARLO JJ, ZHANG Y, THOMPSON P, MELTZER HY (1993) Characterization of typical and atypical antipsychotic drugs based on in vivo occupancy of serotonin$_2$ and dopamine$_2$-receptors. J Pharmacol Exp Ther 266: 1374–1384

SUNAHARA RK, SEEMAN P, VAN TOL HHM, NIZNIK HB (1993) Dopamine receptors and antipsychotic drug response. Br J Psychiatry 163 [Suppl 22]: 31–38

VAN TOL HHM, BUNZOW JR, GUAN HC, SUNAHARA RK, SEEMAN P, NIZNIK HB, CIVELLI O (1991) Cloning of the gene for a human dopamine D4 receptor with high affinity for the antipsychotic clozapine. Nature 350: 610–614

WANG RY, ASHBY CR JR, ZHANG JY (1996) Modulation of the A10 dopamine system: electrophysiological studies of the role of 5-HT$_3$-like receptors. Behav Brain Res 73: 7–10

WOLFERSDORF M, KÖNIG F, STRAUB R (1993) Zotepin und Antidepressiva in der medikamentösen Behandlung der wahnhaften Depression. Psychiatr Praxis 20 [Sonderheft]: 55–58

8.3 Klinische Anwendung

8.3.1 *Clozapin*

D. Naber und F. Müller-Spahn

Clozapin wurde 1958 synthetisiert, die ersten klinischen Prüfungen fanden in den sechziger Jahren statt. Schon die ersten Untersuchungen zeigten, daß die motorischen Nebenwirkungen aller bis dahin bekannten Neuroleptika unter Clozapin nicht beobachtet wurden. Obwohl die antipsychotische Wirkung von Clozapin recht bald erkannt wurde, zögerte der Hersteller mit dem Antrag auf Zulassung, weil nach einem damaligen „psychopharmakologischen Dogma" die antipsychotische Wirkung ohne motorische Nebenwirkungen nicht möglich schien (STILLE und HIPPIUS 1971). 1972 wurde Clozapin in Österreich, der Schweiz und Deutschland eingeführt, innerhalb der nächsten fünf Jahre in weiteren 30 Ländern. Mehr als 100.000 schizophrene Patienten waren mit Clozapin behandelt worden, die antipsychotische Wirkung und gute Verträglichkeit in 13 doppelblind kontrollierten Studien bestätigt worden (u. a. ANGST et al. 1971). Die rasche Verbreitung von Clozapin wurde 1974 dramatisch gestoppt, als 16 schizophrene Patienten unter Clozapin eine Agranulozytose entwickelten und acht Patienten daran starben (AMSLER et al. 1977). In vielen Ländern wurde Clozapin vom Markt genommen, aber in den deutschsprachigen Staaten wurde das Präparat unter anderem wegen der zahlreichen Interventionen namhafter Psychiater nicht zurückgezogen, es unterliegt seitdem einer „kontrollierten Anwendung" (s. u.) und einem Werbeverbot. Die pharmakologische und klinische Forschung zum Clozapin erfuhr auch in Deutschland und Europa erst durch die Zulassung in den USA eine besondere Steigerung, nachdem dort KANE und Mitarbeiter (1988) den Nachweis einer besonderen Wirksamkeit von Clozapin bei Patienten mit therapieresistenter Schizophrenie erbracht hatten. Das Präparat ist u. a. wegen dieser eindrucksvollen Studie in allen europäischen und amerikanischen sowie in den weitaus meisten asiatischen und afrikanischen Ländern im Gebrauch.

Clozapin ist ein atypisches Neuroleptikum nicht nur wegen der Pharmakologie und klinischen Wirkung, auch die Geschichte von Clozapin ist vielfältig und sehr eindrucksvoll (STILLE und FISCHER-CORNELSSON 1988, HIPPIUS 1989). Das große Interesse an dem Präparat zeigt sich in einer Vielzahl von Übersichtsarbeiten zur pharmakologischen und klinischen Wirkung (ERESHEFSKY et al. 1989, FITTON und HEEL 1990, BALDESSARINI und FRANKENBURG 1991, SAFFERMAN et al. 1991, KLIMKE und KLIESER 1995, WAGSTAFF und BRYSON 1995, BUCHANAN 1995), an ca. 40 doppelblind kontrollierten Untersuchungen sowie an sehr zahlreichen offenen Studien und Kasuistiken.

Indikationen

Die Indikation für eine Therapie mit Clozapin erfordert aufgrund des Agranulozytose-Risikos (s. u.) eine sorgfältige Abwägung von Nutzen und Risiko. In Deutschland war das Präparat lange Zeit im Rahmen der „kontrollierten Anwendung" (s. u.) zugelassen für die Indikationen „akute und chronische Formen schizophrener Psychosen, manische Psychosen, schwere psychomotorische Erregungszustände und Aggressivität bei Psychosen". 1992 aber erfolgte im Rahmen der Zulassungsbestimmungen in den USA eine weltweite Vereinheitlichung mit der Folge, daß die Indikation eingeschränkt wurde auf „die Behandlung von akuten und chronischen Formen schizophrener Psychosen". Bei der Behandlung mit Clozapin müssen außerdem die folgenden Voraussetzungen erfüllt sein (s. Tabelle 8.3.1.1):

1. normaler Leukozytenbefund vor Beginn der Behandlung.
2. Gewährleistung regelmäßiger Kontrollen der Leukozytenzahl.
3. Der Patient zeigt auf andere Neuroleptika zuvor keine Besserung oder verträgt diese nicht.

Die Behandlung mit Clozapin kann nur dann erfolgen, wenn der behandelnde Arzt über die Richtlinien der kontrollierten Anwendung informiert ist und sein Einverständnis sowie seine Verantwortung für deren Durchführung durch eine Unterschrift bei der Herstellerfirma dokumentiert

Tabelle 8.3.1.1. Voraussetzungen für eine Behandlung mit Clozapin

- Vor Beginn der Behandlung normaler Leukozytenbefund (größer als 3500/mm³), normales Differentialblutbild)
- keine Erkrankung des Blutes oder des blutbildenden Systems, insbesondere wenn die Leukozyten betroffen sind
- keine Schädigung der Blutbildung bei früherer Arzneimittelbehandlung
- Gewährleistung der vorgeschriebenen Blutbildkontrollen während der Behandlung, während der ersten 18 Behandlungswochen wöchentlich, danach mindestens einmal im Monat

Zusätzlich dringend empfohlen:
- Aufklärung des Patienten (ggf. zusätzlich Angehörige bzw. Betreuer) auch über mögliche Frühsymptome einer Agranulozytose

hat. Die Auslieferung von Clozapin an den Patienten durch die Apotheke erfolgt nur, wenn die Unterschrift des verordnenden Arztes beim Hersteller vorliegt. Zwar nicht durch doppelblind kontrollierte Studien gestützt, aber nach offenen Studien, Kasuistiken und weltweiter klinischer Erfahrung oft praktiziert ist die Therapie auch nichtschizophrener Patienten mit Clozapin.

Generell ist ein Behandlungsversuch bei allen Patienten mit einem paranoid-halluzinatorischen Syndrom bzw. mit psychotischen Symptomen indiziert, wenn typische Neuroleptika zuvor keinen Erfolg erbrachten oder nicht vertragen wurden. Zu diesen in vielen Kliniken üblichen, aber arzneimittelrechtlich nicht zugelassenen Indikationen gehören z. B. wahnhafte Depressionen, Manien und organische Psychosen. Insbesondere bei Parkinson-Patienten, die unter Dopaminomimetika eine pharmakotoxische Psychose erleiden, ist Clozapin gegenüber typischen Neuroleptika von entscheidendem Vorteil (WOLTERS et al. 1990). Auch bei Bewegungsstörungen wie Chorea Huntington (BONUCELLI et al. 1994), Torticollis spasmodicus oder Tremor (PAKKENBERG und PAKKENBERG 1986) ist Clozapin indiziert. Eine Behandlung dieser Patienten ist zur Zeit nur im Rahmen eines sogenannten „Therapieversuches" möglich, das heißt, der behandelnde Arzt muß die Therapie mit Clozapin im Einzelfall in Abhängigkeit von der Schwere des Krankheitsbildes sowie vom Erfolg der Neuroleptika zuvor begründen und den Patienten über Nutzen und Risiken besonders gründlich aufklären (evtl. vor Zeugen und dokumentiert).

Kontraindikationen

Clozapin darf nicht angewendet werden bei

1. Überempfindlichkeit gegen Clozapin,
2. bei Patienten, die bereits auf Clozapin, auf andere Neuroleptika oder sonstige Arzneimittel zuvor mit einer Leukopenie oder Agranulozytose reagiert haben,

3. bei Patienten mit Erkrankungen des Blutes oder des hämatopoesischen Systems, insbesondere wenn die Leukozyten betroffen sind.

Darüber hinaus sollte Clozapin nicht mit trizyklischen Depot-Neuroleptika kombiniert werden und nicht mit anderen Arzneimitteln, die Blutbildstörungen hervorrufen können.

Umstellung von typischen Neuroleptika auf Clozapin

Bei der Umstellung von konventionellen Neuroleptika auf Clozapin ist nur selten Eile geboten. Überwiegend wird so verfahren, daß der Patient bei Beginn der Clozapintherapie noch weiter die bisherigen typischen Neuroleptika erhält. Unter allmählicher Erhöhung der Clozapindosis wird das zuvor gegebene Neuroleptikum reduziert und nach 1–2 Wochen ganz abgesetzt. In einigen Kliniken wird entgegen dieser Praxis vor dem Verabreichen des Clozapins die Behandlung mit dem typischen Neuroleptikum zuvor abgebrochen. Dieses Verfahren mag für manche Patienten komplikationslos sein, bei ausgeprägt psychotischen und bei suizidalen Patienten hingegen sind die Risiken selbst einer nur kurzen neuroleptikafreien Zeit aber zu vermeiden.

Bei guter Verträglichkeit wird die Clozapindosis in den folgenden Schritten erhöht (auch nach einem nur mehrwöchigen Absetzen von Clozapin ist bei erneuter Verabreichung dieses Schema der Dosissteigerung einzuhalten): 12,5 mg am 1. Tag, 25–50 mg am 2.–4. Tag, 50–100 mg am 5.–7. Tag, 100–200 mg am 8.–14. Tag, 200–400 mg am 15.–21. Tag und 400–600 mg am 22.–28. Tag. Bei Nebenwirkungen, die auf der anticholinergen Wirkung von Clozapin beruhen (u. a. Orthostase, Müdigkeit, Obstipation, delirante Zustände) sollte die Dosiserhöhung noch langsamer erfolgen: Von 52 Patienten, bei denen die Clozapin-Dosis unter dem o. a. Schema erhöht wurde und bei denen wegen ausgeprägter Nebenwirkungen die Behandlung abgebrochen werden mußte, tolerierten nach einem Clozapinfreien Intervall von 1 bis 2 Wochen und einer doppelt so langwierigen Dosiserhöhung 44 Patienten eine Dosis von 225 ± 165 mg. Nur 8 Patienten zeigten auch beim zweiten Therapieversuch so ausgeprägte Nebenwirkungen, daß die Clozapin-Behandlung erneut abgebrochen werden mußte (NABER et al. 1992).

Kontrollierte Anwendung

Um Blutbildveränderungen rechtzeitig erkennen zu können, müssen in den ersten 18 Behandlungswochen die Leukozyten wöchentlich kontrolliert werden, danach in monatlichen Abständen, so lange die Therapie mit Clozapin erfolgt. Bei raschem Absinken der Leukozytenzahl und dem Auftreten von grippeähnlichen Symptomen, z. B. Fieber, Schüttelfrost, Halsschmerzen sowie Mundschleimhautentzündungen und gestörter Wundheilung, muß sofort das Differentialblutbild kontrolliert werden, da dies Symptome einer Agranulozytose sein können. Das Differentialblutbild ist zweimal pro Woche zu kontrollieren, wenn entweder bei zwei aufeinander folgenden Messungen die Leukozytenzahl um $3000/mm^3$ oder mehr abfällt, bei einem Abfall der Leukozytenzahl innerhalb von drei Wochen um $3000/mm^3$ oder mehr, bei einer Leukozytenzahl zwischen 3000 und $3500/mm^3$ sowie wenn die Zahl neutrophiler Granulozyten zwischen 1500 und $2000/mm^3$ beträgt.

Bei einer Leukozytenzahl von weniger als $3000/mm^3$ oder bei einer Zahl neutrophiler Granulozyten von weniger als $1500/mm^3$ muß Clozapin abgesetzt werden. Außerdem wird empfohlen, Clozapin abzusetzen bei dem Anstieg eosinophiler Granulozyten (Eosinophilie) auf Werte von mehr als $3000/mm^3$ und bei einem Abfall der Thrombozyten auf weniger als $50000/mm^3$.

Dosierung

Ähnlich wie für typische Neuroleptika gilt auch für Clozapin, daß die optimale Dosis individuell sehr unterschiedlich ist und eine langsame Dosissteigerung empfohlen wird, um in Abhängigkeit vom Abklingen der psychotischen Symptome und der Verträglichkeit die geeignete Clozapin-Dosis zu finden. Dazu bestehen große regionale bzw. transatlantische Unterschiede: Während in den deutschsprachigen Ländern die tägliche Clozapin-Dosis in der stationären Therapie zumeist 200 bis 250 mg beträgt (KLIMKE und KLIESER 1995, NABER et al. 1992), sind in Dänemark Dosierungen zwischen 300 und 400 mg (PEACOCK und GERLACH 1994, POVLSEN et al. 1985) und in Schweden 400 bis 500 mg (LINDSTRÖM 1988) üblich. In Großbritannien liegt bei ausgeprägt therapieresistenten Patienten die durchschnittliche Dosis um 400 bis 450 mg (HIRSCH und PURI 1993, CLOZAPINE STUDY GROUP 1993). Dosierungen von 600 bis 900 mg sind aus europäischer Sicht nur selten indiziert und werden zumeist längerfristig nicht vertragen. In den USA ist die Behandlung mit Clozapin wegen der im Vergleich zu typischen Neuroleptika besonders hohen Kosten überwiegend auf Schwerkranke und chronische Patienten eingeschränkt bzw. die negative Selektion ist dort sehr viel ausgeprägter als z. B. in den deutschsprachigen Ländern. Diese mag der Grund sein für die in den USA zumeist üblichen hohen Dosierungen von 400 bis 800 mg (KANE et al. 1988, PICKAR et al. 1992, BREIER et al. 1994, LIEBERMAN et al. 1994), erst in den letzten Jahren wird auch dort eine niedrigere Dosis von 250–450 mg bevorzugt (BUCHANAN 1995). Bei ambulanten Patienten, insbesondere nach erfolgreicher Rehabilitation bzw. wenn sie arbeiten, ist eine möglichst niedrige Dosis anzustreben. Für viele Patienten gewähren 100 bis 200 mg eine ausreichende Rezidivprophylaxe. Einmalig zur Nacht verabreicht, ist die Sedierung zu diesem Zeitpunkt weitgehend erwünscht und die oft auftretende Morgenmüdigkeit am ehesten tolerierbar. In Übereinstimmung mit den Erfahrungen aus den deutschsprachigen Ländern (NABER et al. 1992, KLIMKE et al. 1995) wurde auch in Großbritannien beobachtet, daß zumindest in Einzelfällen eine Dosis von 50 mg/pro Tag genügend wirksam ist (HIRSCH und PURI 1993).

In früheren Untersuchungen der 70er Jahre wurde keine Beziehung zwischen Plasmaspiegel und antipsychotischer Wirkung gefunden (u. a. ACKENHEIL und BRAEU 1976). Von drei amerikanischen Studien, durchgeführt an therapieresistenten Patienten mit relativ hohen Dosierungen von 300 bis 900 mg, zeigte nur eine (PERRY et al. 1991) einen signifikanten Zusammenhang zwischen Plasmaspiegel und Reduktion der psychotischen Symptome. Ein weiteres Ergebnis dieser Untersuchung wurde zwar zumindest teilweise repliziert (KRONIG et al. 1995), ist aber für die Dosierungsgepflogenheiten in Deutschland von geringer klinischer Relevanz: Danach ist eine deutliche Besserung unter Clozapin erst ab einem Plasmaspiegel von 350 ng/ml zu erwarten. Die Untersuchung von PICKAR und Mitarbeitern (1992) wiederum erbrachte keine signifikanten Zusammenhänge zwischen Clozapin-Dosis, Steady-State-Plasmakonzentration und dem Erfolg der neuroleptischen Therapie.

Übereinstimmend wurde in zahlreichen Untersuchungen gefunden, daß der Erfolg einer Therapie mit Clozapin zumeist erst nach einer 4- bis 6wöchigen Behandlung zu beurteilen ist, bei „therapieresistenten" schizophrenen Patienten sogar im Einzelfall 12–24 Wochen erforderlich sind, um erwünschte und unerwünschte Wirkungen abzuwägen (LIEBERMAN et al. 1994). Eine kontinuierliche Verbesserung insbesondere der schizophrenen Negativsymptomatik ist bei vielen Patienten bis zum 6. und 12. Monat hindurch zu beobachten (MELTZER et al. 1990).

Positron-Emissions-Tomographie

Die pharmakologische und klinische Besonderheit von Clozapin wurde u.a. durch Untersuchungen deutlich, in denen mittels Positron-Emissions-Tomographie (PET) und selektiven Radioliganden die Besetzung des Dopamin D_1- und D_2-Rezeptors in den Basalganglien von schizophrenen Patienten gemessen wurde. Während 22 Patienten unter der üblichen Dosierung von klassischen Neuroleptika in bezug auf den D_2-Rezeptor eine Besetzung von 70–90% aufwiesen, wurde unter Clozapin nur eine Besetzung von 38–63% gefunden. Die Patienten mit akuten extrapyramidal motorischen Nebenwirkungen unter typischen Neuroleptika hatten eine deutlich höhere Besetzung des D_2-Rezeptors als die Patienten ohne motorische Nebenwirkungen (FARDE et al. 1992).

Diese PET-Befunde, erhoben an 17 Patienten unter typischen Neuroleptika und an 5 unter Clozapin, wurden mit einer höheren Fallzahl von der gleichen schwedischen Gruppe repliziert (NORDSTRÖM et al. 1995). 17 Clozapin-Patienten, behandelt in der Dosis von 125–600 mg/Tag, zeigten erneut eine Besetzung des D_2-Rezeptors im Ausmaß von 20–67%, der D_1-Rezeptor die relativ hohe Besetzung von 36–59% (unter typischen Neuroleptika 0–44%). Auch die 5-HT_2-Rezeptor-Besetzung war sogar bei einer niedrigen Clozapin-Dosis sehr hoch (84–94%). Trotz einer großen Streuung der Clozapin-Serumspiegel (105–2121 ng/ml) war die D_2-RezeptorBesetzung für alle Patienten niedrig bzw. unterhalb von 60% und korrelierte nicht mit der Dosis oder dem Serumspiegel. Auch diese Untersuchung deutet eindrucksvoll an, daß die unter Clozapin empfohlene sorgfältige und langsame „Titrierung" der individuellen Clozapin-Dosis nicht durch eine Bestimmung der Plasma-Spiegel ersetzt werden kann.

Antipsychotische Wirkung

In cirka 25 doppelblind kontrollierten Untersuchungen wurde Clozapin mit anderen typischen Neuroleptika wie z. B. Haloperidol, Levomepromazin und Perphenazin verglichen. In ca. der Hälfte dieser Studien zeigte sich, daß Clozapin den anderen Neuroleptika überlegen war, in der anderen Hälfte wurde die antipsychotische Wirkung als gleich wirksam erachtet. So wurde Clozapin in 13 Studien mit Chlorpromazin verglichen, sechsmal zugunsten von Clozapin, sieben Untersuchungen zeigten keinen Unterschied (FITTON und HEEL 1990, BALDESSARINI und FRANKENBURG 1991, SAFFERMAN et al. 1991, BUCHANAN 1995, WAGSTAFF und BRYSON 1995). Für sogenannte „therapieresistente" schizophrene Patienten, bei denen typische Neuroleptika zuvor keine ausreichende Wirkung hatten oder schwerwiegende Nebenwirkungen auslösten, ist der Vorteil von Clozapin eindeutig. In mittlerweile sieben doppelblind kontrollierten Studien war Clozapin wirksamer als Chlorpromazin, Haloperidol und Fluphenazin (WAGSTAFF und BRYSON 1995, BUCHANAN 1995).

Auch die zahlreichen retrospektiven Untersuchungen aus den deutschsprachigen Ländern und Skandinavien stimmen darin überein, daß 40–60% der therapieresistenten schizophrenen Patienten eine klinisch relevante Besserung zeigen, mit zum Teil eindrucksvollen Erfolgen in bezug auf Variablen wie unabhängiges Wohnen oder Arbeitsfähigkeit (POVLSEN et al. 1985, LINDSTRÖM 1988, GERLACH et al. 1989, NABER et al. 1992). Diese Erfahrungen wurden auch in Großbritannien (HIRSCH und PURI 1993, CLOZAPINE STUDY GROUP 1993) und in den USA gemacht (MELTZER et al. 1990, LIEBERMAN et al. 1994). Die Verbesserung der schizophrenen Symptomatik beschränkt sich nicht auf die positiven Symptome, auch die schizophrene Minussymptomatik besserte sich bei den meisten Patienten mehr als unter typischen Neuroleptika. Dieses zeigte sich in zahlreichen der o. a. offenen Untersuchungen, aber auch in den kontrollierten Studien über 6–12 Wochen (CLAGHORN et al. 1987, KANE et al. 1988, PICKAR et al. 1992, BREIER et al. 1994), in denen z. B. der BPRS-

Unterfaktor Anergie hochsignifikant ab-
nahm. Der Befund einer amerikanischen
Untersuchung, daß unter Clozapin Zwangs-
maßnahmen wie Fixierung um 90% und
Isolierung um 85% abnehmen (MALLYA et al.
1992), deckt sich mit der klinischen Erfahrung in deutschsprachigen Ländern.

Die Wirksamkeit von Clozapin in der Rezidivprophylaxe ist bisher noch nicht in einer
doppelblind kontrollierten Studie überprüft
worden, sechs retrospektive und sechs prospektive offene Studien aber stimmen dahingehend überein, daß die Rehospitalisierung signifikant verringert wurde (BUCHA-
NAN 1995). In zwei deutschen Studien wurde
mittels der Spiegel-Methode gefunden, daß
unter Clozapin im Vergleich zur Therapie
mit typischen Neuroleptika zuvor die Zahl
der stationären Therapien innerhalb von
zwei Jahren von 1,1 ± 1,3 auf 0,6 ± 1,0 ab-
fiel bzw. die stationäre Behandlungsdauer
von 87 ± 96 Tagen auf 42 ± 47 gesenkt
wurde (NABER et al. 1992). Ähnlich sind auch
die Ergebnisse von KLIMKE et al. (1995), nach
denen die mittlere jährliche Rezidivquote
von zuvor 0,48 ± 0,66 unter Clozapin auf
0,21 ± 0,30 reduziert wurde.

Clozapin und Risperidon sind in zwei doppelblind-kontrollierten Studien verglichen
worden, die Aussagekraft beider Studien ist
aber aufgrund methodischer Mängel eingeschränkt. Einige offene Untersuchungen
(PAJONK 1996) deuten an, daß die meisten
Patienten, die unter Risperidon keine ausreichende Besserung erzielten, von Clozapin
mehr profitieren. Ohne Zweifel gibt es aber
auch etliche Patienten, die auf Risperidon
mit weniger Nebenwirkungen und deutli-
cherer Symptomreduktion reagieren als
unter Clozapin. Der Patient mit dem im
Vergleich zu typischen Neuroleptika vor-
aussichtlich größten Erfolg unter Clozapin
hat die Diagnose einer paranoiden Schizophrenie, einen subchronischen bis chronischen Verlauf und erhebliche motorische
Nebenwirkungen unter klassischen Neuroleptika (LIEBERMAN et al. 1994).

Unerwünschte Wirkungen

In großer Übereinstimmung der nationalen
und internationalen Literatur zeigen 60–70%
der schizophrenen Patienten unter der Therapie mit Clozapin zumindest kurzfristig
eine oder mehrere ausgeprägte Nebenwirkungen. Am häufigsten werden EEG-Veränderungen, Müdigkeit, Anstieg der Leberenzyme und eine orthostatische Hypotension
beobachtet, eine weitere typische Nebenwirkung des Clozapins ist die oft sehr ausgeprägte Hypersalivation (Tabelle 8.3.1.2).
Die Relevanz mancher dieser Nebenwirkungen ist aber bei der Mehrzahl der Patienten begrenzt. Die Sedierung von Clozapin
kann gelegentlich ein erwünschter Effekt
sein, darüber hinaus sind die meisten Nebenwirkungen nur kurz andauernd und
ohne wesentliche Konsequenz. Insbesondere die Nebenwirkungen aufgrund der
cholinergen Komponente (Müdigkeit, Orthostase, Opstipation bis hin zum Illeus sowie Verwirrtheit bis hin zum Delir klingen
bei den meisten Patienten innerhalb von 1–
2 Wochen trotz Erhöhung der Dosis weitgehend ab. Ein Anstieg der Leberenzyme ist
ebenso wie Fieber und Leukozytose häufig
ein Phänomen der ersten bis zweiten Woche
und erfordert nur selten das Absetzen von
Clozapin. Eine deutliche Abhängigkeit von
der Clozapin-Dosis ist insbesondere bei den
folgenden Nebenwirkungen beobachtet
worden: EEG-Veränderungen bzw. Krampfanfälle, Müdigkeit, Tachykardie und Hypersalivation. Die klinische Relevanz von EEG-
Veränderungen erfordert ein besonders
sorgfältiges Abwägen von Nutzen und Risiko (TREVES und NEUFELD 1996) und war zum
Beispiel bei der Studie in München am häufigsten der Grund zu einer Reduktion der
Clozapin-Dosis. Dieses hatte wiederum zur
Folge, daß die Inzidenz von Krampfanfällen
mit 0,2% sehr viel niedriger war als in anderen Untersuchungen (NABER et al. 1992). Ein
verzögerter Anstieg der Clozapin-Dosis
oder eine Reduktion der Dosierung ist bei

Tabelle 8.3.1.2. Häufigkeit unerwünschter Wirkungen von Clozapin (LINDSTRÖM 1988, SAFFERMAN et al. 1991, NABER et al. 1992, KLIMKE und KLIESER 1995, WAGSTAFF und BRYSON 1995)

	Klinisch relevant	Grund zum Absetzen
EEG-Veränderungen	20–40	0,5
Müdigkeit	15–40	1,5
Leukozytose	15–40	–
Anstieg der Leberenzyme	10–20	1
Orthostase	5–20	1,5
Gewichtszunahme	8–20	2
Tachykardie	5–20	0,5
Hypersalivation	2–30	1
Fieber	2–20	1
Übelkeit/Erbrechen	2–20	0,5
Obstipation/Ileus	5–15	0,5
EKG-Veränderungen	2–13	2
Verwirrtheit/Delir	2–5	1
Krampfanfälle	1–4	0,5
Dermatologische Veränderungen	1–2	–

10–15% der Patienten erforderlich. Schwerwiegende Nebenwirkungen, die zum Abbruch der Clozapin-Behandlung führten, treten bei 6–9% der Patienten auf (POVLSEN et al. 1985, LINDSTRÖM 1988, PEAKOCK und GERLACH 1994, NABER et al. 1992). Allein die Studie in Großbritannien zeigte eine deutlich erhöhte Zahl von schwerwiegenden Nebenwirkungen, 13% von extrem negativ selektierten schizophrenen Patienten brachen die Behandlung wegen Nebenwirkungen ab (CLOZAPINE STUDY GROUP 1993).

Unter ambulanter Therapie ist das Profil der klinisch relevanten Nebenwirkungen deutlich anders als bei den stationären Patienten. Häufigste Gründe für eine Reduktion der Dosis oder ein Absetzen sind Gewichtszunahme und Sedierung.

Wenn eine Reduktion der Clozapin-Dosis zur Linderung der Nebenwirkungen nicht ausreicht oder wegen zunehmender psychotischer Symptome nicht möglich ist, bestehen gewisse pharmakologische Interventionsmöglichkeiten, die zwar nicht in kontrollierten Untersuchungen überprüft worden sind, aber in Übersichten und Kasuistiken empfohlen werden: Zur Behandlung der Orthostase bieten sich Sympathomimetika an, bei einer ausgeprägten Hypersalivation wird die Anwendung des peripheren Anticholinergikums Pirenzepin empfohlen. Präparate wie Metroclopramid können zur Linderung von Übelkeit und Erbrechen eingenommen werden, Beta-Blocker zur Behandlung der Tachykardie sind aufgrund der häufig eintretenden Blutdrucksenkung nur bedingt indiziert. Bei ausgeprägten EEG-Veränderungen oder gar dem Auftreten von Krampfanfällen sind Phenytoine zu bevorzugen, Carbamazepin ist wegen der potentiellen Blutbildveränderung nur bedingt einzusetzen und sollte langfristig über 18 Wochen hinaus zu wöchentlichen Blutbildkontrollen führen. Die in den USA gelegentlich propagierte Behandlung der Müdigkeit durch niedrig dosierte Stimulantien ist sicher nur im extrem seltenen Einzelfall indiziert.

Im Vergleich der Nebenwirkungen von Clozapin und von typischen Neuroleptika ist das weitgehende Fehlen von motorischen Nebenwirkungen die wichtigste Eigenschaft. In bezug auf Frühdyskinesie, Dystonie, Parkinsonoid und Rigor besteht generelle Übereinstimmung, daß diese Symptome unter Clozapin nicht oder nur extrem selten auftreten. Die Akathisie ist zwar nach zwei amerikanischen Studien mit allerdings geringer Fallzahl (CLAGHORN et al. 1987, COHEN et al. 1991) ähnlich häufig wie unter klassischen Neuroleptika, diese Angaben stehen aber in großem Widerspruch zur Erfahrung deutschsprachiger (NABER et al. 1992) und skandinavischer Autoren (LINDSTRÖM 1988, GERLACH et al. 1989). Auch die ersten amerikanischen Studien (MELTZER et al. 1990, KANE et al. 1988) sowie eine neuere amerikanische Untersuchung stimmen mit den europäischen Daten dahingehend überein, daß die Patienten, die unter typischen Neuroleptika zuvor eine Akathisie hatten, unter Clozapin innerhalb von 3–12 Wochen eine hochsignifikante Besserung dieser sehr quälenden Nebenwirkung erfahren. Bei den Patienten, die zuvor unter typischen Neuroleptika nicht unter einer Akathisie litten, wurde sie auch unter Clozapin nicht beobachtet (SAFFERMAN et al. 1993).

Das maligne neuroleptische Syndrom, das bei bis zu 20% der Patienten tödlich verläuft, kann wahrscheinlich auch unter der Behandlung mit Clozapin auftreten (BUCHANAN 1995). Bei kritischer Sicht der beobachteten Einzelfälle fällt aber auf, daß die Einschlußkriterien erheblich differieren. Erschwerend ist auch die unter Clozapin als typische Nebenwirkung bekannte und im Vergleich zu klassischen Neuroleptika häufiger auftretende benigne reversible Hyperthermie. Ein ausgeprägtes Fieber, kombiniert mit vegetativen Symptomen, aber ohne Rigor, läßt die Diagnose eines malignen neuroleptischen Syndroms nur sehr bedingt zu.

Überdosierung, Intoxikation

Eine Überdosierung bzw. Intoxikation von Dosierungen über 2000 mg Clozapin ist nach Angaben des Herstellers mit einer Letalität von 12% verbunden, die Todesursache ist zumeist Herzversagen oder aspirationsbedingte Pneumonie. Es gibt allerdings auch Berichte über Patienten, die sich von einer Intoxikation mit mehr als 10000 mg Clozapin komplikationslos erholen. Bei erwachsenen Patienten, die zuvor noch nie Clozapin eingenommen hatten, kann auch die einmalige Einnahme einer Dosis von nur 400 mg zu lebensbedrohlichen komatösen Zuständen bzw. sogar zum Tode führen.

Ein spezifisches Antidot als Therapie einer Intoxikation ist nicht vorhanden, neben einer sofortigen und wiederholten Magenspülung innerhalb der ersten sechs Stunden nach Einnahme werden zur Behandlung der anticholinergen Nebenwirkungen Physostigmin und beim Auftreten von Krämpfen intervenös Diazepam oder Diphenylhydantoin empfohlen.

Compliance, subjektive Wirkung, Lebensqualität

Die relativ hohe Compliance schizophrener Patienten unter der Langzeitbehandlung mit Clozapin wurde übereinstimmend beobachtet. Unter typischen Neuroleptika liegt sie meist nur bei 20–50%, unter Clozapin war sie in Abhängigkeit von der sehr unterschiedlichen Dauer der Behandlung und der Patientenpopulation in zahlreichen Untersuchungen mit 50–70% (HIRSCH und PURI 1993), 68% (PEACOCK und GERLACH 1994), 86% (SAFFERMANN et al. 1993), 87% (NABER et al. 1992) und ca. 90% (LIEBERMAN et al. 1994) deutlich erhöht.

Dieser klinisch sehr bedeutsame Unterschied ist wahrscheinlich zurückzuführen auf die bessere Verträglichkeit des Clozapins, zum Teil auf das Fehlen relevanter motorischer Nebenwirkungen. Darüber hinaus aber treten unter der Langzeittherapie mit typischen Neuroleptika zumindest bei vielen schizophrenen Patienten auch erhebliche affektive und kognitive Einschränkungen auf, die nur bedingt objektivierbar sind. Die typischen Beschwerden wie Anhedonie und Antriebsarmut, oft schwer zu differenzieren von einer schizophrenen Minussymptomatik bzw. von extrapyramidal motorischen Nebenwirkungen, sind seit Jahrzehnten bekannt und mit Begriffen wie „pharmakogene Depression, akinetische Depression oder postremissives Erschöpfungssyndrom" gekennzeichnet sowie „neuroleptic-induced deficit syndrome" benannt worden. Die klinische Erfahrung, daß die subjektive Wirkung von Clozapin sich erheblich von der unter typischen Neuroleptika unterscheidet, ist durch eine Untersuchung an je 40 Patienten bestätigt worden (NABER et al. 1995). Trotz der negativen Selektion, die Clozapin-Patienten reagierten zuvor auf typische Neuroleptika mit Therapieresistenz oder erheblichen Nebenwirkungen, beschrieben die weitgehend remittierten schizophrenen Patienten ihre Befindlichkeit in einem dafür entwickelten Fragebogen in allen 5 Subfaktoren als signifikant besser.

Die Lebensqualität schizophrener Patienten ist in klinischen Prüfungen oder in anderen Therapiestudien bisher kaum erfaßt worden. In der Untersuchung von MELTZER und Mitarbeitern (1990) zeigte sich, daß die Lebensqualität chronisch schizophrener Patienten unter einer Langzeittherapie mit Clozapin hochsignifikant steigt.

Clozapin und Spätdyskinesie

Unbestritten ist, daß Clozapin nur selten klinisch relevante extrapyramidal motorische Störungen auslöst und mehr von wissenschaftlichem Interesse die Diskussion, ob Spätdyskinesien unter einer Monotherapie mit Clozapin nicht oder nur sehr ver

einzelt beobachtet werden. Bedeutsamer ist die Frage nach der Wirkung von Clozapin in der Therapie einer schon bestehenden Spätdyskinesie. Die dazu veröffentlichten Studien, überwiegend Kasuistiken oder offene Studien mit methodischen Problemen wie geringer Fallzahl, niedriger Clozapin-Dosis oder geringer Beobachtungsdauer, sind widersprüchlich. Keine Veränderung bis hin zu einem völligen Abklingen der Symptome werden berichtet (siehe LIEBERMAN et al. 1991). Zwei amerikanische anspruchsvollere Studien zeigen in Übereinstimmung mit der klinischen Erfahrung in Europa (NABER et al. 1989, CLOZAPINE STUDY GROUP 1993), daß Clozapin bei einer klinisch nicht definierbaren Subgruppe von ca. 40–50% der schizophrenen Patienten eine klinisch relevante Besserung bewirkt.

LIEBERMAN und Mitarbeiter (1991) behandelten 30 schizophrene Patienten in einer Dosierung von 500 bis 900 mg täglich über 3 Jahre und stellten fest, daß die individuelle Reaktion extrem unterschiedlich ist, wie in den o. a. Kasuistiken konnte das Spektrum von keinerlei Veränderung bis hin zum völligen Abklingen nur geringfügig durch klinische Variablen erklärt werden. Der Schweregrad der Spätdyskinesie und eine dystone Symptomatik waren gering assoziiert mit einer stärkeren Besserung. Im Vergleich zu zwei Vergleichsgruppen, die mittel- und hochdosiert mit typischen Neuroleptika behandelt wurden, zeigte die Gesamtgruppe der Clozapin-Patienten eine hochsignifikant deutlichere Reduktion der Spätdyskinesie. Ähnlich sind die Ergebnisse von TAMMINGA und Mitarbeitern (1994), die 32 schizophrene Patienten ein Jahr lang mit entweder 300 mg Clozapin (n = 19) oder 29 mg Haloperidol (n = 13) behandelten. Es zeigte sich ein hochsignifikanter Unterschied zugunsten von Clozapin, der allerdings erst nach ca. 4 Monaten offenbar wurde.

Kombination von Clozapin mit typischen Neuroleptika und anderen Psychopharmaka, Interaktionen

Wenn die Verträglichkeit von Clozapin aufgrund von z. B. EEG-Veränderungen, Müdigkeit, Orthostase oder Hypersalivation eingeschränkt bzw. die noch zu tolerierende Dosis nicht ausreichend wirksam ist, kann Clozapin mit niedrig dosierten, klassischen hochpotenten Neuroleptika kombiniert werden. Das dafür zugrundeliegende und in der Erfahrung bestätigte Konzept ist, daß mit den unterschiedlichen Nebenwirkungsprofilen die antipsychotische Potenz ansteigt, ohne daß Häufigkeit oder Schweregrad der Nebenwirkungen zunehmen. Phenothiazine bzw. trizyklische Neuroleptika haben ebenfalls das Risiko einer Leukopenie bzw. Agranulozytose, daher sollten primär Butyrophenone verwendet werden (NABER et al. 1992, GAEBEL et al. 1994, KLIMKE und KLIESER 1995). Die Kombination mit einem trizyklischen Depot-Neuroleptikum ist wegen des erhöhten Risikos einer Leukopenie oder Agranulozytose sowie wegen der mangelnden Steuerbarkeit im Falle einer derartigen Nebenwirkung kontraindiziert. Clozapin ist insbesondere bei Patienten mit einer schizoaffektiven Psychose mit Substanzen wie Lithium oder Antidepressiva in jeweils möglichst niedriger Dosis zu kombinieren. Ein erhöhtes Nebenwirkungsrisiko besteht nach bisheriger Erfahrung nur bei der Kombination mit Antidepressiva: Aufgrund der kombinierten anticholinergen Wirkung treten delirante Zustände häufiger auf. Die Kombination Clozapin und Carbamazepin ist wegen des unter Carbamazepin erhöhten Leukopenie-Risikos nur bei den Patienten sinnvoll, die unter Lithium oder auch unter Valproat keine ausreichende Wirkung zeigten. Eine sorgfältige dokumentierte Aufklärung und insbesondere eine auch über 18 Wochen hinaus wöchentliche Blutbildkontrolle ist dringend erforderlich. Bei ausgeprägt ängstlichen Patienten wird Clozapin häufig mit Benzodiazepinen kombiniert. Nach früheren Angaben (SASSIM und GROHMANN 1988) und zahlreichen anderen Mitteilungen (KLIMKE und KLIESER 1995) ist diese Kombination mit einem erhöhten Risiko von Atemdepression oder Kreislaufkollaps verbunden. Diese Meldungen wurden zwar durch eine Untersuchung an einer größeren Patientenzahl nicht unterstützt (NABER et al. 1992), die Kombination von Clozapin und Benzodiazepinen ist aber zumeist nur zu Beginn der Umstellung auf das atypische Neuroleptikum sinnvoll und erforderlich und sollte nach möglichst kurzer Zeit durch eine Clozapin-Monotherapie ersetzt werden. Sedation, Anxiolyse und verbesserter Schlaf können zumeist durch eine entsprechende Dosierung und tageszeitliche Verteilung von Clozapin erreicht werden. Nicht nur in Deutschland wird Clozapin relativ häufig bzw. bei 70% der Patienten mit anderen Psychopharmaka kombiniert (GAEBEL et al. 1994), ähnlich sind auch die Gepflogenheiten in Dänemark, wo nur 40% der Patienten Clozapin in Monotherapie erhalten. Bei 35% wurde Clozapin mit anderen Neuroleptika kombiniert, 28% erhielten außerdem Benzodiazepine und 11% Antidepressiva. Eine erhöhte Nebenwirkungshäufigkeit unter diesen Kombinationen wurde nicht berichtet (POVLSEN et al. 1985, PEACOCK und GERLACH 1994).

Von besonderer Bedeutung für die Pharmakokinetik bzw. die Plasmaspiegel des Clozapins ist die Kombination mit Serotonin-Wiederaufnahmehemmern. In einer systematischen Studie an jeweils 10 bis 16 Patienten wurde gefunden, daß der Plasmaspiegel von Clozapin und seinem Hauptmetaboliten Norclozapin unter Paroxitin um ca. 60%, unter Fluoxitin um 30% und unter Sertralin um 20% gesteigert wird (CENTORRINO et al. 1996). Noch ausgeprägter ist nach einem Bericht über 3 Patienten die Erhöhung des Cozapin-Spiegels unter der Kombination mit Fluvoxamin (HIEMKE et al. 1994), Spiegel von 1600 bis 3200 ng/ml bzw. eine Erhöhung auf das achtfache, wurden beobachtet. Wenn auch in diesen Untersuchungen nur vereinzelt eine reduzierte Verträglichkeit bzw. ein erhöhtes Nebenwirkungsrisiko unter der Kombination gefunden wurde, sollte doch die Clozapin-Dosis bei der Kombination mit einem Serotonin-Wiederaufnahmehemmer möglichst niedrig gehalten bzw. gelegentlich der Plasma-Clozapinspiegel bestimmt werden. Als Mechanismus der erhöhten Konzentration wird eine kompetitive Hemmung hepatischer mikrosomaler Oxydasen oder eine reduzierte Bindung an Serumproteine diskutiert.

Rebound-Psychose?

In einigen Kasuistiken wurde nach dem Absetzen von Clozapin eine schnelle Verschlechterung der Psychopathologie beobachtet. Das rasche erneute Auftreten psychotischer Symptome wurde gelegentlich nicht nur als der „reine" Absetzeffekt interpretiert, sondern als eine unter Clozapin-Entzug eventuell spezifisch häufiger auftretende „Rebound"-Psychose diskutiert (SAFFERMAN et al. 1991, BUCHANAN 1995, WAGSTAFF und BRYSON 1995). Diese Hypothese ist umstritten, nahe liegt die Vermutung, daß die beobachteten Veränderungen eher auf das Abklingen der sedierenden Wirkung zurückzuführen sind. Eine Rebound-Psychose wäre eventuell mit der erhöhten Empfindlichkeit dopaminerger Rezeptoren zu erklären.

Häufigkeit und Therapie der Agranulozytose

Das Auftreten von Störungen des hämatopoetischen Systems, insbesondere der Agranulozytose, zählt zu den am meisten gefürchteten Komplikationen einer Therapie mit Clozapin. Es sollte aber daran erinnert werden, daß Leukopenie und Agranulozytose auch unter anderen trizyklischen Neuroleptika (und Antidepressiva) auftre-

ten können. Ein im Vergleich zu typischen Neuroleptika erhöhtes Risiko von Clozapin wird zwar vermutet, ist aber nicht bewiesen (z. B. GROHMANN et al. 1989). Eine Agranulozytose wird weltweit als ein Absinken der neutrophilen Granulozyten unter 500/mm³ verstanden. Eine Granulozytopenie liegt vor, wenn im peripheren Blutbild weniger als 1500 Granulozyten/mm³ meßbar sind. Dagegen ist die Definition einer Leukozytopenie mit Grenzwerten zwischen 3000–4000 Leukozyten/mm³ nicht einheitlich.

Aufgrund der strengen Bestimmungen in den USA, die gewährleisten, daß ein Patient Clozapin nur nach der Blutbildkontrolle (auch über den Zeitraum von 18 Wochen hinaus wöchentlich) erhält, sind jetzt genauere Daten zu Leukopenie und Agranulozytose unter Clozapin bekannt (ALVIR et al. 1993): Von 11.555 Patienten erlitten 73 eine Agranulozytose, 2 starben an den Komplikationen einer Infektion. Die kumulative Inzidenz der Agranulozytose beträgt nach einem Jahr 0,8%, nach 1,5 Jahren 0,9%. Die Agranulozytose entwickelte sich bei 23 Patienten innerhalb von 2 Monaten nach Beginn der Clozapinbehandlung, bei 61 Patienten innerhalb von 3 und bei 70 innerhalb von 6 Monaten. Diese letzten Angaben bestätigen die europäische Erfahrung, wonach 85% der Agranulozytosen in den ersten 18 Behandlungswochen auftreten.

Die Entwicklung der Agranulozytose betrug im Durchschnitt 29 ± 23 Tage bzw. bei der Hälfte der Patienten verringerte sich die Zahl der Leukozyten bereits 4 Wochen vor der Agranulozytose. 16 Patienten aber, bei denen ein Abfall der Leukozyten zu beobachten war, hatten in der Woche vor Beginn der Agranulozytose noch mehr als 3500 Leukozyten/mm³, und bei 6 Patienten entwickelte sich die Agranulozytose in weniger als 2 Wochen. In Großbritannien sind die Verschreibungsrichtlinien für Clozapin ähnlich streng wie in den USA, die Inzidenz einer Agranulozytose allerdings deutlich geringer. Von 2337 mit Clozapin behandelten

Patienten entwickelten 74 (3,2%) eine Neutropenie, nur 11 Patienten (0,4%) eine Agranulozytose, einer dieser Patienten verstarb (HIRSCH und PURI 1993). Ähnlich sind die Daten einer Untersuchung aus Dänemark (PEACOCK und GERLACH 1994): Mit einem Erfassungssystem ähnlich wie in Deutschland und somit von begrenzter Genauigkeit wurde festgestellt, daß das Risiko einer Agranulozytose bei 0,3% liegt, ein Todesfall wurde nicht berichtet. Ob die gegenüber Europa erhöhte Agranulozytosehäufigkeit in den USA nur mit der besseren Erfassung zusammenhängt oder ob auch genetische Faktoren von Bedeutung sind, ist zumindest derzeit unbekannt.

Nach Absetzen von Clozapin normalisiert sich das Blutbild im allgemeinen innerhalb von 2–4 Wochen. Die Prognose einer Agranulozytose ist bei einer frühzeitigen Behandlung bzw. bereits bei einem Granulozytenabfall unter 1000/mm^3 mit hämatopoetischen Wachstumsfaktoren wie dem Granulozyten-Makrophagen-Kolonie-stimulierenden Faktor (GM-CSF) oder dem Granulozyten-Kolonie-stimulierenden Faktor (G-CSF) günstiger. Nach Informationen der Fa. Sandoz zeigte sich bei 43 Patienten, daß der Anstieg der neutrophilen Granulozyten, der ohne Behandlung erst nach 15 Tagen zu beobachten ist, unter der Behandlung mit GM-CSF oder G-CSF bereits nach 8 Tagen eintritt. Die im Vergleich zu früheren Jahren jetzt deutlich geringere Letalität der Patienten mit Agranulozytose mag auf die mittlerweile übliche schnelle Behandlung mit den hämatopoetischen Wachstumsfaktoren zurückzuführen sein.

Suizidversuche und Suizide unter Clozapin

Das Suizidrisiko ist bei schizophrenen Patienten um das ca. 20fache erhöht, 9–13% der schizophrenen Patienten sterben durch Suizid. MELTZER und OKAYLI (1995) untersuchten bei 88 schizophrenen Patienten die Suizidalität vor und nach zweijähriger Clozapin-Behandlung. Vor der Behandlung mit Clozapin unter weitgehender Behandlung mit typischen Neuroleptika unternahmen 22 Patienten (25%) einen Suizidversuch mit entweder „geringem Risiko" (n = 17,19%) oder „hohem Risiko" (n = 6%). Innerhalb zweijähriger Behandlung mit Clozapin führte kein Patient einen Suizidversuch mit „hohem Risiko" durch, nur 3 Patienten einen mit „geringem Risiko". Die Clozapin-Behandlung reduzierte demnach die Menge der Suizidversuche um 85% und auch deren Schweregrad.

Ähnliche Hinweise geben die Daten der „Clozapine National Registry", wonach in den USA bis 1995 ca. 102.000 Patienten mit Clozapin behandelt wurden und davon 39 Patienten (0,038%) an Suizid starben. Adjustiert nach der Dauer der Clozapin-Behandlung beträgt die Suizidrate 0,1 bis 0,2% pro Jahr. Diese Häufigkeit ist hochsignifikant niedriger als die nach amerikanischen und skandinavischen Studien zu erwartende von 0,4 bis 1,0% pro Jahr.

Kognitive Funktionen unter Clozapin

Die Wirkung von Clozapin auf kognitive Funktionen schizophrener Patienten ist umstritten. CLASSEN und LAUX (1988) fanden zwischen 150–500 mg Clozapin, 10–30 mg Haloperidol und 5–20 mg Flupenthixol zwar keine signifikanten Unterschiede hinsichtlich sensomotorischer Fähigkeiten und anderer kognitiver Funktionen, in einigen Tests allerdings eine Tendenz zugunsten von Clozapin. Die Arbeitsgruppe um MELTZER beobachtete, daß in zahlreichen kognitiven Funktionen unter einer 6wöchigen Therapie mit Clozapin zuvor therapieresistente schizophrene Patienten sich deutlich besserten. Einige Tests zeigten nach 6monatiger Clozapin-Therapie noch weitere signifikante Verbesserungen (HAGGER et al. 1993). In einer dritten Studie schließlich wurde beobachtet, daß sich unter Clozapin zwar die schizophrene Plus- und Minussymptomatik hochsignifikant bessert, daß kognitive Defizite in den Bereichen Aufmerksamkeit, Gedächtnis und Problemlösung aber keine Änderung zeigten. In manchen Gedächtnistests wurde sogar eine Verschlechterung beobachtet, wahrscheinlich aufgrund der anticholinergen Eigenschaften von Clozapin (GOLDBERG et al. 1993). In weiteren Untersuchungen dieser Gruppe um Goldberg und Weinberger an therapieresistenten und an nicht therapieresistenten schizophrenen Patienten zeigte sich ein differenzierteres Ergebnis dergestalt, daß Clozapin bei den meisten Patienten geschwindigkeitsabhängige Leistungen wie Wortflüssigkeit, Reaktionszeit und Aufmerksamkeit verbesserten, Funktionen wie visuelles Gedächtnis aber eine Verschlechterung erfuhren.

Ähnlich sind die Ergebnisse einer Studie, in der Clozapin und Haloperidol nach zehnwöchiger Therapie miteinander verglichen wurden und dann in einer offenen Studie Clozapin für ein Jahr lang verabreicht wurde (BUCHANAN et al. 1994): Der Vergleich zwischen Clozapin und Haloperidol zeigte auf einigen Tests (Wortflüssigkeit, visomotorische Geschwindigkeit) Unterschiede zugunsten von Clozapin, die aber mehr auf einer Verschlechterung durch Haloperidol als auf einer Verbesserung durch Clozapin beruhten. Die Langzeituntersuchung erbrachte dann für die meisten visomotorischen und Aufmerksamkeitstests signifikante Verbesserungen, 6 Tests zur Messung der Gedächtnisleistung zeigten eine weitgehende Konstanz.

Prädiktion der Clozapin-Wirkung durch molekularbiologische Verfahren

Sowohl hinsichtlich der erwünschten Wirkungen bzw. der antipsychotischen Wirkung wie auch der unerwünschten Wirkungen und insbesondere der Agranulozytose gibt es zahlreiche Versuche, die individuell sehr unterschiedliche Clozapin-Wirkung beim schizophrenen Patienten mittels molekularbiologischer Verfahren vorherzusagen.

Diese Bemühungen sind hinsichtlich des Agranulozytose-Risikos überwiegend gescheitert. Die Entdeckung des Dopamin D_4-Rezeptors mit einer hohen Affinität zum Clozapin (VAN TOL et al. 1991) stimulierte entsprechende Forschungsarbeiten zur erwünschten Wirkung, erste vereinzelte positive Befunde konnten durch spätere Arbeiten mit hohen Patientenzahlen nicht wiederholt werden: Weder die Polymorphismen am Dopamin D_4-Rezeptor-Gen (RAO et al. 1994, RIETSCHEL et al. 1996) noch am 5-HT_{2A}-Rezeptor-Gen (NÖTHEN et al. 1995) sind mit der antipsychotischen Wirkung bzw. der Verträglichkeit von Clozapin assoziiert.

Gegen eine ausgeprägte Bedeutung genetischer Faktoren in der individuellen Reaktion auf Clozapin spricht auch die klinische Erfahrung, daß Wirkung und Verträglichkeit zum Beispiel bei mehreren stationären Therapien im Abstand von 2 bis 5 Jahren oft sehr unterschiedlich sind.

Pharmakoökonomie

In einigen Studien wurden die pharmakoökonomischen Aspekte einer Clozapin-Behandlung untersucht bzw. das Kosten-Nutzen-Verhältnis berechnet. Aufgrund der höheren Kosten für die Medikation, insbesondere aber wegen der intensiveren Betreuung und Überwachung der Clozapin-Patienten einschl. der notwendigen Blutbildkontrollen ist die ambulante Behandlung deutlich aufwendiger als mit typischen Neuroleptika. Die stationäre Behandlung hingegen ist wegen der besseren Compliance und der daraus resultierenden selteneren Wiederaufnahme in eine psychiatrische Klinik erheblich niedriger. Nach zwei US-amerikanischen Studien ergab sich eine

Ersparnis pro Patient von 20–41.500 Dollar pro Jahr. Eine neuere Untersuchung von MELTZER und Mitarbeitern (1993) bei 37 Patienten, die über mindestens 2 Jahre mit Clozapin behandelt wurden, dokumentierte unter Clozapin eine Erniedrigung der Behandlungskosten von 76.981 auf 59.578 US Dollar, eine Ersparnis um 23%.

Ein ähnliches Ergebnis wurde in der Untersuchung von 311 therapieresistenten schizophrenen Patienten gefunden (REID et al. 1994). Die Tage der stationären Behandlung wurden innerhalb von anderthalbjähriger Behandlung mit Clozapin um 132 Tage pro Patient und Jahr reduziert, nach 2 Jahren um 166 Tage pro Patient und Jahr und nach 2,5 Jahren um 201 Tage/Patient/Jahr. 40–60% der Patienten waren im letzten halben Jahr der Clozapin-Behandlung ohne erneute stationäre Therapie. Bei einem Kostensatz von 250 Dollar pro Patient und Tag belief sich die Ersparnis auf 33.000 bis 50.000 Dollar pro Patient und Jahr.

Nicht so ausgeprägt ist die Kostenreduktion nach einer britischen Studie (DAVIES et al. 1993), die in einem Jahr unter Clozapin im Vergleich zur Behandlung mit typischen Neuroleptika bei therapieresistenten schizophrenen Patienten eine Ersparnis von 91 Pfund errechnete. Darüber hinaus aber stellten die Autoren fest, daß die Behandlung mit Clozapin zusätzlich den Gewinn von 6 Jahren ohne größere Behinderung erbringt. Nur eine schwedische Studie zeigte in bezug auf die Kosten ein anderes Ergebnis (JONSSON und WALINDER 1995): Auch hier wurde eine Reduktion der Kosten für die stationäre Behandlung beobachtet, der Anstieg der Kosten im ambulanten Bereich war aber ausgeprägter, die Gesamtkosten waren für die Clozapin-Patienten um 10% höher als für die Patienten unter typischen Neuroleptika. Die Autoren kommen zu dem Schluß, daß der Anstieg der Kosten durch die deutliche Reduktion der psychotischen Symptome und die Besserung der sozialen Kompetenz mehr als kompensiert wird.

Detaillierte Studien, die auch die nichtmedizinischen Kosten berücksichtigen (Arbeitslosigkeit, Rentenversorgung etc.) fehlen insbesondere für den deutschsprachigen Bereich noch völlig.

Ausblick

In der Diskussion über Nutzen und Risiken einer Behandlung mit dem nach strenger Definition weiterhin einzigen atypischen Neuroleptikum Clozapin wird besonders die Gefahr einer Agranulozytose betont, das ungleich höhere Risiko einer Spätdyskinesie aber kaum berücksichtigt. Die in manchen Kliniken übliche Praxis, Clozapin erst als Neuroleptikum der letzten Wahl anzuwenden bzw. in einer extrem negativen Selektion nur 1–2% der schizophrenen Patienten mit Clozapin zu behandeln, ist angesichts der im Vergleich zu typischen Neuroleptika zumindest vergleichbaren antipsychotischen Wirkung bei deutlich besserer Verträglichkeit (keine klinisch relevanten motorischen, deutlich geringere affektive und kognitive Nebenwirkungen) gerade aus der Sicht des Patienten und im Interesse seiner Lebensqualität nicht zu vertreten. Die hochsignifikant niedrigere Rehospitalisierung unter Clozapin sowie die Reduktion von Suizidversuchen sind zusammen mit der erheblich verbesserten Therapie der Agranulozytose mehr zu berücksichtigen. Es bleibt zu hoffen, daß die Indikationseinschränkung möglichst bald revidiert wird und daß auch nicht-schizophrene Patienten sowie nicht therapieresistente schizophrene Patienten ohne rechtliche Unsicherheit erfolgreich mit Clozapin behandelt werden können.

Literatur

ACKENHEIL M, BRAEU H (1976) Antipsychotische Wirksamkeit im Verhältnis zum Plasmaspiegel von Clozapin. Arzneimittelforschung/Drug Res 26: 1156–1158

ALVIR JMJ, LIEBERMANN JA, SAFFERMAN AZ, SCHWIM-
MER JL, SCHAAF JA (1993) Clozapin-induced
agranulocytosis. Incidence and risk factors
in the United States. N Engl J Med 329: 162–167

AMSLER HA, TEERENHOVI L, BARTH E, HARJULA K,
VUOPIO P (1977) Agranulocytosis in patients
treated with clozapine, a study of the Finnish
epidemic. Acta Psychiatr Scand 56: 241–248

ANGST J, BENTE D, BERNER P, HEIMANN H, HELMCHEN
H, HIPPIUS H (1971) Das klinische Wirkungs-
bild von Clozapin (Untersuchung mit dem
AMP-System). Pharmakopsychiat 4: 201–211

BALDESSARINI RJ, FRANKENBURG FR (1991) Clozapine: a novel antipsychotic agent. N Engl J
Med 324: 746–754

BONUCELLI U, CERAVOLO R, MAREMMANI C, NUTI A,
ROSSI G, MURATORIO A (1994) Clozapine in
Huntington's chorea. Neurology 44: 821–823

BREIER A, BUCHANAN RW, KIRKPATRICK B, DAVIS OR,
IRISH D, SUMMERFELT A, CARPENTER WT (1994)
Effects of clozapine on positive and negative
symptoms in outpatients with schizophrenia.
Am J Psychiatry 151: 20–26

BUCHANAN RW (1995) Clozapine: efficacy and
safety. Schizophr Bull 21: 579–591

BUCHANAN RW, HOLSTEIN C, BREIER A (1994) The
comparative efficacy and long-term effect of
clozapine treatment on neuropsychological
test performance. Biol Psychiatry 36: 717–725

CENTORRINO F, BALDESSARINI RJ, FRANKENBURG FR,
JANDO J, VOLPICELLI SA, FLOOD JG (1996) Serum
levels of clozapine and norclozapine in patients treated with selective serotonin reuptake
inhibitors. Am J Psychiatry 153: 820–822

CLAGHORN I, HONIGFELD G, ABUZZAHAB FS, WANG R,
STEINBROOK R, TUASON V, KLERMAN G (1987) The
risk and benefits of clozapine versus chlorpromazine. J Clin Psychopharmacol 7: 377–384

CLASSEN W, LAUX G (1988) Sensorimotor and cognitive performance of schizophrenic inpatients treated with haloperidol, flupenthixol or
clozapine. Pharmacopsychiat 21: 295–297

CLOZAPINE STUDY GROUP (1993) The safety and
efficacy of clozapine in severe treatment-resistant schizophrenic patients in the UK. Br J
Psychiatry 163: 150–154

COHEN BM, KECK PE, SATLIN A, COLE JO (1991) Prevalence and severity of akathisia in patients on
clozapine. Biol Psychiatry 29: 1215–1219

DAVIES LM, DRUMMOND MF (1993) Assessment of
coss and benefits of drug therapy for treatment-resistant schizophrenia in the United
Kingdom. Br J Psychiatry 162: 38–42

ERESHEFSKY L, WATANABE MD, TRAN-JOHNSON TK
(1989) Clozapine an atypical antipsychotic
agent. Clin Pharmacol 8: 691–709

FARDE L, NORDSTRÖM A-L, WIESEL F-A, PAULI S,
HALLDIN C, SEDVALL G (1992) Positron emission
tomographic analysis of central D_1 and D_2
dopamine receptor occupancy in patients
treated with classical neuroleptics and clozapine. Arch Gen Psychiatry 49: 538–544

FITTON A, HEEL RC (1990) Clozapine: a review of
its pharmacological properties and therapeutic use in schizophrenia. Drugs 40: 722–747

GAEBEL W, KLIMKE A, KLIESER E (1994) Kombination von Clozapin mit anderen Psychopharmaka. In: NABER D, MÜLLER-SPAHN F (Hrsg)
Clozapin. Pharmakologie und Klinik eines
atypischen Neuroleptikums. Springer, Berlin
Heidelberg New York Tokyo, S 43–58

GERLACH J, JORGENSEN EO, PEACOCK L (1989) Long-
term experience with clozapine in Denmark:
research and clinical practice. Psychopharmacol 99: S92–S96

GOLDBERG TE, GREENBERG RD, GRIFFIN SF, GOLD
JM, KLEINMAN JE, PICKAR D, SCHULZ SC, WEIN-
BERGER DR (1993) The effect of clozapine on
cognition and psychiatric symptoms in patients with schizophrenia. Br J Psychiatry 162:
43–48

GROHMANN R, SCHMIDT LG, SPIESS-KIEFER C, RÜTHER
E (1989) Agranulocytosis and significant leu-
copenia with neuroleptic drugs: results from
the AMÜP program. Psychopharmacology 99:
S109–S112

HAGGER C, BUCKLEY P, KENNY JT, FRIEDMAN L, UB-
OGY D, MELTZER HY (1993) Improvement in
cognitive functions and psychiatric symptoms
in treatment-refractory schizophrenic patients
receiving clozapine. Biol Psychiatry 34: 702–
712

HIEMKE C, WEIGMANN H, HÄRTTER S, DAHMEN N,
WETZEL H, MÜLLER H (1994) Elevated levels of
clozapine in serum after addition of fluvoxamine. J Clin Psychopharmacol 14: 279–281

HIPPIUS H (1989) The history of clozapine. Psychopharmacol 99: 53–55

HIRSCH SR, PURI BK (1993) Clozapine: progress in
treating refractory schizophrenia. Br Med J
306: 1427–1428

JONSSON D, WALINDER J (1995) Cost-effectiveness of
clozapine treatment in therapy-refractory schizophrenia. Acta Psychiatr Scand 92: 199–201

KANE J, HONIGFELD G, SINGER J, MELTZER HY, THE
CLOZARIL COLLABORATIVE STUDY GROUP (1988)
Clozapine for the treatment-resistant schizophrenic, a double-blind comparison with
chlor-promazine. Arch Gen Psychiatry 45:
789–796

KLIMKE A, KLIESER E (1995) Das atypische Neuroleptikum (Leponex-R) – aktuelle Kenntnis-

stand und neuere klinische Aspekte. Fortschr Neurol Psychiat 63: 173–193

KLIMKE A, KLIESER E, LEMMER W (1995) Clozapin in der Rezidivprophylaxe. In: NABER D, MÜLLER-SPAHN F (Hrsg) Clozapin. Pharmakologie und Klinik eines atypischen Neuroleptikums. Springer, Berlin Heidelberg New York Tokyo, S 81–92

KRONIG MH, MUNNE RA, SZYMANSKI S, SAFFERMAN AZ, POLLACK S, COOPER T, KANE JM, LIEBERMAN JA (1995) Plasma clozapine levels and clinical response for treatment-refractory schizophrenic patients. Am J Psychiatry 152: 179–182

LIEBERMAN JA, SALTZ BL, JOHNS CA, POLLACK S, BORENSTEIN M, KANE J (1991) The effects of clozapine on tardive dyskinesia.Br J Psychiatry 158: 503–510

LIEBERMAN JA, SAFFERMAN AZ, POLLACK S, SZYMANSKI S, JOHNS C, HOWARD A, KRONIG M, BOOKSTEIN P, KANE JM (1994) Clinical effects of clozapine in chronic schizophrenia response to treatment and predictors of outcome. Am J Psychiatry 151: 1744–1752

LINDSTRÖM LH (1988) The effect of long-term treatment with clozapine in schizophrenia a retrospective study in 96 patients treated with clozapine for up to 13 years. Acta Psychiatr Scand 77: 524–529

MALLYA AR, ROOS PD, ROEBUCK-COLGAN K (1992) Restraint, seclusion and clozapine. J Clin Psychiatry 53: 395–197

MELTZER HY, OKAYLI G (1995) Reduction of suicidality during clozapine treatment of neuroleptic-resistant schizophrenia: impact on risk-benefit assessment. Am J Psychiatry 152: 183–190

MELTZER HY, BURNETT S, BASTANI B, RAMIREZ LF (1990) Effects of six months of clozapine treatment on the quality of life of chronic schizophrenic patients. Hosp Commun Psychiatry 8: 892–897

MELTZER HY, COLA P, WAY L, THOMPSON PA, BASTANI B, DAVIES MA, SNITZ B (1993) Cost effectiveness of clozapine in neuroleptic-resistant schizophrenia. Am J Psychiatry 150: 1630–1638

NABER D (1995) A self-rating to measure subjective effects of neuroleptic drugs, relationships to objective psychopathology, quality of life, compliance and other clinical variables. Int Clin Psychopharmacol 10 [Suppl 3]: 133–138

NABER D, LEPPIG M, GROHMANN R, HIPPIUS H (1989) Efficacy and adverse effects of clozapine in the treatment of schizophrenia and tardive dyskinesia – a retrospective study of 387 patients. Psychopharmacology 99: S73–S76

NABER D, HOLZBACH R, PERRO C, HIPPIUS H (1992) Clinical management of clozapine patients in relation to efficacy and side-effects. Br J Psychiatry 160 [Suppl 17]: 54–59

NORDSTRÖM AL, FARDE L, NYBERG S, KARLSSON P, HALLDIN C, SEDVALL G (1995) D_1, D_2 and 5-HT_2 receptor occupancy in relation to clozapine serum concentration: a PET study of schizophrenic patients. Am J Psychiatry 152: 1444–1449

NÖTHEN MM, RIETSCHEL M, ERDMANN J, OBERLÄNDER H, MÖLLER HJ, NABER D, PROPPING P (1995) Genetic variation of the 5-HT_{2A}-receptor and response to clozapine. Lancet 346: 908–909

PAJONK FG (1997) Klinische Erfahrungen mit neuen Neuroleptika – Alternativen zu Clozapin. In: NABER D, MÜLLER-SPAHN F (Hrsg) Clozapin. Neue klinische Ergebnisse. Springer, Berlin Heidelberg New York Tokyo (im Druck)

PAKKENBERG H, PAKKENBERG B (1986) Clozapine in the treatment of tremor. Acta Neurol Scand 73: 295–297

PEACOCK K, GERLACH J (1994) Clozapine treatment in Denmark: concomitant psychotropic medication and hematologic monitoring in a system with liberal usage practices. J Clin Psychiatry 55: 44–49

PERRY PJ, MILLER DD, ARNDT SV et al. (1991) Clozapine and norclozapine plasma concentrations and clinical response of treatment-refractory schizophrenic patients. Am J Psychiatry 148: 231–235

PICKAR D, OWEN RR, LITMAN RE, KONICKI PE, GUTIERREZ R, RAPAPORT MH (1992) Clinical and biological response to clozapine in patients with schizophrenia crossover comparison with fluphenazine. Arch Gen Psychiatry 49: 345–353

POVLSEN UJ, NORING U, FOG R, GERLACH J (1985) Tolerability and therapeutic effect of clozapine. A retrospective investigation of 216 patients treated with clozapine for up to 12 years. Acta Psychiatr Scand 71: 176–185

RAO PA, PICKAR D, GEJMAN PV, RAM A, GERSHON ES, GELERNTER J (1994) Allelic variaton in the D4 dopamine receptor (DRD4) gene does not predict response to clozapine. Arch Gen Psychiatry 51: 912–917

REID WH, MASON M, TOPRAC M (1994) Savings in hospital bed-days related to treatment with clozapine. Hosp Commun Psychiatry 45: 261–264

RIETSCHEL M, NABER D, OBERLÄNDER H, HOLZBACH R, FIMMERS R, EGGERMANN K, MÖLLER H-J, PROPPING P, NÖTHEN MM (1996) Efficacy and side-effects of clozapine testing for association with allelic variation in the dopamine D4 receptor gene. Neuropsychopharmacology 15: 491–496

SAFFERMAN A, LIEBERMAN JA, KANE JM, SZYMANSKY S, KINON B (1991) Update on the clinical efficacy and side effects of clozapine. Schizophr Bull 17: 247–261

SAFFERMAN AZ, LIEBERMAN JA, POLLACK S, KANE JM (1993) Akathisia and clozapine treatment. J Clin Psychopharmacol 13: 286–287

SASSIM N, GROHMANN R (1988) Adverse drug reactions with clozapine and simultaneous application of benzodiazepines. Pharmacopsychiat 21: 306–307

STILLE G, HIPPIUS H (1971) Kritische Stellungnahme zum Begriff der Neuroleptika (anhand von pahrmakologischen und klinischen Befunden mit Clozapin). Pharmacopsychiat 4: 182–191

STILLE G, FISCHER-CORNELSSEN K (1988) Die Entwicklung von Clozapin (Leponex) – ein Mysterium? In: LINDE OK (Hrsg) Pharmako-Psychiatrie im Wandel der Zeit: Erlebnisse und Ergebnisse. Tilia-Verlag, Klingenmünster, S 339–348

TAMMINGA CA, THAKER GK, MORAN M, KAKIGI T, GAO X-M (1994) Clozapine in tardive dyskinesia observations from human and animal model studies. J Clin Psychiatry 55: S102–S106

TREVES IA, NEUFELD MY (1996) EEG abnormalities in clozapine treated schizophrenic patients. Eur Neuropsychopharmacol 6: 93–94

VAN TOL HHM, BUNZOW JR, GUAN H-C, OHARA K, BUNZOW JR, CIVELLI O, KENNEDY J, SEEMAN P, NIZNIK HB, JOVANOVIC V (1991) Cloning of the gene for a human dopamine D4 receptor with high affinity for the antipsychotic clozapine. Nature 350: 610–614

WAGSTAFF AJ, BRYSON HM (1995) Clozapine – a review of its pharmacological properties and therapeutic use in patients with schizophrenia who are unresponsive to or intolerant of classical antipsychotic agents. CNS Drugs 4: 370–400

WOLTERS ECH, HURWITZ TA, MAK E (1990) Clozapine in the treatment of Parkinsonian patients with dopaminomimetic psychosis. Neurology 40: 832–834

8.3.2 Risperidon

H.-J. Möller

Bei der Entwicklung von Risperidon, das 1994 auf dem deutschen Arzneimittelmarkt eingeführt wurde, wurde eine Serotonin-S_2-Blockade gezielt als Wirkmechanismus dieser neuen Substanz einbezogen (NIEMERGEERS et al. 1990), wobei neben Wirksamkeitsgesichtspunkten auch Verträglichkeitsgesichtspunkte eine Rolle spielten. Durch die Serotonin-S_2-Blockade sollte nicht nur eine Verstärkung und ggf. ein anderes Profil der antipsychotischen Wirksamkeit erreicht werden, sondern auch eine bessere extrapyramidale und motorische Verträglichkeit. Die Einflußnahme auf das serotonerge System soll die ungünstigen extrapyramidalen Effekte einer zu starken Dopamin-D_2-Blockade in sinnvoller Weise kompensieren.

Bereits in den 50er Jahren wurde eine Serotoninüberschuß-Hypothese der Schizophrenie formuliert (WOOLLEY und SHAW 1954), u. a. abgeleitet aus der Ähnlichkeit von LSD mit Serotonin. Allerdings zeigten damals geprüfte Serotoninantagonisten wie Methysergid (COPPEN et al. 1969) keine therapeutische Wirksamkeit, was aus heutiger Sicht dadurch zu erklären ist, daß es sich um gemischte, d. h. zugleich serotoninagonistische und serotoninantagonistische Substanzen handelte. Inzwischen bekommt ein solcher Ansatz auch deswegen Bedeutung, weil es Hinweise gibt, daß das serotonerge Neuronensystem in der Pathogenese schizophrener Psychosen involviert ist (DELISI et al. 1981, MITA et al. 1986).

Pharmakologisches Profil

Risperidon leitet sich von einer Klasse reiner S_2-Antagonisten ab, zu der u. a. Ritanserin gehört. Die klinische Prüfung dieser Substanzen zeigte, daß ein ausreichender antipsychotischer Effekt auf der Basis eines reinen S_2-Antagonismus nicht zu erreichen ist. Es ergab sich aber ein günstiger Effekt auf neuroleptisch bedingte extrapyramidale Störungen. Deshalb wurde in der weiteren Entwicklung auf Substanzen mit einem kombinierten D_2-S_2-Antagonismus abgezielt. Risperidon, ein Benzisoxazol-Derivat, ist pharmakologisch dadurch gekennzeichnet,

daß es einen potenten Dopamin-D_2-Antago-
nismus mit einem ausgeprägten Serotonin-
S_2-Antagonismus verknüpft (NIEMERGEERS et
al. 1990), wobei der S_2-Antagonismus 20mal
stärker ausgeprägt ist als der D_2-Antagonis-
mus. Zusätzlich besteht eine α_1- und eine
weniger starke Histamin-H_1-blockierende
Wirkung. Insgesamt zeigt die Substanz bezüglich der pharmakologischen Wirkmechanismen eine gewisse Ähnlichkeit mit
Clozapin, bei dem allerdings D_2- und S_2-
Blockaden wesentlich schwächer sind. Im
Gegensatz zu Clozapin besteht kein anticholinerger Effekt, was unter Nebenwirkungsaspekten von erheblichem Vorteil ist.
Risperidon zeigte in Tierversuchen gute Effekte in den üblichen pharmakologischen
Prüfmodellen für eine neuroleptische Wirkung und gleichzeitig ein günstiges Profil in
Tiermodellen, die Indikatorfunktion für extrapyramidalmotorische Wirkungen haben.
Das führte zu der Hypothese, daß Risperidon ein Neuroleptikum sein könnte, das
trotz guter antipsychotischer Wirksamkeit
deutlich weniger extrapyramidalmotorische
Begleitwirkungen beim Menschen hervorruft.

Wirksamkeit bei schizophrener Plus-
und Negativsymptomatik

Risperidon zeigte bereits in den ersten Pilot-
studien (MÖLLER et al. 1989, 1991) in niedrigen Dosierungen eine hohe antipsychotische Wirksamkeit, ist also im traditionellen
Sinn als hochpotentes Neuroleptikum zu
klassifizieren. Dies wurde in den Studien der
Phase III bestätigt (LIVINGSTONE 1994). Risperidon wurde in zahlreichen doppelblinden
Kontrollgruppenstudien hinsichtlich Wirksamkeit und Verträglichkeit untersucht (Tabelle 8.3.2.1). Die entscheidende Prüfung
von Wirksamkeit und Verträglichkeit erfolgte insbesondere in zwei großen Studien:

a) in der großen internationalen Multicen-
    ter-Studie an 1362 Patienten, in der ver-

schiedene Tagesdosen von Risperidon
gegen 10 mg Haloperidol p.d. geprüft
wurden (PEUSKENS 1995);

b) in der nordamerikanischen Multicenter-
    Studie an 523 Patienten, in der verschie-
    dene Tagesdosen von Risperidon gegen
    20 mg Haloperidol p.d. und gegen Plaze-
    bo geprüft wurden (JANSSEN RESEARCH
    FOUNDATION 1991, MARDER und MEIBACH
    1994).

In diesen beiden großen Studien wurde Risperidon in der Phase III in verschiedenen
Dosierungsstufen gegenüber 10 bzw. 20 mg
Haloperidol in einem 6- bzw. 8wöchigen
Untersuchungsansatz bei Patienten mit einer akuten schizophrenen Episode geprüft.
Die therapeutischen Ergebnisse wurden mit
einer Skala beurteilt, die sowohl schizophrene Plus- wie auch schizophrene Negativsymptomatik messen kann, der „Positive
and Negative Syndrome Scale" (PANSS)
(KAY et al. 1987).

Zur Illustration seien hier einige Daten aus
der nordamerikanischen Studie angeführt.
Unter Risperidon kam es bei einigen Dosierungen schon innerhalb der ersten Woche
zu einer signifikant besseren Reduktion auf
der PANSS im Vergleich zu Haloperidol, was
in den darauffolgenden Wochen noch weiter zunahm. Risperidon ist in dieser Studie
signifikant wirksamer als Haloperidol in der
Besserung positiver Symptome, also in der
Reduktion von Wahn, Halluzinationen etc.
(Abb. 8.3.2.1).

Interessant ist die umgekehrte U-förmige
Dosis-Wirkungs-Beziehung von Risperidon: Eine Erhöhung der Dosis über 6 mg
führt bei gruppenstatistischer Betrachtung
nicht zu einer Steigerung der Wirksamkeit,
sondern eher zu einer Abnahme. Solche
Dosis-Wirkungs-Beziehungen werden in
der Psychopharmakologie u. a. für einige
Antidepressiva diskutiert.

Die Daten der nordamerikanischen Studie
zeigen, daß Risperidon nicht nur die Plus-,
sondern auch die Negativsymptomatik re-

Tabelle 8.3.2.1. Zusammenfassung der wichtigsten publizierten klinischen Studien mit Risperidon (modifiziert nach Curtis und Kerwin 1995)

Studienbeschreibung	Tägliche Dosis (mg)	Dauer (Wo.)	Anzahl Patienten	Beurteilungs-Skala	Ergebnisse Gesamte Wirksamkeit	Extrapyramidale Effekte	Referenz
Offen, Dosisermittlung	10–25	4	17	BPRS, SARS, CGI	> Plazebo	< Washout	Mesotten et al. (1989)
Offen, Dosisermittlung	2–10	4	20	BPRS, GTI, SARS	> Plazebo	< Washout	Castelao et al. (1989)
Doppelblind, HAL Kontrolle	2–20	8	60	BPRS, CGL, NOSIE, ESRS	RIS = HAL	RIS ≤ HAL	Mesotten (1991)
Doppelblind, Plazebo und HAL Kontrollen	1–10	6	160	BPRS, SANS, CGI, ESRS, AIMS	RIS > Plazebo RIS ≥ HAL	RIS = Plazebo RIS < HAL	Borrison (1991)
Doppelblind, LEVO und HAL Kontrollen	4–12	4	62	PANSS, BPRS, PAS, CGI, ESRS	RIS > HAL RIS > LEVO	RIS = LEVO LEVO < HAL	Tatossian (1991)
Doppelblind, Plazebo und HAL Kontrollen	2–16	8	523	PANSS, CGI	RIS > HAL	RIS < HAL	Marder und Meibach (1994)
Doppelblind, PER Kontrolle	5–15	8	107	PANSS, BPRS, CGI, ESRS, UKU	RIS > PER	RIS = PER	Remvig (1991)
Doppelblind, RIS 1 mg und HAL Kontrollen	1–16	8	1362	PANSS, BPRS, CGI, ESRS, UKU	RIS ≥ HAL	RIS<oder=HAL	Peuskens (1995)
Kombinierte Analyse von 3 Langzeitversuchen	2–20	19 Monate	264	BPRS, GTI, ESRS, UKU	> Plazebo	< Washout	Mertens (1992)
Doppelblind, HAL Kontrolle	2–20	12	44	SADS-C, PANSS, CGI, NOSIE, ESRS	RIS ≥ HAL	RIS ≡ HAL	Claus et al. (1992)
Doppelblind, Plazebo und HAL Kontrollen	2–10	6	36	BPRS, SANS, CGI, ESRS, AIMS	RIS ≥ HAL	RIS < HAL	Borison et al. (1992)
Doppelblind, Plazebo und HAL Kontrollen	2–16	8	135	PANSS, CGI, BPRS, ESRS, UKU	RIS = oder>HAL	RIS < oder=HAL	Chouinard et al. (1993)

(Fortsetzung siehe S 458)

Tabelle 8.3.2.1. Fortsetzung

Studienbeschreibung	Tägliche Dosis (mg)	Dauer (Wo.)	Anzahl Patienten	Beurteilungs-Skala	Ergebnisse		Referenz
					Gesamte Wirksamkeit	Extrapyramidale Effekte	
Doppelblind, Parallelgruppen, PER Kontrolle	5–15	8	107	PANSS, CGI, BPRS, ESRS, UKU	RIS ≥ PER	RIS ≡ PER	HOYBERG et al. (1993)
Doppelblind, CLOZ Kontrolle	4–8	4	59	BPRS, CGI, SARS	RIS ≡ CLOZ	RIS ≡ CLOZ	HEINRICH et al. (1994)
Doppelblind, Plazebo und HAL Kontrollen	2–16	8	388	PANSS, ESRS, CGI, BPRS	RIS=oder>HAL	RIS ≤ HAL	MARDER und MEIBACH (1994)

AIMS Abnormal Involuntary Movement Scale; *BPRS* Brief Psychiatric Rating Scale; *CGI* Clinical Global Impressions Scale; *CLOZ* Clozapin; *ESRS* Extrapyramidal Symptom Rating Scale; *GTI* Global Therapeutic Impression; *HAL* Haloperidol; *LEVO* Levomepromazin (Methotrimeprazine); *NOSIE* Nurses' Observation Scale for Inpatient Evaluation; *PANSS* Positive and Negative Syndrome Scale; *PAS* Psychotic Anxiety Scale; *PER* Perphenazin; *RIS* Risperidon; *SADS-C* Schedule for Affective Disorders and Schizophrenia – Change version; *SANS* Scale for the Assessment of Negative Symptoms; *SARS* Simpson and Angus Rating Scale; *UKU* UKU Side Effect Rating Scale; = gibt ähnliche Wirkung an; ≤ gibt Tendenz zu schwächerer Wirkung an; <gibt statistisch signifikant geringere Wirkung an (p < 0,05); ≥gibt Tendenz zu größerer Wirkung an; >gibt statistisch signifikant größere Wirkung an (p < 0,05)

duziert (Abb. 8.3.2.2). Für die therapeutisch am besten geeignete Risperidon-Dosis von 6 mg ergab sich eine signifikant höhere Rückbildung der Negativsymptomatik (Affektverarmung, Antriebsverarmung etc.) als für 20 mg Haloperidol (nordamerikanische Studie).

Es stellt sich die Frage, ob die bessere Wirkung von Risperidon auf die Negativsymptomatik im Vergleich zu Haloperidol als „direkt" interpretiert werden kann oder ob sie als sekundär im Zusammenhang mit Unterschieden bezüglich Plussymptomatik oder extrapyramidaler Symptomatik zu sehen ist. Zur Beantwortung dieser Frage wurden die Daten der nordamerikanischen Risperidon-Studie mit der statistischen Methode der Pfadanalyse weiter untersucht (MÖLLER et al. 1995).

Durch die Pfadanalyse konnte gezeigt werden, daß Risperidon gegenüber Haloperidol bezüglich der Negativsymptomatik sogar nach statistischer Kontrolle der indirekten (über Effekte auf die Plussymptomatik bzw. die extrapyramidale Symptomatik) Wirkungen auf Negativsymptome überlegen ist. Insofern konnte durch diese komplexe statistische Analysemethode die Hypothese bestätigt werden, daß Risperidon im direkten Effekt auf Negativsymptomatik Haloperidol überlegen ist (Abb. 8.3.2.3).

Zu bedenken ist, daß diese Befunde zur Negativsymptomatik an Patienten mit akuten Exazerbationen schizophrener Psychosen gewonnen wurden. Es bedarf weiterer klinischer Prüfungen, um zu klären ob diese günstigen Ergebnisse auch auf die Negativsymptomatik im Rahmen chronischer Residualzustände übertragen werden können.

Bezieht man die Ergebnisse der internationalen Studie mit ein, so sind zwar gewisse Modifikationen der hier gemachten Aussagen notwendig. Es zeigte sich z. B. in dieser Studie nicht eine so prononcierte Sonderstellung des mittleren Dosisbereichs unter therapeutischen Aspekten. Auch konnte kein signifikanter Vorteil hinsichtlich der

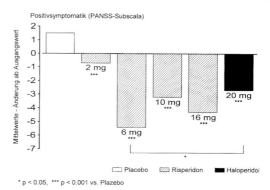

$* p < 0.05, *** p < 0.001$ vs. Plazebo

Abb. 8.3.2.1. Therapeutische Besserung der Plussymptomatik (PANSS-Subskala) unter verschiedenen Dosierungen von Risperidon versus Haloperidol und Plazebo in der nordamerikanischen Multicenter-Studie (JANSSEN RESEARCH FOUNDATION 1991, MARDER und MEIBACH 1994)

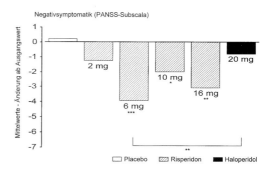

$* p < 0.05, ** p < 0.01, *** p < 0.001$ vs. Plazebo

Abb. 8.3.2.2. Therapeutische Besserung der Negativsymptomatik (PANSS-Subskala) unter verschiedenen Dosierungen von Risperidon versus Haloperidol und Plazebo in der nordamerikanischen Multicenter-Studie (JANSSEN RESEARCH FOUNDATION 1991, MARDER und MEIBACH 1994)

Negativsymptomatik bewiesen werden. In der Gesamttendenz werden aber die Befunde bestätigt. Die Unterschiede sind zum Teil durch methodische Probleme zu erklären, u. a. das Problem einer höheren Bedeutung von störenden Einflüssen (Stichprobenunterschiede, Unterschiede in der Meßmethodik im Zusammenhang mit der hohen Zahl

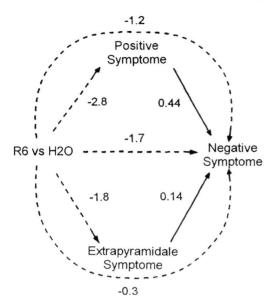

Abb. 8.3.2.3. Geschätzte Pfad-Koeffizienten für den Vergleich von 6 mg Risperidon (*R6*) (n = 85) mit 20 mg Haloperidol (*H20*) (n = 85), alle Parameter sind signifikant (p < 0.05) (MÖLLER et al. 1995)

von Zentren), worunter die Differenziertheit der Aussage dieser sehr großen Studie leidet. Andererseits schafft die hohe Fallzahl der internationalen Studie und die Vielzahl von Untersuchungszentren besonderes Vertrauen für die Zuverlässigkeit der in der Gesamttendenz bestätigten Ergebnisse.

In doppelblinden Kontrollgruppenstudien wurde Risperidon außer gegen Haloperidol auch gegen andere Neuroleptika verglichen, u. a. Perphenazin und Clozapin, und zeigte dabei günstige Resultate hinsichtlich Wirksamkeit und Verträglichkeit (REMVIG 1991, HEINRICH et al. 1994).

Die bisher vorliegenden Erfahrungen mit der Langzeitbehandlung zeigen, daß die antipsychotische Wirksamkeit nach der Akutbehandlung fortbesteht und daß sich auch unter Langzeitbedingungen das beschriebene günstige Wirkprofil zeigt (MÖLLER et al. 1997).

Extrapyramidale Verträglichkeit

Die extrapyramidale Symptomatik wurde in den beiden großen Risperidon-Studien mit der „Extrapyramidal Symptom Rating Scale" (ESRS von CHOUINARD et al. 1980) untersucht (MÖLLER 1995). Da aus heutiger Sicht die Vergleichsdosis für Haloperidol unter dem Aspekt extrapyramidalmotorischer Wirkungen in der nordamerikanischen Studie mit 20 mg als relativ hoch anzusehen ist, ist es wichtig, hier auch die Daten der internationalen Studie in der als Vergleichsdosis 10 mg Haloperidol gewählt wurden zu referieren. Es zeigte sich ein auf der Basis des Gesamtscores der ESRS deutlicher und statistisch signifikanter Vorteil zugunsten von Risperidon in allen Dosierungen, außer in der 16 mg Dosierung (Abb. 8.3.2.4). Dabei wurden Differenzen zwischen dem Eingangsscore und dem jeweiligen Maximalscore im Verlauf der Studie bewertet, um auf diese Weise möglichst Einflüsse durch eine Anticholinergikamedikation auszuschalten. Nebenwirkungen nahmen mit der Tagesdosis zu und waren in dem als optimal eingestellten therapeutischen Bereich von 4 bis 8 mg um die Hälfte weniger als unter 10 mg Haloperidol. Analoge Ergebnisse zeigen sich in den einzelnen Subkategorien der extrapyramidalen Symptomatik. Während unter Haloperidol bei 30% der Patienten Anticholinergika verordnet wurden, war dies in dem optimalen therapeutischen Bereich von Risperidon (4 bis 8 mg) nur bei 20% der Patienten der Fall. Es ist zu erwähnen daß auf einen sehr restriktiven Gebrauch von Anticholinergika durch entsprechende Anweisung im klinischen Protokoll geachtet wurde.

Gleichsinnige Ergebnisse fanden sich in der nordamerikanischen Multicenter-Studie, bei der Risperidon in verschiedenen Dosierungen mit 20 mg Haloperidol sowie mit Plazebo verglichen wurde. Auf der Basis des Gesamtscores der ESRS ergab sich für alle Dosierungen ein statistisch signifikanter und klinisch relevanter Vorteil zugunsten von Risperidon. Ähnliche Ergebnisse zeigten sich für die einzelnen Subkategorien extrapyramidaler Symptomatik. Die Verordnung von Anticholinergika lag in dieser Untersuchung in der Haloperidol-Gruppe mit 50% deutlich höher, möglicherweise bedingt durch die doppelt so hohe Haloperidol-Dosis. In der Risperidon-Gruppe zeigte sich, daß in den Dosierungen unter 10 mg die Gabe von Anticholinergika nur halb so häufig wie unter Haloperidol war.

Eine D_2-Rezeptor Bindungsstudie mittels PET-Technik an schizophrenen Patienten zeigt, daß bereits mit 2 mg Risperidon durchschnittlich 66% der Bindungsstellen besetzt sind, mit 4 mg 73%, mit 6 mg 79%. Die geschilderten Vorteile in der extrapyramidalen Verträglichkeit sind somit nicht durch eine im Vergleich zu Haloperidol geringere Bindungsaffinität zu erklären, sondern durch die gleichzeitige Interaktion mit den Serotonin-S_2-Rezeptoren (KAPUR et al. 1995).

Sonstige Verträglichkeitsaspekte

Risperidon ist unter vielen anderen klinisch relevanten Aspekten gut verträglich. Zu erwähnen ist, daß als Folge der α_1-antagonistischen Wirkung orthostatische Hypotension und Reflextachykardie beschrieben worden sind. Bei entsprechend disponierten Patienten sollte die Substanz deshalb einschleichend dosiert werden. Wie bei anderen Neuroleptika kommt es bei Langzeitbehandlung zu einer Gewichtszunahme, ca. 2–3 kg im Jahr. Risperidon hat eine hohe therapeutische Breite. Bei Überdosierung kommt es zu einer ausgeprägten Verstärkung der bekannten pharmakologischen Effekte. Risperidon ist nicht sedierend.

Unter den Interaktionsaspekten sind insbesondere pharmakokinetische Interaktionen zu erwähnen, die durch Kompetition mit Cytochrom p-450 II D6 entstehen.

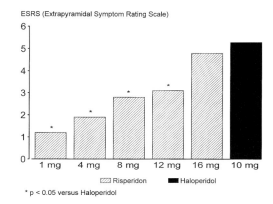

Abb. 8.3.2.4. Extrapyramidale Symptomatik (Parkinsonoid, Dystonie und Dyskinesie) in der internationalen Multicenter-Studie zu Risperidon versus Haloperidol. Mittelwerte der Unterschiede zwischen Ausgangs- und Maximalwert (MÖLLER 1993)

Risperidon wird in der Leber metabolisiert (Hydroxylierung und oxidative N-Dealkylierung) und dann renal ausgeschieden. Bei Patienten mit Leber- bzw. Nierenerkrankungen muß dementsprechend die Dosierung angepaßt werden.

Zusammenfassung

Zumindest im optimalen therapeutischen Dosisbereich zeigt Risperidon eine bessere extrapyramidale Verträglichkeit als vergleichbare hochpotente Neuroleptika. Unter diesem Aspekt und unter dem der Wirksamkeit auf Negativsymptomatik ist es in einer heute viel gebrauchten Terminologie als „atypisches Neuroleptikum" zu charakterisieren. Weiterer Vorteil der Substanz ist das Fehlen anticholinerger Nebenwirkungen und die allgemeine gute Verträglichkeit. Auch die fehlende Sedierung ist prinzipiell von Vorteil, impliziert allerdings, daß man bei Indikation zur Sedierung eine Comedikation mit einem Benzodiazepin oder einem sedierenden Neuroleptikum vornimmt.

Das günstige Profil der Substanz, wie es sich aus den Phase III-Studien ableiten läßt (Umbricht und Kane 1995, Davis und Janicak 1995), scheint sich nach den inzwischen vorliegenden Erfahrungen, auch im klinischen Alltag, zu bestätigen.

Literatur

Borison RL (1991) Risperidone versus haloperidol versus placebo in the treatment of schizophrenia. Aug 1991. Janssen Clinical Research Report no.: RIS-USA-9001

Borison RL, Pathiraja AP, Diamond BI, Meibach RC (1992) Risperidone: clinical safety and efficacy in schizophrenia. Psychopharmacol Bull 28: 213–218

Castelao JF, Ferreira L, Gelders YG, Heylen SL (1989) The efficacy of the D₂ and 5-HT₂ antagonist risperidone (R64 776) in the treatment of chronic psychosis: an open dose finding study. Schizophr Res 2: 411–415

Chouinard G, Ross-Chouinard A, Annable L, Jones BD (1980) The extrapyramidal symptom rating scale. Can J Neurol Sci 7: 233

Chouinard G, Jones B, Remington G (1993) A Canadian multicenter placebo controlled study of fixed doses of risperidone and haloperidol in the treatment of chronic schizophrenic patients. J Clin Psychopharmacol 13: 25–40

Claus A, Bollen J, de Cuyper H, Eneman M, Malfroid M, Peuskens J, Heylen S (1992) Risperidone versus haloperidol in the treatment of chronic schizophrenic inpatients: a multicenter double-blind comparative study. Acta Psychiatr Scand 8S: 295–305

Coppen A, Prange AJ Jr, Whybrow PC (1969) Methysergide in mania. A controlled trial. Lancet ii: 338–340

Curtis VA, Kerwin RW (1995) A risk-benefit assessment of risperidone in schizophrenia. Drug Safety 12: 139–145

Davis JM, Janicak PG (1996) Risperidone: a new, novel (and better?) antipsychotic. Psychiatric Annals 26 (2): 78–87

DeLisi LE, Neckers LM, Weinberger DR, Wyatt RJ (1981) Increased whole blood serotonin concentrations in chronic schizophrenic patients. Arch Gen Psychiatry 38: 647–650

Grant S, Fitton A (1994) Risperidone. A review of ist pharmacology and therapeutic potential in the treatment of schizophrenia. Drugs 48: 253–274

Heinrich K, Klieser E, Lehmann E, Kinzler E, Hruschka H (1994) Risperidone versus clozapine in the treatment of schizophrenic patients with acute symptoms: a double blind randomised trial. Prog Neuropsychopharmacol Biol Psychiatry 18: 129–137

Hoyberg OJ, Fensbo J, Remvig J (1993) Risperidone versus perphenazine in the treatment of chronic schizophrenic patients with acute exacerbations. Acta Psychiatr Scand 88: 395–402

Janssen Research Foundation (ed) (1991) A randomized, double-blind, multicenter trial of risperidone in the treatment of chronic schizophrenia. Clinical research report (RIS-Int-3). November 1991. Janssen, Piscataway New Jersey

Kapur S, Remington G, Zipursky RB, Wilson AA, Houle S (1995) The D₂ dopamine receptor occupancy of risperidone and its relationship to extrapyramidal symptoms: a PET study. Life Sci 57: 103–107

Kay SR, Opler LA, Fiszbein A (1987) Positive and negative syndrome scale (PANSS). Rating manual. Social and behavioral documents. San Rafael, CA

Livingstone ME (1994) Risperidone. Lancet 343: 457–460

Marder SR, Meibach RC (1994) Risperidone in the treatment of schizophrenia. Am J Psychiatry 151: 825–835

Mertens C (1992) Risperidone treatment in psychotic patients: a combined analysis of the data from three open long term trials. Feb 1992. Janssen Clinical Research Report no.: RIS-HOL-9002

Mesotten F (1991) Risperidone versus haloperidol in the treatment of chronic schizophrenic inpatients: a multicentre double blind study. Aug 1991. Janssen Clinical Research Report no.: RIS–Bel-7

Mesotten F, Suy E, Pietquin M, Burton P, Heylen S, Gelders Y (1989) Therapeutic effect and safety of increasing doses of risperidone (R64 766) in psychotic patients. Psychopharmacology 99: 445–449

Mita T, Hanada S, Nishino N, Kuno T, Nakai H, Yamadori T, Mizoi Y, Tanaka C (1986) Decreased serotonin S₂ and increased D₂ receptors in chronic schizophrenics. Biol Psychiatry 21: 1407–1414

Möller H-J (1993) Extrapyramidalmotorische Begleitwirkungen von Neuroleptika unter besonderer Berücksichtigung von Risperidon.

In: PLATZ T (Hrsg) Brennpunkte der Schizophrenie. Gesellschaft – Angehörige – Therapie. Aktuelle Probleme der Schizophrenie, Bd 4. Springer, Wien New York, S 333–345

MÖLLER H-J (1995) Extrapyramidal side effects of neuroleptic medication: focus on risperidone. In: BRUNELLO N, RACAGNI G, LANGER SZ, MENDLEWICZ J (eds) Critical issues in the treatment of schizophrenia, vol 10. Int Acad Biomed Drug Res 10: 142–151

MÖLLER H-J, DIETZFELBINGER T, JANSEN M (1989) German pilot study of risperidone. Preliminary clinical results and brain mapping findings. In: AYD FJ (ed) 30 Years Janssen research in psychiatry. Ayd Medical Communications, Baltimore, pp 108–114

MÖLLER H-J, PELZER E, KISSLING W, RIEHL T, WERNICKE T (1991) Efficacy and tolerability of a new antipsychotic compound (risperidone): results of a pilot study. Pharmacopsychiatry 24: 185–189

MÖLLER H-J, MÜLLER H, BORISON RL, SCHOOLER NR, CHOUINARD G (1995) A path-analytical approach to differentiate between direct and indirect drug effects on negative symptoms in schizophrenia patients. A re-evaluation of the North American risperidone study. Eur Arch Psychiatry Clin Neurosci 245: 45–49

MÖLLER H-J, GAGIANO G, ADDINGTON DE, KNORRING L v, TORRES-PLANCK F, GAUSSARES C (1997) Long-term treatment of chronic schizophrenia with risperidone: an open-label, multicenter study of 386 patients. J Clin Psychiatry (submitted)

NIEMEGEERS CJE, AWOUTERS F, JANSSEN PAJ (1990) Pharmakologie der Neuroleptika und relevante Mechanismen zur Behandlung von Minussymptomatik. In: MÖLLER HJ, PELZER E (Hrsg) Neuere Ansätze zur Diagnostik und Therapie schizophrener Minussymptomatik. Springer, Berlin Heidelberg New York Tokyo, S 185–197

PEUSKENS J (RISPERIDONE STUDY GROUP) (1995) Risperidone in the treatment of patients with chronic schizophrenia: a multi-national, multi-centre, double-blind, parallel-group study versus haloperidol. Br J Psychiatry 166: 712–726

REMVIG J (1991) Risperidone and perphenazine in the treatment of chronic schizophrenic patients with acute exacerbations: a multicentre double-blind parallel group comparative study. Nov 1991. Janssen Clinical Research Report no.: RIS-INT-7

TATOSSIAN A (1991) Comparative double blind trial of the efficacy of risperidone, haloperidol and levomepromazine (methotrimeprazine) in patients with an acute exacerbation of schizophrenia presenting psychotic anxiety symptoms. Nov 1991. Janssen Clinical Research Report no.: RIS-FRA-9003

UMBRICHT D, KANE JM (1995) Risperidone: efficacy and safety. Schizophr Bull 21: 593–606

WOLLEY DW, SHAW E (1954) A biochemical and pharmacological suggestion about certain mental disorders. Proc Natl Acad Sci 40: 228–231

8.3.3 Sulpirid und Amisulprid

G. Laux

Die Entwicklung substituierter Benzamide begann mit der Entdeckung der ortho-methoxy-substituierten Benzamide durch die Forschergruppe um J. BESANÇON, deren Arbeit zur Einführung verschiedener Benzamid-Derivate in Gastroenterologie, Gynäkologie und Psychiatrie führte (MARGARIT und HERRMANN 1988). Von den psychotropen Benzamiden werden **Sulpirid** (1972 in Deutschland eingeführt) und das wenig später eingeführte Tiaprid seit über 20 Jahren in der Behandlung neuropsychiatrischer Störungen eingesetzt. Abbildung 8.3.3.1 gibt eine Übersicht über die inzwischen zahlreiche Substanzen umfassende Klasse der Benzamide.

Das aus der „Muttersubstanz" Sulpirid entwickelte **Amisulprid** ist in Frankreich seit 8 Jahren im Handel und steht in Deutschland vor der Zulassung. Nur kurze Zeit verfügbar war das atypische Neuroleptikum **Remoxiprid** (Übersichten: LAUX 1992, LEWANDER et al. 1990), das nach Berichten über das Auftreten von aplastischer Anämie in 8 Fällen vom Markt zurückgezogen wurde.

Sulpirid als das bislang bekannteste Benzamid wurde klinisch zunächst in der Gastroenterologie bei Darmmotilitätsstörungen und Ulcuskrankheit eingesetzt (LAM et al. 1979, MARKS 1980). Bald wurde jedoch über antipsychotische, antidepressive und anxiolytische sowie stimulierende Effekte der Substanz berichtet (VIVIER 1973).

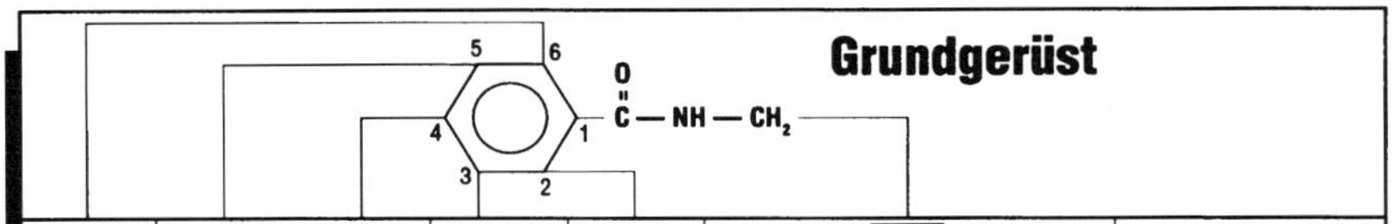

Grundgerüst

Ring positions 5, 6 (top), 4, 1 (middle), 3, 2 (bottom); at position 1: $-\!\overset{\displaystyle O}{\overset{\|}{C}}\!-NH-CH_2-$

1	2	3	4	5	R (Amin)	Name
	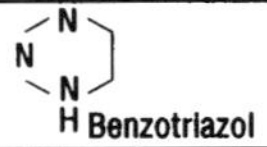 Benzotriazol (N–N=N, H)			OCH_3	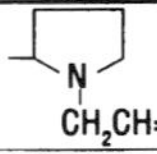 N-ring, $CH_2CH=CH_2$	**Alizaprid**
	SO_2NHCH_3	NH_2		OCH_3	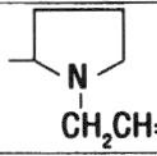 N-ring, $CH_2CH=CH_2$	**Alpiroprid***
	$C_2H_5SO_2$	NH_2	H	OCH_3	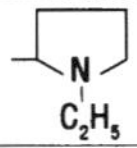 N-ring, C_2H_5	**Amisulprid**
	Br	NH_2	H	OCH_3	$-CH_2N\!\big(\!\begin{smallmatrix}C_2H_5\\C_2H_5\end{smallmatrix}\!\big)$	**Bromoprid**
	Cl	NH_2	H	OCH_3	$-CH_2N\!\big(\!\begin{smallmatrix}C_2H_5\\C_2H_5\end{smallmatrix}\!\big)$	**Metoclopramid**
		Cl	H	H	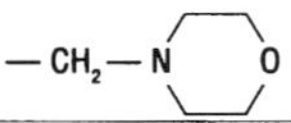 $-CH_2-N\!\!\diagdown\!\!O$ (Morpholin)	**Moclobemid**
	H_2NSO_2			OCH_3	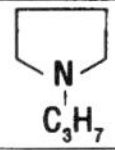 N-ring, C_3H_7	**Prosulprid***
OH	Cl		Cl	OCH_3	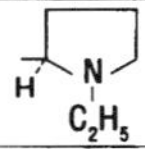 H–N-ring, C_2H_5	**Raclprid***
OCH_3	Br			OCH_3	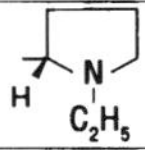 H–N-ring, C_2H_5	**Remoxiprid***
	NH_2SO_2			OCH_3	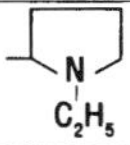 N-ring, C_2H_5	**Sulpirid**
	$C_2H_5SO_2$	H		OCH_3	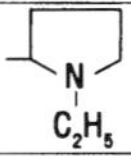 N-ring, C_2H_5	**Sultoprid***
	CH_3SO_2	H	H	OCH_3	$-CH_2N\!\big(\!\begin{smallmatrix}C_2H_5\\C_2H_5\end{smallmatrix}\!\big)$	**Tiaprid**
	NH_2SO_2		OCH_3	OCH_3	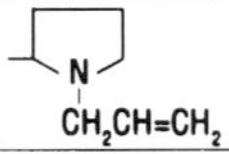 N-ring, $CH_2CH=CH_2$	**Veraliprid***
OCH_3		NH_2	Cl		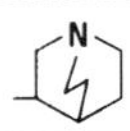 N-azabicyclus	**Zacoprid***

Abb. 8.3.3.1. Übersicht über die Substanzklasse der substituierten Benzamide. *Substanz (bislang) nicht im Handel

Zusammenfassende Übersichten zu Sulpirid und Amisulprid finden sich bei LAUX und BROICH (1994) bzw. COUKELL et al. (1996).

Pharmakologisches Profil

Als typische Charakteristika der Benzamide werden folgende Eigenschaften angesehen:

1. Selektive Blockade Adenylatzyklase-unabhängiger Dopamin-D_2-Rezeptoren (D_2- und D_3-Rezeptoren) mit regionaler Wirkpräferenz im mesolimbischen und tuberoinfundibulären System. Diese mittels Rezeptorstudien mit Radioliganden gewonnenen Befunde korrelieren mit tierexperimentellen Befunden, nämlich fehlender Induktion von Katalepsie und geringem Antagonismus Apomorphin- oder Amphetamin-induzierter Stereotypien und Hyperaktivität (JENNER und MARSDEN 1984, KÖHLER et al. 1984, PERRAULT et al. 1997, SCHOEMAKER et al. 1997). Anders als klassische Neuroleptika besitzen Sulpirid und Amisulprid keine Affinität zu zentralen Noradrenalin-, Histamin-, Serotonin-, Azetylcholin- und GABA-Rezeptoren (CALEY und WEBER 1995, SCHOEMAKER et al. 1997). In niedriger Dosierung wird eine Blockade der präsynaptischen Dopamin-Autorezeptoren bewirkt, wodurch es zu einer Dopaminerhöhung und zu einer dopaminergen Aktivierung kommt. In höheren Dosen werden zusammen mit den präsynaptischen auch die postsynaptischen D_2-Rezeptoren blockiert, diese Dopaminrezeptorblockade wird als für die antipsychotische Wirkung entscheidend angesehen, während die präsynaptische Blockade bei niedrigen Dosen den Effekt auf die Minussymptomatik erklären könnte (CHIVERS et al. 1988, BISCHOF et al. 1988, SOKOLOFF et al. 1990, PERRAULT et al. 1997).
2. Hyperprolaktinämie (WIESEL et al. 1982, HÄRNRYD et al. 1984b). Der Prolaktinanstieg weist erhebliche interindividuelle

Varianz auf, ist zunächst dosisabhängig, dann dosisunabhängig; Basalwerte wurden nach Einmalgabe nach einer Woche wieder erreicht (SUGNAUX et al. 1983).
3. Fehlen wirksamer Metabolite bei vergleichsweise geringer interindividueller Varianz der Plasmakonzentrationen (ALFREDSSON et al. 1984).
4. Niedrigere Raten extrapyramidal-motorischer, praktisch fehlende vegetative, im Vergleich zu anderen Neuroleptika allerdings höhere Prolaktinspiegel und z.T. häufigere endokrine Nebenwirkungen (PESELOW und STANLEY 1982).

Sulpirid wird als Prototyp der Substanzklasse der substituierten Benzamide angesehen, Amisulprid besitzt ein ähnliches pharmakologisches Profil mit höherer Bindungsaffinität für Dopaminrezeptoren.

Indikationen

Sulpirid wurde bei zahlreichen psychiatrischen Krankheitsbildern angewandt. Die Hauptindikationen von Sulpirid beruhen auf dem oben beschriebenen dosisabhängigen bipolaren Wirkspektrum (stimmungsaufhellend-aktivierend/antipsychotisch). Verschiedene kleinere Studien belegen die Wirksamkeit von Sulpirid in der Behandlung akuter schizophrener Psychosen (ALFREDSSON et al. 1985, BRATFOS und HAUG 1979, CASSANO et al. 1975, GERLACH et al. 1985, HAASE und FLORU 1974, HÄRNRYD et al. 1984a, LEPOLA et al. 1989, MIELKE et al. 1977, MUNK-ANDERSEN et al. 1984), wobei offensichtlich der optimale therapeutische Dosisbereich schwierig zu definieren ist. Positive Studien liegen auch für die Indikationen depressive Erkrankungen (AYLWARD et al. 1981, BENKERT und HOLSBOER 1984, KAIYA und TAKEDA 1990, NISKANEN et al. 1975, STANDISH-BARRY et al. 1983, YURA et al. 1976), psychosomatische Störungen (KELLER 1978, MEYERS et al. 1985, TORU et al. 1976, JOHNSON und JOHNSON 1996), autistische Störungen (ALFREDSSON et

Tabelle 8.3.3.1. Kontrollierte klinische Studien mit Sulpirid (S) bei chronischer Schizophrenie bzw. schizophrener Minus-Symptomatik

Autor(en)	N, Pat.	Studiendesign	x̄ Dosis pro die	Wirksamkeit	Verträglichkeit
CASSANO et al. (1975)	76 paranoide/hebephrene Schizophrene	db vs. Haloperidol (H)	S: 1000 mg H: 5 mg	S = H	S = H
EDWARDS et al. (1980)	38 chron. Schizophrene	db, 6 Wochen vs. Trifluperazin (T) BPRS, CGI	S: 900–1200 mg T: 16–28 mg	S = T	EPMS: S = T S: Erregung, Unruhe, ↑↑ Prolaktin
RAMA RAO et al. (1981)	30 ♀ chron. Schizophrene	db, 12 Wochen vs. Haloperidol (H)	S: 1200 mg H: 10 mg	S = H	EPMS: H > S
GERLACH et al. (1985)	20 chron. Schizophrene (x̄ Alter 34 J.)	db cross over, 12 Wochen vs. Haloperidol (H)	S: 2000 mg H: 12 mg	S = H	EPMS: H > S
WIESEL et al. (1985)	50 Schizophrene mit Minus-Symptomatik	db, 8 Wochen vs. Chlorpromazin (CPZ)	S: 800 mg CPZ: 400 mg	S > CPZ bzgl. Autismus	S: Galaktorrhoe (4 ×)
DREYFUSS (1985)	64 akute Psychosen (x̄ Alter 33 J.)	db vs. Chlorpromazin (CPZ) BPRS	S: 800–1200 mg CPZ: 200–300 mg	S = CPZ S > CPZ bzgl. Depressivität	
LEPOLA et al. (1989)	47 (17 akut, 30 chron.) Schizophrene (x̄ Alter 39 J.)	db vs. Perphenazin (P) BPRS, RDC	S: 600–900 mg P: 8–24 mg	S (>) P (akut) S = P (chron.)	S = P
CATAPANO et al. (1992)	10 Schizophr. mit Minus-Sympt. (x̄ Alter 35 J.) DSM-III-R, SANS	2 Dosierungen mit Placebo-Intervall	75 mg vs. 600 mg L-Sulpirid	75 mg > 600 mg	
KOGEORGOS et al. (1995)	28 chron. Schizophrene DSM-III-R	Parallel-Gruppen, 10 Wochen vs. Risperidon (R) PANSS, CGI, UKU	S: 300–800 mg R: 6–10 mg	S und R > klass. Neuroleptika	S und R: weniger EPMS

db Doppelblind; *BPRS* Brief Psychiatric Rating Scale; *CGI* Clinical Global Impression; *RDC* Research Diagnostic Criteria; *EPMS* extrapyramidalmotorische Symptome; *SANS* Scale for the Assessment of Negative Symptoms; *PANSS* Positive and Negative Subscales; = gleiche Wirksamkeit/Häufigkeit; > signifikant besser/häufiger; (>) tendenziell besser als

al. 1985, ELIZUR und DAVIDSON 1975), Spät-dyskinesien (CASEY et al. 1979, GERLACH und CASEY 1984, HAGGSTROM 1980) und das Gil-les-de-la-Tourette-Syndrom (ROBERTSON et al. 1990) vor. Jüngst berichteten REVELEY et al. (1996) über den im Vergleich zu Risperi-don erfolgreichen Einsatz von Sulpirid zur Behandlung der Chorea Huntington.

Schwerpunkt der Verordnung von Sulpirid liegt heute in der Therapie depressiv-dysthym-neurasthenischer Syndrome und (seltener) schizophrener Erkrankungen (Übersicht: LAUX und BROICH 1994).

Die vorliegenden kontrollierten Studien mit Sulpirid bei chronischer Schizophrenie bzw. schizophrener Minussymptomatik sind in Tabelle 8.3.3.1 zusammengefaßt.

Zu den vorliegenden Studien mit **Amisul-prid** liegen Übersichten von FREEMAN (1997) sowie COUKELL et al. (1996) vor. In Doppel-blindstudien wurde die Wirksamkeit von Amisulprid in höherer Dosis (um 600 mg pro die) mit der von Haloperidol verglichen (RÜTHER et al. 1989, ZIEGLER 1989, PICHOT und BOYER 1988, COSTA E SILVA 1990). Die Ergeb-nisse einer Dosisfindungsstudie sowie dreier Vergleichsstudien gegen Haloperidol, Flu-pentixol und Risperidon zeigen, daß Ami-sulprid in der Dosis von 400 bis 800 mg/d antipsychotisch wirksam ist und eine größe-re Wirkung auf die bei Akutschizophrenen bestehende Negativsymptomatik hat als Haloperidol (FREEMAN 1997, MÖLLER et al. 1997, FLEUROT et al. 1997). Eine PET-Studie mit schizophrenen Patienten bestätigt, daß eine Besetzung der D$_2$-Rezeptoren im Stria-tum von 70–80% mit Dosen zwischen 600 und 900 mg/d erzielt wird (MARTINOT et al. 1996).

In niedriger Dosis (50–300 mg pro die) zeig-te Amisulprid in fünf kontrollierten Studien günstige Effekte bei schizophrenen Patien-ten mit dominierender Minus-Symptomatik (LOO et al. 1997).

In Tabelle 8.3.3.2 sind die vorliegenden kontrollierten Studien mit Amisulprid bei schizophrenen Patienten zusammengefaßt.

Jüngst wurden positive Ergebnisse von Amisulprid in der Behandlung der Dysthy-mie berichtet (BOYER und LECRUBIER 1996, SMERALDI 1998, LECRUBIER et al. 1997).

Zur Behandlung von Schizophrenien mit dominierender Minus-Symptomatik werden Amisulprid-Dosen von etwa 100 mg/die empfohlen, zur Therapie produktiver Sym-ptome 400–800 mg/die.

Nebenwirkungen, Kontraindikationen, Toxizität

Extrapyramidal-motorische Nebenwirkungen

Eine Analyse der Daten von N = 2851 mit Sulpirid behandelten Patienten (65 Publi-kationen) ergab bei 13% extrapyramidal-motorische Nebenwirkungen, meist in Form von Tremor und Rigidität (ALBERTS et al. 1985). Hierbei waren 43% der Patienten mit Dosen über 600 mg, 20% mit Sulpirid-Dosierungen zwischen 400 und 600 mg be-handelt worden. In den kontrollierten, doppelblinden Vergleichsstudien mit Hal-operidol wies Sulpirid zumeist eine gerin-gere EPMS-Rate auf (vergleiche Tabelle 8.3.3.1). Bei der Erhebung der nebenwir-kungsbedingten Absetzraten von ambulant verordneten Neuroleptika durch das AMÜP-Projekt wies Sulpirid eine Rate von 4% auf (zum Vergleich: Flupentixol 8,2%, Fluphenazin 9,8%, Haloperidol 5,5%, Pera-zin 3,6%) (GROHMANN et al. 1994). Ältere Patienten wiesen im Vergleich zu jüngeren keine häufigeren EPMS-Raten auf (MAURI et al. 1994).

Unter **Amisulprid** wiesen bei Tagesdosen über 300 mg 30%, bei Dosen unter 300 mg pro die 12% der Patienten extrapyramidal-motorische Nebenwirkungen auf (FAVENNEC et al. 1996). Ähnlich wie bei Sulpirid erga-ben sich in den kontrollierten Vergleichsstu-dien zu Fluphenazin und Haloperidol signi-fikant niedrigere EPMS-Raten (vergleiche Tabelle 8.3.3.2).

Tabelle 8.3.3.2. Kontrollierte klinische Studien mit Amisulprid (A) bei schizophrenen Patienten

Autor(en)	N, Pat.	Studiendesign	x̄ Dosis pro die	Wirksamkeit	Verträglichkeit
PICHOT und BOYER (1988)	62 chronisch Schizophrene mit Minus-Symptomatik (DSM-III) (x̄ Alter: 38 J.)	db, 6 Wochen vs. Fluphenazin (F) BPRS, NOSIE	A 50–300 mg F 2–12 mg	A > F in Minus-Symptomatik	EPMS: A > F A weniger Sedierung
RÜTHER et al. (1989)	19 akut Schizophrene (x̄ Alter: 41 J.)	db, 4 Wochen vs. Haloperidol (H)		A = H	EPMS: A > H, mehr Abbrüche unter H
ZIEGLER (1989)	40 produktiv Schizophrene (ICD-9)	db, 4 Wochen vs. Haloperidol (H) BPRS	A 600 mg H 12 mg	A = H A (>) in Minus-Symptomatik	EPMS: A > H
COSTA E SILVA (1989)	40 akut Schizophrene (ICD-9; BPRS, NOSIE) (x̄ Alter: 35 J.)	db vs. Haloperidol (H)	A 800–1200 mg H 20–30 mg	A (>) H (BPRS)	EPMS: A > H
DELCKER et al. (1990)	41 akut und chronisch Schizophrene (ICD-9) (x̄ Alter: 42 J.)	db, 6 Wochen vs. Haloperidol (H) BPRS, AMDP, CGI, EPS	A 500–700 mg H 20–25 mg	A (>) H bzgl. depressive Symptomatik	EPMS: H > A
SALETU et al. (1994)	40 chronisch Schizophrene (ICD-9) (x̄ Alter: 31 J.)	db, 6 Wochen vs. Fluphenazin (F) AMDP, SANS, CGI, EEG-Mapping, CFF, Psychometrie	A 100 mg F 4 mg	Minimale Besserung insgesamt, deutlich bzgl. Apathie (A = F), Aktivierung im EEG unter A und F	EPMS: A > F
BOYER et al. (1995)	104 Schizophrene mit Minus-Symptomatik (DSM-III, SANS) (x̄ Alter: 32 J.)	db, 6 Wochen vs. Placebo SANS, EPS, VAS, SAPS	A 100 mg 300 mg	A 100 = A 300 > PI in Minus-Symptomatik	Agitiertheit (15%) A 300 (>) A 100 EPMS: A 100 = A 300 = Placebo
PAILLERE-MARTINOT et al. (1995)	20 Schizophrene mit Minus-Symptomatik (DSM-III-R, SANS) (x̄ Alter: 20 J.)	db, 6 Wochen vs. Placebo SANS, AMDP, MADRS, SAPS	A 50–100 mg	A > Placebo in Minus-Symptomatik und Depressivität	Milde EPMS 12 × unter A 5 × unter P

(Fortsetzung siehe S 469)

Tabelle 8.3.3.2. Fortsetzung

Autor(en)	N, Pat.	Studiendesign	x̄ Dosis pro die	Wirksamkeit	Verträglichkeit
MÖLLER et al. (1997) BOYER et al. (1997)	191 (sub)chron. Schizophrene mit akuter Exazerbation (DSM-III-R)	db, 6 Wochen vs. Haloperidol (H) BPRS, PANSS, CGI, AIMS, EPS, BAS	A 800 mg (600 mg) H 20 mg (15 mg) Dosisreduktion bei EPS möglich	A = H (BPRS) A > H (PANSS Neg., CGI)	EPMS: A > H
FLEUROT et al. (1997)	228 akut Schizophrene (DSM-IV) (x̄ Alter: 36,5 J.)	db, 8 Wochen vs Risperidon (R), BPRS, PANSS Pos/Neg Subskala, CGI, SOFAS, EPS, BAS, AIMS	A 800 mg R 8 mg	A = R: BPRS, PANSS Pos, CGI, SOFAS A (>) R: PANSS Neg.	EPMS: A = R ↑ Gewicht: A > R
COLONNA et al. (1997)	196 akut Schizophrene (DSM III-R)	offen, randomisiert, 12 Monate, vs Halo- peridol (H), BPRS, EPS, Langzeitverträglichkeit	A 200–800 (1200) mg H 5–20 (30) mg	A (>) H (BPRS)	EPMS: A > H Endokrine NW: H (>) A
PUECH et al. in FREEMAN (1997)	319 akut Schizophrene (DSM III-R) (x̄ Alter: 36 J.)	db, 4 Wochen vs Haloperidol (H), BPRS, PANSS Pos/ Neg Subskala, CGI, UKU, EPS, BAS, AIMS	A 100 mg, 400 mg, 800 mg, 1200 mg H 16 mg	A 800 > A 100 A 400 (>) A 100 A 1200, H = A 100 A 400+800 > H	EPMS: A 100 = A 400 = A 800 A 100 > A 1200, H
HILLERT et al. in FREEMAN (1997)	132 akut Schizophrene (DSM III-R) (x̄ Alter: 34 J.)	db, 6 Wochen, vs Flupentixol (FL), BPRS, CGI, SAPS, SANS, BRMS, EPS, BAS, AIMS	A 1000 mg (600 mg) FL 25 mg (15 mg) Dosisreduktion bei EPS möglich	A(>) FL: BPRS, SAPS A > FL: Depression (BRMS) A = FL: SANS, CGI Responder	EPMS: A > FL
Loo et al. (1997)	141 Schizophrene mit Minussymptomatik (DSM-III-R, SANS) (x̄ Alter: 34 J.)	db, 6 (12) Monate, vs Placebo, SANS, SAPS, CGI, GAF, EPS, BAS, AIMS	A 100 mg	A > Placebo in Minus- Symptomatik und Sozialverhalten (GAF)	EPMS, BAS, AIMS: A = Placebo, ↑Gewicht: Pla- cebo > A, Amenorrhoe: Placebo > A

db Doppelblind; *BPRS* Brief Psychiatric Rating Scale; *CGI* Clinical Global Impression; *SANS* Scale for the Assessment ot Negativ Symptoms; *PANSS* Positive and Negative Subscales; *AIMS* Abnormal Involuntary Movement Scales; *AMDP* Arbeitsgemeinschaft für Methodik und Dokumentation in der Psychiatrie; *NOSIE* Nurses Observation Scale; *CFF* Critical Flimmer Frequency; *VAS* Visuelle Analog Skala; *EPS* Extrapyramidal Symptom Scale (SIMPSON und ANGUS); *GAF* Global Assessment of Functioning; *BAS* Barnes Akathisia Scale; *SOFAS* Social and Occupational Functioning Assessment Scale; = gleiche Wirksamkeit/Häufigkeit; > signifikant besser; (>) tendenziell besser

Sonstige Nebenwirkungen

In der Datenanalyse von ALBERTS et al. (1985) wiesen 9% der mit Sulpirid behandelten Patienten Exzitation und Angst auf, 5% zeigten Insomnie. Endokrine Nebenwirkungen wie Galaktorrhö und Amenorrhö als Folge der unter Sulpirid oft ausgeprägten Hyperprolaktinämie wurden eher selten, d. h. nur bei 2% der Patienten registriert (SANTONI und SAUBADU 1995). KANEKO et al. (1983) stellten fest, daß Patienten nach intravenöser Applikation von Sulpirid häufig Hitzesensationen der Körperoberfläche beklagten. Vereinzelte Berichte liegen über Gewichtszunahme, sexuelle Stimulation und Blutdrucksenkungen vor.

Vereinzelt wurde über das Auftreten von Spätdyskinesien berichtet (ACHIRON und ZOLDAN 1990, MILLER und JANKOVIC 1990). KASHIHARA und ISHIDA (1988) beschrieben ein Sulpirid-bedingtes malignes neuroleptisches Syndrom.

VILLARI et al. (1995) berichteten über eine toxisch bedingte cholestatische Hepatitis durch Sulpirid bei einer 59jährigen Frau.

Unter **Amisulprid** traten psychische Nebenwirkungen in Form von Irritierbarkeit (7%), Agitiertheit (5%) und Insomnie (10%) auf. Galaktorrhö oder Amenorrhö wurde bei ca. 4% der behandelten Patientinnen (unter 50 Jahre) registriert (JOSSERAND und WEBER 1988). Im Vergleich zu Haloperidol ergaben sich signifikant höhere Prolaktinspiegel.

Kontraindikationen

Sulpirid und Amisulprid sind bei Patienten mit epithelialen Mamma-Tumoren, prolaktinabhängigen Tumoren und Phäochromozytom kontraindiziert. Vorsicht geboten ist bei Patienten mit zerebralen Krampfanfällen und Morbus Parkinson.

Toxizität

Untersuchungen und Studien zur Pharmakotoxizität zeigten, daß Sulpirid gut toleriert wird und kein mutagenes oder karzinogenes Potential aufweist (ROSSI und FORGIONE 1995). Es wurden Intoxikationen bis 16 g ohne fatale Folgen überlebt, extrapyramidalmotorische Symptome und Agitiertheit standen hierbei klinisch im Vordergrund (GAULTIER und FREJAVILLE 1973). TRACQUI et al. (1995) berichteten über 2 Fälle von Amisulprid-Intoxikationen: im einen Fall traten nach Einnahme von 3 g Amisulprid zerebrale Krampfanfälle, leichtes Koma mit Hyperthermie, Agitiertheit und Tachykardie auf. Der zweite Fall verlief bei einer Blutkonzentration von 41,7 mg/l tödlich.

Resümee

Die vorliegenden Daten sprechen dafür, daß das substituierte Benzamid **Amisulprid** aufgrund seines dosisabhängigen Wirkspektrums sowohl in der Behandlung akut psychotischer Symptomatik als auch, in niedriger Dosis, bei schizophrenen Patienten mit vorwiegender Minussymptomatik eingesetzt werden kann. Langzeitbeobachtungen liegen bislang nur in geringem Umfang vor, die Ergebnisse sprechen dafür, daß Amisulprid auch bei längerfristiger Anwendung wirksam ist. Obwohl nach wie vor die adäquate Methodologie der klinischen Prüfung der Indikation „Negativsymptomatik" umstritten ist (MÖLLER et al. 1994), liegen für Amisulprid als bislang einzigem neuerem Antipsychotikum spezifische Studien an Patienten mit prädominanter Minussymptomatik vor. Die Anwendung von **Sulpirid** liegt seinem niedrigpotenten und eher aktivierenden klinischen Wirkprofil entsprechend heute vorwiegend bei der Behandlung von Somatisierungsstörungen und asthenisch-depressiven Syndromen. Von Interesse erscheint für die Zukunft die Möglichkeit eines spezifischen Einsatzes der verschiedenen klassischen und neueren Antipsychotika (ACKENHEIL und MACHER 1996), falls entsprechende Vergleichsstudien eine solche Differenzierung erlauben.

Literatur

ACHIRON A, ZOLDAN YE (1990) Tardive dyskinesia induced by sulpiride. Clin Neuropharmacol 13: 248–252

ACKENHEIL M, MACHER JP (1996) Selective versus non-selective neuroleptics: advantages and disadvantages. Eur Neuropsychopharmacol 6: S4–22

ALBERTS JL, FRANCOIS F, JOSSERAND F (1985) Etude des effects secondaires rapportés à l'occasion de traitements par dogmatil. Sem Hôp Paris 19: 1351–1357

ALFREDSSON G, BJERKENSTEDT L, EDMAN G (1984) Relationships between drug concentrations in serum and CSF, clinical effects and mono-aminergic variables in schizophrenic patients treated with sulpiride or chlorpromazine. Acta Psychiatr Scand 69 [Suppl 311]: 49–74

ALFREDSSON G, HÄRNRYD C, WIESEL F (1985) Effects of sulpiride and chlorpromazine on autistic and positive psychotic symptoms in schizophrenic patients-relationship to drug concentrations. Psychopharmacology 85: 8–13

AYLWARD M, MADDOCK J, DEWLAND P, LEWIS P (1981) Sulpiride in depressive illness. Adv Biol Psychiatr 7: 154–165

BENKERT O, HOLSBOER F (1984) Effect of sulpiride in endogenous depression. Acta Psychiatr Scand 69 [Suppl 311]: 43–48

BISCHOF S, CHRISTEN P, VASSOUT A (1988) Blockade of hippocampal dopamine receptors: a tool for antipsychotics with low extrapyramidal side effects. Prog Neuropsychopharmacol 12: 445–467

BOYER P, LECRUBIER Y (1996) Atypical antipsychotic drugs in dysthymia: placebo controlled studies of amisulpride versus imipramine, versus amineptine. Eur Psychiatry 11 [Suppl 3]: 135s–140s

BOYER P, LECRUBIER Y, PUECH AJ, DEWAILLY J, AUBIN F (1995) Treatment of negative symptoms in schizophrenia with amisulpride. Br J Psychiatry 166: 68–72

BOYER P, MÖLLER HJ, FLEUROT O, REIN W, PROD-ASLP STUDY GROUP (1997) Improvement of acute exacerbations of schizophrenia with amisulpride; a comparison to haloperidol. Psychopharmacology (in press)

BRATFOS O, HAUG J (1979) Comparison of sulpiride and chlorpromazine in psychoses. A double-blind multicenter study. Acta Psychiatr Scand 60: 1–9

CALEY CF, WEBER SS (1995) Sulpiride: an antipsychotic with selective dopaminergic antagonist properties. Ann Pharmacother 29: 152–60

CASEY D, GERLACH J, SIMMELSGAARD H (1979) Sulpiride in tardive dyskinesia. Psychopharmacology 66: 73–77

CASSANO G, CASTROGIOVANNI P, CONTI L, BONOLLO L (1975) Sulpiride versus haloperidol in schizophrenia: a double-blind comparative trial. Curr Ther Res 17: 189–201

CATAPANO F, MAJ M, GRIMALDI F, VENTRA C, KEMALI D (1992) Efficacy of low vs. high doses of levosulpiride on negative symptoms of schizophrenia. Pharmacopsychiat 25: 166

CHIVERS JK, GOMMEREN W, LEYSEN JE (1988) Comparison of the in-vitro receptor selectivity of substituted benzamide drugs for brain neurotransmitter receptors. J Pharm Pharmacol 40: 415–421

COLONNA L, GUERAULT E, TURJANSKI S (1997) Long-term study of amisulpride in the treatment of schizophrenia. Biol Psychiatry 42: 181S

COSTA E SILVA JA (1989) Comparative double blind study of amisulpride versus haloperidol in the treatment of acute psychotic states. In: BORENSTEIN P (ed) Amisulpride. Expansion Scientifique Française, Paris, pp 93–104

COSTA E SILVA JA (1990) Traitement des dysthymies par de faibles doses d'amisulpride. Etude comparative amisulpride 50 mg/j versus placebo. Ann Psychiatr 5: 242–249

COUKELL AJ, SPENCER CM, BENFIELD P (1996) Amisulpride. A review of its pharmacodynamic and pharmacokinetic properties and therapeutic efficacy in the management of schizophrenia. CNS Drugs 6: 237–256

DELCKER A, SCHOON ML, OCZKOWSKI B, GAERTNER HJ (1990) Amisulpride versus haloperidol in treatment of schizophrenic patients – results of a double-blind study. Pharmacopsychiat 23: 125–130

DREYFUS JF (1985) Essai comparatif multicenterique en double insu du dogmatil et de la chorpromazine dans le traitement de la psychose aigue. Sem Hôp Paris 61: 1322–1326

EDWARDS J, ALEXANDER J, ALEXANDER M, ALEXANDER MS, GORDON A, ZUTCHI T (1980) Controlled trial of sulpiride in chronic schizophrenic patients. Br J Psychiatry 137: 522–529

ELIZUR A, DAVIDSON S (1975) The evaluation of the anti-autistic activity of sulpiride. Curr Ther Res 18: 578–84

FAVENNEC C, REIN W, TURJANSKI S (1996) The safety profile of amisulpride, an „atypical" antipsychotic. Eur Neuropsychopharmacol 6: S4–111

FLEUROT O, BECH P, TURJANSKI S (1997) Amisulpride versus risperidone in the treatment of acute schizophrenia. Biol Psychiatry 42: 194S

FREEMAN HL (1997) Amisulpride compared with standard neuroleptics in acute exacerbations of schizophrenia: three efficacy studies. Int Clin Psychopharmacol 12 [Suppl 2]: S11–S17

GAULTIER M, FREJAVILLE JP (1973) A propos de 20 surdosages en sulpiride. J Eur Toxicol 6: 42–44

GERLACH J, CASEY D (1984) Sulpiride in tardive dyskinesia. Acta Psychiatr Scand 69 [Suppl 311]: 93–102

GERLACH J, BEHNKE K, HELTBERG J, MUNK-ANDERSON E, NIELSEN H (1985) Sulpiride and haloperidol in schizophrenia: a double blind cross-over study of therapeutic effect, side effects and plasma concentrations. Br J Psychiatry 147: 283–288

GROHMANN R, RÜTHER E, SCHMIDT LG (Hrsg) (1994) Unerwünschte Wirkungen von Psychopharmaka. Ergebnisse der AMÜP-Studie. Springer, Berlin Heidelberg New York Tokyo

HAASE H, FLORU L (1974) Klinisch-neuroleptische Untersuchungen des Sulpirid an akut erkrankten Schizophrenen. Int Pharmacopsychiat 9: 77–94

HAGGSTROM J (1980) Sulpiride in tardive dyskinesia. Curr Ther Res 27: 164–9

HÄRNRYD C, BJERKENSTEDT L, BJÖRK K, GULLBERG B, OXENSTIERNA G, SEDVALL G, WIESEL FA (1984a) Clinical evaluation of sulpiride in schizophrenic patients – a double blind comparison with chlorpromazine. Acta Psychiatr Scand 69 [Suppl 311]: 7–30

HÄRNRYD C, BJERKENSTEDT L, GULLBERG B, OXENSTIERNA G, SEDVALL G, WIESEL F (1984b) Time course for effects of sulpiride and chlorpromazine on monoamine metabolite and prolactin levels in cerebrospinal fluid from schizophrenic patients. Acta Psychiatr Scand 69 [Suppl 311]: 75–92

HOFFERBERTH B, GROTEMEYER K (1985) Flunarizin und Sulpirid: Vergleich zweier gebräuchlicher Antivertiginosa bei vertebrobasilär bedingtem Schwindel. Nervenarzt 56: 553–559

JENNER P, MARSDEN C (1984) Multiple dopamine receptors in brain and the pharmacological action of substituted benzamide drugs. Acta Psychiatr Scand 69 [Suppl 311]: 109–124

JOHNSON S, JOHNSON SN (1996) Sulpiride in somatoform disorders. Rev Contemp Pharmacother 7 (6)

KAIYA J, TAKEDA N (1990) Sulpiride in the treatment of delusional depression. J Clin Psychopharmacol 10: 147–148

KANEKO Y, YAMAMOTO Y, HOSAKA H (1983) Intravenous administration of sulpiride and heat sensation on the body surface. Neuropsychobiology 9: 26–30

KASHIHARA K, ISHIDA K (1988) Neuroleptic malignant syndrome due to sulpiride. J Neurol Neurosurg Psychiatry 51: 109–110

KELLER K (1978) Die Behandlung psychogener Störungen und psychosomatischer Erkrankungen. Erfahrungen mit Sulpirid. ZFA 54: 892–899

KOGEORGOS J, KANELLOS P, MICHALAKEAS A, IOANNIDIS J (1995) Sulpiride and risperidone vs. „classical neuroleptics" in schizophrenia: a follow-up study. Eur Neuropsychopharmacol 5: 335–336

KÖHLER C, ÖGREN S, FUXE K (1984) Studies on the mechanism of action of substituted benzamide drugs. Acta Psychiatr Scand 69 [Suppl 311]: 125-138

LAM S, LAM K, LAI C (1979) Treatment of duodenal ulcer with antacid and sulpiride. A double-blind controlled study. Gastroenterology 76: 315–322

LAUX G (1992) Remoxiprid – ein atypisches Neuroleptikum der Benzamidgruppe. Fundam Psychiatr 6: 45–51

LAUX G, BROICH K (1994) Sulpirid – ein atypisches Neurothymoleptikum. Fundam Psychiatr 8: 50–59

LECRUBIER Y, BOYER P, TURJANSKI S, REIN W (1997) Amisulpride versus imipramine and placebo in dysthymia and major depression. J Affect Disord 43: 95–103

LEPOLA U, KOSKINEN T, RIMON R, SALO H, GORDIN A (1989) Sulpiride and perphenazine in schizophrenia. Acta Psychiatr Scand 80: 92–96

LEWANDER T, WESTERBERGH SE, MORRISON D (1990) Clinical profile of remoxipride – a combined analysis of a comparative double-blind multicentre trial programme. Acta Psychiatr Scand 82 [Suppl 358]: 92–98

LOO H, POIRIER-LITTRE MF, THERON M, REIN W, FLEUROT O (1997) Amisulpride versus placebo in the medium-term treatment of the negative symptoms of schizophrenia. Br J Psychiatry 170: 18–22

MARGARIT J, HERRMANN P (1988) Die Benzamide – Entdeckung und Entwicklung in der Psychiatrie. In: LINDE O (Hrsg) Pharmakopsychiatrie im Wandel der Zeit. Tilia, Klingenmünster, S 349–371

MARKS I (1980) Current therapy in gastric ulcer. Drugs 20: 283–299

MARTINOT JL, PAILLERE-MARTINOT ML, POIRIER MF, DAO-CASTELLANA MH, LOO H, MAZIERE B (1996) In vivo characteristics of dopamine D2 receptor occupancy by amisulpride in schizophrenia. Psychopharmacology 124: 154–158

MAURI MC, LEVA P, COPPOLA MT, ALTAMURA CA (1994) L-sulpiride in young and elderly negative schizophrenics: clinical and pharmacokinetic variables. Prog Neuropsychopharmacol Biol Psychiatry 18: 355–356

MEYERS C, VRANCKS C, ELGEN K (1985) Psychosomatic disorders in general practice: comparisons of treatment with flupenthixol, diazepam and sulpiride. Pharmatherapeutika 4: 244–250

MIELKE D, GALLANT D, RONIGER J, KESSLER J, KESSLER LR (1977) Sulpiride: evaluation of antipsychotic activity in schizophrenic patients. Dis Nerv Syst 38: 569–571

MILLER L, JANKOVIC J (1990) Sulpiride-induced tardive dystonia. Mov Disord 5: 83–84

MÖLLER HJ, VAN PRAAG HM, AUFDEMBRINKE B et al. (1994) Negative symptoms in schizophrenia: considerations for clinical trials. Psychopharmacology 115: 221–228

MÖLLER HJ, BOYER P, FLEUROT O, REIN W (1997) Improvement of acute exacerbations of schizophrenia with amisulpride: a comparison with haloperidol. Psychopharmacology 132: 396–401

MUNK-ANDERSEN E, BEHNKE K, HELTBERG J, GERLACH J, NIELSEN H (1984) Sulpiride versus haloperidol, a clinical trial in schizophrenia. A preliminary report. Acta Psychiatr Scand 69 [Suppl 311]: 31–41

NISKANEN P, TAMMINEN T, VIUKARI M (1975) Sulpiride vs. amitriptyline in the treatment of depression. Curr Ther Res 17: 281–284

PAES DE SOUSA M (1996) Amisulpride in dysthymia: results of a naturalistic study in general practice. Eur Psychiatry 11 [Suppl 3]: 145s

PAILLERE-MARTINOT ML, LECRUBIER Y, MARTINOT JL, AUBIN F (1995) Improvement of some schizophrenic deficit symptoms with low doses of amisulpride. Am J Psychiatry 152: 130–133

PERRAULT G, DEPOORTERE R, MOREL E, SANGER DJ, SCATTON B (1997) Psychopharmacological profile of amisulpride, an antipsychotic drug with presynaptic D2/D3 dopamine receptor antagonist activity and limbic selectivity. JPET 280: 73–82

PESELOW E, STANLEY M (1982) Clinical trials of benzamides in psychiatry. Adv Biochem Psychopharmacol 35: 163–194

PICHOT P, BOYER P (1988) Essai multicentrique contrôlé, en double insu, amisulpride (Solian® 50) contre fluphénazine à faibles doses dans le traitement du syndrome déficitaire des schizophrénies chroniques. Ann Psychiatr 3: 312–320

RAMA RAO VA, BAILEY J, BISHOP M, COPPEN A (1981) A clinical and pharmacodynamic evaluation of sulpiride. Psychopharmacology 73: 77–80

REIN W, TURJANSKI S (1997) Clinical update on amisulpride in deficit schizophrenia. Int Clin Psychopharmacol 12 [Suppl 2]: S 19–S27

REVELEY MA, DURSUN SM, ANDREWS H (1996) A comparative trial use of sulpiride and risperidone in Huntington's disease: a pilot study. J Psychopharmacol 10: 162–165

ROBERTSON M, SCHNIEDEN V, LEES A (1990) Management of Gilles de la Tourette Syndrome using sulpiride. Clin Neuropharmacol 13: 229–235

ROSSI F, FORGIONE A (1995) Pharmacotoxicological aspects of levosulpiride. Pharmacol Res 31: 81–94

RÜTHER E, EBEN E, KLEIN H, NEDOPIL N, DIETERLE D, HIPPIUS H (1989) Comparative double-blind study of amisulpride and haloperidol in the treatment of acute episodes of positive schizophrenia. In: BORENSTEIN P, BOYER P, BRACONNIER A et al. (eds) Amisulpride. Expansion Scientifique Française, Paris, pp 63–72

SALETU B, KÜFFERLE EB, GRÜNBERGER J, FÖLDES P, TOPITZ A, ANDERER P (1994) Clinical, EEG mapping and psychometric studies in negative schizophrenia: comparative trials with amisulpride and fluphenazine. Neuropsychobiology 29: 125–135

SANTONI JPH, SAUBADU S (1995) Adverse events associated with neuroleptic drugs. Acta Ther 21: 193–204

SCHOEMAKER H, CLAUSTRE Y, FAGE D, ROUQUIER L, CHERGUI K, CURET O, OBLIN A, GONON F, CARTER C, BENAVIDES J, SCATTON B (1997) Neurochemical characteristics of amisulpride. JPET 280: 83–97

SMERALDI E (1998) Amisulpride versus fluoxetine in patients with dysthymia or major depression in partial remission. A double-blind, comparative study. J Affect Disord 48: 47–56

SOKOLOFF P, GIROS B, MARTRES M, BOUTHENET M (1990) Molecular cloning and characterization of a novel dopamine receptor (D3) as a target for neuroleptics. Nature 347: 146–151

STANDISH-BARRY H, BOURAS N, BRIDGES P, WATSON J (1983) A randomized double blind group comparative study of sulpiride and amitriptyline in affective disorder. Psychopharmacology 81: 258–260

SUGNAUX FR, BENAKIS A, FONZO D, DI CARLO R (1983) Dose-dependent pharmacokinetics of sulpiride and sulpiride-induced prolactin secretion in man. Eur J Drug Metabol Pharmacokin 8: 189–190

TORU M, MORIYA H, YAMMOTO K, SHIMAZONO Y (1976) A double blind comparison of sulpiride with chlordiazepoxide in neurosis. Folia Psychiatr Neurol Japon 30: 153–164

TRACQUI A, MUTTER-SCHMIDT C, KINTZ P, BERTON C, MANGIN P (1995) Amisulpride poisoning: a report on two cases. Hum Exp Toxicol 14: 294–298

TRIDON P (1989) Essai clinique de l'amisulpride en neuropsychiatrie infantile. Neuropsychiatrie de l'Enfance 37: 441–444

VANELLE JM, OLIÉ JV, LÉVY-SOUSSAN P (1994) New antipsychotics in schizophrenia: the French experience. Acta Psychiatr Scand 89 [Suppl 380]: 59–63

VILLARI D, RUBINO F, CORICA F, SPINELLA S, DI CESARE E, LONGO G, RAIMONDO G (1995) Bile ductopenia following therapy with sulpiride. Virchows Arch 427: 223–226

VIVIER L (1973) A qualitative assessment of the clinical use of new psychotropic preparation – sulpiride. Med Proc 19: 28–30

WIESEL FA, GUNNEL A, MATS E, GÖRAN S (1982) Prolactin response following intravenous and oral sulpiride in healthy human subjects in relation to sulpiride concentrations. Psychopharmacology 76: 44–47

WIESEL F, ALFREDSSON G, BJIERKENSTEDT L, HÄRNRYD C, OXENSTIERNA G, SEDVALL G (1985) La dogmatil dans le traitement des symptomes negatifs chez des patients schizophrènes. Sem Hôp Paris 61: 1317–1321

YURA R, SHIBAHARA Y, FUKUSHIMA Y, SÄTÖ M (1976) A double-blind comparative study of the effects of sulpiride and imipramine on depression. Clin Psychiatry 18: 89–92

ZIEGLER B (1989) Study of the efficacy of a substituted benzamide, amisulpride, versus haloperidol, in productive schizophrenia. In: BORENSTEIN P, BOYER P, BRACONNIER A et al. (eds) Amisulpride. Expansion Scientifique Française, Paris, pp 63–72

8.3.4 Zotepin

B. Gallhofer und
A. Meyer-Lindenberg

Indikationen

Zotepin, ein ursprünglich in der ehemaligen Tschechoslowakei synthetisiertes trizyklisches Antipsychotikum aus der Gruppe der Dibenzothiepine, wurde 1982 erstmals in Japan zugelassen und wird seit 1990 in Deutschland als atypisches Neuroleptikum (Nipolept®) eingesetzt. Es ist zugelassen zur Akut- und Langzeittherapie schizophrener und schizoaffektiver Psychosen, klinische Erfahrungen liegen auch zur Akuttherapie der Manie sowie – begrenzt – bei psychotischer Depression vor. Entsprechend der in der Einleitung gegebenen Definition eines atypischen Neuroleptikums steht in den klinischen Studien zur Anwendung von Zotepin neben der antipsychotischen Wirksamkeit die Effektivität bei schizophrener Negativsymptomatik und chronischer Schizophrenie sowie die Verbesserung kognitiver Funktionen bei Schizophrenie im Zentrum des Interesses.

Antipsychotische Wirksamkeit

Bei den in Europa durchgeführten Untersuchungen zu Zotepin konnte nach ersten Hinweisen auf die antipsychotische Wirksamkeit der Substanz Zotepin in offenen Studien (FLEISCHHACKER et al. 1987a,c) die Wirksamkeit auf die schizophrene Positivsymptomatik auch in mehreren doppelblinden Studien bestätigt werden. Es ergaben sich keine signifikanten Unterschiede im Ansprechen im Vergleich zu Perazin (WETZEL et al. 1991 – 41 Patienten, vorwiegend paranoid-halluzinatorische Schizophrenie; DIETERLE et al. 1991 – 40 Patienten). Auch beim doppel-blinden Vergleich mit Haloperidol ergaben sich keine Unterschiede in der therapeutischen Effizienz bei akuter paranoid-halluzinatorischer Schizophrenie (KLIESER et al. 1991, FLEISCHHACKER et al. 1989, 1991).

Wirksamkeit bei schizophrener Negativsymptomatik

Mehrere offene Studien berichteten über ein gutes Ansprechen schizophrener Negativsymptomatik auf Therapie mit Zotepin (FLEISCHHACKER et al. 1987c, DIETERLE et al. 1987, 1991). Die Ergebnisse der letztgenannten Studien wiesen auf eine bessere

Wirksamkeit auf Negativsyndrome in niedriger Zotepin-Dosierung (ca. 160 mg im Vergleich zu ca. 240 mg) hin. In einer doppelt-blinden Studie zeigte sich im Vergleich zu Haloperidol ein signifikant besseres Ansprechen der Negativsymptomatik bei schizophrenen Patienten unter Zotepin-Therapie (BARNAS et al. 1991, 1992). Eine doppel-blinde Prüfung gegen Perazin zeigte hingegen keinen signifikanten Unterschied zwischen den Behandlungsgruppen, wobei sich die Negativsymptomatik allerdings in beiden Gruppen deutlich besserte.

Verbesserung kognitiver Funktionen bei Schizophrenie

In einer doppel-blinden Studie verglichen wir Clozapin und Zotepin hinsichtlich der Verbesserung kognitiver Funktionen durch Neuroleptika-Therapie bei schizophrenen Psychosen (MEYER-LINDENBERG et al. 1997). Es zeigte sich bei beiden Substanzen in einer bezüglich der Negativsymptomatik bei Behandlungsbeginn gematchten Untergruppe (n = 26) schizophrener Patienten eine vergleichbare, gute Besserung sowohl der Positiv- (Abb. 8.3.4.1) als auch der schizophrenen Negativsymptomatik (Abb. 8.3.4.2), gemessen mit BPRS (Brief Psychiatric Rating Scale, OVERALL und GORHAM 1962) und SANS (Scale for the Assessment of Negative Symptoms, ANDREASEN 1982), respektive. Bei der Quantifizierung kognitiver Funktionen mit Hilfe eines Labyrinthparadigmas, bei dem die Patienten auf einem Computer dargestellte Labyrinthe ansteigender Komplexität durchfuhren, zeigte sich bei beiden Substanzen eine gleich gute Besserung der kognitiven Leistungen unter Therapie bei komplizierteren Labyrinthaufgaben (Abb. 8.3.4.4). Im Vergleich zu Clozapin zeigte sich bei Zotepin darüber hinaus ein tendentiell besseres Ansprechen der motorischen Leistung in der Labyrinthaufgabe (motorische Koordination; siehe Abb. 8.3.4.3).

Dosierung

Für die stationäre Therapie akuter schizophrener Psychosen wird eine intiale Dosierung von 200 mg mit rascher Dosissteige-

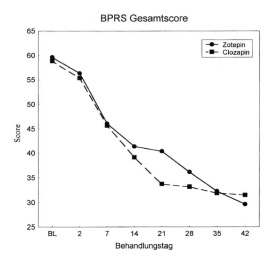

Abb. 8.3.4.1. Besserung der Symptomatik (*BPRS* Brief Psychiatric Rating Scale, OVERALL und GORHAM 1962) unter Zotepin und Clozapin (*BL* baseline). n = 26

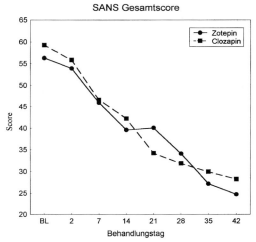

Abb. 8.3.4.2. Besserung der Negativsymptomatik (*SANS* Scale for the Assessment of Negative Symptoms, ANDREASEN 1982) unter Zotepin und Clozapin (*BL* baseline). n = 26

rung innerhalb von 2–3 Tagen auf maximal 450 mg empfohlen. Die initial häufig sedierende Wirkung des Präparats ist dieser Situa-

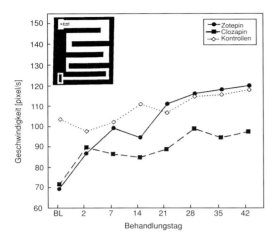

Abb. 8.3.4.3. Besserung der motorischen Leistung in einem einfacheren (vorwiegend die motorische Leistung beanspruchenden) Labyrinth unter Zotepin und Clozapin, verglichen mit gesunden Kontrollen. Der Inset zeigt das Labyrinth (*BL* baseline). n = 26

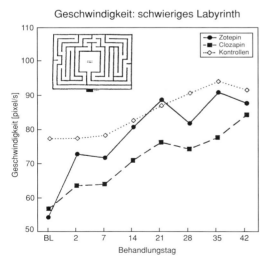

Abb. 8.3.4.4. Besserung der kognitiven Leistung in einem anspruchsvollen Labyrinth unter Zotepin und Clozapin, verglichen mit gesunden Kontrollen. Der Inset zeigt das Labyrinth (*BL* baseline). n = 26

tion meist erwünscht. Zu beachten ist, daß bei rascher Hochdosierung die Inzidenz extrapyramidal-motorischer Symptome zunimmt, so daß zumindest initial eine zusätzliche Gabe eines Anticholinergikums, z. B. Biperiden, notwendig sein kann. In diesem Zusammenhang ist von Interesse, daß sich die Serumspiegel von Biperiden und Zotepin gegenseitig nicht beeinfiussen (OTANI et al. 1990). Die Anticholinergikagabe kann meist nach einigen Tagen wieder beendet werden. Ein entsprechendes Dosierungsschema empfiehlt sich auch bei Gabe der Substanz in antimanischer Indikation. Reicht, bei hochakuten Psychosen, eine Monotherapie in dieser Dosierung nicht aus, kann Zotepin auch in Kombination mit einem hochpotenten Neuroleptikum gegeben werden (HAAS 1995). Bei Zotepin-Tagesdosen von 300 mg und mehr ist entsprechend der Produktmonographie des Anbieters ein Dosierungsintervall von mindestens 4 Stunden einzuhalten und eine Dosierungsfrequenz von viermal täglich nicht zu überschreiten (RHONE-POULENC RORER 1995). Nach Erreichen einer befriedigenden klinischen Remission kann die Dosierung schrittweise reduziert werden, hierbei ist zu bedenken, daß ausreichende klinische Studien zur Wirksamkeit der Substanz in der Langzeittherapie bisher nicht publiziert wurden. Die Ergebnisse einer – allerdings frühen und zahlenmäßig sehr kleinen – offenen Studie an 10 Patienten waren enttäuschend (FLEISCHHAKKER et al. 1987b). Eigene Erfahrungen lassen eine Langzeit-Erhaltungstherapie mit Zotepin in niedriger oraler Dosierung von 50–100 mg jedoch durchaus als möglich und erfolgversprechend erscheinen, wobei die einmalige abendliche Gabe aufgrund einer milden Sedierung zu bevorzugen ist, da sie aufgrund höherer Restsymptomkonformität zu besserer Akzeptanz führt.

Bei der ambulanten oder vorwiegend auf Besserung der Minussymptomatik abzielenden Therapie von Patienten mit chronischer oder residualer Schizophrenie sprechen die

Ergebnisse der klinischen Studien eher für eine einschleichende Dosierung. In Übereinstimmung mit anderen Gruppen beginnen wir mit 50 mg abends, wöchentlich steigernd bis auf eine Erhaltungsdosis von 150–200 mg (DIETERLE et al. 1987).

Mitteilungen über offene Studien an einer kleineren Patientenzahl (WOLFERSDORF et al. 1994, 1995) lassen eine gute Wirksamkeit von Zotepin in der Therapie wahnhafter Depressionen in Kombination mit Antidepressiva annehmen, wobei sowohl trizyklische Antidepressiva als auch selektive Serotonin-Wiederaufnahmehemmer eingesetzt wurden. Aufgrund des Rezeptorbindungsprofils von Zotepin, das manche Ähnlichkeiten zu trizyklischen Antidepressiva vom Noradrenalintyp aufweist (MÜLLER 1994), ist über eine intrinsische antidepressive Potenz der Substanz nachgedacht worden. Dies ließe eine Anwendung beispielsweise auch bei der sogenannten „postremissiven" Depression nach schizophrenem Schub denkbar erscheinen; obwohl eigene Erfahrungen in dieser Richtung an einzelnen Patienten positiv sind, liegen klinische Studien hierüber nicht vor.

Unerwünschte Wirkungen, Kontraindikationen, Überdosierung

Unerwünschte Wirkungen

Das Nebenwirkungsprofil von Zotepin nimmt eine Zwischenstellung zwischen konventionellen Neuroleptika und anderen atypischen Antipsychotika ein. Zusammengefaßt traten adrenolytische Wirkeffekte wie Hypotonie oder orthosthatische Dysregulationen eher selten in 0,4–0,8% der Fälle auf (FUJISAWA 1988). Anticholinerge Nebeneffekte wie Mundtrockenheit, Miktionsbeschwerden, Schwindel, Obstipation und Mundtrockenheit sind mit 2,4–2,8% der behandelten Patienten nicht selten, EKG-Auffälligkeiten traten in der gleichen Studie bei 1,4% der behandelten Patienten auf. Unter

Zotepin-Gabe kommt es zu einem Anstieg der Prolaktin-Sekretion (OTANI et al. 1994), entsprechend ist mit Störung des Menstruationszyklus, Galaktorrhöe, bei Männern mit Gynäkomastie in einzelnen Fällen zu rechnen. Verminderung der sexuellen Appetenz und gestörte Erektionsfähigkeit treten zwar laut Produktmonographie „häufiger" auf (RHONE-POULENC RORER 1995), fallen jedoch klinisch nach unserem Eindruck eher weniger als bei konventionellen Neuroleptika ins Gewicht.

Extrapyramidal-motorische Nebenwirkungen waren in mehreren doppel-blind durchgeführten Studien in der Zotepin-behandelten Gruppe signifikant seltener als bei den mit konventionellen Substanzen behandelten Patienten (BARNAS et al. 1991, FLEISCHHAKKER et al. 1991, KLIESER et al. 1991). Weniger extrapyramidal-motorische Nebenwirkungen unter Zotepin verglichen mit Perazin, die jedoch statistische Signifikanz nicht erreichten, beobachteten WETZEL et al. 1991. Keinen Unterschied im Nebenwirkungsspektrum im Vergleich zu Perazin beobachteten DIETERLE et al. (1991). Die Inzidenz extrapyramidal-motorischer Nebenwirkungen wird auf der Basis einer japanischen Feldstudie an über 7.800 Patienten mit 10% angegeben, wovon rund 5% auf das Parkinsonoid und 3% auf Frühdyskinesien entfallen (FUJISAWA PHARMACEUTICAL CO LTD 1988). Die Entwicklung von Spätdyskinesien unter Zotepin wurde in keinem Fall beschrieben (RHONE-POULENC RORER 1995). Hierbei muß jedoch die noch beschränkte Beobachtungszeit in Rechnung gestellt werden.

Blutbildveränderungen wie Leukopenie, Leukozytose, Erythrozytopenie, Thrombozytopenie oder Eosinophilie sind unter Zotepin selten beschrieben. Für die Substanz ist kein Fall einer Agranulozytose dokumentiert (RHONE-POULENC RORER 1995), dies muß jedoch vor dem Hintergrund der beschränkten Beobachtungszeit gewertet werden. Transiente Erhöhungen der Leberenzymparameter GOT und GPT traten in einer doppelblinden Studie im Vergleich zu Haloperidol signifikant häufiger unter Zotepin-Therapie auf (FLEISCHHACKER et al. 1991), in der oben zitierten japanischen Feldstudie wurde eine Erhöhung der GOT in 0,9%, der GPT in 1,5% der behandelten Fälle beschrieben.

Von klinischer Relevanz ist eine insbesondere initial und unter höherer Dosierung der Substanz häufig auftretende Sedierung. Dieser Effekt kann je nach klinischer Situation erwünscht oder unerwünscht sein. Er verliert sich meist mit fortgesetzter Therapie. Als nachteilig in der Langzeittherapie erweist sich häufig eine deutliche Gewichtszunahme unter Zotepin (WETTERLING und MÜSSIGBRODT 1996). Dieser ist zum Teil deutlich stärker ausgeprägt als bei typischen Neuroleptika (bei zwanzig Patienten aus dem eigenen Fallgut im Durchschnitt 5200 g in den ersten neun Wochen) und führt nach unserem Eindruck insbesondere bei weiblichen Patienten häufig zu einer verminderten Compliance.

Ob Zotepin die Krampfschwelle stärker senkt als konventionelle Neuroleptika, ist nicht abschließend zu beurteilen. In einer offenen Studie an 129 stationär behandelten Patienten mit Schizophrenie (HORI et al. 1992) wurde über die vergleichsweise hohe Inzidenz von 17,1% generalisierter tonisch-klonischer Anfälle unter Therapie berichtet. Bei der Bewertung dieser Studie muß jedoch die gehäufte Verwendung polypragmatischer Strategien in Japan berücksichtigt werden. Insbesondere junge Patienten, solche mit einem Kopftrauma in der Anamnese und Patienten unter Kombinationstherapie mit Phenothiazinen erschienen besonders gefährdet. Bei diesem Patientenkollektiv sowie unter Kombinationstherapie mit Lithium ist mithin Vorsicht geboten. Bei diesem Patientenkollektiv sowie bei einer Dosierung über 300 mg Zotepin empfehlen wir eine EEG-Kontrolle vor Therapiebeginn sowie in vierteljährlichen Abständen. Eigene offene Daten (300 stationär behandelte Patienten) ergeben eine Inzidenz von knapp

über 0,3% generalisierter tonisch-klonischer Anfälle, in zwei weiteren Fällen (0,7%) beobachteten wir unter Therapie neu aufgetretene epilepsieverdächtige EEG-Veränderungen. Wir beobachteten somit keine Senkung der Krampfschwelle, die über das bei Therapie mit konventionellen Neuroleptika bekannte Maß hinausging.

Die Routineuntersuchungen unter Therapie mit Zotepin unterscheiden sich nicht von der bei Therapie mit konventionellen trizyklischen Neuroleptika. Eine Serumspiegel-Kontrolle scheint nicht empfehlenswert, da mehrere Studien keine Korrelation zwischen Serumspiegel und Nebenwirkungshäufigkeit zeigten (KONDO et al. 1994, ISHIDA 1993). Maligne neuroleptische Syndrome wurden unter Zotepin in Einzelfällen beschrieben (RHONE-POULENC RORER 1995).

Kontraindikationen

Die Gabe des Präparates ist kontraindiziert bei vorausgegangenen Überempfindlichkeitsreaktionen. Laut Hersteller darf Zotepin bei Erkrankungen des hämatopoietischen Systems nicht eingesetzt werden. Die Anwendung bei Kindern ist nicht gestattet.

Überdosierung

Die Therapie bei Überdosierung entspricht der bei Intoxikationen mit trizyklischen Neuroleptika (siehe dort).

Insgesamt nimmt Zotepin im neu entstehenden Spektrum der atypischen Antipsychotika seinen Platz als leicht sedierende mittelpotente Substanz mit geringen extrapyramidal-motorischen Nebenwirkungen und günstiger Wirkung auf die kognitiven Störungen ein.

Literatur

ANDREASEN NC (1982) Negative symptoms in schizophrenia: definition and reliability. Arch Gen Psychiatry 39: 784–788

BARNAS C, STUPPACK CH, MILLER C, HARING C, SPERNER-UNTERWEGER B, FLEISCHHACKER WW (1991) Zotepin: Die Behandlung schizophrener Patienten mit vorherrschender Negativsymptomatik. Eine Doppelblindstudie vs. Haloperidol. Fortschr Neurol Psychiatr 59 [Suppl 1]: 36–40

BARNAS C, STUPPACK CH, MILLER C, HARING C, SPERNER-UNTERWEGER B, FLEISCHHACKER WW (1992) Zotepine in the treatment of schizophrenic patients with prevailingly negative symptoms. A double-blind trial vs. haloperidol. Int Clin Psychopharmacol 7 (1): 23–27

DIETERLE DM, ACKENHEIL M, MÜLLER-SPAHN F, KAPFHAMMER HP (1987) Zotepine, a neuroleptic drug with a bipolar therapeutic profile. Pharmacopsychiatry 20: 52–57

DIETERLE DM, MÜLLER-SPAHN F, ACKENHEIL M (1991) Wirksamkeit und Verträglichkeit von Zotepin im Doppelblindvergleich mit Perazin bei schizophrenen Patienten. Fortschr Neurol Psychiatr 59 [Suppl 1]: 18–22

FLEISCHHACKER WW, BARNAS C, STUPPACK C, UNTERWEGER B, HINTERHUBER H (1987a) Zotepine in the treatment of negative symptoms in chronic schizophrenia. Pharmacopsychiatry 20: 58–60

FLEISCHHACKER WW, STUPPACK C, BARNAS C, UNTERWEGER B, HINTERHUBER H (1987b) Low-dose zotepine in the maintenance treatment of schizophrenia. Pharmacopsychiatry 20: 61–63

FLEISCHHACKER WW, UNTERWEGER B, BARNAS C, STUPPACK C, HINTERHUBER H (1987c) Results of an open phase II study with zotepine – a new neuroleptic compound. Pharmacopsychiatry 20: 64–66

FLEISCHHACKER WW, BARNAS C, STUPPACK CH, UNTERWEGER B, MILLER C, HINTERHUBER H (1989) Zotepine vs. haloperidol in paranoid schizophrenia: a double-blind trial. Psychopharmacol Bull 25 (1): 97–100

FLEISCHHACKER WW, BARNAS C, STUPPACK CH, SPERNER-UNTERWEGER B, MILLER C, HINTERHUBER H (1991) Zotepin vs. Haloperidol bei paranoider Schizophrenie: eine Doppelblindstudie. Fortschr Neurol Psychiatr 59 [Suppl 1]: 10–13

FUJISAWA PHARMACEUTICAL CO LTD (1988) Summary adverse drug reactions in 6-year-post-marketing surveillance study of Zotepine (Lodopin®) in Japan. Report to the Japanese Ministry of Health and Welfare

HAAS S (1995) Diskussionsbeitrag. Psychopharmakotherapie 2 [Suppl 3]: 6

HORI M, SUZUKI T, SASAKI M, SHIRAISHI H, KOIZUMI J (1992) Convulsive seizures in schizophrenic patients induced by zotepine administration. Jpn J Psychiatry Neurol 46 (1): 161–167

ISHIDA M (1993) Therapeutic and adverse effects of zotepine and their relationships with serum kinetics ofthe drug. Yakubutsu Seishin Kodo 13 (3): 97–105

KLIESER E, LEHMANN E, TEGELER J (1991) Doppelblindvergleich von 3 × 75 mg Zotepin und 3 × 4 mg Haloperidol bei akut schizophrenen Patienten. Fortschr Neurol Psychiatr 59 [Suppl 1]: 14–17

KONDO T, OTANI K, ISHIDA M, TANAKA O, KANEKO S, FUKUSHIMA Y (1994) Adverse effects of zotepine and their relationship to serum concentrations of the drug and prolactin. Ther Drug Monit 16 (2): 120–124

MEYER-LINDENBERG A, GRUPPE H, BAUER U, KRIEGER S, LIS S, GALLHOFER B (1997) Improvement of cognitive functioning in schizophrenic patients receiving zotepine or clozapine: results of a double-blind trial. Pharmacopsychiatry 30: 35–42

MÜLLER WE (1994) Rezeptorbindungsprofil von Zotepin. Nervenarzt 65 (7) Beilage

OTANI K, HIRANO T, KONDO T, KANEKO S, FUKUSHIMA Y, NODA K, TASHIRO Y (1990) Biperiden and piroheptine do not affect the serum level of zotepine, a new antipsychotic drug. Br J Psychiatry 157: 128–130

OTANI K, KONDO T, KANEKO S, ISHIDA M, FUKUSHIMA Y (1994) Correlation between prolactin response and therapeutic effects of zotepine in schizophrenic patients. Int Clin Psychopharmacol 9 (4): 287–289

OVERALL JE, GORHAM DR (1962) Brief psychiatric rating scale. Psychol Rep 10: 799–812

RHONE-POULENC RORER GMBH (1995) Produktmonographie Nipolept. Rhone Poulenc Rorer GmbH Firmenverlag

WETTERLING T, MÜSSIGBRODT H (1996) Gewichtszunahme: eine Nebenwirkung von Zotepin (Nipolept®)? Nervenarzt 67: 256–261

WETZEL H, VON BARDELEBEN U, HOLSBOER F, BENKERT O (1991) Zotepin versus Perazin bei Patienten mit paranoider Schizophrenie: eine doppelblind-kontrollierte Wirksamkeitsprüfung. Fortschr Neurol Psychiatr 59 [Suppl 1]: 23–29

WOLFERSDORF M, KONIG F, STRAUB R (1994) Pharmacotherapy of delusional depression: experience with combinations of antidepressants with the neuroleptics zotepine and haloperidol. Neuropsychobiology 29 (4): 189–193

WOLFERSDORF M, BARG T, KONIG F, LEIBFARTH M, GRUNEWALD I (1995) Paroxetine as antidepressant in combined antidepressant-neuroleptic therapy in delusional depression: observation of clinical use. Pharmacopsychiatry 28 (2): 56–60

8.3.5 Neue Antipsychotika: Olanzapin, Quetiapin und Sertindol

W. W. Fleischhacker

Einleitung

Als Konsequenz des Erfolges von Clozapin wurden eine Reihe von neuen Antipsychotika entwickelt, die sich an den Grundzügen des pharmakologischen Wirkprofils von Clozapin orientieren. Zu diesem Zweck wurden zwei unterschiedliche Entwicklungsstrategien gewählt: Einerseits der Versuch eine größtmögliche Annäherung an das Rezeptorprofil von Clozapin zu erreichen, wie dies zum Beispiel für Quetiapin, Olanzapin und Zotepin gilt, und andererseits Substanzen zu finden, deren pharmakologische Eigenschaften sich an eines der postulierten Wirkprinzipien von Clozapin möglichst annähern, nämlich der kombinierten antidopaminergen und antiserotonergen Potenz. Dazu zählen Risperidon und Sertindol. Zum Einsatz kommen sowohl dem Clozapin sehr ähnliche Moleküle (Olanzapin, Quetiapin, Zotepin) als auch völlig neu synthetisierte Substanzen (z. B. Risperidon, Sertindol). Ziel dieser Überlegungen war immer, neue Antipsychotika zu entwickeln, die in ihrer klinischen Wirkung die Vorteile von Clozapin, nämlich überlegene antipsychotische Wirkung bei therapieresistenten Patienten und ein minimales Risiko für extrapyramidal-motorische Nebenwirkungen (EPS), aufweisen sollten. Selbstverständlich sollten diese neuen Substanzen auch sicherer sein als Clozapin, dessen breitere klinische Anwendung ja durch die Gefahr der Entwicklung einer medikamenten-induzierten Agranulozytose behindert wird. Im folgenden werden drei neue Antipsychotika besprochen, die zum Zeitpunkt der Drucklegung dieses Buches entweder seit kurzer Zeit zugelassen sind oder sich noch im behördlichen Zulassungsverfahren befinden.

Quetiapin (Abb. 8.3.5.1)

Quetiapin ist der neue Freiname für ICI 204636, viele klinische Studien sind auch unter dem Markennamen Seroquel™ durchgeführt worden. Quetiapin ist ein Dibenzothiazepinderivat mit einer Halbwertszeit von etwa 3 Stunden (FULTON und GOA 1995). Bis heute sind keine aktiven Metaboliten beschrieben. Wie die meisten anderen der neuen Antipsychotika hat auch Quetiapin eine relativ größere Affinität zu $5HT_2$ als zu D_2-Rezeptoren, es bindet zudem in absteigender Reihenfolge an α_1-, α_2- und HT_{1A}-Rezeptoren. Muskarinische cholinerge Rezeptoren werden nicht nennenswert antagonisiert (SALLER und SALAMA 1993). Im präklinischen Bereich wurden Effekte demonstriert, wie sie üblicherweise bei Substanzen mit sogenanntem „atypischen" antipsychotischen Profil erhoben werden (FULTON und GOA 1995, GOLDSTEIN und ARVANITIS 1995). Dazu gehört auch ein geringes Risiko für extrapyramidalmotorische Nebenwirkungen (GOLDSTEIN 1995).

Trotz der kurzen Halbwertszeit scheint es möglich zu sein, diese Substanz in zwei Tagesdosen zu verabreichen. Diese Überlegungen werden durch PET-Studien unterstützt, in denen noch 12 Stunden nach einer

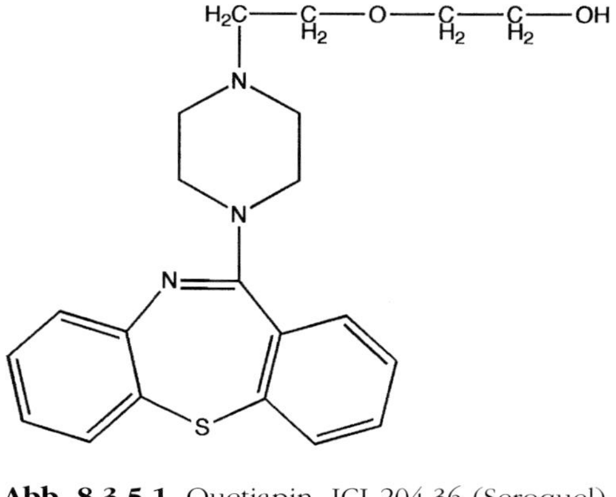

Abb. 8.3.5.1. Quetiapin. ICI 204.36 (Seroquel). 2-[2-(4-dibenzo[b,f][1,4]thiazepin-11-yl-1-piperazinyl)ethoxy]-ethanol-(E)-2-butanedioate(2:1) salt

letzten Quetiapin-Dosis im Rahmen einer vierwöchigen Behandlung mit 3mal täglich 150 mg eine Besetzung von 27% der D_2-Rezeptoren und 85% der $5HT_2$-Rezeptoren gezeigt wurde (GEFVERT et al. 1995). Diese Ergebnisse wurden auch einer klinischen Studie bestätigt, in der die Wirkung von 450 mg Quetiapin pro Tag – aufgeteilt in entweder zwei oder drei Tagesdosen – beurteilt wurde. Auch hier zeigten sich vergleichbare antipsychotische Effekte, in manchen Parametern fand sich sogar ein Vorteil von zwei Tagesdosen gegenüber drei Tagesdosen (FLEISCHHACKER et al. 1995). Abgesehen von dieser Studie wurde Quetiapin einem breiten Phase II- und Phase III-Programm klinischer Prüfungen unterzogen (Übersicht: CASEY 1996). Der Dosierungsrahmen in diesen Studien war zwischen 25 und 750 mg pro Tag. Bei schizophrenen Patienten wurde, mit Ausnahme einer Studie, bei der bei Studienende nur mehr ein trendmäßiger Vorteil gegenüber Placebo nachweisbar war (BORISON et al. 1996), eine Überlegenheit gegenüber Placebo (FABRE et al. 1995, HIRSCH et al. 1996) und ein mit Chlorpromazin vergleichbarer antipsychotischer Effekt nachgewiesen (HIRSCH et al. 1996).

Im Gegensatz zu anderen neuen Antipsychotika fällt auf, daß die therapeutische Wirksamkeit von Quetiapin gegen schizophrene Negativsymptome nicht immer besser als die der Referenzsubstanzen aus der Gruppe der klassischen Antipsychotika ist (HIRSCH et al. 1996). Bisher beschriebene Nebenwirkungen inkludieren transiente Erhöhungen der Leberfunktionsproben, eine Verringerung des freien T4-Spiegels, die allerdings nur gering ist und keine physiologische Relevanz haben dürfte sowie transiente Abfälle von Leukozyten und neutrophilen Granulozyten (FLEISCHHACKER et al. 1995, SEROQUEL 1995). Auch eine Verlängerung des QTc-Intervalles im EKG wird beschrieben (BORISON et al. 1996). In einer neueren Zusammenfassung der Si-

cherheitsdaten wird allerdings darauf hingewiesen, daß EKG-Veränderungen unter Quetiapin sich nicht von denen in Placebo – bzw. aktiven Vergleichsgruppen gefundenen Befunden unterscheiden (GOLDSTEIN und ARVANITIS 1997). Quetiapin führt weder im Tierversuch noch beim Menschen zu einer anhaltenden Erhöhung des Prolaktinspiegels (LINK et al. 1994). Wie schon erwähnt, wurde aus Tierversuchen ein minimales Risiko für extrapyramidalmotorische Nebenwirkungen vorausgesagt, dieser Befund bestätigte sich in allen zitierten klinischen Prüfungen.

Olanzapin (Abb. 8.3.5.2)

Olanzapin ist von allen Neuentwicklungen die dem Clozapin sowohl in chemischer Struktur als auch in Bezug auf sein Rezeptorprofil wohl ähnlichste Substanz (BYMASTER et al. 1996). Es wurde kürzlich im Rahmen des neuen Registrierungsverfahrens der Europäischen Union für alle Mitgliedsländer zugelassen. Wie bei den anderen Substanzen weisen präklinische Studien auf ein „atypisches" pharmakologisches Profil hin. Dazu zählen sowohl elektrophysiologische Untersuchungen (STOCKTON und RASMUSSEN 1996)

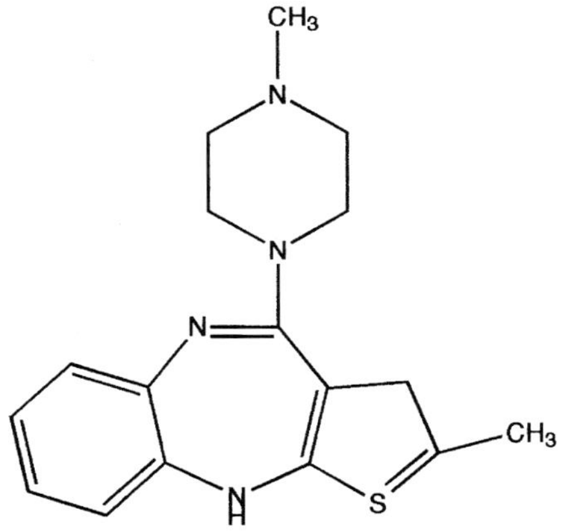

Abb. 8.3.5.2. Olanzapin. 2-methyl-4-(4-methyl-1-piperazinyl)-1OH-thieno[2,3-b][1,5]benzodiazepin

als auch neurochemisch-neuroanatomische Befunde (ROBERTSON und FIBIGER 1996). Im speziellen sei hier auf die Expression von c-fos im Nucleus accumbens verwiesen, bei der sich, wie auch für Clozapin und andere neue Substanzen beschrieben, ein charakteristisches Verteilungsmuster der immediate early gene-Expression in den core- und shell-Regionen dieses Kerns nachweisen läßt. Dies unterscheidet sich deutlich von dem Muster, das herkömmliche, „klassische" Antipsychotika induzieren.

Die Halbwertszeit von Olanzapin wird mit etwa 30 Stunden angegeben. Dosisfindungsstudien legen klinische Wirkdosen zwischen 5 und 20 mg pro Tag nahe. Auch Olanzapin wurde ausführlich sowohl in placebokontrollierten Studien, als auch in Designs, in denen es mit Referenzantipsychotika vergleichen wurde, klinisch geprüft. Eine große multizentrische Studie, an der über 1300 Patienten teilnahmen, demonstrierte eindrücklich, daß 10 mg Olanzapin einer Placebogabe signifikant überlegen war (BEASLEY et al. 1996a). In einer anderen Untersuchung (TOLLEFSON et al. 1997) zeigte sich sogar eine Überlegenheit gegenüber einer Vergleichsgruppe, die mit 10 mg Haloperidol pro Tag behandelt wurde. Allerdings ist der numerische Effektivitätsunterschied zwischen Haloperidol und Olanzapin gering, die statistische Signifikanz erklärt sich hier wohl aus den großen Patientenzahlen.

Olanzapinbehandelte Patienten wiesen eine signifikant größere Reduktion ihrer Negativsymptome auf als dies unter Placebo oder Haloperidol zu verzeichnen war (BEASLEY et al. 1996b). Ähnlich wie für Risperidon beschrieben (MÖLLER 1995), gibt es auch für Olanzapin eine post hoc-Auswertung, die einen Effekt auf primäre Negativsymptome nahelegt (TOLLEFSON et al. 1997a).

Wie bei den anderen stark antiserotonerg wirksamen Antipsychotika kam es unter Olanzapinbehandlung zu einer deutlichen Gewichtszunahme während der 8-Wo-

chen-Studien. In einer Analyse der Laborparameter fanden sich transiente Erhöhungen im Bereich der Leberenzyme. Bis heute gibt es keine Hinweise für eine klinisch relevante Beeinflussung des weißen Blutbildes. Die Häufigkeit von extrapyramidalmotorischen Nebenwirkungen war in allen Untersuchungen vergleichbar mit der in der Placebogruppe, auch hier scheinen sich also die Befunde aus präklinischen Studien in den Humanbereich übersetzen zu lassen.

Sertindol (Abb. 8.3.5.3)

Sertindol wurde kürzlich in Großbritannien und in der Folge auch in den restlichen EU-Ländern zugelassen. Es hat eine hohe Affinität für $5HT_2$, D_2 und alphaadrenerge Rezeptoren (in absteigender Reihenfolge) und eine Eliminationshalbwertszeit von ungefähr 3 Tagen (DUNN und FITTON 1996). Wiederum weisen tierexperimentelle Studien auf eine Ähnlichkeit zu anderen „atypischen" Antipsychotika hin (SKARSFELDT 1995).

Klinische Prüfungen mit der Substanz inkludieren zwei große placebokontrollierte multizentrische Untersuchungen an über 700 Patienten (VAN KAMMEN et al. 1996, ZIM-

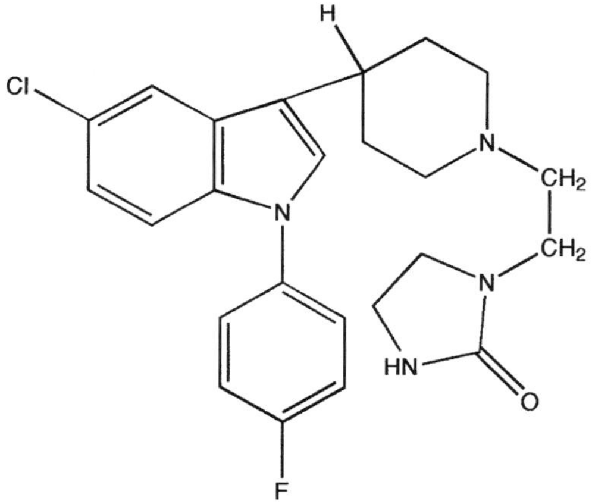

Abb. 8.3.5.3. Sertindol. 1-[2-[4-[5-chloro-1-(p-fluorophenyl)indol-3-yl]piperidino]ethyl]-2-imidazolidinon

BROFF et al. 1997). In einer dieser Studien (ZIMBROFF et al. 1997) wurde insofern ein sehr innovatives Design gewählt, als drei Dosen von Sertindol (12, 20 und 24 mg pro Tag) nicht wie üblich mit einer Dosis eines Referenzantipsychotikums verglichen wurden, sondern vielmehr mit drei verschiedenen Dosen von Haloperidol (4, 8 und 16 mg pro Tag). Zusätzlich liegt noch eine europäische Dosisfindungsstudie vor, in der 8, 16 und 24 mg Sertindol mit 10 mg Haloperidol verglichen wurden (HALE et al. 1996). Sertindol war in allen Untersuchungen in Bezug auf die Besserung der psychopathologischen Symptomatik signifikant besser als Placebo und vergleichbar mit Haloperidol. 16 und 24 mg waren zumindest in der europäischen Studie wirksamer als 8 mg.

Ähnlich wie bei Quetiapin und Olanzapin wurde auch während der Behandlung mit Sertindol eine signifikante Gewichtszunahme dokumentiert. Die unter Sertindol gefundene QTc-Verlängerung wird derzeit bzgl. ihrer klinischen Relevanz noch diskutiert, in Europa wird in der Packungsbeilage auf die Notwendigkeit einer EKG-Untersuchung vor Beginn und regelmäßigen EKG-Kontrollen während einer Sertindolbehandlung hingewiesen. Eine ungewöhnliche Nebenwirkung von Sertindol ist die Reduktion des Ejakulats bei männlichen Patienten, die mit dem starken antiadrenergen Effekt der Substanz in Zusammenhang gebracht wird. Wie bei Quetiapin und Olanzapin zeigt sich unter Sertindolbehandlung eine deutlich geringere Häufigkeit von extrapyramidalmotorischen Nebenwirkungen als unter Haloperidol. Wiederum entspricht die EPS-Inzidenz unter Sertindol der, die in der Placebogruppe gefunden wurde.

Zusammenfassung

Wenn man die klinischen Studien, die mit diesen neuen Medikamenten durchgeführt wurden, kritisch beleuchtet, fallen mehrere Dinge auf:

Erstens zeigen alle diese Substanzen ein vielversprechendes klinisches Wirkprofil, vor allem in Hinblick auf das Wirkungs-Nebenwirkungsverhältnis.

Zweitens imponiert aus den vorliegenden Daten eine gewisse Selektion der in die Studien aufgenommenen Patienten. Diese sind zum Großteil männlich, fast 40 Jahre alt, üblicherweise schon länger als 10 Jahre krank und waren in den meisten Fällen schon oftmals stationär aufgenommen. Die Hintergründe für diese Selektion sollen hier nicht näher diskutiert werden, allerdings wird in diesem Zusammenhang zu Recht immer wieder die Frage aufgeworfen, ob die so gefundenen Ergebnisse für die Gesamtheit der schizophrenen Patienten generalisierbar sind (HUMMER et al. 1997, ROBINSON et al. 1996).

Drittens, und das steht möglicherweise mit dem zweiten Punkt in enger Verbindung, ist die absolute Effektgröße in den allermeisten Studien mit neuen Antipsychotika relativ gering. Viele Patienten zeigen in den verwendeten Erhebungsinstrumenten Verbesserungen von 20–30%, sowohl unter der Behandlung mit den neuen Substanzen als auch unter der Referenztherapie. Klinisch würde das in vielen Fällen als nicht ausreichender Behandlungserfolg interpretiert werden. Die Gründe dafür liegen wohl in der primär chronisch kranken Gruppe von Patienten, die in diese Untersuchungen Eingang findet und in einer, vor allem für diese Patientengruppe relativ kurzen Therapiedauer. Dies legt nahe, vor einer endgültigen Bewertung der neuen Substanzen, auf Ergebnisse aus Studien zu warten, in die auch jüngere Patienten mit weniger chronischen Krankheitsverläufen eingeschlossen wurden.

Zudem sind Vergleichsstudien mit Clozapin wünschenswert, auch unter dem Aspekt, daß diese neuen Antipsychotika eigentlich als Clozapinnachfolger konzipiert sind. Auch Studien an älteren Patienten, an solchen mit primären Negativsymptomen und letztlich auch Untersuchungen zur Wirksamkeit bei der Rezidivprophylaxe schizophrener Störungen, im Rahmen derer auch das Spätdyskinesienrisiko erhoben werden könnte, stehen noch aus.

Literatur

BEASLEY CM, SANGER TM, SATTERLEE W, TOLLEFSON GD et al. (1996a) Olanzapine versus placebo: results of a double-blind, fixed-dose olanzapine trial. Psychopharmacology 124: 159–167

BEASLEY CM, TOLLEFSON G, TRAN P, SATTERLEE W, SANGER T, HAMILTON S, THE OLANZAPINE HGAD STUDY GROUP (1996) Olanzapine versus placebo and haloperidol. Neuropsychopharmacol 14: 111–123

BORISON RL, ARVANITIS LA, MILLER BG, SEROQUEL STUDY GROUP (1996) ICI 204.636, an atypical antipsychotic: efficacy and safety in a multicenter, placebo-controlled trial in patients with schizophrenia. J Clin Psychopharmacol 16: 158–169

BYMASTER FP, CALLIGARO DO, FALCONE JF, MARSH RD, MOORE NA, TYE NC, SEEMAN P, WONG TD (1996) Radioreceptor binding profile of the atypical antipsychotic olanzapine. Neuropsychopharmacol 14: 87–96

CASEY DE (1996) „Seroquel" (quetiapine): preclinical and clinical findings of a new atypical antipsychotic. Exp Opin Invest Drugs 5: 939–957

DUNN CJ, FITTON A (1996) Sertindole. CNS Drugs 5: 224–230

FABRE LF, ARVANITIS L, PULTZ J, JONES VM, MALICK JB, SLOTNICK VB (1995) Seroquel™ (ICI 204,636), a novel, atypical antipsychotic: early indication of safety and efficacy in patients with chronic and subchronic schizophrenia. Clin Ther 17: 366–378

FLEISCHHACKER WW, LINK CGG, HORNE B (1995) A multicentre, double-blind, randomized comparison of dose and dose regimes of Seroquel™ in the treatment of patients with schizophrenia. Poster presented at the 34th ACNP Meeting, San Juan, December 11–15, 1995

FULTON B, GOA KL (1995) ICI-204,636. An initial appraisal of its pharmacological properties and clinical potential in the treatment of schizophrenia. CNS Drugs 4: 68–78

GEFVERT O, LINDSTROM LH, LANGSTROM B, BERGSTROM M, LUNDBERG T, YATES RA, LARSSON SD,

TUERSLEY MD (1995) Time course for dopamine and serotonin receptor occupancy in the brain of schizophrenic patients following dosing with 150 mg Seroquel™ tid. Eur Neuropsychopharmacol 5: 347

GOLDSTEIN JM (1995) Pre-clinical pharmacology of new atypical antipsychotics in late stage development. Exp Opin Invest Drugs 4: 291–298

GOLDSTEIN JM, ARVANITIS LA (1995) ICI 204,636 (Seroquel™): a dibenzothiazepine atypical antipsychotic. Review of preclinical pharmacology and highlights of phase II clinical trials. CNS Drug Rev 1: 50–73

GOLDSTEIN JM, ARVANITIS LA (1997) „Seroquel" (Quetiapine), a promising new antipsychotic agent: overview of safety and tolerability. Poster presented at the APA Annual Meeting. San Diego, May 17–22, 1997

HALE A, VAN DER BURGHT M, WEHNERT A, FRIBERG HH (1996) A European dose-range study comparing the efficacy, tolerability and safety of four doses of sertindole and one dose of haloperidol in schizophrenic patients. Poster presented at the XXth CINP Congress, June 23–27, 1996, Melbourne

HIRSCH S, LINK CG, GOLDSTEIN JM, ARVANITIS LA (1996) ICI 20,636: a new atypical antipsychotic drug. Br J Psychiatry 168 [Suppl 29]: 45–56

HUMMER M, KURZ M, KOHL C, WALCH T, FLEISCHHACKER WW (1997) Selection bias in clinical trials with antipsychotics. Schizophr Res 24: 207

LINK C, ARVANITIS L, MILLER B, FENNIMORE J (1994) A multicenter, double-blind, placebocontrolled, evaluation of Seroquel™ in hospitalised patients with acute exacerbation of subchronic and chronic schizophrenia. Poster presented at the VIIth Congress of the European College of Neuropsychopharmacology, October 16–21, 1994, Jerusalem

MÖLLER HJ (1995) The negative component in schizophrenia. Acta Psychiatr Scand 91 [Suppl 388]: 11–14

ROBERTSON GS, FIBIGER C (1996) Effects of olanzapine on regional C-Fos expression in rat forebrain. Neuropsychopharmacology 14: 105–110

ROBINSON D, WOERNER MG, POLLACK S, LERNER G (1996) Subject selection biases in clinical trials: data from a multicenter schizophrenia treatment study. J Clin Psychopharmacol 16: 170–176

SALLER FC, SALAMA AI (I 993) Seroquel: biochemical profile of a potential atypical antipsychotic. Psychopharmacology 112: 285–292

SEROQUEL (1995)A putative atypical antipsychotic drug with serotonin- and dopamine-receptor antagonist properties. J Clin Psychiatry 56: 438–445

SKARSFELDT T (1995) Differential effects of repeated administration of novel antipsychotic drugs on the activity of midbrain dopamine neurons in the rat. Eur J Pharmacol 281: 289–294

STOCKTON ME, RASMUSSEN K (1996) Electrophysiological effects of olanzapine, a novel atypical antpsychotic, on A9 and A10 dopamine neurons. Neuropsychopharmacol 14: 97–104

TOLLEFSON GD, BEASLEY CM, TRAN PU, STREET JS, KRUEGER JA, TAMURA RN, GRAFFEO KA, THIEME ME (1997) Olanzapine vs haloperidol in the treatment of schizophrenia and schizoaffective and schizophreniform disorders: results of an international collaborative trial. Am J Psychiatry 154: 457–465

TOLLEFSON GD, SANGER TM, BEASLEY CM (1997) Negative symptoms: a path analytic approach to a double-blind, placebo- and haloperidol-controlled clinical trial with olanzapine. Am J Psychiatry 154: 466–474

VAN KAMMEN DP, MCEVOY JP, TARGUM SD, KARDATZKE D, SEBREE T, SERTINDOLE STUDY GROUP (1996) A randomized, controlled, dose-ranging trial of sertindole in patients with schizophrenia. Psychopharmacology 124: 168–175

ZIMBROFF DL, KANE JM, TAMMINGA CA, DANIEL DG, MACK RJ, WOZNIAK TJ, SEBREE TB, WALLIN BA, KASHKIN KB, SERTINDOLE STUDY GROUP (1997) Controlled, dose-response study of sertindole and haloperidol in the treatment of schizophrenia. Am J Psychiatry 154: 782–791

Exkurs: Atypische Eigenschaften klassischer Substanzen

W. E. Müller

Die begriffliche Differenzierung der Neuroleptika in typische und atypische Substanzen beruht im wesentlichen auf der Annahme, daß die sogenannten typischen oder klassischen Neuroleptika sich im wesentlichen im Hinblick auf ihre antipsychotischen Eigenschaften und die Auslösung von EPS als wichtigsten Nebenwirkungen nicht grundsätzlich unterscheiden. Mit anderen Worten, bei ausreichender Dosierung gelten alle klassischen Neuroleptika als gleich gut antipsychotisch wirksam bei gleichem EPS-Risiko. Davon unbelassen sind allerdings zum Teil auch therapeutisch ausnutzbare Unterschiede im Bereich anderer Nebenwirkungen, wie z.B. die sedierenden Eigenschaften. Diese Aussagen stützen sich im wesentlichen auf eine große Anzahl von klinischen Untersuchungen, bei denen es nie eindeutig gelungen ist, deutliche Unterschiede innerhalb der Gruppen der klassischen Neuroleptika zu belegen. Vor diesem Hintergrund ist der Titel des vorliegenden kleinen Exkurses eigentlich in sich unlogisch, da typische oder klassische Neuroleptika eben keine atypischen Eigenschaften zeigen, wie sie in Tabelle 8.2.1 formuliert wurden.

Von diesem akademischen Standpunkt aus etwas abweichend sind aber bei einigen der klassischen Substanzen klinische Erfahrungen oder auch pharmakologische Befunde, die zum einen die Substanzen etwas aus der großen Gruppe der klassischen Substanzen in Richtung atypische Substanzen herausheben, auf der anderen Seite nicht so deutlich ausgeprägt und belegt sind, daß man den Schritt gehen möchte und diese Substanz gleich der Klasse der atypischen Neuroleptika zuordnen möchte. Einige Beispiele dafür sollen im folgenden vor allem anhand der klinisch-relevanten atypischen Eigenschaften (Tabelle 8.2.1) dargestellt werden.

Weniger EPS

Einige der heute bei uns eingesetzten klassischen Neuroleptika scheinen in der klinischen Anwendung als Antipsychotika eine etwas geringere Inzidenz zu zeigen, EPS auszulösen als die anderen Substanzen der Gruppe und damit möglicherweise auch ein reduziertes Risiko von Spätdyskinesien zu haben. Besonders zu erwähnen wäre hier das Thioridazin, das vor allen Dingen aufgrund dieser klinischen Eigenschaften von manchen Autoren schon als atypisches Neuroleptikum oder zumindest als der Beginn der atypischen Neuroleptika angesehen wird. Auf pharmakologischer Ebene lassen sich diese leicht atypischen Eigenschaften wahrscheinlich dadurch erklären, daß Thioridazin im Vergleich zu seinen D_2-antagonistischen Eigenschaften ein fast gleich starker 5-HT_2- und a_1-Antagonist ist, und darüber hinaus stärker als an den D_2-Rezeptor an den muskarinergen Acetylcholinrezeptor bindet (SNYDER et al. 1974). Auch im Hinblick auf die unterschiedliche Auslösung eines Depolarisationsblocks der dopaminergen A9 bzw. A10 Neurone verhält sich Thioridazin Clozapin-ähnlich (Kap. 3.2).

Ähnlich wie Thioridazin gilt auch das Melperon als ein Neuroleptikum mit relativ geringen EPS bei antipsychotischer Anwendung

(KLAGES et al. 1993). Aufgrund seiner im Verhältnis zur D_2-Affinität sogar höheren Affinität zu HT_2-Rezeptoren bei gleichzeitig deutlicher Bindung an α_1- und D_1-Rezeptoren, aber nur schwachen Affinität für muskarinerge Acetylcholinrezeptoren wird Melperon sogar von einigen Autoren von pharmakologischer Seite direkt zu den atypischen Substanzen gerechnet (KLAGES et al. 1993, MELTZER et al. 1989). Melperon wird allerdings aufgrund seiner sehr starken sedierenden Eigenschaften nur selten als Monotherapeutikum bei schizophrenen Psychosen eingesetzt.

Ein klassisches Neuroleptikum, das hauptsächlich in Deutschland eingesetzt wird, ist das Perazin. Auch beim Perazin gibt es klinische Hinweise, daß die Häufigkeit und Schweregrad von EPS bei therapeutischer Anwendung als Antipsychotikum geringer als bei anderen typischen Neuroleptika sind (GAEBEL 1993). Pharmakologisch gesehen zeigt Perazin (JANSSEN und AWOUTERS 1994, MÜLLER et al. 1995) im Vergleich zur D_2-Affinität eine etwa gleiche Bindungsstärke zu $5HT_2$-Rezeptoren und eine geringe zu muskarinergen Acetylcholin-Rezeptoren. Perazin bindet aber praktisch gleich stark wie an den D_2-Rezeptor an den α_1-Rezeptor (SGONINA, persönliche Mitteilung), als einzige Parallele zu Clozapin. Ob neben der $5-HT_2$-Blockade (MÜLLER et al. 1995) diese letztgenannte zusätzliche Eigenschaft die leicht atypischen Eigenschaften des Perazins erklären kann, ist z. Zt. jedoch spekulativ, könnte aber auf der anderen Seite die Hypothese einer Bedeutung α_1-antagonistischer Effekte für atypische Eigenschaften bestätigen (siehe Kap. 8.2).

Bessere Wirkung bei Non-Respondern

Eine den anderen klassischen Neuroleptika überlegene antipsychotische Wirksamkeit ist innerhalb dieser Gruppe für keine Substanz bekannt. Auch innerhalb der atypischen Neuroleptika ist ja dieser Aspekt nur für das Clozapin sicher belegt.

Bessere Wirkung bei Minussymptomatik

Die Therapie der Minussymptomatik stellt wie bereits erwähnt auch heute noch eine große Herausforderung an die Gesamtgruppe der Neuroleptika dar. Bei den Substanzen, die hier basierend auf klinischer Erfahrung präferentiell empfohlen werden, fallen neben den atypischen Substanzen Clozapin, Sulpirid und Zotepin aus der Reihe der eher typischen Neuroleptika die Substanzen Flupentixol, Fluphenazin, Perazin und Pimozid auf (MÖLLER 1995). Diese aufgrund des klinischen Eindrucks und der klinischen Erfahrung beruhende Auswahl kann pharmakologisch nicht einheitlich klassifiziert werden. Neben dem eher in den meisten Aspekten klassischen Neuroleptikum Fluphenazin steht hier die Substanz Flupentixol, die von allen klassischen Substanzen im Vergleich zur D_2-Rezeptoraffinität die höchste D_1-Rezeptoraffinität aufweist (MÜLLER 1990), das bereits erwähnte Perazin und die Substanz Pimozid, die pharmakologisch eher als typisches Neuroleptikum klassifiziert wird (MELTZER et al. 1989), allerdings zu den Neuroleptika mit besserer Wirkung auf die Negativsymptomatik gehört (MELTZER et al. 1986), bei denen Kalziumkanal-antagonistische Eigenschaften besonders ausgeprägt sind (GOULD et al. 1983, FLAIM et al. 1985). Damit läßt sich nur schwer eine gemeinsame pharmakologische Basis für die aus der klinischen Erfahrung kommende Präferenz bestimmter typischer und atypischer Substanzen zur Behandlung der Minussymptomatik ableiten.

Zusätzliche antidepressive Komponente

Viele klassische Neuroleptika können in Dosierungen unterhalb der neuroleptischen Schwelle auch als Antidepressiva eingesetzt werden (ROBERTSON and TRIMBLE 1982). Pharmakologische Basis dieses therapeutischen Einsatzes ist eine präferentielle Blockade präsynaptischer D$_2$-Rezeptoren bei niedriger Dosierung, der eher zu einer Aktivierung der dopaminergen Neurotransmission als zu deren Blockade führt (MÜLLER 1991). Spezifische antidepressive Eigenschaften, die über diese Einsatzmöglichkeit hinausgehen sind für die klassischen Neuroleptika nicht bekannt.

Die im vorangegangenen kurz dargestellten Eigenschaften einiger klassischer Neuroleptika, die dieses Substanzen etwas aus der gesamten Substanzklasse herausgeben, haben sicher dazu beigetragen, daß einige dieser Substanzen sich in der klinischen Praxis bestimmte und spezifische Plätze erobert haben. Sie sind auf der anderen Seite nie so deutlich herausgekommen und vor allen Dingen auch nie in klinischen Untersuchungen so gut belegt worden, um zu rechtfertigen, diese Substanzen nicht mehr zu den klassischen Neuroleptika zu rechnen, sondern ihnen schon einen Platz bei den atypischen Substanzen einzuräumen. Wichtig ist festzuhalten, daß bei den im vorangegangenen dargestellten Substanzen der Übergang von nicht unterschiedlichen klassischen Neuroleptika zu den unterschiedlichen atypischen Substanzen fließend ist.

Literatur

FLAIM SF, BRANNAN MD, SURGART SC, GLEASON MM, MUSCHEK LD (1985) Neuroleptic drugs attenuate calcium influx and tension development in rabbit thoracic aorta: effects of pimozide, penfluridol, chlorpromazine, and haloperidol. Proc Natl Acad Sci USA 82: 1237–1241

GAEBEL W (1993) Perazin – ein klassisches Neuroleptikum aus der Gruppe der piperazinsubstituierten Phenothiazine. Fundam Psychiatr 7: 48–57

GOULD RJ, MURPHY KMM, REYNOLDS IJ, SNYDER SH (1983) Antischizophrenic drugs of the diphenylbutylpiperidine type act as calcium channel antagonists. Proc Natl Acad Sci USA 80: 5122–5125

JANSSEN PAJ, AWOUTERS FHC (1994) Is it possible to predict clinical effect of neuroleptics from animal data? Part V. Arzneimittelforschung 44: 269–277

KLAGES U, HIPPIUS H, MÜLLER-SPAHN F (1993) Atypische Neuroleptika, Pharmakologie und klinische Bedeutung. Fortschr Neurol Psychiatr 61: 390–398

LEYSEN JE, JANSSEN PAJ, SCHOTTE A, LUYTEN WHML, MEGENS AAHP (1993) Interaction of antipsychotic drugs with neurotransmitter receptor sites in vitro and in vivo in relation to pharmacological and clinical effects: role of 5HT$_2$ receptors. Psychopharmacology 112: S40–S54

MELTZER HY, SOMMERS AA, LUCHINS DJ (1986) The effect of neuroleptics and other psychotropic drugs on negative symptoms in schizophrenia. J Clin Psychopharmacol 6: 329–338

MELTZER HY, MATSUBARA S, LEE JC (1989) Classification of typical and atypical antipsychotic drugs on the basis of dopamine d-1, d-2 and serotonin$_2$ pK$_i$ values. J Pharmacol Exp Ther 251: 238–251

MÖLLER HJ (1995) Neuere Aspekte in der Diagnostik und Behandlung der Negativsymptomatik schizophrener Patienten. In: HINTERHUBER H, FLEISCHHACKER WW, MEISE U (Hrsg) Die Behandlung der Schizophrenien – State of the Art. Verlag Integrative Psychiatrie, Innsbruck Wien, S 197–212

MÜLLER WE (1990) Pharmakologische Aspekte der Neuroleptikawirkung. In: HEINRICH K (Hrsg) Leitlinien neuroleptischer Therapie. Springer, Berlin Heidelberg New York Tokyo, S 3–23

MÜLLER WE (1991) Wirkungsmechanismus niedrigdosierter Neuroleptika bei Angst und Depression. In: PÖLDINGER W (Hrsg) Niedrigdosierte Neuroleptika bei ängstlich-depressiven Zustandsbildern und psychosomatischen Erkrankungen. Braun, Karlsruhe, S 24–38

MÜLLER WE, TUSCHL R, GIETZEN K (1995) Therapeutische und unerwünschte Wirkungen von Neuroleptika – die Bedeutung von Rezeptorprofilen. Psychopharmakotherapie 2: 148–153

ROBERTSON MM, TRIMBLE MR (1982) Major tranquilizers used as antidepressants. J Affect Disord 4: 173–193

SNYDER SH, GREENBERG D, YAMAMURA HI (1974) Antischizophrenic drugs and brain cholinergic receptors. Arch Gen Psychiatry 31: 58–61

Neuro-Psychopharmaka, Bd. 4, 2. Aufl.
Riederer P. / Laux G. / Pöldinger W. (Hrsg.)
© Springer-Verlag Wien 1998

9

(Potentielle) Antipsychotika mit neuartigen Wirkmechanismen

S. Kasper

9.1 Einleitung

Die weitere Entwicklung von Antipsychotika mit neuartigen Wirkmechanismen ist sowohl unter Effektivitäts- als auch unter Nebenwirkungsaspekten notwendig (WETZEL und BENKERT 1993, KASPER und TAUSCHER 1996). Obwohl die zur Zeit in der Praxis erhältlichen Neuroleptika eine gut dokumentierte psychopathologisch meßbare **Effektivität** aufweisen, sprechen etwa 15–25% der Patienten nur ungenügend an. Deutlich höhere Zahlen des ungenügenden Ansprechens sind zu erwarten, wenn neben der psychopathologischen Beurteilung auch eine vollständige psychosoziale Restitution einschließlich der sogenannten Negativsymptome gerechnet wird. Auf die Notwendigkeit einer frühzeitigen medikamentös-neuroleptischen Intervention bei schizophrenen Erkrankungen wurde durch Verlaufsstudien hingewiesen, die mit dieser angewandten Strategie einen günstigeren Krankheitsverlauf erkennen ließen als eine später einsetzende Intervention (WYATT 1991). Die weitere Entwicklung von Neuroleptika ist auch unter einem **Nebenwir-**kungsaspekt von Bedeutung, da extrapyramidal-motorische Symptome (EPMS) sowohl in der Akutphase, als auch das Auftreten der tardiven Dyskinesie (TD) zu einem späteren Zeitpunkt, häufig zum Absetzen der notwendigen Neurolepsie bzw. zu deren unsachgemäß niedrigen Dosierung führt (GROHMANN et al. 1994). Endokrine Effekte, wie eine Hyperprolaktinämie mit einer nachfolgenden Galaktorrhoe, die Möglichkeit des Auftretens eines malignen neuroleptischen Syndroms, sowie hepatische bzw. hämatologische Komplikationen bedeuten weitere Einschränkungen konventioneller Neuroleptika, die eine Weiterentwicklung rechtfertigen.

Um das Ziel einer effektiveren und vor allem nebenwirkungsärmeren Neurolepsie zu erreichen, wurde die Entwicklung von Medikamenten mit unterschiedlichen Wirkprinzipien verfolgt (siehe Tabelle 9.1). Antipsychotika mit neuartigen Wirkmechanismen können hinsichtlich der Pharmakodynamik, sowie weiterer neuronaler Mechanismen, wie zum Beispiel der Toposelektivität, unterschieden werden. Durch die Fortschritte der Molekularbiologie ist es nun möglich, zwischen verschiedenen Dopamin-Rezeptoren zu unterscheiden (D_1-like: D_1 und D_5 Rezeptoren; D_2-like: D_2, $D_{2L/S}$, D_3, D_4) (SIBLEY und MONSMA 1992). Eine differentielle Wirksamkeit für die Behandlung schizophrener Psychosen hin-

sichtlich der Beeinflussung dieser Rezeptoren kann jedoch noch nicht für alle Subtypen eindeutig festgelegt werden (MELTZER 1996). Neben den Dopamin-Rezeptoren haben für die Therapie schizophrener Erkrankungen die Serotonin-5-HT_2 und weniger die Serotonin-5-HT_3 Rezeptoren an Bedeutung erlangt.

Tabelle 9.1. Pharmakologische Klassifikation von Neuroleptika mit neuartigen Wirkmechanismen in Entwicklung

---

1. Selektive Dopamin-Rezeptor Antagonisten

D_1 Rezeptor Antagonisten: SCH 23390, SCH 39166, NNC 01-0687, Berupipam

D_2, D_3 Rezeptor Antagonisten (substituierte Benzamide): Alentemol, Amisulprid*, Emonaprid, Iodosulprid, Prosulprid, Sulpirid*, Remoxiprid, Racloprid, OPC-14597, SDZ 208912

Präferentiell mesolimbisch wirkende D_2-Antagonisten: Amperozid, Bromergurid, Citatepin, Clozapin*, Eresepin, Maroxepin, Pigmidon, Savoxepin, Tiaspiron

2. Kombinierter D_2 und 5-HT_{2A} Antagonismus

Amperozid, Clozapin*, Ilopendon, Olanzapin*, Perospiron, Risperidon*, Quetiapin, Sertindol*, Setoperon, Tefludazin, Tiospiron, Ziprasidon, Zotepin*, AD 5423, ORG 5222

3. Dopamin Autorezeptor Agonisten (präsynaptisch)

Nicht-selektiv**: Apomorphin, Bromocriptin

Pseudo-selektiv: Pramipexol, OPC-4392, Talipexol, CGS 15873A

Selektiv: Roxindol

4. Partielle D_2 Agonisten (postsynaptisch)

Tergurid, SDZ/HDC 912

5. Selektive serotonerge Antagonisten

5-HT_{2A}: Ritanserin, Setoperon

5-HT_3: Alosetron, Dolasetron, Odansetron*, Zacroprid

6. Opioid-Sigma-Rezeptor Antagonisten

Gevotrilone, EMD-57445, NE 100, SR 31742A

---

* Bereits im Handel; ** selektiv bezieht sich auf die Wirkung am prä- bzw. postsynaptischen Rezeptor

9.2 Substanzen mit selektiver Dopamin-Rezeptor Blockade

Aufgrund von Tiermodellen ging man davon aus, daß hochselektive D$_1$-Rezeptorenblocker in der Klinik eine neuroleptische Wirkung entfalten (WADDINGTON 1988). Diese Substanzen waren für die Praxis auch insofern vielversprechend, da sie in Tiermodellen einen sehr geringen Anhalt für die Induktion von EPMS zeigten (COFFIN et al. 1989). In offenen Studien wurden die D$_1$-Antagonisten SCH 23390 und SCH 39166 geprüft, ohne jedoch einen überzeugenden therapeutischen Effekt erkennen zu lassen (DEN BOER und WESTENBERG 1995, GESSA et al. 1991). Während keine eindeutige Wirksamkeit für die Beeinflussung der Positivsymptomatik gefunden werden konnte, wies die Studie von DEN BOER und WESTENBERG (1995) für diese Substanzen einen Effekt auf Negativsymptome auf. Ein weiterer D$_1$-Antagonist NNC 01-0687 ließ ebenso eine nur schwache antipsychotische Wirkung erkennen, jedoch bei deutlich gering ausgeprägter EPMS-Symptomatik (GERLACH et al. 1994). Diese vorläufigen Studien erlauben es noch nicht die klinische Wirksamkeit von selektiven D$_1$-Antagonisten ausreichend zu beurteilen. Es könnte z. B. sein, daß die Dosierung noch nicht richtig gewählt wurde oder daß eine spezifische Subgruppe, wie z. B. Patienten mit vorwiegender Negativsymptomatik, besonders günstig auf Medikamente mit diesem Wirkprinzip ansprechen. Aufgrund dieser als vorläufig negativ anzusehenden Untersuchungen wird jedoch auch die Forschungs-richtung in Frage gestellt, die zum Inhalt hat, daß D$_1$-Rezeptoren eine wesentliche Bedeutung in der Pathogenese schizophrener Erkrankungen haben.

Das Konzept der präferentiell mesolimbisch wirkenden D$_2$-Blockade wurde durch die Entwicklung einer Reihe von Medikamenten verfolgt. Diese aus Tierversuchen gewonnene Erfahrung war mit der Hoffnung verbunden, bei gleicher antipsychotischer Wirksamkeit eine geringere bis fehlende EPMS-Rate zu erreichen. Die bisher vorliegenden Ergebnisse für z. B. das Medikament Savoxepin sprechen jedoch nicht für diese Annahme (z. B. MÖLLER et al. 1989).

Die Ergebnisse von Rezeptor-Bindungsstudien haben darauf hingewiesen, daß die antipsychotische Potenz eines Medikaments mehr von einer Blockade der D$_2$-like als von der der D$_1$-like Rezeptoren abhängt (PEROUTKA und SNYDER 1980). Eine hohe Selektivität für D$_2$-Rezeptoren weisen Medikamente der Benzamid-Gruppe auf, zu der Sulpirid, Amisulprid, Remoxiprid und Raclopird gerechnet werden. Der Zusammenhang zwischen D$_2$-Selektivität und relativ niedriger Wahrscheinlichkeit von EPMS-Nebenwirkungen trifft jedoch nicht für alle Medikamente dieser Gruppe zu, da z. B. für Raclopird (FARDE et al. 1988) in einem durchaus mit den sogenannten typischen Neuroleptika vergleichbarem Ausmaß eine Neuroleptika-induzierte EPMS zur Darstellung gebracht wurde.

9.3 Substanzen mit kombiniertem D$_2$/5-HT$_{2A}$ Antagonismus

Die Beobachtung, daß Ritanserin bzw. weitere Substanzen mit einer selektiven serotonergen Blockade (5-HT$_2$) eine neuroleptische Wirkung entfalten, sowie die klinisch überzeugenden Daten von Clozapin, das sowohl dopamin-antagonistisch, als auch antagonistisch am 5-HT$_2$ Rezeptor wirkt, führte zur Entwicklung von einer Reihe von Substanzen, die einen kombinierten 5-HT$_{2A}$ und D$_2$ Antagonismus aufweisen (zur Übersicht: MELTZER 1991, 1996). Unterstützt wurde diese Forschungsrichtung weiterhin durch die Erkenntnis, daß eine Blockade des 5-HT Rezeptors (5-HT$_{2A}$ und 5-HT$_{2C}$) sowohl die Wahrnehmung als auch die Motorik durch einen modulierenden Einfluß auf dopaminerge Neurone (Regulation der Freisetzung bzw. Wirkung über Heterorezeptoren an dopaminergen Nervenendigungen) beeinflußt (UGEDO et al. 1989) und eine Haloperidol-induzierte EPMS reduziert (BERSANI et al. 1990).

Aus Tabelle 9.1 sind die Substanzen mit einem kombinierten D$_2$ und 5-HT$_{2A}$-Antagonismus zu entnehmen. Neben diesem Wirkprinzip weisen diese Medikamente jedoch noch eine Reihe von weiteren Affinitäten zu unterschiedlichen Rezeptoren auf (ARNT 1995, ARNT et al. 1995), was vor allem für die Nebenwirkungen aber auch für die Hauptwirkung von Bedeutung sein kann (siehe Tabelle 9.2). Diese an in vitro bzw. in vivo Tieruntersuchungen gewonnenen Daten sind jedoch quantitativ nicht direkt auf den Menschen übertragbar und bedürfen einer Überprüfung mit geeigneten Liganden, die jedoch nur für einen Teil der Rezeptoren vorliegen.

Tabelle 9.2. Rezeptorprofile verschiedener (potentieller) Neuroleptika aus in vivo bzw. in vitro Daten von Tiermodellen (ARNT 1995, ARNT et al. 1995)

Substanz	D$_1$	D$_2$	5-HT$_{2A}$	Ach	α$_1$
Clozapin	(+)	+	++	++	+++
Olanzapin	(+)	++	+++	++	(+)
Risperidon	0	++	+++	0	+
Quetiapin	+++	(+)	++	0	++
Sertindol	0	+	+++	0	+
Ziprasidon	0	++	+++	0	0

0 fehlend, (+) gering bis fehlend, + gering, ++ mittel, +++ stark

Am Anfang dieser Entwicklung stand Risperidon, das inzwischen in vielen Ländern am Markt und dessen Wirkung gut dokumentiert ist (MARDER und MAIBACH 1994). Das Wirkprofil von Risperidon konnte auch durch Positron-Emissions-Tomographische (PET) und Single-Photon-Emissions-Computerisierte-Tomographie (SPECT) Studien bestätigt werden, die eine hohe 5-HT$_{2A}$-Rezeptorbindung und eine deutliche Bindung an striatale D$_2$-Rezeptoren erkennen ließen (NYBERG et al. 1993, KÜFFERLE et al. 1996). Die Untersuchungsgruppe von FARDE et al. (1995) fand z. B. bei einer PET-Studie für die Dosierung von 6 mg Risperidon eine Bindung an Serotonin-Rezeptoren von 85% und an striatale D$_2$-Rezeptoren von etwa 78%. Das bereits in Japan sowie in einigen europäischen Ländern im Handel befindliche **Zotepin** zeigte sich in Vergleichsstudien ähnlich wirksam wie Haloperidol, bei einem jedoch deutlich günstigeren Nebenwirkungsprofil (FLEISCHHACKER et al. 1989). Darüber hinaus konnte auch eine gute Wirksamkeit bei Negativsymptomen gefunden werden (BARNAS et al. 1992).

Von der chemischen Struktur her ist **Olanzapin** dem Clozapin ähnlich. Ebenso wie Clozapin verfügt es über eine starke 5-HT$_{2A}$-Blockierung und eine deutlich höhere striatale D$_2$-Blockierung. Weiterhin weist es eine starke anticholinerge Wirkung auf und darüber hinaus noch Wirkungen auf histaminerge H$_1$-Rezeptoren und α$_1$-Rezeptoren (FULLER und SNODDY 1992). SPECT-Untersuchungen ergaben eine signifikant geringere striatale D$_2$-Rezeptor-Okkupanzrate als für typische Neuroleptika bzw. Risperidon (PILOWSKI et al. 1996). Die inzwischen abgeschlossenen Multicenter-Studien der Phase-III ließen für Olanzapin (Dosierung: 2,5–17,5 mg/Tag) eine günstige antipsychotische sowie eine Wirkung auf Negativsymptome erkennen (TRAN et al. 1995, BEASLEY et al. 1996). Die extrapyramidal-motorischen Nebenwirkungen waren in den Olanzapingruppen von den Plazebogruppen statistisch nicht unterscheidbar. Insbesondere kam es zu keinem Auftreten von Dystonien. An Hauptnebenwirkungen zeigten sich Müdigkeit, milde anticholinerge Effekte, Gewichtszunahme, geringe Prolaktin-Erhöhung sowie eine asymptomatische Erhöhung der Transaminasen.

Die Substanz **Quetiapin** (Seroquel, ICI 204,636) zeigt einen nur gering ausgeprägten D$_2$-Antagonismus, aber eine starke 5-HT$_{2A}$-Blockierung (SALLER und SALAM 1990). Darüber hinaus weist es eine unbedeutende antimuscarinerge Aktivität und eine geringere α_1-adrenolytische Effektivität als Clozapin auf. Ähnlich wie bei Clozapin liegt auch eine Toposelektivität mit einer depolarisierenden Wirkung auf die A10-Dopaminzellen (Ventrotegmentale Area) und nicht auf die A9-Dopaminzellen (Substantia Nigra Pars Compacta) vor (GOLDSTEIN et al. 1990). Erste Bindungsstudien, die mit Hilfe der SPECT-Technik erhoben wurden, lassen eine geringe striatale D$_2$-Rezeptorokkupanz von 20–40% erkennen, vergleichbar zu der mit Clozapin und deutlich geringer als z. B. unter der Therapie mit Risperidon (KÜFFERLE et al. 1997). Die Ergebnisse der nun vorliegenden Phase-III Multicenter-Studien weisen darauf hin, daß Quetiapin (Seroquel, ICI 204,636) (Dosierung: 450 mg/Tag) eine günstige antipsychotische Wirkung entfaltet und mit keiner EPMS-Symptomatik verbunden ist (HIRSCH et al. 1996). An Hauptnebenwirkungen wurde gefunden: Somnolenz, Schlafstörungen sowie Gewichtszunahme. Es fanden sich keine signifikanten Veränderungen bei Laborparametern (Leberwerte) sowie keine anhaltende Erhöhung von Prolaktin.

Sertindol weist ebenfalls eine hohe Affinität für 5-HT$_{2A}$ und D$_2$-Rezeptoren auf und darüber hinaus auch noch eine Wirkung auf das α_1-adrenolytische System. Im Gegensatz zu Clozapin und Olanzapin besteht keine anticholinerge Wirkung (SKARSFELDT und PERREGAARD 1990). Elektrophysiologische Studien haben ergeben, daß Sertindol hoch-

selektiv für dopaminerge Neurone in der Ventrotegmentalen Area (VTA A-10) ist und die Dopamin-Neurone in der Substantia Nigra Pars Compacta (A-9) weitgehend unbeeinflußt läßt (SKARSFELDT 1992). Die Ergebnisse der Phase-III Studien von Sertindol (Dosierung: 8–24 mg/Tag) weisen eine gute Effektivität bei positiven Symptomen auf und lassen darüber hinaus gegenüber Haloperidol auch eine günstigere Wirkung auf Negativsymptome erkennen (DANIEL et al. 1995, HALE et al. 1996, VAN KAMMEN et al. 1996, KASPER 1996). EPMS-Nebenwirkungen waren unter der Therapie mit Sertindol von den Plazebogruppen nicht unterscheidbar und verbesserten sich sogar im Therapieverlauf. Nebenwirkungen können in Zusammenhang mit der α_1-Wirkung gebracht werden und beinhalten: Rhinitis, vermindertes Ejakulat-Volumen, geringe QT-Zeit-Verlängerung im EKG sowie orthostatische Dysregulation.

Ziprasidon ist ein weiterer Vertreter der Medikamente mit einem kombinierten D$_2$/5-HT$_{2A}$-Antagonismus sowie einer fehlenden antimuskarinergen bzw. α_1-adrenolytischen Wirkung. Erste PET-Untersuchungen ergaben eine über 80%ige Okkupanz der zentralen 5-HT$_2$ Rezeptoren und eine dosisabhängige Blockade der striatalen D$_2$-Rezeptoren bei gesunden Kontrollen (FISCHMAN et al. 1996, BENCH et al. 1996). Die Ergebnisse der Phase-III-Studien lassen, wie bei den anderen Vertretern dieser Gruppe, eine gute antipsychotische Wirkung (Dosierung: 80–160 mg/Tag) und Effekte bei der Behandlung von Negativsymptomen erkennen (HARRIGAN et al. 1996, REEVES und HARRIGAN 1996). Wegen der fehlenden α_1-Wirkung ist eine Titration bei Behandlungsbeginn nicht notwendig. Im Vergleich zu den in diesen Studien mitgeführten Plazebogruppen konnten, bei der bisher vorhandenen Datenlage, keine signifikanten Unterschiede hinsichtlich Nebenwirkungen (einschließlich extrapyramidaler) bzw. Laborparametern gefunden werden.

Unter pharmakokinetischen Gesichtspunkten zeigen sich hinsichtlich der Halbwertszeit (HWZ) deutliche Unterschiede zwischen den Substanzen. Während Sertindol (66 h) und Olanzapin (31 h) eine längere HWZ aufweisen, sind Quetiapin (< 7 h), Ziprasidon (5 h) und Risperidon (10 h) durch deutlich kürzere HWZ gekennzeichnet. Die Rezeptorokkupanz an dopaminergen Rezeptoren ist jedoch länger als die HWZ, sodaß daraus nicht direkt auf den Verlauf der klinischen Effektivität geschlossen werden darf.

9.4 Dopamin-Rezeptor Agonisten

Ein interessantes Konzept wurde mit den Dopamin-Rezeptor-Agonisten verfolgt (zur Übersicht: KASPER et al. 1994, BENKERT et al. 1995). Man unterscheidet dabei sowohl volle als auch partielle Agonisten auf präsynaptischer (Autorezeptor, präsynaptische Dopamin Autorezeptor Agonisten = PDAA) und postsynaptischer Ebene. Zur Beurteilung der Wirkweise dieser Medikamente ist die Kenntnis der intrinsischen Effektivität dieser Substanzen von Bedeutung, worunter man die Fähigkeit eines Moleküls versteht, eine Rezeptorantwort hervorzurufen, nachdem es an den Rezeptor gebunden hat. Volle Dopamin-Agonisten entfalten eine hohe intrinsische Effektivität, während partielle Agonisten eine mittlere bis niedrige intrinsische Effektivität hervorrufen und durch volle Agonisten in ihrer Rezeptorbesetzung verdrängt werden können (LAURENCE und CARPENTER 1994). Die potentielle antipsychotische Wirksamkeit partieller Dopamin-Agonisten wird dadurch erklärt, daß durch Stimulation des präsynaptischen Autorezeptors eine Reduktion der Dopaminsynthese und -ausschüttung stattfindet. Nachdem die Dopamin-Agonisten jedoch nicht nur prä- sondern auch postsynaptisch wirken, ist nicht mit Sicherheit zu gewährleisten, daß nicht auch ein postsynaptisch-agonistischer Effekt auftritt, der dann wiederum für eine Verschlechterung der Positivsymptomatik verantwortlich wäre. Als weitere Erklärung wurde herangezogen, daß positive Symptome schizophrener Störungen aus einer Hyperaktivität bestimmter dopaminerger Bahnen resultieren, während Negativsymptome vermutlich auf einer Hypoaktivität frontaler dopaminerger Systeme beruhen (CHOUINARD und JONES 1979, COWARD et al. 1989, WEINBERGER et al. 1986). Ein toposelektiver Einfluß der PDAA auf diese Areale würde daher mit einer Verbesserung der Negativsymptomatik einhergehen, zumal in diesen Arealen keine präsynaptischen Autorezeptoren existieren und somit die Dopamin-agonistische Wirkung voll auf postsynaptischer Ebene zum Tragen kommen würde (KASPER et al. 1996). In anderen – nicht frontalen – Hirnarealen würde jedoch der präsynaptische Wirkmechanismus (am Autorezeptor) zum Tragen kommen und zu einer Reduzierung der Dopamin-Ausschüttung führen und somit die Positivsymptomatik günstig beeinflussen bzw. zumindest nicht verschlechtern. Der Vorteil der PDAA besteht darin, daß keine postsynaptische Dopamin-Blockade stattfindet und dadurch auch keine EPMS-Symptome auftreten. Verschiedene PDAA (siehe Tabelle 9.1) wurden in klinischen Studien geprüft (zur Übersicht: KASPER et al. 1994). Studien mit nicht-selektiven (hinsichtlich der Wirkung am prä- bzw. postsynaptischen Rezeptor) PDAA, wie Apomorphin und Bromocriptin ergaben widersprüchliche, jedoch insgesamt lediglich geringfügige bzw. vorübergehende Effekte. Von den pseudoselektiven bzw. selektiven PDAA wurde die klinische Wirksamkeit bis jetzt am besten für Roxindol und mit Abstand dazu für Talipexol, Prami-pexol, OPC-4392 und CGS 15873A, in offe-nen klinischen Prüfungen untersucht.

In den drei vorliegenden Studien zu **Roxindol** (KLIEMKE und KLIESER 1991, WIEDEMANN et al. 1991, KASPER et al. 1992, WETZEL et al. 1994) konnten keine Effekte auf die Positiv-symptome gefunden werden, jedoch Hinweise für eine Wirksamkeit in den Bereichen Angst/Depression und Anergie sowie bei Minussymptomatik. Dies ist nicht verwunderlich, da Roxindol nicht nur als PDAA, sondern auch als potenter Serotonin-Wiederaufnahmehemmer, sowie als Agonist der 5-HT$_{1A}$-Rezeptoren wirkt (SEYFRIED et al. 1989).

Für **Talipexol** (WIEDEMANN et al. 1990), OPC-4392 (GERBALDO et al. 1988) sowie **Pramipexol** (KISSLING et al. 1992) konnte ebenso ein Anhalt für eine Wirksamkeit bei Minussymptomatik gewonnen werden. Pra-mipexol wurde auch als Zusatztherapie zu einer bestehenden Behandlung mit Halope-ridol geprüft (KASPER et al. 1996). Dieser Untersuchungsanordnung lag die Annahme zugrunde, daß durch Pramipexol frontale postsynaptische Rezeptoren agonistisch dopaminerg beeinflußt werden, bei gleich-zeitiger dopaminerger Blockade nicht-fron-taler Neurone durch Haloperidol. Insgesamt kam es bei den untersuchten Patienten (n = 15) bei etwa 2/3 der Patienten zu einer vorwiegenden Verbesserung der Minus-symptomatik und lediglich bei 3 Patienten zu einer Verschlechterung der Positivsym-ptome. Eine Überprüfung dieser Hypothese in einer plazebo-kontrollierten Untersu-chungsanordnung mit einem fixierten Do-sierungsschema wäre zur Beantwortung der Frage der differentiellen und toposelektiven Beeinflußbarkeit dopaminerger Neurone wünschenswert.

9.5 Substanzen mit selektiver serotonerger Blockade

Serotonin-Rezeptoren, die sich vor allem im Ventralen Tegmentum, im Striatum und im Cortex befinden, können die dopaminerge Neurotransmission modulieren (WALDMEIER und MAITRE 1976, HERVE et al. 1981). Während 5-HT-Agonisten, wie z. B. das Anxioly-tikum Buspiron (5-HT$_{1A}$-Rezeptor Agonist), keine antipsychotische Effektivität aufwei-sen (JANN et al. 1990), konnte für Medika-mente mit einem 5-HT$_2$-antagonistischen Effekt eine geringe antipsychotische Effekti-vität beschrieben werden. Am ausführ-lichsten wurde **Ritanserin**, ein selektiver 5-HT$_{2A}$-Antagonist, in klinischen Studien ge-prüft und dabei sowohl für die Monothera-pie als auch als Zusatztherapie zu klassi-schen D$_2$-Antagonisten eine nur geringe antipsychotische Effektivität dargestellt (WIESEL et al. 1994, AWOUTERS et al. 1988, DUINKERKE et al. 1993). Diese Untersuchun-gen ließen auch erkennen, daß Ritanserin eine Wirksamkeit bei Negativsymptomen aufweist und EPMS-Nebenwirkungen, die durch zusätzlich benützte typische Antipsy-chotika hervorgerufen wurden, reduzieren kann. Weiterhin wurde auch eine gute the-rapeutische Wirksamkeit bei einer Neuro-leptika-induzierten Akathisie berichtet (MIL-LER et al. 1990). Diese Erkenntnis hat auch wesentlich zur weiteren Entwicklung der Medikamentengruppe mit einem kombi-nierten D$_2$/5-HT$_2$ Wirkmechanismus (siehe Tabelle 9.1) beigetragen. Parallel zu den Erfolgen mit den atypischen Neuroleptika, die eine D$_2$/5-HT$_{2A}$-Blockade aufweisen, scheint Ritanserin am ehesten in Kombina-tion mit klassischen Antipsychotika erfolg-versprechend zu sein.

9.6 Schlußbemerkung

Während für Antidepressiva in den vergangenen Jahren eine Welle von Neuentwicklungen klinisch verfügbar wurden, ist nun auch für die Behandlung von schizophrenen Erkrankungen eine erfreuliche Weiterentwicklung zu verzeichnen. Insbesondere aufgrund der Nebenwirkungsarmut modernerer Antipsychotika erwarten wir, daß einige dieser neuen Medikamente die klassischen bzw. typischen Antipsychotika mit deutlichen EPMS-Nebenwirkungen weitgehend ersetzen werden. Ähnlich wie uns die typischen Neuroleptika einen wertvollen Hinweis auf die Bedeutung des dopaminergen Systems in der Pathophysiologie schizophrener Erkrankungen gaben, kann man erwarten, daß die Wirkweise verschiedener neuerer Therapieansätze auch weitere Einsicht in die Pathophysiologie schizophrener Erkrankungen gibt.

Literatur

ARNT J (1995) Differential effects of classical and newer antipsychotics on the hypermotility induced by two dose levels of D-amphetamine. Eur J Pharmacol 283: 55–62

ARNT J, DIDRIKSEN M, HYTTEL J, SANCHEZ C, SKARSFELDT T (1995) Differentiation of classical and novel antipsychotics using animal models. Annual Meeting of the American College of Neuropsychopharmacology (ACNP), San Juan, Puerto Rico, December 11–15, 1995 (Poster)

AWOUTERS F, NIEMEGEERS CJE, MEGENS AAHP, MEERT TF, JANSSEN PAJ (1988) The pharmacological profile of ritanserin, a very specific central serotonin-S2 antagonist. Drug Dev Res 15: 61–73

BARNAS C, STUPPÄCK C, MILLER C, HARING C, SPERNER-UNTERWEGER B, FLEISCHHACKER WW (1992) Zotepine in the treatment of schizophrenic patients with prevailingly negative symptoms. A double-blind trial vs. haloperidol. Int Clin Psychopharmacol 7: 23–27

BEASLEY CM, SANGER T, SATTERLEE W, TOLLEFSON G, TRAN P, HAMILTON S (1996) Olanzapine versus placebo: results of a double-blind, fixed-dose olanzapine trial. Psychopharmacology 124: 159–167

BENCH CJ, LAMMERTSMA AA, GRASBY PM, DOLAN RJ, WARRINGTON SJ, BOYCE M, GUNN KP, BRANNICK LY, FRACKOWIAK RSJ (1996) The time course of binding to striatal dopamine D_2 receptors by the neuroleptic ziprasidone (CP-88,059-01) determined by positron emission tomography. Psychopharmacology 124: 141–147

BENKERT O, MÜLLER-SIECHENEDER F, WETZEL H (1995) Dopamine agonists in schizophrenia: a review. Eur Neuropsychopharmacol [Suppl]: 43–53

BERSANI G, GRISPINI A, MARINI S, PASINI A, VALDUCCI M, CIANI N (1990) 5-HT_2 antagonist ritanserin in neuroleptic-induced parkinsonism: a double-blind comparison with orphenadrine and placebo. Clin Neuropharmacol 13 (6): 500–506

CHOUINARD G, JONES BD (1979) Evidence of brain dopamine deficiency in schizophrenia. Can J Psychiatry 24: 661–667

COFFIN VL, LATRANYI MB, CHIPKIN RE (1989) Acute extrapyramidal syndrome in Cebus monkeys: development mediated by D_2 but not by D_1 receptors. J Pharmacol Exp Ther 249: 769–774

COWARD DM, DIXON K, ENZ A, SHEARMAN G, URWYLER S, WHITE T, KAROBATH M (1989) Partial brain dopamine D_2 agonists in the treatment of schizophrenia. Psychopharmacol Bull 25: 393–397

DANIEL D, TARGUM S, ZIMBROFF D, MACK R, ZBOROWSKI J, MORRIS D, SEBREE T, WALLIN B (1995) Efficacy, safety and dose response of three doses of sertindole and three doses of haldol in schizophrenic patients. Annual Meeting of the American College of Neuropsychopharmacology (ACNP), San Juan, Puerto Rico, December 11–15, 1995 (Poster)

DEN BOER JA, WESTENBERG HGM (1995) Atypical antipsychotics in schizophrenia: a review of recent developments. In: DEN BOER JA, WE-

STENBERG HGM, VAN PRAAG HM (eds) Advances in the neurobiology of schizophrenia. Wiley, Chichester, pp 275–302

DUINKERKE SJ, BOTTER PA, JANSEN AA, VAN DONGEN PA, VAN HAAFTEN AJ, BOOM AJ, VAN LAARHOVEN JH, BUSARD HL (1993) Ritanserin, a selective 5-HT$_{2/1C}$ antagonist, and negative symptoms in schizophrenia: a placebo-controlled double-blind trial. Br J Psychiatry 163: 451–455

FARDE L, WIESEL FA, JANSSON P, UPPFELDT G, WAHLEN A, SEDVALL G (1988) An open label trial of raclopride in acute schizophrenia: confirmation of D$_2$ dopamine receptor occupancy by PET. Psychopharmacol 94 (1): 1–7

FARDE L, NYBERG S, OXENSTIERNA G, NAKASHIMA Y, HALLDIN C, ERICSSON B (1995) Positron emission tomography studies on D$_2$ and 5-HT$_2$ receptor binding in risperidone-treated schizophrenic patients. J Clin Psychopharmacol 15 [Suppl 1]: 19S–23S

FISCHMAN A, WILLIMS SA, DRURY C, ETIENNE P, RUBIN R, MICELI JJ, BONAB AA, BABICH JW, ALPERT NM, RAUCH SL, ELMALEH DR, SHOUP TM, KO G (1996) Sustained 5HT2 receptor occupancy of ziprasidone using PET ligand [^{18}F]setoperone in healthy volunteers. American Psychiatric Association Meeting, New York, May 4–9, 1996 (Poster)

FLEISCHHACKER WW, BARNAS C, STUPPÄCK C, UNTERWEGER B, MILLER C, HINTERHUBER H (1989) Zotepine vs haloperidol in paranoid schizophrenia: a double-blind trial. Psychopharmacol Bull 25: 97–100

FULLER RW, SNODDY HD (1992) Neuroendocrine evidence for antagonism of serotonin and dopamine receptors by olanzapine (LY 170053), an antipsychotic drug candidate. Res Commun Chem Pathol Pharmacol 77: 87–93

GERBALDO H, DEMISCH I, LEHMANN CO, BOCHNIK J (1988) The effect of OPC-4392, a partial dopamine receptor agonist, on negative symptoms. Results of an open study. Pharmacopsychiatry 21: 387–388

GERLACH J, ANDERSEN J, CLEMMESEN J, HAFFNER F, LUBLIN H (1994) Antipsychotic efficacy of D$_1$ receptor antagonists evaluated in primates (NNC 01-0756) in a phase II clinical study (NNC 01-0687). Neuropsychopharmacol 10 (No 3S, part 1): 237S

GESSA GL, CANU A, DEL ZOMPO M, BURRAI C, SERRA G (1991) Lack of acute antipsychotic effect of SCH 23390, a selective dopamine D$_1$ receptor antagonist. Lancet 337: 854–855

GOLDSTEIN JM, LITWIN LC, SUTTON EG, MALICK JB (1990) Electrophysiological profile of ICI 204,636, a new and novel antipsychotic agent.

20th Annual Meeting of the Society for Neuroscience. Soc Neurosci Abstr 16: 250

GROHMANN R, RÜTHER E, SCHMIDT LG (Hrsg) (1994) Unerwünschte Wirkungen von Psychopharmaka. Ergebnisse der AMÜP-Studie. Springer, Berlin Heidelberg New York Tokyo

HALE A, VAN DER BURGHT M, FRIBERG HH, WEHNERT A (1996) Dose ranging study comparing 4 doses of sertindole and 1 dose of haloperidol in schizophrenic patients. Eur Neuropsychopharmacol 6 [Suppl 3]: 61

HARRIGAN E, MORRISSEY M, BUFFENSTEIN A, DUBIN W, FEIGHNER J, FERGUSON J, HARSCH H, JAFFE R, KECK P, KLOPPER J, NAKRA R, PEABODY C, POSEVER T, ROSENTHAL R, WEISE C (1996) The efficacy and safety of 28-day treatment with ziprasidone in schizophrenia/schizoaffective disorder. American Psychiatric Association Meeting, New York, May 4–9, 1996 (Poster)

HERVE D, SIMON H, BLANC G, LEMOAL M, GLOWINSKI J, TASSIN JP (1981) Opposite changes in dopamine utilization in the nucleus accumbens and the frontal cortex after electrolytic lesion of the median raphe in the rat. Brain Res 216: 422–428

HIRSCH SR, LINK CGG, GOLDSTEIN JM, ARVANITIS LA (1996) ICI 204,636: a new atypical antipsychotic drug. Br J Psychiatry 168 [Suppl 29]: 45–56

JANN MW, FROEMMING JD, BORISON RI (1990) Movement disorders and new azapirone anxiolytic drugs. J Am Board Family Pract 3: 111–119

KASPER S (1996) Negative symptoms and sertindole. Eur Neuropsychopharmacol 6 [Suppl 4]: S4–13

KASPER S, TAUSCHER J (1996) Neue Entwicklungen bei der psychopharmakologischen Behandlung. Nervenheilkunde 15: 56–62

KASPER S, FUGER J, ZINNER HJ, BÄUML J, MÖLLER HJ (1992) Early clinical results with the neuroleptic roxindole (EMD 49980) in the treatment of schizophrenia – an open study. Eur Neuropsychopharmacol 2: 91–95

KASPER S, DANOS P, HÖFLICH G, MÖLLER HJ (1994) Behandlungsergebnisse mit präsynaptischen und postsynaptischen Dopamin-Agonisten bei Minussymptomatik. In: MÖLLER H-J, LAUX G (Hrsg) Fortschritte in der Diagnostik und Therapie schizophrener Minussymptomatik. Springer, Wien New York, S 221–239

KASPER S, BARNAS C, HEIDEN A, VOLZ HP, LAAKMANN G, ZEIT H, PFOLZ H (1997) Pramipexole as adjunct to haloperidol in schizophrenia – safety and efficacy. Eur Neuropsychopharmacol 7: 65–70

KISSLING W, MACKERT A, BÄUML J, LAUTER H (1992) Erste klinische Erfahrungen mit dem neuen

Dopamin-Autorezeptoragonisten SND 919. In: GAEBEL W, LAUX G (Hrsg) Biologische Psychiatrie. Synopsis 90/91. Springer, Berlin Heidelberg New York Tokyo, S 236–249

KLIMKE A, KLIESER E (1991) Antipsychotic efficacy of the dopaminergic autoreceptor agonist EMD 49980 (roxindole). Pharmacopsychiatry 24: 107–112

KÜFFERLE B, BRÜCKE T, TOPITZ-SCHRATZBERGER A, TAUSCHER J, GÖSSLER R, VESELY C, ASENBAUM S, PODREKA I, KASPER S (1996) Striatal dopamine-2 receptor occupancy in psychotic patients treated with risperidone. Psychiatry Res Neuroimaging 68: 23–30

KÜFFERLE B, TAUSCHER J, ASENBAUM S, VESELY C, PODREKA I, BRÜCKE T, KASPER S (1997) IBZM SPECT imaging of dopamine-2 receptors in psychotic patients treated with the novel antipsychotic substance quetiapine in comparison to clozapine and haloperidol. Psychopharmacology (in press)

LAURENCE DL, CARPENTER JR (1994) A dictionary of pharmacology and clinical drug evaluation. UCL Press, London, pp 73–74

MARDER SR, MEIBACH RC (1994) Risperidone in the treatment of schizophrenia. Am J Psychiatry 151: 825–835

MELTZER HY (1991) The mechanism of action of novel antipsychotic drugs. Schizophr Bull 17: 263–287

MELTZER HY (1996) Pre-clinical pharmacology of atypical antipsychotic drugs: a selective review. Br J Psychiatry 168 [Suppl 29]: 23–31

MILLER CH, FLEISCHHACKER WW, EHRMANN H, KANE JM (1990) Treatment of neuroleptic-induced akathisia with the 5-HT$_2$ antagonist ritanserin. Psychopharmacol Bull 26: 373–376

MÖLLER HJ, KISSLING W, DIETZELFELBINGER T, STOLL KD, WENDT G (1989) Efficacy and tolerability of a new antipsychotic compound (savoxepine): results of a pilot-study. Pharmacopsychiatry 22 (1): 38–41

NYBERG S, FARDE L, ERIKSSON L, HALLDIN C (1993) 5-HT$_2$ and D$_2$ dopamine receptor occupancy in the living human brain – a PET-study with risperidone. Psychopharmacology 110: 265–272

PEROUTKA SJ, SNYDER SH (1980) Relationship of neuroleptic drug effects at brain dopamine, serotonin, α-adrenergic and histamine receptors to clinical potency. Am J Psychiatry 137: 1518–1522

PILOWSKY LS, BUSATTO GF, TAYLOR M, COSTA DC, SHARMA T, SIGMUNDSSON T, ELL PJ, NOHRIA V, KERWIN RW (1996) Dopamine D$_2$ receptor occupany in vivo by the novel atypical anti-

psychotic olanzapine – a ^{123}I IBZM single photon emission tomography (SPET) study. Psychopharmacology 124: 148–153

REEVES KR, HARRIGAN EP (1996) The efficacy and safety of two fixed doses of ziprasidone in schizophrenia and schizoaffective disorder. American Psychiatric Association Meeting, New York, May 4–9, 1996 (Poster)

SALLER CF, SALAM AI (1990) ICI 204,636 a potential antipsychotic drug with an atypical biochemical profile. Soc Neurosci Abstr 16: 250

SEYFRIED CA, GREINER HE, HAASE AF (1989) Biochemical and functional studies on EMD 49980: a potent, selectively presynaptic D2 dopamine agonist with actions on serotonin systems. Eur J Pharmacol 160: 31–41

SIBLEY DR, MONSMA FJ JR (1992) Molecular biology of dopamine receptors. Trends Pharmacol Sci 13: 61–69

SKARSFELDT T (1992) Electrophysiological profile of the new atypical neuroleptic sertindole on midbrain dopamine neurones in rats: acute and repeated treatment. Synapse 10: 25–33

SKARSFELDT T, PERREGAARD J (1990) Sertindole, a new neuroleptic with extreme selectivity on A10 versus A9 neurones in the rat. Eur J Pharmacol 182: 613–614

TRAN PV, BEASLEY CM, TOLLEFSON GD, SANGER T, SATTERLEE WG (1995) Clinical efficacy and safety of olanzapine, a new typical antipsychotic agent. Annual Meeting of the American College of Neuropsychopharmacology (ACNP), San Juan, Puerto Rico, December 11–15, 1995 (Poster)

UGEDO L, GRENHOFF J, SVENSSON TH (1989) Ritanserin, a 5-HT$_2$ receptor antagonist, activates midbrain dopamine neurons by blocking serotonergic inhibition. Psychopharmacology 98: 45–50

VAN KAMMEN DP, MC EVOY JP, TARGUM SD, KARDATZKE D, SEBREE TB (1996) A randomized, controlled, dose-ranging trial of sertindole in patients with schizophrenia. Psychopharmacology 124: 168–175

WADDINGTON JL (1988) Therapeutic potential of selective D$_1$ dopamine receptor agonists and antagonists in psychiatry and neurology. Gen Pharmacol 19: 55–60

WALDMEIER PC, MAITRE L (1976) On the relevance of preferential increase of mesolimbic vs. striatal dopamine turnover for the prediction of antipsychotic activity of psychotropic drugs. J Neurochem 27: 589–597

WEINBERGER DR, BERMANN KF, ZEC RF (1986) Physiological dysfunction of dorsolateral prefontal cortex in schizophrenia. I. Regional cerebral blood flow (RCBF) evidence. Arch Gen Psychiatry 43: 114–124

WETZEL H, BENKERT O (1993) New psychotropic drugs for acute treatment of schizophrenia. In: COSTA E SILVA JA, NADELSON CC (eds) International review of psychiatry, vol 1. American Psychiatric Press, Washington, pp 185–228

WETZEL H, BENKERT O (1994) Dopamin autoreceptor agonists in the treatment of schizophrenic disorders. Prog Neuropsychopharmacol Biol Psychiatry 17: 525–540

WETZEL H, HILLERT A, GRÜNDER G, BENKERT O (1994) Roxindole, a dopamine autoreceptor agonist, in the treatment of positive and negative schizophrenic symptoms. Am J Psychiatry 151: 1499–1502

WIEDEMANN K, BENKERT O, HOLSBOER F (1990) B-HT 920 – a novel dopamine autoreceptor agonist in the treatment of patients with schizophrenia. Pharmacopsychiatry 23: 50–55

WIEDEMANN K, LOYCKE A, KRIEG JC, HOLSBOER F (1991) EMD 49980 – a novel dopamine autoreceptor agonist in the treatment of schizophrenic patients with negative symptoms. Biol Psychiatry [Suppl] 29: 422S

WIESEL FA, NORDSTRÖM AL, FARDE L, ERIKSSON B (1994) An open clinical and biochemical study of ritanserin in acute patients with schizophrenia. Psychopharmacology 114: 31–38

WYATT RJ (1991) Neuroleptics and the natural course of schizophrenia. Schizophr Bull 17: 325–351

Neuro-Psychopharmaka, Bd. 4, 2. Aufl.
Riederer P. / Laux G. / Pöldinger W. (Hrsg.)
© Springer-Verlag Wien 1998

10
Die Bedeutung des Gesamtbehandlungsplanes für die neuroleptische Behandlung

W. Pöldinger

Paradigmawechsel

Spätestens seit G. L. ENGEL 1977 das biopsychosoziale Modell seelischer Erkrankungen postuliert hat, ist in der Psychiatrie immerhin ein Paradigmawechsel in dem Sinne eingetreten, daß partikularistischen Annahmen zur Entstehung und Behandlung von seelischen Erkrankungen die theoretische Basis entzogen wurde. Dies hat sich dann auch In der Empirie bestätigt. Selbstverständlich ist die Funktion des Gehirns die Basis aller seelischen Kräfte und Funktionen und auch der Störungen. Das hat schon HIPPOKRATES gewußt, denn bei ihm lesen wir: „Der Mensch sollte wissen, daß seine Freuden und Vergnügungen, sein Lachen und sein Glück, doch auch Kummer, Sorgen, Tränen und Schmerz seinem Gehirn und nur seinem Gehirn entspringen." Die Entwicklung der Naturwissenschaften hat im vergangenen Jahrhundert zu dem berühmten Ausspruch von GRIESINGER geführt: „Alle Geisteskrankheiten sind Gehirnkrankheiten."

Mit dem Bau der Funktionsweise des Gehirns ist gewissermaßen die Form vorgegeben, die sich dann aber mit Inhalt füllt. Aber sowohl die Tiefenpsychologie, als auch die Verhaltenswissenschaften haben gezeigt, daß es gerade auf dem Gebiete der Motivationen nicht nur bewußte, sondern auch un- bzw. unterbewußte Inhalte gibt. Dabei spielen Konflikte eine große Rolle, die sowohl intra- als auch interpersonell verlaufen können. Gerade die Erforschung interpersonaler Probleme und Konflikte hat dazu geführt, daß die Bedeutung der Umwelt besonders wichtig geworden ist sowohl für die Entstehung von Krankheiten, als auch für deren Therapie. Mit diesen Problemen hat sich vor allem die Sozialpsychiatrie theoretisch und auch praktisch auseinandergesetzt.

Wie immer in der Entwicklung der Wissenschaften bekommen einzelne Forschungsrichtungen zeitweise, und vor allem dann, wenn sie gesellschaftlich und politisch stimuliert werden, weil sie ausgeschlachtet werden können, eine besondere partikula-ristische Bedeutung. Dieses partikularisti-sche Denken förderte auch bestimmte ätio-pathogenetische Hypothesen. Damit war auch das ENGEL'sche Modell von der biopsy-chosozialen Bedingtheit der Erkrankungen erfüllt. Interessanterweise wurde dieses Modell aber in der 1994 erschienenen DSM-IV auch noch um religiöse (individuelle, kulturelle, subkulturelle) Phänomene, be-sonders Bewußtseinszustände, erweitert. Damit sind wir heute bei einer Auffassung der Quellen des Leidens bzw. der Krankhei-ten, welche in Abb. 1 wiedergegeben wird, in der zwischen biologischen, psychologi-schen, soziologischen und spirituellen Aspekten unterschieden wird. Leider ist der Forschungsstand und unser Wissen, beson-ders im interdisziplinären Denken, noch gering, so daß HÄFNER (1991) den vorliegen-den Stand der psychiatrischen Forschung mit der Situation von „künstlichen Konti-nenten im Meer des Nichtwissens" vergli-chen hat.

Er erwähnte in diesem Zusammenhang die unkritische Generalisierung genetischer Er-gebnisse in der ersten Hälfte unseres Jahr-hunderts, die sozialwissenschaftliche Ge-genreaktion der Nachkriegsjahre, die im Sozialklassenparadigma und im sozialen Konstruktivismus gipfelten, und verschie-dene psychopathologische, psychoanalyti-sche und biologische Untersuchungen be-schreibt.

Was bedeutet dieser Paradigmawechsel der Psychiatrie für die Anwendung von Neuroleptika?

Die Entdeckung der Psychopharmaka und auch der Neuroleptika erfolgte empirisch. Erst später erkannte man die Grundlagen ihrer Wirkung bezüglich der biochemischen Veränderungen an den Synapsen und deren Beeinflussung, wobei die verschiedenen Rezeptoren eine besondere Rolle spielen. Daß die Verabreichung von Medikamenten,

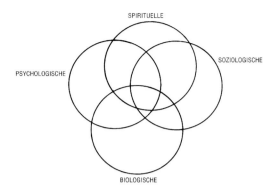

Abb. 1. Ursachen der Krankheiten – Quellen des Leidens. Bei den verschiedenen Krankheiten spielen biologische, psychologische, soziologi-sche und auch spirituelle Momente im Sinne der multifaktoriellen Genese eine Rolle. Je nach Krankheitsbild sind die einzelnen Faktoren un-terschiedlich wirksam. Rein organisch bedingte Krankheiten können besonders bei schwerer Ausprägung und Chronizität Auswirkungen in den anderen Bereichen haben, und auch eine „noogene Neurose" kann sich über das vegetati-ve Nervensystem in psychosomatischen Sympto-men äußern

speziell auch von Neuroleptika, aber nicht nur ein pharmakologisches Phänomen dar-stellt, das beobachtet und gemessen werden kann, zeigt beispielsweise das Placebo-Pro-blem. Wir können heute annehmen, daß bei ca. 30% der psychopharmakologischen Wir-kungen mit Placebo-Phänomenen zu rech-nen ist, wobei die Arzt-Patienten-Beziehung eine besondere Rolle spielt. Damit zeigt sich schon am Beispiel der Compliance, daß die Wirkung der Neuroleptika von verschiede-nen psychologischen Faktoren bei den Be-handelten, aber auch bei den Behandlern abhängt.

Gerade bei der Wirkung von Psychophar-maka, speziell Neuroleptika, wissen wir aber auch, daß die Wirkung sehr von dem öffentlichen Image abhängt, das diese Medi-kamente haben. Werden sie verteufelt, dann werden sie weniger eingenommen. Die Pa-tienten sind vor allem sensibilisiert, auf die Nebenwirkungen zu achten, und versuchen die Behandlung so kurz als möglich zu begrenzen, was gerade bei schweren psychischen Störungen höchst problematisch ist. Da aber beispielsweise bei Wahnkranken religiöser Wahn oder auch philosophische Wahninhalte eine sehr große Rolle spielen können, sehen wir einen nahen Übergang zu den spirituellen Aspekten. Auch diese spielen daher eine Rolle und sollten in der Therapie berücksichtigt werden.

Gesamtbehandlungsplan

Die praktische Konsequenz aus diesem Paradigmawechsel ist, daß wir heute die Indikation für den Einsatz von Neuroleptika nicht nur aufgrund von Zielsymptomen stellen, sondern die Behandlung im Rahmen eines Gesamtbehandlungsplanes mit den Patienten und ihren Angehörigen besprechen. Neben der eigentlichen Pharmakotherapie spielt die psychosoziale Betreuung, die entweder im Sinne einer Einzeltherapie oder einer Gruppentherapie erfolgt, eine besondere Rolle. Aber nicht nur die Betreuung ist äußerst wichtig, sondern auch die Nachbetreuung, da ja bei vielen Erkrankungen, deretwegen Neuroleptika eingenommen werden, eine relativ große Rückfallsgefahr besteht. Deswegen spielt das Problem der Dauer der Behandlung, auch besonders dann, wenn die Behandlung in die Prophylaxe übergeht, eine sehr große Rolle. Diese modernen ganzheitlichen Methoden haben auch dazu geführt, daß heute sehr viele Patienten nur ambulant und wenn, dann nur kurzzeitig stationär behandelt werden müssen.

Mit diesen modernen Entwicklungen mußten wir uns aber von zwei Illusionen trennen. Einerseits von der Illusion, daß man mit der Verordnung oder Verabreichung von Psychopharmaka, speziell Neuroleptika, allein Probleme lösen könnte. Neuroleptika sind immer nur eine Hilfe, um Probleme lösen zu können. Die Probleme selbst, die

unsere Patienten haben, sind so wenig „neuroleptikalöslich" als sie „alkohollöslich" sind. Eine zweite Illusion, der begegnet werden muß, da sie von sozialpolitischer Relevanz ist, ist die, daß früher angenommen wurde, daß eine indizierte sozialpsychiatrische ambulante Behandlung wesentlich billiger kommt, als die stationäre Behandlung. Die erstgenannte Behandlung ist der stationären Behandlung in vieler Hinsicht überlegen, wenn man von den ganz schweren Zustandsbildern absieht. Sie hat aber nur dann einen Sinn, wenn die sozialpsychiatrische Betreuung außerhalb der Klinik effizient ist. Effizient heißt in diesem Falle sehr personalintensiv. Eine große Gefahr der modernen Entwicklungen ist, daß vor allem die Politiker annehmen, daß mit dem Einsatz der modernen Psychopharmaka eine vermehrte ambulante Behandlung möglich ist, und daß diese wesentlich billiger ist.

Gleich wichtig für uns Ärzte ist aber auch die Erkenntnis, daß wir heute über sehr differenzierte Psychopharmaka und auch Neuroleptika verfügen, und daß daher der Einsatz eines Neuroleptikums, z. B. bei einem schizophrenen Patienten, noch lange nicht die „therapia magna" ist. Eine erfolgreiche Therapie kann erst dadurch zustande kommen, daß man zwar ein spezifisches Neuroleptikum auswählt und ausprobiert, aber nicht nur, ob es wirklich das geeignetste ist, sondern auch die Dosierung und die Verträglichkeit überprüft und man den Einsatz dieser Medikamente im Rahmen eines Gesamtbehandlungsplanes vornimmt.

Auch bei der ambulanten Therapie darf sich die Behandlung nicht nur auf die psychopharmakologische Therapie mit Neuroleptika, Depotneuroleptika und notwendigen Zusatzmedikamenten beschränken, sondern im Rahmen des Gesamtbehandlungsplanes sind alle anderen therapeutischen Möglichkeiten (andere biologisch fundierte Therapieverfahren, ärztliches Gespräch, die verschiedenen Psychotherapien, Beschäftigungstherapie, künstlerische

Gestaltungstherapie, physikalische Therapie etc.) zur Erreichung des optimalen Behandlungserfolges heranzuziehen. Es gibt heute auch im ambulanten Bereich soziotherapeutische Angebote, sozialpsychiatrische Einrichtungen, Kontaktstellen, Selbsthilfe- und Angehörigengruppen, Wohngemeinschaften, Wohnheime für die Rehabilitation und stufenweise Wiederaufnahme der Berufstätigkeit. Diese Möglichkeiten sollen die Patienten nicht verleiten, auf die noch immer notwendige Neuroleptika- bzw. Depotneuroleptika-Medikation zu verzichten. Dies zu verhindern, ist eine wesentliche Aufgabe der Gesprächs- und Familientherapie.

Literatur

ENGEL GL (1977) The need for a medical model: a challenge for biomedicine. Science 196: 129–136

ENGEL GL (1980) The clinical application of the biopsychosocial model. Am J Psychiatry 173: 53

HÄFNER H (1991) Perspektiven psychiatrischer Forschung. Fundam Psychiatr 5: 68–75 und 125–132

HINTERHUBER H, FLEISCHHACKER WW, MEISE U (1995) Die Behandlung der Schizophrenien. State of the Art. VIP-Verlag Integrative Psychiatrie, Innsbruck

PÖLDINGER W (Hrsg) (1996) Ganzheitspsychiatrie. Therapeutische Umschau Heft 3

Neuro-Psychopharmaka, Bd. 4, 2. Aufl.
Riederer P. / Laux G. / Pöldinger W. (Hrsg.)
© Springer-Verlag Wien 1998

11
Übersichtstabellen

O. Dietmaier und G. Laux

In diesen Tabellen sind die in Deutschland (D), Österreich (A) und der Schweiz (CH) im Handel erhältlichen Neuroleptika alphabetisch nach ihren gebräuchlichen Kurzbezeichnungen aufgeführt. Es wurden die in der Roten Liste 1997 verwandten internationalen Freinamen (INN), INNv (vorgeschlagene Freinamen) oder sonstigen Kurzbezeichnungen gewählt.

Bezugsquellen für die Präparateauswahl sind für Deutschland die Rote Liste 1997 sowie die Gelbe Liste 1997, für Österreich der Austria-Codex 1996/97, für die Schweiz das Arzneimittelkompendium 1997.

Mit ® gekennzeichnet sind die Handelsnamen der registrierten Präparate. Aufgeführt sind nur Monopräparate, d. h., sie enthalten als arzneilich wirksamen Bestandteil nur den betreffenden Stoff. Zusätze zu Präparatenamen wie „forte", „retard" u. ä. sind nicht mit aufgeführt. Generika, die im Namen die gebräuchliche Kurzbezeichnung (z. B. INN) enthalten, sind nicht aufgelistet.

Als Eliminationshalbwertszeit ist die mittlere terminale Halbwertszeit oder ein Halbwertszeit-Bereich eines nierengesunden Erwachsenen angegeben. Bei Leber- oder Niereninsuffizienz, bei Kindern oder im Alter können klinisch bedeutsame Abweichungen auftreten.

Die klinisch-empirischen Äquivalenzdosen beziehen sich auf die „neuroleptische Schwellendosis" in mg (Bezugssubstanz Chlorpromazin = 300 mg) und stellen Schätzwerte dar.

Bei diversen älteren Präparaten sind weder Übersichtsliteratur noch pharmakokinetische Daten (Halbwertszeit) erhältlich.

Internat. Freiname (INN, generic name) Chemische Formel	Stoffgruppe	Handelsname (D, A, CH)	Substanz-charakteristik Besond. Hinweise	Eliminations-halbwertzeit (in Stunden)	Klinisch-empirische Äquivalenzdosen (in mg)	Übersichts-Literatur
Alimemazin 	Phenothiazin-derivat mit aliphatischer Seitenkette	Repeltin® (D)	Antihistaminikum, praktisch keine antipsychotische Wirkung. Einsatz v.a. als Antiallergikum, zur Prämedikation und Sedierung. Negativ-bewertung durch die Aufbereitungs-kommission des Bundesinstituts für Arzneimittel und Medizinprodukte	8		
Amisulprid 	Benzamidderivat	Deniban® (A) Solian® (D, CH geplant)	atypisches Neurolep-tikum, mittelstark antipsychotisch. In niedriger Dosierung (50–300 mg/Tag) eher aktivierend und zur Therapie der Negativ-symptomatik geeignet. Bei höherer Dosierung dem Haloperidol vergleichbare Effekte auf Positivsymptome. Geringe extrapyrami-dale Nebenwirkungen v.a. in niedriger Dosierung	12	600	COUKELL et al. (1996)

Internat. Freiname (INN, generic name) Chemische Formel	Stoffgruppe	Handelsname (D, A, CH)	Substanz- charakteristik Besond. Hinweise	Eliminations- halbwertszeit (in Stunden)	Klinisch- empirische Äquiva- lenzdosen (in mg)	Übersichts- Literatur
Benperidol	Butyrophenon- derivat	Glianimon® (D)	derzeit stärkstes im Handel befindliches Neuroleptikum. Deutliche extra- pyramidalmotorische Nebenwirkungen	ca. 4	3	MÜLLER- OERLINGHAUSEN (1980) SIEBERNS (1986)
Bromperidol	Butyrophenon- derivat	Impromen® (D) Tesoprel® (D)	stark antipsychotisch, wenig sedierend. Nicht geeignet zur Behandlung aus- geprägter Erregungs- zustände. Sollte nicht nach 16 Uhr verab- reicht werden	20–36	5	BENFIELD et al. (1988) UTSUMI et al. (1993)
Chlorpromazin	Phenothiazin- derivat mit aliphatischer Seitenkette	Propaphenin® (D) Chlorazin® (CH) Largactil® (A, CH)	mittelstark antipsy- chotisch, sedierend. „Erstes Neuroleptikum" und Referenzsubstanz (Potenz = 1)	15–30	300	SWAZEY (1974) WANG et al. (1982)

Internat. Freiname (INN, generic name) Chemische Formel	Stoffgruppe	Handelsname (D, A, CH)	Substanzcharakteristik Besond. Hinweise	Eliminations-halbwertszeit (in Stunden)	Klinisch-empirische Äquivalenzdosen (in mg)	Übersichts-Literatur
Chlorprothixen	Thioxanthenderivat mit aliphatischer Seitenkette	Truxal® (D, A, CH)	schwach antipsychotisch, stark sedierend, angstlösend	8–12	350	RAVN et al. (1980)
Clopenthixol	Thioxanthenderivat mit Piperazinalkylseitenkette Gemisch aus cis- und trans-Isomeren	Ciatyl® (D)	mittelstark antipsychotisch, sedierend, antimanisch. Nur die cis-Form (= Zuclopenthixol) soll für die antipsychotische Wirkung verantwortlich sein	24–31	120	AAES-JØRGENSEN (1981)
Clotiapin	Dibenzothiazepinderivat	Entumin® (CH)	mittelstark antipsychotisch		120	

Internat. Freiname (INN, generic name) Chemische Formel	Stoffgruppe	Handelsname (D, A, CH)	Substanz- charakteristik Besond. Hinweise	Eliminations- halbwertzeit (in Stunden)	Klinisch- empirische Äquiva- lenzdosen (in mg)	Übersichts- Literatur
Clozapin	Dibenzodiazepin- derivat	Leponex® (D, A, CH)	mittelstark antipsycho- tisch, gut sedierend. Atypisches Neuro- leptikum ohne extra- pyramidal-motorische Nebenwirkungen. Potentiell blutbildschä- digend. Typische Nebenwirkung: Hyper- salivation. Verordnung an bestimmte Auflagen gebunden (Blutbild- kontrollen)	ca. 16 (Metabolite ca. 23 Stunden)	100	CLOZAPINE – THE ATYPICAL ANTIPSYCHOTIC (1992) NABER und MÜLLER-SPAHN (1992) NABER und MÜLLER-SPAHN (1994)
Dixyrazin	Phenothiazin- derivat mit Piperazinalkyl- seitenkette	Esucos® (A)	schwach antipsycho- tisch, sedierend, anxiolytisch	3–4	150	OIKKONEN et al. (1994)
Droperidol	Butyrophenon- derivat	Dehydrobenz- peridol® (D, A, CH)	stark antipsychotisch, gut dämpfend, kurz wirksam. Anwendung vorrangig als Narkosemittel (Neuroleptanalgesie) und Antiemetikum	2		ETSCHENBERG (1973) GROND et al. (1995)

Internat. Freiname (INN, generic name) Chemische Formel	Stoffgruppe	Handelsname (D, A, CH)	Substanzcharakteristik Besond. Hinweise	Eliminationshalbwertszeit (in Stunden)	Klinisch-empirische Äquivalenzdosen (in mg)	Übersichts-Literatur
Fluanison	Butyrophenonderivat	Sedalande® (CH)	schwach antipsychotisch, sedierend		300	
Flupentixol	Thioxanthenderivat mit Piperazinalkylseitenkette	Fluanxol® (D, A, CH)	stark antipsychotisch, kaum sedierend; leicht antidepressiv (niedrig dosiert). Sollte nicht nach 16 Uhr verabreicht werden	30	6	GUILLIBERT und FRAUD (1987)
Flupentixoldecanoat	Thioxanthenderivat mit Piperazinalkylseitenkette, verestert mit Decansäure	Fluanxol® Depot (D, A, CH)	Depot-Neuroleptikum, stark antipsychotisch	ca. 8 Tage (nach einmaliger Applikation), ca. 17 Tage (nach mehrmaliger Applikation)	20 (2-Wochen-Äquivalenzdosis $\cong$ ca. 6 mg oral)	SIEBERNS (1978) BUDDE (1990)

Internat. Freiname (INN, generic name) Chemische Formel	Stoffgruppe	Handelsname (D, A, CH)	Substanzcharakteristik Besond. Hinweise	Eliminationshalbwertszeit (in Stunden)	Klinisch-empirische Äquivalenzdosen (in mg)	ÜbersichtsLiteratur
Fluphenazin	Phenothiazinderivat mit Piperazinalkylseitenkette	Dapotum® (D, A, CH) Lyogen® (D, A, CH) Omca® (D) Lyorodin® (D) Eldoral® (D)	stark antipsychotisch, wenig sedierend	15	5	LEVINSON et al. (1995)
Fluphenazindecanoat	Phenothiazinderivat mit Piperazinalkylseitenkette, verestert mit Decansäure	Dapotum® D (D, A, CH) Lyogen® Depot (D)	Depot-Neuroleptikum, stark antipsychotisch	ca. 7 Tage (nach einmaliger Applikation), ca. 14 Tage (nach mehrmaliger Applikation)	8 (2-Wochen-Äquivalenzdosis ≅ 5 mg oral)	GLAZER (1985)
Fluspirilen	Diphenylbutylpiperidinderivat	Imap® (D, CH)	stark antipsychotisches Depotpräparat; niedrig dosiert (1,5 mg) als Tranquilizer eingesetzt	ca. 7 Tage	8 (Wochen-Äquivalenzdosis!)	AYD (1989a) TEGELER et al. (1990) WURTHMANN et al. (1995)

Internat. Freiname (INN, generic name) Chemische Formel	Stoffgruppe	Handelsname (D, A, CH)	Substanzcharakteristik Besond. Hinweise	Eliminationshalbwertszeit (in Stunden)	Klinisch-empirische Äquivalenzdosen (in mg)	Übersichts-Literatur
Haloperidol	Butyrophenonderivat	Haldol® (D, A, CH) Buteridol® (D) duraperidol® (D) Sigaperidol® (D, CH) u. a.	Standard-Neuroleptikum; stark antipsychotisch, leicht sedierend. Geringe vegetative, kardiovaskuläre und anticholinerge Nebenwirkungen	13–30	5	AYD (1989b) BANDELOW et al. (1991)
Haloperidoldecanoat	Butyrophenonderivat verestert mit Decansäure	Haldol® decanoat (D, A) Haldol® decanoas (CH)	Depot-Neuroleptikum, stark antipsychotisch, leicht sedierend	ca. 21 Tage	75 (3-Wochen-Äquivalenzdosis ≙ ca. 5 mg oral)	BERESFORD und WARD (1987)
Levomepromazin	Phenothiazinderivat mit aliphatischer Seitenkette	Neurocil® (D) Tisercin® (D) Nozinan® (A, CH) Minozinan® (CH)	schwach antipsychotisch, stark dämpfend und schlafanstoßend, analgetisch. Blutdruck und Krampfschwelle senkend. Vorsicht bei älteren Patienten und bei Risikopatienten (Thromboserisiko)	ca. 17	350	LAL und NAIR (1992)

Internat. Freiname (INN, generic name) Chemische Formel	Stoffgruppe	Handelsname (D, A, CH)	Substanz-charakteristik Besond. Hinweise	Eliminations-halbwertszeit (in Stunden)	Klinisch-empirische Äquiva-lenzdosen (in mg)	Übersichts-Literatur
Melperon	Butyrophenon-derivat	Eunerpan® (D) Buronil® (A)	atypisches Neuro-leptikum; schwach antipsychotisch, gut sedierend und schlafanstoßend	3 (Einmal-gabe) 8 (steady state)	300	Sedvall (1989) Bjerkenstedt (1989)
Moperon	Butyrophenon-derivat	Luvatren® (CH)	stark antipsychotisch	ca. 5	15	Weiser (1968)
Olanzapin	Thienobenzo-diazepinderivat	Zyprexa® (D, A, CH)	atypisches Neuro-leptikum, stark antipsychotisch, z.T. deutliche Gewichts-zunahme, sedierend, geringe extrapyra-midalmotorische Nebenwirkungen, Einmalgabe möglich	33	10–15	Fulton und Goa (1997)

Internat. Freiname (INN, generic name) Chemische Formel	Stoffgruppe	Handelsname (D, A, CH)	Substanzcharakteristik Besond. Hinweise	Eliminationshalbwertszeit (in Stunden)	Klinisch-empirische Äquivalenzdosen (in mg)	Übersichtsliteratur
Penfluridol	Diphenylbutyl-piperidinderivat	Semap® (A, CH)	stark antipsychotisch, wenig sedierend. Orales Depot-Neuroleptikum	ca. 5 Tage	40 (Wochen-Äquiva-lenzdosis!)	WANG et al. (1982) DOONGAJI et al. (1988)
Perazin	Phenothiazin-derivat mit Piperazinalkyl-seitenkette	Taxilan® (D)	mittelstark anti-psychotisch, gut sedierend. Niedrig dosiert als Tranquilizer einsetzbar	8–16	400	HELMCHEN et al. (1988)
Periciazin	Phenothiazin-derivat mit Piperidylalkyl-seitenkette	Neuleptil® (A, CH)	mittelstark antipsy-chotisch, sedierend	ca. 7	60	BECKER (1981)

Internat. Freiname (INN, generic name) Chemische Formel	Stoffgruppe	Handelsname (D, A, CH)	Substanz-charakteristik Besond. Hinweise	Eliminations-halbwertszeit (in Stunden)	Klinisch-empirische Äquivalenzdosen (in mg)	Übersichts-Literatur
Perphenazin	Phenothiazin-derivat mit Piperazinalkyl-seitenkette	Decentan® (D, A) Trilafon® (CH)	mittelstark bis stark antipsychotisch, sedierend	8–12	32	LURZ et al. (1990)
Perphenazinenantat	Phenothiazin-derivat mit Piperazinalkyl-seitenkette, ver-estert mit Heptansäure	Decentan® Depot (D)	Depot-Neuro-leptikum, stark antipsychotisch	ca. 7 Tage (nach einmaliger Applikation)	130 (2-Wo-chen Äquiva-lenzdosis ≙ ca. 32 mg oral)	RAPP et al. (1986)
Pimozid	Diphenylbutyl-piperidinderivat	Orap® (D, A, CH) Antalon® (D)	stark antipsychotisch, wenig sedierend, leicht antriebsstei-gernd. Einmalgabe möglich	ca. 55	6	PINDER et al. (1976) TUETH und CHEONG (1993)

Übersichtstabellen

Internat. Freiname (INN, generic name) Chemische Formel	Stoffgruppe	Handelsname (D, A, CH)	Substanzcharakteristik Besond. Hinweise	Eliminationshalbwertszeit (in Stunden)	Klinisch-empirische Äquivalenzdosen (in mg)	Übersichtsliteratur
Pipamperon	Butyrophenonderivat	Dipiperon® (D, CH)	schwach antipsychotisch, gut sedierend und schlafanstoßend	< 4	400	CHARITANTIS (1984) BRENNER et al. (1984)
Pipotiazin	Phenothiazinderivat mit Piperidylalkylseitenkette	Piportil® (CH)	stark antipsychotisch	ca. 11	10	BROWN-THOMSEN (1973)
Pipotiazinpalmitat	Phenothiazinderivat mit Piperidylalkylseitenkette verestert mit Palmitinsäure	Piportil®L4 (CH)	Depot-Neuroleptikum, stark antipsychotisch		50 (4-Wochen Äquivalenzdosis ≅ ca. 10 mg oral)	VILLENEUVE und FONTAINE (1980) KOSKINEN (1989)

Internat. Freiname (INN, generic name) Chemische Formel	Stoffgruppe	Handelsname (D, A, CH)	Substanzcharakteristik Besond. Hinweise	Eliminationshalbwertszeit (in Stunden)	Klinisch-empirische Äquivalenzdosen (in mg)	Übersichts-Literatur
Promazin	Phenothiazinderivat mit aliphatischer Seitenkette	Protactyl® (D) Sinophenin® (D) Prazine® (CH)	schwach antipsychotisch, stark sedierend und antiemetisch	4–29	600	SGARAGLI et al. (1986)
Promethazin	Phenothiazinderivat mit aliphatischer Seitenkette	Atosil® (D) Euselon® mono (D) Prothazin® (D) Phénergan® (CH)	praktisch keine antipsychotische Wirkung, stark antihistaminisch und sedierend, antiemetisch	8–15	600	KÖHLER (1988)
Prothipendyl	Azaphenothiazinderivat mit aliphatischer Seitenkette	Dominal® (D, A)	schwach antipsychotisch, gut schlafanstoßend		350	ELLENBROEK et al. (1992)

Internat. Freiname (INN, generic name) Chemische Formel	Stoffgruppe	Handelsname (D, A, CH)	Substanz- charakteristik Besond. Hinweise	Eliminations- halbwertszeit (in Stunden)	Klinisch- empirische Äquiva- lenzdosen (in mg)	Übersichts- Literatur
Remoxiprid	Benzamidderivat	Roxiam® (A)	mittelstark antipsy- chotisch, kaum sedierend, geringe extrapyramidal- motorische Nebenwir- kungen. In D wegen des Auftretens von Blut- bildschäden vom Markt genommen	5–10 (in retardierter Form)	100	WADWORTH und HEEL (1990) LAUX (1994)
Risperidon	Benzisoxazol- derivat	Risperdal® (D, A, CH)	atypisches Neurolepti- kum mit Dopamin- und Serotoninantago- nistischem Wirkme- chanismus. Erst in höheren Dosierungen (> 10 mg) vermehrt extrapyramidal- motorische Nebenwir- kungen. Auch zur Therapie der Minus- symptomatik geeignet	3 (aktiver Metabolit 24 Std.)	6	GRANT und FITTON (1994) HE und RICHARDSON (1995) MÖLLER (1995)

Internat. Freiname (INN, generic name) Chemische Formel	Stoffgruppe	Handelsname (D, A, CH)	Substanzcharakteristik Besond. Hinweise	Eliminationshalbwertszeit (in Stunden)	Klinisch-empirische Äquivalenzdosen (in mg)	Übersichts-Literatur
Sertindol	Phenylindol-derivat	Serdolect® (D, A, CH)	atypisches Neuroleptikum mit Dopamin- und Serotoninantagonistischem Wirkmechanismus, sowohl gegen Negativ- als auch gegen Positivsymptome der Schizophrenie wirksam, eher aktivierend, sehr geringe extrapyramidalmotorische Nebenwirkungen, Einmalgabe möglich. Vorsicht bei kardialen Erkrankungen	72	12–16	DUNN und FITTON (1996) BROICH und EHRT (1997)
Sulpirid	Benzamidderivat	Dogmatil® (D, A, CH) Arminol® (D) Meresa® (D, A) Neogama® (D) u. a.	atypisches Neuroleptikum, schwach bis mittelgradig antipsychotisch (bei höherer Dosierung). In niedriger Dosierung (< 300 mg/die) aktivierend und antidepressiv (Gabe nicht nach 16 Uhr). Antivertiginös. Deutliche Prolaktinerhöhung (Galaktorrhoe); geringe extrapyramidal-motorische Nebenwirkungen	ca. 8	600	SEDVALL (1984) LAUX und BROICH (1994) HIPPIUS (1995)

Internat. Freiname (INN, generic name) Chemische Formel	Stoffgruppe	Handelsname (D, A, CH)	Substanzcharakteristik Besond. Hinweise	Eliminationshalbwertszeit (in Stunden)	Klinisch-empirische Äquivalenzdosen (in mg)	Übersichts-Literatur
Thioridazin	Phenothiazinderivat mit Piperidylalkylseitenkette	Melleril® (D, A, CH) Melleretten® (D, A, CH)	schwach antipsychotisch, wenig sedierend, stark anticholinerg, leicht antidepressiv wirksam. Extrapyramidal-motorische Nebenwirkungen relativ gering ausgeprägt. Ejakulationsstörungen möglich	30	400	DUFRESNE et al. (1993)
Trifluoperazin	Phenothiazinderivat mit Piperazinalkylseitenkette	Jatroneural® (D, A)	stark antipsychotisch; niedrig dosiert als Tranquilizer eingesetzt	12	20	MENDELS et al. (1986)
Trifluperidol	Butyrophenonderivat	Triperidol® (D)	stark antipsychotisch, antriebssteigernd, sollte nicht nach 16 Uhr eingenommen werden. Praktisch keine Literaturdaten verfügbar	15–20	3	GALLANT et al. (1963)

Internat. Freiname (INN, generic name) Chemische Formel	Stoffgruppe	Handelsname (D, A, CH)	Substanzcharakteristik Besond. Hinweise	Eliminationshalbwertszeit (in Stunden)	Klinisch-empirische Äquivalenzdosen (in mg)	Übersichts-Literatur
Triflupromazin	Phenothiazin-derivat mit aliphatischer Seitenkette	Psyquil® (D, A, CH)	schwach antipsycho-tisch, stark antieme-tisch und dämpfend. Bevorzugt als Antiemetikum eingesetzt	ca. 6	150	KLINGEBIEL (1987)
Zotepin	Dibenzothiepin-derivat	Nipolept® (D, A)	atypisches Neurolep-tikum, mittelstark antipsychotisch, sedierend, Hinweise auf geringere Rate extrapyramidal-motorischer Nebenwirkungen vorhanden	ca. 14	100	HEINRICH (1991)
Zuclopenthixol	Thioxanthen-derivat mit Piperazinalkyl-seitenkette Cis-Isomer des Clopenthixol	Ciatyl-Z® (D) Cisordinol® (A) Clopixol® (CH)	mittelstark antipsychotisch, sedierend	ca. 20	60	GRAVEM und ELGEN (1981) DENCKER (1990)

Internat. Freiname (INN, generic name) Chemische Formel	Stoffgruppe	Handelsname (D, A, CH)	Substanz-charakteristik Besond. Hinweise	Eliminations-halbwertszeit (in Stunden)	Klinisch-empirische Äquiva-lenzdosen (in mg)	Übersichts-Literatur
Zuclopenthixolacetat	Thioxanthen-derivat mit Piperazinalkyl-seitenkette, verestert mit Essigsäure	Ciatyl-Z Acuphase® (D) Cisordinol® Acutard (A) Clopixol® Acutard (CH)	mittelstark antipsychotisch. Kurzwirksame Depotform mit antipsychotischer Wirksamkeit für 2–3 Tage	ca. 32	150 (2 bis 3 Tage-Äquiva-lenzdosis $\cong$ ca. 60 mg oral)	BAASTRUP et al. (1993) CHOUINARD et al. (1994)
Zuclopenthixoldecanoat	Thioxanthen-derivat mit Piperazinalkyl-seitenkette, verestert mit Decansäure	Ciatyl-Z® Depot (D) Cisordinol® Depot (A) Clopixol® Depot (CH)	Depot-Neuro-leptikum, mittelstark antipsychotisch	ca. 19 Tage	150 (2-Wo-chen-Äquiva-lenzdosis $\cong$ ca. 60 mg oral)	KAPFHAMMER und RÜTHER (1987) WISTEDT et al. (1991)

Literatur

AAES-JØRGENSEN T (1981) Serum concentrations of cis(Z)- and trans(E)-clopenthixol after administration of cis(Z)-clopenthixol and clopenthixol to human volunteers. Acta Psychiatr Scand 294 [Suppl]: 64–69

AYD FJ (1989a) Fluspirilene: a new longacting injectable neuroleptic. In: AYD FJ (ed) 30 Years Janssen research in psychiatry. Ayd Medical Communication, Baltimore, pp 85–89

AYD FJ (1989b) Haloperidol: thirty years worldwide clinical experience. In: AYD FJ (ed) 30 Years Janssen research in psychiatry. Ayd Medical Communication, Baltimore, pp 24–36

BAASTRUP PC, AHLFORS UG, BJERKENSTEDT L, DENCKER SJ et al. (1993) A controlled nordic multicentre study of zuclopenthixol acetate in oil solution, haloperidol and zuclopenthixol in the treatment of acute psychosis. Acta Psychiatr Scand 87: 48–58

BANDELOW B, MÜLLER P, RÜTHER E (1991) 30 Jahre Erfahrung mit Haloperidol. Fortschr Neurol Psychiat 59: 297–321

BECKER RE (1981) Propericiazine: effectiveness against hostility and aggression as compared to chlorpromazine. Curr Ther Res 29: 925–928

BENFIELD P, WARD A, CLARK BC, JUE SG (1988) Bromperidol. A preliminary review of its pharmacodynamic and pharmacokinetic properties, and therapeutic efficacy in psychoses. Drugs 35: 670–684

BERESFORD R, WARD A (1987) Haloperidol decanoate. A preliminary review of its pharmacodynamic and pharmacokinetic properties and therapeutic use in psychosis. Drugs 33: 31–49

BJERKENSTEDT L (1989) Melperone in the treatment of schizophrenia. Acta Psychiatr Scand 80 [Suppl]: 35–39

BRENNER HD, ALBERTI L, KELLER F, SCHAFFNER L (1984) Pharmacotherapy of agitational states in psychiatric gerontology: double-blind study. Febarbamate-pipamperone. Neuropsychobiology 11: 187–190

BROICH K, EHRT U (1997) Sertindol – ein neues „atypisches" Neuroleptikum. Pharmakotherapie 4: 94–100

BROWN-THOMSEN J (1973) Review of clinical trials with pipotiazine, pipotiazine undecylenate, and pipotiazine palmitate. Acta Psychiatr Scand 241 [Suppl]: 119–138

BUDDE G (1990) Wirkung und Verträglichkeit von Flupenthixol in Depotform. Münch Med Wochenschr 132 [Suppl]: 14–16

CHARITANTIS A (1984) Psychische Störungen bei zerebrovaskulärer Insuffizienz. Therapie mit Dipiperon (Pipamperon). Z Allg Med 60: 770–773

CHOUINARD G, SAFADI G, BEAUCLAIR L (1994) A double-blind controlled study of intramuscular zuclopenthixol acetate and liquid oral haloperidol in the treatment of schizophrenic patients with acute exacerbation. J Clin Psychopharmacol 14: 377–384

CLOZAPINE – THE ATYPICAL ANTIPSYCHOTIC (1992) Br J Psychiatry 160 [Suppl 17]

COUKELL AJ, SPENCER CM, BENFIELD P (1996) Amisulpride. A review of its pharmacodynamic and pharmacokinetic properties and therapeutic efficacy in the management of schizophrenia. CNS Drugs 6: 237–256

DENCKER SJ (1990) Aspekte zur Therapie der akuten Schizophrenie unter besonderer Berücksichtigung von Zuclopenthixol. In: MÜLLER-OERLINGHAUSEN B, MÖLLER HJ, RÜTHER E (Hrsg) Thioxanthene in der neuroleptischen Behandlung. Springer, Berlin Heidelberg New York Tokyo, S 99–111

DOONGAJI DR, SHETH AS, APTE JS, DESAI AB et al. (1988) Penfluridol vs fluphenazine decanoate: a double-blind clinical study in chronic and subchronic schizophrenia. Curr Ther Res Clin Exp 43: 416–422

DUFRESNE RL, VALENTINO D, KASS DJ (1993) Thioridazine improves affective symptoms in schizophrenic patients. Psychopharmacol Bull 29: 249–255

DUNN CJ, FITTON A (1996) Sertindole. CNS Drugs 5: 224–230

ELLENBROEK B, PRINSSEN A, COOLS A (1992) The azaphenothiazine prothipendyl is an atypical neuroleptic acting through dopamine D-1 and D-2 receptors. Neurosci Res Commun 11: 155–161

ETSCHENBERG E (1973) Anästhesie mit Droperidol und Fentanyl. Editio Cantor, Aulendorf

FULTON B, GOA KL (1997) Olanzapine. A review of its pharmacological properties and therapeutic efficacy in the management of schizophrenia and related psychoses. Drugs 53: 281–298

GALLANT DM, BISHOP MP, TIMMONS E, STEELE CA (1963) A controlled evaluation of trifluperidol:

a new potent psychopharmacologic agent. Curr Ther Res 5: 463–471

GLAZER WM (1985) Depot fluphenazine: risk/benefit ratio. J Clin Psychiatry (Sec 2) 45: 28–35

GRANT S, FITTON A (1994) Risperidone: a review of its pharmacology and therapeutic potential in the treatment of schizophrenia. Drugs 48: 253–273

GRAVEM A, ELGEN K (eds) (1981) Cis(Z)-Clopenthixol. The neuroleptically active isomer of clopenthixol. Acta Psychiatr Scand 64 [Suppl 294]: 1–77

GROND S, LYNCH J, DIEFENBACH C, ALTROCK K et al. (1995) Comparison of ondansetron and droperidol in the prevention of nausea and vomiting after inpatient minor gynecologic surgery. Anesth Analg 81: 603–607

GUILLIBERT E, FRAUD JP (1987) Flupenthixol. Psychol Med 19: 1629–1643

HE H, RICHARDSON JS (1995) A pharmacological, pharmacokinetic and clinical overview of risperidone, a new antipsychotic that blocks serotonin 5-HT-2 and dopamine D-2 receptors. Int Clin Psychopharmacol 10: 19–30

HEINRICH K (Hrsg) (1991) Zotepin. Fortschr Neurol Psychiat [Sonderheft 1] 59: 1–56

HELMCHEN H, HIPPIUS H, TÖLLE R (Hrsg) (1988) Therapie mit Neuroleptika – Perazin. Thieme, Stuttgart

HIPPIUS H (1995) Sulpirid. Rückblick und Perspektiven. Psychopharmakother 2: 102–109

KAPFHAMMER HP, RÜTHER E (1987) Depot-Neuroleptika. Springer, Berlin Heidelberg New York Tokyo

KLINGEBIEL H (1987) Triflupromazine in emergency medicine. Notfallmedizin 13: 51–54

KÖHLER G (1988) Promethazin. Notfallmedizin 14: 830–834

KOSKINEN T (1989) Depot pipothiazine for long-term therapy of chronic schizophrenics. Nord Psykiatr Tidsskr 43: 467–472

LAL S, NAIR NPV (1992) Is levomepromazine a useful drug in treatment-resistant schizophrenia? Acta Psychiatr Scand 85: 243–245

LAUX G (1994) Ergebnisse der Anwendungsbeobachtung von Remoxiprid in Deutschland. Psychopharmakotherapie 1: 77–80

LAUX G, BROICH K (1994) Sulpirid – ein atypisches Neurothymoleptikum. Fund Psych 8: 50–59

LEVINSON DF, SIMPSON GM, COOPER TB, SINGH H et al. (1995) Fluphenazine plasma levels, dosage, efficacy and side effects. Am J Psychiatry 152: 765–771

LURZ G, REULECKE-NIEDERS M (1990) Perphenazin bei endogenen Psychosen und HOPS. Ergebnisse einer offenen multizentrischen Studie. Therapiewoche 40: 395–399

MENDELS J, KRAJEWSKI TF, HUFFER V et al. (1986) Effective short-term treatment of generalized anxiety disorder with trifluoperazine. J Clin Psychiatry 47: 170–174

MÖLLER HJ (1995) Risperidon – ein neues Neuroleptikum mit atypischem Wirkprofil. Münch Med Wochenschr 137: 457–461

MÜLLER-OERLINGHAUSEN B (Hrsg) (1980) Benperidol-Kolloquium. Pmi, Frankfurt

NABER D, MÜLLER-SPAHN F (Hrsg) (1992) Clozapin. Pharmakologie und Klinik eines atypischen Neuroleptikums. Eine kritische Bestandsaufnahme. Schattauer, Stuttgart New York

NABER D, MÜLLER-SPAHN F (Hrsg) (1994) Clozapin. Pharmakologie und Klinik eines atypischen Neuroleptikums. Neuere Aspekte der klinischen Praxis. Springer, Berlin Heidelberg New York Tokyo

OIKKONEN M, HEINE H, SALMINEN U, ROMPPANEN O et al. (1994) Dixyrazine premedication for cataract surgery. A comparison with diazepam. Acta Anaesthesiol Scand 38: 214–217

PINDER RM, BROGDEN RN, SAWYER PR, SPEIGHT TM, et al. (1976) Pimozide: a review of its pharmacological properties and therapeutic uses in psychiatry. Drugs 12: 1–40

RAPP W, HELLBOM E, NORRMAN O et al. (1986) A double-blind crossover study comparing haloperidol decanoate and perphenazine enantate. Curr Ther Res Clin Exp 39: 665–670

RAVN J, SCHARFF A, AASKOVEN O (1980) 20 Jahre Erfahrungen mit Chlorprothixen. Pharmakopsychiatry 13: 34–40

SEDVALL G (ed) (1984) The use of substituted benzamides in psychiatry. Acta Psychiatr Scand 69 [Suppl 311]: 1–162

SEDVALL G (ed) (1989) Melperone – an atypical neuroleptic. Acta Psychiatr Scand 80 [Suppl 352]: 1–52

SGARAGLI G, NINCI R, DELLA-CORTE L (1986) Promazine. A major plasma metabolite of chlorpromazine in a population of chronic schizophrenics. Drug Metab Dispos 14: 263–266

SIEBERNS S (1978) Erfahrungen mit dem Depot-neuroleptikum Flupentixoldekanoat – eine Übersicht. Pharmakopsychiatry 11: 186–198

SIEBERNS S (1986) Akut-Behandlung schizophrener Psychosen mit Benperidol. Krankenhausarzt 59: 925–930

SWAZEY JP (1974) Chlorpromazin in psychiatry: a study in therapeutic innovation. M.I.T. Press, Cambridge

TEGELER J, LEHMANN E, HEINRICH K (1990) Neuroleptanxiolyse. Fluspirilen in niedriger Dosierung. Münch Med Wochenschr 132: 635–638

TUETH MJ, CHEONG JA (1993) Clinical uses of pimozide. South Med J 86: 344–349

UTSUMI H, OHTA I, NISHIMURA N, OGURA C (1993) Prediction of clinical efficacy and side effects of the antipsychotic bromperidol using multivariate analysis of variance. Jpn J Clin Pharmacol Ther 24: 469–480

VILLENEUVE A, FONTAINE P (1980) A near decade experience with pipotiazine palmitate in chronic schizophrenia. Curr Ther Res 27: 411–418

WADWORTH AN, HEEL RC (1990) Remoxipride. A review of its pharmacodynamic and pharmacokinetic properties, and therapeutic potential in schizophrenia. Drugs 40: 863–879

WANG RIH, LARSEON C, TREUL SJ (1982) Study of penfluridol and chlorpromazine in the treatment of chronic schizophrenia. J Clin Pharmacol 22: 236–242

WEISER G (1968) Erfahrungen mit dem Butyrophenonpräparat Luvatren in der Behandlung der Schizophrenie. Wien Med Wochenschr 118: 444–446

WISTEDT B, KOSHINEN T, THELANDER S, NERDRUM T et al. (1991) Zuclopenthixol decanoate and haloperidol decanoate in chronic schizophrenia: a double-blind multicentre study. Acta Psychiatr Scand 84: 14–21

WURTHMANN C, KLIESER E, LEHMANN E (1995) Interaktion von therapeutischen Wirkungen und Nebenwirkungen in der Pharmakotherapie generalisierter Angststörungen mit niedrigdosiertem Fluspirilen. Fortschr Neurol Psychiatr 63: 72–77

Sachverzeichnis

SpringerPsychiatrie

Peter Riederer, Gerd Laux,
Walter Pöldinger (Hrsg.)

Neuro-Psychopharmaka

Ein Therapie-Handbuch in 6 Bänden

Die in sich abgeschlossenen Einzelbände des Werkes
„Neuro-Psychopharmaka" werden in ihrer Vollständigkeit
den in Klinik und Praxis tätigen Nervenärzten, Psychiatern
und Neurologen sowie Grundlagenforschern als kompetentes
Standardwerk der Psychopharmakologie zur Verfügung
stehen. Die Mitarbeit namhafter Experten bürgt für höchste
wissenschaftliche Kompetenz unter Einbeziehung neuester
klinischer und biochemisch-pharmakologischer Befunde.
Intensive redaktionelle Bearbeitung sichert eine strikte
Gliederung des Textes, wobei größter Wert darauf gelegt wird,
die komplexe Thematik übersichtlich darzustellen.
Für eine rasche Vermittlung praxisrelevanter Informationen
sorgen Übersichtstabellen; den einzelnen Kapiteln sind
zusätzlich ausführliche Hinweise auf die Literatur
beigegeben. Jeder Band wird durch ein umfangreiches
Präparate- und Sachverzeichnis der in deutschsprachigen
Ländern verfügbaren Substanzen ergänzt.

Springer Wien New York

Sachsenplatz 4-6, P.O.Box 89, A-1201 Wien, Fax +43-1-330 24 26
e-mail: order@springer.at, Internet: http://www.springer.at
New York, NY 10010, 175 Fifth Avenue • D-14197 Berlin, Heidelberger Platz 3
Tokyo 113, 3-13, Hongo 3-chome, Bunkyo-ku

SpringerPsychiatrie

Peter Riederer, Gerd Laux, Walter Pöldinger (Hrsg.)

Neuro-Psychopharmaka

Ein Therapie-Handbuch in 6 Bänden

SpringerWienNewYork

Sachsenplatz 4-6, P.O.Box 89, A-1201 Wien, Fax +43-1-330 24 26
e-mail: order@springer.at, Internet: http://www.springer.at
New York, NY 10010, 175 Fifth Avenue • D-14197 Berlin, Heidelberger Platz 3
Tokyo 113, 3-13, Hongo 3-chome, Bunkyo-ku

SpringerPsychiatrie

Walter Pöldinger, Hans G. Zapotoczky (Hrsg.)

Der Erstkontakt mit psychisch kranken Menschen

1997. 8 Abbildungen. XII, 245 Seiten.
Broschiert öS 395,–, DM 56,–
ISBN 3-211-82942-3

Eine Kurzinformation für Menschen, die sich beruflich mit psychisch beeinträchtigten Menschen auseinandersetzen müssen. Der Zugang soll dadurch erleichtert werden, daß nicht Krankheitseinheiten oder differential-diagnostische Erwägungen dargestellt werden, sondern die besonderen Verhaltensweisen von psychisch beeinträchtigten Menschen. Es wird erörtert, wie man sich als Arzt, Sozialarbeiter, Psychologe, Psychotherapeut, Polizist etc. mit depressiven, suizidalen, ängstlichen, verwirrten oder alkoholisierten Patienten auseinandersetzen kann, sodaß die Begegnung mit dem Patienten therapeutisch fruchtbar wird. Es ist nicht immer möglich, eindeutige Anleitungen für diese Begegnungsweise zu geben, wohl aber Hinweise, auf welche Momente es in der Auseinandersetzung besonders ankommt und wo Gefahrenmomente liegen könnten.

SpringerWienNewYork

Sachsenplatz 4-6, P.O.Box 89, A-1201 Wien, Fax +43-1-330 24 26
e-mail: order@springer.at, Internet: http://www.springer.at
New York, NY 10010, 175 Fifth Avenue • D-14197 Berlin, Heidelberger Platz 3
Tokyo 113, 3-13, Hongo 3-chome, Bunkyo-ku

SpringerPsychiatrie

Hans Georg Zapotoczky,
Peter Kurt Fischhof (Hrsg.)

Handbuch
der Gerontopsychiatrie

1996. 58 z. T. farbige Abbildungen. XVIII, 537 Seiten.
Gebunden DM 148,–, öS 1036,–
ISBN 3-211-82833-8

Die ständige Zunahme der Lebenserwartung und des Anteils
älterer Menschen an der Gesamtbevölkerung sowie die
sprunghafte Entwicklung auf dem Gebiet der Alterspsychiatrie haben die Herausgeber veranlaßt, die neuesten
Ergebnisse dieser Wissenschaft in einem Handbuch zusam-
menzufassen. Angesichts der Tatsache, daß die Alterspsychiatrie eine interdisziplinäre Wissenschaft ist, wird das
Fachgebiet durch eine größere Zahl von Beiträgen kompeten-
ter Autoren dargestellt. In den einzelnen Beiträgen werden
physiologische und psychopathologische Veränderungen, die
sich aufgrund des Alterns ergeben, ebenso ausführlich
behandelt wie Diagnostik, Therapie und Rehabilitation
gerontopsychiatrischer Erkrankungen. Dieses Handbuch
stellt eine umfassende Informationsquelle auf dem Fachgebiet der Alterspsychiatrie dar. Es richtet sich daher an
alle mit gerontopsychiatrischen Problemen beschäftigten
Menschen und damit an Fachärzte, Ärzte für Allgemein-
medizin, in Ausbildung stehende Ärzte, Psychologen sowie
an Studenten der Medizin und Psychologie.

 SpringerWienNewYork

Sachsenplatz 4-6, P.O.Box 89, A-1201 Wien, Fax +43-1-330 24 26
e-mail: order@springer.at, Internet: http://www.springer.at
New York, NY 10010, 175 Fifth Avenue • D-14197 Berlin, Heidelberger Platz 3
Tokyo 113, 3-13, Hongo 3-chome, Bunkyo-ku